Lehrbuch der Chemie für Fachhochschulen

Lehrbuch der Chemie für Fachhochschulen

Von einem Autorenkollektiv
unter Federführung von
Doz. Erich Ammedick und Dr. Heinz Kadner

Mit 157 Bildern, 83 Tabellen, 4 Anlagen und 1 Klapptafel

VERLAG HARRI DEUTSCH · THUN · FRANKFURT/M.

Autorenkollektiv:

Erich Ammedick	Abschn. 26. bis 31.
Dr. Heinz Kadner	Abschn. 3., 4., 5.
Dr. Konrad Krause	Abschn. 9., 32.2., 32.3.
Dr. Johannes Kunisch	Abschn. 1., 2., 6., 7., 8.1., 32.1.
Dr. Karl-Heinz Lautenschläger	Abschn. 8.2., 8.3., 12. bis 17.
Dipl.-Ing. Günther Neumann	Abschn. 10., 11
Franz-Georg Urban	Abschnitt 18. bis 25.

CIP-Kurztitelaufnahme der Deutschen Bibliothek

Lehrbuch der Chemie für Fachhochschulen / von e.
Autorenkollektiv. Unter Federführung von Erich
Ammedick u. Heinz Kadner. Autorenkollektiv: Erich
Ammedick .... – 5., überarb. Aufl. – Thun ;
Frankfurt/M. : Deutsch, 1988. – 528 S.
  Ausg. im Dt. Verl. für Grundstoffindustrie, Leipzig,
  u.d.T. : Lehrbuch der Chemie
  ISBN 3-87144-891-5
NE: Ammedick, Erich   Hrsg.

5., überarbeitete Auflage (Lehrbuch der Chemie)
© VEB Deutscher Verlag für Grundstoffindustrie, Leipzig 1986
Lizenzausgabe für den Verlag Harri Deutsch, Thun 1988
Printed in the German Democratic Republic
Satz und Druck: Interdruck Graphischer Großbetrieb Leipzig – III/18/97

Vorwort

Die Meisterung des wissenschaftlich-technischen Fortschritts stellt Ingenieure und Wirtschaftswissenschaftler heute und künftig vor Aufgaben, die nur mit einer soliden Ausbildung in den Grundlagenwissenschaften gelöst werden können.
Die Weiterentwicklung aller Wirtschaftszweige wird durch den Einsatz neuer, hochbeanspruchbarer Werkstoffe sowie durch zunehmende Mechanisierung und Automatisierung vieler Prozesse der Produktion gekennzeichnet. Chemische und insbesondere elektrochemische Verfahren ergänzen in vielen Industriezweigen traditionelle Werkstoffbearbeitungs- und -verarbeitungsverfahren. Das erfordert die Auseinandersetzung mit chemischen Problemen.
Das dafür notwendige Wissen und Können vermitteln zu helfen ist Anliegen dieses Buches. Ausgehend von den Gesetzmäßigkeiten der allgemeinen Chemie, wobei der Ausgangspunkt das wellenmechanische Atommodell ist, werden die verschiedenen Arten der chemischen Bindung und darauf aufbauend die hauptsächlichen Reaktionstypen der anorganischen und organischen Chemie behandelt. Grundlage des Säure-Base-Begriffs sind die Definitionen *Brönsteds*. Darüber hinaus enthält das Lehrbuch spezielle Teile der anorganischen und organischen Chemie, in denen die Gesetzmäßigkeiten der allgemeinen Chemie angewendet werden. Hierdurch bleibt der Charakter des Lehrbuches erhalten, das einen Überblick über die gesamte Chemie geben will.
Auf folgende technisch interessierende Teilabschnitte des Lehrbuches sei besonders hingewiesen:
Chemie des Wassers,
Korrosion,
Elektrochemie,
Plaste, Elaste und Faserstoffe,
Methoden der analytischen Chemie.
Trotzdem wird das Lehrbuch sicher nicht alle stoffkundlichen Belange aller Fachrichtungen erfüllen können. Es ist aber leicht möglich, auf der Grundlage der ausführlich behandelten allgemeinen Chemie die notwendigen fachrichtungsbezogenen Ergänzungen und Vertiefungen darzubieten.
Das Lehrbuch wurde aus Lehrbriefen des Fernstudiums entwickelt. Es ist daher sowohl zum Selbststudium als auch in der Ausbildung im Grundlagenfach Chemie geeignet. Da es die allgemeine Chemie in ausführlicher Form darstellt, ist es besonders als Zusatzliteratur bei der Ausbildung von Ingenieuren und Wirtschaftswissenschaftlern im Lehrgebiet Chemie an Fachhochschulen und Fachoberschulen geeignet.
In der vorliegenden 5. Auflage des Lehrbuches werden konsequent die SI-Einheiten verwendet und die Elemente und Verbindungen nach der IUPAC-Nomenklatur bezeichnet.

Die Autoren

Inhaltsverzeichnis

1. Gegenstand, Bedeutung und Entwicklung der Chemie 17
    1.1. Gegenstand der Chemie 17
    1.2. Entstehung, Entwicklung und Bedeutung der Chemie 18

2. Stoffe 20
    2.1. Begriff des Stoffes (Stoff – Körper) 20
    2.2. Atomarer Aufbau der Stoffe 20
    2.3. Physikalische Eigenschaften der Stoffe – Aggregatzustände 21
    2.4. Reine Stoffe und Stoffgemische 23
    2.5. Lösungen und Konzentrationseinheiten 25
    2.6. Die physikalische Trennung von Mischungen 27
        2.6.1. Übersicht über Trennoperationen 27
        2.6.2. Trennung von Stoffgemischen durch Änderung des Aggregatzustandes 28
    2.7. Elemente und Verbindungen 33

3. Atombau 35
    3.1. Elementarteilchen 35
    3.2. Aufbau des Atoms 35
        3.2.1. Bau des Atomkerns 36
        3.2.1.1. Nuclide und Isotope 37
        3.2.2. Bau der Atomhülle 38
        3.2.2.1. Welle-Teilchen-Dualismus der Elektronen 38
        3.2.2.2. Energieniveaus, Elektronenzustände, Quantenzahlen 41
        3.2.2.3. Räumlicher Bau der Atomhülle – Orbitale 42
        3.2.2.4. Elektronenkonfiguration – Atommodelle 43
        3.2.2.5. Gesetzmäßigkeiten im Bau der Atomhülle 48
    3.3. Atombau als Ordnungsprinzip der Elemente 48

4. Chemische Bindung 50
    4.1. Grundlagen der chemischen Bindung 50
    4.2. Atombindung 52
        4.2.1. Wesen der Atombindung 52
        4.2.1.1. VB-Methode 52
        4.2.1.2. σ-Bindung 53
        4.2.1.3. π-Bindung 54

	4.2.1.4.	Grundlagen der MO-Methode	54
	4.2.2.	Polarisierte Atombindung	56
	4.2.3.	Richtung der Atombindung	59
	4.2.4.	Atombindigkeit	60
	4.2.5.	Mesomerie	60
	4.2.6.	Eigenschaften der Verbindungen mit Atombindung	61
4.3.	Ionenbeziehung	62
	4.3.1.	Wesen der Ionenbeziehung	62
	4.3.2.	Ionisierungsenergie und Elektronenaffinität	63
	4.3.3.	Ionenwertigkeit	64
	4.3.4.	Eigenschaften von Verbindungen mit Ionenbeziehung	64
4.4.	Metallbindung	67
4.5.	Zwischenmolekulare Bindung	68
4.6.	Besonderheiten der chemischen Bindung	69
	4.6.1.	Bindungsverhältnisse am Kohlenstoffatom	69
	4.6.2.	Bindungsverhältnisse in Komplexverbindungen	71
	4.6.2.1.	Komplexverbindungen	71
	4.6.2.2.	Struktur der Komplexe	72
	4.6.2.3.	Wertigkeiten in Komplexverbindungen	75
	4.6.2.4.	Komplexbildung am Metallion	77
	4.6.2.5.	Bezeichnung von Komplexverbindungen	78
4.7.	Grundbegriffe der Kristallchemie	78

5. Disperse Systeme — 81

5.1.	Grundbegriffe	81
	5.1.1.	Aufbau disperser Systeme	81
	5.1.2.	Dispersitätsgrad	81
	5.1.3.	Arten disperser Systeme	81
	5.1.4.	Eigenschaften disperser Systeme	82
5.2.	Kolloiddisperse Systeme	84
	5.2.1.	Arten der Kolloide	85
	5.2.2.	Herstellung kolloider Systeme	86
	5.2.3.	Eigenschaften kolloiddisperser Substanzen	87
	5.2.3.1.	Hydrophile und hydrophobe Kolloide	87
	5.2.3.2.	Reversible und irreversible Kolloide	87
	5.2.3.3.	Schutzkolloide	88
	5.2.3.4.	Sol-Gel-Umwandlung	88
	5.2.3.5.	Adsorption	88
5.3.	Bedeutung der Kolloidchemie	89

6. Massen-, Volumen- und Energieverhältnisse bei chemischen Reaktionen — 91

6.1.	Verbindung und chemische Reaktion	91
6.2.	Gesetz von der Erhaltung der Masse und Gesetz der bestimmten Masseverhältnisse	92
6.3.	Relative Atommasse und relative Molekülmasse	93
6.4.	Mol, molare Masse und Avogadro-Konstante	94
6.5.	Molarität und Normalität	95
6.6.	Gesetz von *Avogadro* und Molvolumen	96

6.7.	Zustandsgleichung der Gase	96
6.8.	Stöchiometrische Berechnungen	97
6.9.	Exotherme und endotherme Reaktionen – Reaktionsenthalpie	97
6.10.	Bildungsenthalpie	98
6.11.	Heßscher Satz	100

7. Chemisches Gleichgewicht und Massenwirkungsgesetz 101

7.1.	Umkehrbarkeit chemischer Reaktionen	101
7.2.	Chemisches Gleichgewicht	102
7.3.	Verschiebung der Gleichgewichtslage	104
	7.3.1. Einfluß des Drucks	104
	7.3.2. Einfluß der Temperatur	105
	7.3.3. Einfluß der Konzentration	106
7.4.	Chemisches Gleichgewicht in heterogenen Systemen	107
7.5.	Beschleunigte Gleichgewichtseinstellung	108
	7.5.1. Einfluß der Temperatur	109
	7.5.2. Einfluß von Katalysatoren	109
7.6.	Zusammenwirken von Druck, Temperatur und Katalysator	111
7.7.	Reaktionsgeschwindigkeit	112
7.8.	Reaktionsordnung	113
7.9.	Massenwirkungsgesetz	115
	7.9.1. Ableitung des Massenwirkungsgesetzes	115
	7.9.2. Anwendung des Massenwirkungsgesetzes	116

8. Anorganische Reaktionen 121

8.1.	Aufbau und Abbau von Ionengittern	121
	8.1.1. Dissoziationskonstante und Dissoziationsgrad	121
	8.1.2. Konzentration und Aktivität	123
	8.1.3. Löslichkeitsprodukt	124
8.2.	Säure-Base-Reaktionen	126
	8.2.1. Die Brönstedsche Säure-Base-Definition	126
	8.2.2. Korrespondierende Säure-Base-Paare	129
	8.2.3. Protolyte – Ampholyte	130
	8.2.4. Protolytische Reaktionen	131
	8.2.5. Die Autoprotolyse des Wassers	132
	8.2.6. Der pH-Wert	133
	8.2.7. Die Stärke der Protolyte	135
	8.2.8. Der pK_S-Wert und der pK_B-Wert	136
	8.2.9. Weitere Anwendungsbeispiele für die Brönstedsche Säure-Base-Definition	139
	8.2.9.1. Reaktionen zwischen Säuren und Laugen (Neutralisation)	139
	8.2.9.2. Die saure oder basische Reaktion wäßriger Salzlösungen (»Hydrolyse«)	140
	8.2.9.3. Basischer und saurer Charakter von Metallhydroxiden (amphotere Hydroxide)	141

8.3. Redoxreaktionen 142
    8.3.1. Oxydation als Elektronenabgabe – Reduktion als Elektronenaufnahme 142
    8.3.2. Oxydationsmittel und Reduktionsmittel als korrespondierende Redoxpaare 143
    8.3.3. Weitere Beispiele für Redoxsysteme. 145

9. Elektrochemie 149

9.1. Einführung 149
9.2. Leitfähigkeit von Elektrolytlösungen 151
    9.2.1. Spezifische elektrische Leitfähigkeit 151
    9.2.2. Einfluß von Temperatur und Konzentration auf die spezifische elektrische Leitfähigkeit 153
    9.2.3. Anwendung von Leitfähigkeitsmessungen 154
9.3. Elektrochemische Gleichgewichte 155
    9.3.1. Verhalten der Metalle gegenüber Hydronium-Ionen 155
    9.3.2. Galvanische Zellen 157
    9.3.3. Entstehen der Potentialdifferenzen 159
    9.3.4. Standardpotentiale von Metallelektroden 163
    9.3.5. Standardpotentiale für Elektroden mit Nichtmetall-Ionen . . . 169
    9.3.6. Standardpotentiale bei Ionenumladungen und anderer Redoxvorgänge 172
9.4. Galvanische Elemente 172
    9.4.1. Quellenspannung und Klemmenspannung 173
    9.4.2. Konzentrationselement 175
    9.4.3. Primärelemente 177
    9.4.4. Sekundärelemente 179
    9.4.4.1. Bleiakkumulator 179
    9.4.4.2. Eisen-Nickel-Akkumulator 181
9.5. Elektrolyse. 182
    9.5.1. Begriffe 182
    9.5.2. Elektrodenvorgänge. 184
    9.5.2.1. Katodenvorgänge. 184
    9.5.2.2. Anodenvorgänge. 185
    9.5.3. Elektrolyse von Salzschmelzen 185
    9.5.4. Elektrolyse in wäßriger Lösung 186
    9.5.4.1. Allgemeine Regeln 186
    9.5.4.2. Beispiele für Elektrolysen in wäßriger Lösung 188
    9.5.5. Faradaysche Gesetze 192
9.6. Anwendung der Elektrolyse 194
    9.6.1. Elektrogravimetrie und Coulometrie 194
    9.6.2. Technische Schmelzflußelektrolysen 194
    9.6.3. Elektrolytische Metallraffination 197
    9.6.4. Alkalichloridelektrolyse 198
    9.6.4.1. Diaphragmaverfahren 199
    9.6.4.2. Quecksilberverfahren 200
    9.6.4.3. Membranverfahren 201
    9.6.5. Galvanisieren und Aloxieren (Eloxieren) 202
    9.6.6. Elysieren 203

10. Korrosion und Korrosionsschutz 206

10.1. Korrosion der Metalle 206

    10.1.1. Begriff und Bedeutung der Korrosion 206
    10.1.2. Elektrochemische Korrosion 206
    10.1.3. Chemische Korrosion 208
    10.1.4. Korrosion bei Eisenlegierungen 208
    10.1.4.1. Rosten 208
    10.1.4.2. Verzundern 209

10.2. Korrosionsschutz der Metalle 210

    10.2.1. Aktiver und passiver Korrosionsschutz der Metalle 210
    10.2.2. Passiver Korrosionsschutz für unlegierte Eisenwerkstoffe . . . 211
    10.2.2.1. Untergrundvorbehandlung unlegierter Eisenwerkstoffe . . . 211
    10.2.2.2. Korrosionsschutzüberzüge für unlegierte Eisenwerkstoffe . . . 212

11. Periodensystem der Elemente 215

11.1. Anordnung der Elemente nach ihrer Ähnlichkeit 215

    11.1.1. Entwicklung des Periodensystems 215
    11.1.2. Halogene und Edelgase als Beispiel 215

11.2. Anordnung der Elemente und Darstellung des Periodensystems 217

    11.2.1. Atombau als Ordnungsprinzip 217
    11.2.2. Lang- und Kurzperiodensystem 218

11.3. Periodizität der Eigenschaften der Elemente 219

    11.3.1. Gleiche Eigenschaften 219
    11.3.2. Eigenschaften, die sich periodisch ändern 220

11.4. Bedeutung dieser Gesetzmäßigkeiten für die Chemie 222

12. Wasserstoff 224

12.1. Elementarer Wasserstoff 224
12.2. Verbindungen des Wasserstoffs 225

    12.2.1. Wasser 225
    12.2.2. Wasserstoffperoxid 226

13. Halogene 228

13.1. Übersicht über die Elemente der 7. Hauptgruppe 228
13.2. Chlor 229
13.3. Verbindungen des Chlors 231

    13.3.1. Chlorwasserstoff und Salzsäure 231
    13.3.2. Oxide und Sauerstoffsäuren des Chlors 232

13.4. Brom und seine Verbindungen 234
13.5. Iod und seine Verbindungen 235
13.6. Fluor und seine Verbindungen 235

14. Elemente der Sauerstoffgruppe 238

- 14.1. Übersicht über die Elemente der 6. Hauptgruppe 238
- 14.2. Sauerstoff 239
- 14.3. Ozon 241
- 14.4. Schwefel 241
- 14.5. Verbindungen des Schwefels 243
  - 14.5.1. Schwefelwasserstoff 243
  - 14.5.2. Schwefeldioxid 244
  - 14.5.3. Schweflige Säure 246
  - 14.5.4. Schwefeltrioxid 247
  - 14.5.5. Schwefelsäure 248
- 14.6. Selen und Tellur 250

15. Elemente der Stickstoffgruppe 252

- 15.1. Übersicht über die Elemente der 5. Hauptgruppe 252
- 15.2. Stickstoff 253
- 15.3. Verbindungen des Stickstoffs 254
  - 15.3.1. Ammoniak 254
  - 15.3.2. Stickstoffoxide 259
  - 15.3.3. Salpetrige Säure 260
  - 15.3.4. Salpetersäure 261
  - 15.3.5. Kalkstickstoff 263
  - 15.3.6. Stickstoffdüngemittel 263
- 15.4. Phosphor 264
- 15.5. Verbindungen des Phosphors 267
  - 15.5.1. Phosphorwasserstoff 267
  - 15.5.2. Oxide und Sauerstoffsäuren des Phosphors 267
  - 15.5.3. Phosphorsäure-Düngemittel 269
- 15.6. Arsen und seine Verbindungen 269
- 15.7. Antimon und seine Verbindungen 270
- 15.8. Bismut und seine Verbindungen 270

16. Nichtmetalle der Kohlenstoffgruppe 272

- 16.1. Übersicht über die Nichtmetalle der 4. Hauptgruppe 272
- 16.2. Kohlenstoff 273
- 16.3. Verbindungen des Kohlenstoffs 276
  - 16.3.1. Kohlenmonoxid 276
  - 16.3.2. Kohlendioxid 278
  - 16.3.3. Kohlensäure 280
  - 16.3.4. Kohlenwasserstoffe 281
  - 16.3.5. Carbide 281
- 16.4. Silicium 282
- 16.5. Verbindungen des Siliciums 283
  - 16.5.1. Siliciumdioxid 283
  - 16.5.2. Kieselsäure und Silicate 284

16.6.	Technische Silicate	285
	16.6.1. Gläser	285
	16.6.2. Keramische Erzeugnisse	286
16.7.	Silicone	289
16.8.	Germanium	290
16.9.	Bor und seine Verbindungen	291

17. Edelgase 293

17.1.	Vorkommen der Edelgase	293
17.2.	Eigenschaften und Verwendung der Edelgase	293

18. Eigenschaften, Vorkommen und Darstellungsprinzipien der Metalle . . 295

18.1.	Eigenschaften der Metalle	295
18.2.	Vorkommen der Metalle	300
18.3.	Aufbereitung der Erze	300
18.4.	Darstellungsprinzipien der Metalle	302

19. Metalle der 1. Hauptgruppe 307

19.1.	Übersicht über die Metalle der 1. Hauptgruppe	307
19.2.	Natrium	308
	19.2.1. Elementares Natrium	308
	19.2.2. Natriumverbindungen	308
19.3.	Kalium	311
	19.3.1. Elementares Kalium	311
	19.3.2. Kaliumverbindungen	311
	19.3.3. Gewinnung der Kalisalze	312

20. Metalle der 2. Hauptgruppe 317

20.1.	Übersicht über die Metalle der 2. Hauptgruppe	317
20.2.	Magnesium	317
	20.2.1. Elementares Magnesium	317
	20.2.2. Magnesiumverbindungen	318
20.3.	Calcium	319
	20.3.1. Elementares Calcium	319
	20.3.2. Calciumverbindungen	320
20.4.	Barium	320
20.5.	Baubindemittel	321
	20.5.1. Bedeutung der Baubindemittel	321
	20.5.2. Luftbinder	322
	20.5.2.1. Kalk	322
	20.5.2.2. Gips	322
	20.5.2.3. Magnesitbinder	322

20.5.3.	Hydraulische Bindemittel	322
20.5.3.1.	Zemente	322
20.5.3.2.	Weitere hydraulische Bindemittel	324
20.5.4.	Hydrothermale Bindemittel	324
20.5.4.1.	Kalksandstein	324
20.5.4.2.	Silicatbeton	324

21. Metalle der 3. Hauptgruppe … 326

21.1.	Übersicht über die Elemente der 3. Hauptgruppe	326
21.2.	Aluminium	326
21.2.1.	Elementares Aluminium	326
21.2.2.	Aluminiumverbindungen	328
21.2.3.	Aluminothermisches Verfahren	329

22. Metalle der 4. Hauptgruppe … 331

22.1.	Übersicht über die Elemente der 4. Hauptgruppe	331
22.2.	Zinn	331
22.2.1.	Elementares Zinn	331
22.2.2.	Zinnverbindungen	332
22.3.	Blei	333
22.3.1.	Elementares Blei	333
22.3.2.	Bleiverbindungen	333

23. Metalle der 1. und 2. Nebengruppe … 335

23.1.	Übersicht über die Metalle der 1. Nebengruppe	335
23.2.	Kupfer	335
23.2.1.	Elementares Kupfer	335
23.2.2.	Kupferverbindungen	338
23.3.	Silber	339
23.3.1.	Elementares Silber	339
23.3.2.	Silberverbindungen	339
23.4.	Übersicht über die Metalle der 2. Nebengruppe	340
23.5.	Zink	340
23.6.	Quecksilber	341
23.6.1.	Elementares Quecksilber	341
23.6.2.	Quecksilberverbindungen	342

24. Eisen und Stahl … 344

24.1.	Übersicht über die Metalle der 8. Nebengruppe	344
24.2.	Eisen	344
24.2.1.	Elementares Eisen	344
24.2.2.	Eisenverbindungen	346

24.3. Roheisengewinnung 346
24.4. Stahlgewinnung. 349
24.5. Metalle als Stahlveredler 352
24.6. Wirtschaftliche Bedeutung von Eisen und Stahl 355

25. Chemie und Technologie des Wassers 356

25.1. Die wirtschaftliche Bedeutung des Wassers. 356
25.2. Natürliches Wasser 356
25.3. Wasserhärte 357
25.4. Anforderungen an die Wasserbeschaffenheit 358

    25.4.1. Anforderungen an die Trinkwassergüte 358
    25.4.2. Anforderungen der Industrie an Brauchwasser 359

25.5. Wasseraufbereitung 359

    25.5.1. Physikalische Aufbereitungsverfahren 359
    25.5.2. Chemische Aufbereitungsverfahren 360
    25.5.3. Enthärtung des Wassers. 360
    25.5.4. Entkeimung des Wassers 362

25.6. Abwässerreinigung 362

    25.6.1. Mechanische Reinigung 362
    25.6.2. Biologische Reinigung. 362

25.7. Wasseruntersuchung 363

    25.7.1. Bestimmung der Wasserhärte 363
    25.7.2. Bestimmung des biochemischen Sauerstoffbedarfs 363

26. Reaktionstypen der organischen Chemie – Kohlenwasserstoffe 365

26.1. Eigenart und Einteilung der Verbindungen der organischen Chemie . . . 365
26.2. Reaktionen organischer Verbindungen 368

    26.2.1. Einteilung nach dem Reaktionsweg 368
    26.2.2. Einteilung nach der Bindungsumgruppierung. 369
    26.2.3. Reaktionen zur Bildung von Makromolekülen 371
    26.2.4. Induktions- und Mesomerieeffekt 372

26.3. Alkane – Gesättigte Kohlenwasserstoffe 373

    26.3.1. Bau und Nomenklatur der Alkane 373
    26.3.2. Vorkommen, Eigenschaften und Reaktionen der Alkane . . . 376

26.4. Alkene und Alkine – Ungesättigte Kohlenwasserstoffe 378

    26.4.1. Alkene – Olefine 379
    26.4.2. Alkadiene – Diolefine 381
    26.4.3. Alkine – Acetylene 382

26.5. Halogenverbindungen der Alkane und Alkene 384

27. Petrol- und Kohlechemie 386

27.1. Entstehung, Vorkommen und Inhaltsstoffe von Erdöl und Erdgas. . . . 386
27.2. Physikalische Methoden zur Gewinnung von Erdölprodukten 388
27.3. Gewinnung von Erdölprodukten mit chemischen Methoden 391

27.4.	Petrolchemikalien und Petrolchemie	392
27.5.	Inhaltsstoffe, Entstehung und Vorkommen der Kohle	393
27.6.	Verfahren der Kohleveredlung und Kohlechemie	394
27.7.	Kraftstoffe	396
27.8.	Schmieröle	397
27.9.	Schmierfette	398

28. Derivate der Kohlenwasserstoffe ... 400

28.1.	Funktionelle Gruppen	400
28.2.	Alkanole (Alkohole)	400
28.2.1.	Einwertige Alkanole	401
28.2.2.	Mehrwertige Alkanole	402
28.2.3.	Technisch wichtige Alkanole	403
28.3.	Alkanale (Aldehyde)	404
28.4.	Alkanone (Ketone)	406
28.5.	Alkansäuren	407
28.6.	Alkensäuren und Alkandisäuren	409
28.6.1.	Alkensäuren	409
28.6.2.	Alkan- und Alkendisäuren	409
28.7.	Substituierte Carbonsäuren und Carbonsäurederivate	410
28.8.	Ester	412
28.9.	Alkoxyalkane (Ether)	413

29. Eiweißstoffe, Fette und Kohlenhydrate ... 415

29.1.	Aminosäuren	415
29.2.	Proteine und Proteide	416
29.3.	Fette und fette Öle	417
29.4.	Seifen und synthetische Waschgrundstoffe	418
29.5.	Einteilung der Kohlenhydrate	419
29.6.	Monosaccharide	420
29.7.	Oligosaccharide	421
29.8.	Polysaccharide: Stärke und Cellulose	422

30. Cyclische Verbindungen ... 425

30.1.	Cycloalkane – Alicyclische Verbindungen	425
30.2.	Benzen als Grundsubstanz aromatischer Verbindungen	426
30.3.	Benzenhomologe	429
30.4.	Technische Gewinnung von Benzen und anderen Aromaten	431
30.5.	Benzenderivate: Phenole, Nitrobenzen, Anilin	433
30.6.	Aromatische Alkohole und Carbonsäuren	435
30.7.	Kondensierte aromatische Ringsysteme	436
30.8.	Heterocyclische Verbindungen	438

31. Plaste, Elaste und Faserstoffe 439

31.1. Reaktionsmechanismus und technische Durchführung der Polymerisation und Polykondensation 439
31.2. Thermoplaste auf der Basis von Ethen und Ethenderivaten 441
31.3. Synthetischer Kautschuk 444
31.4. Plaste auf der Basis von Phenolen 446
31.5. Plaste auf der Basis von Harnstoff und anderen Stickstoffverbindungen . 447
31.6. Plaste verschiedenen Typs 448
    31.6.1. Polyurethane 448
    31.6.2. Epoxidharze 448
    31.6.3. Polyester- und Polyamidharze 449
31.7. Natürliche Faserstoffe 449
31.8. Regeneratfaserstoffe und andere Produkte aus Zellstoff 451
31.9. Synthetische Faserstoffe 453
31.10. Nachweisreaktionen für Plaste und Faserstoffe 456

32. Methoden der analytischen Chemie 458

32.1. Qualitative Analyse 458
    32.1.1. Allgemeines 458
    32.1.2. Qualitative Analyse löslicher anorganischer Verbindungen . . . 458
    32.1.2.1. Bestimmung der Kationen 458
    32.1.2.2. Bestimmung der Anionen 459
    32.1.3. Elementaranalyse organischer Verbindungen 460
32.2. Quantitative Analyse 460
    32.2.1. Gravimetrische Analyse 461
    32.2.2. Volumetrische Analyse (Maßanalyse) 462
    32.2.3. Elektrochemische Analyse 466
32.3. Physikochemische Methoden der Betriebsmeßtechnik 468
    32.3.1. Gasanalyse 469
    32.3.2. Potentiometrische Meßverfahren 470
    32.3.3. Bedeutung der Betriebsmeßtechnik 473

Literaturverzeichnis und Bildquellenverzeichnis 476

Lösungen zu den Aufgaben 477

Sachwörterverzeichnis 504

Anlagen 514

1. Gegenstand, Bedeutung und Entwicklung der Chemie

1.1. Gegenstand der Chemie

Die Chemie ist, wie z. B. die Physik, Geologie oder Biologie, eine Naturwissenschaft.

Die einzelnen Wissenschaften unterscheiden sich durch ihren Gegenstand. Während sich die Biologie mit dem lebenden Organismus, mit Tier und Pflanze, beschäftigt, ist der Gegenstand der Physik die Energie in ihren verschiedenen Formen. Es ist verhältnismäßig schwierig, den Gegenstand der Chemie exakt abzugrenzen. In erster Linie beschäftigt sich die Chemie mit den stofflichen Vorgängen (Stoffumwandlungen, chemische Reaktionen). Im Verlauf chemischer Vorgänge entstehen aus den Ausgangsstoffen neue, andere Stoffe mit Eigenschaften, die von denen der Ausgangsstoffe verschieden sind. Schließlich gehören auch Untersuchungen über den Aufbau und die Eigenschaften der Stoffe zum Gegenstand der Chemie, da die stofflichen Vorgänge weitgehend vom Aufbau und den Eigenschaften der beteiligten Stoffe abhängen.

| *Gegenstand der Chemie sind die Stoffe und die stofflichen Veränderungen.*

Die Naturwissenschaften stehen nicht isoliert nebeneinander. Viele Aufgaben der Chemie können nur in Zusammenarbeit mit anderen Naturwissenschaften gelöst werden. Besonders zwischen Chemie und Physik besteht ein enger Zusammenhang. So sind z. B. die Stoffumwandlungen in erster Linie an den mit ihnen verbundenen physikalischen Erscheinungen zu erkennen und werden in ihrem Ablauf durch physikalische Bedingungen beeinflußt. Die in der Chemie interessierende Frage nach dem Aufbau und den Eigenschaften der Stoffe wird zugleich auch vom Physiker gestellt. Beide wissenschaftliche Disziplinen haben gemeinsam zu ihrer Beantwortung beigetragen. Auch die Mathematik ist für die Chemie bedeutsam. Nachdem die qualitative Seite einer Stoffumwandlung oder der Aufbau eines Stoffes erkannt ist, werden die quantitativen Beziehungen mit Hilfe der Mathematik erfaßt (→ Aufg. 1.1.).

Die Chemie wird in einzelne Gebiete eingeteilt, wobei diese Teilgebiete eng miteinander zusammenhängen und sich teilweise überschneiden.

Die *analytische Chemie* beschäftigt sich mit der Trennung eines Stoffgemisches in reine Stoffe, mit der Identifizierung (Nachweis) und der mengenmäßigen Bestimmung dieser Stoffe. Die analytische Chemie ist von großer praktischer Bedeutung. Sie dient u. a. der Kontrolle chemischer Produktionsprozesse, der Prüfung von Werkstoffen und Brennstoffen, sie dient als Hilfsmittel bei der Diagnostik von Krankheiten usw. Vor allem aber schafft die analytische Chemie die Voraussetzungen für die chemische Synthese von praktisch wichtigen Produkten.

Die *synthetische (präparative) Chemie* befaßt sich mit dem Aufbau von komplizierter gebauten Stoffen auf dem Wege der Stoffumwandlung. Insbesondere liefert die synthetische Chemie die Grundlagen für die Synthesen in der chemischen Technik, die aus einer geringen Zahl von zum Teil billigen und leicht zugänglichen Rohstoffen eine Fülle von Werkstoffen, Gebrauchsgütern usw. produziert (→ Aufg. 1.2.).

Gegenstand der *allgemeinen* und *physikalischen Chemie* sind u. a. die Grundgesetze der Chemie, die für jede Stoffumwandlung gelten.
Die spezielle Behandlung der Stoffe und ihrer chemischen Umsetzungen geschieht entweder im Rahmen der *organischen* oder der *anorganischen Chemie*. Dabei umfaßt die organische Chemie das Gebiet der Kohlenstoffverbindungen, die anorganische Chemie die Verbindungen aller anderen Elemente. Daneben gibt es innerhalb der Chemie zahlreiche Spezialgebiete, wie die *Radiochemie*, die *Geochemie*, die *Biochemie* usw.

1.2. Entstehung, Entwicklung und Bedeutung der Chemie

Die Chemie entstand und entwickelte sich in der Auseinandersetzung des Menschen mit seiner Umwelt. Der Trieb, sein Leben zu erhalten, ließ den Menschen der Urgesellschaft das zufällig gefundene Feuer zum Schutz gegen Kälte und zur Bereitung seiner Nahrung verwenden. Später lernte er, mit Hilfe des Feuers Bronze und schließlich auch Eisen zu gewinnen. Seit dieser Zeit wurden in ständig steigendem Maße chemische Prozesse zur Befriedigung der Bedürfnisse des Menschen herangezogen. Während des Altertums und des Mittelalters wurden Gerberei und Färberei, Brauerei und Brennerei sowie die Bereitung von Arzneimitteln nach erprobten und überlieferten Rezepten betrieben, ohne daß man eine Vorstellung von den Gesetzen der zugrunde liegenden Prozesse hatte. Unabhängig von der gewerblichen Anwendung chemischer Prozesse entfalteten im Mittelalter die Alchimisten eine rege Experimentiertätigkeit. Dem damaligen niedrigen Stand der Naturerkenntnis entsprechend, gingen die Alchimisten von mystischen Vorstellungen aus. Ihre Hauptanliegen, Gold und ein Universalmittel gegen alle Krankheiten herzustellen, mußten selbstverständlich scheitern. Dagegen entdeckte mancher Alchimist bei seinen Versuchen zufällig einen bisher unbekannten Stoff, so z. B. *Brandt* (1669) den Phosphor. Von größerem Nutzen als die Alchimie war für die Menschheit die von *Paracelsus* Anfang des 16. Jahrhunderts ins Leben gerufene Iatrochemie, die sich mit der Herstellung von Arzneimitteln befaßte. Die Alchimisten und Iatrochemiker betrachteten aber die beobachteten chemischen Erscheinungen isoliert. Erst seit dem 17. Jahrhundert kam mit der Entwicklung des Bürgertums das Bedürfnis auf, die Gesetzmäßigkeiten, nach denen die Stoffe zu neuen Stoffen zusammentreten, zu erforschen. Die fortschrittlichen Anschauungen des Bürgertums drängten kirchliche Dogmen und damit den Mystizismus weitgehend zurück, so daß mit der Entdeckung einiger grundlegender Naturgesetze Ende des 18. Jahrhunderts bis Anfang des 19. Jahrhunderts eine wissenschaftliche Chemie entstehen konnte. Seit der Mitte des 19. Jahrhunderts begann sich die chemische Industrie, deren Anfänge bis ins 18. Jahrhundert zurückreichen, auf Grund der fortschreitenden ökonomischen Entwicklung kräftig zu entfalten. Zuerst entstand in England zur Verarbeitung der Baumwolle und pflanzlichen Öle der englischen Kolonien eine ausgedehnte Soda- und Seifenindustrie. Die deutsche Chemieindustrie nahm vom Superphosphat und vor allem von den Teerfarben ihren Ausgang. Wenn auch die Entwicklung der deutschen Chemieindustrie verspätet einsetzte, so hatte sie doch bereits bis zum Beginn des ersten Weltkrieges auf vielen Gebieten, besonders auf dem Gebiet der Farbstoffe und Pharmazeutika, nahezu eine Monopolstellung erreicht.
Nachdem die chemische Industrie in der Zeit des ersten und zweiten Weltkrieges besonders durch die Entwicklung von kriegswichtigen Syntheseverfahren (Benzin, Kautschuk) gekennzeichnet war, diente die Steigerung der Chemieproduktion nach 1945 dem Ziel, den Lebensstandard der Bevölkerung zu erhöhen.

Die *Chemisierung der Volkswirtschaft* ist eine Hauptrichtung des technischen Fortschritts und trägt wesentlich zur Steigerung der Arbeitsproduktivität bei. Die Aufgabe der Chemisierung besteht darin, daß zunehmend chemische Produkte als Arbeitsgegenstände oder Arbeitsmittel verwendet und chemische Methoden in vielen Produktionszweigen angewendet werden. In diesem Zusammenhang ist an die teilweise Verdrängung der traditionellen Werkstoffe (Metalle, Naturfaserstoffe usw.) durch Hochpolymere (Plaste, Elaste, Chemiefaserstoffe usw.) zu denken. Aber auch die Chemisierung der landwirtschaftlichen Produktion (Verwendung von synthetischen Düngemitteln, Schädlingsbekämpfungsmitteln, Futterzusätzen) und anderer Produktionszweige ist bedeutend. Es gibt verschiedene Gründe, weshalb insbesondere mit Hilfe der Chemisierung effektiver produziert werden kann. Chemische Produkte werden aus in größeren Mengen vorhandenen, relativ billigen und zum Teil austauschbaren Rohstoffen erzeugt. Solche Rohstoffe für die Chemieproduktion sind Braunkohle, Wasser, Luft, Steinsalz, Kalkstein, Silikate und Erdöl. Im Gegensatz dazu stehen die Rohstoffe der metallurgischen Produktion (Erze) nur begrenzt zur Verfügung, sind nicht austauschbar und relativ teuer. Gleiches gilt auch für viele Werkstoffe aus pflanzlicher und tierischer Produktion (Holz, Wolle, Seide usw.). Die chemische Produktion ist auch deswegen besonders wirtschaftlich, weil in ihrem Verlauf nur sehr wenige nicht verwertbare Nebenprodukte auftreten, und vor allem, weil ihre Technologie sehr oft einen kontinuierlichen Verfahrensablauf mit allen wirtschaftlichen Vorteilen der Mechanisierung und Automatisierung gestattet. Außerdem ist zu beachten, daß mit Hilfe der Chemie neue, nicht in der Natur vorhandene Stoffe erzeugt werden können, deren Eigenschaften vorzüglich dem Verwendungszweck angepaßt sind (z. B. Werkstoffe »nach Maß«, Pharmazeutika usw.).

■ **Aufgaben**

1.1. Welche Berührungspunkte haben Chemie und Physik?

1.2. Was versteht man unter analytischer und was unter synthetischer (präparativer) Chemie?

1.3. Es sind Beispiele für die Chemisierung der Volkswirtschaft zu nennen! Welche ökonomischen Auswirkungen hat die Chemisierung?

2. Stoffe

2.1. Begriff des Stoffes (Stoff – Körper)

Deutlich muß der Begriff *Stoff* vom Begriff *Körper* abgegrenzt werden. Körper sind Gebilde mit einer bestimmten Gestalt, die häufig der beabsichtigten Verwendung besonders angepaßt wurde. Nur die Stoffe sind Gegenstand der Chemie. Mit den Körpern beschäftigt sich die Chemie im allgemeinen nicht. Die Gestalt ist keine charakteristische Eigenschaft des Stoffes. Eine Ausnahme bilden die Kristallformen. Die Gestalt eines kristallinen Körpers ist eine Eigentümlichkeit des Stoffes, aus dem der Kristall besteht. Die Kristallform ist durch die Art der kleinsten Stoffteilchen (Ionen, Atome, Moleküle) bedingt und damit eine spezifische Stoffeigenschaft (→ Aufg. 2.1.).

2.2. Atomarer Aufbau der Stoffe

Alle Stoffe sind aus *Atomen* aufgebaut (→ Abschn. 3.). Die Atome sind die kleinsten Bausteine der Stoffe. Bei jeder chemischen Umsetzung bleiben die Atome erhalten, sie ändern lediglich ihre gegenseitige Lage zueinander, schließen sich zu neuen Verbänden zusammen, sie gruppieren sich um, verändern ihre elektrische Ladung usw.

Die Atome sind vom Standpunkt der Chemie die kleinsten Bausteine aller Feststoffe, Flüssigkeiten und Gase. Sie bleiben bei chemischen Umsetzungen erhalten.

Die Atome sind außerordentlich klein. Ihr Durchmesser liegt in der Größenordnung von wenigen hundertmillionstel Zentimetern. Ein Eisenatom z. B. hat einen Radius von $1{,}72 \cdot 10^{-10}$ m. Die Masse der verschiedenen Atome liegt zwischen 10^{-24} und 10^{-22} g.

Jedes Atom besteht aus einem elektrisch positiv geladenen *Atomkern* und einer *Atomhülle*. Die Atomhülle wird von (elektrisch negativ geladenen) Elektronen gebildet.

Das Vermögen eines Atoms, mit anderen Atomen Bindungen einzugehen, d. h. an chemischen Umsetzungen beteiligt zu sein, ist praktisch nur durch die Zusammensetzung der Atomhülle bedingt.

Es sind gegenwärtig unter chemischen Gesichtspunkten – entsprechend der Zahl der Elemente – 106 verschiedene Atomsorten bekannt. Die Atomsorten unterscheiden sich durch die Größe, die Masse und vor allem durch die Hüllenstruktur der Atome. Innerhalb einer Atomsorte gleichen sich die einzelnen Atome in ihrer Hüllenstruktur und damit in ihrem Verhalten bei chemischen Umsetzungen. Zum Beispiel haben zwei Eisenatome stets die gleiche Atomhülle, chemische Umsetzungen mit ihnen verlaufen in der gleichen Weise. Jedoch können innerhalb einer Atomsorte Atome mit unterschiedlicher Kernzusammensetzung auftreten (Isotope). In ihrem chemischen Verhalten sind solche Isotope nicht zu unterscheiden (→ Abschn. 3.2.1.1.).

2.3. Physikalische Eigenschaften der Stoffe – Aggregatzustände

Die *physikalischen Eigenschaften* charakterisieren einen Stoff. Sie ermöglichen es dem Chemiker, einen Stoff zu beschreiben, damit er jederzeit wiedererkannt (identifiziert) und von anderen Substanzen unterschieden werden kann. Bestimmte Eigenschaften dienen oftmals zur quantitativen und qualitativen Bestimmung von Stoffen (physikalische und physikalisch-chemische Analysenmethoden). Außerdem werden Unterschiede in den physikalischen Eigenschaften verschiedener Stoffe zur Trennung von Stoffgemischen ausgenutzt (→ Abschn. 2.6.). Es ist deshalb wichtig, die Eigenschaften der Stoffe zu kennen. Mit Hilfe der Sinne kann man *Farbe*, *Geruch* und *Geschmack* feststellen. Farbe und Geruch sind für einen Stoff wichtige Kennzeichen. Die Prüfung des Geschmacks muß im allgemeinen unterbleiben, da sehr viele Stoffe bereits in kleinen Mengen stark giftig wirken. Eine andere wichtige Eigenschaft eines Stoffes ist seine *Löslichkeit* (→ Abschn. 2.5.).

Die Stoffe können im allgemeinen in den drei *Aggregatzuständen* – fest, flüssig und gasförmig – auftreten. Die allmähliche Änderung der Temperatur führt an bestimmten Punkten zu einem plötzlichen Übergang in eine neue Qualität (fester Stoff, Flüssigkeit, Gas). Die folgende Übersicht enthält die Bezeichnungen für die Übergänge zwischen den einzelnen Aggregatzuständen.

Schmelzpunkt und *Siedepunkt* mit ihren Abkürzungen Fp[1]) und Kp[2]) bezeichnen die Temperaturen, bei denen sich der Übergang von fest nach flüssig bzw. von flüssig nach gasförmig vollzieht. Beide Daten stellen für einen Stoff außerordentlich wichtige Konstanten dar. Reine Stoffe haben bestimmte Schmelz- und Siedepunkte, die zu ihrer Identifizierung dienen können. Verunreinigungen verändern Schmelz- und Siedepunkt und sind dadurch zu erkennen. Im allgemeinen wird durch Verunreinigungen der Schmelzpunkt herabgesetzt und der Siedepunkt erhöht. Es gibt aber auch eine große Anzahl Stoffe, für die sich kein Siedepunkt ermitteln läßt, da sie sich vor dessen Erreichen zersetzen (z. B. Rohrzucker) oder langsam erweichen (z. B. Harze). Schmelz- und Siedepunkte werden in Grad Celsius (°C) oder in Kelvin (K) angegeben. Dabei gilt die Beziehung

$T/\text{K} = t/°\text{C} + 273{,}15$

T Temperatur in K
t Temperatur in °C

Es ist zu beachten, daß der Siedepunkt stark vom äußeren Druck abhängt (→ Abschnitt 2.6.2.). Im allgemeinen bezieht sich die Angabe des Siedepunkts auf die Verhältnisse unter Normdruck (101,3 kPa). Gilt die genannte Siedetemperatur für andere Druckbedingungen, so wird das ausdrücklich angegeben.
Zum Beispiel für Wasser:

Kp (bei 9,9 kPa) = 45,5 °C

---

[1]) Fp Abkürzung für Fusionspunkt (Schmelzpunkt)
[2]) Kp Abkürzung für Kochpunkt (Siedepunkt)

Die Änderung des Aggregatzustandes ist ein treffendes Beispiel für einen *physikalischen Vorgang*. Die verschiedenen Zustände eines Stoffes lassen sich durch eine rein physikalische Maßnahme (Temperaturänderung) ineinander überführen. Der Stoff bleibt erhalten. Beim Schmelzen und in stärkerem Maße beim Sieden wird der Abstand zwischen den Stoffteilchen und damit die Beweglichkeit dieser Teilchen größer. Nur beim festen Stoff sind die Teilchen an bestimmte Plätze gebunden. Die kinetische Wärmetheorie besagt, daß sich beim Erwärmen die Geschwindigkeit erhöht, mit der sich die kleinsten Teilchen der Stoffe bewegen. Die Wärmeenergie ist proportional der kinetischen Energie (Bewegungsenergie) der Teilchen.
Feste Stoffe sind in der Regel kristallin aufgebaut. In einem Kristall sind die kleinsten Teilchen (Gitterbausteine) in bestimmter Art und Weise angeordnet (Kristallgitter). Zwischen den Gitterbausteinen wirken Anziehungskräfte, die das Gitter zusammenhalten. In einem festen Stoff beschränken sich die Bewegungen der kleinsten Teilchen auf Schwingungen um eine bestimmte Ruhelage. Bei der Schmelztemperatur reichen die Gitterkräfte nicht mehr aus, um das Kristallgitter zusammenzuhalten: Die Substanz schmilzt. Die Schmelze besitzt keinen geordneten Aufbau mehr, es besteht aber noch immer ein gewisser Zusammenhalt zwischen den Teilchen. Bei der Siedetemperatur endlich wird auch dieser letzte Zusammenhalt durch die Wärmebewegungen überwunden: Die Substanz verdampft. Die kleinsten Teilchen werden frei beweglich.
Ein fester Stoff hat stets eine bestimmte Form und ein bestimmtes Volumen. Eine Flüssigkeit hat ebenfalls ein bestimmtes Volumen, aber keine bestimmte Form; ihre Form ist jeweils durch das Gefäß bestimmt, in dem sie sich befindet. Ein Gas hat weder eine bestimmte Form noch ein bestimmtes Volumen; es füllt jedes ihm dargebotene Volumen aus.
Auf Grund der kinetischen Wärmetheorie ist es verständlich, daß ein Stoff im flüssigen Zustand energiereicher als im festen Zustand ist. Im gasförmigen Zustand ist der Energiegehalt noch höher. Man bezeichnet diejenige Wärmemenge, die zum Schmelzen eines Stoffes notwendig ist, als *Schmelzwärme*. Beim Übergang vom flüssigen zum gasförmigen Aggregatzustand muß die *Verdampfungswärme* aufgewendet werden. Schmelz- und Verdampfungswärme sind Wärmemengen und werden auf die Masse bzw. Menge des Stoffes, z. B. auf ein Gramm oder ein Mol (→ Abschn. 6.4.), bezogen. Einheit der Wärmemenge ist das Joule. Tabelle 2.1 enthält die Schmelz- und Verdampfungswärme einiger ausgewählter Stoffe.
Eine wichtige Stoffkonstante ist die Dichte ϱ.

Dichte $= \dfrac{\text{Masse}}{\text{Volumen}}$, $\varrho = \dfrac{m}{V}$

Maßeinheiten für die Dichte sind z. B. g cm^{-3} oder kg dm^{-3} usw.

Tabelle 2.1. Schmelz- und Verdampfungswärmen einiger Stoffe

Stoff	Schmelzwärme in kJ g^{-1}	Verdampfungswärme in kJ g^{-1}
Aluminium	0,365	11,7
Eisen (rein)	0,272	6,4
Kupfer	0,209	4,6
Ethylalkohol	0,105	0,84
Benzen	0,127	0,39
Quecksilber	0,012	0,30
Wasser	0,332	2,25
Ammoniak	0,339	1,37
Kohlendioxid	0,184	0,57
Schwefeldioxid	0,117	0,40

Es ist in der Chemie auch üblich, die Dichte von Flüssigkeiten auf die Dichte von Wasser bei 4° C = 1 zu beziehen *(Dichtezahl D)*. Da die Dichten der Flüssigkeiten stark temperaturabhängig sind, muß auch die Temperatur bei der Dichtezahl mit angegeben werden, z. B. Quecksilber $D_0 = 13{,}5951$
$D_{100} = 13{,}3514$

Bei Gasen verwendet man zur Kennzeichnung der Dichte oft den Ausdruck *Litermasse*. Die Litermasse gibt die Masse (in Gramm) eines Liters des betreffenden Gases an. Die Litermasse ist temperatur- und druckabhängig, sie wird gewöhnlich für Normbedingungen (0 °C und 101,3 kPa) angegeben, z. B.:

Luft (trocken): Litermasse (unter Normbedingungen) = 1,293 g
Litermasse (bei 20 °C und 101,3 kPa) = 1,205 g

Gelegentlich wird die Dichte von Gasen auch auf die Dichte von trockener Luft unter Normbedingungen = 1 bezogen.

Durch die Dichtebestimmung kann bei flüssigen Stoffmischungen oft auf das Massenverhältnis der Mischungspartner geschlossen werden. Tabellenbücher der Chemie enthalten Übersichten über den Zusammenhang von Konzentration und Dichte einer Lösung.

Es gibt weitere zahlreiche physikalische Stoffeigenschaften, wie *optische Aktivität, dielektrisches Verhalten, Lichtabsorption, Lichtbrechung* usw., die in der Chemie zur Charakterisierung eines Stoffes herangezogen werden. Ihre Behandlung ist in diesem Rahmen nicht möglich. Andere physikalische Eigenschaften, wie Leitfähigkeit für Wärme, Druck- und Zugfestigkeit usw., werden im Rahmen der Physik und Werkstoffwissenschaft behandelt. Über die elektrische Leitfähigkeit werden im Abschnitt 9.2. Ausführungen gemacht (→ Aufg. 2.2. bis 2.4.).

2.4. Reine Stoffe und Stoffgemische

Ein *reiner Stoff* stellt ein chemisches Individuum dar. Seine Zusammensetzung ist genau definiert. Reines Natriumchlorid z. B. besteht aus Natrium- und Chloridionen[1]) im Verhältnis 1 : 1, und zwar nur aus diesen Ionen und stets in diesem Verhältnis. Ein reiner Stoff behält die gleichen physikalischen Konstanten, wie z. B. Schmelz- und Siedepunkt, auch wenn er noch so vielen Reinigungsoperationen unterworfen wird.

Selbstverständlich sind die Stoffe, mit denen die Chemie praktisch umgeht, nicht absolut rein. Je nach den praktischen Bedürfnissen werden die obengenannten Forderungen nach definierter Zusammensetzung und Konstanz der physikalischen Eigenschaften mehr oder weniger streng gestellt. Es ist auch zu beachten, daß der Genauigkeit von Reinheitsbestimmungen entwicklungsbedingte Grenzen gesetzt sind. Verschiedene z. B. in der Mikroelektronik benötigte Metalle werden bereits heute mit sehr großer Reinheit hergestellt (Reinstmetalle). Der Gehalt an Fremdelementen bei solchen Metallen liegt oft unterhalb 0,0001%.

Sind reine Stoffe miteinander gemischt, so spricht man von einem *Gemenge*, oft auch *Mischung, Gemisch* oder *disperses System* genannt (→ Abschn. 5.). Dieses Gemisch kann heterogen oder homogen sein. Lassen sich in dem Gemenge entweder mit bloßem Auge, mit Lupe oder Mikroskop die Teilchen der verschiedenen Stoffe unterscheiden, so wird es als *heterogen* bezeichnet. Teilchen der verschiedenen Stoffe liegen dort sichtbar nebeneinander vor.

---

[1]) Ionen sind elektrisch geladene Atome (→ Abschn. 4.3.1.)

Beim Lösen von Kochsalz in Wasser entsteht ein Gemisch, das keinen heterogenen Charakter trägt. In der Lösung lassen sich die Teilchen der beiden Stoffe selbst mit einem Mikroskop nicht voneinander unterscheiden, weil sie sehr klein sind. Ein solches Gemisch wird *homogen* (einheitlich) genannt. Lösungen sind homogene Gemische. Sie besitzen durchgehend die gleichen Eigenschaften. Heterogene Gemische weisen nebeneinander Stellen mit unterschiedlichen Eigenschaften auf.[1]) Homogen sind nicht nur die Lösungen, sondern auch alle reinen Stoffe. Homogene und heterogene Mischungen sind sowohl zwischen Stoffen von gleichem als auch von verschiedenem Aggregatzustand möglich (→ Tab. 2.2).

In einem heterogenen Gemenge können die Bestandteile in beliebigen Mengenverhältnissen vorliegen. Bei manchem homogenen Gemisch zeigt die Mischbarkeit bestimmte Grenzen, so z. B. bei einer Lösung zwischen Ether und Wasser.

In diesem Zusammenhang ist es notwendig, auch auf die Begriffe *homogenes* und *heterogenes System* hinzuweisen. Diese Begriffe werden u. a. bei der Untersuchung von Reaktionsabläufen (→ Abschn. 7.4.) verwendet. Homogene Systeme bestehen aus einer Phase, heterogene Systeme aus zwei oder mehr Phasen.

Unter *Phasen* versteht man dabei die in dem System vorhandenen Zustandsformen der Stoffe, die sich durch Trennungsflächen voneinander abgrenzen. Da sich Gase unbegrenzt mischen lassen, also keine Trennungsfläche besitzen, kann in einem heterogenen System stets nur eine gasförmige Phase vorliegen. Dagegen können mehrere feste und mehrere flüssige Phasen nebeneinander auftreten. Zwei feste Phasen liegen z. B. in einem Eisen-Schwefel-Gemenge vor. Um zwei flüssige Phasen handelt es sich, wenn zwei nicht miteinander mischbare Flüssigkeiten nebeneinander vorliegen. Dabei ist es gleichgültig, ob die beiden flüssigen Phasen nur eine einzige Berührungsfläche miteinander haben (z. B. Ölschicht auf Wasser) oder ob die eine in der anderen fein verteilt auftritt (Emulsion). Um nur eine Phase handelt es sich

Tabelle 2.2. Beispiele für verschiedene Arten von Mischungen

Aggregatzustände der Bestandteile	Homogene Gemische	Heterogene Gemische
fest–fest	Legierungen, z. B. Messing, Bronze	Granit und andere Gesteine
fest–flüssig	Lösungen, z. B. wäßrige Zuckerlösung	Suspension, Aufschlämmung, z. B. Tonteilchen in Wasser; aber umgekehrt auch wasserhaltiger Ton
fest–gasförmig	Lösungen, z. B. Wasserstoff in Stahl	Rauch, z. B. Rußteilchen in Luft; aber umgekehrt auch poröses Material, z. B. Ziegelsteine
flüssig–flüssig	Mischung von Alkohol mit Wasser	Emulsion, z. B. Fetttröpfchen in Wasser (Milch)
flüssig–gasförmig	Lösung von Kohlendioxid in Wasser (Selterswasser)	Schaum und Nebel, z. B. Wassertröpfchen in Luft
gasförmig–gasförmig	Mischung von Sauerstoff mit Stickstoff (Luft)	gibt es nicht, da sich alle Gase homogen mischen

---

[1]) Die Bezeichnungen homogene und heterogene Gemische sind relativ. Siehe hierzu die Einteilung disperser Systeme nach der Teilchengröße der dispersen Phase in Abschn. 5.1.3.

jedoch, wenn zwei Flüssigkeiten miteinander gemischt sind oder ein Feststoff bzw. ein Gas in der Flüssigkeit gelöst vorliegt.

Je nach der Anzahl der verschiedenartigen reinen Stoffe im System unterscheidet man Einkomponenten-, Zweikomponentensysteme usw. So ist z. B. der reine Stoff, der in einem bestimmten Aggregatzustand vorliegt, ein homogenes Einkomponentensystem. Das System Wasser/Wasserdampf ist ein heterogenes Einkomponentensystem. Ein Wasser/Ethanol-Gemisch ist ein homogenes Zweikomponentensystem (→ Aufg. 2.5.).

2.5. Lösungen und Konzentrationseinheiten

Lösungen sind homogene Mischungen von zwei und mehr Stoffen. Die Stoffe können vor dem Mischen gleiche oder auch verschiedene Aggregatzustände besitzen. Der Hauptbestandteil der homogenen Mischung wird als *Lösungsmittel*, die anderen Bestandteile werden als *gelöste Stoffe* bezeichnet. In manchen Fällen ist diese Unterscheidung unzweckmäßig oder nicht möglich.

Wirklich homogen ist eine Mischung (echte Lösung) nur dann, wenn die Stoffteilchen kleiner als 1 nm sind, d. h. als Atome oder Ionen bzw. in kleinen Atomverbänden (Moleküle) vorliegen. Mischungen, die größere Stoffteilchen enthalten, sind nicht mehr homogen, sondern kolloiddisperse oder grobdisperse Systeme (→ Abschnitt 5.1.3.).

Die Konzentration eines gelösten Stoffes kann in verschiedener Weise quantitativ beschrieben werden:

a) Die Angabe Masseprozent besagt, wieviel Gramm eines gelösten Stoffes in 100 g Lösung enthalten sind.

b) Die Konzentration wird durch die Masse gelösten Stoffes (in Gramm) in 100 g Lösungsmittel ausgedrückt.

Die Konzentrationsangaben a) und b) liefern unterschiedliche Werte, die leicht ineinander umgerechnet werden können.

c) Die Angabe Volumenprozent besagt, wieviel Milliliter eines gelösten Stoffes in 100 ml Lösung enthalten sind. Diese Konzentrationsangabe wird besonders bei der Mischung von Gasen oder Flüssigkeiten verwendet.

d) Verschiedentlich wird die Konzentration einer Lösung auch durch die Masse des gelösten Stoffes in einem bestimmten Volumen Lösung oder Lösungsmittel bzw. durch das Volumen des gelösten Stoffes in einer bestimmten Masse Lösung oder Lösungsmittel ausgedrückt.

e) Insbesondere bei physikalisch-chemischen Berechnungen wird die Konzentration einer Stoffart in einer homogenen Stoffmischung durch das folgende Verhältnis ausgedrückt: Anzahl der Teilchen des gelösten Stoffes zu Anzahl der insgesamt in der Lösung enthaltenen Teilchen. Dieser Quotient wird Molenbruch genannt. Bilden z. B. die Stoffe A und B ein homogenes Gemisch, dann heißen die Molenbrüche für A und B

$$x_A = \frac{n_A}{n_A + n_B}$$

$$x_B = \frac{n_B}{n_A + n_B}$$

Dabei bezeichnet n die Stoffmenge mit der Einheit Mol[1])

$$n = \frac{m}{M} = \frac{\text{Masse}}{\text{molare Masse}}$$

Der Molenbruch als Konzentrationsmaß liegt definitionsgemäß zwischen den Werten 0 und 1, und die Summe der Molenbrüche aller am Gemisch beteiligten Komponenten beträgt immer 1.

f) Besonders für die analytische Chemie wichtige Konzentrationsmaße sind Molarität und Normalität (Definition → Abschn. 6.5.).

Meist können nicht unbegrenzte Mengen eines Stoffes in einem Lösungsmittel gelöst werden. Eine *gesättigte Lösung* eines bestimmten Stoffes nimmt nichts mehr von diesem Stoff auf. Die Konzentration des gelösten Stoffes in der gesättigten Lösung wird seine *Löslichkeit* genannt. Die Löslichkeit ist temperaturabhängig.

Die Wasserlöslichkeit der Salze nimmt meist mit steigender Temperatur zu. Eine Übersicht über die Veränderung der Löslichkeit mit der Temperatur gibt ein Löslichkeitsdiagramm (Bild 2.1). Daraus ist z. B. zu entnehmen, daß bei 20 °C nur etwa 32 g Kaliumnitrat in 100 g Wasser löslich sind, während sich bei 70 °C etwa 140 g des Salzes in der gleichen Wassermenge lösen. Beim Abkühlen einer solchen 70 °C warmen, gesättigten Lösung von Kaliumnitrat in Wasser auf eine Temperatur von 20 °C wird die Löslichkeit überschritten, und ein Teil des Kaliumnitrats kristallisiert aus. Oft verzögert sich das Auskristallisieren; es entstehen dann sogenannte *übersättigte Lösungen*, aus denen jedoch beim Einbringen eines Kristallkeims schnell das überschüssige Salz auskristallisiert.

Die Löslichkeit von Gasen in Flüssigkeiten (und Feststoffen) nimmt mit steigender Temperatur ab. Zum Beispiel beobachtet man beim Erwärmen von Wasser schon weit unterhalb der Siedetemperatur kleine Gasbläschen, die sich an der Wand des

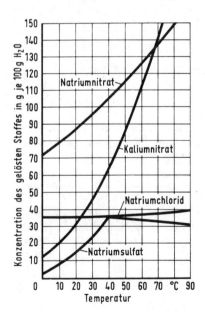

Bild 2.1. Löslichkeitsdiagramm

---

[1]) Zu den Begriffen Mol und molare Masse (Abschn. 6.4.)

Gefäßes bilden und schließlich zur Oberfläche des Wassers aufsteigen, um dort zu zerplatzen. Es handelt sich dabei um Luft und Kohlendioxid, die im Wasser gelöst waren und nun durch die Temperaturerhöhung ausgetrieben werden. In 1 l Wasser lösen sich bei 20 °C und normalem Luftdruck (101,3 kPa) 19 cm^3 Luft und 880 cm^3 Kohlendioxid. Da der Sauerstoff besser als der Stickstoff im Wasser löslich ist, besitzt die im Wasser gelöste Luft eine Zusammensetzung von etwa 64,5% N_2 und 35,5% O_2. Sie ist also sauerstoffreicher als atmosphärische Luft. Die Löslichkeit von Gasen in Flüssigkeiten ist darüber hinaus auch druckabhängig, sie steigt proportional dem Druck.

Jeder Lösevorgang ist mit einer mehr oder weniger großen Energieumsetzung verbunden. Beim Lösen wird entweder Wärme frei, oder es wird Wärme der Umgebung entzogen. Zwischen der Temperaturabhängigkeit der Löslichkeit eines Stoffes und dem Vorzeichen seiner Lösungswärme besteht ein Zusammenhang. Bei Stoffen, die beim Lösen Wärme abgeben, nimmt die Löslichkeit mit steigender Temperatur ab. Das Umgekehrte gilt für Stoffe, die beim Lösen Wärme verbrauchen.

Die allgemeinen Angaben »gut löslich«, »löslich« und »unlöslich« tragen relativen Charakter. Die Übergänge sind fließend. Als praktisch unlöslich werden gewöhnlich Stoffe mit einer Löslichkeit von weniger als 0,1 g in 100 g Lösungsmittel angesehen. Absolut unlösliche Stoffe gibt es nicht.

Das Wasser ist in der Chemie das wichtigste Lösungsmittel. Viele Säuren, Basen und Salze sind in ihm löslich. Außer Wasser kommen als Lösungsmittel vor allem organische Verbindungen, wie Alkohole, Ether, Kohlenwasserstoffe usw., in Frage. Lösungen haben große Bedeutung für die Trennung von Gemengen (→ Abschn. 2.6.1.) und für chemische Umsetzungen. Eine chemische Reaktion kommt oft nur dann zustande, wenn die Stoffe in einer Lösung vorliegen. Im festen Zustand reagieren die Stoffe nur schwer miteinander. Die Flächen, mit denen sich hier die verhältnismäßig großen Stoffteilchen berühren, sind klein. Im gelösten Zustand dagegen sind die Stoffe in kleinste Partikeln zerteilt, oft sogar in Ionen dissoziiert (→ Abschn. 4.3.4.), und haben somit mehr Gelegenheit, einander zu berühren und miteinander zu reagieren
→ Aufg. 2.7. bis 2.11.).

2.6. Die physikalische Trennung von Mischungen

2.6.1. Übersicht über Trennoperationen

In einem Gemenge bleiben die Eigenschaften der Bestandteile erhalten. Deswegen besteht die Möglichkeit, ein Gemenge auf physikalischem Wege wieder in seine Bestandteile zu zerlegen. Je nach den Eigenschaften der Bestandteile gibt es unterschiedliche Trennungsverfahren für Gemenge.
Ein Gemenge fester Stoffe kann u. a. getrennt werden durch:

Klauben	– Trennen eines grobkörnigen Gemenges durch Aussortieren
Seigern	– Ausschmelzen der Bestandteile aus dem Gemenge
Verflüchtigen (Sublimieren)	– Abtrennen der leichter flüchtigen Bestandteile durch unmittelbares Verdampfen
Hydroklassieren (Schlämmen)	– Trennen der Bestandteile durch ihre unterschiedliche Sinkgeschwindigkeit in einer Flüssigkeit
Flotieren	– Trennen der Bestandteile auf Grund ihrer unterschiedlichen Benetzbarkeit in einer Flüssigkeit
Extrahieren	– Herauslösen einzelner Bestandteile mit Hilfe eines Lösungsmittels

Ein Gemenge fester Stoffe mit flüssigen Stoffen kann u. a. getrennt werden durch:

Filtrieren	– Trennen der Festkörperteilchen von der Flüssigkeit mit Hilfe einer porösen Schicht (Filter), die die Festkörperteilchen wegen ihrer Größe zurückhält, die Flüssigkeit aber passieren läßt
Zentrifugieren	– Trennen durch die Wirkung der Zentrifugalkraft
Dekantieren	– Trennen von Flüssigkeit und Bodenkörper durch Abgießen, Abhebern oder Ablassen der Flüssigkeit
Abdampfen[1])	– Abtrennen der Flüssigkeit durch Verdampfen

Ein Gemenge fester Stoffe mit gasförmigen Stoffen kann u. a. getrennt werden durch:

Filtrieren	– s. o.
Elektroreinigen	– Abtrennen der suspendierten Festkörperteilchen durch ein elektrostatisches Feld

Ein Gemenge verschiedener flüssiger Stoffe kann u. a. getrennt werden durch:

Scheiden	– Absitzenlassen nicht mischbarer Flüssigkeiten unterschiedlicher Dichte auf Grund der Schwerkraft
Zentrifugieren	– s. o.
Extrahieren	– s. o.
Adsorbieren	– Binden eines Stoffes an die Oberfläche eines zugesetzten Feststoffes durch Oberflächenkräfte
Destillieren[1])	– Trennen eines Gemisches von Flüssigkeiten mit unterschiedlichem Siedepunkt durch Überführen einer oder mehrerer Komponenten in die Dampfform. Meist wird der Destillation eine Kondensation (s. u.) angeschlossen

Ein Gemenge flüssiger und gasförmiger Stoffe kann u. a. getrennt werden durch:

Adsorbieren[2])	– s. o.
Abtreiben[1])	– Entfernen eines Gases aus einer Flüssigkeit durch Temperaturerhöhung oder Druckverminderung

Ein Gemenge gasförmiger Stoffe kann u. a. getrennt werden durch:

Adsorbieren	– s. o.
Kondensieren[1])	– Überführen einer oder mehrerer Komponenten in den Flüssigkeitszustand, meist durch Abkühlung (→ Aufg. 2.12.).

2.6.2. Trennung von Stoffgemischen durch Änderung des Aggregatzustandes

Die im Abschnitt 2.6.1. unter anderem genannten Trennoperationen Destillation, Abdampfen, Kondensation, Verflüchtigen, Abtreiben, Auskristallisation beruhen darauf, daß die Komponenten der Mischung unterschiedliche Siedepunkte bzw. Schmelzpunkte besitzen. Beim Überführen eines homogenen Mehrkomponentensystems, z. B. einer Flüssigkeitsmischung, in einen geeigneten Zustand (Druck und Temperatur) kann oft erreicht werden, daß sich ein heterogenes System bildet, dessen Phasen (z. B. Dampf und Flüssigkeit) eine andere quantitative Zusammensetzung haben als das System im ursprünglichen Zustand. Eine solche Phase, in der eine

---

[1]) Nähere Ausführungen zur Theorie dieser Trennoperation s. Abschn. 2.6.2.
[2]) Der Vorgang der Adsorption ist nicht mit dem der Absorption zu verwechseln. Werden Gase in einer Flüssigkeit gelöst oder auch mechanisch gebunden, so spricht man von Absorbieren. Auch die Absorption kann zur Trennung dienen (auch Abschn. 5.2.3.5.)

Komponente relativ stark konzentriert ist (oder aber stark an dieser Komponente verarmt ist), kann technisch verhältnismäßig einfach von den andere Phasen getrennt werden (z. B. Trennung von fest–flüssig oder flüssig–dampfförmig).

Um diese Vorgänge verstehen zu können, sollen die Ausführungen im Abschn. 2.3. über den Übergang zwischen dem flüssigen und gasförmigen Aggregatzustand vertieft werden. Wir betrachten zunächst ein heterogenes System mit Flüssigkeits- und Dampfphase, bestehend aus nur einer Komponente. Zwischen den Molekülen im Inneren einer Flüssigkeit besteht eine gegenseitige Anziehung. An der Oberfläche der Flüssigkeit ist diese Anziehungskraft nur nach dem Flüssigkeitsinneren gerichtet (Bild 2.2).

Wegen der ständigen Bewegung der Moleküle (zunehmend mit steigender Temperatur) erfolgen Zusammenstöße, die gelegentlich einzelnen Molekülen der Flüssigkeitsoberfläche eine derart große Energie vermitteln, daß diese Moleküle imstande sind, die Anziehungskraft der Oberfläche zu überwinden und in den Gasraum über der Flüssigkeit auszutreten. Dort üben sie, wie die Moleküle jedes Gases, einen Druck auf die Wandungen des Gefäßes aus. Dieser Druck wird *Dampfdruck p* der Flüssigkeit genannt. Er hängt von der Temperatur t ab und steigt mit ihr progressiv an (Bild 2.3).

Ist das Gefäß geschlossen, so daß keines dieser Gasmoleküle in die Umgebung entweichen kann, so treffen andererseits auch Moleküle der Dampfphase unter der Wirkung des Dampfdrucks auf die Flüssigkeitsoberfläche auf und werden dort festgehalten, indem sie ihren Energieinhalt mit den Molekülen der Flüssigkeitsphase ausgleichen.

In dem beschriebenen System besteht demnach ein dynamisches Gleichgewicht: In der Zeiteinheit ist die Anzahl der Moleküle, die die Flüssigkeit verlassen, gleich der Anzahl der Moleküle, die in die Flüssigkeit eintreten.

Dieses Gleichgewicht wird als Phasengleichgewicht bezeichnet, weil hier zwei Phasen (flüssig und gasförmig) miteinander im Gleichgewicht stehen. Die Lage des Gleichgewichts ist von der Temperatur abhängig. Bei der Temperatur t_1 herrscht in der Gasphase der Druck p_1 (Bild 2.3). Steigt die Temperatur durch Wärmezufuhr von

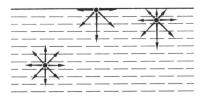

Bild 2.2. Unterschiedliche Anziehungskräfte der Teilchen in einer Flüssigkeit

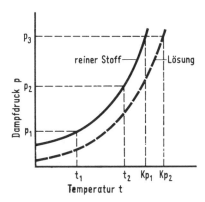

Bild 2.3. Abhängigkeit des Dampfdruckes einer Flüssigkeit von der Temperatur

außen auf t_2, so nimmt die Anzahl der Moleküle, die in die Gasphase übertreten, zu, und der Dampfdruck steigt auf p_2.
Auch in einem offenen Gefäß stellt sich im Prinzip ein Gleichgewicht zwischen Flüssigkeits- und Dampfphase ein. Es verdampft Flüssigkeit an der Oberfläche, bis die darüber stehende Luft so viel Dampf enthält, wie dem Dampfdruck (bei der gegebenen Temperatur) entspricht. Da das System offen ist, diffundiert allerdings dieser Dampf durch die Luft in die Umgebung. Das Gleichgewicht wird gestört, deshalb verdampft weitere Flüssigkeit, bis sie völlig in Dampf umgewandelt ist (Verdunstung). Wird der Flüssigkeit laufend Wärme zugeführt, so steigt die Temperatur und damit der Dampfdruck, bis er schließlich dem äußeren Druck, dem Luftdruck p_3 gleich ist. Jetzt siedet die Flüssigkeit bei der Siedetemperatur Kp. Weitere Wärmezufuhr bewirkt keine weitere Temperaturerhöhung (Bilder 2.3 und 2.4). Sie dient lediglich zur Überwindung der Anziehungskräfte in der Flüssigkeit. Der Siedepunkt Kp ist also diejenige Temperatur, bei der der Dampfdruck und der äußere Druck einander gleich sind. Beträgt z. B. der äußere Druck 101,3 kPa (Luftdruck), so siedet Wasser bei 100 °C, da bei dieser Temperatur der Dampfdruck des Wassers ebenfalls 101,3 kPa beträgt.
Diese Überlegungen erklären die Druckabhängigkeit des Siedepunktes. Sie gelten in entsprechender Weise für den umgekehrten Vorgang, d. h. für die Kondensation eines Dampfes. Betrachten wir jetzt die Lösung eines nichtflüchtigen Stoffes (z. B. eines Salzes) in einem flüchtigen Lösungsmittel (z. B. Wasser), also ein Zweikomponentensystem. Solche Lösungen haben stets einen niedrigeren Dampfdruck und damit einen höheren Siedepunkt als das reine Lösungsmittel (Siedepunktserhöhung). Im Bild 2.3 verläuft die Dampfdruckkurve der Lösung unterhalb der des reinen Lösungsmittels; sie erreicht den Wert von P_3 erst bei der höheren Siedetemperatur Kp_2.
Die Siedepunktserhöhung bzw. Dampfdruckerniedrigung kann damit erklärt werden, daß in der Zeiteinheit zwar weniger Lösungsmittelteilchen die Flüssigkeitsoberfläche verlassen als im Fall des reinen Lösungsmittels; die an der Oberfläche zurückbleibenden Teilchen des gelösten Stoffes stellen jedoch eine durchlässige Wand dar, durch die die Lösungsmittelteilchen erst hindurchwandern müssen.

Die Siedepunktserhöhung bzw. Dampfdruckerniedrigung ist proportional der Molzahl des gelösten Stoffes.

Der Gefrierpunkt einer Lösung liegt tiefer als der des reinen Lösungsmittels (Gefrierpunktserniedrigung). Die Erniedrigung ist proportional der Molzahl des gelösten Stoffes. Auf dieser Erscheinung beruht die Verwendung von Kältemischungen aus Eis und Kochsalz oder die Verwendung von Ethylenglykol als Kühlwasserzusatz, um ein Einfrieren des Motorkühlers zu verhindern.

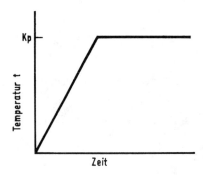

Bild 2.4. Verlauf der Temperatur beim Erwärmen einer Flüssigkeit (Kp = Siedetemperatur)

Komplizierter liegen die Verhältnisse bei Mischungen zweier flüchtiger Stoffe. Bei idealen Mischungen[1]) zweier Flüssigkeiten A und B beträgt der Dampfdruck p_M der Mischung bei konstanter Temperatur

$$p_M = x_A \cdot p_{0A} + x_B \cdot p_{0B}$$

wobei p_{0A} und p_{0B} die Dampfdrücke der reinen Stoffe sind und x_A bzw. x_B als Molenbrüche den Anteil der Stoffe A und B in der Mischung bedeuten (Bild 2.5). Dabei ist B der Stoff mit niedrigerem Siedepunkt.

Für verschiedene Temperaturen zeigt Bild 2.6 eine Schar von Dampfdruckkurven. Aus dem Diagramm kann die Siedekurve bei konstantem Druck (hier z. B. bei 101,3 kPa) dieser idealen Mischung abgeleitet werden. Die Siedekurve gibt den Siedepunkt des Gemisches in Abhängigkeit von seiner Zusammensetzung bei konstantem Druck an (Bild 2.7).

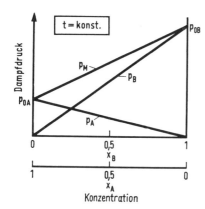

Bild 2.5. Abhängigkeit des Dampfdruckes von der Zusammensetzung einer idealen Mischung zweier Stoffe bei konstanter Temperatur

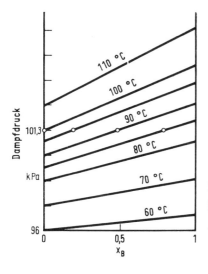

Bild 2.6. Dampfdrücke von idealen Flüssigkeitsgemischen zweier Stoffe bei verschiedenen Temperaturen und unterschiedlicher Zusammensetzung

---

[1]) Hier sind die Anziehungskräfte zwischen den verschiedenartigen Molekülen A und B ebensogroß wie die Kräfte zwischen den gleichartigen Molekülen A bzw. B.

Der Dampf besitzt nicht die gleiche Zusammensetzung wie das siedende Flüssigkeitsgemisch: Er enthält mehr von der leichter flüchtigen Komponente. Diese Tatsache kann hier nicht begründet werden, es sei lediglich auf die graphische Darstellung in Bild 2.8 verwiesen.

Aus diesem Grund nimmt während des Siedeverlaufes in der flüssigen Phase die niedriger siedende Komponente immer mehr ab, wobei gleichzeitig im Siedeintervall die Temperatur steigt. Diese Verhältnisse werden durch ein Siedediagramm dargestellt (Bild 2.8).

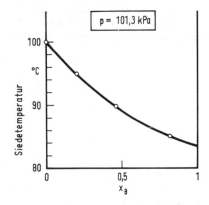

Bild 2.7. Siedekurve eines idealen Zweistoffgemisches

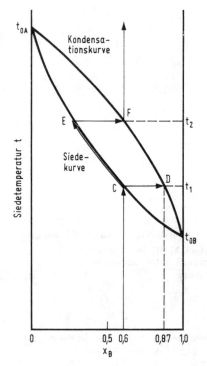

Bild 2.8. Siedediagramm einer idealen Mischung der Stoffe A und B

Das *Siedediagramm* besteht aus der Kondensationskurve und aus der schon bekannten Siedekurve. Die Kondensationskurve gibt die Zusammensetzung desjenigen Dampfes an, der sich bei der betreffenden Temperatur aus der flüssigen Mischung bestimmter Zusammensetzung bildet, d. h. mit dieser Flüssigkeitsmischung im Gleichgewicht steht.

Die Benutzung des Diagramms sei an einem Beispiel erklärt: Wenn eine flüssige Mischung der Konzentration $x_B = 0,6$ und damit $x_A = 0,4$ erhitzt wird, so beginnt sie bei der Temperatur t_1 zu sieden (Punkt C). Der Dampf hat eine ungefähre Zusammensetzung von $x_B \approx 0,87$ und $x_A \approx 0,13$ (Punkt D). Er ist also gegenüber der Flüssigkeit reicher an Stoff B. Da somit die Flüssigkeit an B ärmer wird, steigt die Siedetemperatur (Verlauf von Punkt C nach E). Dabei nimmt gleichzeitig die Konzentration an B in der Flüssigkeit laufend ab. Bei der Siedetemperatur t_2 hat der Dampf schließlich die gleiche Zusammensetzung an A und B, wie sie in der ursprünglichen Flüssigkeit bei Siedebeginn t_1 vorlag. Dies bedeutete, daß nun alle Flüssigkeit verdampft ist, andernfalls könnte der Dampf nicht diese Zusammensetzung erreicht haben. Die Mischung siedet also in einem Bereich von $t_1 \ldots t_2$, wobei bei jeder Temperatur innerhalb des Bereiches die Flüssigkeitsphase mit der Dampfphase im Gleichgewicht steht.

Im Gegensatz zum reinen Stoff, bei dem ein Siedepunkt vorliegt, sieden also Zweikomponentensysteme der beschriebenen Art in einem Temperaturintervall (→ Aufgabe 2.13.).

Auf diesen hier geschilderten Vorgängen beim Erhitzen eines Flüssigkeitsgemisches beruhen solche Trennungsoperationen wie Destillation, Kondensation, Abdampfen usw. In allen diesen Fällen wird beim Durchlaufen des Siedeintervalls die Dampfphase von der Flüssigkeitsphase getrennt und schließlich durch Abkühlen wieder kondensiert. Da Dampf und Flüssigkeit jeweils zu der bestimmten Temperatur eine unterschiedliche Zusammensetzung haben, ist damit eine Trennung möglich.

Zur praktischen Durchführung und näheren Theorie dieser Vorgänge siehe Lehrbücher der physikalischen Chemie und der chemischen Technologie.

2.7. Elemente und Verbindungen

Es gibt reine Stoffe und Stoffgemenge. Die gewaltige Fülle von reinen Stoffen macht eine weitere Einteilung notwendig. Eine Einteilung, die den Erfordernissen der Chemie gerecht wird, erhält man, wenn die reinen Stoffe daraufhin untersucht werden, ob sie sich durch chemische Mittel in andere reine Stoffe zerlegen lassen oder nicht. Es gibt *einfache* und *zusammengesetzte reine Stoffe*. Die einfachen Stoffe heißen *Grundstoffe* oder *Elemente*, die zusammengesetzten nennt man *Verbindungen*.

> *Ein Element (Grundstoff) ist ein reiner Stoff, der auf chemischem Wege nicht in andere Stoffe zerlegt werden kann. Alle Atome eines Elementes reagieren chemisch gleich.*
>
> *Eine Verbindung ist ein reiner Stoff, der aus mehreren Elementen besteht.*

Alle Atome eines Elementes gehören der gleichen Atomsorte an, sie haben die gleiche elektrische Ladung der Atomhülle bzw. des Atomkerns (→ Abschn. 2.2. und 3.2.). Jedem Element ist ein Symbol in Form eines oder zwei Buchstaben zugeordnet. Ein vollständiges Verzeichnis enthält Beilage 4. Die Elemente lassen sich in Metalle und Nichtmetalle einteilen. Beide unterscheiden sich in ihren chemischen und physikalischen Eigenschaften (→ Aufg. 2.14. und 2.15.).

Aufgaben

2.1. Es sind die Begriffe Körper und Stoff zu unterscheiden!

2.2. Was besagen die Angaben für Ethanol Kp (bei Normaldruck) = 78,3 °C und $D_{20} = 0,7894$?

2.3. Es ist der Siedepunkt des Wassers bei 101,3 kPa in Kelvin anzugeben!

2.4. Welche Unterschiede bestehen zwischen dem festen und gasförmigen Zustand eines Stoffes? Es sind dabei auch die Energieverhältnisse zu berücksichtigen!

2.5. Es sind einige physikalische Eigenschaften zu nennen, die für einen Stoff charakteristisch sind!

2.6. In welcher Weise könnte ein Gemenge von Zucker und Sand getrennt werden?

2.7. Von welchen Faktoren hängt die Löslichkeit eines Stoffes ab?

2.8. Ist es von nennenswertem Vorteil, beim Herstellen einer gesättigten wäßrigen Natriumchloridlösung (Kochsalzlösung) das Salz in heißem Wasser zu lösen? Löslichkeitsdiagramm (Bild 2.1)!

2.9. Bei einer Temperatur von 60 °C werden 100 g Natriumnitrat in 100 g Wasser gelöst. Bei welcher Temperatur beginnt Natriumnitrat auszukristallisieren, wenn die Lösung abgekühlt wird? Wieviel Gramm festes Natriumnitrat haben sich am Boden abgesetzt, sobald die Zimmertemperatur (20 °C) erreicht ist (→ Bild 2.1)?

2.10. Ist die Luft, so wie sie natürlich als Atmosphäre vorkommt, ein homogenes oder ein heterogenes System, und welche Komponenten enthält dieses System?

2.11. Eine Natriumnitratlösung wurde durch Auflösen von 7 g $NaNO_3$ in 47 g H_2O bei 4 °C hergestellt. Welche Konzentration besitzt die Lösung (Angaben in verschiedenen, sinnvollen Konzentrationsmaßen)?

2.12. Es ist ein praktisches Beispiel für die Trennung eines Gemenges durch Zentrifugieren, Destillieren und Dekantieren zu nennen!

2.13. An Hand des Siedediagramms von Bild 2.8 ist zu erklären, welche Vorgänge sich beim Erwärmen des Flüssigkeitsgemisches abspielen!

2.14. Wie lassen sich die Stoffe unterteilen?

2.15. Wie lauten die Symbole und die lateinischen Namen von Wasserstoff, Sauerstoff, Kohlenstoff, Stickstoff, Schwefel, Eisen, Kupfer, Calcium, Kalium und Phosphor?

3. Atombau

Am Ende des 19. und zu Beginn des 20. Jahrhunderts führten Untersuchungen auf dem Gebiet der Physik zur Entdeckung der Elementarbausteine des Atoms und zeigten seine Teilbarkeit im physikalischen Sinn.

3.1. Elementarteilchen

Als erste Atombausteine fand man in den Katodenstrahlen (vgl. Lehrbücher der Physik) Teilchen mit einer negativen Ladung von $1,6 \cdot 10^{-19}$ Amperesekunden (A s) und einer Masse, die etwa 1/1836 der eines Wasserstoffatoms beträgt.[1] Diese Teilchen wurden als »Atome der Elektrizität« angesehen und erhielten den Namen *Elektronen*. Sie sind Bestandteile jedes Atoms. Da Atome elektrisch neutrale Gebilde darstellen, suchte man nach den positiven Ladungsträgern. Sie entdeckte man in den Kanalstrahlen der Gasentladungsröhren und bezeichnet sie als *Protonen*.

Ein Proton zeigt eine positive Ladung, die zahlenmäßig der Ladung des Elektrons entspricht. Die Masse eines Protons gleicht fast der eines Wasserstoffatoms. Später fand man noch Teilchen, die keine Ladung tragen und deren Masse etwas größer als die Protonenmasse ist. Sie erhielten die Bezeichnung *Neutronen* (Tabelle 3.1).

Tabelle 3.1. Elementarteilchen

Elementarteilchen	Symbol	Ruhmasse[1]) in g	Ladung in $1,6 \cdot 10^{-19}$ A s
Proton	p	$1,6723 \cdot 10^{-24}$	+1
Neutron	n	$1,6745 \cdot 10^{-24}$	0
Elektron	e$^-$	$9,1091 \cdot 10^{-28}$	−1

[1]) Ruhmasse ist die Masse eines Elementarteilchens in demjenigen physikalischen Bezugssystem, in dem sich das Teilchen in Ruhe befindet (vgl. Lehrbücher der Physik).

Berechnungen der Bindungskräfte im Kern, Untersuchungen der Eigenschaften kosmischer Strahlungen und Experimente mit Teilchenbeschleunigern führten zur Entdeckung weiterer Elementarteilchen, wie Meson, Positron, Neutrino, Antiproton und Antineutron. Für die folgenden Betrachtungen spielen allerdings nur die drei wichtigsten Elementarteilchen *Proton*, *Neutron* und *Elektron* eine Rolle.

3.2. Aufbau des Atoms

Rutherford stellte 1912 die Behauptung auf, daß die Atome im Bau unserem Planetensystem gleichen. Er nahm im Mittelpunkt einen positiv geladenen Kern an, in dem

---

[1]) Für Amperesekunde wird auch Coulomb (C) gesetzt. 1 A s = 1 C

der größte Teil der Atommasse vereint ist und um den die negativen Elektronen kreisen (Rutherfordsches Atommodell).
Grundsätzlich halten wir an dieser Vorstellung über den Atombau, der Einteilung in *Atomkern* und *Atomhülle*, noch heute fest.

3.2.1. Bau des Atomkerns

Der Atomkern, den man sich vereinfacht als kugelähnliches Gebilde mit einem Durchmesser von ungefähr 10^{-14} m vorstellen kann, besteht aus Protonen und Neutronen. Sie werden als *Nucleonen* (Kernbausteine) bezeichnet. Die Gesamtsumme dieser beiden Nucleonen heißt *Massenzahl*.

Massenzahl = Zahl der Protonen + Zahl der Neutronen

Da die Zahl der Protonen die Größe der positiven Ladung des Kerns bestimmt, wird sie auch Kernladungszahl genannt.

Kernladungszahl = Zahl der Protonen

Mit Hilfe der Röntgenstrahlen können die Kernladungszahlen der Atome bestimmt werden.

| *Ein chemisches Element besteht stets aus Atomen mit gleicher Kernladungszahl.*

Die Massenzahl der Atome läßt sich durch Anwendung eines Massenspektrographen bestimmen (vgl. Lehrbücher der Physik). Damit ist auch die Zahl der Neutronen festgelegt. Mit Hilfe der erwähnten physikalischen Untersuchungsmethoden kann nun die Zusammensetzung der Atomkerne aller Elemente angegeben werden (Tabelle 3.2).

Tabelle 3.2. Bau der Atomkerne einiger Elemente

Atomkern des Elements	Zahl der Protonen (Kernladungszahl)	Zahl der Neutronen	Massenzahl
Wasserstoff	1	–	1
Helium	2	2	4
Lithium	3	3	6
Beryllium	4	5	9
Bor	5	6	11
Kohlenstoff	6	6	12
Stickstoff	7	7	14
Sauerstoff	8	8	16
Fluor	9	10	19
Neon	10	10	20
Natrium	11	12	23

Die Ordnung der bekannten Elemente nach steigender Zahl der Protonen läßt sich ohne Schwierigkeiten bis zum Element mit der Kernladungszahl 106 fortsetzen ($\rightarrow$ Aufg. 3.1.).
Den Aufbau der einzelnen Atomkerne stellt man mit Hilfe von zwei Zahlen und dem Symbol für das chemische Element dar. Der untere Index am Symbol gibt die Protonenzahl an, der obere Index entspricht der Massenzahl.

$^1_1H \quad ^4_2He \quad ^6_3Li \quad ^9_4Be \quad ^{11}_5B$

Mit diesen Angaben läßt sich die Neutronenzahl leicht berechnen:

Neutronenzahl = Massenzahl − Protonenzahl

3.2.1.1. Nuclide und Isotope

Untersuchungen mit dem Massenspektrographen ergaben, daß in einem chemischen Element Atome existieren können, deren Kerne bei gleicher Protonenzahl eine verschiedene Massenzahl aufweisen. Diese unterschiedlichen Massenzahlen lassen sich nur durch eine verschieden große Zahl von Neutronen im Kern erklären. Atomkerne eines Elements mit diesen Merkmalen nennt man *isotope* Kerne[1]). Sie müßten in einer Tafel der Atomkerne, die nach steigender Kernladungszahl geordnet ist, am gleichen Ort stehen (Bild 3.1).

$^{3}_{2}$He $\qquad$ $^{4}_{2}$He

● Proton $\qquad$ ○ Neutron $\qquad$ Bild 3.1. Isotope Atomkerne des Heliums

Bedingt durch den unterschiedlichen Bau der Kerne, kann man in einer großen Zahl chemischer Elemente verschiedene Atomarten oder *Nuclide* finden. *Isotope Nuclide*, also die Atomarten eines Elements mit isotopen Kernen, tragen auch die Kurzbezeichnung *Isotope*.

> *Isotope sind Nuclide (Atomarten) eines Elements, deren Kerne die gleiche Protonenzahl, jedoch eine unterschiedliche Neutronenzahl und damit verschiedene Massenzahlen aufweisen. Die chemischen Eigenschaften der zu einem Element gehörenden isotopen Nuclide sind gleich.*

Aus der Vielzahl der Nuclide seien die Isotope des Elements Kohlenstoff und die Isotope des Elements Sauerstoff angeführt:

$^{12}_{6}$C $\qquad$ $^{13}_{6}$C $\qquad$ $^{16}_{8}$O $\qquad$ $^{17}_{8}$O $\qquad$ $^{18}_{8}$O

Sauerstoff besteht aus drei Nucliden mit gleicher Kernladungszahl, aber verschiedener Massenzahl und gehört damit zu der großen Gruppe der *Mischelemente*. Fluor, Natrium, Aluminium, Phosphor, Mangan, Gold u. a. sind dagegen zu den *Reinelementen* zu zählen. Ein Reinelement besteht nur aus einem Nuclid.

Das Masseverhältnis der einzelnen Nuclide in den natürlich vorkommenden Mischelementen bleibt bei allen chemischen Umsetzungen im allgemeinen erhalten. Über den Anteil der einzelnen Nuclide beim Aufbau einiger Elemente gibt Anlage 4 Auskunft.

Die meisten Elemente setzen sich aus mehreren Nucliden zusammen. Das charakteristische Kennzeichen eines Elements kann also nur die Kernladungszahl sein, aber nicht die Massenzahl (→ Aufg. 3.2.).

Da die Atomkerne von verschiedenen natürlichen Nucliden durch Aussendung radioaktiver Strahlung zerfallen können, unterscheidet man *stabile Nuclide* und *radioaktive Nuclide*. Durch Verfahren der Isotopentrennung (vgl. Lehrbücher der Physik) lassen sich die Isotope eines Elements rein gewinnen. Die stabilen Nuclide, die also keine

---

[1]) isos (griech.) gleich, topos (griech.) Ort

radioaktiven Strahlen aussenden, werden in der Chemie, Biologie und Medizin zur Aufklärung chemischer Reaktionsabläufe bzw. physiologischer Vorgänge verwendet. Neben den natürlichen radioaktiven Nucliden der Elemente Radium, Thorium, Uranium u. a. haben vor allen Dingen die künstlich hergestellten Radionuclide auf vielen Gebieten der Wissenschaft und Technik große Bedeutung erlangt. Atomreaktor und Zyklotron sind die Produktionsstätten der künstlich radioaktiven Nuclide. Diese ergänzen den Anwendungsbereich der stabilen Nuclide, dienen als Strahlungsquelle in der Krebstherapie, ermöglichen Korrosions- und Verschleißuntersuchungen und sind aus der Meß-, Steuer- und Regelungstechnik nicht mehr wegzudenken.

Nuclide der Elemente Thorium, Uranium und Plutonium stellen die wichtigsten »Brennstoffe« zur Gewinnung von Atomenergie dar. Es ist Aufgabe der friedliebenden Menschheit, zu verhindern, daß diese Energie zur Vernichtung menschlichen Lebens eingesetzt wird (→ Aufg. 3.3.).

3.2.2. Bau der Atomhülle

Die Atomhülle baut sich aus Elektronen auf, über deren räumliche Verteilung *Bohr* 1913 die ersten Vorstellungen entwickelte. Er nahm an, daß sich die Elektronen auf Kreisbahnen von bestimmten Durchmessern bewegen und dabei keine Energie abgeben (Bohrsches Postulat). Angeregt durch genauere Untersuchungen von Spektrallinien, wies *Sommerfeld* 1916 auf die elliptische Form der meisten Elektronenbahnen hin. Das verfeinerte Bohrsche Atommodell zeigt nun in der Atomhülle verschiedene Schalen (K-, L-, M-, N-Schale), von denen jede durch eine bestimmte Zahl von Elektronenbahnen aufgebaut wurde. Heute müssen wir dieses »Planetenmodell« des Atombaus als eine zu grobe Vorstellung betrachten.

3.2.2.1. Welle-Teilchen-Dualismus der Elektronen

Nach einer von *de Broglie* 1923 geäußerten Vermutung sind die Elektronen nicht nur als Teilchen, sondern auch als Wellen aufzufassen. Die Wellennatur der Elektronen wurde 1927 durch ihre Beugungserscheinungen an Nickel-Einkristallen bestätigt. Wie Lichtstrahlen haben demnach Elektronen einen Doppelcharakter (Welle-Teilchen-Dualismus der Materie). Zu jedem Elektron der Masse m, das sich mit der Geschwindigkeit v bewegt, also nach der *Einsteinschen* Beziehung die Energie $E = m \cdot v^2$ hat, gehört eine Welle mit der Amplitude ψ (Materiewelle) und der Energie $E = h \cdot \nu$ (h = *Planck*sches Wirkungsquantum = $6{,}626 \cdot 10^{-37}$ J s; ν = Frequenz der Welle). Führt man λ als Wellenlänge ein und setzt für den Impuls $m \cdot v = p$, so gilt, da $v = \nu \cdot \lambda$ ist:

$$E = m \cdot v^2 = h \cdot \nu = h \cdot \frac{v}{\lambda}$$

$$\lambda = \frac{h}{m \cdot v} = \frac{h}{p} \tag{1}$$

Im atomaren Bereich liegen danach mit den Elektronen Objekte vor, die je nach der angewandten Meßmethode ihren Teilchen- oder Wellencharakter hervorkehren. Durch genaue Messung der Masse m und der Geschwindigkeit v der Elektronen, die allerdings von der Ortskoordinate x abhängt, also durch Bestimmung typischer Teilcheneigenschaften, könnte man vom Standpunkt der klassischen Physik aus die

Energie des Elektrons berechnen. Aber nach der von *Heisenberg* 1925 aufgestellten *Unschärfebeziehung* sind bei einem Elementarteilchen gleichzeitig genaue Angaben über den Impuls p (oder die Geschwindigkeit) und die Koordinate x seines Aufenthaltsortes nicht möglich. Sind Δx und Δp Fehler des Ortes und des Impulses, so gilt $\Delta x \cdot \Delta p > h$. Legt man die Ortskoordinate x möglichst genau fest, der Fehler Δx nähert sich Null ($\Delta x \to 0$), so wächst der Fehler des Impulses Δp bzw. der Fehler der Geschwindigkeit ins Unendliche. Könnte man p genau messen, wäre die Ortskoordinate x nicht ohne großen Fehler Δx bestimmbar. Man kann also die Bewegung eines Elektrons nicht durch Angaben von Ortskoordinaten und Impuls in Form von Bahnkurven genau bestimmen. Die Elektronenbahnen im Atommodell von *Bohr* ergaben sich durch seine genialen Postulate (Festlegungen ohne physikalische Begründungen). Eines sagte z. B. aus, daß die Elektronen nur auf bestimmten Bahnen den Kern umkreisen und keine Energie in Form von Strahlung dabei abgeben, wie es die Gesetze der Elektrodynamik eigentlich erfordern. Weiter hilft hier die Quantenmechanik, die Wahrscheinlichkeitsaussagen für Messungen einer physikalischen Größe trifft. Wie bei Licht ist auch die Amplitude ψ eines Elektrons der Messung nicht zugänglich. Meßbar dagegen ist die Intensität ψ^2. Sie drückt die Ladungsdichte der Ladungswolke aus, die das Elektron um den Kern bildet. Die Intensität ψ^2 der Elektronen-Welle in einem Volumenelement ist nun proportional der *Wahrscheinlichkeit* W, das Elektron in diesem Raum um den Atomkern zu treffen, $\psi^2 \sim W$. Es wird keine Aussage mehr über das Verhalten eines Elektrons zu einem bestimmten Zeitpunkt vorgenommen; nur die statistische Verteilung der vielen möglichen Aufenthaltspunkte eines Elektrons um den Atomkern zu verschiedenen Zeiten kennzeichnet das Erscheinungsbild eines Elektrons. Diese Verteilung der Intensitäten widerspiegelt also den Wellencharakter des Elektrons, das als Einzelobjekt nicht mehr zu beschreiben ist.

Das Ordnungsprinzip der Elektronen in der Atomhülle ist nun in erster Linie kein räumliches, sondern ein energetisches. Untersuchungen des Linienspektrums von Licht, das Wasserstoffatome aussenden, die energetisch angeregt wurden, ließen den Schluß zu, daß die Elektronen nur bestimmte Energiewerte aufweisen oder mit anderen Worten nur bestimmte (diskrete) Energieniveaus einnehmen können. Geht ein Elektron vom Energieniveau E_n nach E_{n-1} über, so gilt, wenn $E_n > E_{n-1}$ ist:

$$E_n - E_{n-1} = h \cdot \nu = \Delta E$$

Die Energie ΔE wird in Form von Licht bestimmter Frequenz oder Wellenlänge (Linienspektrum!) abgegeben.

In der Atomhülle befinden sich die Elektronen auf bestimmten Energieniveaus.

Der Energiezustand eines Elektrons kann sich also nur in gewissen Stufen durch Aufnahme oder Abgabe kleiner Energieportionen ändern, die nach *Planck* als *Quanten* bezeichnet werden. Die Werte für die einzelnen Energieniveaus sind durch spektroskopische Untersuchungen zugänglich und für das Wasserstoffatom mit Hilfe der Schrödinger-Gleichung auch exakt berechenbar. *Schrödinger* betrachtete das Elektron als räumliche stehende Welle. Stehende Wellen kennt man z. B. an einer tönenden Saite (Bild 3.2) oder schwingenden Platte, die mit Sand bestreut ist (Chladnische Klangfiguren). In den Knotenpunkten der Saite und in den Knotenlinien der schwingenden Platte herrscht Ruhe. Räumliche stehende Wellen können sich auch in eingeschlossenen Gasen bilden. Es treten dann Knotenflächen auf, die Ebenen oder Oberflächen von Kugeln und Kegeln sein können. *Schrödinger* formulierte nun 1926 für solch eine dreidimensionale Welle eine Gleichung, die den zeitunabhängigen (stationären) Zustand eines Elektrons im Wasserstoffatom beschreibt. Ausgehend vom Energieerhaltungsgesetz, nach dem die Gesamtenergie gleich der Summe von kinetischer Energie und potentieller Energie des Systems ist, $E = E_{kin} + E_{pot}$, verknüpfte er die Wellenfunktion der klassischen Mechanik mit der de-Broglie-Beziehung $\lambda = \dfrac{h}{p}$ → Gleichung (1) und schuf damit die Grundgleichung der *Wellenmechanik*.

$$\Delta\psi + \frac{8\pi^2 m}{h^2}(E - E_{pot})\psi = 0 \qquad (2)$$

ψ als Amplitude der Elektronenwelle ist eine bestimmte Funktion der Raumkoordinaten x, y, z. Δ wird hier Laplace-Operator genannt und stellt in der höheren Mathema-

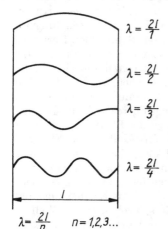

Bild 3.2. Stehende Wellen

$\lambda = \dfrac{2l}{n} \quad n = 1,2,3\ldots$

tik eine Rechenvorschrift dar, wie die Funktion ψ unter Berücksichtigung der Raumkoordinaten zu behandeln ist. m steht für Elektronenmasse und h für das Plancksche Wirkungsquantum. E bedeutet im Falle des Wasserstoffatoms die Energie des Elektrons. Eine entsprechende Umformung der Gleichung zeigt, daß sich hinter der Größe

$-\Delta\psi \dfrac{h^2}{8\pi^2 m}$ die kinetische Energie E_{kin} des Systems verbirgt.

Die Lösungen dieser Gleichung, die wiederum Funktionen darstellen, lassen nur ganz bestimmte Energieeigenwerte zu, die ein Elektron im Wasserstoffatom aufweisen kann. Sie ergeben sich aus

$$E = -\frac{1}{2}\frac{e^2}{r_0}\frac{1}{n^2} \qquad (3)$$

e Ladung des Elektrons
r_0 $0{,}529 \cdot 10^{-10}$ m, $n = 1, 2, 3 \ldots$

Für Atome mit mehreren Elektronen gelten Näherungsverfahren zur Lösung der Schrödinger-Gleichung, die dann auch die Berechnung der möglichen Energieeigenwerte gestatten.

In den Lösungsfunktionen werden die Energieniveaus der Elektronen durch ganze Zahlen, die *Quantenzahlen*, charakterisiert. Außerdem vermitteln diese Lösungsfunktionen Vorstellungen über die räumliche Verteilung der Elektronen um den Atomkern. Man erhält so *wellenmechanische Atommodelle*. Nach ihnen gruppieren sich die Elektronen nicht wahllos um den Atomkern, sondern nehmen gewisse *Aufenthaltsräume* ein, die in Größe, Form und Orientierung durch die Quantenzahlen festgelegt werden. Die Kenntnisse über die Elektronenanordnung in der Atomhülle werden es später gestatten, Vorstellungen über den Aufbau von Molekülen zu entwickeln.

3.2.2.2. Energieniveaus, Elektronenzustände, Quantenzahlen

Aus den Lösungen der Schrödinger-Gleichung ergeben sich die *Hauptquantenzahlen* $n = 1, 2, 3, 4 \ldots$ Sie charakterisieren die Energiehauptniveaus, die man auch mit den Symbolen K, L, M, N kennzeichnen kann. Weiter treten in diesen Lösungen die *Nebenquantenzahlen* $l = 0, 1, 2, \ldots (n-1)$ auf. Sie legen die Energienebenniveaus fest, die auch die Symbole s, p, d, f tragen können (Tabelle 3.3). In Atomen mit mehreren Elektronen weisen die Haupt- und die Nebenniveaus unterschiedliche Energiewerte auf (Bild 3.3). Tabelle 3.3 zeigt in der letzten Spalte die maximale Besetzung der Hauptniveaus mit Elektronen. Die Frage nach der maximalen Zahl der Elektronen auf den Nebenniveaus beantwortet Tabelle 3.4. Hier ist eine weitere Größe, die sich aus den Lösungen der Schrödinger-Gleichung ergibt, als *Magnetquantenzahl* $m = -l, -l+1, \ldots 0 \ldots l-1, l$ eingeführt. Sie kennzeichnet unterschiedliche Zustände der Elektronen, indem sie die Orientierung ihrer Aufenthaltsräume um den Atomkern festlegt.

Trotz unterschiedlicher Magnetquantenzahlen haben die Elektronen, die zu einem bestimmten Energienebenniveau gehören, also die gleiche Nebenquantenzahl aufweisen, gleiche Energien. Die verschiedenen Zustände, die zu m gehören, offenbaren sich erst durch Einwirkung magnetischer und elektrischer Felder auf die Atomhülle.

Tabelle 3.3. Besetzung der Energiehauptniveaus – Quantenzahlen

Energiehauptniveau		Mögliche Energienebenniveaus		Maximale Besetzung des Energiehauptniveaus
Symbol	Hauptquantenzahl n	Symbol	Nebenquantenzahl $l = 0, 1, 2 \ldots$	$2 \cdot n^2$
K	1	1s	0	2
L	2	2s 2p	0, 1	8
M	3	3s 3p 3d	0, 1, 2	18
N	4	4s 4p 4d 4f	0, 1, 2, 3	32

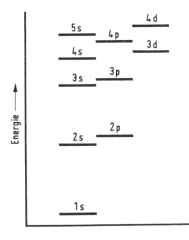

Bild 3.3. Reihenfolge der Energieniveaus in der Atomhülle

Außerdem mußte noch eine vierte Quantenzahl, die *Spinquantenzahl s*, eingeführt werden. Man kann sich diesen Spin als Eigendrehimpuls des Elektrons veranschaulichen, der nur mit den Werten $s = +\frac{1}{2}$ und $s = -\frac{1}{2}$ beschrieben wird. Auf Grund dieses Spins treten für jedes Elektron noch zwei weitere mögliche Zustände auf. Darum ist nach Tabelle 3.4 für das Energienebenniveau 2p ($n = 2$, $l = 1$) die Zahl der möglichen Elektronen auf diesem Niveau nicht 3, sondern 6. Wichtig ist in diesem Zusammenhang das *Pauli-Prinzip:*

In der Hülle eines Atoms existieren keine Elektronen, die in ihren vier Quantenzahlen übereinstimmen.

Im Wasserstoffatom sind die zu einer Hauptquantenzahl gehörenden Zustände des Elektrons mit den Quantenzahlen *l*, *m* und *s* energiegleich (entartet). In Atomen mit mehreren Elektronen ist die Energiegleichheit aufgehoben (Bild 3.3).

Tabelle 3.4. Besetzung der Energienebenniveaus – Quantenzahlen

Energie-nebenniveau	Neben-quantenzahl	Magnet-quantenzahl	Spin-quantenzahl	Maximale Elektronenzahl	
				Neben-niveau	Haupt-niveau
1s	0	0	$+\frac{1}{2}\ -\frac{1}{2}$	2	2
2s	0	0	$+\frac{1}{2}\ -\frac{1}{2}$	2	
2p	1	$-1, 0, +1$	$+\frac{1}{2}\ -\frac{1}{2}$	6	8
3s	0	0	$+\frac{1}{2}\ -\frac{1}{2}$	2	
3p	1	$-1, 0, +1$	$+\frac{1}{2}\ -\frac{1}{2}$	6	
3d	2	$-2, -1, 0, +1, +2$	$+\frac{1}{2}\ -\frac{1}{2}$	10	18

3.2.2.3. Räumlicher Bau der Atomhülle – Orbitale

Die Wellenfunktion ψ für jeden Zustand eines Wasserstoffelektrons, der durch die Quantenzahlen n, l und m charakterisiert ist, läßt sich in ein Produkt zweier Lösungsfunktionen R und Y verwandeln, $\psi = R \cdot Y$. Die Funktion R hängt von n und l ab, Y von l und m. Da ψ^2 die Ladungsdichte angibt, interessiert $\psi^2 = R^2 \cdot Y^2$. Um diese Ladungsdichte ψ^2 gut veranschaulichen zu können, die auch die Aufenthaltswahrscheinlichkeit W des Elektrons um den Kern nach $\psi^2 \sim W$ widerspiegelt, stellt man nur Y^2 unter Einhaltung bestimmter mathematischer Bedingungen perspektivisch in einer Ebene dar. Für das Elektron im s-Niveau, also für ein s-Elektron, erhält man eine kugelförmige Oberfläche. Für p-Elektronen ergeben sich Oberflächen von hantel-

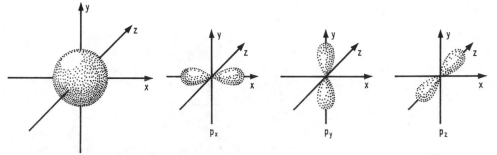

Bild 3.4. s- und p-Orbitale

förmigen Gebilden, die je nach der Magnetquantenzahl $m = -1$, 0 oder $+1$ unterschiedliche Orientierung im Raum aufweisen (Bild 3.4). Da die ψ-Funktion, die den Elektronenzustand in Abhängigkeit von den Quantenzahlen n, l und m festlegt, als *Orbital* (eigentlich Bahnkurve) bezeichnet wird, soll hier auch für die geometrische Darstellung der Lösungsfunktion Y^2 der Begriff Orbital stehen. Es muß aber beachtet werden, daß diese Orbitale nicht die wahren Aufenthaltsräume von Elektronen auf verschiedenen Energieniveaus, also die Ladungswolken, wiedergeben. Sie stellen nur mehr oder weniger grobe Näherungen über die Größe, Form und Orientierung der wahren Aufenthaltsräume der Elektronen dar. Orbitale und Ladungswolken entsprechen sich beim s-Elektron noch am besten.

Auch Elektronen im s- und p-Niveau anderer Atome als des Wasserstoffatoms werden durch die abgebildeten Orbitale räumlich erfaßt. Ein Atom mit der Hauptquantenzahl 4 weist z. B. vier s-Orbitale auf, die sich schalenförmig um den Atomkern schließen. Das 4s-Orbital hat dabei die größte Ausdehnung. Oftmals bedient man sich auch einer nichtperspektivischen Darstellung der s- und p-Orbitale als Schema (Bild 3.5).

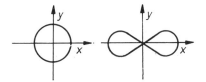

Bild 3.5. Schematische Darstellung von s- und p-Orbitalen

Die Form der d- und f-Orbitale ist ebenfalls festgelegt. Ihre nähere Betrachtung muß hier entfallen.

Zusammenfassend läßt sich demnach über die Größen, die den Zustand eines Elektrons in der Atomhülle festlegen, folgendes aussagen:

1. Hauptquantenzahl n ⎫ bestimmen in erster Linie die Energie des Elektrons in
2. Nebenquantenzahl l ⎭ der Atomhülle
3. Magnetquantenzahl m bestimmt die Lage der Orbitale um den Atomkern
4. Spinquantenzahl s bestimmt die Richtung des Elektronenspins

3.2.2.4. Elektronenkonfiguration – Atommodelle

Für die Elektronenanordnung in der Atomhülle, der *Elektronenkonfiguration*, gelten bestimmte Bedingungen:

1. *Pauli-Prinzip:* In einem Orbital, das durch die Quantenzahlen n, l und m bezeichnet ist, können nur maximal 2 Elektronen mit entgegengesetztem (antiparallelem) Spin vorhanden sein ($\rightarrow$ Abschn. 3.2.2.2.).
2. *Aufbau-Prinzip:* Die Orbitale werden in der Folge steigender Energie der Elektronen besetzt.
3. *Hundsche Regel:* Orbitale mit gleicher Elektronenenergie, z. B. die p-Orbitale mit gleicher Hauptquantenzahl, werden zunächst nur mit einem Elektron besetzt, ehe eine Auffüllung mit dem zweiten Elektron vonstatten geht.

Wasserstoff

Das Wasserstoffatom hat gemäß seiner Kernladungszahl (Tabelle 3.2) nur ein Elektron mit den Quantenzahlen $n = 1$, $l = 0$, $m = 0$ und $s = -\frac{1}{2}$ oder $+\frac{1}{2}$ in der Atomhülle. Die Aufenthaltsorte des s-Elektrons verteilen sich kugelsymmetrisch um den Atomkern. Sie liegen zu 90% innerhalb eines kugelförmigen Raumes von etwa $2 \cdot 10^{-10}$ m Radius, dem Radius der so willkürlich begrenzten Ladungswolke (Bild 3.6). Die Ladungsdichte innerhalb dieses Raumes ist unterschiedlich und in der Nähe des Atomkerns am größten (Bild 3.7). Betrachtet man jedoch die Zahl der möglichen Aufenthaltsorte der Elektronen in einer Kugelschale der geringen Dicke Δr, so gibt es eine solche Schale in einer bestimmten Entfernung r_0 vom Atomkern, in der diese Zahl ein Maximum erreicht (Bild 3.8). Hier ist die *radiale Ladungsdichte*

$r = 2 \cdot 10^{-10}$ m   Bild 3.6. Ladungswolke des 1s-Elektrons eines Wasserstoffatoms

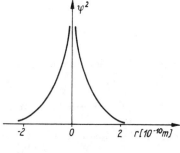

Bild 3.7. Ladungsdichte des 1s-Elektrons eines Wasserstoffatoms

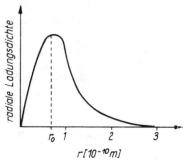

Bild 3.8. Radiale Ladungsdichte für das 1s-Elektron des Wasserstoffatoms

am größten, wobei $r_0 = 0{,}529 \cdot 10^{-10}$ m beträgt. Diese Größe trat schon in Gleichung (3) auf und entspricht dem *Bohrschen Atomradius* für das Wasserstoffatom. Während aber *Bohr* behauptete, das Elektron läuft in dieser Entfernung r_0 auf einer Kreisbahn um den Atomkern, formuliert man nun: In dieser Entfernung r_0 ist die Wahrscheinlichkeit am größten, das Elektron in einer dünnen Kugelschale der Ladungswolke anzutreffen. Für die *Elektronenkonfiguration* (Elektronenanordnung) der Atomhülle des Wasserstoffatoms gilt folgende Darstellung:

1s^1 oder $\begin{array}{c}\text{1s}\\ \boxed{\uparrow}\end{array}$

Das Elektron befindet sich also im Energieniveau 1s, dessen quantitativ genau faßbarer Energiewert hier nicht interessieren soll. Man spricht auch vom 1s-Elektron.

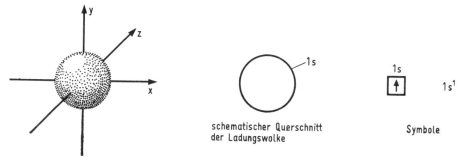

Bild 3.9. Wellenmechanisches Modell des Wasserstoffatoms

Die Atomhülle selbst erhält die Bezeichnung 1s^1. Die hochgestellte Ziffer gibt die Zahl der Elektronen an, die sich auf dem jeweiligen Energieniveau befinden (Bild 3.9).

Helium

In der Atomhülle des Heliums bewegen sich 2 Elektronen. Der Aufenthaltsraum der Elektronen liegt wie beim Wasserstoffatom ebenfalls kugelsymmetrisch um den Atomkern. Der Durchmesser der Ladungswolke ist etwas kleiner, da die größere Ladung des Heliumkernes die Elektronen näher zu sich heranzieht (Bild 3.12). Die beiden Elektronen unterscheiden sich jedoch in ihrer Bewegungsform. Sie haben einen antiparallelen Spin. Als Darstellung für den Bau der Atomhülle wird hier folgende Form verwendet:

   1s
1s^2 oder [↑↓]

Die Pfeile symbolisieren die beiden Elektronen mit antiparallelem Spin.
Lithium und *Beryllium* siehe Tabelle 3.5.

Bor

Das dritte Elektron im 2. Hauptniveau hat keinen Platz mehr im Niveau 2s, sondern muß das energiereichere 2p-Niveau besetzen (Bild 3.10). Die Elektronenkonfiguration (Elektronenanordnung) der Atomhülle lautet:

    1s 2s 2p
1s^2 2s^2 2p^1 oder [↑↓] [↑↓][↑][ ][ ]

Das Orbital des 2p-Elektrons ähnelt einer Hantel (Bild 3.4). Es kann von maximal zwei Elektronen gebildet werden, die man auch p$_x$-Elektronen nennt.

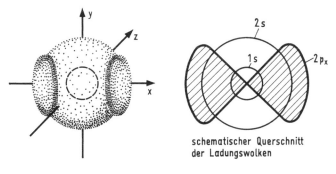

Bild 3.10. Wellenmechanisches Modell des Boratoms

Tabelle 3.5. Bau der Atomhüllen einiger Elemente

Element	Elektronenkonfiguration der Atomhülle						
		1s					
H	$1s^1$	↑					
He	$1s^2$	↑↓					
		1s	2s	2p			
Li	$1s^2\ 2s^1$	↑↓	↑				
Be	$1s^2\ 2s^2$	↑↓	↑↓				
B	$1s^2\ 2s^2\ 2p^1$	↑↓	↑↓	↑			
C	$1s^2\ 2s^2\ 2p^2$	↑↓	↑↓	↑ ↑			
N	$1s^2\ 2s^2\ 2p^3$	↑↓	↑↓	↑ ↑ ↑			
O	$1s^2\ 2s^2\ 2p^4$	↑↓	↑↓	↑↓ ↑ ↑			
F	$1s^2\ 2s^2\ 2p^5$	↑↓	↑↓	↑↓ ↑↓ ↑			
Ne	$1s^2\ 2s^2\ 2p^6$	↑↓	↑↓	↑↓ ↑↓ ↑↓			
		1s	2s	2p	3s	3p	3d
Na	$1s^2\ 2s^2\ 2p^6\ 3s^1$	↑↓	↑↓ ↑↓ ↑↓ ↑↓		↑		
Mg	$1s^2\ 2s^2\ 2p^6\ 3s^2$	↑↓	↑↓ ↑↓ ↑↓ ↑↓		↑↓		
Al	$1s^2\ 2s^2\ 2p^6\ 3s^2\ 3p^1$	↑↓	↑↓ ↑↓ ↑↓ ↑↓		↑↓	↑	
Si	$1s^2\ 2s^2\ 2p^6\ 3s^2\ 3p^2$	↑↓	↑↓ ↑↓ ↑↓ ↑↓		↑↓	↑ ↑	
P	$1s^2\ 2s^2\ 2p^6\ 3s^2\ 3p^3$	↑↓	↑↓ ↑↓ ↑↓ ↑↓		↑↓	↑ ↑ ↑	
S	$1s^2\ 2s^2\ 2p^6\ 3s^2\ 3p^4$	↑↓	↑↓ ↑↓ ↑↓ ↑↓		↑↓	↑↓ ↑ ↑	
Cl	$1s^2\ 2s^2\ 2p^6\ 3s^2\ 3p^5$	↑↓	↑↓ ↑↓ ↑↓ ↑↓		↑↓	↑↓ ↑↓ ↑	
Ar	$1s^2\ 2s^2\ 2p^6\ 3s^2\ 3p^6$	↑↓	↑↓ ↑↓ ↑↓ ↑↓		↑↓	↑↓ ↑↓ ↑↓	
		1s	2s	2p	3s	3p	3d	4s
K	$1s^2\ 2s^2\ 2p^6\ 3s^2\ 3p^6\ 4s^1$	↑↓	↑↓ ↑↓ ↑↓ ↑↓		↑↓	↑↓ ↑↓ ↑↓		↑
Ca	$1s^2\ 2s^2\ 2p^6\ 3s^2\ 3p^6\ 4s^2$	↑↓	↑↓ ↑↓ ↑↓ ↑↓		↑↓	↑↓ ↑↓ ↑↓		↑↓
Sc	$1s^2\ 2s^2\ 2p^5\ 3s^2\ 3p^6\ 3d^1\ 4s^2$	↑↓	↑↓ ↑↓ ↑↓ ↑↓		↑↓	↑↓ ↑↓ ↑↓	↑	↑↓

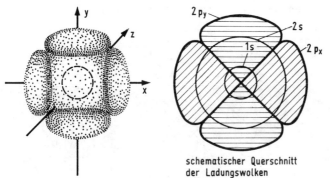

schematischer Querschnitt der Ladungswolken

Bild 3.11. Wellenmechanisches Modell des Kohlenstoffatoms

Kohlenstoff

Das sechste Elektron bzw. das vierte mit der Hauptquantenzahl 2 ist ebenfalls ein p-Elektron. Es bildet das $2p_y$-Orbital und ist demnach ein p_y-Elektron (Bild 3.11). Für die Elektronenkonfiguration steht:

$1s^2\ 2s^2\ 2p_x^1\ 2p_y^1$ oder $\boxed{↑↓}\ \boxed{↑↓}\|\boxed{↑|↑|\ }$ kürzer auch $1s^2\ 2s^2\ 2p^2$

Damit erfüllt das p_y-Elektron die *Hundsche Regel*, die besagt, daß Elektronen auf dem gleichen Energieniveau erst die möglichen Orbitale einzeln bilden, ehe dies durch zwei Elektronen geschieht. Wird jedes p-Orbital nur durch ein Elektron gebildet, so zeigen die Elektronen parallelen Spin. Im anderen Fall liegt antiparalleler Spin vor (→ Aufg. 3.5.).

Stickstoff

Das dritte Elektron des 2p-Niveaus bildet das p_z-Orbital:

$1s^2\ 2s^2\ 2p_x^1\ 2p_y^1\ 2p_z^1$ oder $\boxed{↑↓}\ \boxed{↑↓}\|\boxed{↑|↑|↑}$ kürzer auch $1s^2\ 2s^2\ 2p^3$

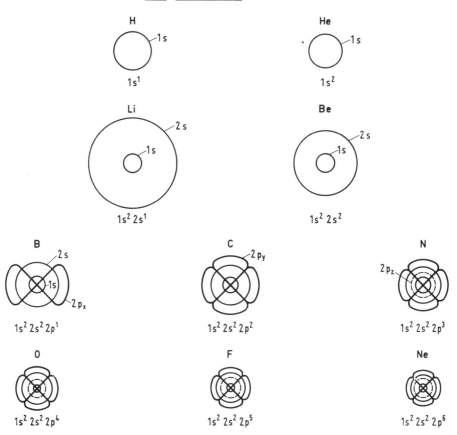

⊢────⊣ ≈ $2{,}7 \cdot 10^{-10}$ m = Durchmesser der Ladungswolke des Wasserstoffatoms

Bild 3.12. Wellenmechanische Atommodelle einiger Elemente

Sauerstoff

Gemäß der Hundschen Regel ist das vierte Elektron des 2p-Niveaus am Aufbau des $2p_x$-Orbitals beteiligt und zeigt dort antiparallelen Spin:

$1s^2\ 2s^2\ 2p_x^1\ 2p_y^1\ 2p_z^1$ oder $\begin{array}{|c|}\hline 1s \\ \uparrow\downarrow \\ \hline\end{array}$ $\begin{array}{|c|c|c|c|}\hline 2s & & 2p & \\ \uparrow\downarrow & \uparrow\downarrow & \uparrow & \uparrow \\ \hline\end{array}$ kürzer auch $1s^2\ 2s^2\ 2p^4$

Fluor

$1s^2\ 2s^2\ 2p_x^2\ 2p_y^2\ 2p_z^1$ oder $\begin{array}{|c|}\hline 1s \\ \uparrow\downarrow \\ \hline\end{array}$ $\begin{array}{|c|c|c|c|}\hline 2s & & 2p & \\ \uparrow\downarrow & \uparrow\downarrow & \uparrow\downarrow & \uparrow \\ \hline\end{array}$ kürzer auch $1s^2\ 2s^2\ 2p^5$

Neon

$1s^2\ 2s^2\ 2p_x^2\ 2p_y^2\ 2p_z^2$ oder $\begin{array}{|c|}\hline 1s \\ \uparrow\downarrow \\ \hline\end{array}$ $\begin{array}{|c|c|c|c|}\hline 2s & & 2p & \\ \uparrow\downarrow & \uparrow\downarrow & \uparrow\downarrow & \uparrow\downarrow \\ \hline\end{array}$ kürzer auch $1s^2\ 2s^2\ 2p^6$

Mit 8 Elektronen ist das Energieniveau mit der Hauptquantenzahl 2 gefüllt. Tabelle 3.5 faßt die erworbenen Kenntnisse zusammen und erweitert sie. Querschnitte wellenmechanischer Modelle einiger Atome zeigt Bild 3.12. (Die Form der d- und f-Orbitale soll hier nicht behandelt werden.)

3.2.2.5. Gesetzmäßigkeiten im Bau der Atomhülle

Der Bau der Atomhülle sämtlicher uns heute bekannter Elemente ist aus Anlage 1 ersichtlich. Zu ihr sind einige Erklärungen notwendig. Kalium (Kernladungszahl $= Z = 19$) baut das 19. Elektron nicht in das M-Niveau ein, obwohl es doch 18 Elektronen aufnehmen kann (Tabelle 3.3). Dieses Elektron müßte dort das 3d-Niveau besetzen. Da aber das 4s-Niveau einen geringeren Energiewert aufweist als das 3d-Niveau (Bild 3.3), wird das 4s-Niveau erst mit 2 Elektronen voll besetzt, ehe der Aufbau des 3d-Niveaus bei Scandium ($Z = 21$) beginnt. Ähnliches vollzieht sich auch zwischen anderen Energieniveaus. Anlage 1 führt zur Erkenntnis wichtiger Gesetzmäßigkeiten:

1. *Kernladungszahl = Protonenzahl = Elektronenzahl*
2. *Auf dem energiereichsten Hauptniveau (Niveau mit der höchsten Hauptquantenzahl) finden maximal 8 Elektronen Platz (Ausnahme: K-Niveau).*
3. *Chemisch ähnliche Elemente zeigen die gleiche Elektronenzahl auf dem energiereichsten Hauptniveau.*
   (z. B. Ne, Ar, Kr, X, Rn – F, Cl, Br, I, At – Na, K, Rb, Cs, Fr)

Die s- und p-Elektronen auf dem Energieniveau mit der höchsten Hauptquantenzahl bestimmen die chemischen Eigenschaften der jeweiligen Atome. Da diese Elektronen für die Wertigkeit (Valenz) verantwortlich sind, heißen sie *Valenzelektronen*. Oft werden sie auch als *Außenelektronen* bezeichnet (→ Aufg. 3.6.).

3.3. Atombau als Ordnungsprinzip der Elemente

Eine Anordnung der Elemente, die die Gleichheit in der Elektronenbesetzung der verschiedenen Niveaus hervorhebt, zeigt die Beilage, das *Periodensystem der Elemente (PSE)*. Man kann sich diese Anordnung der Elemente im PSE aus Anlage 1 entstanden denken.

Ordnungsprinzip im PSE ist die Ordnung der Elemente nach steigender Kernladungszahl und nach gleicher Elektronenzahl der Atome auf den s- und p-Niveaus bzw. d- und f-Niveaus mit der höchsten Hauptquantenzahl.

Die sich bei diesem System ergebenden Zeilen heißen *Perioden*. Die Spalten nennt man *Gruppen*. Elemente mit gleicher Elektronenbesetzung des letzten s- bzw. p-Niveaus, also mit gleicher Außenelektronenzahl, bilden die Hauptgruppen. So gehören Lithium, Natrium, Kalium, Rubidium, Caesium und Francium, die alle ein Elektron auf dem jeweils energiereichsten s-Niveau aufweisen, zur 1. Hauptgruppe (Anlage 1). Elemente der 6. Hauptgruppe sind Sauerstoff, Schwefel, Selen, Tellur und Polonium mit der Elektronenkonfiguration $s^2 p^4$ auf dem Niveau der höchsten Hauptquantenzahl. Jedes Atom dieser Gruppe hat also sechs Außen- oder Valenzelektronen ($\rightarrow$ Aufgabe 3.7.).

Die *Nebengruppen* setzen sich aus Elementen zusammen, die nicht nur in der Elektronenbesetzung der energiereichsten s- und p-Niveaus übereinstimmen, sondern auch in dem d-Niveau der zweihöchsten bzw. in dem f-Niveau der dritthöchsten Hauptquantenzahl. Elemente der 4. Nebengruppe sind Titanium, Zirconium und Hafnium mit einer Elektronenkonfiguration der letzten beiden Hauptniveaus von $s^2 p^6 d^2/s^2$. Zink, Cadmium und Quecksilber bilden die 2. Nebengruppe mit der Elektronenkonfiguration $s^2 p^6 d^{10}/s^2$ der letzten Hauptniveaus (Anlage 1). Die auch zu den Nebengruppen gehörenden Elemente der Lanthanide ($_{58}$Ce bis $_{71}$Lu) und Actinide ($_{90}$Th bis $_{103}$Lr) stimmen sogar in der Elektronenbesetzung der f-Niveaus überein ($\rightarrow$ Aufgabe 3.8.).

Innerhalb der Nebengruppen treten oft Abweichungen im Bau der energiereichsten s- und d-Niveaus ein, weil ein Elektron des s-Niveaus das letzte d-Niveau besetzt, z. B. $_{24}$Cr, $_{29}$Cu u. a. ($\rightarrow$ Aufg. 3.9. und 3.10.).

Über die große Bedeutung des PSE für die Entwicklung der Chemie und die Systematisierung chemischen Wissens wird Abschn. 11. unterrichten.

■ Aufgaben

3.1. Wie groß ist das Masseverhältnis Wasserstoff:Kohlenstoff:Natrium ohne Berücksichtigung der Elektronen und mit der Festlegung: Masse eines Protons = Masse eines Neutrons?

3.2. Wie groß ist die durchschnittliche Massenzahl der Atome des Elements Chlor?

3.3. Aus $^{59}_{27}$Co soll das radioaktive $^{60}_{27}$Co hergestellt werden. Mit welchen Elementarteilchen ist der »Beschuß« des stabilen Kobalts durchzuführen?

3.4. Wie groß ist die maximale Elektronenzahl auf den Energieniveaus 2p, 3p, 3d, 4d und 4f?

3.5. Worin besteht beim Kohlenstoffatom der Unterschied zwischen dem Bohrschen Atommodell und dem wellenmechanischen Atommodell für die Erklärung des Energiezustandes der Elektronen auf dem energiereichsten Hauptniveau?

3.6. Es ist der Bau der Atomhülle aller Edelgase durch Angabe der entsprechenden Elektronenkonfiguration zu beschreiben!

3.7. Für die Atome der Elemente Beryllium, Magnesium, Calcium, Strontium und Barium ist die Elektronenbesetzung des Niveaus mit der höchsten Hauptquantenzahl anzugeben!

3.8. Wie lautet die Elektronenkonfiguration für die Atome der Elemente Aluminium, Eisen, Iod und Blei?

3.9. Welche Zahl von Elektronen herrscht bei den Atomen der Nebengruppen-Elemente auf dem energiereichsten Hauptniveau vor?

3.10. Es soll versucht werden, mit Hilfe der Anlage 1 die Reihenfolge der einzelnen Niveaus gemäß ihrer Energie nach dem 5s-Niveau anzugeben (Bild 3.2)!

4. Chemische Bindung

Chemische Stoffe zeigen sehr unterschiedliche Eigenschaften: Salze lösen sich leicht in Wasser, ihre wäßrigen Lösungen leiten den elektrischen Strom. Beim Stromdurchgang tritt eine Stoffumwandlung ein. Nichtmetalle und organische Verbindungen sind meist in Wasser sehr wenig löslich. Ihre Lösungen oder sie selbst im flüssigen Zustand leiten den elektrischen Strom sehr schlecht oder gar nicht. Metalle zeichnen sich durch Glanz und hohe Leitfähigkeit für Wärme und Elektrizität aus.

Für dieses unterschiedliche Verhalten ist die Bindungsart der Atome untereinander maßgebend, aus denen sich die Stoffe aufbauen. Obwohl schon im 19. Jahrhundert verschiedene Anschauungen über die Natur der chemischen Bindung entstanden, konnte man erst nach Klärung des Baus der Atomhülle in den ersten Jahrzehnten des 20. Jahrhunderts die große Bedeutung der Elektronen beim Zustandekommen einer chemischen Bindung erkennen.

4.1. Grundlagen der chemischen Bindung

Unter chemischer Bindung im weiteren Sinne versteht man den Zustand, der sich bei Vereinigung zweier oder mehrerer Atome bzw. Atomgruppen zwischen den Bindungspartnern einstellt. Er ist durch das Gleichgewicht zwischen anziehenden und abstoßenden Kräften ausgezeichnet, das ein Minimum der Energie des entstandenen Systems ergibt.

Die dabei gebildete Gruppierung von Atomen hat einen geringeren Energiegehalt als die Summe der Energieinhalte, die von den einzelnen Komponenten aufgewiesen werden.

Wenn sich zwei Atome nähern, wobei also ihr Abstand r kleiner wird, verringert sich die potentielle Energie des Systems bis zu einem Minimum. Versuchte man, die Atome noch näher aneinander zu bringen, so müßte man wieder Energie zuführen, da die abstoßende Kraft der beiden Atomkerne wirkt (Bild 4.1).

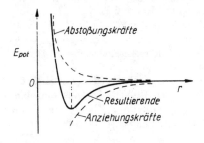

Bild 4.1. Energieverlauf beim Entstehen einer chemischen Bindung

Man unterscheidet 4 Arten des Zusammenhaltes von Bestandteilen chemischer Stoffe:

1. Atombindung (unpolare, homöopolare oder kovalente Bindung) in Molekülen oder Atomgittern
2. Ionenbeziehung (polare, heteropolare oder Ionen-Bindung) in Ionengittern z. B. von Salzen
3. Metallbindung in Metallen
4. Zwischenmolekulare Bindung im Molekülgitter z. B. des Zuckers

In den meisten chemischen Verbindungen treten Übergangsformen und nicht die reinen Bindungsarten auf. Oft wird nur die Atombindung als chemische Bindung bezeichnet, da sie in erster Linie durch das Wirken von einem oder mehreren Elektronenpaaren zustande kommt, an denen die sich bindenden Atome gemeinsam Anteil haben.

Angeregt durch das Bohrsche Atommodell, arbeiteten *Kossel* 1915 für die Ionenbeziehung und *Lewis* 1916 für die Atombindung entsprechende Theorien aus. Danach streben viele Atome eine *stabile Edelgaskonfiguration* (8 Elektronen auf dem letzten besetzten Energieniveau) beim Eingehen einer chemischen Bindung an. Dieses *Oktettprinzip* gilt nicht für Wasserstoff und Helium, da bei ihnen schon 2 Elektronen auf dem K-Niveau einen stabilen Zustand bilden. Nach der Theorie von *Lewis* beruht die Atombindung auf einem *bindenden Elektronenpaar*, das sich vereinigende Atome gemeinsam haben. Diese Theorien gelten streng nur für die Elemente der 2. Periode (Lithium bis Fluor) des PSE, wobei der qualitative Charakter es nicht ermöglicht, Bindungsenergien, -längen und -winkel sowie Ladungsdichten zu errechnen, was Grundanliegen einer quantitativen Theorie sind. Wellenmechanische Betrachtungen gestatten es heute, diesen Anliegen eher nachzukommen.

Um Probleme der chemischen Bindungen besser darstellen zu können, bedient man sich einer besonderen Symbolik. Dabei wird mit dem Zeichen für das chemische Element der Atomrumpf, der sich aus dem Atomkern und allen Elektronen außer den Außenelektronen zusammensetzt, beschrieben. Die Punkte sollen die s- bzw. p-Elektronen des letzten besetzten Hauptniveaus (Valenzelektronen) andeuten (→ Abschnitt 3.2.2.5.).

H·   He:

Li·   Be: B: ·C: ·N: ·O: :F: :Ne:

Na·   Mg: Al: ·Si: ·P: ·S: :Cl: :Ar:

Die Besetzung anderer Energieniveaus wird nur dann beschrieben, wenn sie für das Zustandekommen einer chemischen Bindung von Bedeutung ist. Die angewandte Symbolik spiegelt deutlich den Elektronenbestand der s- und p-Orbitale wider, wenn man an die Hundsche Regel denkt. Oft stellt man auch das Elektronenpaar in einem Orbital durch einen Strich dar (zwei Elektronen mit antiparallelem Spin). Dann sind besonders deutlich die *ungepaarten* oder *einsamen Elektronen* zu erkennen.

·N·   ·O| |F· |Ne|

Im Verlauf der Bildung einer chemischen Bindung durchlaufen die Elektronen einen besonders *angeregten Zustand* (»Valenzzustand«), in dem sich die Form der Orbitale etwas verändert. Er soll bei den Bindungsmöglichkeiten des Kohlenstoffatoms (→ Abschn. 4.6.1.) näher beschrieben werden.

4.2. Atombindung

4.2.1. Wesen der Atombindung

Eine Atombindung entsteht in erster Linie zwischen Nichtmetallatomen. Nähern sich zwei dieser Atome, so kommt es zu einer Durchdringung der Aufenthaltsräume ihrer Elektronen, die näherungsweise durch eine Überlappung ihrer Orbitale, der *Atomorbitale*, dargestellt werden kann. Mit Hilfe der Schrödinger-Gleichung ist daher eine neue Wellenfunktion, die *Molekülwellenfunktion*, zu finden, die das Verhalten der Elektronen im Molekül widerspiegelt. Exakt ist das zur Zeit nur für das H_2^+-Molekülion möglich, das in wasserstoffgefüllten Gasentladungsröhren existiert und sich aus zwei Kernen und einem Elektron aufbaut. Für andere Moleküle bestehen zwei Näherungsverfahren zur Berechnung der Molekülwellenfunktion, deren Quadrat ψ^2 wiederum die Ladungsdichte im Molekül angibt.

4.2.1.1. VB-Methode

Hier soll die *VB-Methode* (Valenzbindungs-, Valenzstruktur- oder Elektronenpaar-Bindungsmethode) angewandt werden, die sich auf Arbeiten von *Heitler* und *London* (1927) gründet und später von *Pauling* und *Slater* weiterentwickelt wurde. Sie geht von der Annahme aus, daß zwei selbständige, nicht in Wechselwirkung befindliche Atome sich nähern. Die möglichen Wechselwirkungen berücksichtigt man dann durch Korrekturen der Molekülwellenfunktion. Am Beispiel des H_2-Moleküls sollen nun die Grundgedanken der VB-Methode erläutert werden.
Es nähern sich zwei Wasserstoffatome H_A und H_B mit dem Elektron (1) an H_A und dem Elektron (2) an H_B. Dadurch ist diese angenommene (fiktive) *Grenzstruktur* folgendermaßen zu formulieren:

$H_A(1) \; H_B(2)$

Die Molekülwellenfunktion ψ_1 ergibt sich nach Gesetzen der Quantenmechanik als Produkt der Atomwellenfunktionen:

$\psi_1 = \psi_A(1) \cdot \psi_B(2)$

Bei der Annäherung kann natürlich auch das Elektron (1) zu H_B und das Elektron (2) zu H_A gehörig betrachtet werden. Es folgt eine andere gedachte Grenzstruktur:

$H_A(2) \; H_B(1)$

und daraus die Molekülwellenfunktion:

$\psi_2 = \psi_A(2) \cdot \psi_B(1)$

Diese ist der ersten gleichwertig, soweit es die Energie betrifft. Quantenmechanische Überlegungen, die hier nicht weiter interessieren können, führen zu einer Kopplung der Funktionen ψ_1 und ψ_2:

$\psi_S = \psi_1 + \psi_2$

$\psi_A = \psi_1 - \psi_2$

ψ_S wird wegen der Gleichheit der Vorzeichen als symmetrisch bezeichnet, während ψ_A asymmetrisch ist. Berechnet man für die beiden Funktionen die Energie in Abhängigkeit vom Kernabstand, so zeigt nur ψ_S ein Energieminimum, das auf eine Bindung hinweist (Bild 4.2). Beim Abstand r_0 ist der stabilste Zustand des Bindungssystems erreicht. Weitere Berechnungen ergaben, daß in diesem Zustand die Ladungsdichte $\psi_S{}^2$ der beiden Elektronen zwischen den beiden Atomkernen am größten ist (Überlappungsbereich der beteiligten Atomorbitale). Außerdem weisen die Elektronen (1) und (2) in der symmetrischen Funktion ψ_S antiparallelen Spin auf. In der asymmetrischen Funktion sind die Elektronenspins parallel gerichtet, d. h., die Spinquantenzahlen haben das gleiche Vorzeichen. Dieser antiparallele Spin ist aber nicht die Ursache für die Anziehung der beiden Atomkerne, sondern nur eine Voraussetzung für das Zustandekommen einer *Elektronenpaar-Bindung* zwischen zwei Atomen.

Weitere denkbare Grenzstrukturen sind $H_A(1)(2)H_B$ und $H_A H_B(2)(1)$. Im ersten Fall würden alle beiden Elektronen an H_A, im zweiten an H_B sitzen, also entsteht H⁻H⁺

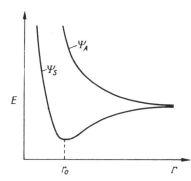

Bild 4.2. Energie der symmetrischen und asymmetrischen Wellenfunktion

und H⁺H⁻. Läßt man diese erdachten Grenzstrukturen noch in den Rechnungsansatz eingehen, so erhält man eine sehr gute Übereinstimmung zwischen errechneten und experimentell bestimmten Werten. Für den Atomabstand im H_2-Molekül ergibt sich durch weitere Näherungen Gleichheit der Werte bei $0{,}741 \cdot 10^{-10}$ m. Alle vier Grenzstrukturen (→ Abschn. 4.2.5.) dienen also nur zur Beschreibung bzw. zur Berechnung der Bindungsverhältnisse im Wasserstoffmolekül, ohne reale Strukturen zu sein, und ergänzen die einfachen Strukturformeln:

H : H oder H—H

Zusammenfassend betrachtet, führt die VB-Methode zu folgenden Aussagen hinsichtlich ihrer Anwendung auf andere Moleküle:

1. Zwei Elektronen mit antiparallelen Spins, die von verschiedenen Atomen oder auch, wie noch zu zeigen ist, nur von einem Atom zur Verfügung gestellt werden, können eine *Zweizentren-Elektronenpaar-Bindung* bilden.
2. In einem Molekül werden alle Bindungen als Zweizentren-Elektronenpaar-Bindungen dargestellt.
3. Die Zahl der ungepaarten Elektronen eines Atoms entspricht seiner Wertigkeit (Valenz) bei der Verbindungsbildung.

4.2.1.2. σ-Bindung

Der einfachste Fall der Durchdringung zweier Ladungswolken liegt vor, wenn sich zwei s-Orbitale überlappen. Es entsteht eine s-s-σ-Bindung (Bild 4.3). Dabei wird maximale Überlappung angestrebt, die zu einem Minimum der Energie des Bindungssystems führt.

Bei einer σ-Bindung kommt es zu einer Erhöhung der Ladungsdichte auf der Kernverbindungsachse.

Im Chlormolekül Cl_2 vereinigen sich von zwei Chloratomen die beiden 3p-Orbitale, die nur von je einem Elektron gebildet werden. Es entsteht eine p-p-σ-Bindung (Bild 4.4).

Auch eine Überlappung eines s-Orbitals mit einem p-Orbital, die zu einer s-p-σ-Bindung führt, ist möglich (Bild 4.5). Diese Bindung liegt bei folgenden Molekülen vor, die mit Struktur- und Summenformel gekennzeichnet sind:

H· + ·F̈:   → H :F̈:   Fluorwasserstoff   HF

H· + ·Ö· + ·H → H :Ö: H   Wasser H_2O

·N̈· + 3 ·H   → H :N̈: H   Ammoniak NH_3
                    H

4.2.1.3. π-Bindung

Eine Überlappung von p-Orbitalen untereinander ist auch in einer Art möglich, die Bild 4.6 veranschaulicht und die zu einer π-Bindung führt.

Bei einer π-Bindung tritt eine Erhöhung der Ladungsdichte axialsymmetrisch zur Kernverbindungsachse auf.

Da sich die Überlappung der Orbitale hier nicht in dem starken Maße vollziehen kann wie bei einer σ-Bindung, zeigt diese die größere Festigkeit.

σ-Bindungen sind stabiler als π-Bindungen.

Bei Doppelbindungen, besonders zwischen Kohlenstoffatomen (→ Abschn. 4.6.1. und Bild 4.21), spielt die π-Bindung eine wichtige Rolle.

4.2.1.4. Grundlagen der MO-Methode

Die *MO-Methode*, auch Theorie der Molekülorbitale genannt, geht in ihrem Ansatz davon aus, daß sich bei einer Überlappung von *Atomorbitalen* um die Kerne *Molekülorbitale* bilden, die mit Elektronen besetzt sind. Im Gegensatz zur VB-Methode sieht man ein Elektron nicht mehr als einem Atomkern zugeordnet an, sondern betrachtet es als zum ganzen Molekül gehörig. Aus zwei Atomorbitalen bilden sich stets zwei Molekülorbitale, die ebenfalls durch Quantenzahlen charakterisiert werden können. In jedem Molekülorbital dürfen sich nicht mehr als zwei Elektronen befinden, die antiparallelen Spin aufweisen müssen. Allgemein bilden sich Mehrzentren-Orbitale. Wie bei den Atomorbitalen entsprechen den Molekülorbitalen auch besondere Energieniveaus. Der Rechenansatz läßt für das H_2-Molekül zwei Molekülorbitale entstehen, von denen das mit der niedrigeren Energie als *bindendes Orbital* σ_{1s} und das andere mit der höheren Energie als *lockerndes Orbital* σ_{1s}^* bezeichnet wird (Bild 4.7). Für das Entstehen einer Bindung müssen sich die Elektronen, die antiparallelen Spin zeigen, im bindenden Orbital befinden. Zur Beschreibung der Molekülstruktur dient folgende Schreibweise:

$H_2[(\sigma_{1s})^2]$.

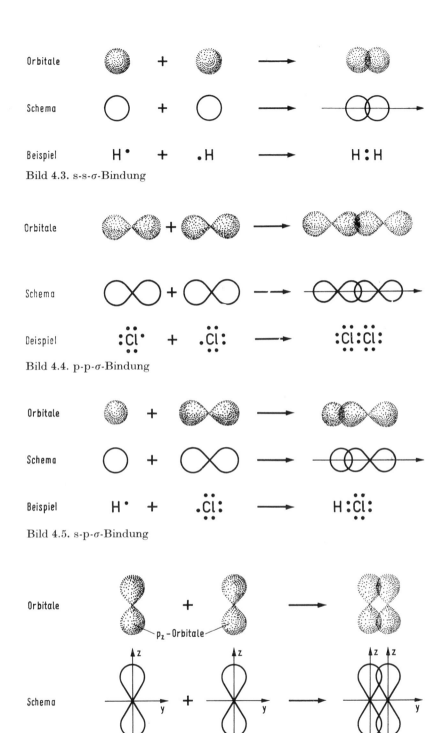

Bild 4.3. s-s-σ-Bindung

Bild 4.4. p-p-σ-Bindung

Bild 4.5. s-p-σ-Bindung

Bild 4.6. p-p-π-Bindung

Für das Sauerstoffmolekül O_2 ergeben sich nach der MO-Methode zwei ungepaarte Elektronen, was seine paramagnetischen Eigenschaften erklärt (vgl. Lehrbücher der Physik). Das Energieniveau-Schema der Molekülorbitale stellt auszugsweise Bild 4.8 dar. Die 12 Valenzelektronen teilen sich in 8 bindende und 4 lockernde Elektronen auf. Diese kompensieren 4 bindende Elektronen, so daß zur Bindung selbst nur 4 bindende Elektronen übrigbleiben. Für die Molekülstruktur steht:

$$O_2[(\sigma_{1s})^2\ (\sigma_{1s}^*)^2\ (\sigma_{2s})^2\ (\sigma_{2s}^*)^2\ (\sigma_{2p})^2\ (\pi_{2p})^4\ (\pi_{2p}^*)^1\ (\pi_{2p}^*)^1]$$

Diese Verhältnisse im O_2-Molekül kann die in der VB-Methode verwandte Formel $\overline{O}=\overline{O}$ nicht wiedergeben.

Molekülorbitale lassen sich auch schematisch darstellen. In Bild 4.9 sind nur die bindenden Molekülorbitale der σ- und π-Bindung zusammengefaßt.

Während die MO-Methode mit geringerem Rechenaufwand, ohne Grenzstrukturen zu benutzen, Eigenschaften der Moleküle, auch eine Ein- und Dreielektronen-Bindung, erklären kann und heute in der chemischen Praxis verbreitet ist, vermittelt die VB-Methode anschaulichere Vorstellungen über die chemische Bindung und die räumliche Struktur der Moleküle. Aus diesem Grunde wird die VB-Methode in diesem Lehrbuch verwendet.

4.2.2. Polarisierte Atombindung

Während im Wasserstoff- und auch im Chlormolekül die beiden Atomkerne durch ihre gleich großen Anziehungskräfte das bindende Elektronenpaar gleichmäßig beanspruchen und sich eine symmetrische Ladungswolke um die Atomkerne ausbildet, ist das im Chlorwasserstoffmolekül nicht mehr der Fall.

Das Chloratom zieht auf Grund seiner größeren Kernladung, also auf Grund der Wirkung eines elektrischen Feldes, das bindende Elektronenpaar stärker an, was zu einer ungleichmäßigen Ladungsverteilung und zu einer deformierten Ladungswolke um die beiden Atomkerne führt. Die Dichte der Ladungswolke, oder mit anderen Worten die *Aufenthaltswahrscheinlichkeit* der bindenden Elektronen, ist dabei in der Nähe des Chloratoms größer als in der Nähe des Wasserstoffatoms. Der Schwerpunkt der negativen Ladung liegt beim Chloratom. Es tritt *Polarisation* auf.

> *Die Wirkung eines elektrischen Feldes, die zur Verschiebung von Elektronen innerhalb eines Moleküls und damit zur Deformation der Ladungswolke führt, heißt Polarisation.*

Man kann das durch folgende Schreibweise andeuten:

$$H\cdot\ +\ \cdot\ddot{\underset{..}{C}}l: \rightarrow\ \overset{\delta^+}{\ddot{H}}\ \overset{\delta^-}{:Cl:}\quad \text{oder}\quad \overset{\delta^+}{H}-\overset{\delta^-}{\overline{\underline{Cl}}|}\quad \text{oder}\quad H \blacktriangleleft \overline{\underline{Cl}}|$$

Das Wasserstoffatom wird *positiviert*, und das Chloratom wird *negativiert*. Die Bindung im Chlorwasserstoffmolekül ist also *polarisiert* (Atombindung mit Ionencharakter). Es bildet sich ein *Dipolmolekül*.

> *In einem Dipolmolekül fallen die Schwerpunkte der positiven und negativen Ladung nicht aufeinander.*

Dadurch können noch elektrostatische Anziehungskräfte (Dipolkräfte) ungerichtet in den Raum hinausgehen, ähnlich wie Bild 4.14 zeigt.

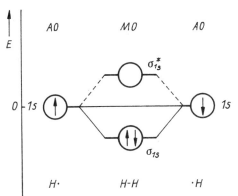

Bild 4.7. MO-Energieniveauschema des H_2-Moleküls

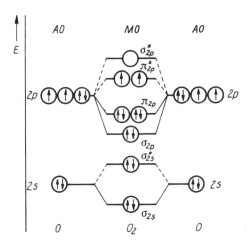

Bild 4.8. Vereinfachtes MO-Energieniveauschema des O_2-Moleküls

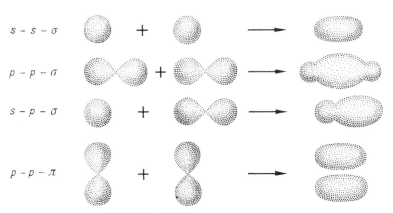

Bild 4.9. Bindende Molekülorbitale

Die charakteristische Eigenschaft eines Dipolmoleküls wird durch das *Dipolmoment* gemessen.

$\mu = e \cdot l$

e elektrische Ladung
l Abstand der Ladungsschwerpunkte

Das Dipolmoment μ des HCl-Moleküls beträgt $3{,}40 \cdot 10^{-30}$ Cm, während es für CO_2, CH_4 und CCl_4 Null ist.
Die Polarisierbarkeit einer Bindung wird durch die *Elektronegativität* der sich bindenden Atome bestimmt.

| *Die Elektronegativität ist ein Maß für die Fähigkeit eines Atoms in einem Molekül, die Elektronen anzuziehen.*

Pauling berechnete auf Grund experimenteller Untersuchungen relative Werte für die Elektronegativität, indem er willkürlich die Elektronegativität für Kohlenstoff 2,5 setzte (Tabelle 4.1).

Tabelle 4.1. Elektronegativitätsskala

H					
2,1					
Li	Be	B	C	N	O	F
1,0	1,5	2,0	2,5	3,0	3,5	4,0
Na	Mg	Al	Si	P	S	Cl
0,9	1,2	1,5	1,8	2,1	2,5	3,0
K	Ca	Ga	Ge	As	Se	Br
0,8	1,0	1,6	1,8	2,0	2,4	2,8

Im Periodensystem der Elemente wächst die Elektronegativität auf Grund der steigenden Kernladung innerhalb einer Periode von links nach rechts, d. h., Chlor ist elektronegativer als Schwefel. Innerhalb einer Gruppe nimmt die Elektronegativität von oben nach unten ab, da die sprunghaft steigende Elektronenzahl die anziehende Wirkung des Kerns auf die Elektronen der äußeren Orbitale stark abschwächt. Die Elektronegativität des Bromatoms in einer Verbindung ist also kleiner als die des Chloratoms. Dadurch ist die Atombindung im HBr-Molekül weniger polarisiert als im HCl-Molekül. Eine reine unpolarisierte Atombindung liegt nur in Molekülen vor, die aus zwei gleichen Atomen bestehen, z. B. H_2, Cl_2, Br_2. Die polarisierte Atombindung tritt viel häufiger auf.
Den Grad der Polarisierung einer Bindung kann man durch die Differenz der Elektronegativitätswerte der an der Bindung beteiligten Atome abschätzen.

Je größer die Differenz der Elektronegativitätswerte ist, um so stärker ist die Atombindung polarisiert.

Differenz der Elektronegativitätswerte für HCl = 3,0 − 2,1 = 0,9.
Differenz der Elektronegativitätswerte für HBr = 2,8 − 2,1 = 0,7.
Mit Hilfe der Elektronegativitätswerte läßt sich die Bindungsart abschätzen: Bei Differenzen >1,7 liegt vorwiegend Ionenbeziehung vor. Sind die Differenzen <1,7, so überwiegt die Atombindung.

4.2.3. Richtung der Atombindung

Das HCl-Molekül zeigt auf Grund der vorhandenen s-p-σ-Bindung einen gestreckten Bau (Bild 4.5). Im Wassermolekül überlappen sich dagegen zwei senkrecht aufeinander stehende p-Orbitale des Sauerstoffatoms mit zwei 1s-Orbitalen der Wasserstoffatome. Damit müßten eigentlich die zwei Atombindungen zwischen dem Sauerstoffatom und den beiden Wasserstoffatomen senkrecht aufeinander stehen. Der Winkel, den die beiden Bindungen aber wirklich miteinander bilden, beträgt rund 105° (Bild 4.10). Für diese Erscheinung ist unter anderem die Polarisation der vorhandenen Atombindungen verantwortlich, die man folgendermaßen darstellen kann:

$$\overset{\delta^+}{H} \quad \overset{\delta^-}{:\overset{..}{O}:} \quad \overset{\delta^-\ \delta^+}{H}$$

Die positivierten Wasserstoffatome werden auf Grund ihres positiven Ladungszuwachses etwas auseinander getrieben (Abstoßung).

Ähnliche Ursachen führen auch zum Bau des Ammoniakmoleküls. Die 3p-Orbitale des Stickstoffatoms überlappen sich mit den 1s-Orbitalen der drei Wasserstoffatome. Das Ammoniakmolekül bildet eine regelmäßige dreiseitige Pyramide mit dem N-Atom an der Spitze. Der Winkel zwischen den gerichteten Bindungen beträgt 107° (Bild 4.11).

Kohlendioxid CO_2 bildet ein linear gebautes Molekül, das kein Dipolmolekül ist (Bild 4.12). Der Schwerpunkt der negativen Ladungen, die von den beiden Sauerstoff-

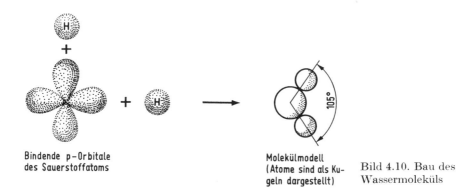

Bindende p-Orbitale des Sauerstoffatoms

Molekülmodell (Atome sind als Kugeln dargestellt)

Bild 4.10. Bau des Wassermoleküls

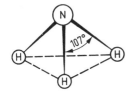

Bild 4.11. Bau des Ammoniakmoleküls (Es sind nur die Schwerpunkte der Atome dargestellt.)

Bild 4.12. Bau des Kohlendioxidmoleküls

atomen durch Polarisation gezeigt werden, liegt genau im Schwerpunkt der positiven Ladung des Kohlenstoffatoms. Die Schwerpunkte der Ladungen fallen also aufeinander.[1])

4.2.4. Atombindigkeit

Die Zahl der Atombindungen, die ein Atom eingehen kann, bezeichnet man als *Bindungswertigkeit* oder kurz als *Bindigkeit*. Im Methanmolekül CH_4 mit der Strukturformel

$$\begin{array}{c} H \\ | \\ H-C-H \\ | \\ H \end{array}$$

ist das Kohlenstoffatom also 4bindig. Im Wassermolekül

$$H-\overline{\underline{O}}-H$$

tritt der Sauerstoff 2bindig auf. Im Ammoniakmolekül

$$\begin{array}{c} H-\overline{N}-H \\ | \\ H \end{array}$$

zeigt sich der Stickstoff 3bindig. Die beiden am Stickstoff noch ungebundenen Elektronen bilden ein *freies Elektronenpaar* (→ Aufg. 4.1.).
Im Schwefelhexafluorid SF_6

muß der Schwefel sogar 6bindig sein. Damit erhält er eine 12-Elektronenkonfiguration, die bei Elementen mit einem M-Niveau (→ Abschn. 4.1.) ohne weiteres möglich ist.

4.2.5. Mesomerie

Im Molekül der Salpetersäure sind folgende Elektronenverteilungen und Bindungsmöglichkeiten denkbar:

a)   b)   c)

---

[1]) Die Entfernung der Atomkerne im Molekül, die Bindungslänge, läßt sich durch Addition der kovalenten Atomradien, manchmal allerdings nur in grober Näherung, abschätzen (→ PSE).

Der Stickstoff ist hier gemäß der Oktettregel 4bindig. Keine der aufgestellten Formeln beschreibt aber die Elektronenverteilung im Molekül richtig. Man stellt sich vor, daß die wahre Struktur des Moleküls zwischen den drei oben angenommenen »Grenzstrukturen« liegt. Der zweiköpfige Pfeil weist auf diesen Zustand zwischen den Strukturen, der auch als *Mesomerie* bezeichnet wird, hin.

Unter Mesomerie versteht man die Erscheinung, daß die wahre Elektronenverteilung im Molekül nur durch eine Kombination mehrerer festgelegter Grenzstrukturen (mesomerer Grenzstrukturen) beschrieben werden kann.

Die Grenzstrukturen sind keine realen physikalischen Gebilde, sondern stellen nur Schreibhilfen dar. Die π-Elektronen der Doppelbindungen sind nicht in der Weise lokalisiert, wie die Formeln a bis c zeigen. Es ist auch auf keinen Fall so, daß die Elektronenpaare zwischen den Atomen hin- und herpendeln und in einem Moment die eine und im nächsten die andere Grenzstruktur existiert. Die wahre Elektronenverteilung kann mit den verwendeten Strukturformeln nicht angegeben werden. Man muß sich vorstellen, daß die π-Elektronen der Doppelbindung fast gleichmäßig auf die noch am Stickstoffatom befindlichen Elektronenpaare verteilt sind. Es liegt demnach keine reine Einfachbindung, aber auch keine reine Doppelbindung vor, sondern es existieren zwischen dem Stickstoffatom und den drei Sauerstoffatomen drei Bindungen von fast gleichem Charakter.[1])

Dieser Bindungszustand läßt sich aber mit den Elektronenformeln bei einer großen Zahl von Verbindungen nicht mehr darstellen. Darum bedient man sich der Formulierung durch Grenzstrukturen, die besonders in der organischen Chemie angewendet wird.

Die Grenzstrukturen a bis c enthalten noch Angaben über die *formale Ladung*. Gemäß der Eigenschaft der Grenzstrukturen, nur als Schreibhilfen zu dienen, muß die auftretende Ladung formal sein. Sie ist leicht zu berechnen. Jedes Atom erhält von einem bindenden Elektronenpaar allerdings nur ein Elektron zugesprochen. (Dabei ist es gleich, ob das Atom dieses Elektron zur Bindung einmal beigesteuert hat oder nicht.) Dann vergleicht man die ermittelte Zahl der Elektronen mit der Valenzelektronenzahl.

Aus der Differenz ergeben sich Zahl und Vorzeichen der Ladung. In Formel a trägt das Stickstoffatom die formale Ladung $\oplus$, da ihm in der Bindung nur vier Elektronen an Stelle der fünf Valenzelektronen zugesprochen werden. Einem von den beiden Sauerstoffatomen kommen in der Bindung sieben Elektronen zu, wodurch an ihm eine negative Ladung $\ominus$ entsteht.

4.2.6. Eigenschaften der Verbindungen mit Atombindung

Atome, die durch eine Atombindung zusammengehalten werden, bilden im festen Zustand eine regelmäßige räumliche Anordnung, ein *Atomgitter*.

In den Gitterpunkten eines Atomgitters sitzen ungeladene Atome.

Das ist besonders bei den Elementen Kohlenstoff, Silicium und Germanium der Fall. Von den Atomen dieser Elemente gehen gerichtete Atombindungen nach den Ecken eines Tetraeders. Bild 4.13 stellt das Atomgitter eines Diamanten dar. Die Härte des Diamanten zeigt, daß die Kräfte, die im Gitter wirken (Gitterkräfte), sehr groß sind.

---

[1]) Die Bindung zwischen dem N-Atom und dem O-Atom, an dem das H-Atom hängt, weicht etwas ab.

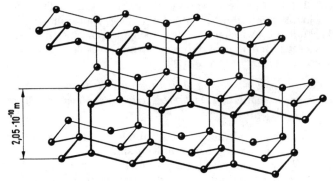

Bild 4.13. Atomgitter des Diamanten

| *Stoffe mit Atomgitter haben meist hohe Schmelz- und Siedepunkte.*

Atombindungen herrschen auch in den Molekülen vor.

| *Im gasförmigen, flüssigen und festen Zustand leiten Stoffe, deren Atome durch Atombindungen zu Molekülen vereinigt sind, den elektrischen Strom nicht. Sie sind Nichtelektrolyte oder Isolatoren.*

Das zeigen Kohlendioxid CO_2, Tetrachlormethan CCl_4 u. a.
Diamant ist ebenfalls ein Nichtleiter, während Silicium und Germanium zu den Halbleitern zu zählen sind.

4.3. Ionenbeziehung

4.3.1. Wesen der Ionenbeziehung

Gemäß den Betrachtungen in Abschn. 4.2.2. müssen sich Metalle und Nichtmetalle, z. B. Natrium und Chlor, in der Elektronegativität ihrer Atome unterscheiden. Nichtmetalle sind elektronegativer als Metalle. Eine Bindung zwischen den Atomen dieser beiden Elementengruppen wird also stark polarisiert sein, d. h., die Differenz der Elektronegativitäten ist groß. Wird sie größer als 1,7, kann sogar das elektronegativere Nichtmetallatom die s- und p-Elektronen der Orbitale des letzten besetzten Energieniveaus von Metallatomen »herausreißen« (Modellvorstellung). Dabei erreichen das Nichtmetallatom durch Aufnahme von Elektronen, das Metallatom durch ihre Abgabe eine Edelgaskonfiguration (Oktett) ihrer letzten Hauptniveaus. Bringt man z. B. Natrium und Chlor unter leichtem Erwärmen zusammen, so bildet sich bei Abgabe von Energie Natriumchlorid NaCl, eine *Ionenverbindung*. Das s-Elektron des Natriumatoms baut das dritte nur durch ein Elektron gebildete p-Orbital des Chloratoms mit auf.

$Na\cdot + \cdot\overline{\underline{Cl}}| \rightarrow [Na]^+ + [:\overline{\underline{Cl}}|]^-$ bzw. $[Na]^+ + [|\overline{\underline{Cl}}|]^-$
                                                        Ion   Ion
                                                     (Kation)   (Anion)

Durch Aufnahme oder Abgabe der Elektronen erhalten die Atome eine Ladung, sie werden zu *Ionen*. Positive Ionen bezeichnet man als *Kationen*, negative als *Anionen* ($\rightarrow$ Abschn. 9.1.).

| *Ionen sind elektrisch geladene Atome oder Atomgruppen.*

Wie diese Ladungen zustande kommen, zeigt Tabelle 4.2.

| *Bei der Bildung von Ionenverbindungen erreichen Metall- und Nichtmetallatome durch Abgabe bzw. Aufnahme von Elektronen eine Edelgaskonfiguration. Aus den Atomen entstehen positiv bzw. negativ geladene Ionen.*

Durch Wegfall des 3s-Orbitals ist der *scheinbare Durchmesser*[1]) des Na-Ions kleiner als der des Na-Atoms. Außerdem werden die verbliebenen 10 Elektronen stärker von den 11 Protonen des Kerns angezogen. Das Cl-Ion hat einen größeren scheinbaren Durchmesser als das Cl-Atom. Durch Einbau eines Elektrons in ein p-Orbital wird die Anziehungskraft des Kerns auf alle Elektronen etwas geringer. Die einzelnen Orbitale können sich dadurch vergrößern.

	Na-Atom	Na-Ion	Cl-Atom	Cl-Ion
Neutronenzahl n	12	12	18	18
Protonenzahl p	11	11	17	17
Elektronenzahl e^-	11	10	17	18
Ladung in $1{,}6 \cdot 10^{-19}$ As	± 0	$+1$	± 0	-1

Tabelle 4.2. Ladungsverhältnisse bei Atomen und Ionen

4.3.2. Ionisierungsenergie und Elektronenaffinität

Um aus der Hülle des Metallatoms ein Elektron entfernen zu können, muß eine bestimmte Energie aufgebracht werden.

| *Als Ionisierungsenergie bezeichnet man die Energie, die bei der Entfernung eines Elektrons aus dem Anziehungsbereich des Atomkerns dem Atom zugeführt werden muß.*

Atome mit niedriger Ionisierungsenergie, z. B. Metallatome, geben leicht die Elektronen ihrer letzten Energieniveaus ab und erhalten dadurch positive Ladung.

Metalle sind elektropositive Elemente.

Beim Einbau eines Elektrons in ein Energieniveau wird Energie frei.

| *Als Elektronenaffinität bezeichnet man die Energie, die beim Einbau eines Elektrons in die Atomhülle frei wird.*

Je niedriger der Energiewert des Niveaus ist, in dem das Elektron Platz findet, desto größer ist die frei werdende Energie. Die Atome tragen negative Ladung.

| *Nichtmetalle sind elektronegative Elemente.*

Zur Ionisierung von Natrium muß eine Ionisierungsenergie von 495 kJ mol^{-1} aufgebracht werden. (Sie beträgt bei Wasserstoff 1310 kJ mol^{-1} und stimmt gut mit dem aus Gleichung (3) im Abschn. 3.2.2. berechenbaren Eigenenergiewert überein.) Für die Elektronenaffinität des Chloratoms mißt man 356 kJ mol^{-1}, die bei der Ionenbildung frei werden.

---

[1]) Mit Hilfe von Röntgenstrahlen ermittelter Durchmesser, wenn man sich die Atome als Kugeln vorstellt.

Bezeichnung	Elektronenbesetzung des letzten Hauptniveaus	Symbol	Tabelle 4.3. Wichtige Anionen der Nichtmetalle
Fluoridion	$[:\ddot{\underset{..}{F}}:]^-$	F^-	
Chloridion	$[:\ddot{\underset{..}{Cl}}:]^-$	Cl^-	
Bromidion	$[:\ddot{\underset{..}{Br}}:]^-$	Br^-	
Iodidion	$[:\ddot{\underset{..}{I}}:]^-$	I^-	
Oxidion	$[:\ddot{\underset{..}{O}}:]^{2-}$	O^{2-}	
Sulfidion	$[:\ddot{\underset{..}{S}}:]^{2-}$	S^{2-}	
Nitridion	$[:\ddot{\underset{..}{N}}:]^{3-}$	N^{3-}	

4.3.3. Ionenwertigkeit

Tabelle 4.3 zeigt die Ladung wichtiger Anionen.
Ohne besondere Schwierigkeiten können weitere Beispiele für die Ionenbeziehung formuliert werden. Sie lassen auch den Namen der Ionenverbindung erkennen.

$Mg: + \cdot \ddot{O}: \rightarrow [Mg]^{2+}[:\ddot{O}:]^{2-}$ Magnesiumoxid MgO

$2\,K\cdot + \cdot \ddot{S}: \rightarrow [K]^+[:\ddot{S}:]^{2-}[K]^+$ Kaliumsulfid K_2S

$Al: + 3\,\cdot\ddot{Cl}: \rightarrow [:\ddot{Cl}:]^-[Al]^{3+}[:\ddot{Cl}:]^-[:\ddot{Cl}:]^-$ Aluminiumchlorid $AlCl_3$

$2\,\dot{Al}: + 3\,\cdot\ddot{O}: \rightarrow [:\ddot{O}:]^{2-}[Al]^{3+}[:\ddot{O}:]^{2-}[Al]^{3+}[:\ddot{O}:]^{2-}$ Aluminiumoxid Al_2O_3

Die Ladungszahl der Ionen bezeichnet man als *Ionenwertigkeit*. Magnesium hat also die Ionenwertigkeit $2+$, Sauerstoff $2-$ ($\rightarrow$ Aufg. 4.4.).

| *In einer chemischen Verbindung mit Ionenbeziehung ist die Summe der positiven Ionenwertigkeiten gleich der Summe der negativen Ionenwertigkeiten* ($\rightarrow$ Aufg. 4.5.).

4.3.4. Eigenschaften von Verbindungen mit Ionenbeziehung

Da sich viele Oxide, Hydroxide und Salze aus Metallen und Nichtmetallen aufbauen, tritt bei diesen Verbindungen sehr oft die Ionenbeziehung auf.

| *Die meisten anorganischen Verbindungen sind im Festzustand Ionenverbindungen.*

Eine besondere Betrachtung verdient zuerst der Bau der genannten Verbindungen. Wenn im dampfförmigen Zustand ein Na-Ion ein Cl-Ion anzieht, so bildet sich ein *Dipolmolekül*.
Obwohl elektrisch neutral, gehen noch elektrostatische Anziehungskräfte ungerichtet in den Raum hinaus. Dadurch können sich beim Abkühlen des NaCl-Dampfes mehrere Dipolmoleküle zu einem *Dipolverband* zusammenlegen (Bild 4.14).
Die nach allen Seiten wirkenden Anziehungskräfte der Ionen führen im festen Zustand zu einer räumlichen, regelmäßigen Anordnung der Ionen, zu einem *Ionengitter*.

Bild 4.15 zeigt, daß jedes Na-Ion von 6 Cl-Ionen umgeben ist bzw. jedes Cl-Ion von 6 Na-Ionen. Die Zahl der im Ionengitter einem Ion zugeordneten, benachbarten und entgegengesetzt geladenen Ionen bezeichnet man als *Koordinationszahl*. Sie beträgt im Natriumchloridkristall 6. In anderen Ionengittern treten 4, 8 und 12 als Koordinationszahlen auf.

Im festen Aggregatzustand sind die Ionen in einem Ionengitter regelmäßig angeordnet.

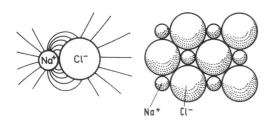

Bild 4.14. Dipolmolekül und Dipolverband

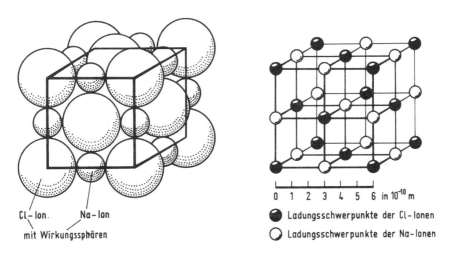

Bild 4.15. Ionengitter des Natriumchlorids

Dabei kann kein Natriumchloridmolekül in dem Ionengitter bestimmt werden, da sich niemals zwei bestimmte Ionen einander zuordnen lassen. Der Natriumchloridkristall ist ein »Riesenmolekül«. Ihm käme eigentlich die Formel $(NaCl)_n$ zu, wobei n eine große Zahl darstellt.

Für Verbindungen mit Ionenbeziehung im festen Aggregatzustand verliert der Molekülbegriff seine Berechtigung.

Stöchiometrische Rechnungen sind jedoch wegen der für chemische Verbindungen geltenden Gesetzmäßigkeiten ohne Schwierigkeiten ausführbar (→ Abschn. 6.8.). Die Formel gibt die Zusammensetzung der Ionenverbindung an und ist hier nicht mehr Symbol für ein Molekül.

Für die im Ionengitter wirksamen elektrostatischen Kräfte hat das *Coulombsche Gesetz* Gültigkeit. Zur Abschätzung dient folgende Form:

$$F \sim \frac{e_1 \cdot e_2}{\varepsilon_{rel.} \cdot r^2}$$

F Anziehungskraft zwischen den Ionen
e_1 und e_2 entgegengesetzte Ionenladungen
r Abstand der beiden Ionenmittelpunkte
$\varepsilon_{rel.}$ relative Dielektrizitätskonstante

Die Anziehungskräfte der entgegengesetzt geladenen Ionen aufeinander sind also direkt proportional der Größe dieser Ladungen und umgekehrt proportional dem Quadrat des Ionenabstandes. Die relative Dielektrizitätskonstante $\varepsilon_{rel.}$ gibt an, in welchem Maße die Anziehungskraft geschwächt wird, wenn ein Stoff zwischen die Ionen tritt. Im Vakuum ist $\varepsilon_{rel.} = 1$, im Wasser beträgt $\varepsilon_{rel.} = 81$. In Luft kann man auch für $\varepsilon_{rel.} \approx 1$ setzen.

Um die Anziehungskräfte der Ionen im Ionengitter eines Kristalls (Gitterkräfte) zu überwinden, muß man relativ große Wärmemengen zuführen. Die Ionen, die schon bei 0 °C Schwingungen um ihren Gitterplatz ausführen, verstärken diese unter der Energiezufuhr. Bei genügender Größe der zugeführten Energie können die Ionen ihre Gitterplätze verlassen. Der Kristall schmilzt. Die Ionen sind frei beweglich.

| *Ionenverbindungen haben meist hohe Schmelz- und Siedepunkte.*

Tabelle 4.4 zeigt diese Eigenschaft sehr deutlich (→ Aufg. 4.6.).

	NaF	NaCl	NaBr	NaI
Schmelzpunkt in °C	988	801	740	660

Tabelle 4.4. Schmelzpunkte von Natriumhalogeniden

Die Gitterkräfte in Kristallen lassen sich auch mit Hilfe des Wassers in einem Lösungsvorgang überwinden. Nach dem Coulombschen Gesetz wird die Anziehungskraft zwischen den Ionen durch Wasser auf 1/81 vermindert. Da Wasser aus Dipolmolekülen besteht, werden diese auf Grund ihrer Polarität (positivierte und negativierte Seite, → Abschn. 4.2.3.) durch die Ionen in das Gitter hineingezogen. Das geringe Volumen des Wassermoleküls unterstützt sein Eindringen in das Gitter. Nun genügen die Wärmestöße, die von den Wassermolekülen auf Grund der Brownschen Molekularbewegung ausgeübt werden, um das Ionengitter zu zerstören. Der Kristall löst sich auf. Die Ionen sind frei beweglich.

| *Die Aufspaltung von Ionenverbindungen in frei bewegliche Ionen durch Wärme oder durch Dipolmoleküle eines Lösungsmittels nennt man elektrolytische Dissoziation.*

Die durch die elektrolytische Dissoziation frei beweglich gewordenen Ionen transportieren beim Anlegen einer elektrischen Spannung elektrische Ladungen (→ Abschn. 8.1. und 9.1.).

| *Im geschmolzenen Zustand und in wäßrigen Lösungen leiten Ionenverbindungen elektrischen Strom. Sie sind Elektrolyte.*

Eine große Anzahl von Verbindungen aus Metall- und Nichtmetallatomen zeigt jedoch keine reinen Ionenbeziehungen, sondern noch Anteile von Atombindungen. Wird dieser Anteil bei bestimmten Verbindungen, z. B. $HgCl_2$, recht groß, dann liegen eigentlich auch im festen Zustand stark polarisierte Atomverbindungen vor, die je nach Stärke des Metall- und Nichtmetallcharakters noch Ionenbeziehungsanteile zeigen. Diese Verbindungen bilden unter den obengenannten Bedingungen ebenfalls frei bewegliche Ionen.

Auch Moleküle aus Nichtmetallatomen, die durch stark polarisierte Atombindungen verbunden werden, z. B. HCl, dissoziieren unter dem Einfluß eines Lösungsmittels. Verbindungen mit solchen Molekülen nennt man *potentielle Elektrolyte* (→ Abschn. 8.1., 8.2.1. und 9.1.).

4.4. Metallbindung

Die Eigenschaften der Metalle und ihrer Legierungen weisen auf die besondere Natur der Metallbindung hin:

1. *große Festigkeit des Metallgitters, die allerdings meist nicht an die eines Atomgitters heranreicht,*
2. *gute Leitfähigkeit für Elektrizität und Wärme.*

Im *Metallgitter* liegen die aufbauenden Teile wie im Atomgitter eng beieinander. Manche Elektronen sind aber nicht zwischen den Gitterbausteinen lokalisiert, sondern können sich frei bewegen.

Alle Metallatome zeigen in ihrem höchsten Energieniveau wenige Elektronen, die leicht abgegeben werden können. Dadurch erhalten die Metallatome eine stabile Niveaubesetzung. (Zum Teil liegt Edelgaskonfiguration vor.)

$$Na\cdot + \cdot Na \rightarrow [Na]^+ \overset{\ominus}{\underset{\ominus}{}} [Na]^+$$
Elektronengas

Die abgegebenen Elektronen schweben zwischen den Kationen und werden darum auch als freie oder vagabundierende Elektronen bezeichnet. Da sich die Elektronen wie die Atome oder Moleküle eines Gases verhalten, spricht man auch von einem *Elektronengas* des Metallgitters. Die positiv geladenen Ionen und die freien Elektronen bauen also das Metallgitter auf (Bild 4.16).

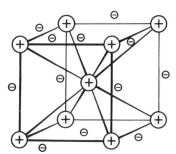

Bild 4.16. Metallgitter des Natriums

⊕ Ladungsschwerpunkte der Natriumionen

⊖ freie Elektronen

| *In den Gitterpunkten eines Metallgitters sitzen positiv geladene Ionen.*

Die Energie der freibeweglichen Elektronen im Metallgitter nimmt bestimmte Werte an. Man kann also wie im Atom von Elektronen-Energieniveaus sprechen. Deren

Zahl ist jedoch viel größer als in den einzelnen Atomen. Energieniveaus mit bestimmten Eigenschaften bilden zusammen ein *Energieband*, das von Elektronen besetzt ist.

Die gute Leitfähigkeit der Metalle (Leiter 1. Klasse) muß auf die Beweglichkeit der Elektronen im Metallgitter (Elektronengas) zurückgeführt werden.

Über die Eigenschaften der Metalle unterrichtet Abschn. 18.1.

4.5. Zwischenmolekulare Bindung

Wenn sich Atome zu einem Molekül zusammengeschlossen haben, so ist es immer noch möglich, daß von dem gebildeten Molekül aus Anziehungs- und Abstoßungskräfte, die *zwischenmolekulare Kräfte* genannt werden, auf andere Teilchen einwirken. Diese Kräfte sind nur zum Teil elektrostatischer Natur. Anziehungskräfte, die sogar zwischen elektrisch neutralen Molekülen auftreten, bezeichnet man auch als *van-der-Waalssche Kräfte*. Die zwischenmolekularen Kräfte führen zu *zwischenmolekularen Bindungen*. Einige Möglichkeiten zeigt Bild 4.17.

Dipol-   Ion   Dipol-   Dipol-   Molekül Molekül   Bild 4.17. Zwischen-
molekül   molekül molekül   molekulare Bindungen

> *Zwischenmolekulare Kräfte erzeugen schwächere Bindung als die bisher besprochenen und sind ungerichtet.*

Diese Tatsache ist für die Flüchtigkeit vieler organischer Verbindungen verantwortlich. Auf Grund der Wirkung zwischenmolekularer Kräfte bilden sich bei entsprechender Abkühlung sogar Kristallgitter von Gasen wie Kohlendioxid, Wasserstoff, Sauerstoff, Stickstoff und der Edelgase aus.

Organische Verbindungen, die meist Atombindungen aufweisen, kristallisieren in *Molekülgittern*.

> *Gesetzmäßig angeordnete Moleküle bauen Molekülgitter auf.*

Die Moleküle werden durch die zwischenmolekularen Kräfte, die allerdings sehr schwach sind, auf ihren Gitterplätzen gehalten.

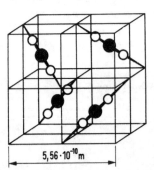

$5{,}56 \cdot 10^{-10}$ m   Bild 4.18. Molekülgitter des festen Kohlendioxids

● Kohlenstoffatom

○ Sauerstoffatom

Molekülgitter werden besonders von organischen Verbindungen im festen Zustand gebildet. Sie zeigen niedrigen Schmelz- und Siedepunkt. Reine Molekülgitter leiten den elektrischen Strom nicht.

Zu diesen Substanzen gehören Farbstoffe, Vitamine, Hormone und viele andere. Auch anorganische Stoffe, wie z. B. Kohlendioxid und Ammoniak, können Molekülgitter bilden (Bild 4.18).

4.6. Besonderheiten der chemischen Bindung

4.6.1. Bindungsverhältnisse am Kohlenstoffatom

Da der Kohlenstoff für die organische Chemie große Bedeutung hat, sollen seine Besonderheiten beim Eingehen einer Atombindung näher betrachtet werden. Diese Besonderheiten kann man sich mit Hilfe folgender Vorstellungen erklären:
Durch Energiezufuhr geht der Grundzustand des Kohlenstoffatoms C in einen *angeregten Zustand* C* über:

$$C \quad \begin{array}{ccc} 1s & 2s & 2p \\ [\uparrow\downarrow] & [\uparrow\downarrow][\uparrow\,|\,\uparrow\,|\,] \end{array} \xrightarrow{\text{Energie}} C^* \quad \begin{array}{ccc} 1s & 2s & 2p \\ [\uparrow\downarrow] & [\uparrow\,][\uparrow\,|\,\uparrow\,|\,\uparrow\,] \end{array}$$

$$C \quad 1s^2\ 2s^2\ 2p_x^1\ 2p_y^1 \xrightarrow{\text{Energie}} C^* \quad 1s^2\ 2s^1\ 2p_x^1\ 2p_y^1\ 2p_z^1$$

Damit sind nun sämtliche Orbitale des L-Niveaus mit je einem Elektron besetzt. Dann tritt aber eine Angleichung des Energiewertes des 2s-Niveaus an den Energiewert der 2p-Niveaus ein. Es bilden sich vier q-Niveaus mit einheitlichem Wert. Diese Angleichung nennt man *Hybridisation*. Sie ist nur eine Modellvorstellung, um den Valenzzustand durch gleichartige Elektronen ausdrücken zu können, die zur Bildung einer lokalisierten Zwei-Zentren-Elektronenpaar-Bindung dienen. Der hybridisierte Zustand des Kohlenstoffatoms soll mit C** gekennzeichnet werden.

$$C^* \quad \begin{array}{ccc} 1s & 2s & 2p \\ [\uparrow\downarrow] & [\uparrow\,][\uparrow\,|\,\uparrow\,|\,\uparrow\,] \end{array} \rightarrow C^{**} \quad \begin{array}{cc} 1s & q \\ [\uparrow\downarrow] & [\,|\,|\,|\,|\,] \end{array}$$

$$C^* \quad 1s^2\ 2s^1\ 2p_x^1\ 2p_y^1\ 2p_z^1 \rightarrow C^{**} \quad 1s^2\ 2q^1\ 2q^1\ 2q^1\ 2q^1 \quad \text{oder} \quad 1s^2\ 2sp^3$$

Orbitale, die von q-Elektronen gebildet werden, tragen auch die Bezeichnung sp^3-Orbitale. In ihnen wird noch die Herkunft der Elektronen aus einem s-Orbital und drei p-Orbitalen (Zustand nach der Anregung) deutlich. Die vier sp^3-Orbitale sind keulenförmig ausgebildet und zeigen nach den Ecken eines Tetraeders (Bild 4.19).

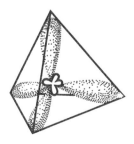

Bild 4.19. sp^3-Hybridorbitale des Kohlenstoffatoms

Wenn sich die vier sp³-Orbitale (q-Orbitale) mit den 1s-Orbitalen von vier Wasserstoffatomen überlappen, bildet sich Methan.

$$\cdot \overset{\cdot}{\underset{\cdot}{C}} \cdot + 4 \cdot H \rightarrow H : \overset{..}{\underset{..}{C}} : H \quad \text{bzw.} \quad H - \overset{\overset{H}{|}}{\underset{\underset{H}{|}}{C}} - H$$

Im Methanmolekül liegen also gerichtete Atombindungen vor (Bild 4.20).

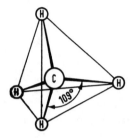

Bild 4.20. Bau des Methanmoleküls

Die Energie, die für die Anregung benötigt wird, liefert die Vereinigung des Kohlenstoffatoms mit den vier Wasserstoffatomen.
Während sich bei der Entstehung des sp³-Hybridniveaus alle drei p-Elektronen beteiligt haben, kann die Hybridisation auch nur zwei p-Elektronen umfassen.

C* 1s 2s 2p   1s q q q p
    ↑↓ ↑↓|↑|↑|↑   → C** ↑↓ | | | |↑

C* $1s^2\ 2s^1\ 2p_x^1\ 2p_y^1\ 2p_z^1$ → C** $1s^2\ 2q^1\ 2q^1\ 2q^1\ 2p^1$ oder $1s^2\ 2sp^2\ 2p^1$

Es treten hier drei q-Orbitale oder drei sp²-Hybridorbitale und ein p-Orbital im L-Niveau auf. Wenn man sich nun eine Vereinigung aus zwei in der beschriebenen Art hybridisierten Kohlenstoffatomen und vier Wasserstoffatomen betrachtet (Ethen C_2H_4), kommt man zu folgenden Bindungsverhältnissen: Je ein q-Orbital der beiden Kohlenstoffatome durchdringen sich und bilden eine σ-Bindung. Die beiden anderen q-Orbitale der zwei Kohlenstoffatome überlappen sich mit den 1s-Orbitalen der vier Wasserstoffatome auch in einer σ-Bindung. Die beiden p-Orbitale der Kohlenstoffatome bilden eine p-p-π-Bindung (Bild 4.21).

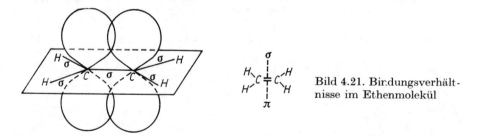

Bild 4.21. Bindungsverhältnisse im Ethenmolekül

Die Ebene der σ-Bindung steht also senkrecht zur Ebene der π-Bindung in dem entstandenen Ethenmolekül. In ihm liegen außerdem alle Kohlenstoff- und Wasserstoffatome in einer Ebene. Die Hybridisierung kann sich auch auf nur ein p-Orbital erstrecken, wie das Ethinmolekül (C_2H_2) zeigt:

$$C^* \quad \begin{array}{c} 1s \\ \boxed{\uparrow\downarrow} \end{array} \begin{array}{c} 2s \quad 2p \\ \boxed{\uparrow \,|\, \uparrow \,|\, \uparrow \,|\, \uparrow} \end{array} \rightarrow C^{**} \quad \begin{array}{c} 1s \\ \boxed{\uparrow\downarrow} \end{array} \begin{array}{c} q \; q \; p \; p \\ \boxed{\,|\,|\,|\, \uparrow \,|\, \uparrow} \end{array}$$

$C^* \quad 1s^2 \; 2s^1 \; 2p_x^1 \; 2p_y^1 \; 2p_z^1 \rightarrow C^{**} \quad 1s^2 \; 2q^1 \; 2q^1 \; 2p^1 \; 2p^1 \quad$ oder $\quad 1s^2 \; 2sp \; 2p^2$

Jetzt treten im L-Niveau zwei q-Orbitale oder sp-Orbitale auf. Bei der Beteiligung von zwei Wasserstoffatomen an der Verbindung mit zwei Kohlenstoffatomen, die sp-Orbitale aufweisen, ergeben sich folgende Bindungsverhältnisse:
Je ein q-Orbital der beiden Kohlenstoffatome bilden miteinander eine σ-Bindung. Die beiden noch vorhandenen q-Orbitale, eins an jedem Kohlenstoffatom, überlappen sich mit je einem Wasserstoff-s-Orbital ebenfalls zu einer σ-Bindung. Die vorhandenen zwei p-Orbitale an jedem Kohlenstoffatom bilden zwei p-p-π-Bindungen, deren Ebenen senkrecht aufeinanderstehen (Bild 4.22).

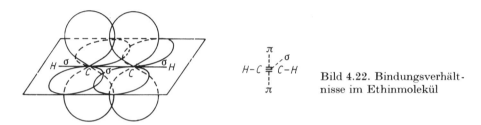

Bild 4.22. Bindungsverhältnisse im Ethinmolekül

Im Ethinmolekül liegen demnach zwischen den beiden Kohlenstoffatomen eine σ-Bindung, die sehr fest ist, und zwei π-Bindungen mit geringerer Festigkeit. Welche Bedeutung die σ- und die π-Bindung für die Reaktionsfähigkeit der entsprechenden Moleküle zeigen, wird in den Abschnitten 26. bis 31. (Organische Chemie) näher erläutert werden (→ Aufg. 4.7.).
Hybridisierung ist auch am Sauerstoffatom im H_2O-Molekül und am Stickstoffatom im NH_3-Molekül vorstellbar.

4.6.2. Bindungsverhältnisse in Komplexverbindungen

4.6.2.1. Komplexverbindungen

Die bisher vorgenommenen Betrachtungen beschränkten sich in erster Linie auf Bindungsverhältnisse zwischen zwei Atomen gleicher oder verschiedener Elemente. Es lagen *binäre Verbindungen* oder *Verbindungen erster Ordnung* vor. Vereinigen sich aber Moleküle, die für sich allein existenzfähig sind, so entstehen *Verbindungen höherer Ordnung*. Sie werden auch als *Koordinationsverbindungen* bzw. im weiteren Sinne als *Komplexverbindungen* bezeichnet. Zu ihnen gehören auch die Anionen der Sauerstoffsäuren, wie Carbonat-, Nitrat-, Phosphat-, Sulfation u. a., sowie das Ammoniumion. Im engeren Sinne sind Komplexverbindungen chemische Substanzen, in denen sich ein Metallion mit Molekülen oder anderen Ionen umgeben hat.

In Komplexverbindungen existieren bestimmte Atomgruppierungen, die im festen, flüssigen oder gelösten Zustand mehr oder weniger beständige Komplexe bilden.

Der Begründer der Lehre von den Komplexverbindungen ist *Werner* (1866 bis 1919). Er wies auf die Fähigkeit der Atome hin, nach Absättigung ihrer stöchiometrischen Wertigkeit noch weitere Atome anlagern zu können. Seine Anschauungen konnten durch die modernen Theorien der chemischen Bindung bekräftigt werden.

4.6.2.2. Struktur der Komplexe

Wenn Ammoniak mit Chlorwasserstoffgas reagiert, bildet sich Ammoniumchlorid (Salmiak).

$NH_3 + HCl \rightarrow NH_4Cl$

Die Elektronenformel gibt einen genaueren Einblick in den Bau der Ammoniumgruppe, die ein komplexes Kation darstellt.

$$\begin{array}{c} H \\ | \\ H-N| \\ | \\ H \end{array} + H-\overline{\underline{Cl}}| \rightarrow \left[\begin{array}{c} H \\ | \\ H-N-H \\ | \\ H \end{array} \right]^+ \quad [|\overline{\underline{Cl}}|]^-$$

Das ungebundene, also freie Elektronenpaar des Stickstoffatoms im Ammoniakmolekül bindet das abgespaltene Wasserstoffion des Chlorwasserstoffmoleküls. Die entstandene vierte Atombindung am Stickstoffatom des Ammoniumions ist den bereits vorhandenen drei σ-Bindungen im Endeffekt vollkommen gleich, obwohl zu dieser Bindung das Stickstoffatom zwei Elektronen, also das gesamte bindende Elektronenpaar, beisteuert.[1]) Die Gleichheit der Bindung kann durch Hybridisation der s- und p-Orbitale des Stickstoffatoms wie am Kohlenstoffatom erklärt werden. Da die Atombindungen in dem Ammoniumkomplex sehr fest sind, zerfällt das Ammoniumion nicht so leicht in seine Bestandteile. Man zählt solche stabile Komplexe zu den *Durchdringungskomplexen* ($\rightarrow$ Abschn. 4.6.2.4.).

Ähnlich dem Methanmolekül bildet das komplexe Kation NH_4^+ ein Tetraeder, in dessen Mittelpunkt das Stickstoffatom sitzt. Es wird als *Zentralatom* bezeichnet, um das sich die zugeordneten Wasserstoffatome als *Liganden* lagern.

> *Ein Komplexion besteht aus einem Zentralatom bzw. -ion und seinen Liganden. Die Zahl der Liganden heißt Koordinationszahl.*

Sie richtet sich nach den räumlichen Ausdehnungen der beteiligten Ionen, Atome bzw. Atomgruppen und nach den Bindungsverhältnissen, die eine stabile Energieniveau-Besetzung der Atomhülle aller Bindungspartner ergeben.

Dabei wird von den Atomen der Elemente, die in der 2. Periode stehen, eine 8-Elektronenbesetzung des L-Niveaus erreicht (Oktettregel). Die Atome der Elemente in der 3. und in höheren Perioden zeigen oft eine 10- und 12-Elektronen-Besetzung ihrer höchsten Energieniveaus. Das führt bei diesen Atomen zu komplizierten Bindungsverhältnissen, deren Darstellung hier nicht mehr zweckentsprechend erscheint.

Die Stellung eines Elements im Periodensystem der Elemente beeinflußt auch die maximale Koordinationszahl des betreffenden Atoms, die aber in den höheren Perioden selten erreicht wird (Tabelle 4.5).

Die Neigung einiger wichtiger Elemente zur Komplexbildung soll im folgenden näher betrachtet werden. Da die Angabe der Elektronenformel genaue Kenntnis der Bin-

---

[1]) Früher auch koordinative Bindung genannt.

Tabelle 4.5. Maximale Koordinationszahlen

Periode	Maximale Koordinationszahl
2.	4
3.	6
4.	6
5. und höher	8

dungsverhältnisse voraussetzt, die im Rahmen dieses Lehrbuches nicht benötigt wird, sieht man von der Elektronenschreibweise besser ab. Sie soll nur bei besonders interessanten Fällen herangezogen werden. Am Chloridion (→ Abschn. 4.3.1.) befinden sich vier ungebundene Elektronenpaare, die noch zur Bildung von Atombindungen dienen können. In den sauerstoffhaltigen Anionen, den *Oxo-Anionen*, treten die Koordinationszahlen 1 bis 4 auf.

Natriumchlorid   NaCl $Na^+ \left[:\overset{..}{\underset{..}{Cl}}: \right]^-$

Natriumhypochlorit NaClO $Na^+ \left[ClO \right]^-$

Natriumchlorit $NaClO_2$ $Na^+ \left[OClO \right]^-$

Natriumchlorat $NaClO_3$ $Na^+ \left[\begin{matrix} O \\ OClO \end{matrix} \right]^-$

Natriumperchlorat $NaClO_4$ $Na^+ \left[\begin{matrix} O \\ OClO \\ O \end{matrix} \right]^-$

Auch das Sulfidion ist durch seine vier freien Elektronenpaare fähig, weitere Atombindungen einzugehen und die Koordinationszahlen 2, 3 und 4 zu erreichen.

Natriumsulfid Na_2S $\begin{matrix} Na^+ \\ Na^+ \end{matrix} \left[:\overset{..}{\underset{..}{S}}: \right]^{2-}$

Natriumhyposulfit Na_2SO_2 $\begin{matrix} Na^+ \\ Na^+ \end{matrix} \left[OSO \right]^{2-}$

Natriumsulfit Na_2SO_3 $\begin{matrix} Na^+ \\ Na^+ \end{matrix} \left[\begin{matrix} O \\ OSO \end{matrix} \right]^{2-}$

Natriumsulfat Na_2SO_4 $\begin{matrix} Na^+ \\ Na^+ \end{matrix} \left[\begin{matrix} O \\ OSO \\ O \end{matrix} \right]^{2-}$

Natriumthiosulfat $Na_2S_2O_3$ $\begin{matrix} Na^+ \\ Na^+ \end{matrix} \left[\begin{matrix} S \\ OSO \\ O \end{matrix} \right]^{2-}$

Genaue Untersuchungen ergaben im Sulfation eine 12-Elektronen-Besetzung des höchsten Energieniveaus am Schwefelatom. Es muß eine besondere Elektronenkonfiguration im angeregten Zustand aufweisen:

Grundzustand: KL [↑↓] [↑↓] [↑] [↑]   (3s 3p)

Angeregter und hybridisierter Zustand: KL [| | | | | | | |]
     sp³-Hybrid- d-Orbitale
     Orbitale

Durch das Auftreten der vier sp³-Hybridorbitale bilden sich vier σ-Bindungen und mit Hilfe der beiden d-Elektronen noch zwei π-Bindungen. Damit wird der Schwefel 6-bindig. Zwei der möglichen mesomeren Grenzstrukturen des Sulfations lauten:

$$\left[\begin{array}{c}|\overline{O}|\quad \overline{O}|\\ \diagdown\diagup\\ S\\ \diagup\diagdown\\ {}^{\ominus}|\underline{O}|\quad |\underline{O}|^{\ominus}\end{array}\right]^{2-} \leftrightarrow \left[\begin{array}{c}{}^{\ominus}|\overline{O}|\quad \overline{O}|\\ \diagdown\diagup\\ S\\ \diagup\diagdown\\ |\underline{O}\quad |\underline{O}|^{\ominus}\end{array}\right]^{2-}$$

Im Nitration NO_3^- zeigt Stickstoff die Koordinationszahl 3.

Natriumnitrat $NaNO_3$ $Na^+ \left[\begin{array}{c} O \\ ONO \end{array}\right]^-$

Die Ionenwertigkeit des Nitrations ist $1-$ ($\rightarrow$ Abschn. 4.6.2.3.).

Das komplexe Anion kann nur durch folgende mesomeren Grenzstrukturen beschrieben werden:

$$\left[\begin{array}{c}|O|\\ \|\\ N^{\oplus}\\ \diagup\diagdown\\ {}^{\ominus}|\underline{O}|\quad|\underline{O}|^{\ominus}\end{array}\right]^{-} \leftrightarrow \left[\begin{array}{c}|\overline{O}|^{\ominus}\\ |\\ N^{\oplus}\\ \diagup\diagdown\\ |\underline{O}\quad|\underline{O}|^{\ominus}\end{array}\right]^{-} \leftrightarrow \left[\begin{array}{c}|\overline{O}|^{\ominus}\\ |\\ N^{\oplus}\\ \diagup\diagdown\\ {}^{\ominus}|\underline{O}|\quad|\underline{O}|\end{array}\right]^{-}$$

Die Ladungswolke der π-Elektronen verteilt sich gleichmäßig auf die drei σ-Bindungen, die man nun als $1\tfrac{1}{3}$-Bindung bezeichnen könnte. Sie sind untereinander völlig gleich, was man durch die Formeln der mesomeren Grenzstrukturen ausdrücken kann.

Bei gleicher Koordinationszahl wie im NO_3^--Ion erreicht das Carbonation CO_3^{2-} die Ionenwertigkeit $2-$ ($\rightarrow$ Abschn. 4.6.2.3.).

Natriumcarbonat Na_2CO_3 $\begin{array}{c}Na^+\\ Na^+\end{array}\left[\begin{array}{c}O\\ OCO\end{array}\right]^{2-}$

Die räumliche Ausdehnung der Liganden um das Zentralatom bzw. -ion wird in erster Linie durch die Koordinationszahl bestimmt. Dabei sitzt es selbst in der Mitte der geometrischen Figur (Tab. 4.6).

Tabelle 4.6. Räumliche Struktur von Komplexionen

Koordinationszahl	Anordnung der Liganden	Beispiel
2	lineare Gruppierung	ClO_2^-
3	gleichseitiges Dreieck	CO_3^{2-}
4	Tetraeder	SO_4^{2-}
6	Oktaeder	SiF_6^{2-}

Bei einzelnen Koordinationszahlen können auch noch andere Anordnungen auftreten. So erfüllt eine quadratische Anordnung der Liganden ebenfalls die Koordinationszahl 4. Für diese verschiedenen Formen sind die Bindungsverhältnisse im Komplexion verantwortlich.

4.6.2.3. Wertigkeiten in Komplexverbindungen

Der Stickstoff im Ammoniumion erweist sich nach Formel NH_4^+ als 4-bindig. Die Ionenwertigkeit dieses komplexen Kations läßt sich durch Einführung der *Oxydationszahl* (Oxydationsstufe) leicht berechnen.

Die Oxydationszahl eines Atoms in einer chemischen Einheit (Molekül oder Ion) entspricht der Ionenwertigkeit, die das betreffende Atom bei Annahme einer vollständigen Zerlegung der chemischen Einheit in Ionen erhalten würde.

Dabei muß die relative Elektronenaffinität berücksichtigt werden. Metalle. Bor und Silicium erhalten stets positive Oxydationszahlen. Das ist verständlich, da die Atome dieser Elemente durch Abgabe ihrer Elektronen eine stabile Energieniveaubesetzung (Edelgaskonfiguration) erreichen und positiv geladen sind ($\rightarrow$ PSE).

Wasserstoff erhält die Oxydationszahl $+1$. Für Sauerstoff wird die Oxydationszahl -2 festgelegt. Im Gegensatz zur Ionenwertigkeit steht bei den Oxydationszahlen das Vorzeichen vor der Zahl. Bei der Bestimmung der Oxydationszahl bleibt aber vollkommen unberücksichtigt, welche Bindungsart in der chemischen Einheit vorliegt. Es wird grundsätzlich eine Ionenbeziehung angenommen, obwohl das meist nicht den Tatsachen entspricht. Im Ammoniumion treten demnach folgende Oxydationszahlen auf:

$$\begin{bmatrix} & \overset{+1}{H} & \\ ^{+1}H & \overset{-3}{N} & H^{+1} \\ & \underset{+1}{H} & \end{bmatrix}^+$$

Ausgehend vom Ammoniak NH_3 erhält Stickstoff die Oxydationszahl -3.
Die Summe der Oxydationszahlen des Ammoniumions beträgt damit $4 \cdot (+1) + 1 \cdot (-3) = +1$, die Ionenwertigkeit ist $1+$. Im Sulfation SO_4^{2+} zeigt Schwefel die Oxydationszahl $+6$.

$$\begin{matrix} \overset{+1}{Na^+} \\ \\ \underset{+1}{Na^+} \end{matrix} \begin{bmatrix} \overset{-2}{O} \\ \overset{-2}{O} \overset{+6}{S} \overset{-2}{O} \\ \underset{-2}{O} \end{bmatrix}^{2-}$$

Die Ionenwertigkeit des Sulfations beträgt $2-$. Natrium hat auf Grund seiner Ionenwertigkeit die Oxydationszahl $+1$. Für die gesamte Verbindung $\overset{+1\,+6\,-2}{Na_2SO_4}$ ergibt sich dann: $2 \cdot (+1) + 1 \cdot (+6) + 4 \cdot (-2) = 0$.

Die Summe der Oxydationszahlen aller Atome einer elektrisch neutralen Verbindung ist Null. Die Ladung eines Komplexions ergibt sich aus der Summe der Oxydationszahlen.

Natriumcarbonat $\quad Na_2CO_3 \quad \overset{+1}{Na^+} \begin{bmatrix} \overset{-2}{O} \\ \overset{-2}{O} \overset{+4}{C} \overset{-2}{O} \end{bmatrix}^{2-}$
$\overset{+1}{Na^+}$

Kaliumperchlorat $\quad KClO_4 \quad \overset{+1}{K^+} \begin{bmatrix} \overset{-2}{O} \\ \overset{-2}{O} \overset{+7}{Cl} \overset{-2}{O} \\ \overset{-2}{O} \end{bmatrix}^{-}$ ($\rightarrow$ Aufg. 4.8)

Über die wichtigsten Oxydationszahlen der einzelnen Elemente unterrichtet Anlage 3 und ermöglicht die Berechnung der Oxo-Anionen-Ladung in Tabelle 4.7 ($\rightarrow$ Aufg. 4.9).

Tabelle 4.7. Wichtige Oxo-Anionen

Bezeichnung	Symbol
Chloration	ClO_3^-
Perchloration	ClO_4^-
Sulfition	SO_3^{2-}
Sulfation	SO_4^{2-}
Nitrition	NO_2^-
Nitration	NO_3^-
Phosphation	PO_4^{3-}
Carbonation	CO_3^{2-}
Silication	SiO_4^{4-}

Einige Oxo-Anionen nehmen auch noch Wasserstoff-Ionen auf. Die positive Ladung eines H$^+$-Ions verringert die negative Ladung des Oxo-Anions um eine Einheit.

$\begin{bmatrix} O \\ HOSO \\ O \end{bmatrix}^{-}$ Hydrogensulfation $\quad (HSO_4)^-$

$\begin{bmatrix} O \\ HOCO \end{bmatrix}^{-}$ Hydrogencarbonation $\quad (HCO_3)^-$

$\begin{bmatrix} O \\ HOPOH \\ O \end{bmatrix}^{-}$ Dihydrogenphosphation $\quad (H_2PO_4)^-$

Diese Ionen existieren im Ionengitter von Ionenverbindungen und bleiben auch bei der elektrolytischen Dissoziation weitgehend erhalten. Dadurch können sich z. B. folgende Ionenverbindungen bilden:

Natriumhydrogensulfat	$NaHSO_4$	⎫
Natriumhydrogencarbonat	$NaHCO_3$	⎬ Hydrogensalze
Natriumdihydrogenphosphat	NaH_2PO_4	⎭

Für Calciumhydrogencarbonat ergibt sich also die Formel $Ca(HCO_3)_2$, da das Calciumion die Ionenwertigkeit 2+ aufweist ($\rightarrow$ Aufg. 4.10).

4.6.2.4. Komplexbildung am Metallion

Metallionen können auf Grund ihrer elektrostatischen Anziehungskräfte andere Ionen oder auch Dipolmoleküle anziehen. Es entstehen *Metallionen-Komplexe*. Dabei bilden sich zwischen den Metallionen und den Liganden (Ionen oder Dipolmolekülen) unter Umständen Atombindungen aus, die natürlich mehr oder weniger polarisiert sind. Es entstehen *Durchdringungskomplexe*, die eine sehr große Stabilität zeigen. Bleibt es aber bei der reinen elektrostatischen Anziehung zwischen den Metallionen und den Liganden, so spricht man von *Anlagerungskomplexen*, die nicht sehr stabil sind.

Anlagerungskomplexe

Das Magnesium kann sechs Moleküle Wasser an sich binden, wenn Magnesiumchlorid $MgCl_2$ mit Wasser reagiert.

$MgCl_2 + 6 H_2O \rightarrow [Mg(H_2O)_6]Cl_2$ [1])

Oft schreibt man auch $MgCl_2 \cdot 6 H_2O$ [2]). Es ist ein Hydrat entstanden. Das auf diese Weise gebundene Wasser heißt *Kristallwasser*. Stoffe, die Hydrate bilden, sind oft hygroskopisch.

Das gilt auch für Kupfersulfat $CuSO_4$.

$CuSO_4$ + 5 $H_2O \rightarrow [Cu(H_2O)_4] [SO_4(H_2O)]$ oder $CuSO_4 \cdot 5 H_2O$
farblos   blau

Während das Cu^{2+}-Ion farblos ist, zeigt es hydratisiert als $[Cu(H_2O)_4]^{2+}$-Ion blaue Farbe in Lösung und auch im Kristall. Ammoniak bildet mit Metallionen ebenfalls Anlagerungskomplexe. Es entstehen *Ammoniakate*.

$[Cu(NH_3)_4]SO_4$ Tetramminkupfer(II)-sulfat

Auf Grund der geringen Stabilität dieser Komplexe kann man durch einfaches Erhitzen Wasser bzw. Ammoniak aus ihnen wieder heraustreiben.

Durchdringungskomplexe

Kleine Metallionen, deren Ionenwertigkeit oft größer als 1 + ist, können auf Grund ihrer Anziehungskräfte die Atomhüllen von Ionen oder Dipolmolekülen stark deformieren, so daß mit Hilfe von freien Elektronenpaaren polarisierte Atombindungen entstehen. Es bilden sich *Durchdringungskomplexe*.

Das Cyanidion hat folgende Elektronenkonfiguration:

$\left[|\overset{\ominus}{C} \equiv N| \right]^{-}$

Cyanidionen können sich mit den freien Elektronenpaaren der Kohlenstoffatome so an Metallionen anlagern, daß um sie gesetzmäßig neue Orbitale gebildet werden. Um das Cu^+-Ion lassen diese freien Elektronenpaare von vier CN^--Ionen vier Orbitale des N-Niveaus (Hauptquantenzahl 4) mit 8 Elektronen entstehen.

				3d	4s	4p
Cu	KL	$3s^2$	$3p^3$	↑↓ ↑↓ ↑↓ ↑↓ ↑↓	↑	
Cu^+	KL	$3s^2$	$3p^3$	↑↓ ↑↓ ↑↓ ↑↓ ↑↓		
$[Cu(CN)_4]^{3-}$	KL	$3s^2$	$3p^3$	↑↓ ↑↓ ↑↓ ↑↓ ↑↓	↑↓ ↑↓	↑↓ ↑↓

---

[1]) Komplexe schließt man meist in eckigen Klammern [ ] ein.
[2]) Den Punkt liest man als »verbunden mit«.

Durch Hybridisation sind die vier Atombindungen vollkommen gleich und führen zu einem tetraedrischen Bau des Kupferkomplexes. Ähnliche Verhältnisse, die auf Ausbildung neuer Orbitale um das Metallion gerichtet sind, existieren auch bei den Anlagerungskomplexen, so daß man keine scharfe Grenze zwischen den beiden Komplexarten ziehen kann.

4.6.2.5. Bezeichnung von Komplexverbindungen

Für die Benennung von Komplexionen gilt folgende Reihenfolge der Angaben:
1. Zahl der Liganden durch griechische Zahlwörter
2. Art der Liganden (H_2O = aqua, NH_3 = ammin, CN^- = cyano)
3. Art des Zentralatoms (sein Name bekommt in Anionen-Komplexen die Endung -at, z. B. S = sulfat, Fe = ferrat, Al = aluminat, Pb = plumbat)
4. Oxydationszahl des Zentralatoms (Angabe unter Weglassen des Vorzeichens in römischen Ziffern)

Auch in Komplexverbindungen werden die Kationen stets vor den Anionen genannt.

$[Mg(H_2O)_6]Cl_2$ — Hexaqua-Magnesiumchlorid (→ Aufg. 4.11)
$[Cu(NH_3)_4]SO_4$ — Tetramminkupfer(II)-sulfat
$K_4[Fe(CN)_6]$ — Kalium-hexacyano-ferrat(II)
Na_2SO_3 — Natrium-trioxosulfat(IV)
Na_2SO_4 — Natrium-tetroxosulfat(VI)

Für die beiden letzten Verbindungen sind Trivialnamen in Gebrauch (Natriumsulfit, Natriumsulfat), so daß man von der Komplex-Nomenklatur und der Schreibweise mit eckigen Klammern absieht (→ Aufg. 4.12).
An dieser Stelle ist es auch möglich, den Begriff Salz zu definieren.

> *Ein Salz ist eine Verbindung mit vorwiegend heteropolarer Bindung. Es besteht aus Kationen (positiv geladenen Metall- oder Komplexionen) und aus Anionen (negativ geladenen Nichtmetall- oder Komplexionen).*

Ausgenommen sind dabei Verbindungen, bei denen das Anion durch Sauerstoff oder die OH-Gruppe gebildet wird. Diese Verbindungen mit Ionenbeziehungen heißen bekanntlich Oxide bzw. Hydroxide.

4.7. Grundbegriffe der Kristallchemie

Viele anorganische und organische Verbindungen stellen unter den natürlichen Umweltbedingungen feste Stoffe, *Festkörper*, dar. Fast alle diese Substanzen kommen in einer Form vor, die wir als kristallisiert bezeichnen. Der Kristall eines Stoffes ist *homogen*, d. h., er zeigt einen chemisch einheitlichen Bau und weist einheitliche physikalische Eigenschaften auf, die allerdings richtungsabhängig sind. So leitet ein Kristall z. B. die Wärme nicht nach jeder Richtung mit gleicher Größe. Solche Substanzen, die in verschiedenen Richtungen verschiedenes Verhalten zeigen, bezeichnet man als *anisotrop*. Flüssigkeiten oder auch Glas in nicht kristallisiertem Zustand zeigen gleiches Verhalten in allen Richtungen und sind demnach *isotrop*.

> *Kristalle sind homogene, anisotrope Körper.*

Die Bausteine eines Kristalls können Atome, Ionen oder Moleküle sein, die gesetzmäßig angeordnet sind und periodisch in allen drei Raumrichtungen auftreten. Eine solche gesetzmäßige Anordnung heißt *Kristallgitter* (Raumgitter).

Ein Kristall ist ein Festkörper mit einer periodisch meist dreidimensionalen Anordnung bestimmter Bausteine.

Die Kräfte, die im Kristallgitter den Zusammenhalt der Bausteine bewirken und damit für die Eigenschaften der Kristalle des Festkörpers verantwortlich sind, hängen von der Art der Bausteine und damit von der Art der chemischen Bindung zwischen ihnen ab. Mit diesen Problemen beschäftigt sich die *Kristallchemie*. Tabelle 4.8 faßt die im Abschn. 4. bereits diskutierten kristallchemischen Grundbegriffe zusammen und erweitert sie. Hier muß aber besonders betont werden, daß die Eigenschaften von Kristallen, in denen Ionenbeziehungen oder Metallbindung vorherrscht, in erster Linie von der Ladung und dem Abstand der Ladungsschwerpunkte der Ionen abhängen und damit zum Teil sehr unterschiedlich sein können (→ Abschn. 4.3.4.). Gitter, in denen nur eine Bindungsart auftritt, sind relativ selten. Molekülgitter, in denen ausschließlich die zwischenmolekulare Bindung anzutreffen ist, finden wir nur bei den kristallisierten Edelgasen. In den übrigen Molekülgittern herrscht zwischen den Atomen die Atombindung vor, die zu Molekülen führt, die ihrerseits durch die zwischenmolekularen Kräfte in den Gitterpunkten der Molekülgitter verankert

Tabelle 4.8. Eigenschaften der Kristalle in Abhängigkeit von der Bindungsart (nach *E. C. Evans:* Einführung in die Kristallchemie)

Eigenschaft	Ionenbeziehung	Atombindung	Metallbindung	Zwischenmolekulare Bindung
mechanisch	harte Kristalle	harte Kristalle	wechselnde Härte der Kristalle	weiche Kristalle
thermisch	meist hoher Schmelzpunkt, niedriger Ausdehnungskoeffizient	hoher Schmelzpunkt, niedriger Ausdehnungskoeffizient	verschieden hoher Schmelzpunkt, verschieden großer Ausdehnungskoeffizient	niedriger Schmelzpunkt, großer Ausdehnungskoeffizient
elektrisch	im festen Zustand meist schwache Nichtleiter, in der Schmelze und in Flüssigkeiten hoher Dielektrizitätskonstante Auftreten freibeweglicher Ionen	im festen und geschmolzenen Zustand Nichtleiter	leitfähig durch Elektronentransport	Nichtleiter
strukturell	Anziehungskräfte nicht gerichtet, Strukturen mit hoher Koordinationszahl	Anziehungskräfte gerichtet, Strukturen mit niedriger Koordinationszahl	Anziehungskräfte nicht gerichtet, Strukturen mit hoher Koordinationszahl	Anziehungskräfte nicht gerichtet, Strukturen mit unterschiedlicher Koordinationszahl
Gittertyp	Ionengitter	Atomgitter	Metallgitter	Molekülgitter

werden. Allgemein betrachtet liegen in den meisten Kristallgittern mehrere Bindungstypen nebeneinander vor. Das entspricht damit der Tatsache des seltenen Auftretens reiner Bindungstypen. Viel häufiger sind Übergänge zwischen den Bindungsarten, z. B. polarisierte Atombindung, oder der Übergang zwischen Metallbindung und Ionenbeziehung in Legierungen (→ Abschn. 4.2.2. und 11.3.2.).

■ **Aufgaben**

4.1. Es ist die chemische Bindung von Schwefelwasserstoff genau zu beschreiben!

4.2. Wie verändern sich die Ionisierungsenergien in der Reihe Lithium, Natrium, Kalium, Rubidium, Caesium? Die Entscheidung ist zu begründen!

4.3. Wie verändern sich die Elektronenaffinitäten in der Reihe Fluor, Chlor, Brom, Iod? Wie lautet die Begründung für diese Veränderung?

4.4. Es ist zu erklären, wie im Magnesiumsulfid die Ladungen der Ionen zustande kommen!

4.5. Für die folgenden Verbindungen bzw. Grundstoffe ist die vorherrschende Art der chemischen Bindung anzugeben: Magnesiumoxid MgO, Iod I_2, Natriumsulfid Na_2S, Kaliumbromid KBr, Tetrachlormethan CCl_4, Stickstoff N_2, Ethan C_2H_6!

4.6. Wie kann man sich erklären, daß nach Tabelle 4.4 der Schmelzpunkt von Natriumbromid niedriger als der von Natriumfluorid ist? Berechnen Sie auch die Differenz der Elektronegativitätswerte!

4.7. Was kann man über die gegenseitige Verdrehbarkeit der CH_3-Gruppen im Ethan C_2H_6, der CH_2-Gruppen im Ethen C_2H_4 und der CH-Gruppen im Ethin C_2H_2 um die Achse der beiden Kohlenstoffatome aussagen?

4.8. Welche Beziehung besteht zwischen Ionenwertigkeit und Oxydationszahl? In welchem Zusammenhang werden diese Begriffe angewendet?

4.9. Begründen Sie die Ladung der Oxo-Anionen der Tabelle 4.7!

4.10. Es sind die Oxydationszahlen aller Atome und gegebenenfalls die Ladung der Ionen in folgenden Verbindungen anzugeben: Natriumnitrit $NaNO_2$, Natriumnitrat $NaNO_3$, Dinatriumhydrogenphosphat Na_2HPO_4, Kaliumsulfit K_2SO_3, Kaliumchlorat $KClO_3$. Welche Koordinationszahlen treten in den Anionen auf?

4.11. Welche Orbitale des Magnesiumions könnten bei der Bildung des Hexaqua-Magnesiumchlorids mit Hilfe freier Elektronenpaare der Wassermoleküle gebildet werden?

4.12. Wie lauten die Namen folgender Verbindungen und die Oxydationszahlen der einzelnen Atome?
$K_2[PbCl_6]$, $[Ag(NH_3)_2]Cl$, $Na_3[AlF_6]$, $[Cr(H_2O)_6]Cl_3$

5. Disperse Systeme

5.1. Grundbegriffe

5.1.1. Aufbau disperser Systeme

Wenn ein Stoff in einem anderen verteilt wird, entsteht ein Gemisch, das man *disperses System* nennt. Der verteilte Stoff heißt auch *dispergierte Substanz* oder *disperse Phase*. Das Medium, in dem sich diese Substanz befindet, wird als *Dispersionsmittel* bezeichnet. Da dispergierte Substanz und Dispersionsmittel in allen Aggregatzuständen vorkommen können, gehören zu den dispersen Systemen viele bekannte Stoffe, wie Salzlösungen (Feststoff in Flüssigkeit), Nebel (Flüssigkeit in Gas), Emulsion (Flüssigkeit in Flüssigkeit) u. a. Selbst wenn man in einer Salzlösung mit Hilfe des Lichtmikroskops die dispergierte Substanz auf Grund ihrer geringen Teilchengröße nicht mehr von den Teilchen des Dispersionsmittels unterscheiden kann, gehört diese Lösung genauso zu den dispersen Systemen wie eine Aufschlämmung von Sand in Wasser (Tabelle 2.2).

5.1.2. Dispersitätsgrad

Es ist leicht einzusehen, daß die Teilchengröße von besonderer Bedeutung für die Eigenschaften eines dispersen Systems ist und den zerteilten Stoff kennzeichnet. Den Grad der Zerteilung oder Zerkleinerung einer Substanz nennt man *Dispersitätsgrad*. Es besteht folgende Beziehung:

| *Zunehmender Dispersitätsgrad entspricht abnehmende Teilchengröße.*

Mit fortschreitender Zerteilung einer bestimmten Masse Substanz steigt natürlich deren Gesamtoberfläche stark an.

5.1.3. Arten disperser Systeme

Der Bezeichnung disperser Systeme liegen folgende Prinzipien zugrunde:
1. Ordnung nach der Teilchengröße
2. Ordnung nach der Zahl der Atome im dispergierten Teilchen

Wie Tabelle 5.1 zeigt, unterscheidet man 3 Teilchengrößenbereiche.
Der Abgrenzung der Bereiche liegt die optische Wahrnehmung der dispergierten Substanz zugrunde. So sind in grobdispersen Systemen (z. B. Aufschlämmung von Erzkörnern in Wasser) die dispergierten Teilchen noch mikroskopisch mit Licht der Wellenlänge von 500 nm zu erfassen. Weiter kennt man die Größe typischer Moleküle

Tabelle 5.1. Teilchengrößenbereiche

	Grobdisperses System	Kolloiddisperses System	Feindisperses System
Teilchengröße	> 500 nm	500 bis 1 nm	< 1 nm
	zunehmender Dispersitätsgrad →		
	abnehmende Teilchengröße →		

chemischer Verbindungen, die meist unter 1 nm liegt. Zwischen diesen beiden Werten bewegen sich nun die Teilchengrößen kolloiddisperser Systeme. Unter ihnen findet man Stoffe, die leimartige Eigenschaften zeigen.[1]

> *Die Stoffe, die gemäß ihrer Teilchengröße im Dispersionsmittel kolloiddispers vorliegen, bezeichnet man als Kolloide.*

Cellulose, Stärke, Eiweißstoffe, Kautschuk, Leim, Viscose, Seife, Plaste, Lacke, Ton, Kieselsäure u. a. können Kolloide bilden.

Das zweite Ordnungsprinzip richtet sich nach der Anzahl der Atome im dispergierten Teilchen (Tabelle 5.2).

Tabelle 5.2. Einteilung disperser Systeme nach der Zahl der Atome im Teilchen

	Grobdisperses System	Kolloiddisperses System	Feindisperses System
Zahl der Atome im Teilchen	$> 10^9$	$10^9 \ldots 10^3$	$10^3 \ldots 2$
	zunehmender Dispersitätsgrad →		
	abnehmende Zahl der Atome im Teilchen →		

5.1.4. Eigenschaften disperser Systeme

Jedes disperse System zeigt charakteristische physikalische Eigenschaften, mit deren Hilfe eine Unterscheidung gut möglich ist. Dazu dient sein Verhalten beim Sedimentieren, Filtrieren, Diffundieren und Dialysieren, beim mikroskopischen Betrachten und bei der Einwirkung eines elektrischen Feldes. Hier sollen nur Systeme mit einer festen dispersen Phase und einem flüssigen Dispersionsmittel untersucht werden. In diesem Falle gelten bestimmte Bezeichnungen (Tabelle 5.3).

Tabelle 5.3. Bezeichnung disperser Systeme

Art der dispersen Phase	grobdispers	kolloiddispers	feindispers (ionen- oder molekulardispers)
Bezeichnung des dispersen Systems	Suspension	kolloide Lösung (Sol)	echte Lösung

---

[1] colla (lat.) Leim

Die Teilchen grobdisperser Systeme werden durch Papierfilter leicht zurückgehalten, wie die *Filtration* einer Aufschlämmung von feinzermahlenem Sand in Wasser zeigt. Kolloiddisperse Systeme (z. B. Kaffee, Tinte, Seifenwasser) laufen durch ein Papierfilter. Gleiches kann man bei einer Salzlösung (echte Lösung), die zu den feindispersen Systemen zählt, deutlich beobachten. *Ultrafilter* (besonders präparierte Papierfilter mit sehr kleinem Porendurchmesser von 10 bis 100 nm) gestatten noch die Trennung der dispergierten Substanz vom Dispersionsmittel kolloider Lösungen, aber lassen die Abtrennung des zerteilten Stoffes in feindispersen Systemen nicht mehr zu. Die Teilchen einer Salzlösung können daher ungehindert die Poren der Ultrafilter passieren.
Disperse Systeme können auch durch ihr *Diffusionsverhalten* gekennzeichnet werden. Unter Diffusion versteht man die freiwillige Vermischung zweier Substanzen. Wird eine Gelatinegallerte mit Kupfersulfatlösung überschichtet, so ist deutlich das Einwandern der blauen Kupferionen in die Gelatineschicht zu beobachten. Führt man die Überschichtung mit der Lösung eines organischen Farbstoffes (Kongorot) durch, der ein kolloiddisperses System bildet, so bleibt die Grenze zwischen Gelatinegallerte und Farbstofflösung bestehen. Kolloide Lösungen diffundieren also nicht. Gleiches ist natürlich bei grobdispersen Systemen auf Grund ihrer großen Teilchen der Fall.
Läßt man die Diffusion durch eine semipermeable (halbdurchlässige) Membran ablaufen, so spricht man von *Dialyse*. Das Prinzip zeigt Bild 5.1. Kolloide dialysieren nicht. Die Teilchen feindisperser Systeme können die Membran leicht durchdringen, sie dialysieren. Auf diese Weise kann man kolloide Lösungen von feindispersen Verunreinigungen (Salzlösungen) befreien. Die Teilchen grobdisperser Systeme dialysieren selbstverständlich nicht.

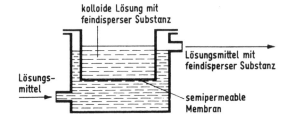

Bild 5.1. Dialyse

Ein optischer Effekt dient ebenfalls zur Kennzeichnung disperser Systeme. Läßt man das mit Hilfe von Linsen konzentrierte Licht einer Projektionslampe durch eine kolloide Lösung fallen, die dem Auge im durchfallenden Licht optisch »leer« erscheint, und beobachtet senkrecht zum Strahlenbündel, so ist dieses deutlich sichtbar. Man nennt diese Erscheinung *Tyndall-Effekt* und das sichtbar gewordene Strahlenbündel *Tyndall-Kegel* (Bild 5.2). Er kommt dadurch zustande, daß die Teilchen der

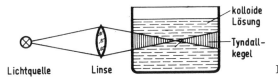

Bild 5.2. Tyndall-Effekt

kolloiddispergierten Substanz das Licht beugen und die Beugungsbilder dieser Teilchen, aber nicht sie selbst, von der Seite als leuchtende kleine Punkte sichtbar sind. Nimmt man die Betrachtung des Tyndall-Kegels mit dem Mikroskop vor, so wendet man das Prinzip der *Ultramikroskopie* an. Absolut staubfreie Salzlösungen als feindisperse Lösungen zeigen keinen Tyndall-Effekt und erweisen sich als optisch leer,

während grobdisperse Systeme den Lichtkegel durch Reflexion des Lichtes an den großen Teilchen sichtbar werden lassen. Das ist allerdings kein Tyndall-Effekt mehr.
Bringt man ein Eisenhydroxid-Sol (kolloide Lösung von $Fe(OH)_3$ in Wasser) mit Hilfe von zwei Elektroden in ein elektrisches Feld, so bewegt sich die rotbraune Substanz nach geraumer Zeit deutlich zur Katode.
Die kolloiden Teilchen müssen also in diesem Falle positiv geladen sein, da sie alle zum negativen Pol wandern. Die Bewegung der kolloiden Teilchen im elektrischen Feld nennt man *Elektrophorese*. Dabei bleibt das Dispersionsmittel in Ruhe, Eisenhydroxid-Teilchen wandern z. B. an die Katode, verlieren dort ihre positive Ladung (→ Abschn. 9.5.2.) und flocken als schwerlöslicher, grobdisperser Niederschlag aus. Dabei treten keine chemischen Veränderungen ein. Bei der Elektrolyse von feindispersen Salzlösungen wandern wegen des Ladungsunterschiedes der vorhandenen Teilchen die Kationen zur Katode und die Anionen zur Anode, wenn ein elektrisches Feld angelegt wird. Im Gegensatz zur Elektrophorese tritt außerdem eine stoffliche Umwandlung des Elektrolyten ein. Grobdisperse Systeme erfahren im elektrischen Feld keine wesentlichen Veränderungen.
Die Ergebnisse der vorgenommenen Vergleiche faßt die Tabelle 5.4 zusammen (→ Aufg. 5.1.).

Tabelle 5.4. Eigenschaften disperser Systeme

Art des dispersen Systems	Grobdisperses System	Kolloiddisperses System	Feindisperses System
Dispersionsmittel (flüssig) disperse Phase (fest)	Suspension	kolloide Lösung (Sol)	echte Lösung
Teilchengröße	> 500 nm	500 ... 1 nm	< 1 nm
Zahl der Atome im dispergierten Teilchen	> 10^9	10^9 ... 10^3	10^3 ... 2
Sedimentation	+	−	−
Filtration	+ (durch Papierfilter)	+ (durch Ultrafilter)	−
Diffusion	−	− (evtl. nur gering)	+
Dialyse	−	−	+
Lichtkegel	sichtbar	Tyndall-Effekt	optisch leer
Sichtbarkeit im Lichtmikroskop	+	− (nur im Ultramikroskop +)	−
elektrisches Feld	−	Elektrophorese	Elektrolyse

5.2. Kolloiddisperse Systeme

Da, anwendungstechnisch gesehen, die grobdispersen Systeme keine außergewöhnlichen Eigenschaften aufweisen und die Grundlagen der feindispersen Systeme (z. B. Lösungen von Säuren, Basen und Salzen) bereits an anderer Stelle ausführlich dargelegt werden, sollen nun die kolloiddispersen Systeme im Vordergrund der Betrachtung stehen (→ Aufg. 5.2.).

5.2.1. Arten der Kolloide

Auf Grund der Beschaffenheit und der Entstehungsweise der Kolloide läßt sich eine grobe Einteilung vornehmen. Hier soll am zweckmäßigsten zwischen *polymolekularen Kolloiden* und *Molekülkolloiden* unterschieden werden (Tabelle 5.5).

Tabelle 5.5. Einteilung der Kolloide

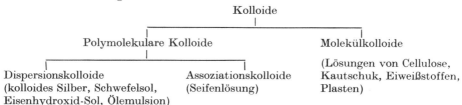

Die polymolekularen Kolloide zeigen Teilchen mit einer Größe von 1 bis 500 nm, die aus vielen Atomen bzw. Molekülen bestehen. Durch weitere Zerteilung der kolloiddispersen Phase können sich ohne chemische Reaktionen feindisperse Systeme bilden, da die einzelnen Bestandteile (Atome oder Moleküle) eines polymolekularen Kolloids oft nur durch zwischenmolekulare Kräfte zusammengehalten werden. Molekülkolloide weisen dagegen Teilchen kolloider Größe auf, die aus einem einzigen großen Molekül, einem *Makromolekül*, bestehen. Meist baut es sich aus mehreren Molekülen auf, deren Zusammenhalt aber durch Kräfte einer Atombindung (→ Abschn. 4.2.) bewirkt wird. Als typisches Beispiel sei die Cellulose genannt, deren Makromolekül aus Traubenzuckermolekülen besteht (→ Abschn. 29.8.). Ohne das Makromolekül zu zerstören und ohne seine chemischen Eigenschaften zu ändern, ist eine weitere Zerteilung von Molekülkolloiden nicht möglich (→ Aufg. 5.3.).
Zu den polymolekularen Kolloiden gehören die *Dispersionskolloide*, die durch Zerteilung (Dispersion) einer festen oder flüssigen Substanz oder Verteilung eines gasförmigen Stoffes in der Art entstehen, daß im Dispersionsmittel die Teilchen kolloide Größe annehmen. Man teilt die entsprechenden Systeme am besten nach dem Aggregatzustand der dispergierten Substanz und des Dispersionsmittels ein (Tabelle 5.6).
Zu den polymolekularen Kolloiden zählen auch die *Assoziationskolloide*, die durch freiwilligen Zusammenschluß (Assoziation) von Molekülen bei bestimmten Konzentra-

Tabelle 5.6
Dispersionskolloide und ihre Systeme

Aggregatzustand der dispergierten Substanz	Aggregatzustand des Dispersionsmittels	Bezeichnung des kolloiden Systems
fest	flüssig	Sol (Eiweiß in Wasser)
flüssig	flüssig	Emulsion (Öl in Wasser)[1]
gasförmig	flüssig	Schaum (Luft in Wasser)
fest	gasförmig	Aerosol (Rauch)
flüssig	gasförmig	Aerosol (Nebel)
fest	fest	Legierungen, Gläser
flüssig	fest	feste Schäume, verschiedene Gallerte
gasförmig	fest	feste Schäume, Bimsstein

[1] richtiger: Emulsoid

tions- und Temperaturverhältnissen entstehen. Seifen und synthetisch hergestellte Waschmittel können Assoziationskolloide bilden (→ Aufg. 5.4.).
Geht man von der Form der Teilchen aus, bietet sich eine Einteilung in kugelförmige *Sphärokolloide* und gestreckt gebaute *Linearkolloide* an. So kommen verschiedene Eiweißstoffe als Sphärokolloide in ihren dispersen Systemen vor. Der typische natürliche Vertreter, der Linearkolloide bildet, ist die Cellulose. Auch die synthetischen Faserstoffe und viele plastische Massen gehören hierher. Bei gleicher Konzentration sind Lösungen der Sphärokolloide durch ihre geringe Viskosität von den Lösungen der Linearkolloide mit ihrer durch die Sperrigkeit der Teilchen bedingten hohen Viskosität zu unterscheiden.

Besonders soll noch betont werden, daß der Begriff Kolloid nur einer Substanz im kolloiddispersen Zustand zukommt, der einen allgemein möglichen Zustand der Materie darstellt. Die alte Einteilung der Stoffe in Kristalloide (z. B. Salze) und Kolloide ist demnach heute nicht mehr üblich (→ Aufg. 5.5.).

5.2.2. Herstellung kolloider Systeme

Grundlage der Herstellung kolloider Systeme ist eine Zustandsänderung des dispersen Anteils in einem dispersen System, wie Bild 5.3 zeigt. Sie geht natürlich mit einer Veränderung der Oberflächengröße einher.

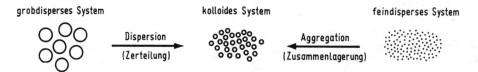

Bild 5.3. Herstellung von kolloiden Systemen

Bei der *Dispersion* unterscheidet man hauptsächlich folgende Methoden:
1. Zerteilung mit mechanischen Hilfsmitteln (Kolloidmühle, Ultraschallgerät, Emulgiermaschine)
2. Zerteilung von Metallen (Zerstäubung mit Hilfe des elektrischen Lichtbogens)
3. Zerteilung grobdisperser Stoffe durch »Anätzung« mit geringen Mengen von gelösten Elektrolyten, die in hoher Konzentration eine feindisperse Lösung bilden würden. (Gefällte Sulfide von Zink, Cadmium, Quecksilber u. a. geben mit H_2S-Wasser kolloide Lösungen. Gleiches ist beim Auswaschen von Aluminium-, Eisen- und Chromiumhydroxid-Niederschlägen mit salzsäurehaltigem Wasser zu beobachten.)
4. Auflösung von Stoffen mit Makromolekülen (Nitrocellulose in organischen Lösungsmitteln)

Eine *Aggregation* (Kondensation) kann man auf folgenden Wegen erreichen:
1. Übersättigung von Lösungen, wodurch Aggregate, Anhäufungen mit kolloider Größe entstehen (Eingießen einer alkoholischen Lösung von Schwefel in Wasser).
2. Chemische Reaktionen (Fällungen, Hydrolyse, Polymerisation), in deren Verlauf kolloide Teilchen gebildet werden. So fällt beim Einleiten von Schwefelwasserstoff in schweflige Säure kolloider Schwefel aus.

$$H_2SO_3 + 2\,H_2S \rightarrow 3\,H_2O + 3\,S$$

5.2.3. Eigenschaften kolloiddisperser Substanzen

Die folgenden Betrachtungen sollen sich auf besondere Eigenschaften erstrecken, die bestimmte Substanzen im kolloiddispersen Zustand zeigen. Ihr Verhalten zum Dispersionsmittel wird dabei besonders interessant sein.
Kolloide Teilchen, denen eine gewisse chemische Verwandtschaft mit dem Dispersionsmittel eigen ist, nennt man *lyophil*[1]). Im Gegensatz dazu stehen die *lyophoben*[2]) Kolloide. Ist das Dispersionsmittel Wasser, so spricht man auch von *hydrophilen* oder *hydrophoben* Kolloiden.

5.2.3.1. Hydrophile und hydrophobe Kolloide

Hydroxide von Eisen, Aluminium, Chromium und Säuren, wie Kieselsäure, Zinnsäure u. a., zeigen durch ihre Hydroxidgruppen bzw. Wasserstoffatome Verwandtschaft mit dem Dispersionsmittel Wasser, so daß sich die kolloiden Teilchen mit einer dichten Hülle aus Wassermolekülen umgeben (Hydratation). Außerdem spalten sich die Hydroxidgruppen von den kolloiden Hydroxiden leicht ab und laden diese positiv auf. Die gleichsinnige Ladung (Abstoßung!) und vor allen Dingen die starke Hydrathülle verhindern ein Zusammentreten (Ausflocken) der kolloiden Teilchen zu grobdispersen Gebilden und erzeugen die Stabilität hydrophiler Kolloide in Lösung auch bei Zusatz von Elektrolyten, die durch ihre Ionen die Ladung der Kolloide vernichten könnten.
Die hydrophoben Kolloide von Metallsulfiden, wie ZnS, As_2S_3, NiS, bilden keine Hydrathülle, aber laden sich durch Adsorption von überschüssigen Sulfidionen des Dispersionsmittels negativ auf. Dadurch kommt wieder auf Grund der gleichsinnigen Ladung eine gegenseitige Abstoßung der kolloiden Teilchen zustande, die eine Koagulation (Ausflockung) verhindert. Durch Zusatz von geringen Elektrolytmengen läßt sich die Ladung der Teilchen neutralisieren, so daß zwischen den kolloiden Teilchen und dem Dispersionsmittel keine Potentialdifferenz mehr besteht. Es ist der *isoelektrische Punkt* des kolloiddispersen Systems erreicht. Da die hydrophoben Metallsulfid-Kolloide keiner schützenden Hydratation unterliegen, flocken sie am isoelektrischen Punkt leicht aus (→ Aufg. 5.6.).

5.2.3.2. Reversible und irreversible Kolloide

Manche Kolloide lassen sich aus ihrem System durch Entzug des Dispersionsmittels ausflocken und sind später durch einfaches »Auflösen« (Peptisation) wieder in den kolloiden Zustand zu überführen. So zeigen besonders organische Kolloide der Seifen und Eiweißstoffe dieses *reversible* Verhalten. Gelingt die Überführung in den kolloiden Zustand nach dem Ausflocken nicht mehr, was besonders bei den hydrophoben Kolloiden der Metalle der Fall ist, spricht man von *irreversiblen* Kolloiden. Allerdings weisen auch Kieselsäure und harnstoffhaltige Harze nach Wasserentzug irreversiblen Charakter auf. Dabei läuft aber in erster Linie kein kolloidchemischer Vorgang ab, sondern es bilden sich durch eine rein chemische Reaktion Polykieselsäure bzw. Polykondensate des Harnstoffs.

---

[1]) lyophil (griech.) flüssigkeitsfreundlich
[2]) lyophob (griech.) flüssigkeitsfeindlich

5.2.3.3. Schutzkolloide

Hydrophile Kolloide von Gummi, Stärke und Eiweißstoffen können hydrophobe Kolloide (z. B. Metalle) umhüllen. Dadurch werden diese gegenüber einem Elektrolytzusatz unempfindlicher, weil sie hydrophilen Charakter angenommen haben. Die umhüllenden Kolloide wirken als *Schutzkolloide* und garantieren die Stabilität des kolloiddispersen Systems (Bild 5.4). Auf solche Weise gelingt u. a. die Herstellung von wasserlöslichem kolloidem Silber (Kollargol) und des prachtvollen Rubinglases (Farbe von kolloidem Gold). In diesem Zusammenhang ist interessant, daß bei bestimmten Krankheiten Eiweißstoffe im Organismus auftreten, deren Schutzkolloidwirkung auf kolloide Metalle oder andere kolloiddisperse Substanzen, die dem Serum bei der klinisch-chemischen Untersuchung zugegeben werden, stark verringert ist.

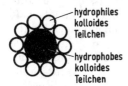

Bild 5.4. Wirkung von Schutzkolloiden

5.2.3.4. Sol-Gel-Umwandlung

Die in einem Sol befindlichen zusammenhanglosen lyophilen Kolloide gehen oft bei Temperatursenkung oder Ruhe in einen leicht deformierbaren, doch formbeständigen dispersionsmittelhaltigen Zustand über, den man *Gel* nennt. In ihm haften die kolloiden Teilchen aneinander und bilden ein Gerüst mit Hohlräumen kolloider Größe. Diese sind mit dem Dispersionsmittel gefüllt und stehen auch alle untereinander in Verbindung. Für ein Gel sind Pudding und Gelatine typische Beispiele. Besonders wasserreiche, durchsichtige Gele heißen *Gallerte*. Durch Einwirkung von mechanischen Kräften oder durch Wärme läßt sich bei vielen Gelen der Solzustand wieder herstellen. Gute Ölfarben zeigen diese Erscheinung sehr deutlich. Sie verflüssigen sich beim Umrühren oder beim Streichen mit dem Pinsel und verfestigen sich nach Aufhören der mechanischen Einwirkung in dem Maße, daß wohl ein Verlaufen der Pinselstriche eintritt, aber kein Ablaufen der Farbe (Nasenbildung) zustande kommt. Die reversible, mechanisch bedingte Sol-Gel-Umwandlung nennt man *Thixotropie*.
Mit der Zeit streben die kolloiden Teilchen der Sole und Gele eine Kristallordnung mit den entsprechenden Eigenschaften an und unterliegen damit einer *Alterung*, die meist irreversibel ist.

5.2.3.5. Adsorption

Unter Adsorption versteht man die Konzentrationsänderung eines Stoffes an der Grenzfläche zweier Phasen. Technisch besonders interessant sind die Phasengrenzflächen fest/gasförmig und fest/flüssig. Die feste Phase zeigt meist Adsorptionsflächen bzw. -hohlräume von kolloider Größe, so daß sie durch ihre große Oberfläche andere Kolloide, Moleküle oder Ionen gut festhalten kann. Aktivkohle, Kieselsäuregel und

Aluminiumoxid sind die besten Adsorbentien[1]), die auch in der Technik am meisten benutzt werden. Seife[2]) und synthetische Waschmittel lagern ihre Kolloide besonders gut in die Grenzfläche flüssig/gasförmig ein und verringern den Zusammenhalt der Moleküle einer Wasseroberfläche. Solche Stoffe bezeichnet man als *grenzflächenaktiv*. Sie fördern die Benetzungseigenschaften des Wassers gegenüber Fett und erleichtern damit den Waschvorgang (Bild 5.5). Grenzflächenaktive Stoffe[3]) gestatten auch die Herstellung stabiler grob- und kolloiddisperser Systeme (→ Aufg. 5.7.).

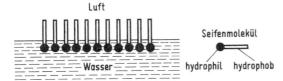

Bild 5.5. Einlagerung grenzflächenaktiver Stoffe in die Wasseroberfläche

5.3. Bedeutung der Kolloidchemie

Während die reine Chemie die Reaktionen zwischen Atomen, Ionen und Molekülen erforscht, bilden für die Kolloidchemie größere Aggregate den Gegenstand der Betrachtung. Die Kolloidchemie untersucht die physikalischen Eigenschaften der kolloiddispersen Systeme sowie ihre Herstellungs- und Vernichtungsbedingungen. Damit stellt sie ein selbständiges Gebiet innerhalb der physikalischen Chemie dar, dessen Bedeutung sich ständig vergrößert.

Kolloidchemische Methoden, wie Adsorption, Diffusion, Dialyse, Koagulation u. a., finden Verwendung in der analytischen, der organischen und klinischen Chemie, in der Bodenkunde und vor allen Dingen bei der Erforschung der makromolekularen Stoffe, zu denen synthetische Fasern und Plaste gehören.

Kolloiddisperse Systeme spielen in der Technik eine große Rolle. Dazu zählen Graphit als Schmiermittel, bestimmte Metalle bzw. ihre Oxide als Färbemittel von Gläsern und synthetischen Edelsteinen, die lichtempfindlichen Silberhalogenidschichten der Film- und Photopapierindustrie, manche Tinten, Lehm, Ton u. a. In der organisch-chemischen Industrie werden kolloide Lösungen der technisch sehr wichtigen Naturprodukte Cellulose, Stärke und Kautschuk verarbeitet. Farben und Lacke, Seifen und synthetische Waschmittel, Klebe- und Appreturmittel stellen ebenfalls kolloiddisperse Systeme dar. Kolloidchemische Vorgänge findet man unter anderem beim Gerben, Färben und Waschen, bei der Herstellung synthetischer Fasern, beim Vulkanisieren, in der Lebensmittelindustrie (Butter-, Margarine-, Brot-, Speiseeisherstellung). Die Wirksamkeit der großtechnisch verwendeten Katalysatoren ist oft von ihren kolloiden Eigenschaften abhängig. Methoden der Entstaubung von Industrieabgasen sind ebenfalls kolloidchemischer Natur.

In der Biologie und Medizin nimmt die Kolloidchemie einen besonders großen Raum von heute noch nicht zu übersehendem Ausmaß ein, da die meisten organischen kolloiden Systeme, wie Protoplasma, Blut, Haut und Muskeln, in ihren physikochemischen Eigenschaften noch sehr wenig erforscht sind.

---

[1]) Mittel, die adsorbieren.
[2]) Seifenmoleküle haben einen hydrophilen und einen hydrophoben Teil (Abschn. 29.4.).
[3]) auch Tenside genannt.

■ **Aufgaben**

5.1. Welche Bedingungen muß eine disperse Substanz erfüllen, wenn man sie als kolloiddispers bezeichnen will?

5.2. In welchen Eigenschaften unterscheiden sich kolloide Lösungen von echten Lösungen?

5.3. Nennen Sie weitere Beispiele für Makromoleküle!

5.4. Welche Bindungsart herrscht in Assoziationskolloiden vor?

5.5. Durch welche Veränderung der Materie außer einer Zerteilung könnte man auch in den Größenbereich von Kolloiden gelangen?

5.6. Beurteilen und begründen Sie die Ausflockungsfähigkeit von NaCl-, $CaCl_2$- und $Al(NO_3)_3$-Lösungen gleicher Konzentration auf ein Metallsulfid-Sol!

5.7. Suchen Sie Beispiele für die Anwendung grenzflächenaktiver Stoffe in Industrie, Land- und Nahrungsgüterwirtschaft und Haushalten!

6. Massen-, Volumen- und Energieverhältnisse bei chemischen Reaktionen

6.1. Verbindung und chemische Reaktion

Verbindungen und Gemenge unterscheiden sich grundsätzlich voneinander. Während in einem Gemenge die Bestandteile in ganz unterschiedlichen, innerhalb gewisser Grenzen sogar beliebigen Mengenverhältnissen auftreten können, liegen in einer bestimmten Verbindung die beteiligten Elemente stets in einem ganz bestimmten Mengenverhältnis vor (→ Abschn. 6.2.). Die Elemente sind imstande, untereinander Verbindungen einzugehen. Nicht nur zwei, auch drei, vier und mehr verschiedene Elemente können sich verbinden. Daraus erklärt sich die große Zahl der Verbindungen. Es sind derzeit mehr als 7 Millionen Verbindungen bekannt.

Verbindungen werden durch *Formeln* bezeichnet. Eine Formel setzt sich aus den Symbolen der einzelnen Elemente zusammen, die am Aufbau der Verbindung beteiligt sind. So bedeutet die Formel CO für Kohlenmonoxid, daß die Anzahl der Kohlenstoffatome mit der Anzahl der Sauerstoffatome im Verhältnis 1 : 1 steht. Ein anderes Beispiel ist die Verbindung Wasser H_2O. Hier sind zwei Atome Wasserstoff mit einem Atom Sauerstoff verbunden. Eine Verbindung der Formel HO ist dagegen unbekannt und theoretisch auch nicht denkbar. Ursache dafür ist die Wertigkeit der Elemente. Sauerstoff ist zweiwertig, und Wasserstoff ist einwertig. Zum gegenseitigen Absättigen der Wertigkeit, wie es für jede stabile Verbindung notwendig ist, müssen sich daher zwei Wasserstoffatome mit einem Sauerstoffatom verbinden. Die Wertigkeit beruht auf den chemischen Bindungskräften und wurde in Abschn. 4. näher erklärt. Ohne diese Ursachen der Wertigkeit zu berücksichtigen, kann mit dem Begriff der *stöchiometrischen Wertigkeit* gearbeitet werden.

> *Wasserstoff ist stöchiometrisch einwertig. Die stöchiometrische Wertigkeit eines Elementes gibt an, wieviel Atome Wasserstoff ein Atom des betreffenden Elementes zu binden oder zu ersetzen vermag.*

Die Wertigkeit der Elemente ist unterschiedlich, zudem kann ein Teil der Elemente in mehreren Wertigkeiten auftreten. In der Anlage 4 sind die Elemente mit ihrer stöchiometrischen Wertigkeit, symbolisiert durch römische Ziffern, aufgeführt.

Chemische Reaktionen sind Vorgänge, bei denen chemische Bindungen gelöst und/oder geknüpft werden: Die Atome gruppieren sich um, bilden neue Anordnungen, verändern ihre elektrische Ladung usw. Dabei entstehen aus den Ausgangsstoffen die Reaktionsprodukte, wobei Art und Anzahl der in den Ausgangsstoffen vorhandenen Atome erhalten bleiben.

Chemische Reaktionen werden stets von physikalischen Vorgängen begleitet (Aufnahme oder Abgabe von Wärme, Licht und anderen Energieformen). Gerade an den auftretenden physikalischen Erscheinungen, wie Wärme- oder Lichtentwicklung, läßt sich der Ablauf chemischer Reaktionen erkennen, und die Reaktionsprodukte können auf Grund der veränderten physikalischen Eigenschaften von den Ausgangsstoffen unterschieden werden (→ Aufg. 6.1.).

Es ist üblich, die chemische Reaktion mit Hilfe einer *chemischen Gleichung* zu formulieren. Dabei werden die auf der linken Seite der Gleichung stehenden Formeln der Ausgangsstoffe durch einen Pfeil, der die Richtung des Reaktionsablaufes angibt, mit den rechts stehenden Formeln der Reaktionsprodukte verbunden. So lautet z. B. die Reaktionsgleichung für die Verbrennung von Wasserstoff:

$$2\,H_2 + O_2 \rightarrow 2\,H_2O$$

In Worten heißt das: Zwei Moleküle Wasserstoff (bestehend aus je zwei Atomen Wasserstoff) und ein Molekül Sauerstoff (bestehend aus zwei Atomen Sauerstoff) verbinden sich zu zwei Molekülen Wasser (bestehend aus je zwei Atomen Wasserstoff und einem Atom Sauerstoff). Die Zahl vor einer Formel (bzw. einem Symbol) – in diesem Falle die »2« vor H_2 oder vor H_2O – wird Koeffizient genannt. Er bezeichnet die Anzahl der Moleküle bzw. Atome. Der Koeffizient bezieht sich, wenn er vor einer Formel steht, jeweils auf das ganze Molekül; wenn er vor einem einzelnen Symbol steht (z. B. 2 H), auf dieses einzelne Atom. Die kleine tiefgestellte 2 in H_2O ist ein Index und gibt an, wieviel Wasserstoffatome im Wassermolekül gebunden sind. Die tiefgestellte Zahl bezieht sich jeweils nur auf das unmittelbar voranstehende Symbol.
Bei einer chemischen Gleichung muß die Summe der Atome der rechten Seite gleich der Summe der Atome der linken Seite sein. Diese Gleichheit besteht auch für die obige Verbrennungsgleichung des Wasserstoffs, wie leicht nachzuprüfen ist. Die rechnerische Richtigkeit einer Gleichung sagt selbstverständlich noch nichts darüber aus, ob die mit dieser Gleichung beschriebene Reaktion auch wirklich in der angegebenen Weise abläuft. Das läßt sich nur durch das Experiment oder durch komplizierte Überlegungen ganz anderer Art ermitteln.

6.2. Gesetz von der Erhaltung der Masse und Gesetz der bestimmten Masseverhältnisse

Von grundlegender Bedeutung für die Chemie ist das *Gesetz von der Erhaltung der Masse*:

> *Die Gesamtmasse der Ausgangsstoffe ist gleich der Gesamtmasse der Reaktionsprodukte.*

Bei einer chemischen Reaktion bleibt die Gesamtmasse der beteiligten Stoffe unverändert, weil im Verlauf der Reaktion die Anzahl und die Art der Atome erhalten bleiben. Die Atome erfahren lediglich eine andere Anordnung. Sie lösen sich z. B. aus dem Molekülverband der Ausgangsstoffe und verbinden sich erneut zu anderen Molekülen, d. h. zu Molekülen des Reaktionsproduktes.
Eine wichtige Gesetzmäßigkeit beschäftigt sich mit den Masseverhältnissen, in denen die Elemente miteinander reagieren.

> *Die Elemente verbinden sich in bestimmten Masseverhältnissen; in einer chemischen Verbindung sind demzufolge die Elemente in einem bestimmten Masseverhältnis enthalten.*

Dadurch unterscheiden sich chemische Verbindungen von Gemengen, bei denen – zumindest innerhalb gewisser Grenzen – jedes beliebige Mischungsverhältnis der Komponenten möglich ist. So kann z. B. Wasserstoff mit Sauerstoff in jedem Verhältnis gemischt werden. Läßt man jedoch ein solches Gemisch (Knallgas) reagieren, so erfolgt die Umsetzung nur dann vollständig, wenn die Gase im Volumenverhältnis

2 : 1 bzw. etwa im Masseverhältnis 1 : 8 stehen. Bei jeder Mischung der beiden Gase in einem anderen Verhältnis liegt entweder Sauerstoff oder Wasserstoff im Überschuß vor. Der jeweilige Überschuß beteiligt sich nicht an der Reaktion und bleibt neben dem entstandenen Wasser als Gas erhalten.

6.3. Relative Atommasse und relative Molekülmasse

Das Gesetz der bestimmten Masseverhältnisse liegt in der unterschiedlichen Masse der Atome der verschiedenen Elemente begründet. Das bei der Bildung von Wasser

$$2\,H_2 + O_2 \rightarrow 2\,H_2O$$

beobachtete Masseverhältnis ist $m_H : m_O \approx 1 : 8$. Infolgedessen ist ein Sauerstoffatom etwa achtmal so schwer wie zwei Wasserstoffatome und demnach etwa sechzehnmal so schwer wie ein Wasserstoffatom. Da die absoluten Atommassen sehr kleine Zahlen sind (→ Abschn. 2.2. und 6.4.), ist es in der Chemie üblich und zweckmäßig, sogenannte *relative Atommassen* zu verwenden.[1]) Aus verschiedenen Gründen der Zweckmäßigkeit wurde das Isotop des Elementes Kohlenstoff mit der Massenzahl 12 als Bezugsgröße ausgewählt, und die Massen der Atome aller anderen Elemente wurden darauf bezogen. Für den Sauerstoff beträgt dann die relative Atommasse 15,9994. Für viele Rechnungen in der Chemie kann man diese Verhältniszahl für Sauerstoff auf den Wert 16 runden.

Auf experimentellem Wege bestimmte man die Verhältniszahlen für die Massen aller anderen Atomsorten. So zeigt sich am obigen Beispiel für die Verbrennung von Wasserstoff, daß Sauerstoffatome etwa sechzehnmal so schwer wie Wasserstoffatome sind. Wasserstoff besitzt deswegen die relative Atommasse von rund 1. Der genaue Wert für Wasserstoff ist 1,00797.

Die relative Atommasse eines Elementes gibt an, wievielmal so schwer ein Atom des betreffenden Elementes ist als $\frac{1}{12}$ Atom des Kohlenstoffisotops $^{12}_{6}C$.

Die Anlage 4 gibt eine Übersicht über die relativen Atommassen der Elemente. Fast alle natürlich vorkommenden Elemente sind Mischungen mehrerer Isotope, wobei das Mischungsverhältnis für jedes Element, unabhängig von seinem Vorkommen, praktisch konstant ist. Zum Beispiel besteht der natürlich vorkommende Kohlenstoff zu 98,89 Masse-% aus dem Isotop $^{12}_{6}C$ und zu 1,11 Masse-% aus dem Isotop $^{13}_{6}C$. Die relative Atommasse des Kohlenstoffs beträgt laut Tabelle 12,011. Dieser Wert ist als Durchschnittswert der Massenzahlen der beiden beteiligten Isotope (unter Berücksichtigung ihrer unterschiedlichen Häufigkeit) zu verstehen. Die folgende Rechnung bestätigt das:

$$\frac{12 \cdot 98{,}89 + 13 \cdot 1{,}11}{100} \approx 12{,}011$$

Aus den relativen Atommassen der beteiligten Elemente kann die *relative Molekülmasse* einer Verbindung errechnet werden.

Die relative Molekülmasse einer Verbindung ergibt sich durch Addition der relativen Atommasse aller am Aufbau des Moleküls beteiligten Atome.

---

[1]) Die teilweise noch verwendeten Bezeichnungen »relatives Atomgewicht« bzw. »relatives Molekulargewicht« sollten vermieden werden.

Beispielsweise errechnet sich die relative Molekülmasse des Aluminiumoxids Al_2O_3 unter Verwendung gerundeter relativer Atommassen wie folgt:

2 Al $\triangleq 2 \cdot 27 = 54$
3 O $\triangleq 3 \cdot 16 = 48$
$Al_2O_3 \triangleq$ $\qquad$ 102 ($\rightarrow$ Aufg. 6.2)

6.4. Mol, molare Masse und Avogadro-Konstante

Die Symbole, Formeln und Gleichungen geben nicht nur darüber Auskunft, um welche Elemente oder Verbindungen es sich handelt, sondern sie besagen darüber hinaus, daß bestimmte Mengen der Stoffe gemeint sind.
Die Menge von $6{,}023 \cdot 10^{23}$ elementaren Teilchen, z. B. Atomen, Molekülen, Ionen, dient als Einheit der Stoffmenge. Sie wird als ein *Mol* (mol) bezeichnet. Die Masse, die ein Mol elementare Teilchen besitzt, nennt man *molare Masse*. Die molare Masse ist zahlenmäßig gleich der relativen Molekülmasse, besitzt aber die Einheit $g\,mol^{-1}$, während die relative Molekülmasse eine Vergleichszahl ohne Einheit ist. Für molare Masse steht auch der Begriff Molmasse.
Diese Aussagen sollen durch ein Beispiel erläutert werden: Die Gleichung

Fe + S $\rightarrow$ FeS bedeutet

1. in qualitativer Hinsicht, daß sich Eisen und Schwefel zu Eisensulfid verbinden,
2. in quantitativer Hinsicht, daß sich je ein Mol Eisen ($\triangleq 56$ g) und Schwefel ($\triangleq 32$ g) zu einem Mol Eisensulfid ($\triangleq 88$ g) verbinden.[1] Aus jeweils einem Teilchen der beiden Ausgangsstoffe entsteht dabei durch Verbindung ein Teilchen des Endproduktes, oder aus je $6{,}023 \cdot 10^{23}$ Teilchen der Ausgangsstoffe bilden sich $6{,}023 \cdot 10^{23}$ Teilchen des Endproduktes.[2]

Es ergeben sich folgende Aussagen: Da die relative Molekülmasse des Wassers 18 ist, beträgt seine molare Masse $18\,g\,mol^{-1}$. In 49 g Schwefelsäure H_2SO_4 und 18,25 g Chlorwasserstoff HCl sind die gleiche Anzahl von Molekülen enthalten, nämlich bei beiden Verbindungen 0,5 Mol.
Die Anzahl der Atome bzw. Moleküle, aus denen ein Mol besteht, ist in hoher Genauigkeit zu $(6{,}02252 \pm 0{,}00009) \cdot 10^{23}$ bekannt. Sie wird auch als *Avogadro-Konstante* bezeichnet und dient meist aufgerundet zu $6{,}023 \cdot 10^{23}$ zur Berechnung der absoluten Atom- und Molekülmasse:

$$\text{Absolute Atommasse} = \frac{\text{molare Masse}}{\text{Avogadro-Konstante}}$$

Die absolute Molekülmasse des Wasserstoffmoleküls beträgt z. B.:

$$m_{H_2} = \frac{2 \cdot 1{,}008\ g\,mol^{-1}}{6{,}023 \cdot 10^{23}\ mol^{-1}} = 3{,}2 \cdot 10^{-24}\ g$$

---

[1] Auch in den folgenden Berechnungen werden gerundete Werte für die relativen Atommassen verwendet.
[2] Der Begriff Teilchen ist hier im Sinne eines angenommenen Moleküls FeS gebraucht, das in seiner Zusammensetzung der elektrisch neutralen Formeleinheit FeS entspricht.

6.5. Molarität und Normalität

Zur quantitativen Bestimmung chemischer Verbindungen werden häufig wäßrige oder andere Lösungen bestimmter Konzentration benötigt. Als günstiges Konzentrationsmaß erweist sich dabei die Molarität.

> *Unter der Molarität einer Lösung versteht man deren Konzentration in mol l^{-1}. Eine 1-molare Lösung, abgekürzt 1 M, enthält ein Mol der gelösten Verbindung in einem Liter Lösung.*

Es ist zu beachten, daß eine 1-molare Lösung ein Mol im Liter der Lösung und nicht im Liter des Lösungsmittels enthält! Zur Herstellung einer 1-molaren Natriumhydroxidlösung muß also zu 40 g Natriumhydroxid so viel Wasser zugegeben werden, bis das Volumen der entstandenen Lösung gerade 1 Liter beträgt.

Der Vorteil der Molarität als Konzentrationsmaß ergibt sich aus folgendem Beispiel:

$HCl + NaOH \rightarrow NaCl + H_2O$

36,5 g   40 g   58,5 g   18 g

Die Reaktionsgleichung besagt, daß ein Mol Chlorwasserstoff HCl ($\hat{=}$ 36,5 g) vollständig mit einem Mol Natriumhydroxid NaOH ($\hat{=}$ 40 g) zu Kochsalz NaCl und Wasser reagiert. Deshalb müssen sich auch gleiche Volumina gleichmolarer Lösungen von Chlorwasserstoff und Natriumhydroxid vollständig umsetzen. Diese Tatsache findet eine einfache Erklärung: Ein Mol der verschiedenen Stoffe enthält stets die gleiche Anzahl (*Avogadro*-Konstante, → Abschn. 6.6.) kleinster Teilchen (Ionen, Atome, Moleküle). Daher müssen auch zwei Lösungen von gleicher *Molarität* (molarer Konzentration) in gleichen Volumina die gleiche Anzahl von Teilchen enthalten und wie oben beschrieben reagieren. Vergleichen wir noch zwei Reaktionen gleichen Typs:

$HCl + KOH \rightarrow KCl + H_2O$ und

$HNO_3 + NaOH \rightarrow NaNO_3 + H_2O$

Auch bei diesen Reaktionen müssen gleiche Volumina gleichmolarer Lösungen zur vollständigen Reaktion führen.

Lösungen von NaOH, KOH, HCl und HNO_3 von gleicher Molarität (oder gleicher molarer Konzentration) sind in den angegebenen Reaktionen äquivalent (gleichwertig). Anders aber liegen die Verhältnisse, wenn an Stelle von Chlorwasserstoff HCl Schwefelsäure H_2SO_4 zur Reaktion der 1-molaren NaOH verwendet werden soll. Nach der Reaktionsgleichung

$H_2SO_4 + 2\,NaOH \rightarrow Na_2SO_4 + 2\,H_2O$

ist zur Reaktion eines Mols Natriumhydroxid nur ein halbes Mol Schwefelsäure notwendig. Infolgedessen ist eine $\frac{1}{2}$-molare Schwefelsäure (98 g : 2 = 49 g H_2SO_4 je Liter) einer 1-molaren Chlorwasserstofflösung (36,5 HCl je Liter) äquivalent.

Da ähnliche Überlegungen oft notwendig werden, ist es zweckmäßig, nicht gleichmolare, sondern gleichwertige (äquivalente) Lösungen zu verwenden, die der jeweiligen Reaktion angepaßt sind. Die 1-normalen Lösungen, abgekürzt 1 N, werden kurz als Normallösungen bezeichnet. Sie enthalten 1 Mol der gelösten Verbindung, geteilt durch die Wertigkeit, die in der betreffenden Reaktion betätigt wird, in einem Liter Lösung. Als Wertigkeit kommen bei den Salzen die Ionenwertigkeit (Ladung) des Saurerestes und bei den Hydroxiden die Ionenwertigkeit (Ladung) des Metalls in Betracht. Demnach enthält 1 Liter einer 1-molaren Lösung von Natriumsulfat 71 g

Na_2SO_4, von Natriumhydroxid 40 g NaOH und von Calciumhydroxid 37 g $Ca(OH)_2$. Eine 1-molare Natriumhydroxidlösung ist demnach gleichzeitig 1-normal. In der Praxis arbeitet man meist mit Normallösungen (→ Abschn. 32.2.2.).

6.6. Gesetz von Avogadro und Molvolumen

Experimentelle Untersuchungen ergeben, daß Gase, die an einer chemischen Reaktion beteiligt sind, stets im Volumenverhältnis kleiner ganzer Zahlen miteinander reagieren, während die Masseverhältnisse nicht ganzzahlig sind. Zum Beispiel verbinden sich bei der Verbrennung von Wasserstoff genau zwei Volumenteile Wasserstoff mit einem Volumenteil Sauerstoff. Da sich bei dieser Reaktion

$$2 H_2 + O_2 \rightarrow 2 H_2O$$

jeweils zwei Wasserstoffmoleküle mit einem Sauerstoffmolekül verbinden, muß wegen des vorstehend angegebenen Volumenverhältnisses die Anzahl der Moleküle in einem Raumteil Wasserstoff genau so groß sein wie in einem Raumteil Sauerstoff und in einem Raumteil Wasserdampf. Das gilt selbstverständlich nur bei gleichem Druck und gleicher Temperatur. Auch bei jeder anderen Gasreaktion zeigt sich, daß in gleichen Volumina stets gleich viele kleinste Teilchen enthalten sind (Gesetz von *Avogadro*).

Gleiche Volumina aller Gase enthalten unter gleichen äußeren Bedingungen (Druck und Temperatur) stets die gleiche Anzahl von Molekülen.

Da andererseits ein Mol eines jeden Stoffes aus der gleichen Anzahl von Molekülen besteht, muß – als Folgerung aus dem Gesetz von *Avogadro* – ein Mol jedes beliebigen Gases das gleiche Volumen einnehmen. Experimentelle Bestimmungen haben ergeben:

Ein Mol eines Gases nimmt unter Normbedingungen (0 °C, 101,3 kPa) ein Volumen von rund 22,4 Litern ein. Dieses Volumen wird als molares Volumen[1]) bezeichnet.

32 g Sauerstoff O_2 besitzen also – ebenso wie 2 g Wasserstoff H_2, wie 28 g Stickstoff N_2 oder ein Mol eines anderen Gases – im Normzustand ein Volumen von rund 22,4 l.

6.7. Zustandsgleichung der Gase

Die *Zustandsgleichung der Gase* ermöglicht es, das Volumen von in chemischen Reaktionen entstehenden Gasen bei einem beliebigen Druck oder einer beliebigen Temperatur zu berechnen.[2]) Sie lautet in ihrer allgemeinen Form:

$$\frac{V_0 \cdot p_0}{T_0} = \frac{V \cdot p}{T}$$

V_0 Volumen des Gases unter Normbedingungen
p_0 Normdruck (101,3 kPa)
T_0 Normtemperatur (273 K)
V Volumen des Gases beim Druck p und bei der Temperatur T
p Druck, unter dem das Gas mit dem Volumen V steht (gemessen in kPa)
T Temperatur, die das Gas mit dem Volumen V besitzt (gemessen in K)

---

[1]) Für molares Volumen wird auch der Begriff Molvolumen verwendet.
[2]) Diese Gleichung gilt für manche Gase nur angenähert; siehe Lehrbücher der physikalischen Chemie.

Es ist zu beachten, daß der Wert für die Temperatur T nicht in Grad Celsius (°C), sondern in Kelvin (K) in die Gleichung eingesetzt wird.
Ein Rechenbeispiel ergibt:

Unter Normbedingungen liegen 10 l Kohlendioxid vor. Welchen Raum nimmt diese Gasmenge bei 30 °C und 99,3 kPa ein? Da in dieser Angabe nach V gefragt wird, stellt man die Zustandsgleichung um:

$$V = V_0 \frac{p_0 \cdot T}{p \cdot T_0}$$

$$V = \frac{10 \text{ l} \cdot 101{,}3 \text{ kPa} \cdot 303 \text{ K}}{99{,}3 \text{ kPa} \cdot 273 \text{ K}} = 11{,}3 \text{ l}$$

Die Kohlendioxidmenge nimmt bei 30 °C und 99,3 kPa ein Volumen von 11,3 l ein.

6.8. Stöchiometrische Berechnungen

Mit Hilfe der in den vorstehenden Abschnitten gewonnenen Erkenntnisse über die quantitative Seite chemischer Reaktionen können für jede Reaktion die aufzuwendenden und die entstehenden Stoffmassen und Gasvolumina berechnet werden. Solche Berechnungen sind Gegenstand der Stöchiometrie (→ Aufg. 6.3 bis 6.10).
Die Methode soll an folgendem Beispiel gezeigt werden:

Welche Masse und welches Volumen Kohlendioxid entsteht beim Verbrennen von 10 g reinem Kohlenstoff, wenn das Kohlendioxid unter den Bedingungen 25 °C und 102,0 kPa vorliegt?

Lösung:

```
10 g            x bzw. y
 C    +   O₂  →   CO₂
12 g     32 g     44 g
         22,4 l   22,4 l
```

$10 \text{ g} : 12 \text{ g} = y : 22{,}4 \text{ l} \qquad y = \dfrac{10 \text{ g} \cdot 22{,}4 \text{ l}}{12 \text{ g}} = 18{,}71 \text{ l } CO_2$

$10 \text{ g} : 12 \text{ g} = x : 44 \text{ g} \qquad x = \dfrac{10 \text{ g} \cdot 44 \text{ g}}{12 \text{ g}} = 36{,}7 \text{ g } CO_2$

Bei der Verbrennung von 10 g Kohlenstoff werden 36,7 g Kohlendioxid bzw. 18,7 l (unter Normbedingungen) gebildet. Auf die verlangten Bedingungen umgerechnet:

$$V = V_0 \frac{p_0}{p} \cdot \frac{T}{T_0} = 18{,}71 \cdot \frac{101{,}3 \text{ kPa}}{102{,}0 \text{ kPa}} \cdot \frac{298 \text{ K}}{273 \text{ K}} = 22{,}3 \text{ l}$$

6.9. Exotherme und endotherme Reaktionen – Reaktionsenthalpie

Bei allen chemischen Reaktionen entsteht entweder Wärmeenergie, oder es wird Wärmeenergie verbraucht. Jede chemische Reaktion ist mit dem physikalischen Vorgang einer Energieumsetzung verknüpft. Sehr oft werden chemische Reaktionen nur deshalb technisch durchgeführt, um Wärmeenergie zu gewinnen, und nicht, um neue Stoffe zu erhalten. Das trifft vor allem für die Verbrennung des Kohlenstoffs in Form von Kohle, Koks und Holz zu. Hierbei wird nur die frei werdende Wärme technisch ausgenutzt. Das entstehende Kohlendioxid ist wertlos und entweicht als Abgas durch den Schornstein. Auch das Verbrennen von Stadtgas und Heizöl, das im wesentlichen auf eine Verbrennung von Kohlenstoff und Wasserstoff hinausläuft, dient zur Erzeugung von Wärmeenergie. Selbstverständlich ist es wichtig, die bei solchen Reaktionen entstehenden Wärmemengen zu kennen. Auch bei chemischen Reaktionen, die nicht zur Energieerzeugung, sondern zur Gewinnung neuer Stoffe durchgeführt werden, ist man bestrebt, die Energieverhältnisse berechnen zu können. Je nach den Energieverhältnissen unterscheidet man zwei Arten chemischer Reaktionen:

> *Im Verlauf einer exothermen Reaktion wird Wärmeenergie abgegeben. Im Verlauf einer endothermen Reaktion wird Wärmeenergie aufgenommen.*

Die bei einer chemischen Reaktion unter *konstantem* Druck abgegebene bzw. aufgenommene Wärmeenergie wird auf einen Formelumsatz bezogen, da die Wärmemenge selbstverständlich von der Menge der reagierenden Stoffe abhängt. Ein Formelumsatz ist dabei der Umsatz in Molen, entsprechend der Reaktionsgleichung mit kleinsten ganzzahligen Koeffizienten. Die unter diesen Bedingungen ermittelte Wärmemenge nennt man *Reaktionsenthalpie* ΔH_R. Ihre Einheit ist Kilojoule pro Formelumsatz (kJ mol^{-1}). Da sich die in den Reaktionsgleichungen angegebenen Werte für ΔH_R stets auf diesen Formelumsatz beziehen, wird als Einheit für ΔH_R vielfach nur kJ verwandt. Zur Vereinfachung steht in diesem Lehrbuch für ΔH_R nur ΔH.
Bei Wärmeaufnahme erhält die Reaktionsenthalpie ein positives Vorzeichen (der Energiegehalt des Systems nimmt zu). Für sehr viele chemische Reaktionen ist die Reaktionsenthalpie gemessen worden und zahlenmäßig bekannt.
Eine exotherme Reaktion, d. h. eine Reaktion mit negativer Reaktionsenthalpie, ist z. B.:

$$C + O_2 \rightarrow CO_2 \qquad \Delta H = -393{,}8 \text{ kJ mol}^{-1}$$

Die Angabe besagt, daß bei der Reaktion eines Mols (=12 g) Kohlenstoff mit einem Mol Sauerstoff ($\hat{=}$32 g bzw. 22,4 l unter Normbedingungen) ein Mol Kohlendioxid ($\hat{=}$44 g bzw. 22,4 l) entsteht und 393,8 kJ Wärme frei werden.
Eine endotherme Reaktion, d. h. eine Reaktion mit positiver Reaktionsenthalpie, ist z. B.:

$$2 \, (H_2O)_g + C \rightarrow 2 \, H_2 + CO_2 \qquad \Delta H = +90{,}4 \text{ kJ mol}^{-1}$$

Daraus kann man entnehmen, daß 90,4 kJ Wärme zugeführt werden müssen, damit zwei Mol Wasser (=36 g) mit einem Mol Kohlenstoff (=12 g) in der genannten Weise reagieren. Der Ausdruck $(H_2O)_g$ besagt, daß das Wasser als gasförmiger Ausgangsstoff vorliegt. Geht man von flüssigem Wasser $(H_2O)_{fl}$ aus, so vergrößert sich die Reaktionsenthalpie, d. h., es muß mehr Wärme zugeführt werden, da eine bestimmte zusätzliche Wärmemenge zur Verdampfung des Wassers verbraucht wird.

6.10. Bildungsenthalpie

> *Die Wärmemenge, die bei der Bildung eines Mols einer Verbindung aus den Elementen auftritt, wird Bildungsenthalpie ΔH_B der Verbindung genannt.*

Sie kann entweder negativ *(exotherme Verbindung)* oder positiv *(endotherme Verbindung)* sein.
Kohlendioxid ist eine exotherme Verbindung mit der Bildungsenthalpie −393,8 kJ · mol^{-1} (→ Abschn. 6.9.). Eine endotherme Verbindung ist z. B. das Stickstoffmon-

oxid NO. Bei seiner Bildung aus den Elementen muß Wärme zugeführt werden:

$\frac{1}{2} N_2 + \frac{1}{2} O_2 \to NO \quad \Delta H_B = +90{,}0 \text{ kJ mol}^{-1}$

Da laut Gleichung bei der Bildung von einem Mol Stickstoffmonoxid NO 90,0 kJ · mol^{-1} verbraucht werden, beträgt die Bildungsenthalpie des Stickstoffmonoxids $\Delta H_B + 90{,}0 \text{ kJ mol}^{-1}$. Die Bildungsenthalpie einer Verbindung ist von ihrem Aggregatzustand abhängig. So beträgt sie für flüssiges Wasser $-286{,}0 \text{ kJ mol}^{-1}$, für Wasserdampf dagegen $-242{,}0 \text{ kJ mol}^{-1}$. Die Differenz von 44,0 kJ mol^{-1} ist die Verdampfungswärme, die notwendig ist, um Wasser in den gasförmigen Zustand überzuführen. Umgekehrt wird die gleiche Wärme als Kondensationswärme wieder frei, wenn 1 Mol (= 18 g) Wasserdampf zu Wasser kondensiert wird. Tabelle 6.1 enthält die Bildungsenthalpien einiger ausgewählter Verbindungen. Die hier angegebenen Bildungsenthalpien sind auf einen Standardzustand (25 °C, 101,3 kPa) bezogen und stellen daher Standardenthalpien dar.

Tabelle 6.1. Bildungsenthalpien einiger Stoffe bei 25 °C und 101,3 kPa

Stoff	Formel	Bildungsenthalpie in kJ mol^{-1}
Wasser (flüssig)	H_2O	−286,2
Wasser (gasförmig)	H_2O	−242,2
Chlorwasserstoff	HCl	−91,7
Schwefeldioxid	SO_2	−296,8
Ammoniak	NH_3	−46,1
Stickstoffdioxid	NO_2	+36,6
Kohlenmonoxid	CO	−110,5
Siliciumdioxid	SiO_2	−851,2
Natriumchlorid	NaCl	−411,6
Kaliumchlorid	KCl	−436,9
Magnesiumoxid	MgO	−611,7
Calciumoxid	CaO	−635,9
Aluminiumoxid	Al_2O_3	−1591
Eisen(II)-oxid	FeO	−269,2
Eisen(III)-oxid	Fe_2O_3	−831,0
Kupfer(II)-oxid	CuO	−161,2

Die Bildungsenthalpien können zur Berechnung von Reaktionsenthalpien (ΔH_R) verwendet werden, da folgender Satz gilt:

> *Die Reaktionsenthalpie eines Formelumsatzes ist die Differenz aus der Summe der Bildungsenthalpien der Reaktionsprodukte und der Summe der Bildungsenthalpien der Ausgangsstoffe.*

$\Delta H = \underset{\text{Reaktionsprodukte}}{\Sigma \Delta H_B} - \underset{\text{Ausgangsstoffe}}{\Sigma \Delta H_B}$

Beispiel:
Welche Reaktionsenthalpie tritt bei 25 °C und 101,3 kPa in der Reaktion
$2 CuO + C \to 2 Cu + CO_2$ auf?

$\Delta H_B (CuO) = -161{,}2 \text{ kJ mol}^{-1}$

$\Delta H_B (CO_2) = -393{,}8 \text{ kJ mol}^{-1}$

Die Bildungsenthalpien der Elemente im Standardzustand sind definitionsgemäß gleich Null. Daraus berechnet sich die gesuchte Reaktionsenthalpie:

$\Delta H = 1 \text{ mol} (-393{,}8 \text{ kJ mol}^{-1}) - 2 \text{ mol} (-161{,}2 \text{ kJ mol}^{-1}) = -71{,}4 \text{ kJ mol}^{-1}$

Die Reaktionsenthalpie der obigen Reaktion beträgt $-71{,}4 \text{ kJ mol}^{-1}$ ($\to$ Aufg. 6.11.).

6.11. Heßscher Satz

Die Reaktionsenthalpie, die auftritt, wenn ein chemisches System von einem bestimmten Anfangszustand in einen bestimmten Endzustand übergeht, ist unabhängig vom Wege der Umsetzung.

Beispiel:
Liegen im Anfangszustand Kohlenstoff und Sauerstoff vor, und besteht das Endprodukt aus Kohlendioxid, so kann diese Umsetzung auf zwei verschiedenen Wegen erfolgen:

a) $C + O_2 \rightarrow CO_2$ $\quad\quad \Delta H = -393{,}8$ kJ mol^{-1}
b) $C + \frac{1}{2}O_2 \rightarrow CO$ $\quad\quad \Delta H_1 = -110{,}6$ kJ mol^{-1}
$\quad CO + \frac{1}{2}O_2 \rightarrow CO_2$ $\quad\quad \Delta H_2 = -283{,}2$ kJ mol^{-1}

$$\Delta H = \Delta H_1 + \Delta H_2 = -393{,}8 \text{ kJ mol}^{-1}$$

Die Reaktionsenthalpie ist für beide Wege die gleiche, nämlich $-393{,}8$ kJ mol^{-1}, wenn der Standardzustand vorausgesetzt wird.

■ Aufgaben

6.1. Beim Beobachten einer brennenden Kerze soll versucht werden, die physikalischen Vorgänge von den chemischen Reaktionen zu unterscheiden.

6.2. Wieviel Masse-% Kupfer sind im Kupfer(II)-oxid enthalten?

6.3. Wieviel Liter Luft im Normzustand sind zum vollständigen Verbrennen von 1 g Kohlenstoff notwendig? Die Luft besteht zu 20,95 Vol.-% aus Sauerstoff O_2.

6.4. Wieviel Gramm Wasser entstehen bei der Verbrennung einer Wasserstoffmenge, die bei 18 °C und 102,6 kPa ein Volumen von einem Liter einnimmt?

6.5. Wieviel Liter Wasserstoff entstehen bei 102,4 kPa Druck und 17 °C durch Oxydation von 2 g Aluminium mit Wasser?

6.6. Was sagt die Gleichung
$2 CO + O_2 \rightarrow 2 CO_2$
$\quad\quad \Delta H = -566{,}3$ kJ mol^{-1}
quantitativ aus?

6.7. In welchem Volumenverhältnis reagieren die Ausgangsstoffe bei der Gewinnung von Chlorwasserstoff? Wie verhält sich das Volumen des entstehenden Chlorwasserstoffs zu den Volumina der Ausgangsstoffe?

6.8. Wieviel Kohlendioxid kann aus 50 g Calciumcarbonat durch Zersetzung mit Salzsäure HCl gewonnen werden? Es sind die Masse und das Volumen (unter Normbedingungen) des entstehenden Kohlendioxids anzugeben.

6.9. Welche Normalität und Molarität besitzen gesättigte Lösungen ($\rightarrow$ Bild 2.1) der folgenden Salze:
Natriumnitrat bei 80 °C
Kaliumnitrat bei 10 °C
Natriumchlorid bei 0 °C?

6.10. Welchen Gehalt in Massenprozent an H_3PO_4 hat die Phosphorsäure, die entsteht, wenn man 70 g P_2O_5 in 300 cm^3 Wasser löst?

6.11. Wie groß ist die Reaktionsenthalpie bei 25 °C und 101,3 kPa für folgende Umsetzung:
$FeO + CO \rightarrow Fe + CO_2$?
(Bildungsenthalpien der beteiligten Verbindungen $\rightarrow$ Tabelle 6.1).

7. Chemisches Gleichgewicht und Massenwirkungsgesetz

7.1. Umkehrbarkeit chemischer Reaktionen

Im Verlauf chemischer Reaktionen werden aus den Ausgangsstoffen die Reaktionsprodukte gebildet. Ein Richtungspfeil verbindet die beiden Seiten der chemischen Gleichung

$A + B \rightarrow C + D$

Man sagt, die Reaktion verläuft von den Stoffen A und B ausgehend in Richtung auf die Stoffe C und D. Chemische Reaktionen können jedoch nicht nur in der einen (Hinreaktion), sondern auch in der umgekehrten Richtung (Rückreaktion) ablaufen.

$C + D \rightarrow A + B$

Im allgemeinen gibt es zu jeder Reaktion eine Gegenreaktion.

Chemische Reaktionen sind im allgemeinen umkehrbar.

Einige Beispiele sollen diese Tatsache erläutern:
Quecksilberoxid zerfällt bei Temperaturen über 400 °C in Quecksilber und Sauerstoff:

$2 HgO \rightarrow 2 Hg + O_2$

Umgekehrt aber bildet sich Quecksilberoxid, wenn bei einer Temperatur von etwa 300 °C elementares Quecksilber und gasförmiger Sauerstoff längere Zeit in einem geschlossenen Gefäß miteinander in Berührung stehen:

$2 Hg + O_2 \rightarrow 2 HgO$

Ebenfalls umkehrbar ist die Bildung von Kohlensäure beim Einleiten von gasförmigem Kohlendioxid in Wasser. Neben dem physikalischen Vorgang des Lösens geschieht auch ein chemischer Prozeß. Ein geringer Teil des Kohlendioxids bildet mit dem Wasser Kohlensäure:

$CO_2 + H_2O \rightarrow H_2CO_3$

Andererseits ist die Kohlensäure wenig stabil, sie zerfällt durch Erwärmen in Kohlendioxid und Wasser:

$H_2CO_3 \rightarrow CO_2 + H_2O$

Welche Richtung der Reaktionsverlauf nimmt, d. h., ob die Reaktion oder die Gegenreaktion bevorzugt verläuft, hängt von den *äußeren Bedingungen*, wie *Druck, Temperatur* und *Konzentration* der Ausgangsstoffe, ab. Die obigen Beispiele zeigen das deutlich. Ob das Quecksilberoxid aus den Elementen gebildet wird oder aber in die Elemente zerfällt, hängt vor allem von der beim Versuch gewählten Temperatur ab. Kohlensäure bildet sich vor allem dann, wenn Kohlendioxid unter Druck in Wasser eingeleitet wird (z. B. Herstellung von Selterswasser). Fällt der erhöhte Druck weg (Öffnen einer Selterswasserflasche), so beginnt das gelöste Kohlendioxid zu entweichen. Gleichzeitig zerfällt auch die in geringem Maße gebildete Kohlensäure H_2CO_3

allmählich wieder in Kohlendioxid und Wasser. Nicht bei allen chemischen Reaktionen ist die Gegenreaktion leicht zu beobachten. In vielen Fällen ist die Umkehrung einer Reaktion kaum wahrnehmbar, da die äußeren Bedingungen für den umgekehrten Reaktionsablauf nur sehr schwer zu erreichen sind.

7.2. Chemisches Gleichgewicht

Der bei einem chemischen Vorgang zu beobachtende Stoffumsatz, d. h. die Bildung der Reaktionsprodukte aus den Ausgangsstoffen, ist nicht nur das Ergebnis der Hinreaktion. Die äußerlich am Stoffumsatz zu erkennende Gesamtreaktion setzt sich vielmehr aus der gleichzeitig ablaufenden Hin- und Rückreaktion zusammen.

| *Bei einem chemischen Vorgang laufen gleichzeitig Hin- und Rückreaktion ab.*

Dies steht in scheinbarem Widerspruch zu der Tatsache, daß chemische Vorgänge – je nach den äußeren Bedingungen – in der einen oder anderen Richtung verlaufen.

An einem Beispiel soll dieser Widerspruch geklärt werden.
Iodwasserstoff HI, ein Gas, zerfällt beim Erhitzen teilweise, je nach der Höhe der Temperatur, in Iod und Wasserstoff.

$$2\,HI \rightarrow H_2 + I_2$$

Ein solcher Vorgang wird *thermische Dissoziation*, d. h. Zerfall unter dem Einfluß von Wärme, genannt.
Beim Erhitzen von Iodwasserstoff auf 300 °C zerfallen etwa 20 % aller Iodwasserstoffmoleküle in Iod- und Wasserstoffmoleküle. Betrachtet man jetzt willkürlich 100 Iodwasserstoffmoleküle, die in dem angenommenen Ausmaß von 20 % dissoziieren, so sind am Ende des chemischen Vorgangs 20 dieser Iodwasserstoffmoleküle in 10 Iod- und 10 Wasserstoffmoleküle zerfallen. Dieser Anzahl von Molekülen stehen 80 undissoziiert gebliebene Iodwasserstoffmoleküle gegenüber. Durch das Erhitzen des Iodwasserstoffs ist der durch vorstehende Gleichung wiedergegebene chemische Vorgang abgelaufen, allerdings nur unvollständig. Neben den in der Gleichung genannten Endprodukten (H_2 und I_2) liegt auch noch ein Teil des Ausgangsstoffes (HI) vor. Werden die äußeren Bedingungen (Temperatur, Konzentration) unverändert gehalten, so ändert sich an dieser Zusammensetzung des Gemisches auch im Verlauf längerer Zeit nichts mehr. Stets liegen von 100 Iodwasserstoffmolekülen 20 dissoziiert und 80 undissoziiert vor.
Im Bild 7.1 wurden die Massenverhältnisse bei diesem Dissoziationsvorgang graphisch dargestellt. Zu Beginn (t_0) des Dissoziationsvorgangs liegen 100 % Iodwasserstoffmoleküle (Kurve I) vor. Mit fortschreitender Zeit steigt die Temperatur, und der Anteil der Iodwasserstoffmoleküle nimmt ab, die Kurve I fällt, während der Anteil Wasserstoff- und

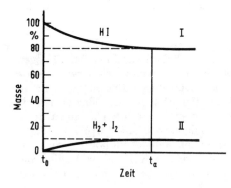

Bild 7.1. Bei der thermischen Dissoziation von Iodwasserstoff nimmt der Anteil der undissoziierten Iodwasserstoffmoleküle HI im gleichen Maße ab, wie der Anteil der Wasserstoff- und Iodmoleküle (H_2 und I_2) zunimmt

Iodmoleküle im gleichen Maße zunimmt, die Kurve II steigt. Zum Zeitpunkt t_g ist das der Temperatur von 300 °C entsprechende Verhältnis erreicht.

Das nach Erreichen von 300 °C aus den zu Beginn willkürlich herausgegriffenen 100 Iodwasserstoffmolekülen entstandene System von 80 Iodwasserstoffmolekülen einerseits und je 10 Wasserstoff- und Iodmolekülen andererseits befindet sich aber nur scheinbar in Ruhe.

Tatsächlich zerfallen ständig weiter Iodwasserstoffmoleküle. Gleichzeitig treten jedoch Wasserstoffmoleküle und Iodmoleküle wieder zu Iodwasserstoffmolekülen zusammen:

$H_2 + I_2 \rightarrow 2\,HI$

Neben der Hinreaktion (Bildung von H_2 und I_2) läuft gleichzeitig die Rückreaktion (Bildung von HI) ab.

Die Rückreaktion setzt bereits ein, sobald sich die ersten Wasserstoff- und Iodmoleküle gebildet haben. Da die Zahl dieser Moleküle zunächst nur gering ist, läuft auch die Rückreaktion zunächst nur sehr langsam ab. Bedeutend größer ist die Geschwindigkeit der Hinreaktion, so daß anfangs sehr viel mehr Wasserstoff- und Iodmoleküle entstehen, als umgekehrt sich aus ihnen Iodwasserstoffmoleküle zurückbilden. Mit der steigenden Zahl von Wasserstoff- und Iodmolekülen nimmt aber auch die Wahrscheinlichkeit zu, daß zwei solcher Moleküle aufeinander treffen und sich zu einem Iodwasserstoffmolekül vereinigen, d. h., die Geschwindigkeit der Rückreaktion nimmt zu. Andererseits nimmt während der Hinreaktion die Zahl der Iodwasserstoffmoleküle ständig ab. Dadurch kommen immer weniger Moleküle für einen Zerfall in Betracht, d. h., die Hinreaktion wird langsamer. Wenn der Reaktionsablauf nach außen zum Stillstand gekommen ist, so bedeutet das, daß Hin- und Rückreaktion die gleiche Geschwindigkeit besitzen. Dieser Zustand wird *Gleichgewichtszustand* genannt. Der Zeitpunkt, zu dem sich dieser Gleichgewichtszustand einstellt, wurde im Bild 7.1 mit t_g bezeichnet. Da Hin- und Rückreaktion auch weiterhin ablaufen, handelt es sich hier um ein dynamisches Gleichgewicht, im Gegensatz zum statischen Gleichgewicht, wie es beispielsweise von gleichmäßig belasteten Waagschalen bekannt ist. In dem chemischen System, bestehend aus Iodwasserstoff-, Wasserstoff- und Iodmolekülen, herrscht ein chemisches Gleichgewicht. Das bedeutet, daß in der Zeiteinheit ebensoviel Iodwasserstoffmoleküle zerfallen wie entstehen. Das gleiche gilt für die Wasserstoff- und Iodmoleküle. Das im Gleichgewichtszustand vorliegende Mengenverhältnis von Ausgangsstoffen und Endprodukten wird Lage des Gleichgewichts genannt.

Was hier am Beispiel der Dissoziation des Iodwasserstoffs dargestellt wurde, gilt auch für andere chemische Reaktionen:

> *Bei einem chemischen Vorgang laufen gleichzeitig Hinreaktion und Rückreaktion ab. Alle chemischen Reaktionen verlaufen im allgemeinen so, daß ein Gleichgewichtszustand erreicht wird. Im Gleichgewichtszustand verlaufen Hin- und Rückreaktion mit gleicher Geschwindigkeit, damit ist die Reaktion äußerlich beendet. Das Mengenverhältnis der entstandenen Reaktionsprodukte zu den nicht umgesetzten Ausgangsstoffen hat einen feststehenden Wert erreicht.*

Um auch in einer chemischen Gleichung auszudrücken, daß eine chemische Reaktion zu einem Gleichgewichtszustand führt, verbindet man die beiden Seiten der Gleichung durch zwei entgegengesetzt gerichtete Pfeile. Für die Dissoziation des Iodwasserstoffs lautet dann die Gleichung:

$2\,HI \rightleftarrows H_2 + I_2$

Wenn chemische Reaktionen zu einem Gleichgewichtszustand führen, so bedeutet das zugleich, daß die Stoffumsetzung unvollständig verläuft. Stets befinden sich am Ende der Gesamtreaktion Ausgangsstoffe und Reaktionsprodukte miteinander im Gleichgewicht, d. h., sie liegen nebeneinander vor. Bei vielen Reaktionen ist der erreichte Gleichgewichtszustand allerdings so beschaffen, daß die Konzentration der Ausgangsstoffe sehr klein und die der Reaktionsprodukte sehr groß ist. Man sagt: Das Gleich-

gewicht liegt weit auf der Seite der Reaktionsprodukte. Eine Reaktion, die einem solchen Gleichgewichtszustand zustrebt, verläuft demnach praktisch vollständig.
Ob eine chemische Reaktion nahezu vollständig oder wegen der ungünstigen Gleichgewichtslage nur unvollständig ablaufen kann, ist von großem praktischem Interesse. Bei vollständig ablaufenden Reaktionen ist es im Prinzip möglich, aus einer bestimmten Menge von Ausgangsstoffen die stöchiometrisch errechenbare Menge an Reaktionsprodukten zu gewinnen. Liegt dagegen der Gleichgewichtszustand der Reaktion nicht völlig auf der Seite der Reaktionsprodukte, so ist auch bei Beendigung der Reaktion nicht die Gesamtmenge aller Ausgangsstoffe umgesetzt. Die Ausbeute ist mehr oder weniger schlecht. Das bedeutet jedoch einen höheren Bedarf an Einsatzmaterial, bezogen auf eine bestimmte Menge Fertigprodukte. Außerdem ist das Fertigprodukt mit den Einsatzstoffen verunreinigt; eine Reinigungsstufe muß dem Verfahren angeschlossen werden. Das Verfahren ist weniger wirtschaftlich. Es ist jedoch möglich, durch äußere Maßnahmen die Lage des chemischen Gleichgewichts z. B. auf die Seite der Reaktionsprodukte zu verschieben und damit die Ausbeute zu erhöhen. Der folgende Abschnitt beschäftigt sich mit dieser in der Praxis wichtigen Tatsache.

7.3. Verschiebung der Gleichgewichtslage

Die Lage des chemischen Gleichgewichts hängt von drei Faktoren ab:
a) von dem Druck, unter dem die Reaktionsteilnehmer stehen,
b) von der Temperatur, bei der die Reaktion abläuft,
c) vom Mengenverhältnis (von den Konzentrationen) der an der Reaktion beteiligten Stoffe. In welcher Weise diese drei Faktoren die Lage des Gleichgewichts beeinflussen, wird durch das Prinzip vom kleinsten Zwang bestimmt:

> *Übt man auf ein System, das sich im Gleichgewichtszustand befindet, durch Änderung der äußeren Bedingungen einen Zwang aus, so verschiebt sich die Lage des Gleichgewichts derart, daß der äußere Zwang vermindert wird. Das System weicht dem äußeren Zwang aus.*

Es handelt sich hier um eine Gesetzmäßigkeit, die auch als *Prinzip von Le Chatelier und Braun* bezeichnet wird. Das Wirken dieses Prinzips läßt sich auch in den folgenden Beispielen nachweisen, in denen der Einfluß von Druck, Temperatur und Mengenverhältnis auf die Lage des Gleichgewichts betrachtet wird.

7.3.1. Einfluß des Drucks

Für den Einfluß des Drucks auf die Lage des chemischen Gleichgewichts gilt folgender Satz:

> *Die Gleichgewichtslage einer chemischen Reaktion wird durch Änderung des Drucks verschoben, wenn das Volumen der gasförmigen Reaktionsprodukte von dem der gasförmigen Ausgangsstoffe verschieden ist.*
> *Durch Druckerhöhung wird das Gleichgewicht nach der Seite der Stoffe mit dem geringeren Volumen, durch Druckerniedrigung nach der Seite der Stoffe mit dem größeren Volumen verschoben.*

Ein geeignetes Beispiel für diesen Zusammenhang ist die Synthese des Ammoniaks aus den Elementen.
Bei der Bildung von Ammoniak aus den Elementen nimmt das Volumen der beteiligten Stoffe ab. Nach dem Avogadroschen Gesetz entstehen aus einem Raumteil Stick-

stoff und drei Raumteilen Wasserstoff zwei Raumteile Ammoniak:

$\boxed{N_2}$ + $\boxed{H_2}$ $\boxed{H_2}$ $\boxed{H_2}$ ⇌ $\boxed{NH_3}$ $\boxed{NH_3}$
4 Raumteile   2 Raumteile

Die Ausgangsstoffe nehmen also insgesamt vier Raumteile, das Reaktionsprodukt nimmt dagegen nur zwei Raumteile ein. Die Reaktion verläuft von links nach rechts unter Volumenverminderung.

Nach dem Prinzip des kleinsten Zwanges wird bei einer Erhöhung des Drucks diejenige Reaktion begünstigt, die unter Volumenverminderung abläuft, also im vorliegenden Beispiel die Hinreaktion, die Bildung von Ammoniak. Das System Stickstoff–Wasserstoff–Ammoniak weicht dem Zwang (Druckerhöhung) aus, indem ein Stoff mit kleinerem Volumen (Ammoniak) gebildet wird. Die Rückreaktion, der Zerfall des Ammoniaks, wird durch die Druckerhöhung gehemmt, weil diese Reaktion unter Volumenvergrößerung abläuft und damit der äußere Zwang noch vergrößert würde. Durch Druckerhöhung wird also die Lage des chemischen Gleichgewichts nach der Seite des Ammoniaks verschoben (Tabelle 7.1). Um bei der Ammoniaksynthese eine hohe Ausbeute zu erhalten, muß demnach ein möglichst hoher Druck angewendet werden. In der Technik wird mit einem Druck von mindestens 20 MPa gearbeitet.

Tabelle 7.1. Ammoniakanteile im Gleichgewicht mit Stickstoff und Wasserstoff in Abhängigkeit vom Druck bei einer konstanten Temperatur von 400°C

Druck	Ammoniakanteil im Gasgemisch
0,1 MPa	0,4 Vol.-%
10 MPa	26 Vol.-%
20 MPa	36 Vol.-%
30 MPa	46 Vol.-%
60 MPa	66 Vol.-%
100 MPa	80 Vol.-%

Es gibt auch Reaktionen, auf die die Veränderung des Drucks keinen Einfluß hat. Zum Beispiel zerfällt Iodwasserstoff HI beim Erwärmen nach der Gleichung

$2 HI \rightarrow H_2 + I_2$

in Wasserstoffgas und Ioddampf. Aus zwei Raumteilen des Ausgangsstoffes (HI) entstehen hier zwei Raumteile der Endprodukte (H_2, I_2):

$\boxed{HI}$ + $\boxed{HI}$ ⇌ $\boxed{H_2}$ + $\boxed{I_2}$
2 Raumteile   2 Raumteile

Das Gesamtvolumen bleibt also bei dieser Reaktion unverändert, und daher wird die Gleichgewichtslage durch Veränderung des Druckes nicht beeinflußt.

7.3.2. Einfluß der Temperatur

Für den Einfluß der Temperatur auf die Lage des chemischen Gleichgewichts gilt folgender Satz:

> *Bei Erhöhung der Temperatur wird ein chemisches Gleichgewicht nach der Seite der Stoffe verschoben, zu deren Bildung Wärmeenergie verbraucht wird: Die endotherme Reaktion wird begünstigt. Bei Erniedrigung der Temperatur verlagert sich das Gleichgewicht nach der Seite der Stoffe, bei deren Entstehung Wärmeenergie frei wird: Die exotherme Reaktion wird begünstigt.*

Da sämtliche chemische Reaktionen mit Energieumsetzungen verbunden sind, übt die Temperatur auf alle chemischen Reaktionen einen derartigen Einfluß aus. Als geeignetes Beispiel soll auch hier die Ammoniaksynthese herangezogen werden. Die thermochemische Gleichung lautet:

$$N_2 + 3\,H_2 \rightleftarrows 2\,NH_3 \qquad \Delta H = -92{,}1\ \text{kJ mol}^{-1}$$

Daraus ist abzulesen, daß es sich bei der Bildung des Ammoniaks um eine exotherme Reaktion handelt, während die Spaltung des Ammoniaks in Stickstoff und Wasserstoff endotherm, d. h. unter Aufnahme von Wärmeenergie verläuft. In Tabelle 7.2

Temperatur	Ammoniakanteil im Gasgemisch
300 °C	63 Vol.-%
400 °C	36 Vol.-%
500 °C	18 Vol.-%
600 °C	8 Vol.-%
700 °C	4 Vol.-%

Tabelle 7.2. Ammoniakanteile im Gleichgewicht mit Stickstoff und Wasser in Abhängigkeit von der Temperatur bei einem konstanten Druck von 20 MPa

wurden einige Werte zusammengestellt, die zeigen, wie der Ammoniakanteil im Gasgemisch von der Temperatur beeinflußt wird. Man erkennt, daß sich bei Temperaturerhöhung das Gleichgewicht nach der Seite des Zerfalls verschiebt, da hierbei Wärme verbraucht wird. Um eine hohe Ausbeute an Ammoniak zu erhalten, muß also bei möglichst niedrigen Temperaturen gearbeitet werden. In der Technik kann man allerdings kaum unter 400 °C herabgehen, da sich sonst das Gleichgewicht zu langsam einstellt.

7.3.3. Einfluß der Konzentration

Den Einfluß der Konzentration auf die Lage des chemischen Gleichgewichts beschreibt der Satz:

> *Die Gleichgewichtslage einer chemischen Reaktion wird bei Erhöhung der Konzentration eines der Ausgangsstoffe auf die Seite der Endprodukte verschoben, d. h., die Ausbeute an Endprodukten steigt.*

Die für die großtechnische Synthese der Schwefelsäure wichtige Oxydation des Schwefeldioxids zum Schwefeltrioxid erfordert nach der bekannten stöchiometrischen Berechnungsweise den Einsatz von 64 Masseteilen Schwefeldioxid auf 16 Masseteile Sauerstoff:

$$SO_2 + \tfrac{1}{2}O_2 \rightleftarrows SO_3$$
64 Masse- 16 Masse- 80 Masseteile   teile   teile

Bei der großtechnischen Durchführung dieser Synthese bringt man jedoch nicht Schwefeldioxid und Sauerstoff in dem stöchiometrisch errechneten Mengenverhältnis in den Reaktionsofen, sondern verwendet ein Gemisch mit weit höherem Sauerstoffanteil. Man erreicht damit eine wesentlich größere Ausbeute an dem erstrebten Schwefeltrioxid. Ursache dieser Ausbeutesteigerung ist eine Verschiebung des Gleichgewichts der Reaktion nach rechts, zugunsten des Endproduktes. Die gleiche Wirkung ließe sich mit einem Überschuß an Schwefeldioxid erreichen; sie wäre jedoch nicht sinnvoll, da es gerade darum geht, das Schwefeldioxid, dessen Gewinnung erhebliche

Kosten verursacht, wirtschaftlich auszunutzen. Der in der Luft enthaltene Sauerstoff steht dagegen in jeder Menge zur Verfügung.

Mit Hilfe des Prinzips vom kleinsten Zwang läßt sich das wiederum leicht erklären. Die 64 Masseteile Schwefeldioxid und die 16 Masseteile Sauerstoff setzen sich nicht vollständig miteinander um. Beim Erreichen des Gleichgewichtszustandes liegen noch beträchtliche Anteile an Schwefeldioxid und Sauerstoff im Gemisch mit dem entstandenen Schwefeltrioxid vor. Ist jedoch Sauerstoff (oder auch Schwefeldioxid) im Überschuß vorhanden, so weicht das chemische System dem äußeren Zwang (Erhöhung der Konzentration eines Ausgangsstoffes) aus. Weiteres Schwefeldioxid wird zu Schwefeltrioxid umgesetzt, bis eine neue, jetzt weiter nach rechts verschobene Gleichgewichtslage erreicht ist. Die Ausbeute an Schwefeltrioxid steigt ($\rightarrow$ Aufg. 7.1. bis 7.3.).

7.4. Chemisches Gleichgewicht in heterogenen Systemen

Die vorstehenden Betrachtungen gelten in dieser allgemeinen Form nur für Reaktionen, die innerhalb eines *homogenen Systems* ($\rightarrow$ Abschn. 2.4.) ablaufen. Es gibt zwei homogene Systeme: die Gasgemische und die Lösungen. Die oben als Beispiel benutzte Dissoziation des Iodwasserstoffs, die Ammoniaksynthese und die Oxydation des Schwefeldioxids mit Sauerstoff sind solche Reaktionen in homogenen Systemen. Davon müssen Reaktionen unterschieden werden, die in *heterogenen Systemen* ($\rightarrow$ Abschn. 2.4.) ablaufen. Um heterogene Systeme handelt es sich stets dann, wenn die an der Reaktion beteiligten Stoffe in verschiedenen Aggregatzuständen vorliegen, z. B. bei der Verbrennung von Kohlenstoff zu Kohlendioxid:

$$\underset{\text{fest}}{C} + \underset{\text{gasförmig}}{O_2} \rightarrow \underset{\text{gasförmig}}{CO_2}$$

Besonders in heterogenen Systemen ist es gut möglich, den Reaktionsablauf so zu gestalten, daß der Gesamtumsatz vollständig geschieht:

> *In einem heterogenen System stellt sich kein chemisches Gleichgewicht ein, wenn eine Phase ständig aus dem System austritt. Die Reaktion verläuft in diesem Falle vollständig in die Richtung, die zur Bildung des Stoffes führt, der aus dem System entweicht.*

Das Entfernen eines der Reaktionsprodukte aus dem chemischen Gleichgewicht geschieht, wenn bei der Reaktion ein gasförmiges Produkt entsteht und die Reaktion in einem offenen Gefäß abläuft. Ein Beispiel von großer technischer Bedeutung ist das Brennen von Kalkstein. Dabei wird Calciumcarbonat (Kalkstein) $CaCO_3$ in Calciumoxid (gebrannter Kalk) CaO und Kohlendioxid CO_2 zerlegt:

$$CaCO_3 \rightarrow CaO + CO_2$$

Andererseits wird Kohlendioxid, wenn man es über Calciumoxid leitet, von diesem gebunden, wobei Calciumcarbonat entsteht:

$$CaO + CO_2 \rightarrow CaCO_3$$

Würde es sich um ein geschlossenes System handeln, d. h., würde das Brennen des Kalksteins in einem geschlossenen Gefäß erfolgen, so käme die Reaktion zum Stillstand, lange bevor sämtliches Calciumcarbonat verbraucht wäre. Es würde sich ein Gleichgewichtszustand einstellen. Ebenso wenig kommt es zu einer vollständigen Umsetzung, wenn in einem geschlossenen Gefäß Kohlendioxid auf Calciumoxid einwirkt. Auch hier stellt sich ein den vorliegenden Bedingungen entsprechender Gleichgewichtszustand ein. Es liegt dann ein heterogenes System vor, das aus drei Phasen besteht, und zwar aus zwei festen Phasen ($CaCO_3$ und CaO) und einer Gasphase (CO_2). Bei dem technischen Prozeß des Kalkbrennens ist man aber daran interessiert, daß sich das Calciumcarbonat vollständig zu Calciumoxid umsetzt. Das ist leicht zu erreichen, indem man die Reaktion nicht in einem geschlossenen, sondern in einem offenen System ablaufen läßt, d. h. in einem Schacht- oder Ringofen, aus dem die Gasphase ständig abgeführt wird. Durch einen senkrecht nach oben gerichteten Pfeil bringt das die folgende Gleichung zum Ausdruck:

$$CaCO_3 \rightarrow CaO + CO_2 \uparrow$$

Da aus dem System eine Phase ständig entweicht, kann sich hier kein chemisches Gleichgewicht einstellen. Das Gleichgewicht wird dauernd gestört. Damit die Gleichgewichtslage wieder hergestellt wird, reagieren noch nicht umgesetzte Ausgangsstoffe miteinander. Die Vorgänge wiederholen sich, bis die Reaktion quantitativ abgelaufen ist.

Das Entfernen eines der Reaktionsprodukte aus dem Gleichgewichtssystem geschieht auch, wenn in einer Flüssigkeit ein Stoff als Niederschlag ausfällt. Bekannt ist z. B. der analytische Nachweis von Sulfationen mit Bariumchloridlösung. Dafür gilt folgende Ionenreaktion:

$$Ba^{2+} + SO_4^{2-} \rightarrow BaSO_4 \downarrow$$

Ist Bariumsulfat aus einer wäßrigen Lösung ausgefallen, so tritt der entstandene Niederschlag nicht aus dem vorliegenden System aus, sondern er bildet eine neue Phase. Es handelt sich dann um ein heterogenes System. Zwischen den beiden Phasen (1. wäßrige Lösung mit sehr wenigen Barium- und Sulfationen, 2. Bodenkörper von Bariumsulfat) liegt ein dynamisches Gleichgewicht vor. Es treten ständig Barium- und Sulfationen zu ungelöstem Bariumsulfat zusammen, während im gleichen Maße Bariumsulfat in Form seiner Ionen in Lösung geht. Dieses Gleichgewicht liegt aber weit auf der Seite des ungelösten Bariumsulfats. Der Lösung werden die Barium- und die Sulfationen durch deren Übergang in die feste Phase fast vollständig entzogen. Der Gesamtvorgang kann in folgender Form dargestellt werden:

$$Ba^{2+} + SO_4^{2-} \rightleftarrows BaSO_4$$
gelöst   gelöst   ungelöst

Wenn Bariumchlorid im Überschuß zugesetzt wird, erhöht sich die Konzentration der Bariumionen. Dadurch wird nach dem Prinzip vom kleinsten Zwang die Lage des Gleichgewichts noch mehr nach der Seite des ungelösten Bariumsulfats verschoben. Die Sulfationen werden dadurch praktisch quantitativ ausgefällt, d. h., in der Lösung bleibt nur eine außerordentlich geringe, für die praktische Analyse bedeutungslose Zahl an Sulfationen zurück ($\rightarrow$ Aufg. 7.4. und 7.5.).

7.5. Beschleunigte Gleichgewichtseinstellung

Das chemische Gleichgewicht stellt sich im allgemeinen nicht momentan ein, es ist dafür eine gewisse Zeit erforderlich (siehe Bild 7.1). Die Geschwindigkeit der Gleichgewichtseinstellung kann aber beschleunigt (oder verzögert) werden. Dies kann auf zweierlei Art geschehen:

1. durch Temperaturerhöhung,
2. durch Katalysatoren.

7.5.1. Einfluß der Temperatur

Durch Erwärmen des Reaktionsgemisches stellt sich das chemische Gleichgewicht schneller ein. Alle chemischen Reaktionen verlaufen in der Kälte langsamer als in der Wärme[1]). Beim absoluten Nullpunkt, d. h. bei $-273,15\,°C$, würde überhaupt keine Umsetzung mehr stattfinden. Für alle Gleichgewichtsreaktionen gilt:

> *Je höher die Temperatur ist, bei der eine Gleichgewichtsreaktion abläuft, um so schneller wird der Gleichgewichtszustand erreicht.*

Es ist zu beachten, daß die Temperatur in zweifacher Hinsicht Einfluß auf das chemische Gleichgewicht ausübt. Einerseits wird die Lage des Gleichgewichts verschoben, und andererseits wird die Zeit beeinflußt, in der sich das Gleichgewicht einstellt. Die Oxydation des Schwefeldioxids zu Schwefeltrioxid ist ein anschauliches Beispiel für diese doppelte Auswirkung der Temperatur:

$$2\,SO_2 + O_2 \rightleftarrows 2\,SO_3 \qquad \Delta H = -184,2\ kJ\ mol^{-1}$$

Um bei dieser Reaktion eine günstige Ausbeute an Schwefeltrioxid SO_3 zu erhalten, besteht einerseits die Forderung, mit möglichst niedrigen Temperaturen zu arbeiten: Das Gleichgewicht ist dann nach rechts verschoben, da die Hinreaktion exotherm verläuft. Andererseits stellt sich der Gleichgewichtszustand bei niedrigen Temperaturen so langsam ein, daß sich nach angemessener Zeit erst ein kleiner Teil des Schwefeldioxids SO_2 und des Sauerstoffs O_2 umgesetzt hat. Bei hohen Temperaturen stellt sich zwar das Gleichgewicht rascher ein, gleichzeitig wird aber die Gleichgewichtslage ungünstig beeinflußt, d. h. der Schwefeltrioxidanteil im Gasgemisch verringert. Man ist in einem solchen Falle gezwungen, einen einigermaßen günstigen Mittelweg zu suchen. Im Falle der Schwefeltrioxidsynthese arbeitet die chemische Technik bei Temperaturen von 400 bis 600 °C.

7.5.2. Einfluß von Katalysatoren

Die Anwesenheit bestimmter Stoffe, *Katalysatoren* genannt, führt bei chemischen Reaktionen zu einer beschleunigten (durch positive Katalysatoren) oder verzögerten (durch negative Katalysatoren) Gleichgewichtseinstellung. Katalysatoren haben keinen Einfluß auf die Lage des Gleichgewichts. Im Verlauf der Reaktion werden sie nicht verbraucht.

> *Katalysatoren sind Stoffe, die die Geschwindigkeit einer chemischen Reaktion verändern, d. h. die Gleichgewichtseinstellung beschleunigen oder verzögern. Katalysatoren gehen aus der Reaktion unverändert wieder hervor.*

Es ist eine Eigenart der Katalysatoren, daß ein Stoff, der eine bestimmte Reaktion katalysiert, bei den meisten anderen Reaktionen wirkungslos ist. Wie ein Schlüssel nur zu einem bestimmten Schloß (oder zu wenigen Schlössern) paßt, so wirkt ein Katalysator nur auf bestimmte Reaktionen ein. Die Wirkungsweise der verschiedenen Katalysatoren erwies sich, soweit sie bisher aufgeklärt werden konnte, als sehr kompliziert. Bei den technisch verwendeten Katalysatoren (als Feststoffkatalysatoren auch *Kontakte* genannt) handelt es sich meist um Stoffe, die auf Grund von vielen

---

[1]) Bei einer Temperaturerhöhung um 10 Grad steigt die Reaktionsgeschwindigkeit im allgemeinen auf das 2- bis 3fache.

praktischen Versuchen ausgewählt wurden. Sehr oft sind solche Katalysatoren Gemenge verschiedener Stoffe. Katalysatoren spielen in der chemischen Technik eine sehr große Rolle, weil mit ihrer Hilfe Reaktionen bei relativ niedrigen Temperaturen mit ausreichender Reaktionsgeschwindigkeit durchgeführt werden können. Ohne Katalysatoren würden viele technische Reaktionen Temperaturen verlangen, bei denen die Apparaturen oder die an der Reaktion beteiligten Stoffe Schaden erlitten. Besondere Bedeutung besitzen Katalysatoren für solche Reaktionen, bei denen eine Temperaturerhöhung eine ungünstige Gleichgewichtsverschiebung (in Richtung der Ausgangsstoffe) bewirkt, z. B. für die bereits erwähnte Synthese von Schwefeltrioxid SO_2 aus Schwefeldioxid SO_2 und Sauerstoff O_2. Hier kann durch Katalysatoren erreicht werden, daß die Reaktion schon bei einer Temperatur, die eine einigermaßen günstige Gleichgewichtslage bewirkt, mit hinreichender Geschwindigkeit abläuft.

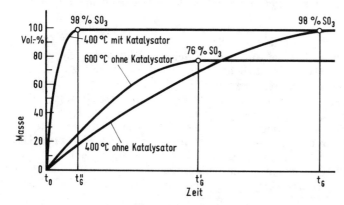

Bild 7.2. Einfluß von Temperatur und Katalysator auf die Lage des Gleichgewichts
$2\,SO_2 + O_2 \rightleftarrows 2\,SO_3$
und auf die Geschwindigkeit, mit der sich dieses Gleichgewicht einstellt

Im Bild 7.2 wird am Beispiel der Schwefeltrioxidsynthese der Einfluß veranschaulicht, den Temperatur und Katalysator auf die Zeit ausüben, in der sich ein chemisches Gleichgewicht einstellt. Bei 400 °C liegt das Gleichgewicht weit auf der Seite der Schwefeltrioxidbildung:

$2\,SO_2 + O_2 \rightleftarrows 2\,SO_3$

Bei dieser Temperatur stellt sich aber das Gleichgewicht so langsam ein, daß bis zum Zeitpunkt t_G eine für die technische Nutzung des Verfahrens viel zu lange Zeit vergehen würde. Durch Temperaturerhöhung auf 600 °C kann zwar erreicht werden, daß sich das Gleichgewicht wesentlich rascher (schon zum Zeitpunkt t'_G) einstellt; dabei wird aber die Lage des Gleichgewichts erheblich in Richtung der Ausgangsstoffe verschoben, wodurch die Ausbeute an Schwefeltrioxid beträchtlich sinkt. Außerdem ist auch bei 600 °C die Geschwindigkeit der Gleichgewichtseinstellung für eine wirtschaftliche Durchführung des Verfahrens noch zu gering. Durch Einsatz eines Katalysators (heute meist Vanadiumpentoxid V_2O_3) wird die Geschwindigkeit der Reaktion so stark beschleunigt, daß man schon bei der für die Ausbeute günstigen Temperatur von 400 °C arbeiten kann. Der Gleichgewichtszustand ist dann zum Zeitpunkt t''_G erreicht, während er ohne Katalysator bei dieser Temperatur erst zum Zeitpunkt t_G vorliegen würde.

> *Durch Einsatz eines Katalysators kann erreicht werden, daß eine chemische Reaktion schon bei einer verhältnismäßig niedrigen Temperatur genügend schnell abläuft.*

Das ist für exotherme Reaktionen wichtig, die nur bei niedrigen Temperaturen eine wirtschaftlich günstige Gleichgewichtslage zeigen.
Auch im lebenden Organismus spielen Katalysatoren eine bedeutsame Rolle. Man nennt sie dort *Fermente* oder *Enzyme*. Die Oxydation des mit der Nahrung aufgenom-

menen Zuckers zu Kohlendioxid und Wasser erfolgt unter der katalytischen Wirkung solcher Fermente im menschlichen Organismus bereits bei der Temperatur von +37 °C. Eine Verbrennung des Zuckers ohne Katalysator erfordert dagegen eine Temperatur von mehreren hundert Grad Celsius.

7.6. Zusammenwirken von Druck, Temperatur und Katalysator

Die technische Durchführung der Ammoniaksynthese *(Haber-Bosch-Verfahren)* zeigt, wie die verschiedenen Faktoren zusammenwirken, die ein Gleichgewicht in seiner Lage oder in der Geschwindigkeit, mit der es sich einstellt, beeinflussen. Über die Abhängigkeit des im Gleichgewicht mit Stickstoff und Sauerstoff vorliegenden Anteils an Ammoniak von Druck und Temperatur gibt ein Nomogramm (Bild 7.3) Auskunft. Daraus geht hervor, daß der Ammoniakanteil mit zunehmendem Druck und mit abnehmender Temperatur steigt.

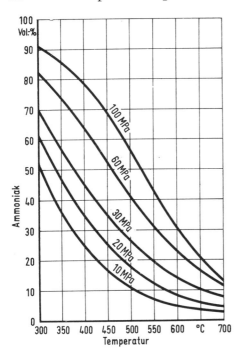

Bild 7.3. Abhängigkeit des im Gleichgewichtszustand vorliegenden Ammoniakanteils von Druck und Temperatur

Es ist aber auch zu beachten, daß mit abnehmenden Temperaturen die Reaktionsgeschwindigkeit sinkt. Um die Synthese des Ammoniaks möglichst wirtschaftlich zu gestalten, bestehen folgende Forderungen:
a) Die Lage des chemischen Gleichgewichts muß möglichst weit nach rechts, d. h. zugunsten der Bildung von Ammoniak, verschoben werden.
b) Das chemische Gleichgewicht muß sich möglichst rasch einstellen.

Als optimale Bedingungen wendet die chemische Technik bei der Ammoniaksynthese im allgemeinen einen Druck von mindestens 20 MPa, eine Temperatur von 500 °C und einen Katalysator an. Bei 20 MPa hält sich die Beanspruchung der Apparatur in erträglichen Grenzen, wobei auch die Gleichgewichtslage nicht allzu ungünstig ist.

Mit 500 °C wurde eine Temperatur gefunden, bei der sich mit Hilfe des Katalysators das Gleichgewicht hinreichend rasch einstellt, ohne daß die Lage des Gleichgewichts allzusehr nach der Seite der Ausgangsstoffe (N_2, H_2) verschoben wird. Wie aus Bild 7.3 hervorgeht, liegen bei 500 °C und 20 MPa 18 Vol.-% Ammoniak im Gleichgewicht vor. Um die Ammoniaksynthese möglichst wirtschaftlich zu gestalten, wird bei ihrer Durchführung nicht abgewartet, bis der Gleichgewichtszustand erreicht ist, sondern die Reaktion wird schon vorher unterbrochen. Zu diesem Zeitpunkt liegen bei 20 MPa und 500 °C etwa 11% Ammoniak im Gemisch vor. Dieser Zustand ist bereits nach kurzer Zeit erreicht. Bis sich der Gleichgewichtszustand (18% NH_3) eingestellt hat, würde ein Mehrfaches dieser Zeit vergehen. Damit erhöht sich die Durchgangsgeschwindigkeit des Synthesegases auf ein Mehrfaches, und die Leistung einer Syntheseanlage liegt höher, als wenn man bei wesentlich geringerer Durchgangsgeschwindigkeit je Durchgang 18% Ammoniak gewinnen würde. Allerdings ist es wegen des geringen Ammoniakanteils notwendig, das Verfahren in einem Kreisprozeß durchzuführen. Das Ammoniak, dessen Kondensationspunkt mit $-33{,}5$ °C wesentlich höher liegt als der von Wasserstoff und Stickstoff, wird durch Tiefkühlung aus dem Reaktionsgemisch entfernt, und das Restgas (N_2, H_2) wird immer wieder dem Syntheseofen zugeführt ($\rightarrow$ Abschn. 15.3.1.).
Moderne Anlagen arbeiten bei 470 bis 530 °C mit 25 bis 35 MPa, wobei ein Ammoniakanteil von 15 bis 20% erreicht wird. Die Gleichgewichtslage ist bei diesem Druck noch relativ ungünstig, aber bei höheren Drücken ergeben sich extreme Anforderungen an das Material der Reaktoren.

7.7. Reaktionsgeschwindigkeit

Die Geschwindigkeit, mit der eine chemische Reaktion abläuft, wird allgemein daran erkannt, wie schnell sich die Menge der reagierenden Stoffe ändert, d. h. zu- oder abnimmt. Für Lösungen und Gasgemische werden die an einer Reaktion beteiligten Mengen meist auf die Raumeinheit bezogen, also die Konzentration wird angegeben. Daraus ergibt sich die Definition für die Reaktionsgeschwindigkeit:

> *Die Reaktionsgeschwindigkeit ist die Änderung der Konzentration eines reagierenden Stoffes in der Zeiteinheit.*

Die Reaktionsgeschwindigkeit kann durch die Abnahme der Konzentration eines der Ausgangsstoffe oder durch die Zunahme der Konzentration eines der Reaktionsprodukte in der Zeiteinheit quantitativ erfaßt werden: $v = \pm \dfrac{dc}{dt}$.

Als Maß für die Konzentration einer Lösung kommen vor allem die Molarität ($\rightarrow$ Abschnitt 6.5.) und der Molenbruch ($\rightarrow$ Abschn. 2.5.) in Betracht. Bei Gasgemischen werden auch die Partialdrücke ($\rightarrow$ Abschn. 7.9.2.) verwendet.
Wovon hängt die Größe der Reaktionsgeschwindigkeit ab? Zu Beginn der Reaktion
$A + B \rightleftarrows C + D$

sind im Reaktionsraum nur Moleküle A und Moleküle B vorhanden. Die erste Voraussetzung für die Umsetzung dieser Moleküle zu Molekülen C und Molekülen D ist, daß jeweils ein Molekül A und ein Molekül B zusammenstoßen. Dabei muß der Stoff derart heftig sein, daß eine Aufspaltung der Moleküle und damit eine Reaktion eintritt. Je mehr solche Zusammenstöße in der Zeiteinheit erfolgen, um so schneller werden sich A und B miteinander umsetzen, d. h., um so größer ist die Reaktionsgeschwindigkeit der Hinreaktion. Es ist leicht einzusehen, daß die Zahl der Zusammenstöße um so höher sein wird, je größer das »Gedränge« der Moleküle im Reaktionsraum ist. Mit anderen Worten: Die Zahl der Zusammenstöße und damit die Reaktionsgeschwindigkeit ist um so größer, je höher die Konzentration der reagierenden Stoffe ist. Eine ähnliche Wirkung übt die Temperatur aus. Je höher die Temperatur ist, um so schneller bewegen sich die Moleküle im Reaktionsraum, und um so größer wird die Zahl der Zusammenstöße in der Zeiteinheit. Weiterhin ist bei höherer Temperatur, d. h. bei höherer Geschwindigkeit der Moleküle, der Zusammenstoß weitaus heftiger, so daß eher eine Aufspaltung der Moleküle und damit eine Reaktion eintritt als bei Zusammenstoß langsamer Moleküle.

> *Die Reaktionsgeschwindigkeit steigt mit zunehmender Temperatur und mit zunehmender Konzentration der die Reaktion verursachenden Teilchen.*

Dieser Zusammenhang läßt sich mathematisch formulieren. Für den Einfluß der Konzentration, der in den folgenden Abschnitten besonders interessiert, erhält man im einfachsten Falle folgende Beziehung:

$$v = k \cdot c$$

Darin bedeuten

v Reaktionsgeschwindigkeit
k Geschwindigkeitskoeffizient (Geschwindigkeitskonstante)
c Konzentration

Die Gleichung sagt aus: Die Reaktionsgeschwindigkeit ist der Konzentration proportional. Der Geschwindigkeitskoeffizient k ist für jede Reaktion verschieden. Für eine bestimmte Reaktion ist er bei gleichbleibender Temperatur konstant. Mit zunehmender Temperatur wird der Wert für k größer. Das beruht darauf, daß sich die Moleküle mit zunehmender Temperatur schneller bewegen. Damit steigt nicht nur die Zahl der Zusammenstöße, sondern auch deren Heftigkeit, also der Anteil der Zusammenstöße, die zu einer Umsetzung führen. Der bereits erwähnte Einfluß der Temperatur auf die Reaktionsgeschwindigkeit ist also in der Geschwindigkeitskonstanten k enthalten. Die obige Gleichung gilt nur im einfachsten Falle. Für die meisten chemischen Reaktionen erhält sie eine komplizierte Form. Der nächste Abschnitt beschäftigt sich mit diesen Fragen.

7.8. Reaktionsordnung

Die Abhängigkeit der Reaktionsgeschwindigkeit von der Konzentration wird durch die Reaktionsordnung bestimmt. Sie ist bei den chemischen Reaktionen unterschiedlich. Die Gleichung

$$v = k \cdot c \qquad (1)$$

gilt in dieser einfachen Form nur dann, wenn die Reaktionsgeschwindigkeit lediglich von der Konzentration einer einzigen Teilchenart abhängt. Das trifft z. B. auf eine Reaktion zu, die nach der allgemeinen Gleichung

$$A \rightarrow B + C$$

verläuft.

Hängt die Reaktionsgeschwindigkeit von der Konzentration zweier Teilchen ab, so müssen in der Gleichung für die Reaktionsgeschwindigkeit die Konzentrationen beider Teilchenarten als Faktoren eingesetzt werden.

$$v = k \cdot c_A \cdot c_B \qquad (2)$$

Diese Gleichung beschreibt z. B. die Reaktionsgeschwindigkeit einer Umsetzung, die nach der allgemeinen Reaktionsgleichung

$A + B \rightarrow AB$ oder $A + B \rightarrow C + D$ usw.

verläuft.

Für die Reaktion

$A + B + C \rightarrow D + E$ usw.

gilt die Gleichung

$$v = k \cdot c_A \cdot c_B \cdot c_C \qquad (3)$$

Hängt die Reaktionsgeschwindigkeit von der Konzentration nach Gleichung (1) ab, so handelt es sich um eine Reaktion 1. Ordnung. Weiterhin gelten Gleichung (2) für die Reaktionen 2. Ordnung und die Gleichung (3) für die Reaktionen 3. Ordnung. Reaktionen höherer Ordnung treten praktisch kaum auf.

In einem Beispiel wird die Gleichung für die Reaktionsgeschwindigkeit aufgestellt. Der Zerfall sowie auch die Bildung des Iodwasserstoffs nach der Gleichung

$H_2 + I_2 \rightleftarrows 2\,HI$

ist eine Reaktion 2. Ordnung. Eine Umsetzung von H_2 und I_2 zu HI kann nur erfolgen, wenn jeweils ein Molekül H_2 und ein Molekül I_2 zusammenstoßen.[1]) Die Wahrscheinlichkeit eines solchen Zusammenstoßes steigt mit der Konzentration des Stoffes H_2 und mit der Konzentration des Stoffes I_2. Sind in einem bestimmten Volumen nur je 1 Molekül H_2 und 1 Molekül I_2 vorhanden, so ist die Wahrscheinlichkeit eines Zusammenstoßes sehr gering. Wird nun die Zahl der Moleküle H_2 auf zehn erhöht, während weiterhin nur ein Molekül I_2 vorliegt, so steigt die Wahrscheinlichkeit des Zusammenstoßes von H_2 und I_2 auf das Zehnfache. Erhöht man aber jetzt die Zahl der Moleküle I_2 auf zehn, so steigt die Wahrscheinlichkeit des Zusammenstoßes von H_2 und I_2 auf das Hundertfache (Bild 7.4). Je häufiger Zusammenstöße erfolgen, um so größer ist die Reaktionsgeschwindigkeit. Die Geschwindigkeit der Hinreaktion ist also sowohl von der Konzentration des Wasserstoffs als auch von der Konzentration des Iods abhängig:

$v = k \cdot c_{H_2} \cdot c_{I_2}$

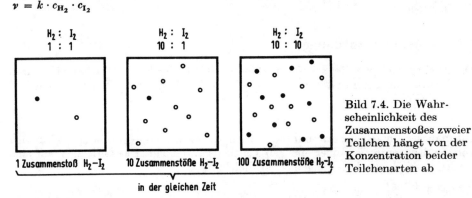

Bild 7.4. Die Wahrscheinlichkeit des Zusammenstoßes zweier Teilchen hängt von der Konzentration beider Teilchenarten ab

---

[1]) Die Reaktion ist hier 2molekular, was bei einer Reaktion 2. Ordnung nur dann zutrifft, wenn sie ohne weitere Zwischenschritte verläuft.

Die Ordnung einer Reaktion wird auf experimentellem Wege festgestellt. Dabei wird durch zahlreiche Versuche ermittelt, in welcher Weise die Konzentrationen der beteiligten Stoffe die Reaktionsgeschwindigkeit beeinflussen. Keinesfalls kann die Reaktionsordnung aus der chemischen Gleichung erkannt werden. Durch eine chemische Reaktionsgleichung werden lediglich der Ausgangs- und der Endzustand eines chemischen Systems gekennzeichnet. Meist liegen zwischen dem Ausgangs- und dem Endzustand eines chemischen Systems eine Reihe von Zwischenreaktionen, die in ihrer Gesamtheit als *Reaktionsmechanismus* bezeichnet werden. Die Summe dieser Einzelreaktionen oder Elementarreaktionen ergibt die formulierte Brutto- oder Summengleichung. Solche Summengleichungen können also nichts über die Zahl der zusammenstoßenden Teilchen und damit über die Reaktionsordnung und Reaktionsmolekularität aussagen (→ Aufg. 7.6.).

7.9. Massenwirkungsgesetz

7.9.1. Ableitung des Massenwirkungsgesetzes

Mit Hilfe des Begriffes der Reaktionsgeschwindigkeit und ihrer Abhängigkeit von der Konzentration kann der chemische Gleichgewichtszustand mathematisch erfaßt werden. Für die Ableitung wird eine allgemeine Reaktion 2. Ordnung gewählt:

$$A + B \underset{v_R}{\overset{v_H}{\rightleftarrows}} C + D$$

Wenn im Anfangszustand nur die Stoffe A und B vorliegen, so wird die Reaktion in Richtung auf C + D mit der Geschwindigkeit v_H ablaufen. Für v_H einer Reaktion 2. Ordnung gilt, wie im Abschn. 7.8. mitgeteilt wurde:

$$v_H = k_H \cdot c_A \cdot c_B \tag{1}$$

Im Verlauf der Hinreaktion werden die Konzentrationen von A und B immer kleiner, da sich beide zu den Stoffen C und D umsetzen. Die Werte für c_A und c_B nehmen also ab, so daß sich nach Gleichung (1) die Geschwindigkeit v_H laufend verringert. Andererseits setzt die Rückreaktion bereits ein, sobald die ersten Moleküle der Stoffe C und D gebildet worden sind. Die Geschwindigkeit v_R dieser Rückreaktion nimmt nach der Gleichung

$$v_R = k_R \cdot c_C \cdot c_D \tag{2}$$

fortwährend zu, da die Konzentration von C und D, also die Werte für c_C und c_D, laufend steigen. Durch die ständige Abnahme von v_H und die ständige Zunahme von v_R wird schließlich der Gleichgewichtszustand erreicht. Für ihn gilt:

$$v_H = v_R \tag{3}$$

Im Gleichgewichtszustand sind die Reaktionsgeschwindigkeiten von Hin- und Rückreaktionen gleich groß. Setzt man für die beiden Geschwindigkeiten die in den Gleichungen (1) und (2) gegebenen Ausdrücke ein, so erhält man

$$k_H \cdot c_A \cdot c_B = k_R \cdot c_C \cdot c_D \tag{4}$$

Da k_H und k_R bei einer feststehenden Temperatur Konstanten sind, ist folgende Umformung der Gleichung angebracht:

$$K_c = \frac{k_H}{k_R} = \frac{c_C \cdot c_D}{c_A \cdot c_B} \tag{5}$$

Diese Gleichung ist die für die Reaktionen vom Typ A + B ⇌ C + D geltende mathematische Formulierung des Massenwirkungsgesetzes.

> *Eine chemische Reaktion hat den Gleichgewichtszustand erreicht, wenn das Verhältnis zwischen dem Produkt der Konzentration der Reaktionsprodukte und dem Produkt der Konzentrationen der Ausgangsstoffe einen für die betreffende Reaktion charakteristischen, für eine bestimmte Temperatur konstanten Zahlenwert K_c erreicht hat.*

Die Massenwirkungsgleichung für eine chemische Reaktion kann man aus der Reaktionsgleichung gewinnen. Das folgende Beispiel zeigt das anzuwendende Verfahren:
Für die Ammoniaksynthese

$$N_2 + 3H_2 \rightleftarrows 2NH_3 \quad \text{bzw.} \quad N_2 + H_2 + H_2 + H_2 \rightleftarrows NH_3 + NH_3$$

gilt die Massenwirkungsgleichung:

$$\frac{c_{NH_3}^2}{c_{N_2} \cdot c_{H_2}^3} = K_c$$

Die Zahlenwerte der Gleichgewichtskonstanten K_c lassen sich – in ihrer Abhängigkeit von der Temperatur – für die einzelnen chemischen Reaktionen berechnen. Unter Verwendung dieser Zahlenwerte kann mit Hilfe der Massenwirkungsgleichung die Gleichgewichtslage jeder chemischen Reaktion errechnet und der Einfluß von Temperatur- und Konzentrationsänderungen auf die Gleichgewichtslage quantitativ ermittelt werden.

7.9.2. Anwendung des Massenwirkungsgesetzes

In einem Beispiel soll das Massenwirkungsgesetz angewandt werden.
Für das Wassergasgleichgewicht

$$CO + H_2O \rightleftarrows CO_2 + H_2$$

haben experimentelle Untersuchungen ergeben, daß die Gleichgewichtskonstante K_c bei der Temperatur 800 K (527 °C) ungefähr den Wert 4 besitzt:

$$\frac{c_{CO_2} \cdot c_{H_2}}{c_{CO} \cdot c_{H_2O}} = 4 \text{ (bei 800 K)} \tag{1}$$

Was sagt diese Gleichung über die Lage des Gleichgewichts (bei 800 K) aus? Da der Bruch einen Wert >1 besitzt, muß der Zähler größer als der Nenner sein. Das Produkt der Konzentrationen der Reaktionsprodukte ist im Vergleich zum Produkt der Konzentrationen der Ausgangsstoffe viermal so groß. Das Gleichgewicht liegt also auf der rechten Seite der obigen Reaktionsgleichung. Man kann mit Hilfe der Gleichgewichtskonstanten das Mengenverhältnis im Gleichgewichtszustand errechnen. Dazu dient die folgende einfache Überlegung: Der oben angeführte Quotient des Massenwirkungsgesetzes ist z. B. dann gleich 4, wenn folgende Konzentrationen vorliegen:

$c_{CO_2} = 2 \text{ mol/VE}; \quad c_{H_2} = 2 \text{ mol/VE};$

$c_{CO} = 1 \text{ mol/VE}; \quad c_{H_2O} = 1 \text{ mol/VE};$

Die Zahlenwerte bezeichnen die Anzahl Mole in der Volumeneinheit VE. Durch Einsetzen in die Gleichung (1) erhält man:

$$4 = \frac{2 \text{ mol/VE} \cdot 2 \text{ mol/VE}}{1 \text{ mol/VE} \cdot 1 \text{ mol/VE}} \tag{2}$$

Im Wassergasgleichgewicht liegen also bei 527 °C je zwei Mole Kohlendioxid und Wasserstoff neben je einem Mol Kohlenmonoxid und Wasserdampf in einer Volumeneinheit vor. Da ein Mol eines jeden Gases bei gleichen Bedingungen das gleiche Volumen einnimmt, ist es zweckmäßig, bei einem Gasgemisch die Konzentration durch den Molenbruch bzw. durch Volumenprozent anzugeben.

Da insgesamt sechs Mole miteinander im Gleichgewicht stehen, ergeben sich für die einzelnen Komponenten folgende Molenbrüche bzw. Volumenprozente:

CO_2: Molenbruch $\frac{2}{6}$ ≙ $33\frac{1}{3}$ Vol.-%
H_2:   Molenbruch $\frac{2}{6}$ ≙ $33\frac{1}{3}$ Vol.-%
CO: Molenbruch $\frac{1}{6}$ ≙ $16\frac{2}{3}$ Vol.-%   (3)
H_2O: Molenbruch $\frac{1}{6}$ ≙ $16\frac{2}{3}$ Vol.-%
         Molenbruch $\overline{1}$ $\overline{100}$ Vol.-%

Werden die Zahlenwerte für die Volumenprozente oder Molenbrüche in die Massenwirkungsgleichung eingesetzt, so bleibt selbstverständlich der Wert $K_c = 4$.

Dieser Gleichgewichtszustand bei 800 K (527 °C) wird erreicht, wenn man von einem Gemisch aus 50 Vol.-% Kohlenmonoxid CO und 50 Vol.-% Wasserdampf H_2O ausgeht, aber auch dann, wenn anfangs 50 Vol.-% Kohlendioxid CO_2 und 50 Vol.-% Wasserstoff H_2 vorliegen. In beiden Fällen bildet sich ein Gleichgewichtszustand heraus, der der Gleichgewichtskonstanten $K_c = 4$ entspricht.

Welchen Einfluß übt eine *Konzentrationsänderung* auf das vorliegende Gleichgewicht aus? Wird die Menge des Wasserdampfs verdoppelt, so entsteht durch Einsetzen in die Massenwirkungsgleichung der Ausdruck

$$\frac{c_{CO_2} \cdot c_{H_2}}{c_{CO} \cdot c_{H_2O}} = \frac{\frac{2}{7} \cdot \frac{2}{7}}{\frac{1}{7} \cdot \frac{2}{7}} = 2 \neq K_c \quad (4)$$

Für die zugrunde gelegte Temperatur von 800 K muß dieser Quotient jedoch den Wert 4 besitzen, d. h., das Gleichgewicht ist gestört und muß sich neu einstellen. Der Wert des Quotienten ist jetzt zu klein. Er wird größer, wenn sich das im Zähler stehende Produkt der Konzentrationen der Reaktionsprodukte (CO_2, H_2) erhöht. Das kann nur dadurch erfolgen, daß sich entsprechend der Gleichung

$$CO + H_2O \rightleftarrows CO_2 + H_2$$

die Ausgangsstoffe weiter zu den Reaktionsprodukten umsetzen, d. h., daß sich das Gleichgewicht nach der Seite der Reaktionsprodukte verschiebt. Die neue Gleichgewichtslage läßt sich errechnen. Man geht von der in Gleichung (2) wiedergegebenen Gleichgewichtslage aus und bezeichnet mit x die Konzentrationsänderung der beteiligten Stoffe, die sich – auf Grund der Erhöhung des Wasserdampfanteils auf das Doppelte – gegenüber der alten Gleichgewichtslage umsetzen.

An Stelle der Gleichung (4), die eine Störung des Gleichgewichts zum Ausdruck brachte, entsteht dann:

$$\frac{(2+x) \cdot (2+x)}{(1-x) \cdot (2-x)} = 4 \quad (5)$$

Der Wert x errechnet sich über eine quadratische Gleichung zu $x = 0{,}263$. Durch Einsetzen in die Gleichung (5) gilt für

$$\frac{c_{CO_2} \cdot c_{H_2}}{c_{CO} \cdot c_{H_2O}} = K_c \approx \frac{2{,}263 \cdot 2{,}263}{0{,}737 \cdot 1{,}737} \approx 4 \quad (6)$$

Die Berechnung der Volumenprozente ergibt:

2,263 Mol CO_2 ≙   32,33 Vol.-%
2,263 Mol H_2 ≙   32,33 Vol.-%
0,737 Mol CO ≙   10,53 Vol.-%
1,737 Mol H_2O ≙   24,81 Vol.-%
7 Mol Gasgemisch   ≙ 100,00 Vol.-%

Vergleicht man die neuen Volumenverhältnisse, die sich bei der zusätzlichen Zufuhr von Wasserdampf ergeben, mit denen, die auf Grund des Einsatzes von Kohlenmonoxid und Wasserdampf im Verhältnis 1 : 1 ursprünglich vorlagen, so zeigt sich, daß durch den Überschuß an Wasserdampf das wertvolle Kohlenmonoxid besser ausgenutzt wird. Nachdem die Gesamtreaktion im Gleichgewichtszustand zum Stillstand gekommen ist, sind statt $16\frac{2}{3}$ Vol.-% Kohlenmonoxid CO nur noch etwa 10,53 Vol.-% im Gasgemisch vorhanden. Dies steht in Übereinstimmung mit dem Prinzip vom kleinsten Zwang, wonach durch die Erhöhung der Konzentration eines Ausgangsstoffes das Gleichgewicht in Richtung der Reaktionsprodukte verschoben wird. Die Reaktion kommt also durch die Zufuhr von zusätzlichem Wasserdampf wieder in Bewegung, und es bilden sich so lange weiterhin Kohlendioxid und Wasserstoff, bis wieder ein Gleichgewichtszustand erreicht ist.

Der Einfluß der Temperatur auf die Gleichgewichtslage findet in der Größe der Konstanten K_c seinen Ausdruck. Diese Temperaturabhängigkeit ist für das Wassergasgleichgewicht aus der Tabelle 7.3 ersichtlich.

Tabelle 7.3. Temperaturabhängigkeit der Konstanten K_c des Wassergasgleichgewichts

$$\frac{c_{CO_2} \cdot c_{H_2}}{c_{CO} \cdot c_{H_2O}} = K_c$$

T in K	t in °C	K_c
300	27	8 700
400	127	1 670
600	327	24,2
800	527	4,05
1 000	727	1,39
1 200	927	0,71
1 400	1 127	0,48
1 750	1 477	0,28
2 000	1 727	0,20
2 500	2 227	0,17
3 000	2 727	0,14

K_c besitzt also bei niedriger Temperatur einen größeren Wert. Das heißt, der Nenner $c_{CO} \cdot c_{H_2O}$ ist kleiner, der Zähler $c_{CO_2} \cdot c_{H_2}$ ist größer geworden. Mit anderen Worten: Bei tieferen Temperaturen wird die Konzentration der Ausgangsstoffe Kohlenmonoxid CO und Wasser H_2O kleiner und die der Reaktionsprodukte Kohlendioxid CO_2 und Wasserstoff H_2 größer. Das Gleichgewicht verschiebt sich also bei tieferen Temperaturen nach der Seite der Reaktionsprodukte. Das entspricht den Überlegungen ($\rightarrow$ Abschn. 7.3.2.), wodurch bei tieferen Temperaturen die exotherme Reaktion begünstigt wird:

$$CO + H_2O \rightleftarrows CO_2 + H_2 \quad \Delta H = -41,0 \text{ kJ mol}^{-1}$$

Ein Einfluß des *Drucks* auf die Gleichgewichtslage der Wassergasreaktion ist nicht zu beobachten, da bei der Reaktion keine Volumenänderung eintritt. Der Einfluß des Drucks kann am Beispiel der Ammoniaksynthese erläutert werden.

$$3 H_2 + N_2 \rightleftarrows 2 NH_3$$

Die Massenwirkungsgleichung für die Reaktion lautet:

$$\frac{c_{NH_3}^2}{c_{H_2}^3 \cdot c_{N_2}} = K_c$$

Der Druck, den ein Gas auf die Wandungen eines Gefäßes ausübt, ist der Anzahl der in der Volumeneinheit enthaltenen Gasmoleküle proportional. Mit anderen Worten: Der Druck eines Gases ist zugleich ein Maß für seine Konzentration. In einer Mischung verschiedener Gase, wie sie z. B. im Ammoniakgleichgewicht vorliegt, setzt sich der Gesamtdruck der Gasmischung aus den Partialdrücken[1]) (Teildrücken) jeder einzelnen Gasart zusammen. Wie hoch der Druckanteil eines Gases am Gesamtdruck ist, hängt von der Konzentration dieses Gases ab. Deshalb können in die Massenwirkungsgleichung an Stelle der Konzentrationen die Partialdrücke p_{NH_3}, p_{N_2} eingesetzt werden:

$$\frac{(p_{NH_3})^2}{(p_{H_2})^3 \cdot p_{N_2}} = K_p$$

Die Konstante K_p hat meist einen anderen Zahlenwert als K_c.

Mit Hilfe dieser Form der Massenwirkungsgleichung läßt sich untersuchen, in welcher Weise sich z. B. eine Druckerhöhung auf das Doppelte auf die Lage des Ammoniakgleichgewichts auswirkt. Der Quotient erhält in diesem Falle folgendes Aussehen:

$$\frac{(2p_{NH_3})^2}{(2p_{H_2})^3 \cdot (2p_{N_2})} = \frac{4p_{NH_3}^2}{8p_{H_2}^3 \cdot 2p_{N_2}} = \frac{2p_{NH_3}^2}{4p_{H_2}^3 \cdot 2p_{N_2}} = \frac{K_p}{4}$$

Bei einer Druckerhöhung auf das Doppelte würde der Quotient also auf ein Viertel seines bisherigen Wertes vermindert werden. Nach dem Massenwirkungsgesetz muß jedoch dieser Quotient (bei einer bestimmten Temperatur) einen konstanten Wert K_p besitzen. Deshalb muß der Zähler des Bruches $(p_{NH_3})^2$ größer werden und der Nenner des Bruches $(p_H)^2 \cdot p_{N_2}$ sich verkleinern. Das bedeutet, daß der Partialdruck p_{NH_3} und damit die Konzentration des Ammoniaks zunehmen und die Partialdrücke p_{H_2} und p_{N_2} und damit die Konzentrationen des Wasserstoffs und des Stickstoffs abnehmen. Bei Druckerhöhung verschiebt sich also das Gleichgewicht zugunsten des Ammoniaks (→ Aufg. 7.7. bis 7.9.).

■ Aufgaben

7.1. Wie erklärt man sich die im Abschnitt 7.1. beschriebene Tatsache, daß oberhalb 400 °C Quecksilberoxid in die Elemente zerfällt, während es bei 300 °C aus den Elementen gebildet wird? Es ist zu beachten, daß Quecksilberoxid eine exotherme Verbindung ist!

7.2. Wodurch ist bei der Synthese von Ammoniak eine hohe Ausbeute zu erzielen?

7.3. Es ist zu erläutern a) der Einfluß des Drucks, b) der Einfluß der Temperatur auf folgende Gleichgewichtsreaktionen:

$H_2 + Cl_2 \rightleftarrows 2 HCl$
$\Delta H_R = -183{,}4 \text{ kJ mol}^{-1}$

$2 SO_2 + O_2 \rightleftarrows 2 SO_3$
$\Delta H_R = -184{,}2 \text{ kJ mol}^{-1}$

$N_2 + O_2 \rightleftarrows 2 NO$
$\Delta H_R = +176{,}3 \text{ kJ mol}^{-1}$

$2 NO + O_2 \rightleftarrows 2 NO_2$
$\Delta H_R = -113{,}5 \text{ kJ mol}^{-1}$

$2 NO_2 \rightleftarrows N_2O_4$
$\Delta H_R = -72{,}9 \text{ kJ mol}^{-1}$

7.4. Flüchtige Säuren werden aus ihren Salzen beim Erwärmen mit nichtflüchtigen Säuren ausgetrieben. Diese Tatsache ist am Beispiel der folgenden Reaktion zu erklären:

$2 NaCl + H_2SO_4 \rightarrow Na_2SO_4 + 2 HCl\uparrow$

7.5. Warum verlaufen die Reaktionen von
a) Natronlauge mit Ammoniumsalzen und
b) Salzsäure mit Sulfiten vollständig?

7.6. Für die Reaktionsgeschwindigkeit der Oxydation von Stickstoffmonoxid NO zu Stickstoffdioxid NO_2 gilt die Gleichung

$v = k \cdot c_{NO}^2 \cdot c_{O_2}$

Es ist die Reaktionsordnung anzugeben!

7.7. Bei der großtechnischen Gewinnung von Schwefelsäure nach dem Kontaktverfahren wird Schwefeldioxid mit Luftsauerstoff zu Schwefeltrioxid oxydiert.
a) Wie lautet die Massenwirkungsgleichung bei Verwendung der Partialdrücke als Konzentrationsmaß? b) Was geschieht

---

[1]) Der Partialdruck eines Gases in einer Gasmischung ist der Druck, den dieses Gas ausüben würde, wenn es allein das Volumen der Gasmischung erfüllt.

bei Druckerhöhung auf das Dreifache? c) Was geschieht bei Erhöhung der Konzentration von Sauerstoff? d) Bei 500 °C ist $K_p \approx 100$, bei 900 °C ist $K_p \approx 0{,}125$. Was kann über die Abhängigkeit des Gleichgewichtszustandes der Reaktion von der Temperatur ausgesagt werden?

7.8. Bei der Bildung von Iodwasserstoff nach der Gleichung

$$H_2 + I_2 \rightleftarrows 2\,HI$$

wurden bei 356 °C für die Geschwindigkeitskonstanten $k_H = 3 \cdot 10^{-4}$ und $k_R = 3{,}6 \cdot 10^{-6}$ bestimmt. Wie groß ist die Gleichgewichtskonstante K_c bei dieser Temperatur?

7.9. Die Gleichgewichtskonstante K_p für die Bildung von Iodwasserstoff aus den Elementen hat bei 443 °C den Wert $K_p = 50$. Es ist für den bei dieser Temperatur herrschenden Gleichgewichtszustand zu berechnen, wievielmal der Partialdruck des Iodwasserstoffs größer ist als der des Wasserstoffs.

8. Anorganische Reaktionen

In diesem Abschnitt sollen folgende wichtige Reaktionstypen anorganischer Reaktionen betrachtet werden:
1. Aufbau und Abbau von Ionengittern
2. Säure-Base-Reaktionen
3. Redoxreaktionen

8.1. Aufbau und Abbau von Ionengittern

8.1.1. Dissoziationskonstante und Dissoziationsgrad

Unter elektrolytischer Dissoziation wird die Aufspaltung einer Verbindung in frei bewegliche Ionen unter der Einwirkung der Dipolmoleküle des Lösungsmittels (meist Wasser) verstanden (→ Abschn. 4.3.4.). Dissoziierbar sind unbedingt alle echten Elektrolyte, d. h. (lösliche) Verbindungen, die bereits im festen Zustand aus Ionen aufgebaut sind, also ein Ionengitter besitzen und damit Verbindungen mit Ionenbeziehungen darstellen. Hierher gehört z. B. ein Großteil der Salze. Bekanntlich beruht die Ionenbeziehung auf der elektrostatischen Anziehung der entgegengesetzt geladenen Kationen und Anionen. Da die relative Dielektrizitätskonstante des Wassers bei Zimmertemperatur etwa 80 beträgt, wird die Anziehungskraft zwischen den Ionen im Kristallgitter auf $\frac{1}{80}$ gemindert, wenn das Salz in wäßrige Lösung gebracht wird. Die Wärmebewegung der Teilchen reicht damit aus, die geminderte elektrostatische Anziehungskraft zu überwinden: Ionen dissoziieren in die wäßrige Phase ab, es entsteht eine Salzlösung. In der Salzlösung sind die Ionen von Wassermolekülen umgeben. Jedes Ion besitzt eine Hydrathülle. An die Kationen lagern sich die negativen Seiten der polaren Wassermoleküle an; die Anionen ziehen die positiven Seiten der Wassermoleküle an. Auf diese Weise werden die Ionen in der Lösung stabilisiert, und somit wird das Wiederzusammentreten zu einem Ionengitter verhindert.

Die Dissoziation wird wie jede chemische Reaktion in Form einer Gleichung wiedergegeben. In solchen Dissoziationsgleichungen steht links die Formel für den undissoziierten Stoff, rechts erscheinen die entstehenden Ionen. Zum Beispiel:

$NaCl \rightleftarrows Na^+ + Cl^-$

$MgCl_2 \rightleftarrows Mg^{2+} + 2\ Cl^-$

Der Doppelpfeil kennzeichnet die Umkehrbarkeit des Dissoziationsvorganges, d. h., es stellt sich ein Dissoziationsgleichgewicht ein (→ Abschn. 7. und Aufg. 8.1.).
Allerdings gehorcht ein Dissoziationsgleichgewicht nur dann dem Massenwirkungsgesetz, wenn die Konzentration der beteiligten Ionen so klein ist, daß die zwischen den entgegengesetzt elektrisch geladenen Teilchen vorhandenen Anziehungskräfte vernachlässigt werden können. Das Massenwirkungsgesetz läßt sich daher in der bisherigen

Form lediglich auf solche Ionenreaktionen anwenden, an denen nur schwache, d. h. wenig dissoziierte Elektrolyte beteiligt sind. Es handelt sich dabei oft um organische Moleküle mit polarisierten Atombindungen, die potentielle Elektrolyte bilden (→ Abschnitt 9.1. und 28.5.). Angenähert gilt das Massenwirkungsgesetz auch für sehr verdünnte Lösungen stärkerer Elektrolyte. Für ein Dissoziationsgleichgewicht

$$AB \rightleftarrows A^+ + B^- \quad \Delta H > 0$$

lautet die Massenwirkungsgleichung

$$\frac{c_{AB}}{c_{A^+} \cdot c_{B^+}} = K_D \tag{1}$$

Die Gleichgewichtskonstante K_D wird bei den Dissoziationsgleichgewichten *Dissoziationskonstante* genannt. Der Zahlenwert der Dissoziationskonstanten K_D ist ein Maß für die Stärke eines Elektrolyten. Unter der Stärke eines Elektrolyten wird das Ausmaß der elektrolytischen Dissoziation verstanden. Ein hoher Wert für K_D zeigt an, daß der Elektrolyt weitgehend in Ionen gespalten ist, während ein niedriger Wert für K_D darauf hinweist, daß der Elektrolyt zum größten Teil undissoziiert vorliegt (→ Aufg. 8.2. und 8.3.). Selbstverständlich ist die Dissoziationskonstante – wie jede Gleichgewichtskonstante – von der Temperatur abhängig. Ihr Wert nimmt mit steigender Temperatur zu, da jede Dissoziation ein endothermer Vorgang ist und deshalb bei Temperaturerhöhung das Gleichgewicht nach rechts verschoben wird. In Gleichung (1) werden also c_{A^+} und c_{B^+} mit steigender Temperatur größer und damit auch der Wert für K_D.

Ein anderes Maß für die Stärke von Elektrolyten ist der *Dissoziationsgrad* α. Der Dissoziationsgrad α ist das Verhältnis der Zahl der zerfallenen zu der Zahl der ursprünglich vorhandenen Mole:

$$\text{Dissoziationsgrad } \alpha = \frac{\text{Anzahl der dissoziierten Mole}}{\text{Anzahl der Mole vor der Dissoziation}}$$

Eine Lösung, in der sämtliche Mole dissoziiert sind, besitzt den Dissoziationsgrad 1; sind nur die Hälfte der Mole zerfallen, so ist $\alpha = 0{,}5$. Zwischen der Dissoziationskonstanten K_D und dem Dissoziationsgrad α besteht ein grundsätzlicher Unterschied. Der Dissoziationsgrad α ist von der Konzentration abhängig, in der der Elektrolyt in der Lösung vorliegt. Aus diesem Grunde muß bei der Angabe von Zahlenwerten für den Dissoziationsgrad stets die Konzentration genannt werden, für die er ermittelt wurde und für die er damit ausschließlich gilt. Die Dissoziationskonstante K_D ist dagegen nicht von der Konzentration der Elektrolytlösung abhängig. Für jede Konzentration stellt sich der Gleichgewichtszustand ein, bei dem in Gleichung (1) der Quotient $\dfrac{c_{A^+} \cdot c_{B^-}}{c_{AB}}$ den Wert K_D besitzt, der für die jeweils vorliegende Temperatur gilt.

Die Dissoziationskonstante K_D ist daher ein Maß für die Stärke des Elektrolyten an sich. Zwischen der Dissoziationskonstanten K_D und dem Dissoziationsgrad binärer Elektrolyte besteht ein Zusammenhang:

$$\frac{\alpha^2}{1 - \alpha} c = K_D \tag{2}$$

Der in Gleichung (2) gegebene Zusammenhang ist als *Ostwaldsches Verdünnungsgesetz* bekannt. Da K_D bei gegebener Temperatur konstant ist, muß mit zunehmender Verdünnung, d. h. mit abnehmender Konzentration c, der Quotient $\dfrac{\alpha^2}{1 - \alpha}$ einen größeren Wert annehmen. Eine einfache mathematische Überlegung zeigt, daß der Wert dieses Quotienten dann zunimmt, wenn der Dissoziationsgrad α größer wird. (Der Zähler α^2 wird dann größer und der Nenner $1 - \alpha$ gleichzeitig kleiner.) Damit wird die Erfahrung beschrieben, daß der Dissoziationsgrad eines Elektrolyten mit wachsender Verdünnung zunimmt.

8.1.2. Konzentration und Aktivität

Ein Natriumchloridkristall ist aus einer Vielzahl von Natrium- und Chloridionen zusammengesetzt. Dabei ist es nicht möglich, einem Natriumion ein bestimmtes Chloridion zuzuordnen, da die elektrostatischen Kräfte nach allen Seiten gleichmäßig wirken. Obwohl also ein Kochsalzkristall Natrium- und Chloridionen im Verhältnis 1 : 1 enthält, gibt es keine einzelnen, selbständigen NaCl-Moleküle. Diese Feststellung gilt nicht nur für das Natriumchlorid, sondern grundsätzlich für alle Stoffe mit typischer Ionenbeziehung, also vor allem für alle Salze. Wird ein Salz in Wasser gelöst, so werden die Ionen mit Hilfe der Wassermoleküle aus dem Gitterverband herausgelöst und bewegen sich dann im Lösungsmittel. Das gelöste Salz liegt nun ausschließlich in Form von Ionen vor. Der Dissoziationsgrad α eines Salzes muß folglich 1 ($\hat{=} 100\%$) betragen. Diese Feststellung scheint jedoch im Widerspruch zu den Ergebnissen zu stehen, die man erhält, wenn in Salzlösungen die elektrische Leitfähigkeit, der osmotische Druck, die Gefrierpunktserniedrigung oder die Siedepunktserhöhung gemessen werden. Hierbei findet man nämlich Werte, nach denen sich die in Tabelle 8.1 wieder-

Salztyp	Beispiel	Scheinbarer Dissoziationsgrad (Durchschnittswerte)
A^+B^-	NaCl	0,83
$(A^+)_2B^-$	Na_2SO_4	0,75
$A^{2+}(B^-)_2$	$CaCl_2$	0,75
$A^{2+}B^{2-}$	$CaSO_4$	0,40

Tabelle 8.1. Scheinbare Dissoziationsgrade von Salzen in 0,1 normaler Lösung bei 18 °C (durch elektrische Leitfähigkeitsmessungen ermittelt)

gegebenen *scheinbaren Dissoziationsgrade* ergeben. Andererseits kann aber einwandfrei nachgewiesen werden, daß Salze in wäßrigen Lösungen keine Moleküle bilden, sondern tatsächlich in Form von Ionen vorliegen. Dieser Widerspruch findet folgende Erklärung: Auch nach dem Herauslösen aus dem Kristallgitter beeinflussen sich die Ionen gegenseitig auf Grund ihrer elektrischen Ladung. Jedes Anion wirkt so auf einige Kationen und jedes Kation auf einige Anionen ein. Durch diese interionischen Wechselwirkungen wird die Beweglichkeit der Ionen beeinträchtigt, so daß die Leitfähigkeit der Lösungen herabgesetzt wird. Durch Leitfähigkeitsmessungen erhält man also nur die scheinbaren Dissoziationsgrade. Diese sind aber für die chemischen und die physikalischen Eigenschaften einer Lösung wichtiger als die wahren Dissoziationsgrade.
Der wahre Dissoziationsgrad beträgt bei fast allen Salzen 1. Der scheinbare Dissoziationsgrad ist dagegen von der Konzentration der Lösungen abhängig. Wird eine konzentrierte Salzlösung verdünnt, so werden die interionischen Wechselwirkungen geringer, da sich der durchschnittliche Abstand der Ionen voneinander vergrößert. Eine Lösung, in der diese elektrostatischen Kräfte nicht mehr wirksam sind, wird als *ideale Lösung* bezeichnet. In Wirklichkeit liegen stets *reale Lösungen* vor. Bei sehr weitgehender Verdünnung können aber die elektrostatischen Kräfte so weit zurück-

treten, daß sich die Ionen nahezu unabhängig voneinander bewegen und der scheinbare Dissoziationsgrad praktisch in den wahren Dissoziationsgrad übergeht. Solche sehr verdünnten Lösungen können wie ideale Lösungen behandelt werden. Das gilt für schwache Elektrolyte unterhalb einer 0,1-molaren Konzentration. Bei allen chemischen und elektrochemischen Reaktionen in Elektrolytlösungen wirken sich nun die interionischen Kräfte so aus, daß die Gesamtzahl der an sich vorhandenen Ionen nicht vollständig zur Wirkung kommt. Die Lösung erscheint dadurch nach außen hin geringer konzentriert, als dies tatsächlich der Fall ist. Um diese *wirksame Konzentration* von der *wahren Konzentration*, die aus den Ergebnissen quantitativer Analysen errechnet werden kann, unterscheiden zu können, wird der Begriff der *Aktivität* verwendet.

Die *Aktivität* (wirksame Konzentration) a ist das Produkt aus der wahren Konzentration c und einem *Aktivitätskoeffizienten* f_a; $a = c \cdot f_a$.

Der Aktivitätskoeffizient f_a ist der Quotient aus Aktivität und (wahrer) Konzentration:

$$f_a = \frac{a}{c}$$

Da bei allen realen Lösungen $a < c$ ist, muß der Aktivitätskoeffizient $f_a < 1$ sein. Bei unendlicher Verdünnung (ideale Lösung) hören die interionischen Wechselwirkungen auf. Es gilt dann $a = c$ und $f_a = 1$.

Bei Anwendung des Massenwirkungsgesetzes auf reale Lösungen von Elektrolyten muß an Stelle der wahren Ionenkonzentration die Aktivität eingesetzt werden. Für die Dissoziation des starken Elektrolyten AB ergibt sich damit:

$$AB \rightleftarrows A^+ + B^-$$

$$\frac{a_{A^+} \cdot a_{B^-}}{a_{AB}} = K_a$$

8.1.3. Löslichkeitsprodukt

Die Löslichkeit eines Salzes ist von der Temperatur abhängig und für jede gegebene Temperatur konstant. Liegt ein Salz im Überschuß vor, d. h. in einer Menge, mit der die Löslichkeit überschritten wird, so bleibt ein Teil des Salzes ungelöst und setzt sich als Bodenkörper ab. Die über dem Bodenkörper stehende Lösung vermag bei der gegebenen Temperatur keinen weiteren Anteil des Salzes zu lösen und wird als *gesättigte Lösung* bezeichnet. In den gesättigten Lösungen von Salzen und anderen Elektrolyten liegt ein Sonderfall eines Dissoziationsgleichgewichts vor: In diesen Lösungen ist das Produkt der Aktivitäten der gelösten Ionen für eine bestimmte Temperatur konstant:

$$a_{A^+} \cdot a_{B^-} = L_{AB}$$

Die Konstante L wird als *Löslichkeitsprodukt* bezeichnet. L_{AB} ist also das Löslichkeitsprodukt des Salzes AB.

> *Das Löslichkeitsprodukt ist das Produkt der Aktivität der Anionen und Kationen eines Elektrolyten in einer gesättigten Lösung. Das Löslichkeitsprodukt ist für die gesättigte Lösung eines jeden Elektrolyten eine charakteristische Konstante.*

Tabelle 8.2 enthält die Löslichkeitsprodukte einiger schwerlöslicher Verbindungen. Mit Hilfe des Löslichkeitsproduktes kann errechnet werden, welche Mengen eines schwerlöslichen Salzes in einer gesättigten Lösung gelöst verbleiben. Werden z. B.

Silbernitrat und Natriumchlorid in äquivalenten Mengen zusammengebracht, so entsteht ein Niederschlag von Silberchlorid:

$Ag^+ + Cl^- \rightarrow AgCl\downarrow$

Dabei werden nicht alle Silber- und Chloridionen ausgefällt, nach dem Löslichkeitsprodukt bleibt ein Teil der Ionen gelöst:

$a_{Ag^+} \cdot a_{Cl^-} = L_{AgCl}$

Da Natriumchlorid und Silbernitrat in äquivalenten Mengen eingesetzt wurden, ergibt sich die Aktivität der in der Lösung verbliebenen Silberionen und die Aktivität der in der Lösung verbliebenen Chloridionen gleichermaßen als Wurzel aus L:

$a_{Ag^+} = a_{Cl^-} = \sqrt{L_{AgCl}} = \sqrt{1{,}6 \cdot 10^{-10} \text{ mol}^2 \text{ l}^{-2}} \approx 1{,}26 \cdot 10^{-5} \text{ mol l}^{-1}$

Die Aktivität des in der Lösung zurückgebliebenen Silberchlorids beträgt 1,26 $\cdot 10^{-5}$ mol l^{-1} (= 0,000013 mol l^{-1}), sie ist also äußerst gering. Wird der oben beschriebenen gesättigten Lösung von Silberchlorid entweder weitere Silbernitratlösung oder aber z. B. Salzsäure zugesetzt, so fällt weiteres Silberchlorid aus. Indem Salzsäure zugefügt wird, erhöhen sich die Aktivitäten der Chloridionen beträchtlich. Damit erhält das Produkt der Ionenaktivität $a_{Ag^+} \cdot c_{Cl^-}$ einen Wert, der erheblich über $L_{AgCl} = 1{,}6 \cdot 10^{-10}$ mol^2 l^{-2} liegt. Man sagt: Das Löslichkeitsprodukt wird überschritten. Da das Löslichkeitsprodukt L_{AgCl} bei gegebener Temperatur einen konstanten Wert besitzt, muß eine Erhöhung des Wertes a_{Cl^-} eine Herabsetzung des

Tabelle 8.2. Löslichkeitsprodukte einiger schwerlöslicher Salze und Basen in der Maßeinheit mol^n ℓ^{-n}

Formel	Bezeichnung	L (bei 25 °C)
AgBr	Silberbromid	$7{,}7 \cdot 10^{-13}$
AgCN	Silbercyanid	$2 \cdot 10^{-12}$
Ag$_2$CO$_3$	Silbercarbonat	$6{,}2 \cdot 10^{-12}$
AgCl	Silberchlorid	$1{,}6 \cdot 10^{-10}$
AgI	Silberiodid	$1{,}5 \cdot 10^{-16}$
Ag$_2$S	Silbersulfid	$1 \cdot 10^{-51}$
Ag$_2$SO$_4$	Silbersulfat	$7{,}7 \cdot 10^{-5}$
BaCO$_3$	Bariumcarbonat	$8 \cdot 10^{-9}$
BaSO$_4$	Bariumsulfat	$1{,}1 \cdot 10^{-10}$
CaCO$_3$	Calciumcarbonat	$4{,}8 \cdot 10^{-9}$
CaSO$_4$	Calciumsulfat	$6{,}1 \cdot 10^{-5}$
Ca(OH)$_2$	Calciumhydroxid	$3{,}1 \cdot 10^{-5}$
CdS	Cadmiumsulfid	$1 \cdot 10^{-29}$
CuCO$_3$	Kupfercarbonat	$1{,}4 \cdot 10^{-10}$
CuS	Kupfersulfid	$4 \cdot 10^{-38}$
Fe(OH)$_2$	Eisen(II)-hydroxid	$4{,}8 \cdot 10^{-16}$
Fe(OH)$_3$	Eisen(III)-hydroxid	$4 \cdot 10^{-38}$
FeS	Eisensulfid	$4 \cdot 19^{-19}$
MgCO$_3$	Magnesiumcarbonat	$1 \cdot 10^{-5}$
Mg(OH)$_2$	Magnesiumhydroxid	$8 \cdot 10^{-12}$
PbCl$_2$	Bleichlorid	$1{,}7 \cdot 10^{-5}$
PbS	Bleisulfid	$1 \cdot 10^{-29}$
PbSO$_4$	Bleisulfat	$2 \cdot 10^{-7}$
SnS	Zinnsulfid	$1 \cdot 10^{-8}$
SrCO$_3$	Strontiumcarbonat	$1 \cdot 10^{-8}$
SrSO$_4$	Strontiumsulfat	$2{,}8 \cdot 10^{-7}$
ZnS	Zinksulfid	$1{,}1 \cdot 10^{-24}$
Zn(OH)$_2$	Zinkhydroxid	$1{,}3 \cdot 10^{-17}$

Wertes a_{Ag^+} zur Folge haben. Die Aktivität der gelösten Silberionen a_{Ag^+} kann sich aber nur dadurch verringern, indem weiteres Silberchlorid AgCl als Niederschlag aus der Lösung ausfällt. Das Überschreiten des Löslichkeitsproduktes hat hier und in jedem anderen Falle die Bildung eines ungelösten Niederschlags zur Folge. Es ist leicht einzusehen, daß bei Zugabe eines Überschusses an Silberionen – in Form der Silbernitratlösung – ebenfalls das Löslichkeitsprodukt L_{AgCl} überschritten wird und nur durch Ausfällung von Silberchlorid das Produkt $a_{Ag^+} \cdot a_{Cl^-}$ den Wert L_{AgCl} erreicht. Hier handelt es sich um einen gleichionigen Zusatz.

Es gilt allgemein:

Wird in einer Lösung das Löslichkeitsprodukt eines gelösten Elektrolyten überschritten, so entsteht ein unlöslicher Niederschlag dieses Elektrolyten.

Eine kurze Berechnung soll die Erkenntnis über das Löslichkeitsprodukt vertiefen. Wurde die Aktivität der Chloridionen a_{Cl^-} durch Zugabe von Salzsäure auf 0,1 mol l^{-1} erhöht, so ergibt sich für die Aktivität der Silberionen a_{Ag^+}:

$$a^{Ag^+} = \frac{L_{AgCl}}{a_{Cl^-}}$$

$$a_{Ag^+} = \frac{1{,}6 \cdot 10^{-10} \text{ mol}^2 \text{ l}^{-2}}{1 \cdot 10^{-1} \text{ mol l}^{-1}} = 1{,}6 \cdot 10^{-9} \text{ mol l}^{-1}$$

Die Aktivität der Silberionen ist also von $1{,}26 \cdot 10^{-5}$ mol l^{-1} auf $1{,}6 \cdot 10^{-9}$ mol l^{-1}, also auf einen sehr kleinen Wert herabgesetzt worden. Werden einer Silbernitratlösung Chloridionen im Überschuß zugesetzt, so erhält man also eine praktisch vollständige Ausfällung der Silberionen. In der quantitativen Analyse bedient man sich dieses Verfahrens zur Ermittlung des Silbergehaltes. Da es für die quantitative Ausfällung der Silberionen lediglich auf die Erhöhung der Chloridionenaktivität a_{Cl^-} ankommt, kann an Stelle der Salzsäure auch eine andere chloridionenhaltige Lösung (z. B. eine Natriumchloridlösung) verwendet werden. Man spricht in diesem Falle allgemein von einem gleichionigen Zusatz, da der Lösung mit den Chloridionen Cl$^-$ eine Ionenart zugesetzt wurde, die sie schon enthielt (→ Aufg. 8.4.).

8.2. Säure-Base-Reaktionen

8.2.1. Die Brönstedsche Säure-Base-Definition

Nach *Arrhenius* (1859–1927), dem Begründer der Ionentheorie, gilt:

Säuren sind Stoffe, die in wäßriger Lösung unter Bildung von Wasserstoffionen H$^+$ dissoziieren.
Basen sind Stoffe, die in wäßriger Lösung unter Bildung von Hydroxidionen OH$^-$ dissoziieren.

Diese in den Jahren 1884–1887 erarbeitete Säure-Base-Definition wird auch heute noch vielfach im Chemieunterricht verwendet, da sie eine Erklärung einfacher Säure-Base-Reaktionen ermöglicht. Sie entspricht jedoch nicht dem heutigen Stand der wissenschaftlichen Erkenntnisse. So ist schon lange erwiesen, daß es in wäßrigen Lösungen keine Wasserstoffionen H$^+$ – also einzelne Protonen – gibt. Von den Theorien, die im Anschluß an die Erkenntnisse von *Arrhenius* in immer stärkerer Annäherung an die objektive Realität entwickelt wurden, eignet sich die von dem dänischen Chemiker *Brönsted 1923* veröffentlichte gegenwärtig am besten für eine moderne und verständliche Behandlung der Säure-Base-Reaktionen. Sie hat den Vorteil, daß sie die Analogie zwischen den Säure-Base-Reaktionen und den Redoxreaktionen (→ Abschn. 8.3.) deutlich werden läßt und auch für nichtwäßrige Lösungsmittel gilt.

Nach *Brönsted* sind

Säuren Protonendonatoren,
das sind Moleküle und Ionen, die Protonen abgeben können,

Basen Protonenakzeptoren,
das sind Moleküle und Ionen, die Protonen aufnehmen können.

Als Beispiel für eine *Säure* sei die *Salzsäure*, die wäßrige Lösung des *Chlorwasserstoffs*, betrachtet. Nach *Arrhenius* dissoziiert der Chlorwasserstoff in wäßriger Lösung in ein Wasserstoffion H^+ und ein Chloridion Cl^-:

$$HCl \rightarrow H^+ + Cl^-$$

Nach *Brönsted* reagiert der Chlorwasserstoff mit dem Wasser:

$$HCl + H_2O \rightleftarrows H_3O^+ + Cl^-$$

Neben den Chloridionen Cl^- enthält die Salzsäure demnach Ionen mit der Formel H_3O^+, die als Hydroniumionen bezeichnet werden. Das *Hydroniumion* H_3O^+ besitzt die Form einer Pyramide (Bild 8.1).

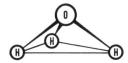 Bild 8.1. Modell des Hydroniumions

Das Hydroniumion kommt folgendermaßen zustande: Sowohl das Wassermolekül als auch das Molekül des Chlorwasserstoffs tragen Dipolcharakter, da sich Wasserstoff und Sauerstoff bzw. Wasserstoff und Chlor in ihrer Elektronegativität unterscheiden:

$$\delta^+ \begin{array}{c} H \\ \\ H \end{array}\!\!\!\!\!O\!\rangle\delta^- \qquad \delta^+ H\!\!-\!\!\overline{Cl}\; \delta^-$$

Infolge der elektrostatischen Anziehung lagert sich an die positive Seite jedes Chlorwasserstoffmoleküls ein Wassermolekül mit seiner negativen Seite an:

$$\delta^+\; H_2O\; \delta^- \;\cdots\; \delta^+\; HCl\; \delta^-$$

Dabei kann es an einem der freien Elektronenpaare des Wassermoleküls zu einer Atombindung zwischen dem Sauerstoff des Wassers und dem Wasserstoff des Chlorwasserstoffs kommen, wodurch ein Hydroniumion H_3O^+ entsteht:

$$\left[\begin{array}{c} H \\ | \\ H\!\!-\!\!O\!\!-\!\!H \end{array}\right]^+ \; |\overline{Cl}|^- \quad \text{bzw.} \quad \left[\begin{array}{c} H \\ \cdot\cdot \\ H\!:\!O\!:\!H \end{array}\right]^+ \; :\!\ddot{Cl}\!:^-$$

Aus dem Chlorwasserstoffmolekül ist der *Kern* des Wasserstoffatoms, also ein *Proton*, in das Hydroniumion H_3O^+ eingegangen und bewirkt dessen positive Ladung. Das *Elektron* des Wasserstoffatoms ist am Chlor zurückgeblieben, das dadurch eine abgeschlossene Achterschale und eine negative Ladung aufweist. Es liegt als Chloridion Cl^- vor. Der Chlorwasserstoff tritt also bei der Reaktion

$$HCl + H_2O \rightarrow H_3O^+ + Cl^-$$

als Säure (nach der Brönstedschen Definition) auf, da er ein Proton abgibt:

$HCl \rightarrow Cl^- + H^+$

Zu beachten ist, daß dieses Proton, da es nicht selbständig in der Lösung existieren kann, von einem anderen Stoff aufgenommen werden muß, im vorliegenden Beispiel von einem Wassermolekül ($\rightarrow$ Aufg. 8.5.).

Als Beispiel einer *Base* sei das *Ammoniak* NH_3 betrachtet, das mit Wasser unter Bildung von *Ammoniumionen* NH_4^+ reagiert:

$H_2O + NH_3 \rightleftarrows OH^- + NH_4^+$

Die Bildung der *Ammoniumionen* NH_4^+ verläuft analog der Bildung der Hydroniumionen H_3O^+. Das Ammoniakmolekül weist Dipolcharakter auf, da es die Form einer Pyramide besitzt (Bild 8.2) und die Elektronegativitäten von Wasserstoff und Stickstoff unterschiedlich sind:

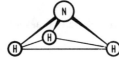

Bild 8.2. Modell des Ammoniakmoleküls

Infolge der elektrostatischen Anziehung lagert sich in wäßriger Lösung an die negative Seite jedes Ammoniakmoleküls ein Wassermolekül mit seiner positiven Seite an:

$\overset{\delta^+}{}H_3N\overset{\delta^-}{\cdots}\overset{\delta^+}{}H_2O\overset{\delta^-}{}$

Dabei kann es an dem freien Elektronenpaar des Ammoniakmoleküls zu einer Atombindung zwischen dem Stickstoff und einem Wasserstoffatom des Wassers kommen:

$$\left[\begin{array}{c} H \\ | \\ H-N-H \\ | \\ H \end{array}\right]^+ \quad |\underline{O}[-H]^-$$

Der *Kern* des einen Wasserstoffatoms des Wassers, d. h. ein Proton, ist also in das Ammoniumion NH_4^+ eingegangen und bewirkt dessen positive Ladung. Das *Elektron* dieses Wasserstoffatoms ist am Sauerstoffatom zurückgeblieben. Das Hydroxidion ist daher einfach negativ geladen. Das Ammoniumion NH_4^+ hat die Form eines Tetraeders, in dessen Mittelpunkt das Stickstoffatom steht (Bild 8.3) ($\rightarrow$ Aufg. 8.6.).

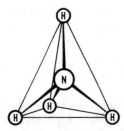

Bild 8.3. Modell des Ammoniumions

Beim Ammoniak handelt es sich demnach um eine Base nach der Definition *Brönsteds*, da das Ammoniakmolekül ein Proton aufzunehmen vermag:

$NH_3 + H^+ \rightarrow NH_4^+$

Die Brönstedsche Definition der Base ist demnach nicht an das Auftreten von Hydroxidionen gebunden. Sie unterscheidet sich also grundsätzlich von der Definition der Base nach *Arrhenius* (→ Aufg. 8.7.).

8.2.2. Korrespondierende Säure-Base-Paare

Bei der Aufnahme und Abgabe von Protonen handelt es sich um umkehrbare Vorgänge. Wie das Ammoniakmolekül unter Aufnahme eines Protons in ein Ammoniumion überzugehen vermag:

$$NH_3 + H^+ \rightarrow NH_4^+,$$

so entsteht umgekehrt aus einem Ammoniumion durch Abgabe eines Protons ein Ammoniakmolekül:

$$NH_4^+ \rightarrow NH_3 + H^+$$

Damit handelt es sich beim *Ammoniumion* nach der Definition *Brönsteds* um eine *Säure*. Die Aufnahme und die Abgabe von Protonen sind Vorgänge, die miteinander verknüpft sind und daher in einer Gleichung dargestellt werden können:

$$NH_4^+ \rightleftarrows NH_3 + H^+$$
Säure   Base   Proton

Für den Chlorwasserstoff ergibt sich dementsprechend die Gleichung:

$$HCl \rightleftarrows Cl^- + H^+$$
Säure   Base   Proton

Beim *Chloridion* Cl^- handelt es sich also nach *Brönsted* um eine *Base*, da es ein Proton aufzunehmen vermag, wobei es in ein Chlorwasserstoffmolekül übergeht (→ Aufgabe 8.8.).
Nach der Brönstedschen Säure-Base-Definition ergibt sich, daß jeder Säure eine Base entspricht, die – wie in den Beispielen gezeigt wurde – durch Abgabe bzw. Aufnahme von Protonen ineinander übergehen können. Säure und Base, die in dieser Weise miteinander in Beziehung stehen, werden als *korrespondierendes Säure-Base-Paar* bezeichnet:

Säure $\rightleftarrows$ Base + H⁺

Einige wichtige korrespondierende Säure-Base-Paare sind:

$HNO_3 \rightleftarrows NO_3^- + H^+$
$H_2SO_4 \rightleftarrows HSO_4^- + H^+$
$HSO_4^- \rightleftarrows SO_4^{2-} + H^+$
$NH_4^+ \rightleftarrows NH_3 + H^+$
$NH_3 \rightleftarrows NH_2^- + H^+$
($\rightleftarrows$ Aufg. 8.9.)

Ein bemerkenswerter Unterschied zwischen den Säure-Base-Definitionen *Arrhenius* und *Brönsteds* besteht darin, daß diese Begriffe nach *Brönsted* nicht nur auf *Moleküle* sondern auch auf *Ionen* anzuwenden sind. Die Beispiele lassen erkennen, daß zu jedem Säure-Base-Paar außer dem Proton mindestens ein Ion gehören muß. Infolge der Abgabe eines Protons ist die Ladung der Base stets um 1 niedriger als die Ladung der Säure.

Nach dem Ladungszustand sind zu unterscheiden:

Neutralsäuren (Molekülsäuren)	Beispiel: HCl
Kationensäuren	Beispiel: NH_4^+
Anionsäuren	Beispiel: HSO_4^-
Neutralbasen (Molekülbasen)	Beispiel: NH_3
Kationbasen	Beispiel: $N_2H_5^+$
Anionbasen	Beispiel: HSO_4^-

(→ Aufg. 8.10.)

Kationbasen sind verhältnismäßig selten. Das als Beispiel gewählte Hydrazinium-(I)-Ion $N_2H_4^+$ tritt in dem korrespondierenden Säure-Base-Paar

$$N_2H_6^{2+} \rightleftarrows N_2H_5^+ + H^+$$

als Kation*base*, in dem korrespondierenden Säure-Base-Paar

$$N_2H_5^+ \rightleftarrows N_2H_4 + H^+$$

als Kation*säure* auf. Die Verbindung N_2H_4 wird als Hydrazin bezeichnet.

8.2.3. Protolyte – Ampholyte

Alle Moleküle und Ionen, die Protonen abzugeben oder aufzunehmen vermögen, d. h. alle Protonendonatoren und Protonenakzeptoren, werden als *Protolyte* bezeichnet. Protolyte, die sowohl als Protonendonatoren als auch als Protonenakzeptoren, d. h. als Säuren und Basen im Sinne von *Brönsted*, auftreten können, werden *Ampholyte*[1]) genannt.

Das gilt zum Beispiel für das Ammoniakmolekül NH_3 und für das Hydrogensulfation HSO_4^-, die in den oben angegebenen korrespondierenden Säure-Base-Paaren einmal als Säure und einmal als Base vorliegen.

Vom Standpunkt der Mengenlehre betrachtet, bestehen zwischen den von *Brönsted* eingeführten Begriffen folgende Beziehungen (Bild 8.4):

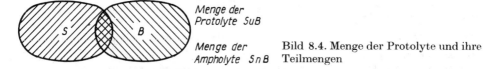

Bild 8.4. Menge der Protolyte und ihre Teilmengen

Die Protolyte sind die Vereinigungsmenge der Protonendonatoren (Säuren) und der Protonenakzeptoren (Basen):

S ∪ B

Die Ampholyte sind die Durchschnittsmenge der Protonendonatoren (Säuren) und der Protonenakzeptoren (Basen):

S ∩ B

---

[1]) von ampho (griech.) beide zugleich

Ein besonders wichtiger Ampholyt ist das *Wasser*, das in folgenden korrespondierenden Säure-Base-Paaren auftritt:

$H_3O^+ \rightleftarrows H_2O + H^+$

$H_2O \rightleftarrows OH^- + H^+$
Säure   Base   Proton

Während das *Wassermolekül* als Säure und als Base reagieren kann, tritt das *Hydroniumion* H_3O^+ nur als *Säure*, das *Hydroxidion* OH^- nur als *Base* auf.
Hier wird der Unterschied zur Arrheniusschen Definition besonders deutlich, wonach unter Basen Stoffe verstanden wurden, die Hydroxidionen abspalten (z. B. das Natriumhydroxid NaOH), aber nicht das Hydroxidion selbst. Nach *Brönsted* handelt es sich bei den Metallhydroxiden um Salze (→ Abschn. 8.2.8.) (→ Aufg. 8.11. und 8.12.).

8.2.4. Protolytische Reaktionen

Da Protonen in wäßriger Lösung allein nicht existenzfähig sind, kommt es zu einer Säure-Base-Reaktion erst dann, wenn zwei korrespondierende Säure-Base-Paare so miteinander in Beziehung treten, daß das eine die Protonen aufnimmt, die das andere abgibt.
Die im Abschn. 8.2.1. als Beispiel behandelte Reaktion von Chlorwasserstoff und Wasser setzt sich aus den korrespondierenden Säure-Base-Paaren HCl/Cl^- und H_3O^+/H_2O zusammen. Davon reagiert das zweite in Richtung einer Protonenaufnahme:

I   HCl $\rightleftarrows Cl^- + H^+$ (Protonenabgabe)
      Säure I   Base I

II $H_2O + H^+$ $\rightleftarrows H_3O^+$ (Protonenaufnahme)
      Base II   Säure II

I + II $\overline{HCl + H_2O \rightleftarrows Cl^- + H_3O^+}$
         Säure I Base II   Base I   Säure II

Als Summe ergibt sich die Gesamtreaktion (→ Abschn. 8.2.1.). Dem Chlorwasserstoff als Säure tritt hier also das Wasser als Base gegenüber, wobei die Chloridionen als neue Base und die Hydroniumionen als neue Säure entstehen.
Für die Reaktion von Ammoniak mit Wasser (→ Abschn. 8.2.1.) gilt dementsprechend:

I H_2O $\rightleftarrows OH^- + H^+$ (Protonenabgabe)
      Säure I   Base I

II $NH_3 + H^+$ $\rightleftarrows NH_4^+$ (Protonenaufnahme)
      Base II   Säure II

I + II $\overline{H_2O + NH_3 \rightleftarrows OH^- + NH_4^+}$
         Säure I Base II   Base I   Säure II

Solche Reaktionen, bei denen die von einem korrespondierenden Säure-Base-Paar (I) abgegebenen Protonen von einem anderen korrespondierenden Säure-Base-Paar (II) aufgenommen werden, werden als *protolytische Reaktion* oder einfach als *Protolyse* bezeichnet. Die an einer protolytischen Reaktion beteiligten Stoffe werden unter der Bezeichnung *protolytisches System* zusammengefaßt. Dementsprechend werden die beiden beteiligten korrespondierenden Säure-Base-Paare auch als Halbsysteme bezeichnet.

Halbsystem I	Säure I	$\rightleftarrows$	Base I + Proton
Halbsystem II	Base II + Proton	$\rightleftarrows$	Säure II
protolytisches System	Säure I + Base II	$\rightleftarrows$	Base I + Säure II

Bei den protolytischen Reaktionen in wäßriger Lösung, auf deren Behandlung wir uns hier beschränken, tritt in den meisten Fällen das Wasser in einem der beiden Halbsysteme auf ($\rightarrow$ Aufg. 8.13.).

8.2.5. Die Autoprotolyse des Wassers

In allen wäßrigen Lösungen liegt ein protolytisches System vor, in dessen beiden Halbsystemen das Wasser einmal als Säure und einmal als Base auftritt ($\rightarrow$ Abschnitt 8.2.3.):

I $\underset{\text{Säure I}}{H_2O}$ $\rightleftarrows$ $\underset{\text{Base I}}{OH^- + H^+}$ (Protonenabgabe)

II $\underset{\text{Base II}}{H_2O + H^+}$ $\rightleftarrows$ $\underset{\text{Säure II}}{H_3O^+}$ (Protonenaufnahme)

$\underset{\text{Säure I}}{H_2O} + \underset{\text{Base II}}{H_2O} \rightleftarrows \underset{\text{Base I}}{OH^-} \quad \underset{\text{Säure II}}{H_3O^+}$

Diese protolytische Reaktion, bei der das Wasser teils als Säure und teils als Base reagiert, wird als *Autoprotolyse*[1]) des Wassers bezeichnet. Eine Autoprotolyse ist bei allen Ampholyten, d. h. bei allen Protolyten, die sowohl als Säure als auch als Base reagieren können, möglich. Beispiel: Autoprotolyse des Ammoniaks

$$NH_3 + NH_3 \rightleftarrows NH_4^+ + NH_2^-$$

Für die *Chemie der wäßrigen Lösungen* ist nach *Brönsted*
das *Hydroniumion* H_3O^+ die *wichtigste Säure* und
das *Hydroxidion* OH^- die *wichtigste Base*.

Der Anteil des Wassers, der der Autoprotolyse unterliegt, ist äußerst gering. Er beträgt (bei 22 °C) 10^{-7} mol l^{-1}. Dementsprechend ist die Konzentration der Hydroniumionen und der Hydroxidionen gleichermaßen 10^{-7} mol l^{-1}.
Nach dem Massenwirkungsgesetz gilt für die Autoprotolyse des Wassers die Gleichung:

$$\frac{c_{H_3O^+} \cdot c_{OH^-}}{c_{H_2O}^2} = K$$

Da bei Reaktionen in verdünnten wäßrigen Lösungen die Konzentration des Wassers praktisch unverändert bleibt, wird diese in die Konstante einbezogen, und es ergibt sich:

$$c_{H_3O^+} \cdot c_{OH^-} = K_W$$

---

[1]) Nach *Arrhenius* wird die Autoprotolyse des Wassers als elektrolytische Dissoziation behandelt: $H_2O \rightleftarrows H^+ + OH^-$

K_W wird als *Ionenprodukt des Wassers* oder als *Protolysekonstante des Wassers* bezeichnet. Durch Einsetzen der Konzentration erhält man (für 22 °C)[1]:

10^{-7} mol l^{-1} · 10^{-7} mol l^{-1} = 10^{-14} mol^2 l^{-2}

Nach dem Massenwirkungsgesetz gilt diese Größe 10^{-14} mol^2 l^{-2} für K_W nicht nur für reines Wasser, sondern auch für saure und basische wäßrige Lösungen. Dabei müssen allerdings, soweit es sich nicht um sehr verdünnte Lösungen handelt, statt der (wirklichen) Konzentrationen die *Aktivitäten* (die wirksamen Konzentrationen → Abschnitt 8.1.2.) eingesetzt werden, um dadurch die interionischen Wechselwirkungen zu berücksichtigen:

$$a_{H_3O^+} \cdot a_{OH^-} = K_W$$

Mit der Aktivität der Hydroniumionen ist auf Grund dieser Beziehung auch die Aktivität der Hydroxidionen gegeben. $a_{H_3O^+}$ und a_{OH^-} sind einander umgekehrt proportional:

$$a_{H_3O^+} = \frac{K_W}{a_{OH^-}} \; ; \; a_{HO^-} = \frac{K_W}{a_{H_3O^+}}$$

Unter a soll im folgenden der *Zahlenwert* der Aktivität verstanden werden, der sich ergibt, wenn mol l^{-1} als Maßeinheit dient.

Da K_W (bei Zimmertemperatur) den Zahlenwert 10^{-14} besitzt, gilt

für Wasser: $a_{H_3O^+} = 10^{-7}$; $a_{OH^-} = 10^{-7}$
für saure Lösungen: $a_{H_3O^+} > 10^{-7}$; $a_{OH^-} < 10^{-7}$
für basische Lösungen: $a_{H_3O^+} < 10^{-7}$; $a_{OH^-} > 10^{-7}$

Je größer (kleiner) die Aktivität der Hydroniumionen ist, um so kleiner (größer) ist die Aktivität der Hydroxidionen (→ *Aufg. 8.14.*).

8.2.6. Der pH-Wert

Nach einem Vorschlag des dänischen Chemikers *Sörensen* bedienen wir uns für die Angabe des sauren oder basischen Charakters von Lösungen statt der Aktivität der Hydroniumionen des pH-Wertes[2]), der als *negativer dekadischer Logarithmus des Zahlenwertes der Aktivität der Hydroniumionen* definiert ist:

$$\boxed{pH = -\lg a_{H_3O^+}}$$

Demnach gilt

für neutrale Lösungen: $a_{H_3O^+} = 10^{-7}$; pH = 7
für saure Lösungen: $a_{H_3O^+} > 10^{-7}$; pH < 7
für basische Lösungen: $a_{H_3O^+} < 10^{-7}$; pH > 7

Aus der in Tabelle 8.3 dargestellten pH-Wert-Skala sind die Zusammenhänge zwischen pH-Wert, Hydroniumionenaktivität, Hydroxidionenaktivität und saurem bzw. basischem Charakter einer Lösung ersichtlich (→ Aufg. 8.15.).

---

[1]) Die Autoprotolyse des Wassers nimmt mit steigender Temperatur zu, wobei das Ionenprodukt K_W z. B. bei 65 °C den Wert 10^{-13} mol^2 l^{-2} erreicht.
[2]) potentia hydrogenii (lat.) Wirksamkeit des Wasserstoffs

Tabelle 8.3. pH-Wert-Skala

pH	0	1	2	3	4	5	6	7	8	9	10	11	12	13	14
$a_{H_3O^+}$	10^0	10^{-1}	10^{-2}	10^{-3}	10^{-4}	10^{-5}	10^{-6}	10^{-7}	10^{-8}	10^{-9}	10^{-10}	10^{-11}	10^{-12}	10^{-13}	10^{-14}
a_{OH^-}	10^{-14}	10^{-13}	10^{-12}	10^{-11}	10^{-10}	10^{-9}	10^{-8}	10^{-7}	10^{-6}	10^{-5}	10^{-4}	10^{-3}	10^{-2}	10^{-1}	10^0

sauer ← — neutral — → basisch

Der pH-Wert hat große praktische Bedeutung. Der Ablauf vieler chemischer Reaktionen im Laboratorium und in der chemischen Produktion, aber auch in anderen Wirtschaftszweigen ist vom pH-Wert abhängig.

Vielfach müssen bestimmte pH-Wert-Bereiche eingehalten werden, damit die chemischen Vorgänge in der gewünschten Weise ablaufen bzw. die Produkte die gewünschten Eigenschaften besitzen. Das gilt z. B. für die Textilindustrie, für die Lebensmittelindustrie und für die Trinkwasseraufbereitung. Andererseits müssen bestimmte pH-Wert-Bereiche vermieden werden, damit es nicht zu unerwünschten chemischen Vorgängen kommt. Das gilt z. B. für Kesselspeisewasser und Betriebswasser (Wasserstoffkorrosionstyp; → Abschnitt. 10.1.2.). Um die für die Erhöhung der Bodenfruchtbarkeit richtige Düngergabe zu ermitteln, werden in der Landwirtschaft pH-Wert-Untersuchungen an Bodenproben durchgeführt. Auch die Vorgänge in den lebenden Organismen sind von bestimmten pH-Werten abhängig. Daher spielen pH-Wert-Bestimmungen auch in der Medizin eine Rolle.

Für die Ermittlung des pH-Wertes stehen zwei grundsätzlich verschiedene Verfahren zur Verfügung.
1. die pH-Wert-Bestimmung mit Indikatoren (→ Abschn. 32.2.2.)
2. die elektrochemische pH-Wert-Messung (→ Abschn. 32.3.2.)

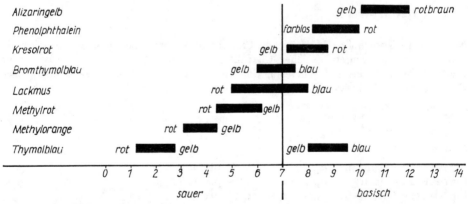

Bild 8.5. Umschlagbereiche einiger wichtiger Indikatoren

Als Indikatoren für die pH-Wert-Bestimmung werden Farbstoffe eingesetzt, die innerhalb bestimmter pH-Wert-Bereiche ihre Farbe verändern (Bild 8.5). Mit Hilfe von Universalindikatorpapieren, die eine Mischung verschiedener Indikatoren enthalten, ist bei geringem Aufwand eine sehr rasche, aber nur grobe pH-Wert-Bestimmung möglich. Wesentlich genauere Werte liefert die elektrochemische Methode, bei der daher von einer pH-Wert-Messung gesprochen werden kann. Sie beruht auf der

Messung der Potentialdifferenz, die sich zwischen einer Elektrode, die in die zu untersuchende Lösung taucht, und einer Bezugselektrode ergibt. Die hierfür entwickelten Geräte weisen Skalen auf, die eine direkte Ablesung des pH-Wertes – statt der an sich gemessenen Spannung – gestatten (→ Aufg. 8.16.).

8.2.7. Die Stärke der Protolyte

Die einzelnen Säuren und Basen setzen sich in wäßriger Lösung in ganz unterschiedlichem Maße mit Wasser um, mit anderen Worten:

Die einzelnen Säuren und Basen unterliegen in unterschiedlichem Maße der Protolyse.

Säuren, die in hohem Maße der Protolyse unterliegen, werden als *starke Säuren* bezeichnet. Beispiel: Salzsäure HCl

$$HCl + H_2O \rightleftarrows Cl^- + H_3O^+ \tag{1}$$
Säure I   Base II   Base I   Säure II

(Der dicke Pfeil deutet bei den Beispielen an, nach welcher Seite das Gleichgewicht verschoben ist.)

Säuren, die in geringem Maße der Protolyse unterliegen, werden als *schwache Säuren* bezeichnet. Beispiel: Blausäure HCN

$$HCN + H_2O \rightleftarrows CN^- + H_3O^+ \tag{2}$$
Säure I   Base II   Base I   Säure II

Das Gleichgewicht liegt auf der Seite der Blausäure- und Wassermoleküle.

Ebenso wird zwischen *starken* und *schwachen* Basen unterschieden. Das soll am Beispiel des Chloridions Cl^- und des Cyanidions CN^- erläutert werden, die in den beiden vorstehenden Gleichungen als Basen auftreten. Das Chloridion kann nach der Gleichung

$$H_2O + Cl^- \rightleftarrows OH^- + HCl \tag{3}$$
Säure I   Base II   Base I   Säure II

der Protolyse unterliegen. Das Gleichgewicht liegt aber ganz auf der Seite der Chloridionen, bei denen es sich um eine sehr schwache Base handelt.
Dagegen stellt das Cyanidion eine starke Base dar, es setzt sich weitgehend mit Wassermolekülen zu Blausäuremolekülen um:

$$H_2O + CN^- \rightleftarrows OH^- + HCN \tag{4}$$
Säure I   Base II   Base I   Säure II

Vergleichen wir die Gleichungen (1) und (3), in denen die gleichen Protolyte (HCl, Cl^-) auftreten, miteinander, so ist festzustellen, daß in beiden Gleichgewichtsreaktionen das Gleichgewicht auf der Seite des schwächeren Protolyten Cl^- liegt.
Das gleiche gilt auch für den Vergleich zwischen den Gleichungen (2) und (4). Hier liegt das Gleichgewicht in beiden Fällen auf der Seite der schwachen Säure (HCN).
Was an diesen Beispielen gezeigt wurde, gilt allgemein:

Säure-Base-Reaktionen verlaufen in Richtung der Bildung der schwächeren Protolyte.

Mit anderen Worten: In einem protolytischen System setzt sich die stärkere Säure zur schwächeren korrespondierenden Base und die stärkere Base zur schwächeren korrespondierenden Säure um.

8.2.8. Der pK_S-Wert und der pK_B-Wert

Durch Anwendung des Massenwirkungsgesetzes auf die Protolyse von Säuren und Basen erhalten wir ein Maß für die Stärke der Säuren und Basen.
Für die *Protolyse einer Säure*, als Beispiel sei die Blausäure gewählt,

$$HCN + H_2O \rightleftarrows CN^- + H_3O^+$$

gilt nach dem Massenwirkungsgesetz:

$$\frac{a_{CN^-} \cdot a_{H_3O^+}}{a_{HCN} \cdot a_{H_2O}} = K$$

Wie bei der Autoprotolyse des Wassers wird auch hier die – in verdünnten wäßrigen Lösungen praktisch konstant bleibende – Aktivität des Wassers in die Konstante einbezogen, und wir erhalten:

$$\frac{a_{CN^-} \cdot a_{H_3O^+}}{a_{HCN}} = K_S \tag{5}$$

Der Wert K_S wird als *Säurekonstante* bezeichnet. Er ergibt sich für beliebige Säuren aus:

$$\frac{a_{Base} \cdot a_{H_3O^+}}{a_{Säure}} = K_S$$

Für die *Protolyse einer Base*, als Beispiel wählen wir das Cyanidion,

$$H_2O + CN^- \rightleftarrows OH^- + HCN$$

ergibt sich nach dem Massenwirkungsgesetz:

$$\frac{a_{OH^-} \cdot a_{HCN}}{a_{H_2O} \cdot a_{CN^-}} = K$$

$$\frac{a_{OH^-} \cdot a_{HCN}}{a_{CN^-}} = K_B \tag{6}$$

Der Wert K_B wird als *Basekonstante* bezeichnet. Er ergibt sich für beliebige Basen aus:

$$\frac{a_{OH^-} \cdot a_{Säure}}{a_{Base}} = K_B$$

($\rightarrow$ Aufg. 8.17.).

Zwischen der *Säurekonstanten* K_S und der *Basekonstanten* K_B eines korrespondierenden Säure-Base-Paares besteht eine bemerkenswerte Beziehung, die am Beispiel

$$\underset{\text{Säure}}{HCN} \rightleftarrows \underset{\text{Base}}{CN^-} + \underset{\text{Proton}}{H^+}$$

erläutert werden soll.
Multiplizieren wir K_S und K_B (Gleichungen (5) und (6)) miteinander, so erhalten wir:

$$K_S \cdot K_B = \frac{a_{CN^-} \cdot a_{H_3O^+} \cdot a_{OH^-} \cdot a_{HCN}}{a_{HCN} \cdot a_{CN^-}}$$

Durch Kürzen ergibt sich daraus:

$$K_S \cdot K_B = a_{H_3O^+} \cdot a_{HO^-}$$

Das Produkt auf der rechten Seite dieser Gleichung ist als Ionenprodukt des Wassers bekannt (→ Abschn. 8.2.5.). Demnach gilt:

$$K_S \cdot K_B = K_W \qquad (7)$$

Das heißt: Das Produkt aus Säurekonstante und Basekonstante eines korrespondierenden Säure-Base-Paares ist gleich dem Ionenprodukt des Wassers, dessen Zahlenwert bei 22 °C 10^{-14} beträgt (→ Abschn. 8.2.5.).
Analog zum pH-Wert (→ Abschn. 8.2.6.) wurde an Stelle der Säurekonstante K_S der pK_S-Wert und an Stelle der Basekonstante K_B der pK_B-Wert eingeführt:

Der pK_S-Wert ist der negative dekadische Logarithmus des Säurekonstante K_S.
Der pK_B-Wert ist der negative dekadische Logarithmus der Basekonstante K_B.

$$pK_S = -\lg K_S$$
$$pK_B = -\lg K_B$$

Für alle korrespondierenden Säure-Base-Paare tritt auf Grund dieser Festlegung und auf Grund der Logarithmengesetze an Stelle der Multiplikation von K_S und K_B (Gleichung (7)) die Addition von pK_S und pK_B, wobei sich als Summe bei Zimmertemperatur stets 14 ($= -\lg 10^{-14}$) ergibt:

$$pK_S + pK_B = 14 \qquad (8)$$

Die pK_S-Werte und die pK_B-Werte einiger wichtiger korrespondierender Säure-Base-Paare sind in Tabelle 8.4 zusammengestellt. Für das als Beispiel gewählte Säure-Base-Paar (HCN/CN$^-$) ist in Gleichung (8) der pK_S-Wert der Blausäure (9,40) und der pK_B-Wert des Cyanidions (4,60) einzusetzen. Das ergibt:

$$9{,}40 + 4{,}60 = 14$$

Ist von einem korrespondierenden Säure-Base-Paar ein pK-Wert bekannt, so kann der andere nach Gleichung (8) leicht berechnet werden (→ Aufg. 8.18.).

Aus Tabelle 8.4 ist ersichtlich:

Eine Säure bzw. Base ist um so stärker, je niedriger der pK_S-Wert bzw. der pK_B-Wert ist.

Bei den in Tabelle 8.4 zusammengestellten korrespondierenden Säure-Base-Paaren nimmt
die Tendenz zur Protonenabgabe von oben nach unten ab,
die Tendenz zur Protonenaufnahme von oben nach unten zu (→ Aufg. 8.19.).

Für das Zustandekommen einer Säure-Base-Reaktion müssen zwei Voraussetzungen erfüllt sein:
1. Es müssen zwei korrespondierende Säure-Base-Paare vorhanden sein, von denen das eine als Säure, das andere als Base vorliegt.
2. Das in Form der Säure vorliegende Säure-Base-Paar I muß einen niedrigeren pK_S-Wert besitzen als das in Form der Base vorliegende Säure-Base-Paar II.

An Hand der Tabelle 8.4 läßt sich das wie folgt erläutern:
Zwei Säure-Base-Paare (Halbsysteme) können nur in der Weise zu einem protolytischen System zusammentreten, daß das *oben* stehende Halbsystem I *Protonen abgibt* (Reaktionsverlauf nach *rechts*) und das *unten* stehende Halbsystem II *Protonen aufnimmt* (Reaktionsverlauf nach *links*).

Tabelle 8.4. Korrespondierende Säure-Base-Paare ($t = 25\,°C$)

pK_S		Säure	Protonen-abgabe $\longrightarrow$	Base	+ Proton		pK_B
≈ -9		$HClO_4$	$\rightleftarrows$	ClO_4^-	$+ H^+$		≈ 23
≈ -8		HI	$\rightleftarrows$	I^-	$+ H^+$		≈ 22
≈ -6		HBr	$\rightleftarrows$	Br^-	$+ H^+$		≈ 20
≈ -6	sehr stark	HCl	$\rightleftarrows$	Cl^-	$+ H^+$	sehr schwach	≈ 20
≈ -3		H_2SO_4	$\rightleftarrows$	HSO_4^-	$+ H^+$		≈ 17
$-1,32$		HNO_3	$\rightleftarrows$	NO_3^-	$+ H^+$		$15,32$
0		H_3O^+	$\rightleftarrows$	H_2O	$+ H^+$		$14,00$
$1,42$		$HOOC\text{---}COOH$	$\rightleftarrows$	$HOOC\text{---}COO^-$	$+ H^+$		$12,58$
$1,92$		HSO_4^-	$\rightleftarrows$	SO_4^{2-}	$+ H^+$		$12,08$
$1,96$		H_2SO_3	$\rightleftarrows$	HSO_3^-	$+ H^+$		$12,04$
$1,96$		H_3PO_4	$\rightleftarrows$	$H_2PO_4^-$	$+ H^+$		$12,04$
$2,22$	stark	$[Fe(H_2O)_6]^{3+}$	$\rightleftarrows$	$[FeOH(H_2O)_5]^{2+}$	$+ H^+$	schwach	$11,78$
$3,14$		HF	$\rightleftarrows$	F^-	$+ H^+$		$10,86$
$3,35$		HNO_2	$\rightleftarrows$	NO_2^-	$+ H^+$		$10,65$
$3,75$		$HCOOH$	$\rightleftarrows$	$HCOO^-$	$+ H^+$		$10,25$
$4,75$		CH_3COOH	$\rightleftarrows$	CH_3COO^-	$+ H^+$		$9,25$
$4,85$		$[Al(H_2O)_6]^{3+}$	$\rightleftarrows$	$[AlOH(H_2O)_5]^{2+}$	$+ H^+$		$9,15$
$6,52$		H_2CO_3	$\rightleftarrows$	HCO_3^-	$+ H^+$		$7,48$
$6,92$	mittelstark	H_2S	$\rightleftarrows$	HS^-	$+ H^+$	mittelstark	$7,08$
$7,12$		$H_2PO_4^-$	$\rightleftarrows$	HPO_4^{2-}	$+ H^+$		$6,88$
$7,25$		$HClO$	$\rightleftarrows$	ClO^-	$+ H^+$		$6,75$
$9,25$		NH_4^+	$\rightleftarrows$	NH_3	$+ H^+$		$4,75$
$9,40$		HCN	$\rightleftarrows$	CN^-	$+ H^+$		$4,60$
$9,66$		H_4SiO_4	$\rightleftarrows$	$H_3SiO_4^-$	$+ H^+$		$4,34$
$9,66$		$[Zn(H_2O)_4]^{2+}$	$\rightleftarrows$	$[ZnOH(H_2O)_3]^+$	$+ H^+$		$4,34$
$10,40$		HCO_3^-	$\rightleftarrows$	CO_3^{2-}	$+ H^+$		$3,60$
$11,62$	schwach	H_2O_2	$\rightleftarrows$	HO_2^-	$+ H^+$	stark	$2,38$
$11,66$		$H_3SiO_4^-$	$\rightleftarrows$	$H_2SiO_4^{2-}$	$+ H^+$		$2,34$
$12,32$		HPO_4^{2-}	$\rightleftarrows$	PO_4^{3-}	$+ H^+$		$1,68$
$12,9$		HS^-	$\rightleftarrows$	S^{2-}	$+ H^+$		$1,1$
$14,00$		H_2O	$\rightleftarrows$	OH^-	$+ H^+$		0
≈ 23	sehr schwach	NH_3	$\rightleftarrows$	NH_2^-	$+ H^+$	sehr stark	≈ -9
≈ 24		OH^-	$\rightleftarrows$	O^{2-}	$+ H^+$		≈ -10
≈ 40		H_2	$\rightleftarrows$	H^-	$+ H^+$		≈ -26

| pK_S | Säure | $\longleftarrow$ Protonen-aufnahme | Base | + Proton | pK_B |

Als Beispiel sei die Neutralisation der Phosphorsäure mit Ammoniak behandelt: Bei der Protolyse der Phosphorsäure ergeben sich folgende korrespondierenden Säure-Base-Paare, die hier als Halbsystem I auftreten können:

$pK_S = 1,96 \quad H_3PO_4 \rightleftarrows H_2PO_4^- + H^+$ (Ia)

$pK_S = 7,12 \quad H_2PO_4^- \rightleftarrows HPO_4^{2-} + H^+$ (Ib)

$pK_S = 12,32 \quad HPO_4^{2-} \rightleftarrows PO_4^{3-} + H^+$ (Ic)

Als Halbsystem II liegt vor:

$pK_S = 9{,}25 \qquad H^+ + NH_3 \rightleftarrows NH_4^+$

Das Halbsystem II kann also nur mit den Halbsystemen Ia und Ib zu einem protolytischen System zusammentreten, da deren pK_S-Werte niedriger liegen als der pK_S-Wert des Halbsystems II. Der pK_S-Wert des Halbsystems Ic liegt wesentlich höher. Bei der Neutralisation von Phosphorsäure mit Ammoniak verlaufen daher nur folgende Reaktionen:

$H_3PO_4 + NH_3 \rightleftarrows NH_4^+ + H_2PO_4^-$

$H_3PO_4 + 2\,NH_3 \rightleftarrows 2\,NH_4^+ + HPO_4^{2-}$

Dagegen entsteht kein Ammoniumphosphat $(NH_4)_3PO_4$ ($\rightarrow$ Aufg. 8.20.).

8.2.9. Weitere Anwendungsbeispiele für die Brönstedsche Säure-Base-Definition

8.2.9.1. Reaktionen zwischen Säuren und Laugen (Neutralisation)

Die Reaktion zwischen Salzsäure und Natronlauge, die nach *Arrhenius* als typisches Beispiel für eine Neutralisation galt, verläuft nach *Brönsted* wie folgt:

Der *Chlorwasserstoff* unterliegt in wäßriger Lösung einer vollständigen Protolyse, da das Säure-Base-Paar HCl/Cl^- einen niedrigeren pK_S-Wert (-6) besitzt als das Säure-Base-Paar H_3O^+/H_2O:

$$
\begin{array}{lll}
\text{I} & HCl & \rightleftarrows Cl^- + H^+ \\
\text{II} & H^+ + H_2O & \rightleftarrows H_3O^+ \\
\hline
& HCl + H_2O & \rightleftarrows Cl^- + H_3O^+
\end{array}
$$

In gleicher Weise unterliegen in wäßriger Lösung alle Säuren einer vollständigen Protolyse, die stärker sind als das Hydroniumion (und daher in Tabelle 8.4 *über* dem Säure-Base-Paar H_3O^+/H_2O stehen).

Das *Natriumhydroxid* NaOH ist nach *Brönsted* – im Unterschied zu *Arrhenius* – nicht als Base, sondern als *Salz* aufzufassen. Wie andere Salze liegt es in wäßriger Lösung in Kationen und Anionen dissoziiert vor:

$NaOH \rightleftarrows Na^+ + OH^-$

Das Hydroxidion OH^- ist mit dem pK_B-Wert 0 eine sehr starke Base.

Die Hydroxidionen ergeben mit den aus der Protolyse des Chlorwasserstoffs stammenden Hydroniumionen ein protolytisches System:

$$
\begin{array}{lll}
\text{I} & H_3O^+ & \rightleftarrows H_2O + H^+ \\
\text{II} & H^+ + OH^- & \rightleftarrows H_2O \\
\hline
& H_3O^+ + OH^- & \rightleftarrows 2\,H_2O
\end{array}
$$

Die sehr starke Säure H_3O^+ geht in die sehr schwache Base H_2O über, die sehr starke Base OH^- in die sehr schwache Säure H_2O. Das Wasser tritt also im Halbsystem I als Base, im Halbsystem II als Säure auf. Es stellt sich das von der Autoprotolyse des Wassers bekannte Gleichgewicht ein ($\rightarrow$ Abschn. 8.2.5.). Äquivalente Mengen an Salzsäure und Natronlauge vorausgesetzt, reagiert die entstehende Lösung *neutral*. Die Lösung enthält Natriumionen Na^+ und Chloridionen Cl^-, es handelt sich also um eine Natriumchloridlösung ($\rightarrow$ Aufg. 8.21.).

8.2.9.2. Die saure oder basische Reaktion wäßriger Salzlösungen (»Hydrolyse«)

Bekanntlich reagieren nicht alle Salzlösungen neutral, sondern manche basisch, andere sauer. Auf diese bisher als *Hydrolyse* bezeichnete Erscheinung soll in einigen Beispielen eingegangen werden:

Das *Ammoniumchlorid* NH_4Cl dissoziiert in wäßriger Lösung in Ammoniumionen NH_4^+ und Chloridionen Cl^-. Die Ammoniumionen sind eine schwache Säure ($pK_S = 9{,}25$), die Chloridionen aber nur eine sehr schwache Base ($pK_B \approx 20$). Da die Chloridionen eine schwächere Base sind als das Wasser – sie stehen in Tabelle 8.4 über dem Wasser –, unterliegen sie keiner Protolyse. Dagegen tritt bei den Ammoniumionen als schwacher Säure eine teilweise Protolyse auf:

$$NH_4^+ + H_2O \rightleftarrows NH_3 + H_3O^+$$

Eine wäßrige Ammoniumchloridlösung reagiert also sauer (→ Aufg. 8.22.).

Das *Aluminiumchlorid* $AlCl_3$ dissoziiert in wäßriger Lösung in Aluminiumionen Al^{3+} und Chloridionen Cl^-:

$$AlCl_3 \rightleftarrows Al^{3+} + 3\,Cl^-$$

Auch diese Lösung reagiert *sauer*. Da die Chloridionen eine sehr schwache Base darstellen, muß die saure Reaktion auf die Aluminiumionen zurückzuführen sein. Nach *Brönsted* ist das so zu erklären, daß die Aluminiumionen infolge des geringen Radius und der hohen Ladung aus der Hydrathülle, die sich in wäßriger Lösung um jedes Aluminiumion bildet, Protonen abstoßen können.

$$[Al(H_2O)_6]^{3+} \rightleftarrows [Al(H_2O)_5OH]^{2+} + H^+$$
Säure   Base

Beim hydratisierten Aluminiumion handelt es sich also um eine Säure im Brönstedschen Sinne ($pK_S = 4{,}85$; Tabelle 8.4). Das vorstehende Säure-Base-Paar tritt mit dem Säure-Base-Paar H_3O^+/H_2O zu einem protolytischen System zusammen:

$$[Al(H_2O)_6]^{3+} + H_2O \rightleftarrows [Al(H_2O)_5OH]^{2+} + H_3O^+$$

Bei dieser Protolyse der hydratisierten Aluminiumionen entstehen Hydroniumionen, die die saure Reaktion der Aluminiumchloridlösung verursachen.

Als Beispiel eines Salzes, dessen wäßrige Lösung *basisch* reagiert, soll das *Natriumcarbonat* Na_2CO_3 behandelt werden. Es dissoziiert in Natriumionen Na^+ und Carbonationen CO_3^{2-}. Die Carbonationen unterliegen als starke Base ($pK_B = 3{,}6$) einer weitgehenden Protolyse:

$$CO_3^{2-} + H_2O \rightleftarrows HCO_3^- + OH^-$$

Die hydratisierten Natriumionen Na^+ treten nicht als Säure in Erscheinung, da die Natriumionen infolge des großen Radius und der geringeren Ladung – im Gegensatz zu den Aluminiumionen – kaum abstoßend auf die Protonen der Hydrathülle wirken. Allgemein gilt:

> *Die wäßrige Lösung eines Salzes reagiert dann sauer oder basisch, wenn die Kationen und die Anionen dieses Salzes in unterschiedlichem Maße der Protolyse unterliegen.*

Die wäßrige Lösung reagiert
sauer, wenn die *Kationsäure* den *niedrigeren* pK-Wert,
basisch, wenn die *Anionbase* den *niedrigeren* pK-Wert
besitzt.

Als Beispiel hierfür sei das *Ammoniumcyanid* NH_4CN betrachtet: Das Ammoniumion NH_4^+ besitzt den pK_S-Wert 9,25, das Cyanidion CN^- den pK_B-Wert 4,60. Da der pK-Wert der Anionbase niedriger ist als der der Kationsäure, ist zu erwarten, daß eine wäßrige Ammoniumcyanidlösung *basisch* reagiert (→ Aufg. 8.23.).

Es gibt eine *Näherungsgleichung*, mit deren Hilfe der pH-Wert der wäßrigen Lösung eines Salzes abgeschätzt werden kann, dessen Kation und Anion gleichermaßen schwache bis mittelstarke Protolyte sind:

$$pH \approx \tfrac{1}{2}(pK_W + pK_S - pK_B)$$

Der pK_W-Wert ist der negative dekadische Logarithmus des Ionenprodukts des Wassers: $pK_W = -\lg K_W$, für Zimmertemperatur beträgt er 14. Durch Einsetzen der pK-Werte

$$pH \approx \tfrac{1}{2}(14 + 9{,}25 - 4{,}60)$$

erhalten wir für eine wäßrige Ammoniumcyanidlösung einen pH-Wert von 9,3. Die Lösung ist also *schwach basisch* (→ Aufg. 8.23.).

8.2.9.3. Basischer und saurer Charakter von Metallhydroxiden (amphotere Hydroxide)

Es kann nun abschließend auch geklärt werden, wieso *Metallhydroxide* wie das Natriumhydroxid nach *Brönsted* als *Salze* aufzufassen sind. Diese Metallhydroxide dissoziieren in wäßriger Lösung in Metallkationen und Hydroxidionen:

$$MeOH \rightleftarrows Me^+ + OH^-$$

Die Hydroxidionen sind – wie die Anionen aller anderen Salze – Protonenakzeptoren. Allerdings ist die Stärke der Anionbasen, die bei der Dissoziation von Salzen in Lösung gehen, außerordentlich unterschiedlich (Tabelle 8.4; → Aufg. 8.24.). Das Hydroxidion ist eine der stärksten Anionbasen. Es besteht aber kein grundsätzlicher Unterschied gegenüber den – bisher als Säureresten bezeichneten – Anionen von Salzen wie Natriumchlorid, Natriumsulfat oder Natriumcarbonat.
Nach der Brönstedschen Säure-Base-Definition sind die *elektropositiven Elemente*, wie Natrium und Kalium, insofern als *basenbildend* aufzufassen, als deren Hydroxide in wäßriger Lösung durch ihre Hydroxidionen eine basische Reaktion verursachen. Wenn von einer *Abnahme des Basencharakters* innerhalb der Perioden des Periodensystems gesprochen wird, so findet das nach *Brönsted* eine Erklärung in der *Zunahme des Säurecharakters* der hydratisierten Metallionen. Innerhalb der Perioden nimmt der Radius der Atome ab, aber die positive Kernladungszahl zu. Deshalb steigt die Tendenz, Protonen aus der Hydrathülle abzustoßen, vom Natrium über das Magnesium zum Aluminium an. Während die hydratisierten Natriumionen praktisch keinen sauren Charakter aufweisen, sind die hydratisierten Aluminiumionen bereits eine mittelstarke Säure (Tabelle 8.4).

Der *amphotere Charakter* eines hydratisierten Aluminiumhydroxids kommt besonders darin zum Ausdruck, daß sich ein Niederschlag dieser schwerlöslichen Verbindung sowohl bei einem Überschuß von *Hydroniumionen* als auch bei einem Überschuß von *Hydroxidionen* auflöst. So entsteht bei Zugabe von *Salzsäure* eine *Aluminiumchloridlösung*:

$$3\,H_3O^+ + Al(OH)_3(H_2O)_3 \rightleftarrows 3\,H_2O + [Al(H_2O)_6]^{3+}$$
Säure I   Base II   Base I   Säure II

Die Chloridionen sind an der Reaktion unbeteiligt.
Bei Zugabe von *Natronlauge* entsteht eine *Natriumaluminatlösung*:

$$Al(OH)_3(H_2O)_3 + 3\,OH^- \rightleftarrows [Al(OH)_6]^{3-} + 3\,H_2O$$
Säure I   Base II   Base I   Säure II

An dieser Reaktion sind die Natriumionen nicht beteiligt (→ Aufg. 8.25.).

Die Brönstedsche Säure-Base-Definition gestattet es, wie die im Abschn. 8.2.9. behandelten Beispiele zeigen, recht verschiedenartig erscheinende chemische Reaktionen als einheitlichen Reaktionstyp zusammenzufassen. Damit leistet die Brönstedsche Säure-Base-Theorie einen wichtigen Beitrag zur Systematisierung der chemischen Erkenntnisse.

8.3. Redoxreaktionen

8.3.1. Oxydation als Elektronenabgabe – Reduktion als Elektronenaufnahme

Unter *Oxydation* wurde ursprünglich die Vereinigung eines Stoffes mit Sauerstoff (Oxygenium) verstanden, z. B. das Verbrennen von Kohlenstoff zu Kohlendioxid CO_2 oder – bei begrenztem Luftzutritt – zu Kohlenmonoxid CO:

$$C + \tfrac{1}{2}O_2 \rightarrow CO$$

Der Sauerstoff muß nicht elementar, sondern kann auch gebunden vorliegen, z. B. im Eisen(II)-oxid:

$$C + FeO \rightarrow CO + Fe$$

Auch bei dieser Reaktion wird der Kohlenstoff oxydiert, zugleich wird aber das Eisen(II)-oxid zu elementarem Eisen reduziert.
Der ursprünglichen Bedeutung nach wird unter *Reduktion*[1]) die Zurückführung eines Oxids in den elementaren Zustand, d. h. der Entzug von Sauerstoff, verstanden (→ Aufg. 8.26.).
In der zuletzt genannten Reaktion, die beim Hochofenprozeß eine Rolle spielt, wirkt der Kohlenstoff gegenüber dem Eisen(II)-oxid als Reduktionsmittel, das Eisen(II)-oxid gegenüber dem Kohlenstoff als Oxydationsmittel:

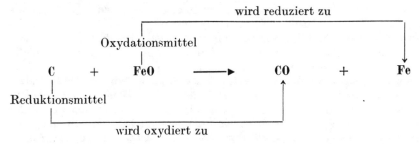

In ähnlicher Weise sind Oxydation und Reduktion stets miteinander gekoppelt, sie werden daher unter der Bezeichnung *Redoxreaktion* zusammengefaßt.
Den Redoxreaktionen liegt ein Übergang von Elektronen zugrunde:

> *Die Oxydation ist eine Abgabe von Elektronen.*
> *Die Reduktion ist eine Aufnahme von Elektronen.*

Der vorstehende Redoxvorgang setzt sich demnach aus folgenden Teilvorgängen zusammen:

$$\overset{0}{C} \rightarrow \overset{+2}{C} + 2\,e^- \quad \text{Oxydation, Elektronenabgabe}$$

$$\overset{+2}{Fe} + 2\,e^- \rightarrow \overset{0}{Fe} \quad \text{Reduktion, Elektronenaufnahme}$$

---

[1]) reducere (lat.) zurückführen

Die Verwendung der Oxydationszahlen (→ Abschn. 4.6.2.3.) gestattet folgende Aussagen:

> *Bei der Oxydation nimmt die Oxydationszahl zu.*
> *Bei der Reduktion nimmt die Oxydationszahl ab.*

Aus den beiden Teilreaktionen geht hervor, daß der Sauerstoff an der als Beispiel betrachteten Redoxreaktion gar nicht beteiligt ist. Der Sauerstoff weist vor und nach der Reaktion die Oxydationszahl -2 auf.

8.3.2. Oxydationsmittel und Reduktionsmittel als korrespondierende Redoxpaare

Die modernen Begriffe Oxydation und Reduktion sind nicht mehr an den Sauerstoff gebunden. Das gilt auch für die Begriffe Oxydationsmittel und Reduktionsmittel:

> *Oxydationsmittel sind Atome, Moleküle und Ionen,*
> *die Elektronen aufzunehmen vermögen.*
> *Reduktionsmittel sind Atome, Moleküle und Ionen,*
> *die Elektronen abzugeben vermögen.*

Daraus ergibt sich eine bemerkenswerte Analogie zu den Begriffen Säure und Base im Sinne von *Brönsted* (→ Abschn. 8.2.):

> *Ein Oxydationsmittel ist ein Elektronenakzeptor.*
> *Ein Reduktionsmittel ist ein Elektronendonator.*

Im Beispiel auf S. 142 ist das Eisen(II)-ion Elektronenakzeptor, das Kohlenstoffatom Elektronendonator (→ Aufg. 8.27.).
Eine Redoxreaktion kommt nur dann zustande, wenn einem Elektronendonator ein Elektronenakzeptor gegenübersteht. Das heißt, ein *Redoxsystem* setzt sich – analog einem Säure-Base-System – aus einem *elektronenabgebenden* und einen *elektronenaufnehmenden* Halbsystem zusammen. Als weiteres Beispiel hierfür sei die Chlorknallgasreaktion dargestellt:

$$
\begin{array}{lll}
\text{I} & \overset{0}{H_2} \rightarrow 2\,\overset{+1}{H^+} + 2\,e^- & \text{Oxydation} \\
\text{II} & \overset{0}{Cl_2} + 2\,e^- \rightarrow 2\,\overset{-1}{Cl^-} & \text{Reduktion} \\
\hline
& \overset{0}{H_2} + \overset{0}{Cl_2} \rightarrow 2\,\overset{+1\,-1}{HCl} &
\end{array}
$$

Zu beachten ist, daß in einer solchen Redoxgleichung die Summe der Oxydationszahlen der rechten Seite stets gleich der Summe der Oxydationszahlen der linken Seite sein muß. (Im vorstehenden Beispiel beträgt sie auf beiden Seiten Null.)
Jedes Halbsystem eines Redoxsystems kann – analog den korrespondierenden Säure-Base-Paaren – als *korrespondierendes Redoxpaar* bezeichnet werden. Für ein korrespondierendes Redoxpaar gilt folgendes Schema:

$$\underset{\text{(Elektronendonator)}}{\textbf{Reduktionsmittel}} \underset{\text{Reduktion}}{\overset{\text{Oxydation}}{\rightleftarrows}} \underset{\text{(Elektronenakzeptor)}}{\textbf{Oxydationsmittel} + \textbf{Elektronen}}$$

Wie es starke und schwache Säuren und Basen gibt, so gibt es auch *starke* und *schwache Oxydationsmittel* und *Reduktionsmittel*.

In einem korrespondierenden Redoxpaar steht stets
einem stärkeren Reduktionsmittel ein schwächeres Oxydationsmittel,
einem schwächeren Reduktionsmittel ein stärkeres Oxydationsmittel
gegenüber.

In Tabelle 8.5 wurden ausgewählte korrespondierende Redoxpaare so angeordnet, daß die Stärke der Reduktionsmittel von oben nach unten abnimmt, während die Stärke der Oxydationsmittel von oben nach unten zunimmt. Von den in Tabelle 8.5 enthaltenen korrespondierenden Redoxpaaren stellt das elementare Natrium das stärkste Reduktionsmittel, das elementare Chlor das stärkste Oxydationsmittel dar. Dementsprechend reagieren Natrium und Chlor leicht miteinander:

$$\begin{array}{lll} \text{I} & 2\,\text{Na} \rightarrow 2\,\text{Na}^+ + 2\,e^- & \text{Oxydation} \\ \text{II} & \underline{\text{Cl}_2 + 2\,e^- \rightarrow 2\,\text{Cl}^-} & \text{Reduktion} \\ & 2\,\overset{0}{\text{Na}} + \overset{0}{\text{Cl}_2} \rightarrow 2\,\text{Na}^+ + 2\,\text{Cl}^- & \end{array}$$

Wie die Gesamtgleichung erkennen läßt, erübrigt sich für Ionen die Angabe von Oxydationszahlen, da diese mit den Ionenwertigkeiten übereinstimmen.

Die bei der Reaktion von Natrium und Chlor entstehenden Natriumionen Na^+ sind nur sehr schwache Oxydationsmittel ($\rightarrow$ Tabelle 8.5), die Chloridionen Cl^- nur sehr schwache Reduktionsmittel ($\rightarrow$ Tabelle 8.5), sie sind daher relativ reaktionsträge. Allen Redoxreaktionen liegt die Tendenz der starken Reduktionsmittel und der starken Oxydationsmittel zugrunde, *in den schwächeren Partner eines korrespondierenden Redoxpaares überzugehen*. Ein Maß für die Stärke von Oxydationsmitteln und Reduktionsmitteln stellen die *Redoxpotentiale*[1]) dar, sie ermöglichen, den Ablauf von Redoxreaktionen vorauszusagen.

Tabelle 8.5. Korrespondierende Redoxpaare ($t = 25\ °C$)

Reduktionsmittel	Oxydation (Elektronenabgabe) $\longrightarrow$	Oxydationsmittel + Elektron	Standardpotential in Volt
Na	$\rightleftarrows$	$Na^+ + e^-$	$-2{,}71$
Mg	$\rightleftarrows$	$Mg^{2+} + 2\,e^-$	$-2{,}38$
Al	$\rightleftarrows$	$Al^{3+} + 3\,e^-$	$-1{,}66$
Zn	$\rightleftarrows$	$Zn^{2+} + 2\,e^-$	$-0{,}76$
Fe	$\rightleftarrows$	$Fe^{2+} + 2\,e^-$	$-0{,}44$
Sn	$\rightleftarrows$	$Sn^{2+} + 2\,e^-$	$-0{,}14$
Pb	$\rightleftarrows$	$Pb^{2+} + 2\,e^-$	$-0{,}12$
H_2	$\rightleftarrows$	$2\,H^+ + 2\,e^-$	0
Sn^{2+}	$\rightleftarrows$	$Sn^{4+} + 2\,e^-$	$+0{,}20$
Cu	$\rightleftarrows$	$Cu^{2+} + 2\,e^-$	$+0{,}35$
$2\,I^-$	$\rightleftarrows$	$I_2 + 2\,e^-$	$+0{,}58$
Fe^{2+}	$\rightleftarrows$	$Fe^{3+} + e^-$	$+0{,}75$
Ag	$\rightleftarrows$	$Ag^+ + e^-$	$+0{,}80$
Hg	$\rightleftarrows$	$Hg^{2+} + 2\,e^-$	$+0{,}86$
$2\,Br^-$	$\rightleftarrows$	$Br_2 + 2\,e^-$	$+1{,}07$
$2\,Cl^-$	$\rightleftarrows$	$Cl_2 + 2\,e^-$	$+1{,}36$

(Reduktionswirkung nimmt ab, Oxydationswirkung nimmt zu, Elektronenaffinität nimmt zu)

Reduktionsmittel	$\longleftarrow$ Reduktion (Elektronenaufnahme)	Oxydationsmittel + Elektron	

---

[1]) Die Herleitung des Begriffs Potential erfolgt im Abschn. 9.3.3.ff.

Für das Zustandekommen einer Redoxreaktion müssen zwei Bedingungen erfüllt sein:
1. Es müssen zwei korrespondierende Redoxpaare miteinander in Beziehung treten, von denen das eine als Reduktionsmittel, das andere als Oxydationsmittel vorliegt.
2. Das Oxydationsmittel muß ein höheres Redoxpotential besitzen als das Reduktionsmittel.

An Hand der Tabelle 8.5 läßt sich das wie folgt erläutern:

Zwei korrespondierende Redoxpaare können nur in der Weise zu einem Redoxsystem zusammentreten, daß das *oben* stehende Halbsystem I als *Reduktionsmittel* wirkt, dabei Elektronen abgibt und oxydiert wird (Reaktionsverlauf nach *rechts*), und das *unten* stehende Halbsystem II als *Oxydationsmittel* wirkt, dabei Elektronen aufnimmt und *reduziert* wird (Reaktionsverlauf nach *links*).

8.3.3. Weitere Beispiele für Redoxsysteme

Wird *Bromwasser*, eine wäßrige Lösung von elementarem Brom Br_2, in eine *Kaliumiodidlösung* gegeben, so kommt es zu einer Redoxreaktion:

I $\quad 2\,I^- \quad\quad\quad \to I_2 + 2\,e^- \quad$ Oxydation
II $\quad \underline{Br_2 + 2\,e^- \to 2\,Br^-} \quad\quad\quad$ Reduktion
$\quad\quad 2\,I^- + Br_2 \to I_2 + 2\,Br^-$

Die Iodidionen I^- wirken als Reduktionsmittel, sie werden zu elementarem Iod I_2 oxydiert. Das elementare Brom Br_2 wirkt als Oxydationsmittel, es wird zu Bromidionen Br^- reduziert (vgl. Stellung der beiden Redoxpaare in Tabelle 8.5). Die Kaliumionen K^+ sind an der Reaktion unbeteiligt.
Wird dagegen Bromwasser in eine *Kaliumchloridlösung* gegeben, so kommt es zu keiner Reaktion. Die Chloridionen vermögen gegenüber dem elementaren Brom nicht als Reduktionsmittel zu wirken, und das elementare Brom vermag die Chloridionen nicht zu oxydieren, da das Chlor ein stärkeres Oxydationsmittel ist als das Brom ($\to$ Tabelle 8.5).
Aus Tabelle 8.5 geht hervor, daß es Ionen gibt, die sowohl als Reduktionsmittel als auch als Oxydationsmittel aufzutreten vermögen (Beispiele: Fe^{2+}, Sn^{2+}). Das trifft für alle Atome bzw. Ionen zu, die sowohl eine höhere als auch eine niedrigere Oxydationszahl annehmen können, d. h., die sich sowohl oxydieren als auch reduzieren lassen. So werden Sn^{2+}-Ionen von Zink zu metallischem Zinn reduziert:

I $\quad Zn \quad\quad\quad\quad \to Zn^{2+} + 2\,e^- \quad$ Oxydation
II $\quad Sn^{2+} + 2\,e^- \to Sn \quad\quad\quad$ Reduktion

und von Quecksilber(II)-ionen zu Zinn(IV)-ionen oxydiert:

I $\quad Sn^{2+} \quad\quad\quad \to Sn^{4+} + 2\,e^- \quad$ Oxydation
II $\quad Hg^{2+} + 2\,e^- \to Hg \quad\quad\quad$ Reduktion

Dieses Beispiel zeigt, daß es – analog den Ampholyten ($\to$ Abschn. 8.2.3.) – auch Atome und Ionen gibt, die je nach Reaktionspartner sowohl als Reduktionsmittel als auch als Oxydationsmittel reagieren können. Hier zeigt sich wiederum das Wirken der materialistischen Dialektik in der Natur.
Weitere Beispiele lassen erkennen, daß recht verschiedenartig erscheinende Reaktionen zu den Redoxreaktionen gehören. Verdünnte Säurelösungen, die infolge der

Protolyse Hydroniumionen H_3O^+ enthalten, reagieren mit *unedlen Metallen* unter Wasserstoffentwicklung:

$$\overset{0}{Zn} + 2\overset{+1}{HCl} \to \overset{+2}{ZnCl_2} + \overset{0}{H_2}$$

$$\overset{0}{Fe} + \overset{+1}{H_2SO_4} \to \overset{+2}{FeSO_4} + \overset{0}{H_2}$$

Allgemein formuliert, liegen diesen Reaktionen folgende *Redoxhalbsysteme* zugrunde:

$$\overset{0}{Me} \to Me^{n+} + n\,e^- \qquad \text{Oxydation}$$

$$n\,H^+ + n\,e^- \to \frac{n}{2}\overset{0}{H_2} \qquad \text{Reduktion}$$

oder mit Hydroniumionen formuliert:

$$n\,H_3O^+ + n\,e^- \to \frac{n}{2}H_2 + n\,H_2O$$

Die Metalle werden oxydiert, die Wasserstoffionen werden reduziert ($\to$ Aufg. 8.28.).

Edle Metalle reagieren nicht in dieser Weise. In einigen Fällen findet aber eine Umsetzung von edlen Metallen mit konzentrierten Säuren statt, wobei Redoxvorgänge von ganz anderer Natur auftreten:

$$3\overset{0}{Ag} + 4\overset{+5}{HNO_3} \to 3\overset{+1\;+5}{AgNO_3} + \overset{+2}{NO} + 2\,H_2O$$

Auch hier werden die Metalle oxydiert. Oxydationsmittel ist der Stickstoff, der in der Salpetersäure die Oxydationszahl +5 aufweist. Er geht in das Stickstoffmonoxid über, in dem er die Oxydationszahl +2 besitzt.

Ein anderes Beispiel einer Redoxreaktion ist die analytische Bestimmung des Schwefels mit Iodlösung:

$$\overset{0}{I_2} + \overset{+4}{H_2SO_3} + H_2O \to \overset{+6}{H_2SO_4} + 2\overset{-1}{HI}$$

Bei dieser Reaktion wird der Schwefel oxydiert. Oxydationsmittel ist das elementare Iod, das dabei reduziert wird ($\to$ Aufg. 8.29. bis 8.32.).

Aus Anlage 3 ist zu entnehmen, um welchen Betrag sich bei den einzelnen Elementen im Verlauf einer Redoxreaktion die Oxydationszahl erhöhen oder erniedrigen kann. Damit lassen sich die Koeffizienten für die Gleichung einer Redoxreaktion finden.
Dafür ein Beispiel: Beim Stehen einer Eisen(II)-salzlösung an der Luft erfolgt eine Oxydation zur entsprechenden Eisen(III)-verbindung, erkennbar an der auftretenden Gelbfärbung. Das Eisen erhöht seine Oxydationszahl um 1, der Sauerstoff als Oxydationsmittel erniedrigt seine Oxydationszahl um 2.
Somit muß sich in der Gleichung Fe : O wie 2 : 1 verhalten:

$$2\,Fe^{2+} + O \to 2\,Fe^{3+} + O^{2-}$$

Da der Sauerstoff molekular vorkommt und die entstehenden negativen Sauerstoffionen weiter mit Wasser zu Hydroxidionen reagieren, ergibt sich schließlich die Gleichung:

$$4\,Fe^{2+} + \overset{0}{O_2} + 2\,H_2O \to 4\,Fe^{3+} + 4\,\overset{-2}{OH^-}$$

Die Summe der Oxydationszahlen der linken Seite ist gleich der der rechten Seite.
($\to$ Aufg. 8.33.)

Aufgaben

8.1. Wie lauten die Dissoziationsgleichungen für Kupfer(II)-chlorid, Calciumhydrogencarbonat, Zinksulfat, Trinatriumphosphat, Kaliumsulfit und Magnesiumnitrat?

8.2. Die Dissoziationskonstante K_D beträgt für Calciumhydroxid Ca(OH)$_2$ $3{,}7 \cdot 10^{-6}$ mol l^{-1} und für Zinkhydroxid Zn(OH)$_2$ $1{,}5 \cdot 10^{-9}$ mol l^{-1}. Es sind hierzu die Dissoziationsgleichungen und die Massenwirkungsgleichungen aufzustellen. Was besagt ein Vergleich zwischen beiden Konstanten?

8.3. Der Dissoziationsgrad von 0,1-normaler Essigsäure beträgt 0,013, der von 1-normaler Essigsäure 0,004. Was kann daraus gefolgert werden?

8.4. Um Sulfationen SO_4^{2-} quantitativ zu bestimmen, fällt man sie durch Zusatz von Bariumionen Ba^{2+} (z. B. mit einer Bariumchloridlösung) als Bariumsulfat $BaSO_4$ aus. Dabei wird das Bariumchlorid nicht in der äquivalenten Menge, sondern im Überschuß zugefügt. Wie lautet die Begründung für diese Maßnahme? Es ist der Begriff des Löslichkeitsproduktes anzuwenden ($L_{BaSO_4} = 10^{-10}$ mol^2 l^{-2}).

8.5. Wie ist die Reaktion einer wäßrigen Lösung von Bromwasserstoff a) nach *Arrhenius*, b) nach *Brönsted* zu erklären?

8.6. Wie entsteht a) das Hydronium-, b) das Ammoniumion? Was ist beiden Vorgängen gemeinsam?

8.7. Was ist nach *Brönsted* das bestimmende Merkmal a) einer Säure, b) einer Base?

8.8. Welche Base entsteht aus der Säure Bromwasserstoff durch Abgabe eines Protons?

8.9. Welche korrespondierenden Säure-Base-Paare bilden a) die salpetrige Säure, b) die schweflige Säure, c) der Iodwasserstoff?

8.10. Die Moleküle und Ionen der folgenden korrespondierenden Säure-Base-Paare sind als Neutralsäuren, Anionsäuren und Anionbasen einzuordnen:

HBr $\rightleftarrows$ Br$^-$ + H$^+$
H$_2$CO$_3$ $\rightleftarrows$ HCO$_3^-$ + H$^+$
HCO$_3^-$ $\rightleftarrows$ CO$_3^{2-}$ + H$^+$

8.11. Das Wassermolekül, das Hydroniumion und das Hydroxidion sind als Beispiele den Begriffen Protonendonator, Protonenakzeptor und Ampholyt zuzuordnen.

8.12. Welcher Ampholyt tritt in den korrespondierenden Säure-Base-Paaren der Aufgabe 8.10. auf?

8.13. Welches protolytische System liegt in einer wäßrigen Lösung von Bromwasserstoff vor?

8.14. Wie groß ist die Aktivität der Hydroniumionen, wenn die Aktivität der Hydroxidionen a) 10^{-3} mol l^{-1}, b) $5 \cdot 10^{-9}$ mol l^{-1} beträgt?
Wie groß ist die Aktivität der Hydroxidionen, wenn die Aktivität der Hydroniumionen c) 10^{-1} mol l^{-1}, d) $2 \cdot 10^{-12}$ mol l^{-1} beträgt?

8.15. Welchen pH-Wert hat eine wäßrige Lösung mit der Wasserstoffionenaktivität a) 10^{-10} mol l^{-1}, b) $5 \cdot 10^{-7}$ mol l^{-1}? Welche Wasserstoffionenaktivität hat eine wäßrige Lösung mit dem pH-Wert c) 5, d) 7,5?

8.16. Welche Farbe weisen die folgenden Indikatoren a) beim pH-Wert 3, b) beim pH-Wert 10 auf ($\rightarrow$ Bild 8.5): Thymolblau, Methylrot, Lackmus, Bromthymolblau, Phenolphthalein?

8.17. Wie lauten die Gleichungen für die Säurekonstante des Ammoniumions und für die Basekonstante des Ammoniaks?

8.18. Der pK_B-Wert des Ammoniaks beträgt 4,75. Wie hoch ist der pK_S-Wert des Ammoniumions?
Der pK_S-Wert des Chlorwasserstoffs beträgt -7. Wie hoch ist der pK_B-Wert des Chloridions?

8.19. Welches ist im korrespondierenden Säure-Base-Paar NH$_4^+$ $\rightleftarrows$ NH$_3$ + H$^+$ a) der starke, b) der schwache Protolyt?
pK_S (NH$_4^+$) = 9,25; pK_B (NH$_3$) = 4,75.

8.20. Mit Hilfe der Tabelle 8.4 ist in gleicher Weise wie für die Neutralisation von Phosphorsäure mit Ammoniak ($\rightarrow$ Abschnitt 8.2.8.) zu ermitteln, welche Reaktionen bei der Neutralisation von a) Schwefelsäure, b) Kohlensäure mit Ammoniak ablaufen!

8.21. Die Reaktion zwischen Kalilauge und Salpetersäure ist vom Standpunkt der Brönstedschen Säure-Base-Theorie zu erläutern.

8.22. Wie reagiert eine wäßrige Lösung von Ammoniumhydrogensulfat NH$_4$HSO$_4$?

8.23. Wie reagiert eine wäßrige Lösung von a) Ammoniumdihydrogenphosphat, b) Ammoniumacetat NH$_4$(CH$_3$COO)?

8.24. Die Anionen der folgenden Salze sind nach der Stärke ihres Basencharakters zu ordnen (Tabelle 8.4): Chloride, Sulfate, Hydrogensulfate, Nitrate, Nitrite, Carbonate, Hydrogencarbonate, Hydroxide, Bromide, Cyanide.

8.25. Wie reagiert Zinkhydroxid a) mit Natronlauge, b) mit Salzsäure? (Zinkhydroxid ist in Wasser schwer löslich; es ist von hydratisiertem Zinkhydroxid $Zn(OH)_2(H_2O)_4$ auszugehen.)

8.26. Es sind Gleichungen aufzustellen für die Oxydation von Phosphor, Kupfer und Calcium und für die Reduktion von Eisen(III)-oxid mit Kohlenstoff!

8.27. Weshalb ist Fluor das stärkste Oxydationsmittel und Caesium das stärkste Reduktionsmittel (Francium wird als radioaktives Element außer Betracht gelassen)?

8.28. Für die chemische Reaktion zwischen folgenden Ausgangsstoffen sind die chemischen Gleichungen aufzustellen und die dazugehörenden Redoxvorgänge zu erklären: a) Aluminium, verdünnte Salpetersäure, b) Magnesium, Salzsäure, c) Zink, verdünnte Schwefelsäure.

8.29. Leitet man in konzentrierte Schwefelsäure Schwefelwasserstoff, so liegt nach der Reaktion der Schwefel mit der Oxydationszahl 0 vor. Stellen Sie die Gleichung auf, und erklären Sie den Redoxvorgang!

8.30. Eisen(III)-chlorid wird durch Einleiten von Schwefelwasserstoff in Eisen(II)-chlorid verwandelt. Es entstehen dabei Salzsäure und elementarer Schwefel. Stellen Sie die Gleichung auf, und erklären Sie den Redoxvorgang!

8.31. Es sind aus den Gleichungen der Aufgaben 8.28. bis 8.31. die Oxydations- und Reduktionsmittel anzugeben!

8.32. In welcher Form ist Wasserstoff Reduktionsmittel, in welcher Form Oxydationsmittel?

8.33. Beim technisch wichtigen Thermitschweißverfahren wird ein Gemisch von Aluminiumpulver und Eisen(II,III)-oxid Fe_3O_4 zur Reaktion gebracht. Es entsteht dabei Eisen, das bei der auftretenden hohen Temperatur flüssig ist. Wie erklären sich die ablaufenden Vorgänge, und wie lautet die Reaktionsgleichung?

9. Elektrochemie

9.1. Einführung

Wie bereits im Zusammenhang mit der metallischen Bindung erläutert wurde, existieren in Metallen frei bewegliche Elektronen (Elektronengas), die man auch Leitungselektronen nennt. Beim Stromdurchgang durch ein Metall sind diese Leitungselektronen die Ladungsträger. Die Ladung eines Elektrons heißt Elementarladung. Sie beträgt rund $1{,}6 \cdot 10^{-19}$ A s. Fließt durch ein Metall ein elektrischer Strom, so finden keine stofflichen Veränderungen statt. Die Metalle bezeichnet man auch als Leiter 1. Klasse.

Beim Stromfluß durch Leiter 1. Klasse finden keine stofflichen Veränderungen statt. Ladungsträger sind die Elektronen.

Eine Vielzahl von chemischen Verbindungen besteht aus einem Ionengitter. Bringt man solche Stoffe in Wasser oder andere geeignete Lösungsmittel, dann können auf Grund der *elektrolytischen Dissoziation* freie Ionen entstehen. Wie bereits früher gezeigt, nennt man solche Systeme Elektrolytlösungen, in denen Ionen als Ladungsträger auftreten. Im Gegensatz zu den Elektronen, die negativ geladen sind, haben Ionen entweder positive oder negative Ladungen, deren Beträge gleich der Elementarladung oder ganzzahlige Vielfache sind. In Stoffen, die ein Ionengitter besitzen, sowie in Elektrolytlösungen ist die Zahl der positiven und negativen Ladungen gleich, so daß sie nach außen elektrisch *neutral* wirken. Taucht man in eine Elektrolytlösung zwei Elektroden (Katode – negative Elektrode; Anode – positive Elektrode) und legt diese an eine Spannung, so fließt ein Strom, der jedoch im Gegensatz zu den Metallen bei sonst gleichen Bedingungen wesentlich kleiner ist. Ursache für den Strom ist das elektrische Feld, das sich zwischen den Elektroden ausgebildet hat. Da bewegliche Ionen in elektrischen Feldern wandern, kommt es innerhalb der Lösung zu Konzentrationsveränderungen. Außerdem werden an der Katode die positiv geladenen Kationen und an der Anode die negativ geladenen Anionen entladen. Bei diesem Vorgang kommt es zu einer Aufnahme bzw. Abgabe von Elektronen. Ein Elektronenaustausch ist in diesen Fällen mit einer chemischen Reaktion gleichzusetzen. Elektrolytlösungen bezeichnet man daher im Gegensatz zu den Metallen auch als Leiter 2. Klasse.

Beim Stromfluß durch Leiter 2. Klasse finden stoffliche Veränderungen statt. Ladungsträger sind die Ionen.

Bei der Definition der Begriffe Oxydation und Reduktion wurde gezeigt, daß z. B. eine Reduktion eine Aufnahme von Elektronen ist. Kommt es beim Stromfluß in einer Elektrolytlösung zur Entladung von n-mal positiv geladenen Me^{n+}-Ionen und n-mal negativ geladenen X^{n-}-Ionen, wobei n eine kleine ganze Zahl ist, so treten an den

Elektroden folgende Vorgänge ein:

Katode: $Me^{n+} + n \cdot e^- \rightarrow \overset{0}{Me}$

An der Katode erfolgt auf Grund der Aufnahme von Elektronen eine Reduktion. Man spricht in solchen Fällen auch von einer katodischen Reduktion.

Anode: $X^{n-} \rightarrow \overset{0}{X} + n \cdot e^-$

An der Anode werden Elektronen abgegeben, es findet also eine Oxydation statt. Löst man Chlorwasserstoffgas in Wasser auf, so entsteht eine Elektrolytlösung. Im Gegensatz zum Natriumchlorid, das bereits vor dem Lösen aus Ionen besteht, bilden sich beim HCl die Ionen erst durch eine chemische Reaktion mit dem Lösungsmittel:

$Na^+Cl^- \quad \rightarrow Na^+ + Cl^-$

$HCl + H_2O \rightarrow H_3O^+ + Cl^- \;(\rightarrow$ Abschn. 8.2.1.)

Stoffe, die die Ionen bereits im Kristallgitter enthalten, sind *echte Elektrolyte*. Zu ihnen zählen die Salze. Bei Stoffen, die die Ionen erst durch eine Reaktion mit dem Lösungsmittel bilden, spricht man im Gegensatz dazu von *potentiellen Elektrolyten*. Beispiele dafür findet man bei den Molekülsäuren (Neutralsäure) und Molekülbasen (Neutralbasen). Löst man Zucker in Wasser auf, so entsteht eine Lösung, die den elektrischen Strom praktisch nicht leitet. Das trifft auch bei anderen organischen Substanzen (z. B. Harnstoff) zu. Lösungen, die den elektrischen Strom praktisch nicht leiten, heißen *Nichtelektrolytlösungen*. Solche Stoffe zerfallen demnach beim Lösen nicht in Ionen. Es ist daher folgende Einteilung möglich:

a) *Stoffe, die in Lösungen nicht in Ionen zerfallen (Nichtelektrolyte),*
b) *Stoffe, die die Ionen bereits im festen Zustand enthalten und im Lösungsmittel dissoziieren (echte Elektrolyte),*
c) *Stoffe, die mit dem Lösungsmittel chemisch reagieren und dabei Ionen bilden (potentielle Elektrolyte).*

In den geschilderten Beispielen ist das Entstehen der Ionen nicht an das Vorhandensein eines elektrischen Feldes gebunden, sondern sie werden durch die beim Lösen wirkenden physikalisch-chemischen Vorgänge oder durch chemische Reaktionen gebildet.

In den folgenden Abschnitten wird nur auf elektrochemische Vorgänge, die sich in wäßrigen Lösungen abspielen, eingegangen. Da die Ionen die Wasserdipole anlagern, sind Wassermoleküle als Hydrathülle um die Ionen angeordnet. Die Ionen sind hydratisiert.

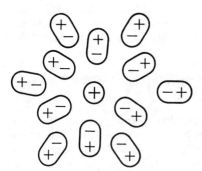

Bild 9.1. Schematische Darstellung der Hydrathülle eines Kations

Die elektrochemischen Vorgänge lassen sich in der Regel in zwei Gruppen einordnen:
a) An zwei verschiedenen Elektroden, die in einen Elektrolyten eintauchen, entsteht eine elektrische Spannung. Durch einen angeschlossenen Widerstand fließt ein Strom, so daß es zu einer Umwandlung von chemischer in elektrische Energie kommt. Die elektrochemischen Reaktionen laufen »freiwillig« ab.
b) Durch eine Spannung, die man an zwei Elektroden, die in eine Elektrolytlösung eintauchen, anlegt, treten chemische Reaktionen auf, die man unter dem Begriff »Elektrolyse« zusammenfaßt. Die durch die Spannung verursachten chemischen Reaktionen würden nicht »freiwillig« ablaufen. Ein Teil der zugeführten elektrischen Energie ist in Form des höheren Energieinhaltes der Reaktionsprodukte gespeichert.

Die Elektrochemie ist ein Teilgebiet der physikalischen Chemie. Neben den Begriffen Strom, Spannung und Widerstand, die durch das Ohmsche Gesetz verknüpft sind ($U = R \cdot I$), tritt bei der Beschreibung elektrochemischer Vorgänge die Faradaykonstante auf. Darunter versteht man die Elektrizitätsmenge, die zum Abscheiden von einem Mol eines einfach geladenen Ions aufzuwenden ist. Da ein Mol genau $6,022 52 \cdot 10^{23}$ Ionen sind, gilt z. B. für einfach positiv geladene Metallionen (Me^+):

$$Me^+ + e^- \rightarrow \overset{0}{Me}$$

$$N_L \cdot Me^+ + N_L \cdot e^- \rightarrow N_L \cdot \overset{0}{Me}$$

Für die Faradaykonstante F findet man somit:

F = $N_L \cdot e^-$ = $6,022 52 \cdot 10^{23}$ mol$^{-1} \cdot 1,602 10 \cdot 10^{-19}$ A s

F = 96 487 A s mol^{-1}

Man begeht keinen erheblichen Fehler, wenn dieser Wert auf F 96 500 A s mol^{-1} gerundet wird.

Die Faradaykonstante spielt bei der Berechnung elektrochemischer Potentiale sowie bei der quantitativen Beschreibung elektrolytischer Vorgänge (Faradaysche Gesetze) eine Rolle. Man darf diese Konstante nicht mit der Kapazitätseinheit Farad verwechseln.

9.2. Leitfähigkeit von Elektrolytlösungen

9.2.1. Spezifische elektrische Leitfähigkeit

Der Widerstand eines Leiters 1. oder 2. Klasse ist mit der folgenden Gleichung zu berechnen (l Länge; A Fläche):

$$R = \varrho \frac{l}{A}$$

Die Größe ϱ heißt *spezifischer elektrischer Widerstand*. Der Kehrwert von ϱ ist die *spezifische elektrische Leitfähigkeit* $\varkappa$ ($\varkappa = \varrho^{-1}$). In der Elektrochemie gibt man $\varkappa$ meist in der Einheit Ω^{-1} cm^{-1} an ($\rightarrow$ Aufg. 9.1.). Die Tabelle 9.1 enthält einige Beispiele. Von besonderer Bedeutung sind die KCl-Lösungen, die in der chemischen Meßtechnik für Eichzwecke Verwendung finden.

Fließt durch eine Elektrolytlösung ein Gleichstrom, so bilden sich an den Elektroden Reaktionsprodukte, durch die Polarisationsspannungen entstehen ($\rightarrow$ Abschn. 9.5.), die der von außen angelegten Spannung entgegenwirken. Dadurch wird das Meßer-

Tabelle 9.1. $\varkappa$-Werte einiger Elektrolyte

Stoff	Temperatur in °C	Spezifische elektrische Leitfähigkeit in $\Omega^{-1}\,cm^{-1}$
1 N KCl-Lösung	18	0,098 20
	25	0,111 73
0,1 N KCl-Lösung	18	0,011 192
	25	0,012 886
0,01 N KCl-Lösung	18	0,001 222 7
	25	0,001 411 5
30 %ige H_2SO_4	18	0,74
$AgNO_3$ geschmolzen	209	0,65
NaCl fest	700	$7 \cdot 10^{-5}$

gebnis verfälscht. Untersuchungen der Leitfähigkeit von Elektrolytlösungen führt man daher mit Wechselspannungen aus (Frequenzen z. B. bei 50 Hz, 1 000 Hz, 2 500 Hz). Die Lösungen füllt man dazu in Leitfähigkeitsgefäße (Bild 9.2), deren Abmessungen den jeweiligen Bedingungen angepaßt sind. Da der Feldlinienverlauf zwischen den Elektroden nicht homogen ist, kann der Quotient l/A nicht rechnerisch ermittelt werden. Nach einem Vorschlag von *Kohlrausch* bestimmt man ihn daher experimentell durch Verwendung von KCl-Eichlösungen, deren $\varkappa$-Wert bekannt ist. Aus dem gemessenen Widerstand R der in das Leitfähigkeitsgefäß gefüllten KCl-Lösung sowie der bekannten spezifischen Leitfähigkeit kann man das Verhältnis l/A, das auch *Gefäßkonstante* oder *Widerstandskapazität* heißt, berechnen.

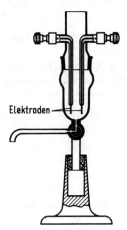

Bild 9.2. Leitfähigkeitszelle mit festen Elektroden

Beispiel: Wie groß ist die Gefäßkonstante eines Leitfähigkeitsgefäßes, wenn bei 25 °C mit einer 1 N KCl-Eichlösung ein Widerstand von $R = 35\,\Omega$ gemessen wurde?
Lösung: Aus Tabelle 9.1 folgt für $\varkappa = 0{,}111\,73\,\Omega^{-1}\,cm^{-1}$

$$\frac{l}{A} = R \cdot \varkappa = 35\,\Omega \cdot 0{,}111\,73\,\Omega^{-1}\,cm^{-1}$$

$$\frac{l}{A} = 3{,}910\,55\,cm^{-1}$$

Die Gefäßkonstante beträgt $3{,}910\,55\,cm^{-1}$.

Beispiel: Welchen $\varkappa$-Wert hat eine 5 %ige Schwefelsäure bei 18 °C, wenn mit dem im vorigen Beispiel geeichten Gefäß der Widerstand $R = 18{,}755\,\Omega$ ist?

Lösung:

$$\varkappa = \frac{l}{A \cdot R}$$

$$\varkappa = \frac{3{,}910\,55 \text{ cm}^{-1}}{18{,}755 \text{ }\Omega}$$

$$\varkappa = 0{,}208 \text{ }\Omega^{-1} \text{ cm}^{-1}$$

Der $\varkappa$-Wert der Säure beträgt unter diesen Bedingungen $0{,}208 \text{ }\Omega^{-1} \text{ cm}^{-1}$ ($\to$ Aufg. 9.2. und 9.3.).

Beispiel: Wieviel mal so groß ist die elektrische Leitfähigkeit von Kupfer (bei 293 K) gegenüber dem für die 5%ige Schwefelsäure bestimmten Wert?
Lösung: Der Wert des Kupfers ist im »Periodensystem der Elemente« mit $59{,}3 \text{ MS m}^{-1}$ angegeben. Auf diese Angabeform ist der Wert der Schwefelsäure umzurechnen (1 Siemens = $1 \text{ S} = 1 \text{ }\Omega^{-1}$; $1 \text{ MS} = 10^6 \text{ S}$).

$$\frac{59{,}3 \text{ MS m}^{-1}}{0{,}208 \cdot 10^{-4} \text{ MS m}^{-1}} = 2{,}85 \cdot 10^6$$

Die elektrische Leitfähigkeit von Kupfer ist $2{,}85 \cdot 10^6$mal so groß.

9.2.2. Einfluß von Temperatur und Konzentration auf die spezifische elektrische Leitfähigkeit

Zwischen den Elektroden eines Gefäßes mit einem Elektrolyten besteht beim Anlegen einer Gleichspannung ein elektrisches Feld, dessen Stärke durch die Gleichung $E = U/l$ gegeben ist. Auf elektrisch geladene Teilchen, in unserem Falle die Ionen, wirken in elektrischen Feldern Kräfte, die eine Bewegung zur Elektrode der entgegengesetzten Ladung verursachen. Mit den Ionen wandert gleichzeitig die an sie gebundene Wasserhülle (Hydrathülle). Dadurch kommt es zu Reibungen mit dem Lösungsmittel, so daß sich die Ionen unter der Einwirkung der elektrischen Kräfte bald gleichförmig bewegen. Bei nicht zu hohen Spannungen ist die Ionengeschwindigkeit v der Feldstärke proportional:

$v \sim E$

Fügt man als Proportionalitätsfaktor die Ionenbeweglichkeit u ein, so entsteht die Gleichung

$v = u \cdot E$

Setzt man die Feldstärke in V cm^{-1} und die Geschwindigkeit in cm s^{-1} ein, so erhält die Ionenbeweglichkeit die Maßeinheit $\text{cm}^2 \text{ V}^{-1} \text{ s}^{-1}$. Die in Tabelle 9.2 angegebenen Beispiele lassen erkennen, daß besonders die Wasserstoffionen H$^+$ hohe Beweglichkeit und damit in elektrischen Feldern eine große Wanderungsgeschwindigkeit besitzen. Obgleich die Protonen H$^+$ in wäßrigen Lösungen hydratisiert vorliegen, wandern

Tabelle 9.2. Ionenbeweglichkeiten in wäßrigen Lösungen bei 18 °C

Kationen	Beweglichkeit in $\text{cm}^2 \text{ V}^{-1} \text{ s}^{-1}$	Anionen	Beweglichkeit in $\text{cm}^2 \text{ V}^{-1} \text{ s}^{-1}$
H$^+$	$32{,}7 \cdot 10^{-4}$	OH$^-$	$18{,}0 \cdot 10^{-4}$
Na$^+$	$4{,}5 \cdot 10^{-4}$	Cl$^-$	$6{,}8 \cdot 10^{-4}$
K$^+$	$6{,}7 \cdot 10^{-4}$	Br$^-$	$7{,}0 \cdot 10^{-4}$
Ag$^+$	$5{,}6 \cdot 10^{-4}$	NO$_3^-$	$6{,}4 \cdot 10^{-4}$
Cu^{2+}	$4{,}7 \cdot 10^{-4}$	SO$_4^{2-}$	$7{,}1 \cdot 10^{-4}$

diese unter der richtenden Wirkung des elektrischen Feldes ohne Mitnahme der Hydrathülle. Das bedingt ihre große Beweglichkeit, die nur mit der etwa halb so großen Beweglichkeit der Hydroxidionen OH⁻ vergleichbar ist. Die relativ hohen Werte beider Ionensorten treten bei Wasser als Lösungsmittel auf. Das hängt u. a. damit zusammen, daß auf Grund der Struktur des Wassers eine Bewegung ohne gleichzeitige Mitnahme der Hydrathüllen möglich ist, mit der die Ionen normalerweise umgeben sind. Statt der Abkürzungen H_3O^+ bedienen wir uns in diesem Lehrbuchabschnitt der Schreibweise H^+.

Die spezifische elektrische Leitfähigkeit einer Elektrolytlösung hängt neben der Beweglichkeit der Ionen auch noch von deren Zahl in der Volumeneinheit z. B. in mol l^{-1} ab.

Alle Faktoren, die einen Einfluß auf die genannten Größen haben, beeinflussen somit auch die spezifische elektrische Leitfähigkeit. Beispiele dafür sind:

– Art des Lösungsmittels,
– Temperatur der Elektrolytlösung,
– Konzentration der Elektrolytlösung.

Mit der Temperatur kann sich z. B. die Zähigkeit des Lösungsmittels ändern (Viskosität). Dadurch treten veränderte Reibungsbedingungen zwischen dem Lösungsmittel und der Hülle der Ionen (z. B. als Hydrathülle) auf. Dadurch verändert sich die Ionenbeweglichkeit. Andererseits hat die Konzentration einen Einfluß auf den Dissoziationsgrad und somit auch auf die Zahl der freien Ionen in der Volumeneinheit (Ladungsträgerkonzentration).

Bei erhöhter Ionenkonzentration ist es weiterhin möglich, daß zwischen ihnen elektrostatische Beeinflussungen auftreten (interionische Wechselwirkungen), die zu einer Abnahme der Beweglichkeit führen. Auch die Änderung der Dielektrizitätskonstante des Lösungsmittels durch den hohen Anteil des Elektrolyten kann sich in solcher Weise auswirken.

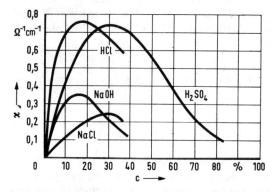

Bild 9.3. Zusammenhang zwischen elektrischer Leitfähigkeit und Konzentration

Die spezifische elektrische Leitfähigkeit einiger starker Elektrolyte durchläuft daher mit zunehmender Elektrolytkonzentration ein Maximum, dessen Auftreten durch die genannten Erscheinungen theoretisch gedeutet werden kann (→ Aufg. 9.4.).

9.2.3. Anwendung von Leitfähigkeitsmessungen

Werden bei chemischen Reaktionen in Lösungen Ionen mit großer Beweglichkeit im ausgefällten Bodenkörper oder an gebildete undissoziierte Wassermoleküle gebunden und durch solche mit geringerer Beweglichkeit ersetzt, so treten Änderungen der Leitfähigkeit ein, die sich für Meßzwecke ausnutzen lassen. Man kann daher z. B. bei einer Neutralisation den Äquivalenzpunkt auch ohne Anwendung von Indikatoren bestimmen. Diese Methode der Maßanalyse heißt *konduktometrische Titration* (Leitfähigkeitstitration). Auch der Endpunkt von Fällungsreaktionen ist durch Leitfähigkeitsmessungen zu erfassen.

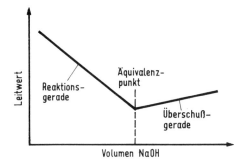

Bild 9.4. Leitwertsänderung bei der Neutralisation von Salzsäure

Beispiel: Bei der Neutralisation der starken Salzsäure mit der ebenfalls starken Natronlauge werden, wie aus der folgenden Reaktionsgleichung hervorgeht, H-Ionen hoher Beweglichkeit durch Na-Ionen ersetzt (unter den Ionen stehen ihre Beweglichkeiten in der Einheit 10^{-4} cm² V⁻¹ s⁻¹; Tabelle 9.2):

H⁺ + Cl⁻ + Na⁺ + OH⁻ → Na⁺ + Cl⁻ + H₂O
32,7   6,8   4,5   18,0   4,5   6,8

Dadurch nimmt die Leitfähigkeit ab: Am Äquivalenzpunkt tritt ein Leitfähigkeitsminimum auf. Ist schließlich Lauge im Überschuß vorhanden, so nimmt die Leitfähigkeit wieder zu, weil OH⁻-Ionen auftreten. Bei der in Bild 9.4 gewählten Darstellung ist auf der Ordinate der Leitwert (Kehrwert des Widerstandes), der der spezifischen elektrischen Leitfähigkeit direkt proportional ist, abgetragen (→ Aufg. 9.5.).

9.3. Elektrochemische Gleichgewichte

9.3.1. Verhalten der Metalle gegenüber Hydronium-Ionen

Bringt man die Säure HCl in Wasser, so tritt folgende Reaktion ein:

HCl + H₂O ⇌ Cl⁻ + H₃O⁺ (→ Abschn. 8.2.4.)

Auch in reinem Wasser sind H₃O⁺-Ionen enthalten (Autoprotolyse):

H₂O + H₂O ⇌ OH⁻ + H₃O⁺

Bestimmte Metalle reagieren mit den H₃O⁺-Ionen. Hierfür kann man die nachstehende verallgemeinerte Gleichung angeben:

$$\text{Me} + n\,\text{H}_3\text{O}^+ \rightleftarrows \text{Me}^{n+} + \frac{n}{2} \cdot \text{H}_2\uparrow + n\,\text{H}_2\text{O}$$

Führt man diese Reaktionen mit Magnesium-, Zink- und Eisenstücken (etwa gleich großer Oberfläche) durch, so entsteht bei der Umsetzung mit Salzsäure Wasserstoff. Dabei ist zu beobachten, daß in der gleichen Zeit das entwickelte Wasserstoffvolumen beim Magnesium größer ist als beim Zink und beim Zink wieder größer als beim Eisen. Das Reaktionsvermögen gegenüber den H₃O⁺-Ionen ist also abgestuft (Reihenfolge:

Mg, Zn, Fe). Diese Erscheinung hängt mit der unterschiedlichen Tendenz dieser Metalle zusammen, in den Ionenzustand unter Abgabe von Elektronen überzugehen. Silber und Kupfer reagieren nicht mit verdünnter Salzsäure. Sie besitzen demnach eine größere Bindungsneigung zu den Elektronen als die genannten Metalle. Bringt man jedoch ein Kupferstück in eine Lösung, die Silberionen enthält (z. B. AgNO$_3$), so findet eine Reaktion statt, bei der das Kupfer als Ion in Lösung geht:

$$Cu + 2\,Ag^+ \rightleftarrows Cu^{2+} + 2\,Ag\downarrow$$

Die Silberionen oxydieren dabei das Kupfer und nehmen Elektronen auf. Sie besitzen demnach eine größere Elektronenaffinität als das Kupfer. Bringt man ein Stück Silber in eine Kupfersulfatlösung, so tritt praktisch keine Reaktion ein.
Ordnet man die genannten Metalle in ihrer Stellung untereinander sowie zum Wasserstoff ($H_2 \rightleftarrows 2\,H^+ + 2\,e^-$), so entsteht folgende Reihe:

Mg Zn Fe H Cu Ag
$\longrightarrow$
Zunahme der Elektronenaffinität

Der mit in die Reihe aufgenommene Wasserstoff kann, genau wie die Metalle, positiv geladene Ionen bilden.
Bestimmte Metalle sind sogar in der Lage, die H$_3$O$^+$-Ionen des neutralen Wassers (pH = 7) zu entladen, was mit Magnesium und Zink nicht möglich ist. Beispiele dafür sind das Lithium, Natrium und Kalium. Mit Kalium lautet die Reaktionsgleichung:

$$2\,K + 2\,H_3O^+ \rightleftarrows 2\,K^+ + H_2\uparrow + 2\,H_2O$$

Daran ist zu erkennen, daß das Kalium eine noch kleinere Elektronenaffinität besitzt als z. B. das Magnesium. Die Umsetzung verläuft beim Natrium nicht so »heftig« wie beim Kalium. Das Natrium ist also zwischen dem Kalium und Magnesium einzuordnen. Andererseits lehren diese Versuche, daß die oxydierende Wirkung der H$_3$O$^+$-Ionen von ihrer Konzentration (Aktivität) abhängig ist. Diese Erkenntnis läßt sich verallgemeinern und auf andere Ionenarten übertragen.
In die gefundene Reihe lassen sich weitere Metalle einbeziehen, deren Einordnung aus ähnlichen Experimenten mit Lösungen, deren Konzentration 1 mol l^{-1} beträgt, zu bestimmen ist. Man kommt so zu nachstehender Aufstellung:

Cs K Ca Na Mg Al Mn Zn Cr Fe Co Ni Sn Pb $\boxed{H}$ Cu Ag Pt Au

Je weiter ein Metall links vom Wasserstoff steht, um so »unedler« ist es. Die Tendenz, unter Abgabe von Elektronen in den Ionenzustand überzugehen, ist dann besonders ausgeprägt. Diese Metalle können daher die Ionen der rechts von ihnen stehenden Elemente in die ungeladenen Atome überführen. Sie wirken also als Reduktionsmittel. Bezeichnet man bei solchen Umsetzungen zwischen zwei Metallen das eine Metall mit ^{I}Me und das andere mit ^{II}Me, so sind die folgenden Teilreaktionen möglich:

^{I}Me $\rightarrow$ ^{I}Me^{n+} + $n \cdot e^-$ 　　Oxydation

^{II}Me^{m+} + $m \cdot e^- \rightarrow$ ^{II}Me 　　Reduktion

Wenn die Reaktionen in Richtung des Pfeiles ablaufen, so ist ^{I}Me unedler als ^{II}Me. Das Metall I gibt n Elektronen ab; sein Ion ist dann auch n-mal positiv geladen. Das Ion des Metalles II ist m-mal positiv geladen; um es zu entladen, sind m Elektronen notwendig.
Die oben angegebenen Oxydations- und Reduktionsgleichungen lassen sich dann zu der folgenden Redoxgleichung zusammenfassen ($\rightarrow$ Abschn. 8.3.):

$$m \cdot {}^I\!Me + n \cdot {}^{II}\!Me^{m+} \rightleftarrows m \cdot {}^I\!Me^{n+} + n \cdot {}^{II}\!Me$$

Gleichungen dieser Art haben den Vorteil, daß sie die Vielzahl der Reaktionsmöglichkeiten durch einen Ausdruck beschreiben; sie stellen jedoch erhöhte Anforderungen an das Vorstellungsvermögen. Diese Gleichung lehrt außerdem:

a) Betrachtet man die linke Seite der Gleichung als den Ausgangszustand des Systems, so verläuft die Reaktion »im Sinne« des oberen Pfeiles, wenn $^\text{I}$Me unedler ist als $^\text{II}$Me. Ist jedoch $^\text{I}$Me das edlere Metall, so tritt keine Reaktion ein.

b) Ist die rechte Seite der Gleichung der Ausgangszustand, so verläuft die Reaktion in der durch den unteren Pfeil angegebenen Richtung, wenn $^\text{II}$Me das unedlere Metall ist. Im anderen Falle kommt es zu keiner Umsetzung (→ Aufg. 9.6.).

9.3.2. Galvanische Zellen

Taucht ein Zinkstab in eine Kupfersulfatlösung ($CuSO_4$), so geht das Zink »freiwillig« in Lösung. Dabei geben die Zinkatome Elektronen ab und entladen dadurch Kupferionen. Das Zink ist das unedlere Metall ($^\text{I}$Me: Zn; $^\text{II}$Me: Cu; $^\text{I}Me^{n+}$: Zn^{2+}; $^\text{II}Me^{m+}$: Cu^{2+}). Da in diesem Falle $m = n$ ist, lautet die Reaktionsgleichung:

$$\begin{array}{ll} Zn \rightarrow Zn^{2+} + 2\,e^- & \text{Oxydation} \\ Cu^{2+} + 2\,e^- \rightarrow Cu & \text{Reduktion} \\ \hline Cu^{2+} + Zn \rightarrow Cu + Zn^{2+} & \text{Redoxreaktion} \end{array}$$

Diese Reaktion läuft im Prinzip auch dann ab, wenn man die nachstehende Versuchsanordnung zusammenstellt und den Kupfer- bzw. Zinkstab mit einem metallischen Leiter (z. B. als Verbindungsdraht) in Kontakt bringt.

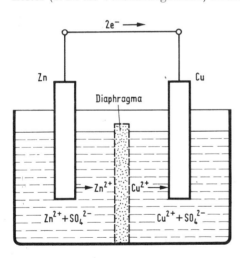

Bild 9.5. Galvanisches Element aus einer Kupfer- und Zinkelektrode (Daniellelement)

In einem Gefäß befinden sich, getrennt durch eine poröse Scheidewand – auch *Diaphragma* genannt –, die ein Durchmischen verhindern soll, eine Kupfersulfat- und Zinksulfatlösung, in die ein Kupferstab bzw. Zinkstab eintaucht. Verbindet man beide Metalle außerhalb der Lösungen elektrisch leitend, so ist, weil das Diaphragma (z. B. Asbestpapier, Glasfritte) keinen besonders hohen elektrischen Widerstand verursacht, der Stromkreis geschlossen, und es fließen Elektronen vom Zink zum Kupfer. Dabei ist zu beobachten, daß die Masse des Kupferstabes größer und die des Zinkstabes kleiner wird. Am Kupferstab scheiden sich Cu^{2+}-Ionen aus der Lösung ab.

Kupferstab (Cu/Cu^{2+}): Cu^{2+} + 2 e$^-$ → Cu   (Reduktion)

Am Zinkstab gehen Zinkatome als Ionen in Lösung:

Zinkstab (Zn/Zn^{2+}): Zn → Zn^{2+} + 2 e$^-$ (Oxydation)

Es laufen somit, nur an getrennten Stellen, die gleichen chemischen Vorgänge wie im obigen Beispiel ab. Da Elektronen vom Zink zum Kupfer fließen, muß zwischen den beiden Elektroden eine elektrische Spannung bestehen. Solche Versuchsanordnungen nennt man auch *galvanische Zellen*. Zur näheren Kennzeichnung dient das nachstehende Schema:

Metall 1/Elektrolytlösung 1 // Elektrolytlösung 2/Metall 2

Der Schrägstrich (/) symbolisiert die Grenzfläche (Phasengrenze) zwischen Metall und Lösung. Zwei Striche bedeuten das Diaphragma (//). Metalle, die keinen direkten Einfluß auf die elektrischen Vorgänge haben, klammert man häufig ein. So bedeutet z. B. (Pt)H$_2$, daß die Elektrode aus Platin besteht, in dem Wasserstoff gelöst ist. Außer dem Ausdruck galvanische Zelle ist auch die Bezeichnung *galvanisches Element* üblich. Die Anordnung Metall 1/Elektrolytlösung 1 heißt auch Halbelement oder Elektrode (vgl. auch Abschn. 9.5.1.).

An Elektroden stellen sich heterogene Gleichgewichte ein, an denen elektrisch geladene Teilchen (Ionen) beteiligt sind. Im Gegensatz zu homogenen Gleichgewichten zwischen ungeladenen Teilchen (s. Abschn. 7.4.) zeichnen sich solche Gleichgewichte durch Besonderheiten aus. So verursacht z. B. der Austausch elektrisch geladener Teilchen an den Phasengrenzen elektrische Auflagungen dieser Phasen, wodurch einem weiteren Stofftransport entgegengewirkt wird. Es stellen sich daher sogenannte elektrochemische Gleichgewichte ein.

Für das galvanische Element aus der Kupfer- und Zinkelektrode (Daniellelement) ist die nachstehende Schreibweise möglich:

Zn/ZnSO$_4$ // CuSO$_4$/Cu

Zn/Zn^{2+} // Cu^{2+}/Cu

Mitunter nimmt man auch die Aktivität der Ionen mit in die Darstellung auf. Dazu ein Beispiel für Lösungen mit der Ionenaktivität $a = 1$ mol l^{-1}.

Zn/Zn^{2+} // Cu^{2+}/Cu

$a = 1$ $a = 1$

Elektroden sind mehrphasige Systeme, an denen sich zwischen elektrisch leitenden und elektrisch in Reihe liegenden, benachbart angeordneten Phasen elektrochemische Gleichgewichte einstellen können.

Die Anordnungen Zn/Zn^{2+} bzw. Cu/Cu^{2+} sind Elektroden. Der Schrägstrich / symbolisiert also eine Phasengrenze, an der ein Austausch von Ladungsträgern vor sich geht.

Mitunter verwendet man die Bezeichnung »Elektrode« jedoch auch in einer abweichenden Bedeutung und meint damit nur den »Stab«, über den die Stromzuführung vorgenommen wird (z. B. bei einer Elektrolyse).

Galvanische Zellen (galvanische Ketten) entstehen durch ein elektrisches Zusammenschalten von Elektroden.

An den Phasengrenzen der elektrisch in Reihe liegenden Phasen einer galvanischen Zelle treten Spannungen auf (Potentialdifferenzen), die durch elektrochemische Reaktionen bedingt sind.

9.3.3. Entstehen der Potentialdifferenzen

Physikalisch ist das Potential φ eines Raumpunktes P_1 durch die elektrische Arbeit bestimmt, die erforderlich ist (oder frei wird), wenn eine Ladung aus großer Entfernung (∞) langsam bis an P_1 herangeführt wird. Ist diese Arbeit für eine Stelle P_2 genau so groß wie für P_1, so haben beide Stellen das gleiche Potential: $\varphi_1 = \varphi_2$. Im anderen Falle besteht zwischen P_1 und P_2 ein Potentialunterschied, für den auch die Bezeichnung Spannung üblich ist.

Eine Spannung ist eine Potentialdifferenz. Es gilt:
$$U_{12} = \varphi_1 - \varphi_2 = \Delta\varphi$$
Zwischen Punkten mit gleichem elektrischem Potential besteht keine Spannung.

Die elektrochemischen Reaktionen, die an der Phasengrenze Metall/Elektrolytlösung auftreten, sind Umsetzungen, bei denen ein Übergang (Durchtritt) von Ladungsträgern (Elektronen/Ionen) von der einen in die andere Phase zu verzeichnen ist. Zwischen Metall und der Elektrolytlösung entsteht eine Potentialdifferenz (Potentialsprung), für die auch die Bezeichnung Galvanispannung üblich ist. Ursache für den Potentialunterschied ist

a) eine elektrische Dipolschicht,
b) eine Ladungsdoppelschicht.

Beide Schichten zusammen bilden die sogenannte elektrische Doppelschicht, die Sitz der Potentialdifferenz ist.

Dipolschichten könnten z. B. dadurch entstehen, daß Elektronen aus der Oberfläche eines Metalls austreten und dieses mit einer negativ geladenen Schicht überziehen, der positiv geladene Ladungsträger im Inneren des Metalls gegenüberstehen. Auch die Adsorption von Dipolmolekülen, die in der Elektrolytlösung enthalten sind, kann zu solchen Schichten führen.

Ladungsdoppelschichten bilden sich, wenn z. B. Ladungsträger von der Elektrode in die Lösung übergehen, so daß sich das Metall negativ auflädt.

Ein sehr vereinfachtes Modell einer Phasengrenze zeigt das Bild 9.6. Die Galvanispannung ist durch den Potentialsprung $\Delta\varphi$ an der Phasengrenze bestimmt.

$$\Delta\varphi = \varphi_1 - \varphi_2$$

Ursache für den Potentialsprung ist nach *Nernst* der elektrolytische Lösungsdruck. Taucht in Wasser ein Metall, so zeigt es die Tendenz, Metallionen aus dem Gitterverband abzustoßen und in die angrenzende flüssige Phase zu »schicken«. Ein Maß für diese Eigenschaft ist der elektrolytische Lösungsdruck p. Bei diesem Vorgang laden sich das Metall negativ und die angrenzende Lösung positiv auf, so daß dieser Vorgang bald zum Stillstand kommt (elektrochemisches Gleichgewicht). Taucht das Metall hingegen in Wasser, das bereits Ionen dieses Metalles enthält, so ist dieser Übergang erschwert, weil zusätzlich die allgemeine Tendenz einer Lösung, sich zu verdünnen, wirksam ist. Ein Maß dafür ist der osmotische Druck π, der aus diesem Grunde dem elektrolytischen Lösungsdruck entgegenwirkt. Da der osmotische Druck von der Konzentration der Ionen abhängt, folgt aus dieser Überlegung bereits qualitativ, daß der Potentialsprung durch die Ionenkonzentration (Aktivität) bestimmt ist. Formal sind nun drei Fälle zu unterscheiden:

a) Ist $p > \pi$, so gehen Metallionen in die Lösung über, und die Elektrode lädt sich negativ auf.
b) Ist $p = \pi$, so dürfte auch keine Potentialdifferenz auftreten.
c) Ist $p < \pi$, so scheiden sich Metallionen aus der Lösung auf der Elektrode ab, die sich dadurch gegenüber dem angrenzenden Elektrolyten positiv auflädt.

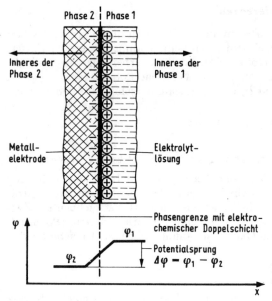

Bild 9.6. Elektrische Doppelschicht einer Elektrode

Unedle Metalle besitzen nach dieser Theorie einen sehr großen elektrolytischen Lösungsdruck. Eine Zinkelektrode, die in eine Zinkionen-Lösung eintaucht (Zn/Zn^{2+}), treibt daher Zn^{2+}-Ionen in die Lösung und lädt sich negativ auf. Kupfer hingegen hat einen sehr kleinen Lösungsdruck; hier scheiden sich umgekehrt Cu^{2+}-Ionen auf dem Kupferstab ab. Er ist daher gegenüber der angrenzenden Lösung positiv geladen.

Eine Berechnung des elektrolytischen Lösungsdrucks führt für unedle und edle Metalle zu extrem kleinen und großen Werten (z. B. für Cu $1{,}22 \cdot 10^{-7}$ Pa, für Zn $4{,}05 \cdot 10^{31}$ Pa).

Heute lassen sich die elektrischen Potentiale über andere theoretische Ansätze bestimmen (z. B. über elektrochemische Potentiale). Es ist jedoch ohne Zweifel, daß sich die Vorstellungen von *Nernst* sowie die von ihm gefundenen mathematischen Beziehungen sehr befruchtend auf die Entwicklung der Elektrochemie ausgewirkt haben. Man bezeichnet daher auch heute noch solche Gleichungen, die die Abhängigkeit elektrischer Spannungen von der Zusammensetzung (Aktivität) im elektrochemischen Gleichgewicht beschreiben, als Nernstsche Gleichungen.

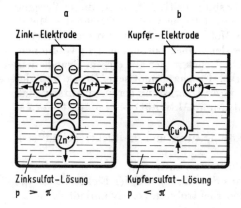

Bild 9.7. Lösungsdruck und osmotischer Druck bei der Potentialbildung

Die Spannung, die zwischen den Polen einer galvanischen Zelle gemessen werden kann, heißt die Zellspannung. Die Pole einer Zelle sind z. B. die (gleichartigen) Leiterdrähte, die man z. B. bei einer Messung an die Metallphase der beiden Elektroden anschließt.

Die Zellspannung setzt sich aus einer Summe von Galvanispannungen zusammen. Hat sich an den einzelnen Phasengrenzen elektrochemisches Gleichgewicht eingestellt, so tritt an den Polen die Gleichgewichtszellspannung U_{eq} auf.

Potentialunterschiede zwischen dem Inneren zweier benachbarter Phasen (Galvanispannungen) lassen sich nicht messen, weil es nicht möglich ist, eine Meßanordnung ohne die Ausbildung zusätzlicher Phasengrenzen aufzubauen.

In galvanischen Zellen addieren sich stets mehrere Galvanispannungen zur meßbaren Zellspannung.

Beim Messen der Zellspannung eines Daniellelementes kann man z. B. die Zinkphase der Zinkelektrode Zn/Zn^{2+} mit der Kupferphase der Kupferelektrode Cu/Cu^{2+} durch ein anderes Metall (z. B. Aluminium) verbinden. Es entsteht dann die Anordnung:

$Al/Zn/Zn^{2+}$ (aq) // Cu^{2+} (aq)/Cu/Al

Um auszudrücken, daß die Metallionen in wäßriger Lösung vorliegen, wendet man auch das Symbol (aq) an. An den Metall/Metall-Phasengrenzen (z. B. Al/Zn; Cu/Al) treten zusätzliche Galvanispannungen auf, die in die Zellspannung eingehen. Nach einer hier übergangenen Überlegung kann man zeigen, daß diesen Galvanispannungen Rechnung getragen wird, wenn man an die (rechte) Kupferphase nochmal die Zinkphase ansetzt (dabei ist die Art des elektrisch verbindenden Fremdmetalls belanglos). Das Daniellelement muß daher wie folgt symbolisiert werden:

Zn | $ZnSO_4$ // $CuSO_4$ | Cu | Zn

I   II   III   IV   I′

Zn | Zn^{2+} // Cu^{2+} | Cu | Zn

φ_I φ_{II} φ_{III} φ_{IV} $\varphi_{I'}$

Zur Berechnung der Zellspannung U dient die folgende Gleichung:

$U_{Daniell} = \varphi_{I'} - \varphi_I = (\varphi_{I'} - \varphi_{IV}) + (\varphi_{IV} - \varphi_{III}) + (\varphi_{II} - \varphi_I)$

Der Potentialsprung an der Phasengrenze $ZnSO_4$ // $CuSO_4$ (Diffusionspotential) wurde bei der Berechnung vernachlässigt.

Die bisherigen Darlegungen zeigten, daß zur Beschreibung der theoretischen Zusammenhänge die Galvanispannungen eine Schlüsselfunktion haben.

Eine Galvanispannung ist die Differenz der inneren elektrischen Potentiale zwischen einem Anfangs- und Endpunkt sich berührender Phasen.

In der chemischen Fachliteratur werden Galvanispannungen auch häufig mit dem Zeichen g abgekürzt; als obere Indizes gibt man die Phasen an, zwischen denen die Spannung auftritt:

$g^{I, II} = \varphi_I - \varphi_{II}$

Für die Zellspannung des Daniellelementes ist somit auch die nachstehende Formulierung möglich:

$U_{Daniell} = g^{I', IV} + g^{IV, III} + g^{II, I}$

Galvanispannungen bilden sich nicht nur an der Phasengrenze von Elektroden aus, sondern z. B. auch an Kontaktstellen Metall 1/Metall 2 oder an der Berührungsstelle

sich mischender Flüssigkeiten unterschiedlicher Art oder Konzentration (Aktivität) gelöster Ionen.
Taucht ein Silberstab in eine Lösung von Silbernitrat ($AgNO_3$), so läßt sich diese Elektrode durch folgendes Symbol darstellen:

Ag/Ag^+ (aq)

Die Elektrodenreaktion besteht in diesem Beispiel in einem Durchtritt von Silberionen Ag^+ durch die Phasengrenze. Diese Durchtrittsreaktion läßt sich, wenn man den festen Zustand des metallischen Silbers mit s (solidus, lat. fest) kennzeichnet, wie folgt darstellen:

Ag^+ (s, I) → Ag^+ (aq, II)

Die linke Seite symbolisiert Silberionen als Bestandteil des Silbergitters, das mit dem Elektronengas in Wechselwirkung steht (Metallbindung; vgl. Abschn. 4.4.), die rechte Seite hingegen hydratisierte Silberionen in der wäßrigen Lösung.
Nach einer hier nicht möglichen Herleitung läßt sich die Gleichgewichtsgalvanispannung (elektrochemisches Gleichgewicht) dieser Ionenelektrode mit der nachstehenden Gleichung berechnen:

$$g_{eq}^{I,II} = g_0^{I,II} + \frac{RT}{nF} \ln a$$

$g_0^{I,II}$ Standard-Galvanispannung
R allgemeine Gaskonstante
T Temperatur
n Betrag der Ionenwertigkeit der potentialbestimmenden Ionen
F Faraday-Konstante
ln a natürlicher Logarithmus vom Zahlenwert der Aktivität

Die Aktivität ist eine Größe, die sich wie alle Größen aus einem Zahlenwert und einer Einheit zusammensetzt:

Größe = Zahlenwert · Einheit

Im folgenden sei vereinbart, daß im Teil Elektrochemie mit a nur der Zahlenwert der Aktivität gemeint ist, der bei der Verwendung der Einheit mol l^{-1} auftritt. Das bedeutet, daß bei der Aktivität $a = 1$ mol l^{-1} in der Gleichung nur ln 1 erscheint.

Gleichungen solcher Art hat erstmalig *Nernst* gefunden. Der erste Summand heißt Standardglied, der zweite Überführungsglied. Im Falle der Ag/Ag^+ (aq)-Elektrode ist der Betrag der Ionenwertigkeit $n = 1$. Die Gleichung für die Gleichgewichtsgalvanispannung vereinfacht sich somit zu

$$g_{eq}^{I,II} = g_0^{I,II} + \frac{RT}{F} \ln a_{Ag^+}$$

Wendet man diese Gleichung auf eine Kupferelektrode (Cu/Cu^{++} (aq)) an, so ist für $n = 2$ einzusetzen. Man findet n auch aus der Zahl der Elektronen, die je Gleichungsumsatz des potentialbestimmenden Vorganges auftreten: $Cu \rightarrow Cu^{2+} + 2\,e^-$.
Prinzipiell hat der Potentialsprung an einer Phasengrenze kein Vorzeichen. Durch die Wahl der Reihenfolge der Phasen kann g mit positivem Vorzeichen erhalten werden. Ist solch eine Festlegung jedoch einmal getroffen, so führt die Umkehrung der Zählrichtung der Phasen auch zu einem Vorzeichenwechsel:

$g^{I,II} = -g^{II,I}$

Die Gleichgewichtsgalvanispannungen treten nur auf, wenn elektrochemisches Gleichgewicht herrscht; das bedeutet z. B., daß kein Stromfluß auftreten darf und daß die Gleichgewichtseinstellung nicht gehemmt ist. Ist das nicht gewährleistet, so weichen die Galvanispannungen vom Gleichgewichtswert ab.

9.3.4. Standardpotentiale von Metallelektroden

Es wurde bereits betont, daß man weder Absolutwerte von Potentialen noch Galvanispannungen einer direkten Messung zugängig machen kann. Meßbar sind Zellspannungen als Summe von Galvanispannungen. Um jedoch Elektroden untereinander vergleichen und charakterisieren zu können, ist es möglich, die Zellspannung zwischen einer beliebigen Elektrode V, die Versuchselektrode heißen soll, und einer Bezugselektrode B zu bestimmen. Ein solches Vorgehen ist auch deswegen vertretbar, weil für praktische Belange nicht Absolutwerte von Potentialen, sondern Potentialdifferenzen bedeutsam sind. Auf diese Weise lassen sich relative Elektrodenspannungen bestimmen, die ihrem Wesen nach Zellspannungen zu einer Vergleichselektrode sind. Zur Messung dient im Prinzip die nachstehende Anordnung:

Versuchselektrode		Bezugselektrode		
Metall- phase V I	Elektrolyt- phase V II	Elektrolyt- phase B III	Metall- phase B IV	Metall- phase V I'

Die relative Zellspannung oder relative Elektrodenspannung ist dann:

$$U_V = \varphi_I - \varphi_{I'}$$

Für die relative Elektrodenspannung sind auch die Bezeichnungen Potential der Elektrode, Elektrodenpotential oder Bezugsspannung in der Literatur anzutreffen.

Eine wichtige Bezugselektrode ist die Standardwasserstoffelektrode, für die man in der Literatur auch die Bezeichnung Wasserstoff-Normalelektrode findet. Der schematische Aufbau einer Standardwasserstoffelektrode ist im Bild 9.8 gezeigt.

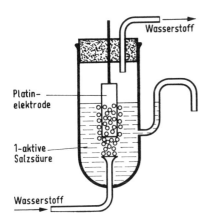

Bild 9.8. Prinzipdarstellung einer Standardwasserstoffelektrode

Das gewünschte »Potential« stellt sich bei dieser Elektrode ein, wenn folgende Bedingungen erfüllt sind:

> Taucht eine platinierte Platinplatte, die ständig von Wasserstoffgas umspült ist, bei einem Druck von $p = 101{,}3$ kPa in eine Lösung der H$^+$-Ionen-Aktivität $a_{H^+} = 1$ mol l^{-1} bei 25 °C ein, so bildet sich das gewünschte Bezugspotential aus.

An die Reinheit des Wasserstoffs sowie des Elektrolyten sind hohe Anforderungen zu stellen, weil z. B. durch Verunreinigungen an Arsenwasserstoff, Sauerstoff, Phosphorwasserstoff sowie CN$^-$-Ionen »Vergiftungen« der Elektrode auftreten, die zu falschen relativen Elektrodenspannungen führen. Zur Kennzeichnung der Standard-Wasserstoffelektrode dient das nachstehende Elektrodensymbol:

Pt/H_2 (101,3 kPa), H^+ (aq; a_{H^+} = 1 mol l^{-1})

Die Wasserstoffelektrode kann man auch als ein Halbelement auffassen, mit dem sich beliebige andere Halbelemente zu einer Zelle oder galvanischen Kette zusammenfügen lassen. Die zwischen der Standard-Wasserstoffelektrode und dem anderen Halbelement gemessene Spannung (relative Elektrodenspannung, Potential der Elektrode, Elektrodenpotential) beim Stromfluß $I = 0$ heißt Normal- oder Standardelektrodenpotential, wenn folgende Bedingungen vorliegen:

Aktivität der Ionen $a = 1$ mol l^{-1}
Temperatur = 25 °C
Druck = 101,3 kPa (bei Gasen; → Aufg. 9.7.)

An dieser Stelle sei nochmals vermerkt, daß der Begriff des Potentials in der elektrochemischen Literatur nicht einheitlich angewendet wird und außerdem zweideutig ist. Die zwischen der Normalwasserstoffelektrode und der Elektrode eines Halbelementes gemessene Spannung ist eine *Potentialdifferenz*, für welche jedoch auch die Bezeichnung *Potential* üblich ist. Das Normalpotential ist also strenggenommen kein Potential, sondern eine Bezugsspannung zu einer Vergleichselektrode. Diese unexakte Bezeichnungsweise hat sich jedoch in der Fachliteratur so eingebürgert, daß im Interesse einer Vergleichbarkeit der hier gemachten Ausführungen genauso verfahren werden soll. Wenn also im folgenden vom Potential eines Halbelementes die Rede ist, so ist die Bezugsspannung zu einer Vergleichselektrode – in der Regel der Normalwasserstoffelektrode – gemeint.

In diesem Buch benutzen wir auch für das Potential einer Elektrode den Formelbuchstaben φ. Das Elektrodenpotential zur Wasserstoffelektrode unter Standardbedingungen erhält die Bezeichnung U_0.

Zur Messung des Normalpotentials einer Zinkelektrode müßte man im Prinzip die im Bild 9.9 gezeigte Versuchsanordnung aufbauen. Die elektrische Verbindung zwischen den beiden Halbelementen wird durch einen sogenannten Stromschlüssel erreicht, der in unserem Fall aus einem U-Rohr besteht, in das eine Elektrolytlösung eingefüllt ist, die Ionen etwa gleich großer Beweglichkeit enthält. Dazu ist z. B. eine KCl-Lösung geeignet. Dadurch will man erreichen, daß Potentialsprünge, die bei einer direkten Berührung der Säure und der $ZnSO_4$-Lösung auftreten (Diffusionspotentiale), prak-

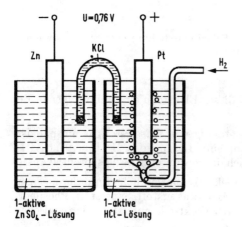

Bild 9.9. Anordnung zur Messung des Standardpotentials einer Zinkelektrode

tisch unwirksam werden. Es sei jedoch betont, daß sich auch mit KCl-Lösungen diese Potentiale nicht ganz vermeiden lassen. Sie sind jedoch so klein, daß sie bei den folgenden Überlegungen immer vernachlässigt werden sollen. Die im Bild 9.9 gezeigte galvanische Kette kann man folgendermaßen kennzeichnen:

$Zn/ZnSO_4$ // KCl // $HCl/H_2(Pt)$
Zn/Zn^{2+} // KCl // H^+ /$H_2(Pt)$
$a = 1$ $\qquad\qquad\qquad$ $a = 1$

Verbindet man die beiden Elektroden über einen elektrischen Verbraucher (Widerstand), so fließt ein elektrischer Strom. Da der Lösungsdruck des metallischen Zinks größer ist als der osmotische Druck der Zinkionen in der Lösung, lädt sich das Zink negativ auf. Das Zink schickt Zinkionen in die Lösung. Wäre keine Gegenelektrode vorhanden, so käme dieser Vorgang bald zum Stillstand (Gleichgewicht). In unserem Falle können jedoch die frei werdenden Elektronen ($Zn \rightarrow Zn^{2-} + 2\,e^-$) im geschlossenen Stromkreis zur Wasserstoffelektrode fließen und dort Wasserstoffionen entladen. Dadurch entsteht elementarer Wasserstoff.

Im stromlosen Zustand kann zwischen den beiden Elektroden eine Spannung von 0,76 V gemessen werden. Dieser Wert ist mit dem Potential der Zinkelektrode identisch. Man gibt jedoch den Potentialen der Metalle, die an die Wasserstoffelektrode Elektronen liefern, nach Vereinbarung ein negatives Vorzeichen. Die auf die Normalwasserstoffelektrode bezogenen Normal- oder Standardpotentiale (Normalbezugsspannungen) sollen mit U_0 gekennzeichnet werden. Das Normalpotential der Zinkelektrode ist demnach $U_{0Zn} = -0,76$ V. Im Gegensatz zu den $g^{I, II}$-Werten von Einzelelektroden sind die U_0-Werte als Bezugsspannungen einer direkten Messung zugängig.

Stellt man eine galvanische Kette aus der Normalwasserstoff- und einer Kupferelektrode der Ionenaktivität $a_{Cu^{2+}} = 1$ bei 25 °C zusammen, so beträgt die Potentialdifferenz im stromlosen Zustand 0,35 V. Wird der Stromkreis durch Einschalten eines Verbrauchers geschlossen, so fließen die Elektronen von der Wasserstoff- zur Kupferelektrode. Die Verhältnisse sind also gerade umgekehrt wie bei der Zinkelektrode. Das kommt u. a. auch dadurch zum Ausdruck, daß ein in den Stromkreis geschaltetes Amperemeter entgegengesetzt zu polen ist. Das Potential von Elektroden, die von der Wasserstoffelektrode Elektronen aufnehmen, versieht man mit einem positiven Vorzeichen. Für das Standardpotential der Kupferelektrode gilt somit

$U_{0Cu} = +0,35$ V

In der beschriebenen Weise lassen sich die Potentiale anderer Metallelektroden ermitteln. Ordnet man diese nach abnehmenden Standardpotentialen, so entsteht die *Spannungsreihe* der Metalle (Tabelle 9.3). Die in der Kopfleiste angegebene allgemeine Gleichung Red. $\rightleftarrows$ Ox. $+ n \cdot e^-$ soll zum Ausdruck bringen, daß die Metallatome als Reduktionsmittel, die Metallionen hingegen als Oxydationsmittel wirksam werden könnten. Vergleicht man diese Anordnung mit der im Abschn. 9.3.1. angegebenen, so ist eine Übereinstimmung zu erkennen. In Verbindung mit den dort gemachten Ausführungen kommt man daher zu folgenden Feststellungen:

a) Ein Metall ist um so unedler, je negativer sein Potential ist.
b) Das Metall mit dem negativeren Potential wirkt einem anderen gegenüber als Reduktionsmittel. Liegt dieses Metall elementar vor, so geht es unter Abgabe von Elektronen in die Ionenform über.
c) Metalle mit positiven Potentialen wirken meist als Oxydationsmittel, wenn sie in Ionenform vorliegen.

Tabelle 9.3. Standardpotentiale der Metalle (25 °C, Aktivität 1) in wäßriger Lösung, gemessen gegen die Wasserstoffelektrode

Halbelement Red. ⇌ Ox. + $n \cdot e^-$	Standard- potential in Volt	Halbelement Red. ⇌ Ox. + $n \cdot e^-$	Standard- potential in Volt
Cs ⇌ Cs$^+$ + 1 e$^-$	−3,02	Ni ⇌ Ni^{2+} + 2 e$^-$	−0,23
K ⇌ K$^+$ + 1 e$^-$	−2,92	Sn ⇌ Sn^{2+} + 2 e$^-$	−0,14
Ca ⇌ Ca^{2+} + 2 e$^-$	−2,84	Pb ⇌ Pb^{2+} + 2 e$^-$	−0,12
Na ⇌ Na$^+$ + 1 e$^-$	−2,71	H$_2$ ⇌ 2 H$^+$ + 2 e$^-$	±0
Mg ⇌ Mg^{2+} + 2 e$^-$	−2,38	Cu ⇌ Cu^{2+} + 2 e$^-$	+0,35
Al ⇌ Al^{3+} + 3 e$^-$	−1,66	Ag ⇌ Ag$^+$ + 1 e$^-$	+0,80
Zn ⇌ Zn^{2+} + 2 e$^-$	−0,76	Pt ⇌ Pt^{2+} + 2 e$^-$	+1,2
Fe ⇌ Fe^{2+} + 2 e$^-$	−0,44	Au ⇌ Au^{3+} + 3 e$^-$	+1,36
Co ⇌ Co^{2+} + 2 e$^-$	−0,27		

Die früher beschriebene Reaktion zwischen Metallen und H_3O^+-Ionen (a = 1 mol l^{-1})

$$Me + n \cdot H_3O^+ \rightleftarrows Me^{n+} + n/2\, H_2\uparrow + n\, H_2O$$

verläuft somit im Sinne des oberen Reaktionspfeils, wenn $U_0 < 0$ V; im anderen Falle gilt die umgekehrte Reaktionsrichtung. Es sei jedoch betont, daß mitunter Hemmungserscheinungen auftreten können, so daß es nicht zum erwarteten Elektronenaustausch kommt.
Da die Potentiale in der Spannungsreihe der Metalle alle auf die gleiche Elektrode bezogen sind, können sie auch zur Berechnung von Potentialdifferenzen zwischen beliebigen Halbelementen dienen.

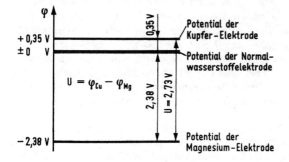

Bild 9.10. Potentialdifferenz zwischen einer Kupfer- und Magnesiumelektrode

Beispiel: Wie groß ist die Spannung U zwischen einer Magnesium- und Kupferelektrode, wenn die Bedingungen für das Entstehen der Standardpotentiale eingehalten werden?
Lösung: Nach Tabelle 9.3 ist die Potentialdifferenz zwischen der Magnesium- und Wasserstoffelektrode 2,38 V. Da Magnesium ein unedles Metall ist, beträgt sein Standardpotential $U_{0Mg} = -2,38$ V. Für Kupfer gilt: $U_{0Cu} = +0,35$ V. Die Potentialdifferenz zwischen beiden Elektroden ist somit $U = 2,73$ V. Die Spannung soll hier ein positives Vorzeichen besitzen. Für die Berechnung der Spannung aus den Potentialen gilt daher:

$U = \varphi$ edlere Elektrode $- \varphi$ unedlere Elektrode
$U = \varphi_{Cu} - \varphi_{Mg} = U_{0Cu} - C_{0Mg} = +0,35\, V - (-2,38\, V) = 2,73\, V$

Die Spannung hat ein positives Vorzeichen. Es sei jedoch vermerkt, daß in der Elektrotechnik Spannungen auch mit negativen Vorzeichen versehen werden; diese Darstellungsform sagt dann zusätzlich etwas über die Richtung des Spannungspfeiles aus.

Die in der Tabelle 9.3 angegebenen Potentiale treten nur bei 25 °C und der Ionenaktivität $a = 1$ auf. Liegen davon abweichende Bedingungen vor, so lassen sich die Potentiale nach der folgenden Gleichung berechnen, die der Gleichung im Abschnitt 9.3.3. analog ist:

$$\varphi = U_0 + \frac{RT}{nF} \ln a$$

φ Elektrodenpotential bei verschiedener Temperatur und Aktivität
U_0 Standardpotential (Bezugsurspannung zur Standardwasserstoffelektrode bei $a = 1$ und 25 °C)

Zwischen der Aktivität a, dem Elektrodenpotential und dem Normalpotential ergeben sich bei 25 °C folgende Beziehungen:

a) $a = 1 : \varphi = U_0$, weil $\ln 1 = 0$ ist.
b) $a > 1 : \varphi > U_0$, weil der Logarithmus einer Zahl größer 1 positiv ist.
c) $a < 1 : \varphi < U_0$, weil der Logarithmus einer Zahl kleiner 1 negativ ist.

Setzt man für $R = 8{,}312$ W s K^{-1} mol^{-1} und für $F = 96500$ A s mol^{-1} in die Gleichung ein, so entsteht der folgende Ausdruck:

$$\frac{RT}{nF} = \frac{8{,}312 \text{ W s} \cdot T}{96500 \text{ A s K} \cdot n} = \frac{8{,}63 \cdot 10^{-5} \text{ V} \cdot T}{\text{K} \cdot n}$$

Soll mit dem dekadischen Logarithmus gerechnet werden, so ist entsprechend der Gleichung $\ln a = 2{,}303 \lg a$ noch mit dem Faktor 2,303 zu multiplizieren. Man erhält daher die Gleichung

$$\varphi = U_0 + 2{,}303 \frac{8{,}63 \cdot 10^{-5} \text{ V} \cdot T}{\text{K} \cdot n} \lg a = U_0 + \frac{1{,}983 \cdot 10^{-4} \text{ V} \cdot T}{\text{K} \cdot n} \lg a$$

Wählt man weiterhin für T einige in der Praxis übliche Temperaturen, so ist die Gleichung noch weiter zu vereinfachen. Im einzelnen gilt für

10 °C ≙ 283 K : $1{,}983 \cdot 10^{-4} \cdot 283$ V $= 0{,}056$ V
20 °C ≙ 293 K : $1{,}983 \cdot 10^{-4} \cdot 293$ V $= 0{,}058$ V
25 °C ≙ 298 K : $1{,}983 \cdot 10^{-4} \cdot 298$ V $= 0{,}059$ V

Für die Abhängigkeit des Potentials von der Aktivität bei 20 °C entsteht somit z. B. die Gleichung:

$$\varphi = U_0 + \frac{0{,}058 \text{ V}}{n} \lg a$$

Beispiel: Wie groß sind die Potentiale einer Kupferelektrode, wenn die Aktivitäten der Cu^{2+}-Ionen bei 25 °C $a = 1$, $a = 0{,}1$ und $a = 0{,}01$ betragen?

Lösung: $\varphi = U_0 + \dfrac{0{,}059 \text{ V}}{n} \lg a$

$U_0 = 0{,}35$ V
$n = 2$

$a = 1:$ $\varphi = 0{,}35$ V $+ 0$ V   ($\lg 1 = 0$)
$\varphi = 0{,}35$ V

$a = 0{,}1:$ $\varphi = 0{,}35$ V $- \dfrac{0{,}059 \text{ V}}{2}$ ($\lg 0{,}1 = -1$)
$\varphi = 0{,}321$ V

$a = 0{,}01:$ $\varphi = 0{,}35$ V $- 0{,}059$ V   ($\lg 0{,}01 = -2$)
$\varphi = 0{,}291$ V

Beispiel: Welches Potential hat eine Wasserstoffelektrode bei einer Aktivität der H^+-Ionen von 10^{-7} mol l^{-1} (Temperatur = 25 °C)?
Lösung: Die vorliegende Elektrode ist nicht mit der Standardwasserstoffelektrode identisch, weil andere Aktivitätsbedingungen vorliegen. Die Reaktion für die Potentialbildung ist

$$H_2 \rightleftarrows 2H^+ + 2e^-$$

Das Elektrodenpotential dieser Wasserstoffelektrode φ_H ist die zur Standardwasserstoffelektrode gemessene Spannung. Beachtet man, daß $pH = -\lg a_{H^+}$ und $U_0 = 0$ V, so folgt mit

$$\varphi_H = U_0 + \frac{0,059 \text{ V}}{2} \lg (a_{H^+})^2$$

Das Quadrat der Aktivität $(a_{H^+})^2$ erscheint in dieser Gleichung, weil beim potentialbestimmenden Vorgang bei zwei ausgetauschten Elektronen ($n = 2$) auch 2 H^+-Ionen entstehen (vgl. zum Massenwirkungsgesetz → Abschn. 7.9.1.).

$$\varphi_H = U_0 + 0{,}059 \text{ V} \cdot \lg a_{H^+} = -0{,}059 \text{ V} \cdot pH = -0{,}059 \text{ V} \cdot 7 = -0{,}413 \text{ V}$$

Das Potential beträgt bei den angegebenen Bedingungen $\varphi = -0{,}413$ V.
Die H^+-Ionen im Wasser (pH = 7) sind daher nur von solchen Metallen zu Wasserstoff zu reduzieren, deren Potential unedler als $-0{,}413$ V ist (z. B. Na, K) (→ Aufgabe 9.8.).
Aus diesen Beispielen geht hervor, daß mit abnehmender Aktivität das Potential einer Metallelektrode unedler wird. Aus der Abhängigkeit des Potentials einer Elektrode von Aktivität und Temperatur folgt eine für die Praxis wichtige Schlußfolgerung, die mit der Erscheinung der Korrosion im Zusammenhang steht, deren Ursache elektrochemische Reaktionen sein können. In solchen Fällen bilden die Metalle bei Gegenwart von Elektrolyten (z. B. Wasser, das CO_2 oder Salze gelöst enthält) galvanische Elemente, für die auch die Bezeichnung Korrosionselement üblich ist. Da das Metall mit dem unedleren Potential immer die Elektronenquelle darstellt, gehen seine Atome als Ionen in Lösung. Das kommt einer Zerstörung des Werkstoffes gleich. Die Entstehung verschiedener Potentiale ist aber nach dem soeben besprochenen Stoff nicht nur möglich, wenn unterschiedliche Metalle vorliegen, sondern sie wird auch dann auftreten, wenn das gleiche Metall bei unterschiedlichen Temperatur- und Konzentrationsbedingungen vorliegt. Zur Ausbildung von Potentialdifferenzen, die zu einer ungewollten Zerstörung der eingesetzten Werkstoffe führen, kann es daher z. B. in folgenden Fällen kommen:

a) wenn eine Legierung aus verschiedenen Gefügebestandteilen besteht,
b) wenn verschiedene Metalle vorliegen,
c) wenn dasselbe Metall in Elektrolyten unterschiedlicher Konzentration, Temperatur oder Belüftung eintaucht.

Nähere Einzelheiten werden später behandelt (→ Abschn. 10.1.2.) (→ Aufg. 9.9., 9.10., 9.11., 9.12.).
Zur Verbesserung der Übersichtlichkeit seien an dieser Stelle die für das Verständnis wichtigsten Begriffe zusammengestellt. Gleichzeitig wird auf die Termini »Quellenspannung« und »Klemmenspannung« verwiesen, deren vertieftere Behandlung später erfolgt (Abschn. 9.4.1.).

Potential	Physikalischer Begriff zur Kennzeichnung des elektrischen Zustandes eines Raumpunktes

Spannung	Die elektrische Spannung U_{12} zwischen zwei Punkten P_1 und P_2 mit den Potentialen φ_1 und φ_2 eines wirbelfreien elektrischen Feldes ist gleich der Differenz der Potentiale $$U_{12} = \varphi_1 - \varphi_2$$
Galvanispannung	Potentialsprung zwischen zwei benachbarten Phasen; nicht meßbar
Gleichgewichts-Galvanispannung	Galvanispannung bei elektrochemischem Gleichgewicht
Zellspannung	Spannung zwischen den Polen einer Zelle; die Zellspannung setzt sich aus einer Summe von einzelnen Galvanispannungen zusammen; meßbar
Gleichgewichts-Zellspannung	Zellspannung im elektrochemischen Gleichgewichtszustand der Reaktionen, die die Galvanispannungen bedingen
relative Elektrodenspannung Synonyme: Elektrodenpotential Potential der Elektrode Bezugsspannung	Die zu einer Bezugselektrode gemessene Spannung einer Versuchselektrode
Standardelektrodenpotential	Die relative Elektrodenspannung zu einer definierten Bezugselektrode (meist der Standardwasserstoffelektrode) bei durch Definition festgelegten Bedingungen (Standardzustand)

Die zwischen den Elektroden wirksame Spannung ist stets auch eine Zellspannung. Unter bestimmten Bedingungen erhält die Zellspannung einen besonderen Namen. Das trifft z. B. zu für das Gleichgewicht (U_{eq}). Die an den Polen (Klemmen) wirksame Zellspannung heißt Quellen- oder Urspannung, wenn Leerlauf vorliegt, d. h., wenn kein Stromfluß auftritt. Ist das nicht der Fall, so tritt an den Klemmen eine niedrigere Spannung als die Quellenspannung auf, für die auch die Bezeichnung Klemmenspannung üblich ist.

Sowohl die Urspannung (Quellenspannung), Klemmenspannung als auch die Gleichgewichtszellspannung, Bezugsspannung und relative Elektrodenspannung sind Zellspannungen. Eine gesonderte Kennzeichnung der Zellspannung ($U_{Zell} = U$) als Quellspannung (U_Q), Klemmenspannung (U_K) oder Gleichgewichtsspannung (U_{eq}) nehmen wir im folgenden nur dann vor, wenn nicht aus dem Text zweifelsfrei hervorgeht, was gemeint ist.

Die Termini »Quellenspannung« und »Urspannung« haben synonyme Bedeutung. Im weiteren Text werden beide Begriffe gleichbedeutend benutzt.

9.3.5. Standardpotentiale für Elektroden mit Nichtmetall-Ionen

Die Neigung eines Atoms, in den Ionenzustand überzugehen, ist nicht nur bei den Metallen, sondern auch bei den Nichtmetallen unterschiedlich stark ausgeprägt. Gibt man z. B. zu Lösungen von Kaliumbromid und Kaliumiodid Chlorwasser, so entsteht entweder Brom oder Iod:

$$Cl_2 + 2\,KBr \rightleftarrows 2\,KCl + Br_2$$
$$Cl_2 + 2\,KI \rightleftarrows 2\,KCl + I_2$$

Diese Reaktionen dienen in der analytischen Chemie zum Nachweis der beiden Elemente. Die Ionengleichungen lauten:

$Cl_2 + 2\ Br^- \rightleftarrows 2\ Cl^- + Br_2$

$Cl_2 + 2\ I^- \rightleftarrows 2\ Cl^- + I_2$

Bei diesen Vorgängen nimmt das Chlor Elektronen auf und geht in die Ionenform über. Die Neigung, negativ geladen aufzutreten, ist somit beim Chlor größer als beim Brom und Iod. Da andererseits das Brom Iod aus dessen Verbindungen frei macht, findet man für die drei Elemente folgende Anordnung, die mit ihrer Stellung im Periodensystem übereinstimmt:

$\qquad Cl_2 \quad Br_2 \quad I_2$
$\longleftarrow$
Zunahme der Elektronegativität

Diese Reihe kann man durch weitere Elemente ergänzen:

$F_2 \quad Cl_2 \quad Br_2 \quad I_2 \quad S \quad Se \quad Te$
$\longleftarrow$
Zunahme der Elektronegativität

Je weiter links ein Nichtmetall in dieser Reihe steht, um so unedler ist es, d. h., seine Tendenz zur Ionenbildung ist groß. Die Nichtmetalle nehmen dabei Elektronen auf und wirken gegenüber dem Partner eines Redoxsystems als Oxydationsmittel (Ox.). Metalle hingegen geben beim Übergang in den Ionenzustand Elektronen ab und sind in solchen Fällen Reduktionsmittel (Red.).
Die Stärke der oxydierenden Wirkung von Nichtmetallen läßt sich – genau wie bei den Metellen (Spannungsreihe) – durch ein Potential gegenüber der Normalwasserstoffelektrode ausdrücken. Die Vorgänge, die auch hier zur Potentialbildung führen, sind Redoxreaktionen, für die man ganz allgemein die nachstehende Gleichung formulieren kann:

Red. $\rightleftarrows$ Ox. $+ n \cdot e^-$

In der Gleichung stehen links die Stoffe mit der niederen und rechts die mit der höheren Oxydationsstufe. Beispiele für korrespondierende Redoxpaare sind in den Tabellen 9.4 und 9.5 angegeben.
Taucht z. B. eine Platinplatte, die von Chlorgas umspült ist, bei 25 °C und 101,3 kPa in eine Lösung von Chloridionen ($a = 1$), so tritt zwischen dieser Chlorgaselektrode und der Standardwasserstoffelektrode eine Spannung von 1,36 V auf. Das Normalpotential des Halbelementes $2\ Cl^- \rightleftarrows Cl_2 + 2\ e^-$ beträgt somit $U_0 = +1{,}36$ V.

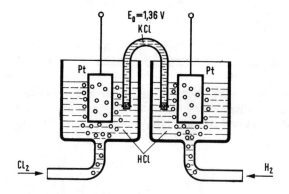

Bild 9.11. Schematische Darstellung einer Chlor-Knallgas-Kette

Weicht die Aktivität der Chloridionen von 1 ab, so nimmt die Elektrode ein anderes Potential an, das bei 25 °C nach folgender Gleichung zu berechnen ist:

$$\varphi = U_0 + \frac{0{,}059\text{ V}}{n}\lg\frac{a_{\text{Ox.}}}{a_{\text{Red.}}} = 1{,}36\text{ V} + \frac{0{,}059\text{ V}}{2}\lg\frac{a_{\text{Cl}_2}}{a_{\text{Cl}^-}\cdot a_{\text{Cl}^-}}$$

Der Einfluß der Aktivität des Chlors auf die Rechnung ist vereinbarungsgemäß bereits durch den Wert von U_0 erfaßt. Für a_{Cl_2} kann daher in der Gleichung 1 gesetzt werden. Schreibt man das Produkt der Aktivitäten über den Bruchstrich, so tritt der Exponent -2 auf: $(a_{\text{Cl}^-})^{-2}$. Die Anwendung der Logarithmengesetze liefert somit:

$$\varphi = 1{,}36\text{ V} + \frac{0{,}059\text{ V}}{2}\lg a_{\text{Cl}_2} + \frac{0{,}059\text{ V}}{2}\lg(a_{\text{Cl}^-})^{-2}$$

$$\varphi = 1{,}36\text{ V} - 0{,}059\text{ V}\lg a_{\text{Cl}^-}$$

Im Gegensatz zu der bei den Metallionen besprochenen Gleichung tritt hier hinter U_0 ein Minuszeichen auf. Das gilt allgemein, wenn Anionen potentialbestimmend sind. Die Oxydationswirkung eines anionenbildenden Nichtmetalls steigt somit mit abnehmender Aktivität. Dadurch wird das Potential positiver; die Tendenz, Elektronen aufzunehmen, nimmt somit zu. Die Potentialwerte sind also ein Maß für die Stärke der *reduzierenden* oder *oxydierenden* Wirkung eines Redoxsystems.

Tabelle 9.4. Standardpotentiale einiger Nichtmetalle (25 °C, $a = 1$, $p = 101{,}3$ kPa)

Red. $\rightleftarrows$ Ox. $+ n\cdot e^-$	Potential in Volt
Te^{2-} $\rightleftarrows$ Te $+ 2\,e^-$	$-0{,}91$
Se^{2-} $\rightleftarrows$ Se $+ 2\,e^-$	$-0{,}77$
S^{2-} $\rightleftarrows$ S $+ 2\,e^-$	$-0{,}51$
$2\,\text{OH}^-$ $\rightleftarrows$ $\frac{1}{2}\text{O}_2 + 2\,e^- + \text{H}_2\text{O}$	$+0{,}40$
$2\,\text{I}^-$ $\rightleftarrows$ $\text{I}_2 + 2\,e^-$	$+0{,}58$
$2\,\text{Br}^-$ $\rightleftarrows$ $\text{Br}_2 + 2\,e^-$	$+1{,}07$
$2\,\text{Cl}^-$ $\rightleftarrows$ $\text{Cl}_2 + 2\,e^-$	$+1{,}36$
$2\,\text{F}^-$ $\rightleftarrows$ $\text{F}_2 + 2\,e^-$	$+2{,}85$

Setzt man voraus, daß durch die KCl-Lösung nur eine elektrische Verbindung zwischen den beiden Gefäßen gewährleistet wird, also keine zusätzlichen Potentialsprünge auftreten, so kann die Zelle wie folgt symbolisiert werden:

Pt/Cl$_2$ (g), HCl (aq), H$_2$ (g)/Pt
I   II   I′

Mit (g) soll darauf verwiesen werden, daß H$_2$ und Cl$_2$ im gasförmigen Zustand auftreten. Da in diesem Beispiel die beiden Metallphasen durch gleiches Metall repräsentiert sind, treten auch nur zwei Galvanispannungen, deren Summe gleich der Zellspannung oder auch der relativen Elektrodenspannung (Elektrodenpotential) ist, auf:

$$U_V = \varphi_I - \varphi_{I'}$$

Bei $I = 0$ und im Gleichgewicht ist U_V eine Gleichgewichtsspannung. Setzt man das Potential von $\varphi_{I'} = 0$, so ist $U_{Veq} = \varphi_I = 0$. Diese Gleichung verdeutlicht, daß auch in diesem Fall die Elektrodenpotentiale relative Zellspannungen sind.

In der Tabelle 9.4 sind Standardpotentiale einiger Nichtmetalle angegeben. Die Anordnung nach zunehmenden Potentialwerten liefert die gleiche Reihenfolge, wie bereits früher durch qualitative Überlegungen gefunden wurde. Je positiver das Potential ist, um so stärker ist die Neigung zur Elektronenaufnahme ausgeprägt. Die bevorzugte Reaktionsrichtung ist dann von rechts nach links:

Red. $\rightleftarrows$ Ox. $+ n \cdot e^-$

Bringt man z. B. Chlor mit Bromidionen zusammen, so nimmt das Chlor Elektronen auf und geht in Chloridionen über, weil $U_{0Cl} = +1,36$ V größer als $U_{0Br} = +1,07$ V ist.

9.3.6. Standardpotentiale bei Ionenumladungen und anderer Redoxvorgänge

Auch für Ionenumladungen sowie ganze Redoxgleichungen sind Potentialwerte bekannt, bei deren Kenntnis die chemische Reaktionsfähigkeit zu beurteilen ist (Tabelle 9.5). Bei bestimmten Bedingungen hat z. B. die Reaktion

$$NO_3^- + 4 H^+ + 3 e^- \rightleftarrows NO + 2 H_2O$$

ein Potential von $U_0 = +0,95$ V. Das Standardpotential des Kupfers (Cu $\rightleftarrows$ Cu^{2+} + 2 e$^-$) ist $U_{0Cu} = +0,35$ V. Gibt man demnach Kupfer in Salpetersäure, so ist es wegen seines kleineren Potentials der Elektronenlieferant. Das Metall geht somit als Ion in Lösung. Da die Zahl der ausgetauschten Elektronen gleich sein muß, gilt für die Reaktionsgleichung:

$$\begin{array}{l} 3\,Cu \rightleftarrows 3\,Cu^{2+} + 6\,e^- \\ 2\,NO_3^- + 8\,H^+ + 6\,e^- \rightleftarrows 2\,NO + 4\,H_2O \\ \hline 3\,Cu + 2\,NO_3^- + 8\,H^+ \rightleftarrows 3\,Cu^{2+} + 2\,NO + 4\,H_2O \end{array}$$

Beispiel: Bei der Fertigung gedruckter Leiterplatten für die Elektrotechnik ist von einer Trägerplatte metallisches Kupfer an den Stellen abzulösen, wo keine Leiterzüge benötigt werden. Ist dazu eine FeCl$_3$-Lösung geeignet?
Lösung: Eisen(III)-chlorid dissoziiert nach folgender Gleichung:
FeCl$_3$ $\rightleftarrows$ Fe^{3+} + 3 Cl$^-$

Tabelle 9.5. Standardpotentiale für Ionenumladungen und andere Redoxvorgänge (25 °C, $a = 1$, $p = 101,3$ kPa)

Red.	$\rightleftarrows$	Ox. $+ n \cdot e^-$	Potential in Volt
Cr^{2+}	$\rightleftarrows$	Cr^{3+} + 1 e$^-$	−0,41
Sn^{2+}	$\rightleftarrows$	Sn^{4+} + 2 e$^-$	+0,20
Fe^{2+}	$\rightleftarrows$	Fe^{3+} + 1 e$^-$	+0,75
NO + 2 H$_2$O	$\rightleftarrows$	NO$_3^-$ + 4 H$^+$ + 3 e$^-$	+0,95
Mn^{2+} + 2 H$_2$O	$\rightleftarrows$	MnO$_2$ + 4 H$^+$ + 2 e$^-$	+1,35
I$^-$ + 3 H$_2$O	$\rightleftarrows$	IO$_3^-$ + 6 H$^+$ + 6 e$^-$	+1,08
Cl$^-$ + 3 H$_2$O	$\rightleftarrows$	ClO$_3^-$ + 6 H$^+$ + 6 e$^-$	+1,45
Mn^{2+} + 4 H$_2$O	$\rightleftarrows$	MnO$_4^-$ + 8 H$^+$ + 5 e$^-$	+1,52

Nach Tabelle 9.5 lassen sich Fe^{3+}-Ionen umladen. Das Potential beträgt $U_0 = +0,75$ V. Für Kupfer gilt +0,35 V. Die Umladung von Fe^{3+}-Ionen in Fe^{2+}-Ionen ist mit Kupfer möglich, weil dessen Potential kleiner ist. Bei diesem Vorgang liefert das Kupfer die Elektronen und geht als Ion in Lösung:

Cu + 2 Fe^{3+} $\rightleftarrows$ 2 Fe^{2+} + Cu^{2+}

9.4. Galvanische Elemente

Galvanische Zellen, die als Spannungsquellen dienen, heißen auch galvanische Elemente. Je nach dem Anwendungszweck oder dem Wirkprinzip unterscheidet man z. B. Normalelemente, Primärelemente oder Sekundärelemente.

Die Spannung von Normalelementen dient z. B. für Eichaufgaben in der Meßtechnik. So beträgt z. B. die Spannung zwischen den Klemmen (Polen) des Weston-Normalelements $U_{eq} = 1{,}01865$ V (20 °C). Bei Primär- und Sekundärelementen steht die Lieferung elektrischer Energie im Vordergrund. Dabei laufen chemische Reaktionen ab, die sich z. B. durch Aufladen umkehren (Sekundärelemente) oder nicht umkehren (Primärelemente) lassen.

Zur Erhöhung der Spannung schaltet man einzelne galvanische Elemente elektrisch in Reihe und spricht dann von einer Batterie.

Für die an den Polen (Klemmen) eines galvanischen Elements wirkende Zellspannung, für die auch die Bezeichnung Klemmenspannung üblich ist, ist nicht nur die Art der potentialbestimmenden chemischen Reaktionen bedeutsam, sondern auch, ob diese Spannung mit oder ohne Stromfluß gemessen wird. Man unterscheidet daher auch zwischen:

offenes Element: $\quad I = 0$; kein Stromfluß
geschlossenes Element: $\quad I > 0$: Stromfluß.

9.4.1. Quellenspannung und Klemmenspannung

Die Quellenspannung U_Q einer elektrischen Spannungsquelle ist gleich dem im Leerlauf ($I = 0$) vorhandenen Potentialunterschied (Potentialdifferenz; »Spannungsabfall«) zwischen ihren Klemmen (Polen). Für Quellenspannung ist auch noch die Bezeichnung Urspannung üblich. Mit Leerlauf ist gemeint, daß der an den Klemmen wirksame äußere Widerstand praktisch unendlich groß ist (dann ist $I = 0$; offene Zelle). Die Quellenspannung U_Q des Daniellelements ist z. B. bei 25 °C und der Ionenaktivität $a = 1$ mol/l (wenn Diffusionspotentiale vernachlässigbar klein gehalten sind):

$U_{Q\,Daniell} = 0{,}35$ V $-(-0{,}76$ V$) = 1{,}11$ V

Diese Spannung tritt jedoch nur dann auf, wenn das Element nicht durch einen elektrischen Verbraucher (Widerstand) belastet ist. Ist diese Bedingung nicht erfüllt, so ist die Klemmenspannung U_K kleiner als die Quellenspannung U_Q.

Treten keine Reaktionshemmungen auf, so sind die Quellenspannungen (Urspannungen) mit den Gleichgewichtsspannungen identisch. So ist z. B. die für das Weston-Normalelement angegebene Spannung U_{eq} zugleich die Quellenspannung. Daraus folgt aber auch, daß dieser Wert nur bei offener Zelle auftritt.

Die Abweichung der Klemmenspannung eines Elements von der Gleichgewichtsspannung hat mehrere Ursachen:

– Durch die Abweichung vom Gleichgewichtszustand ändern sich die Werte der einzelnen Galvanispannungen,
– die galvanische Zelle hat selbst einen inneren Widerstand, an dem bei Stromfluß eine Spannung auftritt.

Faßt man die einzelnen inneren Widerstände der einzelnen Phasen einer galvanischen Zelle in einem Widerstand R_i zusammen und bezeichnen wir den äußeren Widerstand mit R_a, so lassen sich die Grundbeziehungen zwischen der Quellenspannung U_Q und der Klemmenspannung U_K durch einen Grundstromkreis (Bild 9.12) darstellen.

Bild 9.12. Grundstromkreis

Schließt man an die Klemmen A und B den Widerstand R_a an, so ist der Stromkreis geschlossen. Für die Stromstärke folgt nach dem Ohmschen Gesetz:

$$I = \frac{U_Q}{R_i + R_a}$$

$$U_Q = IR_i + IR_a$$

Die Spannung am Widerstand R_a ist die Klemmenspannung U_K. Für die Klemmenspannung gilt somit auch:

$$U_K = U_Q - IR_i$$

> Die Klemmenspannung ist gleich der Quellenspannung (Urspannung), vermindert um die Spannung, die am inneren Widerstand auftritt (IR_i).

Spannungen treten zwischen zwei Punkten auf. In Zweifelsfällen ist es notwendig, diese Punkte als Indizes an das Spannungssymbol zu setzen (U_{12} ist z. B. die Spannung zwischen den Punkten 1 und 2). Kehrt man die Punkte um, so ändert sich das Vorzeichen der Spannung ($U_{12} = -U_{21}$). Daraus folgt, daß z. B. auch eine Zellspannung erst dann eindeutig bestimmt ist, wenn man die Differenzbildung festlegt. Am Beispiel des Daniellelements wurde gezeigt, daß die Zellspannung ein positives Vorzeichen erhält, wenn man im Symbol der Zelle links den positiven Pol (Kupfer-Halbelement) und rechts den negativen Pol (Zink-Halbelement) formuliert.

Legt man an die Klemmen eines galvanischen Elementes ein Voltmeter, so zeigt dieses nicht die Quellenspannung an, weil durch das Meßgerät der Stromkreis geschlossen wird. Das Voltmeter wird zum Außenwiderstand R_a. Diese Messung liefert ein falsches Ergebnis, das um so mehr vom wirklichen Wert abweicht, je kleiner der Eigenwiderstand (Innenwiderstand) des Meßgerätes ist ($\rightarrow$ Aufg. 9.13.).

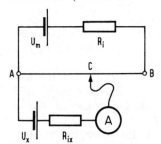

Bild 9.13. Schaltbild zur Poggendorffschen Kompensationsmethode
U_m bekannte Spannung, U_x zu messende Urspannung

Um diesen Meßfehler auszuschalten, hat *Poggendorff* eine Methode vorgeschlagen, die auf der Kompensation zweier Spannungen beruht. Ist U_x die unbekannte Quellenspannung, so kann diese nach der in Bild 9.13 gezeigten Schaltung bestimmt werden. Zwischen den Klemmen A und B eines galvanischen Elementes mit bekannter Quellenspannung U_m ist ein Widerstandsdraht ausgespannt. Die beiden Spannungsquellen sind entgegengesetzt gepolt. Wären U_x und U_m gleich, so müßte man den Abgriff C am Widerstandsdraht bis zum Punkt B verschieben, wenn das Amperemeter keinen Stromfluß anzeigen soll. Ist U_x jedoch kleiner als U_m, so genügt eine geringere Spannung. Der Abgriff C befindet sich dann im stromlosen Zustand links von B. Die Spannung, die jetzt zur Kompensation von U_x ausreicht, ist mit dem »Spannungsabfall« auf dem Draht zwischen den Punkten A und C identisch. Ist der Durchmesser des Widerstandsdrahtes an allen Stellen gleich, so sind die Widerstände der Drahtlänge direkt proportional. Man kann daher im stromlosen Zustand der Meßanordnung folgende Proportionen aufstellen:

$$\frac{U_x}{U_m} = \frac{R_{AC}}{R_{AB}}$$

$$U_x = \frac{R_{AC}}{R_{AB}} U_m$$

Beispiel: Zwischen den Punkten A und B einer Meßanordnung nach *Poggendorff* ist ein gleichtemperierter Widerstandsdraht mit überall gleichem Querschnitt ausgespannt. Wie groß ist die unbekannte Quellenspannung U_x, wenn sich im stromlosen Zustand der Abgriff am Widerstandsdraht 500 mm vom Punkt B befindet? Als Gleichspannungsquelle dient ein Bleiakkumulator mit einer bekannten Quellenspannung von $U_m = 2$ V. Die Länge des Drahtes ist 1,1 m.
Lösung: Die Widerstände sind den Längen direkt proportional.

$$U_x = \frac{600 \text{ mm}}{1100 \text{ mm}} \cdot 2 \text{ V} = 1{,}09 \text{ V}$$

Die Quellenspannung des untersuchten galvanischen Elementes ist $U_x = 1{,}09$ V.

9.4.2. Konzentrationselement

Die Zellspannung zwischen einer Zink- und Kupferelektrode beträgt bei Standardbedingungen 1,11 V. Weicht jedoch die Aktivität von $a = 1$ für die potentialbestimmenden Ionen ab, so nehmen die Einzelpotentiale der Elektroden Werte an, die von den Standardpotentialen verschieden sind. Da sich die Zellspannung aus der Differenz der Potentiale ergibt, treten bei Änderungen der Konzentration (Aktivität) sowie Temperaturschwankungen auch andere Urspannungswerte auf. Für die im Bild 9.14 gezeigte Anordnung (Daniellelement) aus einer Kupfer- und Zinkelektrode ergibt sich die Gleichung:

$$U = \varphi_{Cu} - \varphi_{Zn}$$
$$U = U_{0Cu} + \frac{RT}{nF} \ln a_{Cu^{2+}} - \left(U_{0Zn} + \frac{RT}{nF} \ln a_{Zn^{2+}}\right)$$
$$U = U_{0Cu} - U_{0Zn} + \frac{RT}{nF} \ln \frac{a_{Cu^{2+}}}{a_{Zn^{2+}}} = 1{,}11 \text{ V} + \frac{RT}{nF} \ln \frac{a_{Cu^{2+}}}{a_{Zn^{2+}}}$$

Beispiel: Wie groß ist die Zellspannung zwischen einer Kupfer- und Zinkelektrode, wenn folgende Bedingungen vorliegen: Temperatur 25 °C, $a_{Cu^{2+}} = 1$, $a_{Zn^{2+}} = 0{,}1$? Dabei ist $n = 2$.
Lösung:

$$U = 1{,}11 \text{ V} + \frac{0{,}059 \text{ V}}{n} \lg \frac{1}{0{,}1} = 1{,}11 \text{ V} + 0{,}028 \text{ V} \lg 10 = 1{,}11 \text{ V} + 0{,}028 \text{ V}$$
$$U = 1{,}138 \text{ V}$$

Die Zellspannung beträgt bei den angegebenen Bedingungen $U = 1{,}138$ V.

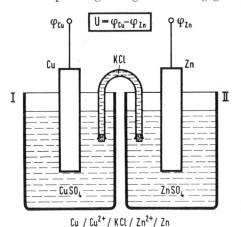

Bild 9.14. Daniellelement

Die chemischen Vorgänge, die sich in einem Daniellelement abspielen, sind dieselben wie beim Eintauchen eines Zinkstabes in eine Kupfersulfatlösung. An der Zinkelektrode gehen Zinkatome als Ionen in Lösung. Die dabei freiwerdenden Elektronen fließen im äußeren Schließungsdraht zum Kupferstab, an dem Kupferionen aus der angrenzenden Lösung entladen werden. Die Zinkelektrode ist daher der Minuspol. Die Elektronen wandern zur Kupferelektrode, die den Pluspol darstellt. Bei diesen elektrochemischen Vorgängen bezieht man sich somit auf die tatsächliche Bewegungsrichtung der Elektronen. Die in der Elektrotechnik festgelegte Stromrichtung stimmt mit der eigentlichen Elektronenbewegung nicht überein, sondern verläuft gerade entgegengesetzt (technische Stromrichtung von + nach −).

Am Daniellelement wurde gezeigt, daß sich bei einer Konzentrationsveränderung auch die Einzelpotentiale verändern. Hier bestanden die Elektroden aus verschiedenen Metallen. Es kann jedoch auch zu einer Zellspannung kommen, wenn zwei »Elektroden« aus dem gleichen Metall bei gleicher Temperatur in Lösungen ihrer Ionen eintauchen, die unterschiedliche Aktivität (Konzentration) besitzen.

Zur Erklärung soll die in Bild 9.15 dargestellte Versuchsanordnung dienen. In den Gefäßen I und II befinden sich Silbernitratlösungen unterschiedlicher Konzentration, in die Silberstäbe eintauchen. Da die Konzentration (Aktivität) im Gefäß I größer als im Gefäß II ist, haben die beiden Silberelektroden verschiedene Potentiale. Zwischen den Elektroden besteht daher eine Zellspannung. Werden sie leitend verbunden, so fließen Elektronen von Elektrode II zu Elektrode I, weil diese wegen der größeren Aktivität ein positiveres Potential besitzt. Wie bereits früher dargestellt wurde, ist die Neigung zur Elektronenaufnahme um so größer, je positiver ein Potential ist. Im Gefäß I werden dadurch Silberionen entladen; im Gefäß II hingegen gehen Silberatome an der Elektrode als Ionen in Lösung. Dadurch nähern sich die Aktivitäten immer mehr an. Die Zellspannung wird kleiner und beträgt schließlich bei gleicher Aktivität »Null« Volt. Zur Kennzeichnung dieses galvanischen Elementes ist folgende Schreibweise möglich:

Ag/Ag$^+$/KCl/Ag$^+$/Ag

a_1 $\quad\quad\quad$ a_2

Da die Zellspannung in diesem Fall durch unterschiedliche Konzentrationen bedingt ist, nennt man solche Spannungsquellen auch *Konzentrationselemente*. Die Potentiale

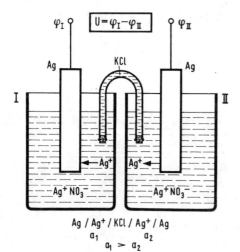

Bild 9.15. Silber-Konzentrationselement

der beiden Silberelektroden sind durch folgende Gleichungen bestimmt:

Gefäß I; edlere Elektrode $\varphi_I = U_{0Ag} + \dfrac{RT}{nF} \ln a_1$

Gefäß II: unedlere Elektrode $\varphi_{II} = U_{0Ag} + \dfrac{RT}{nF} \ln a_2$

Als Potentialdifferenz findet man:

$$U = \varphi_I - \varphi_{II} = U_{0Ag} - U_{0Ag} + \frac{RT}{nF} \ln \frac{a_1}{a_2} = \frac{RT}{nF} \ln \frac{a_1}{a_2}$$

Die Zellspannung eines Konzentrationselementes ist bei gleicher Temperatur dem Logarithmus des Aktivitätsverhältnisses proportional.

Beispiel: Wie groß ist die Zellspannung zwischen zwei Silberelektroden, die bei 20 °C in Silbernitratlösung eintauchen, die Aktivitäten von $a_1 = 0,1$ und $a_2 = 0,001$ besitzen?
Lösung: Das Aktivitätsverhältnis ist $a_1 : a_2 = 10^2$. Setzt man diesen Wert ein, so entsteht:

$$U = \frac{R \cdot T}{n \cdot F} \cdot 2{,}303 \cdot \lg 10^2$$

$U = 0{,}058 \text{ V} \cdot 2$

$U = 0{,}116 \text{ V}$

Die Zellspannung beträgt bei den angebenen Bedingungen

$U = 0{,}116 \text{ V}$

Zum Abschluß dieses Abschnitts sei noch ein Hinweis gebracht, der wesentlich für das Verständnis der Leistungsfähigkeit der Nernstschen Gleichung ist:

a) Bei Elementen mit Elektroden aus verschiedenen Metallphasen (z. B. Daniellelement) ist diese Gleichung nur dann anzuwenden, wenn ein Zusatzglied – nämlich das Standardpotential aus der Spannungsreihe – bekannt ist.

b) Bei Konzentrationsketten ist die Kenntnis der Standardpotentiale jedoch nicht notwendig.

Die Potentialdifferenz ist also nur von der Temperatur, dem Konzentrationsverhältnis (Aktivitätsverhältnis) und der Ionenwertigkeit n abhängig. Sie ist (bei $a_1 : a_2 = 10 : 1$ und $n = 1$):

10 °C $U = 0{,}056$ V
20 °C $U = 0{,}058$ V
25 °C $U = 0{,}059$ V

Sind die Ionen zweifach positiv geladen (Me^{2+}, $n = 2$), so halbieren sich diese Werte bei sonst gleichen Bedingungen (→ Abschn. 9.3.4. und Aufg. 9.14.).

9.4.3. Primärelemente

Galvanische Elemente kann man in Primär- und Sekundärelemente einteilen. *Primärelemente* liefern nach ihrem Zusammenbau sofort eine Spannung. Sie sind nach einer Entladung verbraucht und können nicht wieder zur Speicherung elektrischer Energie dienen. Die bei der Stromlieferung ablaufenden chemischen Vorgänge lassen sich nicht umkehren; sie sind irreversibel. Die *Sekundärelemente*, für die auch die Bezeichnung *Akkumulatoren* üblich ist, lassen sich jedoch nach einer Energieentnahme wieder aufladen.

Das bereits erwähnte Daniellelement ist ein Primärelement, es hat kaum praktische Bedeutung. Wichtiger ist das *Leclanché*-Element, das man als Rund- oder Flachzelle fertigt (Bild 9.16). Die chemischen Reaktionen, die bei der Stromentnahme ablaufen, sind sehr kompliziert. Das Element hat in der Regel den nachstehenden Aufbau:

$C(MnO_2)/NH_4Cl/Zn$

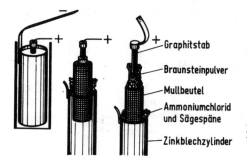

Bild 9.16. Einzelteile einer Taschenlampenbatterie

Das Ammoniumchlorid ist u. a. mit Wasser zu einem Brei angerührt. Dabei kommt es zwischen der Kationsäure NH_4^+ und dem Wasser zu nachstehender Reaktion:

$NH_4^+ + H_2O \rightarrow NH_3 + H_3O^+$

Ammoniumchloridlösungen reagieren aus diesem Grund schwach sauer. Der pH-Wert der 1 M NH_4Cl-Lösungen ist 4,6.

Wäre der Graphitstift (C) des Elementes nicht mit Braunstein (MnO_2) umgeben, so könnte folgende Reaktion ablaufen:

$Zn + 2 H_3O^+ \rightarrow Zn^{2+} + H_2 + 2 H_2O$

Der Braunstein hat die Aufgabe, die Reaktionen anders zu lenken, weil u. a. das Entstehen eines Gases bei der Stromlieferung ungünstig ist.

Der Elektronendonator ist das Zink. Die Zinkelektrode ist daher der Minuspol der Spannungsquelle, weil hier ein Überschuß von Elektronen auftritt. Im elektrochemischen Sinne gehören jedoch die Begriffe Oxydation und Anode zusammen. Da bei der Elektronenabgabe Zinkatome in Zinkionen übergehen, also Elektronen abgeben, ist die Zinkelektrode im elektrochemischen Sinne Anode.

Für galvanische Elemente gelten somit folgende Feststellungen:

a) Der Minuspol ist elektrochemisch Anode,
b) der Pluspol ist elektrochemisch Katode.

Die Potentialdifferenz zwischen den beiden Elektroden des *Leclanché*-Elementes beträgt etwa 1,5 V. Unter einem Element ist eine Einzelzelle zu verstehen. Eine Batterie enthält mehrere Einzelzellen. In den bekannten »Taschenlampenflachbatterien« sind z. B. drei Einzelzellen in Reihe geschaltet. Da sich bei dieser Schaltungsart die Teilspannungen addieren, kommt man auf eine Gesamtspannung von rund 4,5 V. Die Potentialdifferenz zwischen den beiden Elektroden einer Einzelzelle ist stark vom pH-Wert abhängig. Hat ein Element längere Zeit Energie abgegeben, so verursacht die Zunahme von Hydroxid-Ionen am Pluspol eine Spannungsminderung. Entnimmt man keinen Strom, so kann die Spannung wieder ansteigen, weil Hydroxid-Ionen aus dem Katodenraum diffundieren (→ Aufg. 9.15.).

9.4.4. Sekundärelemente

Die in Sekundärelementen ablaufenden chemischen Reaktionen kann man durch Aufladen umkehren. Akkumulatoren sind daher zur Energiespeicherung geeignet. Ein Teil der zugeführten elektrischen Energie ist in den bei der Aufladung gebildeten Reaktionsprodukten enthalten. Von besonderer praktischer Bedeutung sind der Blei- und der Eisen-Nickel-Akkumulator.

9.4.4.1. Bleiakkumulator

Im geladenen Zustand besteht ein Bleiakkumulator meist aus Gitterplatten (Pb-Sb-Legierung), in deren Maschen sich aktives schwammiges Blei oder Bleidioxid (PbO_2) befindet (Bild 9.17). Je nach Anwendungsfall sind diese Platten konstruktiv unterschiedlich ausgeführt. Als Elektrolyt dient Schwefelsäure, die mit destilliertem Wasser verdünnt ist. Die Dichte der Säure kann zwischen $1{,}18$ g cm^{-3} und $1{,}28$ g cm^{-3} liegen. Da bei den chemischen Vorgängen außerdem in der Schwefelsäure enthaltenes Bleisulfat $PbSO_4$ von Bedeutung ist, kann man für den Bleiakkumulator folgendes Schema angeben:

$Pb/PbO_2/H_2SO_4/PbSO_4/Pb$

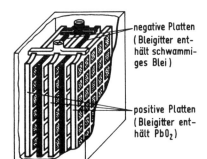

Bild 9.17. Aufbau eines Bleiakkumulators

Die Urspannung des Bleiakkumulators ergibt sich aus den Potentialen der Pb/PbO_2- und $Pb/PbSO_4$-Elektrode. Im geladenen Zustand gilt:

$$U = \varphi_{PbO_2} - \varphi_{PbSO_4} = 1{,}685 \text{ V} - (-0{,}276 \text{ V}) = 1{,}96 \text{ V}$$

In der Praxis rechnet man mit rund 2 V. Da die $Pb/PbSO_4$-Elektrode das negativere Potential besitzt, tritt sie als Elektronenlieferant auf. Während der Entladung findet an den beiden Elektroden folgende Reaktion statt:

Minuspol:
$$\begin{aligned} Pb &\rightarrow Pb^{2+} + 2\,e^- \\ \underline{Pb^{2+} + SO_4^{2-} &\rightarrow PbSO_4} \\ Pb + SO_4^{2-} &\rightarrow PbSO_4 + 2\,e^- \end{aligned}$$

Ein geringer Teil des gebildeten Bleisulfats löst sich in der Schwefelsäure; der überwiegende Anteil bleibt jedoch nach Sättigung der Säure in den Gitterplatten enthalten, so daß neben Blei auch Bleisulfat vorliegt. Da die Oxydationszahl des Bleis im Bleisulfat $+2$ beträgt, wird das Blei oxydiert:

$\overset{0}{Pb} \rightarrow \overset{+2}{PbSO_4}$

Im elektrochemischen Sinne ist somit der Minuspol die Anode.

Pluspol:
$$\frac{\begin{array}{l}PbO_2 + 2\,e^- + 4\,H^+ \rightarrow Pb^{2+} + 2\,H_2O \\ Pb^{2+} + SO_4^{2-} \rightarrow PbSO_4\end{array}}{\overset{+4}{Pb}O_2 + SO_4^{2-} + 4\,H^+ + 2\,e^- \rightarrow \overset{+2}{Pb}SO_4 + 2\,H_2O}$$

Am Pluspol entsteht auch Bleisulfat. Das Blei geht dabei aus der Oxydationsstufe $+4$ im PbO_2 in die Oxydationsstufe $+2$ im Bleisulfat $PbSO_4$ über.
An der Pb/PbO_2-Elektrode findet demnach eine Reduktion statt. Addiert man die beiden Teilgleichungen für die Anoden- und Katodenreaktion, so entsteht die Gleichung für die Gesamtreaktion:

Minuspol: $\quad Pb + SO_4^{2-} \rightleftarrows PbSO_4 + 2\,e^-$
Pluspol: $\quad PbO_2 + SO_4^{2-} + 4\,H^+ + 2\,e^- \rightleftarrows PbSO_4 + 2\,H_2O$

Gesamtreaktion: $\quad PbO_2 + Pb + 2\,H_2SO_4 \underset{\text{Laden}}{\overset{\text{Entladen}}{\rightleftarrows}} 2\,PbSO_4 + 2\,H_2O$

Weil beim Entladen Bleisulfat entsteht, wird Schwefelsäure verbraucht. Dadurch verändern sich die Potentiale der Elektroden. Die Zellspannung nimmt ab.
Da zwischen der Dichte der Säure und der Zellspannung ein Zusammenhang besteht, wird in der Praxis der Entladungszustand eines Akkumulators durch Dichtemessungen überprüft. Der in der Gesamtreaktionsgleichung angegebene obere Reaktionspfeil gilt für den Entladevorgang. Aus praktischen Erwägungen werden Akkumulatoren jedoch nicht bis zur Potentialdifferenz »Null« zur Stromlieferung benutzt, sondern es ist je nach Typ bei einer bestimmten Entladespannung das Aufladen vorzunehmen, weil bei zu tiefer Entladung eine geringe Lebensdauer auftritt (Verbiegen der positiven Platten, Lockerung der aktiven Masse der negativen Platten, Kurzschlüsse zwischen den Platten durch direkte Berührung oder durch »Schlamm«, der sich am Gefäßboden absetzt). Neben den genannten Reaktionen können an den Elektroden auch Vorgänge ablaufen, die nicht umkehrbar sind. Eine besonders unerwünschte Erscheinung ist die »Sulfatisierung« der Platten, die man auf eine Alterung des Bleisulfates zurückführt, das dadurch chemisch »schlechter« reagiert. Deshalb nimmt die Speicherfähigkeit der Akkumulatoren ab. Die »Sulfatisierung« tritt auch dann auf, wenn die Elemente längere Zeit nicht benutzt werden. Es ist daher nach bestimmten Zeiträumen eine Stromentnahme mit nachfolgender Aufladung für eine lange Lebensdauer unerläßlich ($\rightarrow$ Aufg. 9.16.).
Beim Laden eines Akkumulators sind die chemischen Reaktionen, die während der Stromlieferung ablaufen, durch Anlegen einer äußeren Spannung umzukehren. Dabei ist an die Bleiplatte der Minus- und an die Bleidioxidplatte der Pluspol anzuschließen. Am Minuspol nehmen Bleiionen Elektronen auf (Reduktion) und gehen in metallisches Blei über ($Pb^{2+} + 2\,e^- \rightarrow Pb$). Der Pluspol ist elektrochemisch die Anode, weil hier Blei aus der Oxydationsstufe $+2$ im $PbSO_4$ in die Oxydationsstufe $+4$ im PbO_2 übergeht (Abgabe von Elektronen). Die Richtung für die Gesamtreaktion gibt der mit »Laden« gekennzeichnete Pfeil der oben beschriebenen Gesamtreaktionsgleichung an. Da beim Aufladen Schwefelsäure entsteht, nimmt die Dichte wieder zu. Ist die Umwandlung von Bleisulfat in Blei und Bleidioxid beendet, so zersetzt sich der Elektrolyt, und es entsteht Wasserstoff und Sauerstoff. Der Akkumulator »gast«. In der Ladekurve steigt die Spannung an, weil jetzt andere Vorgänge einsetzen (Bild 9.18; Tabelle 9.6). Das »Gasen« ist somit auch ein Zeichen für den Abschluß des Ladevorganges. Daß diese Zersetzung des Elektrolyten nicht sofort beim Anlegen einer äußeren Spannung zu beobachten ist, hängt damit zusammen, daß sich Wasserstoff

Tabelle 9.6. Kennwerte von Bleibatterien für Kraftwagen (nach Angaben des VEB Fahrzeugelektrik Ruhla)

Kurz-bezeichnung	Nenn-spannung in V	Nenn-amperestundenkapazität bei 20stündiger Entladung in Ah	Stromstärke für Inbetriebsetzung und Normalladung in A	Anmerkung
6 V 56 Ah	6	56	5,6	Es ist so lange zu laden, bis alle Zellen lebhaft gasen und eine Spannung je Zelle von 2,5 V bis 2,7 V erreicht ist. Die Säure hat dann eine Dichte von etwa 1,28 g/cm³ erreicht (bezogen auf +25 °C). Während der Ladung darf die Säuretemperatur +50 °C nicht überschreiten. Laden mit geringerem Ladestrom bedingt entsprechend längere Ladezeit.
6 V 84 Ah	6	84	8,4	
12 V 56 Ah	12	56	5,6	
12 V 84 Ah	12	84	8,4	
12 V 105 Ah	12	105	10,5	
12 V 135 Ah	12	135	13,5	
12 V 180 Ah	12	180	18,0	

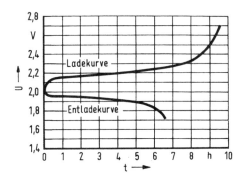

Bild 9.18. Beispiel für einen möglichen Verlauf der Lade- und Entladekurve

an Blei und Sauerstoff an Bleidioxid nur schwer abscheiden läßt (Überspannungen). Vorgänge dieser Art sind Elektrolysen, die im nächsten Abschnitt näher beschrieben sind (→ Abschn. 9.5. und 9.5.4.1.).

9.4.4.2. Eisen-Nickel-Akkumulator

Neben dem Bleiakkumulator hat der Eisen-Nickel-Akkumulator praktische Bedeutung. Die Zellspannung liegt im aufgeladenen Zustand bei etwa 1,4 V. Als elektrochemisch aktive Stoffe wirken schwammiges Eisen und Nickel(III)-hydroxid, die in eine etwa 20%ige Kalilauge eintauchen. Es liegt somit ein galvanisches Element folgender Anordnung vor:

$Fe/KOH/Ni(OH)_3/Ni$

Die Eisenelektrode ist der Minuspol, die Nickelelektrode der Pluspol. Beim Entladen treten folgende Reaktionen auf:

Minuspol:

$$\begin{array}{l} Fe \rightarrow Fe^{2+} + 2\,e^- \\ \underline{Fe^{2+} + 2\,OH^- \rightarrow Fe(OH)_2} \\ Fe + 2\,OH^- \rightarrow Fe(OH)_2 + 2\,e^- \end{array}$$

Pluspol:

$$\begin{array}{l} 2\,Ni(OH)_3 \rightarrow 2\,Ni^{3+} + 6\,OH^- \\ 2\,Ni^{3+} + 2\,e^- \rightarrow 2\,Ni^{2+} \\ \underline{2\,Ni^{2+} + 4\,OH^- \rightarrow 2\,Ni(OH)_2} \\ 2\,Ni(OH)_3 + 2\,e^- \rightarrow 2\,Ni(OH)_2 + 2\,OH^- \end{array}$$

Durch Addition der beiden Teilreaktionen entsteht die Gleichung für den Gesamtumsatz:

Minuspol: $\quad Fe + 2\,OH^- \rightleftarrows Fe(OH)_2 + 2\,e^-$
Pluspol: $\quad 2\,Ni(OH)_3 + 2\,e^- \rightleftarrows 2\,Ni(OH)_2 + 2\,OH^-$

Gesamtreaktion: $\quad Fe + 2\,Ni(OH)_3 \underset{Laden}{\overset{Entladen}{\rightleftarrows}} Fe(OH)_2 + 2\,Ni(OH)_2$

Gegenüber dem Bleiakkumulator hat der Nickel-Eisen-Akkumulator einen höheren inneren Widerstand. Der Wirkungsgrad ist daher schlechter. Aus der Gleichung für die Gesamtreaktion folgt weiterhin, daß eigentlich die Konzentration der Kalilauge immer den gleichen Wert besitzen müßte. Es wird jedoch beobachtet, daß beim Entladen die Laugenkonzentration gering zunimmt. Es treten somit noch andere Reaktionen auf, deren genauer Verlauf umstritten ist. Man findet in der Literatur daher auch andere Darstellungen der Gesamtreaktion.

9.5. Elektrolyse

9.5.1. Begriffe

Bei einer Elektrolyse verursacht der elektrische Strom chemische Reaktionen. Die Verhältnisse liegen also gerade umgekehrt wie bei galvanischen Elementen. Zur Durchführung einer Elektrolyse ist eine äußere Spannungsquelle erforderlich. Die Stromzuführungen heißen Pluspol und Minuspol.

Im Gegensatz zu galvanischen Elementen ist bei einer Elektrolyse der Minuspol jedoch die Katode, die ständig Elektronen abgibt (Elektronendonator). An der Katode erfolgt daher eine Reduktion (katodische Reduktion). An der Anode, die in diesem Fall Pluspol ist, können Anionen entladen werden. Da bei diesem Vorgang Elektronen abgegeben werden, spricht man auch von einer anodischen Oxydation (Bild 9.19). Sowohl bei galvanischen Elementen als auch bei der Elektrolyse treten somit folgende Ionenreaktionen auf:

a) Anode: Abgabe von Elektronen (Oxydation)
b) Katode: Aufnahme von Elektronen (Reduktion)

Bei der Behandlung elektrolytischer Vorgänge wird der Begriff Elektrode auch in einem engeren Sinne gebraucht, als das bei galvanischen Elementen üblich ist. Hier ist mit Elektrode mitunter nur die metallische Phase bzw. der Teil der Zelle gemeint, der die Stromzuführung ermöglicht (z. B. Platinelektroden, Glaselektroden, Bleielektroden).

Die Bezeichnungen Minuspol und Pluspol beziehen sich nicht auf die elektrochemischen Vorgänge, sondern auf die Pole einer Spannungsquelle. Sie kennzeichnen, ob ein Überschuß oder Mangel an Elektronen besteht.

Will man die Vorgänge, die in einem Daniellelement ablaufen, umkehren, so ist an die Elektroden eine äußere Spannung anzulegen. Damit sich die Zinkionen auf der Zink-

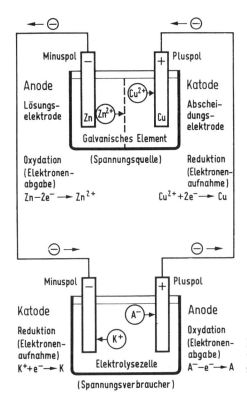

Bild 9.19. Vergleichende Gegenüberstellung von galvanischem Element und Elektrolysezelle

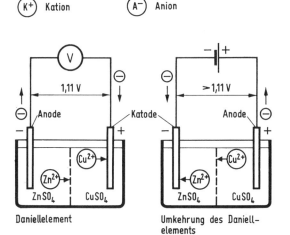

Bild 9.20. Umkehrung der Vorgänge im Daniellelement durch Anlegen einer äußeren Spannung

183

elektrode abscheiden, ist an diese der Minuspol zu legen. An die Kupferelektrode wird der Pluspol angeschlossen.

$$\text{Zn} + \text{Cu}^{2+} \underset{\text{Elektrolyse}}{\overset{\text{galvanisches Element}}{\rightleftarrows}} \text{Zn}^{2+} + \text{Cu}$$

Das Umkehren der Reaktionsrichtung ist jedoch nur dann möglich, wenn die von außen angelegte Spannung größer ist als die Urspannung des galvanischen Elementes (Bild 9.20).

9.5.2. Elektrodenvorgänge

Bei einer Elektrolyse treten an den Elektroden Wechselwirkungen mit der Elektrolytlösung auf. Durch den elektrischen Strom können auch Salzschmelzen zerlegt werden. Die Vorgänge laufen dann bei erhöhter Temperatur im Schmelzfluß ab (Schmelzflußelektrolyse). Auch Oxide lassen sich durch eine Schmelzflußelektrolyse zerlegen. Die vielseitigen Anwendungsformen elektrolytischer Methoden in der chemischen Industrie sowie der Laboratoriumspraxis hängen u. a. damit zusammen, daß es möglich ist, die Vorgänge an den Elektroden in einer gewünschten Richtung zu beeinflussen. Auf den Verlauf der Elektrodenreaktionen haben z. B. folgende Faktoren einen Einfluß:

die Art des Elektrolyten,
das verwendete Lösungsmittel,
die Höhe der gewählten Spannung,
die Größe des Stromes bzw. des Stromes je Flächeneinheit (Stromdichte),
die Konzentration (Aktivität) der Ionen,
die Art des Elektrodenwerkstoffes,
die Temperatur des Elektrolyten.

9.5.2.1. Katodenvorgänge

An der Katode erfolgt immer eine Aufnahme von Elektronen (Reduktion). Bei der Formulierung von Katodenvorgängen stehen daher die Elektronen auf der Seite der Ausgangsstoffe (Ionen). An der Katode kann es zu folgenden Reaktionen kommen:

a) Entladen von Kationen

$\text{Na}^+ + 1\,\text{e}^- \to \text{Na}$ ⎫ Diese Reaktionen sind nur in Schmelzen oder wasserfreien
$\text{K}^+ + 1\,\text{e}^- \to \text{K}$ ⎬ Systemen möglich.
$\text{Cu}^{2+} + 2\,\text{e}^- \to \text{Cu}$
$2\,\text{H}^+ + 2\,\text{e}^- \to 2\,\text{H}$

Häufig kommt es bei dieser Reaktion zur Bildung eines Wasserstoffmoleküls ($2\,\text{H} \to \text{H}_2$).

b) Reduktion von Anionen und Kationen (Änderung der Oxydationszahl)

$\text{NO}_3^- + 2\,\text{H}^+ + 2\,\text{e}^- \to \text{NO}_2^- + \text{H}_2\text{O}$

$\text{Fe}^{3+} + 1\,\text{e}^- \qquad \to \text{Fe}^{2+}$

c) Reduktion organischer Moleküle
Ein bekanntes Beispiel ist die Reduktion von Nitrobenzen ($\to$ Abschn. 30.5.) zu Aminobenzen (Anilin). Die verwickelten Vorgänge können formal durch folgende Gleichungen beschrieben werden:

$$\begin{array}{l} 6\,\text{H}^+ + 6\,\text{e}^- \qquad\qquad \to 6\,\text{H} \\ \underline{6\,\text{H} \;\;+ \text{C}_6\text{H}_5\text{NO}_2 \quad \to \text{C}_6\text{H}_5\text{NH}_2 + 2\,\text{H}_2\text{O}} \\ \text{C}_6\text{H}_5\text{NO}_2 + 6\,\text{H}^+ + 6\,\text{e}^- \to \text{C}_6\text{H}_5\text{NH}_2 + 2\,\text{H}_2\text{O} \\ \text{Nitrobenzen} \qquad\qquad\quad\; \text{Aminobenzen} \end{array}$$

d) Reduktion neutraler Moleküle

$Cl_2 + 2\,e^- \rightarrow 2\,Cl^-$

$O_2 + 4\,H^+ + 4\,e^- \rightarrow 2\,H_2O$

9.5.2.2. Anodenvorgänge

An der Anode erfolgt eine Oxydation, d. h. eine Abgabe von Elektronen. Bei der Formulierung von Anodenvorgängen sollen daher die Elektronen auf der Seite der Endstoffe (Ionen) stehen. An einer Anode sind z. B. folgende Reaktionen möglich:

a) Entladen von Anionen

$2\,Cl^- \rightarrow 2\,Cl + 2\,e^-$

Als Folgereaktion können sich die Chloratome zu einem Chlormolekül vereinigen ($2\,Cl \rightarrow Cl_2$).

$2\,OH^- \rightarrow H_2O + \tfrac{1}{2}\,O_2 + 2\,e^-$

b) Oxydation von Anionen und Kationen (Änderung der Oxydationszahl)

$Fe^{2+} \rightarrow Fe^{3+} + 1\,e^-$

$MnO_4^{2-} \rightarrow MnO_4^- + 1\,e^-$

Manganation   Permanganation

$2\,SO_4^{2-} \rightarrow S_2O_8^{2-} + 2\,e^-$

Sulfation   Persulfation

$ClO_3^- + 2\,OH^- \rightarrow ClO_4^- + H_2O + 2\,e^-$

Chloration   Perchloration

c) Oxydation organischer Moleküle

Elektrolysiert man eine alkalische Kaliumiodid-Ethanollösung, so wird an der Anode Iod in das organische Molekül eingebaut (Substitution).

$3\,I^- + C_2H_5OH + 9\,OH^- \rightarrow CHI_3 + 7\,H_2O + CO_3^{2-} + 10\,e^-$

  Ethanol   Triiodmethan
                         »Iodoform«

d) Oxydation elektrisch neutraler Stoffe

Wenn das Redoxpotential des Elektrodenwerkstoffes niedriger als das Redoxpotential der Chlorid- bzw. OH-Ionen ist, so kann es zum »Lösen« der Anodenelektrode kommen (Elektrolyse mit angreifbarer Elektrode). Beispiele sind:

$Cu \rightarrow Cu^{2+} + 2\,e^-$

$Ni \rightarrow Ni^{2+} + 2\,e^-$

$Ag \rightarrow Ag^+ + 1\,e^-$

9.5.3. Elektrolyse von Salzschmelzen

Natriumchlorid schmilzt bei etwa 800 °C. Das Ionengitter, in dem die Natrium- und Chloridionen an einen bestimmten Ort gebunden sind, um den sie lediglich Schwingungen ausführen, bricht bei der angegebenen Temperatur zusammen. In der Schmelze besitzen die Ionen eine größere Beweglichkeit. Taucht man daher in die Schmelze zwei Graphitelektroden und legt eine Spannung an, so wandern die Ionen zur entgegengesetzt geladenen Elektrode und werden dort entladen. Bei dieser Schmelzflußelektrolyse sind somit folgende Reaktionen zu beobachten:

Katode: $Na^+ + 1\,e^- \rightarrow Na$

Anode: $\underline{Cl^- \rightarrow Cl + 1\,e^- \rightarrow \tfrac{1}{2}\,Cl_2 + 1\,e^-}$

$Na^+ + Cl^- \rightarrow Na + \tfrac{1}{2}\,Cl_2$

Auch das Zinkchlorid kann man durch eine Schmelzflußelektrolyse in die Elemente zerlegen. Zinkchlorid schmilzt bei 313 °C. In der Schmelze befinden sich Zink- und Chloridionen.

$ZnCl_2 \rightarrow Zn^{2+} + 2\ Cl^-$

Legt man an die Graphitelektroden eine entsprechend hohe Spannung, so kommt es zu folgenden Reaktionen:

Katode: $Zn^{2+} + 2\ e^- \rightarrow Zn$
Anode: $\underline{2\ Cl^- \rightarrow 2\ Cl + 2\ e^- \rightarrow Cl_2 + 2\ e^-}$
$Zn^{2+} + 2\ Cl^- \rightarrow Zn + Cl_2$

Zink ist spezifisch schwerer als die Schmelze. Es setzt sich daher ab (→ Aufg. 9.17.).

9.5.4. Elektrolyse in wäßriger Lösung

9.5.4.1. Allgemeine Regeln

Bei der Elektrolyse wäßriger Lösungen können sich außer den gelösten Ionen auch die H- und OH-Ionen, die durch Autoprotolyse entstehen, an den Reaktionen beteiligen.
Tauchen in eine Kupfersulfatlösung zwei Kupferbleche, so tritt zwischen diesen keine Spannung auf, weil ihre Potentiale wegen derselben Ionanaktivität den gleichen Wert besitzen. Wird an die Elektroden eine äußere Spannung gelegt, so kommt es zur Elektrolyse. Dabei nimmt, wie Messungen zeigen, die Masse der Katode zu, die der Anode jedoch ab. Die Konzentration der Kupferionen um die Anode wird größer. An den Elektroden laufen demnach folgende Vorgänge ab:

Katode: Es werden Kupferionen abgeschieden.
$Cu^{2+} + 2\ e^- \rightarrow Cu$

Anode: Von der Kupferanode treten Kupferionen in die Lösung über.
$Cu \rightarrow Cu^{2+} + 2\ e^-$

Da zu Beginn der Elektrolyse kein galvanisches Element vorliegt, kommt es schon durch sehr kleine Spannungen zu den beschriebenen Reaktionen. Unterbricht man die Elektrolyse, so kann, wenn ein Durchmischen der Ionen verhindert wurde, zwischen den Elektroden eine Spannung gemessen werden, weil die Aktivitäten an den beiden Elektroden verschieden sind. Verbindet man die Elektroden leitend, so fließt ein Strom in entgegengesetzter Richtung wie bei der Elektrolyse. Die durch einen Konzentrationsunterschied bedingte Spannung wirkt auch während der Elektrolyse der von außen angelegten Spannung entgegen (Bild 9.21).
Fließt durch einen Elektrolyten ein Strom, so kommt es also nicht nur zu Wanderungserscheinungen der Ionen, sondern an den Phasengrenzen treten Veränderungen auf, durch die Spannungen bedingt sind, die der Elektrolysespannung entgegenwirken. Diese Erscheinung heißt *galvanische Polarisation*. Polarisationsspannungen können u. a. durch folgende Vorgänge auftreten: Abscheidung von Ionen auf einer Elektrode (Durchtrittsreaktion), Aktivitätsänderungen der Ionen an den Elektroden, Änderung der Beschaffenheit der Elektrodenoberfläche, Diffusionsvorgänge.
Verwendet man bei der Elektrolyse von Kupfersulfat keine Kupfer-, sondern Platinelektroden, so kommt es zu folgenden Reaktionen: Auf der Platinelektrode werden auch Kupferionen abgeschieden; an der Anode hingegen entsteht ein Gas, das sich bei

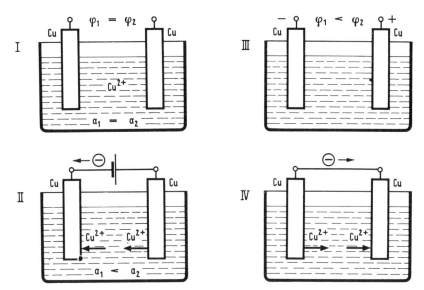

Bild 9.21. Zur Polarisationsspannung bei der Elektrolyse einer CuSO$_4$-Lösung mit Kupferelektroden

einer Untersuchung als Sauerstoff erweist. In der Lösung sind außer den SO_4^{2-}-Ionen auch OH-Ionen enthalten, die an der Platinanode entladen werden:

Katode: $Cu^{2+} + 2\,e^- \rightarrow Cu$

Anode: $2\,OH^- \rightarrow 2\,OH + 2\,e^- \rightarrow H_2O + \frac{1}{2}O_2 + 2\,e^-$

Durch das Abscheiden von Kupfer und Sauerstoff an den Platinelektroden entsteht ein galvanisches Element. Auch dadurch tritt eine Polarisationsspannung auf, die während der Elektrolyse ständig zu überwinden ist.

(Pt) Cu/CuSO$_4$/O$_2$ (Pt)

Die Elektrolyse kann also nicht, wie bei der Verwendung von Kupferelektroden, mit beliebig kleinen Spannungen ausgeführt werden. Man nennt nun die von außen angelegte Spannung, die gerade zu einer Zersetzung der Elektrolyten führt, die *Zersetzungsspannung* U_z. Die zur dauernden Aufrechterhaltung der Elektrolyse erforderliche Spannung ist jedoch größer als die Zersetzungsspannung, weil zusätzliche Widerstände zu überwinden sind (z. B. Elektrolyt, Diaphragma). Für die Elektrolysespannung U_{El} gilt demnach:

$U_{El} = U_Z + U_R$

U_R Spannung an zusätzlichen Widerständen

Die Zersetzungsspannung findet man nach diesen Überlegungen, genau wie bei den galvanischen Elementen, aus der Differenz für die Potentiale der Einzelelektroden, die nach der Gleichung von *Nernst* bestimmt werden. Alle Größen, die auf die Potentiale einen Einfluß haben, verändern auch die Elektrolysespannung (Aktivität, Temperatur).

Die Vielzahl der Reaktionsmöglichkeiten bei Elektrolysen in wäßriger Lösung kann man nicht in wenigen Sätzen zusammenfassen. Es lassen sich jedoch einige Grundregeln erkennen, auf die im folgenden hingewiesen sei.

Will man z. B. Wasserstoff aus einer Lösung der H⁺-Ionenaktivität $a_{H^+} = 1$ abscheiden, so muß bei einer platinierten Platinelektrode das Potential »Null« vorliegen. Werden jedoch andere Werkstoffe als Platin verwendet, so sind negative Potentiale erforderlich. Die Differenz zwischen dem gemessenen Potential und 0 V nennt man *Überspannung*. Überspannungen lassen immer darauf schließen, daß Vorgänge an der Elektrode gehemmt ablaufen (irreversibel). Wie groß die Überspannungen im einzelnen sind, hängt u. a. von folgenden Größen ab: Elektrodenmaterial, Stromdichte, Temperatur und Konzentration der Ionen. Einen besonderen Einfluß haben der Elektrodenwerkstoff sowie seine Oberflächenbeschaffenheit. Treten Überspannungen auf, so berechnet man die zum Abscheiden der Ionen erforderlichen Potentiale nach der folgenden Gleichung:

$$\varphi = U_0 \pm \frac{RT}{nF} \ln a + \eta$$

Die Größe η ist die Überspannung.
Sind in einer wäßrigen Lösung außer den H⁺-Ionen noch Metallionen vorhanden, dann würden sowohl Wasserstoff als auch das Metall an der Katode abgeschieden, wenn sie gleiche Potentiale hätten. Das Potential der H⁺-Ionen beträgt in neutraler Lösung $\varphi_H = -0{,}413$ V. Es sind daher folgende Reaktionen denkbar:
a) Das Abscheidungspotential der Metallionen ist $-0{,}413$ V. Es scheidet sich das Metall bei gleichzeitiger Entwicklung von Wasserstoff ab.
b) Das Potential der Metallionen ist kleiner als $-0{,}413$ V. Es wird nur der Wasserstoff entladen.
c) Das Potential der Metallionen ist größer als $-0{,}413$ V. Es werden Metallionen abgeschieden.
d) Metalle mit einem negativeren (unedleren) Potential als der Wasserstoff lassen sich bei Gegenwart von H⁺-Ionen an Elektroden entladen, an denen die Wasserstoffbildung große negative Überspannungen besitzt, so daß das Wasserstoffpotential negativer ist als das der vorhandenen Metallionen.

Bei nicht zu hohen Stromdichten kann man demnach Ionen des Silbers, Quecksilbers, Kupfers, Antimons und Wismuts an Katoden aus dem gleichen Metall, wie Ionen in der Lösung sind, bei Gegenwart von H⁺-Ionen abscheiden. Das ist auch für Blei-Ionen in sauren Lösungen möglich, weil Wasserstoff an Bleielektroden eine große Überspannung besitzt. Enthält eine Lösung jedoch Ionen des Natriums, Kaliums, Lithiums, Magnesiums, Zinks oder Calciums, so entsteht bei nicht zu hohen Stromdichten an der Katode Wasserstoff. Abweichungen von dieser Regel treten wieder dann auf, wenn die Wasserstoffbildung durch hohe negative Überspannungen gekennzeichnet ist. So lassen sich z. B. an Quecksilberelektroden Na⁺-Ionen bei Gegenwart von H⁺-Ionen abscheiden (Alkalichloridelektrolyse nach dem Quecksilberverfahren) (→ Aufgabe 9.18. und 9.19.).

9.5.4.2. Beispiele für Elektrolysen in wäßriger Lösung

Salzsäure

Bei der Elektrolyse einer Salzsäurelösung kehrt man die Vorgänge, die in einer Chlor-Knallgaskette ablaufen, um:

$$2\,H^+ + 2\,Cl^- \underset{\text{galvanisches Element}}{\overset{\text{Elektrolyse}}{\rightleftarrows}} H_2 + Cl_2$$

Steigert man von 0 V ausgehend die Spannung an den Elektroden, die aus Platin bestehen sollen, so laufen folgende Vorgänge ab:

a) Der erste Stromstoß bewirkt, daß an der Katode Wasserstoff und an der Anode Chlorgas entstehen:

Katode: $2 H^+ + 2 e^- \rightarrow 2 H \rightarrow H_2$

Anode: $\quad 2 Cl^- \rightarrow 2 Cl + 2 e^- \rightarrow Cl_2 + 2 e^-$

Dadurch bildet sich ein galvanisches Element, dessen Spannung der Elektrolysespannung entgegenwirkt.

$Pt/H_2/HCl/Cl_2/Pt$

Bei der Elektrolyse tritt eine Polarisationsspannung auf.

b) Erhöht man die äußere Spannung weiter, so nimmt auch die Polarisationsspannung zu. Beträgt bei Standardbedingungen die angelegte Spannung 1,36 V, so ist der Druck der Gase so groß geworden, daß sie aus der Flüssigkeit entweichen. Die Zersetzungsspannung beträgt in diesem Fall $U_Z = 1{,}36$ V. Da die Gaskonzentrationen jetzt gleich bleiben, ändert sich die Gegenspannung nicht mehr.

c) Steigt die Spannung weiter an, so fließt ein Strom, der nach dem Ohmschen Gesetz zu bestimmen ist.

Stellt man den Zusammenhang zwischen Spannung und Strom zeichnerisch dar, so entsteht der in Bild 9.22 gezeigte Kurvenverlauf. Die Verlängerung des geradlinigen Teils bis zum Schnittpunkt mit der U-Achse liefert die Zersetzungsspannung U_Z.

Die Spannung, die bei der Elektrolyse von Salzsäure gerade zur Zersetzung führt, ist genauso groß wie die Urspannung des galvanischen Elementes $Pt/H_2/HCl/Cl_2/Pt$ bei den gleichen Bedingungen. Daraus folgt, daß in diesem Falle die Elektrodenvorgänge reversibel (umkehrbar) sind.

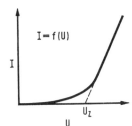

Bild 9.22. Beziehungen zwischen Strom und Spannung bei einer Elektrolyse; U_Z Zersetzungsspannung

Schwefelsäure

Elektrolysiert man verdünnte Schwefelsäure bei nicht zu hohen Stromdichten zwischen zwei Platinelektroden, so treten folgende Reaktionen auf:

Katode: $2 H^+ + 2 e^- \quad\quad\quad\quad \rightarrow H_2$
Anode: $\underline{2 OH^- \rightarrow 2 OH + 2 e^- \rightarrow H_2O + \tfrac{1}{2} O_2 + 2 e^-}$
$\quad\quad\quad 2 H^+ + 2 OH^- \quad\quad\quad \rightarrow H_2O + H_2 + \tfrac{1}{2} O_2$

Da zwei H^+-Ionen bzw. OH^--Ionen beim Zerfall von 2 Molekülen Wasser entstehen, kann man die Gleichung auch folgendermaßen beschreiben:

$2 H_2O \rightarrow H_2O + H_2 + \tfrac{1}{2} O_2$

oder

$H_2O \rightarrow H_2 + \tfrac{1}{2} O_2$

Bei der Elektrolyse verdünnter Schwefelsäure wird das Wasser in Wasserstoff und Sauerstoff zerlegt. Das theoretische Volumenverhältnis ist Wasserstoffvolumen zu Sauerstoffvolumen wie 2 : 1. Bei praktischen Messungen treten jedoch häufig Abweichungen von diesem Verhältnis auf, weil die Löslichkeit der beiden Gase im Elektrolyten unterschiedlich ist und bei erhöhten Stromdichten Nebenreaktionen auftreten können (Ozonbildung). Die Elektrolyse beginnt meist bei einer Spannung von 1,7 V. Da die Urspannung der Knallgaskette $Pt/H_2/H_2SO_4/O_2/Pt$ bei 1,23 V liegt, folgt, daß in diesem Falle die Elektrodenvorgänge gehemmt ablaufen. Da die Überspannung von Wasserstoff an Platin sehr klein ist, entfällt fast die gesamte Überspannung von 0,47 V auf die Entladung von Sauerstoff an Platin.

Salzlösungen

In einer wäßrigen NaCl-Lösung sind die Kationen H^+ und Na^+ und die Anionen OH^- und Cl^- enthalten. Bei 25 °C und einer Natrium- und Chloridionenaktivität von 1 gelten für die Abscheidungspotentiale die folgenden Werte:

$$U_{0Na^+} = -2,71\text{ V} \qquad U_{0Cl^-} = +1,36\text{ V}$$

Hat die Konzentration der H^+- und OH^--Ionen den Wert 10^{-7} mol l^{-1} (pH-Wert = 7), so ist das Potential der H^+-Ionen $\varphi_{H^+} = -0,413$ V. Für die OH-Ionen findet man mit $U_{0OH^-} = +0,40$ V:

$$\varphi_{OH^-} = 0,40\text{ V} - 0,059\text{ V} \lg 10^{-7} = 0,40\text{ V} + 0,41\text{ V} = 0,81\text{ V}$$

Aus den Potentialen der vier Ionen folgt, daß die Zersetzungsspannung bei der Abscheidung von H^+- und OH^--Ionen am niedrigsten wäre. Wird die Elektrolyse mit Platinelektroden ausgeführt, so kommt es nicht zur Entwicklung von Wasserstoff und Sauerstoff, sondern es entstehen Wasserstoff und Chlorgas, weil die Entwicklung von Sauerstoff an der Anode mit einer hohen Überspannung verbunden ist. Dadurch ist das Abscheidungspotential der OH^--Ionen größer als 1,36 V, und es kommt zur Entladung der Chloridionen. Bei Anionen wird demnach das Ion bevorzugt abgeschieden, das das weniger positive Potential besitzt (Bild 9.23).

In der Regel ist das Potential für die Abscheidung des Sauerstoffs an der Anode jedoch niedriger als das der SO_4^{2-}- und NO_3^--Ionen. Bei der Elektrolyse wäßriger Lösungen

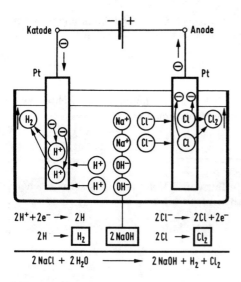

Bild 9.23. Schematische Darstellung der Vorgänge bei der Elektrolyse einer wäßrigen NaCl-Lösung

von Na_2SO_4, $NaNO_3$, K_2SO_4 oder KNO_3 werden somit die H^+- und OH^--Ionen entladen. In diesen Fällen wird also das Lösungsmittel zerlegt. Dabei entstehen wieder Wasserstoff und Sauerstoff. Die Vorgänge bei der Elektrolyse von Na_2SO_4 sind im Bild 9.24 schematisch dargestellt.

Nach diesen Ausführungen sind auch die eingangs beschriebenen Reaktionen bei der Elektrolyse einer $CuSO_4$-Lösung verständlich. Da das Potential der Cu^{2+}-Ionen edler ist als das der H^+-Ionen, werden die Cu^{2+}-Ionen auf der Platinkatode abgeschieden. An der Anode entsteht Sauerstoff. Eine zusammenfassende Darstellung der Reaktion vermittelt Bild 9.25.

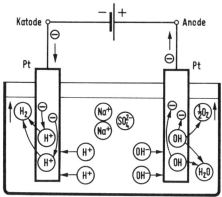

Bild 9.24. Schematische Darstellung der Vorgänge bei der Elektrolyse einer wäßrigen Na_2SO_4-Lösung

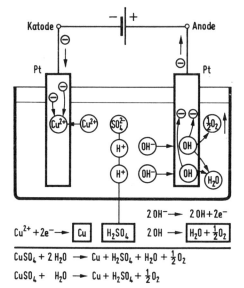

Bild 9.25. Schematische Darstellung der Vorgänge bei der Elektrolyse einer wäßrigen $CuSO_4$-Lösung

Laugen

Bei der Elektrolyse von Natron- und Kalilauge wird, wie aus den bisherigen Darstellungen folgt, lediglich das Lösungsmittel zerlegt. An der Katode entsteht bei Verwendung von Platin als Elektrodenwerkstoff Wasserstoff. An der Anode entweicht Sauerstoff (→ Aufg. 9.20.).

9.5.5. Faradaysche Gesetze

Die Faradayschen Gesetze stellen einen Zusammenhang zwischen der an den Elektroden umgesetzten Stoffmenge und der geflossenen Elektrizitätsmenge dar ($Q = I \cdot t$). Bei Kenntnis des Abscheidungsvorganges

$$Me^+ + e^- \rightarrow \overset{0}{Me}$$

folgt ohne weiteres, daß die Zahl der abgeschiedenen Atome und damit ihre Masse m von der Zahl der geflossenen Elektronen, d. h. von der Elektrizitätsmenge, abhängt.

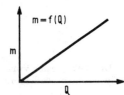

Bild 9.26. Zusammenhang zwischen abgeschiedener Masse und Elektrizitätsmenge

Verdoppelt sich die Zahl der geflossenen Elektronen, so verdoppelt sich auch die Zahl der abgeschiedenen Atome (Bild 9.26). Zwischen der Masse m und der Elektrizitätsmenge Q besteht direkte Proportionalität:

$$m \sim Q$$

$$m \sim I \cdot t$$

Fügt man einen Proportionalitätsfaktor, der mit $\ddot{A}$ bezeichnet sein soll, ein, so entsteht die folgende Gleichung:

$$m = \ddot{A} I t$$

Für die Konstante $\ddot{A}$ ist die Bezeichnung elektrochemisches Äquivalent üblich; als Maßeinheit dient meist mg $(A\,s)^{-1}$. Die Gleichung ist der mathematische Ausdruck für das 1. Faradaysche Gesetz:

Die abgeschiedene Stoffmenge ist der geflossenen Elektrizitätsmenge direkt proportional.

Häufig dient nicht die gesamte Elektrizitätsmenge zum Abscheiden eines bestimmten Ions, weil Nebenreaktionen auftreten können. In solchen Fällen gilt für die abgeschiedene Stoffmenge m:

$$m = \eta \ddot{A} I t$$

In dieser Gleichung ist η die sogenannte Stromausbeute; ihr Zahlenwert ist kleiner als 1.
Die Stoffmengen, die gleiche Elektrizitätsmengen bei unterschiedlich geladenen Ionen abscheiden, lassen sich durch folgende Überlegungen finden.
Um ein Mol einfach positiv geladener Ionen abzuscheiden, ist eine Elektrizitätsmenge von $Q \approx 96\,500$ A s (1 Faraday) aufzuwenden (→ Abschn. 9.1.).

Da zum Entladen eines zweifach positiv geladenen Ions zwei Elektronen notwendig sind, scheidet ein Faraday nur $N_L/2$ Ionen ab. Bei einem dreifach positiv geladenen Ion sind es nur $\frac{1}{3} N_L$ Atome ($\frac{1}{3}$ Mol).
Daraus folgt:

> n *ein Mol n-fach geladener Ionen abzuscheiden, ist eine Elektrizitätsmenge von n Faraday ($Q \approx n \cdot 96\,500$ A s) auszutauschen.*

Nach dieser Erkenntnis (2. Faradaysches Gesetz) lassen sich die elektrochemischen Äquivalente berechnen.

Beispiel: Wie groß ist das elektrochemische Äquivalent von Cu^{2+}-Ionen?
Lösung: Um ein Mol, das sind $6{,}023 \cdot 10^{23}$ Cu^{2+}-Ionen, zu entladen, ist eine Elektrizitätsmenge von $Q \approx 2 \cdot 96\,500$ A s aufzuwenden. Aus der oben aufgestellten Gleichung folgt:

$$\ddot{A} = \frac{m}{Q} = \frac{63{,}54 \text{ g}}{193\,000 \text{ A s}} = 0{,}329 \text{ mg (A s)}^{-1}$$

Beispiel: In welcher Zeit entstehen bei einer Elektrolyse von angesäuertem Wasser 2,5 l Wasserstoff, wenn die Stromstärke 2 A beträgt? Die Temperatur ist 18 °C, der Druck 100,6 kPa. Es sei vorausgesetzt, daß keine Nebenreaktionen auftreten ($\eta = 1$).

Ion	$\ddot{A}$ in mg (A s)$^{-1}$	$\ddot{A}$ in g (A h)$^{-1}$
Ag^+	1,118	4,025
Al^{3+}	0,0932	0,335
Ca^{2+}	0,208	0,75
Fe^{2+}	0,289	1,04
Fe^{3+}	0,193	0,69
Cu^+	0,660	2,37
Cu^{2+}	0,329	1,19
Mg^{2+}	0,126	0,45
H^+	0,01045	0,0376
K^+	0,405	1,46
Na^+	0,238	0,86
Zn^{2+}	0,339	1,22
Cl^-	0,367	1,32
Br^-	0,828	2,98
OH^-	0,177	0,635
SO_4^{2-}	0,499	1,79

Tabelle 9.7. Beispiele für elektrochemische Äquivalente einiger Ionen

Lösung: Das Volumen ist zunächst auf Normbedingungen (101,3 kPa) umzurechnen ($\rightarrow$ Abschn. 6.7.)!

$$V_0 = \frac{pVT_0}{p_0 T} = \frac{100{,}6 \text{ kPa} \cdot 2{,}5 \text{ l} \cdot 273 \text{ K}}{101{,}3 \text{ kPa} \cdot 291 \text{ K}}$$

$V_0 = 2{,}33$ l

Um ein Mol H$^+$-Ionen zu entladen, ist eine Elektrizitätsmenge von $Q \approx 96\,500$ A s $= 26{,}8$ A h (Amperestunden) notwendig. Sollen ein Mol Wasserstoffmoleküle (H$_2$) entstehen, so ist die Elektrizitätsmenge doppelt so groß: $Q = 2 \cdot 26{,}8$ A h. Ein Mol Wasserstoffmoleküle beanspruchen unter Normbedingungen ein Volumen von 22,4 l (Molvolumen).
Daraus folgt:

22,4 l $\triangleq$ 53,6 A h
2,33 l $\triangleq$ 5,57 A h

Somit ist

$$t = \frac{Q}{I} = \frac{5{,}57\text{ A h}}{2\text{ A}} = 2{,}79\text{ h}$$

Die Elektrolysedauer ist 2,79 Stunden.

Beispiel: Um bei der Elektrolyse einer Kupfersulfatlösung 2 g Kupfer abzuscheiden, mußte man 2 h elektrolysieren. Wie groß war die mittlere Stromstärke? Die Stromausbeute sei 85%.
Lösung:

$$I = \frac{m}{\eta \bar{A} t} = \frac{2\text{ g}}{0{,}85 \cdot 0{,}329\,\frac{\text{mg}}{\text{A s}} \cdot 7200\text{ s}} = 0{,}993\text{ A}$$

Die Stromstärke betrug $I = 0{,}993$ A.
($\rightarrow$ Aufg. 9.21., 9.22., 9.23., 9.24.)

9.6. Anwendung der Elektrolyse

9.6.1. Elektrogravimetrie und Coulometrie

Die Elektrogravimetrie ist eine Methode der quantitativen chemischen Analyse, bei der z. B. die in einer Lösung enthaltenen Ionen eines Stoffes auf einer Elektrode abgeschieden werden. Durch Wägung dieser Elektrode vor und nach der Elektrolyse kann man die Menge des in der Lösung enthaltenen Stoffes bestimmen. Die Stromstärke wird in der Regel empirisch ermittelt; sie muß so gewählt sein, daß die abgeschiedenen Atome auch fest haften.
Aus dem Faradayschen Gesetz folgt, daß zwischen der abgeschiedenen Stoffmenge und der aufgewendeten Elektrizitätsmenge bei einer Elektrolyse Proportionalität besteht. Diese Tatsache wird bei der Coulometrie ausgenutzt, bei der im Gegensatz zur Elektrogravimetrie die Stromausbeute 100% betragen muß ($\eta = 1$). Durch Nebenreaktionen würde das Meßergebnis verfälscht. Meßeinrichtungen, bei denen aus der abgeschiedenen Stoffmenge auf die geflossene Elektrizitätsmenge zu schließen ist, nennt man Coulometer.

9.6.2. Technische Schmelzflußelektrolysen

Die Metalle Kalium, Natrium, Beryllium, Calcium, Magnesium und Aluminium lassen sich durch eine Schmelzflußelektrolyse ihrer Verbindungen gewinnen. Dabei nehmen die betreffenden Metallionen an der Katode Elektronen auf (katodische Reduktion).
Bei der Herstellung von Natrium geht man z. B. vom Natriumchlorid aus. Eine Elektrolyseanlage zeigt das Bild 9.27. Da NaCl erst bei etwa 800 °C schmilzt, setzt man Salze zu, durch die Systeme entstehen, die bei tieferen Temperaturen schmelzen. Geeignet sind z. B. $CaCl_2$, Na_2CO_3, KCl und andere Kombinationen. Das Metall darf während der Elektrolyse nicht mit dem Chlorgas in Berührung kommen.
Von besonderer Bedeutung ist die Schmelzflußelektrolyse von Aluminiumoxid (Al_2O_3). Auch in diesem Falle muß man mit schmelzpunktsenkenden Zusätzen arbeiten. Man elektrolysiert daher ein System aus $Al_2O_3/Na_3[AlF_6]$ (Aluminiumoxid/Kryolith) zwischen 900 °C und 950 °C. Das Al_2O_3 stellt man z. B. nach dem *Bayer*-Verfahren her ($\rightarrow$ Abschn. 21.2.2.).

Die Vorgänge bei der Elektrolyse lassen sich vereinfacht folgendermaßen darstellen:

$$Al_2O_3 \rightleftarrows 2\,Al^{3+} + 3\,O^{2-}$$

Katode: $2\,Al^{3+} + 6\,e^- \rightarrow 2\,Al$

Anode: $3\,O^{2-} \rightarrow 3\,\overset{0}{O} + 6\,e^-$

Die Anoden bestehen aus Graphit, das der entwickelte Sauerstoff angreift; dabei bildet sich CO, das zu CO_2 verbrennt.

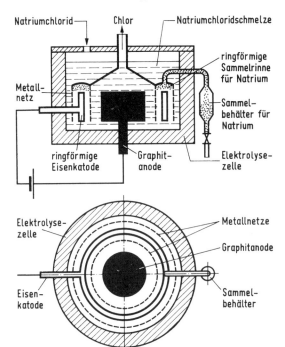

Bild 9.27. Schematische Darstellung einer Downszelle zur Natriumgewinnung

Die Elektrolyse findet in einem Reaktionsraum statt, der im Bild 9.28 gezeigt ist. Als Katode dient der mit einer Kohlestampfmasse ausgekleidete Innenmantel des Gefäßes. Da Aluminium bei 950 °C eine Dichte ϱ von 2,34 g cm^{-3} die Schmelze jedoch von 2,15 g cm^{-3} besitzt, setzt sich das Aluminium am Boden ab und wird meist alle 2 Tage durch Niederdruck abgesaugt. Eine Zelle ist etwa 23 bis 25 Monate in Betrieb. Dann muß sie neu hergerichtet werden (Katodenstampfmasse). Die Anodenblöcke sind nach etwa einem halben Monat verbraucht. Da in einer Zelle, in zwei Reihen angeordnet, z. B. 32 bis 36 Graphitanoden hängen, ist ein kontinuierlicher Betrieb dadurch möglich, daß man die Anoden bei der Elektrolyse nicht gleichzeitig einsetzt. Nach einer bestimmten Betriebszeit sind sie deshalb unterschiedlich weit abgenutzt; das Auswechseln macht sich daher nicht zur gleichen Zeit für alle Anoden erforderlich, sondern sie sind nach und nach je nach Abnutzungsgrad auszutauschen. Die Elektrolyse wird dabei nicht unterbrochen. Das Aluminium hat eine Reinheit von 99,5%. Durch Spezialverfahren kann man noch reineres Metall gewinnen.

Bei allen chemischen Verfahren steht nicht nur ein qualitativ hochwertiges Endprodukt im Vordergrund, sondern es sind auch stets Überlegungen wesentlich, die eine Herstellung unter ökonomisch günstigen Bedingungen gestatten. Das gilt besonders für solche Verfahren, zu deren Durchführung elektrische Energie erforderlich ist. Soll z. B. die Produktion von Aluminium gesteigert werden, so ist das prinzipiell durch zwei Methoden möglich:

a) Senkung des Aufwandes an elektrischer Energie – ausgedrückt in Kilowattstunden (kW h) –, die zur Herstellung von 1 kg Aluminium aufzuwenden ist.
b) Erweiterung der Kapazität der Energieerzeugungsanlagen.

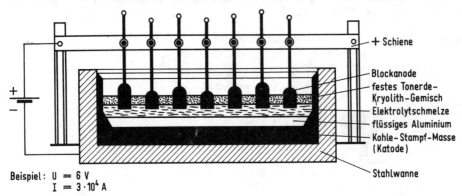

Bild 9.28. Elektrolysezelle für die Schmelzflußelektrolyse von Aluminiumoxid

Die Berechnung des spezifischen Aufwandes an elektrischer Energie ist z. B. nach der folgenden Gleichung möglich:

$$W = \frac{\ddot{A} U_Z}{\eta}$$

$\ddot{A}$ Elektrochemisches Äquivalent des Aluminiums (2,98 kA h kg^{-1})
U_Z Spannung, die zur Durchführung der Elektrolyse erforderlich ist; Elektrolysespannung
η Stromausbeute

Die Elektrolysespannung U_Z setzt sich aus den folgenden Teilspannungen zusammen:

$$U_Z = U_P + U_A + G \cdot l \cdot \varrho + I \cdot R$$

U_P Polarisationsspannung (in der Regel 1,7 V)
U_A Anodeneffekt; durch Gasschichten zwischen der Anode und dem Elektrolyten tritt ein unerwünschter Widerstand auf, dem der Spannungsabfall U_A entspricht
$G \cdot l \cdot \varrho$ Spannungsabfall am Elektrolyten, der von der mittleren Stromdichte G, dem Elektrodenabstand l und dem spezifischen Widerstand des Elektrolyten ϱ abhängt
$I \cdot R$ Spannungsabfall, der durch die Summe aller Ohmschen Widerstände bedingt ist (Anode, Katode, elektrische Zuleitungen sowie Widerstände an Kontaktstellen)

Beispiel: Wie hoch sind die Kosten an elektrischer Energie je kg Aluminium bei einer Zellspannung von $U_Z = 5,5$ V und einer Stromausbeute von $\eta = 0,9$?
Lösung:

$$W = \frac{2,98 \text{ kA h} \cdot 5,5 \text{ V}}{0,9 \text{ kg}} = 18,2 \text{ kW h kg}^{-1}$$

Zur Berechnung der Energiekosten K ist mit dem Preis für eine kW h zu multiplizieren. Rechnet man z. B. mit $k = 0,04$ M (kW h)$^{-1}$, so ergibt sich:

$$K = k \cdot W = 0,04 \text{ M (kW h)}^{-1} \cdot 18,2 \text{ kW h kg}^{-1} = 0,73 \frac{\text{M}}{\text{kg}}$$

Aus der Aufgabe geht hervor, daß die Kosten für die Erzeugung der Elektroenergie besonders auf den Preis des Aluminiums eingehen.
Eine Steigerung der Aluminiumproduktion bei gleicher Kapazität der Energieerzeugungsanlagen (Kraftwerk) ist z. B. dadurch möglich, daß die Zellspannungen vermindert werden. Internationale Spitzenwerte der Elektroenergie je 1 kg Aluminium liegen bei 14 kW h (→ Aufg. 9.25., 9.26. und 9.27.).
Das Rechenbeispiel zeigt, daß eine energetische Optimierung eine Senkung der Elektrolysespannung bedingt. Möglichkeiten dafür sind:
– Verkleinerung des Elektrodenabstandes
– Verbesserung der Leitfähigkeit der Schmelze.

Eine Verkleinerung des Elektrodenabstandes ist z. B. durch den Einsatz von Titanium--borid-Katoden möglich (z. B. von etwa 4 cm auf etwa 2 cm).
Die elektrische Leitfähigkeit der Kryolith-Schmelze kann man z. B. durch Zusatz von 5 bis 15 % Lithiumfluorid erhöhen, wodurch gleichzeitig niedrigere Elektrolysetemperaturen möglich sind.
Aluminiumoxid Al_2O_3 läßt sich aber auch vor der Elektrolyse in Aluminiumchlorid $AlCl_3$ überführen, das man anschließend zusammen mit NaCl und LiCl (z. B. 5 % $AlCl_3$, 45 % LiCl und 50 % NaCl) elektrolytisch zerlegt:

$AlCl_3 \rightarrow Al + 1,5\ Cl_2$

Das Chlor wird im Kreislauf geführt (Alcoaverfahren).

9.6.3. Elektrolytische Metallraffination

Unter einer Raffination wird die Reinigung eines Stoffes verstanden. Im Falle der elektrolytischen Raffination arbeitet man mit angreifbaren Elektroden (Anode).
Die elektrolytische Raffination ist z. B. zur Reindarstellung folgender Metalle möglich: Gold, Silber, Blei und Zink. Von besonderer technischer Bedeutung ist die Raffination des Kupfers (Bild 9.29).
Kupfer mit einem Gehalt von 99 % ist für die meisten Anwendungen noch nicht rein genug. Aus diesem Grunde nimmt man eine elektrolytische Raffination vor.
Die Anodenplatten bestehen aus dem noch verunreinigten Kupfer und hängen in einer Elektrolytlösung, die neben Kupfersulfat noch Schwefelsäure, Sulfitablauge, etwas Leim und Salzsäure enthalten kann. Als Katoden dienen Kupferbleche, die man vorher auf sogenannten Mutterblechen elektrolytisch hergestellt hat und die daher sehr rein sind. Die Elektrolysespannungen betragen etwa 0,1 bis 0,25 V, die Stromstärke ist relativ groß und kann z. B. bei 9000 A liegen. Bei der Angabe solcher Werte ist immer zu beachten, daß sie nur zur Kennzeichnung der Größenordnung dienen sollen. Die genauen Betriebsbedingungen weichen bei verschiedenen Anlagen immer etwas voneinander ab. Diese Bemerkungen haben allgemeine Bedeutung und treffen auch für die später behandelten technischen Elektrolyseverfahren zu.
Bei der Reinigung des Kupfers laufen nachstehende Reaktionen ab:

Katode: $Cu^{2+} + 2\ e^- \rightarrow Cu_{rein}$
Anode: $\underline{Cu_{roh} \qquad\quad \rightarrow Cu^{2+} + 2\ e^-}$
$\phantom{\text{Anode: }}Cu_{roh} \qquad\quad \rightarrow Cu_{rein}$

Die Verunreinigungen gehen entweder als Ion in Lösung (z. B. Ni), oder sie scheiden sich im Anodenschlamm ab. Eine Anodenplatte ist nach etwa 28 Tagen bis zu einem Rest von etwa 13 % aufgearbeitet. Das auf den Katodenblechen abgeschiedene Kupfer ist sehr rein (z. B. 99,95 % bis 99,98 %). Das in der Lösung enthaltene Nickel fällt als Nickelsulfat an. Aus dem Anodenschlamm trennt man Silber, Selen und Gold ab.

Da im Elektrolysebad neben Nickel- und Kupferionen auch H^+-Ionen vorhanden sind, sind die Betriebsbedingungen so zu gestalten, daß sich an der Katode im wesentlichen nur Kupfer abscheidet.

Aus neutralen wäßrigen Lösungen lassen sich solche Metallionen abscheiden, deren Potentiale edler als $-0{,}41$ V (pH $= 7$) sind. Metalle mit noch negativerem Abscheidungspotential werden an Elektroden entladen, an denen H^+-Ionen große Überspannungen besitzen. Von besonderer Bedeutung bei der Elektrolyse ist die Stromdichte, die die Potentiale über die Konzentration der Elektrolyten sowie die Badtemperatur wesentlich beeinflußt. Verunreinigungen durch gleichzeitiges Ausscheiden von Arsen lassen sich durch kleine Stromdichten am sichersten unterdrücken. Ökonomische Gesichtspunkte haben jedoch zu größeren Stromdichten geführt. Sie liegen etwa bei 1,6 bis 2,4 A dm^{-2}.

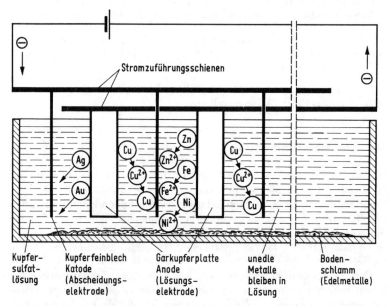

Bild 9.29. Schematische Darstellung der Vorgänge bei der Kupferraffination

9.6.4. Alkalichloridelektrolyse

Elektrolysiert man nicht eine Schmelze, sondern eine wäßrige Lösung von Kochsalz NaCl, so enthält diese neben Na^+- und Cl^--Ionen auch H^+- und OH^--Ionen (Autoprotolyse des Lösungsmittels). Besteht die Katode aus Eisen und die Anode aus Graphit, so laufen folgende Reaktionen ab:

Katode: $2 H^+ + 2 e^- \rightarrow 2 H \rightarrow H_2$

Anode: $2 Cl^- \rightarrow 2 Cl + 2 e^- \rightarrow Cl_2 + 2 e^-$

Auf Grund der Überspannung der OH^--Ionen-Abscheidung an Graphit werden im wesentlichen nur Chloridionen entladen. Da im Katodenraum die Konzentration der H^+-Ionen durch deren Abscheiden sinkt, kommt es zur Störung des Gleichgewichtes $c_{H^+} \cdot c_{OH^-} = 10^{-14}$ mol^2 l^{-2} zwischen den H^+- und OH^--Ionen. Dadurch zerfällt ständig Wasser; die OH^--Ionenkonzentration nimmt daher im Katodenraum zu. Da hier auch Natriumionen einwandern, entsteht Natronlauge. Diese Elektrolyse, die neben Chlor und Wasserstoff Natronlauge liefert, heißt Alkalichloridelektrolyse. Der Bau der Elektrolysezellen wird weitgehend davon bestimmt, daß die gebildete Lauge nicht mit dem Chlor in Berührung kommen darf, da sonst Hypochlorit entsteht:

$$2\,OH^- + Cl_2 \rightleftarrows ClO^- + H_2O + Cl^-$$

Das Hypochlorit kann in alkalischem Medium an der Anode zu Chlorat oxydiert werden:

$$6\,ClO^- + 3\,H_2O \rightarrow 6\,e^- + 6\,H^+ + 2\,ClO_3^- + 4\,Cl^- + \tfrac{3}{2}\,O_2$$

Die Hauptaufgabe besteht daher im Abtrennen der Lauge von Chlor. Außerdem muß für einen kontinuierlichen Zufluß der Salzlösung und einen konstanten Abfluß der Lauge gesorgt sein. Vom wirtschaftlichen Standpunkt steht weiterhin die Forderung nach einer hohen Stromausbeute. Um diese Ziele zu verwirklichen, sind besonders zwei Verfahren von Interesse: Das *Diaphragmaverfahren* und das *Quecksilberverfahren*.

9.6.4.1. Diaphragmaverfahren

Beim Diaphragmaverfahren wird das Durchmischen der Lauge mit der chlorhaltigen Salzlösung (Sole) durch ein *Diaphrama* verhindert. Das Diaphragma, das aus einem Asbesttuch, auf dem sich eine Paste aus Asbest und Bariumsulfat befindet, bestehen kann, ist meist in der Elektrolysezelle horizontal angeordnet (Bild 9.30). Man arbeitet jedoch auch mit Erfolg in Zellen, die ein vertikal ausgerichtetes Diaphragma besitzen.

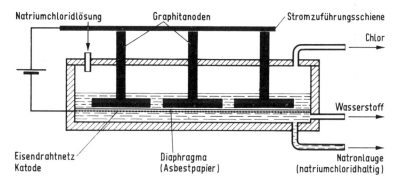

Bild 9.30. Schematische Darstellung einer Elektrolysezelle mit waagerechtem Diaphragma für die Alkalichloridelektrolyse

Da die Diaphragmen für die gut beweglichen OH^--Ionen kein vollständiges Hindernis darstellen, wirkt man ihrer Bewegung durch ein langsames Fließen des Elektrolyten in entgegengesetzter Richtung entgegen. Der Gesamtumsatz ist:

$$NaCl + H_2O \rightleftarrows NaOH + \tfrac{1}{2}\,H_2 + \tfrac{1}{2}\,Cl_2$$

Der theoretische Wert der Zersetzungsspannungen beträgt etwa 2,3 V. Die Mindestspannungen für die Zersetzung liegen jedoch immer etwas höher, weil zusätzliche Widerstände zu überwinden sind.
Die Katode besteht aus einem Eisendrahtnetz, auf dem sich das Diaphragma befindet.

Darüber steht die NaCl-Sole, die kontinuierlich nachfließt. In die Sole taucht die Graphitanode ein.

Katode:	$2\,H_2O$	$\rightleftarrows 2\,H^+ + 2\,OH^-$
	$2\,H^+ + 2\,e^-$	$\rightarrow H_2$
Anode:	$2\,NaCl$	$\rightleftarrows 2\,Na^+ + 2\,Cl^-$
	$2\,Cl^-$	$\rightarrow Cl_2 + 2\,e^-$
Katodenraum:	$2\,Na^+ + 2\,OH^- \rightleftarrows 2\,NaOH$	
Gesamtreaktion:	$2\,H_2O + 2\,NaCl \rightleftarrows 2\,NaOH + H_2 + Cl_2$	

Für bestimmte Weiterverarbeiter der Natronlauge stört ihr Chloridionengehalt; in der chemischen Industrie besteht ein steigender Bedarf für chloridfreie Laugen, die man nach dem Quecksilberverfahren herstellt.
Nachteilig beim Diaphragmaverfahren ist, daß im Laufe der Zeit die Anoden oxydieren (verbunden mit der Bildung von Graphitschlamm, der die Diaphragmen zusetzt sowie einer Verunreinigung des Chlors durch Oxide des Kohlenstoffs). Die Vergrößerung des Elektrodenabstandes führt außerdem zu einer erheblichen Erhöhung des spezifischen Energiebedarfs. In modernen Anlagen setzt man daher abmessungsstabile Metallanoden (z. B. auf der Basis des Titaniums) ein, die über längere Standzeiten verfügen (Größenordnung von Jahren) als Graphitanoden.
Eine Angleichung der Funktionsdauer der Diaphragmen an die der Anoden ist z. B. durch einen Einsatz von Asbest- und Plastfasern aus fluorhaltigen Polymeren möglich.

9.6.4.2. Quecksilberverfahren

Für das Abscheidungspotential von H^+-Ionen aus neutraler wäßriger Lösung (pH = 7; 25 °C) gilt:

$$\varphi_H = -0{,}41\,V + \eta$$

Will man daher aus einer wäßrigen Lösung nicht die H^+-Ionen, sondern die Na^+-Ionen abscheiden, so muß das Potential der H^+-Ionen negativer sein als das der Na^+-Ionen ($U_{0Na} = -2{,}71\,V$). Das ist praktisch dadurch möglich, daß man als Katodenwerkstoff Quecksilber verwendet, an dem Wasserstoff eine hohe *negative Überspannung* besitzt. Das Quecksilberverfahren beruht auf der hohen Überspannung für die Wasserstoffentwicklung an Quecksilberkatoden. Natrium scheidet sich ab und löst sich unter Amalgambildung gut im Quecksilber.
An der Anode entsteht Chlor, weil die Entwicklung von Sauerstoff an Graphit gehemmt abläuft. Die Überspannungswerte können jedoch durch bestimmte Ionen herabgesetzt werden. Dadurch würde an der Anode auch Sauerstoff gebildet. An die Reinheit der Salzsole sind daher hohe Anforderungen zu stellen. Eine Sauerstoffbildung ist unerwünscht, weil sie die Graphitanoden schnell zerstört.
Bei der Elektrolyse kommen die verschiedensten Zellenformen zur Anwendung. Das im Quecksilber gelöste Natrium wird nach der eigentlichen Elektrolyse in einem besonderen Gefäß, dem sogenannten Zersetzer, mit Wasser zur Reaktion gebracht.

$$Na + H_2O \rightarrow NaOH + \tfrac{1}{2}H_2$$

Man muß daher zwischen der eigentlichen Elektrolysezelle und dem Zersetzer unterscheiden, in dem die Natronlauge entsteht. Das Natrium (Amalgam) fließt im Quecksilber aus der Elektrolysezelle in den Zersetzer. Die gebildete Natronlauge enthält keine Chloridionen. Da das Quecksilber im Kreislauf geführt wird (Quecksilberpumpen), muß eine entsprechend hohe Zersetzungsgeschwindigkeit erreicht werden, weil es sonst im Laufe der Zeit zu einer Natriumanreicherung kommt. Natrium-Quecksilber-Systeme sind schon bei 1,6% Natrium so zäh geworden, daß ein störungsfreier Betrieb unmöglich ist.

Man führt daher die Reaktion zwischen dem im Quecksilber gelösten Natrium und dem Wasser bei Gegenwart von Eisen oder Graphit durch, weil dann höhere Zersetzungsgeschwindigkeiten auftreten.

Die wirtschaftliche Bedeutung der anfallenden Endprodukte hängt wesentlich von der Situation des Erzeugerlandes ab. Früher war häufig die Natronlauge Hauptprodukt. Heute hat sich der Schwerpunkt auf die Chlorerzeugung verschoben, weil in der modernen chemischen Industrie ein immer steigender Chlorbedarf abzudecken ist. Es sind daher Bestrebungen zu erkennen, die Herstellung von Chlor so durchzuführen, ohne daß gleichzeitig Natronlauge als Nebenprodukt anfällt (→ Aufg. 9.28., 9.29. und 9.30.).

Auch beim Quecksilberverfahren sind durch den Einsatz aktivierter Metallanoden technische Verbesserungen möglich. Metallanoden sind jedoch gegenüber Kurzschlußströmen sehr empfindlich. In Hochleistungszellen muß daher der Elektrodenabstand durch Rechner genau erfaßt und gesteuert werden. Als Anodenwerkstoff kommt z. B. Titanium in Betracht, das eine aktivierte Oberflächenschicht aus RuO_2-TiO_2-Mischkristallen besitzt.

Ein wesentlicher Nachteil des Amalgamverfahrens ist die Giftigkeit des Quecksilbers. Weltweit werden daher Forderungen nach einer drastischen Senkung der Quecksilberverluste je Tonne erzeugten Chlors (z. B. auf 1 g je Tonne) erhoben, die bis zum angestrebten Verbot des Verfahrens führen (z. B. in Japan). Das würde jedoch bedeuten, daß in vielen Ländern die von der Textilindustrie benötigte chloridfreie Natronlauge nicht mehr zur Verfügung steht.

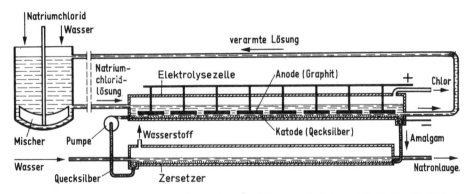

Bild 9.31. Schematische Darstellung des Stoffflusses bei der Alkalichloridelektrolyse nach dem Quecksilberverfahren

9.6.4.3. Membranverfahren

Natronlauge mit sehr niedrigem Chloridgehalt kann man auch nach dem Membranverfahren herstellen, bei dem die Trennung zwischen Anoden- und Katodenraum durch eine Kationenaustauscher-Membran vorgenommen wird. Bei diesem Verfahren durchfließt die NaCl-Sole nur noch den Anodenraum, aus dem die Na^+-Ionen durch die Membran in den Katodenraum gelangen. Diese verhindert jedoch ein Abwandern von OH^--Ionen bzw. das Eindringen von Cl^--Ionen in den Katodenraum, so daß dort eine praktisch chloridfreie Natronlauge entsteht. Diese Eigenschaft der Membran (die z. B. Copolymerisate aus Tetrafluorethylen und Vinylsulfonylfluorid enthält) geht jedoch bei höheren Laugekonzentrationen verloren, so daß man nur eine verdünnte Lauge produzieren kann (z. B. 10%ig). Solche Konzentrationen sind für Anwendungen in der Papier- und Zellstoffindustrie ausreichend. Die Forschungsarbeiten zielen auf eine Membran, die auch bei höheren Konzentrationen ihre Trennwirkung beibehält. Gegenüber traditionellen Anlagen zeichnet sich das Membranverfahren auch durch einen geringeren Energiebedarf aus (Versuchsanlagen z. B. in Kanada).

9.6.5. Galvanisieren und Aloxieren (Eloxieren)

Beim Galvanisieren scheidet man aus Elektrolytlösungen (Galvanisierbäder) Metallionen auf der Oberfläche eines zu veredelnden Gegenstandes ab. Taucht z. B. in eine Lösung, die Silberionen enthält, eine Kupferkatode ein, so überzieht sich diese während der Elektrolyse mit einer Silberschicht. Besteht die Anode aus Silber, so geht hier für ein abgeschiedenes Ion ein Silberion in Lösung (Elektrolyse mit angreifbarer Elektrode).

Katode: $Ag^+ + e^- \rightarrow Ag$

Anode: $Ag \rightarrow Ag^+ + e^-$

Bei der technischen Versilberung scheidet man das Silber häufig aus der Lösung eines komplexen Silbersalzes ab (z. B. $K[Ag(CN)_2]$).
Neben dem Versilbern haben das Verchromen, Vernickeln, Verkupfern, Verzinken, Verkadmieren und Vergolden praktische Bedeutung. Bei diesen Verfahren müssen die Oberflächen der zu veredelnden Gegenstände besonders sorgfältig gesäubert sein, weil Fett-, Schmutz- und Oxidschichten die Haftfähigkeit der Metalle stark herabsetzen. Zur Säuberung dienen mechanische, chemische und elektrochemische Verfahren (Schleifen, Polieren, Entfetten mit organischen Lösungsmitteln, wie Tetrachlormethan – Tetra, Trichlorethen – Tri, und Perchlorethen – Per).
Da die zu veredelnden Gegenstände den elektrischen Strom leiten müssen, eignen sich zum Galvanisieren besonders die Metalle. Nichtleitende Gegenstände versieht man oberflächlich mit einer Graphitpulver- oder Silberschicht. Beim *Aloxieren* (Eloxieren) wird durch eine elektrolytische Oxydation die auf Aluminium und Aluminiumlegierungen vorhandene Oxidschicht künstlich dicker gemacht. Häufig arbeitet man dabei in einem schwefelsauren Elektrolyten.
An der Katode entwickelt sich Wasserstoff; an der Anode oxydiert der gebildete Sauerstoff das Aluminium zum Aluminiumoxid (Bild 9.32). Neben Schwefelsäure kommen auch Oxalsäurebäder zur Anwendung. Die natürlich vorhandene Al_2O_3-Schicht kann man auf 0,01 bis 0,03 mm Dicke steigern. In der Praxis begnügt man sich mit diesen Werten, weil diese Schichten bereits das Maximum an Korrosionsfestigkeit ermöglichen. Durch die Al_2O_3-Schichten ist das Aluminium außerdem verschleißfester; auch das Einfärben der verschiedensten Farbtöne ist möglich (Bild 9.33). Die Aluminiumoxidschicht ist weiterhin ein guter Haftgrund für Farben. Durch das Aloxieren hat man das Aluminium vielen Anwendungsformen erschlossen (Fahrzeugbau, Küchengeräte, Haushaltmaschinen, Möbelbeschläge, Schmuckwaren).

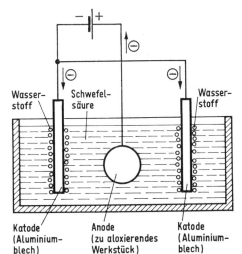

Bild 9.32. Schematische Darstellung von Vorgängen beim Aloxieren

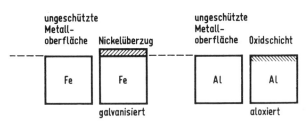

Bild 9.33. Zum Vergleich der Oberflächenveredlung durch Galvanisieren und Aloxieren

Beispiel: Ein Stahlblech mit einer Oberfläche von $A = 8\ \mathrm{dm^2}$ ist bei einer Stromdichte von $G = 1\ \mathrm{A\ dm^{-2}}$ mit einer 10^{-2} mm dicken Nickelschicht zu versehen. Wie lange muß man elektrolysieren, wenn die Stromausbeute 90 % beträgt und das Nickel aus einer $NiSO_4$-haltigen Galvanisierbadlösung abgeschieden wird (h = Dicke der Schicht)?
Lösung:

$$\varrho_{Ni} = 8{,}85\ \mathrm{g\ cm^{-3}} \qquad t = \frac{\varrho A h}{\eta \ddot{A} I} \qquad t = \frac{\varrho h}{\eta \ddot{A} G}$$

$$m = \varrho V$$
$$m = \varrho A h \qquad G = \frac{I}{A}$$
$$m = \eta \ddot{A} I t$$

Setzt man die gegebenen Größen ein, so erhält man mit $\ddot{A} = 0{,}304\,2\ \mathrm{mg\ (A\ s)^{-1}}$ folgende Gleichung:

$$t = \frac{8{,}85\ \mathrm{g\ cm^{-3}} \cdot 10^{-2}\ \mathrm{mm}}{0{,}9\ \dfrac{\mathrm{A}}{10^2\ \mathrm{cm^2}} \cdot 0{,}304\,2\ \dfrac{\mathrm{mg}}{\mathrm{A\ s}}} = 3{,}23 \cdot 10^3\ \mathrm{s}$$

Die Abscheidungsdauer würde $3{,}23 \cdot 10^3$ s betragen ($\to$ Aufg. 9.31.).

9.6.6. Elysieren

Das Elysieren, über das bereits 1948 der sowjetische Wissenschaftler *Gussew* berichtete, ist ein Verfahren der Metallbearbeitung, bei dem durch elektrochemische Vorgänge (Elektrolyse) von einem Werkstück Werkstoffteile abgelöst werden. Diese

Methode kann zum Schleifen, Schneiden, Bohren, Drehen und Senken dienen; sie gewinnt besonders durch den zunehmenden Einsatz schwerspanbarer Werkstoffe (Hartmetalle, hochlegierte Stähle) an Bedeutung.

Wie bereits erläutert, findet bei einer Elektrolyse an der Anode eine Oxydation statt. Dadurch kann der Anodenwerkstoff in Lösung gehen (→ Abschn. 9.5.2.2.). Beim Elysieren nutzt man diese Erscheinung aus. An das zu bearbeitende Werkstück ist daher der positive Pol der Gleichspannungsquelle zu legen. Beim Senkrechtflachschleifen ist z. B., wie auch im Bild 9.34 gezeigt, die Schleifscheibe die Katode. Zwischen Werkstück und Katode befindet sich eine Elektrolytlösung, deren chemische Zusammensetzung auf den Werkstoff abzustimmen ist. In der Literatur sind u. a. wäßrige Lösungen folgender Stoffe beschrieben: $NaNO_3$—NaF—$NaNO_2$, $NaNO_3$—$NaNO_2$—Na_2HPO_4, $Na_2Cr_2O_7$—$NaCl$ mit weiteren Zusätzen. Je nach dem verwendeten Elektrolyten entstehen an der Katode Gase (z. B. H_2, CO_2, CO_2), die, wenn sie gesundheitsschädigend sind, abgesaugt werden müssen, damit die maximale Arbeitsplatzkonzentration (MAK) nicht überschritten wird.

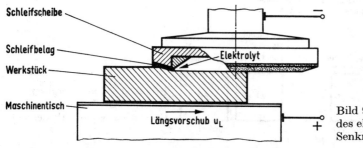

Bild 9.34. Wirkschema des elektrolytischen Senkrechtflachschleifens

■ **Aufgaben**

9.1. Wievielmal so groß ist die spezifische elektrische Leitfähigkeit von Silber (62 m Ω^{-1} mm^{-2}) im Vergleich zu einer 30%igen Schwefelsäure (0,74 Ω^{-1} cm^{-1})?

9.2. Für den Widerstand einer 0,02 M KCl-Lösung hat man in einem Leitfähigkeitsgefäß einen Wert von $R = 89{,}1\ \Omega$ gefunden. Wie groß ist die Gefäßkonstante, wenn $\varkappa = 0{,}00277\ \Omega^{-1}\ cm^{-1}$ ist (Temperatur 25 °C)?

9.3. Wie groß ist der spezifische elektrische Widerstand der untersuchten »Wassersorte«, wenn die Gefäßkonstante des verwendeten Leitfähigkeitsgefäßes 0,048 cm^{-1} und der gemessene Widerstand $R = 1{,}3 \cdot 10^6\ \Omega$ betragen?

9.4. Von welchen Faktoren ist der spezifische Widerstand einer Elektrolytlösung abhängig, und welche Schlußfolgerungen ergeben sich daraus für die Betriebsmeßtechnik?

9.5. Titriert man eine vorgelegte Natronlauge mit Salzsäure, so nimmt die Leitfähigkeit der Lösung bis zum Neutralpunkt ab; bei einem weiteren Säurezusatz steigt sie jedoch wieder an. Wie läßt sich diese Beobachtung begründen?

9.6. Welche Umsetzung ist zu erwarten, wenn man ein sorgfältig gesäubertes Eisenblech in eine Kupfersulfatlösung hält?

9.7. Welche Bedingungen sind bei einer »Normalwasserstoffelektrode« erfüllt?

9.8. Bringt man Natrium in Wasser, so entsteht Wasserstoff, der sich dabei häufig entzündet. Welche physikalischen und chemischen Reaktionen treten auf? Wie lassen sich die verschiedenen Vorgänge theoretisch begründen? Warum tritt zwischen Wasser und Kupfer keine derartige Reaktion ein?

9.9. Nimmt beim Verdünnen einer Lösung, in der Metallionen potentialbestimmend sind, die zu einer Wasserstoffelektrode gemessene Spannung zu oder ab?

9.10. Wie groß ist das Potential einer

Kupferelektrode, wenn die Aktivität der Cu^{2+}-Ionen 1,3 mol l^{-1} ist (Temperatur 25 °C)? Ist der Ausdruck Potential exakt? Welche Elektrode dient als Bezugselektrode?

9.11. Welche Faktoren haben auf das Potential einer Elektrode einen Einfluß?

9.12. Um wieviel Volt ändert sich das Potential einer Wasserstoffelektrode, wenn der pH-Wert um eine Einheit (also z. B. von pH = 1 auf pH = 2) ansteigt? Wie groß ist der Potentialunterschied, wenn sich die pH-Werte wie 1 : 1,5 verhalten?

9.13. Welcher Unterschied besteht zwischen der Klemmen- und Zellspannung eines galvanischen Elementes?

9.14. Wie groß ist die Spannung zwischen zwei Silberelektroden, die bei 20 °C in $AgNO_3$-Lösungen eintauchen, deren Aktivitäten sich a) wie 1 : 1 000, b) wie 1 : 50 verhalten?

9.15. Wie ist der Begriff »Anode« elektrochemisch definiert? Ist bei einer »Flachbatterie« für 4,5 V der längere oder kürzere Anschluß der Minuspol (Bild 9.16)?

9.16. Warum ändert sich der innere Widerstand eines Bleiakkumulators beim Auf- oder Entladen (Bild 9.3)?

9.17. An welcher Elektrode würde bei einer Schmelzflußelektrolyse von LiH der Wasserstoff abgeschieden?

9.18. Unter welchen Bedingungen kann man aus einer Lösung, die H$^+$-Ionen enthält, Na$^+$-Ionen abscheiden, und welche Forderungen sind an den Elektrodenwerkstoff zu stellen?

9.19. Warum entsteht beim Aufladen eines Bleiakkumulators an der Katode zunächst kein Wasserstoff?

9.20. Welche Vorgänge laufen bei der Elektrolyse nachstehender Stoffe ab?

a) NaCl (Schmelze), NaCl in H_2O, KCl (Schmelze), KCl in H_2O,
b) HCl und H_2SO_4,
c) NaOH, KOH ⎫ in wäßrigen
d) $MgCl_2$ und K_2SO_4 ⎭ Lösungen

Wie könnte man die verschiedenen Reaktionsmöglichkeiten systematisieren?

9.21. Es sind die elektrochemischen Äquivalente von Aluminium und Wasserstoff zu berechnen!

9.22. Wieviel Milliliter Wasserstoff entstehen bei der Elektrolyse von angesäuertem Wasser, wenn der mittlere Elektrolysestrom 0,3 A und die Elektrolysedauer 1,3 h betragen? Es sei angenommen, daß es durch Verunreinigungen nur zu einer Ausbeute von $\eta = 0,95$ kommt. Welches Sauerstoffvolumen kann man theoretisch erwarten, und wodurch kann es beim praktischen Versuch zu Abweichungen kommen? Temperatur: $t = 25$ °C, Druck: $p = 102,6$ kPa.

9.23. Bei der Elektrolyse einer Nickelsulfatlösung entstanden in 45 min 2 g Nickel. Wie groß war die mittlere Stromstärke bei einer Stromausbeute von 90%?

9.24. Warum ist der Zahlenwert, den man für 1 Faraday bestimmt, von der Wahl der Bezugseinheit für die relativen Atommassen abhängig (z. B. ^{12}C, ^{16}O oder 16 für das Isotopengemisch)?

9.25. Es sind 5 Größen anzugeben, die bei der Herstellung von Aluminium die Kosten wesentlich beeinflussen!

9.26. Mit welchen Vorteilen kann man rechnen, wenn bei der Gewinnung des Aluminiums durch eine Schmelzflußelektrolyse die Querschnitte für die Stromzuleitungen vergrößert und Klemmverbindungen durch Schweißverbindungen ersetzt werden?

9.27. Bei zwei verschiedenen Anlagen zur Aluminiumgewinnung treten folgende Spannungen auf:

	Anlage I	Anlage II
U	1,7 V	1,7 V
$G \cdot l \cdot \varrho$	2,45 V	1,6 V
$l \cdot R$	1,1 V	0,65 V
U_A	0,25 V	0,1 V
η	0,9	0,86

Um wieviel Prozent ist die Aluminiumproduktion zu steigern, wenn es gelingt, bei der Anlage I die Werte der Anlage II zu erreichen? Die »verbrauchte« Elektroenergie sei in beiden Fällen gleich.

9.28. Welche Faktoren beeinflussen bei der Herstellung des Chlors nach der Alkalichloridelektrolyse im wesentlichen die Kosten?

9.29. Welcher Unterschied besteht zwischen dem Diaphragma- und Quecksilberverfahren?

9.30. Welche Elektrolyseverfahren haben für die chemische Industrie eine besondere Bedeutung?

9.31. Worin besteht der Unterschied zwischen dem Galvanisieren und Aloxieren?

10. Korrosion und Korrosionsschutz

10.1. Korrosion der Metalle

10.1.1. Begriff und Bedeutung der Korrosion

Den vielen Vorteilen, die der Einsatz der Metalle und ihrer Legierungen mit sich bringt, steht ein Nachteil gegenüber. Durch die verschiedensten Einflüsse wird ein großer Teil der metallischen Werkstoffe angegriffen und zerstört. Das gilt insbesondere für das Eisen und seine Legierungen. Nach vorsichtigen Schätzungen geht alljährlich ¼ der erzeugten Eisenmenge durch äußere, nicht beabsichtigte Einflüsse verloren. Diese Zerstörung wird als Korrosion[1]) bezeichnet.
Der Begriff »Korrosion« kann folgendermaßen definiert werden: »Von der Oberfläche ausgehende unerwünschte Zerstörung von Werkstoffen durch chemische oder elektrochemische Reaktionen mit ihrer Umgebung«. Da die meisten Korrosionsvorgänge in Gegenwart von Elektrolyten ablaufen, wird die Korrosion der Metalle vor allem durch elektrochemische Reaktionen hervorgerufen. Der Begriff Korrosion findet auch bei der Zerstörung von Baustoffen, Plasten usw. Anwendung.

10.1.2. Elektrochemische Korrosion

Aus dem Abschn. 9.3. »Elektrochemische Gleichgewichte« ist bekannt, daß für das Entstehen eines galvanischen Elements zwei verschiedene Metalle und ein Elektrolyt Voraussetzung sind, daß aber auch durch unterschiedliche Elektrolytzusammensetzung ein Metall zerstört werden kann.

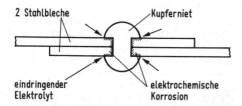

Bild 10.1. Kontaktkorrosion zwischen zwei Stahlplatten und einem Kupferniet

Die Bilder 10.1 und 10.2 zeigen Beispiele für die elektrochemische Korrosion. Werkstoffkombinationen wie im Bild 10.1, die zur Kontaktkorrosion führen, sind leider auch heute noch sehr häufig in der Praxis anzutreffen. Wenn die Berührungsstellen nicht durch entsprechende Isolation gegenüber der Einwirkung eines Elektrolyten geschützt sind, so werden solche Verbindungen in Industrieatmosphäre oft schon nach weniger als einem Jahr zerstört.

---

[1]) corrodere (lat.) zernagen

Die heterogene Struktur der meisten Gebrauchsmetalle führt zum Entstehen kleinflächiger Korrosionselemente, deren wirksame Elektrodenfläche nur Bruchteile eines mm² beträgt. Im Bild 10.2 wird solch ein Lokalelement mit einem galvanischen Ele-

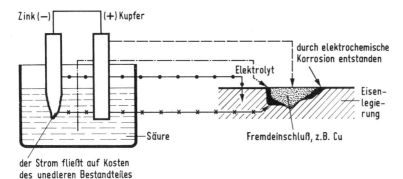

Bild 10.2. Lokalelementbildung, verglichen mit einem galvanischen Element

ment verglichen. In der Praxis führen elektrochemische Korrosionsvorgänge dieser Art zum gefürchteten Lochfraß. Unter entsprechenden Bedingungen weist dann eine Metalloberfläche eine Vielzahl von kraterförmigen oder nadelstichartigen Vertiefungen auf: im Endzustand tritt vollständige Durchlöcherung ein. Die sekundären Schäden, die auf diese Weise, z. B. durch den Ausfall von Kesselanlagen in Energiebetrieben, entstehen, sind oft bedeutend höher als die direkten Korrosionsverluste. Zur Gruppe der ungleichmäßig abtragenden Korrosionsarten zählen außer der Kontakt- und der Lochfraßkorrosion noch die interkristalline Korrosion, die selektive Korrosion von Gefügebestandteilen einer Legierung, die Streustromkorrosion und die Spaltkorrosion.

Die *interkristalline Korrosion* ist ein Kornzerfall, insbesondere bei rost- und säurebeständigen Chrom-Nickel-Stählen, indem Risse entlang der Korngrenzen auftreten. Ursache ist z. B. das Ausscheiden von Chromium aus den Korngrenzbereichen und die Bildung von Mischcarbiden entlang der Korngrenzen. Durch die »Chromiumverarmung« ist die erforderliche Homogenität im Werkstoff nicht mehr gegeben, damit wird die Passivität[1]) in diesen Bereichen aufgehoben. Über elektrochemische Vorgänge erfolgt ein Angriff an diesen unedlen Stellen.

Bei der *selektiven Korrosion* werden bestimmte Gefügebestandteile bevorzugt angegriffen. So gehen z. B. bei der noch häufig beobachteten Entzinkung von Messing anfangs Kupfer- und Zinkionen aus den β-Mischkristallen z. B. in leitfähiges Kühlwasser. Schwammkupfer scheidet sich örtlich ab. An diesen Stellen beginnt dann die Entzinkung.

Die *Streustromkorrosion* wird vor allem durch äußere Gleichstromquellen (elektrische Bahnen, Schweißaggregate oder Elektrolyseeinrichtungen) verursacht. Die »vagabundierenden Ströme« treten an meist nicht überwachten Stellen über mehr oder weniger gut leitende Stoffe, z. B. feuchte Böden, in Rohrleitungen und andere Stahlkonstruktionen ein. An den Stromaustrittstellen entstehen kraterförmige Anfressungen. Durch unterschiedliche Bodenarten oder verschiedene Bodenbelüftung können Kor-

---

[1]) Passivität ist eine mit Potentialveredlung verknüpfte Veränderung einer Metalloberfläche, die zu einer erhöhten Beständigkeit gegen Korrosion führt, z. B. durch Schutzschichten.

rosionsströme geringerer Stärke auch ohne äußere Stromquellen in ungeschützten Rohrleitungen usw. auftreten. Da hier der feuchte Erdboden die Aufgaben eines Elektrolyten mit verschiedener Konzentration, z. B. durch unterschiedliche Bodenbelüftung, übernimmt, ist der Vergleich zum Konzentrationselement gegeben. Auch die *Spaltkorrosion* ist eine Art Belüftungskorrosion.

Die gleichmäßig abtragende elektrochemische Korrosion setzt das Vorhandensein eines Elektrolyten voraus. Korrosionsvorgänge dieser Art werden durch das Vorhandensein von Wasserstoffionen, Sauerstoff oder anderen Elektronenakzeptoren eingeleitet. Zu jedem Elektronenakzeptor gehört ein Elektronendonator. Diese Aufgabe übernimmt das korrodierende Metall, indem es positiv geladene Metallionen in den Elektrolyten schickt. Die unter diesen Bedingungen ablaufenden Elektrodenreaktionen sind:

anodische Teilreaktion: $\quad$ Me $\quad\rightleftarrows Me^{2+} + 2\,e^-$

katodische Teilreaktion: $\quad 2\,H^+ + 2\,e^- \quad\rightleftarrows H_2$

oder $\quad\quad\quad\quad\quad\quad\quad\quad \frac{1}{2} O_2 + 2\,e^- + H_2O \rightleftarrows 2\,OH^-$

Bei der flächenförmigen oder ebenmäßigen elektrochemischen Korrosion wird deshalb unterschieden zwischen dem Wasserstofftyp, dem Sauerstofftyp und Korrosionsarten mit sonstigen Redoxreaktionen.

10.1.3. Chemische Korrosion

Voraussetzung für das Auftreten einer rein chemischen Korrosion ist das Nichtvorhandensein eines Elektrolyten an der Metalloberfläche. Das kann der Fall sein, wenn die Metalle höheren Temperaturen ausgesetzt werden und verzundern. Zunder wird als »ein bei hohen Temperaturen auf der Metalloberfläche entstandenes, vorwiegend oxydisches Reaktionsprodukt« definiert. Solche Schichten können, wenn sie festhaftend und zusammenhängend sind, das darunter liegende Metall vor weiterer Korrosion schützen. Beispiele hierfür sind die Passivschichten von Aluminium und Titanium. Ein ähnliches Verhalten zeigen auch einige andere Korrosionsprodukte, wie die Patinaschicht auf Kupfer. Sind Oxidschichten rissig oder an einzelnen Stellen mechanisch zerstört, so ist an diesen Stellen ein verstärkter Korrosionsvorgang zu erwarten, weil dann zusätzlich elektrochemische Reaktionen auftreten können (→ Aufg. 10.1.).

Eine rein chemische Korrosion der Metalle ist außerdem möglich, wenn diese mit organischen Lösungsmitteln in Berührung stehen.

10.1.4. Korrosion bei Eisenlegierungen

Die bei Eisenlegierungen am häufigsten auftretenden Korrosionsprodukte sind Rost und Zunder.

10.1.4.1. Rosten

Werden blanke Drehspäne in einen mit Wasser gefüllten Standzylinder gebracht, so zeigt sich nach wenigen Tagen an den Stellen, wo Luft und Wasser gleichzeitig in ausreichendem Maße vorhanden sind, ein besonders starker Rostansatz.

> *Für die Rostbildung ist das gleichzeitige Vorhandensein von Wasser und Sauerstoff Voraussetzung.*

Damit ist schon gesagt, daß die beim Rosten auftretenden Vorgänge vor allem elektrochemischer Natur sind (Bild 10.3). Das heterogene Aussehen des Rostes ist ein Beweis für seine unterschiedliche Zusammensetzung, die man auch analytisch durch Untersuchungen von Rost, der unter verschiedenen Bedingungen entstanden ist, nachprüfen kann (→ Aufg. 10.2.).

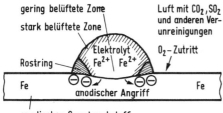

Bild 10.3. Elektrochemische Vorgänge beim Rosten von Eisen

Rost ist ein Eisenoxidhydrat mit unterschiedlicher Zusammensetzung. Seine allgemeine Formel ist
$$x\, FeO \cdot y\, Fe_2O_3 \cdot z\, H_2O$$

Die wichtigsten, auf die Korrosion beschleunigend wirkenden Faktoren sind die Abgase von Verbrennungen mit ihren Schwefel- und Kohlenstoffoxiden (→ Aufg. 10.3. und 10.4.).

10.1.4.2. Verzundern

Zunder entsteht auf Eisenlegierungen bei der Warmverformung und bei den verschiedenen Wärmebehandlungsverfahren. Aus diesem Grund wird zwischen (Warm-) Walzzunder und Glühzunder unterschieden. Wird Walzstahl ohne vorherige Entzunderung wärmebehandelt, so können Walz- und Glühzunder gleichzeitig auf einem Werkstück auftreten. Sobald Eisenwerkstoffe über 200 °C erwärmt werden, treten mit bloßem Auge wahrnehmbare Oxidschichten auf. Zunderschichten werden mit höheren Temperaturen immer dicker. Im Temperaturbereich zwischen 575 bis 1100 °C entstehen auf reinem Eisen die im Bild 10.4 dargestellten drei Oxide des Eisens. In einer schematischen Reaktionsgleichung kann dieser chemische Vorgang folgendermaßen festgehalten werden:

$$6\, Fe + 4\, O_2 \rightarrow FeO + Fe_3O_4{}^{1)} + Fe_2O_3$$

Bei den Legierungen des Eisens können außer den reinen Oxiden des Eisens auch die der Legierungselemente im Zunder auftreten. In obiger Gleichung kommt nicht zum Ausdruck, daß die Dicke der einzelnen Oxide temperaturabhängig ist. Von der Temperatur hängt auch die Zahl der gebildeten Oxide ab. Unter 575 °C entstehen nur Eisen(II, III)- und Eisen(III)-oxid, über 1100 °C Eisen(II)-oxid und Eisen(II, III)-oxid. Auch die zwischen 200 und 400 °C entstehenden Anlauffarben sind solche – allerdings hauchdünne – Oxidschichten. Durch Reflexion und Interferenz[2]) des Lichtes bilden sich die bekannten charakteristischen Färbungen.

Zunder ist ein Gemisch aus maximal 3 verschiedenen Eisenoxiden.

---

[1]) Die Formel Fe_3O_4 sollte besser $FeO \cdot Fe_2O_3$ geschrieben werden, weil dann die tatsächlichen Verhältnisse erkenntlich sind. Fe_3O_4 zählt zu den Spinellen. Das sind Verbindungen, die sich aus einem II- und III-wertigen Metalloxid zusammensetzen. Das Verhältnis der 2 Eisenoxidarten beträgt 1:1.

[2]) Interferenz (Physik): Überlagerung von Schwingungen

Bei der Zunderbildung laufen Diffusionsvorgänge ab, wobei auch das Eisen dem Sauerstoff entgegendiffundiert. Im Zunder kann deshalb elementares Eisen nachgewiesen werden.
In der Praxis sind für den Zunder weitere Namen üblich. In der Schmiede heißt er *Hammerschlag*, im Walzwerk *Walzensinter*. Vom ökonomischen Standpunkt wird er als *Abbrand* bezeichnet. Obgleich diese Eisenoxide z. B. im Hochofenwerk erneut zu Eisenlegierungen verarbeitet werden können, stellen sie doch einen mit hohem Energieaufwand verbundenen Verlust dar. Diese Verluste liegen besonders hoch bei legierten Stählen. Durch entsprechende Schutzmaßnahmen beim Glühen lassen sich jährlich viele Millionen Mark einsparen.

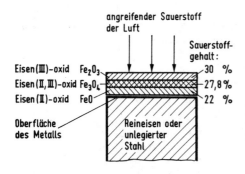

Bild 10.4. Schnitt durch eine Zunderschicht, die zwischen 575 und 1100 °C entstanden ist

10.2. Korrosionsschutz der Metalle

10.2.1. Aktiver und passiver Korrosionsschutz der Metalle

Metalle können aktiv und passiv vor Korrosion geschützt werden. *Aktiver Korrosionsschutz* ist durch Legierungszusätze bzw. durch Erschmelzen von Metallen und Legierungen mit besonderer Reinheit möglich. Auch das korrosionsschutzgerechte Konstruieren, das z. B. zur Vermeidung von Kontakt- und Spaltkorrosion führt, ist an dieser Stelle zu nennen. Schon der Konstrukteur muß eine minimal korrosionsgefährdete Fläche anstreben. Das Schweißen ist dem Nieten oder Verschrauben vorzuziehen usw. Zum aktiven Schutz zählt das Entfernen der Korrosionsstimulatoren oder das Hemmen ihrer Wirkung (Reinhaltung von Wasser und Luft). Überhaupt spielt in diesem Zusammenhang der Einsatz von Korrosionsinhibitoren eine wichtige Rolle. Erdverlegte Rohrleitungen, aber auch Schiffe und metallische Gegenstände werden immer häufiger anodisch bzw. katodisch korrosionsgeschützt. Mit Hilfe dieser elektrochemischen Schutzverfahren erhält das zu schützende Metall ein edleres Potential. Die auch hier erforderlichen Elektrolyte sind der Erdboden, das Meerwasser usw.

Dabei ist der Wirkungsmechanismus der elektrochemischen Schutzverfahren vergleichbar mit den Vorgängen der elektrochemischen Korrosion. Bei den am häufigsten anzutreffenden *katodischen Schutzverfahren* wird der zu schützende Gegenstand zur Katode. Hierzu sind zusätzliche Anoden erforderlich, für Eisenwerkstoffe kommt vor allem Magnesium in Frage. Da bei den auf diese Weise entstandenen elektrochemischen Elementen das Magnesium zerstört wird, werden diese Elektroden als Opferanoden bezeichnet. Auch die vor allem durch Gleichstromquellen hervorgerufene Streustromkorrosion (→ Abschn. 10.1.2.) kann mit Hilfe von Opferanoden und damit durch katodischen Schutz vermieden werden. Während bei den katodischen Schutzverfahren der erforderliche, dem Korrosionsstrom entgegengesetzt gerichtete Schutzstrom mit und ohne Fremdstromquelle erzeugt werden kann, wird beim *anodischen Schutz* stets Fremdstrom benötigt. Hier ist der zu schützende

Gegenstand die Anode eines Elements. Durch den Schutzstrom erreicht das zu schützende Metall den Passivzustand (→ Abschn. 10.1.2.), bzw. dieser bleibt erhalten. Für dieses Verfahren ist somit Voraussetzung, daß das anodisch geschützte Metall eine passivierend wirkende Schutzschicht ausbildet, wie das z. B. bei Aluminium oder Titanium der Fall ist. Auf diese Weise können mit diesem Schutzsystem sogar solche Metalle in Elektrolytlösungen Verwendung finden, in denen sie ohne anodischen Schutz sehr schnell zerstört würden.

Die meisten Metalle werden jedoch durch *passive Korrosionsschutzmaßnahmen* vor der chemischen und elektrochemischen Zerstörung geschützt. Beim passiven Schutz wird die Metalloberfläche mechanisch durch das Korrosionsschutzmittel von der zerstörend wirkenden Umgebung getrennt. Für diese Trennung steht eine Vielzahl der verschiedensten Schutzüberzüge zur Verfügung: Hierfür kommen organische, metallische und nichtmetallische anorganische Beschichtungen in Frage. Zum passiven Korrosionsschutz zählt auch die Oberflächenvorbehandlung der Metalle.

Für alle passiven Schutzverfahren gilt:

> *Je besser eine metallische Oberfläche von Korrosionsprodukten, Fetten und Ölen, Salzen und sonstigen Verunreinigungen gesäubert wird, um so länger ist die Lebensdauer der anschließend aufgebrachten Korrosionsschutzüberzüge.*

10.2.2. Passiver Korrosionsschutz für unlegierte Eisenwerkstoffe

Weit über 80% der in der Praxis eingesetzten Eisenwerkstoffe werden auch heute noch passiv vor Korrosion geschützt.

10.2.2.1. Untergrundvorbehandlung unlegierter Eisenwerkstoffe

Zur Untergrund- oder Oberflächenvorbehandlung zählen das Reinigen und Entfetten, das Entrosten und Entzundern und die Nachbehandlung.
Bei den Reinigungs- und Entfettungsverfahren werden vor allem alkalische Industriereiniger und organische Lösungsmittel eingesetzt. Der Reinigungseffekt wird erhöht durch Ultraschall bzw. durch das Arbeiten im Spritzverfahren.
Beim Entrosten und Entzundern gibt es die mechanischen, thermischen und chemischen Verfahren. Zu den mechanischen Verfahren zählen die Handentrostung mit Drahtbürste, der Einsatz mechanischer Werkzeuge wie rotierende Drahtbürsten, das Strahlen und das Trommeln. Nur mit Hilfe der letzten zwei Verfahren lassen sich metallisch saubere Oberflächen erzielen. Da das Trommeln, z. B. als Naß- oder Vibrationsgleitschleifen, nur für Kleinteile in Frage kommt, werden in Zukunft die schon heute an vielen Stellen eingesetzten Strahlverfahren praktisch alle anderen mechanischen Verfahren verdrängen. Dabei wird das Freistrahlen mit den billigen, nur einmal eingesetzten Strahlmitteln, z. B. Schlackensande, auf das Entrosten montierter, stationärer Stahlkonstruktion beschränkt bleiben. Der Hauptanteil des Strahlgutes wird in geschlossenen Kabinen und hier zum größten Teil in modernen automatischen Durchlaufanlagen entrostet und entzundert. Wegen des hohen Energieaufwandes und äußerst geringen Wirkungsgrades (3% und weniger!) sollte die zur Arbeitsleistung benötigte kinetische Energie den Strahlmitteln weniger durch Druckluft, sondern durch rotierende Schleuderradschaufeln erteilt werden. Die Strahlmittel hierfür sind vor allem Stahldrahtkorn, Stahlguß- und Hartgußgranulat.
Zu den thermischen Verfahren gehört das Flammstrahlen. Dieses Verfahren ist sehr teuer und besonders energieintensiv, außerdem lassen sich auf diese Weise keine

metallischen Oberflächen, die für eine maximale Lebensdauer wichtigste Voraussetzung sind, erzielen.

Eine ähnliche Bedeutung wie das Strahlen hat das Beizen. Hier werden Rost und Zunder mit Hilfe von Mineralsäuren vollständig entfernt. Wegen seines universellen Charakters ist dieses chemische Vorbehandlungsverfahren in vielen Betrieben eingesetzt. Die wichtigsten hierfür in Frage kommenden Beizmittel sind Schwefel-, Salz- bzw. Phosphorsäure. Dabei gewinnt die Salzsäure auf Grund ihrer guten Beizeigenschaften und des verstärkten Anfalls von Abfallsalzsäure aus der chemischen und der Kaliindustrie immer mehr an Bedeutung. Der Anteil des Beizgutes, der mit Phosphorsäure entrostet und entzundert wird, ist gering.

Da beim Einbringen der korrodierten Eisenwerkstoffe in eine der genannten Säuren stets außer der gewünschten Reaktion zwischen Zunder und Beizmittel noch ein unerwünschter Vorgang zwischen Metall und Beizmittel abläuft, ist es üblich, dem Beizbad Inhibitoren, sogenannte Sparbeizzusätze, zuzugeben (→ Aufg. 10.5.). Auf diese Weise kann der unerwünschte Metallangriff um 90% und mehr gegenüber einer nichtinhibierten Säure verringert werden. Auch beim Strahlen wird das Metall angegriffen, wie z. B. der hohe Verschleiß bei Strahldüsen zeigt (→ Aufg. 10.6.).

Der größte Nachteil aller Beizverfahren sind die vor allem aus Säure- und Spülbädern anfallenden Abwässer. Diese müssen entsprechend den Abwasservorschriften durch Neutralisation, Aufbereitung oder Regeneration unschädlich gemacht werden (→ Aufgabe 10.7.). Allerdings entstehen auch beim Strahlen in Kabinen durch auftretende Stäube Abfallprodukte, die entsprechend den gesetzlichen Bestimmungen in Entstaubungsanlagen zu behandeln sind. Auf diese Weise entstehen nicht unerhebliche zusätzliche Kosten. Ziel muß es sein, diese Abprodukte vollständig als Sekundärrohstoffe zu nutzen.

Als Nachbehandlungsverfahren kommen das Phosphatieren bzw. eine zusätzliche Spülung der Eisenwerkstoffe in nitrithaltigen oder chromiumsauren Bädern in Frage. Durch die Nachbehandlung wird der Haftgrund für den nachfolgenden Korrosionsschutzüberzug verbessert bzw. auch ein bedingter temporärer Korrosionsschutz geschaffen.

Beim Phosphatieren entstehen auf Eisenwerkstoffen, aber auch auf anderen Metallen, Phosphatschichten, die mit der behandelten Metalloberfläche fest verbunden sind und aus unlöslichen Eisen- (nichtschichtbildende Verfahren) oder Zink- bzw. Manganphosphaten (schichtbildende Verfahren) bestehen. Die Bildung löslicher Phosphate bzw. das Zurückbleiben derselben an der Metalloberfläche ist unerwünscht, weil diese, wie alle anderen löslichen Verbindungen, nach dem Aufbringen von Anstrichen durch osmotische Vorgänge unter Blasenbildung zur Zerstörung des Anstrichfilms führen würden. Die Entwicklung bei Autokarosserien, Kühlschränken usw. zeigt, daß mit der Dünnschichtphosphatierung, hier sind die erzeugten Phosphatschichten nur um 1 μm dick, die besten Ergebnisse zu erzielen sind. Durch die Phosphatierung, aber auch durch eine Nachbehandlung in nitrithaltigen oder chromiumsauren Lösungen werden die Metalle passiviert (→ Abschn. 10.1.2.), so daß auf diese Weise die Korrosionsschutzwirkung von Anstrichstoffen zusätzlich unterstützt wird.

10.2.2.2. Korrosionsschutzüberzüge für unlegierte Eisenwerkstoffe

Unlegierte Eisenwerkstoffe können temporär mit Hilfe von Korrosionsschutzölen und -fetten, Wachsen oder Abziehlacken geschützt werden.

Der Hauptanteil der Korrosionsschutzüberzüge ist noch immer den Anstrichstoffen vorbehalten. Diese bestehen in der Regel aus dem Lösungsmittel und den filmbildenden Stoffen, wie Bindemitteln und Pigmenten. Entsprechend der Vielzahl der Bean-

spruchungen ist die Zusammensetzung dieser Stoffe sehr unterschiedlich. Ihre Namen erhalten diese organischen Korrosionsschutzmittel oft durch die verwendeten Bindemittel, wie Vinoflex-, Chlorkautschuk- oder Alkydharz-Anstrichsysteme.
Besonders gute Korrosionsschutzeigenschaften haben alle durch Erwärmen (Flammspritzen, Wirbelsintern) aufgebrachten Plastüberzüge, weil sich mit zunehmender Schichtdicke und verringertem Porenanteil die Korrosionsschutzwirkung erhöht. Bei den metallischen Überzügen steht das Feuerverzinken aus ökonomischen Gründen, aber auch wegen seiner guten Korrosionsschutzeigenschaften, an erster Stelle (→ Aufg. 10.8.). Die größte Lebensdauer haben die sogenannten Duplexsysteme; hier werden feuerverzinkte Stahlteile anschließend noch mit einem Anstrichsystem versehen. Neben der Feuermetallisierung in den verschiedensten Schmelzbädern lassen sich Metalle auch auf galvanischem Wege auf Eisenlegierungen abscheiden. Dabei stehen bei den galvanischen Verfahren meist dekorative Gesichtspunkte im Vordergrund.
Für die Abscheidung metallischer Schutzschichten gibt es neben dem Schmelztauchen oder Feuermetallisieren und der galvanischen Veredlung noch eine Reihe weiterer Verfahren, z. B. das Metallspritzen, das Plattieren und die Diffusionsverfahren.

Beim *Metallspritzen* wird mit Gas oder elektrischem Strom und ölfreier Preßluft Metalldraht oder -pulver im plastischen Zustand auf das zu schützende Werkstück aufgebracht. Die Leistung solcher Spritzpistolen liegt bei maximal 1,5 kg Metall je Stunde. Beim Lichtbogen- oder Plasmaspritzen sind durch die höhere thermische Energie größere Leistungen und auch der Einsatz solcher Metalle, deren Schmelzpunkt über 1 600 °C liegt, möglich. Das *Plattieren* erfolgt meist beim Warm- oder Kaltwalzen, indem auf diese Weise ein korrosionsbeständiger metallischer Werkstoff auf die zu schützende Metalloberfläche aufgebracht wird. Die *Diffusionsverfahren*, die auch als »Gasplattierung« bezeichnet werden, führen zu zunder- und verschleißfesten Überzügen durch Bildung und Zersetzung gasförmiger Verbindungen des Überzugsmetalls unter Luftabschluß. So entstehen beim Chromdiffusionsverfahren oder Inchromieren 0,1 bis 0,2 mm dicke, festverwachsene Diffusionsschichten auf Stahloberflächen. Es gibt allerdings auch Diffusionsverfahren, die mit Metallpulver arbeiten, z. B. wird beim Sherardisieren Zink mit Schichtdicken um 20 µm bei 380 °C innerhalb von 60 Minuten auf Eisenlegierungen aufgebracht.

Von den sonstigen Verfahren sei noch das Emaillieren genannt, das durch den vorwiegenden Einsatz einheimischer Rohstoffe gekennzeichnet ist. Emailschichten zeichnen sich durch ihre hohe chemische Beständigkeit aus, leider sind die meisten Überzüge dieser Art sehr spröde und damit stoßempfindlich.
Die Korrosion führt demnach nicht nur zu hohen Kosten, indem ein Teil der Metalle zerstört wird, sie erfordert auch für den Schutz der metallischen Werkstoffe erhebliche Ausgaben. Die jährlichen Gesamtkosten durch Korrosion werden international mit mehreren Prozent des gesellschaftlichen Bruttoprodukts angegeben, z. B. in USA mit etwa 4%, das waren 1978 etwa 70 Milliarden Dollar. Um Arbeitskräfte und wertvolle Rohstoffe einsparen zu können, sind eine sorgfältige Ausführung aller Arbeiten für den Schutz der Metalle, die richtige Wahl der Korrosionsschutzmittel und ihrer Verfahren und eine entsprechende Kenntnis über die Probleme des Korrosionsschutzes die wichtigsten Voraussetzungen (→ Aufg. 10.9. und 10.10.).

■ **Aufgaben**

10.1. Weshalb sind Korrosionsvorgänge rein chemischer Art in der Praxis nur selten anzutreffen?

10.2. Weshalb schützt eine Rost-, aber auch eine Zunderschicht das Eisen nicht vor weiterer Korrosion?

10.3. Weshalb ist die vor mehr als 1 500 Jahren in Delhi aufgestellte 17 t schwere und 18 m hohe Eisensäule bisher kaum durch Korrosion zerstört, obgleich abgeschlagene Stücke schon auf der Seereise nach England Rosterscheinungen zeigten?

10.4. Über London sollen täglich 200 t schweflige Säure durch das in den Abgasen enthaltene Schwefeldioxid entstehen. Welche Menge Kohle muß hierzu verbrannt werden, wenn ein durchschnittlicher Schwefelgehalt mit 1,2 % angenommen werden kann?

10.5. Welche Reaktionsgleichungen beschreiben das Beizen mit Schwefelsäure, wenn die zu entfernenden Korrosionsprodukte die drei Eisenoxide des Zunders sind?

10.6. Weshalb muß man beim Beizen, aber auch beim Strahlen von einem erwünschten und einem unerwünschten Vorgang sprechen?

Wie läßt sich der unerwünschte Vorgang beim Beizen bzw. beim Strahlen verringern?

10.7. In abgearbeiteten Beizlösungen müssen nicht nur die Säurereste unschädlich gemacht werden, sondern auch die Eisensalze. Welche hydrolytischen Vorgänge, die zur Zerstörung des biologischen Lebens der Flußläufe führen würden, sind hierfür die Ursache?

10.8. Weshalb wirken Zinküberzüge, aber auch Zinkstaubanstriche, als katodischer Schutz für Eisenwerkstoffe? Wie verhalten sich Zinnüberzüge?

10.9. Was ist Korrosion?

10.10. Welche Verfahren zählen zum aktiven und welche zum passiven Korrosionsschutz? Welche Bedeutung haben diese Verfahren für die Praxis?

11. Periodensystem der Elemente

11.1. Anordnung der Elemente nach ihrer Ähnlichkeit

11.1.1. Entwicklung des Periodensystems

Heute sind 106 Elemente bekannt. Von diesen wurden bisher 91 in der Natur (Erdrinde, Atmosphäre, zugänglicher Kosmos) nachgewiesen; hierzu kommen die in extrem geringen Spuren in den Uraniumerzen gefundenen chemischen Grundstoffe Neptunium (93) und Plutonium (94). Das natürliche Vorkommen der Elemente mit der Kernladungszahl 43 (Technetium) und 95 bis 106 wurde bisher nicht beobachtet. Die in der Natur nicht festgestellten Elemente sind das Ergebnis von Kernreaktionen oder Atomumwandlungen. Dabei gibt es künstliche Nuclide, wie das Unnilquadium (104), von denen nur wenige Atome gefunden wurden, aber auch solche, wie das Plutonium (94), die das Ergebnis industrieller Prozesse sind.

Um 1865 waren nahezu 60 Elemente bekannt, vor knapp 250 Jahren waren es jedoch nur 13, nämlich Kupfer, Zinn, Blei, Silber, Gold, Eisen, Antimon, Quecksilber, Zink, Arsen, Kohlenstoff, Schwefel und Bismut. Es ist verständlich, daß zur damaligen Zeit und früher das Bedürfnis, diese wenigen Elemente systematisch einzuordnen, nicht vorhanden war.

1817 erkannte *Döbereiner*, daß die relative Atommasse von Strontium mit dem arithmetischen Mittel der verwandten Elemente Calcium und Barium übereinstimmte. Später faßte er noch weitere Elemente zu solchen Dreiergruppen (Triaden) zusammen. Andere Chemiker fügten diesen Dreiergruppen neue Grundstoffe mit ähnlichen Eigenschaften hinzu, z. B. kam so zur ersten Triade *Döbereiners* das Magnesium. Der englische Chemiker *Newlands* stellte 1863 ein System auf, das, nach steigender relativer Atommasse geordnet, sieben Gruppen zu je 7 Elementen enthielt. Die Elemente der fehlenden 8. Hauptgruppe, die Edelgase, wurden erst 1894 und später von den Engländern *Rayleigh* und *Ramsay* entdeckt.

Die vollständigste und umfassendste Arbeit auf dem Gebiet der systematischen Einordnung der Elemente erfolgte 1869 durch den russischen Chemiker *Dimitri Iwanowitsch Mendelejew* und den unabhängig von ihm arbeitenden deutschen Chemiker *Lothar Meyer*. Sie ordneten die damals bekannten Elemente – es waren über 60 – nach steigenden relativen Atommassen an.

11.1.2. Halogene und Edelgase als Beispiel

In der Tabelle 11.1 ist eine Gruppe von Elementen tabellarisch mit verschiedenen sich *periodisch ändernden* Eigenschaften zusammengestellt worden. Es handelt sich um die im Periodensystem in der 7. Hauptgruppe stehenden Halogene (Salzbildner).

Die Elemente der 7. Hauptgruppe sind aber auch durch eine Anzahl *gemeinsamer* Eigenschaften gekennzeichnet. Sie sind alle typische Salzbildner, weil sie sich mit

Tabelle 11.1. Eigenschaften der Halogene, die sich periodisch ändern

Periodische Eigenschaften	Fluor	Chlor	Brom	Iod
Anzahl der Elektronenschalen	2	3	4	5
Kernladungszahl	9	17	35	53
relative Atommasse	19	35,5	79,9	126,9
Schmelzpunkt	-223 °C	-103 °C	$-7,2$ °C	$+113,5$ °C
Siedepunkt	-188 °C	$-34,6$ °C	$+58,8$ °C	$+184,4$ °C
Farbe im gasförmigen Zustand	fast farblos	gelbgrün	rotbraun	violett
Löslichkeit in Wasser		←———— nimmt ab ————→		
Nichtmetallcharakter		←———— nimmt ab ————→		
allgemeine Reaktionsfähigkeit		←———— nimmt ab ————→		
Affinität zu Wasserstoff		←———— nimmt ab ————→		
Affinität zu Sauerstoff		←———— nimmt ab ————→		
Bildungswärme der Verbindungen mit Wasserstoff (in kJ)	268,8	91,7	48,6	5,4
Dissoziationsgrad (thermisch und elektrolytisch) der H-Verbindungen		←———— nimmt zu ————→		
Durchmesser der Atome bzw Anionen		←———— nimmt zu ————→		
Oxydationsmittel	stark ←——————————————————→ schwach			
Reduktionsmittel	schwach ←——————————————————→ stark			

einem Teil der Metalle schon bei Raumtemperaturen zu Salzen verbinden. Damit sind sie Nichtmetalle. Mit Wasserstoff bilden die Halogene gasförmige binäre Verbindungen, die, in Wasser geleitet, die bekannten sauerstofffreien Säuren ergeben, z. B. ist Salzsäure eine Lösung von in Wasser geleitetem Chlorwasserstoffgas. Sie bilden aber auch sonst noch viele andere, untereinander ähnliche Verbindungen.

Außer den gemeinsamen oder ähnlichen Eigenschaften der Verbindungen der Halogene gibt es andere, die sich entsprechend der Reihenfolge der Elemente der 7. Hauptgruppe periodisch ändern. Vom Atombau her besitzen die Elemente der 7. Hauptgruppe alle 7 Außenelektronen, deshalb sind sie vor allem ein- und siebenwertig. Weil das Astat in der Erdkruste nur in geringsten Spuren vorkommt, wird es hier bei der Zusammenstellung der Eigenschaften der Halogene weggelassen. Die Atomphysik hat von diesem Element bisher 20 radioaktive Isotope erzeugt. Aber auch Astat läßt sich mit seinen Eigenschaften in die Gruppe der Halogene einordnen, und zwar müßte es – wie im Periodensystem – auf das Iod folgen.

Als ein weiteres Beispiel seien die Edelgase angeführt (Tabelle 11.2). Ihre typische gemeinsame Eigenschaft ist ihr edler Charakter. Aus diesem Grund verwendet man sie zur Füllung von Glühlampen und Leuchtröhren. Die Atome der Edelgase haben auf allen Elektronenhüllen eine stabile Besetzung, auch auf der äußeren Schale. Im Gegensatz zu den übrigen, bei Raumtemperatur ebenfalls gasförmig vorliegenden Grundstoffen, kommen die Edelgase nicht molekular, sondern atomar vor. Zum Beispiel sind in der Luft wohl Sauerstoff- und Stickstoffmoleküle, aber nur Helium-, Neon-, Argon-, Krypton- und Xenonatome enthalten.

Obgleich die Edelgase gegenüber anderen Elementen besonders reaktionsträge sind, ist es trotzdem gelungen, Edelgasverbindungen herzustellen. Am bekanntesten sind Verbindungen der schweren Edelgase mit Fluor, z. B. Xenonhexafluorid $XeFe_6$, Xenontetrafluorid XeF_4, Xenondifluorid XeF_2 und Kryptontetrafluorid KrF_4 (→ Abschn. 17.2.).

Die Tabelle 11.2 enthält einige wichtige physikalische, periodisch sich ändernde Eigenschaften der Elemente der 8. Hauptgruppe.

Tabelle 11.2. Eigenschaften der Edelgase

Periodische Eigenschaften	Helium	Neon	Argon	Krypton	Xenon	Radon
relative Atommasse	4	20,2	39,9	83,8	131,3	222
Elektronenschalen	1	2	3	4	5	6
Kernladungszahl	2	10	18	36	54	86
Dichte (in kg m^{-3})	0,18	0,9	1,8	3,7	5,9	9,9
Schmelzpunkt	-272 °C	-249 °C	-189 °C	-157 °C	-111 °C	-71 °C
Siedepunkt	-269 °C	-246 °C	-186 °C	-153 °C	-108 °C	-62 °C
Löslichkeit in Wasser und organischen Lösungsmitteln	———————————————— nimmt zu ————————————————→					
Löslichkeit in Wasser in ml l^{-1}	8,61	10,5	33,6	59,4	108,7	230
Durchmesser der Atome	———————————————— nimmt zu ————————————————→					

11.2. Anordnung der Elemente und Darstellung des Periodensystems

11.2.1. Atombau als Ordnungsprinzip

Schon bei der Besprechung des Atombaus (→ Abschn. 3.3.) war zu erkennen, daß heute im Periodensystem die Elemente nach der Anzahl der Protonen und nach der Verteilung ihrer Elektronen angeordnet sind. Obgleich *Mendelejew* und *L. Meyer* auf Grund der Erkenntnisse ihrer Zeit die Atome als unteilbar betrachten mußten, liegt auch ihrer Anordnung eine Einteilung nach dem Atombau zugrunde. Die von ihnen als Ordnungsprinzip gewählten relativen Atommassen hängen von der Anzahl der Protonen und der Neutronen ab. Mit steigender Kernladungszahl wird – allerdings weniger regelmäßig – auch die Neutronenzahl in der Regel immer größer.

An 3 Stellen[1]) ergaben sich zwischen der heutigen Einteilung der Elemente nach der Kernladungszahl und der früheren nach den relativen Atommassen Unstimmigkeiten. Diese Stellen sind: Argon und Kalium, Cobalt und Nickel, Tellur und Iod (→ Aufgabe 11.1.).

> *Die Anordnung der Elemente im Periodensystem erfolgt nach dem Atombau, wobei man früher die relativen Atommassen zugrunde legte, heute von den Kernladungszahlen ausgeht.*

Wie stark der Atombau die chemischen Eigenschaften beeinflußt, läßt sich besonders deutlich an Hand der chemischen Bindungen zeigen. Ausschlaggebend für die Art der chemischen Bindung, die die Elemente eingehen, ist die Anordnung der Elektronen. Aber auch die physikalischen Eigenschaften der Elemente sind Funktionen der Kern-

---

[1]) Nimmt man noch die radioaktiven Elemente des Periodensystems hinzu, so ergeben sich weitere Unstimmigkeiten, z. B. an den Stellen Thorium (90) und Protactinium (91) oder Americium (95) und Curium (96).

ladungszahlen. Somit muß die Einteilung der Elemente nach dem Atombau zu einer Anordnung nach gleichen, ähnlichen und sich periodisch ändernden Eigenschaften führen. Darin liegt auch die Bedeutung des Periodensystems. Aus der Stellung eines Elementes ergeben sich wertvolle Rückschlüsse auf sein gesamtes chemisches und physikalisches Verhalten. Damit bestimmt der Atombau die chemischen und physikalischen Eigenschaften der Elemente.

> *Die chemischen und physikalischen Eigenschaften der Elemente sind eine Funktion der Kernladungszahlen.*

11.2.2. Lang- und Kurzperiodensystem

Es hat in der Vergangenheit nicht an Versuchen gefehlt, neue Einteilungen der Elemente zu finden. Sie konnten alle das Lang- und das Kurzperiodensystem (Beilage und Anlage 2) nicht ersetzen. Diese 2 verschiedenen Anordnungen der chemischen Grundstoffe stimmen im Prinzip mit der von *Mendelejew* und *L. Meyer* 1869 getroffenen Einteilung überein. In beiden Periodensystemen sind alle Elemente nach dem Atombau, und zwar nach steigenden Kernladungszahlen geordnet. Es gibt Zeilen, die Perioden, und senkrechte Spalten, die Gruppen. Oft wird die erste Periode auch als Vorperiode bezeichnet, die 2. und 3. als kleine Perioden, die übrigen sind dann die großen Perioden. Innerhalb jeder Periode steigt die Kernladungszahl von Element zu Element von links nach rechts immer um 1 an. In den Gruppen besitzt das folgende gegenüber dem darüberstehenden eine um 2, 8, 18 oder 32 höhere Kernladungszahl. 2, 8, 18 oder 32 Elektronen betragen die stabilen bzw. maximalen Besetzungen der Atomhüllen. Die gleichen Zahlen tauchen in den Perioden wieder auf. Die 7 Zeilen des Periodensystems enthalten folgende Zahl von Elementen:

1. Periode	2 Elemente	5. Periode	18 Elemente
2. Periode	8 Elemente	6. Periode	32 Elemente
3. Periode	8 Elemente	7. Periode	20 Elemente
4. Periode	18 Elemente		

In dieser Systematik spiegelt sich – das zeigt besonders deutlich Anlage 1 – die Verteilung der Elektronen auf den verschiedenen Energieniveaus wider (→ Aufg. 11.2.). Im Lang- und auch im Kurzperiodensystem sind die senkrechten Spalten in Haupt- und Nebengruppen unterteilt. Die Elemente einer Gruppe – oft wird auch von den Familien gesprochen – haben besondere Namen. Diese richten sich häufig nach dem ersten Element der Gruppe (→ Aufg. 11.3.).

I. Hauptgruppe:	Alkalimetalle	1. Nebengruppe: Kupfergruppe
II. Hauptgruppe:	Erdalkalimetalle	2. Nebengruppe: Zinkgruppe
III. Hauptgruppe:	Borgruppe (Erdmetalle)	3. Nebengruppe: Seltene Erdmetalle
IV. Hauptgruppe:	Kohlenstoffgruppe	4. Nebengruppe: Titaniumgruppe
V. Hauptgruppe:	Stickstoffgruppe	5. Nebengruppe: Vanadiumgruppe
VI. Hauptgruppe:	Chalkogene (Erzbildner; Sauerstoffgruppe)	6. Nebengruppe: Chromiumgruppe
VII. Hauptgruppe:	Halogene (Salzbildner)	7. Nebengruppe: Mangangruppe
VIII. Hauptgruppe:	Edelgase	8. Nebengruppe: Eisengruppe und Gruppe der Platinmetalle

Der Unterschied zwischen dem Lang- und dem Kurzperiodensystem liegt in der verschiedenen Stellung der Haupt- und Nebengruppen. Zwischen den Hauptgruppen und den dazugehörenden Nebengruppenelementen gibt es gemeinsame Beziehungen, die allerdings meist nur sehr lose sind. Im Kurzperiodensystem steht jede Nebengruppe neben ihrer Hauptgruppe. Im Langperiodensystem sind alle Nebengruppen zwischen die 2. und 3. Hauptgruppe eingeschoben. Im Kurzperiodensystem sind somit die großen Perioden nochmals unterteilt, sie nehmen hier 2 Zeilen ein (→ Aufg. 11.4.).
In der 8. Nebengruppe befinden sich in jeder Periode gleichzeitig 3 Elemente:

4. Periode: Fe Co Ni   Eisengruppe
5. Periode: Ru Rh Pd ⎫
6. Periode: Os Ir Pt ⎬ Gruppe der Platinmetalle

Diese Einteilung ergibt sich einmal auf Grund der chemischen Eigenschaften dieser Elemente, sie ist aber gleichzeitig bedingt durch die Gesamtzahl der chemischen Grundstoffe dieser Periode. Die 4. und 5. Periode mit je 18 chemischen Grundstoffen enthalten neben den 8 Hauptgruppenelementen 10 Elemente der Nebengruppen. In der 6. Periode verbleiben nach Abzug der 8 Hauptgruppenelemente noch 24 Elemente für die Nebengruppen. Diese verteilen sich auf die Nebengruppen 1, 2, 4 bis 7 mit je einem Grundstoff, die 8. Nebengruppe hat 3 Elemente, und die 3. erhält 15. 16 Elemente erscheinen in der 3. Nebengruppe der 7. unvollständigen Periode. Es handelt sich in der 6. Periode um die Lanthaniden, in der 7. Periode um die Actiniden. Auch diese 2 Elementgruppen haben jede für sich ähnliche und periodische Eigenschaften. So kommen z. B. die Lanthaniden gemeinsam vor. Bei einer genaueren Untersuchung der Ytter- und der Zeriterde, die beide lange Zeit als einheitliche Stoffe angesehen wurden, konnten alle Lanthaniden gefunden werden. Die Actiniden sind radioaktiv, sie spielen vor allem in der Atomphysik eine Rolle. Im Kurzperiodensystem (Anlage 2) erscheint an 1. Stelle das Symbol Nn. Im Langperiodensystem (Beilage) wurde es weggelassen. Es handelt sich um das Neutron mit der Ordnungszahl 0 und der Massenzahl 1.

11.3. Periodizität der Eigenschaften der Elemente

Es gibt 2 Möglichkeiten, wie man die Eigenschaften der im Periodensystem angeordneten Elemente betrachten kann, einmal waagerecht, also in den Perioden, zum anderen senkrecht, also innerhalb der Haupt- und Nebengruppen. Obgleich diese Betrachtungsweise sowohl für das Kurzperiodensystem als auch das Langperiodensystem gilt, läßt sie sich am deutlichsten im letzteren verfolgen. In diesem System treten gerade die die Chemie interessierenden Eigenschaften besonders klar hervor.

11.3.1. Gleiche Eigenschaften

a) Die Zahl der Valenzelektronen ist bei den Atomen einer Gruppe stets gleich.
b) Die wichtigsten Oxydationszahlen stimmen bei allen Elementen einer Gruppe überein.

Die zweite Eigenschaft ergibt sich aus der ersten, der gemeinsamen Außenelektronenzahl. Deshalb ist es üblich, diese Elektronen als Valenzelektronen[1]) zu bezeichnen. Im Kurzperiodensystem (Anlage 2) wurden die gemeinsamen Oxydationszahlen einer Hauptgruppe in den letzten 2 Zeilen festgehalten. Auf die Elemente der 3. Periode (Tabelle 11.3) angewendet, bedeutet das: Hydride sind binäre Verbindungen mit

---
[1]) valere (lat.) wert sein

Tabelle 11.3. Verbindungen der Elemente der 3. Periode mit Sauerstoff und Wasserstoff

Hauptgruppe	I	II	III	IV	V	VI	VII
Element	Na	Mg	Al	Si	P	S	Cl
Oxid	Na_2O	MgO	Al_2O_3	SiO_2	P_2O_5	SO_3	Cl_2O_7
Hydrid	NaH	MgH_2	AlH_3	SiH_4	PH_3	H_2S	HCl

Wasserstoff. Folgende Namen haben die 7 Wasserstoffverbindungen der 3. Periode: Natriumhydrid NaH [1]), Magnesiumhydrid MgH_2, Aluminiumhydrid AlH_3, Siliciumwasserstoff (Monosilan) SiH_4, Phosphorwasserstoff PH_3, Schwefelwasserstoff H_2S, Chlorwasserstoff HCl. Die wichtigsten Oxydationszahlen für die Hauptgruppenelemente sind in der Tabelle 11.4 zusammengestellt.

Tabelle 11.4. Oxydationszahlen der Hauptgruppenelemente

Hauptgruppennummer	I	II	III	IV	V	VI	VII
Oxydationszahlen gegenüber Sauerstoff	+1	+2	+3	+4 +2	+5 +3	+6 +4	+7 +5 +3
Oxydationszahlen gegenüber Wasserstoff	+1	+2	+3	+4	−3	−2	−1

Selbstverständlich gibt es hiervon auch Ausnahmen, z. B. hat Fluor nur die Oxydationszahl 1, Stickstoff dagegen 1, 2, 3, 4 und 5. Für die Nebengruppenelemente läßt sich solch eine einfache Regel nicht aufstellen.

c) Die Elemente einer Gruppe bilden viele ähnliche Verbindungen. Außer den schon aufgeführten Beispielen soll noch ein weiteres genannt werden. Die Elemente der 6. Hauptgruppe, die Erzbildner, verbinden sich besonders häufig mit Metallen. Diese Verbindungen (Mineralien) sind dann meistens in größerer Anzahl in einem Erz enthalten. Besonders häufig sind die Metalle als Oxide bzw. Sulfide in den Erzen enthalten.
d) Elemente einer Gruppe kommen gemeinsam vor, z. B. enthalten schwefelhaltige Erze oft auch Sauerstoff-, Selen- und Tellur-Verbindungen.
e) Die Elemente einer Gruppe bilden oft gleiche Kristallgitter, z. B. liegen die Alkalimetalle im festen Zustand alle im kubisch-raumzentrierten Metallgitter vor.
f) Die Atome der Elemente einer Periode haben stets Elektronen mit gleicher Hauptquantenzahl.

11.3.2. Eigenschaften, die sich periodisch ändern

Mendelejew sprach von einem Gesetz der Periodizität, das durch seine Einteilung der Elemente sichtbar in Erscheinung trat. Da hierfür der Atombau die Ursache ist, sollen die nur vom Atombau abhängenden Eigenschaften zuerst genannt werden.

a) Innerhalb jeder Periode steigt die Kernladungszahl von Element zu Element immer um den Betrag 1.

---
[1]) Im NaH tritt der Wasserstoff als Hydridion H^- auf

b) Innerhalb jeder Gruppe nimmt sie von oben nach unten stets um die Beträge 2, 8, 18 oder 32 zu.
c) Innerhalb jeder Gruppe und jeder Periode steigen die relativen Atommassen (Ausnahmen → Abschn. 11.2.1.) und die Massenzahlen an.
d) Der Atomradius wird in den Gruppen von oben nach unten größer, in den Perioden fällt er von links nach rechts, um ab 6. Hauptgruppe wieder anzusteigen (Bild 11.1).

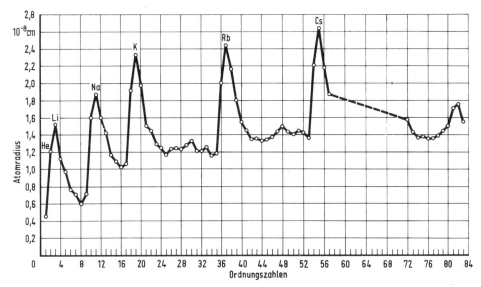

Bild 11.1. Atomradien in Abhängigkeit von den Ordnungszahlen

e) Die Oxydationszahl verändert sich bei den Hauptgruppenelementen periodisch (Anlage 3).
f) Innerhalb einer Periode nimmt von links nach rechts der Metallcharakter ab bzw. der Nichtmetallcharakter zu.
g) Innerhalb einer Gruppe nimmt von oben nach unten der Metallcharakter zu bzw. der Nichtmetallcharakter ab (→ Aufg. 11.5.).

In der 5. Hauptgruppe befinden sich oben typische Nichtmetalle (Stickstoff, Phosphor), das letzte Element der Gruppe ist das Metall Bismut. Besonders heftig reagierende Metalle stehen deshalb in den Perioden links und in den Gruppen unten, bei den Nichtmetallen ist es umgekehrt. Da die Metalle positive Ionen bilden, werden sie als elektropositive Elemente bezeichnet. Die Nichtmetalle sind dann die elektronegativen Elemente. Sie bilden negative Ionen. Somit nimmt der elektropositive Charakter der Elemente in den Gruppen von oben nach unten und in den Perioden von rechts nach links zu. Der elektronegative Charakter verhält sich umgekehrt (→ Abschn. 4.2.2. und 4.3.2.).

h) Oxide der Metalle reagieren mit Wasser unter Hydroxidbildung, die der Nichtmetalle bilden Säuren. Auch diese Eigenschaft hängt von der Stellung der Metalle bzw. Nichtmetalle im Periodensystem ab.
i) Die Stellung der Elemente im Periodensystem ist ausschlaggebend für die Art der chemischen Bindung. Übergänge in den Eigenschaften der Elemente müssen sich in Übergängen zwischen den Arten der chemischen Bindung äußern. Das soll nach-

folgend für die Elemente der 3. Periode gezeigt werden. Als Beispiele dienen die Verbindungen dieser Elemente mit Chlor.

NaCl MgCl$_2$ AlCl$_3$ SiCl$_4$ PCl$_3$ SCl$_2$ Cl$_2$
Ionenbeziehung ──────────────→ Atombindung

Hier stehen links Verbindungen mit reiner Ionenbeziehung, rechts solche mit reiner Atombindung. Dazwischen befinden sich die Übergänge der polarisierten Atombindung (→ Abschn. 4.2.2.).

So wie es Übergänge zwischen der Ionenbeziehung und der Atombindung gibt, existieren auch Übergänge zwischen der Metallbindung und der Ionenbeziehung bzw. der Metallbindung und der Atombindung. Auch hierfür sollen die Elemente der 3. Periode herangezogen werden. Zuerst wird Natrium der Reihe nach mit allen Elementen kombiniert.

(NaNa) (NaMg) (NaAl) (NaSi) Na$_3$P Na$_2$S NaCl
Metallbindung ──────────────→ Ionenbeziehung
(Metallgitter)   (Ionengitter)

Die Klammern links deuten an, daß Natrium mit Magnesium, Aluminium und Silicium legiert vorliegt, wobei das Mengenverhältnis im Gegensatz zu chemischen Formeln verschieden sein kann.

Na Mg Al Si P$_4$ S$_8$ Cl$_2$
Metallbindung ──────→ Atombindung
(Metallgitter)   (Molekülgitter)

In der letzten Reihenfolge haben die ersten 3 Elemente Metallgitter. Silicium bildet ein dem besprochenen Diamantgitter ähnliches Atomgitter (Bild 4.9). Ab Schwefel liegen Molekülgitter vor, wobei vom Schwefel S$_8$-Moleküle, vom Phosphor P$_4$-Moleküle im Kristall eingebaut sind.

Trotz der vielen möglichen Übergänge und der in Wirklichkeit nur geringen Zahl von Verbindungen mit reiner Ionenbeziehung, Atom- oder Metallbindung ist es üblich, die meisten Verbindungen der anorganischen und organischen Chemie einer Bindungsart zuzuordnen.

11.4. Bedeutung dieser Gesetzmäßigkeiten für die Chemie

Es wurde schon festgestellt, daß das Periodensystem das wichtigste Hilfsmittel der Chemie ist. Der Abschn. 11.3. zeigte, daß, ausgehend von einigen bekannten Elementen, Rückschlüsse auf die Eigenschaften weniger bekannter Elemente des Periodensystems möglich sind. Das ist auch der Grund, weshalb es in Chemiebüchern üblich ist, die Elemente im Zusammenhang mit den übrigen Grundstoffen einer Gruppe zu besprechen. Der Wert dieser systematischen Anordnung der Elemente kommt am deutlichsten darin zum Ausdruck, daß *Mendelejew* mit seinem System vor über 100 Jahren in der Lage war, die Existenz von sechs damals noch nicht entdeckten Elementen vorauszusagen. Er nannte diese Elemente, deren Plätze er im Periodensystem frei ließ, Eka-Bor, Eka-Aluminium, Eka-Silicium, Eka-Mangan, Dvi-Mangan und Eka-Tellur [eka (sanskr.) der erste, dvi der zweite]. Die Eigenschaften der bald darauf gefundenen ersten 3 Elemente, von ihren Entdeckern Scandium, Gallium und Germanium genannt, stimmten verblüffend mit den von *Mendelejew* vorausgesagten überein. Auch bei den später entdeckten Grundstoffen Technetium, Rhenium und Polonium (das erste konnte bisher nur künstlich hergestellt werden) war eine weitgehende Übereinstimmung mit dem von *Mendelejew* beschriebenen Eka-Mangan, Dvi-Mangan und Eka-Tellur festzustellen.

Wegen ihres reaktionsträgen Verhaltens wurden die Edelgase erst um die Jahrhundertwende bekannt. Nach der Entdeckung des Heliums und Argons 1894 zeigten die im Periodensystem noch freien Plätze die Existenz weiterer Edelgase an. Die Suche hiernach war wenige Jahre später von Erfolg gekrönt. 1898 wurden die Elemente Neon, Krypton und Xenon gefunden. Radon als letztes Edelgas ist im Jahre 1900 bei der Untersuchung radioaktiver Substanzen entdeckt worden (→ Aufg. 11.7.). Gibt es einen überzeugenderen Beweis für den Wert und die Bedeutung des Periodensystems als die Vorhersage und die Entdeckung unbekannter Elemente, deren Plätze in der damaligen systematischen Anordnung der Elemente noch frei geblieben waren?

Mit der Entdeckung des Astats im Jahre 1940 waren alle Lücken des Periodensystems geschlossen. Uranium (Ordnungszahl 92) bildete den Schluß des Periodensystems. Die Antwort auf die Frage, ob noch weitere, sogenannte »Transuran-Elemente« existieren, konnte 1940 von verschiedenen Forschergruppen gegeben werden. Nach der Entdeckung des ersten Transuran-Elements Neptunium wurden in rascher Folge die weiteren Transurane gefunden. Heute liegt die Grenze des Periodensystems beim Element mit der Ordnungszahl 106.

Gegenwärtig befaßt sich die Atomphysik mit dem Auffinden von superschweren Elementen, wobei man im wesentlichen drei Wege beschreitet: Synthese durch Kernreaktionen, Untersuchung kosmischer Strahlen und Untersuchung von Naturvorkommen auf der Erde.

■ Aufgaben

11.1. Weshalb ergibt eine Einteilung der Elemente nach den Kernladungszahlen nahezu die gleiche Reihenfolge wie eine Anordnung nach den relativen Atommassen?

11.2. Weshalb hat jedes Periodensystem 7 Perioden?

11.3. Weshalb hat jedes Periodensystem nur 8 Hauptgruppen?

11.4. Weshalb konnte das Periodensystem nicht schon im Mittelalter aufgestellt werden?

11.5. Welche Metalle und Nichtmetalle reagieren besonders heftig? Begründen Sie Ihre Entscheidung!

11.6. Weshalb hat man die Elemente der 8. Hauptgruppe erst ziemlich spät (um 1900) entdeckt?

11.7. Welche gemeinsamen und periodisch sich ändernden Eigenschaften besitzen die Elemente der 1. Hauptgruppe?

11.8. Welcher Zusammenhang besteht zwischen der chemischen Bindung, der elektrochemischen Spannungsreihe und der Anordnung der Elemente im Periodensystem?

11.9. Wird es in Zukunft möglich sein, neue Nuclide zu schaffen, deren Kernladungszahlen unter 106 liegen?

11.10. Weshalb ist das Periodensystem für das Studium der Chemie von großer Wichtigkeit?

12. Wasserstoff

12.1. Elementarer Wasserstoff

Vorkommen

Der Wasserstoff wurde 1766 von *Cavendish* entdeckt. In elementarem Zustand tritt er in zweiatomigen Molekülen H_2 – nur in Spuren – in der Lufthülle der Erde auf. Auf der Sonne wurden spektralanalytisch große Wasserstoffmengen nachgewiesen. In Form seiner Verbindungen ist der Wasserstoff auf der Erde außerordentlich verbreitet (0,9% der Erdrinde, dritthäufigstes Nichtmetall nach Sauerstoff und Silicium). Außer in Wasser und in allen Säuren (→ Abschn. 8.2.2.) ist Wasserstoff auch in den weitaus meisten organischen Verbindungen enthalten.

Darstellung

Im Laboratorium kann Wasserstoff im *Kippschen Apparat* durch Umsetzung von Salzsäure mit Zink gewonnen werden:

$2\,HCl + Zn \rightarrow ZnCl_2 + H_2$

Es handelt sich um eine Redoxreaktion:

$2\,H^+ + 2\,e^- \rightarrow H_2$

$Zn \qquad \rightarrow Zn^{2+} + 2\,e^-$

Alle Metalle, die in der Aufstellung in Abschn. 9.3.1. links vom Wasserstoff stehen, verdrängen den Wasserstoff auf diese Weise aus verdünnten Säuren.

Auch Calciumhydrid CaH_2 und Wasser ergeben Wasserstoff:

$CaH_2 + 2\,H_2O \rightarrow Ca(OH)_2 + 2\,H_2$

Für die *großtechnische Gewinnung* von Wasserstoff wird Wasser mit Hilfe von Kohlenstoff bzw. Kohlenmonoxid reduziert (Wassergasprozeß, → Abschn. 16.3.1.):

$H_2O + C \rightarrow CO + H_2$

$H_2O + CO \rightarrow CO_2 + H_2$

Bei der Alkalichloridelektrolyse (→ Abschn. 9.6.4.) entsteht Wasserstoff durch katodische Reduktion von Wasserstoffionen:

$2\,H^+ + 2\,e^- \rightarrow H_2$

Eigenschaften

Wasserstoff ist das leichteste Gas (Litermasse 0,09 g bei 20 °C und 101,3 kPa; Luft dagegen 1,29 g) und das leichteste Element überhaupt. Er ist farblos und geruchlos. Wasserstoff brennt mit schwachblauer Flamme. Mit Sauerstoff bzw. Luft gibt er

Gemenge, die bei Zimmertemperatur beständig sind, aber beim Erhitzen unter lautem Knall explodieren und daher als *Knallgas* bezeichnet werden:

$2 H_2 + O_2 \rightarrow 2 H_2O_{gasf.} \qquad \Delta H = -484,4 \text{ kJ mol}^{-1}$

Die Explosionswirkung beruht darauf, daß der entstehende Wasserdampf durch die frei werdende Wärme sofort ein sehr großes Volumen einnimmt. Um Knallgasexplosionen zu vermeiden, muß, bevor der einem Gasentwickler entnommene Wasserstoff entzündet wird, die sog. *Knallgasprobe* durchgeführt werden. Dazu wird ein Reagenzglas mit dem entwickelten Gas gefüllt und dann mit der Mündung an eine Flamme gehalten. Verbrennt der Wasserstoff dabei mit pfeifendem Geräusch, so enthält er noch Sauerstoff. Um die hohen Temperaturen (über 2000 °C), die beim Verbrennen von Wasserstoff mit reinem Sauerstoff entstehen, gefahrenlos zum Schweißen und Schneiden von Metallen ausnutzen zu können, wird ein besonderer Brenner, der Daniellsche Hahn, verwendet, bei dem sich die beiden Gase erst an der Brennstelle mischen. Heute wird zum Schweißen an Stelle des Wasserstoffs meist Ethin (Acetylen) verwendet.

Auch mit Fluor und Chlor verbindet sich Wasserstoff explosionsartig ($\rightarrow$ Abschnitt 13.2.).

Wasserstoff wird in Stahlflaschen geliefert, die einen Anschlußzapfen mit Linksgewinde und einen roten Farbanstrich besitzen. Der Druck in den Flaschen beträgt bis zu 15 MPa. Dennoch liegt der Wasserstoff darin gasförmig vor. Er läßt sich erst unterhalb 33 K (-240 °C; kritische Temperatur) verflüssigen.

Verwendung

Wasserstoff wird in großen Mengen technisch verwendet. Er ist Ausgangsstoff für die Ammoniaksynthese ($\rightarrow$ Abschn. 15.3.1.). Hydrierungen, d. h. Reaktionen, bei denen Wasserstoff angelagert wird, spielen aber auch in der organisch-technischen Chemie eine große Rolle (Hochdruckhydrierung von Teer und Erdölrückständen, Methanolsynthese, Fetthärtung u. a. $\rightarrow$ Abschn. 27. und 28.). Das Stadtgas besteht zu etwa 50 % aus Wasserstoff. Außerdem wird Wasserstoff wegen seiner geringen Dichte als Ballonfüllung verwendet.
($\rightarrow$ Aufg. 12.1. bis 12.5.)

12.2. Verbindungen des Wasserstoffs

Von den zahlreichen Verbindungen des Wasserstoffs werden hier nur seine beiden Oxide *Wasser* H_2O und *Wasserstoffperoxid* H_2O_2 behandelt.

12.2.1. Wasser

Das Wasser ist eine der häufigsten chemischen Verbindungen. Es bedeckt in den Weltmeeren etwa drei Viertel der Erdoberfläche und ist als Wasserdampf (mit bis zu 4 Vol.-%) auch in der Atmosphäre enthalten.

Unter Normaldruck (101,3 kPa) siedet Wasser bei 100 °C und erstarrt bei 0 °C zu Eis. Es hat bei 4 °C mit 1 g cm^{-3} die größte Dichte.

Das Wasser ist ein ausgezeichnetes Lösungsmittel, das sowohl für alle Lebensvorgänge als auch für alle Zweige der Produktion unentbehrlich ist. In der Technik dient es aber nicht nur als Lösungsmittel, sondern auch als Transportmittel und als Kühlflüssigkeit, vor allem aber zur Dampferzeugung und damit zur Umwandlung von Wärmeenergie in mechanische Energie. Die ausreichende Wasserversorgung ist heute in allen Industrieländern ein Problem von erstrangiger Bedeutung.

In den Molekülen des Wassers sind die Atome nicht linear, sondern in einem Winkel von 105° angeordnet (→ Abschn. 4.2.3.). Die Ladungsschwerpunkte der positiven und der negativen Ladungen fallen dadurch nicht zusammen, so daß die Moleküle des Wassers *Dipolcharakter* besitzen. Die Eigenschaften des Wassers werden weitgehend dadurch bestimmt. So liegen die Moleküle des Wassers im flüssigen Zustand nicht einzeln vor, sondern in Form von *Molekülassoziationen* $(H_2O)_n$, wobei n durchschnittlich 6 beträgt. Hierauf beruht der (im Vergleich zum Schwefelwasserstoff H_2S) hohe Siedepunkt des Wassers. Diese Molekülassoziationen kommen durch *Wasserstoffbrückenbindungen* zustande, die sich zwischen den elektronegativen Sauerstoffatomen und den elektropositiven Wasserstoffatomen ausbilden. Da die beim Dipolmolekül des Wassers nach außen wirkenden Ladungen schwächer sind als die Ladungen von Ionen, besitzen die Wasserstoffbrückenbindungen nur geringe Festigkeit.

In wäßrigen Lösungen von Elektrolyten lagern sich die Dipolmoleküle des Wassers mit ihrer entgegengesetzt geladenen Seite an die positiv bzw. negativ geladenen Ionen an. Um die Ionen bildet sich dadurch eine Hülle von Wassermolekülen (Bild 12.1). Dieser Vorgang wird als *Hydratation* bezeichnet. Bei bestimmten Ionen bleibt die Hydratation auch beim Auskristallisieren erhalten. Das Wasser ist dann als *Kristallwasser* in die Kristalle eingebaut (→ Abschn. 4.6.2.4.).
(→ Aufg. 12.6. bis 12.9.).

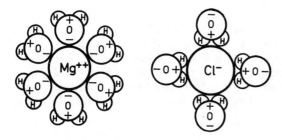

Bild 12.1. Hydratisierte Ionen

12.2.2. Wasserstoffperoxid

Im Molekül des Wasserstoffperoxids H_2O_2 sind zwei Sauerstoffatome durch ein gemeinsames Elektronenpaar miteinander verbunden:

:Ö:Ö: oder   ⌈Ö—Ö⌉
H H | |
                 H H

Die Gruppe —O—O— wird als *Peroxogruppe* bezeichnet.
Zwischen den beiden Sauerstoffatomen besteht eine p-p-σ-Bindung (→ Abschn. 4.2.1.2.). Die beiden s-p-σ-Bindungen zwischen den Wasserstoff- und Sauerstoffatomen sind um 90° gegeneinander verdreht, so daß das eine Wasserstoffatom bei räumlicher Darstellung senkrecht zur Papierebene stehen müßte.

Wasserstoffperoxid wird hauptsächlich durch Elektrolyse von Schwefelsäure (45%ig) und Umsetzung der entstehenden Peroxodischwefelsäure mit Wasser gewonnen:

$H_2S_2O_8 + 2 H_2O \rightarrow H_2O_2 + 2 H_2SO_4$

Wasserstoffperoxid ist eine farb- und geruchlose Flüssigkeit, die sich in jedem Verhältnis mit Wasser mischen läßt. In den Handel kommt es vor allem als 30%ige Lösung *(Perhydrol)* und als 3%ige Lösung.

Die Peroxogruppe ist wenig beständig. Das Wasserstoffperoxid zerfällt daher leicht in Wasser und atomaren Sauerstoff:

$$H_2O_2 \rightarrow H_2O + O$$

Infolge dieser Sauerstoffabspaltung ist das Wasserstoffperoxid ein starkes *Oxydationsmittel*. Durch Lichteinwirkung wird der Zerfall beschleunigt. Daher soll Wasserstoffperoxid stets in braunen Flaschen aufbewahrt werden. Außerdem werden dem Wasserstoffperoxid meist *Stabilisatoren* zugesetzt. Das sind Stoffe, die den Zerfall hemmen (z. B. Phosphorsäure).

Auf Grund seiner Oxydationswirkung wird das Wasserstoffperoxid als *Bleichmittel* und als *Desinfektionsmittel* verwendet. In Waschmitteln ist Wasserstoffperoxid in einer Anlagerungsverbindung mit Borax enthalten, aus der es beim Auflösen in Wasser frei wird. Gegenüber anderen Bleichmitteln (z. B. Chlor) hat Wasserstoffperoxid den Vorteil, daß es keine gewebeschädigenden Rückstände, sondern nur Wasser hinterläßt (vgl. vorstehende Gleichung).

Beim Umgang mit konzentrierter Wasserstoffperoxidlösung (Perhydrol) ist Vorsicht geboten, da sie die Haut angreift!
(→ Aufg. 12.10. bis 12.13.)

■ **Aufgaben**

12.1. Wo und in welcher Form tritt Wasserstoff in der Natur auf?

12.2. Wie wird Wasserstoff a) im Laboratorium, b) großtechnisch erzeugt?

12.3. Welches sind die wichtigsten physikalischen und chemischen Eigenschaften des Wasserstoffs?

12.4. Wie wird die Knallgasprobe durchgeführt?

12.5. Wozu wird Wasserstoff technisch verwendet?

12.6. Weshalb ist heute die Wasserwirtschaft für hochentwickelte Industriestaaten von außerordentlicher Bedeutung?

12.7. Wie kommt der Dipolcharakter der Wassermoleküle zustande?

12.8. Wie beeinflussen die Wasserstoffbrückenbindungen die Eigenschaften des Wassers?

12.9. Was ist unter der Hydratation von Ionen zu verstehen?

12.10. Welche Atomgruppe ist für das Wasserstoffperoxid charakteristisch?

12.11. Nach welcher Reaktionsgleichung zerfällt Wasserstoffperoxid?

12.12. Wozu wird Wasserstoffperoxid verwendet?

12.13. Was ist beim Umgang mit Wasserstoffperoxid zu beachten?

13. Halogene

13.1. Übersicht über die Elemente der 7. Hauptgruppe

In der 7. Hauptgruppe des Periodensystems stehen die typischen Nichtmetalle *Fluor, Chlor, Brom* und *Iod* sowie das künstlich erzeugte radioaktive Element *Astat*, das für die Chemie praktisch keine Rolle spielt. Da sie mit den Metallen typische Salze bilden (z. B. Natriumchlorid), werden diese fünf Elemente als *Halogene* (Salzbildner) bezeichnet. Bei 20 °C sind Fluor und Chlor gasförmig, Brom flüssig und Iod fest.
Die Atome der Halogene zeigen – infolge des im Verhältnis zur Kernladungszahl relativ geringen Atomradius – eine starke *Elektronenaffinität*. Alle Halogene besitzen auf dem höchsten Energieniveau folgende Elektronenbesetzung:

$s^2 \qquad p^5$
| ↑↓ | ↑↓ | ↑↓ | ↑ |

Dieses Energieniveau kann durch Aufnahme eines Elektrons voll aufgefüllt werden, wobei die *einwertig negativen Ionen* F^-, Cl^-, Br^- und I^- entstehen. Alle Halogene haben einen stark elektronegativen Charakter und eine *hohe Reaktionsfähigkeit*. Das Fluor ist das elektronegativste Element und das reaktionsfähigste Nichtmetall überhaupt. Vom Fluor zum Iod nimmt die Stärke dieser Eigenschaften ab.
Im gasförmigen Zustand bestehen die elementaren Halogene aus *zweiatomigen Molekülen* mit einem gemeinsamen Elektronenpaar (p-p-σ-Bindung), z. B.:

:C̈l:C̈l:

Auch mit dem elektroneutralen Kohlenstoff gehen die Halogene typische Atombindungen ein, z. B. im Tetrachlormethan:

:C̈l:
:C̈l:C̈:C̈l:
:C̈l:

Tabelle 13.1. Übersicht über die Gruppe der Halogene

Element	Symbol	Kernladungszahl	Relative Atommasse	Schmelzpunkt in °C	Siedepunkt in °C	Aggregatzustand bei 20 °C	Dichte in g l^{-1} bei 0 °C und 101,3 kPa
Fluor	F	9	18,998403	−223	−188	gasförmig	1,696
Chlor	Cl	17	35,453	−103	−34,6	gasförmig	3,21
Brom	Br	35	79,904	−7,2	−58,8	flüssig	−
Iod	I	53	126,9045	+113,5	+184,4	fest	−

Zwischen den Halogenen und dem Wasserstoff treten dagegen stark polarisierte Atombindungen (s-p-σ) auf, so daß die Halogenwasserstoffe *Dipolmoleküle* bilden (→ Abschn. 8.2.):

$\delta^+ \ \delta^-$
H:Cl:

In den Verbindungen mit Sauerstoff haben die Halogene die Oxydationszahlen $+1$, $+3$, $+5$ und $+7$, mit Wasserstoff und den Metallen -1. Während die Verbindungsneigung zu Wasserstoff und zu den Metallen beim Fluor am stärksten ist, ist die Verbindungsneigung zum Sauerstoff beim Iod am stärksten. In Tabelle 13.1 wurden die Eigenschaften der Halogene übersichtlich zusammengestellt (→ Aufg. 13.1.).

13.2. Chlor

Das Chlor ist das wichtigste Halogen und gilt allgemein als der typische Vertreter der Halogene.

Vorkommen

Das Chlor kommt infolge seiner hohen Reaktionsfähigkeit in der Natur nur gebunden vor, und zwar vor allem als *Natriumchlorid* NaCl *(Steinsalz)*, *Kaliumchlorid* KCl *(Sylvin)* und *Kaliummagnesiumchlorid* $KCl \cdot MgCl_2 \cdot 6\,H_2O$ *(Carnallit)*. Diese Salze treten in großen Lagerstätten auf, die vor etwa 200 Mill. Jahren durch Eindunsten abgeschnittener Meeresteile entstanden. Die Weltmeere enthalten heute etwa 2,7% Natriumchlorid.

Gewinnung

Im Laboratorium wird Chlor durch Oxydation von konzentrierter Salzsäure HCl mit Kaliumpermanganat $KMnO_4$ oder einem anderen starken Oxydationsmittel erzeugt:

$16\,HCl + 2\,KMnO_4 \rightarrow 2\,KCl + 2\,MnCl_2 + 8\,H_2O + 5\,Cl_2$

Technisch wird Chlor durch Elektrolyse wäßriger Lösungen von Natriumchlorid gewonnen (→ Abschn. 9.6.4.).

Eigenschaften

Chlor ist ein gelbgrünes Gas von hoher Dichte ($3,2\,g\,l^{-1}$), das sich leicht verflüssigen läßt (kritische Temperatur 144 °C) und sich leicht in Wasser löst (etwa $2,3\,l\,Cl_2$ in $1\,l\,H_2O$). Da wasserfreies Chlor Eisen erst bei höheren Temperaturen angreift, kann

Dichte in g cm^{-3} bei 20 °C	Farbe im Gaszustand	Verbindungsneigung zu Sauerstoff	Verbindungsneigung zu Wasserstoff	Allgemeine Reaktionsfähigkeit	Nichtmetallcharakter	Elektronegativer Charakter
	farblos	|	|	|	|	|
,41	gelbgrün	nimmt zu	nimmt ab	nimmt ab	nimmt ab	nimmt ab
(flüssig)	rotbraun					
,12	violett					
,95		↓	↓	↓	↓	↓

flüssiges Chlor in Stahlflaschen und in Kesselwagen aufbewahrt und transportiert werden.

> *Chlor greift die Schleimhäute und das Lungengewebe stark an und ist daher ein gefährliches Giftgas. Arbeiten mit Chlor müssen stets unter dem Abzug ausgeführt werden.*

Im ersten Weltkrieg wurde Chlor als Kampfmittel eingesetzt, wodurch Tausende von Soldaten einen grauenvollen Tod fanden.
Chlor gehört zu den reaktionsfähigsten Elementen. Es verbindet sich mit fast allen Elementen. Mit Natrium und anderen unedlen Metallen reagiert Chlor schon bei Zimmertemperatur:

$$2\,Na + Cl_2 \rightarrow 2\,NaCl$$

Höhere Temperaturen, Wasserdampfgehalt des Chlors und feine Verteilung der Metalle begünstigen die Reaktion. Unter diesen Bedingungen reagiert Chlor auch mit verhältnismäßig edlen Metallen wie Kupfer:

$$Cu + Cl_2 \rightarrow CuCl_2$$

Bei allen diesen Reaktionen, die z. T. mit Lichterscheinungen ablaufen, nimmt das Chlor Elektronen auf und geht dabei in das Chloridion Cl^- über:

$$Cl_2 + 2\,e^- \rightarrow 2\,Cl^-$$

Das Chlor wirkt also als *Oxydationsmittel* und wird dabei selbst *reduziert*.

Ein Gemisch von *Wasserstoff* und Chlor im Volumenverhältnis 1 : 1 *(Chlorknallgas)* reagiert beim Erhitzen oder unter dem Einfluß von ultravioletten Strahlen (Sonnenlicht, brennendes Magnesium) explosionsartig:

$$H_2 + Cl_2 \rightarrow 2\,HCl \qquad \Delta H = -183{,}4 \text{ kJ mol}^{-1}$$

Bei Zimmertemperatur und im Dunkeln ist das Chlorknallgas dagegen beständig. Mit den übrigen Nichtmetallen reagiert Chlor weniger heftig.
Der einfacheren Handhabung wegen wird im Laboratorium an Stelle des gasförmigen Chlors für viele Zwecke dessen wäßrige Lösung, das *Chlorwasser*, verwendet. Im Chlorwasser ist aber neben gelöstem elementarem Chlor auch Salzsäure HCl und hypochlorige Säure HClO enthalten, da sich das Chlor zum Teil mit dem Wasser umsetzt:

$$\overset{0}{Cl_2} + H_2O \rightleftarrows \overset{-1}{HCl} + \overset{+1}{HClO}$$

Die *hypochlorige Säure* HClO zerfällt unter Einwirkung von Licht in Salzsäure und atomaren Sauerstoff:

$$HClO \rightarrow HCl + O$$

Da der *atomare Sauerstoff* sehr reaktionsfähig ist, wirkt das Chlorwasser – und ebenso feuchtes Chlorgas – stark oxydierend.

Verwendung

Chlor dient zum Entkeimen von Trinkwasser (oxydative Zerstörung von Mikroorganismen) und zum Bleichen von Geweben (oxydative Zerstörung von Farbstoffen). An Stelle von Chlor bzw. Chlorwasser werden für das Bleichen allerdings meist Lösungen von Salzen der hypochlorigen Säure verwendet (→ Abschn. 13.3.2.). Das Chlor muß nach dem Bleichen mit Natriumthiosulfat $Na_2S_2O_3$ (Antichlor) restlos aus dem Gewebe entfernt werden, um dessen Zerstörung zu vermeiden. Dabei wird das Chlor zu Chloridionen reduziert:

$S_2O_3^{2-} + 4\,Cl_2 + 5\,H_2O \rightarrow 2\,SO_4^{2-} + 8\,HCl + 2\,H^+$

Chlor dient als Ausgangsstoff für die Erzeugung von Chlorwasserstoff und Salzsäure sowie zahlreichen organischen Chlorverbindungen, unter denen sich wichtige Plaste, Schädlingsbekämpfungsmittel und Lösungsmittel befinden (→ Abschn. 26., 30. und 31.).

Diese Chlorprodukte weisen einen hohen Veredlungsgrad auf und eignen sich daher besonders für den Export. (→ Aufg. 13.3. bis 13.6.)

13.3. Verbindungen des Chlors

13.3.1. Chlorwasserstoff und Salzsäure

Chlorwasserstoff ist ein farbloses, stechend riechendes Gas, das sich sehr leicht in Wasser löst (bei 20 °C etwa 450 l HCl in 1 l H_2O).

Die Chlorwasserstoffmoleküle, die stark polarisierte Atombindungen aufweisen, geben leicht Protonen ab. Der Chlorwasserstoff ist eine sehr starke Säure ($pK_s \approx -7$) und unterliegt in wäßrigen Lösungen einer vollständigen Protolyse:

$HCl + H_2O \rightleftarrows Cl^- + H_3O^+$

Die wäßrige Lösung des Chlorwasserstoffs wird als *Chlorwasserstoffsäure* oder *Salzsäure* bezeichnet. Im *Laboratorium* wird zur Darstellung des Chlorwasserstoffs der Umstand ausgenutzt, daß die leichtflüchtige Salzsäure von der schwerflüchtigen Schwefelsäure aus ihren Salzen, den *Chloriden*, verdrängt wird:

$NaCl + H_2SO_4 \rightarrow NaHSO_4 + HCl\uparrow$

Oberhalb 800 °C setzt sich das Natriumhydrogensulfat mit weiterem Natriumchlorid um:

$NaCl + NaHSO_4 \rightarrow Na_2SO_4 + HCl\uparrow$

Daraus ergibt sich als Gesamtreaktion

$2\,NaCl + H_2SO_4 \rightarrow Na_2SO_4 + 2\,HCl\uparrow$

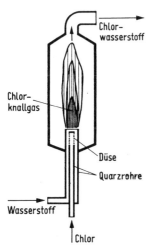

Bild 13.1. Quarzbrenner zur Chlorwasserstoffsynthese

Die *technische Gewinnung von Chlorwasserstoff* erfolgt durch Synthese aus den Elementen, indem man in einem Quarzbrenner (Bild 13.1) Chlor und Wasserstoff verbrennt:

$$H_2 + Cl_2 \rightarrow 2\,HCl$$

Salzsäure wird erzeugt, indem durch eine Reihe von Steingutgefäßen Chlorwasserstoffgas einem Wasserstrom entgegengeleitet wird *(Gegenstromprinzip)*. Die Salzsäure kommt als konzentrierte Salzsäure mit 32 bis 37% HCl in Glasballons oder Steingutgefäßen in den Handel. Aus dieser konzentrierten Salzsäure entweicht Chlorwasserstoff, der mit dem Wasserdampf der Luft Salzsäurenebel bildet. Die daraus abgeleitete Bezeichnung »rauchende Salzsäure« ist nicht exakt, da es sich hier nicht um Rauch (fest in gasförmig), sondern um Nebel (flüssig in gasförmig) handelt (Tabelle 2.2).

Die Salzsäure reagiert lebhaft mit fast allen Metallen, die in der Spannungsreihe links vom Wasserstoff stehen, z. B.:

$$Zn + 2\,HCl \rightarrow ZnCl_2 + H_2\uparrow$$

Dabei entstehen die *Chloride* der betreffenden Metalle. Die Metalle, die in der Spannungsreihe rechts vom Wasserstoff stehen (Cu, Ag, Pt, Au), werden dagegen von der Salzsäure nicht angegriffen. Das *Königswasser*, eine Mischung von drei Teilen konzentrierter Salzsäure und einem Teil konzentrierter Salpetersäure, greift infolge Bildung von atomarem Chlor, das besonders reaktionsfähig ist, auch die Edelmetalle – selbst das Gold, den »König der Metalle« – an:

$$3\,HCl + HNO_3 \rightarrow NOCl + 2\,Cl + 2\,H_2O$$
$$Au + 3\,Cl \rightarrow AuCl_3$$

Auch das entstehende *Nitrosylchlorid* NOCl reagiert mit den Edelmetallen.

Die wichtigsten Salze der Salzsäure sind das *Natriumchlorid* NaCl *(Kochsalz, Steinsalz)* und das *Kaliumchlorid* KCl *(Sylvin)*. Die Metallchloride sind mit Ausnahme von *Silberchlorid* AgCl, *Quecksilber(I)-chlorid* Hg_2Cl_2 und *Blei(II)-chlorid* $PbCl_2$ im Wasser leicht löslich.

Die Salzsäure dient zum Beizen und zum Ätzen von Metallen, zum Herauslösen von Metallen aus Erzen und zur Kesselsteinbeseitigung. In der Landwirtschaft verwendet man sie zum Konservieren von Grünfutter. Außerdem ist Salzsäure bzw. Chlorwasserstoff ein wichtiges Zwischenprodukt der chemischen Industrie.

13.3.2. Oxide und Sauerstoffsäuren des Chlors

Das Chlor bildet mehrere Oxide, in denen es die Oxydationszahlen +1 (Dichlormonoxid Cl_2O), +4 (Chlordioxid ClO_2), +6 (Dichlorhexoxid Cl_2O_6) und +7 (Dichlorheptoxid Cl_2O_7) aufweist. Diese Oxide haben aber kaum praktische Bedeutung. Erheblich wichtiger sind die vier Sauerstoffsäuren des Chlors und deren Salze (Tabelle 13.2).

Die **hypochlorige Säure** HClO, auch unterchlorige Säure genannt, entsteht – neben Salzsäure – beim Einleiten von Chlor in Wasser ($\rightarrow$ Abschn. 13.2.). Sie ist eine mittelstarke Säure ($pK_S = 7{,}25$). Die wichtigsten Salze der hypochlorigen Säure sind *Natriumhypochlorit* NaClO und *Kaliumhypochlorit* KClO. Die hypochlorige Säure wird schon von der Kohlensäure aus ihren Salzen verdrängt:

$$2\,KClO + H_2CO_3 \rightarrow K_2CO_3 + 2\,HClO \tag{1}$$
$$2\,HClO \rightarrow 2\,HCl + 2\,O \tag{2}$$

Tabelle 13.2. Säuren des Chlors

Oxydations-zahl	Bezeichnung	Formel	Bezeichnung der Salze	Formel der Salze (Me = einwertiges Metall)
−1	Salzsäure (Chlorwasserstoffsäure)	HCl	Chloride	MeCl
+1	*hypo*chlor*ige* Säure	HClO	*Hypo*chlor*ite*	MeClO
+3	chlor*ige* Säure	$HClO_2$	Chlor*ite*	$MeClO_2$
+5	Chlor*säure*	$HClO_3$	Chlor*ate*	$MeClO_3$
+7	*Per*chlor*säure*	$HClO_4$	*Per*chlor*ate*	$MeClO_4$

Da hierbei atomarer Sauerstoff entsteht, dienen wäßrige Lösungen der Hypochlorite als Bleichlaugen (KClO, *Eau de Javelle*; NaClO, *Eau de Labarraque*). Die erforderliche Kohlensäure entsteht beim Bleichen aus dem Kohlendioxid der Luft.

Wird Chlor über Calciumhydroxid (gelöschten Kalk) $Ca(OH)_2$ geleitet, so bildet sich *Chlorkalk*, dessen wirksamer Bestandteil ein gemischtes Salz der Salzsäure und der hypochlorigen Säure ist, also ein Calciumchloridhypochlorit:

$$Cl_2 + Ca(OH)_2 \rightleftarrows CaCl(ClO) + H_2O \tag{3}$$

Dieses gemischte Salz zeigt folgenden Aufbau:

$$[Ca]^{2+} \begin{matrix} [Cl]^- \\ [ClO]^- \end{matrix}$$

Wie jedes Hypochlorit bildet der Chlorkalk mit dem Kohlendioxid der Luft hypochlorige Säure. Die daraus nach Gleichung (2) entstehende Salzsäure setzt sich mit weiterem Chlorkalk unter Entwicklung von elementarem Chlor um:

$$CaCl(ClO) + HCl \rightarrow CaCl_2 + HClO \tag{4}$$

$$\overset{+1}{H}ClO + \overset{-1}{H}Cl \rightarrow \overset{0}{Cl_2} + H_2O \tag{5}$$

Bei der in Gleichung (5) wiedergegebenen Reaktion handelt es sich um einen Redoxvorgang, die hypochlorige Säure wird zu Chlor reduziert, die Salzsäure zu Chlor oxydiert. Da sowohl der Sauerstoff als auch das Chlor stark oxydierend wirken, wird Chlorkalk als Desinfektionsmittel (oxydative Zerstörung von Mikroorganismen) und als Bleichmittel verwendet.

Die **Chlorsäure** $HClO_3$ und ihre Salze, die *Chlorate*, geben leicht Sauerstoff ab und sind daher starke Oxydationsmittel. *Kaliumchlorat* $KClO_3$ zerfällt beim Erhitzen auf 400 °C in *Kaliumchlorid* KCl und *Kaliumperchlorat* $KClO_4$:

$$4 \overset{+5}{K}ClO_3 \rightarrow \overset{-1}{K}Cl + 3 \overset{+7}{K}ClO_4 \tag{6}$$

Das Kaliumperchlorat zerfällt dann bei 500 °C weiter in Kaliumchlorid und Sauerstoff:

$$3 \overset{+7-2}{KClO_4} \rightarrow 3 \overset{-1}{K}Cl + 6 \overset{0}{O_2} \tag{7}$$

Wie die Oxydationszahlen zeigen, kommt es beim Erhitzen von Kaliumchlorat zunächst zu einer *Disproportionierung* (→ Abschn. 15.3.3.).

Wird dem Kaliumchlorat Mangan(IV)-oxid MnO_2 *(Braunstein)* als Katalysator zugesetzt, so zerfällt es schon bei 150 °C unmittelbar in Kaliumchlorid und Sauerstoff:

$$2 KClO_3 \xrightarrow{MnO_2} 2 KCl + 3 O_2 \tag{8}$$

Diese Reaktion wird im Laboratorium zur Sauerstoffdarstellung angewandt. Mit organischen oder anderen leicht oxydierbaren Stoffen (z. B. Phosphor oder Schwefel) setzt sich Kaliumchlorat beim Erhitzen, aber auch schon auf Schlag oder Reibung explosionsartig um. Praktisch angewandt wird das bei den Zündhölzern, deren Kopf unter anderem Kaliumchlorat enthält, während sich in der Reibfläche roter Phosphor befindet.

Die **Perchlorsäure** $HClO_4$, auch Überchlorsäure genannt, gehört zu den stärksten Säuren, d. h., sie ist in verdünnten Lösungen praktisch vollständig protolysiert ($pK_s \approx -10$). In wäßrigen Lösungen ist die Perchlorsäure recht beständig und wirkt trotz ihres höheren Sauerstoffgehalts weniger oxydierend als die übrigen Sauerstoffsäuren des Chlors. Ebenso sind ihre Salze, die *Perchlorate*, viel beständiger als die Salze der übrigen Sauerstoffsäuren des Chlors. Die *wasserfreie* Perchlorsäure neigt dagegen stark zu explosivem Zerfall, der schon von Staubteilchen ausgelöst werden kann. Sie verursacht auf der Haut schwer heilende, schmerzhafte Wunden. (→ Aufgabe 13.7. bis 13.10.)

13.4. Brom und seine Verbindungen

Vorkommen

Brom ist erheblich weniger verbreitet als Chlor. Wie dieses kommt es in der Natur nicht elementar, sondern nur in Verbindungen vor. Bromverbindungen (vor allem *Kaliumbromid* KBr, *Natriumbromid* NaBr und *Magnesiumbromid* $MgBr_2$) begleiten meist in einem Verhältnis von etwa 1 : 300 die analogen Chlorverbindungen der Salzlagerstätten.

Gewinnung

Die Bromide reichern sich in den Endlaugen der Kalisalzverarbeitung an. Durch Einleiten von Chlor wird daraus elementares Brom gewonnen:

$2\ Br^- + Cl_2 \rightleftarrows Br_2 + 2\ Cl^-$

Der Stellung der beiden Elemente in der Spannungsreihe der Nichtmetalle entsprechend, wird das Brom durch das Chlor aus seinen Verbindungen verdrängt.

Eigenschaften

Brom ist neben dem Quecksilber das einzige bei Zimmertemperatur flüssige Element. Es erstarrt bei $-7{,}3\ °C$ und siedet bei $58{,}8\ °C$. Bei Zimmertemperatur ist der Dampfdruck schon so hoch, daß das tiefbraune flüssige Brom rotbraune Dämpfe aussendet. *Die Bromdämpfe sind von stechendem Geruch*[1]*) und reizen sehr stark die Atemwege. Brom ist wie das Chlor ein starkes Gift. Auf der Haut ruft Brom tiefe, schmerzhafte Verletzungen hervor. Beim Arbeiten mit Brom sind daher Gummihandschuhe und Schutzbrille zu tragen. Sind dennoch Bromspritzer auf die Haut gelangt, so sind sie zur »Ersten Hilfe« mit Benzen oder Petroleum abzuwaschen.*

Leichter zu handhaben als das Brom ist das Bromwasser, eine wäßrige Lösung des Broms, die im Laboratorium an Stelle von Brom eingesetzt werden kann.

In seinen chemischen Eigenschaften ist das Brom dem Chlor sehr ähnlich, nur verlaufen chemische Reaktionen mit Brom weniger heftig als die analogen Reaktionen mit Chlor.

---

[1]) bromos (griech.) Gestank

Verbindungen

Die meisten Verbindungen des Broms sind den analogen Verbindungen des Chlors ähnlich. Der *Bromwasserstoff* HBr ist ein farbloses, stechend riechendes Gas, das sich sehr leicht in Wasser löst. *Bromwasserstoffsäure* ist eine sehr starke Säure ($pK_S = -9$). Die Salze der Bromwasserstoffsäure, die *Bromide*, lösen sich fast alle leicht in Wasser. Unlöslich ist das gelbliche *Silberbromid* AgBr, das unter dem Einfluß von Licht in Silber und Brom zerfällt und daher als lichtempfindlicher Stoff in der Fotografie verwendet wird.
(→ Aufg. 13.12.)

13.5. Iod und seine Verbindungen

Vorkommen und Gewinnung

Auch das Iod[1]) kommt nicht elementar, sondern nur in Verbindungen vor. Iod ist noch erheblich seltener als Brom. Für die Gewinnung kommt vor allem der *Chilesalpeter* in Betracht, der etwa 0,12% Natriumiodat $NaIO_3$ enthält. Schwefeldioxid reduziert das Natriumiodat zu elementarem Iod:

$$2\,\overset{+5}{Na}IO_3 + 5\,\overset{+4}{S}O_2 + 4\,H_2O \rightarrow Na_2\overset{+6}{S}O_4 + 4\,H_2\overset{+6}{S}O_4 + \overset{0}{I_2}$$

Eigenschaften

Iod bildet grauschwarze, metallisch glänzende Kristalle. Beim Erwärmen sublimiert es zu violetten[2]) Dämpfen. Iod löst sich nur sehr wenig in Wasser, dagegen gut in Alkohol, aber auch in einer wäßrigen Kaliumiodidlösung. Eine 5%ige alkoholische Lösung (sogenannte *Iodtinktur*) dient in der Medizin als Antiseptikum. Die alkoholische Iodlösung und die wäßrige Iod-Kaliumiodid-Lösung sind braun gefärbt. Das Iod geht hier mit dem Lösungsmittel bzw. mit dem Kaliumiodid Anlagerungsverbindungen ein. Dagegen löst es sich in sauerstofffreien Lösungsmitteln (z. B. Chloroform $CHCl_3$) in Form von I_2-Molekülen und behält dadurch seine violette Farbe bei.

Verbindungen

Iodwasserstoff HI, ein farbloses Gas, ist wie die anderen Halogenwasserstoffe in wäßriger Lösung eine sehr starke Säure ($pK_S \approx -10$). Ihre Salze sind die *Iodide*, das bekannteste davon ist das *Kaliumiodid* KI.

Iodsäure HIO_3 ist eine kristalline Substanz, die sich sehr leicht in Wasser löst (bei 20 °C 269 g HIO_3 in 100 g H_2O). Ihre Salze sind die *Iodate*, von denen das *Natriumiodat* $NaIO_3$ das wichtigste ist.
(→ Aufg. 13.11.)

13.6. Fluor und seine Verbindungen

Das Fluor steht in der VII. Hauptgruppe an erster Stelle. Wie alle Elemente der 2. Periode nimmt das Fluor innerhalb seiner Gruppe eine gewisse Sonderstellung ein.

---

[1]) in deutschsprachiger Literatur auch Jod geschrieben
[2]) ioeidés (griech.) veilchenblau

Vorkommen und Gewinnung

Das Fluor kommt nur in Verbindungen vor, von denen die wichtigsten der *Flußspat* CaF_2 und der *Kryolith* $Na_3[AlF_6]$ sind.

Infolge seiner hohen Elektronenaffinität läßt sich Fluor nur durch *anodische Oxydation* elementar herstellen.

$2 F^- \rightarrow 2 F + 2 e^-$
$2 F \rightarrow F_2$

Das geschieht z. B. durch Elektrolyse einer Schmelze von Kaliumhydrogenfluorid KHF_2.

Eigenschaften

Das dabei entstehende Fluor ist ein schwach grünlich-gelbes Gas. Es ist das reaktionsfähigste Nichtmetall. Es reagiert mit fast allen Elementen, sogar mit dem Edelgas Xenon. Mit den meisten Elementen verbindet es sich spontan. Dem Wasser entzieht es den Wasserstoff:

$2 F_2 + 2 H_2O \rightarrow 4 HF + O_2$

Vom Fluor läßt sich daher – im Gegensatz zu den anderen Halogenen – keine wäßrige Lösung herstellen.

Verbindungen

Das Fluor weist in fast allen seinen Verbindungen die Oxydationszahl -1 auf. Die wichtigste Fluorverbindung ist der *Fluorwasserstoff*, eine farblose Flüssigkeit, die bei 19,5 °C siedet und schon unterhalb dieser Temperatur an der Luft starke Nebel bildet. Der Fluorwasserstoff hat einen stechenden Geruch und ist *sehr giftig*. Nur oberhalb 90 °C liegt der Fluorwasserstoff in HF-Molekülen vor. Bei niedrigeren Temperaturen lagern sich jeweils mehrere HF-Moleküle zu größeren Molekülen $(HF)_n$ ($n = 1, 2, 3, 4$) zusammen. Deshalb ist Fluorwasserstoff – im Gegensatz zu den anderen Halogenwasserstoffen – bei Zimmertemperatur flüssig (Sonderstellung des Fluors!).

Fluorwasserstoff löst sich leicht in Wasser, er stellt eine mittelstarke Säure dar ($pK_S = 3{,}14$). Die wäßrige Lösung ist als *Flußsäure* bekannt. Die Salze des Fluorwasserstoffs sind die *Fluoride*, von denen das *Calciumfluorid (Flußspat)* CaF_2 das wichtigste ist. Als leichtflüchtige Säure wird der Fluorwasserstoff von schwerflüchtigen Säuren aus seinen Salzen verdrängt. Hierauf beruht die Gewinnung von Fluorwasserstoff:

$CaF_2 + H_2SO_4 \rightarrow CaSO_4 + 2 HF\uparrow$

Sowohl der gasförmige Fluorwasserstoff als auch die Flußsäure greifen Glas an, ihre Gewinnung erfolgt daher in Bleigefäßen. Andererseits wird diese Eigenschaft beim Ätzen von Glas angewandt. Gasförmiger Fluorwasserstoff gibt eine matte, Flußsäure eine klare Ätzung. Flußsäure wird auch dazu verwendet, Gußstücke von anhaftendem Quarzsand zu befreien. Flußsäure wird in Gefäßen aus Blei, Kautschuk oder Paraffin aufbewahrt.

Die Flußsäure verursacht auf der Haut schwer heilende, schmerzhafte Verätzungen. Daher müssen beim Umgang mit Flußsäure unbedingt Gummihandschuhe und Schutzbrille getragen werden.

Schon bei Verdacht auf Flußsäureverätzung ist der Arzt aufzusuchen, da Schmerzen oft erst nach Stunden auftreten und dann schwere Schäden (besonders bei Verätzungen unter den Fingernägeln) nicht mehr zu vermeiden sind. Die Erste Hilfe ist entscheidend für den weiteren Verlauf: Kompressen mit 3%iger Ammoniaklösung oder 20%iger Magnesiumsulfatlösung; bei Augenverätzungen nur mit viel Wasser spülen.

Weitere wichtige Fluorverbindungen sind die *Hexafluorokieselsäure* $H_2[SiF_6]$ und deren Salze, die *Hexafluorosilicate*, z. B. Magnesiumhexafluorosilicat $Mg[SiF_6]$, die dazu eingesetzt werden, die Oberfläche von Beton zu härten und besonders wasserundurchlässig zu machen.

Organische Fluorverbindungen sind z. B. Kältemittel und Plaste (→ Abschn. 31.2. und 26.5.).

(→ Aufg. 13.12. und 13.13.)

■ **Aufgaben**

13.1. Weshalb werden die Elemente der 7. Hauptgruppe des Periodensystems als Halogene bezeichnet?
13.2. In welcher Reihenfolge nimmt die allgemeine Reaktionsfähigkeit der Halogene zu?
13.3. Woraus wird Chlor technisch gewonnen?
13.4. Weshalb wirkt Chlor als Oxydationsmittel?
13.5. Worauf ist es zurückzuführen, daß Chlorwasser bleichend wirkt?
13.6. Wozu wird Chlor in der chemischen Industrie verwendet?
13.7. Wie wird Salzsäure technisch gewonnen?
13.8. In welchen Gefäßen kann a) flüssiges Chlor, b) konzentrierte Salzsäure aufbewahrt und transportiert werden?
13.9. Wie heißen die Salze der hypochlorigen Säure, der chlorigen Säure, der Chlorsäure und der Perchlorsäure, und welche Oxydationszahlen weist in diesen Verbindungen das Chlor auf?
13.10. Was ist beim Umgang mit Kaliumchlorat zu beachten?
13.11. Wie verhalten sich wäßrige Bromid- und Iodidlösungen gegenüber Chlor bzw. Chlorwasser?
13.12. Was ist beim Umgang mit Brom zu beachten?
13.13. Was ist beim Umgang mit Flußsäure zu beachten?

14. Elemente der Sauerstoffgruppe

14.1. Übersicht über die Elemente der 6. Hauptgruppe

In der 6. Hauptgruppe des Periodensystems stehen die Elemente *Sauerstoff*, *Schwefel*, *Selen*, *Tellur* und *Polonium*.
Da diese Elemente, vor allem Sauerstoff und Schwefel, maßgeblich am Aufbau der Erdrinde beteiligt sind, werden sie unter der Bezeichnung *Chalkogene* (Erzbildner) zusammengefaßt. Bei den meisten Erzen handelt es sich um *Oxide* oder *Sulfide*. Sulfidische Erze enthalten häufig *Selenide*, seltener *Telluride* als Beimengungen. *Polonium* ist ein radioaktives Zerfallsprodukt des Uraniums und findet sich in der Uranpechblende. Innerhalb der 6. Hauptgruppe tritt eine deutliche Abstufung der Eigenschaften der Elemente auf. Sauerstoff und Schwefel sind typische Nichtmetalle. Das Selen tritt in zwei nichtmetallischen und einer metallischen Modifikation auf. Beim Tellur überwiegt bereits deutlich der Metallcharakter.

Die Atome aller Elemente der 6. Hauptgruppe haben auf dem höchsten Energieniveau folgende Elektronenbesetzung:

$s^2 \quad p^4$

$\boxed{\uparrow\downarrow} \quad \boxed{\uparrow\downarrow | \uparrow | \uparrow}$

Dieses Energieniveau kann durch Aufnahme von zwei Elektronen voll aufgefüllt werden, wobei die Atome zwei negative Ladungen erhalten (z. B. S^{2-}). In Verbindungen mit Wasserstoff und den Metallen besitzen die Elemente der 6. Hauptgruppe durchweg die Oxydationszahl -2. In Verbindungen mit Sauerstoff und im Komplexionen treten Schwefel und die folgenden Elemente der 6. Hauptgruppe mit den Oxydationszahlen $+2$, $+4$ und $+6$ auf, während der Sauerstoff selbst eine Ausnahme bildet und in der Regel die Oxydationszahl -2 aufweist.

Element	Symbol	Kern-ladungs-zahl	Relative Atommasse	Schmelzpunkt in °C	Siedepunkt in °C
Sauerstoff	O	8	15,9994	218,9	$-183{,}0$
Schwefel	S	16	32,06	119,0 (monokline Form)	444,6
Selen	Se	34	78,96	220,2 (metallische Form)	688
Tellur	Te	52	127,60	452,0	1390

Die Oxide von Schwefel und Selen sind Nichtmetalloxide und bilden daher mit Wasser Säuren. Das Tellurdioxid TeO_2 ist amphoter. Dem abnehmenden Nichtmetallcharakter entsprechend, ist die Schwefelsäure eine starke und die Tellursäure eine sehr schwache Säure. In Tabelle 14.1 wurden die wichtigsten Eigenschaften der Elemente der 6. Hauptgruppe zusammengestellt (→ Aufg. 14.1. und 14.2.).

14.2. Sauerstoff

Die Luft enthält 20,95 Vol.-% Sauerstoff. In freier und gebundener Form (Wasser, Siliciumdioxid, Silicate, oxidische Erze usw.) bildet der Sauerstoff 49,4% der Masse der Erdrinde. Der Sauerstoff ist ein farb- und geruchloses Gas, das unter Normaldruck bei 90 K (−183 °C) flüssig wird. Die Masse eines Liters beträgt unter Normalbedingungen 1,43 g. Sauerstoff tritt in der Regel in zweiatomigen Molekülen O_2 auf (→ Abschn. 4.2.1.4.).

Der Sauerstoff ist *elektronegativ*. Er zeigt ein starkes Bestreben zur Aufnahme von Elektronen und ist daher ein starkes Oxydationsmittel. In seinen Verbindungen tritt er in der Regel mit der Oxydationszahl −2 auf.

Im *Laboratorium* wird Sauerstoff durch thermische Dissoziation von sauerstoffreichen Verbindungen gewonnen. Zur Darstellung kleinster Mengen von Sauerstoff wird *Quecksilber(II)-oxid* HgO verwendet, das seinen Sauerstoff beim Erhitzen leicht abgibt:

$$2\,HgO \xrightarrow{>400°C} 2\,Hg + O_2\uparrow$$

Der entstehende Sauerstoff bringt einen glimmenden Holzspan zum Entflammen *(Nachweis für Sauerstoff)*.
Zur Darstellung etwas größerer Sauerstoffmengen wird *Kaliumpermanganat* $KMnO_4$

$$4\,KMnO_4 \xrightarrow{>200°C} 4\,MnO_2 + 2\,K_2O + 3\,O_2\uparrow$$

oder *Kaliumchlorat* $KClO_3$ erhitzt (→ Abschn. 13.3.2.).
Auch durch katalytische Zersetzung von *Wasserstoffperoxid* H_2O_2 läßt sich leicht Sauerstoff darstellen, wobei Mangan(IV)-oxid als Katalysator dient:

$$2\,H_2O_2 \xrightarrow{MnO_2} 2\,H_2O + O_2\uparrow$$

Tabelle 14.1. Übersicht über die 6. Hauptgruppe

Farbe der nichtmetallischen Form	Verbindungsneigung		Nichtmetallcharakter, elektronegativer Charakter, Säurecharakter der Oxide
	zu Sauerstoff	zu Wasserstoff	
hellblau (flüssige Form)			
gelb			
	nimmt zu	nimmt ab	nehmen ab
rot	↓	↓	↓
braun			

Die *technische Gewinnung* von Sauerstoff geht von flüssiger Luft aus, die durch fraktionierte Destillation in Sauerstoff und Stickstoff zerlegt wird.

Beim *Linde-Verfahren* zur *Luftverflüssigung* (Bild 14.1) wird – von Staub und Kohlendioxid gereinigte – Luft zunächst auf 5 MPa komprimiert, wobei sie sich erwärmt. Diese komprimierte Luft wird durch Wasserkühlung vorgekühlt und dann durch ein Drosselventil entspannt. Dabei kommt es zu einer starken Abkühlung der Luft, da

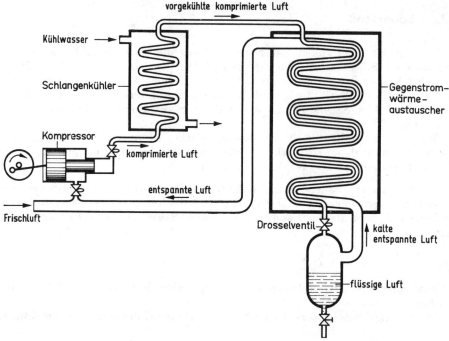

Bild 14.1. Luftverflüssigungsanlage nach Linde

zur Überwindung der in der Luft herrschenden zwischenmolekularen Kräfte Energie verbraucht wird *(Joule-Thomson-Effekt)*. Die abgekühlte Luft wird vom Kompressor wieder angesaugt, wobei sie in einem Gegenstromapparat aus verdichteter Luft Wärme aufnimmt und diese abkühlt. Die auf diese Weise im Kreislauf geführte Luft kühlt sich schließlich bis zu den Kondensationspunkten von Sauerstoff (90 K; −183 °C) und Stickstoff (77 K; −196 °C) ab, so daß sich flüssige Luft abscheidet und weitere Luft in den Kreislauf aufgenommen wird.

Flüssige Luft hat eine Temperatur von etwa 81 K (−192 °C), sie läßt sich ebenso wie flüssiger Stickstoff und flüssiger Sauerstoff in doppelwandigen Gefäßen (Thermosflaschen) und sonstigen gut isolierten Behältern (z. B. Spezialkraftfahrzeuge für Sauerstofftransport) aufbewahren und transportieren. Diese Gefäße dürfen nicht fest verschlossen werden, da die verflüssigten Gase ständig sieden, indem sie aus der Umgebung Wärme aufnehmen.

In Ländern, denen aus Wasserkräften gewonnene billige Elektroenergie zur Verfügung steht, wird Sauerstoff auch durch elektrolytische Zerlegung von Wasser technisch gewonnen.

Sauerstoff wird zum Schweißen und Schneiden von Metallen verwendet. Dazu wird er in Stahlflaschen unter einem Druck von etwa 15 MPa geliefert. Die Sauerstoffflaschen

sind durch blauen Anstrich gekennzeichnet, ihr Anschluß besitzt Rechtsgewinde. (Die Ventile *der Sauerstoffflaschen* dürfen *wegen Explosionsgefahr nicht eingefettet* werden.) Zur Intensivierung megallurgischer Prozesse wird heute vielfach sauerstoffangereicherte Luft eingesetzt.
(→ Aufg. 14.3. und 14.4.)

14.3. Ozon

Vom Sauerstoff gibt es eine zweite Modifikation, das *Ozon*. Es unterscheidet sich vom gewöhnlichen Sauerstoff dadurch, daß es dreiatomige Moleküle O_3 besitzt. Die beiden Modifikationen des Sauerstoffs werden auch als *Disauerstoff* O_2 und *Trisauerstoff* O_3 bezeichnet.

Der Bindungszustand im Ozonmolekül kann durch folgende mesomeren Grenzstrukturen beschrieben werden:

$$\overset{\oplus}{|O}\!\!\left<\!\!{{\overline{\overline{O}}}\atop{\overline{\underline{O}}|^{\ominus}}}\right. \leftrightarrow \overset{\oplus}{|O}\!\!\left<\!\!{{\overline{\underline{O}}|^{\ominus}}\atop{\overline{\overline{O}}}}\right. \leftrightarrow \overline{\underline{O}}\!\!\left<\!\!{{\overline{\underline{O}}|^{\ominus}}\atop{\overline{\overline{O}}^{\oplus}}}\right. \leftrightarrow \overline{\underline{O}}\!\!\left<\!\!{{\overline{\overline{O}}^{\oplus}}\atop{\overline{\underline{O}}|^{\ominus}}}\right.$$

Die beiden vom mittleren Sauerstoffatom ausgehenden Bindungen sind demnach einander gleich. Es handelt sich bei beiden um einen Bindungszustand, der zwischen einer Einfachbindung und einer Doppelbindung liegt (→ Abschn. 4.2.5.).

Die Ozonmoleküle entstehen, indem sich ein *Sauerstoffatom* mit einem *Sauerstoffmolekül* vereinigt:

$$O + O_2 \rightleftarrows O_3 \qquad \Delta H = -103 \text{ kJ mol}^{-1} \qquad (1)$$

Diese Reaktion ist zwar exotherm, ihr muß aber die Aufspaltung von molekularem Sauerstoff in atomaren Sauerstoff vorangehen, die stark endotherm verläuft:

$$\tfrac{1}{2} O_2 \rightleftarrows O \qquad \Delta H = +247 \text{ kJ mol}^{-1} \qquad (2)$$

Wie sich aus der Addition der Gleichungen (1) und (2) ergibt, verläuft die Ozonbildung endotherm:

$$1\tfrac{1}{2} O_2 \rightleftarrows O_3 \qquad \Delta H = +144 \text{ kJ mol}^{-1} \qquad (3)$$

Die für die Ozonbildung erforderliche Energie kann auf verschiedene Weise zugeführt werden. So entsteht Ozon, wenn Sauerstoff starkem ultraviolettem Licht ausgesetzt wird, z. B. dem Licht künstlicher Höhensonnen, in deren Nähe sich das Ozon mit seinem charakteristischen Geruch[1] bemerkbar macht. Die technische Ozongewinnung erfolgt in *Ozonisatoren*, in denen bei einer Spannung von 10 000 V und mehr stille elektrische Entladungen stattfinden. Die durch einen Ozonisator geleitete Luft enthält bis zu 0,6% Ozon.

Ozon zerfällt in Umkehrung der Gleichung (1) leicht in molekularen und atomaren Sauerstoff. Der atomare Sauerstoff (Monosauerstoff) wirkt sehr stark oxydierend. Ozon tötet daher Mikroorganismen und kann zum Entkeimen von Trinkwasser verwendet werden. Durch den Zerfall des Ozons wird gleichzeitig der Sauerstoffgehalt der Luft erhöht. Mit Ozon angereicherte Luft trägt in Kühlhäusern dazu bei, Nahrungsmittel vor dem Verderb zu schützen, und kann in Theatern, Kinos, Krankenhäusern usw. zur Luftverbesserung angewandt werden. In zu hoher Konzentration wirkt Ozon gesundheitsschädlich. (Aufgabe 14.5.)

14.4. Schwefel

Vorkommen

Schwefel kommt in der Natur sowohl gediegen als auch in Verbindungen vor. Große Lager an *elementarem Schwefel* gibt es in der Volksrepublik Polen, auf Sizilien, in den

---

[1] ozein (griech.) riechen

USA und in Japan. Wichtige sulfidische Erze sind *Pyrit* FeS_2, *Kupferkies* $CuFeS_2$, *Bleiglanz* PbS und *Zinkblende* ZnS. In besonders großen Mengen treten in der Natur einige Sulfate auf, vor allem das *Calciumsulfat* ($CaSO_4$, *Anhydrit*; $CaSO_4 \cdot 2\,H_2O$, *Gips*) und das *Magnesiumsulfat* $MgSO_4$ (*Kieserit* $MgSO_4 \cdot H_2O$). Außerdem ist in allen *Kohlen* Schwefel (0,5 bis 3%) enthalten. Auch viele Eiweißstoffe enthalten Schwefel. Er geht bei der Fäulnis dieser Eiweißstoffe in Schwefelwasserstoff H_2S über.

Gewinnung

Aus den Schwefellagern wird der Schwefel entweder bergmännisch abgebaut und über Tage aus dem begleitenden Gestein ausgeschmolzen oder mit Hilfe von überhitztem Wasserdampf unter Tage geschmolzen und in flüssiger Form durch Bohrlöcher heraufgedrückt.

In den bei der Vergasung und Entgasung der Kohle entstehenden Gasgemischen (Generatorgas, Wassergas, Kokereigas, Schwelgas), in Erdgas und Raffineriegas ist *Schwefelwasserstoff* enthalten, der meist abgetrennt werden muß, da er bei der Verwendung der Gase stören würde. Aus dem Schwefelwasserstoff kann z. B. nach dem *Claus*-Verfahren elementarer Schwefel gewonnen werden:

$$\overset{-2}{H_2}S + 1\tfrac{1}{2}\overset{0}{O_2} \rightarrow \overset{+4-2}{SO_2} + \overset{-2}{H_2O} \qquad \Delta H = -519\,\text{kJ mol}^{-1}$$

$$2\,\overset{-2}{H_2}S + \overset{+4}{SO_2} \rightarrow 3\,\overset{0}{S} + 2\,S\,H_2O \qquad \Delta H = -147\,\text{kJ mol}^{-1}$$

$$\overline{3\,H_2S + 1\tfrac{1}{2}\,O_2 \rightarrow 2\,S + 3\,H_2O \qquad \Delta H = -666\,\text{kJ mol}^{-1}}$$

Dabei wird der Schwefelwasserstoff zunächst zu einem Drittel mit Luft verbrannt. Das entstandene Schwefeldioxid-Schwefelwasserstoff-Gemisch wird dann an einem Bauxit-Kontakt zu elementarem Schwefel umgesetzt. Dieses zweistufige Verfahren hat den Vorteil, daß nur ein Bruchteil der insgesamt frei werdenden Wärme im Kontaktofen auftritt, wo sie schwer abzuführen ist.

Eigenschaften

Schwefel ist ein geruchloser, fester, gelber Stoff. Er tritt in verschiedenen *Modifikationen* (Erscheinungsformen) auf:

Der bei Zimmertemperatur beständige α-Schwefel bildet rhombische Kristalle (Bild 14.2). Beim Erwärmen geht er bei 95,6 °C in den monoklinen β-Schwefel über (Bild 14.3). Bei 119 °C schmilzt der β-Schwefel und geht in λ-Schwefel über, der eine hellgelbe Schmelze bildet. Der λ-Schwefel steht mit dem braunen, zähflüssigen μ-Schwefel im Gleichgewicht (Tabelle 14.2). Dieses Gleichgewicht verschiebt sich mit zunehmender Temperatur nach der Seite des μ-Schwefels, so daß die Schmelze beim weiteren Erwärmen immer zähflüssiger und dunkler wird. Bei 444,6 °C siedet der Schwefel. Der Schwefeldampf besteht

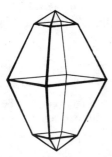

Bild 14.2. Kristall des rhombischen Schwefels

Bild 14.3. Kristall des monoklinen Schwefels

zunächst aus S_8-Molekülen, die sich mit weiterer Temperaturerhöhung in S_2-Moleküle aufspalten. Beim Abkühlen verlaufen diese Vorgänge umgekehrt. Wird Schwefeldampf rasch abgekühlt, so sublimiert er, d. h., er geht unmittelbar in Schwefelpulver über.

Tabelle 14.2. Modifikationen des Schwefels

←	Erwärmen	→
95,6 °C 119 °C	444,6 °C	
α-Schwefel ⇌ β-Schwefel ⇌ λ-Schwefel ⇌ μ-Schwefel	⇌ S_8 ⇌ S_2	
fest flüssig	gasförmig	
←	Abkühlen ←	

Die Erscheinung, daß ein Element in mehreren Modifikationen auftritt, wird als *Allotropie* bezeichnet. Man spricht daher auch von allotropen Modifikationen. Dabei wird noch unterschieden zwischen *enantiotropen* (wechselseitig umwandelbaren) und *monotropen* Modifikationen (nur einseitig umwandelbar). Beim Schwefel handelt es sich um enantiotrope Modifikationen.

Schwefel ist in Wasser unlöslich. α-Schwefel löst sich in *Kohlendisulfid (Schwefelkohlenstoff)* CS_2, einer leicht verdampfenden (Kp = 46 °C), giftigen Flüssigkeit, deren Dämpfe mit Luft hochexplosive Gemenge ergeben.

Schwefel gehört zu den Elementen mit hoher Reaktionsfähigkeit. An der Luft und besonders heftig in reinem Sauerstoff verbrennt er mit blauer Flamme zu Schwefeldioxid:

$$S + O_2 \rightarrow SO_2 \qquad \Delta H = -296,8 \text{ kJ mol}^{-1} \tag{4}$$

Mit den meisten Metallen verbindet er sich beim Erhitzen zu Metallsulfiden, z. B.:

$$Fe + S \rightarrow FeS \qquad \Delta H = -95 \text{ kJ mol}^{-1}$$

$$Cu + S \rightarrow CuS \qquad \Delta H = -49 \text{ kJ mol}^{-1}$$

Da diese Reaktionen exotherm sind, laufen sie nach anfänglichem Erhitzen selbständig weiter.

Verwendung

In elementarer Form wird der Schwefel als Schwefelpulver zur Vulkanisation von Kautschuk und zur Herstellung von Zündsätzen (Zündholzköpfe, Schwarzpulver, Feuerwerkskörper) verwendet. Schwefel ist Ausgangsstoff für zahlreiche Schwefelverbindungen.
(→ Aufg. 14.6.)

14.5. Verbindungen des Schwefels

14.5.1. Schwefelwasserstoff

Bei etwa 500 °C verbindet sich Schwefel mit Wasserstoff zu Schwefelwasserstoff H_2S:

$$H_2 + S \rightarrow H_2S \qquad \Delta H = -20 \text{ kJ mol}^{-1} \tag{5}$$

Schwefelwasserstoff fällt als Nebenprodukt bei der Kohleveredlung und der Erdölverarbeitung an (→ Abschn. 14.4.).

Die Moleküle des Schwefelwasserstoffs entsprechen denen des Wassers. Zwischen dem Schwefelatom und den beiden Wasserstoffatomen liegt je ein gemeinsames Elektronenpaar (s-p-σ-Bindung) vor:

H : $\ddot{\underset{..}{S}}$: H

Der Schwefel besitzt im Schwefelwasserstoff die Oxydationszahl -2, der Wasserstoff die Oxydationszahl $+1$.

Der Schwefelwasserstoff ist ein unangenehm riechendes[1]), *sehr giftiges Gas*, das sich leicht in Wasser löst (bei 20 °C 2,6 l H_2S in 1 l H_2O).
Schwefelwasserstoff ist eine mittelstarke Säure ($pK_S = 6{,}92$), er unterliegt daher in wäßrigen Lösungen einer teilweisen Protolyse:

$H_2S + H_2O \rightleftarrows HS^- + H_3O^+$

Das Hydrogensulfidion HS^- ist amphoter, als Base ist es mittelstark ($pK_B = 7{,}08$), als Säure ist es schwach ($pK_S = 13$):

$HS^- + H_2O \rightleftarrows S^{2-} + H_3O^+$

Salze des Schwefelwasserstoffs sind die *Hydrogensulfide*, z. B. Kaliumhydrogensulfid KHS, und die *Sulfide*, z. B. Natriumsulfid Na_2S, in denen der Schwefel ebenfalls die Oxydationszahl -2 aufweist. Viele Sulfide sind in Wasser schwer löslich. Daher wird der Schwefelwasserstoff in der analytischen Chemie als Fällungsmittel benutzt ($\rightarrow$ Absch. 32.1.2.1.).
Der Schwefelwasserstoff ist flüchtiger als der Chlorwasserstoff, deshalb reicht schon die Salzsäure aus, um den Schwefelwasserstoff aus seinen Salzen zu verdrängen:

$FeS + 2\,HCl \rightarrow H_2S\uparrow + FeCl_2$

Diese Reaktion zwischen Eisensulfid FeS und Salzsäure dient im Laboratorium zur Gewinnung von Schwefelwasserstoff. Schwefelwasserstoff verbrennt mit blauer Flamme zu Schwefeldioxid SO_2:

$2\,H_2S + 3\,O_2 \rightarrow 2\,SO_2 + 2\,H_2O$ ($\rightarrow$ Aufg. 14.7. und 14.8.). (6)

14.5.2. Schwefeldioxid

Eigenschaften

Das Schwefeldioxid SO_2 ist ein stechend riechendes, farbloses Gas, das unter normalem Druck schon bei -10 °C flüssig wird. Unter einem Druck von 0,4 MPa läßt es sich bei Zimmertemperatur verflüssigen. Flüssiges Schwefeldioxid ist ein ähnlich gutes Lösungsmittel wie Wasser. Beim Verdampfen entzieht das Schwefeldioxid seiner Umgebung eine erhebliche Wärmemenge. Diese Erscheinung wird in Kühlanlagen, Kühlschränken usw. ausgenutzt. Außerdem dient Schwefeldioxid als Desinfektionsmittel, Schädlingsbekämpfungsmittel und Bleichmittel.

Der Bindungszustand im Schwefeldioxidmolekül SO_2 kann durch folgende mesomeren Grenzstrukturen beschrieben werden:

$^\oplus|S\underset{\overline{|O|}^\ominus}{\overset{\overline{|O|}}{\diagup}} \leftrightarrow {}^\oplus|S\underset{\overline{O|}}{\overset{\overline{|O|}^\ominus}{\diagup}}$

Die beiden S—O-Bindungen sind einander gleich ($\rightarrow$ Abschn. 4.2.5.).

---

[1]) Der Schwefelwasserstoff verleiht faulen Eiern ihren charakteristischen Geruch (Zersetzung von schwefelhaltigen Eiweißstoffen)

Gewinnung

Das Schwefeldioxid SO_2 spielt als Zwischenprodukt bei der Schwefelsäuregewinnung eine außerordentlich wichtige Rolle in der chemischen Industrie. Es kann aus verschiedenen Ausgangsstoffen gewonnen werden. So entsteht es beim Verbrennen von Schwefel direkt aus den Elementen:

$$S + O_2 \rightarrow SO_2 \qquad \Delta H = -296{,}8 \text{ kJ mol}^{-1} \tag{7}$$

Elementarer Schwefel wird gegenwärtig immer bedeutsamer als Ausgangsstoff für die Schwefelsäuregewinnung, da bei hinreichender Reinheit des Schwefels auf die sonst notwendigen kostspieligen Anlagen zur Reinigung des Schwefeldioxids weitgehend verzichtet werden kann.

Schwefeldioxid entsteht auch beim *Verbrennen von Schwefelwasserstoff* (Gleichung (6)) und beim *Rösten* (Erhitzen unter Luftzufuhr) *sulfidischer Erze*, z. B.:

$$2 \text{ ZnS} + 3 \text{ O}_2 \rightarrow 2 \text{ ZnO} + 2 \text{ SO}_2 \tag{8}$$

Das Schwefeldioxid tritt daher bei der Gewinnung dieser Metalle als wertvolles Nebenprodukt auf. Beim Rösten von *Pyrit* FeS_2 ist das Schwefeldioxid dagegen Hauptprodukt:

$$2 \text{ FeS}_2 + 5\tfrac{1}{2} \text{ O}_2 \rightarrow \text{Fe}_2\text{O}_3 + 4 \text{ SO}_2 \qquad \Delta H = -1706 \text{ kJ mol}^{-1} \tag{9}$$

Der Pyrit wird in Etagenöfen (Bild 14.4) oder Drehrohröfen abgeröstet. Im Weltmaßstab ist Pyrit neben elementarem Schwefel der wichtigste Ausgangsstoff für die Schwefelsäureerzeugung. Aber auch aus *Calciumsulfat* (Anhydrit $CaSO_4$ oder Gips

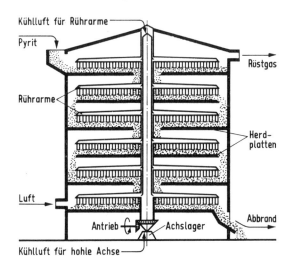

Bild 14.4. Etagenröstofen

$CaSO_4 \cdot 2 \text{ H}_2\text{O}$), das aus großen Lagerstätten im Tagebau gewonnen wird, läßt sich im Gemisch mit Koks durch Erhitzen auf über 1000 °C Schwefeldioxid abspalten:

$$2 \text{ CaSO}_4 + \text{C} \rightarrow 2 \text{ CaO} + \text{CO}_2 + 2 \text{ SO}_2 \tag{10}$$

Um die für diese Reaktion erforderlichen hohen Temperaturen zu erreichen, ist allerdings ein sehr hoher Energieaufwand notwendig. Die Wirtschaftlichkeit dieses Verfahrens wird erst dadurch gewährleistet, daß beim Gips-Schwefelsäure-Verfahren (*Müller-Kühne*-Verfahren) gleichzeitig Zement gewonnen wird. Dazu wird ein Gemenge aus Anhydrit oder Gips mit Koks und Ton in einem Drehrohrofen mit einer

Kohlenstaubfeuerung auf etwa 1450 °C erhitzt. Aus dem Drehrohrofen entweicht ein Gasgemisch mit etwa 7 Vol.-% Schwefeldioxid. Durch Zugabe von elementarem Schwefel, der in diesem Falle stark verunreinigt sein kann, läßt sich der Schwefeldioxidanteil erhöhen. Das Calciumoxid ergibt mit dem Ton Zementklinker.

Das bei der Verbrennung von schwefelhaltiger Kohle insbesondere in Kraftwerken in großen Mengen anfallende Schwefeldioxid wird des technischen Aufwandes wegen bisher wenig genutzt, sondern größtenteils in die Atmosphäre abgegeben, was zu einer starken Umweltbelastung führt (Schäden im Pflanzenwuchs). Verstärkte Anstrengungen zur Rauchgasentschwefelung werden unternommen.

14.5.3. Schweflige Säure

Schwefeldioxid löst sich sehr leicht in Wasser (bei 20 °C etwa 40 l SO_2 in 1 l H_2O). Das gelöste Schwefeldioxid reagiert z. T. mit dem Wasser, wobei sich schweflige Säure H_2SO_3 bildet:

$$SO_2 + H_2O \rightleftarrows H_2SO_3 \tag{11}$$

Das Schwefeldioxid ist demnach das *Anhydrid der schwefligen Säure*. Das in Gleichung (11) wiedergegebene Gleichgewicht liegt weit auf der linken Seite dieser Gleichung. Beim Erwärmen von schwefliger Säure wird das Gleichgewicht noch weiter nach links verschoben, so daß die schweflige Säure vollständig in Schwefeldioxid und Wasser zerfällt. Infolge dieser ungünstigen Gleichgewichtslage ist in der wäßrigen Lösung von Schwefeldioxid nur wenig schweflige Säure H_2SO_3 enthalten. Diese Lösung reagiert daher nur schwach sauer, obwohl die schweflige Säure eine starke Säure ist ($pK_S = 1{,}92$), die in wäßriger Lösung weitgehend protolysiert:

$$H_2SO_3 + H_2O \rightleftarrows HSO_3^- + H_3O^+$$

Das entstehende Hydrogensulfition HSO_3^- ist amphoter, als Base ist es schwach ($pK_B = 12{,}08$), als Säure mittelstark ($pK_S = 7$):

$$HSO_3^- + H_2O \rightleftarrows SO_3^{2-} + H_3O^+$$

Salze der schwefligen Säure sind die *Hydrogensulfite*, z. B. Calciumhydrogensulfit $Ca(HSO_3)_2$, und die *Sulfite*, z. B. Kaliumsulfit K_2SO_3.

In der schwefligen Säure und im Schwefeldioxid hat der Schwefel die Oxydationszahl +4. Da er sowohl höhere (Schwefelsäure, Schwefeltrioxid +6) als auch niedrigere Oxydationszahlen (elementarer Schwefel 0, Schwefelwasserstoff −2) annehmen kann, wirkt die schweflige Säure bzw. das Schwefeldioxid gegenüber starken Oxydationsmitteln, wie z. B. Chlor, *reduzierend*:

$$\overset{+4}{H_2SO_3} + \overset{0}{Cl_2} + H_2O \rightarrow \overset{+6}{H_2SO_4} + 2\,\overset{-1}{HCl}$$

gegenüber starken Reduktionsmitteln, wie z. B. atomarem Wasserstoff, *oxydierend*:

$$\overset{+4}{H_2SO_3} + 6\,\overset{0}{H} \rightarrow \overset{-2}{H_2S} + 3\,\overset{+1}{H_2O}$$

Die schweflige Säure bzw. das Schwefeldioxid kann also sowohl als Reduktionsmittel als auch als Oxydationsmittel auftreten, je nachdem, mit welchem anderen Stoff es reagiert. Das ist ein Beispiel dafür, daß die Dinge und Erscheinungen stets nur im Zusammenhang miteinander betrachtet werden dürfen, wie es der dialektische Materialismus lehrt. (→ Aufg. 14.10.)

14.5.4. Schwefeltrioxid

Schwefeldioxid läßt sich in Gegenwart von Luft zu Schwefeltrioxid SO_3 oxydieren:

$$2\,SO_2 + O_2 \rightleftarrows 2\,SO_3 \qquad \Delta H = -184{,}2 \text{ kJ mol}^{-1} \tag{12}$$

Es handelt sich um ein chemisches Gleichgewicht, das bei Zimmertemperatur ganz auf der Seite des Schwefeltrioxids liegt. Allerdings ist bei Zimmertemperatur die Reaktionsgeschwindigkeit der Hinreaktion so gering, daß sich praktisch kein Schwefeltrioxid bildet. Bei der technischen Gewinnung von Schwefeltrioxid nach dem Kontaktverfahren wird daher ein *Katalysator* (meist Vanadium(V)-oxid V_2O_5) eingesetzt, mit dessen Hilfe bei 400 °C eine hinreichende Reaktionsgeschwindigkeit erreicht wird. Nach Gleichung (12) wird das Gleichgewicht mit zunehmender Temperatur in Richtung des Schwefeldioxids verschoben. Bei 400 °C ist aber die Lage des Gleichgewichts (mit 98% SO_3) noch sehr günstig.

Schwefeltrioxid ist unterhalb 17 °C ein eisartiger fester Stoff. Sein Siedepunkt liegt bei 45 °C.

Die Schwefeltrioxidmoleküle SO_3 kommen dadurch zustande, daß an das freie Elektronenpaar des Schwefels im Schwefeldioxidmolekül (→ Abschn. 14.5.2.) ein weiteres Sauerstoffatom tritt. Der Bindungszustand im Schwefeltrioxidmolekül kann durch folgende mesomere Grenzstrukturen wiedergegeben werden:

[Lewis-Grenzstrukturen von SO_3]

Wie beim Schwefeldioxid sind auch hier alle S—O-Bindungen einander gleich.

Beim *Kontaktverfahren* (seit 1878) wird ein vorher gereinigtes Schwefeldioxid-Luft-Gemisch durch Kontaktöfen (Bild 14.5) geleitet. Das darin enthaltene Vanadium(V)-oxid wirkt etwa im Sinne der folgenden Gleichungen als Sauerstoffüberträger:

$$\begin{array}{l} 2\,V_2O_5 + 2\,SO_2 \rightarrow 2\,V_2O_4 + 2\,SO_3 \\ \underline{2\,V_2O_4 + O_2 \rightarrow 2\,V_2O_5} \\ 2\,SO_2 + O_2 \rightarrow 2\,SO_3 \end{array}$$

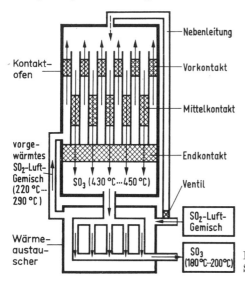

Bild 14.5. Kontaktofen zur Gewinnung von Schwefeltrioxid

Da die Oxydation des Schwefeldioxids exotherm verläuft (→ Gl. (12)), erwärmt sich das Gasgemisch im Kontakofen. In einem Wärmeaustauscher wird die Wärme des austretenden Gasgemischs zum Vorwärmen des eintretenden Gasgemischs genutzt. Die Temperatur im Kontaktofen kann durch Zufuhr nicht vorgewärmten Gasgemischs durch eine Nebenleitung geregelt und so konstant gehalten werden. In modernen Anlagen ist das automatisiert. Die Umsetzung des Schwefeldioxid erreicht 98%, in neuen Anlagen, die nach dem Doppelkontaktverfahren arbeiten, 99,5%. Auf eine Druckanwendung und auf eine Durchführung als Kreisprozeß kann daher verzichtet werden. (Beim Doppelkontaktverfahren erfolgt eine teilweise Abtrennung des entstandenen Schwefeltrioxids durch Absorption in Schwefelsäure, bevor das Gasgemisch weitere Kontaktschichten durchströmt. Durch die Verringerung des Schwefeldioxidgehalts in dem dann noch verbleibenden Abgas wird die Umweltbelastung wesentlich herabgesetzt.)

Beim *Nitroseverfahren* (*Bleikammerverfahren*; seit 1746) wirken Stickstoffoxide als Sauerstoffüberträger:

$$
\begin{aligned}
2\,NO_2 + 2\,SO_2 &\rightarrow 2\,NO + 2\,SO_3 \\
\underline{2\,NO + O_2 &\rightarrow 2\,NO_2 } \\
2\,SO_2 + O_2 &\rightarrow 2\,SO_3
\end{aligned}
$$

Diese Gleichungen geben den recht komplizierten Gesamtprozeß vereinfacht wieder. Die Reaktionen laufen in Kammern ab, die mit Blei – durch Ausbildung einer Sulfatschicht widerstandsfähig gegen Schwefelsäure – ausgekleidet sind, in modernen Anlagen in Türmen. Das Schwefeltrioxid setzt sich mit eingesprühtem Wasser zu 60 bis 80%iger Schwefelsäure (Kammersäure) um.

14.5.5. Schwefelsäure

Wird Schwefeltrioxid in Wasser eingeleitet, so entsteht unter Wärmeentwicklung Schwefelsäure:

$$SO_3 + H_2O \rightarrow H_2SO_4 \qquad \Delta H = -89\ \text{kJ mol}^{-1} \tag{13}$$

Das *Schwefeltrioxid* ist demnach das *Anhydrid der Schwefelsäure*. Das Schwefeltrioxid löst sich allerdings nur relativ schwer in Wasser, dagegen sehr gut in konzentrierter Schwefelsäure. Das im Kontaktverfahren erzeugte Schwefeltrioxid wird daher in konzentrierte Schwefelsäure eingeleitet, der gleichzeitig ständig die äquivalente Menge an Wasser zugeführt wird. Die auf diese Weise gewonnene bis zu 98%ige Schwefelsäure wird als *Kontaktschwefelsäure* (oder kurz als Kontaktsäure) bezeichnet.
Konzentrierte Schwefelsäure (mit etwa 94% H_2SO_4 im Handel) ist eine farblose, ölige Flüssigkeit von hoher Dichte (1,83 g cm^{-3} bei 20 °C) und hohem Siedepunkt (338 °C). Für viele technische Zwecke wird eine konzentrierte Schwefelsäure verwendet, die durch Verunreinigungen bräunlich gefärbt ist. Als verdünnte Schwefelsäure wird meist eine 10%ige oder eine 2-normale (9,25%ige) Schwefelsäure verwendet.

Beim Mischen von konzentrierter Schwefelsäure mit Wasser tritt eine starke Erwärmung ein. Wird Wasser in konzentrierte Schwefelsäure gegossen, so erhitzt sich das Wasser sofort bis zum Sieden, so daß Schwefelsäure verspritzt wird. Zum Herstellen verdünnter Schwefelsäure muß daher *stets die konzentrierte Schwefelsäure* unter Umrühren vorsichtig *in das Wasser gegossen* werden, *niemals umgekehrt*!

Da konzentrierte Schwefelsäure begierig Wasser aufnimmt, kann sie als Trockenmittel eingesetzt werden. Zu trocknende feste oder flüssige Stoffe werden dazu in einen Exsikkator gebracht, der ein Schälchen mit konzentrierter Schwefelsäure enthält. Zu trocknende Gase werden durch eine mit konzentrierter Schwefelsäure gefüllte Waschflasche geleitet. Holz, Textilien und andere organische Stoffe, auch die menschliche Haut, werden von konzentrierter Schwefelsäure zerstört. Die Schwefelsäure entzieht diesen Stoffen, die hauptsächlich aus Kohlenstoff, Wasserstoff und Sauerstoff aufgebaut sind, Wasser, so daß nur Kohlenstoff zurückbleibt. *Beim Umgang mit konzentrierter Schwefelsäure ist daher stets Vorsicht geboten.*

Schwefelsäure ist eine sehr starke Säure ($pK_S \approx -3$), sie unterliegt in wäßriger Lösung praktisch vollständig der Protolyse:

$$H_2SO_4 + H_2O \rightleftarrows HSO_4^- + H_3O^+$$

Das entstehende Hydrogensulfation HSO_4^- ist ein Ampholyt, als Base ist es sehr schwach ($pK_B \approx 17$), als Säure stark ($pK_S \approx 1{,}92$).

$$HSO_4^- + H_2O \rightleftarrows SO_4^{2-} + H_3O^+$$

Das Sulfation SO_4^{2-} ist eine schwache Base ($pK_B = 12{,}08$). Die Salze der Schwefelsäure sind die *Hydrogensulfate*, z. B. Natriumhydrogensulfat $NaHSO_4$, und die *Sulfate*, z. B. Kupfersulfat $CuSO_4$.

Verdünnte Schwefelsäure reagiert auf Grund ihres hohen Gehalts an Hydroniumionen mit Metallen, die in der Spannungsreihe links vom Wasserstoff stehen, unter Wasserstoffentwicklung (Redoxreaktion).
Konzentrierte Schwefelsäure verhält sich, da sie keine Hydroniumionen enthält, ganz anders als verdünnte. So entsteht bei der Reaktion von konzentrierter Schwefelsäure mit Metallen nicht Wasserstoff, sondern Schwefeldioxid:

$$\overset{0}{Zn} + \overset{+6}{H_2SO_4} \rightarrow \overset{+2}{ZnO} + \overset{+4}{SO_2}\uparrow + H_2O$$
$$ZnO + H_2SO_4 \rightarrow ZnSO_4 + H_2O$$
$$\overline{Zn + 2\,H_2SO_4 \rightarrow ZnSO_4 + SO_2\uparrow + 2\,H_2O}$$

Auch hierbei handelt es sich um eine Redoxreaktion, an der aber der Wasserstoff unbeteiligt ist. Von konzentrierter Schwefelsäure wird – vor allem beim Erwärmen – auch Kupfer oxydiert, das in der Spannungsreihe rechts vom Wasserstoff steht. Andererseits werden einige in der Spannungsreihe links vom Wasserstoff stehende Metalle, vor allem Eisen und Chromium, von *kalter* konzentrierter Schwefelsäure nicht angegriffen. Diese Erscheinung wird als *Passivierung* bezeichnet. Als Ursache wird angenommen, daß sich auf diesen Metallen eine dichte Oxidschicht bildet, die den weiteren Angriff der Säure verhindert. Die Passivierung dieser Metalle wird erst beim Erhitzen mit konzentrierter Schwefelsäure aufgehoben. Daher kann konzentrierte Schwefelsäure (mindestens 93%ig) in eisernen Kesselwagen transportiert werden.

Die Schwefelsäure ist ausgesprochen schwerflüchtig (hoher Siedepunkt) und verdrängt daher die meisten anderen Säuren aus deren Salzen:

$$Na_2CO_3 + H_2SO_4 \rightarrow Na_2SO_4 + CO_2\uparrow + H_2O$$
$$2\,NaCl + H_2SO_4 \rightarrow Na_2SO_4 + 2\,HCl\uparrow$$
$$CaF_2 + H_2SO_4 \rightarrow CaSO_4 + 2\,HF\uparrow$$
$$2\,NaNO_3 + H_2SO_4 \rightarrow Na_2SO_4 + 2\,HNO_3$$

Volkswirtschaftliche Bedeutung der Schwefelsäure

Im Weltmaßstab ist die Düngemittelindustrie (Ammoniumsulfat und Superphosphat) Hauptabnehmer für Schwefelsäure. Weiterhin wird Schwefelsäure verwendet für die Erzeugung von *Chemiefaserstoffen* (Cellulose-Regeneratfaserstoffen), zum *Aufschließen von Erzen*, zum *Beizen von Metallen*, zur *Raffination von Erdölprodukten* und als *Akkumulatorensäure*. In der organisch-chemischen Industrie dient sie zum *Sulfonieren* (Einführen der Gruppe —SO_3H in organische Verbindungen) und im Gemisch mit Salpetersäure zum Nitrieren (→ Abschn. 15.3.4.).

Die Schwefelsäure nimmt infolge ihres vielfältigen Einsatzes in der chemischen Industrie eine Schlüsselstellung ein. (→ Aufg. 14.11. bis 14.13.)

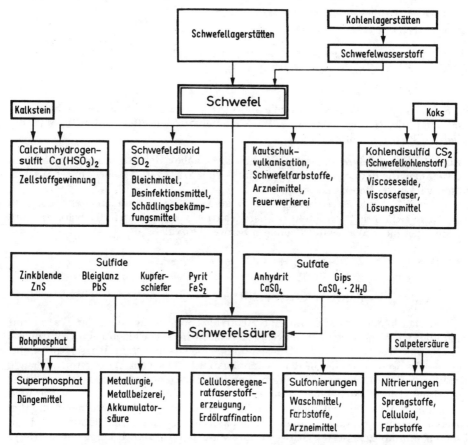

Bild 14.6. Wichtige Erzeugnisse auf der Basis von Schwefel und Schwefelsäure

14.6. Selen und Tellur

Selen und Tellur treten in der Natur in sehr geringen Mengen als Begleiter des Schwefels auf. Selen reichert sich bei der Schwefelsäuregewinnung im Bleikammerschlamm und bei der Kupferelektrolyse im Anodenschlamm an und wird technisch daraus gewonnen. *Selen* bildet – wie der Schwefel – mehrere Modifikationen. Neben einer grauen Modifikation gibt es zwei rote Modifikationen, die beim Erhitzen auf 150 °C in die stabilere graue Form übergehen. Graues Selen ist dagegen nur über den Dampfzustand in rotes Selen umzuwandeln. Es handelt sich also um eine monotrope (nur einseitig umwandelbare) Modifikation. Vom *Tellur* sind keine verschiedenen Modifikationen bekannt, es ist grau und metallisch glänzend.

Das graue Selen und das Tellur sind *Halbleiter*. Selen wird in bedeutendem Maße in der Halbleitertechnik eingesetzt. Die im Kristallgitter des grauen Selens vorliegenden Atombindungen (Elektronenpaarbindungen) werden durch Lichteinwirkung (absorbierte Lichtquanten) zum Teil in einzelne Elektronen aufgespalten, so daß das im Dunkeln nichtleitende Selen eine erhebliche elektrische Leitfähigkeit erhält. Das wird genutzt in *Selenbrücken* (bei Belichtung schließen sie ähnlich einem Schalter den Stromkreis), in *Selenphotozellen* (an einer Grenzfläche Metall/Selen treten Elektronen in das Metall über, wodurch eine Spannung entsteht, die als Maß für die Lichtintensität dienen kann; photoelektrische Belichtungsmesser) und in *Selengleichrichtern* (an einer Grenzfläche Selen/Cadmium bildet sich eine Übergangszone aus [pn-Übergang, → Abschn. 16.8.], die praktisch nur in einer Richtung leitfähig ist, so daß aus Wechselstrom ein pulsierender Gleichstrom entsteht).

Kolloide Lösungen von Selen in Glas und Email verleihen diesen eine Rotfärbung. Selen bildet Verbindungen, die denen des Schwefels analog sind. Alle Selenverbindungen sind *stark giftig*.

Tellur ist wesentlich seltener als Selen. Einige *Telluride*, Salze des Tellurwasserstoffs H_2Te, werden gegenwärtig wegen ihrer Halbleitereigenschaften technisch bedeutsam.

■ Aufgaben

14.1. Welche Elemente stehen in der 6. Hauptgruppe des Periodensystems?

14.2. In welcher Reihenfolge nimmt bei diesen Elementen der Säurecharakter der Oxide ab?

14.3. Beim allmählichen Verdampfen flüssiger Luft ändert sich deren Zusammensetzung. Nimmt dabei der Anteil des Sauerstoffs oder der des Stickstoffs in der zurückbleibenden flüssigen Luft zu? (Begründung!)

14.4. Welche Oxydationszahl hat der Sauerstoff in seinen Verbindungen?

14.5. Nach welcher Reaktionsgleichung zerfällt Ozon?

14.6. Welche Rohstoffe stehen für die Gewinnung von Schwefelverbindungen zur Verfügung?

14.7. Wozu dient das *Claus*-Verfahren?

14.8. Welche Eigenschaften hat Schwefelwasserstoff?

14.9. Welche Möglichkeiten gibt es, Schwefeldioxid technisch zu gewinnen?

14.10. Wie verhält sich Schwefeldioxid gegenüber Wasser?

14.11. Welche Bedingungen müssen eingehalten werden, um beim Kontaktverfahren eine wirtschaftliche Ausbeute an Schwefeltrioxid zu erhalten?

14.12. Wie unterscheiden sich konzentrierte und verdünnte Schwefelsäure in ihren Eigenschaften?

14.13. Was für Gefäße eignen sich zum Transport konzentrierter Schwefelsäure?

15. Elemente der Stickstoffgruppe

15.1. Übersicht über die Elemente der 5. Hauptgruppe

In der 5. Hauptgruppe des Periodensystems stehen die Elemente *Stickstoff, Phosphor, Arsen, Antimon* und *Bismut*. Diese Elemente zeigen in ihren Eigenschaften eine deutliche Abstufung, Stickstoff und Phosphor sind typische Nichtmetalle, vom Arsen und Antimon gibt es nichtmetallische und metallische Modifikationen. Bismut ist ein typisches Metall.
Der Säurecharakter der Hydroxide nimmt innerhalb der Gruppe ab, der Basencharakter der Hydroxide nimmt innerhalb der Gruppe zu. Stickstoff, Phosphor, Arsen und Antimon bilden Molekülsäuren, deren korrespondierende Anionbasen in Salzen (Nitraten, Phosphaten usw.) auftreten. Bismut tritt in Salzen praktisch nur als Kation auf. Aber auch Arsen und Antimon bilden Verbindungen, in denen sie als elektropositiver Bestandteil vorliegen.
Die Atome der Elemente der 5. Hauptgruppe haben auf dem höchsten Energieniveau folgende Elektronenbesetzung:

s^2 $\quad$ p^3
|↑↓| |↑|↑|↑|

Dieses Energieniveau kann durch Aufnahme von drei Elektronen voll aufgefüllt werden, wobei die Atome drei negative Ladungen erhalten. In den Wasserstoffverbindungen (z. B. NH_3 und PH_3) weisen die Elemente der 5. Hauptgruppe dementsprechend die Oxydationszahl -3 auf. Gegenüber Sauerstoff und anderen elektronegativen Elementen, wie Schwefel und Chlor, kommen ihnen dagegen vorwiegend die Oxydationszahlen $+3$ und $+5$ zu. Die wichtigsten physikalischen und chemischen Eigenschaften der Elemente der 5. Hauptgruppe sind in Tabelle 15.1 zusammengestellt. (→ Aufg. 15.1. bis 15.3.)

Element	Symbol	Kernladungszahl	Relative Atommasse	Schmelzpunkt in °C	Siedepunkt in °C
Stickstoff	N	7	14,0067	−210,5	−195,8
Phosphor	P	15	30,97376	44,1 (weißer Phosphor)	280,0 (weißer Phosphor)
Arsen	As	33	74,9216	616 Sublimationspunkt	
Antimon	Sb	51	121,75	630,5	1640
Bismut	Bi	83	208,9804	271,0	1560

15.2. Stickstoff

Vorkommen

Stickstoff bildet in Form zweiatomiger Moleküle N_2 den Hauptbestandteil der *Luft* (78,1 Vol.-%). Von den anorganischen Stickstoffverbindungen treten nur die *Nitrate* in abbauwürdigen Mengen in der Natur auf. (*Chilesalpeter* besteht hauptsächlich aus *Natriumnitrat* $NaNO_3$.) Außerdem ist der Stickstoff charakteristischer Bestandteil aller *Eiweißstoffe* und als solcher unentbehrlich für alle Lebensvorgänge (→ Abschnitt 29.2.).

Gewinnung

Für die technische Gewinnung des Stickstoffs und seiner Verbindungen dient heute fast ausschließlich die Luft als Ausgangsstoff. Der Stickstoff kann daraus sowohl auf physikalischem als auch auf chemischem Wege abgetrennt werden.

Beim *Linde-Verfahren* wird die Luft verflüssigt und dann durch *fraktionierte Destillation* weitgehend in Sauerstoff und Stickstoff zerlegt (→ Abschn. 14.2.).

Größere technische Bedeutung besitzt das chemische Verfahren, bei dem der Sauerstoff durch Umsetzung mit glühendem Koks abgetrennt und das Kohlendioxid ausgewaschen wird (→ Abschn. 15.3.1.).

$$4\,N_2 + O_2 + C \rightarrow 4\,N_2 + CO_2$$

Auf diese Weise wird allerdings kein reiner Stickstoff gewonnen, sondern ein als *Luftstickstoff* bezeichnetes Gemenge, das mehr als 1% Edelgase enthält (→ Abschn. 17.).
Reiner Stickstoff läßt sich im Laboratorium durch Erhitzen von *Ammoniumnitrit* NH_4NO_2 herstellen:

$$\overset{-3}{N}H_4\overset{+3}{N}O_2 \rightarrow \overset{0}{N_2} + 2\,H_2O$$

Eigenschaften

Stickstoff ist ein farbloses und geruchloses Gas, das sich sehr schwer kondensieren läßt. Bei 101,3 kPa wird der Stickstoff erst bei 77,35 K ($-195,8$ °C) flüssig und bei 62,65 K ($-210,5$ °C) fest. Unter einem Druck von 3,55 MPa (kritischer Druck) läßt sich Stickstoff bei 126,05 K ($-147,1$ °C) (kritische Temperatur) verflüssigen.

Der Stickstoff ist weder selbst brennbar, noch unterhält er die Verbrennung anderer Stoffe. Er gehört zu den *inerten Gasen*, die in chemischen Apparaturen und in Glühaggregaten der Metallurgie eingesetzt werden, um Reaktionen mit Luftsauerstoff zu verhindern. Stickstoff ist bei gewöhnlicher Temperatur sehr reaktionsträge, da die

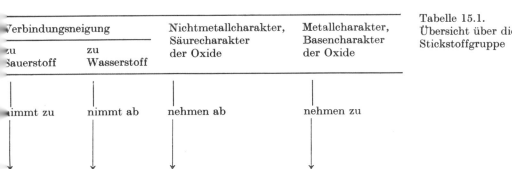

Tabelle 15.1. Übersicht über die Stickstoffgruppe

Verbindungsneigung		Nichtmetallcharakter, Säurecharakter der Oxide	Metallcharakter, Basencharakter der Oxide
zu Sauerstoff	zu Wasserstoff		
nimmt zu ↓	nimmt ab ↓	nehmen ab ↓	nehmen zu ↓

Bindung der beiden Stickstoffatome im Stickstoffmolekül, die auf drei gemeinsamen Elektronenpaaren beruht

:N: : :N:,

außergewöhnlich fest ist (es liegen eine π_x-, eine π_y- und eine σ-Bindung vor). Der Stickstoff reagiert mit anderen Elementen erst dann, wenn die Moleküle unter starker Energiezufuhr zu Stickstoffatomen aufgespalten worden sind:

$N_2 \rightarrow 2 N \qquad \Delta H = +713 \text{ kJ mol}^{-1}$

Bei hohen Temperaturen vereinigt sich der Stickstoff mit den meisten anderen Elementen. Mit *Metallen* bildet er *Nitride*:

$N_2 + 3 Mg \rightarrow Mg_3N_2 \qquad \Delta H = -482 \text{ kJ mol}^{-1}$

Mit *Sauerstoff* setzt sich der Stickstoff bei den Temperaturen des elektrischen Lichtbogens (3000 °C und mehr) zu *Stickstoffmonoxid* NO um ($\rightarrow$ Abschn. 15.3.2.):

$N_2 + O_2 \rightleftarrows 2 NO \qquad \Delta H = +176 \text{ kJ mol}^{-1}$

Mit *Wasserstoff* reagiert Stickstoff bei hohem Druck (>20 MPa) und hoher Temperatur (>400 °C) unter Bildung von *Ammoniak* ($\rightarrow$ Abschn. 15.3.1.):

$N_2 + 3 H_2 \rightleftarrows 2 NH_3 \qquad \Delta H = -92{,}5 \text{ kJ mol}^{-1}$

($\rightarrow$ Aufg. 15.4.).

15.3. Verbindungen des Stickstoffs

Die wichtigsten anorganischen Verbindungen des Stickstoffs sind das *Ammoniak* NH_3, das *Stickstoffmonoxid* NO und das *Stickstoffdioxid* NO_2 sowie die *salpetrige Säure* HNO_2 und die *Salpetersäure* HNO_3 und deren Salze. Außerdem gibt es viele organische Stickstoffverbindungen.

15.3.1. Ammoniak

Eigenschaften des Ammoniaks

Ammoniak NH_3 ist ein leichtes Gas (Dichte $\varrho = 0{,}77$ g l^{-1}) von charakteristischem, stechendem Geruch, das unter Normaldruck bei $-33{,}4$ °C flüssig wird und bei $-77{,}7$ °C erstarrt. Unter einem Druck von etwa 1 MPa läßt es sich schon bei Temperaturen bis 25 °C verflüssigen. In Stahlflaschen und Kesselwagen wird es in flüssiger Form transportiert. Auf Grund seiner außerordentlich hohen Verdampfungswärme kann es in Kühlschränken und Kühlanlagen als Kältemittel verwendet werden

Das Ammoniakmolekül ($\rightarrow$ Abschn. 4.2.3. und 4.6.2.2.) hat gewisse gemeinsame Eigenschaften mit dem Wassermolekül. So besitzt es Dipolcharakter:

$$\delta^+ \; H-\!\!\!\begin{array}{c} H \\ N \\ H \end{array}\!\!\! | \; \delta^-$$

Im flüssigen Ammoniak treten zwischen den elektronegativen Stickstoffatomen und einem elektropositiven Wasserstoffatom eines benachbarten Ammoniakmoleküls Wasserstoffbrückenbindungen auf.
Das kann dazu führen, daß das Proton dieses Wasserstoffatoms an das freie Elektronen-

paar des anderen Ammoniakmoleküls gebunden wird (s-p-σ-Bindung):

$$\begin{array}{c}H\\|\\H-N|\\|\\H\end{array}\cdots\begin{array}{c}H\\|\\H-N|\\|\\H\end{array}\rightleftarrows\left[\begin{array}{c}H\\|\\H-N-H\\|\\H\end{array}\right]^{+}+\left[\begin{array}{c}H\\|\\|N|\\|\\H\end{array}\right]^{-}$$

Es handelt sich hier um die Autoprotolyse des Ammoniaks ($\rightarrow$ Abschn. 8.2.5.).

Ammoniak löst sich außerordentlich leicht in Wasser (bei 20 °C etwa 700 l NH_3 in 1 l H_2O). Die Lösung ist als *Salmiakgeist* bekannt.

Ammoniak ist eine starke Base ($pK_B = 4{,}75$), die in wäßriger Lösung weitgehend protolysiert ist ($\rightarrow$ Abschn. 8.2.7.):

$$H_2O + NH_3 \rightleftarrows OH^- + NH_4^+$$
Säure I Base II Base I Säure II

Infolge dieser Reaktion färbt sich feuchtes rotes Lackmuspapier bei Anwesenheit von Ammoniak blau *(Nachweis für Ammoniak)*.

Ammoniumverbindungen

Das Ammonium NH_4^+ als Kation bildet mit verschiedenen Anionen *Salze*, z. B. *Ammoniumchlorid* NH_4Cl, *Ammoniumnitrat* NH_4NO_3 und *Ammoniumsulfat* $(NH_4)_2SO_4$, die sämtlich leicht wasserlöslich sind. Die beteiligten Ionen unterliegen in wäßriger Lösung in unterschiedlichem Maße der Protolyse. Eine wäßrige Lösung von Ammoniumchlorid reagiert sauer ($\rightarrow$ Abschn. 8.2.9.2.).

Wird einer Ammoniumchloridlösung konzentrierte Natronlauge zugesetzt, so kommt es zu folgender Umsetzung:

$$NH_4^+ + OH^- \rightarrow NH_3\uparrow + H_2O$$

Da das Natriumhydroxid praktisch vollständig dissoziiert ist, liegt eine hohe Konzentration an Hydroxidionen vor. Diese verdrängen als nichtflüchtige Base Ammoniak, das gasförmig entweicht und sich durch Blaufärbung von feuchtem, rotem Lackmuspapier nachweisen läßt *(Nachweis für Ammoniumsalze)*.

Ammoniumchlorid (Salmiak) bildet sich beim Einleiten von Ammoniak in Salzsäure. Es entsteht aber – als feiner weißer Rauch (Verwendung als Nebelmittel) – auch durch Verunreinigung von Ammoniak und Chlorwasserstoff im gasförmigen Zustand:

$$NH_3 + HCl \rightleftarrows NH_4Cl$$

Beim Erhitzen zerfällt es in Umkehrung dieser Reaktion. Das Säubern von Lötkolben mit *Salmiakstein* beruht darauf, daß anhaftende Metalloxide durch den entstehenden Chlorwasserstoff zu flüchtigen Metallchloriden umgesetzt werden. ($\rightarrow$ Aufg. 15.6.)

Technische Gewinnung des Ammoniaks

Die technische Gewinnung von Ammoniak erfolgt heute in der ganzen Welt nach dem durch die deutschen Chemiker Haber[1]), Bosch[2]) und Mittasch[3]) entwickelten Verfahren durch Synthese aus den Elementen Stickstoff und Wasserstoff. Während

---

[1]) *Fritz Haber* (1868 bis 1943), Professor der Chemie an der Technischen Hochschule Karlsruhe, Nobelpreisträger 1918.
[2]) *Carl Bosch* (1874 bis 1940), deutscher Industriechemiker, Nobelpreisträger 1931, als Vorsitzender des Aufsichtsrates des IG-Farben-Konzerns Vertreter des deutschen Monopolkapitals.
[3]) *Alwin Mittasch* (1869 bis 1933), Katalyseforscher.

Stickstoff in der Luft unbegrenzt zur Verfügung steht, bedarf die Gewinnung des Wasserstoffs eines hohen technischen Aufwandes. Die Elektrolyse des Wassers liefert zwar einen außerordentlich reinen Wasserstoff, sie ist aber mit zu hohem Energieaufwand verbunden. Daher erfolgt die Abtrennung des Wasserstoffs aus dem Wasser mittels fossiler Brennstoffe, die den Sauerstoff zu Kohlenmonoxid CO umsetzen. Nach dem ursprünglichen Verfahren wird hierfür Koks verwendet. Heute dienen dazu vorwiegend Erdöldestillationsprodukte und Erdgas, die den Vorteil bieten, daß sie selbst einen hohen Anteil an Wasserstoff in die Reaktion einbringen:

$$C + H_2O \rightarrow CO + H_2 \qquad \Delta H = 131 \text{ kJ mol}^{-1} \tag{1}$$

$$CH_4 + H_2O \rightarrow CO + 3\,H_2 \qquad \Delta H = 206 \text{ kJ mol}^{-1} \tag{2}$$

$$-CH_2- + H_2O \rightarrow CO + 2\,H_2 \qquad \Delta H = 152 \text{ kJ mol}^{-1} \tag{3}$$

Methan CH_4 ist Bestandteil des Erdgases. Die Gruppe $-CH_2-$ steht hier für beliebige Kohlenwasserstoffe, von denen vor allem Leichtbenzin und Rückstände der Erdöldestillation für die technische Gewinnung von Ammoniak eingesetzt werden. Das Wasser wird in Form von *Wasserdampf* zugeführt.

Die Wasserstoffbildung nach den Gleichungen (1), (2) und (3) verläuft *endotherm*. Zur Aufrechterhaltung der Reaktion ist es daher notwendig, Energie von außen zuzuführen oder im Reaktor selbst freizusetzen. Das geschieht, indem in das Reaktionsgemisch *Sauerstoff* eingeblasen wird.

$$C + \tfrac{1}{2}O_2 \rightarrow CO \qquad \Delta H = -110{,}5 \text{ kJ mol}^{-1} \tag{4}$$

$$CH_4 + \tfrac{1}{2}O_2 \rightarrow CO + 2\,H_2 \qquad \Delta H = -35 \text{ kJ mol}^{-1} \tag{5}$$

$$-CH_2- + \tfrac{1}{2}O_2 \rightarrow CO + H_2 \qquad \Delta H = -90 \text{ kJ mol}^{-1} \tag{6}$$

Das entstehende Mischgas enthält neben Wasserstoff und Kohlenmonoxid noch Schwefelwasserstoff H_2O und andere Schwefelverbindungen, die – zum Teil in mehreren Verfahrensstufen – abgetrennt werden müssen. Die Schwefelwasserstoff-Grobreinigung kann durch Auswaschen mit einer Speziallösung erfolgen (Sulfosolvan-Verfahren; Sulfinol-Verfahren), die Feinreinigung durch Adsorption des Schwefelwasserstoffs an Zinkoxid:

$$H_2S + ZnO \rightarrow H_2O + ZnS$$

Das entstehende Zinksulfid ZnS wird in einer Zinkhütte wieder zu Zinkoxid aufgearbeitet, wobei als Nebenprodukt Schwefelsäure gewonnen werden kann ($\rightarrow$ Abschnitt 14.5.2.).

Das *Kohlenmonoxid* CO wird durch *Konvertierung* – heute meist in zwei Stufen – unter dem Einfluß von Katalysatoren mit Wasserdampf zu Kohlendioxid umgesetzt, wobei weiterer Wasserstoff gewonnen wird:

$$CO + H_2O \rightarrow H_2 + CO_2 \qquad \Delta H = -42 \text{ kJ mol}^{-1}$$

Das Kohlendioxid wird (z. B. mit einer wäßrigen Kaliumcarbonatlösung) aus dem Gasgemisch ausgewaschen und einer technischen Nutzung zugeführt.

Die verschiedenen Verfahren zur Synthesegasgewinnung unterscheiden sich außer in der Art der eingesetzten Brennstoffe vor allem darin, wie die Zuführung von Wasserdampf und Sauerstoff bzw. Luft erfolgt:

- In den beim ursprünglichen Haber-Bosch-Verfahren verwendeten *Drehrostgeneratoren* wird abwechselnd Wasserdampf (endotherme Reaktion: Kaltblasen) und Luft (exotherme Reaktion: Heißblasen) durch glühenden Koks geblasen.

- Bei der *Wirbelschichtvergasung* (→ Bild 15.1) wird pulverförmiger Braunkohlenschwelkoks in den Reaktor (Winkler-Generator) eingebracht und durch ein eingeblasenes Gemisch aus Wasserdampf und Luft (mit Sauerstoff angereichert) in der Schwebe gehalten. Dabei läuft die endotherme Reaktion (1) und die exotherme Reaktion (4) gleichzeitig ab.
- Bei der *Dampfreformierung*[1]) von Kohlenwasserstoffen durchläuft das Reaktionsgemisch nacheinander zwei Reaktoren (→ Bild 15.1). Im Primärreformer wird Wasserdampf eingeblasen, im Sekundärreformer dagegen Luft. Der Primärreformer wird durch Fremdheizung auf etwa 800 °C gehalten; im Sekundärreformer erwärmt sich das Reaktionsgemisch bis zu 1500 °C. Die frei werdende Energie wird zur Erzeugung von Wasserdampf genutzt.

Bei diesen drei Verfahren erfolgt die Reaktionsführung so, daß abschließend ein Synthesegas mit der stöchiometrischen Zusammensetzung $N_2 + 3 H_2$ zur Verfügung steht.

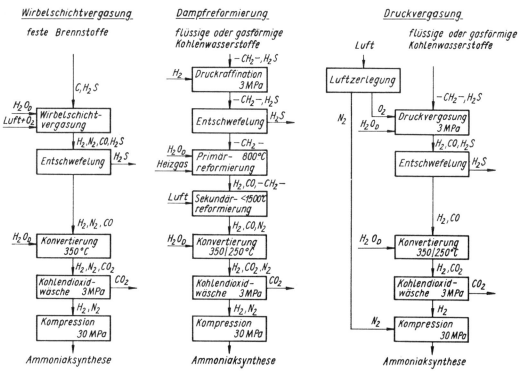

Bild 15.1. Verfahren zur Synthesegasgewinnung (stark vereinfacht)
H_2O_D = Wasserdampf

- Bei der *Druckvergasung* von Kohlenwasserstoffen (→ Bild 15.1) werden Sauerstoff und Wasserdampf gleichzeitig durch einen Düsenbrenner in den Vergasungsreaktor eingeblasen, so daß hier wiederum endotherme und exotherme Reaktion gleichzeitig ablaufen. Da nicht Luft, sondern Sauerstoff verwendet wird, besteht das Gas nach Abschluß der Aufbereitung (Entschwefelung, Konvertierung, Kohlen-

---

[1]) Zuvor werden durch Druckraffination organische Schwefelverbindungen zu Schwefelwasserstoff hydriert.

dioxidwäsche) hauptsächlich aus Wasserstoff. Der für die Ammoniaksynthese erforderliche Stickstoffanteil wird erst bei der Kompression beigemischt. Der Stickstoff steht als Nebenprodukt aus der Sauerstoffgewinnung zur Verfügung.

Um die Kosten für die Kompression des Synthesegases niedrig zu halten, erfolgt in modernen Anlagen bereits die Erzeugung des Synthesegases unter erhöhtem Druck (etwa 3 MPa).

Die Ammoniaksynthese beruht auf der Gleichgewichtsreaktion

$$N_2 + 3\,H_2 \rightleftarrows 2\,NH_3 \qquad \Delta H = -92{,}2 \text{ kJ mol}^{-1}$$

Nach dem Prinzip vom kleinsten Zwang hängt die Lage dieses Ammoniakgleichgewichtes von Druck und Temperatur ab (→ Aufg. 15.7.).

Die Gleichgewichtslage ist bei hohem Druck und niedriger Temperatur am günstigsten (→ Abschn. 7.6., Bild 7.3). Da die Temperatur aber auch die Reaktionsgeschwindigkeit beeinflußt, wurde die technische Durchführung der Ammoniaksynthese erst möglich, nachdem es gelungen war, Katalysatoren zu finden, unter deren Einfluß die Ammoniakbildung schon bei 400 bis 500 °C mit hinreichender Geschwindigkeit verläuft. Als Katalysator wird heute Eisen(II)-oxid eingesetzt, das geringe Mengen Kaliumoxid K_2O und Aluminiumoxid Al_2O_3 enthält. Im Reaktor wird das Eisen(II)-oxid durch das Synthesegas zu aktivem Eisen reduziert, von dem die katalytische Wirkung ausgeht.

Die Ammoniaksynthese wird in Hochdruckreaktoren durchgeführt. Moderne Anlagen arbeiten bei 470 bis 530 °C mit 25 bis 35 MPa. Bei diesem Druck ist zwar die Gleichgewichtslage mit 15 bis 20% NH_3 noch relativ ungünstig, aber bei höheren Drücken ergeben sich extreme Anforderungen an das Material der Reaktoren.

Da die Reaktion exotherm verläuft, muß ständig Wärme abgeführt werden. Das erfolgt zunächst durch Wärmeaustausch, wobei das Frischgas auf die Reaktionstemperatur vorgewärmt wird (→ Bild 15.2). In modernen Großreaktoren (1000 t/d und mehr) wird außerdem nach Durchströmen der einzelnen Katalysatorschichten jeweils kaltes Frischgas zugesetzt, und schließlich dient die überschüssige Reaktionswärme noch der Dampferzeugung.

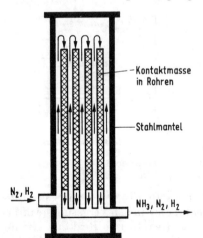

Bild 15.2. Älterer Röhrenofen zur Ammoniaksynthese (schematischer Längsschnitt)

Auf Grund der ungünstigen Gleichgewichtslage muß die Ammoniaksynthese als *Kreisprozeß* durchgeführt werden. Das Reaktionsgesmisch wird dazu auf 0 °C (und darunter) abgekühlt. (Das geschieht zunächst durch Wärmeaustausch mit Frischgas,

durch Wasserkühlung und schließlich durch Tiefkühlung mit verdampfendem Ammoniak.)
Dabei wird der Ammoniakanteil des Reaktionsgemischs größtenteils verflüssigt. Das Restgas (das noch bis zu 3% NH$_3$ enthält) geht in die Ammoniaksynthese zurück (→ Bild 15.3). Als Nebenprodukt der Ammoniaksynthese wird Argon gewonnen, das sich als Beimischung des Luftstickstoffs allmählich im Restgas anreichert.

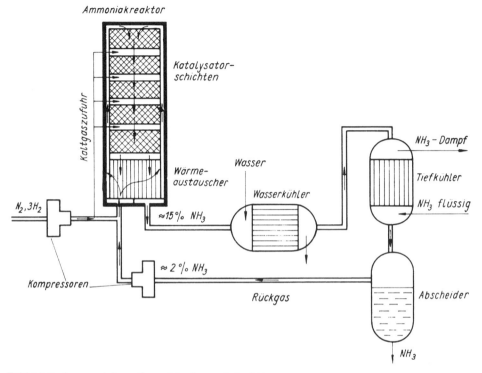

Bild 15.3. Ammoniaksynthese (stark vereinfacht)

Verwendung des Ammoniaks

Ammoniak ist der Ausgangsstoff für die meisten anderen Stickstoffverbindungen, vor allem für die *Salpetersäure* (→ Abschn. 15.3.4.). Der größte Teil der Ammoniakproduktion wird zu *Stickstoffdüngemitteln* weiterverarbeitet (→ Abschn. 15.3.6.). Ammoniak ist unentbehrlicher Hilfsstoff für die Gewinnung von Soda (→ Abschn. 19.2.2.). Außerdem geht die technische Gewinnung der meisten organischen Stickstoffverbindungen auf das Ammoniak zurück. (→ Aufg. 15.8. bis 15.10.)

15.3.2. Stickstoffoxide

Stickstoff bildet mehrere Oxide. Die wichtigsten sind *Stickstoffmonoxid* NO, *Stickstoffdioxid* NO$_2$ und *Distickstofftetroxid* N$_2$O$_4$.
Alle diese Oxide sind mehr oder weniger *giftig* und bei Zimmertemperatur gasförmig. Sie stehen durch Gleichgewichtsreaktionen miteinander in Beziehung und treten daher als Gemenge auf. Man spricht dann allgemein von *nitrosen Gasen*.
Stickstoffmonoxid NO ist ein farbloses Gas, das unter Normaldruck bei 122,2 K

(-151 °C) flüssig wird und bei 110,2 K (-163 °C) erstarrt. Es kann durch Synthese aus den Elementen gewonnen werden:

$$N_2 + O_2 \rightleftarrows 2\,NO \quad \Delta H = +176\,\text{kJ mol}^{-1}$$

Im Gegensatz zur Oxydation anderer Elemente verläuft diese Oxydation des Stickstoffs stark endotherm, da hierbei die außerordentlich stabile Bindung der N_2-Moleküle überwunden werden muß. Bei Zimmertemperatur liegt das Gleichgewicht ganz auf der Seite der Ausgangsstoffe. In der Luft bildet sich daher normalerweise kein Stickstoffmonoxid. Erst bei den Temperaturen des elektrischen Lichtbogens (über 3000 °C) ist das Gleichgewicht so weit in Richtung des Stickstoffmonoxids verschoben, daß an eine wirtschaftliche Gewinnung zu denken ist. Wegen des sehr hohen Bedarfs an Elektroenergie konnte jedoch das auf dieser Reaktion beruhende *Nitrumverfahren* zur Bindung von Luftstickstoff nur zeitweilig wirtschaftliche Bedeutung erlangen.

Heute wird Stickstoffmonoxid aus Ammoniak gewonnen ($\rightarrow$ Abschn. 15.3.4.). Das Stickstoffmonoxid reagiert schon bei Zimmertemperatur mit dem Sauerstoff der Luft unter Bildung von Stickstoffdioxid:

$$2\,\overset{+2-2}{NO} + \overset{0}{O_2} \rightleftarrows 2\,\overset{+4-2}{NO_2} \quad \Delta H = -113\,\text{kJ mol}^{-1}$$

Der Stickstoff geht dabei von der Oxydationszahl $+2$ zur Oxydationszahl $+4$ über.

Stickstoffdioxid NO_2 ist ein rotbraunes Gas, das sich stets mit *Distickstofftetroxid* N_2O_4 im Gleichgewicht befindet:

$$2\,NO_2 \rightleftarrows N_2O_4 \quad \Delta H = -61,5\,\text{kJ mol}^{-1}$$
rotbraun farblos

Nach dem Prinzip vom kleinsten Zwang wird die Lage dieses Gleichgewichts mit zunehmender Temperatur nach der Seite des Stickstoffdioxids, mit abnehmender Temperatur nach der Seite des Distickstofftetroxids verschoben. Das Gasgemisch färbt sich daher mit zunehmender Temperatur dunkler, wie sich in einem zugeschmolzenen Glasrohr zeigen läßt.

Stickstoffdioxid zerfällt bei Temperaturen über 200 °C wieder in Stickstoffmonoxid und Sauerstoff. Es ist daher ein starkes Oxydationsmittel ($\rightarrow$ Nitroseverfahren zur Schwefelsäuregewinnung, Abschn. 14.5.4.).

Distickstofftetroxid setzt sich mit Wasser zu *Salpetersäure* HNO_3 und *salpetriger Säure* HNO_2 um:

$$N_2O_4 + H_2O \rightarrow HNO_3 + HNO_2$$

Das Distickstofftetroxid kann also als gemischtes Anhydrid dieser beiden Säuren aufgefaßt werden.
($\rightarrow$ Aufg. 15.12.)

15.3.3. Salpetrige Säure

Salpetrige Säure HNO_2 ist nur in verdünnter wäßriger Lösung beständig. Beim Erwärmen zerfällt sie in Salpetersäure und Stickstoffmonoxid:

$$3\,\overset{+3}{HNO_2} \rightarrow \overset{+5}{HNO_3} + 2\,\overset{+2}{NO} + H_2O$$

Ein derartiger Übergang von einer mittleren Oxydationszahl teils zu einer höheren, teils zu einer niedrigeren Oxydationszahl wird als *Disproportionierung* oder als *Oxydoreduktion* bezeichnet.

Da die salpetrige Säure sowohl zu einer höheren als auch zu einer niedrigeren Oxydationszahl übergehen kann, wirkt sie gegenüber starken Oxydationsmitteln (z. B. Kaliumpermanganat) reduzierend:

$$\overset{+3}{H}NO_2 + H_2O \rightarrow \overset{+5}{H}NO_3 + 2\,H^+ + 2\,e^-$$

gegenüber Reduktionsmitteln (z. B. Eisen(II)-salzen) dagegen oxydierend:

$$\overset{+3}{H}NO_2 + H^+ + e^- \rightarrow \overset{+2}{N}O + H_2O$$

Salpetrige Säure gehört noch zu den starken Säuren ($pK_S = 3{,}35$), sie unterliegt nach

$$HNO_2 + H_2O \rightleftarrows NO_2^- + H_3O^+$$

der Protolyse. Das Nitrition NO_2^- ist eine schwache Base ($pK_B = 10{,}65$).
Die Salze der salpetrigen Säure, die Nitrite, sind *giftig*. Das *Natriumnitrit* $NaNO_2$ wird zur Herstellung von Farbstoffen verwendet.

15.3.4. Salpetersäure

Salpetersäure HNO_3 wird heute fast durchweg durch *katalytische Oxydation* von *Ammoniak* gewonnen.
Beim *Ostwald*[1])-Verfahren (Bild 15.4) läuft in einem Ammoniak-Luft-Gemisch (mit etwa 7% NH_3) bei 600 °C am Platin-Rhodium-Kontakt hauptsächlich folgende Reaktion ab:

$$4\,NH_3 + 5\,O_2 \rightarrow 4\,NO + 6\,H_2O \qquad \Delta H = -1168\;kJ\;mol^{-1}$$

Das *Ammoniak* NH_3 wird also zu *Stickstoffmonoxid* NO oxydiert.

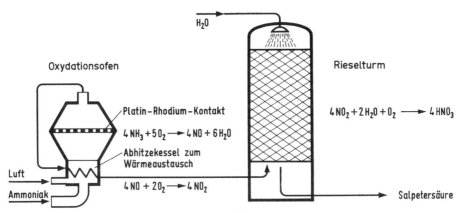

Bild 15.4. Gewinnung von Salpetersäure nach dem *Ostwald*-Verfahren

Daneben laufen aber auch Reaktionen ab, bei denen Ammoniak NH_3 und Stickstoffmonoxid NO in elementaren Stickstoff N_2 zerfallen. Um diese unerwünschten Reaktionen möglichst zurückzuhalten, darf das Gemisch den Kontakt nur sehr kurze Zeit (1/1000 Sekunde) berühren. Das wird dadurch erreicht, daß der Kontakt als feinmaschiges Netz im Reaktionsraum ausgespannt ist und von dem Gasgemisch mit hoher Geschwindigkeit durchströmt wird.

---

[1]) *Wilhelm Ostwald* (1853 bis 1933), Professor der physikalischen Chemie in Leipzig, Nobelpreisträger 1909.

Durch den Luftüberschuß wird das in den Kontaktöfen entstandene Stickstoffmonoxid sofort weiter zu *Stickstoffdioxid* NO_2 oxydiert:

$$4\,NO + 2\,O_2 \rightarrow 4\,NO_2$$

Das Stickstoffdioxid wird in Rieseltürmen mit Wasser und Luftsauerstoff zu einer etwa 50%igen *Salpetersäure* HNO_3 umgesetzt:

$$4\,NO_2 + 2\,H_2O + O_2 \rightarrow 4\,HNO_3$$

Aus 4 mol Ammoniak entstehen also theoretisch 4 mol Salpetersäure.

Konzentrierte Salpetersäure kommt mit etwa 62% HNO_3 in den Handel. Sie hat eine Dichte von etwa 1,4 g cm^{-3}.

Die Salpetersäure HNO_3 ist eine sehr starke Säure ($pK_S = -1{,}32$), sie unterliegt in wäßriger Lösung einer nahezu vollständigen Protolyse:

$$HNO_3 + H_2O \rightarrow NO_3^- + H_3O^+$$

Verdünnte Salpetersäure reagiert daher mit allen Metallen, die in der Spannungsreihe links vom Wasserstoff stehen, unter Wasserstoffentwicklung. Die *Hydroniumionen* wirken gegenüber den Metallatomen *oxydierend*.

Konzentrierte Salpetersäure reagiert auch mit *Kupfer*, *Silber* und *Quecksilber*:

$$\overset{0}{Cu} + 2\,\overset{+5}{HNO_3} \rightarrow \overset{+2}{CuO} + 2\,\overset{+4}{NO_2}\uparrow + H_2O$$
$$CuO + 2\,HNO_3 \rightarrow Cu(NO_3)_2 + H_2O$$
$$\overline{Cu + 4\,HNO_3 \rightarrow Cu(NO_3)_2 + 2\,NO_2\uparrow + 2\,H_2O}$$

Hier wirken die (nicht protolysierten) *Salpetersäuremoleküle* oxydierend.

Gold und Platin werden auch von konzentrierter Salpetersäure nicht angegriffen. Diese wird daher (unter der Bezeichnung *Scheidewasser*) zum Trennen von Gold und Silber verwendet. Gold und Platin werden nur von *Königswasser*, einer Mischung aus drei Teilen konzentrierter Salzsäure und einem Teil konzentrierter Salpetersäure, angegriffen und aufgelöst ($\rightarrow$ Abschn. 13.3.1.).

Infolge *Passivierung* ($\rightarrow$ Abschn. 14.5.5.) sind einige unedle Metalle, vor allem *Eisen* und *Chromium*, gegenüber konzentrierter Salpetersäure beständig.

Beim Erhitzen, aber auch schon unter dem Einfluß von Licht, tritt ein langsamer Zerfall der Salpetersäure ein:

$$2\,HNO_3 \rightarrow H_2O + 2\,NO_2 + \tfrac{1}{2}\,O_2$$

Das entstehende Stickstoffdioxid löst sich in der Säure und färbt sie gelb. Infolge der Sauerstoffabgabe wirkt konzentrierte Salpetersäure *stark oxydierend*. Leicht brennbare Stoffe können von konzentrierter Salpetersäure entzündet werden. Daher dürfen Gefäße, die zur Aufbewahrung und zum Transport von Salpetersäure verwendet werden, nicht mit Stroh, Holzwolle oder ähnlichem umgeben sein.

Die Salze der Salpetersäure, die *Nitrate*, zerfallen beim Erhitzen unter Abgabe von Sauerstoff. Die Reaktion verläuft bei den *Alkalinitraten*

$$2\,KNO_3 \rightarrow 2\,KNO_2 + O_2\uparrow$$

anders als bei den *Schwermetallnitraten*:

$$2\,Pb(NO_3)_2 \rightarrow 2\,PbO + 4\,NO_2\uparrow + O_2\uparrow$$

Infolge der Sauerstoffabgabe sind auch die Nitrate *starke Oxydationsmittel*. Kaliumnitrat wird in Sprengstoffen als Sauerstofflieferant verwendet.

Außer zur Gewinnung von Nitraten dient die Salpetersäure auch zum *Nitrieren*, das in der organischen Chemie eine wichtige Rolle spielt. Mit der sogenannten *Nitriersäure*, einem Gemisch aus konzentrierter Salpetersäure und konzentrierter Schwefelsäure, werden *Nitrogruppen* —NO$_2$ in organische Verbindungen eingeführt (→ Abschnitte 28.8., 30.2.).
(Aufg. 15.13. bis 15.15.)

15.3.5. Kalkstickstoff

Außer der Ammoniaksynthese gibt es noch ein weiteres Verfahren zur Bindung des Luftstickstoffs. Feingemahlenes *Calciumcarbid* reagiert bei etwa 1 000 °C mit *Stickstoff*, der durch Luftverflüssigung und fraktionierte Destillation der flüssigen Luft gewonnen wurde:

$$CaC_2 + N_2 \rightleftarrows CaCN_2 + C \quad \Delta H = -301 \text{ kJ mol}^{-1}$$

Es entsteht ein Gemenge aus *Calciumcyanamid* CaCN$_2$ und elementarem *Kohlenstoff*, das als *Kalkstickstoff* bezeichnet wird. Da die Reaktion stark exotherm verläuft und eine zu starke Erwärmung die Lage des Gleichgewichts ungünstig beeinflußt, wird nur ein Teil des Calciumcarbids erhitzt. Die Reaktion schreitet dann ohne weitere Energiezufuhr fort.
Kalkstickstoff dient als *Düngemittel*, des Calciumgehalts wegen vor allem für kalkarme und saure Böden. Im Boden setzt er sich mit Wasser unter Bildung von Ammoniak um:

$$CaCN_2 + 3 H_2O \rightarrow CaCO_3 + 2 NH_3$$

Kalkstickstoff ist aber auch Ausgangsstoff für verschiedene Plaste *(Melaminharz, Piatherm* u. a.). Beim Umgang mit Kalkstickstoff ist zu beachten, daß er *giftig* ist. Das Calciumcyanamid CaCN$_2$ leitet sich vom *Cyanamid* NC—NH$_2$ ab, indem dessen Wasserstoffatome durch Calcium ersetzt werden:

$$|N\equiv C-\overline{N}\diagdown_H^H \qquad |N\equiv C-\overline{N}=Ca$$

Cyanamid   Calciumcyanamid

15.3.6. Stickstoffdüngemittel

Als Bestandteil aller Eiweißstoffe ist Stickstoff unentbehrlich für die Lebensvorgänge (→ Abschn. 29.). Die Pflanzen decken ihren Stickstoffbedarf mit den im Boden enthaltenen Ammoniumsalzen und Nitraten und bauen daraus Eiweißstoffe auf. Mensch und Tier sind auf tierisches und pflanzliches Eiweiß angewiesen. Lediglich die Leguminosen (Hülsenfrüchtler) vermögen mit Hilfe von Mikroorganismen (Knöllchenbakterien), die sich an den Wurzeln ansiedeln, den Stickstoff der Luft für sich zu nutzen. Bei intensiv betriebener Landwirtschaft verarmt der Boden an Stickstoffverbindungen, so daß es – wie zuerst der deutsche Chemiker *Justus von Liebig* erkannte – notwendig wird, dem Boden regelmäßig Stickstoffverbindungen zuzuführen. Es gehört daher zu den vordringlichsten Aufgaben der chemischen Industrie, der Landwirtschaft die nötigen *Stickstoffdüngemittel* zur Verfügung zu stellen.
Unter den Stickstoffdüngemitteln steht das *Ammoniumsulfat* (NH$_4$)$_2$SO$_4$ (auch *Ammonsulfat* genannt) mengenmäßig an erster Stelle. Es wird gewonnen, indem man Ammoniak und Kohlendioxid, das bei der Ammoniaksynthese als Nebenprodukt

entsteht, in einen wäßrigen Brei von Calciumsulfat CaSO$_4$ (Anhydrit bzw. Gips CaSO$_4 \cdot 2$ H$_2$O) einleitet, wobei neben Ammoniumsulfat Calciumcarbonat entsteht:

$$2 \text{NH}_3 + \text{CO}_2 + \text{H}_2\text{O} + \text{CaSO}_4 \rightarrow \text{CaCO}_3\downarrow + (\text{NH}_4)_2\text{SO}_4$$

Diese Reaktion beruht darauf, daß das praktisch unlösliche Calciumcarbonat aus dem System austritt, wodurch es nicht zu einem Gleichgewichtszustand kommen kann. Das Calciumcarbonat wird abfiltriert. Aus dem Filtrat wird durch Eindampfen in Vakuumverdampfern das Ammoniumsulfat gewonnen, in Zentrifugen entwässert und abschließend in Drehrohröfen getrocknet. Da hierzu keine Schwefelsäure benötigt wird, ist dieses Verfahren volkswirtschaftlich besonders vorteilhaft.

Zur Herstellung von *Kalkammonsalpeter* wird Salpetersäure mit Ammoniak zu Ammoniumnitrat neutralisiert:

$$\text{HNO}_3 + \text{NH}_3 \rightleftarrows \text{NH}_4\text{NO}_3$$

Da Ammoniumnitrat zu explosivem Zerfall neigt, wird ihm gemahlener Kalk zugemischt, der auch seinerseits die Böden günstig beeinflußt. ($\rightarrow$ Aufg. 15.11., 15.16. und 15.17.)

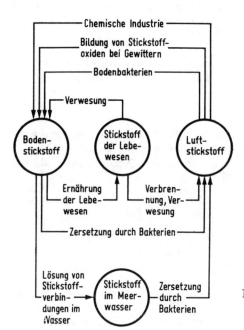

Bild 15.5. Kreislauf des Stickstoffs

15.4. Phosphor

Vorkommen

Phosphor tritt in der Natur nicht elementar auf, sondern nur in Verbindungen, vor allem in Phosphaten, den Salzen der Phosphorsäure H$_3$PO$_4$. Die wichtigsten Phosphatmineralien sind *Phosphorit* Ca$_3$(PO$_4$)$_2$ und *Apatit* 3 Ca$_3$(PO$_4$)$_2 \cdot$ Ca(Cl, F)$_2$. Große Phosphatlagerstätten befinden sich in der UdSSR (Halbinsel Kola), in der Volksrepublik China, in den USA (Florida) und in Nordafrika (Algerien). Auch in vielen Eisenerzen, vor allem in der lothringischen *Minette*, sind Phosphate enthalten.

Diese Phosphate gehen bei der Stahlgewinnung nach dem Thomasverfahren in die Schlacke über, die gemahlen unter der Bezeichnung *Thomasmehl* als Düngemittel in den Handel kommt.

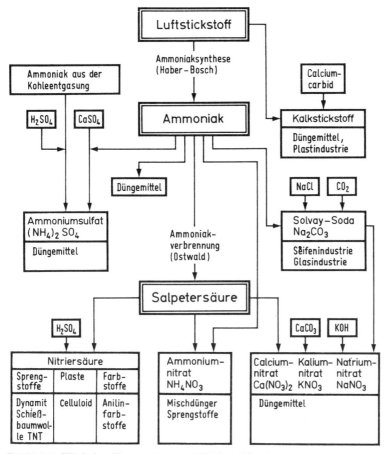

Bild 15.6. Wichtige Erzeugnisse auf Stickstoffbasis

Gebundener Phosphor ist unentbehrlich für die lebenden Organismen, so bestehen Knochen, Zähne und Horn vor allem aus Calciumphosphat $Ca_3(PO_4)_2$. Aber auch in den Muskeln, im Blut, in den Nervenfasern und in der Gehirnsubstanz sowie in der Milch und im Eidotter ist gebundener Phosphor enthalten, und zwar vor allem im *Lecithin*.

Mit den menschlichen und tierischen Exkrementen werden ständig Phosphorverbindungen ausgeschieden. Die heutigen Phosphatlagerstätten sind z. T. in früheren geologischen Epochen durch Zersetzung von tierischen Exkrementen und Tierkadavern entstanden. Auf einigen peruanischen Pazifikinseln bilden sich aus Exkrementen von Seevögeln auch heute noch phosphor- und stickstoffhaltige Ablagerungen, die unter der Bezeichnung *Guano*[1]) als Düngemittel verwendet werden.

---

[1]) huano (peruanisch) Mist

Gewinnung

Gewonnen wird der Phosphor, indem ein Gemisch von *Calciumphosphat (Phosphorit)* $Ca_3(PO_4)_2$, *Siliciumdioxid (Quarzsand)* SiO_2 und *Koks* in einem Elektroofen auf etwa 1400 °C erhitzt wird:

$$2\,Ca_3(PO_4)_2 + 6\,SiO_2 + 10\,C \rightarrow P_4 + 10\,CO + 6\,CaSiO_3$$

Der Phosphor entweicht als Dampf – in Form von P_4-Molekülen – zusammen mit dem Kohlenmonoxid aus dem Elektroofen und wird in einem Kondensationsgefäß unter Wasser aufgefangen. Das Calciumsilicat wird als Schlacke abgestochen.

Eigenschaften

Vom Phosphor gibt es mehrere *allotrope Modifikationen* (→ Abschn. 14.4.): den *weißen*, den *violetten* und den *schwarzen Phosphor* (Tabelle 15.2). Der *rote Phosphor* ist dagegen keine einheitliche Modifikation, sondern ein Gemenge, dessen Hauptbestandteil der violette Phosphor ist. Technisch werden nur weißer und roter Phosphor verwendet.

Tabelle 15.2. Erscheinungsformen des Phosphors

Bezeichnung		Beschreibung	Entstehung	Eigenschaften
weißer Phosphor	allotrope Modifikationen	metastabile nichtmetallische Modifikation	durch Kondensation von Phosphordampf P_4	Selbstentzündung oberhalb 50 °C, löslich in Kohlendisulfid CS_2, sehr giftig
violetter Phosphor		stabile nichtmetallische Modifikation	durch Polymerisation von P_4-Molekülen	(siehe unter rotem Phosphor)
schwarzer Phosphor		metallische Modifikation	bei 1 200 MPa und 200 °C	metallischer Glanz, elektrische Leitfähigkeit, gute Wärmeleitfähigkeit
roter Phosphor		Gemenge, dessen Hauptbestandteil violetter Phosphor ist	aus weißem Phosphor durch unvollständige Polymerisation beim Erhitzen auf 260 °C unter Luftabschluß	entzündet sich erst oberhalb 400 °C, in Kohlendisulfid unlöslich, ungiftig

Weißer Phosphor ist metastabil, er geht direkt in roten (violetten) Phosphor über. Dagegen ist die Umwandlung von rotem (violettem) Phosphor in weißen Phosphor nur über den Dampfzustand möglich. Weißer und violetter Phosphor sind demnach *monotrope Modifikationen*.

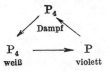

Weißer Phosphor schmilzt bei 44,1 °C und siedet unter Luftabschluß bei 280 °C. Er ist wachsartig weich und hat eine Dichte von 1,82 g cm^{-3}. Weißer Phosphor ist *sehr giftig* (schon 10 mg können tödlich wirken) und außerordentlich reaktionsfähig. Weißer Phosphor entzündet sich an der Luft bei etwa 50 °C, in feinverteilter Form auch schon bei Zimmertemperatur, und verbrennt unter starker Wärmeentwicklung mit gelblich-weißer Flamme zu *Phosphor(V)-oxid* P_2O_5:

$$P_4 + 5\,O_2 \to 2\,P_2O_5 \quad \Delta H = -3020 \text{ kJ mol}^{-1}$$

Weißer Phosphor muß daher unter Wasser aufbewahrt werden. Der Name Phosphor[1]) beruht darauf, daß weißer Phosphor an feuchter Luft langsam oxydiert und dabei im Dunkeln bläulich leuchtet *(phosphoresziert)*.

Weißer Phosphor verursacht schwer heilende *Brandwunden*. Als *Erste Hilfe* sind derartige Wunden nach Entfernen des Phosphors mit einer *Kupfersulfatlösung* zu behandeln. Weißer Phosphor wurde im zweiten Weltkrieg in Phosphorbrandbomben vor allem von amerikanischen und englischen Flugzeugen auf Wohngebiete abgeworfen.

Roter (violetter) Phosphor ist nicht giftig und wesentlich weniger reaktionsfähig als weißer. Er entzündet sich erst oberhalb 400 °C. Die Dichte des violetten Phosphors beträgt 2,34 g cm^{-3}, die des im Handel befindlichen *roten Phosphors* etwa 2,2 g cm^{-3}.

Verwendung

Technisch verwendet wird heute vor allem der rote Phosphor, und zwar hauptsächlich in der *Zündholzfabrikation*. Die ersten Phosphorzündhölzer enthielten in ihren Köpfen weißen Phosphor. Sie wurden, weil sie giftig sind und sich zu leicht entzündeten, 1903 verboten. Für die heutige Sicherheitszündhölzer wird roter Phoshor verwendet, der sich aber nicht im Zündholzkopf, sondern in der Reibfläche befindet. Der *Zündholzkopf* kann z. B. aus Kaliumchlorat $KClO_3$, Kaliumdichromat $K_2Cr_2O_7$, Zinkoxid ZnO, Schwefel, Kieselgur und Leim bestehen, die *Reibfläche* aus rotem Phosphor, Antimonsulfid Sb_2S_3, Kreide $CaCO_3$, Glaspulver und Leim. Beim Anstreichen eines Zündholzes wird etwas roter Phosphor aus der Reibfläche herausgerissen. Dieser reagiert infolge der Reibungswärme mit dem Kaliumchlorat des Zündholzkopfes. Der brennende Phosphor entzündet den Schwefel, dieser das Paraffin, mit dem das Holz getränkt ist. Dadurch wird schließlich die Entzündungstemperatur des Holzes erreicht.

($\to$ Aufg. 15.18. und 15.19.)

15.5. Verbindungen des Phosphors

15.5.1. Phosphorwasserstoff

Phosphorwasserstoff (Phosphin) PH_3, eine dem Ammoniak analoge Verbindung, ist ein farbloses, *giftiges Gas*. Er läßt sich aus *Calciumphosphid* und Wasser entwickeln:

$$Ca_3P_2 + 6\,H_2O \to 2\,PH_3\uparrow + 3\,Ca(OH)_2$$

Der charakteristische Geruch, der dem aus technischem (calciumphosphidhaltigem) Calciumcarbid erzeugten Acetylen anhaftet, beruht auf einem geringen Gehalt an Phosphorwasserstoff.

15.5.2. Oxide und Sauerstoffsäuren des Phosphors

Von den Oxiden des Phosphors sind das *Phosphor(III)-oxid* P_2O_3 und das *Phosphor(V)-oxid* P_2O_5 wichtig.

---

[1]) phosphoros (griech.) Lichtträger

Beide Oxide bilden Moleküle, die doppelt so groß sind, wie es die gebräuchlichen Formeln angeben. Die Moleküle des Phosphor(III)-oxids haben die Zusammensetzung P_4O_6, die des Phosphor(V)-oxids die Zusammensetzung P_4O_{10}. Da die den Bezeichnungen entsprechenden einfacheren Formeln P_2O_3 und P_2O_5 die stöchiometrische Zusammensetzung richtig wiedergeben, werden sie überall dort verwendet, wo es auf die Molekülgröße nicht ankommt.

Phosphor(III)-oxid P_2O_3 entsteht, wenn Phosphor unter beschränktem Luftzutritt verbrennt:

$P_4 + 3 O_2 \rightarrow 2 P_2O_3$

Es handelt sich um eine weiße, wachsartige, kristalline Substanz, die wie der Phosphor *sehr giftig* ist.

Mit Wasser setzt sich das Phosphor(III)-oxid zu *phosphoriger Säure* H_3PO_3 um:

$P_2O_3 + 3 H_2O \rightarrow 2 H_3PO_3$

Das Phosphor(III)-oxid ist also das *Anhydrid der phosphorigen Säure.*

Phosphor(V)-oxid P_2O_5, das beim vollständigen Verbrennen von Phosphor entsteht, ist ein sehr hygroskopisches (wasseranziehendes), lockeres, weißes Pulver. An der Luft zerfließt es unter Wasseraufnahme, wobei zunächst *Metaphosphorsäure* HPO_3 entsteht:

$P_2O_5 + H_2O \rightarrow 2 HPO_3$

Die Metaphosphorsäure setzt sich mit weiterem Wasser zur *Orthophosphorsäure* H_3PO_4 um, die meist kurz als *Phosphorsäure* bezeichnet wird:

$2 HPO_3 + 2 H_2O \rightarrow 2 H_3PO_4$

Zur technischen Gewinnung von Orthophosphorsäure wird Phosphor mit Luftüberschuß verbrannt und das dabei rauchförmig anfallende Phosphor(V)-oxid in Wasser eingeleitet:

$P_2O_5 + 3 H_2O \rightarrow 2 H_3PO_4$

Diese Gleichung ergibt sich auch aus den beiden vorhergehenden Gleichungen durch Addition. Das Phosphorpentoxid ist demnach sowohl *Anhydrid der Metaphosphorsäure* als auch *Anhydrid der Orthophosphorsäure.*

Die Orthophosphorsäure H_3PO_4 stellt eine starke Säure dar ($pK_S = 1{,}96$), die weitgehend der Protolyse unterliegt:

$H_3PO_4 + H_2O \rightleftarrows H_2PO_4^- + H_3O^+$

Das Dihydrogenphosphation $H_2PO_4^-$ ist ein Ampholyt, als Base reagiert es schwach ($pK_B = 12{,}04$); als Säure reagiert es mittelstark ($pK_S = 7{,}12$), wobei sich folgendes Gleichgewicht einstellt:

$H_2PO_4^- + H_2O \rightleftarrows HPO_4^{2-} + H_3O^+$

Das Hydrogenphosphation HPO_4^{2-} ist gleichfalls ein Ampholyt, als Base reagiert es mittelstark ($pK_B = 6{,}88$); als Säure reagiert es schwach ($pK_S = 12{,}32$), so daß das Gleichgewicht

$HPO_4^{2-} + H_2O \rightleftarrows PO_4^{3-} + H_3O^+$

weit auf der linken Seite liegt. Die Phosphationen PO_4^{3-} sind eine starke Base ($pK_B = 1{,}68$), sie setzen sich in wäßriger Lösung zur korrespondierenden Säure HPO_4^{2-} um. Eine wäßrige Phosphorsäurelösung enthält daher nur einen unbedeutenden Anteil an Phosphationen PO_4^{3-}.

Entsprechend der stufenweisen Protolyse bildet die Phosphorsäure drei Reihen von Salzen, deren Benennung am Beispiel der Natriumsalze gezeigt sei:

NaH_2PO_4 Natriumdihydrogenphosphat (primäres Natriumphosphat),
Na_2HPO_4 Dinatriumhydrogenphosphat (sekundäres Natriumphosphat),
Na_3PO_4 Trinatriumphosphat (tertiäres Natriumphosphat).

Die in Klammern stehenden Bezeichnungen sind veraltet, aber noch hin und wieder in Gebrauch (→ Aufg. 15.20.).

15.5.3. Phosphorsäure-Düngemittel

Für die lebenden Organismen sind bestimmte Phosphorverbindungen unentbehrlich. Mensch und Tier decken ihren Bedarf an Phosphorverbindungen mit der Aufnahme tierischer und pflanzlicher Nahrung. Die Pflanzen nehmen Phosphate aus dem Boden auf. Bei intensiv betriebener Landwirtschaft müssen dem Boden regelmäßig Phosphate als Düngemittel zugeführt werden.

Als Ausgangsstoff für die Gewinnung von Phosphorsäure-Düngemitteln dient das Calciumphosphat $Ca_3(PO_4)_2$, das als *Phosphorit* und *Apatit* (→ Abschn. 15.4.) vorkommt. Da das Calciumphosphat für die Pflanzen unlöslich ist, muß es *aufgeschlossen* (d. h. in lösliche Form übergeführt) werden. Das geschieht im *nassen Aufschluß* mit Schwefelsäure:

$$Ca_3(PO_4)_2 + 2\,H_2SO_4 \rightarrow Ca(H_2PO_4)_2 + 2\,CaSO_4$$

Das entstehende Gemisch aus wasserlöslichem Calciumhydrogenphosphat und Calciumsulfat wird als *Superphosphat* bezeichnet.

Beim *trockenen Aufschluß*, zu dem keine Schwefelsäure nötig ist, wird ein Gemisch von *Calciumphosphat* $Ca_3(PO_4)_2$, *Calciumcarbonat* $CaCO_3$, *Natriumcarbonat* (Soda) Na_2CO_3 und *Siliciumdioxid* (Sand) SiO_2 (bzw. Silicaten) in Drehrohröfen bei etwa 1 200 °C gesintert. Dabei entsteht im wesentlichen ein Gemenge aus *Natriumcalciumphosphat* $NaCaPO_4$ und *Calciumsilicat* $CaSiO_3$ bzw. Ca_2SiO_4. Dieses als *Alkalisinterphosphat* bezeichnete Produkt ist zwar – wie das als Ausgangsstoff dienende *Calciumphosphat* $Ca_3(PO_4)_2$ – wasserunlöslich, wird aber von den organischen Säuren, die die Pflanzenwurzeln ausscheiden, allmählich aufgelöst und kann dann von den Pflanzen aufgenommen werden.

Alkalisinterphosphat und andere sogenannte *Glühphosphate* (z. B. Magnesiumphosphat) werden, da sie nur langsam wirken, bereits im Herbst auf die Felder gegeben. Superphosphat wirkt sehr rasch und dient daher zur Frühjahrsdüngung. Ein Vorteil der Glühphosphate liegt darin, daß sie überschüssigen Kalk enthalten, während Superphosphat den Boden sauer beeinflußt.

In Thomas-Stahlwerken fällt als Nebenprodukt *Thomasmehl* an (→ Abschn. 15.4. und 24.4.), das gleichfalls als Phosphorsäure-Düngemittel verwendet wird und in seiner Löslichkeit den Glühphosphaten entspricht (→ Aufg. 15.21.).

15.6. Arsen und seine Verbindungen

Arsen kommt in der Natur gediegen und in Form von Arseniden (z. B. Speiskobalt $CoAs_2$) und Sulfiden (z. B. Auripigment As_2S_3 und Arsenkies FeAsS) und als Arsenik As_2O_3 vor. Da Arsen bei 633 °C sublimiert, kann es aus Arsenkies durch Erhitzen gewonnen werden:

$$FeAsS \rightarrow FeS + As$$

Arsen bildet zwei monotrope Modifikationen (→ Abschn. 14.4.): Das metastabile, nichtmetallische gelbe Arsen (Dichte $\varrho = 1{,}97$ g cm^{-3}) geht beim Erhitzen in das stabile graue Arsen (Dichte $\varrho = 5{,}73$ g cm^{-3}) über, das schwach metallischen Charakter besitzt (geringe elektrische Leitfähigkeit). Graues Arsen sublimiert bei 606 °C. Durch rasches Abkühlen des Arsendampfes As$_4$ erhält man gelbes Arsen.

Die wichtigsten Arsenverbindungen sind:

Arsenwasserstoff (Arsin) AsH$_3$, ein knoblauchartig riechendes, sehr giftiges, farbloses Gas;
Arsen(III)-oxid (Arsenik) As$_2$O$_3$, giftiges, farbloses Pulver (kann auch als durchscheinende Substanz vorliegen), dient zur Schädlingsbekämpfung, als Entfärbungsmittel in der Glasfabrikation, die medizinische Verwendung ist stark zurückgegangen;
Arsenide, binäre Verbindungen des Arsens mit Metallen. Aluminiumarsenid AlAs, Galliumarsenid GaAs und Indiumarsenid InAs gehören zu den A^{III}-B^{V}-Verbindungen zwischen Elementen der III. und der V. Hauptgruppe des PSE, die in der Halbleitertechnik eingesetzt werden.

Arsen und seine Verbindungen sind stark giftig (tödliche Dosis bei 0,1 g, für die gasförmigen Verbindungen bei 0,1 mg l^{-1}).

15.7. Antimon und seine Verbindungen

Antimon kommt vor allem im *Grauspießglanz* Sb$_2$S$_3$ vor und kann daraus durch Reduktion mit Eisen gewonnen werden:

Sb$_2$S$_3$ + 3 Fe → FeS + 2 Sb

Der metallische Charakter ist beim Antimon viel stärker ausgeprägt als beim Arsen. Außer dem stabilen *metallischen Antimon* und dem instabilen, nichtmetallischen *gelben Antimon* gibt es noch *amorphes Antimon*, das beim Erhitzen auf 100 °C explosionsartig kristallisiert (sogenanntes explosives Antimon). Antimon ist sehr spröde, es wird daher nur in Legierungen verwendet. So ist es Bestandteil des in der polygraphischen Industrie verwendeten *Letternmetalls* (67% Blei, 28% Antimon, 5% Zinn). Antimon dehnt sich beim Erstarren aus und bewirkt dadurch, daß beim Schriftguß die Matrizen gut ausgefüllt werden. Außerdem ist Antimon Bestandteil mancher Blei- und Zinnlegierungen, die als *Lagermetalle* verwendet werden. Das Antimon ist bei diesen Lagermetallen an der Bildung harter Trägerkristalle beteiligt, die in einer weichen, nachgiebigen Grundmasse liegen. Auch zum Herstellen von Halbleiterbauelementen wird Antimon benötigt (→ Abschn. 16.8.).

Die bekanntesten Antimonverbindungen sind:

Antimonwasserstoff SbH$_3$, ein farbloses, giftiges Gas von unangenehmem Geruch,
Antimon(V)-sulfid Sb$_2$S$_5$, das Kautschuk und Zündholzköpfen eine rote Färbung verleiht.

15.8. Bismut und seine Verbindungen

Bismut (früher Wismut) kommt gediegen und als *Bismutglanz* Bi$_2$S$_3$ und *Bismutocker* Bi$_2$O$_3$ vor. Daraus wird es analog dem Antimon gewonnen. Bismut ist ein schwach rötliches, sprödes, relativ edles, leicht schmelzendes (Fp = 271 °C) Schwermetall (Dichte $\varrho = 9{,}8$ g cm^{-3}) von nicht sehr ausgeprägtem metallischem Charakter und geringer elektrischer Leitfähigkeit. Im Gegensatz zu Arsen und Antimon besitzt es keine nichtmetallische Modifikation. Hier zeigt sich deutlich, daß der metallische Charakter innerhalb der Hauptgruppen zunimmt.

Das *Bismutoxid* Bi$_2$O$_3$ ist im Gegensatz zu den analogen Oxiden des Arsens und Antimons nicht amphoter, sondern ausgesprochen basisch. Dagegen ist es gelungen, von der fünfwertigen Stufe des Bismuts sowohl *Bismut(V)-salze* (z. B. BiF$_5$) als auch *Bismutate* (z. B. Na$_3$BiO$_4$) darzustellen. In der fünfwertigen Stufe ist das Bismut also *amphoter*.

Bismut wird als Hauptbestandteil niedrigschmelzender *Legierungen* (*Wood*-Metall, *Lipowitz*-Metall) eingesetzt (Fp = 60 bis 70 °C), die für Schmelzsicherungen (selbsttätige Feuerlöscheinrichtungen, Alarmanlagen u. a.) verwendet werden.

■ **Aufgaben**

15.1. Welche Elemente stehen in der 5. Hauptgruppe des Periodensystems?
15.2. Wie verhalten sich diese Elemente hinsichtlich ihres Metall- bzw. Nichtmetallcharakters?
15.3. Welche Oxydationszahlen sind für die Elemente der 5. Hauptgruppe charakteristisch?
15.4. Nach welchen Verfahren kann Stickstoff aus der Luft gewonnen werden?
15.5. Welche Eigenschaften hat Ammoniak?
15.6. Wie kommt es in einer wäßrigen Lösung von Ammoniak zur Bildung von Ammoniumionen?
15.7. Wie wird die Lage des Ammoniakgleichgewichts von den äußeren Bedingungen beeinflußt?
15.8. Weshalb ist die Ammoniaksynthese auf Basis von Kohlenwasserstoffen vorteilhaft?
15.9. Welches technische Prinzip ermöglicht es, die Ammoniaksynthese wirtschaftlich zu gestalten, obwohl auf Grund der Gleichgewichtslage nur ein Ammoniakanteil von 15 bis 20% zu erreichen ist?

15.10. Zu welchen chemischen Verbindungen wird Ammoniak weiterverarbeitet?
15.11. Was versteht man unter nitrosen Gasen?
15.12. Wie wird Salpetersäure heute technisch gewonnen?
15.13. Was ist beim Umgang mit konzentrierter Salpetersäure zu beachten?
15.14. Wie unterscheiden sich verdünnte und konzentrierte Salpetersäure in ihrem Verhalten gegenüber Metallen?
15.15. Was ist Kalkstickstoff, und wozu wird er verwendet?
15.16. Weshalb muß den landwirtschaftlich genutzten Böden ständig Stickstoffdünger zugeführt werden?
15.17. Welche Ausgangsstoffe stehen für die Gewinnung von Phosphor und Phosphorverbindungen zur Verfügung?
15.18. Was ist beim Umgang mit den verschiedenen Modifikationen des Phosphors zu beachten?
15.19. Wie verläuft die Protolyse der Orthophosphorsäure und ihrer Anionen?
15.20. Welche Unterschiede bestehen zwischen Superphosphat und den Glühphosphaten hinsichtlich der Gewinnung und der Eigenschaften?

16. Nichtmetalle der Kohlenstoffgruppe

16.1. Übersicht über die Nichtmetalle der 4. Hauptgruppe

In der 4. Hauptgruppe des Periodensystems stehen die Nichtmetalle *Kohlenstoff* und *Silicium* und die Metalle *Zinn* und *Blei*. Das *Germanium* zeigt in seinen Eigenschaften eine deutliche Mittelstellung zwischen Metallen und Nichtmetallen, es ist einer der bekanntesten Halbleiter. Auch das Silicium besitzt Halbleitereigenschaften.
Die Atome der Elemente der 4. Hauptgruppe haben auf dem höchsten Energieniveau folgende Elektronenbesetzung:

s^2 p^2
| ↑↓ | | ↑ | ↑ | |

Es sind also vier Elektronen notwendig, um dieses Energieniveau voll auszufüllen. Bei den Verbindungen des Kohlenstoffs wird das durch Beteiligung an vier gemeinsamen Elektronenpaaren erreicht. Der Kohlenstoff ist daher *vierbindig* (→ Abschn. 4.2.4.).
Zu einem abgeschlossenen Energieniveau können die Elemente der 4. Hauptgruppe prinzipiell auch dadurch kommen, daß sie vier Elektronen abgeben. Dann fällt das höchste Energieniveau weg, und das nächstniedere, das – außer beim Kohlenstoff – mit s^2p^6 voll besetzt ist, wird zum höchsten. Durch die Abgabe von Elektronen erhalten die Atome in diesem Falle positive Ladungen. Während der Kohlenstoff keine Neigung zeigt, durch Abgabe von Elektronen positive Ionen zu bilden, treten beim Zinn und Blei solche Ionen auf.
Die Beständigkeit der vierwertigen Stufe nimmt vom Kohlenstoff zum Blei hin ab. Beim Blei ist die zweiwertige Stufe die beständigere. Die Tabelle 16.1 gibt eine Übersicht über die Elemente der 4. Hauptgruppe (→ Aufg. 16.1. bis 16.3.).

Tabelle 16.1. Übersicht über die 4. Hauptgruppe

Element	Symbol	Kernladungszahl	Relative Atommasse	Schmelzpunkt in °C	Siedepunkt in °C
Kohlenstoff	C	6	12,011	3 500 (Sublimationspunkt des Graphits)	
Silicium	Si	14	28,085 5	1 410	2 630
Germanium	Ge	32	72,59	958,5	2 700
Zinn	Sn	50	118,69	231,8	2 362
Blei	Pb	82	207,2	327,4	1 750

16.2. Kohlenstoff

Vorkommen

Kohlenstoff tritt in der Natur sowohl elementar als auch in Verbindungen auf. Vom elementaren Kohlenstoff gibt es zwei Modifikationen, *Diamant* und *Graphit*.
Früher wurde noch die Existenz einer dritten Modifikation angenommen, des *amorphen*[1]) *Kohlenstoffs*. Dazu wurden vor allem Ruß, Holzkohle und Koks gerechnet, die unter anderem in ihrer Dichte erheblich vom Graphit abweichen. Es handelt sich dabei aber lediglich um feinkristalline Abarten des Graphits.

Die wichtigsten *Diamantlagerstätten* befinden sich in Afrika (Südafrika, Zaire) und in der Sowjetunion (Sibirien). Die Weltförderungen an Diamant beträgt etwa 1 800 kg je Jahr. Große *Graphitlagerstätten* befinden sich in der UdSSR (Sibirien), in Sri Lanka, Madagaskar und in den USA.

Elementarer Kohlenstoff tritt auch in den *Braunkohlen- und Steinkohlenlagern* auf (→ Abschn. 27.5.). Bei diesen *Kohlen* handelt es sich um ein Gemisch aus wenig elementarem Kohlenstoff und zahlreichen Kohlenstoffverbindungen. Daneben enthalten die Kohlen auch anorganische Verbindungen, die beim Verbrennen als Asche zurückbleiben.

In gebundener Form liegt der Kohlenstoff außer in den *Kohlen* und im *Erdöl* und *Erdgas* auch in allen *lebenden Organismen* vor. Wesentlich größere Mengen an gebundenem Kohlenstoff finden sich aber in anorganischen Verbindungen. Das *Kohlendioxid* CO_2 ist nicht nur in großen Mengen in der Atmosphäre enthalten, sondern in noch weit größeren Mengen im Wasser der Meere gelöst. Das *Calciumcarbonat* $CaCO_3$, ein Salz der Kohlensäure, bildet als *Kalkstein*, *Kreide* oder *Marmor* sowie im *Dolomit* $CaCO_3 \cdot MgCO_3$ ganze Gebirgszüge.

Kristallgitter und Eigenschaften

Der *Diamant* besitzt ein *Atomgitter* (Bild 4.13), in dem jedes Kohlenstoffatom durch vier gemeinsame Elektronenpaare (homöopolare Bindungen) mit vier benachbarten Kohlenstoffatomen verbunden ist. Dementsprechend leitet der Diament die Elektrizität nicht. Da die Kohlenstoffatome im Diamantgitter eine sehr dichte Packung aufweisen (Abstand zwischen den Atommittelpunkten $1{,}54 \cdot 10^{-10}$ m) und jedes Atom in vier Richtungen durch die sehr festen Atombindungen gebunden ist, ist Diamant einer der härtesten Stoffe, die wir kennen. Der Diamant bildet farblose, durchsich-

Metallcharakter, Basencharakter der Oxide	Nichtmetallcharakter, Säurecharakter der Oxide	Beständigkeit	
		der vierwertigen Stufe	der zweitwertigen Stufe
↓ nimmt zu	↓ nimmt ab	↓ nimmt ab	↓ nimmt zu

---

[1]) amorph (griech.) gestaltlos, hier nichtkristall

tige, sehr stark lichtbrechende Kristalle. Durch Verunreinigungen (vor allem Metalloxide) kann er die verschiedensten Färbungen zeigen.

Der *Graphit* bildet ein Kristallgitter (Bild 16.1), in dem jedes Kohlenstoffatom durch gemeinsame Elektronenpaare so mit drei Nachbaratomen verbunden ist, daß sich Schichten mit wabenartig angeordneten Sechsecken ergeben. Da jedes Kohlenstoffatom nur an drei gemeinsamen Elektronenpaaren beteiligt ist, steht je Kohlenstoffatom noch ein Elektron zur Ausbildung von Doppelbindungen zur Verfügung. Diese Doppelbindungen treten, ständig wechselnd, zwischen verschiedenen Kohlenstoffatomen auf, so daß jeder C-C-Bindung im Mittel ein Drittel Doppelbindungscharakter zukommt. Da im Gegensatz zum Diamant im Graphit nicht alle Elektronen im Kristallgitter fest gebunden sind, besitzt der Graphit elektrische Leitfähigkeit. Die Schichten des Graphitgitters werden nur durch relativ schwache Kräfte von der gleichen Art zusammengehalten, wie sie auch der Bildung von Molekülgittern zugrunde liegen (zwischenmolekulare Kräfte, van-der-Waalssche Kräfte; → Abschnitt 4.5.). Graphit läßt sich daher in den Schichtebenen leicht spalten und leicht verschieben (Verwendung als Schmiermittel).

Diamant und Graphit unterscheiden sich auch beträchtlich in ihrer Dichte (Diamant $\varrho = 3{,}5 \text{ g cm}^{-3}$, Graphit $\varrho = 2{,}25 \text{ g cm}^{-3}$).

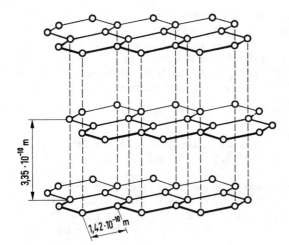

Bild 16.1. Graphitgitter

Chemische Reaktionen

Diamant geht unter Luftabschluß bei 1 500 °C in Graphit über:

$$C_{Diamant} \rightarrow C_{Graphit} \qquad \Delta H = 1{,}9 \text{ kJ mol}^{-1}$$

Um umgekehrt Graphit in Diamant zu verwandeln, sind Drücke von etwa 5 000 MPa und Temperaturen von annähernd 3 000 °C erforderlich. Auf diese Weise werden heute Diamanten für technische Zwecke künstlich hergestellt.

Graphit wird in großen Mengen künstlich erzeugt. Dazu wird Koks mit Silicium im Elektroofen auf mehr als 2 200 °C erhitzt. Das zunächst entstehende Siliciumcarbid zerfällt dabei in Graphit und Silicium, das sich verflüchtigt und mit weiterem Koks reagiert.

$$C_{Koks} + Si \xrightarrow{2000 \text{ °C}} SiC$$

$$SiC \xrightarrow{2200 \text{ °C}} Si + C_{Graphit}$$

Graphit verbrennt an der Luft bei 700 °C zu Kohlendioxid:

$C_{Graphit} + O_2 \rightarrow CO_2 \quad \Delta H = -394 \text{ kJ mol}^{-1}$

Unter Luftabschluß sublimiert Graphit bei 3500 °C.
Kohlenstoff reagiert allgemein erst bei sehr hohen Temperaturen mit anderen Elementen. So sind zur Vereinigung von Kohlenstoff und Wasserstoff zu *Ethin (Acetylen)* die Temperaturen des elektrischen Lichtbogens erforderlich:

$2 C + H_2 \rightarrow C_2H_2 \quad \Delta H = +266 \text{ kJ mol}^{-1}$

Glühender Kohlenstoff reagiert mit *Wasserdampf* je nach den Reaktionsbedingungen unter Bildung von *Kohlenmonoxid* CO oder *Kohlendioxid* CO_2 und Wasserstoff:

$C + H_2O \rightarrow CO + H_2 \quad \Delta H = +131 \text{ kJ mol}^{-1}$

$C + 2 H_2O \rightarrow CO_2 + 2 H_2 \quad \Delta H = +90 \text{ kJ mol}^{-1}$

Mit *Schwefeldämpfen* reagiert glühender Kohlenstoff unter Bildung von *Kohlendisulfid (Schwefelkohlenstoff)*:

$C + 2 S \rightarrow CS_2 \quad \Delta H = +87,5 \text{ kJ mol}^{-1}$

Alle diese Reaktionen verlaufen endotherm, wodurch sich die erforderlichen hohen Temperaturen erklären.

Verwendung

Diamant wird seiner großen *Härte* wegen vielfältig *technisch* verwendet (Bohrerspitzen für sehr hartes Material, Glasschneider, Feinstbearbeitung von Metallen bei hohen Schnittgeschwindigkeiten, Abrichten von Schleifscheiben, Achslager in Präzisionsinstrumenten, Ziehsteine für sehr feine Drähte). Ein geringer Teil der Diamanten (5 bis 10%) wird durch Schleifen mit Diamantpulver zu *Brillanten* verarbeitet, die als Schmuck dienen.

Graphit eignet sich auf Grund seiner Eigenschaften (gute elektrische Leitfähigkeit, gute Wärmeleitfähigkeit, hohe Hitzebeständigkeit, relativ gute chemische Beständigkeit, Gleitfähigkeit) für viele technische Zwecke: Elektroden für Elektroöfen und Elektrolysezellen, Schmelztiegel, Stromabnehmer an Elektromotoren und Generatoren, kolloider Graphit in Schmiermitteln. Bleistiftminen werden durch Brennen eines Gemenges aus Graphit und Ton gewonnen.

Ruß dient als Füllstoff für Kautschuk und als schwarzer Farbstoff (Druckfarbe, Tusche), dem gleichzeitig eine Rostschutzwirkung zukommt (Ofenschwärze). Ruß wird gewonnen, indem Kohlenstoffverbindungen, z. B. *Ethin* C_2H_2, unter beschränkter Luftzufuhr verbrannt werden:

$2 C_2H_2 + O_2 \rightarrow 4 C + 2 H_2O$

Koks entsteht durch *Entgasung* (Trockendestillation, Erhitzen unter Luftabschluß) von Steinkohle und Braunkohle (Abschn. 27.6. und 30.4.). Er besteht hauptsächlich aus miteinander verfilzten, sehr kleinen Graphitkristallen, enthält aber stets Verunreinigungen. Koks wird in der Metallurgie in großen Mengen als Reduktionsmittel verwendet und ist Ausgangsstoff für die Gewinnung von Calciumcarbid und Kohlenmonoxid, die ihrerseits vielen großtechnischen chemischen Prozessen zugrunde liegen.

Holzkohle wird durch *Entgasung* von Holz gewonnen. Sie weist im Gegensatz zum Steinkohlen- oder Braunkohlenkoks kaum Verunreinigungen auf (vor allem keinen Schwefel) und wird daher in der Metallurgie als Reduktionsmittel eingesetzt, wenn Verunreinigungen unbedingt vermieden werden müssen.

Aktivkohle (A-Kohle) ist eine nach einem besonderen Verfahren aus Holz oder anderem organischen Material durch Entgasung hergestellte, außerordentlich poröse Kohle. An ihrer großen inneren Oberfläche *adsorbiert* sie zahlreiche Stoffe. Sie wird daher verwendet, um aus Gasgemischen und Flüssigkeitsgemischen bestimmte Bestandteile (z. B. Benzen und andere Kohlenwasserstoffe, Schwefelwasserstoff, Kohlendisulfid und viele Farbstoffe) abzutrennen. Auch die Wirkung von Gasmaskenfiltern beruht z. T. auf Aktivkohle. Eine besondere Art von Aktivkohle, die *Tierkohle*, dient in der Medizin zum Entgiften des Magen-Darm-Kanals. (→ Aufg. 16.4. bis 16.6.).

16.3. Verbindungen des Kohlenstoffs

16.3.1. Kohlenmonoxid

Kohlenmonoxid ist ein farb- und geruchloses, sehr giftiges Gas. Es entsteht, wenn Kohlenstoff unter beschränkter Luftzufuhr verbrennt:

$C + \frac{1}{2} O_2 \rightarrow CO \qquad \Delta H = -111 \text{ kJ mol}^{-1}$

Mit weiterem Sauerstoff verbrennt das Kohlenmonoxid mit blauer Flamme zu *Kohlendioxid* CO_2:

$CO + \frac{1}{2} O_2 \rightarrow CO_2 \qquad \Delta H = -283 \text{ kJ mol}^{-1}$

Bei Kohlenstoffüberschuß stellt sich ein Gleichgewicht ein, das als *Boudouard-Gleichgewicht* bezeichnet wird:

$CO_2 + C \rightleftarrows 2 CO \qquad \Delta H = +173 \text{ kJ mol}^{-1}$

Das *Boudouard-Gleichgewicht* spielt bei zahlreichen technischen *Reduktionsprozessen* (z. B. Hochofenprozeß) eine entscheidende Rolle. Bei Normaldruck liegt das Gleichgewicht bei 400 °C praktisch ganz auf der Seite des Kohlendioxids, bei 1000 °C praktisch ganz auf der Seite des Kohlenmonoxids.
Mit einer Dichte von $\varrho = 1{,}25$ g l^{-1} ist Kohlenmonoxid leichter als Luft (1,29 g l^{-1}). Seine Giftwirkung beruht darauf, daß sich das Kohlenmonoxid an das *Hämoglobin*, den roten Blutfarbstoff, anlagert und dadurch den Sauerstofftransport blockiert. Die Giftigkeit des *Stadtgases* beruht auf dessen Kohlenmonoxidgehalt. Bei Kohlenmonoxidvergiftungen muß möglichst rasch Sauerstoffatmung durchgeführt werden.
Die *technische Gewinnung* von Kohlenmonoxid kann durch Vergasung von Kohle bzw. Koks oder von flüssigen und gasförmigen Kohlenwasserstoffen erfolgen. Je nachdem, ob als Vergasungsmittel *Luft* oder *Wasserdampf* eingesetzt wird, entsteht dabei *Generatorgas* (auch Luftgas genannt), ein Gemisch aus Kohlenmonoxid CO und Stickstoff N_2:

$\underbrace{4 N_2 + O_2}_{\text{Luft}} + 2 C \rightleftarrows \underbrace{4 N_2 + 2 CO}_{\text{Generatorgas}} \qquad \Delta H = -221 \text{ kJ mol}^{-1}$

oder *Wassergas*, ein Gemisch aus Kohlenmonoxid CO und Wasserstoff H_2:

$H_2O + C \rightleftarrows \underbrace{H_2 + CO}_{\text{Wassergas}} \qquad \Delta H = +131 \text{ kJ mol}^{-1}$

(Die analogen Reaktionsgleichungen für die Vergasung von Kohlenwasserstoffen sind im Abschnitt 15.3.1. dargestellt). Die Bildung von Generatorgas verläuft *exotherm*, die Bildung von Wassergas *endotherm*. Wird Luft in den Reaktor (Generator) eingeblasen, erwärmt sich der Koks *(Warmblasen)*; wird Wasserdampf eingeblasen, kühlt sich der Koks ab *(Kaltblasen)*.

Zur großtechnischen Vergasung fester Brennstoffe dienen unter anderem die *Winkler-Generatoren* (→ Bild 16.2), in die ständig ein Gemisch von Wasserdampf und Sauerstoff (bzw. mit Sauerstoff angereicherter Luft) eingeblasen wird. Bei annähernd gleichbleibender Temperatur (von etwa 900 °C) bildet sich ein Mischgas, das hauptsächlich aus Kohlenmonoxid und Wasserstoff (sowie – bei Verwendung von Luft – Stickstoff) besteht. Die zu vergasenden Brennstoffe (Braunkohlenschwelkoks oder Kohlenstaub) werden mittels einer Förderschnecke in den Reaktionsraum gebracht und hier von dem mit hoher Geschwindigkeit einströmenden Gasgemisch in die Höhe gerissen. Dabei werden sie im Schwebezustand vergast (*Wirbelschichtvergasung*; → auch Bild 15.1). Die Vergasung fester Brennstoffe findet auf Grund der Erdöl- und Erdgas-Versorgungslage wieder zunehmendes ökonomisches Interesse.

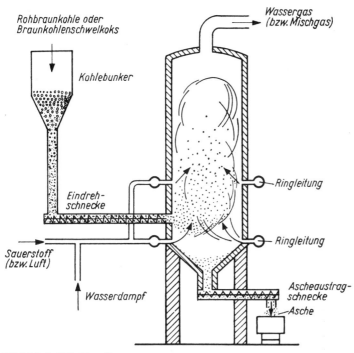

Bild 16.2. *Winkler*-Generator

Das *Wassergas* ist ein wichtiger Ausgangsstoff für großtechnische Synthesen. So dient es zur Gewinnung von Methanol und Ammoniak. Außerdem ist das Wassergas ein hochwertiges Heizgas (spezifischer Heizwert etwa 10 000 kJ m^{-3}), da beide Hauptbestandteile ($\approx 50\% \ H_2$, $\approx 40\% \ CO$) brennbar sind.

Das *Generatorgas* besitzt infolge seines hohen Stickstoffanteils ($\approx 70\% \ N_2$, $\approx 25\% \ CO$) einen wesentlich geringeren spezifischen Heizwert (durchschnittlich 4000 kJ m^{-3}).

Im Kohlenmonoxid CO ist der Kohlenstoff *stöchiometrisch zweiwertig*. Hier liegt einer der Fälle vor, in denen die stöchiometrische Wertigkeit und die Bindungswertigkeit (Bindigkeit) nicht übereinstimmen. Der Kohlenstoff ist hier *dreibindig*, d. h., er ist an drei gemeinsamen Elektronenpaaren beteiligt:

$\delta^- \quad \delta^+$
:C:::O:

Der Dipolcharakter ist nur gering ausgeprägt. Die drei Bindungsn setzen sich wie beim Stickstoff aus einer π_x-, einer π_y- und einer σ-Bindung zusammen ($\rightarrow$ Abschn. 4.2.1.1.).
Dem Kohlenstoff kommt im Kohlenmonoxid die *Oxydationszahl* +2 zu. Beim Übergang zum Kohlendioxid nimmt der Kohlenstoff die Oxydationszahl +4 an:

$$\overset{+2-2}{2\,CO} + \overset{0}{O_2} \rightleftarrows \overset{+4-2}{2\,CO_2}$$

Das Kohlenmonoxid wirkt daher *reduzierend* ($\rightarrow$ Aufg. 16.7. bis 16.9.).

16.3.2. Kohlendioxid

Kohlendioxid CO_2 ist in der Luft (0,03 Vol.-%) enthalten. Im natürlich auftretenden Wasser ist stets etwas Kohlendioxid gelöst ($\rightarrow$ Abschn. 25.2.). Quellwässer mit besonders hohem Kohlendioxidgehalt *(Sauerbrunnen, Säuerlinge)* dienen medizinischen Zwecken. In der Erdrinde eingeschlossenes Kohlendioxid führt im Bergbau mitunter zu Kohlendioxideinbrüchen.
Kohlendioxid entsteht bei der vollständigen Verbrennung von Kohlenstoff und kohlenstoffhaltigen Verbindungen, wie Methan CH_4 und anderen Kohlenwasserstoffen:

$$C + O_2 \rightarrow CO_2 \qquad \Delta H = -394 \text{ kJ mol}^{-1}$$

$$CH_4 + 3\,O_2 \rightarrow CO_2 + 2\,H_2O \qquad \Delta H = -891 \text{ kJ mol}^{-1}$$

bei der *Konvertierung* von Wassergas ($\rightarrow$ Abschn. 15.3.1.):

$$CO + H_2O \rightleftarrows H_2 + CO_2$$

aber auch beim Brennen von *Calciumcarbonat* (Kalkstein):

$$CaCO_3 \rightarrow CaO + CO_2\uparrow$$

Im Laboratorium wird Kohlendioxid aus Calciumcarbonat und Salzsäure hergestellt:

$$CaCO_3 + 2\,HCl \rightarrow CaCl_2 + H_2O + CO_2\uparrow$$

Kohlendioxid ist ein farb- und geruchloses Gas. Es ist nicht brennbar und unterhält im allgemeinen auch die Verbrennung anderer Stoffe nicht. Daher kann es wie Stickstoff als *Schutzgas* dienen. Da seine Dichte ($\varrho = 1,98$ g l^{-1}) viel größer ist als die der Luft, sammelt es sich an tiefgelegenen Stellen an. Daher muß z. B. vor dem Einstieg in Brunnenschächte mit einer brennenden Kerze geprüft werden, ob diese frei von Kohlendioxidansammlungen sind. Kohlendioxid ist an sich nicht giftig. Es kann aber durch Sauerstoffverdrängung zum Ersticken führen. Über die Werte für die maximale Arbeitsplatzkonzentration (TGL 22310) verschiedener anorganischer Stoffe unterrichtet die Tabelle 16.2.

Tabelle 16.2. Richtwerte der höchstzulässigen Konzentration schädlicher Stoffe, auch MAK-Werte genannt

Stoff	Höchste Konzentration in mg m^{-3}
Kohlendioxid	9 000
Kohlenmonoxid	55
Schwefeldioxid	10
Natriumhydroxid	2
Chlor	1
Ozon	0,2

Kohlendioxid löst sich gut in Wasser (bei 15 °C und 101,3 kPa 1 l CO_2 in 1 l H_2O). Dabei setzt sich etwa 0,1% des Kohlendioxids mit dem Wasser zu *Kohlensäure* H_2CO_3 um:

$$CO_2 + H_2O \rightleftarrows H_2CO_3$$

Das Gleichgewicht liegt weit auf der Seite des Kohlendioxids. Das Kohlendioxid ist das *Anhydrid der Kohlensäure*. Es ist falsch, wenn das Kohlendioxid selbst als »Kohlensäure« bezeichnet wird.

Wird Kohlendioxid unter erhöhtem Druck in Wasser gelöst, so entsteht künstliches Selterswasser[1]. Auch Limonade, Flaschenbier und künstlicher Schaumwein enthalten Kohlendioxid, das unter erhöhtem Druck darin gelöst wurde. Der Bierausschank vom Faß erfolgt in der Regel ebenfalls unter Kohlendioxiddruck. Beim echten Schaumwein wird das Kohlendioxid durch Gärung in den Flaschen selbst erzeugt.

Beim Einleiten von Kohlendioxid in eine wäßrige Lösung von Calciumhydroxid *(Kalkwasser)* oder von Bariumhydroxid *(Barytwasser)* entstehen weiße Trübungen von *Calciumcarbonat* $CaCO_3$ bzw. *Bariumcarbonat* $BaCO_3$:

$$Ca(OH)_2 + CO_2 \rightarrow CaCO_3\downarrow + H_2O$$
$$Ba(OH)_2 + CO_2 \rightarrow BaCO_3\downarrow + H_2O$$

Diese Reaktionen dienen zum *Nachweis von Kohlendioxid*.

Kohlendioxid wird bei Zimmertemperatur unter einem Druck von 5,8 MPa flüssig. Es kommt in Stahlflaschen in flüssiger Form in den Handel. Beim Verdampfen von flüssigem Kohlendioxid wird die erforderliche Verdampfungswärme der Umgebung entzogen, die sich dadurch bis unter den Gefrierpunkt (−78,5 °C) des Kohlendioxids abkühlen kann. Das wird zur Erzeugung von *Kohlendioxidschnee* als *Trockeneis* für Kühlzwecke und als Feuerlöschmittel praktisch genutzt. Da Kohlendioxid die Entwicklung von Mikroorganismen hemmt, eignet sich dieses Trockeneis besonders zum Frischhalten von Lebensmitteln. Die Löschwirkung beruht in erster Linie auf der Verdrängung des Sauerstoffs vom Brandherd (hohe Dichte!), in zweiter Linie auf dem Wärmeentzug. *Kohlendioxidschneelöscher* – auch Kohlensäureschneelöscher genannt – bieten folgende Vorteile: Einsatz in elektrischen Anlagen möglich, da Kohlendioxid nicht leitet; Kohlendioxid sublimiert ohne Rückstände; im Gegensatz zu Tetralöschern keine Vergiftungsgefahr; im Gegensatz zu Naßlöschern durch Ventil abstellbar und wieder in Betrieb zu setzen.

Bei den *Naßfeuerlöschern*, die sich besonders zum Löschen der Brände von Holz, Papier, Stroh, Textilien und Kohlen eignen, befindet sich komprimiertes Kohlendioxid in einer Stahlpatrone. Es wird durch Einschlagen eines Bolzens frei und drückt die Löschflüssigkeit (Wasser mit Kaliumcarbonat und anderen Zusätzen) aus dem Löscher heraus. Der Löscheffekt beruht auf dem Wärmeentzug (spezifische Wärme und Verdampfungswärme sind beim Wasser höher als bei allen anderen Löschmitteln). Naßlöscher dürfen nicht eingesetzt werden bei Bränden an elektrischen Anlagen sowie bei Leichtmetall- und Calciumcarbidbränden.

Kohlendioxid spielt im *Stoffwechsel lebender Organismen* eine wichtige Rolle. Bei der *Atmung* nehmen *Mensch*, *Tier* und *Pflanze* aus der Luft *Sauerstoff* auf und oxydieren damit organische Stoffe ihres Körpers zu *Kohlendioxid* und *Wasser*. Die Energie, die dabei frei wird, benötigen Mensch, Tier und Pflanze, um ihre Lebensprozesse aufrecht-

---

[1] Benannt nach dem Kurort Niederselters bei Limberg/Lahn, der Mineralquellen mit hohem Kohlendioxidgehalt besitzt. Im künstlichen Selterswasser sind außer Kohlendioxid auch Salze (Kochsalz, Soda u. a.) gelöst, um ihm einen ähnlichen Geschmack zu verleihen wie den natürlichen Sauerbrunnen.

zuerhalten. Andererseits setzen die Pflanzen mit Hilfe des *Chlorophylls* (Blattgrüns) *Kohlendioxid* (aus der Luft) und *Wasser* (aus dem Boden) zu organischen Stoffen um (Zucker, Stärke, Cellulose u. a.), wobei *Sauerstoff* frei wird. Dieser Vorgang wird als *Assimilation*[1]) *des Kohlendioxids* bezeichnet, aber auch als *Photosynthese*, da das Sonnenlicht die erforderliche Energie liefert. Im Dunkeln erfolgt keine Photosynthese, so daß die Pflanzen nachts Sauerstoff verbrauchen, während bei Tage die Assimilation stärker ist als die Atmung.

Atmung und *Assimilation* sind einander entgegengesetzt:

$$\text{organische Stoffe} + \text{Sauerstoff} \underset{\text{Assimilation}}{\overset{\text{Atmung}}{\rightleftarrows}} \text{Kohlendioxid} + \text{Wasser} + \text{Energie}$$

Mit dieser Gleichung werden allerdings nur Ausgangsstoffe und Endprodukte angegeben. Beide Prozesse sind in Wirklichkeit außerordentlich kompliziert, sie verlaufen über zahlreiche Zwischenstufen.
(→ Aufg. 16.10. und 16.11.)

16.3.3. Kohlensäure

Da sich von dem Kohlendioxid, das sich in Wasser löst, nur ein sehr geringer Anteil (0,1%) zu Kohlensäure umsetzt:

$$CO_2 + H_2O \rightleftarrows H_2CO_3$$

reagiert eine solche Lösung nur schwach sauer, obwohl die Kohlensäure zu den mittelstarken Säuren gehört (pK_S = 6,52). Konzentrierte oder gar wasserfreie Kohlensäure läßt sich nicht herstellen, da das Kohlendioxid beim Erwärmen aus der Lösung entweicht.

Bei der Protolyse der Kohlensäure stellt sich folgendes Gleichgewicht ein:

$$H_2CO_3 + H_2O \rightleftarrows HCO_3^- + H_3O^+$$

Das Hydrogencarbonation HCO_3^- ist ein Ampholyt, als Base reagiert es mittelstark (pK_B = 7,48); als Säure reagiert es schwach (pK_S = 10,4), so daß das Gleichgewicht

$$HCO_3^- + H_2O \rightleftarrows CO_3^{2-} + H_3O^+$$

weit auf der linken Seite liegt. Das Carbonation CO_3^{2-} ist eine starke Base (pK_B = 3,6). Die Kohlensäure bildet zwei Reihen von *Salzen*, die *Carbonate* und die *Hydrogencarbonate*. Da das Carbonation eine stärkere Base ist als das Hydrogencarbonation, reagiert die wäßrige Lösung von Natriumcarbonat (Soda) Na_2CO_3 stärker basisch als die von Natriumhydrogencarbonat (Natron) $NaHCO_3$.

$$H_2O + CO_3^{2-} \rightleftarrows OH^- + HCO_3^-$$
$$H_2O + HCO_3^- \rightleftarrows OH^- + H_2CO_3$$

Säure I Base II Base I Säure II

Die Carbonate der Alkalimetalle sind leicht in Wasser löslich, die Carbonate der übrigen Metalle sind schwerlöslich bzw. praktisch unlöslich. Das unlösliche Calciumcarbonat (Kalkstein) $CaCO_3$ wird aber von der in natürlichem Wasser enthaltenen Kohlensäure zu löslichem Calciumhydrogencarbonat umgesetzt:

$$CaCO_3 + H_2CO_3 \rightleftarrows Ca(HCO_3)_2$$

unlöslich   löslich

Darauf beruht ein Teil der Härte des Wassers (→ Abschn. 25.3.).

---

[1]) assimilare (lat.) anpassen, hier im Sinne von Anpassung an die Bedürfnisse der Pflanzen gebraucht.

16.3.4. Kohlenwasserstoffe

Abweichend von allen anderen Elementen bildet der Kohlenstoff eine außerordentlich große Anzahl von Wasserstoffverbindungen. Diese Kohlenwasserstoffe werden in der organischen Chemie (→ Abschn. 26.) behandelt.

16.3.5. Carbide

Als Carbide werden alle bei normaler Temperatur im festen Aggregatzustand vorliegenden binären Verbindungen von Kohlenstoff mit Metallen oder Nichtmetallen bezeichnet.
Technisch am wichtigsten ist das *Calciumcarbid* CaC_2 (oft kurz als *Carbid* bezeichnet), das man erhält, wenn *Calciumoxid (gebrannter Kalk)* CaO mit *Koks* (Steinkohlenkoks oder Braunkohlenhochtemperaturkoks) in einem elektrischen Ofen (Bild 16.3) auf etwa 2 300 °C erhitzt wird:

$$CaO + 3\,C \rightleftarrows CaC_2 + CO\uparrow \quad \Delta H = +469\ \text{kJ mol}^{-1}$$

Das *Kohlenmonoxid* CO setzt sich mit Luftsauerstoff zu Kohlendioxid um.

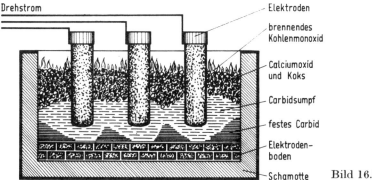

Bild 16.3. Carbidofen

Die Carbidöfen verbrauchen außerordentlich viel Elektroenergie (20 000 kW und mehr je Ofen; 3 500 kW h je t CaC_2). Um eine rationelle Ausnutzung der Kraftwerkskapazitäten zu erreichen, werden Carbidöfen vor allem in den Nachtstunden, in denen der Stromverbrauch der Bevölkerung gering ist, mit voller Belastung gefahren (sogenannte *Dunkelsteuerung*).

Die Umsetzung zu Calciumcarbid verläuft nicht vollständig, so daß das technische Calciumcarbid stets noch gebrannten Kalk enthält und durch elementaren Kohlenstoff mehr oder weniger dunkel gefärbt ist. Reines Calciumcarbid bildet *farblose Kristalle*.

Calciumcarbid wird zur Erzeugung von Kalkstickstoff (→ Abschn. 15.3.5.), vor allem aber als Ausgangssubstanz für zahlreiche Synthesen in der Acetylenchemie, einem Zweig der technischen organischen Chemie (→ Abschn. 26.4.3.), verwendet.
Die Bedeutung anderer Carbide liegt in ihrer außerordentlichen *Härte*. So ist *Borcarbid* B_4C härter als Diamant. *Siliciumcarbid* SiC dient unter der Bezeichnung *Carbo-*

rundum als *Schleifmittel* (Schleifscheiben, Schmirgelpapier), ferner wird es in Halbleiterwiderständen verwendet.

Eisencarbid Fe_3C (Cementit) ist Bestandteil des Stahls.

Wolframcarbid W_2C, *Titaniumcarbid* TiC, *Tantalcarbid* Ta_2C und *Molybdäncarbid* Mo_2C sind in den sogenannten *Hartmetallen* enthalten, die entstehen, wenn ein Gemisch aus pulverförmigen Carbiden und Metallpulver (Cobalt, Nickel u. a.) gesintert wird. Das Metall dient als Bindemittel für die außerordentlich harten, aber auch verhältnismäßig spröden Carbide. Die Hartmetalle behalten ihre Härte auch bei hohen Temperaturen (bis 900 °C) und ermöglichen daher beim Drehen, Hobeln, Fräsen und Bohren von Stahl hohe Schnittgeschwindigkeiten. Auch sehr harte Werkstoffe, wie Granit oder Glas, lassen sich mit Hartmetallen bearbeiten. Da die Erzeugung von Hartmetallen erhebliche Kosten verursacht, werden nicht die ganzen Werkzeuge aus Hartmetall hergestellt, sondern es werden auf Werkzeuge aus Stahl nur Hartmetallplättchen aufgelötet. Der Einsatz von Hartmetallen führt in der spanenden Formung zur Steigerung der Arbeitsproduktivität.
(→ Aufg. 16.12.)

16.4. Silicium

Silicium ist mit 25,8% nach dem Sauerstoff das häufigste Element unserer Erdrinde. Es tritt in der Natur nur gebunden auf, und zwar in Form von Siliciumdioxid SiO_2 (Quarz, Sand) und von *Silicaten* (z. B. *Feldspat* und *Glimmer*). Quarz, Feldspat und Glimmer sind die Hauptbestandteile der wichtigen gebirgsbildenden Gesteine *Granit* und *Gneis*.

Elementares Silicium kann durch Reduktion von Siliciumdioxid (Quarz) SiO_2 mit Magnesium oder Aluminium dargestellt werden:

$$SiO_2 + 2\,Mg \rightarrow Si + 2\,MgO \qquad \Delta H = -291 \text{ kJ mol}^{-1}$$

Technisch wird es durch Reduktion mit Koks in elektrischen Öfen gewonnen:

$$SiO_2 + 2\,C \rightarrow Si + 2\,CO \qquad \Delta H = +689 \text{ kJ mol}^{-1}$$

Silicium bildet metallisch glänzende, graue Kristalle mit Diamantgitter. Das braune, pulverförmige Silicium ist eine feinkristalline Abart, keine selbständige Modifikation. Silicium schmilzt bei 1410 °C. Es besitzt eine sehr geringe elektrische Leitfähigkeit und wird heute neben dem sehr seltenen Germanium in zunehmendem Maße in Halbleiterbauelementen verwendet (→ Abschn. 16.8.).

Gegenüber dem *Sauerstoff* der Luft ist Silicium beständig, beim Erhitzen bildet sich eine dichte Schicht von *Siliciumdioxid* SiO_2, die der Luft den weiteren Zutritt verwehrt. Erst bei sehr hohen Temperaturen setzt sich das Silicium vollständig mit Sauerstoff um:

$$Si + O_2 \rightarrow SiO_2 \qquad \Delta H = -911 \text{ kJ mol}^{-1}$$

Mit verdünnten und konzentrierten *Laugen* reagiert Silicium unter Wasserstoffentwicklung und Bildung eines *Silicats*:

$$Si + 2\,NaOH + H_2O \rightarrow Na_2SiO_3 + 2\,H_2$$

Gegenüber *Säuren* ist das Silicium dagegen beständig.

Silicium läßt sich mit Metallen legieren. In Form von *Ferrosilicium* (Silicium-Eisen-Legierungen mit 25 bis 90% Si) dient es als Desoxydationsmittel in der Stahlgewinnung und als Legierungszusatz für säurefestes Gußeisen. Ferrosilicium wird in Elektroöfen aus Siliciumdioxid, Eisenspänen und Koks erzeugt.

16.5. Verbindungen des Siliciums

16.5.1. Siliciumdioxid

Siliciumdioxid SiO_2 ist die häufigste chemische Verbindung der Erdrinde. Es tritt in mehreren polymorphen[1]) Modifikationen *(Quarz, Tridymit* und *Cristobalit)* auf, die in folgenden Temperaturbereichen stabil sind:

$$\alpha\text{-Quarz} \underset{575°C}{\rightleftarrows} \beta\text{-Quarz} \underset{870°C}{\rightleftarrows} \text{Tridymit} \underset{1470°C}{\rightleftarrows} \text{Cristobalit} \underset{1710°C}{\rightleftarrows} \text{Schmelze}$$

Die wichtigsten natürlichen Vorkommen des Siliciumdioxids sind:

Quarzsand (kurz *Sand* genannt), häufig durch Eisenhydroxid gelb gefärbt, Hauptbestandteil des Sandsteins;
Bergkristall, sehr reiner, wasserklarer Quarz, Schmuckstein, Rohstoff für Quarzglas;
Amethyst, violette Abart des Quarzes, Schmuckstein;
Citrin, gelbe Abart des Quarzes, Schmuckstein;
Rosenquarz, rosa Abart des Quarzes, Schmuckstein;
Opal, wasserhaltige, amorphe Modifikation des Siliciumdioxids;
Chalcedon, gealterter, wasserärmerer, kristallisierter Opal;
Feuerstein, Abart des Chalcedons, mit muschelig scharfkantigem Bruch, in der Steinzeit für Waffen und Werkzeuge verwendet;
Achat und *Heliotrop*, Abarten des Chalcedons, Schmucksteine.
Kieselgur, Ablagerungen von Kieselgerüsten fossiler Diatomeen (einzelliger Kieselalgen), von erdiger Beschaffenheit, außerordentlich porös und saugfähig.

Siliciumdioxid ist gegenüber *Säuren* und *Laugen* weitgehend beständig. Nur von *Flußsäure* HF wird es angegriffen:

$SiO_2 + 4\,HF \rightarrow SiF_4 + 2\,H_2O$

Das zunächst entstehende gasförmige *Siliciumtetrafluorid* SiF_4 setzt sich mit überschüssiger Flußsäure zu *Hexafluorokieselsäure* $H_2[SiF_6]$ um:

$SiF_4 + 2\,HF \rightarrow H_2[SiF_6]$

Mit geschmolzenen *Alkalihydroxiden* reagiert das Siliciumdioxid unter Bildung von *Alkalisilicaten*:

$SiO_2 + 2\,NaOH \rightarrow Na_2SiO_3 + H_2O$

Der hohe Schmelzpunkt und die chemische Widerstandsfähigkeit des Siliciumdioxids beruhen darauf, daß das Siliciumdioxid – im Gegensatz zum Kohlendioxid – keine Moleküle bildet, sondern ein *Kristallgitter*, in dem jedes Siliciumatom mit vier Sauerstoffatomen und jedes Sauerstoffatom mit zwei Siliciumatomen verbunden ist. Die vier von einem Siliciumatom ausgehenden Atombindungen sind nach den Ecken eines Tetraeders gerichtet (Bild 16.4). Dadurch entsteht ein Kristallgitter, das eine gewisse Ähnlichkeit mit dem Diamantgitter zeigt. Das Siliciumdioxid gehört nach Aufbau und Eigenschaften zu den *diamantartigen Stoffen*.

Siliciumdioxid wird verwendet zur Herstellung von Quarzglas und Quarzgut. Außerdem ist es Hauptbestandteil der *Gläser* ($\rightarrow$ Abschn. 16.6.1.).

Quarzglas entsteht beim Abkühlen einer Schmelze aus Bergkristall. Es ist für ultraviolette Strahlen durchlässig (Verwendung für Quecksilberdampflampen, z. B. Höhensonnen),

---

[1]) Das Auftreten mehrerer Modifikationen einer Verbindung wird als Polymorphie bezeichnet, das Auftreten mehrerer Modifikationen eines Elements dagegen als Allotropie.

verträgt sehr hohe Temperaturen (erweicht bei 1650 °C) und auch jähen Temperaturwechsel (von mehreren hundert Kelvin) und ist chemisch viel widerstandsfähiger als gewöhnliches Glas.

Quarzgut entsteht beim Sintern von sehr reinem Quarzsand, hat ähnliche Eigenschaftn wie das Quarzglas, ist aber nur durchscheinend, nicht durchsichtig. Da es wesentlich billiger ist, eignet es sich auch für größere Apparaturen.

16.5.2. Kieselsäure und Silicate

Während andere Nichtmetalloxide mit Wasser Säuren bilden, ist das Siliciumdioxid wasserunlöslich. Andererseits kann aus den *Kieselsäuren* durch Wasserabspaltung *Siliciumdioxid* entstehen, das daher als *Anhydrit der Kieselsäuren* aufzufassen ist. Die einfachste Kieselsäure, die *Orthokieselsäure* H_3SiO_4, entsteht unter anderem durch Hydrolyse von *Siliciumtetrachlorid* $SiCl_4$:

$SiCl_4 + 4 H_2O \rightarrow H_4SiO_4 + 4 HCl$

Die Orthokieselsäure geht rasch in Orthodikieselsäure $H_6Si_2O_7$ über:

$$\begin{array}{c}OH\\|\\HO-Si-\end{array}\begin{array}{c}\\\\OH\end{array} + \begin{array}{c}OH\\|\\H\end{array}\begin{array}{c}\\\\O-Si-OH\\|\\OH\end{array} \rightarrow \begin{array}{c}OH\quad OH\\|\quad\quad|\\HO-Si-O-Si-OH\\|\quad\quad|\\OH\quad OH\end{array} + H_2O$$

Durch Wasserabspaltung zwischen zwei OH-Gruppen treten zwei Siliciumatome über ein Sauerstoffatom miteinander in Verbindung. In gleicher Weise bilden sich *Metakieselsäuren* mit der Formel $(H_2SiO_3)_n$:

$$-O-\underset{OH}{\overset{OH}{\underset{|}{\overset{|}{Si}}}}-O-\underset{OH}{\overset{OH}{\underset{|}{\overset{|}{Si}}}}-O-\underset{OH}{\overset{OH}{\underset{|}{\overset{|}{Si}}}}-O-\underset{OH}{\overset{OH}{\underset{|}{\overset{|}{Si}}}}-O-\underset{OH}{\overset{OH}{\underset{|}{\overset{|}{Si}}}}-O-$$

Solche Kettenmoleküle können sich unter Wasseraustritt miteinander vernetzen, wobei zunächst *Bandstrukturen*, dann *Blattstrukturen* und schließlich *Raumnetzstrukturen* zustande kommen. Als charakteristischer Baustein der Kristallgitter aller Silicate tritt das SiO_4-Tetraeder des Siliciumdioxidgitters auf (Bild 16.4), das keine

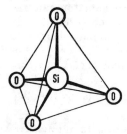

Bild 16.4. SiO_4-Tetraeder des Siliciumdioxidgitters und der Silicatgitter

OH-Gruppen mehr enthält und daher als Grenzfall der Wasserabspaltung aus den Kieselsäuren zu betrachten ist. Mit der Wasserabspaltung nimmt auch die Wasserlöslichkeit ab. Orthokieselsäure ist leicht wasserlöslich, Siliciumdioxid ist wasserunlöslich. Wichtiger als die Kieselsäuren selbst sind ihre Salze, die *Silicate*, die wesentlichen Anteil am Aufbau der Erdrinde haben. Sie sind mehr oder weniger kompliziert zusammengesetzt. Relativ einfache Beispiele sind *Granat* $Ca_3Al_2[SiO_4]_3$ und *Kaolinit* $Al_4[Si_4O_{10}(OH)_8]$. Kaolinit ist ein Aluminiumsilicat. Davon zu unterscheiden sind die *Alumosilicate*, bei denen ein Teil der Siliciumatome durch Aluminiumatome ersetzt ist, z. B. der sehr verbreitete *Kalifeldspat* $K[AlSi_3O_8]$. Da es sich bei den Silicaten nicht mehr um typische Salze handelt, ist es gerechtfertigt, anstelle der vorstehenden Formeln die übersichtlicheren *Oxidformeln* zu verwenden, z. B. für Kalifeldspat $K_2O \cdot Al_2O_3 \cdot 6\,SiO_2$.

Die Eigenschaften der Silicate hängen weitgehend von ihrer *Kristallstruktur* ab. Die *Feldspäte*, die *Raumnetzstruktur* besitzen, zeigen eine beträchtliche Härte. Auf die *Blattstruktur* sind die Spaltbarkeit des Glimmers, die »fettige« Beschaffenheit des *Talkums* und die Quellfähigkeit des *Kaolinits* und der *Tonmineralien* zurückzuführen. Die faserige Beschaffenheit der *Asbeste* beruht auf der *Bandstruktur* ihrer Moleküle. Schließlich gibt es auch Silicate, die, wie es für Salze typisch ist, ein *Ionengitter* besitzen, dessen Gitterpunkte mit Metall-Kationen und Silicat-Anionen besetzt sind (z. B. Olivin $(Mg, Fe)_2[SiO_4]$).

Von den Silicaten sind nur die *Alkalisilicate* wasserlöslich. Diese werden durch Zusammenschmelzen von Siliciumdioxid und Alkalicarbonaten (Soda, Pottasche) gewonnen; zum Beispiel:

$$Na_2CO_3 + SiO_2 \rightarrow Na_2SiO_3 + CO_2\uparrow$$

Ihre wäßrige Lösung kommt als *Natronwasserglas* bzw. *Kaliwasserglas* in den Handel. Beide werden vielseitig technisch verwendet (z. B. als Bindemittel für Leichtbauplatten, als Flammschutzmittel, als Füllstoff für Gummi und Seife, als Flußmittel für Schweißelektroden, als Imprägnierungsmittel für Textilien).
($\rightarrow$ Aufg. 16.13. und 16.14.)

16.6. Technische Silicate

Technische Erzeugnisse, bei denen es sich um Silicate handelt, sind die Gläser, die keramischen Erzeugnisse und die Zemente ($\rightarrow$ Abschn. 20.5.3.).

16.6.1. Gläser

Gläser können – mit gewissen Einschränkungen – als unterkühlte Schmelzen aufgefaßt werden, die erstarrt sind, ohne zu kristallisieren. Gläser besitzen im Gegensatz zu kristallisierten Stoffen keinen bestimmten Schmelzpunkt, sondern erweichen beim Erwärmen innerhalb eines mehr oder weniger großen Temperaturbereiches allmählich.

Die technisch wichtigen Gläser setzen sich aus *Siliciumdioxid* und *Metalloxiden* (vor allem *Natriumoxid*, *Kaliumoxid* und *Calciumoxid*) zusammen. Spezialgläser enthalten auch andere Oxide: *Boroxid* B_2O_3 erhöht die Säurebeständigkeit und setzt den Ausdehnungskoeffizienten herab, wodurch die Beständigkeit gegenüber Temperaturwechsel steigt. *Aluminiumoxid* Al_2O_3 setzt die Sprödigkeit herab und wirkt einer spontanen Kristallisation (Entglasung) entgegen. *Bleioxid* PbO ergibt ein hohes Lichtbrechungsvermögen.

Durch unterschiedliche Zusammensetzung lassen sich Gläser für ganz verschiedene Verwendungszwecke herstellen (Tabelle 16.3).

Glasoxide	SiO_2	Na_2O	K_2O	CaO	MgO
Einsatzstoffe	Quarz-sand, Silicate	Na_2SO_3 Na_2SO_4	K_2CO_3 KNO_3	$CaCO_3$ CaF_2	$MgCO_3$
Glasart:	durchschnittliche Zusammensetzung in %				
Na-Ca-Gläser (Fensterglas, Gefäße)	71	14	–	11	2,5
K-Ca-Gläser (optisches Kronglas, Kristallglas)	73	5	17	3	–
Na-K-Ca-Gläser (Geräteglas)	69	13	9	6	–
K-Pb-Gläser (optisches Flintglas)	62	6	8	–	–
Bleikristall	53	–	14	–	–
B-Al-Gläser (Jenaer Glas)	76	5,5	1	>0,5	–

Einsatzstoffe für die Glaserzeugung sind (in Klammern die Trivialnamen, die sich allerdings zum Teil auf die kristallwasserhaltigen Produkte beziehen):

Siliciumdioxid SiO_2 (Quarzsand)   Calciumcarbonat $CaCO_3$ (Kalkstein)
Natriumcarbonat Na_2CO_3 (Soda)   Magnesiumcarbonat $MgCO_3$ (Magnesit)
Natriumsulfat Na_2SO_4 (Glaubersalz)   Natriumborat $Na_2B_4O_7$ (Borax)
Kaliumcarbonat K_2CO_3 (Pottasche)   Blei(II)-oxid PbO (Bleiglätte)
Kaliumalumosilicate $K[AlSi_3O_8]$ (Kalifeldspat)

Zur Erzeugung von Glas dienen hauptsächlich *Wannenöfen* (bis 1 000 t Fassungsvermögen), die mit einer *Regenerativfeuerung* ausgestattet sind und mit Gas beheizt werden. Ein Gemenge aus den fein gemahlenen Einsatzstoffen wird in den Öfen geschmolzen und so lange (bis auf 1 600 °C) erhitzt, bis alle Gasblasen entwichen sind *(Läuterung)*. Nach frühestens 12 Stunden ist die Glasschmelze so klar, daß sie in zähflüssigem Zustand dem Ofen entnommen und durch Blasen, Gießen, Ziehen oder Pressen verarbeitet werden kann.

Es wird vor allem zwischen *Flachglas* (für Fensterglas usw.) und *Hohlglas* (für Flaschen, sonstige Gefäße, aber z. B. auch Fernsehkolben) unterschieden. Von der großen Zahl der Spezialgläser sind die *optischen Gläser*, die vorwiegend zu Linsen verarbeitet werden, besonders wichtig. Durch besondere Herstellungsverfahren werden *Glasfasern (Glasseide, Glaswolle, Glaswatte, Glasfaservlies)* und *Schaumglas* gewonnen. Alle diese Stoffe zeichnen sich dadurch aus, daß sie unbrennbar sind, den elektrischen Strom nicht leiten, eine gute Schalldämmung bewirken und sehr schlechte Wärmeleiter sind. Mit Glasfasern verstärkte Plaste besitzen sehr gute Festigkeitseigenschaften (Tabelle 31.1).

Wegen seiner vielseitigen Verwendbarkeit gehört das Glas zu den wichtigsten Werkstoffen.

16.6.2. Keramische Erzeugnisse

Bei der Verwitterung von *Feldspat* und anderen *Alumosilicaten* entstehen die *Tone*. Das sind sehr feinkörnige, erdige Substanzen, die leicht Wasser aufnehmen und dabei

Tabelle 16.3. Zusammensetzung wichtiger Gläser

Al$_2$O$_3$	B$_2$O$_3$	PbO	Sonstige
Feldspat	Na$_2$B$_4$O$_7$	PbO Pb$_3$O$_4$	
>1	–	–	0,5 Fe$_2$O$_3$
2	–	–	
3	–	–	
–	–	24	
–	–	33	
4,5	8,5	–	4 BaO

quellen und plastisch (bildsam) werden. Die Tone bestehen ihrer Herkunft entsprechend hauptsächlich aus *Aluminiumoxid* Al$_2$O$_3$, *Siliciumdioxid* SiO$_2$ und *Wasser* H$_2$O, enthalten aber daneben meist andere Stoffe als Beimengungen. *Eisenoxid* färbt die Tone gelb bis braun. *Lehm* ist ein Gemenge aus eisenoxidhaltigem Ton und Sand. Die Tone sind Hauptrohstoff der *keramischen*[1]) *Industrie* (Tonwaren-Industrie). Zur Porzellanerzeugung wird an Stelle von Ton *Kaolin* verwendet, das ist ein tonartiger Stoff, der hauptsächlich aus *Kaolinit* Al$_4$[Si$_4$O$_{10}$(OH)$_8$] besteht.

Die Tone (bzw. stark tonhaltige Gemenge) werden in plastischem Zustand zu den verschiedensten Gebrauchsgegenständen geformt, dann getrocknet und schließlich in Brennöfen bei 900 bis 1500 °C gebrannt. Schon beim Trocknen tritt eine gewisse Volumenverminderung *(Trockenschwindung)* ein. Beim Brennen vermindert sich das Volumen weiter *(Feuerschwindung)*. Gleichzeitig kommt es zu einer *Sinterung*, die Tonteilchen erweichen oberflächlich und verkitten miteinander. Je nach dem Grad der Sinterung bleibt das Material dabei porös, oder es wird durch Verschluß der Poren glasartig dicht. Nach der Beschaffenheit der Bruchfläche werden daher Tonwaren mit *porösem Scherben* und Tonwaren mit *verglastem, nichtporösem Scherben* unterschieden. Die Tonwaren mit porösem Scherben saugen Wasser auf. Die Bruchfläche klebt an der Zunge. Bei Tonwaren mit verglastem Scherben ist das nicht der Fall. Durch Glasuren können auch die Tonwaren mit porösem Scherben eine wasser- und gasdichte Oberfläche erhalten (Tabelle 16.4).

Wie die Glasindustrie, so fußt auch die keramische Industrie auf einheimischen Rohstoffen. Von großer wirtschaftlicher Bedeutung ist vor allem die Erzeugung von *Porzellan*, das aus *Kaolin, Feldspat* und *Quarz* gewonnen wird. Porzellan ist ein wertvolles Exportgut. Porzellan wird heute nicht nur als Speisegeschirr verwendet, sondern in vielfältiger Weise auch als technisches Porzellan, z. B. in der Elektrotechnik (hervorragender Isolator), in der chemischen Industrie (chemische Beständigkeit) und in hochbeanspruchten metallurgischen Öfen (sehr hohe Temperaturbeständigkeit).

Die *feuerfesten* und *hochfeuerfesten Steine* zum Ausmauern von Öfen der metallurgischen, keramischen und chemischen Industrie und der Glasindustrie werden, ob-

---

[1]) keramos (griech.) Tongefäß

Tabelle 16.4. Übersicht über die wichtigsten keramischen Erzeugnisse

Bezeichnungen	Ausgangsstoffe	Brenntemperatur in °C	Beschaffenheit	Verwendung
1. Tonzeug (Sinterzeug)				
1.1. *Porzellan*	Kaolin, Feldspat, Quarz	1. 900 2. bis 1 500	Scherben dicht, weiß, durchscheinend, Standfläche ohne Glasur	Geschirr, Isolatoren, chemische Geräte, Rohrleitungen, feuerfeste Steine
1.2. *Steinzeug*	Tone (schwer schmelzend, aber leicht sinternd)	bis 1 400	Scherben dicht, grau bis gelb, nicht durchscheinend	Fliesen, säurefeste Steine, Rohre, Einlegetöpfe
2. Tongut (Irdengut)				
2.1. *Steingut*	Tone (plastisch, weißbrennend)	1. bis 1 250 2. über 950	Scherben porös, weiß, nicht durchscheinend, Standfläche mit Glasur	Geschirr, sanitäre Keramik
2.2. *Töpfereierzeugnisse*	Tone (leicht schmelzend, farbig)	1 000	Scherben porös, farbig, nicht durchscheinend	ohne Glasur: Blumentöpfe mit Glasur: Töpferware, Kacheln (*Fayence* hat weiße, deckende Glasur, *Majolika* hat farbige, deckende Glasur)
2.3. *Ziegeleierzeugnisse*	Lehm	bis 1 000	Scherben porös, gelb bis rot, nicht durchscheinend	Mauerziegel, Dachziegel, Rohre

Bezeichnungen	Ausgangsstoffe	beständig bis	Verwendung
3. Feuerfeste Erzeugnisse			
Schamotte	plastischer Ton und gemahlener, gebrannter Ton	1 700 °C	Feuerungen, Hochöfen, Winderhitzer, Generatoren
Silicatsteine (Dinassteine)	Quarz und Kalk oder Quarz und Ton	1 685 °C	Gewölbe von *Siemens-Martin*-Öfen, säurefeste Steine
Magnesitsteine	Magnesit $MgCO_3$	1 800 °C	*Siemens-Martin*-Öfen, Elektrostahlöfen
Dolomitsteine	Dolomit $MgCO_3 \cdot CaCO_3$	1 800 °C	Thomasbirnen
Dynamidonsteine (Korundsteine)	Al_2O_3 und Ton	1 800 °C	Zementdrehrohröfen (beständig gegen geschmolzene Silicate)
Carborundsteine	Siliciumcarbid (aus Quarz und Koks) und Ton	2 000 °C	Kesselausmauerungen (gute Wärmeleitfähigkeit)
Kohlenstoffsteine	Graphit oder Koks und Teer; Graphit und Ton	über 2 000 °C	Gestell des Hochofens, Graphittiegel

wohl sie nur zum Teil zu den Silicaten gehören, gleichfalls zu den keramischen Erzeugnissen gerechnet, da sie nach dem typischen Verfahren der keramischen Industrie hergestellt werden (Verformen im plastischen Zustand und anschließendes Brennen). Das bekannteste feuerfeste Erzeugnis ist die *Schamotte*, die durch Brennen eines Gemenges aus plastischem Ton und gemahlenem, bereits gebranntem Ton entsteht und zum Ausmauern von Feuerungen, auch in den Heizöfen unserer Wohnungen, dient. Feuerfeste Steine dürfen nicht unter 1500 °C, hochfeuerfeste Steine nicht unter 1790 °C erweichen.
(→ Aufg. 16.15. bis 16.17.)

16.7. Silicone

Das Silicium bildet seiner Stellung im Periodensystem entsprechend *Wasserstoffverbindungen*, die denen des Kohlenstoffs (→ Abschn. 26.3.) analog sind. Dem Methan CH_4 entspricht das *Monosilan* SiH_4, dem Ethan C_2H_6 entspricht das *Disilan* Si_2H_6, dem Propan C_3H_8 das *Trisilan* Si_3H_8 usw. Diese *Siliciumwasserstoffe* sind aber im Gegensatz zu den Kohlenwasserstoffen sehr unbeständig, sie zersetzen sich an der Luft explosionsartig. Die Bindung zwischen zwei Siliciumatomen Si—Si erweist sich im Gegensatz zu der Bindung zwischen zwei Kohlenstoffatomen als äußerst labil.

Wichtiger als diese Wasserstoffverbindungen sind die *Halogenverbindungen* des Siliciums, die gleichfalls denen des Kohlenstoffs analog sind. Dem Tetrachlormethan CCl_4 entspricht das Siliciumtetrachlorid $SiCl_4$. Von diesem lassen sich, indem die Chloratome schrittweise durch Methylgruppen —CH_3 (→ Abschn. 26.3.) ersetzt werden, folgende Verbindungen ableiten:

$$CH_3-\underset{\underset{Cl}{|}}{\overset{\overset{Cl}{|}}{Si}}-Cl \qquad CH_3-\underset{\underset{Cl}{|}}{\overset{\overset{Cl}{|}}{Si}}-CH_3 \qquad CH_3-\underset{\underset{CH_3}{|}}{\overset{\overset{Cl}{|}}{Si}}-CH_3$$

Methyltrichlorsilan Dimethyldichlorsilan Trimethylchlorsilan

Die Methylgruppe ist ein charakteristischer Bestandteil organischer Verbindungen. Bei den vorstehenden drei Verbindungen handelt es sich um *organische Siliciumhalogenide*[1]). Diese Verbindungen sind wichtige Zwischenprodukte bei der Gewinnung von Siliconen. Nach einem von dem deutschen Chemiker *Richard Müller* und dem amerikanischen Chemiker *E. G. Rochow* 1941/42 unabhängig voneinander gefundenen Verfahren *(Müller-Rochow-Synthese)* werden die organischen Siliciumhalogenide (bei 350 °C mit Katalysator) aus elementarem Silicium und Halogenalkanen (z. B. Monochlormethan CH_3Cl) gewonnen:

$6\,CH_3Cl + 3\,Si \to (CH_3)_3SiCl + (CH_3)_2SiCl_2 + CH_3SiCl_3$

Die dabei entstehenden Siliciumhalogenide werden durch fraktionierte Destillation getrennt und mit Wasser zu *Silanolen* umgesetzt:

$CH_3SiCl_3 + 3\,H_2O \quad \to CH_3Si(OH)_3 + 3\,HCl$
$(CH_3)_2SiCl_2 + 2\,H_2O \to (CH_3)_2Si(OH)_2 + 2\,HCl$
$(CH_3)_3SiCl + H_2O \quad \to (CH_3)_3SiOH + HCl$

$$CH_3-\underset{\underset{OH}{|}}{\overset{\overset{OH}{|}}{Si}}-OH \qquad CH_3-\underset{\underset{OH}{|}}{\overset{\overset{OH}{|}}{Si}}-CH_3 \qquad CH_3-\underset{\underset{CH_3}{|}}{\overset{\overset{OH}{|}}{Si}}-CH_3$$

Methylsilantriol Dimethylsilandiol Trimethylsilanol

---

[1]) An Stelle der Chloratome können auch Atome von Brom oder Iod auftreten.

Die Moleküle der *Silanole* vermögen, in ähnlicher Weise wie die Moleküle der Kieselsäuren, unter Wasserabspaltung und Bildung der festen Si—O—Si-Bindung zu größeren Molekülen zusammenzutreten:

$$\begin{array}{c} CH_3 \\ | \\ CH_3-Si-O[H + HO]-Si-CH_3 \\ | \\ CH_3 \end{array} \begin{array}{c} CH_3 \\ | \\ \\ | \\ CH_3 \end{array} \rightarrow \begin{array}{c} CH_3 \\ | \\ CH_3-Si-O-Si-CH_3 + H_2O \\ | \\ CH_3 \end{array} \begin{array}{c} CH_3 \\ | \\ \\ | \\ CH_3 \end{array}$$

Diese aus den Silanolen durch *Kondensation* gewonnenen Verbindungen werden als *Silicone* bezeichnet. Sie unterscheiden sich von den Kieselsäuren dadurch, daß an jedes Siliciumatom mindestens eine Methylgruppe —CH_3 (oder ein anderes organisches Radikal) gebunden ist. Je mehr OH-Gruppen ein Silanol besitzt, um so mehr Si—O—Si-Bindungen kann es eingehen. Das hat entscheidenden Einfluß auf die Struktur und die Eigenschaften der entstehenden Silicone. Aus *Trimethylsilanol* entstehen ölartige Verbindungen mit verhältnismäßig kleinen Molekülen, die *Siliconöle*, aus *Dimethylsilandiol* Verbindungen, die infolge geringer Vernetzung der Moleküle plastischen bzw. elastischen Charakter tragen *(Silicongummi)*, und aus *Methylsilantriol* infolge starker Vernetzung der Moleküle feste Stoffe, die *Siliconharze*.
Die Silicone zeichnen sich gegenüber vergleichbaren Kohlenstoffverbindungen durch hohe Temperaturbeständigkeit und chemische Reaktionsträgheit aus. *Siliconöle* ändern ihre Viskosität mit wechselnder Temperatur nur geringfügig, sind wasserabweisend, gegenüber Säuren und Laugen beständig und nur schwer brennbar. Sie eignen sich daher besonders für Transformatoren und hydraulische Anlagen. Durch einen Film von Siliconöl werden Glas- und Keramikoberflächen wasserabweisend. Dadurch wird z. B. die Durchschlagfestigkeit von Isolatoren erhöht. Textilien werden durch Imprägnieren mit Siliconöl wasser- und schmutzabweisend sowie knitterarm.
Silicongummi ist chemisch sehr beständig und bleibt bei hohen (bis 200 °C) und tiefen Temperaturen elastisch. Er wird daher in der Wärme- und Kältetechnik, z. B. als Dichtungsmaterial, und in der Elektrotechnik als Isolationsmaterial für hochbeanspruchte Motoren verwendet.
Die *Siliconharze* behalten ihre gute elektrische Isolierfähigkeit bis 180 °C. Sie sind gute Lackrohstoffe. Aluminium-Siliconlacke *(Alusil)* sind bis 350 °C hitzebeständig.
(→ Aufg. 16.17. und 16.18.).

16.8. Germanium

Germanium gehört zu den Elementen, die *Mendelejew* auf Grund des Periodensystems voraussagte (→ Abschn. 11.4.). Es ist ein seltenes Element. In geringen Mengen ist es als Sulfid in der Freiberger Zinkblende und im Mansfelder Kupferschiefer enthalten.
Das Germaniumsulfid GeS_2 wird zunächst mit Salpetersäure in Germaniumdioxid GeO_2 und dieses anschließend mit Salzsäure in Germaniumtetrachlorid $GeCl_4$ übergeführt, das sich durch Destillation reinigen läßt. Durch Umsetzung mit Wasser erhält man daraus reines Germaniumdioxid GeO_2, das mit Wasserstoff zu elementarem Germanium reduziert wird.
Germanium ist ein typischer *Halbleiter*. Die elektrische Leitfähigkeit von reinem Germanium ist bei Zimmertemperatur sehr gering. Jede Verunreinigung erhöht die elektrische Leitfähigkeit beträchtlich. Für Halbleiterbauelemente wird daher ein Reinstgermanium mit 99,999 999 99 % Germaniumatomen hergestellt. Auf 10^{10} Germaniumatome kommt also nur ein Fremdatom. Diesem Reinstgermanium werden dann bestimmte, sehr geringe Mengen anderer Elemente zugesetzt, um dem Germanium die gewünschte Leitfähigkeitseigenschaft zu verleihen.
Das Germanium weist die gleiche Kristallstruktur wie der Diamant auf. Alle vier Außenelektronen des Germaniums sind durch Atombindungen in Anspruch genommen. Im Reinstgermanium sind also keine freien Elektronen enthalten. Wird durch Diffusion in das Germanium etwas *Antimon* eingebracht, das fünf Außenelektronen besitzt, so wird

das Germanium durch den Elektronenüberschuß leitfähig. Dagegen entsteht ein Elektronenmangel, wenn durch Diffusion *Indium* in das Germanium eingebracht wird, da Indium nur drei Außenelektronen besitzt. Im Diamantgitter des Germaniums entstehen also Lücken (Defektstellen), an denen ein Elektron fehlt. Bei angelegter Gleichspannung wandern nun Elektronen in Richtung zum Pluspol, indem sie in Lücken (Defektstellen) einrücken. Auf diese Weise wandern die Defektstellen in entgegensetzter Richtung, also zum Minuspol. Die Lücken verhalten sich dabei so, als würde es sich um positiv geladene Elektronen handeln. Man spricht in diesem Falle auch von positiven »Defektelektronen« und bezeichnet diese Art der elektrischen Leitung als p-Leitung, im Gegensatz zur n-Leitung, die auf den negativ geladenen Elektronen beruht. Bei vielen Halbleiterbauelementen wird eine Übergangszone zwischen einem p-Leiter und einem n-Leiter technisch ausgenutzt. Ein solcher pn-Übergang weist in den beiden Richtungen einen außerordentlich unterschiedlichen elektrischen Widerstand auf (Bild 16.5).

Die technischen Möglichkeiten der Anwendung des Germaniums, des Siliciums und anderer Halbleiter sind mannigfaltig und bisher keineswegs erschöpft.

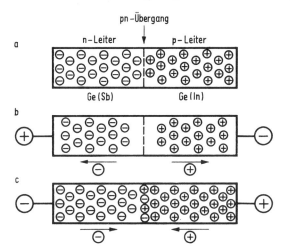

Bild 16.5. Wirkungsweise eines pn-Überganges in einem Halbleiterbauelement

a) links n-Leiter (Germanium mit Antimon-Fremdatomen), rechts p-Leiter (Germanium mit Indium-Fremdatomen)

b) Minuspol am p-Leiter, Verarmung des pn-Übergangs an Ladungsträgern, großer Widerstand

c) Minuspol am n-Leiter, Anreicherung des pn-Übergangs mit Ladungsträgern, geringer Widerstand

16.9. Bor und seine Verbindungen

Im Anschluß an die Nichtmetalle der 4. Hauptgruppe soll hier noch das Bor behandelt werden, das einzige Nichtmetall der 3. Hauptgruppe. Das Bor zeigt gewisse Ähnlichkeiten mit dem *Silicium*, es ist wie dieses Halbleiter und schmilzt erst oberhalb 2000 °C. Auch bei den Verbindungen gibt es Ähnlichkeiten, so z. B. zwischen den Borwasserstoffen und den Siliciumwasserstoffen. Mehr oder weniger ausgeprägt zeigt sich bei allen Elementen der 2. Periode eine solche Verwandtschaft (sog. *Schrägbeziehung*) zu dem in der 3. Periode stehenden Element der nächsten Hauptgruppe (Li—Mg, Be—Al, B—Si, C—P, N—S, O—Cl).

Bor tritt in der Natur nur in Verbindungen auf, vor allem als *Borax* $Na_2B_4O_7 \cdot 10\,H_2O$.

Bor dient – meist in Form von Ferrobor, einer Bor-Eisen-Legierung – in der Metallurgie als Desoxydationsmittel und Legierungszusatz.

Die *Borwasserstoffe (Borane)*, z. B. B_2H_6, sind Gase oder leichtflüchtige Flüssigkeiten, sie sind giftig und entzünden sich z. T. an der Luft von selbst.

Es gibt mehrere *Borsäuren*. Die Orthoborsäure H_3BO_3 wird als 2%ige wäßrige Lösung *(Borwasser)* zu Augenspülungen verwendet. Von den Salzen der Borsäuren ist das *Natriumtetraborat* $Na_2B_4O_7 \cdot 10\,H_2O$ *(Borax)* am wichtigsten. Es dient zur Herstellung von Gläsern und Emaillen, außerdem wirkt es wasserenthärtend. Borax ist giftig.

Einige *Peroxoverbindungen* des Bors (z. B. $Na_2B_4O_7 \cdot H_2O_2 \cdot 9 H_2O$) werden ihrer Bleichwirkung wegen in Waschmitteln verwendet. Sie spalten Wasserstoffperoxid ab, das weiter in Wasser und Sauerstoff zerfällt.
Borcarbid B_4C ist außerordentlich hart und temperaturbeständig, deshalb dient es als Schleifmittel.
(→ Aufg. 16.19.).

■ **Aufgaben**

16.1. Welche Elemente stehen in der 4. Hauptgruppe des Periodensystems?

16.2. Wie verhalten sich diese Elemente hinsichtlich ihres Metall- bzw. Nichtmetallcharakters?

16.3. Welcher Zusammenhang besteht zwischen der Stellung der Elemente innerhalb der Gruppe und den Wertigkeiten, in denen sie auftreten?

16.4. In welchen Modifikationen tritt der elementare Kohlenstoff auf, und wie können diese Modifikationen ineinander übergeführt werden?

16.5. In welchen Stoffen kommt gebundener Kohlenstoff auf der Erde vor?

16.6. Wozu werden Graphit und seine mikrokristallinen Abarten verwendet?

16.7. Wie wird Kohlenmonoxid technisch gewonnen, und wozu wird es verwendet?

16.8. Welche Eigenschaften besitzt Kohlenmonoxid?

16.9. In welcher Weise ist die Lage des *Boudouard*-Gleichgewichts von den äußeren Bedingungen abhängig?

16.10. Worin liegen die besonderen Vorzüge der »Kohlensäureschneelöscher«? Weshalb ist ihre Bezeichnung vom Standpunkt der Chemie nicht exakt?

16.11. Welche Rolle spielt das Kohlendioxid im Stoffwechsel der lebenden Organismen?

16.12. Welche Rolle spielt Calciumcarbid für die chemische Industrie?

16.13. Welche charakteristische Besonderheit weisen die Kieselsäuren gegenüber anderen Säuren auf?

16.14. Wie unterscheiden sich Aluminiumsilicate und Alumosilicate?

16.15. Welches sind die Hauptbestandteile der Gläser?

16.16. Welches sind die wichtigsten Ausgangsstoffe der keramischen Industrie?

16.17. Welche Atomgruppierung ist für die Silicone charakteristisch?

16.18. Welche Zusammenhänge bestehen zwischen Struktur und Eigenschaften von Siliconöl, Silicongummi und Siliconharz?

16.19. Weshalb ist es berechtigt, das Bor im Anschluß an die Nichtmetalle der 4. Hauptgruppe zu behandeln?

17. Edelgase

17.1. Vorkommen der Edelgase

In der 8. Hauptgruppe des Periodensystems stehen die Edelgase *Helium, Neon, Argon, Krypton, Xenon* und *Radon*. Sie kommen – zum Teil in beträchtlicher Menge – in der Luft vor. Ein Kubikmeter Luft enthält etwa:

9320 cm^3 Argon 1 cm^3 Krypton
  15 cm^3 Neon 0,1 cm^3 Xenon
   5 cm^3 Helium

Radon und Helium sind Zerfallsprodukte radioaktiver Elemente (Uranium, Radium, Thorium, Actinium). Das Radon tritt nur in der Nähe dieser Elemente auf, da es selbst radioaktiv ist und rasch weiter zerfällt (Halbwertszeit des langlebigsten Radonisotops knapp 4 Tage). Das Helium kommt (mit bis zu 7%) in manchen Erdgasquellen vor und wird daraus technisch gewonnen. Argon und andere Edelgase werden durch fraktionierte Destillation aus flüssiger Luft abgetrennt.

17.2. Eigenschaften und Verwendung der Edelgase

Die physikalischen Eigenschaften der Edelgase sind in Tabelle 11.2 zusammengestellt. Die Edelgase lassen sich schwer verflüssigen. Helium ist das Element mit dem niedrigsten Siedepunkt (4,23 K = −268,93 °C).

Da die Edelgasatome auf ihren Außenschalen stabile Elektronenanordnungen haben (Helium 2, die übrigen Edelgase 8 Außenelektronen), sind sie chemisch sehr träge. So bilden sie im Gegensatz zu den sonstigen Gasen keine zweiatomigen Moleküle, sondern treten in Form einzelner Atome auf.

Über ein halbes Jahrhundert nach ihrer Entdeckung herrschte die Auffassung, die Edelgase vermöchten keine chemischen Verbindungen zu bilden. Da gelang es im Jahre 1962 kanadischen und amerikanischen Chemikern, *Xenonhexafluoroplatinat* XePtF$_6$ und wenig später *Xenontetrafluorid* XeF$_4$ darzustellen. Im Laufe eines Jahres wurden dann von verschiedenen Forschungsgruppen mehr als 20 stabile Edelgasverbindungen, in erster Linie Fluorverbindungen des Xenons, hergestellt. Das Xenon tritt in diesen Verbindungen 2-, 4-, 6- und 8wertig auf. Außer den Verbindungen des Xenons gibt es heute auch solche des Kryptons. Der Gewinnung von Verbindungen der leichteren Edelgase stehen noch größere Schwierigkeiten entgegen.

Hier zeigt sich, wie der Widerspruch zwischen herrschenden Theorien und neuen Experimentalbefunden zu einer Triebkraft in der Entwicklung der menschlichen Erkenntnis wird. Wenn es früher nicht gelang, Edelgasverbindungen herzustellen, so lag das vor allem daran, daß keine Ausgangsstoffe von hinreichender Reinheit zur Verfügung standen. Die auf wissenschaftlichen Untersuchungen fußenden Fortschritte in der technischen Gewinnung von Reinststoffen wirken jetzt auf die Entwicklung der Wissenschaft zurück.

Die Edelgase verdanken ihre technische Verwendung in erster Linie ihrer Reaktionsträgheit. Es werden verwendet: *Argon* und *Krypton* als Füllgas für Glühlampen, *Argon* als Schutzgas beim Schweißen, *Helium* als Füllgas für Ballons und Luftschiffe (an Stelle des brennbaren Wasserstoffs), *Neon* als Füllgas für Gasentladungslampen. *Flüssiges Helium* wird eingesetzt, wenn Untersuchungen bei sehr tiefen Temperaturen durchgeführt werden sollen.

18. Eigenschaften, Vorkommen und Darstellungsprinzipien der Metalle

18.1. Eigenschaften der Metalle

Bei der Behandlung der Elemente (→ Abschn. 2.7.), der Periodizität einiger Eigenschaften (→ Abschn. 11.3.2.) und der Spannungsreihe (→ Abschn. 9.3.) wurde zwischen Metallen und Nichtmetallen unterschieden. Von den z. Z. bekannten 106 Elementen sind 75 Elemente als reine Metalle anzusprechen. Daneben gibt es noch Elemente, die, wie z. B. Arsen und Selen, in einer metallischen und nichtmetallischen Modifikation auftreten.

Physikalische Eigenschaften

Bei den Metallen treten folgende *physikalische Eigenschaften* verschieden stark ausgeprägt auf:

1. Bei kompakten Stücken der *charakteristische Metallglanz* der reinen Oberfläche.
2. Mit Ausnahme von Gold und Kupfer zeigen die Metalle mehr oder weniger *silberweiße Farbe*.
3. In *Pulverform* sehen die Metalle im allgemeinen grau bis schwarz aus.
4. Bei *Zimmertemperatur* sind alle Metalle mit Ausnahme des Quecksilbers (Schmelzpunkt 234,31 K = −38,84 °C) fest.
5. Die Metalle sind auch in *sehr dünnen Schichten* durch starke Reflexion des Lichtes *undurchsichtig*.
6. Alle Metalle sind mehr oder weniger *gute Wärmeleiter*.
7. Metalle zeigen *hohe Leitfähigkeit* für den elektrischen Strom, die mit abnehmender Temperatur zunimmt.
8. Metalle werden durch *Stromfluß* stofflich *nicht verändert*. Sie werden daher im Gegensatz zu den *Elektrolyten* (Leiter 2. Klasse) als *Leiter 1. Klasse* bezeichnet.
9. Metalle sind in anderen Metallen beim Zusammenschmelzen im allgemeinen *löslich*. Beim Erstarren bilden sich dann *Legierungen*.
10. Metalle sind in *nichtmetallischen Lösungsmitteln*, wie Wasser, Alkohol, Benzen, Tetrachlorkohlenstoff, *unlöslich*.
11. Die *plastische Formbarkeit* der Metalle und ihrer Legierungen ermöglicht eine Bearbeitung durch Walzen, Schmieden, Ziehen und Pressen.
12. Die Metalle werden nach ihrer Dichte in *Leichtmetalle* ($\varrho < 5$ g cm^{-3}) und *Schwermetalle* ($\varrho > 5$ g cm^{-3}) unterteilt.

Chemische Eigenschaften

1. Die Metallatome besitzen im allgemeinen *wenig Außenelektronen (Valenzelektronen)* und bilden daher leicht *positiv* geladene Ionen. Von den Nichtmetallen zeigt nur Wasserstoff diese Erscheinung (→ Abschn. 12.).
   Die Nebengruppenelemente sind meist zweiwertig gemäß der Elektronenbesetzung des energiereichsten s-Niveaus (→ Aufg. 18.1.).

2. Die meisten Metalle vermögen unter Salzbildung H_3O^+-Ionen zu entladen (→ Abschn. 9.3.1.).
3. Alle *Nebengruppenelemente* und die Elemente der 1. bis 3. *Hauptgruppe* – mit Ausnahme des Bors – sind *Metalle* (→ Abschn. 11.).
4. In den Hauptgruppen nimmt mit steigender Kernladungszahl die Neigung zur Abspaltung der Valenzelektronen innerhalb der Gruppen zu. Deshalb stehen in der 4. und 6. Hauptgruppe oben Nichtmetalle und unten Metalle (→ Abschn. 14. bis 16.).
5. Die Metalle der *1. und 2. Hauptgruppe* – mit Ausnahme des Berylliums – bilden *basische Hydroxide*.
6. Die Metalle der *übrigen Hauptgruppen* und Beryllium bilden *amphotere Hydroxide* (Ausnahme Bismut).
7. Treten Metalle in *mehreren Wertigkeitsstufen* auf, so vermögen sie häufig in *höherer* Wertigkeitsstufe wie die Nichtmetalle *säurebildend* zu wirken.
8. Nach ihrem chemischen Verhalten werden die Metalle in *edle* und *unedle Metalle* eingeteilt (→ Abschn. 9.3. und Aufg. 18.2.).

Kristallgitter der Metalle

Die typischen Eigenschaften der Metalle lassen sich an ihren Dämpfen nicht beobachten. Der metallische Zustand ist also in der Regel an ein Gitter gebunden (Ausnahme: Quecksilber). Metalldämpfe bestehen aus Atomen. Bei der Behandlung der Metallbindung wurde bereits gezeigt, daß in einem Metallgitter Metallionen und freie Elektronen auftreten (→ Abschn. 4.4.). Viele Metalle erstarren so, daß ihre Atome (Ionen) sehr dicht gepackt sind und hochsymmetrische Anordnungen entstehen. Um eine möglichst einfache Beschreibung der Metallgitter zu erreichen, faßt man benachbarte Atome zu einfachen geometrischen Körpern zusammen (z. B. Würfel, Sechsecksäulen, Prismen). Die kleinste Einheit, die jedoch noch den Aufbau des gesamten Gitters erkennen läßt, nennt man die *Elementarzelle*. Beim Zeichnen der Elementarzellen verbindet man meist nur die Mittelpunkte der Atome, die sie aufbauen. Die Abstände zwischen den Atomen, die die entstehenden Körper sinnvoll beschreiben, nennt man *Gitterkonstanten*.
(→ Abschn. 4.7.).

> *Ein Metallgitter ist durch den Typ der Elementarzelle sowie die Gitterkonstanten eindeutig beschrieben.*

Die drei wichtigsten Kristallgitter der Metalle sind:

a) kubisch-raumzentriertes Gitter[1]),
b) kubisch-flächenzentriertes Gitter,
c) hexagonales Gitter[2]).

In den Bildern 18.1 bis 18.3 sind die Elementarzellen dieser Gitter dargestellt. Die einzelnen Kugeln symbolisieren die Wirkungsbereiche der Metallionen. Das hexagonale Gitter und das kubisch-flächenzentrierte Gitter sind – wenn sich die Kugeln berühren – Gitter dichtester Packung.
Die hexagonal dichteste Kugelpackung entsteht, wenn man die Kugeln, wie im Bild 18.3 gezeigt, in einer Ebene so anordnet, daß sie immer auf Lücke liegen. Ordnet man auch die Kugeln der 2. Ebene so an, daß sie sich in den Lücken der 1. Ebene befinden, so hat man beim Auflegen der Kugeln der 3. Ebene zwei Möglichkeiten:

---

[1]) cubus (lat.) Würfel
[2]) hexagonal (griech.) sechseckig

a) Man legt die Kugeln der 3. Schicht so, daß sie in eine Lücke kommen, unter der ein Atom (Kugel) der 1. Schicht liegt. In diesem Falle ist bereits die 3. Ebene mit den Kugeln der 1. Ebene deckungsgleich. Es entsteht eine dichteste Kugelpackung, deren Elementarzelle auch das Bild 18.3 zeigt. Die so erhaltene Elementarzelle ist ein gerades Prisma mit einem regelmäßigen Sechseck als Grund- und Deckfläche. Man spricht daher auch von einem *hexagonalen* Gitter.

b) Legt man die Kugeln der 3. Ebene so auf, daß sie über einer Lücke der 1. Schicht liegen, und ordnet man erst die Atome (Kugeln) der 4. Schicht so an, daß ihre Atome mit denen der 1. Schicht deckungsgleich sind, so entsteht ein Gitter mit einer *kubisch-flächenzentrierten* Elementarzelle.

Bild 18.1. Elementarzelle des kubisch-raumzentrierten Gitters

Bild 18.2. Elementarzelle des kubisch-flächenzentrierten Gitters

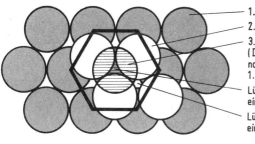

1. Schicht
2. Schicht
3. Schicht (Dieses Atom (Kugel) liegt genau über einem Atom der 1. Schicht)
Lücke der 2. Schicht, unter der eine Kugel der 1. Schicht liegt
Lücke der 2. Schicht, unter der eine Lücke der 1. Schicht liegt

Bild 18.3. Zur Entstehung der hexagonal-dichtesten Kugelpackung (hexagonale Elementarzelle)

Zur Verbesserung des Vorstellungsvermögens sind in den Bildern 18.2 und 18.3 einige Kugeln mit 1, 2, 3 und 4 beschriftet zur Kennzeichnung der Schichten, in denen sie liegen. Die kubisch-flächenzentrierte Elementarzelle muß man sich dabei so auf eine Ebene gestellt denken, daß die Richtung einer Raumdiagonalen senkrecht auf dieser steht (→ Aufg. 18.4., 18.3. und 18.9.).
In Tabelle 18.1 sind einige wichtige Metalle mit ihrem Gittertyp und ihren Gitterkonstanten angegeben. Beim hexagonalen Gitter wird die Länge der Sechseckseite mit a und die Höhe der Sechsecksäule mit c bezeichnet. Der Quotient c/a ist also ein Maß für das Verhältnis von Länge und Breite der Seitenflächen. Bei der hexagonal *dichtesten* Kugelpackung hat c/a den Wert 1,633 (→ Aufg. 18.4.).
Beim Betrachten eines kompakten Metallstückes mit bloßem Auge erscheint dieses völlig homogen. Unter dem Mikroskop lassen sich dagegen viele regellos geformte Körner – die *Kristallite* – erkennen.
Sie entstehen gleichzeitig nebeneinander beim Abkühlen einer Schmelze und behindern sich gegenseitig im Wachstum. In ihrem inneren Aufbau gleichen sie den vollausgebildeten Kristallen.
Der kristalline Aufbau der Metalle erklärt das Auftreten der hohen Schmelzpunkte, der Leitfähigkeit, des Glanzes, der Undurchsichtigkeit und der plastischen Formbarkeit.
Die *hohen Schmelzpunkte*, die in ähnlicher Weise bei den Salzen beobachtet werden, beruhen auf starken Gitterkräften.

Tabelle 18.1. Kristallgittertypen und Gitterkonstanten einiger Metalle in 10^{-10} m

Kubisch-flächenzentriert	Kubisch-raumzentriert	Hexagonal			
			a	c	c/a
Ag 4,08	Ba 5,02	Be	2,27	3,59	1,58
Al 4,04	Cr 2,88	Mg	3,20	5,20	1,63
Au 4,07	Fe 2,86	Zn	2,66	4,94	1,86
Ca 5,56	K 5,33	Cd	2,97	5,61	1,89
Cu 3,61	Mo 3,14				
Ni 3,52	Na 4,28				
Pb 4,94	Rb 6,52				
Sr 6,07	V 3,03				
	W 3,16				
	Cs 6,05				

Die *Leitfähigkeit* ist bedingt durch *freie Elektronen* (Elektronengas) (→ Abschn. 4.4.). Der *Glanz* und die *Undurchsichtigkeit* beruhen auf *Reflexion* und *Absorption* des Lichtes durch die freien Elektronen. Bei der *plastischen Formung* wird durch die äußeren Kräfte nicht das *Metallgitter zerstört*, sondern *Elementarzellen* werden im Werkstück *verschoben* (Gleitebenen).

Legierungen

Die größte Bedeutung haben die Metalle in Form ihrer Legierungen. Es sei hier nur an die sehr wichtige Rolle des Stahls im Wirtschaftsleben der Völker erinnert. Die meisten metallischen Werkstoffe sind Legierungen.

> *Eine Legierung ist ein festes Gemenge eines Metalls mit anderen Metallen bzw. Nichtmetallen. Sie wird durch Zusammenschmelzen gewonnen.*

Die Legierungsbestandteile können sich verschiedenartig anordnen. Sehr häufig wird bei den Legierungen das Auftreten von *Substitutionsmischkristallen*[1]) beobachtet. Diese Art der Mischkristallbildung beruht darauf, daß sich Metalle mit gleichem Gittertyp und ähnlichem Ionendurchmesser gegenseitig in den Gittern ersetzen (Bild 18.4).

Solche Kristalle nennt man auch *Austauschmischkristalle*. Kann die Metallschmelze jede beliebige Zusammensetzung annehmen und tritt beim Übergang aus der Mischschmelze in den festen Aggregatzustand keine Entmischung ein (z. B. Cu-Ni-Legierungen), so haben auch die Mischkristalle Zusammensetzungen, die zwischen 100% des einen und 100% des anderen Legierungsbestandteiles liegen. Man spricht dann von einer lückenlosen Mischkristallreihe, weil sich praktisch alle möglichen Zusammensetzungen realisieren lassen.

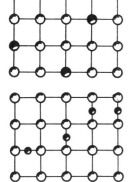

Bild 18.4. Schema eines Substitutionsmischkristalls (Ebene)

Bild 18.5. Schema eines Einlagerungsmischkristalls (Ebene)

Eine zweite Form der Mischkristalle sind die *Einlagerungsmischkristalle*. Bei ihnen sind, wie das Bild 18.5 zeigt, die Fremdatome in die Gitterlücken eingelagert.

Es gibt auch Metalle, die sich im flüssigen Zustand in jedem beliebigen Verhältnis miteinander mischen lassen; beim Übergang in den festen Zustand tritt jedoch eine vollständige Entmischung ein, d. h., es entstehen Kristalle, die entweder nur aus Atomen des einen oder des anderen Metalles bestehen. Die Atome des Stoffes A und die Atome des Stoffes B bilden dann ihre Kristalle für sich aus.

Möglichkeiten der Legierungsbildung:

1. Die Mischkristalle haben die gleiche Zusammensetzung wie die Schmelze; es kommt zu keiner Entmischung (z. B. Cu—Ni, Au—Ag, Cu—Pt).
2. Die Metalle bilden im festen Zustand ihre eigenen Kristalle aus; die Schmelze entmischt sich vollständig. Im festen Aggregatzustand bestehen solche Legierungen aus einem Gemisch von Kristallen (z. B. Bi—Cd).
3. Beim Übergang vom flüssigen in den festen Zustand tritt eine teilweise Entmischung auf; d. h., daß jetzt Mischkristalle entstehen, deren Aufnahmefähigkeit an der Fremdkomponente jedoch begrenzt ist. Im festen Zustand können solche Legierungen aus einem Gemisch von Mischkristallen bestehen (z. B. Pb-Sn-Legierungen, Pb-Sb-Legierungen, Ag-Cu-Legierungen).
4. Es entstehen intermetallische Phasen, in denen die Bestandteile in einem bestimmten Mengenverhältnis vorkommen. Solchen Kristallen kann man daher eine Formel zuordnen, die jedoch nur etwas über die stöchiometrische Zusammensetzung aussagt. Ein wichtiges Beispiel ist Eisencarbid (Cementit) Fe_3C (→ Aufg. 18.5.).

---

[1]) substituere (lat.) ersetzen

Die meisten Legierungen haben, im Gegensatz zu den Metallen, ein *Schmelzintervall*. Bei den unter 2. und 3. beschriebenen Systemen tritt jedoch – bei einer ganz bestimmten Zusammensetzung – auch eine Legierung auf, die sich vom Schmelzen her wie ein reiner Stoff verhält. Der Beginn und der Abschluß des Erstarrens liegen also bei einer derartigen Legierung bei der *gleichen* Temperatur. Man nennt Legierungen mit dieser Eigenschaft eutektische[1]) Legierungen (Eutektikum). Der Schmelzpunkt der eutektischen Pb-Sb-Legierung beträgt z. B. 247 °C; ihre Zusammensetzung ist 13% Sb und 87% Blei. Alle Pb-Sb-Legierungen mit einer anderen Zusammensetzung haben ein Schmelzintervall.

Ein Nachteil der Metalle und Legierungen bei ihrer Anwendung hängt mit den Bearbeitungsverfahren zusammen, durch die in ungünstigen Fällen bis zu 30% Metallabfall (z. B. bei einer spanabhebenden Bearbeitung) entstehen kann. Materialökonomische Gesichtspunkte orientieren daher verstärkt auf die Anwendung von Plasten, bei denen diese Verluste wesentlich niedriger sind. Außerdem ergeben sich häufig technologische Vereinfachungen (weniger Arbeitsgänge), was zu einer weiteren Kostensenkung führt. Durch einen sinnvollen Austausch von Metallen durch Plaste lassen sich in der Volkswirtschaft Milliardenbeträge einsparen.

18.2. Vorkommen der Metalle

Die Metalle kommen in der Natur in elementarer Form und in Verbindungen vor, die man *Erzmineralien* nennt. Ein Erz besteht meist aus dem *Erzmineral* und der *Gangart* (taubes Gestein). Die Eisenerzlagerstätten sind mächtiger als die der Nichteisenmetalle (NE-Metalle). Dazu kommt noch, daß Eisenerze häufig weniger verunreinigt sind und das Metall schon in einer relativ hohen Konzentration vorhanden ist. Die wirtschaftliche Abbaugrenze schwankt um 20% Eisengehalt. Die Erze der NE-Metalle enthalten meist nur wenig Metall. Ihre Verhüttung stößt auf größere Schwierigkeiten, weil die Verunreinigungen durch Mineralien und andere Metalle größer sind. Zum Vorkommen der Metalle lassen sich die nachstehenden Regeln angeben:

1. Edle und halbedle Metalle (z. B. Platin, Gold, Silber, Kupfer, Quecksilber) kommen in der Natur bevorzugt elementar – man sagt hier gediegen – vor (metallisch, in Legierungen).
2. Buntmetalle (z. B. Blei, Nickel, Antimon, Kupfer) sind häufig mit dem Schwefel verbunden (Kiese, Glanze, Blenden). Nickel tritt auch in Arsenverbindungen auf.
3. Eisen, die Leichtmetalle und das Zinn findet man häufig in oxidischer Form vor (Oxide, Silicate, Hydroxide, Phosphate).

Die immer höheren Aufwendungen für Förderung und Transport der Erze führten in den letzten Jahren zu einer beträchtlichen Erhöhung der Weltmarktpreise. Deshalb erfahren die Sekundärrohstoffe, das sind Schrott und Rücklauf aus der metallverarbeitenden Industrie (Abfälle, Späne), eine ständig steigende Wertung. Schrott stellt einen ökonomisch wertvollen Rohstoff dar.

18.3. Aufbereitung der Erze

Die bei der bergmännischen Gewinnung anfallenden Erze können in den wenigsten Fällen unmittelbar verhüttet werden. Besonders aus ökonomischen Gründen, wie

---

[1]) eu tektos (griech.) gut schmelzbar

Koksverbrauch zum Schmelzen, Transportkosten, Körnigkeit und Entfernung schädlicher Beimengungen, findet eine *Aufbereitung* der Erze statt.

Die Aufbereitung dient dazu, hochangereicherte Konzentrate der Erzmineralien (Erze) von möglichst einer Metallkomponente zu liefern.

Physikalische Methoden der Aufbereitung

Bei der auf physikalischem Wege erfolgenden Aufbereitung laufen drei Hauptarbeitsgänge:

1. Die *Zerkleinerung* hat die Aufgabe, das Gemenge aus Erzmineral und Gangart zu geeigneten Korngrößen zu zerkleinern und dabei die Verwachsungen von Erzmineral und Gangart zu lösen. Die Zerkleinerung erfolgt in verschiedenen Brechern und Mühlen.
2. Die *Klassierung* trennt nach Kornklassen (Größe der Körner). Sie erfolgt entweder nach Korngrößen durch Siebe und Roste oder nach Körnern gleichen Gewichts durch sogenannte Stromklassierung. Bei der Stromklassierung wird die verschiedene Sinkgeschwindigkeit der Körner in einem Wasserstrom zur Trennung ausgenutzt (Setzmaschinen).
3. Die *Sortierung (Anreicherung)* zerlegt das zerkleinerte und klassierte Erz in wertvolle *(metallhaltige)* und *wertlose Kornarten.* Das angereicherte Erz wird *Erzkonzentrat* genannt.

Die einfachste Sortierung erfolgt nach dem Aussehen und heißt *Klauben.* Die *Magnetscheidung* nutzt die unterschiedliche Permeabilität[1]) zur Trennung aus.

Bei der modernen *Flotation*[2]), die besonders zur Aufbereitung von sulfidischen Erzen dient, wird die unterschiedliche Benetzbarkeit von Gangart und Erzmineral in großem Umfange praktisch ausgenutzt.

Das vorher zerkleinerte Gemenge aus Erz und Gangart wird zunächst mit Ölen, sogenannten *Sammlern,* behandelt. Die Erzmineralkörner werden vom Öl benetzt und sind dann wasserabweisend. Das Gemisch wird nun in Wasser eingebracht. In der dadurch entstehenden Trübe werden durch Einblasen von Druckluft und durch Rühren Luftbläschen erzeugt, wobei man durch Zugabe eines seifenartigen Mittels, eines sogenannten *Schäumers,* die Schaumbildung verstärkt. Die Schaumbläschen heften sich an die öligen Erzmineralkörner und tragen diese nach oben. Die wasserbenetzte Gangart sinkt zu Boden. Die Flotation wird daher auch als Schaumschwimmverfahren bezeichnet.

Durch stufenweise Flotation lassen sich auch Erze mit verschiedenen Komponenten trennen. Es liegt dann eine *selektive*[3]) Flotation vor.

Beim *Schwimm-Sink-Verfahren* wird der Dichteunterschied zwischen Gangart und Erzmineral ausgenutzt. In einer Aufschlämmung aus feinstgemahlenen Stoffen (Ferrosilicium, Schwerspat) – der *Schwertrübe* – sinkt das Erzmineral unter, während die leichtere Gangart schwimmt.

Chemische Methoden der Aufbereitung

Metalloxide führt man nach der Aufbereitung unmittelbar der Verhüttung zu. Sulfide, Arsenide oder Carbonate sind jedoch vorher chemisch aufzubereiten, d. h. in die

---

[1]) Physikalische Größe, die angibt, wievielmal sich die »magnetische Erregung« durch einen in das Magnetfeld gebrachten Stoff gegenüber dem Vakuum vergrößert oder verkleinert.

[2]) flotation (engl.) Schwimmen

[3]) selektiv = auslesend, auswählend

Oxidform zu überführen. Bei Carbonaten (Galmei $ZnCO_3$, Spateisenstein $FeCO_3$) ist ein Erhitzen geeignet:

$MeCO_3 \rightarrow MeO + CO_2$

Metallsulfide wie Pyrit (FeS_2), Zinkblende (ZnS) und Bleiglanz (PbS) muß man abrösten ($\rightarrow$ Abschn. 14.5.2.). Den Abbrand, das sind die zurückbleibenden Oxide dieser Metalle, verhüttet man dann.

Sinterung

Durch das bei der Aufbereitung anfallende körnige Konzentrat (Feinerz) können bei der Verhüttung Komplikationen auftreten, die man jedoch durch ein Sintern (Erwärmen bis unter den Schmelzpunkt) umgeht. Durch Zugabe von Koksgrus, Kalk oder anderen Stoffen soll eine bessere Reaktionsfähigkeit der zu sinternden Masse erreicht werden. Bei sulfidischen Erzen findet das Rösten und Sintern meist in einem Arbeitsgang statt ($\rightarrow$ Aufg. 18.6.).

18.4. Darstellungsprinzipien der Metalle

Bei der Metallgewinnung muß man die Metalle aus ihren Verbindungen freisetzen. Im Prinzip handelt es sich dabei um die Reduktion des Metallkations. Bei der technischen Durchführung treten Komplikationen durch metallische Verunreinigungen und die Gangart auf.

Die Reduktion des Metallkations kann durch die im folgenden angegebenen Beispiele erfolgen:

1. Thermische Spaltung
   Mit zunehmender Temperatur nehmen die Bindungskräfte ab; einige Metallverbindungen – besonders edler Metalle – zerfallen daher beim Erwärmen.

   $MeO \rightarrow Me + \frac{1}{2} O_2$

2. Carbothermische Reduktion
   Bei der carbothermischen Reduktion wendet man C oder CO als Reduktionsmittel an.

   $MeO + C \rightarrow Me + CO$

   $MeO + CO \rightarrow Me + CO_2$

3. Reduktion mit Wasserstoff

   $MeO + H_2 \rightarrow Me + H_2O$

4. Metallothermische Reduktion
   Es dienen Metalle mit hoher Affinität zum Sauerstoff als Reduktionsmittel.

   $3 MeO + 2 Al \rightarrow 3 Me + Al_2O_3$

5. Elektrochemisch
   Katodische Reaktion im Schmelzfluß oder in wäßrigen Lösungen.

   $Me^{n+} + n \cdot e^- \rightarrow \overset{0}{Me}$

Reduktion von Schwermetalloxiden

Die Reduktion der Schwermetalloxide nimmt man bei der technischen Metallgewinnung in der Regel in *Schachtöfen* vor (Bild 18.6). Sie sind entweder aus feuerfesten Schamottesteinen oder aus Wassermänteln, in denen Kühlwasser fließt, aufgebaut. Auch Kombinationen sind üblich. In der äußeren Form muß man sich den Volumenänderungen während der Verhüttung anpassen. Nach der Art der Trennung des Rohmetalls von der Schlacke ist zwischen Spuröfen (Trennung im Vorherd) und Tiegelöfen (Trennung im Ofen selbst) zu unterscheiden (Bild 18.6 und 24.1). Da ein großer Teil der aufgewendeten Energie für die Schlackenbildung notwendig ist, kann man diese nicht zufälligen Gegebenheiten überlassen. Die Zusätze für die Schlackenbildung sind daher so zu wählen, daß die Schlacke bereits bei Temperaturen flüssig wird, die nicht wesentlich von der für die Reduktion erforderlichen Temperatur abweichen. Mit zunehmender Temperatur steigen auch die Anforderungen an den Hüttenkoks (Druckfestigkeit, Abriebfestigkeit, Stückgröße, Porigkeit), der im wesentlichen zwei Aufgaben hat:

a) Bei seiner Verbrennung entsteht die für die Verflüssigung und den Reduktionsvorgang notwendige Wärme,
b) er liefert das für die Reduktion wichtige Kohlenmonoxid.

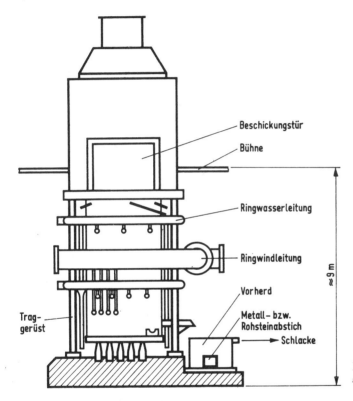

Bild 18.6. Schachtofen als Spurofen

Die Beschickung mit wechselnden Lagen aus Koks und Möller erfolgt durch die obere Schachtöffnung, die Gicht (Bild 24.1). Der Möller besteht aus Erz und Zuschlägen. Die Zuschläge sollen mit der *Gangart* des Erzes eine leichtflüssige und gut abtrennbare Schlacke (Silicate) ergeben. Die Gangart der basischen Erze enthält vor allem Calciumcarbonat $CaCO_3$, die der sauren Erze vor allem Siliciumdioxid SiO_2. Je nach Art des Erzes muß Quarz oder Kalk zur Schlackenbildung zugegeben werden.

$CaO + SiO_2 \rightarrow CaSiO_3$

Beim Herabsinken der Koks- und Möllerschichten erfolgt in der *Vorwärmzone* eine *Trocknung*. In der anschließenden *Reduktionszone* findet ein teilweiser Zerfall des

Kohlenmonoxides in Kohlendioxid und feinverteilten Kohlenstoff statt *(Boudouard-Gleichgewicht*; → Abschn. 16.3.1.).
Dieser *Zerfallskohlenstoff* reduziert einen Teil des Metalloxids:

MeO + C → Me + CO

Die Reaktion wird *indirekte Reduktion* genannt, da der Kohlenstoff nicht vom Koks, sondern vom Kohlenmonoxid herstammt.
In den tiefen Schichten wirkt das Kohlenmonoxid reduzierend *(direkte Reduktion)*:

MeO + CO → Me + CO_2

Da Überschuß an Kohlenstoff vorhanden ist und in den tieferen Teilen des Ofens hohe Temperaturen herrschen, setzt sich das entstehende Kohlendioxid sofort wieder zu Kohlenmonoxid um:

$$CO_2 + C \rightleftarrows 2\,CO \qquad \Delta H = +172{,}6 \text{ kJ mol}^{-1}$$

Die in den Gleichungen angegebenen Reaktionen wiederholen sich in den einzelnen Schichten, durch welche die Gase aufsteigen. In der *Reduktionszone* findet auch die thermische *Spaltung der Carbonate* der Gangart oder der Zuschläge statt:

$CaCO_3$ → CaO + $CO_2\uparrow$

Rohmetall und Schlacke gelangen in die Schmelzzone und werden flüssig. Die hohen Schmelztemperaturen erzielt man durch die Verbrennung des Kokses mit heißem Wind (Luft). Die Windzufuhr erfolgt in der Düsenebene durch wassergekühlte Windformen. Da jedes Rohmetalltröpfchen mit einem Schlackenhäutchen umgeben ist, kann durch den heißen Wind keine Rückoxydation auftreten. Die *Schlacke* des Hüttenbetriebes ist nicht Abfallprodukt, sondern ein wichtiges Reaktionsmittel. Sie soll möglichst alle Verunreinigungen und wenig von dem zu gewinnenden Metall aufnehmen. Das flüssige Gemisch aus Metall und Schlacke trennt sich entweder im Schachtofen oder im Vorherd (verschiedene Dichten). Die Schlacke fließt dauernd ab, das Metall periodisch.

Die an der *Gicht* entweichenden Gichtgase werden entstaubt und bei genügend hohem Kohlenmonoxidgehalt zur Erzeugung von Heißwind oder Elektroenergie verbrannt.

Alle diese chemischen Prozesse sind temperaturabhängig und laufen auf die Reduktion von Metalloxiden hinaus (→ Aufg. 18.7.).

| *Die Verhüttung der Erze im Schachtofen ist ein kontinuierlicher Prozeß, der im Gegenstromverfahren erfolgt.*

Raffination der Rohmetalle

Die durch die Reduktion gewonnenen *Rohmetalle* enthalten noch verschiedene Verunreinigungen (z. B. Kohlenstoff, Schwefel, Phosphor und Silicium sowie andere Metalle). Diese Verunreinigungen werden bei der Raffination der Metalle entfernt. Dazu sind zwei Wege möglich: Verblasen im Konverter und Feuerraffination im Flammofen.

Windfrischen im Konverter

Beim Windfrischen[1]) im Konverter[2]) wird Luft *(Wind)* durch die Schmelze geblasen (Bild 18.7). Die Verunreinigungen werden oxydiert. Sie entweichen entweder gasförmig (z. B. Schwefeldioxid SO_2 und Kohlendioxid CO_2) oder werden durch Zu-

---

[1]) Frischen ist hüttenmännischer Ausdruck, bedeutet Reinigen von Metallen
[2]) convertere (lat.) umwandeln

schläge verschlackt (z. B. $SiO_2 + CaO \rightarrow CaSiO_3$). Die flüssige Schlacke wird getrennt vom Metall abgegossen. Das Windfrischen ist hauptsächlich bei Eisen (→ Abschnitt 24.4.), Kupfer (→ Abschn. 23.2.) und Blei (→ Abschn. 22.3.) üblich.

Herdfrischen im Flammofen

Bei der Raffination im Flammofen wird das Rohmetall entweder fest oder flüssig in Wannen *(Herd)* aus feuerfestem Material eingesetzt. Durch darüberstreichende, sauerstoffreiche Flammengase oxydieren die Verunreinigungen. Um eine gute Durchmischung der Schmelze und eine völlige Oxydation zu gewährleisten, bringt man z. B. Stangen aus *frischem Holz* in das Metallbad. Hierdurch werden gelöste Gase (Schwefeldioxid) aus der Schmelze entfernt. Um die gebildeten Oxide des zu raffinierenden Metalls und den Sauerstoff aus der Schmelze zu entfernen, wird *desoxydiert*. Dazu dienen Elemente (Silicium, Aluminium und Mangan), die sich leicht mit Sauerstoff verbinden (Desoxydationsmittel).

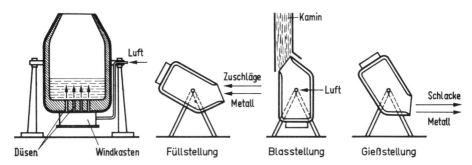

Bild 18.7. Konverter

Elektrolytische Raffination

Da die Technik manche Metalle in reinster Form benötigt, wird ein Teil des raffinierten Metalls noch einer elektrolytischen Raffination unterworfen (→ Abschn. 9.6.3. und Aufg. 18.8., 18.10. und 18.11.).

■ **Aufgaben**

18.1. Warum besitzen Metalle eine gute elektrische Leitfähigkeit, obwohl bei ihnen die Zahl der Außenelektronen meist relativ klein ist?

18.2. Was versteht man unter den Begriffen »edle« und »unedle« Metalle? Welche Beziehungen bestehen zur Spannungsreihe der Metalle?

18.3. In Richtung welcher Diagonalen berühren sich bei der kubisch-flächenzentrierten und kubisch-raumzentrierten Elementarzelle die »Atomkugeln«?

18.4. Es ist durch Rechnung nachzuweisen, daß die Raumausnutzung sowohl bei der kubisch-flächenzentrierten als auch bei der hexagonal dichtesten Kugelpackung etwa 74% ist! Der Rest des von den »Kugeln« beanspruchten Volumens entfällt auf die Hohlräume zwischen den Kugeln. Wie groß ist die Raumausnutzung beim kubisch-raumzentrierten Gitter?

18.5. Wieviel Masseprozent Kohlenstoff enthält Cementit?

18.6. Welche Aufgaben hat die Erzaufbereitung zu erfüllen?

18.7. Welche Reduktionsmittel spielen bei der Metallgewinnung eine Rolle?

18.8. Wie verläuft im Prinzip die Verhüttung eines sulfidischen Buntmetallerzes bis zum Reinmetall?
Wie lauten die Reaktionsgleichungen für das Rösten von FeS_2, ZnS und PbS, und

welche mineralogischen Bezeichnungen haben diese Stoffe?

18.9. Wie groß ist die Dichte von Eisen, wenn ein kubisch-raumzentriertes Gitter mit einer Gitterkonstanten (Abstand zwischen den Mittelpunkten zweier Eckatome) von $a_0 = 2{,}86 \cdot 10^{-10}$ m vorliegt?

18.10. Es ist zu entscheiden, ob Al_2O_3, Fe_2O_3, CaO durch Kohlenstoff reduziert werden können!
(Bildungsenthalpien → Tabelle 6.1)

18.11. Es ist zu entscheiden, ob die obigen Stoffe durch Wasserstoff reduziert werden können!

19. Metalle der 1. Hauptgruppe

19.1. Übersicht über die Metalle der 1. Hauptgruppe

Die 1. Hauptgruppe des Periodensystems umfaßt die Alkalimetalle Lithium[1]) Li, Natrium Na, Kalium K, Rubidium[2]) Rb, Caesium[3]) Cs und Francium[4]) Fr. Das Francium als künstlich erzeugtes Element hat noch keine praktische Bedeutung erlangt.
Die Alkalimetalle (Tabelle 19.1) sind silberglänzend, sehr leicht, wachsartig weich und oxydieren an der Luft sofort. Die Elemente der 1. Hauptgruppe zeigen auf dem jeweils höchsten Energieniveau folgende Elektronenbesetzung: $\boxed{\uparrow}^{s^1}$

Tabelle 19.1. Übersicht der Alkalimetalle

Element	Symbol	Relative Atommasse	Ordnungszahl	Dichte in g cm^{-3}	Schmelzpunkt in °C	Siedepunkt in °C	Elektropositiver Charakter	Basischer Charakter der Hydroxide
Lithium	Li	6,941	3	0,53	180	1370		
Natrium	Na	22,9898	11	0,97	97,7	883		
Kalium	K	39,0833	19	0,86	63,4	775	nimmt zu	nimmt zu
Rubidium	Rb	85,4678	37	1,53	38,8	680		
Caesium	Cs	132,9054	55	1,87	28,5	690		
Francium	Fr	(223)	87	–	–	–	↓	↓

Dieses Elektron wird leicht abgegeben, und es entstehen *einfach positiv* geladene Ionen. Die Alkalimetalle stehen daher als stark elektropositive Elemente am Anfang der Spannungsreihe.
Mit Wasser reagieren die Alkalimetalle außerordentlich heftig unter Wasserstoffentwicklung. Es handelt sich um eine Redoxreaktion:

$$\begin{array}{ll} 2\,Me \rightarrow 2\,Me^+ + 2\,e^- & \text{Oxydation} \\ \underline{2\,H_2O + 2\,e^- \rightarrow H_2\uparrow + 2\,OH^-} & \text{Reduktion} \\ 2\,Me + 2\,H_2O \rightleftarrows 2\,Me^+ + 2\,OH^- + H_2\uparrow & \end{array}$$

In der wäßrigen Lösung bleiben Metallionen und Hydroxidionen zurück. Da das Hydroxidion eine sehr starke Base ist, reagiert diese Lösung basisch. Beim Eindampfen kristallisiert das Metallhydroxid aus.

---

[1]) lithos (griech.) Stein
[2]) rubidus (lat.) dunkelrot, nach charakteristischer Spektrallinie
[3]) caesius (lat.) himmelblau, nach charakteristischer Spektrallinie
[4]) benannt nach Frankreich (France)

Mit den *Halogenen* reagieren die Alkalimetalle unter Bildung von *Salzen*:

$2 Me + Cl_2 \rightarrow 2 MeCl$

Die Alkalisalze sind in der Regel in Wasser gut löslich. (Lithiumphosphat und Lithiumcarbonat sind schwer löslich.)
Mit *elementarem* Wasserstoff ergeben die Alkalimetalle in der *Hitze* salzartige *Hydride*:

$2 Me + H_2 \rightarrow 2 MeH$

In der Schmelze dissoziieren diese Hydride in *positive Metallionen* und *negative Wasserstoffionen*, die die Elektronenkonfiguration des Edelgases Helium besitzen:

$MeH \rightarrow Me^+ + H^-$

Zum Beizen hochlegierter Stähle wird NaH als Reduktionsmittel in einer NaOH-Schmelze mit gutem Erfolg zur Zunderentfernung eingesetzt.
Beim *Verbrennen* an der Luft bilden die Alkalimetalle in der Regel (Ausnahme Lithium) *Peroxide* mit der Summenformel Me_2O_2. Die Alkalimetalle zeigen charakteristische *Flammenfärbung*: Natrium gelb, Kalium und Rubidium violett, Lithium rot und Caesium blau.
Wegen ihrer großen Reaktionsfähigkeit kommen die Alkalimetalle in der Natur nicht elementar vor (→ Aufg. 19.1.). In den Silicatmineralien finden sich kleinere Mengen Lithium, Rubidium und Cäsium in Form ihrer Verbindungen.

19.2. Natrium

19.2.1. Elementares Natrium

Natrium ist mit 2,6% in der Erdrinde verbreitet. Es tritt am häufigsten in der Form von Silicaten (z. B. Natronfeldspat $NaAlSi_3O_8$) auf. Die Steinsalzlagerstätten (NaCl) spielen für die Gewinnung des Natriums und seiner Verbindungen die größte Rolle. Die Salpeterlager in Chile enthalten neben *Natriumnitrat* $NaNO_3$ noch das wertvolle *Natriumiodat* $NaIO_3$. In Grönland gibt es Lagerstätten von Kryolith (Eisstein) Na_3AlF_6.
Auch im Meerwasser ist Natriumchlorid zu etwa 2,7% enthalten. In den großen Sodaseen in Kalifornien und Ostafrika ist Natrium in Form von Soda in gewaltigen Mengen vorhanden. Die Gewinnung des Natriums erfolgt heute meist durch Schmelzflußelektrolyse aus Natriumchlorid (→ Aufg. 19.3. und 19.4.).
Das *metallische Natrium* wird im Laboratorium für viele *Synthesen der organischen Chemie* als Reduktionsmittel benutzt. Für die *technische Darstellung* von *Natriumperoxid* Na_2O_2, *Natriumamid* $NaNH_2$ und *Natriumcyanid* $NaCN$ wird gleichfalls metallisches Natrium verwendet. Für bestimmte Blei- und Aluminiumlegierungen *(Lagermetalle)* ist Natrium Legierungsbestandteil. *Natriumdampflampen* mit monochromatischem (einfarbigem) gelbem Licht zeigen *hohe Lichtausbeute* (bis zu 80% der zugeführten Elektroenergie werden in Licht umgewandelt).

19.2.2. Natriumverbindungen

Das *Koch-* oder *Steinsalz* NaCl ist die *wichtigste* Natriumverbindung. Es kommt in riesigen Lagerstätten vor. Ferner gibt es natürliche Quellwässer mit hohem Natriumchloridgehalt. Sie werden als *Sole* bezeichnet. Die Bezeichnung *Hall*[1]) in Ortsnamen deutet stets auf Salzlagerstätten oder Solquellen hin (z. B. Halle, Reichenhall).

Um reines Kochsalz zu erhalten, wird das Steinsalz in Wasser gelöst und in großen eisernen Pfannen eingedampft *(Siedesalz)*. Wird die Verdampfung unter vermindertem Druck in Vakuumanlagen durchgeführt, entsteht ein feinkörniges Salz *(Vakuumsiedesalz)*. Natriumchlorid zeigt im Wasser fast konstante Löslichkeit. Bei 0 °C lösen sich 35,6 g und bei 100 °C 39,2 g in 100 g Wasser. Mit Eis gibt Natriumchlorid eine Kältemischung, mit der Temperaturen bis −21 °C erreicht werden können. Natriumchlorid ist der wichtigste Ausgangsstoff für die Erzeugung von anderen Natriumverbindungen sowie von Chlor und Salzsäure. Natriumhydroxid NaOH wird technisch durch Elektrolyse einer Natriumchloridlösung gewonnen (→ Abschn. 9.5.). Festes Natriumhydroxid (Ätznatron, auch kaustische Soda genannt) ist eine weiße, kristalline Masse, die stark hygroskopisch ist. Seine Dichte beträgt $\varrho = 2{,}13$ g cm^{-3}. Gewöhnlich kommt es in Stangen-, Schuppen- oder Plätzchenform in den Handel. Mit Wasser protolysiert Natriumhydroxid:

$$NaOH \rightarrow Na^+ + OH^-$$

Die beim Auflösen auftretende starke Wärmeentwicklung beruht auf der Hydratation dieser Ionen (→ Abschn. 12.2.1.). Die wäßrige Lösung heißt Natronlauge, sie reagiert infolge der Hydroxidionen stark basisch. Natronlauge wird im Labor vielseitig eingesetzt. Das Natriumhydroxid wird in großen Mengen in der Zellstoff-, Kunstseiden-, Farbstoff- und Seifenindustrie verwendet.

Kohlendioxid wird von Natronlauge unter Wasserbildung gebunden:

$$2\,NaOH + CO_2 \rightarrow Na_2CO_3 + H_2O$$

Als nichtflüchtige Base verdrängt das Natriumhydroxid leichtflüchtige Basen aus deren Verbindungen:

$$NaOH + NH_4Cl \rightarrow NaCl + NH_3 + H_2O$$

Das *Natriumcarbonat (Soda)* wird heute großtechnisch nach dem Ammoniak-Soda-Verfahren (Bild 19.1), das 1863 von *Solvay*[2]) entwickelt wurde, hergestellt. Eine gereinigte, gesättigte Natriumchloridlösung *(Sole)* wird im *Absorber* mit Ammoniak versetzt, das der Protolyse unterliegt:

$$NH_3 + H_2O \rightarrow NH_4^+ + OH^-$$

Im *Fällturm* wird in diese Lösung Kohlendioxid, das durch Brennen von Kalkstein erzeugt wird, eingeleitet. Das Kohlendioxid setzt sich mit den vorhandenen Hydroxidionen zu Hydrogencarbonationen um:

$$CO_2 + OH^- \rightleftarrows HCO_3^-$$

In der Lösung sind dann die Ionen zur Bildung von zwei reziproken Salzpaaren vorhanden:

$$Na^+ + Cl^- + NH^{4+} + HCO_3^- \rightleftarrows Na^+ + HCO_3^- + NH_4^+ + Cl^-$$
$$NaCl + NH_4HCO_3 \qquad \rightleftarrows NaHCO_3 + NH_4Cl$$

Unter den gegebenen Bedingungen ist das Natriumhydrogencarbonat am schwersten löslich und fällt daher aus. Es wird abfiltriert und durch Erhitzen in einer Calciniertrommel in Natriumcarbonat (Soda) übergeführt:

$$2\,NaHCO_3 \rightarrow Na_2CO_3 + H_2O + CO_2$$

Das beim Calcinieren anfallende Kohlendioxid geht wieder in den Prozeß zurück.

---

[1]) halos (griech.) Salz
[2]) *Ernst Solvay* (1838 bis 1922), belgischer Chemiker

Im Abtreiber wird die als Filtrat anfallende Ammoniumchloridlösung unter Zugabe von Calciumhydroxid destilliert:

$$2\ NH_4Cl + Ca(OH)_2 \rightarrow CaCl_2 + 2\ NH_3 + 2\ H_2O$$

Das entweichende Ammoniak wird dem Kreisprozeß wieder zugeführt.

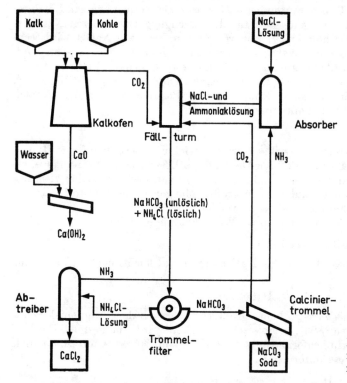

Bild 19.1. Sodagewinnung nach dem Ammoniak-Soda-Verfahren

Durch die Rückgewinnung des Ammoniaks wird das Verfahren wirtschaftlich durchführbar. Das in schlammartiger Beschaffenheit anfallende Calciumchlorid bereitet einer Weiterverarbeitung große Schwierigkeiten und wird zum größten Teil als Abfallprodukt auf Halde gegeben.

Die wasserfreie Soda ist ein weißes Pulver mit einem Schmelzpunkt von 850 °C und der Dichte $\varrho = 2{,}5$ g cm^{-3}. Sie ist in Wasser leicht löslich. Aus einer wäßrigen Lösung kristallisiert die farblose Kristallsoda $Na_2CO_3 \cdot 10\ H_2O$ als Dekahydrat[1] aus.

Die Soda wird überwiegend in der Seifen-, Farben-, Textil-, Papier- und Glasindustrie verbraucht. Bedeutende Mengen werden zur Enthärtung von Kesselspeisewasser und zur Darstellung anderer Natriumverbindungen benötigt ($\rightarrow$ Aufg. 19.5. und 19.6.).

Das *Natriumhydrogencarbonat* $NaHCO_3$ fällt beim *Solvay-Prozeß* als Zwischenprodukt an. Es wird auch durch Einleiten von Kohlendioxid in wäßrige Sodalösung dargestellt:

$$Na_2CO_3 + CO_2 + H_2O \rightleftarrows 2\ NaHCO_3$$

Beim Erhitzen auf mehr als 300 °C findet die Umkehrung der Reaktion statt. Deshalb wird Natriumhydrogencarbonat, das allgemein unter dem Namen *Natron* bekannt ist, als

---

[1] Deka (griech.) zehn, Hydrate sind Verbindungen, in denen Wasser in Form von Anlagerungs- bzw. Durchdringungskomplexen gebunden ist.

Backpulver verwendet. In der Medizin dient es als Natrium bicarbonicum zur Neutralisation überschüssiger Magensäure.

Das *Natriumsulfat* Na_2SO_4 findet sich gelöst in manchen Heilquellen. Technisch wird es heute meist aus Natriumchlorid NaCl und Magnesiumsulfat $MgSO_4$ gewonnen:

$$2\,NaCl + MgSO_4 \rightarrow Na_2SO_4 + MgCl_2$$

Als *Glaubersalz*[1]) wird das Dekahydrat $Na_2SO_4 \cdot 10\,H_2O$ bezeichnet. Natriumsulfat wird in der Färberei, Glas- und Farbenindustrie benötigt.

Das *Natriumnitrat* $NaNO_3$ (Chilesalpeter) wird heute aus der nach dem *Ostwald-Verfahren* erzeugten Salpetersäure durch Umsetzung mit Soda gewonnen:

$$Na_2CO_3 + 2\,HNO_3 \rightarrow 2\,NaNO_3 + H_2O + CO_2$$

Das *Natriumperoxid* Na_2O_2 entsteht bei der Verbrennung von Natrium. Es ist ein blaßgelbes Pulver, das sehr leicht Sauerstoff abgibt. Mit Holzmehl, Kohlepulver, Baumwolle und anderen brennbaren Substanzen ergibt es explosible Gemenge. Da es Kohlendioxid bindet und gleichzeitig Sauerstoff abgibt, wird es in Atemschutzgeräten verwendet.

19.3. Kalium

19.3.1. Elementares Kalium

Das Kalium kommt wie das Natrium in der Natur nur in Verbindungen vor, vor allem in *Silicaten* (Kalifeldspat $K[AlSi_3O_8]$), *Kaliumchlorid* KCl und *Kaliumsulfat* K_2SO_4. Die beiden letzteren werden in den Salzlagerstätten der norddeutschen Tiefebene, zu der das Staßfurter Revier gehört, im Werragebiet (Merkers) und am Südharz (Bleicherode) abgebaut. In der Sowjetunion liegt ein großes Salzlager bei Solikamsk. Bedeutende Vorkommen befinden sich auch bei Mulhouse in Frankreich und in den USA. Das metallische Kalium wird durch Schmelzflußelektrolyse des Hydroxides gewonnen.

Kalium ist ein weiches, silberweißes Metall, das noch heftiger reagiert als Natrium. Beim Einwirken von Licht spaltet es wie alle Alkalimetalle sein Außenelektron ab:

$$K + \text{Lichtenergie} \rightarrow K^+ + e^-$$

Auf diese Weise kann elektrische Energie aus Lichtenergie gewonnen werden. In den Alkaliphotozellen, die in der Fotografie, Tonfilm- und Fernsehtechnik verwendet werden, wird diese Erscheinung praktisch genutzt.

19.3.2. Kaliumverbindungen

Das *Kaliumchlorid* KCl ist die *wichtigste* Kaliumverbindung. Als Mineral heißt es Sylvinit. Es wird hauptsächlich als Düngemittel verwendet. Die meisten übrigen Kaliumverbindungen werden aus ihm gewonnen.

Das *Kaliumhydroxid* KOH wird wie das Natriumhydroxid durch Elektrolyse einer wäßrigen Kaliumchloridlösung gewonnen. Das feste, weiße Kaliumhydroxid wird als *Ätzkali* bezeichnet. Seine Dichte beträgt $\varrho = 2{,}04\,g\,cm^{-3}$, der Schmelzpunkt liegt bei 360 °C. Kaliumhydroxid wird vor allem in der Seifen- und Teerfarbenindustrie verwendet. Im Nickel-Eisen-Akkumulator befindet sich eine 20%ige Kalilauge als Elektrolyt ($\rightarrow$ Aufg. 19.9.).

---

[1]) Glauber stellte es zuerst 1658 dar.

Das *Kaliumcarbonat* K_2CO_3 *(Pottasche)* wurde früher aus Pflanzenasche, die etwa 2% K_2CO_3 enthält, durch Auslaugen in großen Töpfen *(Pötten)* gewonnen. Da das Kaliumhydrogencarbonat leicht löslich ist, kann das *Solvay-Verfahren* nicht auf die Gewinnung von Kaliumcarbonat übertragen werden. Es wird meist durch Einleiten von Kohlendioxid in Kalilauge hergestellt:

$$2\,KOH + CO_2 \rightarrow K_2CO_3 + H_2O$$

Das beim Eindampfen der Lösung entstehende Dihydrat $K_2CO_3 \cdot 2\,H_2O$ (Kristallpottasche) wird durch Calcinieren (Glühen) in wasserfreies Kaliumcarbonat (Pottasche) übergeführt. Kaliumcarbonat wird in der Glasindustrie zur Herstellung von Kaligläsern benötigt.

Das *Kaliumnitrat* KNO_3 *(Kalisalpeter)* kommt in Indien natürlich vor (indischer Salpeter). Die technische Darstellung erfolgt heute durch Zugabe von Kaliumchlorid zu einer heißgesättigten Natriumnitratlösung:

$$NaNO_3 + KCl \rightarrow KNO_3 + NaCl$$

Da Natriumchlorid von den vier Salzen, die sich aus den in der Lösung vorhandenen Ionen bilden können, in der Wärme am schwersten löslich ist, fällt es aus (Bild 19.2.) Aus dem Filtrat scheidet sich beim Abkühlen das in der Kälte verhältnismäßig schwer lösliche Kaliumnitrat ab. Das so gewonnene Kaliumnitrat wird wegen des Austausches der beteiligten Ionen auch als Konversionssalpeter[1]) bezeichnet.
Beim Erhitzen spaltet das Kaliumnitrat KNO_3 Sauerstoff ab und geht in das Kaliumnitrit KNO_2 über:

$$2\,KNO_3 \rightarrow 2\,KNO_2 + O_2$$

Auf Grund dieser Reaktion dient das Kaliumnitrat, das im Gegensatz zum Natriumnitrat nicht hygroskopisch ist, als Sauerstofflieferant in Sprengstoffen.
Kaliumchlorat $KClO_3$ liefert beim Erhitzen Kaliumchlorid und Sauerstoff (→ Abschnitt 13.3.2.). Vorsicht mit diesem Stoff ist geboten, da mit brennbaren Substanzen Explosionsgefahr besteht!

19.3.3. Gewinnung der Kalisalze

In den Salzlagerstätten der beiden deutschen Staaten treten vor allem folgende Mineralien auf:

Sylvin	KCl		
Karnallit	$KCl \cdot MgCl_2 \cdot 6\,H_2O$	Gips	$CaSO_4 \cdot 2\,H_2O$
Kainit	$KCl \cdot MgSO_4 \cdot 3\,H_2O$	Anhydrit	$CaSO_4$
Steinsalz	NaCl	Kieserit	$MgSO_4 \cdot H_2O$

Wichtige Salzgesteine sind *Sylvinit* (Gemenge aus Kaliumchlorid und Natriumchlorid) und *Hartsalz* (Gemenge aus Kaliumchlorid, Natriumchlorid und Kieserit). Auch der *Karnallit* tritt meist im Gemenge mit Natriumchlorid und Kieserit auf. Die Trennung der Bestandteile erfolgt auf Grund ihrer unterschiedlichen Löslichkeit bei verschiedenen Temperaturen.
Die Verarbeitung des *Sylvinits* erfolgt durch *Umkristallisation*. Eine in der Kälte an Natriumchlorid und Kaliumchlorid gesättigte Lösung vermag in der Hitze wesentlich mehr Kaliumchlorid als Natriumchlorid zu lösen. Beim Abkühlen scheidet sich dann Kaliumchlorid wieder aus (Bild 19.3). Das wird bei der Sylvinitverarbeitung technisch ausgenutzt, indem der bergmännisch gewonnene *Rohsylvinit* mit heißer *Mutterlauge*, die kalt an Natriumchlorid und Kaliumchlorid gesättigt ist, behandelt wird.

---

[1]) convertio (lat.) Umkehrung

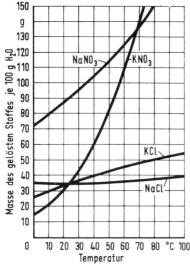

Bild 19.2. Löslichkeitsverhältnisse bei der Gewinnung von Konversionssalpeter

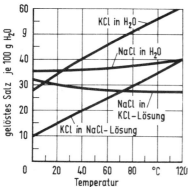

Bild 19.3. Löslichkeitsverhältnisse von Natriumchlorid und Kaliumchlorid

Dabei löst sich der größte Teil des Kaliumchlorids, während das Natriumchlorid die Hauptmenge des ungelösten Rückstandes ausmacht. Beim Abkühlen scheidet sich hauptsächlich Kaliumchlorid ab. Die Mutterlauge wird durch Filtration abgetrennt und geht, in Wärmeaustauschern und Vorwärmern erhitzt, als Löselauge in den Prozeß zurück (→ Aufg. 19.8.).

Da im *Hartsalz* neben Kaliumchlorid und Natriumchlorid noch Kieserit $MgSO_4 \cdot H_2O$ enthalten ist, wird bei der *Hartsalzverarbeitung* mit einer Mutterlauge gearbeitet, die neben Natriumchlorid und Kaliumchlorid noch Magnesiumchlorid $MgCl_2$ enthält. Dadurch bleibt nicht nur das Natriumchlorid, sondern auch der Kieserit weitgehend ungelöst. Aus dem ungelösten Rückstand wird Kieserit gewonnen, der mit Kaliumchlorid zu Kaliummagnesiumsulfat $K_2SO_4 \cdot MgSO_4$ und Kaliumsulfat K_2SO_4 umgesetzt wird, die ebenfalls als Düngesalze dienen.

$$2\,MgSO_4 + 2\,KCl \rightarrow K_2SO_4 \cdot MgSO_4 + MgCl_2$$

$$2\,KCl + K_2SO_4 \cdot MgSO_4 \rightarrow 2\,K_2SO_4 + MgCl_2$$

Die erste großtechnische Anlage zur Gewinnung von Kaliumchlorid durch Flotation wurde 1935 in den USA errichtet. Seit etwa 20 Jahren haben sich Flotationsverfahren

in der Kalisalzverarbeitung immer mehr durchgesetzt, so daß heute etwa 70% der Weltproduktion an Kaliumchlorid nach diesen Verfahren gewonnen werden.
Im Gegensatz zur Erzflotation (→ Abschn. 18.3.) muß mit einer gesättigten Salzlösung als Tragflüssigkeit gearbeitet werden.
Durch die Zugabe von Sammlern (langkettige Amine) und Schäumern (höhere Alkohole, Dimethylhydroxybenzene) soll eine gute Trennung des feingemahlenen Rohsalzes erzielt werden. Mit Hilfe von Flotationsverfahren sind Ausbeuten über 90% mit Gehalten bis 62% K_2O möglich.

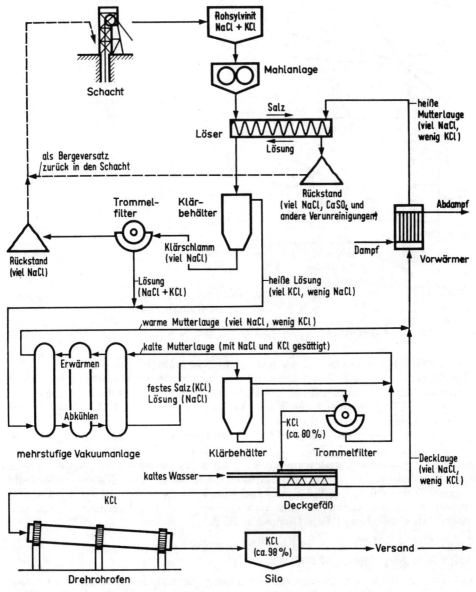

Bild 19.4. Übersicht zur Sylvinitverarbeitung

Die anfallenden beträchtlichen Mengen an Ablauge (hochkonzentrierte Salzlösungen) werden entweder in tiefe Erdschichten versenkt oder gelangen über die Vorfluter in die Flüsse und führen so zur Umweltbelastung.
Bei mangesiumchloridreichen Ablaugen ist eine thermisch-hydrolytische Spaltung möglich.

$$MgCl_2 + H_2O \xrightarrow{1273\ K} MgO + 2\ HCl$$

Das Chlorwasserstoffgas kann z. B. zur Oxochlorierung von Ethen genutzt werden.
Das Magnesiumoxid dient zur Produktion von feuerfesten Steinen.
Der Kaliumgehalt wird stets auf Kaliumoxid K_2O bezogen, da man auf diese Weise die verschiedenen Kalidüngesalze in ihrer Wirksamkeit als Pflanzennährstoffe ohne weiteres vergleichen kann. Das Magnesium im Emge-Kali und im Reformkali dient den Pflanzen zum Aufbau des Chlorophylls (Blattgrün).
(→ Aufg. 19.7. bis 19.9.).

Tabelle 19.2 Produktion von Kalidüngemittel (in $1\,000$ t K_2O)[1])

	1960	1970	1980	1982
Welt	8 600	16 884	25 852	25 653
Bundesrepublik Deutschland	1 978	2 293	2 737	2 057
Deutsche Demokratische Republik	1 666	2 420	3 422	3 434
Frankreich	1 522	1 775	1 915	1 726
Spanien	249	539	669	721
Sowjetunion	1 084	4 087	8 064	8 079
Canada		3 566	7 063	6 043
USA	2 303	2 205	2 245	1 662

[1]) Sowjetunion, BRD und DDR: Kalenderjahre; Welt und übrige Länder: Wirtschaftsjahre

In den Handel kommen vor allem folgende Kalidüngesalze:

Kainit	Gehalt 12 bis 16% K_2O (gemahlenes Rohsalz),
40er Kalidüngesalz	Gehalt 38 bis 42% K_2O in Form von Kaliumchlorid,
50er Kalidüngesalz	Gehalt 48 bis 52% K_2O in Form von Kaliumchlorid,
Kaliumsulfat	Gehalt 48 bis 52% K_2O in Form von Kaliumsulfat,
Emge-Kali	Gehalt 33 bis 37% K_2O in Form von Kaliumchlorid und 14 bis 16% Magnesiumsulfat,
Reformkali	Gehalt 26 bis 30% in Form von Kaliumchlorid und Kaliumsulfat sowie 26% Magnesiumsulfat.

■ Aufgaben

19.1. Wie lautet die Reaktionsgleichung für die Reaktion zwischen Alkalimetall und Wasser?

19.2. Wieviel Kilogramm Natrium und wieviel Kubikmeter Chlor (bei Normbedingungen) entstehen bei der Schmelzflußelektrolyse aus einer Tonne Natriumchlorid?

19.3. Warum muß bei der Alkalichlorid-Schmelzflußelektrolyse das Chlor getrennt vom Natrium aufgefangen werden?

19.4. Die Schmelzflußelektrolyse von Natriumhydroxid läßt sich bei etwa 330 °C, die von Natriumchlorid aber bestenfalls bei 600 °C durchführen. Folglich ist die erstgenannte Elektrolyse technisch einfacher zu bewältigen. Dennoch wendet man sich immer mehr der Natriumchlorid-Elektrolyse zu. Wie ist das zu erklären?

19.5. Wie lauten die Reaktionsgleichungen für die Grundzüge des *Solvay*-Verfahrens?

19.6. Wieviel Kilogramm calcinierte Soda

können aus 1 t Kristallsoda gewonnen werden?

19.7. Die Kalisalze werden auch als »Abraumsalze« bezeichnet. Worauf bezieht sich diese Bezeichnung?

19.8. Wieviel Gramm Kaliumchlorid sind in einer gesättigten Lösung von 100 °C in 100 g Wasser enthalten? Wieviel Gramm Natriumchlorid vermag diese Lösung noch aufzunehmen?

19.9. Natronlauge spielt in der Technik eine größere Rolle als Kalilauge. Wie ist das zu erklären?

20. Metalle der 2. Hauptgruppe

20.1. Übersicht über die Metalle der 2. Hauptgruppe

In der 2. Hauptgruppe des Periodensystems stehen die Elemente *Beryllium* Be, *Magnesium* Mg, *Calcium* Ca, *Strontium* Sr, *Barium* Ba und *Radium* Ra. Das Radium ist ein sehr seltenes, natürliches radioaktives Element.
Die Elemente dieser Gruppe sind silberweiße bis graue Leichtmetalle, das Radium steht an der Grenze zu den Schwermetallen. Die Härte ist wesentlich größer als bei den Alkalimetallen.
Die Metalle Calcium, Strontium, Barium und Radium werden auch unter der Bezeichnung *Erdalkalimetalle* zusammengefaßt, da ihre Oxide erdige Beschaffenheit aufweisen (z. B. gebrannter Kalk) und in ihren Eigenschaften zwischen denen der Alkalimetalle (1. Hauptgruppe) und denen der Erdmetalle (3. Hauptgruppe) stehen. Die Atome der Elemente der 2. Hauptgruppe zeigen auf dem jeweils höchsten Energieniveau folgende Elektronenbesetzung: $\boxed{\uparrow\downarrow}^{s^2}$

Sie geben diese beiden Elektronen relativ leicht ab und treten dann zweiwertig positiv auf. Infolge ihres stark elektropositiven Charakters stehen sie am Anfang der Spannungsreihe. An der Luft oxydieren die Erdalkalimetalle

$$Me + \tfrac{1}{2} O_2 \rightarrow MeO$$

und reagieren mit Wasser unter Bildung von Hydroxiden und Wysserstoff:

$$Me + 2 H_2O \rightarrow Me(OH)_2 + H_2\uparrow$$

Bei Beryllium und Magnesium verläuft die Reaktion nur sehr langsam. Die Ursache liegt darin, daß die gebildeten Oxide schwer löslich sind und einen relativ fest haftenden Bezug auf dem Metall bilden. Barium bildet das am leichtesten lösliche Hydroxid dieser Gruppe und reagiert am lebhaftesten mit Wasser. Während die Löslichkeit der Hydroxide mit steigender Kernladungszahl zunimmt, nimmt die Löslichkeit der Sulfate ab. Bariumsulfat (Schwerspat) $BaSO_4$ ist praktisch wasserunlöslich.
Mit *Wasserstoff* bilden die Erdalkalimetalle salzartige *Hydride*:

$$Me + H_2 \rightleftarrows MeH_2$$

Eine Übersicht über die Erdalkalimetalle bietet Tabelle 20.1.

20.2. Magnesium

20.2.1. Elementares Magnesium

Vorkommen und Gewinnung
Magnesium ist mit etwa 1,9% am Aufbau der Erdrinde beteiligt. Neben Calcium und Aluminium ist Magnesium das wichtigste gesteinsbildende Metall. Im *Magnesit*

Tabelle 20.1. Übersicht der Erdalkalimetalle

Element	Symbol	Relative Atommasse	Ordnungszahl	Dichte in g cm^{-3}	Schmelzpunkt in °C	Siedepunkt in °C	Elektropositiver Charakter	Basischer Charakter der Hydroxide
Beryllium	Be	9,0122	4	1,85	1278	2965		
Magnesium	Mg	24,305	12	1,74	655	1100		
Calcium	Ca	40,08	20	1,55	850	1487	nimmt zu	nimmt zu
Strontium	Sr	87,62	38	2,60	757	1366		
Barium	Ba	137,33	56	3,50	710	1638		
Radium	Ra	226,0254	88	5,00	700	1530	↓	↓

$MgCO_3$ und *Dolomit* $MgCO_3 \cdot CaCO_3$ kommt es in großen Lagern in Österreich, Jugoslawien, der Sowjetunion, Italien und Indien vor.
Olivin (ein Magnesium-Eisensilikat), *Meerschaum*, *Talk* und *Asbest* sind verschiedene Formen meist wasserhaltiger *Magnesiumsilikate*. *Magnesiumsulfat* und *Magnesiumchlorid* sind im Meerwasser enthalten und treten deshalb in *Salzlagerstätten* auf. Die abführenden »Bitterwässer« sind magnesiumhaltige Quellwässer.
Metallisches Magnesium wird durch Schmelzflußelektrolyse von wasserfreiem Magnesiumchlorid gewonnen. Magnesit wird im Chlorstrom im Elektroofen mit Kohle behandelt, wobei Magnesiumchlorid entsteht.

$MgCO_3 + Cl_2 + C \rightarrow MgCl_2 + CO_2 + CO$

Das geschmolzene Magnesiumchlorid wird elektrolysiert, wobei durch Zugabe von Flußmitteln die Schmelztemperatur herabgesetzt wird. Das entstehende Chlor dient zur Darstellung von neuem Magnesiumchlorid. Bei einem neueren Verfahren wird Magnesiumoxid bei 2000 °C mit Kohle in einem Elektroofen reduziert:

$MgO + C \rightarrow Mg + CO$ bzw.

$MgCO_3 + 2C \rightarrow Mg + 3CO$

Das Magnesium geht dampfförmig ab und wird in einer Wasserstoffatmosphäre kondensiert.

Eigenschaften und Verwendung

Magnesium ist ein silberweißes Metall, das an der Luft beständig ist, da sich an der Oberfläche eine zusammenhängende Oxidschicht bildet. Bei höheren Temperaturen (800 °C) verbrennt Magnesium mit blendendweißer Flamme zum Oxid:

$Mg + \frac{1}{2} O_2 \rightarrow MgO \quad \Delta H_B = -612{,}2 \text{ kJ mol}^{-1}$

Magnesium ist in der Kälte gegenüber Wasser und Laugen beständig. Mit Säuren, Brom und Chlor reagiert es lebhaft. Das Magnesium ist das technisch wichtigste Metall der 2. Hauptgruppe. Magnesium dient als *Reduktionsmittel* in Blitzlichtpulvern und Feuerwerkskörpern. Die *Legierungen* des Magnesiums zeichnen sich durch besonders geringe Dichte aus. Sie werden als Guß- und Walzlegierungen im Flugzeug-, Fahrzeug-, Maschinen- und Gerätebau eingesetzt.

20.2.2. Magnesiumverbindungen

Magnesiumoxid MgO entsteht als weißes, lockeres Pulver bei der Verbrennung von Magnesium. Auch beim Glühen von Magnesiumhydroxid entsteht MgO *(gebrannte*

Magnesia). In größeren Mengen wird es durch Brennen von Magnesit $MgCO_3$ hergestellt:

$$MgCO_3 \rightarrow MgO + CO_2$$

Die beim Brennen bei etwa 800 °C entstehende sogenannte *kaustische Magnesia* eignet sich als Baubindemittel ($\rightarrow$ Abschn. 20.5.3.). Bei etwa 1 600 °C entsteht eine Sintermasse, die zu hochfeuerfesten Magnesitsteinen, deren Schmelzpunkt über 2 000 °C liegt, verarbeitet wird. Die *Magnesitsteine* dienen zur Ausmauerung der *Siemens-Martin-* und Elektrostahlöfen. *Magnesiumhydroxid* $Mg(OH)_2$ ist in Wasser schwer löslich. Magnesiumionen Mg^{2+} lassen sich daher durch Hydroxidionen aus wäßrigen Lösungen ausfällen:

$$Mg^{2+} + 2\,OH^- \rightarrow Mg(OH)_2\downarrow$$

Magnesiumchlorid $MgCl_2$ tritt bei der Verarbeitung des Karnallits $MgCl \cdot KCl \cdot 6\,H_2O$ in großen Mengen als Nebenprodukt auf. Es fällt aus den Endlaugen beim Eindampfen als Hexahydrat $MgCl_2 \cdot 6\,H_2O$ aus und ist leicht löslich und stark hygroskopisch. Es wird zum Imprägnieren von Holz verwendet. *Magnesiumsulfat* $MgSO_4$ bildet mehrere Hydrate. Am bekanntesten sind *Bittersalz* $MgSO_4 \cdot 7\,H_2O$ und *Kieserit* $MgSO_4 \cdot H_2O$. Bittersalz hat technische Bedeutung als Beschwerungssalz für Wolle und Seide, in der Medizin wird es als Abführmittel verwendet. Kieserit entsteht als Abfallprodukt bei der Hartsalzverarbeitung.

Asbest ist ein wichtiges *Magnesiumsilicat*, das wegen seiner *Unverbrennbarkeit* und *fasrigen* Struktur vielseitig verwendet wird. Asbestpappe und Asbestschnur dienen für Isolierzwecke. Dichtungen für hitzebeanspruchte Maschinenteile werden aus Asbest hergestellt. Auch feuerfeste Anzüge und z. T. Theaterdekorationen werden aus Asbest angefertigt. Der Umgang mit ihm ist gesundheitsschädigend (Asbestose).

20.3. Calcium

20.3.1. Elementares Calcium

Calcium ist mit 3,4% am Aufbau der Erdrinde beteiligt. *Calciumcarbonat* $CaCO_3$ tritt als *Kalkstein*, *Kreide*, *Marmor*, *Kalkspat*, *Aragonit* und als Doppelsalz im *Dolomit* $MgCO_3 \cdot CaCO_3$ auf. Große Vorkommen bildet auch das *Calciumsulfat* $CaSO_4$ als *Gips* $CaSO_4 \cdot 2\,H_2O$ und *Anhydrit* $CaSO_4$. Weitere wichtige Calciummineralien sind *Flußspat* CaF_2, *Phosphorit* $Ca_3(PO_4)_2$ und *Apatit* $3\,Ca_3(PO_4)_2 \cdot Ca(F, Cl)_2$[1]). Die Darstellung des metallischen Calciums erfolgt durch Schmelzflußelektrolyse. Calcium gehört zu den Leichtmetallen. Seine Härte liegt zwischen der des Magnesiums und der des Natriums. Infolge seines größeren Atomdurchmessers ist es leichter ionisierbar als Magnesium. An der Luft überzieht es sich mit einer gelblichgrauen Schicht, die neben dem Oxid CaO auch das Nitrid Ca_3N_2 enthält. Seine silberweiße Farbe ist deshalb nur an der frischen Schnittfläche zu beobachten. Bei gewöhnlicher Temperatur reagiert es mit Wasser ($\rightarrow$ Aufg. 20.1.). Durch die geringe Löslichkeit des Hydroxides wird die Reaktion verlangsamt:

$$Ca + 2\,H_2O \rightarrow Ca(OH)_2 + H_2\uparrow$$

Beim Erhitzen an der Luft verbrennt es mit rötlicher Flamme. Mit den Halogenen und mit Wasserstoff bildet es in der Hitze binäre Verbindungen. Technisch wird Calcium nur in geringen Mengen für Legierungszwecke verwendet. In einem bei der Eisenbahn viel gebrauchten Lagermetall sind 0,7% Calcium enthalten.

---

[1]) Die Klammer $(F, Cl)_2$ besagt, daß sowohl Fluor als auch Chlor an dieser Stelle stehen können.

20.3.2. Calciumverbindungen

Calciumcarbonat $CaCO_3$ ist die wichtigste Calciumverbindung. Es dient als Ausgangsstoff für die Darstellung von fast allen Calciumverbindungen. Wird *Kalkstein* gebrannt, so entsteht gebrannter Kalk (Branntkalk) CaO, wobei Kohlendioxid entweicht:

$$CaCO_3 \rightarrow CaO + CO_2\uparrow$$

Das Calciumcarbonat dient daher beim *Ammoniak-Soda-Verfahren* als Kohlendioxidquelle.

Wird *Calciumoxid (gebrannter Kalk, Branntkalk)* CaO mit Wasser gelöscht, so entsteht *Calciumhydroxid (gelöschter Kalk, Löschkalk)* $Ca(OH)_2$ ($\rightarrow$ Aufg. 20.2. und 20.3.). Calciumhydroxid ist eines der wichtigsten Baubindemittel ($\rightarrow$ Abschn. 20.5.). Da Calciumhydroxid im Wasser ziemlich schwer löslich ist, wird neben Kalkwasser, einer klaren wäßrigen Lösung von Calciumhydroxid, auch Kalkmilch, eine Aufschlämmung von festem Calciumhydroxid in Wasser, verwendet. Kalkwasser und Kalkmilch reagieren infolge des Gehalts an Hydroxidionen basisch. Der geringen Gewinnungskosten wegen werden sie in der Industrie als Neutralisationsmittel z. B. für saure Abwässer eingesetzt. Calciumoxid dient neben seiner Verwendung im Bauwesen und als Zuschlagstoff im Hüttenwesen ($\rightarrow$ Abschn. 18.4.) zur Gewinnung von *Calciumcarbid* CaC_2 und *Kalkstickstoff* $CaCN_2$, zwei wichtigen Ausgangsstoffen der organisch-chemischen Industrie.
Das *Calciumfluorid* CaF_2 kommt als Flußspat in der Natur vor. Beim Calciumfluorid wurde zuerst die Erscheinung der Fluoreszenz beobachtet. Es leuchtet im auffallenden weißen Licht blau auf. In der optischen Industrie wird es zum Vergüten der Linsen verwendet. (Vergütete Linsen fluoreszieren bläulich.) Calciumfluorid dient ferner als Flußmittel (zum Herabsetzen des Schlackenschmelzpunktes) in der Metallurgie, worauf sein Trivialname Flußspat beruht.
Das *Calciumchlorid* $CaCl_2$ fällt – allerdings in schwer zu verarbeitender Form – beim *Solvay-Prozeß* in großen Mengen als Abfallprodukt an. Das Hexahydrat $CaCl_2 \cdot 6\,H_2O$ dient zusammen mit Eis als Kältemischung, mit der sich Temperaturen bis zu $-50\,°C$ erzielen lassen. Die wasserfreie Form wird als Trockenmittel verwendet.
Das salzartige, weiße *Calciumhydrid* CaH_2 setzt sich mit Wasser zu Calciumhydroxid und Wasserstoff um:

$$CaH_2 + 2\,H_2O \rightarrow Ca(OH)_2 + 2\,H_2\uparrow$$

Die Wasserstoffentwicklung ist bedeutend lebhafter als die mit metallischem Calcium.
Das *Calciumsulfat* tritt in der Natur als *Gips* $CaSO_4 \cdot 2\,H_2O$ und *Anhydrit* $CaSO_4$ auf. In der chemischen Industrie dient es zur Herstellung von Ammoniumsulfat, Schwefelsäure und Portlandzement. Ferner dient es als Pigment und Füllstoff in der Papierindustrie.
Die verschiedenen *Calciumphosphate* dienen zur Herstellung von Düngemitteln und Phosphor.

20.4. Barium

Das Barium wird in der Natur als *Witherit* $BaCO_3$ und *Schwerspat (Baryt)* $BaSO_4$ gefunden. Das silberweiße Metall wird durch Reduktion des Bariumoxids BaO mit Aluminium in einem Elektroofen im Vakuum gewonnen:

$$3\,BaO + 2\,Al \rightarrow Al_2O_3 + 3\,Ba$$

Das Metall reagiert mit Wasser unter Bildung von Bariumhydroxid $Ba(OH)_2$ und Wasserstoff. Es nimmt unter Bildung des Oxids BaO bzw. des Peroxids BaO_2 sehr leicht Sauerstoff auf. Technisch hat es keine Bedeutung.
Das *Bariumhydroxid* $Ba(OH)_2$ ist in Wasser leichter löslich als das Calciumhydroxid. Aus der klaren Lösung des Bariumhydroxids *(Barytwasser* genannt) fallen bei Zugabe von

Carbonationen CO_3^{2-} und Sulfationen SO_4^{2-} weiße Niederschläge von Bariumcarbonat und Bariumsulfat aus.

Bariumsulfat $BaSO_4$ ist praktisch wasserunlöslich und chemisch sehr beständig, es dient in der Farben-, Papier-, Gummi-, Plast- und Baustoffindustrie als Füllmittel. Unter den Namen *Barytweiß, Blanc fixe* oder *Permanentweiß* ist es als Pigment bekannt. *Lithopone* dagegen ist eine Mischung aus Bariumsulfat und Zinksulfid ZnS. In der Medizin dient Bariumsulfat als Röntgenkontrastmittel bei Untersuchungen des Magen-Darm-Kanals. Alle löslichen Bariumverbindungen sind giftig (→ Aufg. 20.4.).

20.5. Baubindemittel

20.5.1. Bedeutung der Baubindemittel

Die Erzeugung von Zement nimmt eine Schlüsselstellung für die gesamte Bauindustrie ein (→ Tabelle 20.2.).
Die Baubindemittel dienen zum Einbinden von silicatischen Baustoffen *(Ziegel, Sand, Kies, Granit)* oder zur Herstellung von Kunststeinen (monolithische oder Plattenbauweise). Ihr Einsatz erfolgt als Mörtel oder als Beton.

Tabelle 20.2 Produktion von Zement (in Millionen Tonnen)

	1960	1970	1980	1982
Welt	317,0	569,8	886,5	888,0
USA	56,1	67,7	67,9	58,0
Canada	5,3	7,3	10,3	8,1
Brasilien	4,5	9,0	25,9	25,4
Japan	22,5	57,2	88,0	79,2
China (ohne Taiwan)	13,5	10,0	79,9	82,9[1)]
Bundesrepublik Deutschland	25,8	38,0	34,6	30,1
Großbritannien und Nordirland	13,5	17,2	14,8	13,0
Frankreich	14,3	29,0	29,1	26,1
Australien	2,8	5,1	5,2	5,8
Sowjetunion	45,5	95,2	125,0	123,7
Deutsche Demokratische Republik	5,0	8,0	12,4	11,7
VR Polen	6,6	12,2	18,4	16,0
ČSSR	5,1	7,4	10,5	10,3

[1)] 1981

Mörtel ist ein Gemisch aus Baubindemittel, Sand und Wasser. Beton ist ein Gemisch aus Zement, Zuschlagstoffen und Wasser.
Nach der Art der Erhärtung lassen sich die Baubindemittel in folgende Gruppen einteilen:

1. Luftbinder, die nur an der Luft erhärten
2. hydraulische Bindemittel, die an Luft und unter Wasser erhärten
3. hydrothermale Bindemittel, die mit Wasserdampf und unter Druck erhärten

20.5.2. Luftbinder

20.5.2.1. Kalk

Durch Brennen von *Kalkstein* (*Calciumcarbonat* $CaCO_3$) bei 700 bis 1000 °C entsteht *Branntkalk* (*Calciumoxid* CaO) und Kohlendioxid.
Durch Ablöschen des *Branntkalks* entsteht unter erheblicher Wärmeentwicklung *Calciumhydroxid* (*Löschkalk*, auch *Kalkhydrat* genannt).

$$CaO + H_2O \rightarrow Ca(OH)_2$$

Durch Anmischen des *Löschkalkes* mit Wasser und Sand entsteht ein *Mörtel*, der mit dem Kohlendioxid der Luft reagiert.

$$Ca(OH)_2 + CO_2 \rightarrow CaCO_3 + H_2O$$

Bei dieser Abbindereaktion entsteht Wasser, das mit dem Anmachwasser des Mörtels verdunsten muß!
Bei der Ethingewinnung aus Calciumcarbid fallen große Mengen Calciumhydroxid an, das auch *Bunakalk* genannt wird. (→ Abschn. 26.4.3.)

20.5.2.2. Gips

Durch Erhitzen auf 107 °C wird Gips $CaSO_4 \cdot 2\,H_2O$ teilweise entwässert und in das *Hemihydrat*[1]) $CaSO_4 \cdot \frac{1}{2}H_2O$ umgewandelt, das beim Anrühren mit Wasser sehr schnell unter Dihydratbildung erstarrt:

$$CaSO_4 \cdot \tfrac{1}{2} H_2O + 1\tfrac{1}{2} H_2O \rightarrow CaSO_4 \cdot 2\,H_2O$$

Es kommt zur Ausbildung vieler engverfilzter Kristalle. Der *Stuckgips* besteht aus viel Hemihydrat und wenig Anhydrit. Beim Anrühren mit Wasser versteift er in 8 bis 25 min unter erheblicher Erwärmung.
Estrichgips, eine feste Lösung von Calciumoxid in Calciumsulfat, wird durch Erhitzen auf über 1000 °C gewonnen. Beim Anrühren mit Wasser und Sand entsteht ein Mörtel, der in 2 bis 24 Stunden abbindet und in 12 Tagen erhärtet. Da er dann sehr fest und wetterbeständig ist, wird er für Fußböden verwendet.

20.5.2.3. Magnesitbinder

Durch thermische Spaltung des *Magnesiumcarbonats* (*Magnesit*) $MgCO_3$ entstehen Magnesiumoxid MgO und Kohlendioxid.
Das pulverförmige Magnesiumoxid wird mit einer Magnesiumchloridlösung angerührt und erstarrt innerhalb eines Tages zu einer steinartigen Masse.
Deshalb dient der Magnesitbinder zur Herstellung von Steinholzfußböden und -platten, Kunststeinen und als Kitt für Metalle und Glas. Nach dem französischen Ingenieur *Sorel*, der 1864 dieses Baubindemittel erfand, wird der Magnesitbinder auch als *Sorelzement* bezeichnet.

20.5.3. Hydraulische Bindemittel

20.5.3.1. Zemente

Während bei den bisher behandelten Baubindemitteln die Rohstoffe, wie sie in der Natur vorkommen, zum Brennen verwendet werden, wird bei der *Portlandzement*-

---

[1]) hemi (griech.) halb

gewinnung von einer künstlichen Mischung von *Kalk, Ton, Sand* und *metallurgischen Abbränden* ausgegangen. Da die hydraulischen Eigenschaften von der Bildung bestimmter Silicate, Aluminate und Ferrite abhängen, ist eine genaue und kontrollierte Mischung notwendig. Tabelle 20.3 gibt Auskunft über einige im Zement vorkommende *Silicate, Aluminate* und *Ferrite* des Calciums.

Tabelle 20.3. Bestandteile der Zementklinker

Name	Chemische Formel		
Tricalciumsilicat	$3\,CaO \cdot SiO_2$	oder	Ca_3SiO_5
Dicalciumsilicat	$2\,CaO \cdot SiO_2$	oder	Ca_2SiO_4
Tricalciumaluminat	$3\,CaO \cdot Al_2O_3$	oder	$Ca_3(AlO_3)_2$
Tetracalciumaluminatferrit	$4\,CaO \cdot Al_2O_3 \cdot Fe_2O_3$	oder	$Ca_4(AlO_3)_2(FeO_2)_2$
Calcium-Monoaluminat	$CaO \cdot Al_2O_3$	oder	$Ca(AlO_2)_2$

Die Ausgangsstoffe werden vorzerkleinert, klassiert und in Kugelmühlen staubfein gemahlen. Nach einer Vortrocknung gelangen die aufbereiteten Stoffe in den Drehrohrofen und werden bei 1400 bis 1500 °C zu den steinharten Zementklinkern gebrannt. Nach Kühlung der Klinker werden diese mit Anregern staubfein gemahlen und kommen dann als Zement in den Handel.

Wird Zement mit Wasser und Sand angerührt, so entsteht ein Wassermörtel, der innerhalb von 12 Stunden abbindet. Das Abbinden eines hydraulischen Mörtels ist das Erstarren unter Wasseraufnahme. Dem Abbinden folgt ein langsames Erhärten, das sich über Jahre erstreckt. Dabei müssen nach 28 Tagen bestimmte Festigkeitswerte erreicht sein (5 bis 60 N mm^{-2}). Beim Erhärten bildet sich eine kristalline Struktur aus, die mit Volumenverminderung (Schwinden) des Betons verbunden ist. Um diese zu vermeiden und bestimmte Eigenschaften zu erreichen, werden Zuschlagstoffe verschiedenster Art zugegeben.

Beim Abbinden und Erhärten des Zements handelt es sich um komplizierte Prozesse, die bisher noch nicht völlig aufgeklärt werden konnten. Eine wichtige Rolle spielt dabei die Umsetzung des Tricalciumsilicates $3\,CaO \cdot SiO_2$ bzw. Ca_3SiO_5, eines Hauptbestandteiles des Zements, mit Wasser:

$$3\,CaO \cdot SiO_2 + 4\,H_2O \rightarrow 3\,Ca(OH)_2 + SiO_2 \cdot H_2O$$

Da nicht genügend Wasser zugegen ist, verläuft aber diese Umsetzung im Zementmörtel unvollständig, und zwar etwa nach der Gleichung:

$$3\,CaO \cdot SiO_2 + 3\,H_2O \rightarrow CaO \cdot SiO_2 \cdot H_2O + 2\,Ca(OH)_2$$

Das *Monocalciumsilicat-Monohydrat* $CaO \cdot SiO_2 \cdot H_2O$ bildet feinste Kriställchen, die fest miteinander verfilzen. Wenn Zementmörtel bzw. Beton an der Luft erhärtet, setzt sich das Calciumhydroxid zu Calciumcarbonat um (→ Aufg. 20.5. und 20.6.). Die bekanntesten Zementarten sind: Portlandzement, Eisenportlandzement, Hochofenzement, Bauzement, Sulfathüttenzement, Tonerdeschmelzzement.

Portlandzement wird nach dem vorher beschriebenen Verfahren hergestellt. Er muß mindestens aus 85% Portlandzementklinkern und höchstens aus 15% basischer Hochofenschlacke durch Mahlen gewonnen sein. Zur Regelung der Abbindezeit werden 2 bis 3% Gips zugesetzt.

Eisenportlandzement und Hochofenzement enthalten basische Hochofenschlacke und Portlandzement in verschiedenen Mengenverhältnissen.

Sulfathüttenzement enthält mindestens 75% Hochofenschlacke, höchstens 5% Portlandzement sowie Gips oder Anhydrit als sulfatische Anreger. Die Anreger haben die Aufgabe, die hydraulischen Eigenschaften der Hochofenschlacke, d. h. das Abbinden mit Wasser, auszulösen (→ Aufg. 20.9. und 20.10.).

20.5.3.2. Weitere hydraulische Bindemittel

In der Natur kommen auch Gemische von Kalk und Ton als Kalkmergel (10 bis 15% Ton), Mergel (15 bis 30% Ton) und Tonmergel (>30% Ton) vor. Werden diese Mergel unterhalb ihrer Sintertemperatur gebrannt, so entsteht ein hydraulischer Kalk, der Calciumoxid, Siliciumdioxid und Aluminiumoxid enthält. Das Abbinden und Erhärten erfolgt unter Wasseraufnahme:

$$CaO + SiO_2 + H_2O \rightarrow CaSiO_3 \cdot H_2O$$

Daneben bildet sich auch Calciumcarbonat. Nach dem Erhärten ist der Mörtel wasserbeständig. In der Festigkeit stehen die hydraulischen Kalke hinter den Zementen zurück, da sie nach 28 Tagen nur eine Druckfestigkeit von etwa 5 N mm^{-2} erreichen. Die Mischbinder entstehen durch Vermahlen von hydraulischen Stoffen *(Hochofenschlacke, Ziegelmehl, Traß*[1]*))* und Anregern *(Portlandzement, Branntkalk, Gips, Braunkohlenfilteraschen)*. Ihre Druckfestigkeit beträgt nach 28 Tagen 12,5 N mm^{-2}. Der Anhydrit CaSO$_4$ läßt sich ebenfalls als Baubindemittel einsetzen, wenn er beim Vermahlen mit 3% Calciumhydroxid oder anderen Anregern versetzt wird. Sein Einsatz kann an Stelle von Branntkalk oder Estrichgips erfolgen (→ Aufg. 20.7.).

20.5.4. Hydrothermale Bindemittel

20.5.4.1. Kalksandstein

Die Ausgangsmaterialien sind Weißkalk CaO und Sand SiO$_2$, die mit Wasser gemischt und zur Ablöschung des Weißkalkes gelagert werden. Danach folgt die Formgebung durch Pressen. Die Formlinge werden bei 80 bis 200 °C und 0,8 bis 1,2 MPa in Autoklaven in 2 bis 20 Stunden ausgehärtet.
Beim Erhärten kommt es wie bei den Zementen zur Ausbildung von Calciumsilicathydraten. Die Festigkeit und damit die Verwendungsmöglichkeiten des Kalksandsteins entsprechen denen von Ziegelsteinen.

20.5.4.2. Silicatbeton

Der Silicatbeton wird als Gasbeton in großem Umfang zur Wärme- und Schallisolation eingesetzt. Die Ausgangsstoffe Weißkalk CaO, Sand SiO$_2$ oder andere Silicate werden fein gemahlen und mit Wasser vermischt. Durch Zugabe von Aluminiumpulver und dessen Umsetzung mit dem Calciumhydroxid wird Wasserstoff entwickelt und die Betonmischung in Formen zum Block aufgetrieben. Nach dem Ansteifen wird der Block entschalt und in Elemente zerschnitten, die dann im Autoklaven aushärten. Die Bedingungen sind wie beim Kalkstein.
Der fertige Gasbeton besitzt Dichten bis zu 0,3 kg dm^{-3} und Druckfestigkeiten zwischen 1,5 und 16 N mm^{-2}. Daraus resultiert eine geringere Einsatzmöglichkeit für

---

[1]) Traß ist ein poröses Gestein, das aus vulkanischen Aschen entstanden ist.

tragende Wände. Wird der Ausgangsmischung kein Aluminium, dafür aber Sand, Kies oder Filteraschen zugesetzt, so entsteht ein dichter Silicatbeton. Dieser erreicht Eigenschaften wie Beton auf Portlandzementbasis.

Da wesentlich geringere Aufwendungen an Energie erforderlich sind, ergeben sich ökonomische Vorteile.

■ Aufgaben

20.1. Wie erklärt sich das unterschiedliche Verhalten von Magnesium und Calcium gegenüber Wasser?

20.2. Wie lauten die Gleichungen für die Gewinnung von gebranntem und gelöschtem Kalk!

20.3. Warum ist Calciumhydroxid die industriell wichtigste Base?

20.4. Welche Bariumverbindungen sind technisch wichtig?

20.5. Warum wird zwischen Luft- und Wassermörtel unterschieden?

20.6. Was geschieht beim Abbinden und was beim Erhärten eines Mörtels?

20.7. Was ist Stuckgips, und was ist Estrichgips?

20.8. Was ist Steinholz?

20.9. Wie wird Zement hergestellt?

20.10. Welche Zementarten werden unterschieden?

20.11. Welche Reaktion spielt eine große Rolle beim Abbinden und Erhärten der hydraulischen Kalke?

21. Metalle der 3. Hauptgruppe

21.1. Übersicht über die Elemente der 3. Hauptgruppe

In der 3. Hauptgruppe des Periodensystems stehen die Elemente *Bor* B, *Aluminium* Al, *Gallium*[1]) Ga, *Indium*[2]) In und *Thallium*[3]) Tl. Das Bor ist ein Nichtmetall (→ Abschn. 16.9.), Aluminium ist ein Leichtmetall, und die übrigen Elemente sind unedle Schwermetalle (Tabelle 21.1).

Die Elemente der 3. Hauptgruppe zeigen auf dem jeweils höchsten Energieniveau folgende Elektronenbesetzung: $\begin{array}{cc} s^2 & p^1 \\ \boxed{\uparrow\downarrow} & \boxed{\uparrow} \end{array}$

Da diese drei Elektronen abgegeben werden können, treten diese Elemente alle *dreiwertig positiv* auf. Der elektropositive Charakter nimmt mit steigender relativer Atommasse zu.

Gallium, Indium und Thallium kommen auch ein- und zweiwertig vor, Thallium sogar vorwiegend einwertig. Die Beständigkeit der dreiwertigen Stufe nimmt also mit steigender Atommasse ab. Von den Metallen dieser Gruppe hat nur das Aluminium große praktische Bedeutung.

Tabelle 21.1. Übersicht der Elemente der 3. Hauptgruppe

Element	Symbol	Relative Atommasse	Ordnungszahl	Dichte in g cm^{-3}	Schmelzpunkt in °C	Siedepunkt in °C	Elektropositiver Charakter	Basischer Charakter der Hydroxide
Bor	B	10,811	5	2,34	2300	≈ 2550	↓	↓
Aluminium	Al	26,9815	13	2,70	660	≈ 2500		
Gallium	Ga	69,72	31	5,91	29,8	2227		
Indium	In	114,82	49	7,31	156,2	2044		
Thallium	Tl	204,37	81	11,85	302,5	1457	↓	↓

21.2. Aluminium

21.2.1. Elementares Aluminium

Vorkommen und Gewinnung

Aluminium ist mit etwa 7,5% am Aufbau der Erdrinde beteiligt. Es ist nach Sauerstoff und Silicium das häufigste Element und damit das häufigste Metall. In gediegener Form kommt es nicht vor. In den *Silicaten* wie Feldspat K[AlSi$_3$O$_8$] und Glim-

---

[1]) Gallia (lat.) Gallien, heute Frankreich
[2]) wegen seiner blauen Flammenfärbung nach dem Indigo benannt
[3]) thallos (griech.) grüner Zweig, grüne Spektrallinien

mer ist es Bestandteil vieler Gesteine (Granit, Gneis, Basalt und Porphyr). Die Verwitterungsprodukte dieser Silicate sind *Kaolinit* $Al_2O_3 \cdot SiO_2 \cdot 2\,H_2O$ und *Tone*. Tone sind Gemenge aus Aluminiumoxid Al_2O_3, Siliciumdioxid SiO_2 und Wasser, Lehm ist ein durch Eisenoxide und Sand verunreinigter Ton. Das *Aluminiumoxid* Al_2O_3 kommt rein in kristallisierter Form als Korund vor. Rubin ist ein durch Spuren von Chromiumoxid rotgefärbter Korund. Die blaue Farbe des Saphirs ist auf Spuren von Titanium und Eisen zurückzuführen. *Schmirgel* ist ein sehr hartes, hauptsächlich aus kleinen Korundkristallen bestehendes Gestein, das gemahlen als Schleifmittel dient. Künstlich wird Schmirgel aus Bauxit und Koks im Elektroofen hergestellt. Der für die technische Gewinnung des Aluminiums wichtige *Bauxit*[1] ist ein hydratisiertes Oxid $AlO(OH)$ oder $Al_2O_3 \cdot H_2O$. Bauxit findet sich in großen Lagern in der UdSSR, Frankreich, Ungarn, Jugoslawien, Italien, USA und in Zaire. Aluminium wird nur durch Schmelzflußelektrolyse des gereinigten Aluminiumoxids gewonnen.

Eigenschaften und Verwendung

Aluminium ist ein silberweißes Leichtmetall. Da es sehr dehnbar ist, kann es zu dünnen Blechen, Folien und Drähten verarbeitet werden. Die Leitfähigkeit für den elektrischen Strom beträgt 62% und die Wärmeleitfähigkeit etwa 50% der des Kupfers ($\rightarrow$ Aufgabe 21.1.).

Obwohl das Aluminium in der Spannungsreihe der Metalle sehr weit links steht, ist es bei Zimmertemperatur gegenüber Luft, Wasser und oxydierenden Säuren gut beständig, da es sich mit einer dünnen, zusammenhängenden Schicht von Oxid bzw. Hydroxid überzieht. Durch elektrolytische Oxydation läßt sich diese weiter verstärken ($\rightarrow$ Abschn. 9.6.5.). Bei höheren Temperaturen reagiert es lebhaft mit Sauerstoff und wird deshalb als starkes Reduktionsmittel verwendet. In Säuren – mit Ausnahme von Salpetersäure – löst es sich unter Salzbildung:

$Al + 3\,HCl \rightarrow AlCl_3 + 1\frac{1}{2}\,H_2\uparrow$

Es handelt sich um eine Redoxreaktion:

$Al \rightarrow Al^{3+} + 3\,e^-$ Oxydation
$3\,H_3O^+ + 3\,e^- \rightarrow 3\,H + 3\,H_2O$ Reduktion

In Laugen wird Aluminium unter Bildung von Aluminaten gelöst ($\rightarrow$ Abschn. 21.2.2.):

$Al + NaOH + 3\,H_2O \rightarrow Na[Al(OH)_4] + 1\frac{1}{2}\,H_2\uparrow$

Auch hier liegt eine Redoxreaktion vor:

$Al \rightarrow Al^{3+} + 3\,e^-$
$3\,H_2O + 3\,e^- \rightarrow 3\,OH^- + 1\frac{1}{2}\,H_2$

Das *Aluminium* ist das technisch *wichtigste Leichtmetall*. Es dient zur Herstellung von Geräten verschiedener Art. Infolge seiner guten Leitfähigkeit wird es in der Elektrotechnik für Leitungen, Motoren- und Transformatorenwicklungen und Kondensatoren benutzt ($\rightarrow$ Aufg. 21.2.). In Form von Tuben und Folien dient das Aluminium als Verpackungsmittel. Das früher hierfür verwendete Zinn *(Stanniol)* wurde für wichtigere Zwecke frei gemacht. Aluminiumpulver dient zur Herstellung von Blitzlichtpulver und Thermitgemisch ($\rightarrow$ Abschn. 21.2.3.). Da das reine Aluminium für viele technische Zwecke zu weich ist, wird es mit Magnesium, Kupfer, Mangan und Silicium legiert.

---

[1] nach dem ersten Fundort Les Baux in Frankreich

21.2.2. Aluminiumverbindungen

Das *Aluminiumoxid* Al_2O_3, auch *Tonerde* genannt, wird im großen Umfange zur Gewinnung des Metalls gebraucht. Zur Darstellung des reinen Aluminiumoxids wird der Bauxit aufgeschlossen.

> *Unter Aufschluß wird in der Chemie allgemein ein Verfahren verstanden, bei dem eine unlösliche Verbindung in eine lösliche übergeführt wird.*

Der Bauxit ist stets durch mehr oder weniger Eisenoxid und Siliciumdioxid verunreinigt. Überwiegt das Eisenoxid (bis zu 25% Fe_2O_3), wird von *rotem* Bauxit, überwiegt das Siliciumdioxid (bis zu 25% SiO_2), wird von *weißem* Bauxit gesprochen. Diese und andere Verunreinigungen müssen abgetrennt werden.

Dazu dient in erster Linie das *Bayer-Verfahren (nasser Aufschluß)*. Der Rohbauxit wird in Backenbrechern gebrochen und in Drehrohröfen auf 400 °C erhitzt. Nach Durchlaufen einer Kühltrommel wird der calcinierte Bauxit in Kugelmühlen zu Staub vermahlen. In einem Mischer erfolgt die Zugabe von 42%iger Natronlauge. Die Mischung wird in einem Autoklaven unter Druck mehrere Stunden gekocht. Unter diesen Bedingungen geht das Aluminiumoxid als Aluminat in Lösung

$$Al_2O_3 + 2\ NaOH + 3\ H_2O \rightleftarrows 2\ Na[Al(OH)_4]$$

Das Eisenoxid Fe_2O_3 bleibt ungelöst, während das Siliciumdioxid sich zu unlöslichem Natriumalumosilicat umsetzt:

$$SiO_2 + 2\ NaOH + Al_2O_3 \rightarrow Na_2[Al_2SiO_6] + H_2O$$

Die Bildung dieses Silicates führt zu beträchtlichen Natronlauge- und Aluminiumverlusten.
Nach dem Aufschluß wird die Lösung entspannt und abgekühlt und mit Wasser verdünnt. Hierbei stellt sich folgendes Gleichgewicht ein:

$$Na^+ + [Al(OH)_4]^- \rightleftarrows Al(OH)_3 + NaOH$$

Nach Abtrennung des Löserückstandes *(Rotschlamm)* wird die klare Aluminatlösung im Ausrührer mit kristallinem Aluminiumhydroxid *(Hydrargillit)* geimpft und bis zu 3 Tagen gerührt. Da das Aluminiumhydroxid auskristallisiert, wird das Aluminatgleichgewicht nach rechts verschoben. Das Aluminiumhydroxid wird abfiltriert und durch Glühen ins Oxid überführt. Die verdünnte Natronlauge wird konzentriert und geht in den Prozeß zurück.

Das *Kalk-Sinter-Verfahren* wird in der UdSSR zur Verarbeitung von Alumosilicaten, wie *Nephelin* $Na[AlSiO_4]$ und *Leucit* $K[AlSiO_4]$, angewandt. In Drehrohröfen wird bei Temperaturen von etwa 1300 °C ein thermischer Aufschluß mit Kalk durchgeführt. Dabei entstehen Natriumaluminat und Dicalciumsilicat:

$$Na[AlSiO_4] + 2\ CaCO_3 \rightarrow NaAlO_2 + Ca_2SiO_4 + 2\ CO_2$$

Aus dem Sinterprodukt wird mit Wasser das wasserlösliche Alkalialuminat herausgelöst, und durch Einleiten von Kohlendioxid wird das Aluminiumhydroxid gefällt und abfiltriert. Durch Erhitzen entsteht daraus das Aluminiumoxid. Die Restlauge wird auf Natrium- und Kaliumcarbonat verarbeitet. Das Dicalciumsilicat (Löserückstand) wird weiter zu Zement verarbeitet. Bei dem Kalk-Sinter-Verfahren fallen auf 1 t Al_2O_3 10 t Zement an. In geringer Abwandlung ist dieses Verfahren auch für Tone geeignet.

Das *Aluminiumhydroxid* $Al(OH)_3$ ist wasserunlöslich und fällt bei Zugabe von Laugen, d. h. von wäßrigen Lösungen, die einen Überschuß der Base OH^- enthalten, aus

Aluminiumsalzlösungen aus:

$$Al^{3+} + 3\,OH^- \rightarrow Al(OH)_3 \downarrow$$

Aluminiumhydroxid zeigt typisch amphoteres Verhalten (→ Abschn. 8.2.9.) und löst sich in starken Laugen unter Aluminatbildung:

$$Al(OH)_3 + OH^- \rightleftarrows [Al(OH)_4]^-$$

Das *Aluminiumsulfat* $Al_2(SO_4)_3$, ein wichtiges Aluminiumsalz, bildet ein Hydrat mit 18 Molekülen Kristallwasser $Al_2(SO_4)_3 \cdot 18\,H_2O$. Seine technische Darstellung erfolgt durch Auflösen von Aluminiumhydroxid in heißer, konzentrierter Schwefelsäure:

$$2\,Al(OH)_3 + 3\,H_2SO_4 \rightarrow Al_2(SO_4)_3 + 6\,H_2O$$

Die wäßrige Lösung reagiert infolge Protolyse (→ Abschn. 8.2.9.) sauer. Das dabei entstehende Aluminiumhydroxid schlägt sich auf Wollfasern nieder und bildet mit organischen Farbstoffen gut haftende Farblacke. Das Aluminiumsulfat wird daher in der Färberei verwendet. Außerdem dient es als Leimhilfsstoff bei der Papierherstellung und zur Abwässerreinigung.

Aluminiumsulfat bildet mit Alkalisulfaten *Doppelsalze*, die *Alaune*. Die Alaune sind Verbindungen des Typs $Me^I Me^{III}(SO_4)_2 \cdot 12\,H_2O$. Außer Aluminium treten auch Eisen und Chromium als dreiwertige Metalle in ihnen auf. Im Gegensatz zu den Komplexsalzen, bei denen das eine Metallatom komplex gebunden bleibt, dissoziieren die Alaune als Doppelsalze nach der Gleichung

$$Me^I Me^{III}(SO_4)_2 \rightarrow Me^+ + Me^{3+} + 2\,SO_4^{2-}$$

Der *Kaliumaluminiumalaun* $KAl(SO_4)_2 \cdot 12\,H_2O$ ist der bekannteste Alaun. Er wird viel in der Gerberei verwendet.

Das *Aluminiumchlorid* $AlCl_3$ wird durch Überleiten von Chlorwasserstoff über erhitztes Aluminium erzeugt:

$$2\,Al + 6\,HCl \rightarrow 2\,AlCl_3 + 3\,H_2$$

Das wasserfreie Chlorid ist ein fester, sehr hygroskopischer Stoff, der an feuchter Luft infolge Protolyse Chlorwasserstoffnebel abgibt:

$$AlCl_3 + 3\,H_2O \rightarrow Al(OH)_3 + 3\,HCl$$

Aluminiumchlorid wird z. B. zur Herstellung organischer Farben und zur Abwässerreinigung benötigt.

Das *Natriumhexafluoroaluminat (Kryolith)* $Na_3[AlF_6]$ kommt in Grönland vor und wird deswegen auch als Eisstein bezeichnet. Heute wird es aber auf der Basis von Calciumfluorid (Flußspat) CaF_2 meist künstlich hergestellt. Es dient als Flußmittel bei der Aluminiumgewinnung.

Aluminiumhydroxidacetat $Al(OH)(CH_3COO)_2$ wird in der Medizin als essigsaure Tonerde für Umschläge (bei Entzündungen) verwendet. Seine wäßrige Lösung riecht infolge Protolyse nach Essig.

21.2.3. Aluminothermisches Verfahren

H. Goldschmidt führte 1894 sein aluminothermisches Verfahren ein, das auf der *hohen Reduktionswirkung* des Aluminiums und der großen Bildungswärme des Aluminiumoxids beruht. Eine Mischung von Aluminiumgrieß und Eisenoxid – meist Eisen(II, III)-oxid Fe_3O_4 –, die als *Thermit* bekannt ist, wird mittels einer Zündkirsche aus Magnesiumspänen und einem Oxydationsmittel gezündet. Unter blendender Lichterscheinung kommt es zu einer Redoxreaktion:

$Al + Fe^{3+} \rightarrow Al^{3+} + Fe$

Mit Eisen(II, III)-oxid muß folgende Gesamtgleichung formuliert werden:

$8\,Al + 3\,Fe_3O_4 \rightarrow 4\,Al_2O_3 + 9\,Fe \qquad \Delta H = -3396\text{ kJ mol}^{-1}$

Die Reaktion verläuft so stark exotherm, daß das Eisen und das Aluminiumoxid flüssig anfallen. Nach ihrer Dichte trennen sie sich in zwei Schichten, wobei das Aluminiumoxid das Eisen vor der Oxydation durch Luftsauerstoff schützt. Das flüssige Eisen kann zum Verschweißen von Eisenteilen dienen. Die Schlacke aus Aluminiumoxid dient als künstlicher Korund zum Schleifen oder nach ihrer Sinterung im Lichtbogen als feuerfester Baustoff ($\rightarrow$ Aufg. 21.4.).
Durch die hohe Bildungswärme des Aluminiumoxids und die Konzentrierung der Reaktionswärme auf engem Raum ist mit dem aluminothermischen Verfahren auch die Reduktion schwer reduzierbarer Oxide (z. B. Chromium, Cobalt, Mangan und Silicium) möglich geworden. Die nach diesem Verfahren gewonnenen Elemente sind frei von Kohlenstoff, da nicht mit Koks bzw. Kohlenmonoxid reduziert wurde ($\rightarrow$ Aufg. 21.5.).

■ Aufgaben

21.1. Warum darf aus der Beständigkeit des Aluminiums gegenüber Luft und Wasser nicht auf seine Stellung in der Spannungsreihe geschlossen werden?

21.2. Warum spielt das Aluminium in der Elektrotechnik eine wichtige Rolle, obwohl seine Leitfähigkeit nur etwa 60% der des Kupfers beträgt?

21.3. Wie lautet die Reaktionsgleichung für die Umsetzung von Aluminiumhydroxid mit Kalilauge?

21.4. Wieviel Eisen(II, III)-oxid und wieviel Aluminium muß ein Thermitgemisch enthalten, wenn daraus 1 kg Eisen gewonnen werden soll?

21.5. Wie muß die Reaktionsgleichung für die aluminothermische Reduktion von Siliciumdioxid formuliert werden?

21.6. Wie groß ist die Reaktionsenthalpie für obige Reaktion ($\rightarrow$ Tabelle 6.1)?

21.7. Wie muß die Reaktionsgleichung für die aluminothermische Reduktion von Chromium(III)-oxid formuliert werden?

21.8. Wie lautet die Reaktionsgleichung für das Laugen des Sinterproduktes beim Kalk-Sinter-Verfahren, wenn Leucit K[AlSiO$_4$] als Ausgangsstoff eingesetzt wurde?

22. Metalle der 4. Hauptgruppe

22.1. Übersicht über die Elemente der 4. Hauptgruppe

Die Elemente der 4. Hauptgruppe zeigen deutlich den Übergang vom nichtmetallischen zum metallischen Charakter (→ Abschn. 16.1.). So treten auch bei einigen vierwertigen Zinn- und Bleiverbindungen noch homöopolare Bindungen auf. Zinn und Blei bilden Zinnwasserstoff SnH_4 und Bleiwasserstoff PbH_4, die dem Methan CH_4 analog sind. Zinn- und Bleitatrachlorid sind wie Tetrachlormethan CCl_4 flüchtige Flüssigkeiten. Die zweiwertigen Zinn- und Bleiverbindungen zeigen salzartigen Charakter.

22.2. Zinn

22.2.1. Elementares Zinn

Vorkommen und Gewinnung

Das *Zinn* Sn[1]) kommt fast ausschließlich als *Zinnstein* SnO_3 vor. Die bedeutendsten Lagerstätten befinden sich in Südostasien (Malaysia, Indonesien, besonders auf den Inseln Banka und Billiton), in der Volksrepublik China, in der Sowjetunion (Ostsibirien), Nigeria, Zaire und Bolivien. Die DDR besitzt kleine Vorkommen im Osterzgebirge (Altenberg).
Da der Gehalt der Zinnerze an Zinnstein meist sehr gering ist, erfolgt zunächst eine Anreicherung durch Schlämmen des Gesteins mit Wasser. Durch Rösten des Konzentrats werden Arsen und Schwefel entfernt. Die anschließende Reduktion durch Koks erfolgt in Flammöfen oder halbhohen Schachtöfen

$SnO_2 + 2 C \rightarrow Sn + 2 CO$

$SnO_2 + 2 CO \rightarrow Sn + 2 CO_2$

Durch *Seigerung* des Rohzinns wird das meist vorhandene Eisen entfernt. Dazu wird das Zinn auf einer geneigten Unterlage wenig über den Schmelzpunkt (232 °C) erhitzt. Das Reinzinn läuft ab, während das Eisen mit Zinn legiert als sogenannte *Seigerdörner* oder *-körner* zurückbleibt. Durch Polen (→ Abschn. 23.2.1.) werden andere Verunreinigungen entfernt. Durch Elektrolyse erfolgt die Reinstdarstellung.

Eigenschaften und Verwendung

Bei gewöhnlicher Temperatur ist das Zinn gegen Sauerstoff, Wasser, verdünnte anorganische und organische Säuren und verdünnte Laugen sehr beständig. Zinn ist

---
[1]) Das Symbol Sn ist von dem lateinischen Namen Stannum abgeleitet.

amphoter und setzt sich mit konzentrierten Säuren und Laugen rasch um. Es bilden sich dabei lösliche Stoffe mit Salzcharakter (Zinnsalze und Stannate).

$$Sn + 2\,HCl \rightarrow SnCl_2 + H_2$$

$$Sn + 2\,NaOH + 4\,H_2O \rightarrow Na_2[Sn(OH)_6] + 2\,H_2$$

Beim stärkeren Erhitzen verbrennt Zinn mit weißer Flamme. Mit Halogenen reagiert es heftig bei wenig erhöhter Temperatur.

Die frühere Verwendung von Zinn zur Herstellung von Gefäßen und Geschirr wurde durch Steingut und Porzellan bedeutungslos. Das Zinn dient heute überwiegend als Korrosionsschutz für unedlere Metalle und als Legierungsbestandteil. Das Weißblech ist ein verzinntes Stahlblech. Die Verzinnung erfolgt entweder durch Tauchen der gereinigten Stahlbleche in geschmolzenes Zinn oder elektrolytisch. Die Zinnfolie *(Stanniol)* für Verpackungszwecke ist heute weitgehend durch Aluminiumfolie ersetzt, da Zinn dazu zu wertvoll ist.

Bronzen sind Kupfer-Zinn-Legierungen mit mehr als 75 % Kupfer.

Lötzinn (Schnellot) enthält 40 bis 70 % Zinn, der Rest ist Blei. Die eutektische Mischung aus 64 % Zinn und 36 % Blei schmilzt schon bei 181 °C.

Achslager für Maschinen und Fahrzeuge werden aus *Lagermetallen* hergestellt, bei denen in einer relativ weichen Grundlegierung (Zinn, Blei) harte Kristallite (Kupfer, Antimon) eingebettet sind, die den Druck der Achsen aufnehmen. Um Buntmetalle zu sparen, werden in steigendem Umfange Plastlager eingesetzt, welche die Metallager häufig in der Verschleißfestigkeit übertreffen.

Da der Verbrauch an Zinn nur zu einem kleinen Teil aus eigenem Aufkommen gedeckt werden kann, ist es volkswirtschaftlich erforderlich, Abfälle von Zinnlegierungen und Weißblech der Rückgewinnung des Zinns nutzbar zu machen.

22.2.2. Zinnverbindungen

Das *Zinn(IV)-oxid* SnO_2 kommt als *Zinnstein* natürlich vor. In reiner Form wird es durch Verbrennung von Zinn hergestellt und dient zur Herstellung von weißen Glasuren und Emaillen. In Wasser, Säuren und Laugen ist das Zinn(IV)-oxid unlöslich. Durch Schmelzen mit Natriumhydroxid wird es aufgeschlossen:

$$SnO_2 + 2\,NaOH \rightarrow Na_2SnO_3 + H_2O$$

Das entstandene Natriumstannat ist wasserlöslich ($\rightarrow$ Aufg. 22.1.).

Das *Zinn(II)-chlorid* $SnCl_2$ entsteht bei der Reaktion von Zinn mit Salzsäure:

$$Sn + 2\,HCl \rightarrow SnCl_2 + H_2$$

Obwohl es schon kein typisches Salz mehr ist, unterliegt es noch der elektrolytischen Dissoziation:

$$SnCl_2 \rightarrow Sn^{2+} + 2\,Cl^-$$

Das zweiwertige Zinnion Sn^{2+} hat das Bestreben, durch Elektronenabgabe in die vierwertige Stufe überzugehen:

$$Sn^{2+} \rightarrow Sn^{4+} + 2\,e^-$$

Die *Zinn(II)-salze* sind daher *starke Reduktionsmittel* ($\rightarrow$ Aufg. 22.2.).

22.3. Blei

22.3.1. Elementares Blei

Vorkommen und Gewinnung

Das wichtigste Bleierz ist das unter dem Namen *Bleiglanz* bekannte *Bleisulfid* PbS. Große Bleierzlagerstätten befinden sich in der Sowjetunion, in den USA, in Mexiko, Brasilien und Australien. Bleierze treten in der DDR im Erzgebirge (Freiberg), in der BRD im Harz (Goslar) und im Lahn-Dill-Gebiet auf.
Die Gewinnung erfolgt durch Abrösten des Bleisulfids:

$PbS + 1\frac{1}{2} O_2 \rightarrow PbO + SO_2 \uparrow$

und Reduktion des Bleioxids mit Koks *(Röstreduktionsverfahren)*:

$PbO + CO \rightarrow Pb + CO_2$

oder – bei Erzkonzentration mit mehr als 50% Bleigehalt – nach unvollständigem Abrösten durch Reaktion von Bleioxid mit verbliebenem Bleisulfid *(Röstreaktionsverfahren)*:

$2 PbO + PbS \rightarrow 3 Pb + SO_2$

Das als Nebenprodukt anfallende Schwefeldioxid wird zu Schwefelsäure verarbeitet. Das bei beiden Verfahren gewonnene Roh- oder Werkblei wird einer Raffination durch oxydierendes Schmelzen oder Elektrolyse unterworfen, um noch vorhandene Verunreinigungen (Arsen, Antimon, Schwefel, Zinn, Kupfer oder Silber) zu entfernen.

Eigenschaften und Verwendung

Blei ist ein weiches, dehnbares Metall, das mit dem Fingernagel geritzt werden kann. Seine Dichte beträgt $\varrho = 11,3$ g cm^{-3}. Die frische Schnittfläche zeigt einen bläulichen, metallischen Glanz, der durch oberflächliche Oxydation rasch verschwindet. Die graue Oxidschicht schützt vor weiterer Oxydation. Im geschmolzenen Zustand ist die Oxydation an der Luft erheblich. Gegenüber *Salz-* und *Schwefelsäure* ist Blei ziemlich beständig, da sich eine schwerlösliche Salzschicht bildet. Infolge der stark oxydierenden Wirkung der Salpetersäure löst sich Blei in dieser leicht auf:

$Pb + 4 HNO_3 \rightarrow Pb(NO_3)_2 + 2 H_2O + 2 NO_2 \uparrow$

Auch kohlendioxid- und sauerstoffhaltiges Wasser greifen das Blei unter Bildung von löslichem *Bleihydrogencarbonat* und schwerlöslichem *Bleihydroxid* an:

$Pb + H_2O + \frac{1}{2} O_2 + 2 CO_2 \rightarrow Pb(HCO_3)_2$

$Pb + H_2O + \frac{1}{2} O_2 \rightarrow Pb(OH)_2$

Da Blei und alle seine löslichen Verbindungen giftig sind, sind für bleierzeugende und bleiverarbeitende Betriebe besondere Arbeitsschutzanordnungen zu beachten. Für Blei und seine anorganischen Verbindungen beträgt der MAK-Wert 0,2 mg m^{-3} Luft (→ Aufgabe 22.3.).

Da Blei sehr gut verformbar und korrosionsbeständig ist, wird es als Werkstoff in der Technik häufig angewandt.

22.3.2. Bleiverbindungen

In der 4. Hauptgruppe nimmt die Beständigkeit der zweiwertigen Stufe mit steigender Atommasse zu. Beim Blei sind deshalb die Verbindungen der *zweiwertigen* Stufe am beständigsten. Die *vierwertigen* Bleiverbindungen gehen leicht in zweiwertige über und wirken dabei als Oxydationsmittel.

Tabelle 22.1. Verwendung von Bleiverbindungen

Name	Formel	Verwendung
Bleimennige	Pb_3O_4	Pigment, giftig!
Bleiweiß	$Pb(OH)_2 \cdot 2\,PbCO_3$	Pigment, giftig!
Blei(II)-chromat (Chromgelb)	$PbCrO_4$	Pigment, giftig!
Blei(II)-acetat (Bleizucker)	$Pb(CH_3COO)_2$	Färberei, Firnisherstellung, giftig!
Blei(II)-oxid (Bleiglätte)	PbO	Bleikristallglas, Glasuren, giftig!
Blei(II)-sulfat	$PbSO_4$	bildet Schutzschicht der Bleikammern und Wasserleitungsrohre
Bleitetraethyl	$Pb(C_2H_5)_4$	Antiklopfmittel im Benzin, sehr giftig!

Blei(IV)-oxid PbO_2 wird aus Blei(II)-verbindungen durch starke Oxydationsmittel (Chlor, Brom, anodische Oxydation) gewonnen. Es ist ein braunes Pulver, das kräftig oxydierend wirkt. Beim Erhitzen spaltet es Sauerstoff ab. Blei(IV)-oxid ist *amphoter*. Es bildet daher Plumbate. Die in Rostschutzfarbe häufig verwendete *Mennige* Pb_3O_4 ist das *Blei(II)-plumbat* $Pb_2[PbO_4]$, wie die Bildung von Blei(II)-nitrat und Blei(IV)-oxid bei der Reaktion von Mennige mit Salpetersäure beweist:

$$Pb_2[PbO_4] + 4\,HNO_3 \rightarrow 2\,Pb(NO_3)_2 + PbO_2 + 2\,H_2O$$

Das Blei(IV)-oxid ist als Anhydrid der hypothetischen Bleisäure H_4PbO_4 aufzufassen. Mennige entsteht beim Erhitzen ($\sim 500\,°C$) von Blei(II)-oxid unter Luftzutritt ($\rightarrow$ Aufgabe 22.4.).

Blei(II)-chlorid $PbCl_2$ kann durch Zugabe von Salzsäure aus Blei(II)-salzlösungen gefällt werden:

$$Pb^{2+} + 2\,Cl^- \rightarrow PbCl_2$$

Es ist das einzige Chlorid eines zweiwertigen Metalls, das im kalten Wasser schwer löslich ist. In heißem Wasser löst es sich merklich. Beim Abkühlen fällt es in Form glänzender Nadeln aus.

■ **Aufgaben**

22.1. Wie kann die Bildung von flüssigen Tetrachloriden des Zinns und Bleis durch die Gesetzmäßigkeiten des Periodensystems erklärt werden?

22.2. Wie lauten die Reaktionsgleichungen für die Reduktion von salzsaurer Permanganat- ($KMnO_4$) und Chromatlösung (K_2CrO_4) durch Zinn(II)-chlorid?

22.3. Warum kann Blei trotz seiner Giftigkeit als Werkstoff für Wasserleitungsrohre dienen?

22.4. In welcher Wertigkeitsstufe bildet Blei die beständigsten Verbindungen?

23. Metalle der 1. und 2. Nebengruppe

23.1. Übersicht über die Metalle der 1. Nebengruppe

In der 1. Nebengruppe stehen die Metalle Kupfer Cu[1]), Silber Ag[2]) und Gold Au[3]). Diese Elemente besitzen wie die Elemente der 1. Hauptgruppe auf dem höchsten Energieniveau ein Elektron und werden deshalb im Periodensystem der Elemente neben die 1. Hauptgruppe gestellt (Tabelle 23.1).

Tabelle 23.1. Übersicht der Metalle der 1. Nebengruppe

Element	Symbol	Relative Atommasse	Ordnungszahl	Dichte in g cm^{-3}	Schmelzpunkt in °C	Siedepunkt in °C
Kupfer	Cu	63,54	29	8,96	1083,2	2595
Silber	Ag	107,868	47	10,53	960,8	2170
Gold	Au	196,9665	79	19,3	1063	2700

23.2. Kupfer

23.2.1. Elementares Kupfer

Vorkommen

Als Halbedelmetall kommt Kupfer z. T. in gediegener Form vor. Der *Kupferkies* $CuFeS_2$ ist das wichtigste und häufigste Kupfererz. Er wird meist von Sulfiden anderer Metalle begleitet. *Kupferglanz* Cu_2S, *Rotkupfererz* Cu_2O und *Malachit* $CuCO_3 \cdot Cu(OH)_2$ sind weitere Kupfererze. Die bedeutendsten Fördergebiete von Kupfer sind: Sowjetunion, Polen, DDR (Mansfeld), USA, Kanada, Zaire, Sambia, Chile, Australien und Japan.

Gewinnung aus dem Mansfelder Kupferschiefer

Der Mansfelder Kupferschiefer entstand in der Zechsteinzeit (vor mehr als 200 Mill. Jahren) als Ablagerung eines großen Binnenmeeres. Von den umliegenden Gebirgen (heutige Reste Harz und Thüringer Wald) gelangten Metallverbindungen mit dem Niederschlagswasser in dieses Meer. Durch den hohen Schwefelwasserstoffgehalt

---

[1]) cuprum (lat.)
[2]) argentum (lat.)
[3]) aurum (lat.)

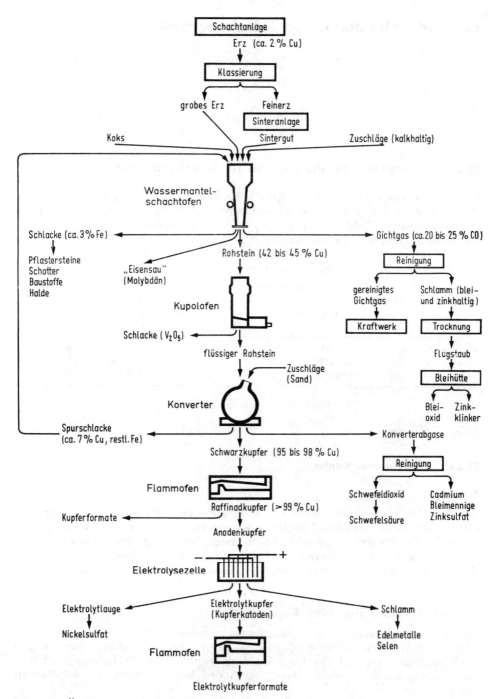

Bild 23.1. Übersicht über die Kupfergewinnung (Mansfeld)

wurden die Metalle als Sulfide gefällt. Der Mansfelder Kupferschiefer enthält das Kupfererz deshalb in feiner Verteilung. Er ist ein kalkiger Mergelschiefer mit 10 bis 15% bituminöser[1]) Substanz, die tierischen und pflanzlichen Ursprungs ist.
Die bergmännisch gewonnenen Schiefer (etwa 2% Cu) werden auf Schwingsieben getrennt (klassiert). Das anfallende Feinerz wird gesintert. Der Schiefer in Stückform, das Sintergut, Konverterschlacke (Bild 23.1), Koks und kalkreicher Mergelschiefer werden im Wassermantelschachtofen geschmolzen. Dieser Schmelzprozeß ist als thermische Aufbereitung aufzufassen, da aus dem Kupferschiefer *Kupferrohstein* $Cu_2S \cdot n\,FeS$ mit bis zu 50% Kupfer entsteht ($\rightarrow$ Aufg. 23.1.). Kupferrohstein und Silicatschlacke trennen sich im Vorherd voneinander. Die *Schlacke*, die kontinuierlich abläuft, wird zu Pflastersteinen, Schotter u. a. verarbeitet. Im Vorherd setzt sich die sogenannte *Eisensau* ab, die Kupfer, Molybdän, Nickel, Wolfram, Gallium, Rhenium, Arsen, Cobalt und Edelmetalle enthält.
Das *Gichtgas* enthält 17% Kohlenmonoxid, 1% Wasserstoff und 1% Methan. Da der spezifische Heizwert nur ungefähr $2100\,kJ\,m^{-3}$ (im Normzustand) beträgt, wird es mit Braunkohlenstaub im werkseigenen Kraftwerk verbrannt. Bei den hohen Temperaturen im Schachtofen (bis 1400 °C) entweichen die flüchtigen Metallverbindungen von Blei, Zink, Germanium, Rhenium, Cadmium, Thallium und Iod mit dem Gichtgas. Sie werden als Flugstaub abgeschieden und weiterverarbeitet.
Der *Kupferrohstein*, der neben Kupfer, Eisen und Schwefel noch Edelmetalle, Nickel, Selen, Vanadium, Blei und Zink enthält, wird zur Weiterverarbeitung in einem Kupolofen geschmolzen. Die dabei anfallende Schlacke enthält 1,5 bis 2% Vanadium. Sie wird auf Vanadiumpentoxid V_2O_5 verarbeitet.
Der flüssige Rohstein wird in einem trommelförmigen Konverter verblasen. Dabei reagiert das Eisen(II)-sulfid mit dem Sauerstoff der durchgeblasenen Luft:

$$FeS + 1\tfrac{1}{2}O_2 \rightarrow FeO + SO_2\uparrow \quad \Delta H = -502\,kJ\,mol^{-1}$$

Das *Schwefeldioxid* wird zu *Schwefelsäure* verarbeitet. Das Eisen(II)-oxid bildet mit zugegebenem Sand eine Schlacke, die in den Schmelzprozeß (Wassermantelschachtofen) zurückgeht:

$$FeO + SiO_2 \rightarrow FeSiO_3 \quad \Delta H = -75\,kJ\,mol^{-1}$$

Wenn kaum noch Eisen vorhanden ist, reagiert das Kupfer(I)-sulfid mit Sauerstoff:

$$Cu_2S + 1\tfrac{1}{2}O_2 \rightarrow Cu_2O + SO_2\uparrow \quad \Delta H = -394\,kJ\,mol^{-1}$$

und das gebildete Kupfer(I)-oxid mit weiterem Kupfer(I)-sulfid:

$$Cu_2S + 2\,Cu_2O \rightarrow 6\,Cu + SO_2 \quad \Delta H = +159\,kJ\,mol^{-1}$$

Das im Konverter erzeugte *Rohkupfer (Schwarzkupfer)* enthält bereits 95 bis 98% Kupfer, es wird in einem Flammofen einer *Feuerraffination* unterzogen. Auf die Schmelze wird ein Luft- bzw. Wasserdampfstrom geblasen. Dabei werden die Verunreinigungen oxidiert und verflüchtigen sich (Blei, Antimon, Arsen) oder scheiden sich als *Gekrätz* an der Oberfläche ab (Eisen, Cobalt, Nickel). Nach Entfernen des Gekrätzes entweicht *Schwefeldioxid*, das Kupfer *bratet*. Um alle gelösten Gase zu entfernen, werden Baumstämme in die Schmelze gedrückt (Dichtpolen), wobei es durch den entweichenden Wasserdampf zu einem kräftigen Aufwallen kommt. Durch Abdecken mit Holzkohle wird eine erneute Oxydation verhindert. Das entstandene *Raffinadkupfer (Garkupfer)* ist 99,5%ig und wird zu *Anodenplatten* oder *Kupferformaten* (Halbzeug) vergossen.

---

[1]) Bitumen ist ein Gemisch von Kohlenwasserstoffen, Wachsen und Harzen.

Da die Reinheit des Raffinadkupfers für elektrotechnische Zwecke nicht ausreicht, folgt noch eine elektrolytische Raffination (→ Abschn. 9.6.3.).

Eigenschaften und Verwendung

Das Kupfer ist das einzige rote Metall. Es ist zäh und verhältnismäßig weich. Daher läßt es sich zu Folien von 0,025 mm Dicke auswalzen. Diese schimmern im durchscheinenden Licht grünlich. Die Dichte des Kupfers beträgt $\varrho = 8{,}93$ g cm^{-3}. Kupfer ist nach Silber der beste metallische Leiter für den elektrischen Strom und Wärme. Kupfer überzieht sich in trockener Luft langsam mit einer dünnen Schicht von *rotem Kupfer(I)-oxid* Cu_2O. In feuchter Luft bildet sich allmählich ein hellgrünes Gemenge von Hydroxidcarbonat und Hydroxidsulfat, die sogenannte *Patina*, die als Schutzschicht wirkt. Kupfer ist edler als Wasserstoff, daher wird es von Wasser und nichtoxydierenden Säuren nicht angegriffen. Von heißer, konzentrierter Schwefel- und von Salpetersäure wird es oxydiert (→ Abschn. 15.3.4.). Sauerstoffhaltiges Wasser und Meerwasser wirken ebenfalls auf Kupfer ein. Mit verdünnter Ammoniaklösung reagiert Kupfer im Verlauf einiger Tage unter Bildung von blauem *Tetramminkupfer(II)-hydroxid* $[Cu(NH_3)_4](OH)_2$.

Auf Grund ihrer Eigenschaften sind Kupfer und Kupferlegierungen vielseitig eingesetzte Werkstoffe in der Technik. Die gute elektrische Leitfähigkeit des Kupfers wird in allen Zweigen der Elektrotechnik genutzt, die gute Wärmeleitfähigkeit bei Heizrohren, Kühlschlangen, Destillierapparaturen u. a. (→ Aufg. 23.2.).

Die wichtigsten *Legierungen* des Kupfers sind Messing und Bronze. *Messinge* sind Kupfer-Zink-Legierungen. Die Farbe des Messings ist abhängig vom Kupfergehalt. Die Sondermessinge enthalten Zusätze (Ni, Mn, Al, Sn, Fe, Si), um die Eigenschaften für den Einsatzzweck zu verbessern. Die *Bronzen* sind *Kupfer-Zinn-Legierungen*. Konstantan, Nickelin und Manganin sind *Kupfer-Nickel-Legierungen*, die als Widerstandsmaterial in der Elektrotechnik verwendet werden (→ Aufg. 23.3.).

23.2.2. Kupferverbindungen

Das *rote Kupfer(I)-oxid* bildet sich bei normaler Temperatur auf dem Kupfer und verleiht diesem die rote Färbung. Blankes Kupfer ist erheblich heller.

Beim Erhitzen bildet sich das *schwarze Kupfer(II)-oxid*, das in der organischen Elementaranalyse als Oxydationsmittel dient. Es gibt seinen Sauerstoff sehr leicht wieder ab. Aus Kupfer(II)-salzlösungen fällt bei Zugabe einer Lauge, d. h. einer wäßrigen Lösung, die einen Überschuß der Base Hydroxidion OH$^-$ enthält, Kupfer(II)-hydroxid als hellblauer Niederschlag aus.

$$Cu^{++} + 2\,OH^- \rightarrow Cu(OH)_2\downarrow$$

Bei Zugabe konzentrierter Ammoniaklösung entsteht aus dem Niederschlag von Kupfer(II)-hydroxid eine tiefblaue Lösung von *Tetramminkupfer(II)-hydroxid* $[Cu(NH_3)_4](OH)_2$ (→ Abschn. 4.6.2.4.):

$$Cu(OH)_2 + 4\,NH_3 \rightarrow [Cu(NH_3)_4](OH)_2$$

Diese als *Schweitzers Reagens* bekannte Lösung vermag Cellulose zu lösen und dient der Erzeugung von Kupferseide. Das *Kupfersulfat* $CuSO_4$ entsteht beim Lösen von Kupfer in heißer konzentrierter Schwefelsäure. Sein blaues Pentahydrat $CuSO_4 \cdot 5\,H_2O$ ist als *Kupfervitriol* bekannt. Das entwässerte weiße Pulver ist hygroskopisch. Kupfersulfat dient als Elektrolyt in der Galvanotechnik, als Holz- und Pflanzenschutzmittel (→ Aufg. 23.4.).

23.3. Silber

23.3.1. Elementares Silber

Vorkommen und Gewinnung

Silber tritt als Edelmetall in der Natur häufig gediegen auf. Solche Vorkommen finden sich vor allem auf dem amerikanischen Kontinent.

Die wichtigsten *Silbererze* sind *Silberglanz* Ag_2S, *lichtes Rotgültigerz* $3\,Ag_2S \cdot As_2S_3$ und *dunkles Rotgültigerz* $3\,Ag_2S \cdot Sb_2S_3$.

Das Silber wird heute aus seinen Erzen meist auf nassem Wege, durch Cyanidlaugerei, gewonnen. Dieses Verfahren beruht darauf, daß Silber durch Kalium- oder Natriumcyanidlösung unter Bildung von Komplexionen *(Dicyanoargentationen)* aus seinen Erzen herausgelöst und dann durch Zinkstaub ausgefällt wird.

Eigenschaften und Verwendung

Silber zeichnet sich durch seinen schönen Glanz aus. Die Dichte beträgt $\varrho = 10{,}5\,\text{cm}^{-3}$. Seine Härte liegt zwischen der des Goldes und der des Kupfers. Auf Grund seiner guten Dehnbarkeit läßt es sich zu äußerst dünnen Folien (bis zu 0,0027 mm) und Drähten verarbeiten. Silber ist der beste metallische Leiter für Wärme und Elektrizität. Gegenüber Luftsauerstoff ist es beständig. Von Chlor, Schwefel und Schwefelwasserstoff wird es angegriffen. Silber ist nur in oxydierenden Säuren löslich.

Wegen seines schönen Glanzes wird Silber zu Schmucksachen, Bestecks, Tafelgeschirr und Münzen verarbeitet. Um seine Härte zu erhöhen, wird es für diese Zwecke meist mit Kupfer legiert. Der Feingehalt an Silber wird in Promille angegeben.

Silber dient der Herstellung von elektrischen und chemischen Apparaturen, Spiegeln und Thermosflaschen. In der Medizin dient es als Zahnersatz und in kolloidaler Form als keimtötendes Mittel. Viele Gebrauchsgegenstände werden zum Korrosionsschutz versilbert. Das geschieht galvanisch oder durch Plattieren (→ Abschn. 10.2.2.2.). Ein großer Teil der Silberproduktion wird in Form von Silberhalogeniden für Fotomaterial verbraucht.

23.3.2. Silberverbindungen

Das wichtigste Silbersalz ist das *Silbernitrat* $AgNO_3$. Es wird durch Umsetzung von Silber mit Salpetersäure gewonnen:

$$3\,Ag + 4\,HNO_3 \rightarrow 3\,AgNO_3 + NO + 2\,H_2O$$

Dabei handelt es sich um eine Redoxreaktion. Das Silbernitrat ist sehr leicht wasserlöslich (215 g $AgNO_3$ in 100 g H_2O bei 20 °C).

Silbernitrat dient als *Höllenstein* in der Medizin zum Ätzen. Höllensteinstifte bestehen in der Regel aus 1 Teil Silbernitrat und 2 Teilen Kaliumnitrat. Höllenstein erzeugt auf der Haut und auf Kleidungsstücken schwarze Flecke aus fein verteiltem Silber.

Alle übrigen Silbersalze werden aus Silbernitrat gewonnen. *Silberhalogenide* (AgCl, AgBr, AgI) fallen als Niederschlag beim Versetzen einer Silbernitratlösung mit Halogenidionen aus:

$$Ag^+ + Cl^- \rightarrow AgCl\downarrow$$

Beim *längeren Einwirken* von *Licht* dunkeln diese Niederschläge nach. Das Silberhalogenid *zersetzt sich*:

$$AgBr + \text{Lichtenergie} \rightarrow Ag + \tfrac{1}{2}\,Br_2$$

Auf dieser Reaktion beruhen die *Negativverfahren* der Fotografie. Das bei dieser Reaktion entstandene Halogen wird durch die Gelatine gebunden, während das Silber die noch unsichtbaren Silberkeime bildet. Durch *Reduktionsmittel* (fotografische Entwickler) werden die den Silberkeimen benachbarten Silberionen reduziert (Entwicklung). Nach Abspülen des Entwicklers muß das Bild *fixiert* werden, d. h., nicht umgesetztes Silberhalogenid muß entfernt werden, da sich dieses im Tageslicht ebenfalls zersetzen würde. Das Fixierbad enthält Natriumthiosulfat $Na_2S_2O_3$, das mit Silberhalogenid lösliche Komplexsalze bildet:

$$AgBr + 2\,Na_2S_2O_3 \rightarrow Na_3[Ag(S_2O_3)_2] + NaBr$$

Da die verbrauchten Fixierbäder beträchtliche Silbermengen enthalten, ist es volkswirtschaftlich notwendig, diese der Silberrückgewinnung zuzuführen.

23.4. Übersicht über die Metalle der 2. Nebengruppe

In dieser Gruppe stehen die Metalle *Zink* Zn, *Cadmium* Cd und *Quecksilber* Hg (Tabelle 23.2). Zink und Cadmium sind unedle Schwermetalle, während Quecksilber ein halbedles Metall ist. An feuchter Luft bedecken sich Zink und Cadmium mit einer Oxid- bzw. Hydroxidschicht. Bei Zimmertemperatur sind sie gegen trockene Luft beständig. Bei höheren Temperaturen verbrennen sie.

Tabelle 23.2. Übersicht der Metalle der 2. Nebengruppe

Element	Symbol	Relative Atommasse	Ordnungszahl	Dichte in g cm^{-3}	Schmelzpunkt in °C	Siedepunkt in °C
Zink	Zn	65,38	30	7,14	419,5	907
Cadmium	Cd	112,41	48	8,65	320,9	767
Quecksilber	Hg	200,59	80	13,53	−38,84	356,95

Die Metalle der 2. Nebengruppe weisen auf den beiden letzten Hauptniveaus die Elektronenkonfiguration $s^2p^6d^{10}/s^2$ auf. Alle drei Metalle treten daher positiv zweiwertig auf (Quecksilber auch einwertig). Die Verbindungen des Zinks und Cadmiums ähneln denen des Magnesiums, die des Quecksilbers mehr denen des gleichfalls halbedlen Kupfers.

23.5. Zink

Vorkommen und Gewinnung

In gediegener Form wird Zink nicht gefunden. Die wichtigsten Zinkerze sind *Zinkblende* ZnS, *Galmei* $ZnCO_3$ und *Kieselzinkerz* $Zn_2SiO_4 \cdot H_2O$.
Die wichtigsten Zinkproduzenten sind die Sowjetunion, die USA, Kanada, die Volksrepublik Polen und Australien. Für die DDR sind die Freiberger Vorkommen (komplexe Blei-Zinkerze) von Bedeutung.

Beim älteren »trockenen Verfahren« (Destillationsverfahren), das mit erheblichen Zinkverlusten (bis zu 15%) verbunden ist, wird das Zinkoxid mit gemahlenem Koks gemischt und in geschlossenen Muffeln mit Generatorgas auf 1100 bis 1300 °C erhitzt. Der Koks reduziert das Zinkoxid:

$$ZnO + C \rightarrow Zn + CO$$

Beim »nassen Verfahren« (Elektrolyse) wird das Zinkoxid durch Schwefelsäure in das lösliche Zinksulfat übergeführt:

$$ZnO + H_2SO_4 \rightarrow ZnSO_4 + H_2O$$

Die *Zinksulfatlösung* wird gründlich gereinigt und dann einer Elektrolyse unterworfen. Als Katode dienen Aluminiumbleche, auf denen sich das Zink (99,99 % Zink) abscheidet, als Anode Bleiplatten, die in Schwefelsäure unlöslich sind (→ Aufg. 23.5.).

Eigenschaften und Verwendung

Zink ist ein bläulichweißes, stark glänzendes Metall. Es ist bei Zimmertemperatur ziemlich spröde (hexagonales Kristallgitter). Bei 100 bis 150 °C kann es gewalzt werden. Oberhalb 200 °C wird es wieder spröde, und bei 419 °C schmilzt es. Bei 500 °C verbrennt es mit blaugrüner Flamme. Die Leitfähigkeit für den elektrischen Strom beträgt etwa ein Drittel und die für Wärme etwa zwei Drittel der des Kupfers. Auf Grund seiner Stellung in der im Abschnitt 9.3.1. aufgestellten Reihe wird es von allen Säuren angegriffen. An feuchter Luft bedeckt es sich mit einer Oxidschicht. Bei Anwesenheit von Kohlendioxid bildet sich eine zusammenhängende Schicht von Hydroxidcarbonat. Im Wasser entsteht eine Schutzschicht von Zinkhydroxid. Aus diesen Gründen ist das Zink korrosionsbeständig. Zink ist das am vielseitigsten verwendbare Nichteisenmetall. Wegen der guten Korrosionsbeständigkeit finden Zinkblech und verzinkte Eisenlegierungen (Bleche, Rohre, Drähte) weite Anwendung. Durch Verzinken erhalten Eisenlegierungen die Korrosionsbeständigkeit des Zinks, ohne ihre Festigkeit zu verlieren (→ Abschn. 10.2.). In den Trockenbatterien, Anoden- und Taschenlampenbatterien ist Zink der negative Pol. Es dient hier gleichzeitig als Behälter für die Elektrolytlösung. Zink ist ferner Bestandteil vieler Legierungen (→ Aufg. 23.6.).

Alle löslichen Zinkverbindungen sind giftig. Darum ist die Nahrungsmittelzubereitung in Zinkgefäßen verboten.

Zinkhydroxid $Zn(OH)_2$ wird aus Zinksalzlösungen durch Hydroxidionen als weißer gelatinöser Niederschlag gefällt:

$$Zn^{2+} + 2\,OH^- \rightarrow Zn(OH)_2$$

Das Zinkhydroxid hat amphoteren Charakter (→ Abschn. 8.2.). Es setzt sich mit Salzsäure zu Zinkchlorid $ZnCl_2$ um, mit Natronlauge zu Natriumzinkat $Na_2[Zn(OH)_4]$.

23.6. Quecksilber

23.6.1. Elementares Quecksilber

Vorkommen und Gewinnung

Quecksilber kommt in der Natur vor allem als roter *Zinnober* HgS vor. Seltener finden sich feinverteilte Quecksilbertröpfchen im Gestein. Die wichtigsten Produktionsländer sind Spanien und Italien mit etwa zwei Drittel der Welterzeugung. Erhebliche Mengen werden auch in Kanada, den USA, der Sowjetunion und Mexiko produziert.

Die Gewinnung des Quecksilbers erfolgt durch Erhitzen des Sulfids unter Luftzutritt in Schachtöfen. Auf Grund seines edlen Charakters fällt bei diesem *Röstprozeß* sofort das

Metall an:

$$HgS + O_2 \rightarrow Hg + SO_2$$

Schwefeldioxid uud Quecksilberdämpfe werden in Vorlagen geleitet, in denen das Quecksilber kondensiert. Durch *Destillation* kann eine weitere Reinigung des Quecksilbers erfolgen.

Eigenschaften und Verwendung

Quecksilber ist das einzige bei Zimmertemperatur flüssige Metall. Es ist silberglänzend und besitzt die Dichte $\varrho = 13{,}546$ g cm^{-3}. Die Leitfähigkeit für Wärme und Strom beträgt etwa den sechzigsten Teil des Silbers. Die Wärmeausdehnung ist beträchtlich.

Gegenüber Luftsauerstoff ist Quecksilber bei normaler Temperatur beständig. Oberhalb 300 °C bildet sich das rote Quecksilber(II)-oxid, das oberhalb 400 °C wieder zerfällt. Als halbedles Metall wird Quecksilber nur von oxydierenden Säuren angegriffen. Mit Chlor und Schwefel reagiert das Quecksilber schon bei Zimmertemperatur merklich ($\rightarrow$ Aufg. 23.7.). *Quecksilber und alle seine löslichen Verbindungen sind stark giftig. Der MAK-Wert für Quecksilber beträgt 0,05 mg m^{-3} Luft.*

Deshalb ist bei Arbeiten mit Quecksilber und seinen Verbindungen größte Vorsicht geboten. Auch das Einatmen von geringen Mengen Quecksilberdampf kann zu chronischen Vergiftungen führen, da das Quecksilber im Körper gespeichert wird. Quecksilber wird zur Herstellung einer Vielzahl von wissenschaftlichen und technischen Geräten verwendet (Thermometer, Barometer, Manometer, Gleichrichter, elektrische Schalter, Hochvakuumpumpen u. a.). Die Verwendung von Quecksilberdampf in *Höhensonnen* und *Leuchtstoffröhren* beruht auf der Erscheinung, daß bei elektrischen Entladungen im Quecksilberdampf neben Licht auch ultraviolette Strahlen auftreten. Dadurch wird in den Leuchtstoffröhren die auf der Innenwand aufgetragene Leuchtschicht zum Leuchten angeregt. Quecksilber bildet mit vielen Metallen Legierungen, die *Amalgame*. Einige von ihnen werden als Zahnfüllungen verwendet, da sie anfangs plastisch sind und dann aushärten.

23.6.2. Quecksilberverbindungen

Vom Quecksilber leiten sich zwei Reihen von Verbindungen ab, in denen das Quecksilber *ein-* und *zweiwertig positiv* auftritt. Die Quecksilber(I)-verbindungen weisen keine Hg$^+$-Ionen, sondern Hg$_2^{2+}$-Ionen auf.

Quecksilber(I)-chlorid Hg$_2$Cl$_2$ *(Kalomel)*, eine schwach gelblich gefärbte, kristalline Substanz, wird aus Quecksilber(I)-salzlösungen durch Chloridionen gefällt:

$$Hg_2^{2+} + 2\ Cl^- \rightarrow Hg_2Cl_2$$

Der Quecksilber(I)-chloridniederschlag färbt sich im Sonnenlicht schwarz. Es tritt Disproportionierung ein ($\rightarrow$ Abschn. 15.3.3.). Dieses Chlorid ist in Wasser schwer löslich.

Das *Quecksilber(II)-chlorid* HgCl$_2$ zeigt nicht mehr die typischen Eigenschaften eines Salzes. Es ist in wäßriger Lösung nur in sehr geringem Maße elektrolytisch dissoziiert (sehr schwacher Elektrolyt). In der Lösung und im Kristallgitter liegt Quecksilber(II)-chlorid in Form von HgCl$_2$-Molekülen vor. Es schmilzt bei 280 °C und siedet bei 308 °C. Sein Trivialname »Sublimat« ist also irreführend, da unter Sublimation der unmittelbare Übergang aus dem festen in den gasförmigen Zustand und umgekehrt verstanden wird.

Wegen der außerordentlichen Giftigkeit des Quecksilber(II)-chlorids wird es als Antiseptikum in der Medizin verwendet. Da schon 0,2 bis 0,4 g, wenn sie in den Magen gelangen, für den Menschen tödlich sind, werden Sublimattabletten zum Schutz vor Verwechslungen mit dem organischen Farbstoff *Eosin* auffällig rot angefärbt.
Das *Quecksilber(II)-sulfid* HgS heißt als Pigment *Zinnoberrot*. Es fällt beim Einleiten von Schwefelwasserstoff in Quecksilber(II)-salzlösungen als schwarzer Niederschlag aus:

$Hg^{2+} + S^{2-} \rightarrow HgS$

Durch Sublimation geht die schwarze Modifikation in die rote kristalline Modifikation über.

■ Aufgaben

23.1. Welche Aufgabe hat das Erschmelzen des Kupferrohsteines?

23.2. Warum wird Kupfer als Halbedelmetall von Salzsäure bei Anwesenheit von Luft gelöst?

23.3. In explosionsgefährdeten Räumen darf nur mit Werkzeugen aus Bronze gearbeitet werden. Welchen Sinn hat diese Maßnahme?

23.4. Wodurch läßt sich die Grünfärbung von Kupferdächern alter Gebäude erklären?

23.5. Warum scheidet sich bei der Elektrolyse einer wäßrigen Zinksulfatlösung Zink und nicht Wasserstoff an der Katode ab? Diese Erscheinung entspricht doch nicht der Stellung in der Spannungsreihe?

23.6. Worauf ist die Korrosionsbeständigkeit des Zinks zurückzuführen?

23.7. Wie verhalten sich Zink und Quecksilber gegenüber Säuren?

24. Eisen und Stahl

24.1. Übersicht über die Metalle der 8. Nebengruppe

In der 8. Nebengruppe stehen die Metalle *Eisen* Fe, *Cobalt* Co, *Nickel* Ni, *Ruthenium* Ru, *Rhodium* Rh, *Palladium* Pd, *Osmium* Os, *Iridium* Ir und *Platin* Pt. Abweichend von den übrigen Nebengruppen werden der 8. Nebengruppe jeweils drei Elemente der gleichen Periode zugeordnet. Auf Grund ähnlicher Eigenschaften werden Eisen, Cobalt und Nickel zur *Eisengruppe* zusammengefaßt. Die übrigen sechs Metalle bilden die Gruppe der *Platinmetalle*, Ruthenium, Rhodium und Palladium bilden die *leichten* Platinmetalle mit einer durchschnittlichen Dichte von $\varrho = 12$ g cm^{-3}. Die restlichen Metalle sind die *schweren* Platinmetalle mit einer Dichte von $\varrho = 22$ g cm^{-3}. Die Platinmetalle stimmen in vielen chemischen und physikalischen Eigenschaften überein. Sie sind sehr widerstandsfähig gegenüber chemischen Einwirkungen, besitzen hohe Schmelzpunkte und gute katalytische Eigenschaften. Ihre technische Verwendung erstreckt sich auf viele Gebiete. Das wichtigste Element dieser Nebengruppe ist das Eisen.

Tabelle 24.1. Übersicht der Metalle der 8. Nebengruppe

Element	Symbol	Relative Atommasse	Ordnungszahl	Dichte in g cm^{-3}	Schmelzpunkt in °C	Siedepunkt in °C	Charakter der Hydroxide
Eisen	Fe	55,847	26	7,86	1535	2727	amphoter
Cobalt	Co	58,9332	27	8,9	1492	3185	amphoter
Nickel	Ni	58,71	28	8,9	1453	3177	basisch
Ruthenium	Ru	101,07	44	12,40	2450	≈ 4200	amphoter
Rhodium	Rh	102,9055	45	12,41	1966	3700	basisch
Palladium	Pd	106,4	46	12,03	1555	2964	basisch
Osmium	Os	190,2	76	22,48	2500	> 5000	amphoter
Iridium	Ir	192,2	77	22,65	2443	4406	basisch
Platin	Pt	195,09	78	21,4	1773	≈ 4000	basisch

24.2. Eisen

24.2.1. Elementares Eisen

Vorkommen

In elementarer Form wird das Eisen nur in manchen Basalten in feinverteilter Form gefunden. Das Meteoreisen ist mit etwas Cobalt und Nickel legiert. Da das Eisen mit 4,7 % am Aufbau der Erdrinde beteiligt ist, wird es in gebundener Form weit verbrei-

Tabelle 24.2. Eisenerze

Bezeichnung	Formel	Aussehen	Eisengehalt
Magneteisenstein	Fe_3O_4 ($FeO \cdot Fe_2O_3$)	schwärzlich	48 ... 68%
Roteisenstein	Fe_2O_3	rot bis stahlgrau	30 ... 60%
Brauneisenstein	$2\,Fe_2O_3 \cdot 3\,H_2O$ (Der Kristallwassergehalt kann auch anders sein.)	dunkelbraun bis gelbgrau	20 ... 55%
Minette (brauneisensteinhaltiges Sedimentgestein mit hohem Phosphorgehalt)	$FeO(OH)$	bräunlich	30 ... 60%
Spateisenstein	$FeCO_3$	gelb bis braun	25 ... 40%
Pyrit	FeS_2	messinggelb, metallischer Glanz	etwa 40%

tet gefunden. Eisenerzlagerstätten sind nur dann abbauwürdig, wenn sie mindestens 20% Eisen enthalten (→ Aufg. 24.1.).

Gewinnung und Eigenschaften

Chemisch reines Eisen kann durch thermische Zersetzung von Eisenpentacarbonyl $Fe(CO)_5$, durch Elektrolyse von Eisen(II)-salzlösung und durch Reduktion von reinem Eisenoxid mittels Wasserstoffs hergestellt werden. Chemisch reines Eisen ist von silberweißer Farbe und verhältnismäßig weich (Härte 4,5 nach *Mohs*). Da es sehr zäh ist, läßt es sich zu dünnen Drähten ausziehen.
Reines Eisen tritt im festen Zustand in mehreren Modifikationen auf. Bei Temperaturen bis 906 °C liegt das kubisch-raumzentrierte α-Eisen vor. Von 906 bis 1401 °C bildet es das kubisch-flächenzentrierte γ-Eisen. Oberhalb 1401 °C bis zum Schmelzpunkt ist das Eisen wieder kubisch-raumzentriert. Bis zu einer Temperatur von 768 °C *(Curiepunkt[1])* ist das Eisen *ferromagnetisch*, d. h., in einem Magnetfeld wird das Eisen selbst stark magnetisch. Wird das Magnetfeld entfernt, verschwindet auch der Magnetismus des Eisens *(temporärer Magnetismus)*. Wird dagegen Stahl magnetisiert, so behält dieser nach Entfernung des äußeren Magnetfeldes sein Magnetfeld bei *(permanenter Magnetismus)*. Oberhalb des Curiepunktes wird die Magnetisierbarkeit des Eisens durch die Wärmeschwingungen der Atome aufgehoben.
Den temporären Magnetismus des Eisens nutzt man in Transformatoren und Elektromotoren aus. Im allgemeinen wird Eisen nur in legierter Form als Stahl oder Gußeisen verwendet. Feinverteiltes Eisen verglimmt schon bei Zimmertemperatur (pyrophores[2]) Eisen). In kompakter Form ist Eisen beständig gegenüber trockener Luft. Die dabei entstehende Oxidschicht schützt das Eisen auch gegenüber reinem, gasfreiem Wasser. In feuchter Luft und in natürlichem Wasser *rostet* das Eisen (→ Abschnitt 10.1.4.1.). Bei höheren Temperaturen (über 150 °C) reagiert das Eisen merklich mit dem Luftsauerstoff. Es bildet sich *Zunder* (→ Abschn. 10.1.4.2.).
In verdünnten Säuren wird Eisen unter Bildung von Salzen der zweiwertigen Stufe gelöst:
$Fe + 2\,HCl \rightarrow FeCl_2 + H_2$
Durch konzentrierte Salpetersäure und konzentrierte Schwefelsäure wird Eisen nicht angegriffen, da das Eisen durch Ausbildung einer Oxidschicht *passiviert* wird.

---

[1]) Nach dem französischen Forscherehepaar *Marie* und *Pierre Curie*.
[2]) pyr (griech.) Feuer, phoros (griech.) Träger

24.2.2. Eisenverbindungen

In seinen Verbindungen tritt das Eisen *zwei-* und *dreiwertig* auf. In den *Ferraten* kann es *sechswertig* auftreten. Die Eisen(II)-verbindungen lassen sich leicht zu den Eisen(III)-verbindungen oxydieren, während die Eisen(III)-verbindungen nur durch kräftige Reduktionsmittel sich zur zweiwertigen Stufe reduzieren lassen.

Eisen(II)-hydroxid $Fe(OH)_2$ fällt aus frisch bereiteten Eisen(II)-salzlösungen bei Zugabe von Laugen als weißer, flockiger Niederschlag aus. Durch Luftzutritt verfärbt es sich sofort über Grün nach Rotbraun. Es entsteht das *Eisen(III)-hydroxid* $Fe(OH)_3$. Das Eisen(III)-hydroxid entsteht auch unmittelbar aus Eisen(III)-salzlösungen bei Zugabe von Natronlauge:

$Fe^{3+} + 3\ OH^- \rightarrow Fe(OH)_3$

Das rotbraune *Eisen(III)-oxid* Fe_2O_3 wird durch Glühen von Eisen(III)-hydroxid dargestellt. Es dient als Poliermittel für Metalle, Glas und Edelsteine. Außerdem findet es in Malerfarbe Verwendung.

Eisen(II)-sulfid FeS wird technisch durch Erhitzen von Eisenabfällen mit Schwefel hergestellt:

$Fe + S \rightarrow FeS$

Eisen(II)-sulfid setzt sich mit Säuren unter Schwefelwasserstoffentwicklung um:

$FeS + 2\ HCl \rightarrow FeCl_2 + H_2S$

Es dient im Laboratorium zur Darstellung von Schwefelwasserstoff *(Kippscher Apparat)*. Eisen(II)-sulfat $FeSO_4$ entsteht durch Lösen von Eisen in verdünnter Schwefelsäure:

$Fe + H_2SO_4 \rightarrow FeSO_4 + H_2$

Sein Heptahydrat ist das grüne *Eisenvitriol* $FeSO_4 \cdot 7\ H_2O$. Durch oberflächliche Oxydation färbt es sich unter Bildung von Eisen(III)-hydroxidsulfat $Fe(OH)SO_4$ gelbbraun. Das Eisen(II)-sulfat findet in Färbereien, zur Tintenherstellung, Unkrautbekämpfung, Holzkonservierung, Schädlingsbekämpfung u. a. Anwendung.

Eisen(III)-sulfat $Fe_2(SO_4)_3$ entsteht beim Auflösen von Eisen(III)-oxid in konzentrierter Schwefelsäure. Es ist ein gelblichweißes, hygroskopisches Pulver. Es bildet mit Alkali- oder Ammoniumsulfat *Alaune*. Das Eisen(III)-sulfat, der *Kaliumeisenalaun* $KFe(SO_4)_2 \cdot 12\ H_2O$ und der *Ammoniumeisenalaun* $NH_4Fe(SO_4)_2 \cdot 12\ H_2O$ dienen als Beize in der Färberei.

Von den Komplexsalzen des Eisens seien nur das *Kaliumhexacyanoferrat(II)* $K_4[Fe(CN)_6]$ (gelbes Blutlaugensalz) und das *Kaliumhexacyanoferrat(III)* $K_3[Fe(CN)_6]$ *(rotes Blutaugensalz)* erwähnt ($\rightarrow$ Abschn. 4.6.2.4.).

24.3. Roheisengewinnung

Reines Eisen hat nur eine geringe technische Bedeutung. Der Bedarf der Industrie an Gußeisen und Stahl ist unvergleichlich größer. Daher interessieren besonders ihre Herstellungsverfahren.

Hochofenprozeß

Die Vorgänge im Hochofen erstrecken sich bei gleichzeitigem Temperaturanstieg über vier Zonen (Bild 24.1):

1. Vorwärmzone (Temperatur bis 400 °C)
2. Reduktionszone (Temperatur von 400 bis etwa 1100 °C)
3. Kohlungszone (Temperatur von etwa 900 bis 1100 °C)
4. Schmelzzone (Temperatur um 1800 °C)

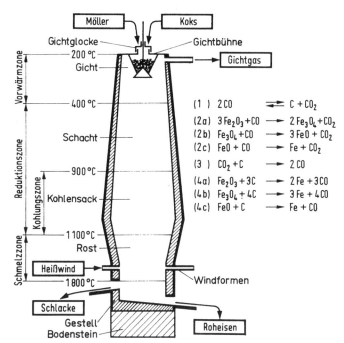

Bild 24.1. Schematische Übersicht zum Hochofenprozeß

Die Beschickung (Koks und Möller) wird in der *Vorwärmzone* getrocknet. In der sich anschließenden *Reduktionszone* findet teilweise Zerfall des Kohlenmonoxids in Kohlendioxid und feinverteilten Kohlenstoff statt *(Boudouard-Gleichgewicht)*:

$$2\,CO \rightleftarrows C + CO_2 \qquad \Delta H = -172{,}6\,\text{kJ mol}^{-1} \tag{1}$$

Bei Temperaturen von 500 °C reduziert das aufsteigende Kohlenmonoxid das Eisen(III)-oxid zu Eisen(II, III)-oxid:

$$3\,Fe_2O_3 + CO \rightleftarrows 2\,Fe_3O_4 + CO_2 \qquad \Delta H = -65{,}4\,\text{kJ mol}^{-1} \tag{2a}$$

Steigt die Temperatur über 850 °C, so reduziert das Kohlenmonoxid Eisen(II, III)-oxid und Eisen(II)-oxid:

$$Fe_3O_4 + CO \rightarrow 3\,FeO + CO_2 \qquad \Delta H = +21\,\text{kJ mol}^{-1} \tag{2b}$$

$$FeO + CO \rightarrow Fe + CO_2 \qquad \Delta H = +12{,}6\,\text{kJ mol}^{-1} \tag{2c}$$

In der heißen Reduktionszone findet die Umsetzung des Kohlendioxids mit Kohlenstoff nach Gleichung (3) statt (Umkehrung von Gleichung (1)):

$$CO_2 + C \rightleftarrows 2\,CO \qquad \Delta H = +172{,}6\,\text{kJ mol}^{-1} \tag{3}$$

Das gebildete Kohlenmonoxid vermag dann weiteres Eisenoxid zu reduzieren. Das gebildete feste, poröse Eisen sinkt in die *Kohlungszone* ab. Hier wird der feinverteilte *Zerfallskohlenstoff*, der nach Gleichung (1) gebildet wurde, vom Eisen aufgenommen. Dadurch wird der Schmelzpunkt von 1535 °C auf 1100 bis 1200 °C herabgesetzt. Dieser Vorgang heißt *Kohlung* des Eisens. Dabei entsteht das *Eisencarbid (Cementit)* Fe_3C, das eine intermetallische Verbindung ist:

$$3\,Fe + C \rightleftarrows Fe_3C$$

$$3\,Fe + 2\,CO \rightleftarrows Fe_3C + CO_2$$

In der Kohlungszone findet nicht nur die Reduktion der Eisenoxide durch Kohlenmonoxid nach Gleichung (2) statt, sondern auch der Zerfallskohlenstoff wirkt reduzierend:

$$Fe_2O_3 + 3\,C \rightleftarrows 2\,Fe + 3\,CO \tag{4a}$$

$$Fe_3O_4 + 4\,C \rightleftarrows 3\,Fe + 4\,CO \tag{4b}$$

$$FeO + C \rightleftarrows Fe + CO \tag{4c}$$

Die Reduktion durch den Zerfallskohlenstoff wird als *indirekte Reduktionswirkung* des Kohlenmonoxids bezeichnet. Eisen und Schlacke gelangen in die *Schmelzzone* und werden flüssig. Da jedes Eisentröpfchen von einem Schlackenhäutchen umgeben ist, findet durch den heißen *Wind* keine Rückoxydation statt. Im Gestell trennen sich Eisen und Schlacke nach ihrer unterschiedlichen Dichte.
Der Hochofen liefert ununterbrochen *Roheisen*, *Schlacke* und *Gichtgas*.
Das Roheisen wird alle 3 bis 6 Stunden abgestochen. Die Weiterverarbeitung erfolgt entweder flüssig, oder das Roheisen wird zu Blöcken oder Masseln vergossen. Da im Hochofen nicht nur die Eisenoxide reduziert werden, enthält das Roheisen neben 3 bis 4,2% Kohlenstoff noch 0,5 bis 6% Mangan, 0,2 bis 3% Silicium, 0,1 bis 3% Phosphor und Spuren von Schwefel[1]). *Graues Roheisen* entsteht bei der *langsamen Abkühlung* in Masselbetten aus Sand. Der Kohlenstoff scheidet sich in *Graphitblättchen* ab, die an der frischen Bruchfläche deutlich erkennbar sind. *Weißes Roheisen* entsteht bei *schneller Abkühlung* in eisernen Kokillen. Der größte Teil des Kohlenstoffes liegt in gebundener Form als *Eisencarbid (Cementit)* Fe_3C vor. Die Bruchfläche ist weiß und häufig von strahlenförmiger Struktur.
Infolge des hohen Kohlenstoffgehaltes ist das Roheisen spröde und schmilzt bei allmählicher Erwärmung plötzlich. Es ist nicht schmiedbar. Graues Roheisen wird

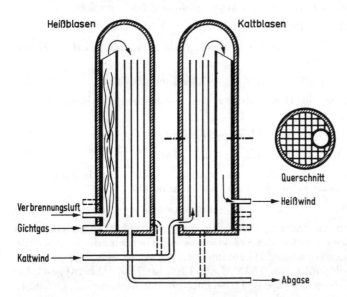

Bild 24.2. Schematische Darstellung der Arbeitsweise von Winderhitzern

---

[1]) Der Schwefelgehalt des Roheisens wird durch den als Zuschlag verwendeten Kalk sowie durch Soda, die man dem Roheisen beim Anstich zugibt, möglichst klein (0,05 %) gehalten.

überwiegend als Gußeisen *(Grauguß)* verwendet. Weißes Roheisen wird durch *Frischen*, d. h. durch Oxydation der unerwünschten Begleitstoffe, zu *Stahl* verarbeitet.
Da das Gichtgas einen spezifischen Heizwert von 3000 bis 4000 kJ m^{-3} (im Normzustand) besitzt, wird es nach der Reinigung zum Aufheizen der Winderhitzer, zum Antrieb der Gebläsemaschinen und zur Erzeugung von Elektroenergie eingesetzt. Die heutigen *Cowperschen Winderhitzer* sind Stahlzylinder von 5 bis 8 m Durchmesser und 20 bis 30 m Höhe (Bild 24.2).
Im Inneren sind sie mit feuerfesten Schamottesteinen ausgekleidet. In den Winderhitzern wird Gichtgas mit Luft gemischt und verbrannt. Die heißen Verbrennungsgase heizen die Steine auf *(Heißblasen)*. Beim *Kaltblasen* wird Frischluft durch die heißen Türme geblasen und dabei auf 700 bis 900 °C erhitzt. Heiß- und Kaltblasen erfolgt bei jedem Winderhitzer im Wechsel.
Das Vorwärmen des Windes auf 900 °C ist notwendig, um die hohen Temperaturen im unteren Teil des Ofens zu erzeugen und dadurch das Roheisen und die Schlacke im leichtflüssigen Zustand zu halten.
Die *Schlacke* fließt entweder ständig aus dem Schlackenabstich oder wird periodisch abgestochen. Ein großer Teil der Schlacke wird durch Einleiten in Wasser gekörnt (granuliert) und zu Eisenportland-, Hochofen- und Sulfathüttenzement weiterverarbeitet. Die Schlacke wird auch zu Pflastersteinen, Schotter, Splitt und Schlackenwolle zur Wärme- und Schalldämmung weiterverarbeitet. Die Hochofenschlacke besteht etwa zu 35 bis 50% aus Calcium- und Magnesiumoxid, 30 bis 40% aus Siliciumdioxid und 6 bis 8% aus Aluminiumoxid.

24.4. Stahlgewinnung

Als Stahl bezeichnet man alles technische Eisen, das ohne Nachbehandlung schmiedbar ist.

Eine ältere Definition des Begriffes »Stahl« setzte eine Höchstgrenze von 1,7% Kohlenstoffgehalt fest. Diese Grenze kann durch andere Legierungszusätze stark beeinflußt werden. Das Wesen der Stahlerzeugungsverfahren beruht auf dem Herabsetzen des Kohlenstoffgehaltes (3 bis 4,2%) des Roheisens. Weitere unerwünschte Beimengungen (z. B. Schwefel, Phosphor und Silicium) werden gleichzeitig entfernt. Die Entfernung geschieht durch Oxydation *(Frischen)* mit elementarem Sauerstoff (Luft) oder durch Zugabe von gebundenem Sauerstoff (oxidische Erze, Zunder und verrostetem Schrott).
Die modernen *Stahlerzeugungsverfahren* sind:

1. die Windfrischverfahren *(Bessemer-* und *Thomas-Verfahren)*,
2. das Herdfrischverfahren *(Siemens-Martin-Verfahren)*,
3. das Aufblasverfahren (LD-Verfahren),
4. die Elektrostahlverfahren.

Stahlgewinnung durch Windfrischen

Bei den Windfrischverfahren werden die Begleitelemente Kohlenstoff, Silicium, Phosphor, Schwefel und Mangan durch Einblasen von Luft oxidiert und dadurch aus dem Roheisen entfernt. Die Windfrischverfahren unterscheiden sich in der Art der Ausmauerung *(Futter)* der Konverter. Die Konverter werden auch *Birnen* genannt. Die *Bessemerbirne* besitzt ein *saures* Futter aus Siliciumdioxid und Tonerde, die *Thomasbirne* ein *basisches* Futter aus Calciumoxid und Magnesiumoxid.
Das *Bessemer-Verfahren* gestattet nur das Frischen eines phosphorarmen (Phosphor-

gehalt maximal 0,1%) Roheisens. Der Phosphor würde bei diesem Verfahren als *Eisenphosphid* Fe_3P im Eisen gelöst bleiben.

Das *Thomas-Verfahren* gestattet das Frischen von phosphorhaltigem Roheisen. Das beim Frischen entstandene *Phosphor(V)-oxid* P_2O_5 wird durch zugegebenen Kalk und durch das Futter als *Calcium-* bzw. *Magnesiumphosphat* gebunden. Die so entstandene Schlacke wird gemahlen und gelangt unter der Bezeichnung »Thomasmehl« als wertvolles Düngemittel in den Handel. Das in gasbeheizten *Roheisenmischern* flüssig gehaltene Roheisen verschiedener Abstiche wird in den Konverter gefüllt (Bild 18.10.). Die durch die Oxydation der Begleitelemente frei werdende Wärme hält den Einsatz flüssig, so daß keine Zusatzheizung notwendig ist.

Beim Frischen oxydiert zunächst in beträchtlichen Mengen Eisen:

$$2\,Fe + O_2 \rightarrow 2\,FeO$$

Das Eisen(II)-oxid oxydiert dann die Begleitelemente Phosphor, Kohlenstoff, Silicium, Mangan:

$$2\,FeO + Si \rightarrow 2\,Fe + SiO_2$$

Der noch enthaltene Schwefel wird wahrscheinlich direkt oxydiert.

Um den gewünschten Kohlenstoffgehalt zu erreichen, wird nach Abgießen der Schlacke mit Ferromangan (etwa 5% C und bis 80% Mn) eine *Rückkohlung* des Stahls vorgenommen. Das zugesetzte *Mangan* wirkt als *Desoxydationsmittel* zur Reduzierung des überschüssigen Eisen(II)-oxids und verschlackt dabei als Mangan(II)-oxid. Nachdem die flüssige Schlacke abgegossen wurde, wird der flüssige Stahl aus dem Konverter abgegossen. Da im Thomasstahl ein Stickstoffgehalt unerwünscht ist, wird heute die Qualität durch Frischen mit sauerstoffangereichertem Wind verbessert. Das Frischen einer *Charge* (Beschickung) dauert etwa 15 bis 20 Minuten ($\rightarrow$ Aufg. 24.2.).

Stahlgewinnung durch Herdfrischen

Das *Herdfrischverfahren (Siemens-Martin-Verfahren)* ist ein *Flammofenfrischen*. In einem Trog *(Herd)* mit einem Fassungsvermögen von 10 bis 300 t werden Roheisen und Schrott (bis 80%) zu Stahl verarbeitet. Die Eisenbegleiter werden durch oxydierende Flammengase und durch den Sauerstoff des Rostes oxydiert. Die zum Schmel-

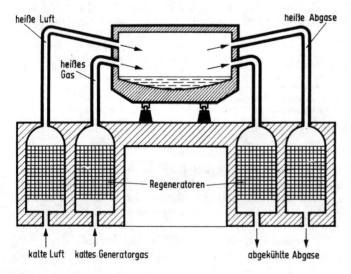

Bild 24.3. *Siemens-Martin*-Ofen im Schnitt

zen des Schrottes erforderlichen hohen Temperaturen (1 700 °C) werden durch die *Siemenssche Regenerativfeuerung*[1]) erreicht. Hier dienen die heißen Abgase, die ihre Wärme in sogenannten *Regeneratoren* (gitterförmiges Schamottemauerwerk) abgeben, zur Aufheizung der Luft und des Brenngases. Etwa alle 30 Minuten erfolgt der Wechsel der Gasfüllungen (Bild 24.3). Von den Franzosen *Emile* und *Pierre Martin* (Vater und Sohn) wurde die Siemenssche Regenerativfeuerung erstmalig 1864 zum Herdfrischen angewandt. Die Oxydation erfolgt langsamer als beim Windfrischen. Sie geschieht an der Oberfläche durch den Luftsauerstoff und im Innern durch den Schrottsauerstoff der Schmelze. Durch das entstehende Kohlenmonoxid wird die Schmelze gut durchmischt. Durch Kalkzugabe wird das Phosphorpentoxid verschlackt. Das Frischen dauert etwa 5 Stunden und gestattet eine ständige Kontrolle. Wenn die gewünschte Stahlzusammensetzung erreicht ist, kann der Frischprozeß abgebrochen werden. Der Mangangehalt wird durch Zugabe von *Ferromangan* erhöht. Mangan wirkt als Desoxydationsmittel (→ Aufg. 24.3.).

Aufblasverfahren

Das Aufblasverfahren, auch *LD-Verfahren*[2]) genannt, ist die jüngste Entwicklung auf dem Gebiet der Stahlerzeugung im Konverter. Bei diesem Verfahren wird die Luft nicht durch die Schmelze geblasen, sondern fast reiner Sauerstoff (99,5 % O_2) wird auf die Schmelze geblasen. Das Aufblasen geschieht durch eine wassergekühlte »Lanze«.

An der Stelle, wo der Sauerstoffstrahl die Oberfläche der Schmelze trifft, findet eine lebhafte Reaktion statt. Durch die lebhafte Reaktion werden laufend neue Teile der Schmelze an die Reaktionsstelle herangeführt. Um die Temperatur und Bewegung innerhalb der Schmelze zu regulieren, wird Schrott oder Eisenerz (15 bis 20%) zugesetzt. Der Zusammenfall der langen, hellen Flamme, die während des Blasens besteht, kündigt die Beendigung des Prozesses an.

Die in diesem Verfahren erzeugten Stähle zeichnen sich durch größere Reinheit als die üblichen Thomasstähle aus und sind mittleren *Siemens-Martin-Stählen* gleichwertig. Da der Stickstoffgehalt nur noch 0,003 bis 0,005 beträgt, sind Alterungserscheinungen und Sprödbruchanfälligkeit wesentlich geringer. Da das LD-Verfahren die hohe

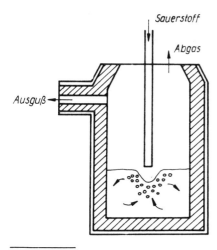

Bild 24.4. Aufblaskonverter

---

[1]) 1856 von *Friedrich Siemens* erfunden.
[2]) LD = Linz/Donawitz (Entwicklungsorte in Österreich)

Produktivität des *Thomas-Verfahrens* mit den wesentlich besseren Eigenschaften des Stahls beim *Siemens-Martin-Verfahren* vereinigt und außerdem niedrigere Investitionsmittel als ein SM-Stahlwerk erfordert, wird es sich bei der Stahlgewinnung in steigendem Maße durchsetzen.

Die Erzeugung hochwertigster Qualitätsstähle *(Edelstähle)* erfolgt in *Elektrostahlöfen*. Ihr Fassungsvermögen beträgt 0,5 bis 50 t. Nach der Beheizung wird zwischen *Induktions-* und *Lichtbogenöfen* (Bild 24.5) unterschieden. Die Beschickung erfolgt

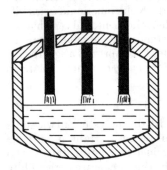

Bild 24.5. Lichtbogenofen

meist mit flüssigem Rohstahl aus dem *Thomas-* oder *Siemens-Martin-Verfahren*. Der Rohstahl soll nachraffiniert und legiert werden. Die noch vorhandenen Reste an *Sauerstoff, Schwefel* und *Phosphor* werden durch Desoxydationsmittel *(Ferrosilicium und Ferromangan)* verschlackt. Gelöster *Stickstoff* wird durch *Aluminium* als Nitrid gebunden. Durch Zugabe von Stahlveredlern in Form von Eisenlegierungen *(Ferrochrom, Ferronickel, Ferrovanadium, Ferrowolfram, Ferrotitanium, Ferromolybdän)* werden *legierte* Stähle erschmolzen. Es wird zwischen *niedriglegierten* Stählen (Anteil der Legierungsbestandteile <5%) und *hochlegierten* Stählen unterschieden. Durch das Zulegieren verschiedener Bestandteile können Spezialstähle mit gewünschten Eigenschaften erzeugt werden. Die *unlegierten* Stähle verdanken ihre Eigenschaften vor allem dem wechselnden Kohlenstoffgehalt. Sie werden deshalb als *Kohlenstoffstähle* bezeichnet (Bild 24.6; → Aufg. 24.4.).

Der nach den vier Verfahren erzeugte Stahl wird entweder in gußeisernen Formen *(Kokillen)* zu Blöcken oder direkt im Stahlformguß vergossen.

24.5. Metalle als Stahlveredler

In diesem Abschnitt werden die wichtigsten Stahlveredler kurz behandelt (Tabelle 24.3).

Cobalt
Das Cobalt Co zeigt wie Eisen und Nickel, mit denen es in der 8. Nebengruppe steht, *Ferromagnetismus*. Es wird vor allem in der Republik Zaire gewonnen. Geringe Mengen kommen auch im Erzgebirge vor. Gegenüber Luft und Wasser ist es beständig. Als selbständiger Werkstoff wird es nicht verwendet; dagegen wird es für hochwarmfeste Legierungen und Sintermetalle als Zusatz gebraucht. Das Isotop Cobalt 60 hat als Gammastrahler große Bedeutung in der Medizin und in der zerstörungsfreien Werkstoffprüfung erlangt.

Nickel
Das Nickel Ni ist ein silberglänzendes Metall mit guter Korrosionsbeständigkeit. Aus diesem Grunde wird es vielfach zur Oberflächenvergütung anderer Metalle, insbesondere des Stahls, eingesetzt. *Rostfreier* und *unmagnetischer* Stahl enthält mehr als 25% Nickel

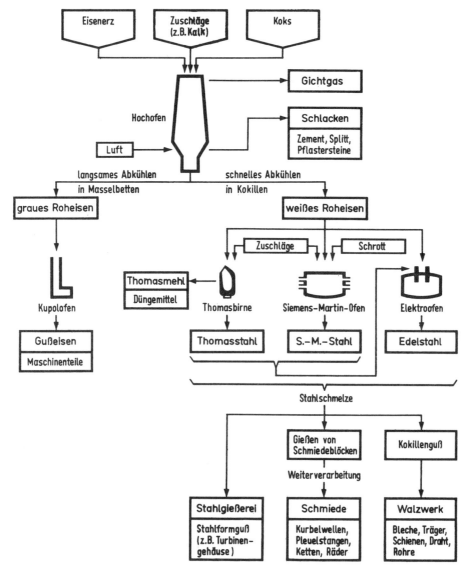

Bild 24.6. Übersicht zur Gewinnung von Eisen und Stahl

oder 8% Nickel und 18% Chromium. Stähle mit hohem Nickelgehalt (etwa 36%) dehnen sich beim Erwärmen wenig aus und werden deshalb für Meßgeräte oder als Einschmelzdrähte für Glühlampen benutzt.

Mangan

Das Mangan Mn ist das wichtigste Element der 7. Nebengruppe. Es spielt als *Desoxydationsmittel* in der Stahlerzeugung eine große Rolle. Es ist aber in den meisten Stählen auch als Legierungsbestandteil enthalten.

Tabelle 24.3. Übersicht der wichtigsten Stahlveredler

Neben-gruppe	Name	Symbol	Dichte in g cm^{-3}	Schmelz-punkt in °C	Verleiht dem Stahl folgende Eigenschaften
8.	Cobalt	Co	8,90	1492	Härte auch bei höheren Temperaturen
8.	Nickel	Ni	8,9	1453	Härte, Zähigkeit, Korrosionsbeständigkeit
7.	Mangan	Mn	7,44	1220	Dehnbarkeit, Verschleißfestigkeit
6.	Chromium	Cr	7,14	1875	Härte, Hitzebeständigkeit, Korrosionsbeständigkeit
6.	Molybdän	Mo	10,22	2622	Zähigkeit, Korrosionsbeständigkeit
6.	Wolfram	W	19,3	3410	Härte, Hitzebeständigkeit, Verschleißfestigkeit
5.	Vanadium	V	6,10	1710	Härte, Stoßfestigkeit, Hitzebeständigkeit
4.	Titanium	Ti	4,51	1725	Stoßfestigkeit

Chromium

Das Chromium Cr steht mit Molybdän und Wolfram in der 6. Nebengruppe. Alle drei Elemente sind Stahlveredler. Chromium ist ein silberglänzendes, sehr hartes und sprödes Metall. Durch Ausbildung einer sehr dünnen, aber dichten Oxidschicht erhält es eine gute Korrosionsbeständigkeit. Da die Oxidschicht den Metallglanz nicht verdeckt, dient Chromium zur galvanischen Oberflächenvergütung anderer Metalle.

Molybdän

Das Molybdän Mo wird in elementarer Form wenig verwendet. In *mehrfach legierten* Stählen, d. h. gemeinsam mit anderen Stahlveredlern, verbessert es die Korrosionsbeständigkeit und Zähigkeit.

Wolfram

Das Wolfram W hat einen sehr hohen Schmelzpunkt (3380 °C) und wird daher für die Glühfäden der elektrischen Glühlampen verwendet. Dem Stahl wird es als *Ferrowolfram* zulegiert. Es verbessert dessen Härte, Verschleißfestigkeit und Hitzebeständigkeit.

Vanadium

Das Vanadium V ist das wichtigste Element der 5. Nebengruppe. Es wird dem Stahl als *Ferrovanadin* zulegiert. Es wirkt desoxydierend und erhöht neben Härte und Hitzebeständigkeit auch die Stoß- und Erschütterungsfestigkeit. Vanadinstähle (mit etwa 2% Vanadium) werden daher für Werkzeuge (besonders auch für Schnellschneidwerkzeuge) und für Federn verwendet. Schon ein Gehalt von 0,15% Vanadium neben 1,5% Chromium verbessert die Eigenschaften eines Baustahls erheblich. Vanadium ist im Mansfelder Kupferschiefer enthalten und fällt bei dessen Verhüttung als Nebenprodukt an.

Titanium

Titanium dient sowohl als *Desoxydationsmittel* als auch als Legierungsbestandteil für Stahl Es erhöht dessen Stoß- und Schlagfestigkeit.

24.6. Wirtschaftliche Bedeutung von Eisen und Stahl

Vom wichtigsten Schwermetall, dem Eisen, sind die ältesten Geräte in altägyptischen Gräbern (etwa 4000 v. u. Z.) gefunden worden. Sie wurden aus *Meteoreisen* gefertigt und zeigen beim Anätzen die *Widmannstättenschen Figuren*[1]). Seit etwa 3000 Jahren erzeugten die Menschen Eisen aus Eisenerzen und verarbeiten es zu Werkzeugen und Waffen. Jahrtausendelang erfolgte die Erzeugung von Eisen und Stahl mit einfachen Verfahren. Um 1350 kamen im Norden Europas *Schachtöfen* auf, die mit Holzkohle betrieben wurden. Mit Beginn der *industriellen Revolution* konnte in England der Bedarf an Holzkohle nicht mehr befriedigt werden. Die ökonomische Notwendigkeit führte zur Umstellung auf *Steinkohlenkoks*. 1735 wurde in England von *A. Draby* der erste *Kokshochofen* errichtet. Vor etwa 100 Jahren entstanden die modernen Stahlgewinnungsverfahren (1855 *Bessemer*-, 1864 *Siemens-Martin*- und 1878 *Thomas-Verfahren*). Die Welterzeugung an Eisen stieg von 1800 bis 1927 auf das Hundertfache. Die Bedeutung der Stahlgewinnung für das Wirtschaftswachstum gibt Tabelle 24.4 an.

Tabelle 24.4 Produktion an Rohstahl (in Millionen Tonnen)

	1960	1970	1980	1982
Welt	346,6	594,1	703,5	643,0
USA	90,1	119,3	101,5	66,1
Canada	5,3	11,2	15,9	11,9
Brasilien	2,3	5,4	10,3	12,9
Japan	22,1	93,3	111,4	99,6
China (ohne Taiwan)	18,7	17,8	37,1	35,6[1])
Bundesrepublik Deutschland	34,1	50,0	43,8	35,9
Großbritannien und Nordirland	24,7	28,3	11,3	13,7
Frankreich	17,3	23,8	23,2	18,4
Australien	3,8	6,9	7,9	7,3
Sowjetunion	65,3	115,9	147,9	147,2
Deutsche Demokratische Republik	3,8	5,1	7,3	7,2
VR Polen	6,7	11,8	19,5	14,8
ČSSR	6,8	11,5	15,2	15,0

[1]) 1981

■ Aufgaben

24.1. Wo in in welcher Form kommt das Eisen in der Natur vor?
24.2. Welche Aufgaben haben die Winderhitzer und Regenerativkammern zu erfüllen?
24.3. Warum wird zwischen C-Stählen und legierten Stählen unterschieden?
24.4. An welchen Stellen werden die verschiedenen Stähle in der Praxis eingesetzt?
24.5. Inwiefern ist es berechtigt, von einem Kreislauf des Eisens zu sprechen, wenn die natürlichen Vorgänge der Korrosion im Zusammenhang mit den chemischen Reaktionen in den Öfen der Schwarzmetallurgie betrachtet werden?
24.6. Warum ist die Umwandlung der Verbindung Fe_2O_3 in die Verbindung Fe_3O_4 eine Reduktion?
24.7. Welcher Unterschied besteht zwischen Roheisen und Stahl?
24.8. Worin besteht das Wesen der Stahlgewinnung?

---

[1]) Eigentümliche Zeichnungen, die beim Anätzen polierten Meteoreisens auftreten.

25. Chemie und Technologie des Wassers

25.1. Die wirtschaftliche Bedeutung des Wassers

Einen für die Existenz und Entwicklung der menschlichen Gesellschaft wichtigen Rohstoff stellt das Wasser dar. Ohne Wasser gibt es kein organisches Leben und keine Produktion. So bestehen fast alle lebenden Pflanzen und Tiere zu 50 bis 95% aus Wasser. Ein Wasserverlust von 10 bis 15% führt bei Wirbeltieren und dem Menschen zum Tode. Das Wasser ist ein unentbehrliches Mittel zum Lösen der Nährstoffe, zu ihrem Transport im Organismus, zur Regulierung der Körpertemperatur sowie für die Ausscheidung schädlicher Stoffwechselprodukte.

Als Wachstumsfaktor ist das Wasser für die Pflanzenwelt von größter Bedeutung. Auf Störungen des Wasserangebotes reagieren die Pflanzen sofort. Eine Steigerung der pflanzlichen und damit auch der tierischen Produktion ist weitgehend von einer geordneten Wasserwirtschaft abhängig. Die Zunahme der Bevölkerung, der steigende Wohnkomfort, die Erweiterung der sozialen und kulturellen Einrichtungen bedingen eine Steigerung des Pro-Kopf-Verbrauches an Wasser.

Bei der Bilanzierung zwischen nutzbarem Wasserdargebot und vorhandenem Wasserbedarf muß davon ausgegangen werden, daß Wasser als Rohstoff nicht unbegrenzt vorhanden ist. Als Wasservorrat ist nur das vorhandene bzw. zufließende Grund- und Oberflächenwasser zu betrachten. Dieser Vorrat wird aus den Niederschlägen und zufließenden Flüssen bespeist.

Im Weltmaßstab beträgt das durchschnittliche Wasserangebot $\approx 12\,000$ m^3 pro Person. In Anbetracht des ständig ansteigenden Wasserbedarfes in der Industrie ist es notwendig, die Wassernutzung auf die allgemeine Anwendung des *Wasserkreislaufverfahrens* umzustellen und so den Wasserbedarf einzuschränken. Daneben ist es erforderlich, die Abwässer zu reinigen und eine übergroße Verschmutzung durch giftige Industrieabwässer zu verhindern, um einer weiteren Umweltverschmutzung entgegenzutreten (→ Aufg. 25.1.).

25.2. Natürliches Wasser

Als natürliches Wasser werden unterschieden:

Niederschlagswasser (Regen, Schnee), *Oberflächenwasser*, *Grundwasser* und *Meerwasser*. Unter Oberflächenwasser wird das oberflächlich abfließende Niederschlagswasser und das Wasser aus Quellen, Bächen, Flüssen und Talsperren erfaßt. Dieses Wasser ist fast immer durch eine Vielfalt von anorganischen und organischen Stoffen verunreinigt, die aus Abwässern der Siedlungen und der Industrie stammen. Es hat im allgemeinen einen mäßigen Salzgehalt, wenn nicht Abwässer mit extrem hohem Salzgehalt eingeleitet werden. Meist ist das Oberflächenwasser sauerstoffhaltig und gewährleistet durch *biologische Abbauprozesse* eine *Selbstreinigung*.

Ein hoher Eintrag von organischen Stoffen, wie z. B. Kohlenhydrate, Eiweiße und Fette durch ungereinigte oder ungenügend gereinigte Abwässer aus Siedlungen, Landwirtschaft und Industrie führt zur Überschreitung der biologischen Selbstreinigung des Wassers, und anaerobe Fäulnisprozesse laufen ab. Dabei entstehen Methan, Kohlendioxid, Ammoniak und Schwefelwasserstoff.

Durch Auswaschung von Düngemitteln kann es zur Anreicherung von Nitraten und Phosphaten vor allem im Wasser von Seen kommen, die bei ausreichender Belichtung zum Massenwachstum von Algen führt (Eutrophierung).

Eine Verunreinigung des Wassers mit Cyanid- und Schwermetallionen oder anorganischen Säuren aus Industrieabwässern führt zur Vergiftung des Wassers und macht hohe Aufwendungen zur Trinkwasseraufbereitung erforderlich.

Die gefährlichsten Abwasserschmutzstoffe sind Mineralöle, Hydroxybenzene (Phenole) und Detergenzien[1]). Sie vermindern die Sauerstoffaufnahme des Wassers, beeinflussen Geruch, Geschmack und Farbe nachteilig und erfordern hohe Aufbereitungskosten. Für Fische sind bereits Phenolkonzentrationen von 3 bis 5 mg l^{-1} tödlich.

25.3. Wasserhärte

Das natürliche Wasser ist niemals chemisch rein. Im Regenwasser befinden sich lösliche Bestandteile der Luft, wie Sauerstoff, Stickstoff, Kohlendioxid, Schwefeldioxid, Ammoniak, ferner Staub, Bakterien u. a. Beim Eindringen in die Erdrinde nimmt das Wasser weitere lösliche Verbindungen auf. Dabei unterstützt das vorher gelöste Kohlendioxid besonders das Lösen der Carbonate des Calciums, Magnesiums, Eisens, Mangans usw. in Form der Hydrogencarbonate:

$$CaCO_3 + H_2O + CO_2 \rightleftarrows Ca(HCO_3)_2$$
unlöslich   löslich

($\rightarrow$ Aufg. 25.3.).

Dieses chemische Gleichgewicht kann durch Erhöhung des Druckes bzw. der Konzentration des Kohlendioxids in Richtung Hydrogencarbonat verschoben werden.

Im Boden vorhandener Pyrit FeS_2 wird durch Kohlensäure umgesetzt bei Bildung von Schwefelwasserstoff H_2S:

$$FeS_2 + 2\,CO_2 + 2\,H_2O \rightleftarrows Fe(HCO_3)_2 + H_2S + S$$

Der entstandene Schwefelwasserstoff ist schon in geringster Konzentration durch den Geruch nach faulen Eiern wahrnehmbar. Mangan- und Eisenverbindungen sind im Grundwasser gelöst und fallen bei Zutritt von Luftsauerstoff als Oxidhydrat in flockiger Form aus. Natürliche Silicate sind im Wasser teils echt, teils kolloidal gelöst, sie beeinträchtigen die Qualität des Trinkwassers nicht, sind aber im Kesselspeisewasser äußerst schädlich durch Bildung von harten Belägen.

Für die Härte eines Wassers ist nur der Gehalt an Calcium- und Magnesiumsalzen ausschlaggebend, die daher als Härtebildner bezeichnet werden. Bei der Wasserhärte wird zwischen Carbonathärte KH und Nichtcarbonathärte NKH unterschieden. Die Carbonathärte, auch als temporäre (zeitweilige) Härte bezeichnet, beruht auf dem Gehalt an Calcium- und Magnesiumhydrogencarbonat. Durch Kochen wird Kohlendioxid aus dem Gleichgewicht entfernt, und unlösliche Carbonate fallen aus. Die Nichtcarbonathärte, auch als permanente (bleibende) Härte bezeichnet, kann durch Kochen nicht beseitigt werden, da die Sulfate, Chloride und andere Salze nicht aus-

---

[1]) detergere (lat.) reinigen, grenzflächenaktive Substanzen

fallen. Die Gesamthärte GH ist die Summe von Carbonat- und Nichtcarbonathärte. Die Härte wird in deutschen Härtegraden (°dH) oder Mol (Äquivalente) CaO/1 H_2O angegeben.

Tabelle 25.1. Einteilung des Wassers nach Härtegraden

Härtegrad	Bezeichnung
0 ... 4 °dH	sehr weiches Wasser
4 ... 8 °dH	weiches Wasser
8 ... 12 °dH	mittelhartes Wasser
12 ... 18 °dH	ziemlich hartes Wasser
18 ... 30 °dH	hartes Wasser
über 30 °dH	sehr hartes Wasser

Zur Berechnung der Härte werden alle Calcium- und Magnesiumsalze entsprechend ihren relativen Molekülmassen auf Calciumoxid CaO umgerechnet.
1 °dH entspricht einem Gehalt von 10 mg CaO l^{-1}.
Der Begriff der Wasserhärte stammt aus dem Waschprozeß. Bei Anwendung der Seife in *hartem* Wasser erzeugt die ausgefällte *Kalkseife* ein stumpfes, rauhes Gefühl auf der Haut. In weichem Wasser liegt eine schlüpfrige, weiche Empfindung vor. Wird in hartem Wasser gewaschen, so tritt ein *hoher Verbrauch* an *Seife* ein.
Die Härtebildner sind nicht nur für den Waschprozeß schädlich, sondern führen auch zur Bildung von Kesselstein in Dampfkesseln und indirekt zu Korrosionserscheinungen. Beim Erhitzen von hartem Wasser entweicht gelöstes Kohlendioxid, und es entsteht das unlösliche Carbonat. Die schwerlöslichen Erdalkalisulfate fallen beim Verdampfen des Wassers allmählich aus. Aus den Carbonaten und Sulfaten entsteht eine festhaftende Kesselsteinschicht an der Dampfkesselwand. Da 1 mm Kesselstein in der Wärmeleitfähigkeit einem 37 mm dicken Eisenblech äquivalent ist, steigt der Brennstoffbedarf stark an. Die mit Kesselstein belegten Bleche sind einer ständigen Überhitzung und damit verstärkten Abnutzung ausgesetzt. Zu explosivartigen Wasserverdampfungen kommt es, wenn der Kesselstein abplatzt und das Wasser die überhitzten Kesselbleche berührt. Das kann zu Ausbeulungen und zur Zerstörung des Kessels führen. Abgesehen von der Kesselsteinbildung können die angereicherten Salze im Kesselwasser durch Schäumen und Spucken des Kessels zu Betriebsstörungen führen. Die eventuell eintretende Verstopfung von Rohrleitungen durch Kesselstein ist ebenfalls Ursache von Betriebsstörungen. Aus diesen Gründen ist eine Enthärtung des Kesselspeisewassers erforderlich (→ Aufg. 25.9. bis 25.10.).

25.4. Anforderungen an die Wasserbeschaffenheit

25.4.1. Anforderungen an die Trinkwassergüte

An das Trinkwasser werden die höchsten *hygienischen* Anforderungen gestellt. Es muß frei sein von Lebewesen, Keimen und Sporen sowie chemischen und physikalischen Stoffen, die zu Gesundheitsstörungen führen (Tabelle 25.2).
Ein gutes Trinkwasser soll *klar, farblos, geruch-* und *geschmacksfrei* und *frisch* sein, eine Temperatur von 15 °C nicht übersteigen. Die Gesamthärte sollte unter 28 °dH liegen, der Gehalt an organischen Stoffen 12 mg l^{-1} nicht überschreiten. Das Trinkwasser darf bei Abgabe an den Verbraucher keine Korrosion im Rohrnetz hervorrufen, da sonst die Gefahr des Lösens von giftigen Metallionen gegeben ist. Krankheitserregende Keime werden durch den *Colititer* bestimmt. Als Colititer bezeichnet

Tabelle 25.2 Grenzkonzentrationen in Trinkwasser

Stoff	Grenzwert in mg l^{-1}	Stoff	Grenzwert in mg l^{-1}
Cl^-	350	Mg^{2+}	125
F^-	1,3	Mn^{2+}	0,1
SO_4^{2-}	400	Al^{3+}	0,1
PO_4^{3-}	0,1	O_2 gelöst	4 ... 14
NO_2^-	0,2	Fe gesamt	0,3
NO_3^-	40	As	0,05
K^+	10	Pb	0,1
Na^+	150	SiO_2	40
Ca^{2+}	180	Phenol	0,003
NH_4^+	0,1	GH	40 °dH
		KH	25 °dH

man die kleinste Wassermenge, die noch den Nachweis von Coli-Bakterien gibt. Sie muß nach gesetzlicher Vorschrift größer als 200 ml sein. Das Bacterium coli tritt massenhaft im Dickdarm der Menschen und Tiere auf. Es ist an und für sich harmlos, doch deutet sein Vorhandensein auf eine Verunreinigung des Wassers durch Fäkalien hin. Da radioaktive Stoffe zu schweren körperlichen Schäden führen, sind auch für α- und β-Strahlung Maximalwerte vorgeschlagen worden.

25.4.2. Anforderungen der Industrie an Brauchwasser

Je nach dem vorgesehenen Verwendungszweck werden verschiedene Anforderungen an das Brauchwasser gestellt. Grundsätzlich wird ein *klares, farbloses, salzarmes Wasser*, das nur geringste Mengen an organischen Stoffen enthält und keine korrosiven Eigenschaften aufweist, gefordert. Der Eisen- und Mangangehalt sollte die Grenzkonzentrationen des Trinkwassers nicht überschreiten.
Die Nahrungs-, Papier-, Zellstoff-, Film- und Genußmittelindustrie fordern mindestens Trinkwasserqualität. Wäschereien, Textilbetriebe und Färbereien verlangen ein enthärtetes Wasser, um den Waschmittelverbrauch gering zu halten und Störungen im Färbebetrieb zu vermeiden. Für Kühlzwecke werden in den Kraftwerken große Wassermengen verbraucht. Bei der Durchlaufkühlung, wo das Wasser nur einmal Verwendung findet, wird nur ein Wasser verlangt, das nicht korrodierend wirkt und keine störenden Beläge ergibt. Bei der Rückflußkühlung, bei der das Wasser mehrmals verwendet wird, muß besonders die Carbonathärte klein sein, um das Abscheiden von unlöslichen Ablagerungen zu vermeiden. Die Neigung zum Algen- und Pilzwachstum ist ebenfalls unerwünscht. Die höchste Anforderung an die chemische Beschaffenheit stellt das Kesselspeisewasser ($\rightarrow$ Abschn. 25.5. und Aufg. 25.14.).

25.5. Wasseraufbereitung

25.5.1. Physikalische Aufbereitungsverfahren

Bei diesen Verfahren werden grobe Teilchen, Kolloide und gelöste Gase aus dem Wasser entfernt.
Bei der Entnahme von Oberflächenwasser erfolgt ein Zurückhalten von groben mechanischen Verunreinigungen durch *Rechen*. Die Entfernung feinerer Teilchen erfolgt durch *Siebbänder* und *Siebtrommeln* mit 0,2 bis 2 mm Maschenweite, die das Wasser von innen nach außen durchströmt.

Die Entfernung körniger oder flockiger Schweb- und Sinkstoffe erfolgt in *Absetzbecken*, in denen die Fließgeschwindigkeit so weit verringert wird, daß durch die Schwerkrafteinwirkung die Teilchen zu Boden sinken.

Filteranlagen sollen dem Wasser die ungelösten Stoffe beim Durchlaufen von porösen Filterschichten entziehen. Nach Art und Betriebsweise des Filters können noch biologische und chemische Reaktionen ablaufen. Es werden Langsam- und Schnellfilter unterschieden. Die *Langsamfilter* ahmen die natürliche Reinigung der Versickerungswässer durch den Boden nach. In den Becken durchströmt das Wasser von oben nach unten Sand- und Kiesschichten. In der obersten Schicht kommt es zur Ausbildung einer *biologischen Filterhaut* von 2,5 bis 5 mm Dicke. Hier siedeln sich Bakterien, Algen und Urtierchen an, welche die Schwebstoffe und gelöste organische Stoffe zurückhalten bzw. biologisch zerstören. Großanwendung finden die Langsamfilter bei der Grundwasseranreicherung durch Versickerung von Oberflächenwasser.

Die *Schnellfilter* benötigen gegenüber den Langsamfiltern weniger Raum, ihre Durchsatzmenge ist wesentlich größer. Nachteilig ist, daß kolloiddisperse Stoffe nicht zurückgehalten werden, da sich keine biologische Filterhaut aufbaut. Die *Entgasung* hat die Aufgabe, gelöste Gase, wie Sauerstoff, Schwefelwasserstoff und andere leichtflüchtige Geschmacks- und Geruchsstoffe, zu entfernen. In einem gut durchlüfteten Turm wird das Wasser verrieselt, zerstäubt oder verdüst. Gleichzeitig kann eine *Entsäuerung* (Entfernung von überschüssigem CO_2 bzw. aggressiver Kohlensäure) und das Ausflocken von Eisen- und Manganhydroxid erfolgen.

25.5.2. Chemische Aufbereitungsverfahren

Die Beseitigung der aggressiven Kohlensäure kann auch in Filtern erfolgen, die mit *dolomitischen Filtermaterialien* (Handelsnamen: *Magnomasse* und *Decarbolith*) beschickt wurden:

$$2 CO_2 + 2 H_2O + CaCO_3 \cdot MgCO_3 \rightarrow Ca(HCO_3)_2 + Mg(HCO_3)_2$$

Die Entfernung von gelöstem Eisen und Mangan durch Oxydation ist nur im alkalischen Bereich möglich. Deshalb ist in diesem Fall eine *Alkalisierung* vor der Belüftung nötig.

Um Kieselsäure, Metallsulfide, Humusstoffe, Fette, Öle und Eiweißstoffe zu entfernen, wird das Wasser in Klärbehältern mit *Flockungschemikalien*, wie Aluminiumsulfat, Eisen(II)-sulfat oder Eisen(III)-chlorid, versetzt. Durch Koagulation wird eine Ausfällung als Schlamm erzielt.

25.5.3. Enthärtung des Wassers

Kalk-Soda-Verfahren

Eines der ältesten und am weitesten verbreiteten Verfahren ist das Kalk-Soda-Verfahren. Hierbei sollen *Calciumhydroxid* und *Soda* die *Härtebildner* ausfällen. Die Menge der zuzusetzenden Chemikalien wird nach der vorangegangenen Wasseranalyse bestimmt.

Das Calciumhydroxid beseitigt die temporäre Härte:

$$Ca(HCO_3)_2 + Ca(OH)_2 \rightarrow 2 CaCO_3\downarrow + 2 H_2O$$

Die Soda beseitigt die permanente Härte:

$$CaSO_4 + Na_2CO_3 \rightarrow CaCO_3\downarrow + Na_2SO_4$$

Das entstehende Natriumsulfat ist leicht löslich und verursacht keine Kesselsteinbildung.

Trinatrium-Phosphat-Verfahren

Die beim Kalk-Soda-Verfahren erreichte Enthärtung des Wassers bis auf etwa 0,3 °dH reicht für Höchstdruckkessel nicht aus. Hier erfolgt eine Nachenthärtung mit Trinatriumphosphat. Die im Reinwasser noch vorhandenen Spuren der *Härtebildner* werden als unlösliche *Phosphate* gefällt, wobei leichtlösliche Natriumsalze entstehen:

$$3\ Ca(HCO_3)_2 + 2\ Na_3PO_4 \rightarrow Ca_3(PO_4)_2\downarrow + 6\ NaHCO_3$$

$$3\ CaSO_4 + 2\ Na_3PO_4 \quad \rightarrow Ca_3(PO_4)_2\downarrow + 3\ Na_2SO_4$$

Mit dem Trinatriumphosphatverfahren kann eine Enthärtung bis auf 0,1 °dH erfolgen. Eine Enthärtung des Rohwassers *nur* mit Trinatriumphosphat ist ökonomisch nicht vertretbar, da die Erzeugungskosten für Trinatriumphosphat hoch sind.

Ionenaustauscher

Wie der Name besagt, werden bei diesem Verfahren die Ionen der Härtebildner gegen andere Ionen ausgetauscht. Wir unterscheiden zwischen Kationen- und Anionenaustauschern. Als Austauscher kommen *Permutite* und *Kunstharze* in Frage.

Permutite sind Natrium-Alumosilicate mit einer speziellen Struktur des Kristallgitters. Die Natriumkationen sitzen im Inneren einer Säule, deren Kanten von den Silicat- bzw. Aluminatanionen gebildet werden; da nun die Summe der Anziehungskräfte, die von den Anionen auf das im Innern befindliche Kation ausgeübt werden, in diesem speziellen Falle unabhängig von dessen Lage innerhalb der Säule ist, kann das Kation durch einen geringen Energieaufwand längs einer Geraden verschoben werden.

Läßt man eine Salzlösung, z. B. hartes Wasser, über ein Permutitfilter laufen, so verdrängen die Calciumionen der Lösung die im Gitter sitzenden Natriumionen:

$$2\ Na\text{-Permutit} + Ca^{2+} \rightleftarrows Ca\text{-Permutit} + 2\ Na^+$$

Der verbrauchte Permutit läßt sich wieder regenerieren, indem durch Aufgießen von Natriumchloridlösung obenstehendes Gleichgewicht von rechts nach links verlagert wird.

Bei dem Ionenaustauschverfahren werden Kunstharze (Wofatite) eingesetzt, die in gekörnter oder gebrochener Form zur Anwendung kommen und durch Einbau austauschaktiver Gruppen in das Molekül Ionenaustausch-Eigenschaften erhalten. Das Rohwasser durchläuft nach mechanischer Reinigung eine Filtersäule aus Wofatit. Dabei finden folgende Umsetzungen statt:

$$Ca(HCO_3)_2 + 2\ Na\text{-Austauscher} \rightarrow Ca\text{-Austauscher} + 2\ NaHCO_3$$

$$CaSO_4 + 2\ Na\text{-Austauscher} \rightarrow Ca\text{-Austauscher} + Na_2SO_4$$

$$MgCl_2 + 2\ Na\text{-Austauscher} \rightarrow Mg\text{-Austauscher} + 2\ NaCl$$

Nach etwa einem Tag Betriebsdauer ist die Austauschfähigkeit des Kunstharzfilters erschöpft. Zur Regenerierung wird etwa eine Stunde lang Natriumchloridlösung durch das Filter geleitet, um die im Kunstharz enthaltenen Ionen der Härtebildner gegen Natriumionen wieder auszutauschen.

$$Ca\text{-Wofatit} + 2\ NaCl \rightarrow 2\ Na\text{-Wofatit} + CaCl_2$$

Nach dieser Regenerierung ist das Kunstharzfilter wieder einsatzfähig. Die Härte des Wassers läßt sich nach diesem Verfahren auf weniger als 0,1 °dH herabsetzen. Der besondere Vorteil der Ionenaustauschverfahren liegt darin, daß Wasser mit wechselnder Härte verarbeitet werden kann, ohne daß die Zugabe von Enthärtungsmitteln neu berechnet und eingestellt werden muß.

Neben *Kationenaustauschern* werden auch *Anionenaustauscher* eingesetzt. Dadurch ist nicht nur eine Enthärtung, sondern auch eine *Entsalzung* des Wassers möglich.

Kationenaustausch:

$CaSO_4$ + 2 H-Austauscher → Ca-Austauscher + H_2SO_4

Anionenaustausch:

H_2SO_4 + 2 OH-Austauscher → SO_4-Austauscher + 2 H_2O

H_2CO_3 + 2 OH-Austauscher → CO_3-Austauscher + 2 H_2O

HCl + OH-Austauscher → Cl-Austauscher + H_2O

Das so entsalzte Wasser ist wesentlich billiger als destilliertes Wasser, da keine Brennstoffe zum Verdampfen des Wassers benötigt werden. Die Regenerierung des H-Austauschers erfolgt mit Salzsäure, die des OH-Austauschers mit Natronlauge oder Sodalösung (→ Aufg. 25.11. bis 25.13.).

25.5.4. Entkeimung des Wassers

Da bei der Trinkwasseraufbereitung meist Schnellfiltration erfolgt und in immer stärkerem Maße Oberflächenwasser zur Trinkwasserversorgung herangezogen wird, ist eine Entkeimung gesetzlich vorgeschrieben. Als *Entkeimungsmittel* werden am häufigsten *Chlor* und *Chlorverbindungen* eingesetzt. Durch ihre Oxydationswirkung werden die Keime abgetötet.

25.6. Abwässerreinigung

25.6.1. Mechanische Reinigung

Häusliche und industrielle Abwässer enthalten die unterschiedlichsten festen, kolloidalen und gelösten Verunreinigungen. Bevor sie in Gewässer eingeleitet werden, ist zu prüfen, ob die Selbstreinigungskraft des Gewässers zu ihrer Verarbeitung ausreicht. Ist dies nicht der Fall, so sollte eine Abwasserreinigung erfolgen.
Durch *Rechen-*, *Siebanlagen* und *Sandfänge* werden grobe mechanische Verunreinigungen, in *Absetzanlagen* Schwebstoffe weitgehend entfernt. Durch Zugabe von *Flockungsmitteln* werden kolloiddisperse Stoffe und emulgierbare Öle aus dem Abwasser beseitigt. Der in den Becken anfallende Schlamm wird in offenen Erdbecken oder geschlossenen Faulräumen zur Ausfaulung gebracht. Der getrocknete Schlamm kann als Dünger Verwendung finden.

25.6.2. Biologische Reinigung

Das mechanisch vorgereinigte Abwasser erfährt zur Entfernung der gelösten organischen Stoffe eine biologische Nachreinigung. Dabei sollen mit Hilfe von Bakterien die organischen Inhaltsstoffe durch Oxydation abgebaut werden. Beim Tropfkörper- und Belebtschlammverfahren liefert zugeführte Luft den notwendigen Sauerstoff.

Das *Tropfkörperverfahren* läuft in einem zylindrischen Mantel ab, in dem Brocken aus Koks, Schlacke, Steinschlag oder Klinker eine wasserdurchlässige Schicht bilden. Über diese Schicht wird das Abwasser verrieselt. In der Tropfkörperschicht kommt es zur Ausbildung eines biologischen Rasens, in dem der Abbau der echt oder kolloidal gelösten organischen Stoffe erfolgt. Durch den gelochten Boden fließt das gereinigte Wasser ab und wird nach Passieren eines Absetzbeckens dem Vorfluter zugeführt.

In schwachbelasteten Tropfkörpern erfolgt eine biologische Vollreinigung. Hochbelastete Tropfkörper bauen nur Kohlenstoffverbindungen ab, so daß der anfallende Schlamm noch fäulnisfähig ist. Da hierbei nur eine biologische Teilreinigung erfolgt, können größere Abwassermengen verarbeitet werden.

Beim *Belebtschlammverfahren* wird der Vorgang der Selbstreinigung der Gewässer nachgeahmt und intensiviert. Nach Passieren eines Vorklärbeckens gelangt das Abwasser in das belüftete Belebtbecken. Durch das hohe Angebot an Nährstoffen und Sauerstoff entwickelt sich eine große Anzahl von Mikroorganismen. Diese treten als schleimige Flocken auf und absorbieren die gelösten organischen Stoffe. Bei Vergrößerung der Biomasse werden Kohlendioxid und Mineralstoffe abgegeben. Durch die Luftzufuhr wird der flockige Schlamm in der Schwebe gehalten. Nach dem gewünschten Abbau der organischen Verbindungen erfolgt im Nachklärbecken eine Trennung von Schlamm und Wasser. Der Schlamm geht in das Vorklärbecken und Belebtbecken zurück. Die Reinigung kann als biologische Teil- oder Vollreinigung erfolgen (→ Aufg. 25.15.).

25.7. Wasseruntersuchung

25.7.1. Bestimmung der Wasserhärte

Meist werden nur Gesamt- und Carbonathärte festgestellt, die Nichtcarbonathärte wird als Differenz berechnet. Die *Carbonathärte* kann sehr genau durch Titration des zu untersuchenden Wassers mit 0,1 N Salzsäure bestimmt werden. Zu 100 ml des Prüfwassers werden einige Tropfen Methylorange gegeben. Nach Titration bis zum Farbumschlag ist das Calcium- bzw. Magnesiumhydrogencarbonat vollständig in das entsprechende Chlorid übergegangen:

$$Ca(HCO_3)_2 + 2\,HCl \rightarrow CaCl_2 + 2\,H_2O + 2\,CO_2\uparrow$$

Die *Gesamthärte* kann im Anschluß an die Carbonathärtebestimmung in der gleichen Wasserprobe bestimmt werden. Es wird der Probe Phenolphthalein als Indikator zugesetzt und mit 0,1 N Kaliumpalmitatlösung titriert. Die Härtebildner werden als Calcium- bzw. Magnesiumpalmitat ausgefällt.

Bei der Gesamthärtebestimmung nach *Boutron* und *Boudet* werden 40 ml Untersuchungswasser in eine Schüttelflasche gefüllt und nach Zugabe von Phenolphthalein mit Hilfe von 0,1 N Salzsäure oder 0,1 N Kalilauge auf eine schwache Rosafärbung eingestellt. Danach wird tropfenweise eine alkoholische Seifenlösung mit bestimmtem Titer (Wirkgehalt) zugesetzt und geschüttelt, bis sich ein bleibender, feinblasiger Schaum bildet. Der Verbrauch an Seifenlösung gibt die Gesamthärte an. Außerdem können Gesamt-, Kalk- und Magnesiahärte komplexometrisch mit Hilfe von Dinatriumethylendiamintetraacetat (EDTA) sehr genau bestimmt werden.

25.7.2. Bestimmung des biochemischen Sauerstoffbedarfs

Bei der biologischen Selbstreinigung des Wassers erfolgt durch Oxydation eine vollständige Mineralisation der organischen Stoffe mit den Endprodukten Kohlensäure, Nitrat und Sulfat. Hierzu ist eine ausreichende Menge Sauerstoff erforderlich, da durch den aeroben biologischen Abbau eine Verringerung der Sauerstoffkonzentration im Wasser erfolgt. Der Sauerstoffbedarf eines Wassers ist deshalb ein geeignetes Maß für den Grad seiner Verunreinigung.

Zur Ermittlung des biochemischen Sauerstoffbedarfs wird einer Abwasserprobe eine sauerstoffgesättigte, mit Bakterien versetzte Wassermenge zugemischt und bei 20 °C bebrütet. Durch den bakteriellen Abbau wird der Sauerstoffgehalt vermindert. Nach fünf Tagen wird die Differenz zwischen ursprünglichem und noch vorhandenem Sauerstoff in mg l^{-1} ermittelt und als BSB_5-Wert ausgewiesen.

Tabelle 25.3. Biochemischer Sauerstoffbedarf für den Abbau organischer Substanzen im Abwasser für Lösungen von 1°/oo

Substanz	BSB_5-Wert in mg l^{-1} O_2
Hydroxybenzen (Phenol)	1700
Ethanol	1350
Benzencarbonsäure (Benzoesäure)	1250
Methanol	960
Ethansäure	700
Stärke	680
Glucose (Traubenzucker)	580
2-Hydroxypropansäure (Milchsäure)	540

■ **Aufgaben**

25.1. Warum sind die natürlichen Wasservorräte vom Menschen nicht beeinflußbar?

25.2. Welche chemische Struktur haben Phenole und Detergenzien?

25.3. Wie lautet die Reaktionsgleichung für das Lösen von Eisenspat $FeCO_3$ in kohlendioxidhaltigem Wasser?

25.4. Es sind die Mengen Calciumsulfat und Magnesiumchlorid anzugeben, die 1 °dH entsprechen!

25.5. Wieviel °dH weist ein Wasser auf, das 16,7 mg Calciumhydrogencarbonat und 110 mg Magnesiumhydrogencarbonat im Liter enthält?

25.6. Ein Wasser enthält 37 mg Magnesiumchlorid, 102 mg Kaliumchlorid, 80 mg Natriumchlorid, 10 mg Calciumsulfat, 56 mg Natriumsulfat und 48 mg Kaliumsulfat im Liter. Wieviel °dH hat dieses Wasser?

25.7. Wie entsteht die Härte des natürlichen Wassers?

25.8. Welche Salze verursachen die temporäre und welche die permanente Härte?

25.9. Warum dürfen Dampfkessel nicht mit Meerwasser gespeist werden?

25.10. Inwiefern kann Kesselsteinbildung zu erhöhtem Verbrauch an Kohle führen?

25.11. Wie werden die Härtebildner beim Kalk-Soda- und beim Phosphat-Verfahren entfernt?

25.12. Was geschieht bei der Wasserenthärtung durch Ionenaustauscher?

25.13. Wie können verbrauchte Austauscher regeneriert werden?

25.14. Welche Anforderungen stellt ein Feinpapierwerk an das Brauchwasser?

25.15. Inwiefern werden bei Klärvorgängen natürliche Prozesse imitiert?

26. Reaktionstypen der organischen Chemie – Kohlenwasserstoffe

26.1. Eigenart und Einteilung der Verbindungen der organischen Chemie

Ursprünglich entwickelte sich die *organische Chemie* mit der Erforschung der lebendigen Substanz des Tier- und Pflanzenreiches. Man erkannte deshalb nur Stoffe der belebten Natur als Verbindungen der organischen Chemie an und glaubte lange, daß zu ihrer Bildung eine besondere Lebenskraft notwendig wäre, die nur dem lebenden Organismus eigen sei. Diese idealistische, vorgefaßte Meinung konnte nur allmählich durch Versuche erschüttert werden, bei denen es gelang, aus anorganischem Material im Laboratorium Stoffe herzustellen, die zu den organischen zählten. Die bekannteste Entdeckung auf diesem Wege war die Synthese von Harnstoff aus anorganischen Verbindungen durch den deutschen Chemiker *Friedrich Wöhler* im Jahre 1828 (→ Abschnitt 28.7.). Da der Harnstoff als Stoffwechselprodukt von Tier und Mensch und damit als organische Substanz bekannt war, außerdem die Wöhlersche Harnstoffsynthese überall nachgeprüft werden konnte, wurde durch diesen Versuch der Weg zur Synthese weiterer organischer Verbindungen im Reagenzglas des Chemikers gewiesen. Allmählich setzte sich die Einsicht durch, daß die Verbindungen der belebten und unbelebten Natur nach gleichen Gesetzmäßigkeiten gebildet werden. Die Lehre vom Wirken einer Lebenskraft bei der Bildung organischer Verbindungen mußte aufgegeben werden. Gelungene organische Synthesen fanden Eingang in die chemische Industrie.

In der 2. Hälfte des vorigen Jahrhunderts feierte die neuentstehende organisch-chemische Industrie in der Herstellung synthetischer Farbstoffe ihre ersten Triumphe. Heute ist die Bedeutung der organischen Chemie unbestritten. Im Weltmaßstab ist der Wert der organischen und anorganischen Stoffe, die von der Chemieindustrie produziert werden, ungefähr gleich.

Obgleich inzwischen sichergestellt ist, daß für die Bildung organischer Stoffe dieselben Naturgesetze gelten wie für die anorganischen, behielt man die *organische Chemie als Chemie der Kohlenstoffverbindungen* als selbständige chemische Teilwissenschaft bei.

Dafür gibt es wichtige Gründe: Es sind viel mehr Verbindungen des Kohlenstoffs bekannt als Verbindungen aller übrigen Elemente zusammengenommen (→ Abschnitt 6.1.). Im Vergleich zu der Mehrheit der Verbindungen aus der anorganischen Chemie haben die meisten organischen Verbindungen besondere Eigenschaften, die spezifische Untersuchungs- und Herstellungsverfahren erfordern. Schließlich hat die organische Chemie eine Systematik, die sich von der Einteilung der anorganischen Chemie wesentlich unterscheidet.

Im Rahmen der anorganischen Chemie werden in der Regel nur die Kohlenstoffverbindungen behandelt, die in ihren Eigenschaften den Verbindungen der anorganischen Chemie ähneln. Das sind die Oxide des Kohlenstoffs, die Kohlensäure mit ihren Salzen und die Carbide.

Die Sonderstellung des Elementes Kohlenstoff in der Chemie erklärt sich zum großen

Teil aus seiner Stellung im Periodensystem der Elemente. Der Kohlenstoff steht in der 4. Hauptgruppe, also gerade zwischen den stark elektropositiven Alkalimetallen und den stark elektronegativen Halogenen. Infolge der mittleren Elektronegativität geht das Kohlenstoffatom mit Atomen anderer Elemente Atombindungen ein.

| *In den meisten organischen Verbindungen sind nur Atombindungen wirksam.*

Diese Atombindungen können polarisiert sein. Die Polarisation ist aber in der Regel nicht groß genug, um zur Dissoziation zu führen. Deshalb kristallisieren organische Verbindungen fast ausschließlich in Molekülgittern. Der Zusammenhalt innerhalb des Gitters erfolgt nur durch die relativ schwachen van-der-Waalsschen Anziehungskräfte (→ Abschn. 4.5.). Bei Temperaturerhöhung wird durch die Bewegung der einzelnen Moleküle leicht der Gitterverband zerstört. Die organischen Verbindungen zeigen deshalb niedrige Schmelz-, Siede- und Sublimationspunkte, sie sind außerdem durch Erhitzen leicht zu zersetzen.

Etwas höhere Schmelzpunkte haben organische Verbindungen mit stärker polarisierter Atombindung, da elektrostatische Kräfte dann den Zusammenhalt im Gitter verstärken. Auch der Siedepunkt solcher Verbindungen ist höher, da die Moleküle in der Flüssigkeit assoziieren, sich zu Molekülverbänden zusammenschließen.

In der anorganischen Chemie ist das bevorzugte Lösungsmittel das Wasser, das durch seinen Dipolcharakter geeignet ist, die elektrostatischen Anziehungskräfte im Ionengitter zu lockern. In der organischen Chemie spielt das Wasser nur eine untergeordnete Rolle als Lösungsmittel, es kann hier nur wirksam sein bei Verbindungen mit polaren Eigenschaften, wenn das Gesamtmolekül nicht zu groß ist. Dagegen sind unpolare Stoffe (z. B. Kohlenwasserstoffe oder Ether) gute Lösungsmittel für nicht oder wenig polarisierte organische Verbindungen. Man kann als allgemein gültige Regel feststellen, daß sich ähnliche Verbindungen am besten ineinander lösen.

Die Atombindung zwischen Kohlenstoffatomen erreicht nahezu die gleiche Festigkeit wie die Atombindung im Wasserstoffmolekül. Da bei organischen Reaktionen in der Regel erst diese Atombindungen gelöst werden müssen, ergeben sich im allgemeinen lange Reaktionszeiten. Man wendet deshalb häufig erhöhte Temperatur und Katalysatoren an, um die Einstellung des Gleichgewichts zu beschleunigen.

In allen organischen Verbindungen ist der Kohlenstoff 4-bindig. Geht ein Kohlenstoffatom 4 einzelne Atombindungen mit Kohlenstoffatomen oder anderen Elementen ein, so reagiert es als sp^3-Hybrid. Bei Auftreten einer Doppelbindung reagiert das sp^2-Hybrid, in einer Dreifachbindung das sp-Hybrid des Kohlenstoffs (→ Abschn. 4.6.1. und Aufg. 26.1.).

Bei der sp^3-Hybridisation des Kohlenstoffs sind die gleichwertigen Atombindungen nach den Ecken eines Tetraeders gerichtet, in dessen Mittelpunkt sich das Kohlenstoffatom befindet. Der Winkel zwischen den Atombindungen beträgt 109°28′ (Bild 26.1).

Verbinden sich zwei Kohlenstoffatome durch eine Atombindung, so bleiben sechs Valenzelektronen für weitere Bindungen verfügbar.

An diese freien Wertigkeiten lagern sich die verschiedensten Elemente an.

Bild 26.1. Tetraedermodell des Kohlenstoffs

In organischen Verbindungen ist der Kohlenstoff bevorzugt mit den Elementen Wasserstoff, Sauerstoff, Stickstoff und den Halogenen verbunden.

An die freien Wertigkeiten der Kohlenstoffatome können aber auch neue Kohlenstoffatome treten. Es kommt zur Bildung von Kohlenstoffketten, die auch *Verzweigungen* aufweisen können.

Beispiele:

```
    |  |  |  |  |                      |
  —C—C—C—C—C—                         —C—
    |  |  |  |  |              |  |  |  |  |
                              —C—C—C—C—C—
                                |  |  |  |  |
                                    —C—
                                     |

unverzweigte Kohlenstoffkette    verzweigte Kohlenstoffkette
```

Die entstehenden *Kettenverbindungen*, die auch Mehrfachbindungen enthalten können, heißen *aliphatische*[1]) oder *acyclische*[2]) *Verbindungen*.

Die durch Atombindungen miteinander verbundenen Kohlenstoffatome können aber auch ringförmig angeordnet sein. Organische Verbindungen mit einer solchen Struktur heißen *Ringverbindungen* oder *cyclische Verbindungen*.

Beispiele:

a)   b)   c)

Sind in den Ringverbindungen nur Kohlenstoffatome beteiligt (Beispiele a und b), so heißen sie *carbocyclisch*, bei Beteiligung von anderen Elementen (Beispiel c) *heterocyclisch*. Die carbocyclischen Verbindungen werden schließlich noch in *alicyclische* (Beispiel a) und *aromatische* (Beispiel b) unterteilt. Im Namen Alicyclen soll angedeutet werden, daß diese cyclischen Verbindungen Eigenschaften der Aliphaten haben.

Tabelle 26.1. Einteilung der organischen Verbindungen nach ihrer Struktur

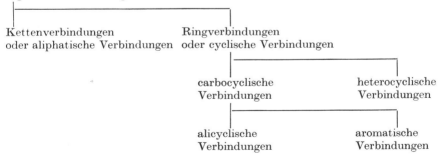

---

[1]) Abgeleitet von aleiphar (griech.) Fett
[2]) acyclisch, nicht ringförmig

Die Aromaten leiten sich durchweg vom Benzen C_6H_6 ab, viele von ihnen zeichnen sich durch einen charakteristischen aromatischen Geruch aus. Nach der Struktur ihrer Verbindungen unterteilt man die organische Chemie (Tabelle 26.1).

Über die eindeutige Bezeichnung (Nomenklatur) organischer Verbindungen einigten sich 1892 in Genf Chemiker aus der ganzen Welt auf die sogenannte »Genfer Nomenklatur«. Diese wurde von der International Union of Pure and Applied Chemistry (IUPAC) in den letzten Jahren mit dem Ziel der Vereinheitlichung und Vereinfachung zur IUPAC-Nomenklatur präzisiert. Nach den Empfehlungen der IUPAC wird in den folgenden Abschnitten der substitutiven Nomenklatur der Vorzug gegeben, bei der Verbindungsnamen aus einem Namensstamm mit Vor- und Nachsilben gebildet werden. Bei der Einführung organischer Verbindungen soll deshalb die Bezeichnung nach der substitutiven Nomenklatur vorangestellt werden. Sonstige Bezeichnungen (Trivialnamen und ältere wissenschaftliche Namen) folgen im Kursivdruck. Im Text werden die in der Technik gebräuchlichen Bezeichnungen verwendet (→ Aufgaben 26.2. und 26.3.).

26.2. Reaktionen organischer Verbindungen

Die besonderen Bindungsverhältnisse in den organischen Verbindungen haben zur Folge, daß in der organischen Chemie bestimmte Reaktionstypen vorherrschen. Man klassifiziert die organischen Reaktionen nach dem Reaktionsweg, nach der Art der Bindungsumgruppierung und nach der Anzahl der Moleküle, die am wesentlichsten Teil der Reaktion beteiligt sind.

26.2.1. Einteilung nach dem Reaktionsweg

Nach dem Reaktionsweg werden *Substitutions-, Additions- und Eliminierungsreaktionen* unterschieden.

> Bei Substitutionsreaktionen wird im Molekül ein Atom oder eine Atomgruppe durch ein anderes Atom oder eine andere Atomgruppe ersetzt.

Beispiel:

$$-\overset{|}{\underset{|}{C}}-H + Cl-Cl \rightarrow -\overset{|}{\underset{|}{C}}-Cl + HCl$$

Im obigen Beispiel wird der Wasserstoff einer organischen Verbindung durch ein Chloratom ersetzt, substituiert.
Bei der Substitution kommt es immer zur Lösung einer Einfachbindung (σ-Bindung), die dann aber durch den eintretenden Substituenten sofort wieder hergestellt wird.

> Bei Additionsreaktionen werden Atome, Moleküle oder Ionen an Mehrfachbindungen oder einsame Elektronenpaare angelagert, addiert.

Beispiele:

$$-\overset{|}{C}=\overset{|}{C}- + Cl-Cl \rightarrow -\overset{|}{\underset{Cl}{C}}-\overset{|}{\underset{Cl}{C}}- \qquad -\overset{H}{\underset{H}{\overset{|}{C}}}-N: + H^{\oplus} \rightarrow -\overset{H}{\underset{H}{\overset{|}{C}}}-\overset{\oplus}{N}-H$$

Das erste Beispiel zeigt eine für die organische Chemie typische Additionsreaktion. Bei ihr sind π-Elektronen einer Mehrfachbindung wirksam. Die Doppelbindung wird im Verlaufe der Reaktion in Einfachbindungen aufgespalten, an die der Reaktionspartner addiert wird.

Im zweiten Beispiel wird ein Proton (ionisiertes Atom) addiert. Es ist in der organischen Chemie üblich, Elementarladungen durch $\ominus$ und $\oplus$ anzugeben und an das die Ladung tragende Atom zu schreiben.

Die *Eliminierung* ist die der Addition entgegengesetzte Reaktion.

> *Bei Eliminierungsreaktionen werden Atome, Atomgruppen oder Ionen abgespalten, so daß sich Mehrfachbindungen ausbilden oder eine Aufladung des organischen Restes erfolgt.*

Beispiele:

$$\begin{array}{c}|\ \ |\\-C-C-\\|\ \ |\\H\ Cl\end{array} \rightarrow \begin{array}{c}|\ \ |\\-C=C-\\ \\ \end{array} + HCl$$

$$\begin{array}{c}Cl\\|\ \ |\ \ |\\-C-C-C-\\|\ \ |\ \ |\end{array} \rightarrow \begin{array}{c}\ \ \oplus\\|\ \ |\ \ |\\-C-C-C-\\|\ \ |\ \ |\end{array} + Cl^{\ominus}$$

Bei den besprochenen drei Reaktionstypen wurden jeweils nur Ausgangs- und Endprodukte angegeben. Über den Reaktionsmechanismus werden keine Aussagen gemacht.

26.2.2. Einteilung nach der Bindungsumgruppierung

Nach der *Bindungsumgruppierung* werden *radikalische* und *ionische Reaktionen* unterschieden.

Zur Bildung von Radikalen oder Ionen müssen Bindungen aufgespalten werden. Die dazu erforderliche Dissoziationsenergie kann als Wärme-, Strahlungs- oder chemische Energie zugeführt werden.

> *Im Verlauf von radikalischen Reaktionen werden Bindungen symmetrisch gespalten, und es treten als Zwischenprodukte Atome oder Moleküle mit ungepaarten Elektronen auf, die Radikale genannt werden.*

Beispiele:

$|\overline{Cl}-\overline{Cl}| \rightarrow |\overline{Cl}\cdot + \cdot\overline{Cl}|$ allgemein formuliert: $A-B \rightarrow A\cdot + \cdot B$

$$\begin{array}{c}|\ \ |\\-C-C-\\|\ \ |\end{array} \rightarrow \begin{array}{c}|\\-C\cdot\\|\end{array} + \begin{array}{c}|\\\cdot C-\\|\end{array}$$

Radikalische Reaktionen werden durch Hitze, Lichteinwirkung und radikalbildende Katalysatoren (z. B. Peroxide) begünstigt.

> *Ionische Reaktionen liegen vor, wenn Bindungen asymmetrisch gespalten werden und das Bindungselektronenpaar bei einem Bindungspartner verbleibt, so daß Ionen verschiedener Ladung entstehen.*

Beispiele:

$|\overline{Cl}-\overline{Cl}| \rightarrow |\overline{Cl}|^{\oplus} + |\overline{Cl}|^{\ominus}$ allgemein formuliert: $A-B \rightarrow A^{\oplus} + B^{\ominus}$

$$\begin{array}{c}\diagdown\ \ \diagup\\C=C\\\diagup\ \ \diagdown\end{array} \rightarrow \begin{array}{c}\diagdown\ \oplus\ \ \ominus\diagup\\C-C\\\diagup\ \ \ \ \ \diagdown\end{array}$$

Ionische Reaktionen werden durch Ionen oder stark polare Substanzen als Reaktionspartner ausgelöst. Polare Katalysatoren und polare Lösungsmittel begünstigen den ionischen Reaktionsmechanismus.
Bei der Ausbildung neuer Bindungen zwischen Reagens und zugehörigem Reaktionspartner unterscheidet man *elektrophile*[1]) und *nucleophile*[2]) *Reaktionen*.

> *Bei elektrophilen Reaktionen sucht das Reagens Elektronen. Elektrophil sind Kationen, Verbindungen mit unvollständigen Elektronenschalen und Halogene.*

Da das elektrophile Reagens Elektronen aufnimmt, ist es auch als Oxydationsmittel aufzufassen.

> *Bei nucleophilen Reaktionen ist das Reagens kernsuchend. Nucleophil sind Anionen, Verbindungen mit freien Elektronenpaaren, Kohlenstoff-Kohlenstoff-Doppelbindungen und Aromaten.*

Als Elektronendonator ist das nucleophile Reagens einem Reduktionsmittel gleichzusetzen.
Wie Oxydation und Reduktion, so sind auch nucleophile und elektrophile Reaktion miteinander verknüpft. Als Reagens wird meist der einfacher aufgebaute Reaktionspartner bezeichnet.
Beispiel:

$$\begin{array}{c}H\\|\\-C-N|\\|\\H\end{array}\begin{array}{c}F\\|\\+\ B-F\\|\\F\end{array}\rightarrow\begin{array}{c}H\\|\\-C-^{\oplus}N-^{\ominus}B-F\\|\\H\end{array}\begin{array}{c}F\\|\\F\end{array}$$

nucleophiler   elektrophiler
Reaktionspartner

Die aufgezählten Einteilungsprinzipien für organische Reaktionen werden häufig gekoppelt. Es werden elektrophile, nucleophile oder radikalische Additions- und Substitutionsreaktionen unterschieden, man spricht von ionischen Eliminierungen. Dazu einige Beispiele, die jedoch nicht alle möglichen Teilreaktionen beschreiben:

nucleophile Substitution: $OH^{\ominus} + {-}C{-}Cl \rightarrow {-}C{-}OH + |\overline{Cl}|^{\ominus}$

elektrophile Addition: $|\overline{Cl}|^{\oplus} + C{=}C \rightarrow {-}\underset{Cl}{C}{-}\overset{\oplus}{C}{-}$

ionische Eliminierung: $-\underset{H}{C}-\underset{OH}{C}- \xrightarrow{+H^{\oplus}} -\underset{H}{C}-\overset{\oplus}{C}- + H_2O \rightarrow C{=}C + H_3O^{\oplus}$

radikalische Substitution: $-C{-}H + |\overline{Cl}\cdot \rightarrow -C\cdot + HCl$

$-C\cdot + |\overline{Cl}\cdot \rightarrow -C{-}Cl$

---

[1]) elektrophil = elektronensuchend
[2]) nucleophil = kern-, elektronenlückensuchend

26.2.3. Reaktionen zur Bildung von Makromolekülen

Außer den beschriebenen Reaktionstypen der organischen Chemie gibt es noch spezielle Reaktionen, die sich grundsätzlich auf diese Grundreaktionen zurückführen lassen.

> *Vereinigen sich zwei Moleküle zu einem größeren Molekül unter Austritt eines chemisch einfachen Stoffes (meist Wasser), so liegt eine Kondensationsreaktion vor.*

Beispiel:

$$-\!\!\overset{|}{\underset{|}{C}}\!\!-\!O\!-\!H + HO\!-\!\overset{|}{\underset{|}{C}}\!\!-\; \rightarrow\; -\!\!\overset{|}{\underset{|}{C}}\!\!-\!O\!-\!\overset{|}{\underset{|}{C}}\!\!-\; +\; H_2O$$

Es handelt sich hier um eine Eliminierungsreaktion, bei der sich die entstehenden Reste zum Kondensationsprodukt vereinigen. Ist Wasser der austretende einfache Stoff, so wird die Reaktion durch wasseraufnehmende Stoffe begünstigt.
Kann sich die Kondensationsreaktion fortsetzen, so kommt es zur *Polykondensation*, und es entstehen Makromoleküle (→ Abschn. 31.).
Makromoleküle entstehen auch durch *Polymerisation*, bei der ebenfalls viele Moleküle zum Aufbau von großen Molekülen beitragen.

> *Die Polymerisation ist eine Reaktion, bei der zahlreiche Moleküle des gleichen Stoffes zu Makromolekülen zusammentreten, ohne daß Nebenprodukte entstehen.*

Zur Polymerisation sind nur Stoffe mit Mehrfachbindungen befähigt, deren π-Elektronen leicht verschiebbar sind. Nach Bildung von radikalischen oder ionischen Zwischenprodukten erfolgt erst die eigentliche Polymerisation durch eine Additionsreaktion. Nach dem Reaktionsablauf wird *Radikal- und Ionenpolymerisation* unterschieden.

Beispiele: a) Radikalpolymerisation

$$\underset{n\,\text{Moleküle Ausgangsprodukt}}{C\!=\!C + C\!=\!C + \cdots} \rightarrow \underset{\text{Radikalbildung}}{\cdot C\!-\!C\cdot + \cdot C\!-\!C\cdot + \cdots} \rightarrow \underset{\text{Polymerisation}}{\cdots -\!C\!-\!C\!-\!C\!-\!C\!-\cdots}$$

b) Ionenpolymerisation

$$\underset{}{C\!=\!C + C\!=\!C + \cdots} \rightarrow \underset{\text{Ionenbildung}}{|C\!-\!C|^{\ominus} + |C\!-\!C|^{\oplus} + \cdots} \rightarrow \underset{\text{Polymerisation}}{\cdots -\!C\!-\!C\!-\!C\!-\!C\!-\cdots}$$

Beide Reaktionstypen formuliert man kürzer durch folgende Schreibweise:

$$\underset{\text{Ausgangsstoff}}{n\,C\!=\!C} \rightarrow \underset{\text{Polymerisationsprodukt}}{\left[-\!C\!-\!C\!-\right]_n}$$

> *Vereinigen sich Moleküle verschiedener Stoffe zu Makromolekülen, ohne daß Nebenprodukte entstehen, so liegt eine Polyaddition vor.*

Bei der *Polyaddition* kommt es beim Aufbau der Makromoleküle noch zu Umlagerungen von Wasserstoffatomen. Ein Beispiel für eine Polyaddition ist im Abschnitt 31.6.1. angegeben (→ Aufg. 26.4.).

26.2.4. Induktions- und Mesomerieeffekt

Der Ablauf organischer Reaktionen wird oft entscheidend bestimmt durch die Reaktionsfähigkeit der beteiligten Verbindungen. Diese ist abhängig von der Elektronenverteilung innerhalb der organischen Moleküle, die durch Induktions- und Mesomerieeffekte beeinflußt wird.

Der *Induktionseffekt* wird durch polarisierte Atombindungen hervorgerufen. Haben Atome oder Atomgruppen, die mit einem Kohlenstoffatom verbunden sind, gegenüber diesem eine Elektronegativitätsdifferenz, so kommt es zu einer Elektronenverschiebung zum elektronegativen Teil. Dadurch werden Ladungsverschiebungen in benachbarten Bindungen hervorgerufen, induziert. Diese werden durch die Zeichen δ^+ und δ^- als Bruchteile von Elementarladungen symbolisiert. Die geschilderte Erscheinung wird als *Induktion* bezeichnet.

Zieht das mit einem Kohlenstoffatom verbundene Atom die Bindungselektronen stärker an als der Wasserstoff einer C—H-Bindung, so spricht man vom —I-Effekt, bei Verlagerung der Elektronen zum Kohlenstoffatom vom +I-Effekt.

Beispiele:
$$\overset{\delta^+\ \ \delta^-}{\text{Na—C}} \qquad \text{C—H} \qquad \overset{\delta^+\ \ \delta^-}{\text{C—Cl}}$$
$$+\text{I-Effekt} \qquad \text{I}=0 \qquad -\text{I-Effekt}$$

Die meisten funktionellen Gruppen der organischen Chemie (→ Abschn. 28.1.) zeigen den Induktionseffekt. Zu den funktionellen Gruppen gehören z. B. die Hydroxygruppe —OH und die Oxogruppe =O, die —I-Effekt hervorrufen, da sie ein mit ihnen verbundenes Kohlenstoffatom positivieren (→ Aufg. 26.5.).

Mesomerieeffekt wird an organischen Verbindungen mit konjugierten Doppel- und Dreifachbindungen beobachtet.[1]) Durch Verschiebung von π-Elektronen kann das Molekül sich in einem Zustand befinden, der zwischen durch Formelbilder beschreibbaren Grenzstrukturen liegt. Diese Erscheinung heißt Mesomerie (→ Abschn. 4.2.5.). Sie tritt auch auf, wenn Mehrfachbindungen in Konjugation mit freien Elektronenpaaren stehen.

Energetisch hat das mesomere Molekül den Zustand geringster Energie erreicht. Die Polarisation von Nachbaratomen der Mehrfachbindung ist dann der eigentliche Mesomerieeffekt.

Beispiel: $\text{CH}_2=\text{CH—Cl} \leftrightarrow \overset{\ominus}{\text{CH}_2}\text{—CH}=\overset{\oplus}{\text{Cl}}$

Der wahre Zustand des Moleküls liegt zwischen den angegebenen Grenzstrukturen. Die Mesomerie ruft eine Polarisation des Chloratoms hervor, die sich auch wie folgt formelmäßig beschreiben läßt:

$$\overset{\delta^-}{\text{CH}_2}\text{⋯}\overset{}{\text{CH}}\text{⋯}\overset{\delta^+}{\text{Cl}}$$

Induktions- und Mesomerieeffekt bewirken die Polarisation von Atomen oder Atomgruppen im organischen Molekül. Dadurch wird die Voraussetzung geschaffen, daß dieses Molekül in elektrophiler oder nucleophiler Reaktion umgesetzt werden kann. Zu den behandelten Reaktionstypen und Effekten der organischen Chemie werden konkrete Beispiele in den folgenden Abschnitten gebracht werden (→ Aufg. 26.6.).

---

[1]) vgl. dazu Abschn. 26.4.2.

26.3. Alkane – Gesättigte Kohlenwasserstoffe

26.3.1. Bau und Nomenklatur der Alkane

Die einfachsten Verbindungen der organischen Chemie enthalten neben dem Element Kohlenstoff nur Wasserstoff, sie heißen *Kohlenwasserstoffe*. Die Kettenverbindungen, die keine Doppelbindungen enthalten und bei denen alle freien Valenzen der Kohlenstoffatome durch Wasserstoff abgesättigt sind, heißen Alkane oder *gesättigte Kohlenwasserstoffe*. Nach einer älteren Bezeichnung nennt man sie auch Paraffine[1]), da sie chemisch verhältnismäßig reaktionsträge sind. Nach der IUPAC-Nomenklatur haben alle gesättigten Kohlenwasserstoffe die gemeinsame Endung -an.

In den Alkanen ist das sp^3-Hybrid des Kohlenstoffs durch σ-Bindungen mit den Wasserstoffatomen verbunden. Das erklärt die Festigkeit der Kohlenstoff-Wasserstoff-Bindungen und die Reaktionsträgheit der Alkane.

Das einfachste Alkan ist das Methan CH_4, das dem Bergmann unter dem Trivialnamen *Grubengas* bekannt ist. Seine Strukturformel ist:

```
    H                    H
    |                    ..
H—C—H     oder     H :C: H
    |                    ..
    H                    H
```

Ein räumliches Modell des Methanmoleküls ähnelt dem Bild 26.1. Das Kohlenstoffatom steht im Mittelpunkt des Tetraeders, an dessen Ecken sich Wasserstoffatome befinden.

Eine gute räumliche Darstellung für das Methanmolekül gibt das sogenannte Atomkalottenmodell (Bild 26.2). Die im Bild dargestellten Kugelkalotten zeigen ungefähr die Grenze des Wirkungsbereiches der Ladungswolken der am Molekülaufbau beteiligten Atome.

Bild 26.2. Atomkalottenmodell des Methans

Die in den Bildern gezeigten Darstellungen sind Modellvorstellungen, die dem wahren Molekülaufbau nur mehr oder weniger nahe kommen. Die in der organischen Chemie allgemein üblichen Strukturformeln sind Projektionen der Raummodelle in die Papierebene.

Wenn 2 Kohlenstoffatome durch eine Atombindung miteinander verbunden und alle 6 freien Valenzen durch Wasserstoff abgesättigt sind, so haben wir einen anderen Kohlenwasserstoff, das Ethan C_2H_6, vor uns. Das Ethan hat die Strukturformel

```
   H  H                   H  H
   |  |                   ..  ..
H—C—C—H     oder     H :C :C :H
   |  |                   ..  ..
   H  H                   H  H
```

---

[1]) parum affinis (lat.) wenig verwandt

Das Atomkalottenmodell des Ethans zeigt Bild 26.3.

Bild 26.3. Atomkalottenmodell des Ethans

Von einer Kohlenstoffkette aus 3 Kohlenstoffatomen leitet sich das Propan C_3H_8 ab, seine Strukturformel ist:

```
    H  H  H
    |  |  |
H—C—C—C—H
    |  |  |
    H  H  H
```

Da die Atombindungen des Kohlenstoffs einen Winkel von etwa 110° miteinander bilden, stellt die oben angegebene Strukturformel die Verhältnisse nicht richtig dar. Wegen der größeren Übersichtlichkeit wird aber die zuerst angegebene Strukturformel des Propans bevorzugt. Ebenso verfährt man bei der Darstellung der Strukturformeln der meisten Verbindungen der organischen Chemie. Das Zeichnen komplizierter Strukturformeln wird weiter durch die *rationelle Schreibweise* vereinfacht, bei der immer wiederkehrende Gruppen zusammenhängend geschrieben werden. Solche Gruppen sind z. B. die bereits bekannten CH_3- und $-CH_2-$. Dadurch vereinfacht sich die Strukturformel des Propans zu $CH_3-CH_2-CH_3$.
Durch Verlängerung der Kohlenstoffkette erhält man eine homologe (gleichartig aufgebaute) Reihe von Kohlenwasserstoffen. Die nächsten entstehenden Alkane sind:

Butan C_4H_{10} Heptan C_7H_{16} Nonan C_9H_{20}
Pentan C_5H_{12} Octan C_8H_{18} Decan $C_{10}H_{22}$ usw.
Hexan C_6H_{14}

Alle Alkane haben demnach eine gemeinsame, allgemein gültige Formel C_nH_{2n+2}.

| Alkan = *Paraffin:* C_nH_{2n+2} |

Die aufeinanderfolgenden Glieder der homologen Reihe unterscheiden sich jeweils nur durch Einschieben einer $-CH_2-$Gruppe. Alle haben bei ähnlichem Molekülaufbau ähnliche chemische Eigenschaften. Die physikalischen Eigenschaften ändern sich gesetzmäßig mit zunehmender Kettenlänge. Tabelle 26.2 enthält die wichtigsten Alkane mit gerader Kohlenstoffkette. Sie zeigt, daß Schmelzpunkte, Siedepunkte und Dichten ansteigen, wenn die Kohlenstoffkette länger wird.[1]
Es gibt in der organischen Chemie eine ganze Anzahl solcher homologen Reihen. Durch die homologen Reihen wird das Studium der organischen Chemie erleichtert. Aus den Eigenschaften eines Gliedes einer solchen Reihe lassen sich die Eigenschaften aller anderen Glieder ableiten.

---

[1] Weitere Kennzahlen für Alkane und andere organische Verbindungen siehe ABAO 31/2. Richtlinien für die Beurteilung von feuergefährdeten und explosionsgefährdeten Betriebsstätten.

Die homologen Reihen zeigen deutlich das Wirken des dialektischen Gesetzes über den Umschlag von Quantität in Qualität. Mit dem Anstieg der Anzahl der C-Atome ändern sich die physikalischen Eigenschaften der Glieder der homologen Reihe gesetzmäßig.

Tabelle 26.2. Alkane mit gerader Kohlenstoffkette

Name	Formel	F_p in °C	Kp in °C	Dichte in g cm^{-3}	
Methan	CH_4	-183	-162	0,424	⎫
Ethan	C_2H_6	-172	-89	0,546	⎬ beim Siedepunkt
Propan	C_3H_8	-187	-42	0,585	
Butan	C_4H_{10}	-135	$-0,5$	0,600	⎭
Pentan	C_5H_{12}	-130	$+36$	0,626	⎫
Hexan	C_6H_{14}	-94	$+69$	0,659	
Heptan	C_7H_{16}	-91	$+98$	0,684	
Octan	C_8H_{18}	-57	$+126$	0,703	
Nonan	C_9H_{20}	-54	$+151$	0,718	
Decan	$C_{10}H_{22}$	-30	$+174$	0,730	⎬ bei 20 °C
Undecan	$C_{11}H_{24}$	-26	$+196$	0,740	
Dodecan	$C_{12}H_{26}$	-10	$+216$	0,749	
Tetradecan	$C_{14}H_{30}$	$+5,5$	$+253$	0,763	
Hexadecan	$C_{16}H_{34}$	$+18$	$+286$	0,773	⎭
Eicosan	$C_{20}H_{42}$	$+36$	sieden unzersetzt nur bei vermindertem Druck	0,778	⎫ ⎬ beim Schmelzpunkt
Triacontan	$C_{30}H_{62}$	$+66$		0,782	⎭

Aus der homologen Reihe der Alkane folgt die *homologe Reihe der Alkylreste*. Alkylreste sind einwertige Radikale, die durch Abspalten eines Wasserstoffatoms aus den Alkanen entstehen. Die entstehenden Radikale ergeben sich aus der folgenden Übersicht:

Kohlenwasserstoff	Name des Radikals	Formel
Methan	Methyl-	CH_3-
Ethan	Ethyl-	C_2H_5-
Propan	Propyl-	C_3H_7-
.	.	.
.	.	.
Alkan	Alkyl-	$C_nH_{2n+1}-$

Die homologe Reihe der Alkylreste hat die allgemeine Formel:

| Alkyl-: $C_nH_{2n+1}-$ oder   R— |

Es ist üblich, den Alkylrest abgekürzt mit R— zu bezeichnen.
Die bisher besprochenen Kohlenwasserstoffe haben eine gerade Kohlenstoffkette. Kettenverzweigungen können das erste Mal beim Butan C_4H_{10} auftreten:

$CH_3-CH_2-CH_2-CH_3$ $CH_3-CH-CH_3$
                                                        |
                                                      CH_3

gerade Kette   verzweigte Kette

Beide Verbindungen haben die gleiche Summenformel, aber verschiedene Strukturformeln und verschiedene physikalische und chemische Eigenschaften:

Verbindungen mit gleicher Summenformel und verschiedener räumlicher Anordnung der Atome nennt man isomere Verbindungen. Die Erscheinung selbst heißt Isomerie.

Vom Pentan C_5H_{12} gibt es 3 Isomere:

I. $CH_3-CH_2-CH_2-CH_2-CH_3$

II. $CH_3-CH-CH_2-CH_3$
        $|$
        CH_3

III. $CH_3-\underset{\underset{CH_3}{|}}{\overset{\overset{CH_3}{|}}{C}}-CH_3$

Beim Hexan sind es bereits 5 Isomere, beim Decan 75 usw. Das Auftreten isomerer Verbindungen erklärt z. T. die große Anzahl möglicher organischer Verbindungen. Isomere Alkane müssen auch durch die Nomenklatur unterscheidbar sein. Nach einer älteren, aber in der Technik durchaus noch geläufigen Bezeichnungsweise heißen geradkettige Kohlenwasserstoffe n-Alkane, verzweigtkettige i-Alkane. Die beiden oben angegebenen Butane sind also danach *Normalbutan* und *Isobutan*. Bei den isomeren Pentanen reicht die Unterscheidung durch n- bzw. i- bereits nicht mehr aus, da Isopentan die Strukturformel II. oder III. haben könnte. Eine eindeutige Bezeichnung beim Vorliegen mehrerer Isomere ist nur mit Hilfe der IUPAC-Nomenklatur möglich, welche die einzelnen Kohlenstoffatome der längsten in der Strukturformel vorkommenden Kette numeriert und angibt, an welchem Kohlenstoffatom Radikale gebunden sind.

Die Bezifferung der Hauptkette beginnt von der Seite, die der Seitenkette am nächsten liegt, so daß ihre Stellung durch niedrige Bezifferung angegeben wird.

Beispiele:

$\overset{1}{C}H_3-\underset{\underset{CH_3}{|}}{\overset{2}{C}H}-\overset{3}{C}H_2-\overset{4}{C}H_3$ 2-Methyl-butan

$CH_3-\underset{\underset{CH_3}{|}}{\overset{\overset{CH_3}{|}}{C}}-CH_3$ 2,2-Dimethyl-propan

$CH_3-\underset{\underset{CH_3}{|}}{\overset{\overset{CH_3}{|}}{C}}-CH_2-\underset{\underset{CH_3}{|}}{CH}-CH_3$ 2,2,4-Trimethyl-pentan *(Isooctan)*

(→ Aufg. 26.7. bis 26.9.)

26.3.2. Vorkommen, Eigenschaften und Reaktionen der Alkane

Vorkommen

Die gasförmigen Alkane Methan, Ethan, Propan, Butan kommen natürlich als *Erdgas* vor. Methan entwickelt sich in Sümpfen als Sumpfgas bei der Zersetzung organischer Substanzen unter Luftabschluß. Da es auch beim Inkohlungsprozeß gebildet wird, kommt es in Kohlengruben vor. Methan-Luftgemische sind die in Bergwerken gefürchteten schlagenden Wetter.

Die flüssigen und festen Alkane, beginnend mit dem Pentan bis zu den festen Paraffinen, sind Hauptbestandteile des *Erdöls*. Feste Alkane werden weiterhin als *Erdwachs* oder Ozokerit und als Bestandteile des *Erdpeches* oder Asphalts gefunden. Auch Ölschiefer und Ölsande sind reich an Alkanen. Außerdem treten Alkane bei den verschiedenen technischen Prozessen auf, die auf eine Kohleveredlung abzielen.

Eigenschaften

Physikalische Eigenschaften der Alkane sind aus der Tabelle 26.2 abzulesen. Die ersten 4 Glieder der homologen Reihe der geradkettigen Kohlenwasserstoffe sind bei normaler Temperatur gasförmig, die folgenden Glieder bis zum Hexadecan $C_{16}H_{34}$ flüssig, die darauffolgenden fest.

Bei Kohlenwasserstoffen mit verzweigter Kette liegen Schmelz- und Siedepunkte im allgemeinen tiefer als bei den geradkettigen mit gleicher Kohlenstoffzahl.

Alle reinen Kohlenwasserstoffe sind farblos, die flüssigen haben einen benzinartigen Geruch, die festen Paraffine sind geruchlos. Alle Alkane sind leicht oxydierbar, d. h., sie sind brennbar, mit Luft bilden sie explosible Gemische.

Da die σ-Bindungen zwischen dem Kohlenstoff und Wasserstoff fest sind, zeigen die Alkane bei normaler Temperatur eine erhebliche Reaktionsträgheit. Die σ-Bindungen sind nur Substitutions- und Eliminierungsreaktionen zugängig.

Der Wasserstoff in den Alkanen kann durch Atome oder Atomgruppen substituiert werden. Verhältnismäßig leicht reagieren die reaktionsfreudigen Halogene. Es entstehen die Halogenalkane.

Beispiel: $CH_4 + Cl_2 \rightarrow CH_3Cl + HCl$
  Methan Monochlormethan

Diese Reaktion erfolgt als radikalische Substitution. In der Startreaktion wird ein Chlormolekül durch Lichtenergie in Atome aufgespalten.

$$|\overline{Cl} - \overline{Cl}| \xrightarrow{Licht} |\overline{Cl}\cdot + \cdot\overline{Cl}|$$

Ein Chloratom entreißt dem Methan ein Wasserstoffatom; es bildet sich ein Methylradikal:

$$\underset{\text{Methan}}{H-\underset{\underset{H}{|}}{\overset{\overset{H}{|}}{C}}-H} + \cdot\overline{Cl}| \rightarrow \underset{\text{Methylradikal}}{H-\underset{\underset{H}{|}}{\overset{\overset{H}{|}}{C}}\cdot} + H-Cl$$

Dieses ergibt mit molekularem Chlor Cl_2 ein neues Chlorradikal:

$$H-\underset{\underset{H}{|}}{\overset{\overset{H}{|}}{C}}\cdot + Cl_2 \rightarrow H-\underset{\underset{H}{|}}{\overset{\overset{H}{|}}{C}}-Cl + \cdot\overline{Cl}|$$

Nun reagiert das Chloratom wieder mit Methan usw. Es läuft eine Kettenreaktion ab, die schließlich durch Verbindung zwischen einem Chlor- und einem Methylradikal abbricht:

$$H-\underset{\underset{H}{|}}{\overset{\overset{H}{|}}{C}}\cdot + \cdot\overline{Cl}| \rightarrow \underset{\text{Monochlormethan}}{H-\underset{\underset{H}{|}}{\overset{\overset{H}{|}}{C}}-Cl}$$

Auch die anderen Wasserstoffatome des Methans können durch Halogen substituiert werden:

$$H-\underset{\underset{H}{|}}{\overset{\overset{H}{|}}{C}}-Cl \xrightarrow[-HCl]{+Cl_2} H-\underset{\underset{H}{|}}{\overset{\overset{Cl}{|}}{C}}-Cl \xrightarrow[-HCl]{+Cl_2} Cl-\underset{\underset{H}{|}}{\overset{\overset{Cl}{|}}{C}}-Cl \xrightarrow[-HCl]{+Cl_2} Cl-\underset{\underset{Cl}{|}}{\overset{\overset{Cl}{|}}{C}}-Cl$$

Monochlor- Dichlormethan Trichlormethan Tetrachlormethan
methan

Bei Temperaturen über 500 °C reagieren die Alkane so, daß Eliminierung von Wasserstoff erfolgt, meist gleichzeitig aber auch Spaltung von C—C-Bindungen:

$$C_4H_{10} \begin{matrix} \nearrow CH_3-CH_3 + CH_2=CH_2 \\ \searrow CH_3-CH_2-CH=CH_2 + H_2 \end{matrix}$$

Es entstehen bei dieser Reaktion, technisch als *Crackung* bezeichnet, u. a. ungesättigte Kohlenwasserstoffe und Wasserstoff (→ Abschn. 27.3.). Die Eliminierung von Wasserstoff heißt auch Dehydrierung (→ Aufg. 26.10. und 26.11.).

26.4. Alkene und Alkine – Ungesättigte Kohlenwasserstoffe

Ungesättigte Kohlenwasserstoffe enthalten Mehrfachbindungen zwischen Kohlenstoffatomen. Mindestens 2 Kohlenstoffatome sind bei ihnen durch eine Doppelbindung —C=C— oder eine Dreifachbindung —C≡C— miteinander verbunden. Sie enthalten deshalb weniger Wasserstoff als die gesättigten Kohlenwasserstoffe. An Kohlenstoffdoppelbindungen sind sp^2-Hybridorbitale, an Kohlenstoffdreifachbindungen sp-Hybridorbitale des Kohlenstoffs beteiligt. Als bindende Elektronen treten neben σ-Elektronen noch π-Elektronen auf (→ Abschn. 4.6.1.). Beim Vorliegen einer Doppelbindung zwischen Kohlenstoffatomen

$$\overset{\pi}{\underset{\sigma}{\diagup C=C\diagdown}}$$

bilden die drei σ-Bindungen an jedem Kohlenstoffatom einen Winkel von 120° miteinander. Sie liegen in einer Ebene. Die beiden Kohlenstoffatome sind durch eine σ-Bindung und eine π-Bindung miteinander verbunden (Bild 4.21). Die π-Bindung steht senkrecht auf der Ebene, in der sich die σ-Bindungen befinden.

Die Ladungswolke der Elektronen der π-Bindung ist leicht verschiebbar (z. B. durch Katalysatoren oder Lichteinwirkung). Je nach den Reaktionspartnern bildet sich im angeregten Zustand eine polare oder radikalische Form aus. Diese beiden Zustandsformen sind real, sie stellen also keine Grenzstrukturen im Sinne der Mesomerie dar. Bei normaler Verteilung der Elektronenpaare liegt das zugehörige Molekül im Grundzustand vor.

C=C $\overset{\oplus}{C}-\overset{\ominus}{C}$ $\overset{\cdot}{C}-\overset{\cdot}{C}$
Grundzustand polarer radikalischer
    Zustand Zustand

Infolge dieser leichten Anregbarkeit reagieren ungesättigte Kohlenwasserstoffe leichter als gesättigte, die nur σ-Bindungen besitzen.

Bei Überlappung von sp-Hybridorbitalen des Kohlenstoffs in einer Dreifachbindung liegen die σ-Bindungen auf einer Geraden. Die Kohlenstoffatome sind durch eine σ-Bindung und zwei π-Bindungen miteinander verbunden.

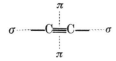

Die Ladungswolken der π-Bindungen stehen senkrecht aufeinander (Bild 4.21). Es gilt jetzt für die π-Elektronen dasselbe, was weiter oben bei Besprechung der Doppelbindung ausgeführt wurde.

Das unterschiedliche Reaktionsvermögen der σ- und π-Bindung wird bestätigt durch thermochemische Daten. Zum Sprengen einer C—C-Einfachbindung sind 327 kJ mol^{-1}, einer Doppelbindung 583 kJ mol^{-1} erforderlich. Zum Lösen der π-Bindung sind also nur 256 kJ mol^{-1} nötig, das sind 71 kJ weniger, als für die Auftrennung einer σ-Bindung notwendig sind ($\rightarrow$ Aufg. 26.12.).

26.4.1. Alkene – Olefine

Die ungesättigten Kettenkohlenwasserstoffe mit nur einer Doppelbindung heißen Alkene oder *Olefine*, nach der IUPAC-Nomenklatur sind sie durch die Endung -en gekennzeichnet. Sie besitzen 2 Wasserstoffatome weniger als die Alkane mit gleich viel Kohlenstoffatomen. Sie bilden die homologe Reihe der Alkene, deren allgemeine Formel die folgende ist:

$$\boxed{\text{Alken} = \textit{Olefin}\colon C_nH_{2n}}$$

Bild 26.4. Atomkalottenmodell des Ethens

Der einfachste Kohlenwasserstoff dieser Reihe ist Ethen *(Ethylen)* mit der Summenformel C_2H_4 und der Strukturformel

$$\underset{H}{\overset{H}{\diagdown}}C=C\underset{H}{\overset{H}{\diagup}}$$

Die nächsten Glieder der homologen Reihe sind:

Propen C_3H_6 $\underset{H}{\overset{H}{\diagdown}}C=\underset{\underset{H}{|}}{\overset{\overset{H}{|}}{C}}-\overset{H}{\underset{H}{|}}C-H$ *Propylen*

But-1-en C_4H_8 $\underset{1}{H_2C}=\underset{2}{CH}-\underset{3}{CH_2}-\underset{4}{CH_3}$

But-2-en C_4H_8 $H_3C-CH=CH-CH_3$ *Butylene*

Methyl-propen C_4H_8 $H_2C=\underset{\underset{CH_3}{|}}{C}-CH_3$

Durch die Stellung der Doppelbindung im Molekül ergeben sich neue Isomeriemöglichkeiten.
Nach der substitutiven Nomenklatur wird in arabischen Ziffern die Nummer des Kohlenstoffatoms angegeben, von dem die Doppelbindung ausgeht.
Die oben angegebenen Alkene sind auch die wichtigsten, die vor allem in der *Erdöl-* oder *Petrolchemie* eine außerordentlich große Bedeutung erlangt haben.

> *Die Petrolchemie ist die technische Chemie, die Erdgas, Erdöl und Erdölprodukte als Ausgangsstoff für technische Synthesen einsetzt.*

Die Alkene kommen in der Natur nur in geringen Mengen im Erdgas und Erdöl vor. Sie fallen in großen Mengen bei der Spaltung des Erdöls, dem Crackprozeß, an (→ Abschn. 27.3.). Sie entstehen dabei durch thermische Spaltung der Alkane (→ Aufg. 26.13.).
Beispiel:

$$C_{10}H_{22} \rightarrow C_6H_{14} + C_2H_4 + CH_4 + C$$
Decan   Hexan   Ethen   Methan   Koks

Die oben genannten Alkene sind bei normaler Temperatur Gase, vom Penten beginnend sind es Flüssigkeiten.
Wegen der Verschiebbarkeit der π-Elektronen in der Doppelbindung verlaufen Additions- und Polymerisationsreaktionen der Alkene besonders leicht.
Bei Additionsreaktionen wird der Reaktionspartner an die Doppelbindung angelagert. So werden Halogene, Wasserstoff, Säuren und Wasser ohne Schwierigkeiten addiert.
Die Reaktion verläuft je nach den Reaktionsbedingungen ionisch oder radikalisch. Brom reagiert z. B. mit Ethen glatt ohne Wärmezufuhr nach folgender Reaktionsgleichung:

$$\begin{matrix} H \\ H \end{matrix} \!\!\! \diagup\!\!\!\! C\!=\!C \!\!\!\diagdown\!\!\! \begin{matrix} H \\ H \end{matrix} + Br_2 \rightarrow H\!-\!\underset{\underset{H}{|}}{\overset{\overset{Br}{|}}{C}}\!-\!\underset{\underset{H}{|}}{\overset{\overset{Br}{|}}{C}}\!-\!H$$

Ethen   Dibromethan

Den Ablauf dieser Reaktion stellt man sich folgendermaßen vor.
Startreaktion:

$$|\overline{Br}\!-\!\overline{Br}| \xrightarrow{\text{polarer Katalysator}} |\overline{Br}|^{\oplus} + |\overline{Br}|^{\ominus} \quad \text{oder} \quad |\overline{Br}\!-\!\overline{Br}| \xrightarrow{\text{Licht}} |\overline{Br}\cdot + \cdot\overline{Br}|$$

Ionischer Reaktionsmechanismus:

$$\begin{matrix}H\\H\end{matrix}\!\!\diagup\!\! C\!=\!C\!\!\diagdown\!\!\begin{matrix}H\\H\end{matrix} \xrightarrow{+Br^{\oplus}} \underset{\pi\text{-Komplex}}{\overset{Br^{\oplus}}{\begin{matrix}H\\H\end{matrix}\!\!\diagup\!\! C\!\updownarrow\! C\!\!\diagdown\!\!\begin{matrix}H\\H\end{matrix}}} \rightarrow \underset{\substack{\sigma\text{-Komplex}\\ \text{Carboniumion}}}{\overset{Br}{\begin{matrix}H\\H\end{matrix}\!\!\diagup\!\! \overset{\oplus}{C}\!-\!C\!\!\diagdown\!\!\begin{matrix}H\\H\end{matrix}}} \xrightarrow{+Br^{\ominus}} \underset{Br}{\overset{Br}{\begin{matrix}H\\H\end{matrix}\!\!\diagup\!\! C\!-\!C\!\!\diagdown\!\!\begin{matrix}H\\H\end{matrix}}}$$

Die elektrophile Addition beginnt damit, daß $Br^{\oplus}$ lose angelagert wird, wobei sich ein sogenannter π-Komplex bildet, der sich langsam in ein Ion des Kohlenstoffs, das Carboniumion, umlagert. $Br^{\ominus}$ wird dann schnell addiert und ergibt das Endprodukt Dibromethan.
Es können auch die Bromradikale reagieren:

$$\begin{matrix}H\\H\end{matrix}\!\!\diagup\!\! \dot{C}\!-\!\dot{C}\!\!\diagdown\!\!\begin{matrix}H\\H\end{matrix} \xrightarrow{2\,Br\cdot} \underset{H}{\overset{Br\;Br}{\begin{matrix}H\\H\end{matrix}\!\!\diagup\!\! C\!-\!C\!\!\diagdown\!\!\begin{matrix}H\\H\end{matrix}}}$$

Benutzt man zu der oben angegebenen Reaktion Bromwasser, so wird es entfärbt: es kann deshalb als Reagens auf ungesättigte Verbindungen verwendet werden. Da sich bei Reaktion das Dibromethan als ölige Flüssigkeit abscheidet, bezeichnet man die Alkene in der Technik vielfach als *Olefine* (Ölbildner), die gasförmigen Alkene heißen dementsprechend olefinische Gase.

Eine weitere typische Reaktion der Alkene ergibt sich aus ihrer Fähigkeit zu polymerisieren.

Diese Eigenschaft zeigt ausgeprägt das Ethylen C_2H_4, das unter geeigneten Bedingungen zu dem wertvollen Plastwerkstoff Polyethylen polymerisiert.

Diese Reaktion läßt sich wie folgt beschreiben:

$$H_2C=CH_2 + H_2C=CH_2 \cdots \rightarrow \cdot CH_2-CH_2\cdot + \cdot CH_2-CH_2\cdot + \cdots \rightarrow$$

n Moleküle Ethylen   Radikalbildung

$$\rightarrow -CH_2-CH_2-CH_2-CH_2- \cdots = +CH_2-CH_2+_n$$

Polymerisation   Polyethylen

Die Bildung von Polyethylen erfolgt als Radikalpolymerisation, da die Makromoleküle über radikalische Zwischenstufen gebildet werden. Radikalpolymerisation wird durch radikalbildende Katalysatoren, z. B. Peroxide, bewirkt. Dissoziierende Katalysatoren, z. B. Säuren, Borfluorid BF_3 und Aluminiumchlorid, begünstigen Ionenpolymerisation. Bei ionischer Polymerisation von Ethylen entstehen kürzere Molekülketten. Als Endprodukt erhält man synthetische Schmieröle.

Substitutionsreaktionen haben bei den Alkenen keine Bedeutung, da Reagenzien bevorzugt addiert werden.

Den Alkylresten der Alkane entspricht bei den Alkenen eine homologe Reihe der Alkenradikale. Das durch Abspaltung eines Wasserstoffatoms aus dem Ethen gebildete Radikal $CH_2=CH-$ heißt nach der IUPAC-Nomenklatur Ethenyl-, wird aber meist durch den Trivialnamen *Vinyl-* bezeichnet. Danach hat

$$H_2C=CHCl$$

z. B. die Bezeichnungen Chlorethen, Ethenylchlorid und *Vinylchlorid* ($\rightarrow$ Aufg. 26.14. bis 26.16.).

26.4.2. Alkadiene – Diolefine

Die Alkene besitzen nur eine Doppelbindung. Kohlenwasserstoffe mit 2 Doppelbindungen heißen Alkadiene oder *Diolefine*. Die Doppelbindungen können grundsätzlich isoliert (vereinzelt), kumuliert (angehäuft) oder konjugiert vorliegen.

Praktisch haben die *Alkadiene mit konjugierten Doppelbindungen* die größte Bedeutung. Bei ihnen treten abwechselnd Doppelbindungen und Einfachbindungen auf. Vom Butan $CH_3-CH_2-CH_2-CH_3$ leitet sich das bekannteste Alkadien ab: Buta-1,3-dien $CH_2=CH-CH=CH_2$ *Butadien*.

Bei den Verbindungen mit konjugierten Doppelbindungen kommt es zu einer teilweisen Durchdringung der Ladungswolken der π-Bindungen an den benachbarten Doppelbindungen. Beim Butadien überlappen sich die Ladungswolken der π-Bindungen zwischen dem 2. und 3. Kohlenstoffatom teilweise. Durch Mesomerieeffekt kommt es zur Ausbildung einer partiellen π-Bindung zwischen diesen Kohlenstoffatomen und zu einer Ladungsverschiebung am 1. und 4. Kohlenstoffatom. Die Verhältnisse können formelmäßig wie folgt beschrieben werden:

$\overset{\delta^+}{CH_2}$----CH----CH----$\overset{\delta^-}{CH_2}$ oder durch zwei Grenzstrukturen

$CH_2=CH-CH=CH_2 \leftrightarrow CH_2-CH=CH-CH_2$

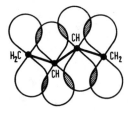

Bild 26.5. Überlappung der 2p-Orbitale im Butadienmolekül

Die Reaktionen des Butadiens bestätigen die mesomere Struktur der Butadienmoleküle. Bei Addition von Chlorwasserstoff HCl erfolgt gleichzeitig 1,4- und 1,2-Addition, die zu folgenden Produkten führt:

$CH_2Cl-CH=CH-CH_3$ 1-Chlor-but-2-en

$CH_3-CHCl-CH=CH_2$ 2-Chlor-but-3-en

Butadien wird synthetisch gewonnen und durch Polymerisation zu Bunakautschuk umgesetzt. Eine der bei der Bunasynthese ablaufenden Reaktionen läßt sich wie folgt beschreiben:

$n\ CH_2=CH-CH=CH_2 \rightarrow +CH_2-CH=CH-CH_2+_n$
n Moleküle Butadien   Bunakautschuk

Am Aufbau des Naturkautschuks ist ein anderes Alkadien beteiligt, das sich als Abkömmling des Butadiens auffassen läßt. Es ist 2-Methyl-buta-1,3-dien

$CH_2=C-CH=CH_2$ *Isopren*
$\quad\ \ \ |$
$\quad\ \ CH_3$

($\rightarrow$ Aufg. 26.17.).

26.4.3. Alkine – Acetylene

Die ungesättigten Kohlenwasserstoffe mit einer Dreifachbindung heißen Alkine oder *Acetylene*, nach der IUPAC-Nomenklatur haben sie die Endung -in. Sie besitzen zwei Atome Wasserstoff weniger als die entsprechenden Alkene. Die Alkine bilden die folgende homologe Reihe:

$\boxed{\text{Alkin} = \textit{Acetylen}\text{: } C_nH_{2n-2}}$

Der einfachste Kohlenwasserstoff dieser Art ist das Ethin oder *Acetylen*, es hat die folgende Strukturformel:

$H-C\equiv C-H$

Weitere Alkine der homologen Reihe sind:

Propin C_3H_4 H—C≡C—CH_3

But-1-in C_4H_6 H—C≡C—CH_2—CH_3

But-2-in C_4H_6 CH_3—C≡C—CH_3

Die größte technische Bedeutung hat aber das erste Glied der homologen Reihe, das Ethin. In der Technik wird es allgemein Acetylen genannt. Davon ist auch die ältere Bezeichnung Acetylene für alle Kohlenwasserstoffe dieser Reihe abgeleitet.

Bild 26.6. Atomkalottenmodell des Ethins

Ethin kommt natürlich nicht vor. Es kann aus Calciumcarbid CaC_2 *(Carbid)* mit Hilfe von Wasser gewonnen werden:

CaC_2 + 2 H_2O → C_2H_2 + $Ca(OH)_2$
Calciumcarbid   Ethin

In erdgasreichen Ländern stellt man Ethin billiger aus Methan bei einer Temperatur von 1 500 °C her:

2 CH_4 $\xrightarrow{1500\ °C}$ C_2H_2 + 3 H_2
Methan   Ethin

Reines Ethin ist ein farbloses, brennbares Gas von etherischem Geruch, das noch reaktionsfähiger als Ethen ist. Technisches Ethin riecht unangenehm knoblauchartig; dieser Geruch wird von Phosphorwasserstoff hervorgerufen, der bei der Ethinentwicklung aus technischem Carbid mit entsteht. Ethin-Sauerstoffgemische explodieren mit großer Heftigkeit. Da Ethin auch bei Druckanwendung explosionsartig zerfällt, kann es in Stahlflaschen nur in Aceton gelöst komprimiert werden (Druck etwa 1,2 MPa), das von Kieselgur aufgesaugt wird. Stahlflaschen mit Ethin sind am gelben Anstrich zu erkennen.

Dieses Flaschengas wird im Ethin-Sauerstoff-Gebläse zu Schweiß- oder Brennarbeiten verwendet, es können Temperaturen bis zu 3 000 °C erreicht werden. Vielfach wird aber das Gas aus ortsfesten oder transportablen Ethinentwicklern entnommen.

Da an der Dreifachbindung im Ethin und anderen Alkinen zwei π-Bindungen beteiligt sind, verlaufen ihre Additionsreaktionen noch glatter als bei den Alkenen. An Ethin lassen sich unter anderem Wasserstoff, Halogene, Halogenwasserstoffe, Wasser, Blausäure HCN, Alkohole und Kohlendioxid anlagern. Ethin ist deshalb eine ideale Ausgangssubstanz für viele Synthesen. Die in der Praxis genutzten Verfahren wurden von *Walter Reppe* entwickelt. Ihm zu Ehren nennt man die *Ethin-(Acetylen)-Chemie* auch *Reppe-Chemie*.

Die deutsche organisch-technische Chemie war nach dem 1. Weltkrieg führend in der Verwendung des Ethins als Grundstoff für organische Synthesen. Mit der Entwicklung der Petrolchemie wurden aber mehr und mehr Verfahren der Ethinchemie durch petrolchemische ersetzt. Da die Carbidöfen durch Dunkelsteuerung (→ Abschnitt 16.3.5.) aber durchaus wirtschaftlich arbeiten, können einige organische Chemikalien auch jetzt noch ökonomisch mit Hilfe der Ethinchemie gewonnen werden.

Formelmäßig sollen einige Additionsreaktionen des Ethins angegeben werden. Der Reaktionsmechanismus ist ähnlich wie beim Ethen, d. h., polare und radikalische Zwischenzustände bewirken die Reaktion:

Hydrierung: $\quad$ HC≡CH + H$_2$ → H$_2$C=CH$_2$
$\qquad\qquad\qquad$ Ethin $\qquad\qquad\quad$ Ethen

Chlorierung: $\quad$ CH≡CH + Cl$_2$ → HClC=CHCl
$\qquad\qquad\qquad\qquad\qquad\qquad\quad$ 1,2-Dichlorethen

Hydrochlorierung: $\quad$ HC≡CH + HCl → H$_2$C=CHCl
$\qquad\qquad\qquad\qquad\qquad\qquad\quad$ Chlorethen (*Vinylchlorid*)

Die π-Bindungen der Alkine sind auch der Polymerisation zugänglich, die σ-Bindungen lassen Substitutionen zu. Beide Reaktionen haben aber im Vergleich zur Addition nur geringe Bedeutung (→ Aufg. 26.18. bis 26.22.).

26.5. Halogenverbindungen der Alkane und Alkene

Die aliphatischen Halogenverbindungen sind wegen der guten Reaktionsfähigkeit der Halogene leicht darstellbar, sie können zur Herstellung anderer Derivate verwendet werden. Wegen der größeren Elektronenaffinität der Halogene im Vergleich zum Kohlenstoff werden die Bindungselektronen der Kohlenstoff-Halogenbindung stärker vom Halogen angezogen (Induktionseffekt).

$\quad\delta^+\quad\delta^-$
—C—Hal

Daraus ergibt sich die Verwendung aliphatischer Halogenverbindungen als Lösungsmittel für polare Substanzen.

Technische Bedeutung haben vor allem die folgenden *Halogenalkane*:

Monochlormethan CH$_3$Cl *Methylchlorid* (Kältemittel in Kühlanlagen)
Monochlorethan C$_2$H$_5$Cl *Ethylchlorid* (lokale Anästhesie, Vereisungsmittel)
Trichlormethan CHCl$_3$ *Chloroform* (Lösungsmittel, Narkoticum)
Trijodmethan CHI$_3$ *Iodoform* (Wundpuder)
Tetrachlormethan CCl$_4$ *Tetrachlorkohlenstoff* (Lösungsmittel)

Tetrachlormethan CCl$_4$ wird abgekürzt *Tetra* genannt. Als ausgezeichnetes Lösungsmittel für Fette ist es in vielen Fleckentfernungsmitteln enthalten. Seine Dämpfe sind schwerer als Luft, sie ersticken die Flamme. Die sogenannten Tetra-Feuerlöscher waren meist mit Tetrachlormethan gefüllt. Sie sind auch bei Bränden in elektrischen Anlagen einsetzbar, da Tetra den elektrischen Strom nicht leitet. Es ist zu beachten, daß bei Verwendung von Tetralöschern in geschlossenen Räumen alsbald für gute Lüftung zu sorgen ist, da sich Tetrachlormethan in der Hitze unter Bildung sehr giftiger Gase (Phosgen) zersetzt.

Aus diesem Grund sind die jetzt allein verwendeten Halon-Feuerlöscher mit anderen ungefährlichen Halogenalkanen gefüllt.

Besondere Bedeutung erlangten Fluoralkane. Sie werden als Kältemittel in Kühlschränken verwendet. Wegen ihrer Ungiftigkeit sind sie anderen Kältemitteln, z. B. Ammoniak, überlegen. Das unter dem Namen Kältemittel R 12 *(Frigedohn 12)* bekannte Difluordichlormethan CCl$_2$F$_2$ hat einen Siedepunkt von -30 °C. Es ist das am häufigsten als Kältemittel eingesetzte Fluoralkan.

Von den Halogenalkenen sollen nur zwei genannt werden. Trichlorethen CCl$_2$=CHCl, *Trichlorethylen*, ist ein wichtiges Lösungs- und Reinigungsmittel, das unbrennbar ist. Es dient zum Entfetten von Metallteilen vor der Oberflächenveredlung sowie zum

Lösen von Fetten, Ölen und Harzen. In der Industrie ist es unter dem Namen »Tri« bekannt.

Chloräthen $CH_2=CHCl$, *Vinylchlorid*, wird großtechnisch durch Additionsreaktion aus Chlorwasserstoff und Ethin gewonnen. Petrolchemisch kann es über Zwischenstufen aus Ethan erzeugt werden. *Vinylchlorid* wird in großen Mengen durch Polymerisation zum Polyvinylchlorid PVC umgesetzt (→ Abschn. 31.2. und Aufg. 26.23.). Vinylchlorid und die meisten anderen Halogenkohlenwasserstoffe sind mehr oder weniger gesundheitsschädlich.

■ Aufgaben

26.1. Es ist das sp^3-Hybridorbital des Kohlenstoffs zu skizzieren!

26.2. Wie erklärt sich die große Anzahl von organischen Verbindungen?

26.3. Wie werden die Verbindungen der organischen Chemie unterteilt?

26.4. Welche Reaktionstypen unterscheidet man in der organischen Chemie?

26.5. Welche Atome, die am Kohlenstoff gebunden sind, erzeugen sicher $+I$- bzw. $-I$-Effekt?

26.6. Welche Reaktionsbedingungen begünstigen radikalische und ionische Reaktionen?

26.7. Was versteht man unter einer homologen Reihe?

26.8. Für 3-Methyl-heptan, 2,4-Dimethylpentan und 3-Ethyl-pentan sind die Struktur- und die Summenformeln aufzustellen. Welche unverzweigten Kohlenwasserstoffe sind den genannten Verbindungen isomer?

26.9. Wie ist die folgende Verbindung zu bezeichnen?

$$CH_3-CH-CH_2-CH-CH_2-CH_3$$
$$\quad\quad\;|\quad\quad\quad\quad\;|$$
$$\quad\;CH_3\quad\quad\;CH_2$$
$$\quad\quad\quad\quad\quad\quad\;|$$
$$\quad\quad\quad\quad\quad\;CH_3$$

26.10. Welche Reaktionen werden als Substitutionsreaktionen bezeichnet? (Ein Beispiel ist anzugeben!)

26.11. Es sind die einzelnen Reaktionsschritte für die Bildung von Monobromethan aus Brom Br_2 und Ethan C_2H_6 zu formulieren!

26.12. Wie ist die gute Reaktionsfähigkeit von ungesättigten Verbindungen zu erklären?

26.13. Zu welchem Reaktionstyp gehört die thermische Spaltung von Alkanen?

26.14. Welche Reaktionen nennt man Additionsreaktionen? (Ein Beispiel ist anzugeben!)

26.15. Wie unterscheiden sich die Makromoleküle bei radikalischer und ionischer Polymerisation von Ethen?

26.16. Propen *(Propylen)* polymerisiert zu Polypropylen. Es ist der Reaktionsablauf durch Gleichungen anzugeben!

26.17. Es sind die mesomeren Grenzstrukturen des Isoprenmoleküls zu entwickeln!

26.18. Die folgenden Gleichungen sind zu vervollständigen:

$CH_3-CH_3 + Cl_2 \rightarrow$

$CH_2=CH_2 + HBr \rightarrow$

$CH_2=CH-CH_3 + Br_2 \rightarrow$

Welche Reaktionstypen liegen bei den drei Reaktionen vor? Welche Reaktionsprodukte entstehen?

26.19. Welche Hybride des Kohlenstoffs sind beim Aufbau der folgenden Kohlenstoffkette $\;\diagdown C=C-C-C\equiv C-\;$ beteiligt?

26.20. 1 kg eines technischen Carbids ergibt beim Umsetzen mit Wasser 310 l Ethin unter Normalbedingungen. Wieviel Prozent reines Calciumcarbid CaC_2 enthält das technische Produkt?

26.21. Wie unterscheiden sich Alkane, Alkene und Alkine in ihren Reaktionen? Wie lassen sich diese Unterschiede aus den Bindungsverhältnissen erklären?

26.22. Welche Rohstoffe können technisch zur Gewinnung von Kohlenwasserstoffen eingesetzt werden?

26.23. Es ist die Reaktionsgleichung für die Polymerisation von Vinylchlorid zu Polyvinylchlorid zu formulieren!

26.24. Es sind die Strukturformeln für die möglichen Isomeren des Hexans zu zeichnen und die Verbindungen zu benennen!

27. Petrol- und Kohlechemie

Die technische organische Chemie ging am Anfang ihrer Entwicklung bei Synthesen meist von Naturstoffen aus. Im 19. Jahrhundert fand man im Steinkohlenteer eine neue, willkommene Rohstoffquelle. Es entwickelte sich die *Teerchemie*. Es zeigte sich, daß die Kohle ganz allgemein gut als Ausgangssubstanz für die chemische Industrie dienen konnte. In Ländern, die über wenig Erdöl verfügen, wurden sogar Kohlenwasserstoffe, die wesentlichen Inhaltsstoffe des Erdöls, aus Kohle im Rahmen einer *Kohlechemie* produziert. Erst nach dem zweiten Weltkrieg setzte sich im weltweiten Maßstab die Erkenntnis durch, daß Erdölprodukte auch die billigsten Grundstoffe der technischen organischen Chemie sind, die relativ leicht umgesetzt werden können. Die *Petrolchemie* wurde in allen Industriestaaten auf Kosten der Kohlechemie ausgebaut.

Verschiedene Länder nutzen entsprechend ihren wirtschaftlichen Möglichkeiten sowohl Verfahren der Petrol- als auch der Kohlechemie. Als Rohstoffe dienen die auf eigenem Territorium geförderten Braunkohlen sowie Erdöl und Erdgas (→ Aufg. 27.1.). Erdöl, Erdgas und Kohle konkurrieren aber nicht nur im Bereich der Chemie. Sie sind neben Wasserkraft und Kernenergie die Primärenergieträger, die den in allen Ländern der Welt stetig ansteigenden Energiebedarf decken. Betrachtet man den Anteil der Primärenergieträger an der Erzeugung des Energiebedarfs der Welt in den letzten 60 Jahren, so erkennt man, daß sich der Anteil der Wasserkraft prozentual nur wenig änderte. Dagegen ist der Verbrauch von Erdöl und Erdgas ständig auf Kosten des Kohlekonsums angestiegen.

Die Kernenergie ist vorerst noch von geringerer Bedeutung. Ihr Anteil wird erst im nächsten Jahrzehnt merklich zunehmen (Tabelle 27.1).

Tabelle 27.1. Primärenergieverbrauchsstruktur der Welt in Prozent

	1981	2000
Erdöl	etwa 44	25 … 28
Kohle	etwa 31	35 … 36
Erdgas	etwa 22	22
Wasserkraft	etwa 2,5	16 … 17
Kernenergie	etwa 1	
neue Quellen	–	1,8

Die Gründe für das bisherige stetige Ansteigen des Verbrauchs von Erdöl und Erdgas sind leicht einzusehen. Erdöl und Erdgas sind wirtschaftlicher einsetzbar, vielfältiger verwendbar. Bei ihrem Einsatz gibt es fast keine unverwertbaren Rückstände.

27.1. Entstehung, Vorkommen und Inhaltsstoffe von Erdöl und Erdgas

Kohle, Erdöl und Erdgas sind genetisch verwandt. Alle drei entstanden aus organischem Material durch den Inkohlungsprozeß. Während man aber sicher ist, daß die

Kohlen aus pflanzlichem Material gebildet wurden, nimmt man für Erdöl und Erdgas eine Bildung aus pflanzlichem und tierischem Material, vorwiegend aus dem Plankton des Meeres, an. Dieses wird unter Luftabschluß bakteriell zersetzt.
Die größten *Erdölvorkommen* der Welt finden sich in der Sowjetunion, den USA, in Mittel- und Südamerika (vor allem in Mexiko und Venezuela), im Mittleren Osten (Irak, Iran und Arabien), in Indonesien und in Nordafrika. Europa hat größere Erdöllagerstätten in Rumänien, der Nordsee und Österreich. In der BRD wird Erdöl im Emsland, der Lüneburger Heide und in Holstein gefördert. Die DDR hat produktive Erdölquellen am Fallstein bei Osterwieck am Harz und bei Grimmen (Bez. Rostock). Erdölhöffige Gebiete gibt es in Thüringen, Mecklenburg und in der Altmark. Sie weden planmäßig durchforscht, und es sind weitere Erkundungserfolge zu erwarten.
Erdgase in Verbindung mit Erdölvorkommen, sogenannte Ölfeldgase, gibt es in allen obengenannten Erdöllagerstätten. Vom Erdöl unabhängige Erdgasquellen haben große wirtschaftliche Bedeutung in der Sowjetunion, den USA und in anderen Ländern.
In den nächsten Jahrzehnten wird vermutlich die Erdölförderung stark zurückgehen. Erdgas- und Kohlevorräte sind in der Welt um vieles größer als die Erdölressourcen, so daß die Chemie der Kohleveredlung weltweit wieder mehr Bedeutung beigemessen wird.
Die Ölfeldgase sind meist nasse Erdgase (spezifischer Heizwert 42 000 bis 48 000 kJ m^{-3}), die im wesentlichen aus den ersten vier Gliedern der homologen Reihe der Alkane bestehen, außerdem aber noch Dämpfe und Nebel von flüssigen Kohlenwasserstoffen enthalten. Diese können durch Absorption abgetrennt werden. Andere Erdgase weisen als wesentlichsten Bestandteil Methan auf, es sind die trockenen Erdgase (spezifischer Heizwert 33 500 bis 37 700 kJ m^{-3}). Alle Erdgase können neben den Kohlenwasserstoffen CO_2, N_2, H_2S und Helium enthalten. Die Zusammensetzung einiger Erdgase ist aus Tabelle 27.2 zu ersehen.

Tabelle 27.2. Zusammensetzung von Erdgasen (in Vol.-%)

Lagerstätte	CH_4	C_2H_6	C_3H_8 und C_4H_{10}	C_5H_{12}	CO_2	N_2	H_2S	He
Ölfeldgas (Rumänien)	39,8	9,5	37,4	13,3	–	–	–	–
Volkenroda (DDR)	54,5	27,3	–	–	0,1	18	–	–
Mühlhausen (DDR)	49,4	0,1	–	–	0,2	50,3	–	–
Lacq (Frankreich)	69,2	5,4	–	–	9,2	0,6	15,2	–
Dexter (USA)	14,9	0,4	–	–	–	82,7	–	1,8

Zur wirtschaftlichen Nutzung der Erdgase ist in allen großen Industrieländern ein weitverzweigtes Netz von Erdgasleitungen gebaut worden. Die Erdgasleitungen »Nordlicht« und »Sojus«, die von Erdgasvorkommen im Norden der UdSSR bzw. bei Orenburg ausgehen, versorgen die sozialistischen Staaten mit methanreichem Erdgas, das für Hochtemperaturprozesse und petrolchemische Verfahren geeignet ist. Außerdem wird Erdgas verflüssigt auch in Tankern transportiert.
Auch das Erdöl wird durch Rohrleitungen (pipe-lines) zu den Verarbeitungsbetrieben oder zum Weitertransport in Tankern fortgeleitet. Die größte Erdölleitung »Freund-

schaft«, die von der mittleren Wolga bis nach Mitteleuropa reicht, versorgt Ungarn, die ČSSR und Polen sowie die DDR mit Erdöl.

Das z. T. aus sehr großen Tiefen (bis 6000 m) geförderte rohe Erdöl kann im *Aussehen und der Zusammensetzung* stark differieren. Es ist dick- bis dünnflüssig, hell bis dunkelschwarzbraun, oft fluoresziert es und hat einen üblen Geruch. Die Inhaltsstoffe des Erdöls können in ihrer chemischen Struktur ebenfalls starke Unterschiede aufweisen, es enthält vornehmlich gesättigte Kohlenwasserstoffe von Pentan bis zu langkettigen Paraffinen, oft auch cyclische Verbindungen. Als cyclische Verbindungen treten auf: Naphthene (die zu den Alicyclen gehören), Aromaten (Benzen und seine Homologen) und in kleinen Mengen auch heterocyclische Verbindungen. Unerwünschte anorganische Bestandteile sind Salz und Schwefel.

Nach den vorwiegend den Charakter des Erdöls bestimmenden Inhaltsstoffen nennt man ein Erdöl paraffinisch, naphthenbasisch, gemischtbasisch oder aromatisch. Paraffinbasisch sind die meisten nordamerikanischen, naphthenbasisch die kaukasischen Öle, aromatische Erdöle werden in Rumänien und Indonesien gefördert.

27.2. Physikalische Methoden zur Gewinnung von Erdölprodukten

Nur ein kleiner Teil des in der Welt geförderten rohen Erdöls wird direkt verheizt. Die Hauptmenge wird durch physikalische Verfahren in technisch wichtige Produkte zerlegt. Die größte Bedeutung hat dabei die *fraktionierte* (stufenweise) *Destillation*. Diese Zerlegung durch Destillation ist leicht möglich, da die im Erdöl enthaltenen Kohlenwasserstoffe verschiedene Siedepunkte haben (Tabelle 26.2). Meist reicht die Trennung bis zu Kohlenwasserstoffgemischen aus. Die Destillation kann bei Atmosphärendruck und bei Über- oder Unterdruck erfolgen. Druckdestillation wendet man zur Trennung von Gasgemischen (Erdgase, Crackgase), Unterdruck bei der Zerlegung hochsiedender Fraktionen an, um die Zersetzungstemperatur von Erdölprodukten (etwa 370 °C) nicht überschreiten zu müssen.

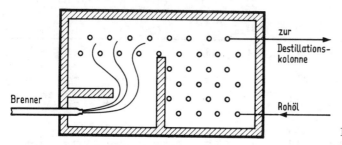

Bild 27.1. Röhrenofen

In jedem Falle wird das Rohöl zunächst in einem *Röhrenofen* erhitzt (Bild 27.1) und dann einer oder mehreren *Fraktionierkolonnen* zugeführt. Die Fraktionierkolonnen sind durch einzelne Böden unterteilt, die meist als sogenannte Glockenböden ausgeführt sind (Bild 27.2). Das im Röhrenofen erhitzte Öl trennt sich beim Eintritt in die Kolonne in Dampf und Flüssigkeit. Auf seinem Weg nach oben kühlt sich der Dampf ab und läßt einen Teil des schwersiedenden Anteils in jedem Boden zurück, bis zuletzt nur der gewünschte leichtsiedende Anteil den Kopf der Kolonne verläßt. Aus der kolonnenabwärts fließenden Flüssigkeit werden in jedem Boden durch den aufsteigenden Dampf noch leichtflüchtige Anteile mitgerissen. Der Rest fließt als Boden-

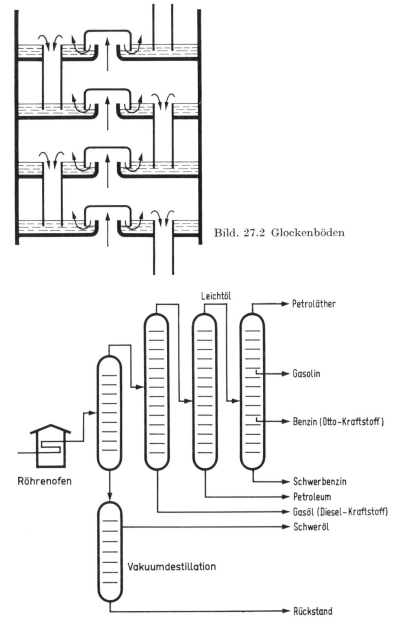

Bild. 27.2 Glockenböden

Bild 27.3. Mehrkolonnenapparat

fraktion oder Sumpfprodukt ab. Mehrkolonnenapparate ermöglichen es, mehrere Fraktionen auszuscheiden (Bild 27.3).
Der Rückstand der Destillation kann enthalten: Vaseline (Salbengrundlage, Rostschutzmittel), Weichparaffin (Zündholzimprägnierung), Hartparaffin (Kerzen), Erdölbitumen (Dachpappe, Straßenbau).

Tabelle 27.3 gibt eine Übersicht einer möglichen Zerlegung von Erdöl, das vorwiegend gesättigte Kettenkohlenwasserstoffe (gerad- und verzweigtkettige) enthält. Die bei der Destillation anfallenden Produkte müssen oft noch einer *Raffination* unterzogen werden, um störende Substanzen zu beseitigen. Ein wichtiges Mittel zur Raffination ist Schwefelsäure. Sie beseitigt Harze, Asphalte (Oxydations- und Polymerisationsprodukte des Erdöls), Olefine und Schwefelverbindungen. Um keine Säure im Fertigprodukt zu haben, folgt der Behandlung mit Schwefelsäure meist eine solche mit Natronlauge.

Tabelle 27.3. Erdölfraktionen

Name des technischen Produktes	Siedepunkt in °C	Enthaltene Kohlenwasserstoffe	Verwendung
Leichtöl	35 ... 180	C_5H_{12} ... $C_{11}H_{24}$	
Petrolether	35 ... 70	C_5H_{12} ... C_6H_{14}	Lösungsmittel für Fette und Harze
Gasolin	70 ... 90	C_6H_{14} ... C_7H_{16}	Beleuchtung, Heizung
Benzin	80 ... 140	C_6H_{14} ... $C_{10}H_{22}$	Ottotreibstoff, Lösungsmittel
Schwerbenzin	120 ... 180	C_8H_{18} ... $C_{11}H_{24}$	Lösungsmittel, Lackbereitung
Leuchtöl oder Petroleum	180 ... 250	$C_{10}H_{22}$ ... $C_{14}H_{30}$	Heizung, Beleuchtung, Putzöl Treibstoff für Turbinen und Traktoren
Gasöl oder Dieselöl	250 ... 350	$C_{12}H_{26}$ ... $C_{16}H_{34}$	Heizöl, Ölvergasung, Dieseltreibstoff
Schweröl oder Schmieröl	350 ... 500	$C_{15}H_{32}$ ... $C_{25}H_{52}$	Schmiermittel, schweres Heizöl

Eine trockene Raffination wird mit Hilfe von Bleicherden durchgeführt. Die Bleicherden sind natürliche oder synthetisch gewonnene Adsorptionsmittel, die sich bei der Entfernung störender Bestandteile sehr bewähren.
Die wirksamste Raffination ist eine Hydrierung unter Druck, die zur Beseitigung von Heterocyclen, Schwefel, Olefinen und zur Aufspaltung langkettiger Verbindungen führt (→ Abschn. 27.5.).
Das durch atmosphärische Destillation gewonnene Benzin wird als Straightrun-Benzin bezeichnet. Es unterscheidet sich im allgemeinen in der Qualität von Benzinen, die durch chemische Verfahren gewonnen werden (→ Abschn. 27.3., Aufg. 27.2. und 27.3.).
Weitere Verfahren zur Gewinnung von Erdölprodukten durch physikalische Methoden sind die Absorption, Adsorption und Kristallisation.
Absorption und *Adsorption* werden vor allem zur Gewinnung von Dämpfen aus Gasgemischen angewendet. Zur Absorption eignen sich Waschöle, zur Adsorption Stoffe mit großer Oberfläche, z. B. Silicagel oder Aktivkohle. Die Dämpfe werden gelöst bzw. an der Oberfläche festgehalten und später bei erhöhter Temperatur wieder abgegeben.
Die *Extraktion* dient zum Abtrennen von Bestandteilen eines Flüssigkeitsgemisches. Das geschieht durch ein selektives Lösungsmittel, das mit der zu behandelnden Flüssigkeit nur beschränkt mischbar ist. Es kommt zu einer Auftrennung in Extrakt und Raffinat, aus denen das Lösungsmittel zurückgewonnen werden kann. Die Extraktion wird bevorzugt angewendet zur Gewinnung von Aromaten, Entfernung von Schwefelverbindungen aus Erdölprodukten und zur Herstellung hochwertiger Schmieröle.

Durch *Kristallisation* wird vor allem Paraffin aus Schmieröl und anderen Produkten ausgeschieden. Man erreicht den gewünschten Effekt durch starke Abkühlung (→ Aufg. 27.4.).

27.3. Gewinnung von Erdölprodukten mit chemischen Methoden

Chemische Verfahren werden herangezogen, um die natürlichen Inhaltsstoffe von Erdölen den jeweiligen Marktbedürfnissen anzupassen oder die Qualität von Erdölprodukten zu verbessern.

Das durch Destillation gewonnene Straightrun-Benzin konnte den steil ansteigenden Bedarf an Benzin in der Welt nicht decken. Man steigerte deshalb die Benzinausbeute aus dem Erdöl durch thermische Spaltung der höher siedenden Fraktionen. Das technische Verfahren heißt *Crackprozeß*[1]. Nach diesem Verfahren werden mehr als 50% der Weltbenzinproduktion erzeugt. Beim Crackverfahren erhitzt man das Einsatzgut in Röhrenöfen unter erhöhtem Druck bei einer Temperatur von etwa 500 °C, die einsetzende Reaktion kann durch Aluminiumsilikat-Katalysatoren unterstützt werden. Die langkettigen Kohlenwasserstoffe werden dabei in kleinere Moleküle zerbrochen. Die beiden möglichen Technologien des Crackprozesses unterscheidet man als thermisches und katalytisches Cracken.

Neben den Benzinkohlenwasserstoffen (C_5H_{12} bis $C_{10}H_{22}$) entstehen Koks, reichlich Methan und olefinische Gase. Eine Reaktion des Crackprozesses könnte sein:

$$C_{11}H_{24} \rightarrow C_6H_{14} + C_3H_6 + CH_4 + C$$
Undecan   Hexan   Propen   Methan   Koks

Der Crackprozeß steigerte nicht nur die Benzinausbeute aus dem Erdöl, er gab außerdem der *Petrolchemie* einen erheblichen Auftrieb, da die beim Crackprozeß anfallenden olefinischen Gase Ethen, Propen, Buten sich auf Grund ihrer großen Reaktionsfähigkeit leicht zu vielen wirtschaftlich wichtigen Substanzen umsetzen lassen.

Um die Ausbeute an olefinischen Gasen in petrolchemischen Betrieben zu steigern, wurde der Crackprozeß zum *Pyrolyse-Verfahren* modifiziert. Man arbeitet bei niedrigen Drücken und Temperaturen um 750 °C und erreicht, daß das Einsatzprodukt (meist Leichtbenzin oder Erdgas) nahezu vollständig in ungesättigte gasförmige Kohlenwasserstoffe umgesetzt wird.

Der Crackprozeß fand eine weitere Vervollkommnung, als sich ergab, daß bei Verwendung von besonders wirksamen Katalysatoren (z. B. Platin) neben Kettenkohlenwasserstoffen vor allem Aromaten neu entstehen. Man nennt dieses Verfahren *Reformingprozeß*[2]. Der bekannteste Reformingprozeß ist das Platforming-Verfahren, dessen Name auf die Verwendung von Platinkatalysatoren hinweist.

Eine mögliche Reaktion des Reformens ist:

$$CH_3{-}CH_2{-}CH_2{-}CH_2{-}CH_2{-}CH_3 \rightarrow \begin{array}{c} CH \\ \diagup\hspace{-2pt}\diagdown \\ HC \quad CH \\ | \quad\; \| \\ HC \quad CH \\ \diagdown\hspace{-2pt}\diagup \\ CH \end{array} + 4\,H_2$$

Hexan   Benzen   Wasserstoff

Diese Reaktionsgleichung zeigt Vorteile dieses Verfahrens:
Es liefert Aromaten und Wasserstoff. Die Aromaten sind wertvolle Grundstoffe der

---
[1]) to crack (engl.) sprengen, brechen
[2]) to reform (engl.) verbessern

Chemie, im Benzin steigern sie die Klopffestigkeit des Kraftstoffs erheblich. Der anfallende Wasserstoff wird für Hydrierungen dringend benötigt. Die beim Reformen anfallenden Aromaten können durch Extraktion mit geeigneten selektiven Lösungsmitteln sehr rein abgetrennt werden.

Die Crackgase werden nicht nur als Grundstoffe für die Petrolchemie genutzt, teilweise steigert man mit ihrer Hilfe die Benzinausbeute des Crackprozesses. Durch Polymerisation von olefinischen Gasen erhält man das *Polymerbenzin*. Durch Addition von Alkylgruppen an Alkene, die sogenannte Alkylierung, wird *Alkylat* gewonnen, das meist zur Octanzahlverbesserung von Benzinen eingesetzt wird.

Beispiele: $\underset{\text{Propen}}{CH_2=CH-CH_3}$ + $\underset{\text{Propen}}{CH_2=CH-CH_3}$ → $\underset{\text{Hexen}}{C_6H_{12}}$ *Polymerisation*

$\underset{\text{Propen}}{CH_2=CH-CH_3}$ + $\underset{\text{Propan}}{CH_3-CH_2-CH_3}$ → $\underset{\text{Hexan}}{C_6H_{14}}$ *Alkylierung*

Die Verfahren zur Raffination von Erdölprodukten mit Hilfe von Schwefelsäure, Laugen oder Wasserstoff (→ Abschn. 27.2.) sind ebenfalls chemische Prozesse, die in diesem Fall zur Qualitätsverbesserung von Erdölprodukten herangezogen werden (→ Aufg. 27.5. und 27.6.).

27.4. Petrolchemikalien und Petrolchemie

Die bisher geschilderten Verfahren zur Gewinnung von Erdölprodukten liefern im allgemeinen nur Gemische von chemischen Verbindungen (z. B. Benzin, Crackgase, Erdgase, Aromatengemische). Es ist aber meist möglich, auf physikalischem Wege diese Gemische in reine Stoffe zu zerlegen. Diese aus Erdöl und Erdgas gewonnenen *Petrolchemikalien* sind dann Ausgangsstoffe für die chemische Industrie. Aus der großen Zahl von Petrolchemikalien sollen im folgenden nur Vertreter der wichtigsten Stoffgruppen genannt werden:

Alkane: Methan, Ethan, Propan, Butan, Pentan, Hexan, Paraffin, Alkane mittlerer Kettenlänge $C_{12} ... C_{18}$
Alkene: Ethen, Propen, Buten
Aromaten: Benzen, Toluen, Xylen
Naphthene: Cyclopentan, Cyclohexan
Anorganische Grundstoffe: Wasserstoff, Schwefel (→ Aufg. 27.7.).

Da auf einzelne Reaktionen der Petrolchemie hier nicht eingegangen werden kann, sollen in der Tabelle 27.4 nur die Reaktionsmöglichkeiten der genannten Gruppen organischer Verbindungen aufgezeigt werden. In der letzten Spalte der Tabelle wird auf die Abschnitte des Lehrbuchs verwiesen, wo die betreffende Reaktion näher behandelt wird.
Die Reaktionen der Naphthene (Alicyclen) ähneln denen der Alkane.
Die Reaktionsprodukte, die durch die in Tabelle 27.4 angegebenen Reaktionen entstehen, werden vielfach auch als Petrolchemikalien bezeichnet, wenn sie Ausgangsstoffe für andere Reaktionen sind. Es läßt sich daher, von einer aus dem Erdöl gewonnenen Verbindung ausgehend, ein ganzer Stammbaum von Verbindungen aufbauen.
In entwickelten Industrieländern, die über eine entsprechende Erdölbasis verfügen, werden etwa 90% der industriell erzeugten organischen Verbindungen auf petrolchemischer Grundlage hergestellt. Selbst ein wesentlicher Teil der produzierten anor-

Tabelle 27.4. Petrolchemische Reaktionen von Alkanen, Alkenen und Aromaten

Reaktion	Reagens bzw. Reaktionsart	Produkte	Abschn.
Alkane			
Eliminierung	Pyrolyse	Alkene, Alkadiene, Ethin, Wasserstoff, Ruß	26.4., 27.3.
	Reformen	Aromaten	27.3., 30.2.
	katalyt. Dehydrierung	Alkene, Alkadiene	27.3., 31.3.
Substitution	Halogene	Halogenalkane	26.3.2., 26.5.
	Salpetersäure	Nitroalkane	
Oxydation	Sauerstoff	Alkohole, Ketone Säuren, Ruß, Ethin Synthesegas (CO + H_2)	28., 15.3.
Alkylierung	Alkene	klopffeste Benzine	27.3.
Alkene			
Addition	Wasser	Alkohole	28.2.
	Sauerstoff	Ketone, Ethenoxid (Plaste)	28.4., 28.2.
	Halogene	Dihalogenalkane	26.4.1.
	Chlorwasserstoff	Halogenalkane (Lösungsmittel)	26.5.
	Oxo-Synthese	Aldehyde (Plaste)	28.3., 31.4., 31.5.
	Säuren	Ester	28.8.
Substitution	Halogene	Halogenalkene	26.5.
Polymerisation		Plaste	26.4., 31.2.
Alkylierung	Benzen	Alkylbenzen	30.3.
	Alkane	klopffeste Benzine	27.3.
Eliminierung	Dehydrierung	Alkadiene (Kautschuk)	31.3.
Aromaten			
Addition	Alkene	Alkylbenzen, Phenol, waschaktive Substanzen	30.3., 29.4. 30.5.
	Wasserstoff	Cyclohexan (Fasern)	30.1., 31.9.
Nitrierung	Salpetersäure	Nitroaromaten (Sprengstoffe), Anilin (Farben)	30.2., 30.5.
Oxydation	Sauerstoff	Phthalsäure (Kunstharze, Weichmacher, Fasern)	30.6., 31.2., 31.9.

ganischen Verbindungen geht auf Erdöl und Erdgas als Ausgangssubstanzen zurück. So ist z. B. Ammoniak NH_3 ein Produkt der Petrolchemie, wenn das zu seiner Herstellung benötigte Synthesegas aus Erdölprodukten erzeugt wird.

27.5. Inhaltsstoffe, Entstehung und Vorkommen der Kohle

Die Kohlen sind feste Brennstoffe, die aus organischem Material entstanden sind. Zu den Kohlen zählen *Anthrazit*, *Steinkohle* und *Braunkohle*. Sie enthalten wenig freien Kohlenstoff, bei der Steinkohle sind es 10%. Hauptsächlich setzen sich die Kohlen aus komplizierten, meist ringförmigen organischen Verbindungen zusammen, die aus den Elementen Kohlenstoff, Wasserstoff, Sauerstoff, Stickstoff und Schwefel bestehen. Hinzu kommen Wasser (vor allem in den Braunkohlen) und anorganische Stoffe. Den

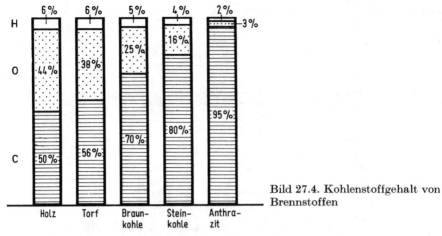

Bild 27.4. Kohlenstoffgehalt von Brennstoffen

Gehalt an Kohlenstoff, Wasserstoff und Sauerstoff in den Kohlen zeigt Bild 27.4. Zum Vergleich sind dort noch Holz und Torf angegeben.

Die Kohlen entstanden im Verlaufe von vielen Millionen Jahren durch den *Inkohlungsprozeß*, bei dem biologische, chemische und geologische Vorgänge mitwirkten. Aus Holz und holzigen Pflanzenteilen wurde die Cellulose nahezu vollständig abgebaut, das Lignin (→ Abschn. 29.8.) in die heute vorliegende Kohlesubstanz verwandelt. Wachse und Harze reicherten sich in der Kohle an, sie bilden im wesentlichen das extrahierbare Kohlebitumen.

Der Abbau der Pflanzensubstanz erfolgte durch anaerobe[1]) Mikroorganismen. Bei Reduktions- und Oxydationsprozessen wurden Kohlendioxid CO_2, Methan CH_4 und Wasser H_2O abgespalten und dadurch der Kohlenstoffgehalt laufend erhöht. Die Braunkohle entstand aus Waldmooren von Laub- und Nadelbäumen, die Steinkohle aus Sumpfmooren mit Sporenpflanzen (Farnen, Schachtelhalmen). Die Braunkohle ist zum größten Teil im Tertiär vor etwa 50 Mill. Jahren entstanden, während die Steinkohle sich vor allem im Zeitalter des Karbon, also vor etwa 250 Mill. Jahren, bildete.

Die größten Steinkohlenlager gibt es in der UdSSR, VR China, den USA, England, der BRD und Belgien.

Die größten Braunkohlenvorkommen der Erde befinden sich in der UdSSR und den USA. Reiche Lager gibt es auch auf deutschem Boden. Die BRD fördert Braunkohle vor allem im Niederrheinischen Revier, die DDR im Raum Merseburg, Halle, Borna und der Lausitz.

Die Steinkohle wird zum größten Teil im Tiefbau gewonnen, Braunkohle meist im Tagebau.

Der spezifische Heizwert des Anthrazits beträgt je Kilogramm ungefähr 35000 kJ, der Steinkohle 31000 kJ, bei der Braunkohle schwankt er zwischen 12500 und 27000 kJ je nach Provenienz und Wassergehalt (→ Aufg. 27.8. bis 27.10.).

27.6. Verfahren der Kohleveredlung und Kohlechemie

Braunkohlen sind ein wichtiger Bestandteil der Energiewirtschaft und ein nicht minder bedeutungsvoller Rohstoff der chemischen Industrie. Da die Förderung der Braun-

---

[1]) anaerob (griech.) ohne Luft lebend

kohle nicht beliebig gesteigert werden kann, war es notwendig, die Petrolchemie sinnvoll einzuführen und die vorhandenen Braunkohlen möglichst rationell zu nutzen. Nur minderwertige Ballastkohle kommt direkt zur Verfeuerung, und möglichst viel Kohle wird der Kohleveredlung zugeführt. Die Kohleveredlungsprozesse sind Brikettierung, Verschwelung, Verkokung und Vergasung der Kohle.

Die *Brikettierung* der Braunkohle hat die wesentliche Aufgabe, den hohen Wassergehalt der grubenfeuchten Kohle von 40 bis 60 % auf 16 bis 18 %, für spezielle Zwecke auf noch geringere Feuchtigkeit herabzusetzen und dem Brennstoff eine in allen Teilen gleiche Form zu geben. In den Brikettfabriken wird die Rohkohle im Naßdienst zerkleinert, im darauffolgenden Trockendienst auf die vorgesehene Feuchte getrocknet und dann im Pressenhaus ohne Zusatz von Bindemitteln zu Briketts verpreßt.

Während bei der Brikettierung nur unwesentliche chemische Veränderungen der Kohle vor sich gehen, wird durch die übrigen Kohleveredlungsprozesse die Kohlesubstanz grundlegend umgewandelt. Bei der Schwelung der Kohle wird diese Temperaturen von 500 bis 600 °C, bei der Verkokung Temperaturen von 1000 bis 1200 °C ausgesetzt.

Zur Schwelung eignen sich nur bitumenreiche Braunkohlen, die vor allem im mitteldeutschen Raum vorkommen.

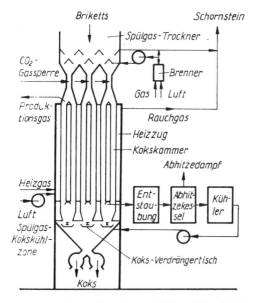

Bild 27.5. BHT-Koksofen

Die *Verkokung der Braunkohle* erfolgt in Vertikalkammeröfen (Bild 27.5). Die eingesetzten Feinkornbriketts aus asche- und schwefelarmer Braunkohle werden im oberen Teil des Kokers durch Spülgase getrocknet, im unteren Teil in den Kokskammern, die durch in Heizzügen verbrennendes Gas beheizt werden, verkokt. Hauptprodukt dieses Verfahrens ist der *BHT-Koks (Braunkohlenhochtemperaturkoks)*. Außerdem fallen in der Zusammensetzung ähnliche Produkte wie bei der Schwelung an: Gas, Öl, Teer, Gaswasser.

Aus 1 t Briketts entstehen bei der Verkokung:

430 kg Koks   75 kg Teer und Öl
325 kg Gas   70 kg Abschwaden
100 kg Gaswasser

Die *Vergasung der Braunkohle* hat das Ziel, minderwertige Kohle (Ballastkohle) möglichst vollständig zu vergasen. Die Vergasung der Braunkohle kann bei Normaldruck oder geringem Überdruck in Drehrost- und Winklergeneratoren erfolgen (→ Abschn. 16.3.1.). Die beste Nutzung des eingesetzten Brennstoffes erreicht man aber bei der Druckvergasung, wo mit Hilfe von Sauerstoff und Wasserdampf bei einem Druck von 2 bis 3 MPa gearbeitet wird. Das dabei entstehende Starkgas hat einen hohen Methangehalt, es ähnelt in seiner Zusammensetzung dem Stadtgas, das bei der Verkokung der Steinkohle gewonnen wird. Den Druckgaserzeugern nachgeschaltete Reinigungsanlagen liefern Öl und Teer, die in der Zusammensetzung den Schwelprodukten ähnlich sind. Das bei der Sauerstoffdruckvergasung anfallende Reingas enthält 52% Wasserstoff, 23% Methan, 20% Kohlenmonoxid, 3,5% Kohlendioxid und 1,5% Stickstoff. Der spezifische Heizwert des Gases beträgt 18 500 kJ m^{-3} (i. N.). Der größte Teil der bei der Veredlung der Braunkohle anfallenden Öle und Teere wird durch die *Hochdruckhydrierung* zu Treibstoffen verarbeitet. Das Verfahren wurde von dem deutschen Chemiker *Friedrich Bergius* (1884 bis 1949) entwickelt. Es gestattet, Wasserstoff bei einem Druck von 20 bis 30 MPa und einer Temperatur von 450 °C direkt an Kohle, Teer, Erdöl und Erdölrückstände anzulagern.

Das Verfahren kann ein- oder zweistufig gefahren werden. Bei zweistufigem Betrieb wird in der sogenannten Sumpfphase das mit Schweröl angerührte und mit einem Katalysator versetzte Produkt hydriert. Die erste Stufe liefert Schweröl, Mittelöl, Benzin und Gase (Propan und Butan). Die höher siedenden Öle werden verdampft und mit Wasserstoff über feststehende Katalysatoren geleitet (Gasphase). Dabei erhält man vorwiegend Benzin als Reaktionsprodukt. Praktisch wird der Prozeß meist so gelenkt, daß 50% Benzin und 50% Dieselkraftstoff entstehen. Die produzierten Kraftstoffe sind fast schwefelfrei, das Benzin ist sehr klopffest. Die bei der Hochdruckhydrierung anfallenden Gase werden als Treibgase verkauft.

Infolge der Verknappung und Verteuerung des Erdöls auf den Weltmärkten werden in den Ländern mit ausreichenden Kohlevorkommen noch andere Verfahren entwickelt, die auf eine Kohlevergasung oder Kohleverflüssigung hinzielen. Dabei wird auch die Verwendung der Wärme diskutiert, die in den Reaktoren von Kernkraftwerken anfällt.

27.7. Kraftstoffe

Die wichtigsten Erdölprodukte sind Kraftstoffe für Otto- und Dieselmotor dank der großartigen Entwicklung dieser Maschinen in den letzten 100 Jahren. Wichtigstes Qualitätsmerkmal von *Vergaserkraftstoffen* für den Benzinmotor ist die Klopffestigkeit. Entzündet sich das Benzin-Luft-Gemisch im Ottomotor, bevor die Kompression erreicht ist, so klopft und klingelt der Motor. Technisches Maß für die Klopffestigkeit eines Vergaserkraftstoffes ist die *Octanzahl* (OZ). Die Prüfung der Klopffestigkeit eines Kraftstoffs erfolgt in speziellen, genormten Einzylindermotoren. Der zu prüfende Kraftstoff wird verglichen mit einem Gemisch von Isooctan und n-Heptan. Reines Isooctan hat die OZ = 100, reines n-Heptan die OZ = 0. Verhält sich ein Kraftstoff im Standardmotor wie ein Gemisch aus 60 Teilen Isooctan und 40 Teilen n-Heptan, so hat er die OZ = 60.

Die Octanzahl eines Kraftstoffs wird günstig beeinflußt durch verzweigte und ungesättigte Kohlenwasserstoffe, Naphthene und Aromaten. Wenn ein Benzin nur geringe Mengen der genannten Verbindungen enthält, hat es eine schlechte Octanzahl. Es wird dann in der Regel mit einem Antiklopfmittel, z. B. Bleitetraethyl Pb$(C_2H_5)_4$, versetzt.

Die Qualität eines *Dieselkraftstoffs* wird durch die *Cetanzahl* (CZ) charakterisiert. Sie gibt die Zündwilligkeit eines Kraftstoffes an. Als Vergleichsmischung dient Cetan ($C_{16}H_{34}$ unverzweigt) mit CZ = 100 und α-Methyl-naphthalen (eine aromatische Verbindung) mit CZ = 0. Die Prüfung erfolgt in genormten Dieselmotoren. Die Cetanzahl wird günstig beeinflußt durch geradkettige gesättigte Kohlenwasserstoffe und Olefine, ungünstig durch Naphthene und Aromaten. Es gilt die Regel, daß gute Dieselkraftstoffe schlechte Otto-Treibstoffe sind und umgekehrt. Vom Dieselkraftstoff wird mindestens die CZ = 40 gefordert.

27.8. Schmieröle

Schmieröle haben die Aufgabe, die Reibung zwischen gleitenden Maschinenteilen herabzusetzen. Etwa 2% der Erdölproduktion der Welt werden auf Schmieröl verarbeitet. Zur Schmierölgewinnung eignen sich vor allem Erdöle, die reich an hochsiedenden verzweigten paraffinischen Kohlenwasserstoffen sind. Um die durch Destillation gewonnenen Produkte weitgehend dem jeweiligen Verwendungszweck anzupassen, werden die Destillate raffiniert. Dadurch sollen vor allem asphaltartige Anteile und Paraffin entfernt sowie die Viskosität (Zähflüssigkeit) verbessert werden. Vollsynthetisch stellt man Schmieröl u. a. aus Ethen her. Für spezielle Schmierungsaufgaben werden in geringem Umfang noch andere synthetisch gewonnene Verbindungen, z. B. Siliconöle, eingesetzt (→ Abschn. 26.4.1. und 16.7.). Wirtschaftliche Bedeutung hat auch die Aufarbeitung von Altölen zu Regeneratölen.

Die Schmierölfraktionen des Erdöls werden unterteilt in Spindel-, Maschinen-, Motoren-, Umlauf- und Zylinderöl. Die Siedepunkte der Öle erhöhen sich in der angegebenen Reihenfolge, dementsprechend sind sie dann höheren Temperaturbeanspruchungen gewachsen.

Eigenschaften und Untersuchungen von Schmierölen

Die wichtigste Eigenschaft eines Schmieröls ist seine *Viskosität* bzw. das Viskositäts-Temperatur-Verhalten. Die Zähflüssigkeit von Schmierölen wird durch die Größe der kinematischen Viskosität, angegeben in $mm^2 \ s^{-1}$, bestimmt. Die kinematische Viskosität ist stark temperaturabhängig, deshalb ist bei Messungen unbedingt auf Temperaturkonstanz (Verwendung eines Thermostaten) zu achten. Die Messungen erfolgen meist mit Viskosimetern nach *Vogel-Ossag* oder *Höppler*. Es wird dabei die Auslaufzeit des Öls aus einer Kapillare bzw. die Fallzeit einer Kugel durch ein ölgefülltes Rohr gemessen. Öle werden mit abnehmender Temperatur dickflüssiger, die Viskosität nimmt zu. Je geringer die Viskosität anwächst, um so besser ist die Qualität des Schmieröls. Das Viskositäts-Temperaturverhalten von 3 Schmierölen zeigt die folgende Übersicht:

Spindelöl	40 $mm^2 \ s^{-1}$/20 °C,	12 $mm^2 \ s^{-1}$/50 °C,	3,4 $mm^2 \ s^{-1}$/100 °C
Dieselmotorenöl	300 $mm^2 \ s^{-1}$/20 °C,	60 $mm^2 \ s^{-1}$/50 °C,	10 $mm^2 \ s^{-1}$/100 °C
Zylinderöl	–	500 $mm^2 \ s^{-1}$/50 °C,	50 $mm^2 \ s^{-1}$/100 °C

Bei der Berechnung der kinematischen Viskosität aus den am Viskosimeter gemessenen Zeiten wird auch die *Dichte* des Öles benötigt. Diese kann mit einem Aräometer oder mit Hilfe der Mohr-Westphalschen Waage bestimmt werden.

Flamm- und *Brennpunkt* charakterisieren die Entzündbarkeit von Schmierölen. Am Flammpunkt haben sich so viel brennbare Dämpfe gebildet, daß diese bei Annäherung einer Flamme verpuffen. Am Brennpunkt brennt das Öl nach Entzündung selbst weiter. Beide Werte werden für Schmieröle meist im offenen Tiegel nach *Marcusson* bestimmt (Flammpunkt über 80 °C).

Am *Stockpunkt* verliert ein Öl seine Fließfähigkeit. Er wird durch Abkühlen von Öl in einem Probeglas unter vorgeschriebenen Bedingungen geprüft.

Chemische Kennwerte von Schmierölen sind Neutralisations-, Verseifungs-, Teerzahl, Asche-, Wassergehalt und Verkokungsneigung.

Die *Neutralisationszahl* (NZ) gibt Auskunft über den Gehalt von mineralischen und organischen Säuren im Schmieröl. Die NZ wird durch Titration mit alkoholischer Kalilauge bestimmt und in mg KOH/g Öl angegeben.

Die *Verseifungszahl* (VZ) erfaßt die im Schmieröl enthaltenen verseifbaren Stoffe. Nach Erhitzen des Öls mit Kalilauge am Rückflußkühler wird die Verseifungszahl ebenfalls durch Titration bestimmt.

Die *Teerzahl* kennzeichnet das Verhalten des Schmieröls gegenüber konzentrierter Schwefelsäure.

Zur Bestimmung des *Aschegehalts* wird eine bestimmte Ölmenge in einem Quarztiegel langsam abgebrannt und der Rückstand gewogen. Er soll bei unlegierten Ölen unter 0,05% liegen.

Der *Wassergehalt* eines Schmieröls soll 0,1% nicht übersteigen. Es wird mit Hilfe von Xylen festgestellt. Ein Xylen-Öl-Gemisch wird zum Sieden erhitzt, das Wasser geht mit dem Xylen in eine Vorlage über und setzt sich im Kondensat klar vom Xylen ab.

Die *Verkokungsneigung* gibt Auskunft über die zu erwartende Bildung von Rückständen an Ventilen und in Zylindern. Sie wird nach der Methode von *Conradson* festgestellt, indem eine bestimmte Ölmenge unter Luftabschluß vorsichtig abgeschwelt und der Rückstand gewogen wird.

Legierung von Schmierölen

Da durch Raffination die gewünschten Qualitätsmerkmale von Schmierölen allein oft nicht zu erreichen sind, werden seine Eigenschaften vielfach noch durch Legierung mit bestimmten Zusätzen (engl. additives) verbessert. Um die Ölalterung durch Oxydationsvorgänge einzuschränken, setzt man Sauerstoffinhibitoren[1]) zu.

Polymerisate von Olefinen und Styren verbessern das Viskositäts-Temperatur-Verhalten, Siliconzusatz verhindert das Schäumen von Schmierölen. Metallorganische Verbindungen als Reinigungszusatz (Detergents, Dispersants) halten Verschmutzungen des Öls in der Schwebe, so daß es nicht zu Ablagerungen kommt. Hochdruckzusätze sind erforderlich, wenn in den geschmierten Lagern hohe Drücke auftreten.

27.9. Schmierfette

Neben den Schmierölen werden zum Herabsetzen der Reibung auch Schmierfette verwendet. Schmierfette sind meist Mischungen aus Mineralöl (also Kohlenwasserstoffen) und Seife (→ Abschn. 29.4.). Beide Bestandteile werden miteinander verkocht, so daß ein mehr oder weniger konsistentes Starrfett entsteht. Der Seifenanteil kann 10 bis 25% betragen. Als Seifen werden Natron-, Kali-, Kalk-, Barium-, Aluminium- und Lithiumseifen eingesetzt. Die Qualität von Schmierfetten wird durch die verwendeten Seifen und durch Konsistenz und Tropfpunkt des Fettes bestimmt. Die besten Heißlagerfette enthalten Lithiumseifen.

---

[1]) inhibere (lat.) hemmen

Die *Konsistenz* ist ein Maß für die Weichheit eines Schmierfettes. Man mißt dazu die Eindringtiefe eines genormten Metallkegels in vorgeschriebener Zeit.

Der *Tropfpunkt* eines Schmierfettes wird bei der Temperatur erreicht, wo in einer genormten Prüfeinrichtung der erste Tropfen des Schmierfettes beim Erwärmen abtropft.

Auch Schmierfette erhalten für besondere Zwecke Zusätze, die die Schmierfähigkeit verbessern: Petrolpech, Graphit und Molybdän(IV)-sulfid MoS_2 (auch als Molybdändisulfid bezeichnet). Graphit und MoS_2 können in Sonderfällen auch als Festschmierstoffe allein eingesetzt werden (→ Aufg. 27.12. bis 27.17.).

■ Aufgaben

27.1. Was versteht man unter Petrolchemie?

27.2. Welche Hauptbestandteile enthalten Erdgase?

27.3. Welches sind die Hauptfraktionen bei der Erdöldestillation?

27.4. Durch welche physikalischen Methoden werden Erdölprodukte erzeugt?

27.5. Durch welche chemischen Methoden werden Erdölprodukte erzeugt oder verbessert?

27.6. Worin unterscheiden sich Crackprozeß und Reformierungsverfahren?

27.7. Bei welchen chemischen Verfahren und in welchen Gemischen fallen die aufgezählten Petrolchemikalien an?

27.8. In einer Feuerung werden stündlich 100 kg Steinkohle verbrannt, die folgende Zusammensetzung hat: 83 % Kohlenstoff, 5 % Wasserstoff und 12 % Sauerstoff. Es ist das theoretische Luftvolumen bei 20 °C und 0,1 MPa zu berechnen, das zur vollständigen Verbrennung nötig ist!

27.9. Es ist die Zusammensetzung der Rauchgase in Frage 27.8. bei 150 °C in Volumenprozenten anzugeben!

27.10. Wie groß ist die Wärmemenge, die bei der vollständigen Verbrennung von 1 kg der in Frage 27.8. beschriebenen Steinkohle entsteht, wenn dabei das entstehende Wasser als Dampf entweicht?

$\Delta H = -242$ kJ mol^{-1}

für Wasser (H_2O) g

$\Delta H = -394$ kJ mol^{-1}

für Kohlendioxid CO_2.

Die in dieser Aufgabe zu berechnende Wärmemenge ist der untere Heizwert des Brennstoffes.

27.11. Durch welche technischen Prozesse stellt man Kohlenwasserstoffe aus Kohle her?

27.12. Was versteht man unter der Octan- und Cetanzahl eines Kraftstoffes?

27.13. Welche physikalischen Eigenschaften bestimmen die Qualität eines Schmieröls?

27.14. Welche chemischen Kenngrößen charakterisieren die Verwendungsmöglichkeiten von Schmierölen?

27.15. Warum wurden NZ und VZ mit alkoholischer und nicht mit wäßriger Kalilauge bestimmt?

27.16. Wie stellt man Schmierfette her?

27.17. Welchem Zweck dienen die verschiedenen Additives in Schmierölen?

28. Derivate der Kohlenwasserstoffe

28.1. Funktionelle Gruppen

Funktionelle Gruppen ersetzen Wasserstoff in organischen Verbindungen und bestimmen weitgehend Eigenschaft und Charakter der entstehenden Verbindung. Organische Verbindungen mit gleichen funktionellen Gruppen erhielten Sammelbezeichnungen. Wichtige funktionelle Gruppen der organischen Chemie enthalten das Element Sauerstoff. Die in der folgenden Tabelle 28.1 angegebenen funktionellen Gruppen ergeben die in der gleichen Zeile angegebenen Verbindungstypen.

Tabelle 28.1. Sauerstoff enthaltende funktionelle Gruppen

Funktionelle Gruppe		Alkanderivat		Verbindungs-typ[1])
Formel	Bezeichnung	Allgemeine Formel	Rationelle Bezeichnung	
—OH	Hydroxy-	R—OH	Alkanol	*Alkohol*
—C$\underset{H}{\overset{O}{\diagup}}$	Aldehyd-	R—CHO	Alkanal	*Aldehyd*
$>$C=O	Carbonyl-	$\underset{R}{\overset{R'}{>}}$CO	Alkanon	*Keton*
—C$\underset{OH}{\overset{O}{\diagup}}$	Carboxyl-	R—COOH	Alkansäure	*Carbonsäure*

[1]) Die angegebenen Bezeichnungen werden auch für Verbindungen benutzt, die sich nicht von den Alkanen ableiten.

Bekannte funktionelle Gruppen, die Stickstoff bzw. Schwefel enthalten, sind: —NH_2 Aminogruppe, $>SO_2$ Sulfongruppe, —SO_3H Sulfonsäuregruppe, —CN Cyanid- oder Nitrilgruppe, —NO_2 Nitrogruppe. Die in diesem Abschnitt genannten funktionellen Gruppen zeigen mehr oder weniger stark Induktionseffekt ($\rightarrow$ Abschn. 26.2. und Aufg. 28.1.).

28.2. Alkanole (Alkohole)

Alkohole sind Kohlenwasserstoffverbindungen, in denen ein oder mehrere Wasserstoffatome durch die Hydroxygruppe ersetzt sind. Nach der IUPAC-Nomenklatur werden sie durch die Endung -ol gekennzeichnet. Nach der Anzahl der OH-Gruppen im Molekül unterscheidet man ein-, zwei- und mehrwertige Alkohole. Man kann sich ein Alkoholmolekül aus dem Wassermolekül durch Austausch eines Wasserstoffatoms gegen eine Alkylgruppe entstanden denken:

$$\underset{\text{Wasser}}{\text{H}\diagdown\underline{\text{O}}\diagup\text{H}} \quad \underset{\text{Alkohol}}{\text{H}\diagdown\underline{\text{O}}\diagup\text{R}} \quad \text{bzw.} \quad \text{R}\diagdown\text{O}\diagup\text{H} \;^{1})$$

Dieser Aufbau der Alkoholmoleküle erklärt die polaren Eigenschaften der Alkohole, die in der Wasserlöslichkeit der Alkohole mit nicht zu langer Alkylrestkette zum Ausdruck kommen. Wegen der Polarität der OH-Gruppe neigen Alkohole auch zur Assoziation durch *Wasserstoffbrückenbindung*. Diese entsteht dadurch, daß ein einsames Elektronenpaar des Sauerstoffatoms, das zu einem Alkoholmolekül gehört, sich dem polar gebundenen Wasserstoffatom der Hydroxygruppe eines anderen Alkoholmoleküls sehr stark nähert. Die Wasserstoffatome am Alkylrest der Alkohole sind an diesem Anlagerungsvorgang nicht beteiligt.

$$\begin{array}{ccccccc} \delta^- & \delta^+ & \delta^- & \delta^+ & \delta^- & \delta^+ \\ \ldots\text{O} & \text{—H} & \ldots\text{O} & \text{—H} & \ldots\text{O} & \text{—H}\ldots \\ | & & | & & | & \\ \text{R} & & \text{R} & & \text{R} & \end{array}$$

Die Wasserstoffbrückenbindung ist keine echte Bindung. Es beseht nur eine verstärkte Anziehung, die zur Assoziation der beteiligten Moleküle führt. Infolge dieser Assoziation sieden die Alkanole bei wesentlich höherer Temperatur als die entsprechenden Alkane. Durch die stark elektropositiven Alkalimetalle wird der Wasserstoff der Hydroxygruppe substituiert, wobei es zur Bildung von Alkanolaten *(Alkoholaten)* kommt.

$$\underset{\text{Alkohol}}{2\,\text{R—OH}} + 2\,\text{Na} \rightarrow \underset{\text{Natriumalkanolat}}{2\,\text{R—O—Na}} + \text{H}_2$$

Weitere Reaktionen der Alkanole werden in den folgenden Abschnitten behandelt.

28.2.1. Einwertige Alkanole

Die im Abschnitt 28.1. genannten Alkanole sind *einwertige Alkohole*, da sie nur eine Hydroxygruppe enthalten. Sie leiten sich von den Alkanen ab durch Substitution eines Wasserstoffatoms durch die Hydroxygruppe.
Die Alkanole bilden eine homologe Reihe mit der allgemeinen Formel:

> Alkanol = *einwertiger Alkohol*: C_nH_{2n+1}—OH

Die ersten Glieder und zugleich die wichtigsten Alkanole dieser homologen Reihe sind:

Methanol CH_3—OH *Methylalkohol*   Propanol C_3H_7—OH *Propylalkohol*
Ethanol C_2H_5—OH *Ethylalkohol*   Butanol C_4H_9—OH *Butylalkohol*

Bei den Alkanolen kann Stellungsisomerie auftreten, da die Hydroxygruppe eine unterschiedliche Stellung innerhalb des Moleküls haben kann. Nach der Stellung der Hydroxygruppe unterscheidet man primäre, sekundäre und tertiäre Alkohole. Bei *primären Alkoholen* steht die Hydroxygruppe mit noch 2 Wasserstoffatomen an

---

[1]) In den Strukturformeln organischer Verbindungen läßt man die freien Elektronenpaare meist weg.

einem Kohlenstoffatom, sie enthalten als wesentliche Gruppe: —CH_2OH. Bei *sekundären Alkoholen* steht die Hydroxygruppe mit nur einem Wasserstoffatom gemeinsam an einem Kohlenstoffatom, die typische Gruppe ist: $>$CHOH.
Beim *tertiären Alkohol* befindet sich die Hydroxygruppe an einem tertiären Kohlenstoffatom, das noch an drei Kohlenstoffatome gebunden ist. Der tertiäre Alkohol hat also immer die Gruppe:

$$\begin{array}{c} | \\ -C-OH \\ | \end{array}$$

Um die Stellung der Hydroxygruppe im Molekül festzulegen, wird nach der IUPAC-Nomenklatur die längste Kohlenstoffkette numeriert und das Kohlenstoffatom, an dem die OH-Gruppe hängt, angegeben.
Die drei isomeren Butylalkohole heißen z. B.

Butan-1-ol CH_3—CH_2—CH_2—CH_2—OH   *primärer Butylalkohol*
Butan-2-ol CH_3—CH_2—CH—CH_3 *sekundärer Butylalkohol*
             |
             OH

2-Methyl-propan-2-ol
$$CH_3-\underset{\underset{OH}{|}}{\overset{\overset{CH_3}{|}}{C}}-CH_3 \quad \textit{tertiärer Butylalkohol}$$

Primäre, sekundäre und tertiäre Alkohole reagieren verschieden, insbesondere lassen sie sich durch ihre Oxydationsprodukte unterscheiden, wie die folgende Übersicht zeigt:

primärer Alkohol:

$$R-CH_2OH \xrightarrow[-H_2O]{+O} R-C\underset{H}{\overset{O}{\lessgtr}} \xrightarrow{+O} R-C\underset{OH}{\overset{O}{\lessgtr}}$$
  Aldehyd   Carbonsäure

sekundärer Alkohol:

$$R-\underset{\underset{OH}{|}}{CH}-R' \xrightarrow[-H_2O]{+O} R-\underset{\underset{O}{\|}}{C}-R' \xrightarrow{+O} \text{bei weiterer Oxydation Zerfall}$$
               Keton

tertiärer Alkohol:

$$R'-\underset{\underset{OH}{|}}{\overset{\overset{R}{|}}{C}}-R'' \xrightarrow{+O} \text{bei Oxydation Zerfall der Verbindung}$$

(→ Aufg. 28.2. und 28.3.)

28.2.2. Mehrwertige Alkanole

Von den primären, sekundären und tertiären Alkoholen sind die mehrwertigen Alkohole zu unterscheiden, die mehrere Hydroxygruppen besitzen.
Vom Ethan leitet sich der zweiwertige Alkohol Ethan-1,2-diol CH_2—CH_2 (Ethylenglykol) ab.
                                                                                                         | |
                                                                                                        OH   OH

Durch Einführung von 3 Hdroxygrupypen in das Propanmolekül entsteht der dreiwertige Alkohol Propan-1,2,3-triol $CH_2-CH-CH_2$ (Glycerol).
$|||$
$OHOHOH$

28.2.3. Technisch wichtige Alkanole

Methanol CH_3OH, *Methylalkohol, Holzgeist*, ist das erste Glied in der homologen Reihe der Alkohole. Methanol entsteht u. a. bei der trockenen Destillation des Holzes. Großtechnisch wird es aus Synthesegas bei 400 °C und einem Druck von 20 MPa in Gegenwart von Metalloxidkontakten hergestellt.

$$CO + 2H_2 \xrightarrow[\text{Kat.}]{400\,°C} CH_3OH$$

Methanol ist eine farblose, brennbare Flüssigkeit, die in jedem Verhältnis mit Wasser mischbar ist und bei 64,7 °C siedet. Methanol ist sehr giftig, geringe Mengen, etwa 10 ml, führen zu Erblindung und Tod. Verwendet wird es als Brennstoff, Lösungsmittel und Treibstoffzusatz. Es ist Bestandteil von Gefrierschutzmitteln und Ausgangsmaterial für wichtige Synthesen (→ Aufg. 28.4.).

Ethanol C_2H_5OH, *Ethylalkohol*, ist der bekannteste Alkohol, Trivialnamen für ihn sind *Weingeist, Spiritus* oder einfach *Sprit*. Ethanol wird technisch aus Naturprodukten und durch rein synthetische Verfahren gewonnen. Durch Gärung gewinnt man ihn aus zuckerhaltigen Früchten (Weinbereitung) oder der in Zuckerfabriken als Nebenprodukt anfallenden Zuckermelasse oder aus stärkehaltigen Produkten, z. B. Getreide oder Kartoffeln. Auch die Sulfitablaugen der Zellstoffabriken enthalten vergärbaren Zucker. Aus ihnen wird der sogenannte Sulfitsprit gewonnen.

Synthetisch wird Ethanol aus Kohlenwasserstoffen hergestellt.

Petrolchemisch läßt sich Ethanol durch Additionsreaktion aus Ethen synthetisieren:

$$CH_2=CH_2 \xrightarrow{+H_2O} CH_3-CH_2OH$$
Ethen$$Ethanol

Ungefähr 15% der Ethanolproduktion dient in alkoholischen Getränken als Genußmittel. Technisch verwendet man Ethanol zur Herstellung von Lacken, Firnissen und pharmazeutischen Präparaten, weiterhin als Treibstoffzusatz, Konservierungsmittel sowie als Ausgangsstoff für Synthesen. Brennspiritus ist durch Methanol, Pyridin oder Benzin vergälltes Ethanol. Auf unvergälltem Ethylalkohol liegen in allen Staaten hohe Steuern. Reiner Alkohol hat eine Konzentration von 95,6% Ethanol. Das restliche Wasser läßt sich nicht durch Destillation, sondern nur durch chemische Trockenmittel entfernen. Absoluter (wasserfreier) Alkohol ist eine farblose, brennbare Flüssigkeit, die bei 78,3 °C siedet.

Propan-2-ol $CH_3-CH(OH)-CH_3$, *Isopropylalkohol*, wird synthetisch durch Addition von Wasser an Propen gewonnen:

$$H_2C=CH-CH_3 + H_2O \rightarrow H_3C-\underset{\underset{OH}{|}}{\overset{\overset{H}{|}}{C}}-CH_3$$

Propen$$Propan-2-ol

Auch dieser Alkohol ist in jedem Verhältnis mit Wasser mischbar. An Stelle von Ethanol wird er als Lösungsmittel eingesetzt.

Vom Butanol C_4H_9-OH gibt es vier Isomere, die alle darstellbar sind. Sie sind nur noch beschränkt in Wasser löslich. Butanole kommen als Nebenprodukt bei der alkoholischen Gärung vor, sie sind in den sogenannten Fuselölen enthalten. Technisch werden sie als Lösungsmittel verwendet. Aus n-Butanol wird ein Essigsäureester *Butylacetat* (→ Abschn. 28.8.) hergestellt, der als Lösungsmittel für Lacke große Bedeutung hat.

Von den mehrwertigen Alkoholen sind die weiter oben schon genannten Ethylenglykol und Glycerol die wichtigsten. Beide Alkohole schmecken süß.[1])

Ethan-1,2-diol $OH-CH_2-CH_2-OH$, Ethylenglykol, ist eine ölige, farblose Flüssigkeit mit einem Siedepunkt von 197 °C, sie ist für den Menschen giftig.

Ethylenglykol gewinnt man durch Wasseranlagerung an Ethenoxid, das wiederum durch direkte Oxydation aus Ethen erzeugt werden kann:

$$H_2C=CH_2 \xrightarrow{+1/2\ O_2} H_2C\underset{O}{-}CH_2 \xrightarrow{+H_2O} HO-CH_2-CH_2-OH$$

Ethen Ethenoxid Ethylenglykol

Ethylenglykol findet Verwendung als Bremsflüssigkeit, außerdem ist es Hauptbestandteil von Gefrierschutzmitteln. Bei der Herstellung von Polyesterfasern, Alkydharzen und Sprengstoffen dient es als wichtiger Ausgangsstoff (→ Abschn. 28.8.).

Propan-1,2,3-triol $CH_2OH-CHOH-CH_2OH$, *Glycerol*, entsteht in geringer Menge als Nebenprodukt bei der alkoholischen Gärung. Es kommt natürlich gebunden in Fetten und Ölen vor. Es fällt bei der Fettspaltung an, kann aber auch synthetisch aus dem in Crackgasen enthaltenen Propen gewonnen werden.

Glycerol ist wie Ethylenglykol eine ölige, farblose Flüssigkeit, die aber nicht giftig ist, mit einem Siedepunkt von 290 °C. Wegen seiner hygroskopischen Eigenschaft wird es kosmetischen Erzeugnissen, Tinten und Stempelfarben zugesetzt. Glycerol wird als Gefrierschutz- und Bremsflüssigkeit, aber auch zur Wärmeübertragung eingesetzt. Besondere Bedeutung hat es bei der Erzeugung hochbrisanter Sprengstoffe (→ Abschn. 28.8., Aufg. 28.5., und 28.6.).

28.3. Alkanale (Aldehyde)

Aldehyde sind die ersten Oxydationsprodukte primärer Alkohole, sie haben die funktionelle Gruppe $-C\overset{O}{\underset{H}{\diagdown}}$, die rationell $-CHO$ geschrieben wird. Nach der IUPAC-Nomenklatur sind Aldehyde an der Endung -al zu erkennen. Die in der Technik üblichen Bezeichnungen leiten sich von den Säuren ab, die durch Oxydation aus den Aldehyden entstehen. Die von den gesättigten Kohlenwasserstoffen abgeleiteten Aldehyde, die Alkanale, bilden eine homologe Reihe:

$$\boxed{\text{Alkanal: } C_{n-1}H_{2n-1}-C\overset{O}{\underset{H}{\diagdown}} = R-CHO}$$

Die Carbonylgruppe $>C=O$ in den Aldehyden enthält eine Doppelbindung, die durch je eine σ- und π-Bindung gebildet wird. Die π-Bindung ist stark polarisiert infolge der unterschiedlichen Elektronegativität des Kohlenstoff- und Sauerstoffatoms. Der Bin-

---

[1]) glykys (griech.) süß

dungszustand kann durch mesomere Grenzstrukturen angegeben werden:

$$\ce{>C=\overline{O}} \leftrightarrow \ce{>\overset{\oplus}{C}-\overset{\ominus}{\overline{O}}|} \quad \text{oder einfacher} \quad \ce{>\overset{\delta+}{C}-\overset{\delta-}{\overline{O}}}$$

Infolge des Mesomerieeffekts neigen Aldehyde dazu, polare Reaktionspartner zu addieren. An diese Addition schließen sich oft Folgereaktionen an.
Die Aldehydmoleküle können aber auch miteinander reagieren, wobei es zur Polymerisation oder Kondensation kommen kann. Auf dieser Eigenschaft beruht die Verwendung von Aldehyden bei der Plastherstellung.
Zu den obigen Ausführungen möge eine typische Reaktion der Aldehyde, ihre Reduktion zu Alkoholen mit Hilfe von Wasserstoff, formuliert werden:

$$\underset{\text{Aldehyd}}{\overset{H}{\underset{R}{>}}C=\overline{O}} + H_2 \rightarrow \overset{H}{\underset{R}{>}}\overset{\oplus}{C}-\overset{\ominus}{\overline{O}}| + H^{\oplus} \ldots H^{\ominus} \rightarrow \underset{\text{Alkohol}}{\underset{R}{\overset{H}{\diagdown}}C\underset{\overline{OH}}{\diagup}\overset{H}{\diagup}}$$

In ähnlicher Weise werden polare Substanzen wie HCl, HCN und NH_3 addiert.
Die beiden ersten Glieder der homologen Reihe der Alkanale sind die wichtigsten:

Methanal H—CHO *Formaldehyd*
Ethanal CH_3—CHO *Acetaldehyd*

Als Oxydationsprodukte primärer Alkohole sind die Aldehyde leicht aus den zugehörigen Alkoholen durch Oxydation mit Luftsauerstoff in Gegenwart von Kupfer als Katalysator zu gewinnen:

$$\underset{\text{Methanol}}{CH_3-OH} + \tfrac{1}{2}O_2 \xrightarrow{Cu} \underset{\text{Methanal}}{H-C{\overset{O}{\underset{H}{\diagup}}}} + H_2O$$

Bei dieser Reaktion wird dem Alkohol Wasserstoff entzogen, er wird dehydriert. Daraus entstand der Name Aldehyd: *alcohol dehydrogenatus*.
Methanal HCHO, *Formaldehyd*, wird auch großtechnisch durch Dehydrierung von Methanol gewonnen. Es ist ein farbloses, stechend riechendes Gas, das in 40%iger wäßriger Lösung als Formalin in den Handel kommt und in dieser Form als Desinfektionsmittel verwendet wird. Große Mengen Formaldehyd werden bei der Gewinnung von Aminoplasten und Phenoplasten verbraucht (→ Abschn. 31.4. und 31.5.). Dabei sind Kondensationsreaktionen wirksam.
Bei der Polymerisation von Formaldehyd entsteht Paraformaldehyd als feinkristalline weiße Masse.

$$n\,\underset{\text{Formaldehyd}}{H-C{\overset{O}{\underset{H}{\diagup}}}} \longrightarrow \underset{\text{Paraformaldehyd}}{\left[\begin{array}{c} H \\ | \\ -C-O- \\ | \\ H \end{array}\right]_n}$$

Aus ihm kann bei höherer Temperatur gasförmiges Formaldehyd zurückgewonnen werden.
Ethanal CH_3CHO, *Acetaldehyd*, ist eine bei 21 °C siedende Flüssigkeit, die sich leicht in Wasser löst. In der Technik gewinnt man Acetaldehyd durch Addition von Wasser an Acetylen:

$$HC{\equiv}CH + H_2O \rightarrow CH_3-CHO$$

Aus Acetaldehyd kann man durch Reduktion Ethanol oder durch Oxydation Ethansäure (acidum aceticum) herstellen.

$$CH_3-CHO \begin{array}{c} \xrightarrow{+O} CH_3-COOH \text{ Ethansäure} \\ \xrightarrow{+2H} CH_3-CH_2-OH \text{ Ethanol} \end{array}$$

Diese Reaktion zeigt deutlich die Stellung der Aldehyde zwischen Alkoholen und Säuren. Aldehyde können daher sowohl als Oxydations- als auch als Reduktionsmittel wirken. Auf der Reduktionswirkung beruht der Nachweis der Aldehyde durch Reaktion mit ammoniakalischer Silbernitratlösung:

$$R-\overset{+1}{C}HO + 2\,\overset{+1}{Ag}(NH_3)_2OH \rightarrow R-\overset{+3}{C}OOH + 2\,\overset{+0}{Ag} + 4\,NH_3 + H_2O$$
Aldehyd .... Carbonsäure

($\rightarrow$ Aufg. 28.7. und 28.8.)

28.4. Alkanone (Ketone)

Ketone enthalten als funktionelle Gruppe die Carbonylgruppe $>C=O$. Die *Oxogruppe* ist in diesem Fall an einem sekundären Kohlenstoffatom gebunden.
Die Oxydationsprodukte sekundärer Alkohole, die sich von den Alkanen ableiten, heißen Alkanone. Nach der IUPAC-Nomenklatur erhalten sie die Endung -on. Die allgemeine Formel der Alkanone ist:

$$\boxed{\text{Alkanon: } R-\underset{\underset{O}{\|}}{C}-R'}$$

Zur Benennung kann auch an die Alkylreste die Endung -keton angehängt werden. Sind die Kohlenwasserstoffreste R- und R'- gleich, so liegt ein einfaches Keton (z. B. Pentan-3-on $C_2H_5-CO-C_2H_5$, *Diethylketon*), sonst ein gemischtes Keton vor (z. B. Butan-2-on $CH_3-CO-C_2H_5$, *Methylethylketon*).
Die Ketone haben mit den Aldehyden die Carbonylgruppe gemeinsam. Sie reagieren deshalb ähnlich wie die Aldehyde. Das erste und zugleich wichtigste Glied der Alkanonreihe ist:

Propanon $CH_3-\underset{\underset{O}{\|}}{C}-CH_3$ *Dimethylketon, Aceton*

Aceton kann aus Essigsäure (acidum aceticum) hergestellt werden, diese Reaktion gab diesem Keton den gebräuchlichsten Namen.

$$2\,CH_3-C\overset{O}{\underset{OH}{\diagdown}} \xrightarrow[\text{Katalysator}]{400\,°C} CH_3-\underset{\underset{O}{\|}}{C}-CH_3 + CO_2 + H_2O$$
Essigsäure .... Aceton

Technisch wird Aceton als wertvolles Nebenprodukt bei der Erzeugung von Phenol nach dem Cumenverfahren gewonnen ($\rightarrow$ Abschn. 30.5.).

Aceton ist eine farblose, angenehm riechende, brennbare Flüssigkeit, die bei 56 °C siedet. Es läßt sich mit Wasser, Ethanol und Ether mischen und ist ein ausgezeichnetes Lösungsmittel für organische Substanzen: Acetylen in Druckflaschen, Celluloseacetat, Celluloid, Nitrolacke und Cellulosenitrat (→ Aufg. 28.9.).

28.5. Alkansäuren

Durch Oxydation von Aldehyden entstehen Verbindungen, welche die Carboxylgruppe $-C\overset{O}{\underset{OH}{\diagdown}}$, rationell —COOH geschrieben, enthalten. Organische Verbindungen mit dieser funktionellen Gruppe erhielten den Namen *Carbonsäuren*. Nach der Anzahl der Carboxylgruppen in einem Molekül unterscheidet man ein- und mehrbasische Carbonsäuren. Die von den Alkanen abgeleiteten Carbonsäuren mit nur einer Carboxylgruppe heißen *Alkansäuren*. Da viele von ihnen in Fetten vorkommen, werden sie auch *Fettsäuren* genannt. Nach der IUPAC- Nomenklatur werden die Alkansäuren durch die Endung -säure gekennzeichnet, die an den Namen des Kohlenwasserstoffs mit gleicher Kohlenstoffkette angehängt wird.
Die Alkansäuren bilden eine homologe Reihe:

$$\text{Alkansäure} = \textit{Fettsäure}: C_{n-1}H_{2n-1}-COOH$$

Die Tabelle 28.2 enthält die wichtigsten Alkansäuren, ihre Siede- und Schmelzpunkte sowie den Trivialnamen ihrer Salze. Nach der IUPAC-Nomenklatur heißen die Salze der Alkansäuren Alkanate (Methanate, Ethanate usw.).

Tabelle 28.2. Alkansäuren

Formel	Rationelle Bezeichnung	Trivialname	Fp in °C	Kp in °C	Trivialnamen der Salze
H—COOH	Methansäure	*Ameisensäure*	+ 8,4	101	Formiat
CH$_3$—COOH	Ethansäure	*Essigsäure*	+16,6	118	Acetat
C$_2$H$_5$—COOH	Propansäure	*Propionsäure*	−21	141	Propionat
C$_3$H$_7$—COOH	Butansäure	*Buttersäure*	− 5,5	164	Butyrat
C$_{15}$H$_{31}$—COOH	Hexadecansäure	*Palmitinsäure*	+63 [1]		Palmitat
C$_{17}$H$_{35}$—COOH	Octadecansäure	*Stearinsäure*	+70 [1]		Stearat

[1]) Die höheren Fettsäuren zersetzen sich bei Normaldruck, bevor sie sieden.

Die Carbonsäuren sind Protonendonatoren und damit Säuren im Sinne *Brönsteds*:

$$R-C\overset{O}{\underset{OH}{\diagdown}} \rightleftarrows R-C\overset{O}{\underset{O^\ominus}{\diagdown}} + H^\oplus$$

Säure   Base

In wäßriger Lösung läuft die folgende protolytische Reaktion ab:

$$R-C\overset{O}{\underset{OH}{\diagdown}} + H_2O \rightleftarrows R-C\overset{O}{\underset{O^\ominus}{\diagdown}} + H_3O^\oplus$$

Säure I   Base II   Base I   Säure II

Das dabei gebildete Anion besitzt infolge Mesomerie zwei Grenzstrukturen:

$$R-C{\overset{O}{\underset{|\underline{O}|^{\ominus}}{\diagdown}}} \leftrightarrow R-C{\overset{|\underline{O}|^{\ominus}}{\underset{O}{\diagdown}}}$$

Durch Mesomerieeffekt wird die Positivierung des Carbonylkohlenstoffs bewirkt und dadurch die Ablösung des Protons durch das Dipolmolekül des Wassers ermöglicht. Die Säurekonstante der Alkansäuren und der meisten organischen Säuren ist allerdings meist klein ($K_S < 10^{-4}$) und damit der pK_S-Wert groß (>4). Die stärkste Alkansäure ist die Ameisensäure mit $pK_S = 3{,}75$.

Die Polarität der Carboxylgruppe führt auch zur Assoziation von Alkansäuremolekülen durch Wasserstoffbrücken:

$$R-C{\overset{O...OH}{\underset{OH...O}{\diagdown}}}C-R$$

Diese Assoziation bedingt die relativ hohen Siedepunkte der Alkansäuren, die aus der Tabelle 28.2 zu ersehen sind. Die ersten 9 Glieder der homologen Reihe der Alkansäuren sind bei normaler Temperatur flüssig, die übrigen fest, paraffinartig. Die ersten drei haben einen stechenden, die folgenden einen unangenehmen, schweißartigen Geruch, die festen Alkansäuren sind geruchlos. Die Wasserlöslichkeit nimmt mit der Länge der Kohlenstoffkette ab.

Methansäure HCOOH, *Ameisensäure*, kommt natürlich in den Haaren der Brennessel und im Giftdrüsensekret von Ameise und Biene vor.

Ethansäure CH_3—COOH, *Essigsäure*, ist im Speiseessig verdünnt enthalten, der durch Oxydation ethanolhaltiger Flüssigkeiten erzeugt wird:

$$CH_3-CH_2OH \xrightarrow{+O_2} CH_3-C{\overset{O}{\underset{OH}{\diagdown}}} + H_2O$$

Ethanol   Ethansäure

Konzentrierte Essigsäure wird technisch auch aus Ethin über Ethanal gewonnen:

$$CH\equiv CH \xrightarrow[\text{Hg-Salz}]{+H_2O} CH_3-CHO \xrightarrow{+O} CH_3COOH$$

Ethin   Ethanal   Ethansäure

Reine Essigsäure erstarrt bei 16,6 °C zu farblosen Kristallen (Eisessig).
Die Salze der Ethansäure heißen Ethanate *(Acetate)*. Die Säure und ihre Salze finden ausgedehnte Verwendung in der chemischen Industrie, sie sind Ausgangsmaterial für die Herstellung von Acetatseide, Sicherheitsfilm, Aceton, Vinylacetat, Aspirin und Acesal (Heilmittel). Von den Salzen der Essigsäure sind zu nennen: Bleiacetat und Aluminiumacetat. *Butter-*, *Palmitin-* und *Stearinsäure* kommen natürlich in den Fetten an Glycerol gebunden vor. Beim Ranzigwerden der Fette werden diese Fettsäuren frei. Höhere Fettsäuren werden technisch durch die *Paraffinoxydation* gewonnen. Man kann dabei von geeigneten Fraktionen des Erdöls ausgehen:

$$R-CH_3 + 1\tfrac{1}{2}O_2 \xrightarrow[\text{100 bis 160 °C}]{\text{Katalysator}} R-C{\overset{O}{\underset{OH}{\diagdown}}} + H_2O$$

Paraffin   Fettsäure

Die so gewonnenen Fettsäuren werden zur Herstellung von Seifen, Waschmitteln und Weichmachern verwendet ($\to$ Aufg. 28.10. bis 28.12.).

28.6. Alkensäuren und Alkandisäuren

28.6.1. Alkensäuren

Auch von den Alkenen leiten sich Säuren ab, sie heißen *Alkensäuren*. Sie enthalten im Molekül eine Doppelbindung und eine Carboxylgruppe. Die allgemeine Formel für die ungesättigten Säuren ist:

$$\boxed{\text{Alkensäure: } C_{n-3}H_{2n-1}\text{—COOH}}$$

Die Alkensäuren vereinigen in sich die Eigenschaften von Säuren und ungesättigten Verbindungen. Sie reagieren sauer und neigen zu Additions- und Polymerisationsreaktionen.
Die Alkensäuren sind stärker sauer als die entsprechenden Alkansäuren. Die Zunahme der Acidität ist auf die induktive, elektronenanziehende Wirkung der Doppelbindung zurückzuführen, welche die Ablösung von Wasserstoffionen zusätzlich begünstigt.
Die Propensäure $CH_2=CH$—COOH, *Acrylsäure*, ist die einfachste Alkensäure. Sie wird technisch aus Ethin und Kohlenmonoxid hergestellt:

$$HC\equiv CH + CO + H_2O \rightarrow H_2C=CH\text{—COOH}$$

Ethin   Acrylsäure

Die Acrylsäure und Abkömmlinge dieser Säure polymerisieren leicht zu Produkten, die als Plastwerkstoffe und Synthesefaserstoffe große Bedeutung erlangten (→ Abschnitt 31.2. und 31.9.). Die 2-Methyl-propensäure $CH_2=C\begin{smallmatrix}\text{COOH}\\\text{CH}_3\end{smallmatrix}$, *Methacrylsäure*, kommt natürlich im Kamillenöl vor. Der Methylester der Methacrylsäure polymerisiert zum Polymethacrylat Piacryl (DDR) oder Plexiglas (BRD).
Die Octadecensäure $C_{17}H_{33}$—COOH, *Ölsäure*, kommt in den fetten Ölen und anderen natürlichen Fetten gebunden vor. Sie addiert leicht Wasserstoff und geht in Stearinsäure über:

$$C_{17}H_{33}\text{—COOH} + H_2 \rightarrow C_{17}H_{35}\text{—COOH}$$

Ölsäure   Stearinsäure

Auch Sauerstoff wird leicht an der Doppelbindung angelagert. Dadurch kommt es zu einer Verharzung und damit Verfestigung der Säure. Es gibt auch ungesättigte Carbonsäuren mit 2 bzw. 3 Doppelbindungen. Sie kommen ebenfalls in den fetten Ölen vor. Zu nennen sind die *Linolsäure* $C_{17}H_{31}$COOH und die *Linolensäure* $C_{17}H_{29}$COOH (→ Aufg. 28.13. und 28.14.).

28.6.2. Alkan- und Alkendisäuren

Durch Oxydation zweiwertiger aliphatischer Alkohole entstehen Carbonsäuren mit zwei Carboxylgruppen, sie heißen Alkandisäuren. Ihre allgemeine Formel ist:

$$\boxed{\text{Alkandisäuren: } (CH_2)_{n-2}\begin{smallmatrix}\text{COOH}\\\text{COOH}\end{smallmatrix}}$$

Die ersten 3 Glieder der homologen Reihe sind stärker sauer als die entsprechenden Alkansäuren. Das ist auf Induktionswirkung der negativen, elektronenanziehenden Oxogruppe der einen Carboxylgruppe auf das Kohlenstoffatom der anderen Carboxylgruppe zurückzuführen. Durch verstärkte Positivierung dieses Kohlenstoff-

atoms wird die Ablösung von Wasserstoffionen erheblich erleichtert. Der Induktionseffekt kann aber nur dann eintreten, wenn der Abstand der beiden Carboxylgruppen im Molekül nicht zu groß ist.
Am stärksten sauer ist Ethandisäure HOOC—COOH, *Oxalsäure*, mit $pK_S = 1{,}42$ für das folgende Säure-Base-Paar:

$$H_2C_2O_4 \rightleftarrows HC_2O_4^{\ominus} + H^{\oplus}$$
Säure   Base

Oxalsäure kommt natürlich im Sauerklee (Oxalis), Rhabarber, Spinat und in Tomaten vor. Technisch kann sie durch Oxydation von Ethylenglykol hergestellt werden. Oxalsäure und ihre Salze, die Oxalate, sind giftig, da sie durch Fällung von unlöslichem Calciumoxalat den Kalkhaushalt des Körpers stören. Oxalsäure wird u. a. in der Farbstoffindustrie und beim Galvanisieren gebraucht.
Weitere Säuren der Reihe der Alkandisäuren sind:

Propandisäure	HOOC—CH$_2$—COOH	*Malonsäure*
Butandisäure	HOOC—(CH$_2$)$_2$—COOH	*Bernsteinsäure*
Pentandisäure	HOOC—(CH$_2$)$_3$—COOH	*Glutarsäure*
Hexandisäure	HOOC—(CH$_2$)$_4$—COOH	*Adipinsäure*

Die *Malonsäure* und die *Adipinsäure* kommen natürlich im Zuckerrübensaft vor. Derivate der Malonsäure dienen zur Herstellung von Arzneimitteln. Die Adipinsäure erlangte große Bedeutung, da aus ihr Plaste und synthetische Faserstoffe gewonnen werden (→ Abschn. 31.9.).
Es existieren auch *ungesättigte Dicarbonsäuren*. Die einfachste und zugleich wichtigste Alkendisäure ist:

But-2-endisäure
$$\begin{array}{c} H-C-COOH \\ \| \\ H-C-COOH \end{array}$$
Maleinsäure

Maleinsäure kommt natürlich nicht vor. Industriell wird sie durch Oxydation von Benzen mit Vanadiumpentoxid als Katalysator dargestellt:

$$\begin{array}{c} CH \\ HC \diagup \diagdown CH \\ \| \quad \| \\ HC \diagdown \diagup CH \\ CH \end{array} \xrightarrow[V_2O_5]{9/2\ O_2} \begin{array}{c} HC-COOH \\ \| \\ HC-COOH \end{array} + 2\ CO_2 + H_2O$$

Maleinsäure wird vor allem zur Synthese von Alkyd- und Polyesterharzen benötigt (→ Abschn. 31.6., Aufg. 28.15. bis 28.17.).

28.7. Substituierte Carbonsäuren und Carbonsäurederivate

Von den Carbonsäuren leiten sich eine große Anzahl weiterer Verbindungen ab, die durch Substitution am Alkylrest oder der Carboxylgruppe entstehen. Erfolgen Umwandlungen am Alkylrest, so spricht man von *substituierten Carbonsäuren*. Durch Eintritt von Halogen-, Hydroxy- oder Aminogruppen erhält man z. B. Halogencarbonsäuren, Hydroxysäuren und Aminosäuren.
Vertreter dieser Stoffklasse sind u. a.

Chlorethansäure	CH$_2$Cl—COOH	*Chloressigsäure*
2-Hydroxy-propansäure	CH$_3$—CHOH—COOH	*Milchsäure*
Aminoethansäure	CH$_2$NH$_2$—COOH	*Glycin*

Bei allen genannten substituierten Säuren erfolgt die Substitution am Kohlenstoffatom, das der Carboxylgruppe benachbart ist. Es liegt hier Induktionseffekt der Carboxylgruppe vor, sie erleichtert durch ihren polaren Charakter die Substitution am nächstliegenden Kohlenstoffatom:

$$\underset{\gamma}{CH_3}-\underset{\beta}{\overset{\delta\delta\delta^+}{CH_2}}-\underset{\alpha}{\overset{\delta\delta^+}{CH_2}}-\overset{\delta^+}{C}\underset{OH}{\overset{O}{\diagup\hspace{-0.5em}\diagdown}}$$

Man sagt, die Substitution erfolgt in der α-Stellung zur Carboxylgruppe, und kennzeichnet die Milchsäure deshalb auch z. B. als α-Hydroxy-propansäure. Substitutionen an den nachfolgenden Kohlenstoffatomen werden durch β-, γ- usw. bezeichnet.

Bei einer Substitution in der Carboxylgruppe durch Ersatz der Hydroxygruppe nennt man die entstehenden Verbindungen *Carbonsäurederivate*. Beispiele für Verbindungen dieser Art sind:

$$R-C\underset{Cl}{\overset{O}{\diagup\hspace{-0.5em}\diagdown}} \quad \text{Säurechloride} \qquad R-C\underset{NH_2}{\overset{O}{\diagup\hspace{-0.5em}\diagdown}} \quad \text{Säureamide}$$

Säurechloride sind sehr reaktionsfähige Substanzen, da das am Carboxylkohlenstoff stehende Halogen leicht ablösbar ist. Sie werden von Wasser stürmisch zersetzt:

$$\underset{\text{Säurechlorid}}{R-C\underset{Cl}{\overset{O}{\diagup\hspace{-0.5em}\diagdown}}} + H_2O \rightarrow \underset{\text{Carbonsäure}}{R-C\underset{OH}{\overset{O}{\diagup\hspace{-0.5em}\diagdown}}} + HCl$$

Mit Alkoholen bilden sie Ester:

$$\underset{\text{Säurechlorid}}{R-COCl} + R'-OH \rightarrow \underset{\text{Ester}}{R-COO-R'} + HCl$$

Derivate der Kohlensäure haben besondere technische Bedeutung.

Kohlensäuredichlorid $O=C\underset{Cl}{\overset{Cl}{\diagup\hspace{-0.5em}\diagdown}}$, *Phosgen*, kann direkt aus Kohlenmonoxid CO und Chlor hergestellt werden:

$$CO + Cl_2 \rightarrow COCl_2$$

Es ist bei normaler Temperatur gasförmig. Wegen seiner Giftigkeit wurde Phosgen im ersten Weltkrieg in verbrecherischer Weise auch als Giftgas eingesetzt. In der technischen Chemie wird es zur Gewinnung von Farbstoffen, Arzneimitteln und Weichmachern benötigt.

Kohlensäurediamid $O=C\underset{NH_2}{\overset{NH_2}{\diagup\hspace{-0.5em}\diagdown}}$, *Harnstoff*, kommt als Abbauprodukt von Eiweiß natürlich im tierischen Harn vor. Es ist eine geruchlose, kristalline, in Wasser und Alkohol leichtlösliche Substanz. Sie wird als Düngemittel, Viehfutter und zur Erzeugung von Arzneimitteln und Plasten (→ Abschn. 31.5.) in großen Mengen eingesetzt. Harnstoff wird u. a. aus Ammoniak und Kohlendioxid synthetisiert:

$$2\,NH_3 + CO_2 \xrightarrow[150\,°C]{Druck} \underset{\text{Ammoniumcarbaminat}}{O=C\underset{O-NH_4}{\overset{NH_2}{\diagup\hspace{-0.5em}\diagdown}}} \xrightarrow{-H_2O} \underset{\text{Harnstoff}}{O=C\underset{NH_2}{\overset{NH_2}{\diagup\hspace{-0.5em}\diagdown}}}$$

Bei der Entwicklung der organischen Chemie war die Wöhlersche Synthese des Harnstoffs aus Ammoniumcyanat von besonderer Bedeutung (→ Abschn. 26.1.):

$$\underset{\substack{\text{Ammonium-}\\\text{cyanat}}}{NH_4OCN} \rightarrow \underset{\text{Harnstoff}}{CO(NH_2)_2}$$

Diese Reaktion ist eine einfache Umlagerung, die in der Wärme abläuft (→ Aufgabe 28.18. bis 28.21.).

28.8. Ester

Der Wasserstoff der Hydroxygruppe eines Alkohols reagiert leicht mit OH-Gruppen anderer Moleküle. Unter Wasseraustritt kommt es zur Kopplung zwischen Alkoholrest und dem reagierenden Molekül.
Bei dieser Kondensationsreaktion zwischen Alkoholen und Säuren entstehen organische Verbindungen, die *Ester* heißen.

> *Esterbildung:* Alkohol + Säure ⇌ Ester + Wasser

Beispiel:

$$\underset{\text{Ethanol}}{CH_3-\underset{\underset{H}{|}}{\overset{\overset{H}{|}}{C}}-O\;|H} + HO-NO_2 \underset{\text{Verseifung}}{\overset{\text{Esterbildung}}{\rightleftarrows}} \underset{\substack{\text{Ethylnitrat oder}\\ \text{Salpetersäureethylester}}}{CH_3-\underset{\underset{H}{|}}{\overset{\overset{H}{|}}{C}}-O-NO_2} + H_2O$$

(Salpetersäure)

Diese Reaktion ist eine ausgesprochene Gleichgewichtsreaktion, bei Wasserentzug bildet sich ein Ester. Der Ester wird andererseits durch Hydrolyse, die hier auch *Verseifung* heißt, in Alkohol und Säure aufgespalten. Bei der Esterbildung können auch organische Säuren beteiligt sein. Die Ester sind im allgemeinen Substanzen von angenehmem Geruch und Geschmack, die in der Natur verbreitet vorkommen. Diese und synthetisch hergestellte Ester finden ausgedehnte technische Anwendung. Die hydrolytische Esterspaltung heißt Verseifung, da auch bei der klassischen Seifenherstellung Ester, nämlich Fette, durch Hydrolyse aufgespalten werden (→ Abschnitt 29.4.).
Von den *Estern anorganischer Säuren* sind die Ester der Salpeter- und Schwefelsäure die wichtigsten. Salpetersäureester des Ethylenglykols, Glycerols und der Cellulose sind viel gebrauchte Sprengstoffe.
Dazu eine Reaktionsgleichung:

$$\underset{\text{Glycerol}}{\begin{array}{c} H \\ | \\ HC-OH \\ | \\ HC-OH \\ | \\ HC-OH \\ | \\ H \end{array}} + 3\,HNO_3 \rightarrow \underset{\text{Glyceroltrinitrat}}{\begin{array}{c} H \\ | \\ HC-O-NO_2 \\ | \\ HC-O-NO_2 \\ | \\ HC-O-NO_2 \\ | \\ H \end{array}} + 3\,H_2O$$

Von der zweiwertigen Schwefelsäure gibt es saure und neutrale Ester:

a) $\underset{\text{Ethanol}}{C_2H_5-O\;|H} + \underset{HO}{\overset{HO}{\diagdown}}SO_2 \rightleftarrows \underset{\substack{\text{Ethylhydrogensulfat}\\ \text{(saurer Schwefelsäureethylester)}}}{C_2H_5-O-\underset{\underset{OH}{|}}{SO_2}} + H_2O$

b) $\begin{array}{c} C_2H_5-O\;|H \quad HO\;| \\ + \\ C_2H_5-O\;|H \quad HO\;| \end{array} \diagdown SO_2 \rightleftarrows \underset{\substack{\text{Diethylsulfat}\\ \text{(neutraler Schwefelsäureethylester)}}}{\begin{array}{c} C_2H_5-O\diagdown \\ \qquad\qquad SO_2 \\ C_2H_5-O\diagup \end{array}} + 2\,H_2O$

Schwefelsäureester höherer Alkohole mit 16 bis 18 Kohlenstoffatomen dienen zur Herstellung synthetischer Waschmittel (→ Abschn. 29.4.).

Ester organischer Säuren kommen natürlich vor als Geruchs- und Geschmacksstoffe von Früchten, als Fette, fette Öle und Wachse. Ein einfach gebauter Ester ist der aus Ethylalkohol und Essigsäure entstehende:

$$C_2H_5\text{—OH} + \underset{HO}{\overset{O}{>}}C\text{—}CH_3 \rightleftarrows C_2H_5\text{—O—CO—}CH_3 + H_2O$$

Ethylalkohol   Essigsäure   Ethylacetat (Essigsäureethylester)

Dieser Ester kann zur Herstellung von Limonaden, Parfüms und Süßwaren Verwendung finden. Die größte Menge wird aber als Lösungsmittel für Celluloid und Nitrolacke benutzt (→ Abschn. 31.8., Aufg. 28.22. bis 28.23.).

Wachse sind Ester aus höheren Carbonsäuren und höheren einwertigen Alkoholen. Ein Beispiel ist das Bienenwachs, das im wesentlichen ein Palmitinsäureester eines Alkohols mit 30 Kohlenstoffatomen ist:

$C_{15}H_{31}COOC_{30}H_{61}$

Wachse haben einen Schmelzpunkt zwischen 50 und 90 °C. Sie besitzen eine gewisse Plastizität, werden zur Herstellung von Kerzen, Glanzmitteln (Bohnerwachs) und für Isolationszwecke verwendet. Chemisch sind es außerordentlich beständige Substanzen. Pflanzenwachse haben beim Inkohlungsprozeß Jahrmillionen unverändert überstanden, sie sind Hauptanteil des aus Braunkohle extrahierten Montanwachses.

28.9. Alkoxyalkane (Ether)

Durch Kondensation können auch zwei Moleküle Alkohol miteinander reagieren. Die Reaktion wird durch wasserentziehende Mittel begünstigt. Die dabei entstehenden Radikale treten zu einer neuen Verbindung zusammen, die den Namen *Ether* erhielt.

| *Etherbildung: Alkohol + Alkohol → Ether + Wasser*

Beispiel:

$$C_2H_5\text{—O}\boxed{\text{H + HO}}\text{—}C_2H_5 \xrightarrow[140\,°C]{H_2SO_4} C_2H_5\text{—O—}C_2H_5 + H_2O$$

Ethylalkohol   Diethylether

Die Ether können nach den im Molekül enthaltenen Alkylgruppen benannt werden. Die durch Kondensationsreaktion aus den Alkanolen gebildeten Radikale sind der Alkylrest R- und das Radikal R—O—, das Alkoxy-Radikal heißt. Dementsprechend werden die Ether, die sich von den Alkanen ableiten, *Alkoxyalkane* genannt. Die Alkoxyalkane bilden eine homologe Reihe, deren allgemeine Formel die folgende ist:

$\boxed{\text{Alkoxyalkan: R—O—R}'}$

(R— und R'— können gleiche oder verschiedene Alkylgruppen sein.)
Die Ether sind meist leichtbewegliche Flüssigkeiten von geringer Dichte. Sie werden als ausgezeichnete Lösungsmittel für nichtpolare Verbindungen verwendet, da sie selbst kaum polarisiert sind. Weil die Ethermoleküle nicht assoziieren, sind ihre Siedepunkte relativ niedrig.
Das in der oben angegebenen Reaktion entstehende Ethoxyethan $C_2H_5\text{—O—}C_2H_5$, *Diethylether* (oft einfach als Ether bezeichnet), ist eine farblose Flüssigkeit von eigentümlich »etherischem« Geruch. Er ist nur wenig in Wasser löslich, siedet bei 34,5 °C und verdampft bereits merklich bei Zimmertemperatur. Etherdämpfe sind schwerer

als Luft, sie bilden mit ihr hochexplosive Gemische. Außerdem kann der Ether beim Stehen an der Luft giftige Peroxide bilden, die beim Destillieren unerwartete Explosionen auslösen. Diethylether ist ein gutes Lösungsmittel für Fette und Harze, er wird im Laboratorium und in der Technik benötigt. Wegen seiner Feuergefährlichkeit wird er allerdings zunehmend durch andere Lösungsmittel, z. B. Halogenalkane, verdrängt. In der Medizin dient Ether als Narkosemittel (→ Aufg. 28.24.).

■ Aufgaben

28.1. Welches sind die wichtigsten funktionellen Gruppen der organischen Chemie, welche Verbindungstypen entstehen durch ihren Eintritt in einen Kohlenwasserstoff?

28.2. Welches sind die Strukturformeln für den primären, sekundären und tertiären Alkohol, dessen Summenformel $C_5H_{11}OH$ ist?

28.3. In welchem genetischen Zusammenhang stehen Alkohole, Aldehyde, Ketone und Carbonsäuren?

28.4. Wie wird technisch Synthesegas hergestellt?

28.5. Welches sind die bekanntesten mehrwertigen Alkohole? Wozu werden sie technisch verwendet?

28.6. Welche Alkohole finden ausgedehnte Verwendung in der Technik?

28.7. Welche typischen Reaktionen zeigen Aldehyde?

28.8. Es ist die Reaktionsgleichung für die Addition von Chlorwasserstoff an Ethanal zu formulieren!

28.9. Welchem Verwendungszweck dient Aceton?

28.10. Wie ist die Reaktionsfähigkeit von Aldehyden, Ketonen und Carbonsäuren zu erklären?

28.11. Welche Voraussage kann man über die Wasserlöslichkeit von Alkanolen, Alkanalen, Alkanonen und Alkansäuren machen? Wie ist sie zu begründen?

28.12. Welchen pH-Wert (Größenordnung) haben wäßrige Lösungen von Alkalisalzen der Alkansäuren, z. B. Natriummethanat? (Begründung!)

28.13. Wie lautet die allgemeine Formel für Alkane, Alkan- und Alkensäuren?

28.14. Welche gesättigten und ungesättigten Säuren kommen in Fetten und fetten Ölen vor?

28.15. Wozu werden bekannte Alkandisäuren verwendet?

28.16. Kann Maleinsäure zu den Petrolchemikalien gerechnet werden?

28.17. Kristallisierte Oxalsäure zerfällt beim Erhitzen nach folgender Reaktionsgleichung:

$(COOH)_2 \cdot 2 H_2O \rightarrow CO + CO_2 + 3 H_2O$

Wieviel Gramm Oxalsäure sind erforderlich, um 10 l Kohlenmonoxid bei 20 °C und 0,1 MPa herzustellen?

28.18. Vergleichen Sie den Stickstoffgehalt in Masseprozent der beiden Stickstoffdüngemittel Ammonsulfat und Harnstoff!

28.19. Welche chemische Formel haben β-Aminopropansäure und Trichlorethansäure?

28.20. Wieviel g Aminoethansäure sind in 500 ml einer 1/10-molaren Lösung dieser Säure enthalten?

28.21. Aus einer Tabelle ist zu entnehmen, daß die Säurekonstante
der Ethansäure $K_S = 1,76 \cdot 10^{-5}$,
der Aminoethansäure $K_S = 1,67 \cdot 10^{-10}$,
der Chlorethansäure $K_S = 1,4 \cdot 10^{-3}$
beträgt. Was sagen diese Zahlen aus?

28.22. Welche Verbindung entsteht bei der Einwirkung von Salpetersäure auf Methanol? (Reaktionsgleichung, Benennung des Esters!)

28.23. Wieviel Liter Gas bilden sich bei der Explosion von 1 kg Glyceroltrinitrat, wenn die Temperatur dabei 2 500 °C erreicht? Bei der Explosion entstehen CO, N_2, H_2O und O_2.

28.24. Warum muß man beim Umgang mit Diethylether besondere Vorsicht walten lassen?

28.25. Die Reaktionsgleichung für die Bildung von Ethylenglykoldinitrat ist anzugeben!

29. Eiweißstoffe, Fette und Kohlenhydrate

Zu den Eiweißstoffen, Fetten und Kohlenhydraten gehören unsere wichtigsten organischen Nahrungsmittel. Ihr Nährwert ist verschieden, er beträgt für Eiweiß oder Kohlenhydrate 17,2 kJ g^{-1}, für Fett 39 kJ g^{-1}. Verbindungen der drei Stoffklassen kommen natürlich vor, viele sind auch Grundstoffe der technischen organischen Chemie (→ Aufg. 29.1.).

29.1. Aminosäuren

Aminosäuren sind substituierte Carbonsäuren, in denen ein oder mehrere Wasserstoffatome durch die Aminogruppe —NH$_2$ ersetzt sind (Abschn. 28.7.). Aminosäuren kommen natürlich vor, besondere Bedeutung haben die α-Aminosäuren, die als Bausteine der Eiweißstoffe auftreten. Aus Eiweißstoffen lassen sich Aminosäuren durch hydrolytische Spaltung gewinnen. Von der großen Anzahl wichtiger Aminosäuren sollen nur einige genannt werden, deren Strukturformeln leicht übersehbar sind:

Amino-ethansäure   H$_2$N—CH$_2$—COOH   rationell geschrieben: CH$_2$(NH$_2$)—COOH *Glycin*

α-Amino-propansäure   CH$_3$—CH(NH$_2$)—COOH   rationell geschrieben: CH$_3$—CH(NH$_2$)—COOH *Alanin*

α-Amino-β-hydroxy-propansäure   HO—CH$_2$—CH(NH$_2$)—COOH *Serin*

Es sind auch schwefelhaltige Aminosäuren bekannt und solche, die sich von Aromaten ableiten.

Aminosäuren sind amphotere Stoffe, da sie protonenaufnehmende Gruppen (—NH$_2$) und protonenabgebende Gruppen (—COOH) enthalten. Der basische Charakter der NH$_2$-Gruppe ergibt sich daraus, daß das einsame Elektronenpaar am Aminostickstoff leicht Protonen anlagert:

$$R-NH_2 + H^+ \rightarrow [RNH_3]^+$$

Dadurch liegt in Aminosäuren das folgende Gleichgewicht vor, das sehr stark nach rechts verschoben ist:

$$H_2N-R-COOH \rightleftarrows \overset{\oplus}{H_3N}-R-COO^{\ominus}$$

Die hier vorliegende Molekülform wird als *Zwitterion* bezeichnet. Wegen ihres amphoteren Charakters können Aminosäuren sowohl als Säuren als auch Basen in protolytischen Systemen auftreten.
Reaktionsbeispiel:

$$(\overset{\oplus}{N}H_3)-CH_2-C\overset{\ominus}{OO} + \overset{\ominus}{OH} \rightleftarrows NH_2-CH_2-C\overset{\ominus}{OO} + H_2O$$

$$H_3\overset{\oplus}{O} + (\overset{\oplus}{N}H_3)-CH_2-C\overset{\ominus}{OO} \rightleftarrows H_2O + (\overset{\oplus}{N}H_3)-CH_2-COOH$$

Säure I Base II   Base I   Säure II

Aminosäuren können auch miteinander reagieren. Durch Kondensation bilden sich Stoffe, die Eigenschaften des natürlichen Eiweißes haben. Sie heißen *Polypeptide*.
Beispiel:

$$\underset{\text{Glycin}}{\overset{H}{\underset{H}{\overset{|}{N}}}-CH_2-C\overset{\ominus}{O|O}} + \overset{H}{\underset{H}{\overset{\ominus}{N}}}-CH_2-C\overset{\ominus}{OO} \rightarrow \underset{\text{Dipeptid}}{\overset{H}{\underset{H}{\overset{\oplus}{N}}}-CH_2-CO-NH-CH_2-C\overset{\ominus}{OO}} + H_2O$$

Da das entstandene Peptid immer noch eine saure und eine basische Gruppe enthält, kann sich die Reaktion mit weiteren Molekülen von Aminosäuren nach beiden Seiten fortsetzen, es können Stoffe mit großer relativer Molekülmasse entstehen.

Man nimmt an, daß durch die oben angegebene Reaktion auch die Eiweißstoffe im lebenden Organismus aus Aminosäuren gebildet werden. Es ist das Verdienst des deutschen Chemikers *Emil Fischer* (1852 bis 1919), daß er einerseits aus Aminosäuren eiweißähnliche Stoffe, die Polypeptide, synthetisch herstellte und andererseits nachwies, daß die natürlichen Eiweißstoffe durch Hydrolyse in Aminosäuren aufgespalten werden. Polypeptide und Eiweißstoffe enthalten die für sie typische Peptid- oder Amidgruppe: $-C\overset{\diagup O}{\diagdown NH-}$, die rationell —CO—NH— geschrieben wird (→ Aufgabe 29.2. bis 29.4.).

29.2. Proteine und Proteide

Die Eiweißstoffe nehmen unter den organischen Naturstoffen eine Sonderstellung ein. Jeder Lebensvorgang ist an das Vorhandensein von Eiweiß gebunden. Der sowjetische Biochemiker *Oparin* wies nach, daß das Leben auf der Erde nicht an einen metaphysischen Schöpfungsakt geknüpft ist, sondern mit der Bildung eiweißartiger Verbindungen aus Aminosäuren beginnt. Während der Mensch die übrigen Nahrungsmittel (Fette und Kohlenhydrate) notfalls längere Zeit ohne Schaden entbehren kann, machen sich beim Fehlen von Eiweiß sehr bald ernste Gesundheitsschäden bemerkbar. Das Eiweiß ist der einzige Stickstofflieferant in unserer Nahrung, es ist zum Aufbau körpereigenen Eiweißes unbedingt erforderlich. Nur die Pflanzen sind in der Lage, aus anderen Stickstoffverbindungen Eiweiß aufzubauen.

Den Stickstoffgehalt in Eiweißstoffen zeigt ein einfacher Versuch: Beim Erhitzen von Eiweißstoffen mit Natronkalk [Mischung aus NaOH und Ca(OH)$_2$] wird Ammoniak NH$_3$ frei. Außerdem gibt es noch verschiedene Farbreaktionen zum Nachweis von Eiweißstoffen. Die bekannteste ist die sogenannte *Xanthoproteinreaktion*[1]), bei der Eiweiß durch konzentrierte Salpetersäure gelb gefärbt wird. Auf Grund dieser Reaktion färbt konzentrierte Salpetersäure die Haut gelb.

---
[1]) xanthos (griech.) gelb

Die relative Molekülmasse der Eiweißstoffe läßt sich nicht genau bestimmen, sie ist stets größer als 10000. Die Eiweißmoleküle sind Makromoleküle. Wegen der Größe der Moleküle liegt Eiweiß in Lösungen fast immer kolloid vor.

Erhitzt man kolloide Eiweißlösungen oder gibt man Salze oder verdünnte Säuren hinzu, so gerinnen sie, koagulieren. Manche dieser Fällungen können durch Wasserzufuhr wieder rückgängig gemacht werden, d. h., die betreffenden Kolloide sind reversibel. Sind die Fällungen irreversibel, so wird das Eiweiß denaturiert. Zu den *einfachen Eiweißstoffen oder Proteinen*[1]) gehören das Eiweiß der Eier und des Muskelfleisches, der Kleber der Getreidekörner, Gerüsteiweißstoffe (Horn, Haar, Leimstoffe). *Zusammengesetzte Eiweißstoffe oder Proteide* sind Kasein (Eiweiß + Phosphorsäure), Hämoglobin (Eiweiß + Farbstoff) und Schleimstoffe (Eiweiß + Kohlenhydrate).

Die Proteine ergeben bei der Hydrolyse nur α-Aminosäuren. Bei der Hydrolyse der Proteide entstehen neben den Aminosäuren noch andere Bausteine, z. B. Phosphorsäure, Farbstoffe, Kohlenhydrate ($\rightarrow$ Aufg. 29.5. bis 29.7.).

29.3. Fette und fette Öle

Unsere kalorienreichsten Nahrungsmittel, die Fette und fetten Öle, gehören nach ihrer chemischen Struktur zu den Estern ($\rightarrow$ Abschn. 28.8.).

| *Fette und fette Öle sind Ester aus höheren Fettsäuren und Glycerol.*

Die in den Fetten hauptsächlich vorkommenden gesättigten Fettsäuren sind *Buttersäure* C_3H_7COOH, *Palmitinsäure* $C_{15}H_{31}COOH$ und *Stearinsäure* $C_{17}H_{35}COOH$, außerdem kommen aber noch ungesättigte Fettsäuren vor: die *Ölsäure* $C_{17}H_{33}COOH$ mit einer Doppelbindung und die *Linolsäure* $C_{17}H_{31}COOH$ mit zwei Doppelbindungen im Molekül.

Die festen Fette (Butter, Schmalz, Kokosfett) enthalten vorwiegend gesättigte Fettsäuren, die fetten Öle (Pflanzenöl) und Tran vorwiegend ungesättigte. Den chemischen Aufbau eines Fettes zeigt die folgende Formel von *Tripalmitin (Tripalmitinsäureglycerolester)*:

$$\begin{array}{l} H_2C-O-CO-C_{15}H_{31} \\ |\\ HC-O-CO-C_{15}H_{31} \\ |\\ H_2C-O-CO-C_{15}H_{31} \end{array}$$

In natürlichen Fetten kommen nur gemischte Ester vor, in denen an einem Glycerolmolekül verschiedene Fettsäuren gebunden sind.

Tierische Fette werden meist durch *Ausschmelzen* aus fetthaltigem Gewebe, fette Öle aus Samen durch *Pressen* oder *Extraktion* mit Hilfe von Lösungsmitteln gewonnen. Die Dichte von Fetten und fetten Ölen ist geringer als die des Wassers, sie sind in Ether, Benzin, Schwefelkohlenstoff, Tetrachlorkohlenstoff löslich. Durch Mikroorganismen werden sie bei Luftzutritt verseift, d. h. in Fettsäure und Glycerol aufgespalten, das Fett wird ranzig. Für den lebenden Organismus bilden die Fette Nährstoffreserven. Besonders technische Bedeutung haben die sogenannten trocknenden Öle, z. B. Leinöl, die an der Luft durch Oxydation und Polymerisation fest werden. Sie sind im Firnis enthalten und werden bei der Herstellung von Linoleum und Öllacken gebraucht.

Um das Angebot an festen Fetten zu erhöhen, werden Pflanzenöle durch katalytische Addition von Wasserstoff an Doppelbindungen der ungesättigten Säuren gehärtet.

---

[1]) Sprich pro-te-in, von protos (griech.) der erste

Beispiel:

$$C_{17}H_{33}-COO-R \xrightarrow[\text{Katalysator}]{+H_2} C_{17}H_{35}-COO-R$$

Ölsäurerest　　　　　　　　　　　Stearinsäurerest

Die so durch *Fetthärtung* gewonnenen festen Fette ergeben nach Zugabe von Vitaminen, Milch und Eigelb usw. die Margarine (→ Aufg. 29.8. bis 29.10.).

29.4. Seifen und synthetische Waschgrundstoffe

Für den Wasch- und Reinigungsprozeß werden bereits seit langer Zeit Seifen benutzt, die durch Fettverseifung gewonnen wurden. Erst in unserem Jahrhundert stellte man waschaktive Substanzen synthetisch auch aus völlig anderen Grundstoffen her. Seifen und synthetische Waschgrundstoffe sind grenzflächenaktiv, sie haben benetzende, dispergierende und emulgierende Wirkung. In ihren Molekülen bedingt eine hydrophile Gruppe die Wasserlöslichkeit, eine hydrophobe die Grenzflächenaktivität. Beim Waschprozeß werden die Schmutzteilchen von den hydrophoben Gruppen umhüllt, das am hydrophilen Molekülteil angelagerte Wasser trägt den Schmutz in kolloider Form fort.

Seifen sind Salze höherer Fettsäuren. Die Natriumsalze der Fettsäuren ergeben Kernseifen, die Kaliumsalze Schmierseifen.

Die klassische Verseifung von Fetten mit Hilfe von Laugen wird durch die folgende Reaktionsgleichung beschrieben:

$$\begin{array}{ll} H_2C-O-CO-R & CH_2-OH \\ | & | \\ HC-O-CO-R + 3\,NaOH \rightarrow & CH-OH + 3\,R-COONa \\ | & | \\ H_2C-O-CO-R & CH_2-OH \end{array}$$

Fett　　　　　　+　　Lauge →　　Glycerol + Seife

Verwendet man bei der Seifenherstellung Natronlauge, so bildet sich zuerst eine Lösung, der »Seifenleim«. Aus der erhaltenen Lösung muß durch Aussalzen mit Kochsalz der »Seifenkern« von der Unterlauge getrennt werden, in der sich dann das Glycerol befindet.

Besser führt man die Fettspaltung mit Wasserdampf im Autoklaven bei etwa 170 °C und 0,8 MPa Druck durch. Man erhält dabei Glycerol und Fettsäure in großer Reinheit. Die Fettsäure setzt man anschließend mit Carbonaten zu der gewünschten Seife um.

Beispiel:

$$2\,R-COOH + K_2CO_3 \rightarrow 2\,R-COOK + CO_2 + H_2O$$

Fettsäure　　　Pottasche　　　Schmierseife

Für diese Umsetzung lassen sich auch synthetische Fettsäuren einsetzen, die durch die Paraffinoxydation gewonnen werden (→ Abschn. 28.5.). Verbindet man die Fettsäuren nicht mit Natrium oder Kalium, sondern mit anderen Metallen, so erhält man Seifen dieser Metalle, z. B. Aluminium-, Kalk- und Lithiumseifen. Diese sind für die Herstellung von Schmierfetten erforderlich.

Die Seifen der Alkalimetalle (also auch Kern- und Schmierseife) sind in Wasser gut löslich, die Seifen vieler anderer Metalle nicht. Unlösliche Kalkseife bildet sich u. a. beim Waschen mit hartem Wasser. Um das zu verhüten, verwendet man möglichst weiches Wasser oder enthärtet das Wasser. Die Härte des Wassers wird im Labor vielfach mit Seifenlösungen bestimmt (→ Abschn. 25.7.1.).

Wäßrige Seifenlösung reagiert durch Hydrolyse alkalisch. Die Alkalität ist für den Waschprozeß nicht unerwünscht, da sie eine Auflockerung des Schmutzes bewirkt.

Andererseits kann sich die Alkalität auch ungünstig auswirken, indem z. B. die Farben des Gewebes dadurch verändert werden.

Von den synthetischen Waschgrundstoffen seien 2 Verbindungsgruppen erwähnt. Es sind Natriumsalze von sauren Schwefelsäureestern, sogenannte *Alkylsulfate*, oder Natriumsalze von Sulfonsäuren, sogenannte *Alkylsulfonate*. Die synthetischen Waschgrundstoffe reagieren im Gegensatz zur Seife in wäßriger Lösung neutral, mit hartem Wasser bilden sie keine Niederschläge. Aus diesem Grunde kann man sie zum Waschen empfindlicher Textilien verwenden und auf eine Enthärtung des Waschwassers verzichten.

Die Alkylsulfate stellt man her, indem man von Alkoholen ausgeht, die durch Paraffinoxydation und anschließender Reduktion der Fettsäuren gewonnen werden. Nach Veresterung mit Schwefelsäure wird der saure Ester mit Natronlauge neutralisiert.

$$C_{17}H_{35}-CH_2O-SO_2-OH + NaOH \rightarrow C_{17}H_{35}-CH_2O-SO_2-ONa + H_2O$$

saurer Ester   Alkylsulfat

Alkylsulfate des oben angegebenen Typs sind Hauptbestandteile verschiedener Feinwaschmittel.

Von Paraffinen geht man auch bei der Erzeugung von *Alkylsulfonaten* aus. Den Reaktionsverlauf zeigt das folgende Schema:

$$R-H + SO_2 + Cl_2 \xrightarrow{-HCl} R-SO_2-Cl \xrightarrow{+2NaOH} R-SO_2-ONa + H_2O + NaCl$$

Paraffin   Alkylsulfonat

Hauptsächlich sind synthetische Waschgrundstoffe in Gebrauch, die sich vom Benzen ableiten und ähnlichen chemischen Aufbau besitzen wie die oben besprochenen.

Der Verbrauch großer Mengen synthetischer Waschgrundstoffe in Haushalten und Industrie führt diese in Abwässer und belastet stark das Wasser der Flüsse und Seen. Die Wasserwirtschaft ist daran interessiert, daß nur solche Waschmittel verwendet werden, die in den Gewässern leicht biologisch abgebaut werden. Die oben genannten Alkylsulfate und -sulfonate erfüllen diese Bedingungen. Auch Alkylbenzensulfonate sind leicht abbaubar, wenn sich die Sulfonsäuregruppe an der Alkylgruppe eines n-Alkans befindet, das als Seitenkette am Benzenring sitzt (→ Aufg. 29.11. bis 29.15.).

29.5. Einteilung der Kohlenhydrate

Kohlenhydrate enthalten nur die Elemente Kohlenstoff, Wasserstoff und Sauerstoff, die beiden letzten Elemente meist in dem im Wasser vorliegenden Verhältnis, so daß ihre allgemeine Formel lautet:

> Kohlenhydrat: $C_n(H_2O)_m$

Die Kohlenhydrate sind Oxydationsprodukte mehrwertiger Alkohole. Nach ihrem Verhalten gegenüber Säuren unterteilt man sie in drei Gruppen:

1. Monosaccharide[1]) oder Einfachzucker, sie sind nicht durch Säuren zerlegbar.
2. Oligosaccharide[2]) oder Mehrfachzucker, sie zerfallen durch Hydrolyse in wenige Monosaccharidmoleküle.

---

[1]) sákcharon (griech.) Zucker
[2]) oligos (griech.) wenig

3. Polysaccharide[1]) oder Vielfachzucker, sie sind aus vielen Monosaccharidmolekülen zu hochmolekularen Verbindungen aufgebaut.

Alle Kohlenhydrate tragen die Endung -ose.
Die Monosaccharide enthalten neben Hydroxygruppen noch jeweils eine Aldehyd- oder Ketogruppe. Danach unterscheidet man Aldosen und Ketosen, nach der Anzahl der Kohlenstoffatome Tetrosen, Pentosen, Hexosen usw.

29.6. Monosaccharide

Die bekanntesten Monosaccharide sind die Hexosen Glucose *(Traubenzucker)* und Fructose *(Fruchtzucker)* mit der gemeinsamen Summenformel $C_6H_{12}O_6$, aber unterschiedlicher Strukturformel:

```
    H   C                CH₂OH
     \\ //                 |
       C                  C=O
       |                   |
    H—C—OH             HO—C—H
       |                   |
   HO—C—H     und      H—C—OH
       |                   |
    H—C—OH             H—C—OH
       |                   |
    H—C—OH              CH₂OH
       |
     CH₂OH
  Glucose              Fructose
```

Durch Vergleich beider Strukturformeln ist zu erkennen, daß Glucose neben 5 Hydroxy- eine Aldehydgruppe, Fructose eine Ketogruppe enthält. Diese Zucker zeigen deshalb typische Aldehyd- bzw. Ketonreaktionen.

Die oben angegebenen kettenförmigen Strukturformeln von Zuckern stehen im Gleichgewicht mit Ringstrukturen, wie das folgende Beispiel zeigt:

Glucose (Aldehydform)   α-Glucose   β-Glucose

Die entstehenden Ringe können sich noch in der sterischen (räumlichen) Konfiguration unterscheiden, die bei der Glucose als α- und β-Form der Verbindung bezeichnet werden. Bei diesen Ringformen liegt eine neue Art der Isomerie, nämlich *Stereoisomerie* vor. Stereoisomere Verbindungen unterscheiden sich im allgemeinen in phy-

---

[1]) polýs (griech.) viel

sikalischen Eigenschaften, häufig auch in ihrem chemischen Verhalten. α- und β-Glucose zeigen Unterschiede in Löslichkeit, Schmelzpunkt und optischem Verhalten. Die Ebene des polarisierten Lichtes[1]) wird beim Durchgang durch Lösungen der beiden Verbindungen in unterschiedlicher Weise gedreht.

Trauben- und Fruchtzucker sind süß schmeckende, in Wasser lösliche, neutral reagierende Substanzen, die natürlich in Früchten vorkommen. Der Bienenhonig ist ein Gemisch aus beiden Zuckern. Das Stärkungsmittel Dextropur, das aus Maisstärke hergestellt wird, ist reiner Traubenzucker. Traubenzucker wird ohne einen Verdauungsprozeß vom Organismus aufgenommen. Er kann auch direkt in die Blutbahn injiziert werden. Beide Zucker werden durch Enzyme (Biokatalysatoren), die in der Hefe enthalten sind, zu Ethanol vergoren:

$$C_6H_{12}O_6 \rightarrow 2\ C_2H_5OH + 2\ CO_2$$
Glucose   Ethanol

($\rightarrow$ Aufg. 29.16. und 29.17.).

29.7. Oligosaccharide

Die Moleküle von Monosacchariden können sich unter Kondensation zu größeren Molekülen vereinigen. Von den durch diese Reaktion entstehenden Stoffen sind die Disaccharide (aus 2 Molekülen von Einfachzuckern) die wichtigsten. Die Summenformel der Disaccharide ist $C_{12}H_{22}O_{11}$.

Bei der Vereinigung von je einem Molekül Trauben- und Fruchtzucker entsteht das Disaccharid *Saccharose* $C_{12}H_{22}O_{11}$, *Rohrzucker*:

$$C_6H_{12}O_6 + C_6H_{12}O_6 \rightleftarrows C_{12}H_{22}O_{11} + H_2O$$
Glucose   Fructose   Saccharose

Wie die Gleichgewichtsreaktion zeigt, zerfällt Rohrzucker umgekehrt durch Hydrolyse in Monosaccharide. Die räumliche Strukturformel des Rohrzuckers[2]) zeigt folgendes Bild:

Saccharose

Saccharose findet sich in vielen Pflanzen und Früchten. Es ist der Zucker, der zur Bereitung von Speisen und Getränken verwendet wird. Technisch gewinnt man ihn in Europa aus den Wurzeln der Zuckerrübe, in Übersee meist aus den Stengeln des Zuckerrohrs. Der bei der technischen Zuckergewinnung anfallende, nicht kristallisierende Sirup heißt Melasse, er wird zum größten Teil auf Spiritus verarbeitet.

Weitere Disaccharide mit der Summenformel $C_{12}H_{22}O_{11}$ sind *Maltose* (Malzzucker) und *Cellobiose*. Sie zerfallen bei der hydrolytischen Spaltung in 2 Moleküle Glucose, aus denen sie sich auch aufbauen. Die beiden Glucosemoleküle sind aber in Maltose und Cellobiose andersartig miteinander verknüpft ($\rightarrow$ Abschn. 29.8.).

---

[1]) vgl. Lehrbücher der Physik
[2]) Rohr- und Rübenzucker sind chemisch identisch.

29.8. Polysaccharide: Stärke und Cellulose

In den Polysacchariden *Stärke* und *Cellulose* sind sehr viele Glucosemoleküle durch Sauerstoffbrücken miteinander verbunden. Die Anzahl der am Aufbau der Polysaccharidmoleküle beteiligten Glucosemoleküle ist nicht genau angebbar; die Polysaccharide bestehen aus Makromolekülen, die nur in der Größenordnung übereinstimmen. Gemeinsame Summenformel der Polysaccharide ist

$$\text{Polysaccharid: } (C_6H_{10}O_5)_x$$

In der Strukturformel unterscheiden sich Stärke und Cellulose in der Art der Verknüpfung von Glucosemolekülen und ihrer räumlichen Struktur.
Den Aufbau von Stärke- und Cellulosemolekülen zeigen die folgenden Strukturformeln:

Stärke

Cellulose

Die Strukturformeln zeigen, daß die Makromoleküle der Stärke α-Glucose, die der Cellulose β-Glucose besitzen. Die Ringstrukturen sind jeweils am 1. und 4. C-Atom der Ringe miteinander verknüpft. Stärke ist ein Polysaccharid, in dem Glucosemoleküle α-(1,4)-glucosidisch verbunden sind, β-(1,4)-glucosidisch sind sie es in der Cellulose. Dieser Aufbau der beiden Substanzen wird auch dadurch bewiesen, daß sie hydrolytisch bis zu Glucose abgebaut werden können. Als Zwischenprodukte lassen sich dabei das Disaccharid Maltose (aus Stärke) und Cellobiose (bei der Cellulose) isolieren (→ Aufg. 29.18.). *Stärke* ist der Reservestoff der Pflanze, sie ist enthalten in Getreidekörnern, Kartoffeln usw. Stärke ist unser billigstes Nahrungsmittel. Nicht vorbehandelte Stärke wird in kaltem Wasser nicht gelöst, erst ab 50 °C setzt Quellung unter Wasseraufnahme ein. Es entsteht eine Suspension, Stärkekleister. Diese Suspension ergibt beim Erkalten eine steife Gallerte, das Stärkegel. Pudding ist also ein Gel der Stärke (→ Abschn. 5.2.3.4.).
Stärkekleister und Stärkelösungen geben eine typische Farbreaktion mit Iod. Sie werden blau bis blauschwarz gefärbt. Durch Kochen mit verdünnten Säuren oder durch Fermente wird Stärke bis zur Glucose abgebaut. Auf dieser Reaktion beruhen die Herstellung von Dextropur aus Stärke und die Alkoholerzeugung aus Stärkeprodukten. Daneben wird Stärke als Kleister, zum Steifen der Wäsche und als Appretur in der Textilindustrie gebraucht.
Cellulose ist der Hauptbestandteil der pflanzlichen Gerüstsubstanz. Röntgenbilder zeigen die Faserstruktur der Cellulose, die entscheidend für ihre technische Verwen-

dung ist. Pflanzliche Faserstoffe, z. B. Baumwolle oder Flachs, sind mehr oder weniger reine Cellulose. Das Holz der Laub- und Nadelhölzer besteht zu 40 bis 60% aus Cellulose, daneben enthält es Hemicellulosen (leicht spaltbare Polysaccharide), Lignin (20 bis 30%) und Harze.

Lignin und Harze heißen inkrustierende Substanzen, da sie die Cellulosefasern durchdringen.

Technisch gewinnt man Cellulose aus Baumwolle, Baumwollinters (kurze Samenfasern der Baumwolle), Holz, Stroh und Schilf. Die reinste Cellulose liefert die Baumwolle, für viele technische Zwecke ist jedoch der Holzzellstoff ausreichend. Bei der *Zellstoffgewinnung* aus Holz muß man das Lignin durch Herauslösen von der Cellulose trennen. Das wird in den meisten Zellstoffwerken mit Hilfe von sogenannter *Sulfitlauge*, einer wäßrigen Lösung von Calciumhydrogensulfit $Ca(HSO_3)_2$, erreicht. Bei diesem *Sulfitverfahren* wird das geschälte und auf Streichholzschachtelgröße zerkleinerte Holz in Zellstoffkochern unter 0,4 bis 0,6 MPa Druck und bei 130 bis 150 °C mit Sulfitlauge gekocht. Nach 12 bis 20 Stunden ist der Aufschluß beendet, der Zellstoff wird auf Trommelfiltern von der Ablauge getrennt und gründlich mit Wasser gewaschen.

Der so erhaltene Zellstoff muß für viele Zwecke noch gebleicht werden. Das geschieht mit Chlorkalk- oder Hypochloritlösungen in Bleichholländern. Holländer sind längliche Tröge, in denen der Zellstoffbrei durch ein Schaufelrad in Zirkulation gehalten wird.

Der Sulfitzellstoff gelangt häufig als Brei in angeschlossene Papierfabriken, oder er kommt in Platten oder Rollen in den Handel. Ein großer Teil des Zellstoffs wird durch chemische Prozesse in regenerierte Fasern (→ Abschn. 31.8.) oder andere Produkte verwandelt.

Die bei der Zellstoffherstellung anfallende Sulfitlauge enthält noch vergärbaren Zucker, der aus der Hemicellulose stammt. Mit geeigneten Hefen liefert er nach Vergärung den *Sulfitsprit* (→ Abschn. 28.2.). Außerdem kann aus der Sulfitlauge Futterhefe gewonnen werden.

Cellulose ist in den meisten Flüssigkeiten unlöslich, das beste Lösungsmittel ist eine ammoniakalische Kupferhydroxidlösung (*Schweitzers* Reagens).

Die Hydroxygruppen der Cellulose lassen sich verestern: Mit Salpetersäure entstehen *Salpetersäureester*, durch Essigsäureanhydrid *Celluloseacetat*, mit Hilfe von Natronlauge und Schwefelkohlenstoff *Cellulosexanthogenat*. Die genannten Ester haben große technische Bedeutung (→ Abschn. 31.8., Aufg. 29.20. bis 29.27.).

■ Aufgaben

29.1. Es ist der Nährstoffgehalt in kJ von 100 g Vollkornbrot zu berechnen, das 8% Eiweiß, 1% Fett, 50% Kohlenhydrate und 41% Wasser enthält!

29.2. Welche rationale Bezeichnung haben Glycin und Alanin?

29.3. Wie lautet die Reaktionsgleichung für die Kondensationsreaktion zwischen Glycin und Alanin?

29.4. Wieviel Prozent Stickstoff enthält Serin?

29.5. Welche typische Gruppe enthalten Proteine und Polypeptide?

29.6. Warum unterscheidet man bei Eiweißstoffen Proteine und Proteide?

29.7. Welchen chemischen Aufbau hat ein Protein?

29.8. Welcher Unterschied besteht chemisch zwischen Mineralölen und fetten Ölen?

29.9. Es ist die chemische Formel für einen gemischten Ester anzugeben, der ein Fett darstellt!

29.10. Zu welchem Reaktionstyp gehört die Fetthärtung?

29.11. Welche Formel hat Lithiumstearat?

29.12. Zu welchen Verbindungstypen gehören Wachse, Fette, Öle und Seifen?

29.13. Wie ist die Fähigkeit der Seife, mit Schmutzteilchen (z. B. Ruß) Emulsionen zu bilden, zu erklären?

29.14. Auf welchem Wege können aus Fraktionen des Erdöls Waschgrundstoffe erzeugt werden?

29.15. Warum reagieren wäßrige Lösungen von Seifen alkalisch, von Alkylsulfaten dagegen neutral?

29.16. Welche funktionellen Gruppen enthalten Aldosen und Ketosen?

29.17. Welche Summenformel müßte eine Pentose haben?

29.18. Es sind auf Grund der Spaltprodukte von Stärke und Cellulose die Strukturformeln für Maltose und Cellobiose anzugeben!

29.19. Wieviel g Glucose sind theoretisch nötig, um durch Vergären 1 l eines Weines mit 10 Masse-% Alkohol zu bekommen?

29.20. Aus den Strukturformeln für Stärke und Cellulose ist zu begründen, daß beide Polysaccharide bis zur Glucose aufgespalten werden können!

29.21. Durch welche Reaktion kann Stärke nachgewiesen werden?

29.22. Aus welchen Naturstoffen wird Cellulose technisch gewonnen?

29.23. Es sind die Strukturformeln für Celluloseradikale zu zeichnen, die durch zwei Moleküle Salpetersäure verestert wurden!

29.24. Welche Stoffe enthält Holz?

29.25. Wie können die Sulfitablaugen der Zellstoffwerke verwertet werden?

29.26. Physikalisch-chemische Messungen ergaben, daß Cellulosemoleküle 2000 bis 3000 $C_6H_{10}O_5$-Gruppen enthalten. Wie groß muß demnach die relative Molekülmasse der Cellulose sein?

29.27. Welche Summenformel haben die im Lehrbuch behandelten Kohlenhydrate?

30. Cyclische Verbindungen

30.1. Cycloalkane – Alicyclische Verbindungen

Alicyclische Verbindungen sind gesättigte cyclische Verbindungen, die nur Kohlenstoffatome zum Aufbau des Ringes enthalten und aliphatischen Charakter haben. Die alicyclischen Kohlenwasserstoffe bilden eine homologe Reihe mit der Summenformel C_nH_{2n}, sie heißen Cycloalkane oder *Naphthene*.

$$\boxed{\text{Cycloalkan} = \textit{Naphthen} : C_nH_{2n}}$$

Die Cycloalkane haben dieselbe Summenformel wie die Alkene, doch unterscheiden sie sich von diesen wesentlich. Sie enthalten keine Doppelbindungen. Da nur σ-Bindungen wirksam sind, laufen wie bei den Alkanen bevorzugt Substitutions- und Eliminierungsreaktionen ab. Im Vergleich zu den entsprechenden gesättigten Kettenkohlenwasserstoffen besitzen sie zwei Wasserstoffatome weniger im Molekül infolge des Ringschlusses. Das erste Glied der homologen Reihe ist *Cyclopropan* C_3H_6, da zur Ringbildung mindestens 3 Kohlenstoffatome erforderlich sind. Die beständigsten und wichtigsten Verbindungen der Reihe sind *Cyclopentan* C_5H_{10} und *Cyclohexan* C_6H_{12}:

```
         H₂C——CH₂                         CH₂
         |    |      Cyclopentan     H₂C     CH₂
         H₂C  CH₂                    |       |     Cyclohexan
            CH₂                      H₂C     CH₂
                                         CH₂
```

Vereinfacht wird die Formel des Cyclohexans wie folgt dargestellt: ⌬ (H)

Cyclopentan und Cyclohexan sowie Homologe dieser Kohlenwasserstoffe entstehen beim Crackprozeß, sie können dabei isoliert werden. Außerdem sind sie in den naphthenbasischen Erdölen enthalten, sie geben dem daraus hergestellten Benzin eine gute Klopffestigkeit. Der Cyclohexanring kommt weiterhin in vielen Naturstoffen (z. B. etherischen Ölen und Harzen) vor.

Cyclohexan C_6H_{12} ist bei normaler Temperatur eine Flüssigkeit, die bei 80,7 °C siedet.

Bei normaler Temperatur ist Cyclohexan verhältnismäßig reaktionsträge, reagiert leicht nur mit den Halogenen. Vom Cyclohexan leitet sich das Hexachlorcyclohexan (HCH) ab, von dem ein Isomeres als Schädlingsbekämpfungsmittel (Insecticid) unter dem Namen *Lindan* oder *Gammexan* in den Handel kommt. Der MAK-Wert des Gammexans beträgt 0,2 mg m^{-3} Luft.

$$\text{Cyclohexan} + 6\,Cl_2 \rightarrow \text{Hexachlorcyclohexan} + 6\,HCl$$

Bei der Oxydation des Cyclohexans bildet sich erst ein sekundärer Alkohol, dann ein Keton:

$$\text{Cyclohexan} \xrightarrow{+O} \text{Cyclohexanol} \xrightarrow[-H_2O]{+O} \text{Cyclohexanon}$$

Cyclohexan ist Ausgangsprodukt für die Gewinnung der Adipinsäure, und Cyclohexanon bildet das Zwischen- oder Ausgangsprodukt für die Synthese von Caprolactam. Adipinsäure bzw. Cyclohexanon sind Grundstoffe für die Polyamid-Erzeugung (→ Abschn. 31.9.).
Im Reformierungsprozeß (→ Abschn. 27.3.) werden Naphthene durch Eliminierungsreaktion in Aromaten und Wasserstoff zerlegt. Umgekehrt kann Cyclohexan auch durch Hydrierung von Benzen, der Stammsubstanz der Aromaten, dargestellt werden.

$$C_6H_6 + 3\,H_2 \rightleftarrows C_6H_{12}$$
Benzen   Cyclohexan

Deshalb nennt man Abkömmlinge des Cyclohexans auch *hydroaromatische Verbindungen*. Diese sind Bestandteile von etherischen Ölen (leicht flüchtige, ölige Flüssigkeiten, z. B. Pfefferminz- und Rosenöl), Terpentinöl, Harzen und Campher.
Homologe der Cycloalkane mit Alkylrest in einer Seitenkette können bis zu Carbonsäuren aufoxydiert werden. Die dabei entstehenden Säuren heißen *Naphthensäuren*.
Beispiel:

$$\text{Methylcyclohexan} \xrightarrow[+O]{-H_2O} \text{Naphthensäure}$$

Naphthensäuren befinden sich als unerwünschte Bestandteile im Erdöl und in Kohleveredlungsprodukten (→ Aufg. 30.1. und 30.2.).

30.2. Benzen als Grundsubstanz aromatischer Verbindungen

Unter den cyclischen Verbindungen haben diejenigen die größte technische Bedeutung erlangt, die als Grundkörper das *Benzen* C_6H_6 enthalten. Für Benzen wird in

Lehrbüchern allgemein die folgende Strukturformel verwendet:

Diese Strukturformel stammt von dem deutschen Chemiker *Kekulé*, der sie 1895 aufstellte. Diese Formel wird unseren heutigen Kenntnissen vom Benzenmolekül nicht ganz gerecht. Nach der obigen Formel müßte man annehmen, daß Benzen ähnliche Eigenschaften wie die Alkene zeigt. In Wirklichkeit reagiert es fast wie ein gesättigter Kohlenwasserstoff, und die sechs Kohlenstoffatome des Ringes verhalten sich chemisch vollkommen gleich.

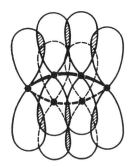

Bild 30.1. Überlappung der 2p-Orbitale im Benzenmolekül

Die Bindungen zwischen den Kohlenstoffatomen sind gleichwertig, da ein Zwischenzustand vorliegt, der weder die Eigenschaften einer Einfach- noch die einer Doppelbindung in idealer Form zeigt. Nach der Elektronentheorie der Valenz ist jedes Kohlenstoffatom im Benzenring durch σ-Bindungen mit zwei benachbarten Kohlenstoffatomen und einem Wasserstoffatom verbunden. Die restlichen 6 Elektronen sind π-Elektronen, die sich in einem System von konjugierten Doppelbindungen befinden, deren Ladungswolken sich überlappen ($\rightarrow$ Abschn. 26.4.2.). Die π-Elektronen bilden ober- und unterhalb des Sechserringes Ladungswolken und stehen dem Gesamtmolekül gleichmäßig zur Verfügung. Bild 30.1 zeigt die beiderseitige Überlappung der 2p-Orbitale der Kohlenstoffatome des Benzenringes, die sich im sp²-Zustand befinden. Bild 30.2 veranschaulicht die Ladungswolken, die sich oberhalb und unterhalb des Ringes befinden.

Durch die Mesomerie wird die Stabilität des Benzenmoleküls erhöht. Die Differenz zwischen dem Energiegehalt der mesomeren Form und der Kekuléform des Benzens beträgt 151 kJ mol^{-1}. Diese Energie wird als Aromatisierungs- oder Mesomerieenergie bezeichnet. Sie muß aufgebracht werden, wenn das Benzen in der Kekuléform reagieren soll.

Der Zustand der π-Elektronen ist also beim Benzen wesentlich anders als bei den Alkenen. Deshalb haben das Benzen und die von ihm abgeleiteten Verbindungen ein anderes chemisches Verhalten als die Aliphaten, sie haben »aromatischen Charakter«. Die 6 Atome des Kohlenstoffs befinden sich in einer Ebene.

---

[1]) Aus satztechnischen Gründen wird häufig das Benzen als langgestrecktes an Stelle eines regelmäßigen Sechsecks dargestellt.

Verwendet man die Kekuléformeln zur Darstellung des Benzenmoleküls, so muß man von 2 mesomeren Grenzstrukturen ausgehen, welche die wahre Elektronenverteilung nicht genau beschreiben.

Die mesomere Struktur des Benzenmoleküls kann auch vereinfacht durch folgende Formelbilder dargestellt werden:

Bild 30.2. Ladungswolken der π-Elektronen

Der Name Benzen leitet sich von der natürlich vorkommenden Benzoesäure ab. Das vom Benzen abgeleitete Radikal wird als Phenyl bezeichnet.

| Phenyl: C_6H_5- |

Verbindungen, die sich vom Benzen ableiten oder den Benzenring enthalten, heißen aromatische Verbindungen oder *Aromaten*. Allgemein werden aromatische Kohlenwasserstoffreste als Arylreste (abgekürzt Ar-) bezeichnet. Viele Benzenderivate führen Trivialnamen.

Benzen C_6H_6 kommt natürlich in einigen Erdölen vor (Borneo, Rumänien, Kalifornien). Die größte Menge wird technisch aus Erdöl und Kohle gewonnen ($\rightarrow$ Abschnitt 30.4.).

Benzen ist eine farblose, stark lichtbrechende Flüssigkeit von eigentümlichem aromatischem Geruch (Kp = 80,5 °C). Beim Verbrennen entsteht eine stark rußende Flamme. Benzen ist ein gutes Lösungsmittel für Fette, Harze, Kautschuk usw. Mit Wasser ist es nicht mischbar, aber mit vielen organischen Flüssigkeiten.

Benzendämpfe sind im dampfförmigen Zustand stark giftig. Bei 0,0035% Benzen in der Luft können bereits chronische Vergiftungen auftreten.

In seinem chemischen Verhalten steht das Benzen zwischen den gesättigten und ungesättigten Verbindungen. Seine Hydrierung zu Cyclohexan ($\rightarrow$ Abschn. 30.1.). ist eine Additionsreaktion, die ungesättigten Verbindungen eigen ist. Bei den meisten anderen Reaktionen zeigt das Benzen dagegen das Verhalten gesättigter Verbindungen. Die Wasserstoffatome des Benzens werden bevorzugt substituiert, da Substitutionsreaktionen an aromatischen Systemen energetisch begünstigt sind. Die Substitution erfolgt fast ausschließlich als ionische Reaktion. Typisch für Benzen und die meisten Aromaten ist ihr Verhalten gegen Salpetersäure und Schwefelsäure. Mit Salpetersäure bildet Benzen *Nitroverbindungen*.

Beispiel:

Bei dieser elektrophilen Substitution wird zunächst das positive Nitroniumion der Salpetersäure $NO_2^\oplus$ lose an das π-Elektronensystem angelagert, es kommt zur Ausbildung eines π-Komplexes. Dieser lagert sich zum σ-Komplex um, in dem $NO_2^\oplus$ an ein bestimmtes Kohlenstoffatom gebunden wird. Unter Rückbildung des mesomeren aromatischen Systems wird die Reaktion durch Abspaltung eines Protons beendet, wobei Aromatisierungsenergie gewonnen wird.

$$NO_2^\oplus + \underset{\text{Nitroniumion}}{} \underset{\pi\text{-Komplex}}{\bigcirc} \longrightarrow \underset{}{\bigcirc} NO_2^\oplus \longrightarrow \underset{\substack{\sigma\text{-Komplex}\\\text{Carboniumion}}}{\overset{H \diagdown NO_2}{\underset{\oplus}{\bigcirc}}} \xrightarrow{-H^\oplus} \underset{\text{Nitrobenzen}}{\overset{NO_2}{\bigcirc}}$$

Bei der Reaktion mit Schwefelsäure bildet sich die sauer reagierende *Benzensulfonsäure*:

$$\underset{\text{Benzen}}{\bigcirc} + \overset{H\ HO}{\underset{HO}{\diagdown}}SO_2 \longrightarrow \underset{\text{Benzensulfonsäure}}{\overset{SO_2}{\underset{OH}{\bigcirc}}} + H_2O$$

Da die Benzensulfonsäure und ihre Salze wasserlöslich sind, hat diese Reaktion große technische Bedeutung, um Aromaten in lösliche Form zu überführen (→ Aufg. 30.3. und 30.4.).

30.3. Benzenhomologe

Ähnlich der homologen Reihe der Alkane läßt sich auch eine Reihe von Benzenhomologen aufstellen.

$$\boxed{\text{Benzenhomologe}: C_nH_{2n-6} \qquad n \geq 6}$$

Für $n = 6$ ergibt sich das Benzen selbst. Benzenhomologe bilden sich bei der Substitution von Wasserstoffatomen im Benzenring durch Alkylreste.
Im Laboratorium wird diese Substitution durch *Synthese* nach *Friedel* und *Crafts* erreicht. Die Benzenhomologen entstehen dabei durch Einwirkung von Halogenalkanen auf Benzen in Gegenwart von wasserfreiem Aluminiumchlorid $AlCl_3$ als Katalysator. Durch den Katalysator werden die Halogenalkane so weit ionisiert, daß in elektrophiler Substitution die Anlagerung der Alkylreste an Benzen erfolgen kann.
Beim Umsatz von Benzen mit Chlormethan entsteht Methylbenzen C_6H_5—CH_3, *Toluen*, durch folgende Teilreaktionen:

Startreaktion: CH_3—$Cl \rightarrow CH_3^\oplus \ldots Cl^\ominus$
   Chlormethan

$$\underset{\text{Benzen}}{\bigcirc} + CH_3^\oplus \rightarrow \underset{\pi\text{-Komplex}}{\bigcirc} CH_3^\oplus \rightarrow \underset{\substack{\sigma\text{-Komplex}\\\text{Carboniumion}}}{\overset{CH_3}{\underset{H}{\bigcirc_\oplus}}} + Cl^\ominus \rightarrow \underset{\text{Toluen}}{\overset{CH_3}{\bigcirc}} + HCl$$

Toluen ist eine farblose Flüssigkeit, die dem Benzen sehr ähnlich ist (Kp = 110,8 °C). Aus Toluen stellt man u. a. durch Nitrierung den Sprengstoff Trinitrotoluen (TNT) her:

O_2N—⌬(CH$_3$)(NO$_2$)—NO$_2$

Er wird in großen Mengen als Explosivstoff in Granaten, Minen und als Bergbausprengstoff verwendet.

Werden zwei Methylgruppen in den Benzolkern eingeführt, so entsteht Dimethylbenzen $C_6H_4(CH_3)_2$, *Xylen*. Davon gibt es 3 Isomere:

1,2-Dimethyl-benzen	1,3-Dimethyl-benzen	1,4-Dimethyl-benzen
o-Xylen	*m-Xylen*	*p-Xylen*

Um die Isomere eindeutig bezeichnen zu können, werden nach der IUPAC-Nomenklatur die Kohlenstoffatome des Benzens numeriert. Nach einer älteren, aber noch gebräuchlichen Bezeichnungsweise werden

1,2-Verbindungen des Benzens durch die Vorsilbe *ortho*-
1,3-Verbindungen des Benzens durch die Vorsilbe *meta*-
1,4-Verbindungen des Benzens durch die Vorsilbe *para*-

gekennzeichnet.

Das technische Xylen ist meist ein Gemisch aus den 3 Isomeren mit einem Siedepunkt von etwa 140 °C. Es wird zur Wasserbestimmung in Kohle, Öl und anderen Stoffen benutzt, da es mit Wasser nicht mischbar ist und siedendes Xylen sicher alles Wasser austreibt.

Toluen und Xylen sind Begleiter des Benzens in natürlichen Vorkommen und bei der technischen Gewinnung. Beide werden als Lösungsmittel und Ausgangsstoffe für wichtige Synthesen eingesetzt.

Die MAK-Werte für Benzenhomologe sind:

Toluen   200 mg m^{-3}
Xylen   200 mg m^{-3} (für die Dauer einer Arbeitsschicht)

Aus Phenylethan gewinnt man durch Dehydrierung

Phenylethen   ⌬—CH=CH$_2$ *Styren*

Reaktion: C_6H_5—CH_2—CH_3 $\xrightarrow{-H_2}$ C_6H_5—CH=CH$_2$
           Phenylethan   Styren

Styren ist eine Flüssigkeit mit angenehmem Geruch, die bei 146 °C siedet. Es wird in großen Mengen technisch hergestellt, da es für die Gummi- und Plastindustrie benötigt wird. Styren hat die typischen Eigenschaften des Ethens, neigt vor allem zur Polymerisation, wobei sich der glasartige Plastwerkstoff Polystyren bildet (→ Abschnitt 31.2., Aufg. 30.5.).

30.4. Technische Gewinnung von Benzen und anderen Aromaten

Wie bei der Aliphatenherstellung sind auch zur technischen Aromatengewinnung Erdöl und Kohle Ausgangsmaterialien. Die Aromatenerzeugung aus Erdöl hat sich zwar erst in den letzten 40 Jahren entwickelt, hat aber im Weltmaßstab bereits die Darstellung aus Kohle überflügelt. Entscheidenden Anteil an dieser Entwicklung haben die Reformierungsverfahren des Erdöls (→ Abschn. 27.3.). Nach diesem Verfahren werden aromatenhaltige Produkte und Reinaromaten hergestellt.

Die klassische Ausgangssubstanz für die Gewinnung von Aromaten ist die Steinkohle. Bei der *Entgasung* geeigneter Steinkohlen in Gaswerken und Kokereien entstehen bei einer Temperatur von 1000 bis 1200 °C als Hauptprodukte Koks, Stadtgas (Leuchtgas) und Steinkohlenteer.

Die trockene Destillation der Steinkohle erfolgt in großen Kammern, die durch eine Regenerativfeuerung beheizt werden. Die Beheizung kann mit Starkgas aus der Entgasungsanlage oder mit gesondert in Generatoren erzeugtem Schwachgas erfolgen. Die verwendete Kohle wird gemahlen in die Kammeröfen gefüllt und dem Entgasungsprozeß unterworfen. Dabei wird zunächst die Kohle getrocknet und das Bitumen zersetzt, es entstehen Kohlenwasserstoffe, Kohlenmonoxid und Wasserstoff, danach setzt die Bildung phenolreichen Teers ein. Infolge der starken Erhitzung werden die Primärprodukte an den Kammerwänden in aromatische Verbindungen übergeführt. Außerdem bilden sich aus den Bestandteilen der Kohle Ammoniak, Schwefelwasserstoff und Blausäure HCN. Die Kohle wird dabei in Koks verwandelt, der glühend mit Hilfe einer Koksausdrückmaschine aus der Kammer gestoßen und dann mit Wasser abgelöscht wird.

Die flüchtigen Reaktionsprodukte werden in den nachfolgenden Anlagen abgeschieden bzw. gereinigt: Vorlage, Kühler, Ammoniakwäscher, Trockenreiniger und Benzenwäscher (Bild 30.3). Die Vorlage kühlt das Rohgas und schließt die Kammern gegenüber der Gasleitung ab. In ihr sammelt sich ein großer Teil des anfallenden Teers. Im Kühler fällt ein Kondensat aus Teer, Naphthalen und Ammoniakwasser an. Der Ammoniakwäscher wäscht mit entgegenströmendem Wasser das restliche Ammoniak heraus. Im Trockenreiniger werden Schwefelwasserstoff und Blausäure entfernt. Auf flachen Horden befinden sich eisenhaltige Luxmasse oder Raseneisenerz, durch die Schwefelwasserstoff gebunden wird. Benzen und Benzenhomologe werden im Benzenwäscher mit Hilfe von Schweröl ausgewaschen. Das Reingas wird dann meist mit Wassergas gemischt, so daß ein Stadtgas mit einem spezifischen Heizwert von mindestens $16\,000$ kJ m^{-3} (i. N.) entsteht, das ungefähr folgende Zusammensetzung hat: 50% Wasserstoff, 22% Methan und andere Kohlenwasserstoffe, 18% Kohlenmonoxid, 3% Kohlendioxid, 7% Stickstoff.

Insgesamt ergeben sich bei der Verkokung von 1 t Steinkohle folgende Stoffanteile:

750 kg Koks   30 kg Ammoniakwasser
170 m^3 Gas   10 kg Benzen
40 kg Teer

Der Steinkohlenteer enthält etwa 10000 organische Verbindungen vorwiegend aromatischen Charakters. Durch die *Destillation des Teers* erfolgt eine Anreicherung von Stoffgruppen in den Fraktionen des Teers.

Der Teer der Steinkohle liefert seit mehr als 100 Jahren die Rohstoffe, die in der chemischen Industrie zu Farben, Arzneimitteln, Treib- und Sprengstoffen weiterverarbeitet werden. Obgleich der Steinkohlenteer seine führende Stellung in der Aromatenchemie verloren hat, ist er weiterhin eine wichtige Rohstoffquelle.

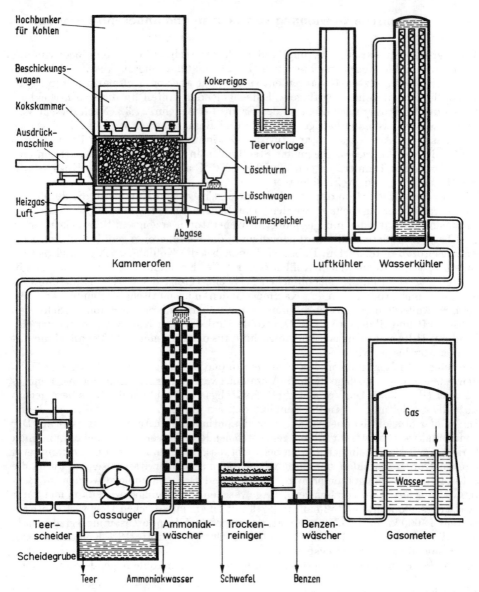

Bild 30.3. Schema einer Kokerei

In Teerverarbeitungsbetrieben unterwirft man den Teer einer Röhrendestillation, wobei man ähnliche Apparaturen wie bei der destillativen Trennung des Erdöls verwendet (→ Abschn. 27.2.), um eine kontinuierliche Arbeitsweise zu sichern. Man unterteilt die Teerfraktionen meist, wie aus Tabelle 30.1 zu ersehen ist. Aus den Steinkohlenteerölen werden die in der Tabelle angegebenen und andere Aromaten gewonnen. Das Pech enthält u. a. freien Kohlenstoff (Farbe!) und etwas Bitumen, das durch Lösungsmittel extrahiert werden kann. Für seine Verwendung ist der Erweichungspunkt maßgeblich (Tabelle 30.2).

Tabelle 30.1. Steinkohlenteerfraktionen

	Siedepunkt in °C	Dichte in g cm^{-3}	Menge in %	Enthaltene Aromaten
1. Leichtöl	180	0,91 ... 0,96	4	Benzen, Toluen, Xylen
2. Mittelöl	180 ... 250	1,00 ... 1,02	12	Naphthalen, Phenol
3. Schweröl	250 ... 300	1,03 ... 1,05	12	Naphthalenverbindungen, Cresol
4. Anthracenöl	300 ... 360	1,09 ... 1,11	18	Anthracen, Phenanthren
5. Pech	> 360	1,07 ... 1,11	54	

Tabelle 30.2. Sorten von Steinkohlenteerpech

	Erweichungspunkt in °C	Verwendung
Weichpech	45 ... 60	Dachpappe, Anstrichmittel
Brikettpech	60 ... 75	Bindemittel für Steinkohlenbriketts
Hartpech	75 ... 90	Straßenbau

Das Schweröl wird z. T. ohne weitere Fraktionierung zur Holzimprägnierung (Carbolineum) und als Waschöl benutzt.

Aromaten fallen auch bei der *Schwelung* und *Verkokung der Braunkohle* an. Sie sind in größerer Konzentration im Schwel- bzw. Gaswasser vorwiegend als Phenole enthalten. Diese werden daraus durch geeignete, selektiv wirkende Lösungsmittel gewonnen (→ Aufg. 30.6. und 30.7.).

30.5. Benzenderivate: Phenole, Nitrobenzen, Anilin

Die bei den Aliphaten besprochenen funktionellen Gruppen lassen sich auch an den Benzenring unter Bildung von Benzenderivaten anlagern. Wird ein Wasserstoffatom durch ein Chloratom substituiert, so entsteht

Monochlorbenzen C_6H_5—Cl   *Phenylchlorid*

Die Substitution erfolgt ähnlich wie bei der Synthese nach *Friedel* und *Crafts* als ionische Reaktion mit Aluminiumchlorid $AlCl_3$ als Katalysator.

Monochlorbenzen ist eine helle, aromatisch riechende Flüssigkeit, die als Lösungsmittel und zur Herstellung von Phenol und Schädlingsbekämpfungsmitteln Verwendung findet.

Wichtige Derivate des Benzens sind seine Hydroxyverbindungen, die *Phenole*. Nach der Anzahl der Hydroxygruppen unterscheidet man ein- und mehrwertige Phenole. Die Phenole können mit tertiären Alkoholen verglichen werden, mit ihnen haben sie die Gruppe —C—OH gemeinsam. Man findet tatsächlich bei ihnen viele Reaktionen der Alkohole der Aliphatenreihe wieder. Der wesentliche Unterschied besteht darin, daß die Phenole Protonendonatoren und damit schwache Säuren sind. Durch das aromatische System wird das bindende Elektronenpaar des Sauerstoffs stärker vom Ringsystem angezogen und an dessen Mesomerie beteiligt. Dadurch wird die Ablösung von Protonen ermöglicht.

Das einfachste Hydroxybenzen ist das Phenol C_6H_5—OH ⌬—OH   *Carbolsäure*

Phenol kommt im Stein- und Braunkohlenteer, im Abwasser von Kokereien und Hydrierwerken, im Schwelwasser vor. Es verleiht dem Braunkohlenteer den aufdringlichen Geruch, der auch in der Umgebung von Schwelereien feststellbar ist. Phenol wird aus allen diesen Produkten der Kohleveredlung gewonnen, als selektiv wirkendes Lösungsmittel wird meist Phenosolvan[1]) eingesetzt. Da der Phenolbedarf in den letzten Jahrzehnten sprunghaft anstieg, wird Phenol auch synthetisch hergestellt. Leicht übersehbar ist die folgende Reaktion:

$$C_6H_5-Cl + H_2O \xrightarrow[20\,MPa]{400\,°C} C_6H_5-OH + HCl$$
Monochlorbenzen   Phenol

Das wirtschaftlichste Verfahren ist seine Gewinnung aus Benzen und Propen (Petrolchemikalien), das sogenannte Cumen-Verfahren. Seinen Namen hat es von dem als Zwischenprodukt bei dem Prozeß entstehenden *Cumen* (Isopropylbenzen). Den groben Reaktionsverlauf des Verfahrens geben die folgenden chemischen Gleichungen an:

$$C_6H_6 + CH_3-CH=CH_2 \xrightarrow{AlCl_3} C_6H_5-CH(CH_3)_2$$
Benzen   Propen   Cumen

$$\text{C}_6\text{H}_5\text{-CH(CH}_3)_2 + O_2 \rightarrow \text{C}_6\text{H}_5\text{-OH} + CH_3-CO-CH_3$$
Cumen   Phenol   Aceton

Phenol C_6H_5—OH ist eine bei Zimmertemperatur feste, kristalline Substanz mit durchdringendem Geruch. An der Luft verfärben sich die Kristalle rötlich. Phenol ist ein starkes Gift, es kann als Grobdesinfektionsmittel verwendet werden. Eine wäßrige Phenollösung rötet Lackmus, mit Alkalihydroxiden bildet Phenol leicht salzartige Verbindungen, die *Phenolate* heißen.

$$C_6H_5-OH + NaOH \rightarrow C_6H_5-ONa + H_2O$$
Phenol   Natriumphenolat

Phenol wird zur Herstellung von Sprengstoffen (Pikrinsäure), Arzneimitteln, Farbstoffen, Herbiciden und Phenoplasten verwendet.
Phenoplaste entstehen durch Polykondensation aus Phenol und Formaldehyd (→ Abschn. 31.4.).
Herbicide werden zur Bekämpfung von Unkraut und zur Entlaubung von Kulturpflanzen eingesetzt. Der Wirkstoff dringt meist über die Blätter in das Pflanzengewebe ein und ist dann in allen Pflanzenteilen wirksam. Er bekämpft in der Regel nur bestimmte Unkräuter, hat also selektive Eigenschaften.
Ähnliche Eigenschaften wie Hydroxybenzen haben die Phenole, die sich vom Toluen und Xylen ableiten. Sie heißen Cresole und Xylenole.

Methyl-phenol $C_6H_4\genfrac{}{}{0pt}{}{OH}{CH_3}$ und   Dimethyl-phenol $C_6H_3\genfrac{}{}{0pt}{}{CH_3}{\genfrac{}{}{0pt}{}{CH_3}{OH}}$,
Cresol   *Xylenol*

von denen jeweils 3 bzw. 6 Isomere existieren, kommen im Teer vor. Sie finden ähnliche Verwendung wie das oben besprochene Phenol. Cresol-Seifenlösungen werden als Desinfektionsmittel benutzt.

---

[1]) Gemisch verschiedener aliphatischer Ester, Hauptbestandteil ist Butylacetat.

Dihydroxy-benzene $C_6H_4\genfrac{}{}{0pt}{}{OH}{OH}$ sind die zweiwertigen stellungsisomeren Phenole *Brenzcatechin, Resorcinol* und *Hydrochinon*. Sie können aus Braunkohlen-, Steinkohlenteer und Gaswasser isoliert werden. Wegen ihrer leichten Oxydierbarkeit werden Brenzcatechin und Hydrochinon als Reduktionsmittel verwendet.

1,2-Dihydroxy-benzen	1,3-Dihydroxy-benzen	1,4-Dihydroxy-benzen
Brenzcatechin	*Resorcinol*	*Hydrochinon*

Das Nitrobenzen mit der funktionellen Gruppe $-NO_2$ ($\to$ Abschn. 30.2.) ist eine gelbliche, nach bittern Mandeln riechende Flüssigkeit (Kp = 210 °C). Seine Hauptbedeutung liegt darin, daß es leicht durch Hydrierung in ein Aminoderivat des Benzens mit der funktionellen Gruppe $-NH_2$ umgesetzt wird:

$$\text{Nitrobenzen} + 3H_2 \xrightarrow[Cu]{250°C} \text{Anilin} + 2H_2O$$

Bei dieser Reaktion entsteht Aminobenzen oder *Anilin*.
Anilin ist eine farblose Flüssigkeit, die sich an der Luft gelblich-braun färbt (Kp = 184 °C). Es hat einen eigenartigen Geruch und ist giftig. Chemisch hat es einen schwach basischen Charakter, da das einsame Elektronenpaar des Stickstoffatoms Protonen binden kann. Die Basizität reicht nicht aus, um Lackmus blau zu färben, weil das freie Elektronenpaar teilweise in die Elektronenwolke der π-Elektronen des Rings einbezogen wird.
Anilin kommt im Steinkohlenteer vor, es wird jedoch zum größten Teil synthetisch aus Nitrobenzen gewonnen. Es ist Ausgangsstoff für die Herstellung vieler Farbstoffe, der sogenannten Anilinfarben ($\to$ Aufg. 30.8. bis 30.12.).

Für die Benzenderivate gelten folgende MAK-Werte in mg m^{-3}:

Phenol	20	*Anilin*	10
Monochlorbenzen	50	*Nitrobenzen*	5

(Diese Werte beziehen sich meist auf die Dauer einer Arbeitsschicht.)

30.6. Aromatische Alkohole und Carbonsäuren

In aromatischen Alkoholen befindet sich die Hydroxygruppe nicht am Benzenring, sondern es hat eine Oxydation in der Seitenkette von Benzenhomologen stattgefunden. Durch Oxydation der Methylgruppe im Toluen entsteht der

Benzylalkohol $C_6H_5-CH_2OH$

Benzylalkohol ist eine angenehm riechende Flüssigkeit, die alle Eigenschaften hat, die bei den aliphatischen Alkoholen besprochen wurden. Benzylalkohol läßt sich als einwertiger, primärer Alkohol zu Aldehyd und Säure oxydieren.

Benzylalkohol →(+O, −H₂O)→ Benzaldehyd →(+O)→ Benzoesäure

Benzaldehyd ist eine farblose, nach bitteren Mandeln riechende Flüssigkeit. Er kommt in der Natur gebunden in den Kernen von Mandeln und Steinobst vor.

Benzoesäure ist die einfachste aromatische Säure, die in der Natur vorkommt. Sie läßt sich aus dem Benzoeharz, einem Naturprodukt, durch Destillation gewinnen. Benzoesäure dient zur Herstellung von Farben und Arzneimitteln.

Eine zweibasische aromatische Säure ist die *Phthalsäure*:

Benzen-1,2-dicarbonsäure   [C₆H₄(COOH)₂]   *Phthalsäure*

Phthalsäure wird großtechnisch durch Oxydation von o-Xylen oder Naphthalen (→ Abschn. 30.7.) erzeugt. Man stellt aus ihr Farbstoffe, Plaste und Weichmacher her.

Eine zur Phthalsäure isomere Säure ist die

Benzen-1,4-dicarbonsäure   [C₆H₄(COOH)₂]   *Terephthalsäure*

Aus Terephthalsäure und Ethylenglykol entstehen durch Polykondensation Polyesterfaserstoffe (→ Abschn. 31.9., und Aufg. 30.13. bis 30.17.).

30.7. Kondensierte aromatische Ringsysteme

In kondensierten aromatischen Ringsystemen gehören Kohlenstoffatome gleichzeitig mehreren Ringen an. Verbindungen dieses Typs finden sich in den hochsiedenden Fraktionen des Steinkohlenteers. In größerer Menge fallen an: Naphthalen, Anthracen und Phenanthren. Die Strukturformeln dieser drei Verbindungen zeigen konjugierte Doppelbindungen, wie sie in der Kekuléschen Benzenformel vorhanden sind. Die π-Elektronen befinden sich auf ähnlichen Bahnen wie beim Benzen. Naphthalen, Anthracen und Phenanthren haben deshalb typisch aromatischen Charakter.

Naphthalen hat die Summenformel $C_{10}H_8$ und die Strukturformel

[Strukturformel]   vereinfacht   [Naphthalen]   oder   [Naphthalen]

Die zuletzt angegebene Formel soll ausdrücken, daß in Übereinstimmung mit genauen Untersuchungen nur in einem Ringsystem ein π-Elektronensextett existiert.

Die Doppelbindungen im anderen Ring wurden nachgewiesen.
Die Kohlenstoffatome des Naphthalenringes werden für die rationelle Bezeichnungsweise numeriert. Um die Eintrittsstelle eines einzelnen Substituenten zu kennzeichnen, ist es gebräuchlich, die möglichen Stellungen durch die griechischen Buchstaben α und β zu kennzeichnen.

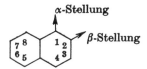

Naphthalen findet sich zu etwa 6% im Steinkohlenteer und wird aus der Mittelölfraktion gewonnen. Es kristallisiert in glänzenden Blättchen, die bei 80 °C schmelzen, und hat einen charakteristischen stechenden Geruch. In seinen chemischen Eigenschaften ähnelt es dem Benzen, reagiert leicht mit Salpeter- und Schwefelsäure. Seine Hydroxyverbindungen haben Phenolcharakter. Es gibt 2 Naphthole $C_{10}H_7OH$. Nach der Stellung der Hydroxygruppe am Ring unterscheidet man α- und β-Naphthol. Aus beiden Naphtholen werden Farbstoffe gewonnen.

Auch bei Eintritt anderer Substituenten in den Naphthalenring treten immer 2 Monosubstitutionsverbindungen auf, α- und β-Verbindung.

Bei der Hydrierung von Naphthalen ergeben sich ausgezeichnete Lösungsmittel:

Anthracen und Phenanthren enthalten 3 Benzenringe, ihre gemeinsame Summenformel ist $C_{14}H_{10}$:

Beide aromatischen Kohlenwasserstoffe kommen in der Anthracenölfraktion des Steinkohlenteers vor. Technische Bedeutung hat nur das Anthracen, das in farblosen Blättchen kristallisiert (Fp = 216 °C). Es zeigt typisch aromatische Eigenschaften. Aus Anthracen werden bekannte Farbstoffe hergestellt. Besonders sind Alizarin und viele Indanthrenfarben zu nennen, die sich durch Licht- und Waschechtheit auszeichnen (→ Aufg. 30.18. bis 30.20.).

30.8. Heterocyclische Verbindungen

Heterocyclische Verbindungen sind Verbindungen, die neben Kohlenstoff noch andere Elemente, vor allem Sauerstoff, Stickstoff und Schwefel, im Ring enthalten. Heterocyclische Verbindungen kommen im Steinkohlenteer vor, sie sind außerdem Bausteine kompliziert aufgebauter Naturstoffe (z. B. der Alkaloide, des Hämoglobins und Chlorophylls).

Die größte Beständigkeit zeigen fünf- und sechsgliedrige heterocyclische Ringe, in denen wie beim Benzen konjugierte Doppelbindungen vorliegen. Die Elektronenverteilung ist daher auch ähnlich wie beim Benzen, insbesondere existieren π-Elektronen, die dem gesamten Molekül zur Verfügung stehen. Infolgedessen haben diese heterocyclischen Verbindungen auch chemische Eigenschaften, die denen der Aromaten entsprechen. Einfach gebaut sind die fünfgliedrigen Heterocyclen Thiophen und Furan und das sechsgliedrige Pyridin.

Thiophen C_4H_4S Furan C_4H_4O Pyridin C_5H_5N

Aufgaben

30.1. Welche Summenformel und welche gemeinsamen Eigenschaften haben die Cycloalkane?

30.2. Weshalb kann Cyclohexan nur bis zum Cyclohexanon oxydiert werden?

30.3. Wie sind die besonderen Eigenschaften aromatischer Verbindungen zu erklären?

30.4. Warum ist die Reaktion von Aromaten mit Schwefelsäure technisch interessant?

30.5. Welches sind die wichtigsten Benzenhomologen?

30.6. Welche Teerfraktionen werden bei der Steinkohlenteerdestillation in der Regel unterschieden?

30.7. Wie werden die großen Mengen Aromaten gewonnen, welche die technische Chemie benötigt?

30.8. Welches sind die Strukturformeln der 3 isomeren Cresole? Wie bezeichnet man sie eindeutig?

30.9. Durch welche Verfahren gewinnt man technisch Phenole?

30.10. Die Carbolsäure C_6H_5OH ist ein einwertiges Phenol. Welche Summenformel haben dreiwertige Phenole?

30.11. Weshalb hat die Nitrierung von Benzen große technische Bedeutung?

30.12. Wieviel Liter Wasserstoff sind bei einer Temperatur von 250 °C erforderlich, um 800 g Nitrobenzen in Anilin zu überführen? ($p = 0,1$ MPa)

30.13. Weshalb reagieren Phenol C_6H_5-OH und Benzylalkohol C_6H_5—CH_2OH verschiedenartig?

30.14. Welche Summenformeln haben Benzoesäure, Phthalsäure und Terephthalsäure?

30.15. Durch welche chemische Reaktion kann man Phthalsäure und Terephthalsäure aus Xylenen gewinnen?

30.16. Der pH-Wert einer wäßrigen Lösung von Natriumbenzoat (Salz der Benzoesäure) beträgt 8,44. Was sagt dieser Wert über die Säurekonstante der Benzoesäure aus? Wie groß ist die Wasserstoffionenaktivität der Lösung?

30.17. Die Summenformeln für die Bildung der folgenden Ester, die als Weichmacher in der Plastindustrie verwendet werden, sind anzugeben: Triphenylphosphat, Dibutylphthalat und Tricresylphosphat!

30.18. Welches sind die bekanntesten chemischen Verbindungen mit kondensierten Ringsystemen?

30.19. Welche Strukturformel hat α-Methylnaphthalen, der Testkraftstoff für Dieselöl?

30.20. Die Strukturformeln der Naphthalenderivate sind anzugeben, die Nitrobenzen, Anilin und Phenol entsprechen!

31. Plaste, Elaste und Faserstoffe

Schwerpunkt für die in der Perspektive vorgesehene Steigerung der chemischen Produktion ist u. a. die Erzeugung von hochpolymeren Stoffen. Der wachsende Einsatz von Hochpolymeren anstelle der traditionellen Werkstoffe ermöglicht in vielen Wirtschaftszweigen eine Mechanisierung und Automatisierung der Produktion und damit eine Steigerung der Arbeitsproduktivität. Zu den chemischen Grundstoffen, die für eine schnelle Produktionssteigerung in vielen Wirtschaftszweigen benötigt werden, gehören Plaste (Kunststoffe), Elaste (Elastomere) und Chemiefaserstoffe.

Plaste, Elaste und Chemiefaserstoffe gehören zu den makromolekularen Substanzen, deren Bedeutung für die Entwicklung der gesamten Technik und den täglichen Bedarf dauernd zunimmt. Plasterzeugnisse und Synthesefaserstoffe werden oft aus dem gleichen Material nur durch unterschiedliche Formgebung gewonnen.

Als Plaste bezeichnet man Materialien, deren wesentliche Bestandteile aus makromolekularen Verbindungen bestehen, die synthetisch oder durch Umwandlung von Naturprodukten entstehen. Sie sind in der Regel bei der Verwendung unter bestimmten Bedingungen plastisch formbar oder sind plastisch verformt worden.

31.1. Reaktionsmechanismus und technische Durchführung der Polymerisation und Polykondensation

Die chemischen Reaktionen, die zur Bildung von Plasten und synthetischen Faserstoffen führen, sind die Polymerisation, die Polykondensation und die Polyaddition (→ Abschn. 26.2.). Bei allen diesen Reaktionen entstehen aus den niedrigmolekularen Ausgangsstoffen, den *Monomeren*, hochmolekulare Produkte, die *Polymeren*.
Die durchschnittliche Anzahl von Molekülen des Monomeren, die in das Makromolekül eintritt, bestimmt den *Polymerisationsgrad n*. In den meisten hochpolymeren Verbindungen ist $n > 1000$.
Bei der *Polymerisationsreaktion* werden folgende Stufen durchlaufen: Startreaktion, Kettenwachstum und Kettenabbruch (→ Polymerisation von Ethylen zu Polyethylen, Abschn. 26.4.1.). Die *Startreaktion* wird durch Energiezufuhr bewirkt. Die monomeren Moleküle, die immer π-Bindungen enthalten müssen, werden in den radikalischen oder ionischen Zustand übergeführt. Beim *Kettenwachstum* lagern sich die bei der Startreaktion aktivierten Moleküle zusammen, wobei kettenförmige oder verzweigte Makroradikale bzw. -ionen entstehen. Der *Kettenabbruch* beendet den Polymerisationsvorgang durch Umwandlung der radikalischen bzw. ionischen Gruppen an den Enden in stabile Formen. Das kann erfolgen durch Eintritt von Teilen des Katalysators in das Makromolekül oder durch Kombination von Makroradikalen. Auch können Wasserstoffatome zwischen den Makromolekülen ausgetauscht werden,

wobei es zum Neuaufbau einzelner Doppelbindungen kommen kann. Da bei dem Gesamtvorgang energiereichere Verbindungen mit Doppelbindungen in energieärmere mit Einfachbindungen übergeführt werden, verlaufen Polymerisationsreaktionen stets exotherm, und bei der technischen Durchführung ist die Wärmeabführung besonders wichtig.

Die praktische Verwendung der Plaste verlangt, daß durch die Polymerisation Produkte von gleichmäßiger Beschaffenheit erzeugt werden. Deshalb müssen einheitlicher Polymerisationsgrad und einheitlich aufgebaute Makromoleküle erzielt werden. Bei der Polymerisation wird häufig die Bildung fadenförmiger Moleküle angestrebt. Durch geeignete Reaktionsbedingungen und Katalysatoren ist es möglich, die Polymerisation so zu lenken, daß sich bestimmte sterische (räumliche) Konfigurationen im Makromolekül wiederholen und so Plaste »nach Maß« erzeugt werden. Diese Art der Reaktionsführung wird *stereospezifische Polymerisation* genannt.

Bei der *Polykondensation* erfolgt die Verknüpfung der am Aufbau der Makromoleküle beteiligten monomeren Verbindungen durch Kondensationsreaktion (→ Polykondensation von Phenol und Formaldehyd zum Phenoplast im Abschn. 31.4.). Doppelbindungen in den Molekülen der Monomeren sind für diesen Reaktionsmechanismus nicht erforderlich. Die Polykondensation verläuft langsamer als die Polymerisation, aber sie ist auch exotherm. Bei der praktischen Durchführung der Polykondensation ist die Bildung von räumlich vernetzten Makromolekülen erwünscht, da dadurch die mechanische Festigkeit der Reaktionsprodukte steigt.

Die *Polyaddition* ist, wie ihr Name bereits sagt, eine Additionsreaktion. Sie wird durch eine Wasserstoffumlagerung im Verlaufe des Reaktionsablaufes ermöglicht (→ Abschn. 31.6.).

Nach ihren physikalischen Eigenschaften werden die Plaste in *Thermoplaste*, *Duroplaste* und *Elaste* eingeteilt. Die Thermoplaste erweichen beim Erhitzen und werden beim Erkalten wieder fest. Sie lassen sich unter Erwärmen beliebig oft verformen, sofern nicht durch Überhitzung eine chemische Zersetzung eintritt. Die Duroplaste durchlaufen bei der Herstellung einen plastischen Zustand, in dem sie sich verformen lassen. Im Anschluß daran härten sie in der Form aus und können nicht in den plastischen Zustand zurückgeführt werden. Die Elaste zeigen gummielastische Eigenschaften. Thermoplaste und Elaste sind in der Regel Polymerisationsprodukte, die meisten Duroplaste Kondensationsprodukte.

Technische Durchführung der Bildung von Makromolekülen

Polymerisationsreaktionen werden technisch nach dem Verteilungsgrad der reagierenden Substanz, des Monomeren, nach vier verschiedenen Verfahren durchgeführt. Man spricht von *Blockpolymerisation*, wenn das Monomere flüssig, ohne Verwendung von Lösungsmitteln eingesetzt wird. Unter dem Einfluß von Katalysatoren und Reaktionsreglern wandelt es sich allmählich in das Polymerisat um. Technisch ist die Blockpolymerisation nicht leicht durchzuführen, da die immer zäher werdende Masse nicht mehr gerührt werden kann und leicht Makromoleküle verschiedener Größenordnung entstehen.

Diese Schwierigkeit vermeidet die *Lösungspolymerisation*, bei der das Monomere in einem Lösungsmittel gelöst ist. Die frei werdende Wärme läßt sich gut ableiten. Dafür muß man besonders darauf achten, das zum Schluß stark verdünnte Monomere vollständig auszunutzen und das Lösungsmittel restlos zu entfernen.

Das wichtigste technische Verfahren ist die *Emulsionspolymerisation*, bei der das Monomere, durch einen Emulgator (z. B. Seife) getragen, sich feinverteilt in einer Flüssigkeit befindet, die gleichzeitig Katalysatoren und Regler enthält. Durch Nachfließen kalter Emulsion läßt sich die Temperatur gut regeln, und es fällt ein Produkt gleichmäßiger Beschaffenheit aus.

Durch besondere Reinheit zeichnen sich die Produkte aus, die durch die *Perl-* oder *Suspensionspolymerisation* erzeugt werden. Hierbei wird das Monomere ohne Emulgator durch starkes Rühren in Form feinster Tröpfchen in Wasser verteilt. Der Katalysator ist nur im Monomeren, das polymerisiert, löslich. Das Polymerisat fällt in Form von Körnchen (Perlen) an.

Von großer praktischer Bedeutung ist die *Mischpolymerisation*, bei der mehrere Monomeren gemeinsam reagieren. Die Polymerisate enthalten dann mehr oder weniger abwechselnd die Monomeren als Bausteine der Makromoleküle.

Wenn an einem bereits fertigen Polymerisat Seitenketten mit Hilfe einer anderen Verbindung anpolymerisiert werden, so spricht man von *Pfropfpolymerisation*. Durch dieses Verfahren können die Eigenschaften von Plasten wesentlich verbessert werden.

Bei der technischen Durchführung der *Polykondensation* ist es wichtig, Wärme und entstehendes Nebenprodukt (meist Wasser) ständig abzuführen. Die Bildung der Duroplaste erfolgt über Zwischenstufen. Im A-Zustand liegt ein harziges Produkt vor. Dieses ist zwar schon hochmolekular, aber noch schmelzbar und in Lösungsmitteln löslich. Die Makromoleküle haben meist kettenförmige Struktur. Im darauf folgenden B-Zustand ist das Produkt noch thermoplastisch, aber kaum noch löslich.

Bei weiterer Erwärmung geht das Harz in den C-Zustand über. Das Harz ist damit ausgehärtet und läßt sich nun nicht mehr durch Wärme verformen. Es ist ein Duroplast entstanden, dessen Makromoleküle vernetzte Raumstrukturen aufweisen.

In großen Rührkesseln wird technisch zunächst Harz im A-Zustand erzeugt, das als thermoplastischer Stoff leicht aus dem Kessel entfernt werden kann. Dieses wird mit Farbstoffen und Füllstoffen versetzt, über heißen Walzen durchgeknetet, wobei sich der B-Zustand ausbildet. Beim Verformen in Pressen bildet sich schließlich der Duroplast (C-Zustand).

Die Polyaddition wird technisch ähnlich wie die Polymerisation durchgeführt (→ Aufgaben 31.1. bis 31.3.).

31.2. Thermoplaste auf der Basis von Ethen und Ethenderivaten

Einer der bekanntesten Plastwerkstoffe ist *Polyvinylchlorid* PVC. Das Monomere *Vinylchlorid* wird aus Ethin und Chlorwasserstoff erzeugt:

$HC\equiv CH$ + HCl → $CH_2=CHCl$
Ethin   Vinylchlorid

Vinylchlorid läßt sich auch aus Ethen herstellen. Dabei ist folgender Reaktionsweg möglich:

$CH_2=CH_2$ + Cl_2 → CH_2Cl-CH_2Cl → $CH_2=CHCl$ + HCl
Ethen   1,2-Dichlor-ethan   Vinylchlorid

Die Polymerisation des Vinylchlorids erfolgt als Emulsions- oder Suspensionspolymerisation, wobei Wasser als Träger für das Vinylchlorid dient.

Als Emulgator dienen seifenähnliche Verbindungen, z. B. Alkylsulfonat (→ Abschnitt 29.4.). Als Katalysator werden Peroxide zugesetzt. Die Reaktion erfolgt als

Radikalpolymerisation. Es bilden sich kettenförmige Moleküle mit großer relativer
Molekülmasse.

$$n\,CH_2=CHCl \rightarrow \left[\begin{array}{cc} H & H \\ | & | \\ C\!-\!C \\ | & | \\ H & Cl \end{array} \right]_n$$

Vinylchlorid　　　　PVC

Das PVC fällt als weißes, geruchloses Pulver an. PVC hat eine Wärmebeständigkeit
von 67 °C (nach *Martens*), läßt sich bei 140 °C durch Pressen, Blasen, Tiefziehen verformen, bei 160 °C zu dünnen Folien auswalzen. Es läßt sich kleben, durch Heißluft
und Hochfrequenz schweißen. Bei Abkühlung erstarrt es zum *Hart-PVC*, das sich
spanend sehr gut bearbeiten läßt. PVC ist beständig gegenüber vielen Chemikalien.
Mit flüssigen Weichmachern (meist Ester organischer Säuren) verknetet, entsteht
gummiähnliches *Weich-PVC*. Die charakteristischen Eigenschaften des Weich-PVC
entstehen durch Einlagerung der Weichmachermoleküle zwischen die Makromoleküle
des PVC.
Handelsbezeichnungen für *Hart*-PVC sind Ekadur, Decelith-H (DDR), Hostalit,
Vinidur (BRD) und Vyram (USA). Es wird in allen Industriezweigen verwendet,
vorwiegend in der chemischen Industrie, im Bauwesen und im Schiffbau (Rohre,
Platten, Auskleidungen, Schachteln, Dachrinnen usw.).
Weich-PVC (*Ekalit* oder *Decelith-W* in der DDR, *Mipolam* und *Igelit* in der BRD)
wird in der chemischen Industrie, Elektrotechnik, der Kunstledererzeugung und an-
deren Zweigen der Leichtindustrie eingesetzt.
Setzt man bei der Verarbeitung des PVC-Pulvers Treibmittel zu, so entsteht *Zell-
PVC*, das ebenfalls in harter und weicher Ausführung hergestellt wird.
Zell-PVC läßt sich wie Holz verarbeiten, es hat geringe Dichte und gutes Wärmedäm-
mungsvermögen. Es wird beim Fahrzeug-, Flugzeug-, Schiffs- und Kühlschrankbau
verwendet.
Transparent-PVC schließlich ist durchscheinend bis durchsichtig, es wird in Form von
Folien und Tafeln erzeugt.

Größte Bedeutung erlangte *Polyethylen* als hochwertiger Plastwerkstoff. Seine Pro-
duktionszahlen stiegen in der gesamten Welt steil an, da Polyethylen vielseitig technisch anwendbar ist. Das zu seiner Herstellung benötigte Ethylen C_2H_4 liefert die
thermische Spaltung von Erdölprodukten im Crackprozeß ($\rightarrow$ Abschn. 27.3.).
Je nachdem, ob man die Polymerisation von Ethylen unter hohem Druck (100 MPa
und 200 °C) mit Peroxiden als Katalysator oder bei Normaldruck (50 bis 70 °C) in
Gegenwart von Titan- und Aluminiumkatalysatoren durchführt, erhält man Weich-
oder Hartpolyethylen (auch Hochdruck- und Niederdruckpolyethylen genannt).
Die Moleküle des Hartpolyethylens haben lineare Struktur, der Polymerisationsgrad
ist ähnlich hoch wie beim PVC. Weichpolyethylen besitzt verzweigte Moleküle.
Handelsbezeichnungen für Polyethylen sind *Gölzathen*, *Mirathen* (DDR), *Hostalen*,
Lupolen (BRD), *Alkathene*, *Courlene* (Großbritannien), *Plastylene* (Frankreich), *Nym-
plex*, *Stamylan* (Niederlande) und *Alathone*, *Epolene* (USA).
Polyethylene fassen sich wachsartig an, sie besitzen helles, durchscheinendes Aussehen, sind physiologisch einwandfrei und chemisch sehr beständig. Sie können leicht
zu Platten, Rohren, Folien usw. verarbeitet werden. Verwendung findet Polyethylen
im Bauwesen, in der Elektrotechnik, der chemischen Industrie und der Leichtindustrie. Besondere Bedeutung erlangte es als Verpackungsmaterial für Lebensmittel.

Durch Polymerisation von Propylen C_3H_6 erhält man *Polypropylen*

$$n\,H_2C{=}CH{-}CH_3 \rightarrow \left[\begin{array}{cc} H & H \\ | & | \\ C{-}C \\ | & | \\ H & CH_3 \end{array} \right]_n$$

Propylen   **Polypropylen**

Bei der Darstellung von Polypropylen gelingt die stereospezifische Polymerisation. Polypropylen ist steifer und wärmebeständiger als Polyethylen. Es ist deshalb noch vielfältiger einsetzbar, aber teurer (→ Aufg. 31.4. und 31.5.).
Besonders hohe Temperaturbeständigkeit hat Polytetrafluorethylen (PTFE), das durch die folgende Reaktion gebildet wird:

$$n\,F_2C{=}CF_2 \rightarrow {+}CF_2{-}CF_2{\}}_n$$

Tetrafluor-   **Polytetrafluor-**
ethylen   **ethylen**

Das Monomere ist aus Fluorchlormethan $CHClF_2$ durch Chlorwasserstoffabspaltung beim Erhitzen leicht erhältlich:

$$2\,CHClF_2 \xrightarrow{700°C} CF_2 = CF_2 + 2\,HCl$$

Difluorchlormethan   **Tetrafluorethylen**

Polytetrafluorethylen hat eine Dauerwärmebeständigkeit von 280 °C und besitzt einen niedrigen Reibungskoeffizienten. Es ist gegen die meisten Chemikalien beständig.
Handelsnamen sind *Heydeflon* (DDR), *Hostaflon* (BRD), *Ftoroplast* (UdSSR) und *Teflon* (USA). PTFE dient als hochwertiger Isolierstoff in der Elektronik und Elektrotechnik, als korrosionsfester Werkstoff in der chemischen Industrie und zur Herstellung wartungsarmer Gleitlager im Maschinenbau. Infolge seines hohen Preises und schwieriger Verarbeitung ist der Einsatz dieses Plastes noch beschränkt.

Weitere Plaste, die sich von Ethenverbindungen ableiten, sind Polyvinylacetat, Polyvinylalkohol und Polystyren. *Polyvinylacetat* (PVA) entsteht durch Perl- oder Emulsionspolymerisation aus Vinylacetat $CH_2{=}CH{-}O{-}CO{-}CH_3$. PVA fällt als öliges, weichklebriges oder auch festes Produkt an, das vor allem in der Farben- und Lackindustrie, aber auch in der Textil- und Papierindustrie Verwendung findet. Durch Verseifung einer methanolischen Lösung von PVA wird *Polyvinylalkohol* ${+}CH_2{-}CHOH{\}}_n$ hergestellt. Dieses zählt zu den wasserlöslichen Polymeren. Es kann als Emulgator, Klebstoff, Permanentsteife für Textilien, wasserlöslicher Film oder Faden verwendet werden.
Große Ähnlichkeit mit Polyethylen besitzt *Polystyren*, das durch Block- oder Emulsionspolymerisation gewonnen wird:

$$n\,C_6H_5{-}CH{=}CH_2 \rightarrow \left[\begin{array}{cc} H & H \\ | & | \\ C{-\!-}C \\ | & | \\ C_6H_5 & H \end{array} \right]_n$$

Styren   **Polystyren**

Das für die Polymerisation benötigte Styren wird durch Dehydrierung von Ethylbenzen erzeugt (→ Abschn. 30.3.).

Styren polymerisiert bereits spontan bei Zimmertemperatur; technisch wird dieser Prozeß durch Wärme und Peroxidkatalysatoren beschleunigt. Der Polymerisationsgrad wird durch das Polymerisationsverfahren beeinflußt, ist aber in jedem Fall groß.

Polystyren kann glasklar hergestellt werden, läßt sich auch leicht anfärben. Gegenüber Wasser, Alkalien und Säuren ist es beständig. Polystyren ist das billigste Spritzgußmaterial. Wegen seiner hohen Dielektrizitätskonstanten wird es bevorzugt als Isoliermaterial in Form von Apparateteilen oder als Folie zur Aderisolation von Kabeln verwendet. Außerdem werden Brillengestelle, Arzneischachteln, Knöpfe, Haushaltsgeräte usw. aus diesem Material hergestellt.

Auch hochwirksame Kationenaustauscher werden auf der Basis von Polystyren gewonnen. Große Mengen Styren werden für eine Mischpolymerisation mit Butadien zur Herstellung von synthetischem Kautschuk (Buna S) benötigt (→ Abschn. 31.3.). »Schlagfestes Polystyren« mit erhöhter Schlagzähigkeit erhält man durch Zumischung von Synthesekautschuk zum polymerisierten Styren.

Ein durch Blockpolymerisation erzeugtes Polymethacrylat ist unter der Bezeichnung *Piacryl* oder organisches Glas im Handel, in der BRD trägt es die Bezeichnung *Plexiglas*.

Ausgangsstoff für das Polymethacrylat ist der Methylester der Methacrylsäure, die sich von der Acrylsäure $CH_2=CH-COOH$ ableitet (→ Abschn. 28.6.).

$$n\,CH_2=\underset{\underset{COOCH_3}{|}}{\overset{\overset{CH_3}{|}}{C}} \quad \rightarrow \quad \left[\begin{array}{c} H \quad COOCH_3 \\ | \quad\quad | \\ -C-C- \\ | \quad\quad | \\ H \quad CH_3 \end{array} \right]_n$$

Methacrylsäure-   Polymethacrylat
methylester

Dieser Plast ist glasklar, unzerbrechlich und leicht zu bearbeiten. Da er sehr gute optische Eigenschaften hat (90 bis 99% Lichtdurchlässigkeit), wird er zu Verglasungen im Fahr- und Flugzeugbau, zu Meß- und Zeichengeräten und durchsichtigen Gebrauchsgegenständen verarbeitet. Seine Beständigkeit gegen Säuren, Laugen und andere Chemikalien macht ihn als Prothesenmaterial in der Medizin verwendungsfähig (→ Aufg. 31.6. bis 31.8.).

31.3. Synthetischer Kautschuk

Der synthetische Kautschuk gehört zu den Elasten.

Zur Polymerisation zu elastischen Makromolekularen eignen sich besonders ungesättigte Kohlenwasserstoffe mit 4 Kohlenstoffatomen in der Hauptkette. Man geht dabei vom *Butadien* $CH_2=CH-CH=CH_2$ (→ Abschn. 26.4.2.) aus. Die daraus hergestellten Polymerisationsprodukte heißen Bunakautschuk.

Das als Monomeres verwendete Butadien kann aus Ethin gewonnen werden, in erdgasreichen Ländern geht man vom Butan aus. Dieses petrolchemische Verfahren verläuft nach folgender Reaktionsgleichung:

$$CH_3-CH_2-CH_2-CH_3 \xrightarrow{-2\,H_2} CH_2=CH-CH=CH_2$$

Butan   Butadien

Die Emulsionspolymerisation, die zum reinen Polybutadien führt, kann katalytisch durch Natrium beschleunigt werden. Aus *Bu*tadien und *Na*trium wurde die Kurzbezeichnung Buna gebildet. Heute werden jedoch meist Peroxidkatalysatoren eingesetzt, die einen radikalischen Reaktionsablauf bewirken. Infolge der mesomeren Struktur des Butadiens gibt es für die Polymerisation zwei Möglichkeiten. Die Kopplung der Butadienradikale erfolgt als 1,2- oder 1,4-Addition. Dementsprechend führt die Reaktion zum

$$\left[\begin{array}{c}-CH_2-CH-\\ | \\ CH \\ \| \\ CH_2 \end{array}\right]_n \quad \text{oder} \quad {+}CH_2-CH=CH-CH_2{-}]_n$$

1,2-Polymerisat   1,4-Polymerisat

Das entstehende Produkt heißt *Zahlenbuna*, da die nach dieser Reaktion entstehenden Produkte durch eine Zahl gekennzeichnet werden. Der sogenannte *Buchstabenbuna* umfaßt Sorten, die durch eine Mischpolymerisation entstehen. Emulgiert man gleichzeitig Butadien und Styren für die Polymerisation, so entsteht *Buna S*. Mischpolymerisate von Butadien und Acrylnitril $CH_2{=}CH{-}CN$ ergeben die als *Buna N* bezeichneten Kautschuksorten.

Die Mischpolymerisation von Butadien und Styren kann bei Einsatz von Redox-Systemen als Katalysator bei Temperaturen zwischen $+5$ und $-10\,°C$ durchgeführt werden. Der entstehende Tieftemperaturkautschuk (engl. cold rubber) hat sehr gute Verarbeitungs- und Gebrauchseigenschaften.

Zahlenbuna eignet sich für die Herstellung von Hartgummi und Auskleidungen, Buna S für Fahrzeugreifen, Transportbänder, Sohlen, Gummiringe, sanitäre Gummiwaren, Buna N für öl-, fett- und benzinfeste Gummiwaren.

Das Reaktionsprodukt der Polymerisation ist in jedem Fall der Latex, der durch Säurezusatz koaguliert in krümeliger Beschaffenheit anfällt. Er wird in Kalandern zu Fellen verpreßt. Dieser synthetische Kautschuk ist noch weich und klebrig, seine Makromoleküle sind linear aufgebaut. Sie enthalten die reaktionsfähige Gruppe $-CH{=}CH-$. Diese kann mit Schwefel reagieren, wobei es zu vernetzten Strukturen kommt, die elastische Eigenschaften aufweisen. Technisch wird die Überführung des Kautschuks in Gummi durch *Vulkanisation* erreicht. Dabei ist eine Zumischung von Füllstoffen (zur Festigkeitserhöhung), Vulkanisatoren (zur Erzeugung elastischer Eigenschaften) und Zusatzstoffen (Vulkanisationsbeschleuniger und Alterungsschutzmittel) erforderlich.

Die Vernetzung der Makromoleküle wird bei Verwendung von elementarem Schwefel als Heißvulkanisation bei Temperaturen von 120 bis 160 °C oder mit Hilfe von Dischwefeldichlorid S_2Cl_2 als Kaltvulkanisation bei Temperaturen um 5 °C durchgeführt. Verwendet man für die Vulkanisation wenig Schwefel (1 bis 10%), so erhält man Weichgummi; mit viel Schwefel (30 bis 45%) entsteht Hartgummi.

Bei der Polymerisation von Buta-1,3-dien mit Lithiumalkylen als Katalysator entsteht Stereokautschuk cis-1,4-Polybutadien, dessen Eigenschaften mit denen des Naturkautschuks vergleichbar sind.

Als Elaste mit hervorragenden Eigenschaften eignen sich auch Ethylen-Propylen-Terpolymere (EPT). EPT ist ein Mischpolymerisat von Ethylen und Propylen mit nichtkonjugierten Alkadienen, das mit Schwefel vulkanisierbar ist ($\rightarrow$ Aufg. 31.9. bis 31.13.).

31.4. Plaste auf der Basis von Phenolen

Die durch die Polykondensation aus Phenolen und Formaldehyd entstehenden, durch Hitze härtbaren Formmassen heißen *Phenoplaste*. Zu ihrer Herstellung sind auch Homologe des Phenols, z. B. Cresol

$C_6H_4\begin{smallmatrix}CH_3\\OH\end{smallmatrix}$ geeignet.

Diese Plaste wurden bereits am Anfang unseres Jahrhunderts technisch hergestellt. Da ihre Produktion billiger als die der meisten Thermoplaste ist und Phenoplaste gute mechanische und elektrische Eigenschaften besitzen, ist ihr Einsatz sehr umfassend.
Die *Polykondensation* kann in saurer Lösung (Verhältnis 1 Mol Phenol : 0,8 Mol Formaldehyd) erfolgen, dabei entstehen die *Novolake*, die thermoplastische Eigenschaften haben. Der eigentlichen Polykondensation geht eine Anlagerung des Formaldehyds an das Phenol voraus.

Phenol   Formaldehyd   Anlagerungsprodukt   Phenoplast

Der Kondensationsvorgang verläuft in diesem Fall sehr rasch. Die angelagerten Formaldehydmoleküle reagieren sofort weiter. Es kommt nur zum Aufbau von linearen Makromolekülen. Die Novolake werden technisch zur Herstellung von Lacken und zum Imprägnieren benutzt.
Bei der Kondensation im alkalischen Medium arbeitet man mit einem Formaldehydüberschuß. Es werden im ersten Reaktionsschritt mehrere Formaldehydmoleküle gleichzeitig an den Phenolring angelagert, so daß durch Kondensation vernetzte Makromoleküle entstehen können.
Das bei beiden Technologien zuerst entstehende A-Harz wird gemahlen und nach Zusatz von Farb- und Füllstoffen auf geheizten Mischwalzen durchgeknetet, wobei das B-Harz entsteht. Preßt man dieses bei etwa 150 °C in Preßformen, so härtet es aus und wird zum C-Harz. Beim Übergang in den B- und C-Zustand kommen mehr und mehr —CH_2OH-Gruppen zur Kondensation, die Makromoleküle zeigen zunehmend netzförmigen Aufbau.
Die Struktur eines Phenoplastmoleküls im C-Zustand läßt sich formelmäßig wie folgt darstellen:

Reines Phenol-Formeldehydharz wird im Leunawerk als sogenanntes *Edelkunstharz* hergestellt. Aus reinem Phenol-Formaldehydharz stellt man in verschiedenen Farben

Gebrauchs-, Schmuck- und Luxusartikel her. Darüber hinaus kann es auch als Ionenaustauscher *(Wofatite)* Verwendung finden. Die große Menge der erzeugten Phenoplaste wird aber als *Phenoplast-Preßmasse* verarbeitet, in der die Harze mit Harzträgern (Holz-, Gesteinsmehl, Textil- und Glasfasern) vermischt ausgehärtet werden. Verwendet man lagenförmiges Trägermaterial, so entstehen die *Phenoplast-Schichtpreßstoffe*. Phenoplastpreßmassen haben in fast allen Zweigen der Technik Eingang gefunden, vor allem in der Elektrotechnik. Für Gegenstände, die mit Lebensmitteln in Berührung kommen, sind sie allerdings nicht geeignet (Phenolgehalt!). Schichtpreßstoffe werden verwendet als Hartpapier, Hartgewebe und Schichtpreßholz. Aus Phenoplastschichtstoff werden Zahnräder, Tragrollen und Lagerbuchsen hergestellt. Phenoplast-Preßmassen mit Baumwollinters als Einlage bewährten sich als Autokarosserien (Trabant).

31.5. Plaste auf der Basis von Harnstoff und anderen Stickstoffverbindungen

Durch Polykondensation von Formaldehyd mit Harnstoff und anderen geeigneten Aminen und Amiden (→ Abschn. 28.1. und 28.7.) bilden sich die *Aminoplaste*. Diese sind den Phenoplasten in der Herstellung und Verarbeitung sehr ähnlich. Der Reaktionsverlauf ist am Beispiel des Harnstoffs, dem Diamid der Kohlensäure, am leichtesten zu übersehen:

$$n\, O=C{\overset{NH_2}{\underset{NH_2}{\diagup\!\!\!\diagdown}}} + n\, H-C{\overset{O}{\underset{H}{\diagup\!\!\!\diagdown}}} \rightarrow \left[\begin{array}{c} -N-CH_2- \\ | \\ O=C \\ | \\ NH_2 \end{array}\right]_n + n\, H_2O$$

Harnstoff   **Formaldehyd**   **Aminoplast**

Die Polykondensation wird auch mit anderen Stickstoffverbindungen, vor allem mit *Dicyandiamid* und *Melamin*, durchgeführt.
Beide Verbindungen entstehen durch Additionsreaktion aus Cyanamid (→ Abschnitt 15.3.5.). Sie enthalten Aminogruppen, die die Formelbilder zeigen:

$$HN=C{\overset{NH_2}{\underset{NH-C\equiv N}{\diagup\!\!\!\diagdown}}} \qquad\qquad \begin{array}{c} NH_2 \\ | \\ C \\ \diagup\!\!\diagdown \\ N \quad\; N \\ \| \quad\; | \\ H_2N-C \quad C-NH_2 \\ \diagdown\!\!\diagup \\ N \end{array}$$

Dicyandiamid   **Melamin**

Die Didi- und Melaminharze sind den Harnstoffen vielfach überlegen.
Die bei der technischen Herstellung von Aminoplasten anfallenden A-Harze werden als Holzleim, Lackrohstoffe und Textilhilfsmittel eingesetzt. Die große Menge der erzeugten Plaste wird zu Preßmassen verarbeitet. Da die Harze farblos sind, lassen sich leicht klarfarbige und bunte Teile herstellen; sie können auch zu zahlreichen Gebrauchsgütern verarbeitet werden, da die Aminoplaste physiologisch einwandfrei sind. Geschäumte Harnstoffharze haben die Handelsbezeichnungen *Piatherm* (DDR) und *Iporka* (BRD). Piatherm wird als Mittel zur Wärme- und Schalldämmung gebraucht.

Preßmassen kommen unter den Bezeichnungen *Meladur*, *Didi-Preßmasse* (DDR). *Doramin* (Ungarn), *Uroform* (Jugoslawien) und *Pollapas* (BRD) in den Handel. Zu den Schichtpreßstoffen gehören die mit Hilfe von Melaminharzen erzeugten *Melacart*- und *Sprelacartplatten* (in der BRD *Resopal*), die in der Möbelindustrie Verwendung finden (→ Aufg. 31.14. bis 31.16.).

31.6. Plaste verschiedenen Typs

31.6.1. Polyurethane

Im letzten Jahrzehnt haben Plaste, deren Aufbau komplizierter ist, zunehmend an Bedeutung gewonnen. Stickstoff ist auch beim Aufbau der Makromoleküle der *Polyurethane* beteiligt, die durch Polyaddition entstehen. Ausgangsstoffe sind zweiwertige Alkohole (Diole) und Diisocyanate (diese enthalten die funktionelle Gruppe
—N=C=O),
die sich wie folgt nach einer Umlagerung von Wasserstoffatomen vereinigen:

$$\underset{\text{Diol}}{\text{HO—R'—OH}} + \underset{\text{Diisocyanat}}{\text{O=C=N—R''—N=C=O}} + \underset{\text{Diol}}{\text{HO—R'—OH}} + \ldots \rightarrow$$

$$\rightarrow \left[\begin{array}{c} \text{C—NH—R''—NH—C—O—R'—O} \\ \| \qquad\qquad\qquad\quad \| \\ \text{O} \qquad\qquad\qquad\quad \text{O} \end{array} \right]_n$$
Polyurethan

Die entstehenden Produkte können thermoplastisch oder unschmelzbar und hart sein. Durch unterschiedliche Ausgangsstoffe und Reaktionsführung erhält man Produkte mit ganz verschiedenen Eigenschaften, die vielseitig technisch verwendbar sind. Polyurethane werden eingesetzt zur Herstellung von Formteilen, Schaumstoffen, kautschukelastischen Massen, Klebstoffen, Fasern und Lacken. Polyurethane heißen in der DDR PUR-Erzeugnisse *(Syspur)*, in der BRD *Bayfit* und *Baypur*. Die in der BRD produzierten Polyurethanfaserstoffe sind unter der Bezeichnung *Perlon U* im Handel.

31.6.2. Epoxidharze

Die *Epoxidharze* erhielten ihren Namen vom Epichlorhydrin CH_2—CH—CH_2Cl,
$$\diagdown O \diagup$$
einem Glycerolester mit einem Siedepunkt von 117 °C. Der Ester ergibt in Reaktion mit zweiwertigen Phenolen durch Polykondensation und Polyaddition lineare makromolekulare Produkte, die schmelz- und vergießbar sind, z. B.

$$\left[-O-\bigcirc-\underset{\underset{CH_3}{|}}{\overset{\overset{CH_3}{|}}{C}}-\bigcirc-O-CH_2-\underset{\underset{OH}{|}}{CH}-CH_2- \right]_n$$

Diese können dann durch Triamine bei Zimmertemperatur oder Diamide und Dicarbonsäureanhydride bei höheren Temperaturen gehärtet werden. Bei diesem Härtungsvorgang kommt es zu einer Vernetzung der Makromoleküle.

Die Epoxidharze sind vielseitig einsetzbar. Als Gießharze werden sie zur Einbettung elektrischer Bauteile verwendet. Nach der Aushärtung ergeben sich ausgezeichnete Isolatoren, die wasser- und chemikalienfest sind und thermisch hoch beansprucht werden können.

Besondere Bedeutung erlangten sie als Klebeharze. Durch ihren Einsatz entwickelte sich die Metallklebetechnik, die im Maschinenbau zu umwälzenden Neuerungen führte. In der Laminiertechnik werden Epoxidharze schichtweise mit Glasfasern oder Gewebe verklebt. Dabei entstehen Formteile hoher Festigkeit. In Kombination mit anderen Lackrohstoffen dienen die Harze als kalthärtende, korrosionsfeste Anstriche und Einbrennlacke.

Bei der Verarbeitung von Epoxidharzen werden häufig auch Füllstoffe (Quarz-, Porzellan- und Glasmehl) hinzugefügt. Es ist zu beachten, daß Harze und Härter die Haut angreifen können.

Epoxidharze führen die Handelsbezeichnungen *Epilox* (DDR) und *Epikote* (BRD, Großbritannien).

31.6.3. Polyester- und Polyamidharze

Polyesterharze entstehen durch eine Polykondensation von mehrwertigen Alkoholen und Dicarbonsäuren. Aus Glycerol und Adipinsäure bilden sich z. B. Makromoleküle folgender Struktur:

$$\pm OC-(CH_2)_4-CO-O-CH_2-CHOH-CH_2-O\pm_n$$

Zu den Polyesterharzen gehören die *Alkydharze*, die als Lackharze benutzt werden. Zur Gewinnung elastischer Lackfilme kondensiert man trocknende Öle (z. B. Leinöl) mit ein, die eine Vernetzung der Makromoleküle bewirken.

Besonders gute mechanische Eigenschaften zeigen die *ungesättigten Polyesterharze*, die durch Kondensation aus zweiwertigen Alkoholen und ungesättigten Dicarbonsäuren (z. B. Maleinsäure) gewonnen werden. Die Kondensationsprodukte enthalten noch reaktionsfähige Doppelbindungen, die durch Polymerisation mit entsprechenden Verbindungen, z. B. Styren, zu Duroplasten vernetzen.

Die Aushärtung erfolgt nach Zugabe von Styren durch radikalbildende Katalysatoren. Verwendet man Glasfasern als Harzträger, so können große Formteile mit hoher Festigkeit hergestellt werden. Bei Einsatz alkalifreier Glasfasern ergeben sich Zugfestigkeiten von 1500 MPa. So werden z. B. Bootskörper, Autokarosserien, Badewannen usw. aus diesem Material gewonnen.

Thermoplaste auf *Polyamid*basis haben die Handelsbezeichnungen *Miramid, Polyamid AH Schkopau* (DDR), *Durethan, Supramid* (BRD), *Silon* (ČSSR), *Danamid* (Ungarn) und *Fosta Nylon* (USA).

Diese Thermoplaste stellt man aus den gleichen Stoffen wie die synthetischen Polyamidfasern her (→ Abschn. 31.9.). Sie sind physiologisch einwandfrei und lassen sich leicht durch Spritzguß verformen.

Tabelle 31.1 gibt eine Übersicht über mechanische und elektrische Eigenschaften von Plasten (→ Aufg. 31.17. bis 31.20.).

31.7. Natürliche Faserstoffe

Die in der Textilindustrie und anderen Industriezweigen verwendeten Faserstoffe gehören ebenfalls zu den makromolekularen Stoffen. Nach ihrer Herkunft werden sie unterteilt, wie es die folgende Übersicht angibt:

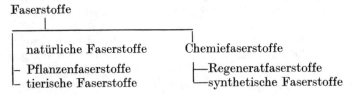

Natürliche pflanzliche Faserstoffe bestehen chemisch im wesentlichen aus Cellulose. Als Textilfasern werden Samen- und Bastfasern (Baumwolle, Flachs, Hanf, Jute, Ramie), für andere industrielle Zwecke auch Hartfasern aus Früchten und Blättern (z. B. Kokosfasern) verwendet. Baumwolle eignet sich von allen Faserarten am besten zum Verspinnen, deshalb wird im Weltmaßstab mehr als die Hälfte aller Textilien aus Baumwolle hergestellt.

Die von Natur aus guten textilen Eigenschaften der Baumwolle werden zunehmend durch Veredlungsverfahren noch verbessert. Durch Einlagerung von Kunstharzmolekülen in die Faserhohlräume entstehen Vernetzungen zwischen den Hydroxygruppen der Cellulose mit reaktiven Gruppen der Harze.

Natürliche tierische Faserstoffe gehören chemisch zu den Eiweißstoffen. Die Textilindustrie verwendet Seide, Wolle und Tierhaare als tierische Fasern, die wegen der ihnen eigenen Festigkeit, Elastizität und Formbeständigkeit besonders geschätzt sind. Diese Eigenschaften verdanken sie den im Makromolekül enthaltenen Peptid- (Amid-) Gruppen —CO—NH—, die sich auch in den vollsynthetischen Polyamidfasern befinden (→ Abschn. 31.9.).

Tabelle 31.1. Mechanische und elektrische Eigenschaften von Plasten

Plaste	Dichte in $g\ cm^{-3}$	Zugfestigkeit in MPa	Druckfestigkeit in MPa	Kerbschlagzähigkeit in MPa
PVC – hart	1,38	60	80	0,5
Polystyren	1,07	30	105	0,2 … 0,5
Polyethylen (weich)	0,92	10	12	–
Polyethylen (hart)	0,94	20	10	–
Piacryl	1,18	70	120	0,23
Polyamid	1,13	70 … 75	110	1,5
Polyurethan	1,21	40 … 55	65	2,0
Phenol-Formaldehydharz	1,3	40	60	0,15
Phenolharz + Holzmehl	1,4 … 1,45	25	200	0,15
Phenolharz + Papier (Hartpapier)	1,3 … 1,4	100	100 … 150	0,5
Harnstoffharz	1,45 … 1,55	25	180	0,12
Melaminharz + Cellulose	1,55 … 1,6	50	220	0,17
Harnstoffharz + Papier (Hartpapier)	1,35 … 1,45	70	100	0,5
Epoxidharz	1,2 … 1,3	50 … 80	–	1,0 … 2,0
unges. Polyesterharz	1,26	60	65	–
unges. Polyesterharz + Glasseide	1,9	840	490	2,0 … 4,0

Die Makromoleküle der natürlichen Faserstoffe haben linearen Aufbau. Die parallel zueinander liegenden Moleküle sind über Wasserstoffbrücken aneinander gekettet. Hierdurch erklären sich die Zerreißfestigkeit und die Unlöslichkeit dieser Faserstoffe ($\rightarrow$ Aufg. 31.21.).

31.8. Regeneratfaserstoffe und andere Produkte aus Zellstoff

Regeneratfaserstoffe werden synthetisch aus Stoffen erzeugt, die ihren Ursprung in natürlichen Makromolekülen haben. Die Produkte, die als unendlich langer Faden anfallen, heißen *Seiden*, kurze Fadenbündel *Fasern*.
Zu den Regeneratfaserstoffen (auch Reyon genannt) gehören vor allem die aus Cellulose hergestellten Seiden und Fasern. Bei ihrer Produktion geht man von dem aus Holz gewonnenen Zellstoff aus und nutzt die chemischen Eigenschaften der Cellulose aus ($\rightarrow$ Abschn. 29.8.). Die Löslichkeit von Cellulose in *Schweitzers Reagens* wird bei der Herstellung von *Kupferseide* genutzt. Die ammoniakalische Celluloselösung wird durch Spinndüsen in saure Bäder gepreßt, wobei der aus Cellulose bestehende Kunstseidenfaden entsteht (Bild 31.2).
Am wirtschaftlichsten läßt sich die *Viscoseseide* produzieren, da an den dabei verwendeten Holzzellstoff keine großen Qualitätsansprüche gestellt werden und die zur Xanthogenatbildung benutzten Chemikalien Natronlauge und Schwefelkohlenstoff leicht zugänglich sind. Der Celluloseester nimmt in einem Reifeprozeß viskose Beschaffenheit an (Bild 31.1). In dieser Form wird er durch die Spinndüsen in schwefelsaure Bäder gepreßt, wo der Ester zerstört wird und regenerierte Cellulose ausfällt. Die in der DDR hergestellten Viscosefasern führen die Handelsbezeichnung REGAN.

Wärmebeständigkeit (Formbeständigkeit nach *Martens*) in °C	Widerstand an der Oberfläche in Ω	Dielektrischer Verlustfaktor bei 800 Hz	Durchschlagsfestigkeit in kV mm^{-1}
67	10^{14}	0,02 ... 0,04	20 ... 60
72 ... 80	10^{14}	0,004	50 ... 65
104	10^{14}	0,004	60
90 ... 100	10^{18}	0,001	40 ... 60
70	10^{14}	0,06	35
60	10^{12}	0,03	20
45	10^{14}	0,01 ... 0,02	–
40	$5 \cdot 10^{11}$	0,075	10
125	$2 \cdot 10^{10}$	0,07	15 ... 20
125	10^{12}	0,1	30 ... 60
100	10^{10}	0,04	17
135	10^{10}	0,01	10
100	10^{12}	0,1	40
110	10^{13}	0,007	> 40
80	$3 \cdot 10^{14}$	0,008	25
110 ... 140	–	–	–

Acetatseide gewinnt man, indem man Celluloseacetat in Aceton löst. Die Acetatseide wird trocken versponnen. Das aus der Spinndüse austretende Fadenbündel wird von heißer Luft getrocknet, wobei das Aceton verdunstet und der Ester fadenförmig erstarrt. Diese Seide ist wegen ihres schönen Glanzes und hoher relativer Naßfestigkeit sehr geschätzt.

Bild 31.1. Viscoselösung

Bild 31.2. Spinndüsen

Alle Seiden ähneln der Naturseide in Glanz und Geschmeidigkeit, unterscheiden sich aber chemisch und auch durch andere Eigenschaften von ihr. *Cellulosefasern* lassen sich grundsätzlich nach denselben Verfahren herstellen wie die entsprechenden Seiden. Die aus den Spinndüsen austretenden, im Fällbad stabilisierten, unendlich langen Seidenfäden werden zu einem starken Kabel vereinigt und dann in Stapelfasern in der Länge zerschnitten, die den Längen der natürlichen Fasern entsprechen (30 bis 100 mm). Die so entstehenden bauschigen und weichen Seidenfasern werden zu Garn verarbeitet, häufig nach einem Kräuselungsprozeß. Diese Garne ähneln Woll- und Baumwollgarnen. Durch Verbesserung der Herstellung- und Verarbeitungsverfahren ist es gelungen, Cellulosefasern mit besonderen Qualitätsmerkmalen zu entwickeln.

Weitere Zellstoffprodukte

Schießbaumwolle (Cellulosetrinitrat) ist ein stark nitrierter Ester der Cellulose, er wirkt als hochbrisanter Sprengstoff. Schießbaumwolle kann durch Ethanol-Ether-Gemische gelatiniert werden. Gekörnt ergibt sich rauchschwaches Pulver für Schußwaffen.
Kollodiumwolle ist ein Celluloseester mit mittlerem Stickstoffgehalt, der ebenfalls löslich ist. Die *Kollodiumlösung* wird als Kleber verwendet.
Nitrolacke sind Lösungen von Kollodium in Ethyl- und Butylacetat. Thermoplastisches *Celluloid* wird durch Verkneten von Kollodiumwolle mit Campher gewonnen. Es dient zur Herstellung von Filmmaterial und Gebrauchsartikeln.
Auch Celluloseacetat kann zu plastischen Massen, Acetatlacken, Sicherheitsfilm und Triacetatfolie verarbeitet werden. Viscoselösung, in geeigneter Weise verformt, ist Grundstoff für *Cellophan* (Viscosezellglas), *Viscoseschwämme*, Kunstdarm.
Durch kurzzeitige Behandlung des Zellstoffs mit konzentrierter Schwefelsäure entsteht *Pergamentpapier*. Zellstoffbahnen quellen in Zinkchloridlösung, so daß sie unter Druck miteinander verpreßt werden können. Nach Auswaschen des Zinkchlorids erhält man die zähe, biegsame *Vulkanfiber* (→ Aufg. 31.22. bis 31.24.).

31.9. Synthetische Faserstoffe

Synthetische Faserstoffe können vollsynthetisch aus nichtmakromolekularen Rohstoffen, z. B. Kohle, Petrolchemikalien, Kalk, Salz, Wasser und Luft erzeugt werden.
Die charakteristischen Eigenschaften der Synthesefaserstoffe, die sie von den Naturfaserstoffen unterscheiden, sind ihre größere mechanische Scheuerfestigkeit, die Beständigkeit gegenüber vielen Chemikalien, geringe Feuchtigkeitsaufnahme aus der Luft. Auf der zuletzt genannten Eigenschaft beruhen der geringe Unterschied zwischen Trocken- und Naßfestigkeit, das rasche Trocknen und die geringe Knitterneigung dieser Faserstoffe. Außerdem sind sie beständig gegen Tierfraß und Mikroben. Bei gutem Isolierverhalten werden sie leicht elektrostatisch aufgeladen. Durch aufgetragene Präparationen kann aber die elektrostatische Auflage weitgehend verhindert werden.
Die synthetischen Faserstoffe haben sich in der Textilindustrie und in vielen anderen Industriezweigen durchgesetzt. Sie werden wegen ihrer hervorragenden Eigenschaften, welche die natürlichen Faserstoffe nicht erreichen, in allen Industriestaaten der Welt in ständig ansteigender Menge produziert.
Die erste vollsynthetisch aus Kohle, Kalk und Kochsalz hergestellte Faser war die *PC-Faser*, die jetzt in der DDR die Warenbezeichnung PIVIACID-Faser führt. Chemisch besteht diese Faser aus nachchloriertem Polyvinylchlorid PVC, das in Aceton löslich ist. Grundsätzlich kann sie im Trocken- und Naßspinnverfahren hergestellt werden.
Die PC-Faser wird im Naßspinnverfahren erzeugt, indem die aus den Düsen austretenden Fäden durch Wasser gezogen und so vom Aceton befreit werden. Dabei werden die Fäden gleichzeitig verstreckt, was ein Ordnen der linearen Moleküle in der Längsrichtung bewirkt und die Festigkeit steigert. Anschließend wird der Fadenstrang gekräuselt und in die gewünschte Stapellänge zerschnitten. Die auf diese Weise hergestellte Faser ist beständig gegen Säuren, Laugen und andere aggressive Chemikalien, sie ist fäulnisfest, nicht entflammbar und besitzt ein hohes Isolier- und Wärmehaltevermögen. Sie wird deshalb vorwiegend in der Technik benutzt zur Herstellung von Filtertüchern, Diaphragmen, Arbeitsschutzbekleidung und nicht entflammbaren Textilien. Wegen ihrer rheumalindernden Wirkung wird sie auch zur Füllung von Steppdecken und zur Herstellung der sogenannten *Vylan*-Unterwäsche eingesetzt.

Wie PVC ist auch die PC-Faser hitzeempfindlich. Vylan-Wäsche darf deshalb z. B. höchstens bei 50 °C gewaschen werden.

Aus Kohle, Kalk und Wasser oder aus Methan (Erdgas) gewinnt man über Ethin den *Polyvinylcyanidfaserstoff*, abgekürzt als PAN bezeichnet. Er ist ein Polymerisationsprodukt von Vinylcyanid (Acrylsäurenitril), das aus Ethin und Blausäure synthetisiert wird.

$$HC\equiv CH + HCN \rightarrow CH_2=CH-CN$$
Ethin   Blausäure   Vinylcyanid

$$n\ CH_2=CH-CN \rightarrow \left[\begin{array}{c} CH_2-CH \\ | \\ CN \end{array} \right]_n$$

Vinylcyanid   PAN

Vinylcyanid kann auch petrolchemisch durch Oxydation von Propen mit Hilfe von Ammoniak und Sauerstoff gewonnen werden. Polyvinylcyanid löst sich nur in Dimethylformamid

$$H-C\underset{N}{\overset{O}{\diagup}}\begin{array}{c}CH_3\\CH_3\end{array}$$

Die hochviskose Spinnlösung wird im Naßspinnverfahren ähnlich wie die PC-Faser versponnen.

Der gestreckte Faden gleicht der Naturseide, die Stapelfaser der Wolle. Diese ist schmutzabweisend, knitterarm, schnelltrocknend und beständig gegen Mikroorganismen und Feuchtigkeit. Unterzieht man die PAN-Fasern zusätzlich einem Schrumpfprozeß, so wird das Garn fülliger, es hat eine größere Bauschelastizität.

PAN-Fasern lassen sich gleich gut zu Textilien und für technische Zwecke verarbeiten.

Handelsnamen für die Fasern sind *WOLPRYLA* (DDR), *Dralon* (BRD), *Nitron* (UdSSR), *Rolan* (Rumänien), *Crylor* (Frankreich) und *Orlon* (USA).

Die besten textilen und technischen Eigenschaften besitzen die seit 1938 hergestellten synthetischen Polyamidfaserstoffe. Sie kommen unter den Bezeichnungen *DEDERON* (DDR), *Perlon* (BRD), *Kapron* (UdSSR), *Redon* (Rumänien), *Silon* (ČSSR), *Nylon 6* (USA) und *Grilon* (Schweiz) in den Handel.

Ausgangsstoffe für ihre Erzeugung sind Phenol oder Cyclohexanon, die zu

Caprolactam

$$\begin{array}{c}NH-CH_2-CH_2\\ |\qquad\qquad\qquad\ \ \diagdown CH_2 \\ CO-CH_2-CH_2\diagup\end{array}$$

umgesetzt werden.

Caprolactam wird in Gegenwart von Katalysatoren zu der plastischen Polyamidmasse polymerisiert, deren Schmelzpunkt bei 215 °C liegt:

$$n\ \begin{array}{c}NH-CH_2-CH_2\\ |\qquad\qquad\qquad\ \ \diagdown CH_2 \\ CO-CH_2-CH_2\diagup\end{array} \rightarrow [-CO-NH-(CH_2)_5-]_n$$

Caprolactam   Polyamidfaser

Das Polymerisat wird aus der Schmelze versponnen. Die aus den Spinndüsen austretenden Fäden erstarren sofort an der Luft (Trockenspinnverfahren). Diese Fäden können rund oder profiliert aussehen, sie können auch einen inneren Hohlraum haben. Zur Erhöhung der Festigkeit wird der Faden auf das Vielfache verstreckt. Durch diesen Streckvorgang werden die kettenförmigen Moleküle parallel gerichtet, und zwischen Nachbarketten tritt Wasserstoffbrückenbindung ein.

Der auf Konen aufgewickelte Faden ist die Polyamid-Seide. Nach der Dicke der Fäden unterscheidet man Fein-, Grobseide und Drähte. Werden Fadenbündel zu Stapeln verschnitten, so entsteht die voluminöse Polyamid-Faser. Es werden Fasern des Baumwoll-, Woll- und Teppichtyps hergestellt. Sie werden allein oder auch mit Baumwolle und Wolle vermischt verarbeitet. Der Faserstoff ist hochgradig scheuerfest und von guter Trage-, Zug- und Biegefestigkeit. Weiterhin ist er schwer entflammbar, kochfest, mottensicher, seewasserbeständig und von geringer Dichte. Er wird eingesetzt zur Herstellung von Textilien, Bürsten, Seilen, Transportbändern, Filtern und Reifencord.

Zu den Polyamidfasern gehören auch die in der BRD und den USA hergestellten *Nylon*-Fasern. Diese Faser ist chemisch Polyamid-6,6, das aus Adipinsäure und Hexamethylendiamin produziert wird:

$$n\,COOH-(CH_2)_4-COOH + n\,H_2N-(CH_2)_6-NH_2 \xrightarrow{-2n\,H_2O} \left[\underset{O}{\overset{O}{\|}}{C}-(CH_2)_4-\underset{O}{\overset{O}{\|}}{C}-NH-(CH_2)_6-NH\right]_n$$

Adipinsäure — Hexamethylendiamin — Polyamid-6,6

Der steigende Bedarf an pflegeleichten Textilien mit hohem Gebrauchswert wird auch gedeckt durch die *Polyesterfaserstoffe*, die durch eine Polykondensation von Ethylenglykol und Terephthalsäuremethylester gewonnen werden. Bei dieser Reaktion wird Methanol abgespalten.

$$n\begin{array}{c}CH_2OH\\|\\CH_2OH\end{array} + n\,C_6H_4(COOCH_3)_2 \rightarrow \left[CH_2-CH_2-O-\underset{O}{\overset{\|}{C}}-C_6H_4-\underset{O}{\overset{\|}{C}}-O\right]_n + 2n\,CH_3OH$$

Ethylenglykol — Terephthalsäuredimethylester — Polyester — Methanol

Tabelle 31.2. Physikalische Eigenschaften von Textilfaserstoffen

	Faserlänge in mm	Dichte in g cm^{-3}	Zugfestigkeit		Bruchdehnung		Wasseraufnahme in %
			Reißlänge in km	rel. Naßfestigkeit in %	trocken in %	naß in %	
Baumwolle	10 ... 42	1,47 ... 1,55	17 ... 38	100 ... 120	6 ... 10	7 ... 11	32
Wolle	60 ... 250	1,3 ... 1,32	10 ... 16	76 ... 97	28 ... 48	29 ... 61	43
Naturseide	endlos	1,37	27 ... 40	80 ... 90	18 ... 24	24 ... 30	24
Viscoseseide		1,50 ... 1,52	11 ... 26	47 ... 73	14 ... 30	17 ... 40	35
Acetatseide		1,33	10 ... 16	58 ... 70	16 ... 39	26 ... 45	12
Kupferseide		1,5 ... 1,61	13 ... 24	53 ... 69	11 ... 23	17 ... 30	36
Polyamidseide	Faden endlos, Länge der Faser in Garnen 30 ... 150	1,15	40 ... 50	90	35 ... 45	35 ... 45	4
PAN-Seide		1,18	13 ... 20	95	>45	>45	1
PC-Faser		1,48	16 ... 20	99 ... 109	24 ... 46	30 ... 46	0,4
Polyesterseide		1,38	60 ... 70	100	8 ... 40	8 ... 40	0,5

Reißlänge ist die theoretische Länge eines Fadens, bei der Zerreißen durch Eigenmasse eintritt. *Wasseraufnahme* gilt für 100% relative Luftfeuchte.

Das Verspinnen erfolgt aus der Schmelze, der entstandene Seidenfasen wird verstreckt.
Der größte Teil der Produktion wird zu Fasern verarbeitet. Diese haben die guten Eigenschaften der Polyamidfaserstoffe und der Wolle. Sie haben sich deshalb hervorragend als textile Faserstoffe bewährt, eignen sich besonders für Oberbekleidungsgewebe, -gewirke und -gestricke. Polyestergardinen brauchen nach dem Waschen weder gespannt noch gebügelt zu werden. Polyesterfaserstoffe führen die Handelsbezeichnungen *GRISUTEN* (DDR), *Trevira*, *Diolen* (BRD), *Lavsan* (UdSSR), *Terylene* (Großbritannien, Kanada), *Terlenka* (Niederlande) und *Tergal* (Frankreich).
Im Weltmaßstab wächst die Produktion von Polyesterfaserstoffen im Vergleich zu anderen synthetischen Faserstoffen am stärksten (→ Aufg. 31.25. bis 31.30.).
Tabelle 31.2 gibt eine Übersicht über Eigenschaften der behandelten Textilfaserstoffe..

31.10. Nachweisreaktionen für Plaste und Faserstoffe

Sofern Plaste und Fasern nicht bereits durch Griff und Aussehen erkannt werden können, ist ein einfaches Untersuchungsverfahren, die *Brennprobe*, anwendbar. Dazu werden nur eine nichtleuchtende Flamme (Bunsen- oder Spiritusbrenner), eine Pinzette sowie eine unbrennbare Unterlage (Glasscheibe oder Keramikplatte) benötigt. Die Probe, ein Span des Plastwerkstoffes oder ein Fadenstück, wird in die Flamme gehalten und beobachtet. Brennbarkeit, Geruch beim Verbrennen, abtropfende Schmelzprodukte und Asche ermöglichen in den meisten Fällen, die Probe zu identifizieren.

■ Aufgaben

31.1. Wie führt man technisch die Polymerisation und Polykondensation durch?

31.2. Wodurch unterscheiden sich Polymerisation und Polyaddition?

31.3. Welche Reaktionsschritte sind bei der Polymerisation zu unterscheiden? Es sind die einzelnen Reaktionsgleichungen für die Polymerisation von Vinylchlorid bei Verwendung von Peroxiden als Katalysator zu formulieren?

31.4. 2-Methylpropen (Isobutylen) wird mit Hilfe von Borfluorid BF_3 als Katalysator zu dem Plast Polyisobutylen polymerisiert. Es ist die zugehörige Reaktionsgleichung anzugeben!

31.5. Der Polymerisationsgrad des Polyisobutylens wird zu $n \approx 3000$ angegeben. Welche relative Molekülmasse hat demnach dieser als Isoliermaterial verwendete Plast?

31.6. Trifluorethylen läßt sich zu Polytrifluorethylen polymerisieren. Welche chemische Gleichung beschreibt diesen Vorgang?

31.7. Welche vom Ethylen abgeleiteten Plaste haben große technische Bedeutung?

31.8. Wie groß ist der Polymerisationsgrad n der folgenden Plaste, wenn ihre relative Molekülmasse die folgenden Werte hat? Polyethylen $M = 80000$, Polystyren $M = 160000$, PVC $M = 100000$, Polymethacrylat $M = 800000$.

31.9. Zu welchem Reaktionstyp gehört die Umsetzung von Butan zu Butadien?

31.10. Welche Typen synthetischen Kautschuks unterscheiden wir?

31.11. Wie kann der zur Vulkanisation benötigte Ruß technisch gewonnen werden?

31.12. Welchen Einfluß übt der Schwefel beim Ablauf der Vulkanisation aus?

31.13. Warum wird synthetischer Kautschuk in allen großen Industriestaaten produziert?

31.14. Welche Verwendung finden Pheno- und Aminoplaste?

31.15. Aus welchen Rohstoffen werden Aminoplaste erzeugt?

31.16. Die Polykondensation von Cresol und Formaldehyd ist durch eine Reaktionsgleichung zu beschreiben!

31.17. Von welchen zweiwertigen Alkoholen könnte man bei der Polyesterharz- und Polyurethanherstellung ausgehen?

31.18. Welche Plaste werden durch eine Polyaddition erzeugt?

31.19. Polyamid AH entsteht durch Polykondensation von Adipinsäure und Hexamethylendiamin $H_2N-(CH_2)_6-NH_2$. Es ist die zugehörige Reaktionsgleichung zu formulieren!

31.20. Welche Kunstharze werden als Lacke eingesetzt?

31.21. Zu welchen chemischen Verbindungsklassen gehören die natürlichen Faserstoffe?

31.22. Wodurch unterscheiden sich Seiden und Fasern?

31.23. Welche Faserstoffe sind chemisch Cellulose, welche Celluloseester?

31.24. Welche nicht zu den Faserstoffen zählenden Produkte werden aus Cellulose gewonnen?

31.25. Wodurch unterscheiden sich synthetische und Regeneratfaserstoffe?

31.26. Aus welchen Grundstoffen werden Polyesterharze und Polyesterfasern gewonnen?

31.27. Welche Grundchemikalien werden bei der Herstellung synthetischer Fasern verwendet?

31.28. Die Festigkeit der Polyamidfaserstoffe wird u. a. durch Wasserstoffbrückenbindung zwischen parallelen Makromolekülen bedingt. An welchen Stellen der Moleküle sind die Wasserstoffbrücken wirksam?

31.29. Welche Faserstoffe trocknen nach der Wäsche besonders schnell, welche verhältnismäßig langsam? (Tabelle 31.2).

31.30. Welche Namen führen die bekannten synthetischen Faserstoffe?

32. Methoden der analytischen Chemie

32.1. Qualitative Analyse

32.1.1. Allgemeines

Die qualitative Analyse ist ein Teilgebiet der analytischen Chemie. Sie beschäftigt sich mit Methoden, um die qualitative, chemische Zusammensetzung von Stoffen und Stoffgemischen zu ermitteln. Im Verlauf jeder qualitativen Analyse werden die Elemente, die chemischen Verbindungen oder gegebenenfalls die Ionen an Hand bestimmter, nur für den jeweiligen Stoff spezifischer chemischer Reaktionen oder spezifischer physikalischer Eigenschaften erkannt. Um diese Identifikation für einen bestimmten Stoff auch in einem Gemisch mit anderen Stoffen vornehmen zu können, ist es meist erforderlich, zunächst das Stoffgemisch zu trennen. Die Trennung von Stoffgemischen unbekannter Zusammensetzung zum Zwecke der Analyse und die Identifikation der Komponenten ist oft eine relativ komplizierte Arbeit, die beträchtliche Fertigkeiten und Erfahrungen in chemischen und physikalischen Laborarbeiten erfordert. Die der Analyse zugrunde liegende Theorie umfaßt alle in den vorangegangenen Abschnitten des vorliegenden Lehrbuches mitgeteilten Erkenntnisse und geht darüber hinaus.

Die folgenden Ausführungen über eine einfache analytische Trennungsmethode und die Identifizierung einiger ausgewählter Stoffe (bzw. Ionen) sollen so verstanden werden, daß theoretische Erkenntnisse hier unter einem besonderen Gesichtspunkt, nämlich dem der qualitativen Analyse, zusammengefaßt und angewandt werden. Anleitung zur praktischen Durchführung der Analyse wird hiermit nicht gegeben.

32.1.2. Qualitative Analyse löslicher anorganischer Verbindungen

32.1.2.1. Bestimmung der Kationen

Die überwiegende Anzahl anorganischer Verbindungen (Säuren, Basen, Salze) läßt sich in Wasser lösen. Wenn nötig, geschieht dieses Auflösen mit Hilfe von Salzsäure. Verschiedene Oxide und Sulfide und manche Metalle sind in HCl löslich (→ Aufgaben 32.1. bis 32.3.).
Nach einer derartigen Behandlung der Analysensubstanz befinden sich jetzt in der wäßrigen Lösung nebeneinander die verschiedenen zu bestimmenden Kationen. Zu ihrer Identifizierung müssen sie voneinander getrennt werden. Dabei wird vorausgesetzt, daß nur die folgenden Kationen beim Lösen der Analysensubstanz in Wasser

entstehen können[1])[2]):

Pb^{2+}, Ag^+, Cu^{2+}, Fe^{2+}, Fe^{3+}, Al^{3+}, Cr^{3+}, Zn^{2+}, Co^{2+}, Ni^{2+}, Cu^{2+}, Na^+, K^+, NH_4^+.

Der Kationentrennungsgang besteht aus aufeinanderfolgenden Stufen. In jeder Stufe wird eine bestimmte Gruppe von Kationen erfaßt.

In der 1. Gruppe werden $PbCl_2$ und $AgCl$ mit HCl ausgefällt (→ Aufg. 32.4.). Die unterschiedliche Löslichkeit beider Chloride in heißem Wasser wird zur Trennung ausgenutzt. Zur Identifizierung dient die Fällung als Bleichromat bzw. die Tatsache, daß sich $AgCl$ in Ammoniaklösung unter Bildung eines löslichen Komplexions löst:

$$\underset{\text{unlöslich}}{AgCl} + 2\,NH_3 \rightleftarrows Cl^- + \underset{\text{löslich}}{[Ag(NH_3)_2]^+}$$

Zusatz von HCl verschiebt das Gleichgewicht wieder nach links.

In der 2. Gruppe werden PbS und CuS ausgefällt und nach Abtrennung der übrigen Ionen wieder in Ionenform übergeführt. Pb^{2+} wird als $PbCl_2$ und Cu^{2+} als blaues $[Cu(NH_3)_4]^{2+}$-Ion identifiziert.

In der 3. Gruppe werden $Fe(OH)_3$, $Al(OH)_3$ bzw. $Cr(OH)_3$ gefällt, nachdem vorher Fe^{2+} zu Fe^{3+} oxidiert wurde. Fe^{3+} wird identifiziert durch

$$3\,[Fe(CN)_6]^{4-} + 4\,Fe^{3+} \rightarrow \underset{\text{Berliner Blau}}{Fe_4[Fe(CN)_6]_3}$$

In der 4. Gruppe werden Zn^{2+} bzw. Co^{2+} und Ni^{2+} als Sulfide im alkalischen Gebiet gefällt. Sie unterscheiden sich durch ihre Farbe. Auf die Formulierung der komplizierten Identifizierungsreaktionen wird hier verzichtet.

In der 5. Gruppe wird Ca^{2+} von den Alkaliionen als Carbonat abgetrennt und auf Grund seiner Flammenfärbung bestimmt.

In der 6. Gruppe werden K^+ und Na^+ durch charakteristische Fällungsreaktionen identifiziert, auf deren Formulierung hier verzichtet wird.

Das Ammonium $[NH_4]^+$ wird stets direkt in der Analysensubstanz identifiziert, indem mit $NaOH$ erwärmt wird:

$$[NH_4]^+ + NaOH \rightarrow Na^+ + NH_3\uparrow + H_2O$$

Das entweichende Ammoniak ist am Geruch und an der Blaufärbung von angefeuchtetem Lackmuspapier zu erkennen (→ Aufg. 32.5.).

32.1.2.2. Bestimmung der Anionen

Die hier berücksichtigten Anionen Cl^- und SO_4^{2-} werden ohne Trennung, wie sie bei den Kationen erfolgt, nebeneinander aus der wäßrigen Lösung der Analysensubstanz identifiziert:

Cl^--Ionen geben mit $AgNO_3$-Lösung in salpetersaurer Lösung eine Fällung von weißem $AgCl$ (→ Aufg. 32.14.).

SO_4^{2-}-Ionen geben mit $BaCl_2$-Lösung in salpetersaurer Lösung eine Fällung von weißem $BaSO_4$ (→ Aufg. 32.6.).

---

[1]) Beim Vorliegen anderer Kationen trifft hier der beschriebene Trennungsgang nicht zu.

[2]) Fe^{2+}, Fe^{3+}, Al^{3+}, Cr^{3+} können nach diesem Trennungsvorgang nicht mit Sicherheit bestimmt werden, wenn sie gleichzeitig nebeneinander vorliegen. Es sollte nur eine dieser Ionenarten in der Analysensubstanz vorkommen. Ebenso soll die Substanz enthalten: entweder Zn^{2+} oder Co^{2+} und Ni^{2+}.

CO_3^{2-} und S^{2-} werden direkt aus der ungelösten Analysensubstanz bestimmt. Carbonate entwickeln beim Behandeln mit verdünnter H_2SO_4 Kohlendioxid, das aus $Ba(OH)_2$-Lösung weißes Bariumcarbonat ausfällt.

Sulfide entwickeln beim Behandeln mit verdünnter H_2SO_4 Schwefelwasserstoff, der am Geruch und an der Schwarzfärbung von Bleipapier (Papier mit löslichem Pb-Salz getränkt) erkannt werden kann.

32.1.3. Elementaranalyse organischer Verbindungen

Die isolierte, chemisch reine organische Verbindung wird auf das Vorhandensein der Elemente Kohlenstoff, Wasserstoff, Stickstoff und Schwefel, der Halogene usw. untersucht, indem die Elemente aus der organischen Bindung gelöst und in die Form anorganischer Verbindungen übergeführt werden. Anschließend erfolgt die Bestimmung nach den üblichen Methoden der anorganischen Analyse.

Kohlenstoff: Viele organische Substanzen verkohlen beim Erhitzen und zeigen so die Anwesenheit des Elementes Kohlenstoff an. Der sichere Nachweis von Kohlenstoff beruht auf dem Erhitzen der organischen Substanz zusammen mit ausgeglühtem Kupferoxid. Dabei entsteht Kohlendioxid. Dieses wird mit Bariumhydroxidlösung nachgewiesen.

Wasserstoff: Entsprechend den obigen Versuchsbedingungen wird der Wasserstoff einer organischen Verbindung mit Kupferoxid zu Wasser oxydiert:

$$CuO + H_2 \rightarrow Cu + H_2O$$

Stickstoff: In manchen stickstoffhaltigen organischen Verbindungen kann der Stickstoff nach dem Erhitzen der Substanz mit Natriumhydroxid oder Calciumoxid als Ammoniak nachgewiesen werden. Diese Reaktion ist von den anorganischen Ammoniumsalzen bekannt. Allgemein anwendbar ist die folgende Reaktion: Die Substanz wird mit Natriummetall erhitzt. Dabei entsteht Natriumcyanid NaCN. Es wird ein wäßriger Auszug hergestellt und dieser bei alkalischer Reaktion mit Eisen(II)-sulfat gekocht.

$$Fe^{2+} + 6\,CN^- \rightarrow [Fe(CN)_6]^{4-}$$

Dabei entstehen Hexacyanoferrat(II)-ionen. Durch Zusatz von Fe(III)-ionen und Ansäuern mit Salzsäure bildet sich das bekannte *Berliner Blau*.

Schwefel: Auch zur Prüfung auf Schwefel wird die Substanz mit Natriummetall erhitzt. Im wäßrigen Auszug ist das entstandene Natriumsulfid Na_2S enthalten; dieses kann mit Bleiionen als schwarzer Bleisulfidniederschlag nachgewiesen werden.

Halogene: Auf einen vorher ausgeglühten Kupferdraht wird eine kleine Probe der Substanz gebracht und in der nichtleuchtenden Bunsenflamme erhitzt. Bei Anwesenheit von Halogenen tritt eine grüne Flammenfärbung auf, die von dem gebildeten flüchtigen Kupferhalogenid herrührt. Der Nachweis ist sehr empfindlich *(Beilsteinprobe)*.

Metalle: Die Substanz wird mit festem Kaliumnitrat und -carbonat geschmolzen. Die Schmelze wird anschließend nach den Methoden der anorganischen Analyse untersucht ($\rightarrow$ Aufg. 32.7.).

32.2. Quantitative Analyse

Ziel einer Analyse ist es, einen unbekannten Stoff zunächst in seine Bestandteile zu zerlegen. Während sich dann die qualitative Analyse mit der stofflichen Zusammensetzung befaßt, untersucht die quantitative Analyse den mengenmäßigen Anteil der einzelnen Elemente oder Atomgruppen. Die chemische Analysetechnik verfügt über eine Vielzahl an quantitativen Bestimmungsmethoden. Dazu zählen:

- Gravimetrische Analyse,
- Volumetrische Analyse,
- Elektrochemische Analyse,
- Kolorimetrische Analyse.

An dieser Stelle sei auf die genannten Verfahren kurz eingegangen.

Bei der *kolorimetrischen Analyse* bestimmt man die Schwächung eines Lichtstrahlenbündels durch gefärbte Lösungen. Da die Intensität der Färbung von der Konzentration abhängt, beeinflußt diese auch die Absorption des Lichts. Zwischen der Lichtschwächung und der Konzentration bestehen mathematische Beziehungen (Gesetz von *Lambert-Beer*), die die Konzentrationsmessung erlauben.

32.2.1. Gravimetrische Analyse

Das älteste quantitative Analyseverfahren ist die Gravimetrie. Sie beruht u. a. auf der Anwendung des Massenwirkungsgesetzes (→ Abschn. 7.) und des Löslichkeitsproduktes (→ Abschn. 8.1.3.).

Bei der Analyse bringt man z. B. einen gelösten Stoff A (Ion) mit einem Stoff B (Ion) zusammen, so daß die Verbindung AB entsteht. Diese muß praktisch unlöslich sein, damit sich ein Niederschlag bildet. Dieser wird, nachdem er abfiltriert und getrocknet wurde, gewogen. Die so ermittelte Masse des Stoffes AB ermöglicht das Berechnen der Masse des Stoffes A. Voraussetzung ist, daß die stöchiometrische Zusammensetzung der entstandenen Verbindung bekannt ist (statt AB könnte auch A_2B oder AB_2 entstehen). Die gesuchte Masse m_x des Stoffes A verhält sich zur ausgewogenen Masse m_y des Stoffes AB wie die relative Atommasse des Stoffes A, die mit m_A bezeichnet sein soll, zur relativen Molekularmasse m_{AB} der Verbindung AB.

$$m_x : m_y = m_A : m_{AB}$$

$$m_x = \frac{m_A}{m_{AB}} \cdot m_y$$

$$\boxed{m_x = F \cdot m_y} \tag{1}$$

Die gesuchte Masse des Stoffes A ist das Produkt aus einem konstanten Faktor F und der gewogenen Masse des Stoffes AB. In chemischen Rechentafeln gibt man den Faktor F für die verschiedenen Fällungsreaktionen an.

Beispiel: Bei der gravimetrischen Bestimmung von Ag^+-Ionen fällt man diese in schwach salpetersaurer Lösung durch den Zusatz von Salzsäure aus. Wie groß sind F und lg F?

Lösung: Die Reaktionsgleichung für die Fällungsreaktion lautet:

$$Ag^+ + Cl^- \rightarrow AgCl$$

$$F = \frac{m_{Ag}}{m_{AgCl}} = \frac{107{,}870}{143{,}323} = 0{,}753$$

$$\lg F = 0{,}8766 - 1$$

Eine gravimetrische Bestimmung führt man im Prinzip in folgenden Schritten aus:
1. Sind neben dem zu bestimmenden Stoff (Ion) noch andere Stoffe (Ionen) vorhanden, so sind diese unter Umständen abzutrennen (Trennungsgang),
2. liegt der zu bestimmende Stoff nicht in der Ionenform vor, so ist er in diese zu überführen (Wahl geeigneter Lösungen),
3. Zugabe des Fällungsmittels,
4. Abfiltrieren des Niederschlages,
5. Trocknen des Niederschlages (evtl. Glühen bis zur Massekonstanz),
6. Wägung des Niederschlages,
7. Berechnung der Masse des gesuchten Stoffes.

Enthält der Niederschlag nach dem Fällen Verunreinigung (z. B. eingeschlossenes Lösungsmittel, mitgefällte andere Stoffe, Einbau von Fremdatomen in das Gitter), so treten Fehlmessungen auf. Bei einer Analyse muß man sich daher in jedem Falle auf die spezifischen Besonderheiten der jeweiligen Stoffe einstellen (→ Aufg. 32.8.).

32.2.2. Volumetrische Analyse (Maßanalyse)

Wesen der volumetrischen Analyse

Ist in einer Lösung der Stoff A (Ion) enthalten und will man seine Gesamtmenge in einem gegebenen Volumen bestimmen, so kann man einen Stoff B zusetzen, der ebenfalls gelöst ist. Ist die Reaktionsgleichung zwischen beiden Stoffen (z. B. A + B → AB) bekannt, so kann man aus dem verbrauchten Volumen der Lösung des Stoffes B, dessen Menge je Volumeneinheit (der sogenannte Titer) vorher genau eingestellt wurde, die Masse des Stoffes A ermitteln. Voraussetzungen für dieses Verfahren sind:

1. Es muß die Reaktionsgleichung bekannt sein,
2. es muß sich eine Maßlösung des Stoffes B mit möglichst über längere Zeit gleichbleibendem Titer herstellen lassen,
3. es muß sich der Zeitpunkt bestimmen lassen, bei dem gerade A vollständig verbraucht ist (Äquivalenzpunkt, Endpunkt der Titration),
4. es müssen geeignete Geräte zur Volumenmessung vorhanden sein, die eine möglichst genaue Messung erlauben (Meßkolben, Pipetten, Büretten).

Im Gegensatz zur Gravimetrie, wo man häufig mit einem Überschuß des Fällungsmittels arbeitet, darf man bei der Maßanalyse nur so viel von der Maßlösung zusetzen, bis der Endpunkt der Umsetzung erreicht ist. Da die Maßlösung mit einer bestimmten Konzentration des Stoffes B (mol l^{-1}) eingestellt ist, beruht die Maßanalyse auch auf einer Wägung. So sagte der deutsche Altmeister der Maßanalyse *Friedrich Mohr*: »Titrieren ist eigentlich ein Wägen ohne Waage, und dennoch sind alle Resultate im Sinne der Waage verständlich. In letzter Instanz bezieht sich alles auf eine Wägung. Man macht jedoch nur eine Wägung, wo man viele zu machen hätte.«
Eine Berechnung der Masse m_x des Stoffes A in einem vorgegebenen Volumen ist z. B. mit der folgenden Gleichung möglich:

$$\boxed{m_x = T \cdot F \cdot V_B} \qquad (2)$$

V_B Zugesetztes Volumen der Meßlösung bis zum Endpunkt
F Umrechnungsfaktor zwischen der Masse und dem Volumen
T Titer

Meist bezieht man den Umrechnungsfaktor auf 1/10 N Lösungen (F = $F_{1,10}$). Da es jedoch praktisch schwierig ist, die Maßlösungen genau auf diesen Wert einzustellen, enthält die Gleichung den Korrekturfaktor T (Titer). Dieser hat den Wert $T = 1$, wenn die verwendete Maßlösung genau 1/10 N ist. Bei konzentrierteren Lösungen ist $T > 1$, im anderen Falle ist $T < 1$.

Titrationen bieten den großen Vorteil der Zeitersparnis und stehen in ihrer Genauigkeit den gravimetrischen Verfahren nicht nach. Deshalb werden sie für laufende Analysen der Betriebsüberwachung recht häufig eingesetzt (→ Aufg. 32.9. und 32.10.).

Neutralisationsanalyse

Bei der Behandlung des pH-Wertes (→ Abschn. 8.2.) war schon darauf hingewiesen worden, daß er ein Maß für die Aktivität der Hydroniumionen H_3O^+ ist. Die Neutralisation war als Umsetzung von Hydroniumionen und Hydroxidionen zu Wassermolekülen, d. h. als Umkehrung der Autoprotolyse des Wassers, erklärt worden:

$$H_3O^+ + OH^- \rightleftarrows 2\,H_2O$$

Die Neutralisationsanalyse soll zunächst am Beispiel der Umsetzung von Salzsäure, die die sehr starke Säure H_3O^+ enthält, und Natronlauge, die die sehr starke Base OH^- enthält, erläutert werden. Eine Neutralisation von 100 cm³ 1 N Salzsäure mit 100 cm³ 1 N Natronlauge ergibt eine neutrale Lösung von Natriumchlorid mit dem pH-Wert 7 (Äquivalenzpunkt). Die Tabelle 32.1, die lediglich das Prinzip zeigen soll,

Tabelle 32.1. Verlauf des pH-Wertes bei der Zugabe von 1 N NaOH zu 1 N HCl (Überschlagsrechnung)
Vorgelegt: 100 cm³ 1 N HCl

Zugabe von 1 N NaOH in %	pH-Wert
0	0
90	1
99	2
99,9	3
100,0	7
100,1	11
101,0	12
110,0	13

ist unter der vereinfachenden Annahme berechnet worden, daß die gesamte Flüssigkeitsmenge trotz Zugabe von Natronlauge immer 100 cm³ beträgt. Auch die Erhöhung des Dissoziationsgrades durch zunehmende Verdünnung und die Erniedrigung der Hydroniumionenaktivität durch steigende Salzkonzentration wurden vernachlässigt. Im Bild 32.1 ist die aus dieser Überschlagsrechnung hervorgehende Neutralisationskurve für 1 N HCl/1 N NaOH eingetragen. Die Diskussion der Kurve ergibt, daß sie beim Äquivalenzpunkt, d. h. bei Zugabe von 100% (im Beispiel 100 cm³) Natronlauge, in einem Sprung die pH-Werte 3 bis 11 durchläuft und dabei auch den Neutralisationspunkt pH = 7. Wurde die Titration bis zu pH = 3 durchgeführt, so führt die Zugabe eines weiteren »Tropfens« Natronlauge zu pH = 11. Die allmähliche Zugabe der Lauge führt zunächst nur zu einer quantitativen Veränderung, die Lösung bleibt sauer. Am Neutralisationspunkt kommt es aber zum Umschlag in eine neue Qualität, die Lösung reagiert nun basisch.

Die Diskussion der weiteren Kurven im Bild 32.1, die sich auf 0,1 N- und 0,01 N-Lösungen starker Säuren und Basen beziehen, weist aus, daß am Äquivalenzpunkt wieder ein Sprung stattfindet, der aber einen immer geringeren pH-Bereich umfaßt.

Diese Kurven gelten für alle sehr starken Säuren, die einen niedrigeren pK_S-Wert besitzen als das Hydroniumion, und für alle sehr starken Basen, die einen niedrigeren pK_B-Wert besitzen als das Hydroxidion (→ Tabelle 8.3), da in diesen Fällen das Hydroniumion und das Hydroxidion den Reaktionsverlauf bestimmen. Auch die Kurven für starke Säuren und starke Basen, die in ihrem pK_S- bzw. pK_B-Wert dem Hydroniumion und dem Hydroxidion nahekommen, verlaufen ähnlich.

Die Neutralisationskurven durchlaufen bei 50% näherungsweise den pH-Wert, der gleich dem pK_S-Wert der beteiligten Säure ist, und bei 150% den pH-Wert, der gleich dem pK_S-Wert der mit der beteiligten Base korrespondierenden Säure ist. Daraus ergibt sich für schwache und mittelstarke Säuren und Basen ein wesentlich anderer

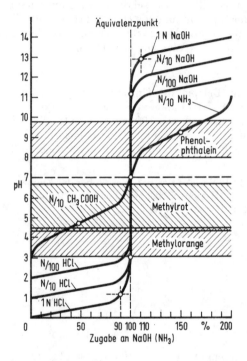

Bild 32.1. pH-Wert-Änderung bei der Neutralisation

Kurvenverlauf (→ Beispiel Ethansäure und Ammoniak im Bild 32.1). Der pK_S-Wert der Essigsäure beträgt 4,75, der pK_S-Wert der mit dem Ammoniak korrespondierenden Säure NH_4^+ beträgt 9,25. Durch diese Punkte der pH-Wert-Skala verläuft die Kurve der Neutralisation von Ethansäure mit Ammoniak. Die Neutralisationskurve einer schwachen bis mittelstarken Säure mit einer schwachen bis mittelstarken Base liegt mit ihrem Wendepunkt im Neutralisationspunkt. Ein deutlicher Sprung ist aber nicht vorhanden, so daß ein genaues Erkennen des Äquivalenzpunktes nicht möglich ist. Daraus ergibt sich die Schlußfolgerung, daß schwache Basen mit schwachen Säuren und umgekehrt praktisch nicht titriert werden können.

Die Auswertung der Kurven im Bild 32.1 zeigt, daß bei der Titration von *schwachen* Säuren bzw. Basen mit *starken* Basen bzw. Säuren die Äquivalenzpunkte im basischen bzw. sauren Bereich liegen. Zum Erkennen des Äquivalenzpunktes ist deshalb die Wahl eines Indikators erforderlich, der im schwach basischen bzw. schwach sauren Bereich umschlägt (→ Aufg. 32.11.).

Als pH-Indikatoren dienen schwache organische Säuren oder Basen, die sich von der korrespondierenden Base bzw. Säure durch ihre Farbe unterscheiden.

Indikatorsäure $\rightleftarrows$ Indikatorbase + Proton
Ind H $\quad\quad\rightleftarrows$ Ind$^-$ + H$^+$ $\quad$ oder
Ind H$^+$ $\quad\quad\rightleftarrows$ Ind + H$^+$

Diese Indikatoren unterliegen in wäßriger Lösung teilweise der Protolyse:

$$\begin{array}{ll} \text{Ind H} & \rightleftarrows \text{Ind}^- + \text{H}^+ \\ \text{H}_2\text{O} + \text{H}^+ & \rightleftarrows \text{H}_3\text{O}^+ \\ \hline \text{Ind H} + \text{H}_2\text{O} & \rightleftarrows \text{Ind}^- + \text{H}_3\text{O}^+ \quad \text{oder} \\ \text{H}_2\text{O} & \rightleftarrows \text{OH}^- + \text{H}^+ \\ \text{Ind} + \text{H}^+ & \rightleftarrows \text{Ind H}^+ \\ \hline \text{Ind} + \text{H}_2\text{O} & \rightleftarrows \text{Ind H}^+ + \text{OH}^- \end{array}$$

Die Protolyse der einzelnen Indikatoren hängt vom pH-Wert ab. Wenn der pH-Wert der Lösung gleich dem pK_S-Wert der Indikatorsäure ist, ist der Indikator zu 50% protolysiert, d. h., die Aktivität der Indikatorsäure ist gleich der Aktivität der Indikatorbase:

$$a_\text{Ind H} = a_{\text{Ind}^-}$$

Dann ist nach dem Massenwirkungsgesetz die Säurekonstante K_S gleich der Wasserstoffionenaktivität a_{H^+}:

$$K_S = \frac{a_{\text{H}^+} \cdot a_{\text{Ind}^-}}{a_\text{Ind H}}$$

$$a_{\text{H}^+} = K_S \frac{a_\text{Ind H}}{a_{\text{Ind}^-}}$$

$$a_{\text{H}^+} = K_S \cdot 1$$

und dementsprechend der pH-Wert gleich dem pK_S-Wert:

$$\text{pH} = \text{p}K_S - \lg \frac{a_\text{Ind H}}{a_{\text{Ind}^-}}$$

$$\text{pH} = \text{p}K_S$$

Falls sowohl die Indikatorsäure als auch die Indikatorbase eine Farbe aufweisen, zeigt die Lösung eine Mischfarbe, sobald dieser Punkt, an dem der Indikator zu 50% protolysiert ist, erreicht wird. Beispiel:

Ind H + H$_2$O $\rightleftarrows$ Ind$^-$ + H$_3$O$^+$
gelb $\quad\quad\quad\quad\quad\quad$ blau

Bei gleicher Aktivität von Indikatorsäure und Indikatorbase ist diese Lösung grün gefärbt.

Da die Farbänderung schon erkennbar ist, wenn etwa 10% des andersfarbigen Partners eines korrespondierenden Paares von Indikatorsäure und Indikatorbase vorliegen, ergibt sich ein allmählicher Farbübergang, der sich über etwa zwei pH-Werte erstreckt (Bild 8.5). Dieser Bereich um den Punkt der pH-Skala, der gleich dem pK_S-Wert des Indikators ist, wird als Umschlagsbereich des Indikators bezeichnet. Ist nur ein Partner des korrespondierenden Paares von Indikatorsäure und Indikatorbase farbig, so verliert im Umschlagsbereich die Lösung allmählich ihre Farbe.

Der Indikator für eine Neutralisationsanalyse ist so auszuwählen, daß die sprunghafte Änderung des pH-Wertes im Umschlagsbereich des Indikators liegt. Zur Titration einer schwachen Säure mit einer starken Base eignet sich ein Indikator, dessen Umschlagsbereich im basischen Gebiet (pH > 7) liegt (z. B. Phenolphthalein), zur Titration einer schwachen Base mit einer starken Säure eignet sich ein Indikator, dessen Umschlagsbereich im sauren Gebiet (pH < 7) liegt (z. B. Methylorange). Für die Titration einer starken Base mit einer starken Säure und umgekehrt können sowohl Phenolphthalein als auch Methylorange verwendet werden (Bild 32.1).

32.2.3. Elektrochemische Analyse

Die Bedeutung elektrischer Analysenmethoden hat in den letzten Jahren stark zugenommen. Das hängt u. a. damit zusammen, daß sehr genaue Messungen möglich sind. Die verschiedenen Verfahren lassen sich in der Regel in die folgenden Anwendungsbereiche einordnen:

a) Elektrogravimetrie
 Elektrolytisches Abscheiden von Ionen und anschließende Wägung (→ Abschnitte 9.5.2. und 9.6.1.).
b) Potentiometrie
 Potentialänderungen dienen zum Messen von Ionenaktivitäten (→ Abschn. 9.3.4.).
c) Konduktometrie
 Man erfaßt Leitfähigkeitsänderungen von Lösungen und wertet diese für meßtechnische Zwecke aus (→ Abschn. 9.2.3.).
d) Polarografie
 Bei der Polarografie nutzt man die Erscheinung aus, daß zum Zersetzen eines Elektrolyten eine Mindestspannung notwendig ist. Unterhalb dieser Spannung fließt nur ein kleiner Reststrom. Erhöht man jedoch die Elektrolysespannung, so steigt der Strom auf einen Sättigungswert an, der u. a. von der Konzentration des gelösten Stoffes abhängig ist (→ Abschn. 9.5.4.2.). Die Polarografie wird als qualitative und quantitative Analysenmethode angewandt.

Als Beispiel einer potentiometrischen Analyse ist die Neutralisation einer Salzsäurelösung mit Natronlauge behandelt. Es sei vorausgesetzt, daß man eine 1/10 N HCl vorlegt und diese mit einer 1/10 N NaOH titriert. Setzt man das zur Neutralisation erforderliche Volumen der Natronlauge gleich 100%, so kann man die in der Tabelle 32.2 angegebenen Aktivitäten der H_3O^+-Ionen abhängig von der zugesetzten Lauge berechnen. Außerdem sind die gegenüber der Wasserstoff-Normal-Elektrode bestimmnet Potentiale angegeben.

Tabelle 32.2. Verlauf des Potentials bei der Zugabe von 1/10 N NaOH zu einer 1/10 N HCl

Zugabe von 1/10 N NaOH in %	$a_{H_3O^+}$ in mol l^{-1}	Potential zur Normal-Wasserstoff-Elektrode in mV
0,0	10^{-1}	− 58
90,0	10^{-2}	−116
99,0	10^{-3}	−174
99,9	10^{-4}	−232
100,0	10^{-7}	−406
100,1	10^{-10}	−580
101,0	10^{-11}	−638

Mit diesen Zahlen läßt sich das Bild 32.2 zeichnen. Bei der Berechnung ist vorausgesetzt, daß die durch den Zusatz der Lauge bedingte Volumenänderung zu vernachlässigen ist.
Der Wendepunkt der Kurve ist der *Äquivalenzpunkt*.

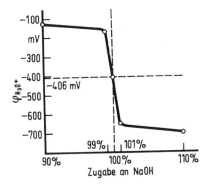

Bild 32.2. Potentialverlauf bei der potentiometrischen Titration von 1/10 N HCl mit 1/10 N NaOH

Auch der Endpunkt einer Fällungsreaktion läßt sich potentiometrisch erfassen. Taucht z. B. in eine AgNO$_3$-Lösung eine Silberelektrode (→ Abschn. 9.4.2.) ein, so ist die zu einer Bezugselektrode gemessene Spannung von der Silberionenaktivität abhängig. Da diese bei einem Zusatz von NaCl-Lösung immer mehr absinkt, nimmt auch die Spannung kleinere Werte an. Der Potentialverlauf (Spannungsverlauf) ist schematisch im Bild 32.3 dargestellt.

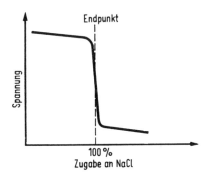

Bild 32.3. Potentiometrische Bestimmung des Endpunktes einer AgCl-Fällung

Die Aktivitätsänderungen sind besonders in der Nähe des Endpunktes der Fällung groß. Das trifft dann auch für die Spannungsänderungen zu (Bild 32.4).
Bei der Berechnung wurde von einer 1/10 N AgNO$_3$-Lösung ausgegangen. Die zur Fällung notwendige Menge einer 1/10 N NaCl-Lösung ist gleich 100% gesetzt. Das Löslichkeitsprodukt des Silberchlorids ist mit $L = 10^{-10}$ mol^2 l^{-2} etwas gerundet. Die Größe p Ag$^+$ ist analog dem pH-Wert definiert (z. B. p Ag$^+$ = 2, wenn die Aktivität der Ag$^+$-Ionen 10^{-2} mol l^{-1} ist). Die Fällungskurve zeigt einen ähnlichen Verlauf wie die Neutralisationskurve. Einander entsprechende Werte sind in der Tabelle 32.3 zusammengestellt (→ Aufg. 32.12.).
Besondere Bedeutung hat die Potentiometrie für die Messung des pH-Wertes (→ Abschnitt 32.3.2.).

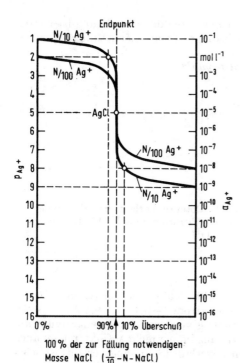

Bild 32.4. Verlauf der Ag⁺-Ionen-Aktivität bei der Fällung von AgCl

Zugabe von 1/10 N NaCl in %	a_{Ag^+} in mol l⁻¹	p Ag⁺
0,0	10^{-1}	1
90,0	10^{-2}	2
99,0	10^{-3}	3
99,9	10^{-4}	4
100,0	10^{-5}	5
100,1	10^{-6}	6
101,0	10^{-7}	7
110,0	10^{-8}	8

Tabelle 32.3. Einfluß einer 1/10 N NaCl-Lösung auf die Ag⁺-Ionenaktivität einer 1/10 N AgNO₃-Lösung

32.3. Physikochemische Methoden der Betriebsmeßtechnik

Die Kontrolle der chemischen Vorgänge sowie die ökonomische Leitung des gesamten Betriebsablaufes in den Produktionsanlagen der chemischen Industrie erfordert eine Vielzahl von Meßmethoden. Neben elektrischen Größen spielt das Erfassen von nichtelektrischen Meßwerten eine wesentliche Rolle. Beispiele sind: Temperatur (Thermometer, Thermoelemente, Widerstandsthermometer, Strahlungspyrometer), Druck (Manometer), Füllstands- und Mengenmessungen, Zusammensetzung von Gasgemischen, Feuchtemessungen, Schwimmer- und Schieberstellungen, Konzentrationsmessungen. Die Grundlage für diese Meßverfahren sind chemische, physikalisch-chemische und physikalische Vorgänge. Häufig wünscht man, daß die Meßwerte elektrische Signale sind oder sich in solche umwandeln lassen, weil sich dadurch Vorteile bei der Fernübertragung in eine Meßzentrale oder bei Mechanisierungs- und Automatisierungsvorhaben ergeben. Um die in der Praxis auftretenden Meßprobleme sowie ihre Lösungsmöglichkeiten etwas anzudeuten, sei von der Vielzahl der Beispiele ein wenig genauer auf die Gasanalyse sowie die Potentiometrie eingegangen.

32.3.1. Gasanalyse

Die Gasanalyse dient zum Erfassen der Zusammensetzung von Gasgemischen (Abgase von Heizungsanlagen, Generator- und Hochofengase, Verunreinigungen der Luft in Produktionshallen).
Bestimmte Analysengeräte nutzen chemische Vorgänge aus. Bei der *Absorptionsmethode* reagiert z. B. eine Komponente des Gemisches mit einem Lösungsmittel. Durch eine Volumenmessung vor und nach der Absorption kann man den Anteil des betreffenden Gases (z. B. CO_2, NH_3, CO, SO_2, Cl_2) ermitteln.
Eine Messung des Wasserstoffanteils ist z. B. durch die *Verbrennungsmethode* möglich. Dabei mischt man – falls nicht schon vorher in ausreichender Menge vorhanden – dem Gasgemisch Sauerstoff zu und verbrennt den Wasserstoff zu Wasser, das sich in einem Kühler absetzt. Aus der Volumendifferenz ist der Wasserstoffgehalt zu bestimmen.
Eine weitere Möglichkeit ist durch die *Konduktometrie* gegeben (→ Abschn. 9.2.3.), die auf physikalisch-chemischen Vorgängen beruht. So könnte man z. B. Kohlendioxid dadurch ermitteln, daß man das Gas in eine $Ba(OH)_2$-Lösung einleitet und die Leitfähigkeit der Restlösung erfaßt.
Da beim Ausfällen von $BaCO_3$ aus der Lösung Ba^{2+}-Ionen verschwinden, nimmt die Leitfähigkeit ab. Die verbliebene Restleitfähigkeit ist ein Maß für den Volumenanteil des CO_2 im Gasgemisch.

$$Ba(OH)_2 + CO_2 \rightarrow BaCO_3\downarrow + H_2O$$

Bei einer Vielzahl von Verfahren der Betriebsmeßtechnik wendet man die *Wheatstonesche Brückenschaltung* an, bei der, wie im Bild 32.5 gezeigt, vier Widerstände zusammenwirken.
Verhalten sich diese Widerstände wie $R_1 : R_2 = R_4 : R_3$, so ist die Brücke abgeglichen, d. h., das Potential an den Punkten C und D ist gleich. Über ein an diesen Punkten angeschlossenes Amperemeter fließt dann kein Strom. Ist z. B. der Widerstand R_1 als Platindraht ausgeführt und leitet man an diesem Wasserstoff vorbei, so

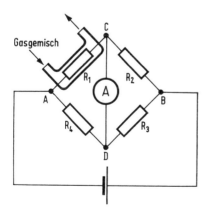

Bild 32.5. Meßbrücke zur Gasanalyse

entsteht, wenn das Gasgemisch Sauerstoff enthält, Wasser. Die bei dieser Reaktion entwickelte Wärme heizt den Draht auf, so daß dieser bei einem unterschiedlichen Gasanteil von Wasserstoff auch verschiedene Widerstandswerte annimmt. Mit einer Veränderung des Widerstands R_1 ändert sich aber auch das Potential am Punkt C; dadurch fließt über das Amperemeter ein Strom, der ein Maß für den Wasserstoffgehalt des Gasgemisches ist *(Wärmetönungsgasanalysator)*.

Der durch einen Widerstand fließende Strom heizt diesen etwas auf. Umströmt daher ein Gas einen Meßwiderstand, so ist dessen Temperatur außer von der Strömungsgeschwindigkeit des Gases besonders von dessen Wärmeleitfähigkeit abhängig.

Bei Gasen mit hoher Wärmeleitung ist bei sonst gleichen Bedingungen die Widerstandszunahme nicht so groß wie bei geringem Wärmeleitvermögen. Der Widerstandswert ist also von der Zusammensetzung eines Gasgemisches abhängig. Befindet sich der Meßwiderstand in einer Brückenschaltung, so ist der Brückenstrom durch den prozentualen Anteil eines bestimmten Gases im Gemisch bestimmt *(Wärmeleitfähigkeitsanalysator)*. Diese Meßmethode ist z. B. zur Bestimmung des CO_2-Gehaltes in Rauchgasen oder von Wasserstoff in H_2/CO_2-Gemischen geeignet. Auch der Anteil von Wasserstoff in H_2/O_2-Gemischen, von Ammoniak in NH_3/Luft-Gemischen oder von Wasserstoff in N_2/H_2-Gemischen ist mit diesem Verfahren zu ermitteln.

Zur Gasanalyse sind auch andere Meßmethoden geeignet. Bei Sauerstoff läßt sich sein stark von anderen Gasen abweichendes magnetisches Verhalten ausnutzen *(Paramagnetische Gasanalysatoren)*. *Optische Analysatoren* nutzen die Abschwächung der Strahlungsintensität durch eine Gasschicht aus (→ Aufg. 32.13. und 32.14.).

32.3.2. Potentiometrische Meßverfahren

Grundlage für die potentiometrischen Meßverfahren ist die Abhängigkeit des Potentials einer Elektrode von der Aktivität der potentialbestimmenden Ionen. Zum Erfassen der Meßwerte sind zwei Elektroden notwendig, von denen die eine als Bezugselektrode dient. Die andere ist die eigentliche Meßelektrode. Zwischen der Meßelektrode und der Bezugselektrode besteht eine Spannung, die ein Maß für die Ionenaktivität ist, wenn die Bezugselektrode ein konstantes Potential besitzt. Potentiometrische Verfahren sind geeignet:

a) zur Messung des pH-Wertes,
b) zur Messung der Konzentration von Metallionen,
c) zur Messung des Redox-Potentials chemischer Reaktionen,
d) zum Bestimmen des Endpunktes bei einer Titration (→ Abschn. 32.2.3.).

Die Normal-Wasserstoffelektrode spielt als Bezugselektrode für genaue Potentialmessungen sowie für Eichzwecke eine wichtige Rolle. Für Zwecke der Betriebsmeßtechnik ist sie jedoch weniger geeignet, weil sie einige Nachteile hat. Dazu zählen:

a) Das Potential stellt sich relativ langsam ein,
b) es muß reinster Wasserstoff zur Verfügung stehen,
c) beim Durchleiten des Wasserstoffs durch die Lösung können flüchtige Säuren entweichen, so daß sich der pH-Wert ändert,
d) Messungen sind nicht möglich, wenn die Lösung stark oxydierende (z. B. Chromsäure) oder stark reduzierende (z. B. schweflige Säure) Substanzen bzw. Schwermetallionen (z. B. Blei) enthält. Außerdem ist die Elektrode empfindlich gegenüber Kontaktgiften, wie Arsenwasserstoff oder Cyaniden.

Für die Betriebsmeßtechnik haben daher auch andere Elektroden eine Bedeutung (Silberelektrode, Antimonelektrode, Kalomelelektrode). Häufig verwendet man die

Kalomel(Hg_2Cl_2)-Elektrode (KE), deren Potential nachstehende Reaktion bestimmt:

$$2\,Hg + 2\,Cl^- \rightleftarrows Hg_2Cl_2 + 2\,e^-$$

Über dem Quecksilber befindet sich eine an Kalomel und KCl gesättigte Lösung (Bild 32.6); die festen Salze Hg_2Cl_2 und KCl treten also als Bodenkörper auf. Das Potential dieser Elektrode ist:

$$\varphi = U_0 + \frac{RT}{nF} \ln a_{Hg_2^{2+}} \tag{3}$$

Die Aktivität der Quecksilberionen ist jedoch über das Löslichkeitsprodukt mit der Cl^--Ionen-Aktivität verknüpft. Steigt diese an, so sinkt die der Quecksilberionen ab.

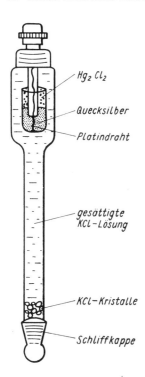

Bild 32.6. Schematische Darstellung einer Kalomel-Bezugselektrode

Die Konzentration der Kaliumchloridlösung (Elektrode 2. Art) bestimmt das Potential einer Kalomelelektrode. Das Potential (Bezugsurspannung) einer Kalomelelektrode gemessen zur Wasserstoffstandardelektrode ist bei 25 °C:

KCl-Lösung, gesättigt $\varphi = 241\,mV$
KCl-Lösung, 1 mol l^{-1} $\varphi = 279{,}7\,mV$
KCl-Lösung, 0,1 mol l^{-1} $\varphi = 333{,}6\,mV$

Das Hauptanwendungsgebiet der Potentiometrie ist die pH-*Wert-Messung*, bei der man als Meßelektrode häufig mit *Glaselektroden* arbeitet. Glaselektroden bestehen aus einem Glasgefäß (Kolben-, Stab-, Nadelform) mit extrem dünner Wandung (Membran). Befinden sich innen und außen von dieser Membran Lösungen mit verschiedenem pH-Wert, so tritt eine Potentialdifferenz auf, die in gesetzmäßiger Weise von der pH-Differenz bestimmt ist. Bei 25 °C gilt die Gleichung

$$\mathrm{pH_a = pH_i - \frac{U_G}{0{,}0591\ V}} \tag{4}$$

$\mathrm{pH_i}$ pH-Wert im Inneren der Glaselektrode
$\mathrm{pH_a}$ pH-Wert der Lösung, in die die Elektrode eintaucht
U_G Potentialdifferenz zwischen der inneren und äußeren Oberfläche der Glasmembran

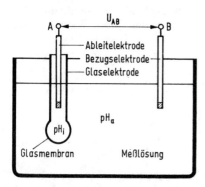

Bild 32.7. Schematische Darstellung der Meßanordnung für die Bestimmung des pH-Wertes mit einer Glaselektrode

Die Potentialdifferenz erfaßt man durch eine Ableitelektrode, die in das Innere der Glaselektrode greift. Dient dazu eine Kalomelelektrode, und ist auch die Bezugselektrode eine Kalomelelektrode, so ist die Potentialdifferenz an den Platindrähten (Punkte A und B im Bild 32.7) durch nachstehende galvanische Kette gegeben:

(A) $\mathrm{Hg/Hg_2Cl_2, KCl/H_3O_i^+/Glasmembran/H_3O_a^+/KCl, Hg_2Cl_2/Hg}$ (B)

Ableitelektrode und Pufferlösung im Inneren der Glaselektrode

von außen an die Membran der Glaselektrode angrenzende Lösung, deren pH-Wert zu messen ist, und Bezugselektrode

Sind die Konzentrationen der $\mathrm{H_3O^+}$-Ionen gleich ($\mathrm{H_3O_i^+ = H_3O_a^+}$), so müßte auch die Potentialdifferenz $U_G = 0$ sein (Gleichung (4)). Besonders bei dicken Membranen tritt jedoch auch dann eine kleine Spannung auf, die man das »Asymmetriepotential« nennt.

Die Spannung zwischen den Punkten A und B nach Bild 32.7 setzt sich aus einzelnen Teilspannungen (Potentialsprüngen $\Delta\varphi$, g) zusammen:

a) Potentialsprung an der Ableitelektrode zwischen dem Quecksilber und den Quecksilberionen (g_A).
b) Potentialsprung zwischen der Pufferlösung im Inneren der Glaselektrode und der Membran (g_{G1}); da die Pufferlösung einen sehr konstanten pH-Wert hat, ist auch g_{G1} konstant.
c) Potentialsprung zwischen der Außenseite der Membran und der angrenzenden Lösung mit einem unbekannten pH-Wert ($g_{G2} = g_x$). Dieser Potentialsprung ändert sich, wenn die Aktivität $a_{\mathrm{H_3Oa^+}}$ andere Werte annimmt.
d) Potentialsprung an der Phasengrenze Quecksilber/Quecksilberionen der Bezugs-Kalomelelektrode (g_B).

Vernachlässigt man Diffusionspotentiale, so ist die Urspannung zwischen den Punkten A und B ($g_A \neq g_B$):

$$U_{AB} = g_A + g_{G1} + g_x + g_B \tag{5}$$

In dieser Gleichung sind g_A, g_{G1} und g_B praktisch konstant. Spannungsänderungen sind daher im wesentlichen durch die Aktivitätsänderungen der H_3O^+-Ionen der angrenzenden Lösung bedingt. Schließt man zwischen den Klemmen A und B ein Meßinstrument an, so ist der Stromkreis geschlossen. Da die Glasmembran einen sehr großen Widerstand besitzt, ist auch der Innenwiderstand dieses galvanischen Elements groß (mitunter 100 MΩ und mehr). An den Klemmen A und B tritt aber bei einem Stromfluß nur die Klemmenspannung auf (→ Aufg. 9.15.).

Weil schon bei sehr kleinen Strömen der Unterschied zwischen der Ur- und Klemmenspannung groß ist, sind extrem hohe Forderungen an die elektronischen Baugruppen zu stellen, die zur »Weiterverarbeitung« der Spannungen dienen.

Eine industrielle pH-Meßanlage zur kontinuierlichen Überwachung des pH-Wertes besteht im wesentlichen aus drei Teilen:

a) Dem Geber, der in eine geeignete Armatur eingebaut ist und der die beiden Elektroden enthält,

b) dem Meßzusatz, der u. a. zur Anpassung dient und der die Meßspannungen so umformt, daß eine direkte pH-Anzeige möglich ist,

c) dem Anzeigegerät (Schreiber).

Außerdem müssen Korrektureinrichtungen zur Ausschaltung des Temperatureinflusses und des Asymmetriepotentials vorhanden sein.

Je nach der Meßaufgabe sind Eintauch-, Durchfluß- oder Einbaugeber einzusetzen (→ Aufg. 32.16.).

Die Kontrolle des pH-Wertes ist für viele Prozesse der chemischen Industrie die Voraussetzung für eine ökonomische Produktion. So ist z. B. bei der Alkalichloridelektrolyse (→ Abschn. 9.6.4.) die Ausnutzung der elektrischen Energie oder der Verschleiß der Elektroden vom pH-Wert der Lauge abhängig. Viele Polymerisations- und Kondensationsreaktionen (→ Abschn. 31.) der organischen Chemie setzen ganz bestimmte pH-Werte voraus. Aber auch in der Leder-, der Lebensmittelindustrie, der Galvanotechnik, der Zellstoff- und Papierindustrie spielt der pH-Wert eine wichtige Rolle. Man kann sagen, daß überall dort, wo Reaktionen in Wasser ablaufen oder Wasser zur Anwendung kommt (Aufbereitung von Trinkwasser, Kesselspeisewasser, Abwasser), Kenntnisse über den pH-Wert vorliegen müssen. Das trifft auch für die Medizin, die Landwirtschaft und Biologie zu, weil die meisten Prozesse belebter Materie an das Wasser gebunden sind.

32.3.3. Bedeutung der Betriebsmeßtechnik

Die chemische Industrie ist in der Lage, Produkte für die gesamte Volkswirtschaft zu liefern, die es erlauben, viele Erzeugnisse rationeller und billiger herzustellen. Aus diesem Grund hat die Chemisierung der Volkswirtschaft einen entscheidenden Anteil bei der Erhöhung der Arbeitsproduktivität und des Nationaleinkommens. Um die Leistungsfähigkeit der chemischen Industrie selbst zu steigern, spielt die Systemautomatisierung eine wesentliche Rolle. Darunter ist die Automatisierung ganzer zusammenhängender Prozesse zu verstehen (Fließverfahrenszüge). Diese Forderungen heben die Automatisierung auf eine neue Stufe. Die chemischen Verfahren sind dabei so zu gestalten, daß sie

a) in Anlagen ablaufen, zu deren Herstellung wenig Stahl notwendig ist,
b) die Energie sehr gut ausnutzen,
c) eine Vielzahl von Reglern, Rückreglern und Meßstellen enthalten, die einen hohen Automatisierungsgrad sowie die Anwendung von Prozeßrechnern erlauben.

In diesem Zusammenhang muß man die Bedeutung der Betriebsmeß-, Steuer- und Regeltechnik (BMSR-Technik) sehen, ohne die Aufgaben der Kontrolle, Datenerfassung und Weiterverarbeitung nicht möglich sind.

■ **Aufgaben**

32.1. Es ist eine Übersicht anzufertigen, aus der hervorgeht, inwieweit die Chloride, Sulfate, Nitrate, Carbonate, Oxide und Hydroxide der in den Abschnitten 19. bis 24. besprochenen Metalle wasserlöslich sind!

32.2. Welche von diesen Metallen reagieren mit Salzsäure unter Bildung löslicher Chloride? Wie lauten die entsprechenden Gleichungen?

32.3. Wie verhalten sich die Carbonate und die Oxide der Alkalimetalle, Erdalkalimetalle und Schwermetalle gegenüber Wasser und verdünnter Salzsäure?

32.4. Wie reagieren die auf Seite 447 ausgeführten Ionen beim Zusatz von HCl (Gleichungen!)?

32.5. Es sind die Vorgänge beim Nachweis der $[NH_4]^+$-Ionen theoretisch zu begründen!

32.6. Es ist der Sulfat- und Chloridionennachweis zu formulieren!

32.7. Welche Reaktionen sind zu beobachten, wenn folgende organische Substanzen einer qualitativen Elementaranalyse unterworfen werden:
a) Polyvinylchlorid
b) Ethanol?

32.8. Von einer silberhaltigen Kupferlegierung hat man 8 kg gelöst und durch Cl^--Ionen 18 g Silberchlorid ausgefällt. Wieviel Prozent Silber enthält die Legierung? Wieviel Gramm Silber sind in 250 kg der Legierung enthalten?

32.9. Wieviel mg Silber zeigen 1 cm³ einer 1/10 N NaCl-Lösung, die zur Fällung verbraucht wurde, an?

32.10. Bromidionen lassen sich mit $AgNO_3$-Lösungen volumetrisch bestimmen. Wieviel Milligramm Bromid-Ionen zeigen 1 cm³ einer 1/10 N $AgNO_3$-Lösung an? Wieviel Milligramm enthält eine vorgelegte Lösung, wenn man zum Ausfällen $V_B = 16,8$ cm³ einer 1/8 N-Lösung benötigt?

32.11. Wieviel Milligramm NaOH enthält eine vorgelegte Lösung, wenn zur Neutralisation $V_B = 30,2$ cm³ einer 1/11 N HCl verbraucht werden?

32.12. Pb^{2+}-Ionen kann man potentiometrisch (gegen eine Platinelektrode) bestimmen. Als Meßlösung ist $K_4[Fe(CN)_6]$ geeignet. Wie wirkt sich ein Zusatz dieser Lösung auf das Potential aus? Wieviel Milligramm Blei geben 1 cm³ einer 1/10 N Lösung an? Die Reaktionsgleichung lautet:

$2 Pb(NO_3)_2 + K_4[Fe(CN)_6]$
$\rightarrow Pb_2[Fe(CN)_6] + 4 KNO_3$

32.13. Es ist eine Meßanordnung zu entwerfen, mit der sich der Wasserstoff in einem Gasgemisch nach der Verbrennungsmethode bestimmen läßt. Das Gemisch soll keinen Sauerstoff enthalten! (Literaturhinweis: *Kulakow*: Geräte und Verfahren der Betriebsmeßtechnik. VEB Verlag Technik Berlin)

32.14. Mit einem Wärmeleitfähigkeits-Gasanalysator soll der Anteil des Wasserstoffs in einem N_2/H_2-Gasgemisch erfaßt werden. Wie wirkt sich ein zunehmender Wasserstoffgehalt auf die Temperatur der Widerstandsdrähte aus? Die Wärmeleitfähigkeiten sind (0 °C, 101,3 kPa):
für Wasserstoff
$175 \cdot 10^{-3}$ J m⁻¹ s⁻¹ K⁻¹
für Stickstoff
$24,3 \cdot 10^{-3}$ J m⁻¹ s⁻¹ K⁻¹

32.15. Im Zusammenhang mit Gleichung (4) ist zu untersuchen, wie die Eichkurve einer Glaselektrode verläuft, die mit einer

Pufferlösung (pH$_i$ = 4) gefüllt ist (das Asymmetriepotential ist zu vernachlässigen)!

32.16. Es ist eine Meßanordnung zu entwerfen, die es gestattet, den pH-Wert zu regeln. Die notwendigen elektrischen Einrichtungen sind lediglich durch Blockschaltbilder anzugeben! Es ist ein Durchflußgeber zu verwenden!

32.17. Das Bild 32.8 zeigt den Verlauf des pH-Wertes bei der Neutralisation von Salz- und Ethansäure. Wie kann man die Äquivalenzpunkte bestimmen?

32.18. Im Bild 32.9 ist eine I-U-Kennlinie dargestellt, die das Verhalten einer Lösung mit einer Komponente beim Polarografieren beschreibt. Woran kann man Art bzw. Konzentration des Stoffes erkennen?

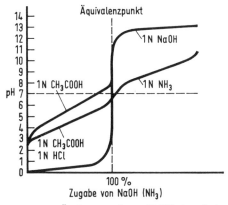

Bild 32.8. Änderung des pH-Wertes bei der Neutralisation von Salz- und Ethansäure

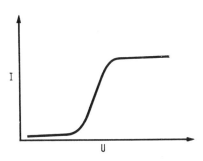

Bild 32.9. Polarogramm einer Lösung mit einer Komponente

Literaturverzeichnis

Autorenkollektiv: Analytikum, 6. Aufl. Leipzig: VEB Deutscher Verlag für Grundstoffindustrie 1984

Autorenkollektiv: Anorganikum. Berlin: VEB Deutscher Verlag der Wissenschaften 1978

Autorenkollektiv: chimica – ein Wissensspeicher, Bd. 1 und 2. Leipzig: VEB Deutscher Verlag für Grundstoffindustrie 1981/1983

Autorenkollektiv: Elektrolytgleichgewichte und Elektrochemie, LB 5, 3. Aufl. Lehrwerk Chemie für Universitäten und Hochschulen. Leipzig: VEB Deutscher Verlag für Grundstoffindustrie 1983

Autorenkollektiv: Lehrbuch der technischen Chemie, 4. Aufl. Leipzig: VEB Deutscher Verlag für Grundstoffindustrie 1984

Autorenkollektiv: Tabellenbuch Chemie, 8. Aufl. Leipzig: VEB Deutscher Verlag für Grundstoffindustrie 1980

Döhring, L., Gohlisch, G.: Grundlagen der organischen Chemie, 4. Aufl. Leipzig: VEB Deutscher Verlag für Grundstoffindustrie 1982

Hauptmann, S., Graefe, J., Remane, H.: Lehrbuch der organischen Chemie, 2. Aufl. Leipzig: VEB Deutscher Verlag für Grundstoffindustrie 1980

Kulakow, M. W.: Geräte und Verfahren der Betriebsmeßtechnik. Berlin: VEB Verlag Technik

Näser, K.-H.: Physikalische Chemie für Techniker und Ingenieure, 16. Aufl. Leipzig: VEB Deutscher Verlag für Grundstoffindustrie 1983

Schwabe, K.: pH-Fibel. Leipzig: VEB Deutscher Verlag für Grundstoffindustrie 1968

Bildquellenverzeichnis

Atelier für angewandte Fotografie, *Helmut Körner*, Dresden: Bild 14.6

Daniel/Hesselbarth: Technologie der chemischen Industrie, Band II: Organische Chemie. VEB Fachbuchverlag, Leipzig 1960: Bilder 29.2, 31.2

Foto-*Fanselau*, Wittenberg: Bild 31.2

Kleine Enzyklopädie Technik, VEB Verlag Enzyklopädie, Leipzig 1957: Bild 18.9

Lehrbriefe für Chemie der Zentralstelle für Fachschulausbildung Dresden: Bilder 7.2, 9.7, 9.8, 9.23, 9.29, 9.32, 9.42, 10.1, 12.3, 13.1, 13.3, 14.3, 14.4, 14.5, 14.7, 14.11, 14.12, 14.13, 15.1, 15.2, 15.4, 15.5, 15.7, 15.8, 16.3, 16.4, 19.1

Liebmann, Photographische Werkstätten, Bitterfeld: Bild 9.30

Schmidt, Erhard, Dresden: Bild 31.6

Studienmaterial für die Erwachsenenbildung, Einführung in die Chemie, VEB Fachbuchverlag, Leipzig 1962: Bilder 2.9, 12.1, 12.2

VEB Chemische Werke Buna: Bilder 21.2, 31.1

VEB Elektrochemisches Kombinat Bitterfeld: Bilder 9.30, 9.34, 9.35, 9.38, 9.39

VEB Feuerlöschgerätewerk Neuruppin: Bilder 16.7, 16.8

VEB Kombinat »Otto Grotewohl« Böhlen: Bild 16.5

VEB Kunstseidenwerk »Friedrich Engels« Premnitz: Bilder 31.7, 31.8

VEB Leuna-Werke »Walter Ulbricht«: Bild 15.3

VEB Polytechnik Karl-Marx-Stadt: Bilder 26.2, 26.3, 26.4, 26.6, 28.1, 28.2, 28.7, 29.1, 30.1, 30.2

VEB Chemiefaserwerk »Wilhelm Pieck«, Schwarza: Bilder 31.5, 31.6

Zeitschrift »Chemie in der Schule«, Heft 3/60, Volk und Wissen Volkseigener Verlag, Berlin: Bild 9.40

Zentralbild, Fotoabteilung des ADN: Bilder 9.41, 11.1, 14.8

Lösungen zu den Aufgaben

1.1. Beide sind Naturwissenschaften. Die Frage nach Aufbau und Eigenschaften der Stoffe ist für beide Wissenschaften bedeutungsvoll. Chemische Stoffumsetzungen sind immer von physikalischen Bedingungen abhängig und an ihren physikalischen Auswirkungen erkennbar.
1.2. Gegenstand der analytischen Chemie ist die Trennung von Stoffgemischen und der Nachweis seiner einzelnen Bestandteile. Die synthetische Chemie verfolgt das Ziel, Stoffe aufzubauen.
1.3. Verwendung von Plasten, Chemiefasern usw. an Stelle traditioneller Werkstoffe (z. B. Metalle, Naturstoffe); Verwendung synthetischer Düngemittel und Schädlingsbekämpfungsmittel in der Landwirtschaft usw. mit dem Ziel, die Arbeitsproduktivität zu erhöhen.

2.1. Körper bestehen aus Stoffen. Körper sind durch ihre Gestalt charakterisiert. Stoffe besitzten keine eigentümliche Gestalt, außer in der Gestalt von Kristallen.
2.2. Es handelt sich um den Siedepunkt bei einem Druck von 101,3 kPa und die Dichte bei 20 °C.
2.3. 373,15 K.
2.4. Im Feststoff sind die kleinsten Teilchen in der Art eines Gitters angeordnet. Mit Erhöhung der Temperatur nehmen die Schwingungen der Teilchen um die Ruhelage zu, bis schließlich (auf dem Weg über die flüssige Phase) in der Gasphase jeder ordnende Zusammenhalt der Teilchen aufgehoben ist.
2.5. Schmelzpunkt, Siedepunkt, Dichte, Farbe, Löslichkeit, elektrische Leitfähigkeit usw.
2.6. Es wird die unterschiedliche Löslichkeit beider Stoffe in Wasser ausgenutzt.
2.7. Lösungsmittel, Temperatur und (bei Gasen) Druck.
2.8. Nein
2.9. Die Auskristallisation beginnt bei 35 °C. Bei 20 °C sind etwa 13 g auskristallisiert.
2.10. Die hauptsächlichen Bestandteile der Luft sind Gase und bilden deswegen ein homogenes Gemisch. Eingelagerte feste oder flüssige Schwebstoffe bilden mit den Gasen ein heterogenes Gemisch.
2.11. 12,96 Masseprozent; Konzentration von 14,9 g $NaNO_3$ in 100 g H_2O.
2.12. Zentrifugieren: Gewinnung von Butterfett aus Milch; Destillieren: Herstellung von Weinbrand; Dekantieren: Abgießen des Kochwassers von z. B. Kartoffeln.
2.13. Lösung entspricht der Erklärung im Text zu Bild 2.8.
2.14. Reine Stoffe und Gemenge. Reine Stoffe sind Elemente oder Verbindungen.
2.15. Antwort ist u. a. Anlage 4 zu entnehmen.

3.1. H : C : Na = 1 : 12 : 23
3.2. 35,453
3.3. Der »Beschuß« muß mit Neutronen erfolgen. Er erhöht die Massenzahl, aber nicht die Kernladungszahl.
3.4.

Energieniveau	2p	3p	3d	4d	4f
Maximale Elektronenzahl	6	6	10	10	14

3.5. Aus dem Bohrschen Atommodell ergibt sich für die 4 Außenelektronen kein Unterschied. Nach dem wellenmechanischen Atommodell haben aber die 2 Elektronen ($2p^2$) ein höheres Energieniveau.

3.6. He $1s^2$ Ne $1s^2$ $2s^2$ $2p^6$ Ar, Kr, Xe   siehe Anlage 1.

3.7. s^2

3.8. Al $1s^2$ $2s^2$ $2p^6$ $3s^2$ $3p^1$ Fe, I, Pb   siehe Anlage 1.

3.9. Nach Anlage 1 schwankt die Zahl zwischen 1 und 2 Elektronen.

3.10. 5s – 4d – 5p – 6s – 4f – 5d – 6p – 7s – 5f – 6d

4.1. Im H_2S-Molekül liegen polarisierte Atombindungen vor. Es ähnelt im Bau und in der Bindung dem H_2O-Molekül.

4.2. Die Ionisierungsenergie nimmt in der 1. Gruppe des PSE von oben nach unten ab, da die steigende Zahl von Elektronen den Einfluß der Kernladung auf die Außenelektronen abschirmt, was deren Abspaltbarkeit erleichtert.

4.3. Die Elektronenaffinität sinkt in der 7. Gruppe des PSE von oben nach unten. (Ausnahme ist Fluor!) Infolge Abschirmung der Ladung des Kerns durch die steigende Zahl der inneren Elektronen verringert sich dessen Anziehungskraft auf das einzubauende Außenelektron. Daher nimmt die freiwerdende Energie bei der Bildung des Anions ab.

4.4. Das Mg-Atom gibt 2 Elektronen ab, und es bildet sich Mg^{2+}. Das S-Atom nimmt 2 Elektronen auf, und es entsteht S^{2-}.

4.5.

Atombindung	Polarisierte Atombindung	Ionenbeziehung
I_2	CCl_4	MgO
N_2	C_2H_6	Na_2S
		KBr

4.6. Im Natriumbromid NaBr haben auf Grund des größeren Durchmessers des Bromid-Ions Br^- die Ionen einen größeren Abstand r voneinander als im Natriumfluorid NaF. Nach dem Coulombschen Gesetz nimmt die Anziehungskraft der Ionen mit steigendem Radius r ab. Es sinkt der Schmelzpunkt. Für die Differenzen der Elektronennegativitäten ergeben sich: NaF $4,0 - 0,9 = 3,1$ und NaBr $2,8 - 0,9 = 1,8$.

4.7. Nur die CH_3-Gruppen im Ethan zeigen auf Grund der rotationssymmetrischen σ-Bindung freie Drehbarkeit. Diese ist bei den Mehrfachbindungen aufgehoben.

4.8. Bei Annahme der Existenz von Ionen im Molekül entspricht die Ionenwertigkeit der Oxydationszahl. Diese Angaben dienen u. a. zur Berechnung der Ladungen von Komplexionen.

4.9. Aus der Summe der Oxydationszahlen ergibt sich die Ladung der einzelnen Anionen, z. B. SiO_4^{4-} $(+4) + 4 \cdot (-2) = -4$ unter Berücksichtigung der Anlage 3.

4.10.

Ladung	Oxydationszahlen	Koordinationszahl
$Na^+NO_2^-$	$(+1) + (+3) + 2 \cdot (-2)$	2
$Na^+NO_3^-$	$(+1) + (+5) + 3 \cdot (-2)$	3
$2\,Na^+HPO_4^{2-}$	$2 \cdot (+1) + (+1) + (+5) + 4 \cdot (-2)$	4
$2\,K^+SO_3^{2-}$	$2 \cdot (+1) + (+4) + 3 \cdot (-2)$	3
$K^+ClO_3^-$	$(+1) + (+5) + 3 \cdot (-2)$	3

4.11. Mg^{++} $3s^2$ $3p^6$ $3d^4$

4.12.

Verbindung	Oxydationszahl des Zentralatoms
Kalium-hexachloroplumbat(IV)	4
Diamminsilber(I)-chlorid	1
Natrium-hexafluoroaluminat	3
Hexaquachrom(III)-chlorid	3

5.1. Teilchengröße 500 bis 1 nm bzw. Zahl der Atome im dispergierten Teilchen 10^9 bis 10^3

5.2. Filtration, Diffusion, Verhalten im Lichtkegel

5.3. Stärke, Eiweiß. Kautschuk, Polyamide u. a.

5.4. Zwischenmolekulare Bindungen

5.5. Aggregation in feindispersen Systemen führt zu kolloiden Systemen.

5.6. Die Ausflockungsfähigkeit steigt in der angegebenen Lösungsreihe, da sich die Ladung des Kations erhöht.

5.7. Grenzflächenaktive Stoffe werden u. a. zur Herstellung von Schaum-, Netz- und Waschmitteln, Cremes, Salben, Shampoos, Badezusätzen, Schädlingsbekämpfungsmitteln, Mayonnaisen, Margarine usw. verwendet.

6.1. Abstrahlung von Wärme und Licht, Schmelzen des Paraffins und Stofftransport sind physikalische Vorgänge. Die chemische Umsetzung besteht in der Oxydation des Paraffins zu Kohlendioxid und Wasser (-dampf).

6.2. In einem Mol Kupfer(II)-oxid CuO (= 79,5 g) ist ein Grammatom Kupfer Cu (= 63,5 g) enthalten.

$$79{,}5 \text{ g} : 63{,}5 \text{ g} = 100\% : x$$

$$x = \frac{63{,}5 \cdot 100}{79{,}5} \%$$

$$x = 79{,}9 \%$$

6.3. 1 g x

$$C + O_2 \rightarrow CO_2$$

12 g   22,4 l

$$1 \text{ g} : 12 \text{ g} = x : 22{,}4 \text{ l}$$

$$x = \frac{1 \cdot 22{,}4}{12} \text{ l}$$

$$x = 1{,}87 \text{ l } O_2$$

$$1{,}87 \text{ l} : y = 20{,}95\% : 100\%$$

$$y = \frac{1{,}87 \text{ l} \cdot 100 \%}{20{,}95 \%}$$

$$y = 8{,}926 \text{ Liter Luft}$$

Zum Verbrennen von 1 g Kohlenstoff werden 8,926 l Luft benötigt.

6.4. $V_0 = V \dfrac{p}{p_0} \cdot \dfrac{T_0}{T} = 1 \text{ l} \cdot \dfrac{102{,}6 \text{ kPa} \cdot 273 \text{ K}}{101{,}3 \text{ kPa} \cdot 291 \text{ K}} = 0{,}949 \text{ Liter}$

Unter Normalbedingungen stünden 0,949 Liter H_2 zur Verbrennung zur Verfügung.

Diesen Wert setzen wir in die Reaktionsgleichung ein:

0,949 l x

$$H_2 + \tfrac{1}{2} O_2 \rightarrow H_2O$$

22,4 l   18 g

$$0{,}949 \text{ l} : 22{,}4 \text{ l} = x : 18 \text{ g}$$

$$x = \frac{0{,}949 \cdot 18}{22{,}4} \text{ g}$$

$$x = 0{,}762 \text{ g}$$

Bei der Verbrennung entstehen 0,762 g Wasser.

6.5. $\quad$ 2 g $\qquad\qquad\qquad\qquad x$

$$2\,Al + 6\,H_2O \rightarrow 2\,Al(OH)_3 + 3\,H_2$$

$\quad\quad$ $2 \cdot 27$ g $\qquad\qquad\qquad\qquad 3 \cdot 22{,}4$ l

$\quad\quad$ 54 g : 67,2 l = 2 g : x

$\quad\quad$ x = 2,49 l (unter Normalbedingungen)

$$V = \frac{2{,}49\ l \cdot 101{,}3\ kPa \cdot 291\ K}{102{,}4\ kPa \cdot 273\ K} = 2{,}62\ l$$

6.6. Die Gleichung besagt, daß sich zwei Mol (zwei Volumenteile) Kohlenmonoxid CO ($\triangleq$ 56 g $\triangleq$ 44,8 l) mit einem Mol (einem Volumenteil) Sauerstoff O_2 ($\triangleq$ 32 g $\triangleq$ 22,4 l) zu zwei Molen (zwei Volumenteilen) Kohlendioxid CO_2 ($\triangleq$ 88 g $\triangleq$ 44,8 l) verbinden, wobei eine Wärmemenge von 566,3 kJ frei wird.

6.7. Chlorwasserstoff wird durch Reaktion von Wasserstoff mit Chlor gewonnen:

$$H_2 + Cl_2 \rightarrow 2\,HCl$$

Aus je einem Volumenteil Wasserstoff und Chlor entstehen zwei Volumenteile Chlorwasserstoff. Das Gesamtvolumen bleibt also bei dieser Reaktion unverändert.

6.8. $\quad$ 50 g

$$CaCO_3 + 2\,HCl \rightarrow CaCl_2 + CO_2 + H_2O$$

$\quad\quad$ 100 g $\qquad\qquad\qquad\quad$ 44 g $\triangleq$ 22,4 l

$\quad\quad$ x = 22 g $\triangleq$ 11,2 l

6.9. Eine gesättigte Lösung von $NaNO_3$ enthält etwa 150 g $NaNO_3$/100 g H_2O. Unter Annahme, daß beim Lösen keine wesentliche Änderung des Volumens eintritt, enthält 1 l Lösung 1500 g $NaNO_3$. Da ein Mol $NaNO_3$ gleich 85 g sind, folgt 1500 g : 85 g = 17,6. Die Lösung ist 17,6molar. Entsprechend ist die KNO_3-Lösung 2molar, die NaCl-Lösung 6,1molar. Die Normalität besitzt in diesen Fällen den gleichen Wert, wie die Molarität.

6.10. $\quad$ 70 g $\qquad\qquad\qquad x$

$$P_2O_5 + 3\,H_2O \rightarrow 2\,H_3PO_4$$

$\quad\quad$ 142 g $\qquad\qquad\qquad$ 196 g

$$x = \frac{196 \cdot 70}{142}\ g = 96{,}6\ g$$

In 370 g Lösung sind 96,6 g H_3PO_4 enthalten; das sind 26 Masse-%.

6.11. Die Reaktionsenthalpie beträgt $-14{,}1$ kJ.

7.1. Da Quecksilberoxid eine exotherme Verbindung ist, verlagert sich nach dem Prinzip vom kleinsten Zwang bei höherer Temperatur (400 °C) das Gleichgewicht nach links (d. h. auf die Seite des Wärmeverbrauchs), bei niedriger Temperatur (300 °C) nach rechts. Bei tieferen Temperaturen als 300 °C würde das Gleichgewicht noch weiter rechts liegen. Allerdings wird dann die Reaktionsgeschwindigkeit so klein sein, daß keine Umsetzung mehr zu beobachten ist.

7.2. Um eine hohe Ausbeute an Ammoniak zu erhalten, muß das Gleichgewicht möglichst weit rechts liegen. Eine Verschiebung nach rechts wird erreicht durch a) hohen Druck (das Volumen von N_2 und $3\,H_2$ ist größer als das von $2\,NH_3$). b) niedrige Temperatur (da bei der Bildung von Ammoniak Wärme frei wird, wirken hohe Temperaturen der Ammoniakbildung entgegen). Der Höhe des Druckes sind durch die technischen Möglichkeiten der Apparatur Grenzen gesetzt. Die Temperatur darf nicht tiefer als 400°C liegen, da andernfalls der Katalysator die Reaktion nicht mehr genügend beschleunigt.

7.3. a) Bei den Reaktionen 2, 4 und 5 ist das Volumen der Stoffe auf der linken Seite der Gleichung größer als das der Stoffe auf der rechten Seite. Die Gleichgewichte werden bei Druckerhöhung nach rechts verschoben. Die Reaktionen 1 und 3 verlaufen ohne Volumenänderung. Der Druck besitzt deshalb keinen Einfluß auf die Gleichgewichtslage.

b) Bei Temperaturerhöhung erfolgt eine Gleichgewichtsverschiebung nach der Seite des Wärmeverbrauchs. Demnach wird durch Temperaturerhöhung die Lage des Gleichgewichts bei den Reaktionen 1, 2, 4 und 5 nach links, bei der Reaktion 3 nach rechts verschoben.

7.4. Beim Erwärmen entweicht aus dem System fortlaufend gasförmiger Chlorwasserstoff. Durch diese anhaltende Konzentrationsverminderung der Salzsäure kann sich kein Gleichgewicht einstellen. Es kommt zum vollständigen Verbrauch des Kochsalzes bzw. der Schwefelsäure.

7.5. $NaOH + NH_4Cl \rightarrow NaCl + NH_3\uparrow + H_2O$

$2 HCl + Na_2SO_3 \rightarrow 2 NaCl + H_2O + SO_2\uparrow$

In beiden Fällen handelt es sich um heterogene Systeme, aus denen ein Bestandteil als Gas entweicht (NH_3 bzw. SO_2). Es stellt sich deswegen kein Gleichgewicht ein, sondern es kommt zum vollständigen Ablauf der Gesamtreaktion von links nach rechts.

7.6. Die Oxydation verläuft als Reaktion 3. Ordnung.

7.7. a) Bei Verwendung der Partialdrücke als Konzentrationsmaß lautet die Massenwirkungsgleichung:

$$\frac{(p_{SO_3})^2}{(p_{SO_2})^2 \cdot p_{O_2}} = K_p$$

b) Bei Druckerhöhung auf das Dreifache ergibt sich:

$$\frac{(3p_{SO_3})^2}{(3p_{SO_2})^2 \cdot 3p_{O_2}} = \frac{9(p_{SO_3})^2}{9(p_{SO_2})^2 \cdot 3p_{O_2}} = \frac{(p_{SO_3})^2}{3(p_{SO_2})^2 \cdot p_{O_2}}$$

Der Quotient würde also nur noch $\frac{1}{3}$ seines ursprünglichen Wertes K_p besitzen. Das chemische Gleichgewicht ist damit gestört. Es muß sich neu einstellen. Um den konstanten Wert K_p für den Quotienten wieder zu erreichen, muß der Zähler, d. h. der Partialdruck des Schwefeltrioxids SO_3 steigen. Das ist nur auf Kosten des Schwefeldioxids und des Sauerstoffs möglich, deren Partialdrücke damit abnehmen. Das Gleichgewicht wird also durch die Druckerhöhung nach rechts verschoben, so daß eine erhöhte Ausbeute an Schwefeltrioxid erzielt wird.

c) Da durch Erhöhung der Sauerstoffkonzentration der eine Faktor p_{O_2} des Nenners größer wird, würde der Quotient einen Wert $< K_p$ annehmen. Damit der Quotient den konstanten Wert K_p behält, muß der andere Faktor p_{SO_2} des Nenners kleiner werden. Das geschieht durch eine Verschiebung des Gleichgewichts nach rechts, also durch eine weitere Umsetzung von Schwefeldioxid und Sauerstoff zu Schwefeltrioxid. Dadurch wird zugleich der Zähler p_{SO_3} größer. Das trägt seinerseits dazu bei, daß der Wert K_p für den Quotienten wieder erreicht wird.

d) Bei 500 °C ist K_c sehr groß. Der im Zähler der Massenwirkungsgleichung stehende Partialdruck des Schwefeltrioxids und damit dessen Anteil am Gasgemisch ist also bei dieser Temperatur im Gleichgewichtszustand sehr groß. Bei 900 °C ist K_p sehr viel kleiner als bei 500 °C. Bei dieser Temperatur ist also im Gleichgewichtszustand der Partialdruck des Schwefeltrioxids und damit dessen Anteil am Gasgemisch ziemlich klein. Bei Temperaturerhöhung wird also die Lage des Gleichgewichts in Richtung der Ausgangsstoffe Schwefeldioxid und Sauerstoff verschoben, so daß sich die Ausbeute an Schwefeltrioxid verschlechtert.

7.8. Die Gleichgewichtskonstante ist der Quotient aus den beiden Geschwindigkeitskonstanten

$$K_c = \frac{k_H}{k_R}$$

$$K_c = \frac{3 \cdot 10^{-4}}{3,6 \cdot 10^{-6}} = 83,3$$

7.9. Da es sich um eine homogene Gasreaktion handelt, können in die Massenwirkungsgleichung an Stelle der Konzentrationen die Partialdrücke eingesetzt werden:

$$K = \frac{(p_{HI})^2}{p_{H_2} \cdot p_{I_2}}$$

Man setzt den Partialdruck des Wasserstoffs, der genauso groß sein muß wie der des Iods, gleich x und erhält:

$$50 = \frac{(p_{HI})^2}{x \cdot x}$$

$$x^2 = \frac{(p_{HI})^2}{50}$$

$$x = \sqrt{\frac{1}{50}}\, p_{HI}$$

$$x = \frac{1}{7,07}\, p_{HI}$$

Der Partialdruck des Iodwasserstoffs ist etwa siebenmal so groß wie der des Wasserstoffes.

8.1.
$CuCl_2 \rightleftarrows Cu^{2+} + 2\, Cl^-$

$Ca(HCO_3)_2 \rightleftarrows Ca^{2+} + 2\, HCO_3^-$

$ZnSO_4 \rightleftarrows Zn^{2+} + SO_4^{2-}$

$Na_3PO_4 \rightleftarrows 3\, Na^+ + PO_4^{3-}$

$K_2SO_3 \rightleftarrows 2\, K^+ + SO_3^{2-}$

$Mg(NO_3)_2 \rightleftarrows Mg^{2+} + 2\, (NO_3)^-$

8.2. Die angegebenen Dissoziationskonstanten gelten für folgende Reaktionen mit deren zugehörigen Massenwirkungsgleichungen:

$Ca(OH)_2 \rightleftarrows Ca^{2+} + 2\, OH^-$

$$\frac{c_{Ca^{2+}} \cdot c_{OH^-}^2}{c_{Ca(OH)_2}} = 3,7 \cdot 10^{-3}\ \text{mol}^2\ \text{l}^{-2}$$

$Zn(OH)_2 \rightleftarrows Zn^{2+} + 2\, OH^-$

$$\frac{c_{Zn^{2+}} \cdot c_{OH^-}^2}{c_{Zn(OH)_2}} = 1,5 \cdot 10^{-9}\ \text{mol}^2\ \text{l}^{-2}$$

Aus dem niedrigen Wert der Dissoziationskonstanten des Zinkhydroxids $Zn(OH)_2$ kann man entnehmen, daß dieses nur wenig dissoziiert ist. Calciumhydroxid $Ca(OH)_2$ ist von beiden die stärkere Base.

8.3. In einer 1-normalen Essigsäure sind von 1 000 Molekülen 4 Moleküle dissoziert. Mit steigender Verdünnung nimmt die Dissoziation zu. In einer 0,1-normalen Essigsäure sind von 1 000 Molekülen bereits 13 dissoziert. Aber auch dieser Dissoziationsgrad ist noch so gering, daß die Essigsäure zu den schwachen Elektrolyten gehört.

8.4. Aus einer sulfationenhaltigen Lösung, der die äquivalente Menge Bariumionen zugesetzt wurde, fällt Bariumsulfat aus. Ein geringer Anteil an Sulfationen und Bariumionen bleibt jedoch in Lösung, und zwar (entsprechend dem Löslichkeitsprodukt $L_{BaSO_4} = 10^{-10}$) 10^{-5} mol l^{-1} Bariumionen und 10^{-5} mol l^{-1} Sulfationen, denn

$$a_{Ba^{++}} \cdot a_{SO_4^{--}} = L_{BaSO_4}$$

10^{-5} mol l^{-1} · 10^{-5} mol l^{-1} = 10^{-10} mol^2 l^{-2}

Wird das Bariumchlorid aber im Überschuß zugesetzt, so steigt die Konzentration der Bariumionen auf über 10^{-5} mol l^{-1} an, während auf Grund des konstanten Löslichkeitsprodukts gleichzeitig die Konzentration der Sulfationen auf unter 10^{-5} mol l^{-1} absinkt. Das bedeutet, daß die Sulfationen bei einem Überschuß von Bariumionen erheblich vollständiger in Form von Bariumsulfat ausgefällt werden als beim Vorliegen äquivalenter Mengen von Bariumionen und Sulfationen.

8.5. a) HBr → H$^+$ + Br$^-$ (Abspaltung eines Wasserstoffions)
b) HBr + H$_2$O → H$_3$O$^+$ + Br$^-$ (Protonenübergang)

8.6. An einem freien Elektronenpaar des Wassermoleküls bzw. Ammoniakmoleküls wird ein Proton gebunden:

a) H$_2$O ... H$^+$ → [H$_3$O]$^+$

b) H$_3$N ... H$^+$ → [H$_4$N]$^+$

8.7. a) eine Säure gibt Protonen ab (Protonendonator)
b) eine Base nimmt Protonen auf (Protonenakzeptor)

8.8. Die Base Bromidion Br$^-$

8.9. a) HNO$_2$ ⇌ NO$_2^-$ + H$^+$ c) HI ⇌ I$^-$ + H$^+$
b) H$_2$SO$_3$ ⇌ HSO$_3^-$ + H$^+$
HSO$_3^-$ ⇌ SO$_3^{2-}$ + H$^+$

8.10. Neutralsäuren: HBr, H$_2$CO$_3$; Anionsäure: HCO$_3^-$; Anionbasen: Br$^-$, HCO$_3^-$, CO$_3^{2-}$

8.11. Protonendonator: Hydroniumion; Protonenakzeptor: Hydroxidion; Ampholyt: Wassermolekül.

8.12. Das Hydrogencarbonation HCO$_3^-$ ist ein Ampholyt.

8.13.
HBr ⇌ Br$^-$ + H$^+$ (Protonenabgabe)
H$_2$O + H$^+$ ⇌ H$_3$O$^+$ (Protonenaufnahme)
─────────────────────────
HBr + H$_2$O ⇌ Br$^-$ + H$_3$O$^+$ (protolytisches System)
S$_I$ + B$_{II}$ ⇌ B$_I$ + S$_{II}$

8.14. Aktivität der Hydroniumionen: a) 10^{-11} mol l^{-1}; b) $2 \cdot 10^{-6}$ mol l^{-1}
Aktivität der Hydroxidionen: c) 10^{-13} mol l^{-1}; d) $5 \cdot 10^{-3}$ mol l^{-1}

8.15. a) pH = 10; b) pH = 6,3; c) $a_{H_3O^+} = 10^{-5}$ mol l^{-1};
d) $a_{H_3O^+} = 3 \cdot 10^{-8}$ mol l^{-1}

8.16.

	pH = 3	pH = 10
Thymolblau	gelb	blau
Methylrot	rot	gelb
Lackmus	rot	blau
Bromthymolblau	gelb	blau
Phenolphthalein	farblos	rot

8.17. $NH_4^+ + H_2O \rightleftharpoons NH_3 + H_3O^+$
$S_I + B_{II} \rightleftharpoons B_I + S_{II}$

$$\frac{a_{NH_3} \cdot a_{H_3O^+}}{a_{NH_4^+}} = K_S$$

$H_2O + NH_3 \rightleftharpoons OH^- + NH_4^+$
$S_I + B_{II} \rightleftharpoons B_I + S_{II}$

$$\frac{a_{OH^-} \cdot a_{NH_4^+}}{a_{NH_3}} = K_B$$

8.18. $pK_S(NH_4^+) = 9{,}25$; $pK_B(Cl^-) \approx 20$

8.19. a) stark: NH_3; b) schwach: NH_4^+

8.20. a) $H_2SO_4 \rightleftharpoons HSO_4^- + H^+$ $\qquad pK_S = -3$
$HSO_4^- \rightleftharpoons SO_4^{2-} + H^+$ $\qquad pK_S = 1{,}92$
$NH_3 + H^+ \rightleftharpoons NH_4^+$ $\qquad pK_S = 9{,}25$

Da $pK_S(NH_3)$ höher ist als $pK_S(HSO_4^-)$, laufen folgende Reaktionen ab:

$H_2SO_4 + NH_3 \rightleftharpoons NH_4^+ + HSO_4^-$

$H_2SO_4 + 2\,NH_3 \rightleftharpoons 2\,NH_4^+ + SO_4^{2-}$

b) $H_2CO_3 \rightleftharpoons HCO_3^- + H^+$ $\qquad pK_S = 6{,}52$
$HCO_3^- \rightleftharpoons CO_3^{2-} + H^+$ $\qquad pK_S = 10{,}40$

Da $pK_S(NH_3)$ niedriger ist als $pK_S(HCO_3^-)$, läuft nur folgende Reaktion ab:

$H_2CO_3 + NH_3 \rightleftharpoons NH_4^+ + HCO_3^-$

Es entsteht kein Ammoniumcarbonat $(NH_4)_2CO_3$.

8.21. Salpetersäure unterliegt der Protolyse:

$HNO_3 \rightleftharpoons NO_3^- + H^+$
$H_2O + H^+ \rightleftharpoons H_3O^+$
$\overline{HNO_3 + H_2O \rightleftharpoons NO_3^- + H_3O^+}$

Kaliumhydroxid (nach *Brönsted* als Salz aufzufassen) dissoziiert:

$KOH \rightleftharpoons K^+ + OH^-$

Die entstehenden Hydroxidionen bilden mit den Hydroniumionen aus der Protolyse der Salpetersäure ein protolytisches System:

$H_3O^+ \rightleftharpoons H_2O + H^+$
$OH^- + H^+ \rightleftharpoons H_2O$
$\overline{H_3O^+ + OH^- \rightleftharpoons 2\,H_2O}$

Äquivalente Mengen von Salpetersäure und Kalilauge vorausgesetzt, entsteht daher eine neutrale Lösung, die Kaliumionen K^+ und Nitrationen NO_3^- enthält, also eine Kaliumnitratlösung.

8.22. Ammoniumion NH_4^+ ist mittelstarke Säure ($pK_S = 9{,}25$). Hydrogensulfation HSO_4^- ist sehr schwache Base ($pK_B \approx 17$). Die Lösung reagiert daher sauer.

8.23. a) $NH_4H_2PO_4$ $\quad pH \approx \dfrac{14 + 9{,}25 - 12{,}04}{2}$ $\quad pH \approx 5{,}7$; also schwach sauer;

b) $NH_4(CH_3COO)$ $\quad pH \approx \dfrac{14 + 9{,}25 - 9{,}25}{2}$ $\quad pH \approx 7$; also neutral.

8.24. Anionbasen nach abnehmender Stärke des Basencharakters:

OH^- ($pK_B = 0$); CO_3^{2-} ($pK_B = 3{,}60$); CN^- ($pK_S = 4{,}60$);
HCO_3^- ($pK_B = 7{,}48$); NO_2^- ($pK_B = 10{,}65$); SO_4^{2-} ($pK_B = 12{,}08$);
NO_3^- ($pK_B = 15{,}32$); HSO_4^- ($pK_B \approx 17$); Br^- ($pK_B \approx 20$); Cl^- ($pK_B \approx 20$).

8.25. a) Mit Natronlauge entsteht eine Natriumzinkatlösung.
b) Mit Salzsäure entsteht eine Zinkchloridlösung.

8.26. $4P + 5O_2 \rightleftarrows 2P_2O_5$ $\qquad 2Ca + O_2 \rightleftarrows 2CaO$
$2Cu + O_2 \rightleftarrows 2CuO$ $\qquad 2Fe_2O_3 + 3C \rightleftarrows 4Fe + 3CO_2$

8.27. Fluor nimmt am leichtesten Elektronen auf.
Caesium gibt am leichtesten Elektronen ab.
Beide erreichen damit abgeschlossene Elektronenschalen.

8.28. a) $Al + 3HNO_3 \rightleftarrows Al(NO_3)_3 + 1\frac{1}{2}H_2$
$Al \rightleftarrows Al^{3+} + 3e^-$ $\qquad$ Oxydation
$3H^+ + 3e^- \rightleftarrows 1\frac{1}{2}H_2$ $\qquad$ Reduktion

b) $Mg + 2HCl \rightleftarrows MgCl_2 + H_2$
$Mg \rightleftarrows Mg^{2+} + 2e^-$ $\qquad$ Oxydation
$2H^+ + 2e^- \rightleftarrows H_2$ $\qquad$ Reduktion

c) $Zn + H_2SO_4 \rightleftarrows ZnSO_4 + H_2$
$Zn \rightleftarrows Zn^{2+} + 2e^-$ $\qquad$ Oxydation
$2H^+ + 2e^- \rightleftarrows H_2$ $\qquad$ Reduktion

8.29. $\overset{+6}{H_2S}O_4 + 3\overset{-2}{H_2S} \rightleftarrows 4\overset{0}{S} + 4H_2O$

8.30. $2\overset{+3}{Fe}Cl_3 + \overset{-2}{H_2S} \rightleftarrows 2\overset{+2}{Fe}Cl + 2HCl + \overset{0}{S}$

8.31.

Oxydationsmittel	Reduktionsmittel
H^+	Al
H^+	Mg
H^+	Zn
H_2SO_4	H_2S
$FeCl_3$	H_2S

8.32. Reduktionsmittel ist gasförmiger Wasserstoff H_2.
Oxydationsmittel sind die Wasserstoffionen H^+.

8.33. Das Aluminium reduziert das Eisen(II, III)-oxid zu elementarem Eisen:
$8\overset{0}{Al} + 3(\overset{+3}{Fe_2O_3} \cdot \overset{+2}{FeO}) \rightleftarrows 4\overset{+3}{Al_2O_3} + 9\overset{0}{Fe}$
$8Al \rightleftarrows 8Al^{3+} + 24e^-$ $\qquad$ Oxydation
$6Fe^{3+} + 3Fe^{2+} + 24e^- \rightleftarrows 9Fe$ $\qquad$ Reduktion

9.1. Die elektrische Leitfähigkeit ist $8{,}378 \cdot 10^5$mal so groß.

9.2. Die Gefäßkonstante ist $0{,}2468\ cm^{-1}$.

9.3. Der spezifische elektrische Widerstand ist $3{,}69 \cdot 10^{-8}\ S\ cm^{-1}$.

9.4. *Beispiele:* Art der Ionen und deren Beweglichkeit, Konzentration und Dissoziationsgrad, Temperatur. Da mehrere Faktoren von Einfluß sind, erfordern eindeutige Zuordnungen in der Meßtechnik, daß bestimmte Größen (z. B. die Temperatur) konstant gehalten werden müssen.

9.5. Zunächst nimmt die Konzentration der gut beweglichen OH^--Ionen ab; nach Überschreiten des Äquivalenzpunktes treten in der Lösung zusätzlich H^+-Ionen auf, so daß die Leitfähigkeit wieder ansteigt.

9.6. Kupferionen werden entladen und scheiden sich als metallisches Kupfer ab; Eisen geht in Ionenform über. Es findet ein Austausch von Elektronen statt.

9.7. Gleichgewichtseinstellung, Wasserstoffdruck 101,3 kPa, Wasserstoffionenaktivität 1 mol l^{-1}, Eliminierung von Diffusionspotentialen.

9.8. $Na + H^+ \rightarrow Na^+ + \frac{1}{2}H_2$
Bei der Reaktion entsteht Wärme; dadurch kann es bei einer Lokalisierung des Natriums zur Entzündung des Wasserstoffs kommen. Die wäßrige Lösung reagiert alkalisch (Bildung von NaOH). Das Potential des Kupfers ist edler als das der H^+-Ionen bei ihrer im Wasser vorliegenden Konzentration.

9.9. Mit zunehmender Verdünnung wird das Potential der Elektrode unedler (weniger positiv, negativer); abhängig von der Stellung zum Wasserstoff in der Spannungsreihe nimmt somit die Spannung ab oder zu (Wechsel der Polarität).

9.10. Das Potential der Kupferelektrode beträgt 0,353 V. Mit der Bezeichnung »Potential« ist strenggenommen eine Bezugsspannung gemeint, die in diesem Fall auf die Wasserstoffelektrode bezogen ist.

9.11. *Beispiele:* Zeit bis zur Einstellung des Gleichgewichts, Aktivität der potentialbestimmenden Ionen, Temperatur.

9.12. Bei einer Temperatur von 25 °C beträgt die Spannungsänderung je Änderung um eine pH-Wert-Einheit 0,059 V. Die Potentiale verhalten sich wie die pH-Werte.

9.13. Die Klemmenspannung ist um den am inneren Widerstand wirksamen Spannungswert kleiner als die Zellspannung (Urspannung).

9.14. Die Potentialunterschiede betragen *a)* 0,174 V, *b)* 0,0985 V.

9.15. Elektrochemisch findet an der Anode eine Oxydation statt (Abgabe von Elektronen). Der zum Zink führende Anschluß ist Minuspol.

9.16. Der innere Widerstand wird u. a. durch die Konzentration der Schwefelsäure bestimmt, die sich beim Laden oder Entladen ändert.

9.17. Die H^--Ionen werden an der Anode entladen.

9.18. Das Potential für die Entladung von Na^+-Ionen muß »edler« sein als das der H^+-Ionen. Das ist durch die Wahl von Elektrodenwerkstoffen möglich, an denen für Wasserstoff eine hohe Überspannung auftritt.

9.19. Wegen der hohen Überspannung von Wasserstoffionen an Blei werden bevorzugt Pb^{2+}-Ionen entladen.

9.20. *a)* NaCl (Schmelze): Natrium- und Chlorgasbildung
NaCl in H_2O: Wasserstoff-, Natronlauge- und Chlorgasbildung
KCl (Schmelze): Kalium- und Chlorgasbildung
KCl in H_2O: Wasserstoff-, Kalilauge- und Chlorgasbildung
b) HCl: Wasserstoff- und Chlorgasbildung
H_2SO_4: Wasserstoff- und Sauerstoffbildung
c) NaOH: Wasserstoff- und Sauerstoffbildung
KOH: Wasserstoff- und Sauerstoffbildung
d) $MgCl_2$: Wasserstoff- und Chlorbildung
K_2SO_4: Wasserstoff- und Sauerstoffbildung
Die angegebenen Reaktionsmöglichkeiten sind an bestimmte Elektrodenwerkstoffe gebunden.
Ordnungsmöglichkeiten: Elektrolysen in der Schmelze oder in wäßrigen Lösungen, Entwicklung von Gasen oder Abscheidung von Metallen, nach der Höhe der Abscheidungspotentiale.

9.21. Aluminium: 0,0932 mg je A s
Wasserstoff: $1,04 \cdot 10^{-5}$ g je A s

9.22. Es entstehen 0,0139 g Wasserstoff, der bei 0 °C und 101,325 kPa ein Volumen von 0,154 l beansprucht. Die Umrechnung auf 102,6 kPa und 298 K ergibt ein Volumen von 0,166 l. Das Sauerstoffvolumen ist theoretisch halb so groß. Abweichungen vom theoretischen Wert können durch unterschiedliche Lösung der Gase oder Folgereaktionen (z. B. Bildung von Ozon bei entsprechender Stromdichte) bedingt sein.

9.23. Die mittlere Stromstärke ist 2,706 A.

9.24. Die relative Atommasse bzw. die molare Masse hängen von der Wahl des Bezugsatoms ab; das trifft auch auf die Zahl der Teilchen zu, die auf die molare Masse entfallen. Beim Bezug auf das C-12-Nuklid ist das Mol gleich der Objektmenge der Kohlenstoffatome in genau 12 g des reinen Nuklids: $6,0225 \cdot 10^{23}$ Atome. Solchen feststehenden Werten entsprechen ganz bestimmte Elektrizitätsmengen, die zur Abscheidung eines Mols (einwertiger) Ionen notwendig sind.

9.25. *Beispiele:* Kosten für die elektrische Energie, Kosten für die Gewinnung des Al_2O_3, Temperatur der Schmelze und Kosten für die Substanzen zur Senkung des Schmelzpunktes, Transportkosten für die Ausgangsstoffe.

9.26. Es lassen sich die Widerstände der Zuleitungen sowie die Widerstände an den Kontakstellen senken; dadurch treten niedrigere Energieverluste auf.

9.27. Anlage 1: $W = 18{,}21$ kWh je kg; Anlage 2: $W = 16{,}97$ kWh je kg

Mit 18,21 kWh lassen sich mit den technischen Parametern der Anlage'2 1,073 kg produzieren; bezogen auf 1 kg sind das 7,3 % Steigerung.

9.28. Beispiele: Kosten der elektrischen Energie, Material der Elektroden, Standzeit der Elektroden und Reaktionsräume, Absatzmöglichkeiten für das Chlor und die Lauge.

9.29. Quecksilberverfahren: Chloridarme Lauge, bewegliche Katode, Lauge entsteht in einem Zersetzer, hohe Überspannung für die Entladung von H^+-Ionen.

Diaphragmaverfahren: Es entsteht chloridhaltige Lauge niedriger Konzentration, feststehende Katode, Entladung von H^+-Ionen.

9.30. Gewinnung bestimmter Metalle durch Schmelzflußelektrolyse, Elektrolyse zur Gewinnung von Chlor und Natronlauge, im weiteren Sinne auch Verfahren des Korrosionsschutzes sowie der chemischen Analytik.

9.31. Beim Galvanisieren wird auf den zu schützenden Stoff eine Schutzschicht aus einem anderen Werkstoff aufgetragen; beim Aloxieren wird die natürliche Al_2O_3-Schicht tiefer ausgebildet.

10.1. In der Praxis sind reine Metalle selten anzutreffen. Es handelt sich meist um Legierungen. Diese befinden sich z. B. als Stahlkonstruktionen im Kontakt mit weiteren Metallen bzw. deren Legierungen. Damit sind beim Hinzukommen eines Elektrolyten die Voraussetzungen für Kontaktkorrosion bzw. Lokalelementbildung gegeben.

10.2. Im Gegensatz von z. B. Aluminiumoxidschichten sind Rost und Zunder nicht festhaftend und zusammenhängend. Durch diese porösen Korrosionsprodukte gelangt Wasser (Elektrolyt) an die Metalloberfläche.

10.3. Bei der Eisensäule von Delhi handelt es sich um ein relativ reines Eisen. Zusätzlich sind in Delhi die atmosphärischen Bedingungen günstiger als in Industriegegenden.

10.4. 6 500 t Kohle

10.5. Erwünschter V.: $8\,H_2SO_4 + FeO + Fe_3O_4 + Fe_2O_3 \rightleftarrows 2\,FeSO_4 + 2\,Fe_2(SO_4)_3 + 8\,H_2O$

Unerwünschter V.: $H_2SO_4 + Fe \rightleftarrows FeSO_4 + H_2\uparrow$

10.6. Erwünscht ist die Entfernung der Korrosionsprodukte, Mineralsäuren greifen unedle Metalle an. Aber auch die Strahlmittel, deshalb die Bezeichnung Abrasiv, rauhen durch den Angriff auf den metallischen Werkstoff die Metalloberfläche auf. Beim Beizen werden Sparbeizzustände zugegeben, beim Strahlen sind Einhalten der Strahldauer, feinere Strahlmittel, geringere Abwurfgeschwindigkeiten Voraussetzungen zur Verringerung des Metallangriffs.

10.7. $FeSO_4 + 2\,H_2O \rightleftarrows H_2SO_4 + Fe(OH)_2$

$FeCl_2 + 2\,H_2O \rightleftarrows 2\,HCl + Fe(OH)_2$

$4\,Fe(OH)_2 + O_2 + 2\,H_2O \rightleftarrows 4\,Fe(OH)_3\downarrow$

10.8. Entsprechend der Reihenfolge der Metalle in der elektrochemischen Spannungsreihe wird zuerst die Zinkschicht zerstört, bevor ein Angriff auf den Eisenwerkstoff erfolgt. Beim Zinn ist es umgekehrt, es steht in der Spannungsreihe rechts vom Eisen.

10.9. Korrosion im engeren Sinne ist die Zerstörung von Metallen durch chemische und elektrochemische Vorgänge. Im erweiterten Sinne gibt es auch Korrosion bei nichtmetallischen Werkstoffen, z. B. spielt heute die Sanierung von Beton eine wichtige Rolle.

10.10. Der aktive Korrosionsschutz befaßt sich mit korrosionsbeständigen Werkstoffen, z. B. Cr/Ni-Stählen; das korrosionsschutzgerechte Konstruieren, der Einsatz von Inhibitoren, aber auch der anodische bzw. katodische Schutz gehören hierzu. Im passiven Korrosionsschutz werden Metalle durch Anstriche (etwa 80 %) oder andere organische bzw. nichtorganische Schichten geschützt; auch die für die Lebensdauer der Schutzschichten wichtigen Verfahren der Oberflächenvorbehandlung werden hierzu gezählt.

11.1. Für die elektronische Struktur der Atome eines Elementes ist die Kernladungszahl die wichtigste Größe. Sie entspricht der Protonenzahl. Mit steigender Kernladungszahl nimmt auch die Neutronenzahl zu. Aus der Gesamtzahl der Nukleonen ergibt sich unter Berücksichtigung der vorhandenen natürlichen Isotope die relative Atommasse.

11.2. Im Periodensystem sind die Elemente nach steigenden Kernladungszahlen angeordnet. Die 7 Perioden sind das Ergebnis der verschiedenen Energieniveaus der Elektronen.

11.3. Die chemischen Eigenschaften der Elemente werden durch die Zahl der Valenzelektronen charakterisiert. Auf ihrer Außenschale besitzen Atome 1 bis 8 Valenzelektronen. Elemente mit derselben Anzahl Außenelektronen bilden eine Hauptgruppe.

11.4. Im Mittelalter gab es den heutigen Begriff des Elementes noch nicht. Von den im Periodensystem mit den Ordnungszahlen 1 bis 92 aufgeführten Elementen sind die letzten erst 1940 gefunden worden.

11.5. Die typischen Metalle der Chemie besitzen 1 oder 2 Valenzelektronen, den Atomen der typischen Nichtmetalle fehlen zur Edelgaskonfiguration 1 oder 2 Elektronen. Durch die Abgabe bzw. Aufnahme von Elektronen entstehen Kationen und Anionen.

11.6. Die Elemente der VIII. Hauptgruppe sind die Edelgase. Da ihre Elektronenaußenschale schon Edelgaskonfiguration aufweist, sind sie besonders reaktionsträge. Wegen der geringen chemischen Affinität ist der Nachweis dieser Elemente über chemische Reaktionen schwierig.

11.7. Alle Elemente der I. Hauptgruppe besitzen ein Valenzelektron, sie sind typische, besonders heftig reagierende Metalle, sie bilden einfach geladene positive Ionen, in wässerigen Lösungen entstehen starke Basen. Mit steigender Kernladungszahl der Elemente der I. Hauptgruppe nimmt der elektropositive Charakter zu, daraus resultieren eine Reihe weiterer sich periodisch ändernder Eigenschaften.

11.8. Im Periodensystem sind die Elemente nach steigenden Kernladungszahlen angeordnet, die chemische Bindung wird vor allem durch die Zahl der Elektronen auf der äußeren Schale bestimmt, aber auch die Anordnung der Metalle in der elektrochemischen Spannungsreihe ist das Ergebnis des unterschiedlichen Atombaus.

11.9. Da die im Periodensystem enthaltenen Elemente bis zur Ordnungszahl 105 kontinuierlich von der Protonenzahl 1 bis 105 angeordnet sind, ist es nicht möglich, neue Elemente mit diesen Kernladungszahlen zu finden.

11.10. Durch die Anordnung der Elemente im Periodensystem nach ihrem Atombau in Gruppen und Perioden sind Rückschlüsse von bekannten Elementen auf weniger bekannte möglich, und zwar auf deren chemische und physikalische Eigenschaften. Damit wird das Periodensystem zum wichtigsten Hilfsmittel der Chemie.

12.1. Wasserstoff tritt elementar in Spuren in der Luft auf, in gebundenem Zustand im Wasser, in Säuren und organischen Verbindungen.

12.2. Wasserstoff wird erzeugt a) im Labor aus Zink und Salzsäure, b) technisch aus Wasser durch Reduktion mit Kohlenstoff bzw. Kohlenmonoxid.

12.3. Wasserstoff ist das leichteste Gas, farblos und geruchlos, er ist brennbar.

12.4. Siehe Text Abschn. 12.1.

12.5. Zu Hydrierungen (Ammoniaksynthese, Methanolsynthese, Hochdruckhydrierung von Teer und Erdöldestillationsprodukten, Fetthärtung).

12.6. Wasser wird zur Dampferzeugung, als Lösungsmittel, Transportmittel, Kühlmittel in großen Mengen gebraucht.

12.7. Die O—H-Bindungen im Wassermolekül sind polarisiert. Da sie in einem Winkel zueinander stehen, fallen die Schwerpunkte der positiven und negativen Partialladungen nicht zusammen.

12.8. Die Wasserstoffbrückenbindungen führen zu Molekülassoziationen, die den flüssigen Zustand des Wassers bewirken.

12.9. Unter Hydratation wird die auf elektrostatischer Anziehung beruhende Anlagerung von Dipolmolekülen des Wassers an Ionen verstanden.

12.10. Für das Wasserstoffperoxid ist die Peroxogruppe —O—O— charakteristisch.

12.11. $H_2O_2 \rightarrow H_2O + O$. Es entsteht atomarer Sauerstoff.

12.12. Siehe Text Abschn. 12.2.2.

12.13. Siehe Text Abschn. 12.2.2.

13.1. Die Elemente der 7. Hauptgruppe bilden mit Metallen Salze.

13.2. Die allgemeine Reaktionsfähigkeit nimmt vom Iod zum Fluor zu.

13.3. Chlor wird technisch durch Natriumchloridelektrolyse gewonnen.

13.4. Chlor wirkt als Oxydationsmittel, da es leicht Elektronen aufnimmt, wobei die volle Besetzung der 3p-Orbitale erreicht wird.

13.5. Chlorwasser enthält hypochlorige Säure HClO, die unter Lichtwirkung in Salzsäure und atomaren Sauerstoff zerfällt, der stark oxydierend wirkt und daher Farbstoffe zerstört.

13.6. Siehe Text Abschn. 13.2.

13.7. Durch Synthese aus den Elementen Chlor und Wasserstoff, die in Quarzbrennern verbrannt werden (Chlorknallgasreaktion).

13.8. a) Flüssiges Chlor wird in Stahlflaschen und -kesselwagen aufbewahrt und transportiert, b) Chlorwasserstoff in Glas- oder Steingutgefäßen.

13.9. Siehe Tabelle 13.2.

13.10. Kaliumchlorat ist ein sehr starkes Oxydationsmittel; mit organischen Stoffen, mit Phosphor und Schwefel setzt es sich beim Erhitzen, bei Schlag oder Reibung explosionsartig um.

13.11. Chlor verdrängt Brom und Iod aus seinen Verbindungen, es entsteht elementares Brom bzw. Iod.

13.12. Siehe Text Abschn. 13.4.

13.13. Siehe Text Abschn. 13.6.

14.1. Siehe Tabelle 14.1.

14.2. Der Säurecharakter der Oxide nimmt vom Schwefel über das Selen zum Tellur ab.

14.3. Stickstoff beginnt schon bei 77 K (-196 °C) zu verdampfen, so daß der Sauerstoffanteil in der flüssigen Luft zunimmt.

14.4. Der Sauerstoff hat in seinen Verbindungen die Oxydationszahl -2.

14.5. $O_3 \rightleftarrows O_2 + O$

14.6. Siehe Text Abschn. 14.4.

14.7. Das *Claus*-Verfahren dient zur Gewinnung von elementarem Schwefel aus Schwefelwasserstoff, der bei der Verarbeitung fossiler Brennstoffe in großen Mengen anfällt.

14.8. Schwefelwasserstoff ist ein übelriechendes, sehr giftiges, leicht wasserlösliches Gas, in wäßriger Lösung unterliegt er als mittelstarke Säure teilweise der Protolyse.

14.9. Siehe Text Abschn. 14.5.2.

14.10. Schwefeldioxid löst sich sehr leicht in Wasser, setzt sich dabei aber nur zu einem geringen Teil zu schwefliger Säure um: $SO_2 + H_2O \rightleftarrows H_2SO_3$. Die Lösung reagiert daher nur schwach sauer, obwohl die schweflige Säure zu den starken Säuren gehört.

14.11. Einsatz eines Katalysators, Temperatur nicht wesentlich über 400 °C.

14.12. Verdünnte Schwefelsäure reagiert auf Grund ihres hohen Hydroniumionengehalts mit unedlen Metallen unter Wasserstoffentwicklung. Konzentrierte Schwefelsäure enthält keine Hydroniumionen, sie reagiert mit unedlen Metallen, aber auch mit Kupfer, unter Entwicklung von Schwefeldioxid. In beiden Fällen werden die Metalle oxydiert, reduziert wird bei verdünnter Schwefelsäure der Wasserstoff, bei konzentrierter Schwefelsäure der Schwefel.

14.13. Konzentrierte Schwefelsäure kann in eisernen Kesselwagen transportiert werden, da sie Eisen passiviert.

15.1. Siehe Tabelle 15.1.
15.2. Stickstoff ist ein ausgeprägtes Nichtmetall; Phosphor ist ein Nichtmetall, das auch eine metallische Modifikation aufweist; Arsen und Antimon besitzen nichtmetallische und metallische Modifikationen; Bismut ist ein Metall von nicht sehr ausgeprägtem Charakter, hat jedoch keine nichtmetallische Modifikation.
15.3. Die wichtigsten Oxydationszahlen sind gegenüber Wasserstoff -3, gegenüber Sauerstoff und anderen elektronegativen Elementen $+3$ und $+5$.
15.4. Stickstoff kann aus der Luft durch Luftverflüssigung und anschließende fraktionierte Destillation oder durch Reduktion des Sauerstoffs mittels Koks' (bzw. Kohlenmonoxids) und Auswaschen des dabei entstehenden Kohlendioxids gewonnen werden.
15.5. Ammoniak ist ein leichtes, stechend riechendes Gas, das sich sehr leicht in Wasser löst. Es läßt sich leicht verflüssigen und hat eine hohe Verdampfungswärme.
15.6. Ammoniak unterliegt in wäßrigen Lösungen der Protolyse:

$$H_2O + NH_3 \rightleftarrows OH^- + NH_4^+$$

15.7. Das Ammoniakgleichgewicht wird in Richtung der Ammoniakbildung verschoben durch hohen Druck (da das Volumen des Reaktionsgemischs in dieser Richtung abnimmt) und durch relativ niedrige Temperatur (da die Reaktion in dieser Richtung exotherm verläuft).
15.8. Die Kohlenwasserstoffe bringen (im Unterschied zu Kohle bzw. Koks) einen erheblichen Anteil des für die Synthese erforderlichen Wasserstoffs in das Synthesegas ein.
15.9. Des auf Grund der Gleichgewichtslage geringen Anteils an Ammoniak wegen muß die Ammoniaksynthese als Kreisprozeß durchgeführt werden.
15.10. Siehe Bild 15.5.
15.11. Nitrose Gase sind Stickstoffmonoxid NO, Stickstoffidoxid NO_2 und Distickstofftetroxid N_2O_4, die meist als Gemenge auftreten.
15.12. Salpetersäure wird durch katalytische Oxydation von Ammoniak gewonnen.
15.13. Konzentrierte Salpetersäure wirkt stark oxydierend. Es muß daher verhindert werden, daß sie mit leicht oxydierbaren (brennbaren) Stoffen in Berührung kommt.
15.14. In verdünnter Salpetersäure wirken die Hydroniumionen gegenüber den Metallen oxydierend, in der konzentrierten Salpetersäure die Salpetersäuremoleküle, die in Stickstoffdioxidmoleküle übergehen (unter Änderung der Oxydationszahl des Stickstoffs von $+5$ auf $+4$).
15.15. Kalkstickstoff ist ein Gemenge aus Calciumcyanamid $CaCN_2$ und Kohlenstoff. Er wird als Düngemittel und als Ausgangsstoff für Plaste verwendet.
15.16. Bei einer intensiv betriebenen Pflanzenproduktion müssen dem Boden ständig Nitrate oder Ammoniumsalze zugeführt werden, aus denen die Pflanzen ihren Stickstoffbedarf decken.
15.17. Siehe Text Abschn. 15.4.
15.18. Siehe Text Abschn. 15.4.
15.19. Siehe Text Abschn. 15.5.2.
15.20. Superphosphat wird im nassen Aufschluß von Calciumphosphat mit Schwefelsäure gewonnen, es ist wasserlöslich. Glühphosphate werden im trockenen Aufschluß durch Erhitzen (1200 °C) gewonnen, sie sind wasserunlöslich, werden aber von organischen Säuren, die die Pflanzenwurzeln ausscheiden, allmählich gelöst. Superphosphat wirkt daher rasch (Frühjahrsdüngung), Glühphosphate wirken langsam (Herbstdüngung). Von Superphosphat werden die Böden sauer, von Glühphosphaten basisch beeinflußt.

16.1. Siehe Tabelle 16.1.
16.2. Kohlenstoff und Silicium sind Nichtmetalle, Germanium nimmt eine Mittelstellung ein, Zinn und Blei sind Metalle.
16.3. Alle Elemente der IV. Hauptgruppe treten vierwertig auf, die schweren Elemente Zinn und Blei auch zweiwertig, wobei die zweiwertige Stufe beim Blei die beständigere ist.

16.4. Diamant und Graphit. Diamant geht bei 1500 °C in Graphit über (Luftabschluß vorausgesetzt, sonst verbrennt er). Graphit läßt sich bei 3000 °C und 5000 MPa in Diamant umwandeln.

16.5. Siehe Text Abschn. 16.2.

16.6. Siehe Text Abschn. 16.2.

16.7. Siehe Text Abschn. 16.3.1.

16.8. Kohlenmonoxid ist ein leichtes, farb- und geruchloses, giftiges Gas, das an der Luft mit blauer Flamme zu Kohlendioxid verbrennt.

16.9. Bei hohen Temperaturen (1000 °C) liegt das *Boudouard*-Gleichgewicht

$$CO_2 + C \rightleftarrows CO \quad \Delta H = +172 \text{ kJ mol}^{-1} \quad \text{(endotherme Reaktion)}$$

auf der Seite des Kohlenmonoxids, bei niedrigen Temperaturen (400 °C) auf der Seite des Kohlendioxids.

16.10. In den Kohlendioxidlöschern (deren Vorteile siehe Text Abschn. 16.3.2.) liegt flüssiges Kohlendioxid vor, nicht Kohlensäure, die nur in wäßriger Lösung existiert.

16.11. Siehe Text Abschn. 16.3.2.

16.12. Calciumcarbid ist Ausgangsstoff für die Acetylenchemie, die für die technische organische Chemie eine wichtige Alternative zur Petrolchemie darstellt.

16.13. Die Moleküle der Kieselsäure (Orthokieselsäure) H_4SiO_4 gehen unter Wasserabspaltung in Makromoleküle über, die Band-, Blatt- oder Raumnetzstruktur aufweisen.

16.14. Aluminiumsilicate und Alumosilicate sind Salze von Kieselsäuren, ihr Anion enthält stets Silicium. Bei den Aluminiumsilicaten tritt das Aluminium als Kation auf, bei den Alumosilicaten ist ein Teil der Siliciumatome des Anions durch Aluminiumatome ersetzt.

16.15. Siehe Text Abschn. 16.6.1.

16.16. Siehe Text Abschn. 16.6.2.

16.17. Alle Silicone weisen Si—O—Si-Bindungen auf.

16.18. Die Siliconöle sind auf Grund ihrer relativ kleinen Moleküle flüssig, Silicongummi ist infolge schwacher Vernetzung plastisch bzw. elastisch, Siliconharz infolge starker Vernetzung fest.

16.19. Zwischen dem Bor und dem Silicium sowie zwischen Borverbindungen und Siliciumverbindungen gibt es Ähnlichkeiten in den Eigenschaften. Silicium ist dem Bor viel ähnlicher als dem Kohlenstoff.

18.1. Da im Metallgitter die Valenzelektronen als freie Elektronen vorliegen, sind diese leicht verschiebbar (vgl. Abschn. 4.4.).

18.2. »Edle« Metalle werden in der Natur auch elementar gefunden. Sie stehen in der Spannungsreihe rechts vom Wasserstoff. »Unedle« Metalle treten in der Natur nur in Verbindungen wie Oxide und Salze auf. Sie stehen links vom Wasserstoff in der Spannungsreihe.

18.3. Beim kubisch-flächenzentriertem Gitter sind es die Diagonalen der Deckflächen und beim kubisch-raumzentrierten Gitter die Raumdiagonalen.

18.4. Beim kubisch-flächenzentrierten Gitter gehört jedes Eckatom zu 8 Elementarzellen und jedes Atom in der Flächenmitte zu zwei Elementarzellen. Insgesamt enthält jede Elementarzelle 4 Atome.

Da die Schichten sich berühren, entspricht die Flächendiagonale vier Kugeldurchmessern. Daraus läßt sich die Seitenlänge des Würfels berechnen.

$$D^2 = 2s^2 \quad D = \text{Diagonale}$$
$$(4r)^2 = 2s^2 \quad s = 2{,}83r$$

Das Volumen des Würfels beträgt: $V = s^3 = 22{,}67r^3$

Das Volumen der vier Atome beträgt:

$$V_K = 4 \cdot \frac{4}{3}\pi r^3 = 16{,}76r^3$$

$$16{,}76r^3 : 22{,}67r^3 = x : 100\% \quad x = 73{,}93\%$$

Analoge Überlegung beim hexagonalem Gitter.
Beim kubisch-raumzentrierten Gitter enthält jede Elementarzelle 2 Atome, die ein Volumen von $8{,}38r^3$ besitzen.

$$8{,}38r^3 : 22{,}67r^3 = y : 100\% \qquad y = 36{,}97\%$$

18.5. Die molare Masse des Cementits Fe_3C beträgt $70{,}85$ g mol^{-1}.

$$70{,}85 \text{ g mol}^{-1} : 12 \text{ g mol}^{-1} = 100\% : x \qquad x = 16{,}94\%$$

18.6. Durch Zerkleinerung sollen die Verwachsungen zwischen Erzmineral und Gestein gelöst werden. Durch Klassierung, Sortierung bzw. Flotation sollen Erzkonzentrate erreicht werden. Durch Rösten sollen Carbonate und Sulfide in Metalloxide überführt werden, da nur Oxide im Ofen reduziert werden können.

18.7. Kohlenstoff, Kohlenmonoxid und Gleichstrom.

18.8. Abröstung der Sulfide zu Oxiden. Reduktion der Oxide. Evtl. Raffination durch Elektrolyse.

Pyrit: $\quad 2\,FeS_2 + 5\,O_2 \rightarrow 2\,FeO + 4\,SO_2\uparrow$
Zinkblende: $ZnS + 1\tfrac{1}{2}\,O_2 \rightarrow ZnO + SO_2\uparrow$
Bleisulfid: $\quad PbS + 1\tfrac{1}{2}\,O_2 \rightarrow PbO + SO_2\uparrow$

18.9. Die absolute Masse eines Eisenatoms beträgt:

$$m = \frac{55{,}847 \text{ g mol}^{-1}}{6{,}023 \cdot 10^{23} \text{ mol}^{-1}} = 9{,}273 \cdot 10^{-23} \text{ g}$$

Das Volumen der Elementarzelle beträgt:

$$V = a_0^3 = 23{,}394 \cdot 10^{-30} \text{ m}^3$$

Die Dichte beträgt, da 2 Atome in der Elementarzelle sind:

$$\varrho = \frac{2 \cdot m}{V} = \frac{2 \cdot 9{,}273 \cdot 10^{-23} \text{ g}}{23{,}394 \cdot 10^{-30} \text{ m}^3} = 7{,}93 \frac{\text{g}}{\text{cm}^3}$$

18.10. $2\,Al_2O_3 + 3\,C \rightarrow 4\,Al + 3\,CO_2$
$\Delta H = 3(-393{,}8 \text{ kJ mol}^{-1}) - 2(-1591 \text{ kJ mol}^{-1})$
$\Delta H = +2000{,}6$ kJ mol^{-1}, nicht reduzierbar
Fe_2O_3 reduzierbar, da $\Delta H = -480{,}6$ kJ mol^{-1}
CaO nicht reduzierbar, da $\Delta H = +525{,}4$ kJ mol^{-1}

18.11. $2\,Al_2O_3 + 6\,H_2 \rightarrow 4\,Al + 6\,H_2O$ gasf.
$\Delta H = 6(-286{,}2 \text{ kJ mol}^{-1}) - 2(-1591 \text{ kJ mol}^{-1})$
$\Delta H = +1464{,}8$ kJ mol^{-1} **nicht reduzierbar**
Fe_2O_3 reduzierbar, da $\Delta H = -55{,}2$ kJ mol^{-1}
CaO nicht reduzierbar, da $\Delta H = +349{,}7$ kJ mol^{-1}

19.1. Siehe Reaktionsgleichungen im Abschnitt 9.3.1. und 19.1.

19.2. $\quad 1\,000$ kg $\qquad x \qquad y$
NaCl $\quad \rightarrow$ Na $+ \tfrac{1}{2}\,Cl_2$
$58{,}5$ g $\qquad 23$ g $\quad 11{,}2$ l
$1\,000$ kg $: 58{,}5$ g $= x : 23$ g $\qquad x = 393{,}2$ kg
$1\,000$ kg $: 58{,}5$ g $= y : 0{,}0112$ m^3 $\qquad y = 191{,}5$ m^3

19.3. Da die Alkalimetalle stark elektropositiven Charakter aufweisen und das Chlor stark elektronegativ ist, reagieren sie lebhaft miteinander.

19.4. Das Natriumhydroxid muß erst durch eine Elektrolyse gewonnen werden, dadurch steigt der Aufwand beträchtlich.

19.5. $NH_3 + CO_2 + H_2O \rightarrow NH_4HCO_3$
$NH_4HCO_3 + NaCl \rightarrow NaHCO_3 + NH_4Cl$
$2\ NaHCO_3 \rightarrow Na_2CO_3 + H_2O + CO_2$

19.6. 1 000 kg $\quad x$
$Na_2CO_3 \cdot 10\ H_2O \rightarrow Na_2CO_3 + 10\ H_2O$
286 g $\quad\quad\quad\quad$ 106 g
1 000 kg : 286 g = x : 106 g $\quad x = 370{,}6$ kg

19.7. In Salzlagerstätten liegen die leichter löslichen Kalisalze über dem Steinsalz. Vor der Gewinnung des Steinsalzes müssen die Kalisalze abgeräumt werden und wurden früher als Abraumsalze auf Halde geschüttet.

19.8. Aus Bild 19.3 ist zu erkennen, daß eine gesättigte Kaliumchloridlösung etwa 65 g KCl enthält und noch etwa 38 g NaCl zu lösen vermag.

19.9. Natronlauge kann direkt aus Kochsalzlösung gewonnen werden, während Kaliumchlorid erst durch Aufbereitungsverfahren aus den Salzgesteinen gewonnen werden muß.

20.1. Magnesium wird durch die vorhandene dichte Oxidschicht geschützt und reagiert erst bei höheren Temperaturen mit Wasser. Calcium besitzt keine solche Schicht und reagiert lebhaft mit Wasser. Außerdem steht Calcium weiter links in der Spannungsreihe der Metalle.

20.2. Branntkalk: $CaCO_3 \rightarrow CaO + CO_2$
Löschkalk: $\ CaO + H_2O \rightarrow Ca(OH)_2$

20.3. Calciumhydroxid ist eine starke Base und wird durch geringeren Energieaufwand aus Kalk und Wasser gewonnen. Natrium- und Kaliumhydroxid erfordern für die Elektrolyse einen wesentlichen höheren Aufwand.

20.4. Bariumhydroxid dient zum Nachweis von Carbonat- und Sulfationen.
Bariumsulfat dient als Füllmittel in der Farben-, Papier-, Gummi-, Plast- und Baustoffindustrie und als Röntgenkontrastmittel.

20.5. Luftmörtel erhärtet nur an der Luft und ist gegenüber Wasser nicht beständig. Hydraulischer Mörtel bindet unter Wasseraufnahme ab und ist dann wasserbeständig.

20.6. Das Abbinden eines hydraulischen Mörtels ist das Erstarren unter Wasseraufnahme. Beim Erhärten bildet sich eine kristalline Struktur aus.

20.7. Stuckgips ist ein wenig gebrannter Gips, der in 8 bis 25 min erstarrt. Estrichgips wurde hoch gebrannt und bindet in 2 bis 24 Stunden ab.

20.8. Steinholz ist ein Magnesitbinder, dem Füllstoffe, wie Holz-, Kork-, Gesteinsmehl und Farbpigmente, zugesetzt wurden und der zur Herstellung von Fußböden und Kunststeinen dient.

20.9. Zement wird in Drehrohröfen aus Mischungen von Kalk, Ton, Sand und metallurgischen Abbränden bei hohen Temperaturen (1 400 bis 1 500 °C) zu Klinkern gebrannt und anschließend mit Anregern (Gips und Anhydrit) staubfein gemahlen.

20.10. Portland-, Eisenportland-, Hochofen-, Sulfathütten- und Tonerdeschmelzzement.

20.11. $3\ CaO \cdot SiO_2 + 3\ H_2O \rightarrow CaO \cdot SiO_2 \cdot H_2O + 2\ Ca(OH)_2$

21.1. Die Beständigkeit des Aluminiums gegenüber Luft und Wasser beruht auf der dichten Oxidschicht. Aluminium selbst steht in der Spannungsreihe links vom Wasserstoff ($\rightarrow$ 9.6.5. Aloxieren).

21.2. Die Dichte des Aluminiums beträgt nur etwa ein Drittel der des Kupfers. Somit fällt die geringere Leitfähigkeit für viele Zwecke nicht ins Gewicht. Aluminium ist außerdem billiger als Kupfer und steht in größeren Mengen zur Verfügung.

21.3. $Al(OH)_3 + KOH \rightarrow K[Al(OH)_4]$

21.4. x y 1 kg
$$8\,Al + 3\,Fe_3O_4 \rightarrow 4\,Al_2O_3 + 9\,Fe$$
216 g   696 g   504 g
$x : 216\,g = 1\,kg : 504\,g \quad x = 0{,}429\,kg$
$y : 696\,g = 1\,kg : 504\,g \quad y = 1{,}381\,kg$

21.5. $4\,Al + 3\,SiO_2 \rightarrow 2\,Al_2O_3 + 3\,Si$

21.6. $\Delta H_B(Al_2O_3) = -1591\,kJ\,mol^{-1}$
$\Delta H_B(SiO_2) = -851{,}2\,kJ\,mol^{-1}$
$\Delta H = 2(-1591\,kJ\,mol^{-1}) - 3(-851{,}2\,kJ\,mol^{-1}) = -628{,}4\,kJ\,mol^{-1}$

21.7. $2\,Al + Cr_2O_3 \rightarrow 2\,Cr + Al_2O_3$

21.8. Sintern: $K[AlSiO_4] + 2\,CaCO_3 \rightarrow KAlO_2 + Ca_2SiO_4 + 2\,CO_2$
Laugen: $KAlO_2 + 2\,H_2O \rightarrow Al(OH)_3 + KOH$

22.1. Die Elemente der 4. Hauptgruppe zeigen deutlich Übergangscharakter. Obwohl der Metallcharakter zunimmt, treten noch homöopolare Bindungen wie beim Kohlenstoff und Silicium auf. Dadurch erklärt sich auch das Auftreten der flüssigen Tetrachloride in dieser Gruppe.

22.2. $Sn^{2+} \rightarrow Sn^{4+} + 2\,e^-$ Oxydation
$MnO_4^- + 8\,H^+ + 5\,e^- \rightarrow Mn^{2+} + 4\,H_2O$ Reduktion
$2\,MnO_4^- + 16\,H^+ + 10\,e^- + 5\,Sn^{2+} \rightarrow 2\,Mn^{2+} + 8\,H_2O + 5\,Sn^{4+}$
$2\,CrO_4^- + 16\,H^+ + 6\,e^- + 3\,Sn^{2+} \rightarrow 2\,Cr^{3+} + 8\,H_2O + 3\,Sn^{4+}$

22.3. Das Blei reagiert mit Sulfationen des Wassers unter Bildung des schwerlöslichen Bleisulfats.

22.4. Da in der 4. Hauptgruppe mit wachsender Atommasse die Beständigkeit der zweiwertigen Stufe zunimmt, sind die Blei(II)-verbindungen am beständigsten.

23.1. Das Erschmelzen des Kupferrohsteines ist eine thermische Aufbereitung und dient zur Kupferanreicherung.

23.2. Die Luft oxydiert Kupfer zu Kupfer(II)-oxid, das dann von Salzsäure gelöst wird.

23.3. Bei Werkzeugen aus Stahl besteht die Gefahr, daß abgerissene Teilchen an der Luft verglühen (Funkenbildung). Da Kupfer und Zinn wesentlich edler sind, tritt keine Funkenbildung auf.

23.4. Durch feuchte, kohlendioxidhaltige Luft entstehen Kupferhydroxidcarbonate, die grün gefärbt sind.

23.5. Das Potential des Wasserstoffes beträgt in neutraler Lösung $\varphi_H = -0{,}413\,V$, das des Zinks $\varphi_{Zn} = -0{,}76\,V$. Da das Potential des Zinks kleiner als das des Wasserstoffes ist, findet an der Katode Abscheidung des Zinks statt.

23.6. An feuchter Luft und im Wasser bildet sich eine dichte Schicht von Zinkoxid bzw. Zinkhydroxid aus, die die Korrosionsbeständigkeit bewirkt.

23.7. Mit steigender Kernladungszahl nimmt innerhalb einer Gruppe die Säurebeständigkeit zu. Quecksilber wird deshalb nur von oxydierenden Säuren gelöst.

24.1. Eisen ist mit 4,7 % nach dem Aluminium (7,5 %) das häufigste Metall der Erdrinde. Abbauwürdig sind nur Erze mit 20 % Eisengehalt. Braunfärbung weist in der Natur auf Eisen hin (Lehm) ($\rightarrow$ Tabelle 24.2.).

24.2. Die heißen Abgase dienen zum Aufheizen der Winderhitzer und Regenerativkammer. Danach wird kalte Luft (Wind) hindurchgeblasen, die sich erwärmt. So wird Koks eingespart und die Luft auf die erforderlichen hohen Temperaturen aufgeheizt.

24.3. C-Stähle erhalten ihre Eigenschaften durch wechselnden Kohlenstoffgehalt. Durch Zulegieren von bestimmten Metallen werden Stähle mit bestimmten Eigenschaften erzeugt.

24.4. Siehe Text Abschn. 24.5. und Tabelle 24.3.

24.5. Beim Rosten des Eisens entstehen unterschiedliche Eisenoxidhydrate mit der allgemeinen Formel $x\,FeO \cdot y\,Fe_2O_3 \cdot z\,H_2O$. Im Hochofen werden die Eisenoxide durch Kohlenstoff und Kohlenmonoxid zu metallischen Eisen reduziert (siehe Abschn. 24.3.).

24.6. In der Reduktionszone des Hochofens findet die Reduktion des Eisen(III)-oxid zu Eisen(II, III)-oxid nach folgender Reaktion statt:

$$3\,\overset{+3}{Fe_2}O_3 + CO \rightarrow 2\,Fe_3O_4 + CO_2$$

$$Fe_3O_4 = \overset{+2}{Fe}O \cdot \overset{+3}{Fe_2}O_3$$

24.7. Auf Grund des hohen Kohlenstoffgehaltes schmilzt Roheisen plötzlich und ist nicht schmiedbar. Stahl ist ohne Nachbehandlung schmiedbar.

24.8. Das Wesen der Stahlgewinnung beruht auf dem Herabsetzen des Kohlenstoffgehaltes (3 bis 4,2%) des Roheisens und der Entfernung unerwünschter Beimengungen z. B. Schwefel, Phosphor und Silicium.

25.1. Als Wasservorrat zählt das vorhandene bzw. zufließende Grund- und Oberflächenwasser, das aus Niederschlägen gespeist wird. Die Niederschlagsmenge ist durch geographische und meteorologische Faktoren bestimmt und deshalb vom Menschen nicht beeinflußbar.

25.2. Die Hydroxybenzene (Phenole) sind aromatische Kohlenwasserstoffverbindungen, die Derivate des Benzens (Benzol) sind und die Hydroxygruppe und/oder Methylgruppen als Substituenten tragen (siehe Abschn. 30.5.).
Detergenzien (z. B. Seife und waschaktive Substanzen) stellen Derivate von Kettenkohlenwasserstoffen dar, die Natriumsalze von sauren Schwefelsäureestern (Alkylsulfate) oder von Sulfonsäuren (Alkylsulfonate) sind. Sie weisen hydrophobe und hydrophile Eigenschaften auf (siehe Abschn. 5.2.3. und Abschn. 29.4.).

25.3. $FeCO_3 + H_2O + CO_2 \rightarrow Fe(HCO_3)_2$

25.4. Da 1 °dH 10 mg CaO im Liter entspricht, müssen die äquivalenten Massen bestimmt werden. Die gerundeten Molekülmassen betragen:

CaO 56 g, CaSO$_4$ 136 g, MgCl$_2$ 95,3 g

56 g : 136 g = 10 mg : x x = 24,3 mg

56 g : 95,3 g = 10 mg : y y = 17,0 mg

25.5. Berechnung wie in Aufg. 25.4. ergibt:

28,9 mg Calciumhydrogencarbonat im Liter = 1 °dH

26,1 mg Magnesiumhydrogencarbonat im Liter = 1 °dH

16,7 mg : 28,9 mg = x : 1 °dH x = 0,6 °dH

110 mg : 26,1 mg = y : 1 °dH y = 4,2 °dH

Gesamthärte = 4,8 °dH

25.6. Berechnung wie in Aufg. 25.5. ergibt:

37 mg Magnesiumchlorid	= 2,2 °dH
102 mg Kaliumchlorid	= 7,7 °dH
80 mg Natriumchlorid	= 1,4 °dH
10 mg Calciumsulfat	= 0,4 °dH
56 mg Natriumsulfat	= 2,4 °dH
48 mg Kaliumsulfat	= 1,5 °dH
Gesamthärte	= 15,6° dH

25.7. Durch kohlendioxidhaltiges Wasser werden Carbonate und Sulfide als Hydrogencarbonate gelöst. Andere Salze werden auf Grund ihrer Wasserlöslichkeit unterschiedlich stark gelöst.

25.8. Temporäre Härte: Hydrogencarbonate des Calciums und des Magnesiums. Permanente Härte: Sulfate, Chloride, Nitrate und Silicate.

25.9. Gefahr der Kesselsteinbildung und Korrosion.

25.10. Da 1 mm Kesselstein in der Wärmeleitfähigkeit einem 37 mm dicken Eisenblech äquivalent ist, steigt der Brennstoffbedarf.

25.11. Kalk-Soda-Verfahren:

$$Ca(OH)_2 + Ca(HCO_3)_2 \rightarrow 2\,CaCO_3\downarrow + 2\,H_2O$$
$$Na_2CO_3 + CaSO_4 \rightarrow CaCO_3\downarrow + Na_2SO_4$$

Phosphatverfahren:

$$3\,Ca(HCO_3)_2 + 2\,Na_3PO_4 \rightarrow Ca_3(PO_4)_2\downarrow + 6\,NaHCO_3$$
$$3\,CaSO_4 + 2\,Na_3PO_4 \rightarrow Ca_3(PO_4)_2\downarrow + 3\,Na_2SO_4$$

25.12. Die Härtebildner wie Ca- und Mg-Ionen werden gegen Na-Ionen ausgetauscht.

25.13. Durchlauf von Natriumchloridlösung führt zum Austausch der Ionen der Härtebildner gegen Natriumionen.

25.14. Es wird mindestens Trinkwasserqualität verlangt.

25.15. Die mechanische Reinigung entspricht dem Absetzen von groben Stoffen als Schlamm im stehenden Gewässer. Gelöste Stoffe werden durch Mikroorganismen und Algen abgebaut.

26.1. Vergleiche das Bild 4.19.

26.2. Die große Anzahl von Kohlenstoffverbindungen erklärt sich aus der Stellung des Elements im Periodensystem. Außerdem vermag der Kohlenstoff sich mit sich selbst zu kettenförmigen und ringförmigen Verbindungen zu vereinigen. Weiterhin ist das Auftreten isomerer Verbindungen möglich.

26.3. Vergleiche Tabelle 26.1.

26.4. Nach dem Reaktionsweg unterscheidet man Substitutions-, Additions- und Eliminierungsreaktionen, nach der Bindungsumgruppierung radikalische und ionische Reaktionen.

26.5. +I-Effekt erzeugen sicher die Alkalimetalle, −I-Effekt die Halogene.

26.6. Radikalische Reaktionen werden durch Hitze, Licht und radikalbildende Katalysatoren begünstigt, ionische Reaktionen durch Ionen und stark polare Substanzen.

26.7. Eine homologe Reihe ist eine Reihe gleichartig aufgebauter Verbindungen.

26.8.

$$\begin{array}{c} \qquad\qquad CH_3 \\ \qquad\qquad | \\ CH_3{-}CH_2{-}CH{-}CH_2{-}CH_2{-}CH_2{-}CH_3 \end{array}$$

isomer zu C_8H_{18}
n-Octan

$$\begin{array}{c} \quad CH_3 \qquad CH_3 \\ \quad | \qquad\quad | \\ CH_3{-}CH{-}CH_2{-}CH{-}CH_3 \end{array}$$

C_7H_{16}
n-Heptan

$$\begin{array}{c} CH_3 \\ | \\ CH_2 \\ | \\ CH_3{-}CH_2{-}CH{-}CH_2{-}CH_3 \end{array}$$

isomer zu C_7H_{16}
n-Heptan

26.9. 2-Methyl-4-ethylhexan

26.10. Bei Substitutionsreaktionen wird im Molekül ein Atom oder eine Atomgruppe durch ein anderes Atom oder eine Atomgruppe substituiert.

Beispiel: $C_2H_6 + Cl_2 \rightarrow CH_3{-}CH_2Cl + HCl$

26.11.

$$Br_2 \rightarrow |\overline{Br}\cdot + \cdot\overline{Br}|$$

$$CH_4 + |\overline{Br}\cdot \rightarrow H-\underset{H}{\overset{H}{|}}{C}\cdot + HBr$$

$$H-\underset{H}{\overset{H}{|}}{C}\cdot + Br_2 \rightarrow CH_3Br + \cdot\overline{Br}|$$

$$H-\underset{H}{\overset{H}{|}}{C}\cdot + \cdot\overline{Br}| \rightarrow CH_3Br$$

26.12. Ungesättigte Verbindungen haben neben σ- auch π-Elektronen, die im polaren und radikalischen Zustand angeregt werden können. Neben Substitutions- sind auch Additionsreaktionen möglich.

26.13. Die thermische Spaltung von Alkanen ist eine Eliminierungsreaktion.

26.14. Bei Additionsreaktionen werden Atome, Moleküle oder Ionen an Moleküle mit Mehrfachbindungen oder einsamen Elektronen angelagert, addiert.
$$CH_2=CH_2 + Br_2 \rightarrow CH_2Br-CH_2Br$$

26.15. Bei radikalischer Polymerisation entsteht der Plast Polyethylen, bei ionischer Polymerisation Schmieröle.

26.16.
$$n\,H_2C{=}CH{-}CH_3 \rightarrow n\,\cdot\underset{\underset{H}{|}}{\overset{\overset{H}{|}}{C}}{-}\underset{\underset{H}{|}}{\overset{\overset{CH_3}{|}}{C}}\cdot \rightarrow \left[\underset{\underset{H}{|}}{\overset{\overset{H}{|}}{C}}{-}\underset{\underset{CH_3}{|}}{\overset{\overset{H}{|}}{C}}\right]_n$$

Moleküle   Radikale   Plast

26.17.
$$CH_2{=}\underset{\underset{CH_3}{|}}{C}{-}CH{=}CH_2 \leftrightarrow CH_2{-}\underset{\underset{CH_3}{|}}{CH}{=}CH{-}CH_2 \leftrightarrow \overset{\delta-}{CH_2}{\cdots}\underset{\underset{CH_3}{|}}{C}{\cdots}CH{\cdots}\overset{\delta+}{CH_2}$$

26.18.
$$CH_3{-}CH_3 + Cl_2 \rightarrow CH_3{-}CH_2Cl + HCl \quad \textit{Substitution}$$
$$CH_2{=}CH_2 + HBr \rightarrow CH_3{-}CH_2Br \quad \textit{Addition}$$
$$CH_2{=}CH{-}CH_3 + Br_2 \rightarrow CH_2Br{-}CHBr{-}CH_3 \quad \textit{Addition}$$

26.19. Es sind die sp^3-, sp^2- und sp-Hybridorbitale beteiligt.

26.20. Das technische Carbid ist 88,6prozentig.

26.21. Mit Alkanen laufen bevorzugt Substitutionsreaktionen ab, mit Alkenen und Alkinen Additionsreaktionen. Alkane enthalten nur σ-Bindungen, Alkene und Alkine außerdem π-Bindungen.

26.22. Zur Gewinnung von Kohlenwasserstoffen werden technisch Erdöl, Erdgas und Kohle eingesetzt.

26.23.
$$n\,CH_2{=}CHCl \rightarrow \left[\underset{\underset{H}{|}}{\overset{\overset{H}{|}}{C}}{-}\underset{\underset{Cl}{|}}{\overset{\overset{H}{|}}{C}}\right]_n$$

26.24.
$$CH_3{-}\underset{\underset{CH_3}{|}}{CH}{-}CH_2{-}CH_2{-}CH_3 \qquad CH_3{-}CH_2{-}\underset{\underset{CH_3}{|}}{CH}{-}CH_2{-}CH_3$$

2-Methylpentan   3-Methylpentan

$$CH_3{-}\underset{\underset{CH_2CH_3}{|}}{CH}{-}CH{-}CH_3 \qquad CH_3{-}\underset{\underset{CH_3}{|}}{\overset{\overset{CH_3}{|}}{C}}{-}CH_2{-}CH_3$$

2,3-Dimethylbutan   2,2-Dimethylbutan

27.1. Petrolchemie ist die technische Chemie, die Erdöl und Erdgas sowie deren Folgeprodukte bei ihren Umsetzungen einsetzt.
27.2. Erdgase können Kohlenwasserstoffe, Kohlendioxid, Stickstoff, Schwefelwasserstoff und Helium enthalten.
27.3. Leichtöl, Leuchtöl, Gasöl und Schweröl.
27.4. Destillation, Absorption, Adsorption, Extraktion und Kristallisation.
27.5. Crackprozeß, Pyrolyse-Verfahren, Reformingprozeß, Polymerisation.
27.6. Beim Reforming-Verfahren werden besonders wirksame Katalysatoren (Platin) eingesetzt.
27.7. Alkane bei der Destillation, Alkene beim Pyrolyse-Verfahren, Aromaten und Wasserstoff beim Reforming-Prozeß, Naphthene beim Crackprozeß, Schwefel bei der Reinigung von Erdgasen.
27.8. Das theoretische Luftvolumen beträgt 800 m^3.
27.9. Die Rauchgase enthalten 7% Wasserdampf, 19,6% Kohlendioxid und 73,4% Stickstoff.
27.10. Der untere Heizwert der Steinkohle beträgt 33 299 kJ kg^{-1}.
27.11. Verkokung, Verschwelung, Vergasung.
27.12. Die Octanzahl ist das technische Maß für die Kopffestigkeit eines Vergaserkraftstoffs, die Cetanzahl charakterisiert die Zündwilligkeit von Dieselkraftstoff.
27.13. Dichte, Viskosität, Flamm-, Brenn- und Stockpunkt.
27.14. Neutralisations-, Verseifungs- und Teerzahl, Asche- und Wassergehalt, Verkokungsneigung.
27.15. Schmieröle sind nicht wasserlöslich.
27.16. Schmierfette sind Mischungen aus Mineralöl und Seife.
27.17. Additives verlangsamen die Ölalterung, verbessern das Viskositäts-Temperaturverhalten, verhindern das Schäumen, dienen als Reinigungs- und Hochdruckzusatz.

28.1. Die wichtigsten funktionellen Gruppen sind Hydroxy-, Aldehyd-, Carbonyl- und Carboxylgruppen. Sie sind enthalten in Alkoholen, Aldehyden, Ketonen und Carbonsäuren.

28.2. $CH_3-CH_2-CH_2-CH_2-CH_2OH$; $CH_3-CH_2-CH_2-CHOH-CH_3$;

$$CH_3-\underset{\underset{OH}{|}}{\overset{\overset{CH_3}{|}}{C}}-C_2H_5$$

28.3. Aldehyde sind die ersten, Carbonsäuren die zweiten Oxydationsprodukte primärer Alkohole.
Ketone sind Oxydationsprodukte sekundärer Alkohole.
28.4. Synthesegas gewinnt man durch Umsetzen von Kohle oder Kohlenwasserstoffen mit Luft und Wasserdampf.
28.5. Die bekanntesten mehrwertigen Alkohole sind Ethylenglykol und Glycerol. Sie werden unter anderem als Gefrierschutzmittel sowie zur Herstellung von Sprengstoffen verwendet.
28.6. Methanol, Ethanol, Isopropylalkohol, Ethylenglykol und Glycerol.
28.7. Aldehyde können polare Reaktionspartner addieren. Sie neigen zu Polymerisations- und Kondensationsreaktionen.

28.8.
$$CH_3-C\overset{H}{\underset{O}{\diagdown}} + HCl \rightarrow CH_3-\underset{\underset{OH}{|}}{\overset{\overset{H}{|}}{C}}-Cl$$

28.9. Aceton wird vorwiegend als Lösungsmittel verwendet.
28.10. Aldehyde, Ketone und Carbonsäuren haben die Carbonylgruppe gemeinsam, die polaren Charakter hat.

28.11. Alkanole, Alkanale, Alkanone und Alkansäuren sind wasserlöslich, sofern der an der funktionellen Gruppe befindliche Kohlenwasserstoffrest nicht zu lang ist, da Wasser und die funktionellen Gruppen polare Eigenschaften haben.

28.12. pH > 7 da pK_S > pK_B.

28.13. Alkane C_nH_{2n+2}; Alkansäuren $C_{n-1}H_{2n-1}$—COOH; Alkensäuren $C_{n-1}H_{2n-3}$—COOH.

28.14. Stearinsäure, Ölsäure, Linolsäure, Linolensäure, Buttersäure, Palmitinsäure.

28.15. Sie dienen der Herstellung von Arzneimitteln, Fasern und Plasten.

28.16. Als Produkt aus Benzen kann Maleinsäure zu den Petrolchemikalien gerechnet werden.

28.17. 52 g Oxalsäure sind erforderlich.

28.18. Ammonsulfat enthält 21,2% Stickstoff, Harnstoff 56%.

28.19. CH_2NH_2—CH_2—COOH CCl_3—COOH
β-Aminopropansäure   Trichlorethansäure

28.20. 3,75 g.

28.21. Die Ethansäure ist mittelstark, die Aminoethansäure schwach, die Chlorethansäure stark.

28.22. $CH_3OH + HNO_3 \rightarrow H_3C$—O—$NO_2 + H_2O$
                                Methylnitrat

28.23. 7517,5 l Gas bilden sich.

28.24. Etherdämpfe bilden mit Luft hochexplosible Gemische.

28.25. $\begin{array}{l} H_2C\text{—}OH \\ | \\ H_2C\text{—}OH \end{array} + 2\,HNO_3 \rightarrow \begin{array}{l} H_2C\text{—}ONO_2 \\ | \\ H_2C\text{—}ONO_2 \end{array} + 2\,H_2O$

29.1. Der Nährstoffgehalt des Vollkornbrotes beträgt 1026,6 kJ.

29.2. Amino-ethansäure und α-Amino-propansäure.

29.3. NH_2—CH_2—COOH + CH_3—$CH(NH_2)$—COOH
    → CH_3—$CH(NH_2)$—$CO(NH)$—$CH_2COOH + H_2O$

29.4. 15,4%

29.5. Sie enthalten die Amidgruppe —CO—NH—.

29.6. Proteine sind einfache, Proteide zusammengesetzte Eiweißstoffe.

29.7. Proteine sind ein Produkt der Polykondensation von Aminosäuren.

29.8. Mineralöle sind Kohlenwasserstoffe, fette Öle Ester.

29.9. $\begin{array}{l} H_2C\text{—}O\text{—}CO\text{—}C_{15}H_{31} \\ | \\ HC\text{—}O\text{—}CO\text{—}C_{15}H_{31} \\ | \\ H_2C\text{—}O\text{—}CO\text{—}C_{17}H_{35} \end{array}$

29.10. Die Fetthärtung ist eine Additionsreaktion.

29.11. $C_{17}H_{35}COOLi$

29.12. Wachse sind Ester aus höheren Carbonsäuren und höheren einwertigen Alkoholen, Fette und fette Öle Ester aus Fettsäuren und Glycerol, Seifen Salze höherer Fettsäuren.

29.13. Die Seife ist grenzflächenaktiv (vgl. Abschn. 5.2.3.5.). Sie verringert den Zusammenhalt der Moleküle einer Wasseroberfläche und erleichtert die Benetzung von Fett und Schmutz durch Wasser.

29.14. Als Grundstoffe für die Herstellung von synthetischen Waschmitteln werden u. a. verwendet: Kohlenwasserstoffe, Alkohole und Aromaten.

29.15. Die als Waschmittel verwendeten Seifen sind Salze aus starken Basen und schwachen Säuren und reagieren dadurch alkalisch. Die verschiedenen synthetischen Waschgrundstoffe sind dagegen organische Verbindungen verschiedenen Typs, die in der Regel neutral reagieren.

29.16. Aldosen enthalten Aldehyd-, Ketosen Carbonylgruppen.
29.17. Pentosen haben die Summenformel $C_5H_{10}O_5$.
29.18.

[Strukturformel Cellobiose]

Cellobiose

[Strukturformel Maltose]

Maltose

29.19. Theoretisch sind 196 g Glucose erforderlich.
29.20. Beim Betrachten der Strukturformeln ist zu erkennen, daß Glucose Baustein beider Verbindungen ist.
29.21. Stärke kann durch eine Iodlösung nachgewiesen werden.
29.22. Cellulose gewinnt man aus Baumwolle, Baumwollinters, Holz, Stroh und Schilf.
29.23.

$$\begin{array}{c} | \\ H-C-OH \\ | \\ HO-C-H \\ | \end{array} + 2\,HNO_3 \rightarrow \begin{array}{c} | \\ H-C-ONO_2 \\ | \\ O_2NO-C-H \\ | \end{array} + 2\,H_2O$$

29.24. Holz besteht aus Cellulose, Hemicellulosen, Lignin und Harzen.
29.25. Aus der Sulfitlauge kann Alkohol und Futterhefe gewonnen werden.
29.26. Die relative Molekülmasse der Cellulose liegt zwischen 324 000 und 486 000.
29.27. Glucose und Fructose $C_6H_{12}O_6$, Saccharose, Maltose und Cellobiose $C_{12}H_{22}O_{11}$, Stärke und Cellulose $(C_6H_{10}O_5)_x$.

30.1. Die Summenformel ist C_nH_{2n}. Wie bei den Alkanen verlaufen bevorzugt Substitutions- und Eliminierungsreaktionen.
30.2. Bei weiterer Oxydation wird der Ring gesprengt.
30.3. Der Benzenring hat σ-Bindungen und 6π-Elektronen, deren Ladungswolken sich überlappen. Sie stehen dem Gesamtmolekül gleichmäßig zur Verfügung. Das bedingt den »aromatischen Charakter« des Benzens und seiner Verbindungen.
30.4. Die Benzensulfonsäure und ihre Salze sind wasserlöslich.
30.5. Die wichtigsten Benzenhomologen sind Toluen und die Xylene.
30.6. Leichtöl, Mittelöl, Schweröl, Anthracenöl, Pech.
30.7. Sie werden aus der Steinkohle und Erdöl gewonnen.
30.8.

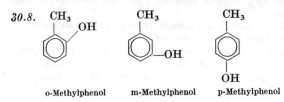

o-Methylphenol   m-Methylphenol   p-Methylphenol

30.9. Phenol wird aus Produkten der Kohleveredlung gewonnen. Synthetisch wird es vor allem durch das Cumen-Verfahren erzeugt.

30.10. $C_6H_3(OH)_3$

30.11. Anilin als Reduktionsprodukt von Nitrobenzen ist Ausgangsstoff für die Herstellung von Farbstoffen.

30.12. 834,8 l sind erforderlich.

30.13. Phenol reagiert schwach sauer als typische aromatische Hydroxylverbindung, Benzylalkohol hat die Eigenschaften aliphatischer Alkohole, da sich die Hydroxylgruppe an einer Seitenkette befindet.

30.14. C_6H_5—COOH, $C_6H_4(COOH)_2$, $C_6H_4(COOH)_2$

30.15. Phthalsäure und Terephthalsäure werden durch Oxydation von o- und p-Xylol gewonnen.

Beispiel: $C_6H_4(CH_3)_2 \xrightarrow[-2\,H_2O]{+6\,O} C_6H_4(COOH)_2$

30.16. Die Säurekonstante ist klein. Die Wasserstoffionenaktivität der Lösung beträgt $3{,}63 \cdot 10^{-9}$.

30.17. $C_6H_4(COOC_4H_9)_2$ Dibutylphthalat; $(C_6H_5)_3PO_4$ Triphenylphosphat; $(C_6H_4$—$CH_3)_3PO_4$ Tricresylphosphat.

30.18. Naphthalen, Anthracen und Phenanthren.

30.19. [Struktur: Naphthalen mit CH$_3$-Gruppe]

30.20. [Strukturen: Nitronaphthalen, Aminonaphthalen, Naphthol]

Zu den dargestellten α-Verbindungen existieren noch die β-Verbindungen.

31.1. Die Polymerisation wird als Block-, Lösungs-, Emulsions-, Perl- oder Mischpolymerisation durchgeführt. Bei der Polykondensation müssen Wasser und entstehendes Kondensationsprodukt abgeführt werden. Bei der Bildung des Duroplastes werden Zwischenstufen durchlaufen: A-, B- und C-Zustand.

31.2. Bei der Polyaddition lagern sich im Gegensatz zur Polymerisation gewisse Molekülbestandteile um.

31.3. Startreaktion, Kettenwachstum und Kettenabbruch.

$$n \begin{array}{c}H\\H\end{array}\!\!\!\!C=C\!\!\!\!\begin{array}{c}H\\Cl\end{array} \rightarrow n \cdot \overset{H}{\underset{H}{C}}-\overset{H}{\underset{Cl}{C}}\cdot \rightarrow \ldots -CH_2-CHCl-CH_2-CHCl- \ldots$$

Molekül   Radikalbildung   Kettenwachstum

$$\rightarrow [CH_2-CHCl]_n$$

Endprodukt

31.4.
$$n\,CH_2=CH-CH_3 \rightarrow \left[-CH_2-\underset{CH_3}{\overset{CH_3}{C}}- \right]_n$$
(unter CH mit CH$_3$)

31.5. Die relative Molekülmasse des Polyisobutylens beträgt etwa 204 000.

31.6.
$$n \begin{array}{c}H\\F\end{array}\!\!\!\!C=C\!\!\!\!\begin{array}{c}F\\F\end{array} \rightarrow \left[\begin{array}{cc}H&F\\C-C\\F&F\end{array} \right]_n$$

31.7. Polyvinylchlorid, Polypropylen, Polytetrafluorethylen, Polyvinylacetat, Polyvinylalkohol, Polystyren und Polymethacrylat.

31.8. Der Polymerisationsgrad von Polyethylen ist $n \approx 2860$, von Polystyren $n \approx 1540$, von PVC $n \approx 1600$ und von Polymethacrylat $n \approx 9520$.

31.9. Es handelt sich um eine Eliminierungsreaktion.

31.10. Zahlenbuna, Buchstabenbuna, Buna S, Buna N, Tieftemperaturkautschuk, Stereokautschuk, Ethylen-Propylen-Terpolymere.

31.11. Gasruß aus Teerölen, Spaltruß durch thermische Spaltung von flüssigen Kohlenwasserstoffen und Acetylen.

31.12. Der Schwefel führt zur Bildung von Schwefelbrücken zwischen den Kohlenwasserstoffketten.

31.13. Da die erzeugte Menge Naturkautschuk für die industrielle Nutzung nicht ausreicht und Synthesekautschuk z. T. bessere technische Eigenschaften als Naturkautschuk hat.

31.14. Phenoplaste werden als Edelkunstharz, Ionenaustauscher, Phenoplastschichtstoffe verwendet, Aminoplaste als Leim, Lackrohstoff, Textilhilfsmittel und Preßmassen eingesetzt.

31.15. Rohstoffe für die Aminoplastherstellung sind Formaldehyd, Harnstoff und andere Amine und Amide. Besonders sind zu nennen Dicyandiamid und Melamin.

31.16.

31.17. Ethylenglykol, Propan-1,2-diol.

31.18. Polyurethane und Epoxidharze.

31.19. Vergleiche die Reaktionsgleichung für die Gewinnung von Nylon.

31.20. Als Lacke werden u. a. verwendet: Alkydharze, Polyesterharze, Cellulosenitratlacke, Epoxidharze, Polyurethane, Polyvinylprodukte, Harnstoff- und Phenolharze.

31.21. Natürliche pflanzliche Faserstoffe bestehen im wesentlichen aus Cellulose, tierische Faserstoffe sind Eiweißstoffe.

31.22. Die aus den Spinndüsen austretenden Fäden heißen Seiden. Werden diese gebündelt und zerschnitten, so ergeben sie die Fasern, die meist zu Garnen verarbeitet werden.

31.23. Kupferseide und Viscoseseide sind chemisch Cellulose, Acetatseide ist ein Celluloseester.

31.24. Papier, Pappe, Schießbaumwolle, Kollodiumlösung, Nitrolacke, Celluloid, Celluloseacetat, Cellophan, Viscoseschwämme, Pergament, Vulkanfiber.

31.25. Regeneratfasern werden aus Cellulose hergestellt. Synthetische Fasern entstehen durch Synthese der verschiedensten Verbindungen.

31.26. Polyester entstehen durch Polykondensation mehrwertiger Alkohole mit Dicarbonsäuren.

31.27. Synthetische Faserstoffe werden u. a. aus Petrolchemikalien, Produkten der Kohle, Salz, Wasser und Luft erzeugt.

31.28. Die Wasserstoffbrücken sind zwischen dem Wasserstoff der N—H- und dem Sauerstoff der C=O-Gruppe wirksam.

31.29. Besonders schnell trocknen Polyamid-, PAN-, Polyesterseide und die PC-Faser, verhältnismäßig langsam die Wolle.

31.30. In der DDR Piviacidfaser, Wolpryla, Dederon und Grisuten, in der BRD PC-Faser, Dralon, Perlon, Nylon, Trevira und Diolen.

32.1. Die Übersicht kann nach den Angaben der Kapitel 19. bis 24. zusammengestellt werden.

32.2. Alle genannten Metalle mit Ausnahme von Pb, Cu, Ag und Hg reagieren mit Salzsäure.

Zum Beispiel: Me + 2 HCl → Me^{2+} + 2 Cl$^-$ + H$_2$↑

32.3. Nur die Carbonate und Oxide der Alkalimetalle sind wasserlöslich. Die Carbonate oder Oxide der genannten Metalle reagieren mit verdünnter Salzsäure unter Bildung von löslichen Chloriden (Ausnahmen: Blei- und Silberchlorid sind unlöslich).

32.4. Pb^{2+} + 2 Cl$^-$ → PbCl$_2$↓
Ag$^+$ + Cl$^-$ → AgCl↓

32.5. Siehe Beantwortung der Frage 7.5. a)

32.6. SO$_4^{2-}$ + Ba^{2+} → BaSO$_4$↓
Cl$^-$ + Ag$^+$ → AgCl↓

32.7. Entsprechend Abschn. 32.1.3. kann in beiden Verbindungen Kohlenstoff und Wasserstoff an den Oxydationsprodukten erkannt werden. Das Chlor in Polyvinylchlorid wird mittels *Beilstein*probe nachgewiesen.

32.8. In 18 g AgCl sind 13,55 g Silber enthalten; das sind bezogen auf 8 kg 0,16%. In 250 kg der Legierung sind 423 g Silber.

32.9. 1 cm^3 0,1 N NaCl-Lösung zeigen 10,78 mg Ag$^+$ an.

32.10. 1 cm^3 0,1 N AgNO$_3$-Lösung zeigen 7,99 mg Br$^-$ an.
16,8 cm^3 1/8 N AgNO$_3$-Lösung zeigen 167,8 mg Br$^-$ an.

32.11. 36,46 g HCl zeigen 39,99 g NaOH an.
1/11 N HCl enthält 3,3145 g HCl in 1 000 cm^3. 30,2 cm^3 dieser Lösung zeigen 109,8 mg NaOH an.

32.12. Durch Abnahme der Metallionenkonzentration wird das Potential unedler (weniger positiv, negativer). Auf Grund der Wertigkeitsverhältnisse ist eine 1 N K$_4$[Fe(CN)$_6$]-Lösung 0,5 M. 1 cm^3 der Meßlösung zeigt 20,72 mg Pb an.

32.13. Mögliches Meßprinzip: Dem Gemisch wird Sauerstoff in angemessener Menge zudosiert, der Wasserstoff verbrannt und der Wasserdampf in einem Kühler kondensiert. Aus der Volumenänderung findet man den Wasserstoffanteil.

32.14. Mit zunehmendem Wasserstoffgehalt verbessert sich die Ableitung der Wärme; die dadurch bedingte Temperatur- und Widerstandsänderung der Widerstandsdrähte ist ein Maß für den Wasserstoffanteil.

32.15. Die Beziehung kann auf die allgemeine Form $y = mx + n$ gebracht werden; die Eichkurve ist eine Gerade.

32.16. Das Blockschaltbild für das Meßprinzip enthält: Den pH-Wert-Geber (Durchflußgeber in einer Rohrleitung), durch den der pH-Wert erfaßt wird; im Regler wird der Ist-Wert mit dem Soll-Wert verglichen; die Abweichung beeinflußt ein Stellglied (z. B. Magnetventile, Motorventile) am Eingang der Regelstrecke. Die Wahl der Regler ist von der spezifischen Aufgabenstellung abhängig (z. B. Zweipunktregelung, stetige Regelung).

32.17. Die Äquivalenzpunkte lassen sich bei einem »pH-Sprung« um mehrere Einheiten gut mit Farbindikatoren erfassen; für CH$_3$COOH—NH$_3$ ist diese Methode jedoch sehr unsicher.

32.18. *Art des Stoffes:* Spannung, bei der der Sprung erfolgt
Konzentration: Stromänderung

Sachwörterverzeichnis

A

Abbrand 302
Abwässer 212
Abwässerreinigung 362
–, biologische 362
–, mechanische 362
Acetaldehyd 405
Acetatseide 452
Aceton 406
Acetylen 382
Achat 283
Acrylnitril 445
Acrylsäure 409, 444
Actiniden 219
Additionsreaktion 368
Adipinsäure 410, 439
Adsorption 88
Aerosol 85
Aggregation 86
Aggregatzustände 21
Aktivkohle 276
Aktivität 123
Aktivität der Hydroniumionen 133
– – Hydroxidionen 133
Alanin 415
Alaune 329, 346
Alchimie 18
Aldehyd 400, 404
Alicyclen 367
Alizarin 437
Alkadiene 381
Alkalichloridelektrolyse 198
Alkalimetalle 307
–, Flammenfärbung 308
Alkalisilicate 283, 285
Alkanale 400, 404
Alkandisäuren 409
Alkane 373
Alkanol 400
Alkanolate 401
Alkanon 406
Alkansäure 400, 407
Alkene 378, 379

Alkensäuren 409
Alkine 378, 382
Alkohol 400
–, einwertiger 401
–, mehrwertiger 402
–, primärer 401
–, sekundärer 402
–, tertiärer 402
Alkoxyalkane 413
Alkydharze 449
Alkylat 392
Alkylreste 365
Alkylsulfat 419
Alkylsulfonat 419
Aloxieren 202
Aluminate 327
Aluminium 326
–, Gewinnung 327
–, Verwendung 327
Aluminiumchlorid 140, 329
Aluminiumhydroxid 141, 328
Aluminiumhydroxidacetat 329
Aluminiumlegierungen 327
Aluminiumoxid 328
Aluminiumsulfat 329
Amalgame 342
Ameisensäure 407, 408
Americum 217
Amethyst 283
Amidgruppe 416
Aminobenzen 435
Amino-ethansäure 415
Aminogruppe 400
Aminoplaste 447
Aminosäuren 415
Ammoniak 128, 254, 265
Ammoniakat 77
Ammoniak-Soda-Verfahren 309
Ammoniaksynthese 255
Ammoniumchlorid 140, 255
Ammoniumcyanid 141

Ammonium-Eisen-Alaun 346
Ammoniumion 128
Ammoniumnitrat 264
Ammoniumphosphat 139
Ammoniumsulfat 263
Ampholyte 130
Analyse, elektrochemische 466
–, gravimetrische 461
–, kolorimetrische 461
–, qualitative 458
–, quantitative 460
–, volumetrische 462
Anhydrit 319, 320
Anilin 435
Anilinfarben 435
Anionbasen 130
Anionen 62
Anionsäuren 130
Anisotropie 78
Anlagerungskomplexe 77
Anodenvorgänge 185
Anthracen 436, 437
Anthrazit 393
Antimon 270
Apatit 264, 319
Äquivalent, elektrochemisches 193
Argon 293
Aromaten 368, 391, 428
Arrhenius 126, 139
Arsen 269
Asbest 319
Aschegehalt 398
Asphalt 377
Assimilation des Kohlendioxids 280
Assoziationskolloide 85
Astat 216, 223
Atom 20
Atombau 35, 217
Atombindigkeit 60
Atombindung 50, 51, 222
–, polarisierte 56

Atombindung, Richtung 59
Atomgitter 61, 79, 222
Atomhülle 38
Atomkalottenmodell 373
Atomkern 36
Atommasse 93
Atommodell, *Bohrsches* 38
–, *Rutherfordsches* 35
–, wellenmechanisches 40, 42
Atomorbital 43
Ätzkali 311
Ätznatron 309
Aufbau-Prinzip der Atome 43
Aufblasverfahren 351
Aufbereitung 300
–, chemische Methoden 301
–, physikalische Methoden 301
Außenelektronen 48
Autoprotolyse des Ammoniaks 255
– – Wasser 132
Avogadro-Konstante 94

B

Barium 320
–, Verbindungen 320
Barytwasser 320
Basekonstante 136
Basen 126
–, schwache 135
–, starke 135
Baubindemittel 321
Baumwolle 423, 450
Bauxit 327, 328
Bayer-Verfahren 328
Beizen 212
Benzaldehyd 436
Benzen 426, 428, 431
Benzenderivate 433
Benzenhomologe 429
Benzensulfonsäure 429
Benzoesäure 436
Benzylalkohol 435
Bergius 396
Bergkristall 283
Beryllium 317
Bessemer-Verfahren 349
Beton 321, 323
Bezugselektrode 165
BHT-Koks 395
Bildungsenthalpie 94

Bindung, chemische 50
–, heteropolare 51, 62
–, homöopolare 51, 52
–, koordinative 71
–, polare 50, 62
–, zwischenmolekulare 51, 68
π-Bindung 54
ó-Bindung 53
Bismut 270
Bittersalz 319
Bitterwasser 318
Bitumen 337, 432
Blausäure 135
Blei 333
–, Gewinnung 333
–, Verwendung 333
Bleiakkumulator 179
Blei(II)-chlorid 334
Bleiglanz 333
Bleiglätte 334
Bleikammerverfahren 248
Blei(IV)-oxid 334
Bleisulfid 333
Bleitetraethyl 334, 396
Bleiverbindungen 333
Bleiwasserstoff 331
Bleiweiß 334
Bleizucker 334
Blockpolymerisation 440
Blutlaugensalz, gelbes 346
–, rotes 346
*Bohr*sche Postulate 38, 39
Bor 291
Boudouard-Gleichgewicht 276, 347
Branntkalk 320, 322
Braunkohle 393, 394
Brennprobe 456
Brennpunkt 397
Brenzcatechin 435
Brikettierung 395
Brom 234
Bromwasser 145
Bromwasserstoff 235
Bronzen 332
Brönsted 126
BSB_5-Wert 364
Buchstabenbuna 445
Bunakalk 322
Bunakautschuk 444
Butadien 444
Butan 373, 375
Butanol 401, 403
Butansäure 407
Butin 383

Buttersäure 407, 408, 417
Butylalkohol 401, 402
Butylen 379

C

Calcium 319
–, Verbindungen 320
Calciumcarbid 281, 383
Calciumcarbonat 319, 320
Calciumcyanamid 263
Calciumfluorid 236
Calciumphosphat 265
Calciumphosphid 267
Calciumsilicate 323
Calciumsulfat 242, 319
Campher 426
Caprolactam 426, 454
Carbide 281, 383
Carbolineum 433
Carbolsäure 434
Carbonate 280
Carbonathärte 357
Carbonsäure 400, 407
–, substituierte 410
Carbonsäurederivate 410
Carbonylgruppe 400, 406
Carboxylgruppe 400, 407
Cellobiose 421
Cellophan 453
Celluloid 453
Cellulose 412, 422, 450
Celluloseacetat 423, 452
Cellulosetrinitrat 453
Cellulosexanthogenat 423
Cementit 299, 347
Cetanzahl 396
Chalcedon 283
Chalkogene 238
Chemie, analytische 17
–, anorganische 18
–, Entstehung der 18
–, Gegenstand der 17
–, organische 18, 365
–, physikalische 18
Chilesalpeter 235, 311
Chlor 229
Chlorate 233
Chloressigsäure 410
Chloride 231
Chloridion 129, 135
Chlorite 233
Chlorkalk 233
Chlor-Knallgas-Kette 170
Chloroform 384
Chlorsäure 233

Chlorwasser 230
Chlorwasserstoff 127, 139, 231
Chromium 354
Citrin 283
Claus-Verfahren 242
Cobalt 344, 352
*Coulomb*sches Gesetz 66
Coulometrie 194
*Cowper*sche Winderhitzer 348
Crackprozeß 380, 391, 425
Cresol 434, 446
Cristobalit 283
Cumen 434
Cumenverfahren 406, 434
Curium 217
Cyanamid 263, 447
Cyanidgruppe 400
Cyanidion 135
Cycloalkane 425
Cyclohexan 425
Cyclohexanol 426
Cyclohexanon 426
Cyclopentan 425
Cyclopropan 425

D

Dampfdruck 29
Dampfreformierung 257
Decalin 437
Decan 375
Destillation 28
–, fraktionierte 388
Dialyse 83
Diamant 273
Diaphragmaverfahren 199
Dichte 22
Dicyandiamid 447
Didi-Harze 447
Dieselkraftstoff 397
Diethylether 413, 414
Diethylsulfat 412
Diffusion 83
Difluordichlormethan 384
Diisocyanat 448
Dimethylbenzen 430
Diolefine 381
Dipolmolekül 56, 64
Dipolmoment 56
Dipolverband 64
Disaccharid 421
Disauerstoff 241
Dispersion 86
Dispersionskolloide 85
Dispersionsmittel 81

Dispersitätsgrad 81
Disproportionierung 260
Dissoziation, elektrolytische 66, 149
Dissoziationsgrad 121
Dissoziationskonstante 121
Distickstofftetroxid 259
Dolomit 319
Druckvergasung 257
Durchdringungskomplex 72, 77
Duroplaste 440

E

Edelgase 216, 223, 293
Edelgaskonfiguration 51, 63
Edelkunstharz 446
Einfachzucker 419
Einlagerungsmischkristall 299
Eisen 344
–, Eigenschaften 345
–, Verbindungen 346
Eisencarbid 299, 347
Eisenerze 345
Eisen-Nickel-Akkumulator 181
Eisenpentacarbonyl 345
Eisenphosphid 350
Eisensau 337
Eisensulfid 244
Eisenvitriol 346
Eiweißstoffe 415
–, einfache 417
–, zusammengesetzte 417
Eka-Bor 222
Elaste 439, 440, 444
Elektrode 157, 158
Elektrodenpotential 169
Elektrodenspannung 169
Elektrodenvorgänge 184
Elektrogravimetrie 194, 466
Elektrolyse 182
Elektrolyt 150, 206, 208
Elektrolyte, echte 66
–, potentielle 67
Elektronegativität 58
Elektronen 35
–, einsame 51
–, ungepaarte 51
Elektronenaffinität 63
Elektronenakzeptor 143, 208

Elektronendonator 143, 208
Elektronengas 67
Elektronenkonfiguration 43
Elektronenpaar, bindendes 51
Elektronenpaar-Bindung 53
Elektronenspin 42
Elektrophorese 84
Element, chemisches 33, 36
Elementaranalyse 460
Elementarteilchen 35
Elementarzelle 296
Eliminierungsreaktion 368, 369
Eloxieren 202
Elysieren 203
Emaillieren 213
Emulsion 85
Emulsionspolymerisation 440
Energieband 68
Energieniveaus 39
Entgasung 275
– von Steinkohle 431
Entladekurve 181
Epichlorhydrin 448
Epoxidharze 448
EPT 445
Erdalkalimetalle 317
Erdgas 376, 380, 386
Erdöl 377, 380, 386
Erdölprodukte 391
Erdpech 377
Erstarrungspunkt 21
Erze 220, 300
–, Aufbereitung 300
–, Aufbereitung sulfidischer 302
Erzeugnisse, keramische 286
Essigsäure 407, 408
Ester 412
Estrichgips 322
Etagenröstofen 245
Ethan 373
Ethanal 405
Ethandisäure 410
Ethanol 401, 403
Ethansäure 407, 408
Ethen 70, 379, 441
Ether 413
Ethin 71, 382
Ethoxyethan 413

Ethylacetat 413
Ethylalkohol 401, 403
Ethylchlorid 384
Ethylen 379, 381, 442
Ethylenglykol 402, 404, 412, 455
Ethylhydrogensulfat 412
Ethylnitrat 412
Eutektikum 300
Extraktion 390, 417

F

Faraday-Konstante 151
*Faraday*sche Gesetze 192
Fasern 451
Faserstoffe 439, 449, 455
–, natürliche 449
–, synthetische 450, 453
–, tierische 450
Feldspat 326
Ferrolegierungen 352
Ferrosilicium 282, 352
Festkörper 78
Fette 415, 417
Fetthärtung 418
Fettsäure 407, 418
Feuerlöscher 279
Feuerstein 283
Filtration 83
Fischer 416
Flammofen 305, 337, 350
Flammpunkt 397
Flammstrahlen 211, 212
Flotation 301, 313
–, selektive 301
Fluor 228, 235
Fluoralkane 384
Fluoride 236
Fluorwasserstoff 236
Flußsäure 236
Flußspat 236, 319
Formaldehyd 405
Formel 91
Fraktionierkolonne 388
Friedel-Crafts-Synthese 429, 433
Fruchtzucker 420
Fructose 420
Furan 438

G

Gallerte 88
Gallium 326
Galmei 340
galvanische Zelle 157

Galvanisieren 202
Galvanispannung 161
Gammexan 425
Gangart 303
Gasanalyse 469
Gefäßkonstante 152
Gel 88
Generatorgas 276
Germanium 290
Gesamthärte 358
Gesetz von *Avogadro* 96
– – der Erhaltung der Masse 92
Gichtgas 304, 337, 349
Gips 319, 322
Gips-Schwefelsäure-Verfahren 245
Gitterkonstante 296
Gitterkräfte 66
Glaselektrode 471
Gläser 285
Glaubersalz 311
Gleichgewicht, chemisches 101
–, elektrochemisches 162
Gleichgewichtsgalvanispannung 162, 169
Gleichung, chemische 92
Glimmer 326
Glucose 420
Glühphosphate 269
Glycerol 403, 412, 417
Glyceroltrinitrat 412
Glycin 410, 415
Graphit 273
Grauguß 349
Grenzstruktur 52, 61
–, mesomere 61
Grubengas 373
Gruppen des PSE 49
–, funktionelle 400
Gußeisen 349

H

Haber-Bosch-Verfahren 255
Halbleiter 290
Halogenalkane 384
Halogene 215, 216
Harnstoff 365, 411
Hartmetalle 282
Hartsalz 312
Härtebildner 357
Harze 425
Hauptgruppen 49
Hauptquantenzahl 41

*Heisenberg*sche Unschärfe-Beziehung 39
Heißblasen 349
Heliotrop 283
Helium 293
Hemicellulose 423
Heptan 375
Herbicide 434
Herdfrischen 305, 350
*Heß*scher Satz 100
Hexachlorcyclohexan 425
Hexadecan 375
Hexafluorkieselsäure 237, 283
Hexafluorsilicate 237
Hexan 375
Hexandisäure 410
Hexose 420
Hochdruckhydrierung 396
Hochofenprozeß 346
Hochpolymere 439
Höllenstein 339
Holzkohle 275
*Hund*sche Regel 43
Hybride des Kohlenstoffs 366
Hybridisation 69
Hydrat 77
Hydratation 226
Hydride 220
Hydrochinon 435
Hydrogencarbonate 280
Hydrogensalze 76
Hydrogensulfate 249
Hydrogensulfide 244
Hydrogensulfite 246
Hydrolyse 140
Hydroniumion 127
Hydroniumionenaktivität 133
Hydroxide, amphotere 141
Hydroxidion 131
Hydroxidionenaktivität 133
Hypochlorite 232

I

Indanthrenfarbstoffe 438
Indikatoren 134, 465
Induktionseffekt 372
Inhibitor 212
Inkohlungsprozeß 394
Iod 235
Iodate 235
Iodide 235
Iodsäure 235

Iodwasserstoff 235
Ionen 62
Ionenaustauscher 361
Ionenbeweglichkeit 153
Ionenbeziehung 62, 222
Ionengitter 64, 79, 121
Ionenpolymerisation 371
Ionenprodukt des Wassers 133
Ionenverbindung 62, 63
Ionenwertigkeit 64, 75
Ionisierungsenergie 63
Iridium 344
Isobutan 376
Isomerie 376
Isooctan 376, 396
Isopren 382
Isotope 20, 36
Isotropie 78

J

Jod siehe Iod

K

Kainit 312
Kalidüngesalze 315
Kalifeldspat 285
Kalisalpeter 312
Kalisalze 312
Kalium 311
–, Verbindungen 311
Kaliumchlorat 233
Kaliumeisenalaun 346
Kaliumhexacyanoferrat(II) 346
Kaliumhexacyanoferrat(III) 346
Kaliumhypochlorit 232
Kaliumpermanganat 229, 239
Kalk 322
Kalkammonsalpeter 264
Kalkhydrat 322
Kalkmilch 320
Kalksandstein 324
Kalkseife 358, 418
Kalk-Soda-Verfahren 360
Kalkstickstoff 263
Kalkwasser 320
Kalomel 342
Kalomel-Elektrode 471
Kaltblasen 349
Kaolin 287
Karnallit 312
Katalysator 109

Kationbasen 130
Kationen 62
Kationentrennungsgang 458
Kationsäuren 130
Katodenvorgänge 184
Kautschuk, synthetischer 444
Kekulé 427
Kernladungszahl 36, 217
Kernseife 418
Kesselstein 358
Keton 406
Kettenverbindungen 367
Kieselgur 283
Kieselzinkerz 340
Kieserit 312
Klassierung 301
Klauben 301
Klemmenspannung 173
Knallgasprobe 225
Kochsalz 308
Kohlen 273, 386, 393
Kohlechemie 386
Kohlendioxid 275, 278
Kohlendioxidschneelöscher 279
Kohlendisulfid 275
Kohlenhydrate 415, 419
Kohlenmonoxid 276
Kohlensäure 280
Kohlenstoff 273
Kohlenstoffatom, Bindungsverhältnisse 69
Kohlenstoffgruppe 272
Kohlenwasserstoffe 365
–, gesättigte 373
–, ungesättigte 378
Kohlungszone 347
Kokerei 431
Kollodiumwolle 453
Kolloide 82
–, Alterung 88
–, Arten 85
–, Eigenschaften 87
–, Herstellung 86
–, hydrophile 87
–, hydrophobe 87
–, irreversible 87
–, lyophile 87
–, lyophobe 87
–, polymolekulare 85
–, reversible 87
Kompensationsmethode 174
Komplexe 71

–, Struktur 72
Komplexverbindungen 71
–, Bezeichnungen 78
Kondensationspunkt 21
Kondensationsreaktion 371
Königswasser 232, 262
Konsistenz von Schmierfetten 399
Kontaktverfahren 247
Konversionssalpeter 312
Konverter 304, 337, 349
Konvertierung von Wassergas 256, 278
Konzentration 25
Konzentrationselement 175
Koordinationsverbindungen 71
Koordinationszahl 65, 72, 74
Körper, homogene 78
Korrosion 208
–, chemische 208
–, elektrochemische 206
Korrosionsschutz 206
–, aktiver 210
–, elektrochemischer 210
–, passiver 211
–, Überzüge 212
Korund 327
Kraftstoffe 396
Kreisprozeß 258
Kristall 20, 22, 79
Kristallchemie 79
Kristallgitter 79, 296
Kristallite 298
Kristallwasser 77
Kryolith 308
Krypton 293
Kupfer 335
–, Gewinnung aus Mansfelder Kupferschiefer 335
–, Verbindungen 338
–, Verwendung 338
Kupferglanz 335
Kupferkies 335
Kupferrohstein 337
Kupferseide 338, 451
Kupfervitriol 338

L

Lade- und Entladekurve 181
Ladung, formale 61
Ladungsdichte 39
–, radiale 44
Ladungsdoppelschicht 159

Ladungswolke 39, 42
Lagermetall 332
Lanthaniden 219
LD-Verfahren 351
Legierung 24
– von Schmierölen 398
Leinöl 417
Leiter 1. Klasse 149
Leiter 2. Klasse 149
Leitfähigkeitsmessungen 154
Liganden 72
Lignin 394, 423
Linde-Verfahren 240
Linearkolloide 86
Linolensäure 409
Linolsäure 409, 417
Litermasse 23
Löslichkeit 26
Löslichkeitsprodukt 124
Lösung 24
–, echte 82, 84
–, kolloide 82, 84
Lösungsdruck, elektrolytischer 160
Lösungspolymerisation 440
Lötzinn 332
Luftbinder 322
Luftstickstoff 252, 265
Luftverflüssigung 240

M

Magnetscheidung 301
Magnesit 319
Magnesium 317
–, Verbindungen 318
Magnetquantenzahl 41
Makromolekül 85, 371, 417, 422
MAK-Werte 278
Malachit 335
Maleinsäure 410, 449
Malonsäure 410
Maltose 421
Malzzucker 421
Mangan 354
Massenwirkungsgesetz 115
Massenzahl 36
Mehrfachzucker 419
Melamin 447
Melaminharze 447
Melasse 421
Membran, semipermeable 83
Membranverfahren 201
Mendelejew 215, 220, 222

Mennige 334
Mesomerie 60, 372
Mesomerieeffekt 372
Messing 338
Metaphosphorsäure 268
Metallbindung 67, 222
Metallcharakter 221
Metalle 295
–, chemische Eigenschaften 295
–, Darstellung 302
–, Gitterkonstante 298
–, Kristallgitter 296
–, physikalische Eigenschaften 295
–, Vorkommen 300
Metallgitter 67, 79
Metallhydroxide basischen Charakters 141
– sauren Charakters 141
Metallionen-Komplexe 77
Metallspritzen 213
Meteoreisen 344, 355
Methacrylsäure 409
Methan 70, 373, 387
Methanal 405
Methanol 401, 403
Methansäure 407, 408
Methylalkohol 401, 403
Methylchlorid 384
Meyer 215
Milchsäure 410
Minette 345
Mischbinder 324
Mischelemente 37
Mischung 23
Modifikationen 242
–, enantiotrope 243
–, monotrope 243
Mol 26, 94
Molarität 95
Molekülbasen 130
Molekülgitter 68, 79, 222
Molekülkolloide 85
Molekülmasse 93
Molekülorbitale 54
Molekülsäuren 130
Molekülwellenfunktion 52
Molenbruch 25
Molvolumen 96
Molybdän 354
MO-Methode 54
Monochlorbenzen 433
Monochlormethan 377, 384
Monomere 439
Monosaccharid 419

N

Naphthalen 433, 436
Naphthene 388, 425
Naphthensäure 426
Naphthol 437
Naßfeuerlöscher 279
Natrium 308
–, Verbindungen 308
–, Vorkommen 308
Natriumcarbonat 140, 308
Natriumchlorid 229, 231, 308
Natriumhydrogencarbonat 310
Natriumhydrogensulfat 231
Natriumhypochlorit 232
Natriumiodat 235
Natriumthiosulfat 340
Natronlauge 139, 309
Naturseide 450, 452, 455
Nebengruppen 49
Nebenquantenzahl 41
Neon 293
Neptunium 215, 223
*Nernst*sche Gleichung 162
Neutralbasen 130
Neutralisation 139
Neutralisationsanalyse 463
Neutralisationskurven 464
Neutralisationszahl 398
Neutralsäuren 130
Neutronen 35, 219
Nichtcarbonathärte 357
Nichtmetallcharakter 221
Nickel 352
Nitrate 262
Nitriersäure 263
Nitrite 261
Nitrobenzen 428, 435
Nitrogruppe 400
Nitrolack 453
Nitroseverfahren 248
Nitrosylchlorid 232
n-Leiter 291
Nomenklatur, IUPAC- 368
Nonan 375
Normalbutan 376
Normalität 95
Novolake 446
Nuclide 37, 215

O

Oberflächenvorbehandlung 211
Octan 375

Octanzahl 396
Oktettprinzip 51
Olefine 379, 381
Oligosaccharide 421, 422
Öle, fette 414
–, etherische 425
Ölsäure 409, 417
Ölschiefer 377
Opal 283
Orbital 42
–, bindendes 54
–, lockerndes 54
Orthophosphorsäure 268
Osmium 344
osmotischer Druck 160
Ostwald-Verfahren 261
Oxalsäure 410
Oxo-Anionen 73
Oxogruppe 406
Oxydation als Elektronenabgabe 142
Oxydationsmittel 143
Oxydationszahlen 75, 219, 220
Oxydoreduktion 260
Ozon 241

P

Palladium 344
Palmitinsäure 407, 408
PAN-Fasern 454
Paraformaldehyd 405
Paraffine 373, 391
Paraffinoxydation 408, 419
Passivierung 249
Passivität 207
Patina 338
Pauli-Prinzip 42, 43
PC-Faser 453
Pentan 374, 376
Peptidgruppe 416, 450
Perchlorate 234
Perchlorsäure 234
Pergamentpapier 453
Perioden des PSE 49
Periodensystem (PSE) 48, 215
Perlpolymerisation 441
Peroxogruppe 226
Petrolchemie 380, 387, 391, 392
Petrolchemikalien 392
Pfropfpolymerisation 441
Phase 24, 29
–, dispergierte 81
Phenanthren 436, 437

Phenol 434, 446
Phenoplaste 434, 446
Phenyl- 428
Phenylchlorid 433
Phenylethen 430
Phosgen 411
Phosphate 268
Phosphatieren 212
Phosphin 267
Phosphor 264
Phosphorit 264
Phosphor(III)-oxid 267
Phosphor(V)-oxid 267
Phosphorsäure 138, 212, 268
Phosphorsäuredüngemittel 269
Phosphorwasserstoff 267
Photosynthese 280
Phthalsäure 436
pH-Wert 133, 467
Piacryl 444
*Planck*sches Wirkungsquantum 38
Plaste 439, 448, 456
Platforming-Verfahren 391
Platin 344
Platinmetalle 344
p-Leiter 291
Plutonium 215
pK_B-Wert 137
pK_S-Wert 137
Pol 182
Polarisation 56
–, galvanische 186
Polyaddition 371, 439, 448
Polyamidfaserstoff 454
Polyamidharze 449
Polyesterfaserstoff 455
Polyesterharze 448
–, ungesättigte 448
Polyethylen 381, 442
Polykondensation 371, 440, 446
Polymerbenzin 392
Polymere 439
Polymerisation 371, 439
–, stereospezifische 440
Polymerisationsgrad 439
Polypropylen 443
Polysaccharid 420, 422
Polystyren 430, 443
Polytetrafluorethylen 443
Polyurethane 448
Polyvinylacetat 443
Polyvinylalkohol 443

Polyvinylchlorid 384, 441
Polyvinylcyanidfaserstoff 454
Potentialdifferenz 159
Potentiometrie 466, 470
Primärelement 177
Propan 374
Propanol 401, 403
Propanon 406
Propen 379
Propin 383
Propylalkohol 401, 403
Propylen 379, 443
Protactinium 217
Proteide 416
Proteine 416
Protolyse 131
Protolysekonstante des Wassers 133
Protolyte 130
–, schwache 135
–, starke 135
Protonen 35
Protonenabgabe 131
Protonenakzeptoren 127
Protonenaufnahme 131
Protonendonatoren 127
PTFE 443
Punkt, isoelektrischer 87
PVC 441
Pyridin 438
Pyrit 242, 245, 345
Pyrolyse-Verfahren 392

Q

Quanten 39
Quantenzahlen 41
Quarz 283
Quarzglas 283
Quarzgut 283
Quarzsand 283
Quecksilber 341
–, Verbindung 342
–, Verwendung 342
Quecksilber(II)-oxid 239
Quecksilberverfahren 200
Quellenspannung 173

R

Radikalpolymerisation 371
Radionuclide 38
Raffinadkupfer 337
Raffination 390
–, elektrolytische 197
Reaktion, elektrophile 370

Reaktion, endotherme 98
–, exotherm 98
–, ionische 369
–, nucleophile 370
–, protolytische 131
–, radikalische 369
Reaktionsenthalpie 97
Reaktionsgeschwindigkeit 112
Reaktionsordnung 113
Reaktionstypen der organischen Chemie 365
Redoxpaare, korrespondierende 143
Redoxreaktionen 142
Reduktion als Elektronenaufnahme 142
Reduktionsmittel 143
Reduktionszone 347
Reformingprozeß 391, 426
Regeneratfaserstoffe 451
Reihe, homologe 374
Reinelemente 37
Reppe-Chemie 383
Resorcinol 435
Reyon 451
Rhodium 344
Ringverbindungen 367
Roheisen, graues 348
–, weißes 348
Rohkupfer 337
Rohrzucker 421
Röhrenofen 388
Rosenquarz 283
Rost 208
Rosten 208
Rotgültigerz 339
Rotkupfererz 335
Ruß 275
Ruthenium 344

S

Saccharose 421
Salmiakgeist 255
Salpetersäure 261, 265
Salz 78
Salzsäure 127, 212, 231
Sauerstoff 239
Sauerstoffgruppe 238
Säure 124
–, hypochlorige 230, 232
–, phosphorige 268
–, salpetrige 260
–, schwache 135
–, schweflige 246
–, starke 135

Säureamide 411
Säure-Base-Paare, korrespondierende 129, 138
– – – Reaktionen 126
– – – System 132
Säurechloride 411
Säurekonstante 136
Schamotte 288
Schaum 85
Scheidewasser 262
Schießbaumwolle 453
Schmelzflußelektrolyse 194
Schmelzpunkt 21, 30
Schmelzwärme 22
Schmierfette 398
Schmieröl 397
Schmierseife 418
Schnellot 332
Schreibweise, rationelle 374
Schrödinger-Gleichung 39
Schutzkolloide 88
Schwefel 241, 250
Schwefeldioxid 244
Schwefelkohlenstoff 275
Schwefelsäure 212, 248
Schwefeltrioxid 247
Schwefelwasserstoff 243
Schweitzers Reagenz 338, 423, 451
Schwelung 395
Seiden 451
Seife 89, 418
Sekundärelement 179
Selen 250
Serin 415
Siedediagramm 33
Siedepunkt 21, 30
Siemens-Martin-Verfahren 350
*Siemens*sche Regenerativfeuerung 351
Silanole 289
Silber 339
–, Verbindungen 339
–, Verwendung 339
Silberglanz 339
Silicatbeton 324
Silicate 284
Silicium 282
Siliciumdioxid 283
Siliciumtetrachlorid 284
Siliciumtetrafluorid 283
Silicone 289
Soda 309
Sol 85
Sol-Gel-Umwandlung 88

Solvay-Verfahren 309
Spannungsreihe 165
Sparbeizzusatz 212
Spateisenstein 345
Sphärokolloide 86
Spinell 209
Spinquantenzahl 42
Spiritus 403
Stadtgas 431
Stahlgewinnung 349
– durch Aufblasverfahren 351
– im Elektroofen 352
– durch Herdfrischen 350
– durch Windfrischen 349
Stahlveredler 352
Stähle, legierte 352
Standardpotential 163
Standardpotentiale, Tabelle 144
Stärke 422
Stärke der Protolyte 135
Stearinsäure 407, 408, 417
Steine, feuerfeste 287
Steinkohle 393
Steinkohlenteer 431, 433
Steinkohlenpech 433
Stereoisomerie 420
Stereokautschuk 445
Stickstoff 253
Stickstoffdioxid 259
Stickstoffdüngemittel 263
Stickstoffgruppe 252
Stickstoffmonoxid 259, 261
Stöchiometrie 97
Stockpunkt 398
Stoff 20
Stoffe, grenzflächenaktive 89
Strahlen 211
Straightrun-Benzin 391
Styren 430, 445
Sublimat 342
Substanz, dispergierte 81
Substitutionsreaktion 368
Sulfate 249
Sulfide 244
Sulfite 246
Sulfitlauge 412
Sulfitsprit 413
Sulfongruppe 400
Sulfonsäuregruppe 400
Superphosphat 269
Suspension 82, 84

System, disperses 81
–, feindisperses 82
–, grobdisperses 81, 82
–, kolloiddisperses 82
–, protolytisches 131
Synthesegasgewinnung 256

T

Taschenlampenbatterie 178
Technetium 215
Teerzahl 398
Tellur 250
Tenside 89
Terephthalsäure 436, 455
Tetrachlorkohlenstoff 384
Tetrachlormethan 378, 384
Tetralen 437
Tetramminkupfer(II)-hydroxid 338
Thermit 329
Thermoplaste 440
Thiophen 438
Thixotropie 88
Thomasmehl 265, 269, 350
Thomas-Verfahren 350
Thorium 217
Tierkohle 276
Titer 462
Titration, konduktometrische 148
TNT 429
Ton 286
Tonerde 328
–, essigsaure 329
Toluen 429
Traubenzucker 420
Trichlorethylen 384
Tridymit 283
Triiodmethan 384
Trinatrium-Phosphat-Verfahren 361
Trinitrotoluen 429
Tripalmitin 417
Trisauerstoff 241
Trockeneis 279
Tropfpunkt 399
Tyndall-Effekt 83

U

Ultrafilter 83
Ultramikroskopie 83
Unschärfe-Beziehung, *Heisenberg*sche 39

Untergrundvorbehandlung 211
Uranium 223

V

Valenzbindungsmethode 52
Valenzelektronen 48, 219
Valenzzustand 51
Vanadium 354
Vanadium(V)-oxid 247
*Van-der-Waals*sche Kräfte 68
Vaseline 389
VB-Methode 52
Verbindungen 33
–, aliphatische 367
–, alicyclische 367, 425
–, aromatische 367, 426
–, binäre 71
–, carbocyclische 367
– erster Ordnung 71
–, heterocyclische 367, 438
– höherer Ordnung 71
–, hydroaromatische 426
–, isomere 376
–, organische 367
Verbrennungsmethode 469
Verdampfungswärme 22
Verfahren, aluminothermisches 329
Vergaserkraftstoff 396
Vergasung 396
Verkokung 395, 431
Verkokungsneigung 398
Verseifung 412, 418
Verseifungszahl 398
Verzundern 209
Vielfachzucker 420
Vinylchlorid 381, 384, 385
Viscoseseide 451
Viskosimeter 397
Viskosität, kinematische 397
Vulkanfiber 459
Vulkanisation 445

W

Wachse 412
Wärmetheorie, kinetische 22
Wärmetönungsgasanalysator 470

Waschgrundstoffe, synthetische 418
Waschmittel, synthetische 89
Wasser 225
–, Enthärtung 360
–, Entkeimung 362
–, wirtschaftliche Bedeutung 356
Wasseraufbereitung 359
–, chemische 360
–, physikalische 359
Wassergas 276
Wassergehalt von Schmierölen 398
Wasserglas 285
Wasserhärte 357
–, Bestimmung 363
Wasserstoff 224
Wasserstoffbrückenbindung 401
Wasserstoffelektrode 163
Wasserstoffperoxid 226, 239
Weingeist 403
Wellenfunktion, asymmetrische 52
–, symmetrische 52
Wellenmechanik 40
Welle-Teilchen-Dualismus 38
Wertigkeit, stöchiometrische 91
Wirbelschichtvergasung 256, 277
Widerstand, innerer 173
Wismut 270
Wofatit 447
Wolfram 354
Wöhler 365

X

Xanthoproteinreaktion 416
Xenon 293
Xenontetrafluorid 293
Xylen 430
Xylenol 434

Z

Zahlenbuna 445
Zellstoff 423
–, Gewinnung 423
Zement 322
Zentralatom 72

Zerfallskohlenstoff 347
Zersetzungsspannung 189
Zink 340
–, Verwendung 341
Zinkblende 340
Zinkchlorid 328
Zinkhydroxid 328

Zinn 331
–, Verbindungen 332
–, Verwendung 322
Zinn(II)-ionen 145
Zinnober 341
Zinnstein 331
Zinnwasserstoff 331

Zunder 209
Zündholzfabrikation 267
Zustand, angeregter 51, 69
Zustandsgleichung der Gase 96
Zweizentren-Elektronenpaar-Bindung 53

Elektronenverteilung auf die Energieniveaus der Atome **Anlage 1**

Kern-ladungs-zahl	Element	K 1s	L 2s 2p	M 3s 3p 3d	N 4s 4p 4d 4f	O 5s 5p 5d 5f	P 6s 6p 6d	Q 7s
1	H	1						
2	He	2						
3	Li	2	1					
4	Be	2	2					
5	B	2	2 1					
6	C	2	2 2					
7	N	2	2 3					
8	O	2	2 4					
9	F	2	2 5					
10	Ne	2	2 6					
11	Na	2	2 6	1				
12	Mg	2	2 6	2				
13	Al	2	2 6	2 1				
14	Si	2	2 6	2 2				
15	P	2	2 6	2 3				
16	S	2	2 6	2 4				
17	Cl	2	2 6	2 5				
18	Ar	2	2 6	2 6				
19	K	2	2 6	2 6	1			
20	Ca	2	2 6	2 6	2			
21	Sc	2	2 6	2 6 1	2			
22	Ti	2	2 6	2 6 2	2			
23	V	2	2 6	2 6 3	2			
24	Cr	2	2 6	2 6 5	1			
25	Mn	2	2 6	2 6 5	2			
26	Fe	2	2 6	2 6 6	2			
27	Co	2	2 6	2 6 7	2			
28	Ni	2	2 6	2 6 8	2			
29	Cu	2	2 6	2 6 10	1			
30	Zn	2	2 6	2 6 10	2			
31	Ga	2	2 6	2 6 10	2 1			
32	Ge	2	2 6	2 6 10	2 2			
33	As	2	2 6	2 6 10	2 3			
34	Se	2	2 6	2 6 10	2 4			
35	Br	2	2 6	2 6 10	2 5			
36	Kr	2	2 6	2 6 10	2 6			
37	Rb	2	2 6	2 6 10	2 6	1		
38	Sr	2	2 6	2 6 10	2 6	2		
39	Y	2	2 6	2 6 10	2 6 1	2		
40	Zr	2	2 6	2 6 10	2 6 2	2		
41	Nb	2	2 6	2 6 10	2 6 4	1		
42	Mo	2	2 6	2 6 10	2 6 5	1		
43	Tc	2	2 6	2 6 10	2 6 5	2		
44	Ru	2	2 6	2 6 10	2 6 7	1		

Elektronenverteilung auf die Energieniveaus der Atome

Kern-ladungs-zahl	Ele-ment	K 1s	L 2s 2p	M 3s 3p 3d	N 4s 4p 4d 4f	O 5s 5p 5d 5f	P 6s 6p 6d	Q 7s
45	Rh	2	2 6	2 6 10	2 6 8	1		
46	Pd	2	2 6	2 6 10	2 6 10			
47	Ag	2	2 6	2 6 10	2 6 10	1		
48	Cd	2	2 6	2 6 10	2 6 10	2		
49	In	2	2 6	2 6 10	2 6 10	2 1		
50	Sn	2	2 6	2 6 10	2 6 10	2 2		
51	Sb	2	2 6	2 6 10	2 6 10	2 3		
52	Te	2	2 6	2 6 10	2 6 10	2 4		
53	I	2	2 6	2 6 10	2 6 10	2 5		
54	Xe	2	2 6	2 6 10	2 6 10	2 6		
55	Cs	2	2 6	2 6 10	2 6 10	2 6	1	
56	Ba	2	2 6	2 6 10	2 6 10	2 6	2	
57	La	2	2 6	2 6 10	2 6 10	2 6 1	2	
58	Ce	2	2 6	2 6 10	2 6 10 2	2 6	2	
59	Pr	2	2 6	2 6 10	2 6 10 3	2 6	2	
60	Nd	2	2 6	2 6 10	2 6 10 4	2 6	2	
61	Pm	2	2 6	2 6 10	2 6 10 5	2 6	2	
62	Sm	2	2 6	2 6 10	2 6 10 6	2 6	2	
63	Eu	2	2 6	2 6 10	2 6 10 7	2 6	2	
64	Gd	2	2 6	2 6 10	2 6 10 7	2 6 1	2	
65	Tb	2	2 6	2 6 10	2 6 10 9	2 6	2	
66	Dy	2	2 6	2 6 10	2 6 10 10	2 6	2	
67	Ho	2	2 6	2 6 10	2 6 10 11	2 6	2	
68	Er	2	2 6	2 6 10	2 6 10 12	2 6	2	
69	Tm	2	2 6	2 6 10	2 6 10 13	2 6	2	
70	Yb	2	2 6	2 6 10	2 6 10 14	2 6	2	
71	Lu	2	2 6	2 6 10	2 6 10 14	2 6 1	2	
72	Hf	2	2 6	2 6 10	2 6 10 14	2 6 2	2	
73	Ta	2	2 6	2 6 10	2 6 10 14	2 6 3	2	
74	W	2	2 6	2 6 10	2 6 10 14	2 6 4	2	
75	Re	2	2 6	2 6 10	2 6 10 14	2 6 5	2	
76	Os	2	2 6	2 6 10	2 6 10 14	2 6 6	2	
77	Ir	2	2 6	2 6 10	2 6 10 14	2 6 7	2	
78	Pt	2	2 6	2 6 10	2 6 10 14	2 6 9	1	
79	Au	2	2 6	2 6 10	2 6 10 14	2 6 10	1	
80	Hg	2	2 6	2 6 10	2 6 10 14	2 6 10	2	
81	Tl	2	2 6	2 6 10	2 6 10 14	2 6 10	2 1	
82	Pb	2	2 6	2 6 10	2 6 10 14	2 6 10	2 2	
83	Bi	2	2 6	2 6 10	2 6 10 14	2 6 10	2 3	
84	Po	2	2 6	2 6 10	2 6 10 14	2 6 10	2 4	
85	At	2	2 6	2 6 10	2 6 10 14	2 6 10	2 5	
86	Rn	2	2 6	2 6 10	2 6 10 14	2 6 10	2 6	
87	Fr	2	2 6	2 6 10	2 6 10 14	2 6 10	2 6	1
88	Ra	2	2 6	2 6 10	2 6 10 14	2 6 10	2 6	2

Kern-ladungs-zahl	Element	K 1s	L 2s 2p		M 3s 3p 3d			N 4s 4p 4d 4f				O 5s 5p 5d 5f				P 6s 6p 6d			Q 7s
89	Ac	2	2	6	2	6	10	2	6	10	14	2	6	10		2	6	1	2
90	Th	2	2	6	2	6	10	2	6	10	14	2	6	10		2	6	2	2
91	Pa	2	2	6	2	6	10	2	6	10	14	2	6	10	2	2	6	1	2
92	U	2	2	6	2	6	10	2	6	10	14	2	6	10	3	2	6	1	2
93	Np	2	2	6	2	6	10	2	6	10	14	2	6	10	4	2	6	1	2
94	Pu	2	2	6	2	6	10	2	6	10	14	2	6	10	6	2	6		2
95	Am	2	2	6	2	6	10	2	6	10	14	2	6	10	7	2	6		2
96	Cm	2	2	6	2	6	10	2	6	10	14	2	6	10	7	2	6	1	2
97	Bk	2	2	6	2	6	10	2	6	10	14	2	6	10	8	2	6	1	2
98	Cf	2	2	6	2	6	10	2	6	10	14	2	6	10	10	2	6		2
99	Es	2	2	6	2	6	10	2	6	10	14	2	6	10	11	2	6		2
100	Fm	2	2	6	2	6	10	2	6	10	14	2	6	10	12	2	6		2
101	Mv	2	2	6	2	6	10	2	6	10	14	2	6	10	13	2	6		2
102	No	2	2	6	2	6	10	2	6	10	14	2	6	10	14	2	6		2
103	Lw	2	2	6	2	6	10	2	6	10	14	2	6	10	14	2	6	1	2
104	Unq	2	2	6	2	6	10	2	6	10	14	2	6	10	14	2	6	2	2
105	Unp	2	2	6	2	6	10	2	6	10	14	2	6	10	14	2	6	3	2
106	Unh	2	2	6	2	6	10	2	6	10	14	2	6	10	14	2	6	4	2

Anlage 2

Periodensystem der Elemente (Kurzperiodensystem)

	0	I		II		III	IV	V	VI	VII	VIII				0
			I 1	II 2		3	4	5	6	7					
1	H 1										2 He				
1															0 Nn
2		3 Li		4 Be		5 B	6 C	7 N	8 O	9 F				1	2 He
3		11 Na		12 Mg		13 Al	14 Si	15 P	16 S	17 Cl				2	10 Ne
4		19 K	29 Cu	20 Ca	30 Zn	21 Sc	22 Ti	23 V	24 Cr	25 Mn	26 Fe	27 Co	28 Ni	3	18 Ar
5		37 Rb	47 Ag	38 Sr	48 Cd	39 Y	40 Zr	41 Nb	42 Mo	43 Tc	44 Ru	45 Rh	46 Pd	4	36 Kr
6		55 Cs	79 Au	56 Ba	80 Hg	57 La	72 Hf	72 Ta	74 W	75 Re	76 Os	77 Ir	78 Pt	5	54 Xe
7		87 Fr		88 Ra		89 Ac								6	86 Rn
														7	
höchste Oxydationszahl der Hauptgruppenelemente	gegenüber Wasserstoff	+1(EH)		+2(EH$_2$)		+3(EH$_4$)	+4(EH$_4$)	−3(EH$_3$)	−2(EH$_2$)	−1(EH)	−				
	gegenüber Sauerstoff	+1(E$_2$O)		+2(EO)		+2(E$_2$O$_3$)	+4(EO$_2$)	+5(E$_2$O$_5$)	+6(EO$_3$)	+7(E$_2$O$_7$)	−				

Die Symbole der Reinelemente wurden unterstrichen. Die Lanthaniden und Actiniden wurden weggelassen. Ihre Stellung wurden durch Pfeile angedeutet. Bei den in den beiden letzten Teilen in Klammern angegebenen allgemeinen Formeln der Hydride und Oxide steht E für alle Elemente der betreffenden Hauptgruppen.

Anlage 3

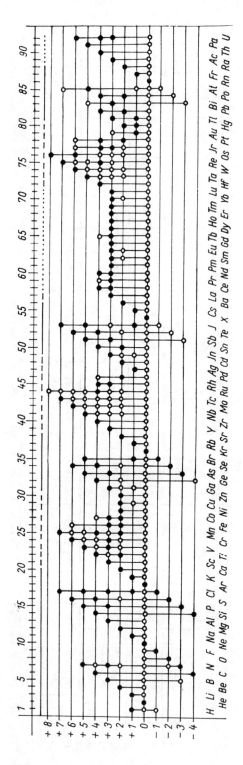

Anlage 4

Relative Atommassen der Elemente, Massenzahlen und Häufigkeiten ihrer natürlichen Isotope und Häufigkeit der Elemente in der Erdrinde

Spalte Namen: Ein Sternchen hinter dem Namen eines Elements besagt, daß dieses Element radioaktiv ist, z. B. Thorium*.

Spalte stöchiometrische Wertigkeit: Tritt ein Element in mehreren Wertigkeitsstufen auf, so ist die wichtigste Wertigkeit bzw. sind die wichtigsten Wertigkeiten kursiv (schräg) gedruckt.

Spalte relative Atommasse (1981): Die relativen Atommassen der Elemente sind bezogen auf das Kohlenstoffisotop ^{12}C.
Die Unsicherheit der angegebenen relativen Atommassen beträgt bei den meisten Elementen ± 1 auf der letzten Stelle. Für folgende Elemente ist die Unsicherheit auf der letzten Stelle ± 3:
Antimon, Dysprosium, Eisen, Erbium, Gadolinium, Germanium, Hafnium, Iridium, Kupfer, Lanthan, Lithium, Neodymium, Platin, Quecksilber, Rubidium, Ruthenium, Samarium, Sauerstoff, Selen, Silber, Silicium, Tellurium, Titanium, Wolfram, Xenon, Ytterbium, Zinn.
Beim Wasserstoff ist die Unsicherheit der letzten Stelle ± 7.
Die relativen Atommassen der künstlich hergestellten Elemente sind in eckige Klammern gesetzt, z. B. Technetium* [99]. Bei diesen Elementen wurde die relative Atommasse des stabilen Isotops eingesetzt.

Spalte Häufigkeit der Elemente: Die Angaben über die Häufigkeit der Elemente in der Erdrinde beziehen sich nicht nur auf die obere, etwa 16 km tiefe Schicht der Erde, sondern auch auf die Atmosphäre (Luft) und die Hydrosphäre (Meere).

Name des Elements	Symbol	Stöchiometrische Wertigkeit	Ordnungszahl	Relative Atommasse (1981)	Natürliche Isotope		Häufigkeit des Elements in der Erdrinde in Masse-%
					Massenzahl	Häufigkeit in %	
Actinium*	Ac	III	89	227,0278	–	–	$3 \cdot 10^{-23}$
Aluminium	Al	III	13	26,98154	27	100	7,51
Americium*	Am	I; *III*; IV; V; VI	95	[243]	–	–	–
Antimon	Sb	*III*; IV; V	51	121,75	121 123	57,3 42,7	$2,3 \cdot 10^{-5}$
Argon	Ar	0	18	39,948	40 36 38	99,60 0,34 0,06	$3,6 \cdot 10^{-4}$
Arsen	As	III; V	33	74,9216	75	100	$5,5 \cdot 10^{-4}$
Astat*	At	*I*; III; V; VII	85	[210]	–	–	$4 \cdot 10^{-23}$

Name des Elements	Symbol	Stöchiometrische Wertigkeit	Ordnungszahl	Relative Atommasse (1981)	Natürliche Isotope		Häufigkeit des Elements in der Erdrinde in Masse-%
					Massenzahl	Häufigkeit in %	
Barium	Ba	II	56	137,33	138	71,70	0,047
					137	11,23	
					136	7,854	
					135	6,592	
					134	2,417	
					130	0,106	
					132	0,101	
Berkelium	Bk	III; IV	97	[247]	–	–	–
Beryllium	Be	II	4	9,01218	9	100	$5 \cdot 10^{-4}$
Bismut	Bi	II; *III*; V	83	208,9804	209	100	$3,4 \cdot 10^{-6}$
Blei	Pb	*II*; IV	82	207,2	208	52,4	0,002
					206	24,1	
					207	22,1	
					204	1,4	
Bor	B	III	5	10,81	11	80,1	0,0014
					10	19,9	
Brom	Br	*I*; III; V	35	79,904	79	50,69	$6 \cdot 10^{-4}$
					81	49,31	
Cadmium	Cd	II	48	112,41	114	28,73	$1,1 \cdot 10^{-5}$
					112	24,13	
					111	12,80	
					110	12,49	
					113	12,22	
					116	7,49	
					106	1,25	
					108	0,89	
Californium*	Cf	III	98	[251]	–	–	–
Calcium	Ca	II	20	40,08	40	96,941	3,39
					44	2,086	
					42	0,647	
					48	0,187	
					43	0,135	
					46	0,004	
Caesium	Cs	I	55	132,9054	133	100	$7 \cdot 10^{-5}$

Name des Elements	Symbol	Stöchiometrische Wertigkeit	Ordnungszahl	Relative Atommasse (1981)	Natürliche Isotope		Häufigkeit des Elements in der Erdrinde in Masse-%
					Massenzahl	Häufigkeit in %	
Cerium	Ce	*III*; IV	58	140,12	140 142 138 136	88,48 11,1 0,25 0,19	0,0022
Chlor	Cl	*I*; III; IV; V; VII	17	35,453	35 37	75,77 24,23	0,19
Chromium	Cr	II; *III*; IV; V; *VI*	24	51,996	52 53 50 54	83,79 9,50 4,35 2,36	0,033
Cobalt	Co	II; III; IV	27	58,9332	59	100,00	0,0018
Curium*	Cm	III	96	[247]	–	–	–
Dysprosium	Dy	III	66	162,50	164 162 163 161 160 158 156	28,1 25,5 24,9 18,9 2,34 0,10 0,06	$5 \cdot 10^{-4}$
Einsteinium*	E		99	[252]	–	–	–
Eisen	Fe	*II*; *III*; VI	26	55,847	56 54 57 58	91,72 5,8 2,1 0,28	4,7
Erbium	Er	III	68	167,26	166 168 167 170 164 162	33,6 26,8 22,95 14,9 1,61 0,14	$4 \cdot 10^{-4}$
Europium	Eu	II; *III*	63	151,96	153 151	52,1 47,9	$1,4 \cdot 10^{-5}$
Fermium*	Fm		100	[257]	–	–	–
Fluor	F	I	9	18,998403	19	100	0,027
Francium*	Fr		87	[223]	–	–	$7 \cdot 10^{-23}$

Name des Elements	Symbol	Stöchiometrische Wertigkeit	Ordnungszahl	Relative Atommasse (1981)	Natürliche Isotope		Häufigkeit des Elements in der Erdrinde in Masse-%
					Massenzahl	Häufigkeit in %	
Gadolinium	Gd	III	64	157,25	158	24,84	$5 \cdot 10^{-4}$
					160	21,86	
					156	20,47	
					157	15,65	
					155	14,80	
					154	2,18	
					152	0,20	
Gallium	Ga	I; II; *III*	31	69,72	69	60,1	$5 \cdot 10^{-4}$
					71	39,9	
Germanium	Ge	II; *IV*	32	72,59	74	36,5	$1 \cdot 10^{-4}$
					72	27,4	
					70	20,5	
					73	7,8	
					76	7,8	
Gold	Au	I; *III*	79	196,9665	197	100	$5 \cdot 10^{-7}$
Hafnium	Hf	IV	72	178,49	180	35,2	0,0025
					178	27,1	
					177	18,6	
					179	13,74	
					176	5,2	
					174	0,16	
Helium	He	0	2	4,00260	4	99,999862	$4,2 \cdot 10^{-7}$
					3	0,000138	
Holmium	Ho	III	67	164,9304	165	100	$7 \cdot 10^{-5}$
Indium	In	I; II; *III*	49	114,82	115	95,7	$1 \cdot 10^{-5}$
					113	4,3	
Iod	I	*I*; III; V; VII	53	126,9045	127	100	$6 \cdot 10^{-6}$
Iridium	Ir	I; II; *III*; IV; VI	77	192,22	193	62,7	$1 \cdot 10^{-6}$
					191	37,3	
Kalium*	K	I	19	39,0983	39	93,2581	2,40
					41	6,7302	
					40	0,0117	
Kohlenstoff	C	II; III; *IV*	6	12,011	12	98,90	0,087
					13	1,10	

Name des Elements	Symbol	Stöchiometrische Wertigkeit	Ordnungszahl	Relative Atommasse (1981)	Natürliche Isotope		Häufigkeit des Elements in der Erdrinde in Masse-%
					Massenzahl	Häufigkeit in %	
Krypton	Kr	II; IV	36	83,80	84	57,0	$1,9 \cdot 10^{-8}$
					86	17,3	
					82	11,6	
					83	11,5	
					80	2,25	
					78	0,35	
Kupfer	Cu	I; *II*; III	29	63,546	63	69,17	0,010
					65	30,83	
Lanthan	La	III	57	138,9055	139	99,91	$5 \cdot 10^{-4}$
					138	0,09	
Lawrencium	Lw	–	103	[260]	–	–	–
Lithium	Li	I	3	6,941	7	92,5	0,005
					6	7,5	
Lutetium*	Lu	III	71	174,967	175	97,40	$1 \cdot 10^{-4}$
					176	2,60	
Magnesium	Mg	II	12	24,305	24	78,99	1,94
					26	11,01	
					25	10,00	
Mangan	Mn	I; *II*; III; *IV*; VI; *VII*	25	54,9380	55	100	0,085
Mendelevium*	Md		101	[258]	–	–	–
Molybdän	Mo	II; III; IV; V; *VI*	42	95,94	98	24,13	$7,2 \cdot 10^{-4}$
					96	16,68	
					95	15,92	
					92	14,84	
					100	9,63	
					97	9,55	
					94	9,25	
Natrium	Na	I	11	22,98977	23	100	2,64
Neodymium	Nd	III	60	144,24	142	27,13	0,0012
					144	23,80	
					146	17,19	
					143	12,18	
					145	8,30	
					148	5,76	
					150	5,64	

Name des Elements	Symbol	Stöchiometrische Wertigkeit	Ordnungszahl	Relative Atommasse (1981)	Natürliche Isotope		Häufigkeit des Elements in der Erdrinde in Masse-%
					Massenzahl	Häufigkeit in %	
Neon	Ne	0	10	20,179	20	90,51	$5 \cdot 10^{-7}$
					22	9,22	
					21	0,27	
Neptunium*	Np	II; III; IV; V; VI	93	237,0482	–	–	–
Nickel	Ni	I; II; III; IV	28	58,69	58	68,27	0,018
					60	26,10	
					62	3,59	
					61	1,13	
					64	0,91	
Niobium	Nb	II; III; IV; V	41	92,9064	93	100	$4 \cdot 10^{-5}$
Nobelium	No		102	[259]	–	–	–
Osmium	Os	II; II; IV; VI; VIII	76	190,2	192	41,0	etwa $5 \cdot 10^{-6}$
					190	26,4	
					189	16,1	
					188	13,3	
					187	1,6	
					186	1,58	
					184	0,02	
Palladium	Pd	II; III; IV	46	106,42	106	27,33	etwa 10^{-5}
					108	26,46	
					105	22,33	
					110	11,72	
					104	11,14	
					102	1,020	
Phosphor	P	I; III; IV; V	15	30,97376	31	100	0,12
Platin	Pt	I; II; III; IV; VI	78	195,08	195	33,8	$2 \cdot 10^{-9}$
					194	32,9	
					196	25,3	
					198	7,2	
					192	0,79	
					190	0,01	
Plutonium*	Pu	II; III; IV; V; VI	94	[244]	–	–	$<8 \cdot 10^{-19}$
Polonium*	Po	II; IV; VI	84	[209]	–	–	$1,5 \cdot 10^{-15}$
Praseodymium	Pr	II; IV; V	59	140,9077	141	100	$3,5 \cdot 10^{-4}$
Promethium*	Pm	III	61	[145]	–	–	–

Name des Elements	Symbol	Stöchiometrische Wertigkeit	Ordnungszahl	Relative Atommasse (1981)	Natürliche Isotope		Häufigkeit des Elements in der Erdrinde in Masse-%
					Massenzahl	Häufigkeit in %	
Protactinium	Pa	III; IV; *V*	91	231,0359	–	–	$6 \cdot 10^{-12}$
Quecksilber	Hg	I; II	80	200,59	202	29,65	$2,7 \cdot 10^{-6}$
					200	23,1	
					199	17,0	
					201	13,2	
					198	10,1	
					204	6,8	
					196	0,15	
Radium*	Ra	II	88	226,0254	–	–	$7 \cdot 10^{-12}$
Radon*	Rn	0	86	222	–	–	$4 \cdot 10^{-17}$
Rhenium	Re	I; *II*; III; *IV*; V; VI; *VII*	75	186,207	187	62,60	etwa $1 \cdot 10^{-7}$
					185	37,40	
Rhodium	Rh	I; II; *III*; IV; VI	45	102,9055	103	100	etwa $1 \cdot 10^{-8}$
Rubidium*	Rb	I	37	85,4678	85	72,165	0,0034
					87	27,835	
Ruthenium	Ru	II; III; *IV*; V; VI; VII; VIII	44	101,07	102	31,6	etwa $5 \cdot 10^{-8}$
					104	18,7	
					101	17,0	
					99	12,7	
					100	12,6	
					96	5,52	
					98	1,88	
Samarium*	Sm	II; *III*	62	150,36	152	26,7	$5 \cdot 10^{-4}$
					154	22,7	
					147	15,0	
					149	13,8	
					148	11,3	
					150	7,4	
					144	3,1	
Sauerstoff	O	II	8	15,9994	16	99,762	49,4
					17	0,038	
					18	0,200	
Scandium	Sc	III	21	44,9559	45	100	$6 \cdot 10^{-4}$
Schwefel	S	*II*; IV; *VI*	16	32,06	32	95,02	0,048
					34	4,21	
					33	0,75	
					36	0,02	

Name des Elements	Symbol	Stöchiometrische Wertigkeit	Ordnungszahl	Relative Atommasse (1981)	Natürliche Isotope		Häufigkeit des Elements in der Erdrinde in Masse-%
					Massenzahl	Häufigkeit in %	
Selen	Se	II; *IV*; VI	34	78,96	80 78 82 76 77 74	49,6 23,5 9,4 9,0 7,6 0,9	$8 \cdot 10^{-5}$
Silber	Ag	*I*; II	47	107,8682	107 109	51,839 48,161	$4 \cdot 10^{-6}$
Silicium	Si	II; *IV*	14	28,0855	28 29 30	92,23 4,67 3,10	25,75
Stickstoff	N	I; II; III; IV	7	14,0067	14 15	99,634 0,366	0,030
Strontium	Sr	II	38	87,62	88 86 87 84	82,58 9,86 7,05 0,56	0,017
Tantal	Ta	II; III; IV; *V*	73	180,9479	181 180	99,988 0,012	$1,2 \cdot 10^{-5}$
Technetium*	Tc	IV; VI; VII	43	98	–	–	–
Tellur	Te	II; *IV*; VI	52	127,60	130 128 126 125 124 122 123 120	33,80 31,69 18,95 7,14 4,816 2,6 0,908 0,096	etwa $1 \cdot 10^{-8}$
Terbium	Tb	*III*; IV	65	158,9254	159	100	$7 \cdot 10^{-5}$
Thallium	Tl	I; III	81	204,383	205 203	70,476 29,524	$1 \cdot 10^{-5}$
Thorium*	Th	III; IV	90	232,0381	232	100	0,0025
Thulium	Tm	III	69	168,9342	169	100	$7 \cdot 10^{-5}$
Titanium	Ti	II; III; *VI*	22	47,88	48 46 47 49 50	73,8 8,0 7,3 5,5 5,4	0,58

Name des Elements	Symbol	Stöchiometrische Wertigkeit	Ordnungszahl	Relative Atommasse (1981)	Natürliche Isotope		Häufigkeit des Elements in der Erdrinde in Masse-%
					Massenzahl	Häufigkeit in %	
Unnilquadium	Unq		104	[261]	–	–	–
Unnilpentium	Unp		105	[262]	–	–	–
Unnilhexium	Unh		106	[263]	–	–	–
Uranium*	U	II; III; IV; V; VI	92	238,0289	238 235 234	99,2745 0,7200 0,0055	2 · 10⁻⁵
Vanadium	V	II; III; IV; V	23	50,9415	51 50	99,750 0,250	0,016
Wasserstoff	H	I	1	1,00794	1 2	99,985 0,015	0,88
Wolfram	W	II; III; IV; V; VI	74	183,85	184 186 182 183 180	30,67 28,6 26,3 14,3 0,13	0,0055
Xenon	Xe	II; IV; VI; VIII	54	131,29	132 129 131 134 136 130 128 124 126	26,9 26,4 21,2 10,4 8,9 4,1 1,91 0,10 0,09	2,4 · 10⁻⁹
Ytterbium	Yb	II; *III*	70	173,04	174 172 173 171 176 170 168	31,8 21,9 16,12 14,3 12,7 3,05 0,13	5 · 10⁻⁴
Yttrium	Y	III	39	88,9059	89	100	0,005
Zink	Zn	II	30	65,38	64 66 68 67 70	48,6 27,9 18,8 4,1 0,6	0,02

Name des Elements	Symbol	Stöchiometrische Wertigkeit	Ordnungszahl	Relative Atommasse (1981)	Natürliche Isotope		Häufigkeit des Elements in der Erdrinde in Masse-%
					Massenzahl	Häufigkeit in %	
Zinn	Sn	*II*; IV	50	118,69	120	32,4	6 · 10^{-4}
					118	24,3	
					116	14,7	
					119	8,6	
					117	7,7	
					124	5,6	
					122	4,6	
					112	1,0	
					114	0,7	
					115	0,4	
Zirkonium	Zr	II; III; *IV*	40	91,22	90	51,45	0,023
					94	17,33	
					92	17,17	
					91	11,27	
					96	2,78	